AutoCAD 2022 从入门到精通

CAD辅助设计教育研究室　编著

人 民 邮 电 出 版 社
北 京

图书在版编目（CIP）数据

AutoCAD 2022从入门到精通 / CAD辅助设计教育研究室编著. -- 北京 : 人民邮电出版社, 2022.7
ISBN 978-7-115-58234-8

Ⅰ. ①A… Ⅱ. ①C… Ⅲ. ①AutoCAD软件－教材
Ⅳ. ①TP391.72

中国版本图书馆CIP数据核字(2021)第261634号

内容提要

本书是一本帮助 AutoCAD 2022 初学者实现从入门、提高到精通的学习教程。

本书分为 3 篇，共 14 章。第 1 篇为软件基础篇，主要介绍 AutoCAD 2022 基础知识、图形绘制、图形编辑、创建图形注释、图层与图形特性、图块、图形的输出和打印等内容；第 2 篇为三维设计篇，主要介绍三维绘图基础、创建三维实体和曲面、三维模型的编辑等内容；第 3 篇为综合实战篇，主要介绍机械、建筑、室内、电气等设计领域的 AutoCAD 应用。

本书提供所有案例的素材文件，同时提供案例的源文件、教学 PPT 课件、教案、教学大纲，以及配套的课后习题集。

本书可作为 AutoCAD 初学者的专业指导教材，相关专业技术人员也可阅读参考。

◆ 编　　著　CAD 辅助设计教育研究室
责任编辑　张丹阳
责任印制　马振武
◆ 人民邮电出版社出版发行　　北京市丰台区成寿寺路 11 号
邮编　100164　　电子邮件　315@ptpress.com.cn
网址　https://www.ptpress.com.cn
北京市艺辉印刷有限公司印刷
◆ 开本：787×1092　1/16
印张：28.5　　2022 年 7 月第 1 版
字数：936 千字　　2022 年 7 月北京第 1 次印刷

定价：99.80 元

读者服务热线：(010)81055410　印装质量热线：(010)81055316
反盗版热线：(010)81055315
广告经营许可证：京东市监广登字 20170147 号

关于AutoCAD

AutoCAD自1982年推出以来，从初期的1.0版本，经过多次版本更新和性能完善，目前已发展到AutoCAD 2023。它不仅在机械、电子、建筑、室内装潢、家具、园林和市政工程等设计领域得到了广泛的应用，还可以绘制地理、气象、航海等领域的特殊图形，甚至在乐谱绘制和广告制作等方面也得到了广泛的应用。目前，AutoCAD已成为计算机辅助设计领域应用最为广泛的图形软件之一。

本书内容

本书作为一本AutoCAD 2022零基础入门教程，从易到难、由浅及深地全面介绍了AutoCAD 2022的基础知识和基本操作。全书从实用角度出发，精心安排了大量练习，供读者检验对所学知识的掌握情况。

本书分为3篇，共14章，主要的内容安排如下表所示。

篇名	章名	课程内容
第1篇　软件基础篇（第1~7章）	第1章 初识AutoCAD 2022	介绍AutoCAD2022工作界面的组成与基本的绘图知识，以及一些辅助绘图工具的使用方法
	第2章 图形绘制	介绍AutoCAD 2022中各种绘图工具的使用方法
	第3章 图形编辑	介绍AutoCAD 2022中各种图形编辑工具的使用方法
	第4章 创建图形注释	介绍AutoCAD 2022中各种标注、文字、引线、表格等注释工具的使用方法
	第5章 图层与图形特性	介绍图层的概念及图层的使用与控制方法
	第6章 图块	介绍图块的概念及图块的创建和使用方法
	第7章 图形的输出和打印	介绍AutoCAD 2022中各种打印设置与控制打印输出的方法
第2篇　三维设计篇（第8~10章）	第8章 三维绘图基础	介绍AutoCAD 2022中建模的基本概念及建模界面和简单操作
	第9章 创建三维实体和曲面	介绍三维实体和三维曲面的建模方法
	第10章 三维模型的编辑	介绍AutoCAD2022中各种三维模型编辑、修改工具的使用方法
第3篇　综合实战篇（第11~14章）	第11章 机械设计与绘图	以低速轴和减速器设计为例，介绍机械设计的相关标准与设计方法
	第12章 建筑设计与绘图	以住宅楼设计为例，介绍建筑设计的相关标准与设计方法
	第13章 室内设计与绘图	以小户型设计为例，介绍室内设计的相关标准与设计方法
	第14章 电气设计与绘图	以住宅首层照明平面图和照明系统图为例，介绍电气设计的相关标准与设计方法

本书特色

为了帮助读者轻松自学并深入了解AutoCAD 2022的各种功能，本书在版面结构的设计上尽量简单明了，如下图所示。

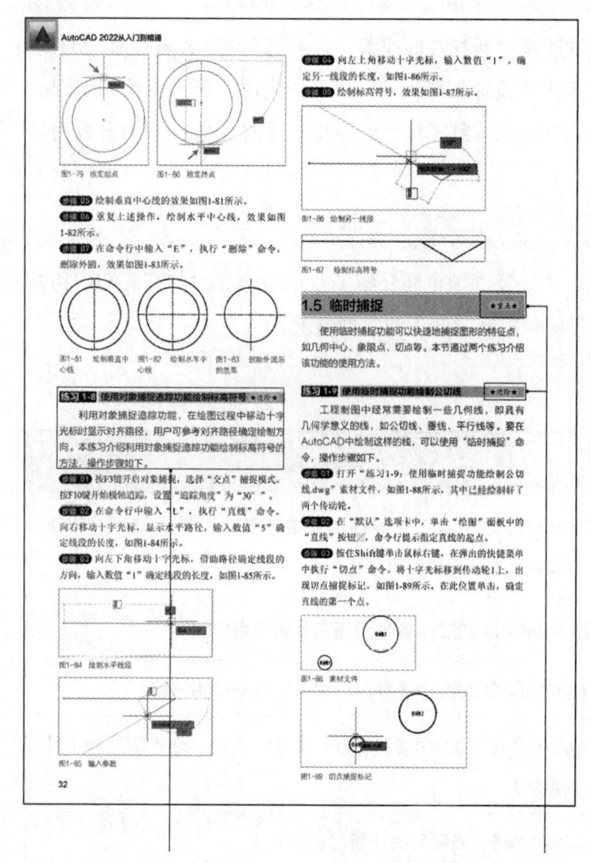

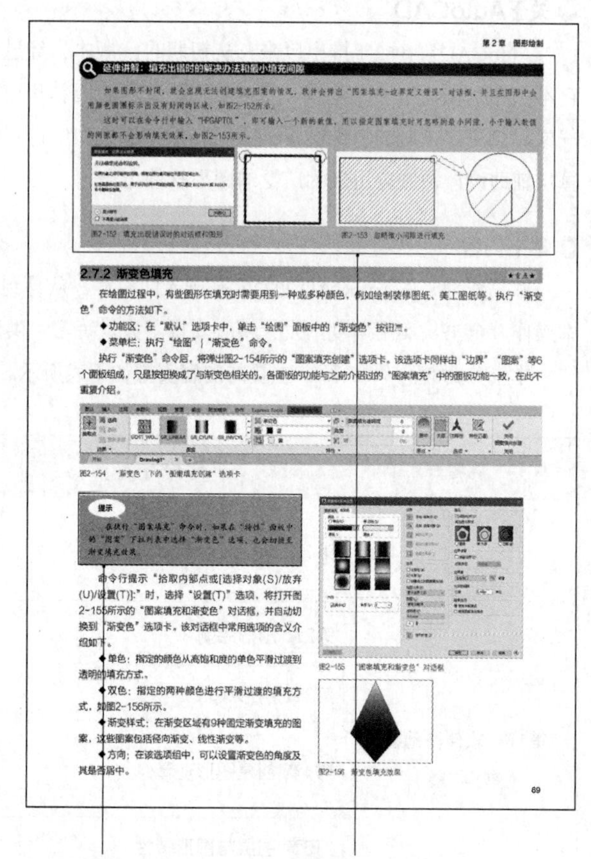

练习：156个绘图练习案例，读者可边学边练，强化所学知识点。

重点/进阶：根据难易程度划分重点内容和进阶学习内容，更加有针对性。

提示：对操作难点和技巧进行提示，学习更简单。

延伸讲解：对扩充知识点进行拓展讲解，掌握更全面。

本书作者

本书由CAD辅助设计教育研究室编著。由于作者水平有限，书中疏漏之处在所难免。感谢您选择本书，同时也希望您能够把对本书的意见和建议告诉我们。

编者

2022年2月

Resources and support 资源与支持

本书由“数艺设”出品，“数艺设”社区平台（www.shuyishe.com）为您提供后续服务。

配套资源

① 全书所有案例的素材文件。

② 案例的源文件。

③ 教学PPT课件。

④ 配套教案。

⑤ 配套教学大纲。

⑥ 配套课后习题集。

资源获取请扫码

“数艺设”社区平台，为艺术设计从业者提供专业的教育产品。

与我们联系

我们的联系邮箱是 szys@ptpress.com.cn。如果您对本书有任何疑问或建议，请您发邮件给我们，并请在邮件标题中注明本书书名及ISBN，以便我们更高效地做出反馈。

如果您有兴趣出版图书、录制教学课程，或者参与技术审校等工作，可以发邮件给我们。如果学校、培训机构或企业想批量购买本书或“数艺设”出版的其他图书，也可以发邮件联系我们。

如果您在网上发现针对“数艺设”出品图书的各种形式的盗版行为，包括对图书全部或部分内容的非授权传播，请您将怀疑有侵权行为的链接通过邮件发给我们。您的这一举动是对作者权益的保护，也是我们持续为您提供有价值的内容的动力之源。

关于“数艺设”

人民邮电出版社有限公司旗下品牌“数艺设”，专注于专业艺术设计类图书出版，为艺术设计从业者提供专业的图书、视频电子书、课程等教育产品。出版领域涉及平面、三维、影视、摄影与后期等数字艺术门类，字体设计、品牌设计、色彩设计等设计理论与应用门类，UI设计、电商设计、新媒体设计、游戏设计、交互设计、原型设计等互联网设计门类，环艺设计手绘、插画设计手绘、工业设计手绘等设计手绘门类。更多服务请访问“数艺设”社区平台www.shuyishe.com。我们将提供及时、准确、专业的学习服务。

目录 Contents

■ 第1篇 软件基础篇 ■

第1章 初识AutoCAD 2022

第2章 图形绘制

第3章 图形编辑

第5章 图层与图形特性

第6章 图块

第7章 图形的输出和打印

■ 第2篇 三维设计篇 ■

第8章 三维绘图基础

第9章 创建三维实体和曲面

第10章 三维模型的编辑

■ 第3篇 综合实战篇 ■

第11章 机械设计与绘图

第12章 建筑设计与绘图

第13章 室内设计与绘图

第14章 电气设计与绘图

附录1 AutoCAD常见问题

附录2 AutoCAD常用命令、快捷键及功能键

附录3 AutoCAD行业知识

附录4 课后习题答案

第1章

初识 AutoCAD 2022

本章内容概述

AutoCAD是一款主流的工程图绘制软件，广泛应用于机械、建筑、室内装潢、园林、市政规划、家具制造等行业。在学习使用AutoCAD绘图之前，首先需要认识AutoCAD软件界面，并学习一些基本的操作方法，为熟练掌握该软件打下坚实的基础。本书将使用AutoCAD 2022版本进行介绍，如无特殊说明，书中介绍的命令同样适用于AutoCAD 2005~2021等版本。

本章知识要点

- AutoCAD 2022的操作界面
- AutoCAD执行命令的5种方式
- 使用临时捕捉功能绘图
- AutoCAD 2022的新增功能
- AutoCAD的视图控制方法
- 辅助绘图工具的使用方法
- 选择图形的方法

1.1 AutoCAD 2022的操作界面

AutoCAD 2022（若无特殊说明，以下均称为AutoCAD）的操作界面是显示、编辑图形的区域，如图1-1所示。该操作界面区域划分较为明确，主要包括应用程序按钮、快速访问工具栏、菜单栏、标题栏、交互信息工具栏、功能区、绘图区、命令窗口及状态栏等。

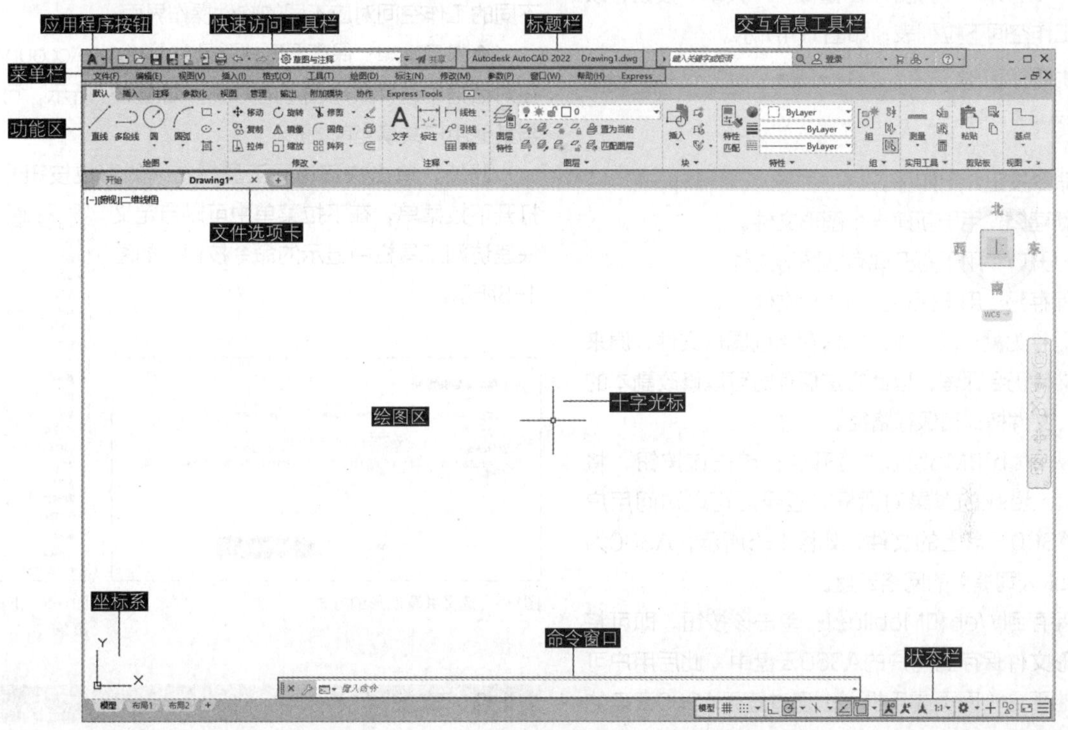

图1-1　AutoCAD 2022默认的操作界面

延伸讲解：AutoCAD的工作空间

在AutoCAD操作界面顶端的快速访问工具栏内可以看到 草图与注释 按钮，表示当前操作界面为“草图与注释”工作空间。AutoCAD提供了“草图与注释”“三维基础”“三维建模”3种工作空间（在AutoCAD 2015之前还有“经典工作空间”），每种工作空间的操作界面布局各不相同，分别对应不同的操作需要。初学时只需掌握“草图与注释”工作空间即可。

1.1.1 应用程序按钮

★重点★

应用程序按钮A位于操作界面的左上角，单击该按钮，系统将弹出用于管理AutoCAD图形文件的下拉菜单，其中包含“新建”“打开”“保存”“另存为”“输出”“打印”等命令，右侧区域则是“最近使用的文档”列表，如图1-2所示。

此外，在应用程序下拉菜单中的搜索框内输入文字，会弹出与之相关的各种命令的列表，选择其中对应的命令即可执行，如图1-3所示。

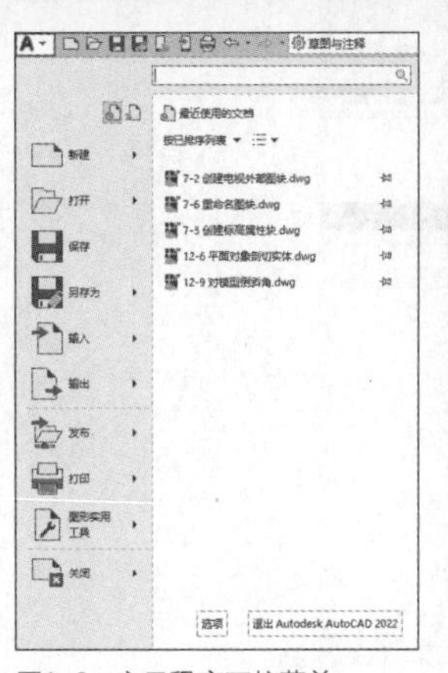

图1-2　应用程序下拉菜单

图1-3　搜索功能

1.1.2 快速访问工具栏

快速访问工具栏位于标题栏的左侧，包含文档操作的常用命令按钮，包括“新建”“打开”“保存”“另存为”“从Web和Mobile中打开”“保存到Web和Mobile”“打印”“放弃”“重做”“共享”按钮，以及一个工作空间下拉列表，如图1-4所示。

图1-4　快速访问工具栏

各命令按钮介绍如下。

◆新建：用于新建一个图形文件。

◆打开：用于打开现有的图形文件。

◆保存：用于保存当前图形文件。

◆另存为：以副本方式保存当前图形文件，原来的图形文件仍会保留；以此方法保存时可以修改副本的文件名、文件格式和保存路径。

◆从Web和Mobile中打开：单击该按钮，将打开Autodesk的登录对话框，登录后可以访问用户保存在A360云盘上的文件，如图1-5所示；A360为Autodesk公司提供的网络云盘。

◆保存到Web和Mobile：单击该按钮，即可将当前图形文件保存到用户的A360云盘中，此后用户可以在其他平台（网页或手机）上通过登录A360云盘的方式查看这些图形文件，如图1-6所示。

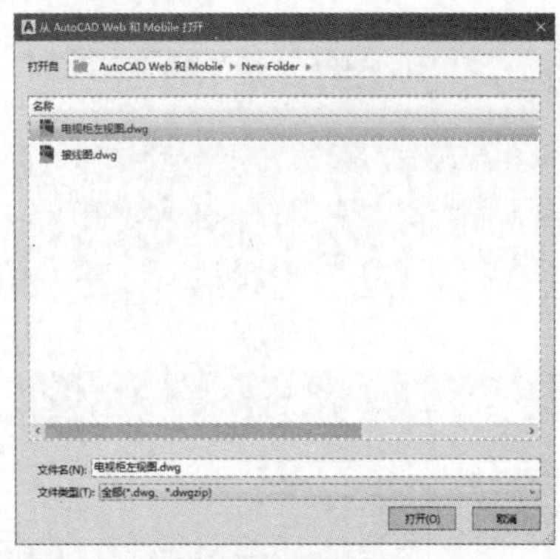

图1-5　从A360云盘中打开文件

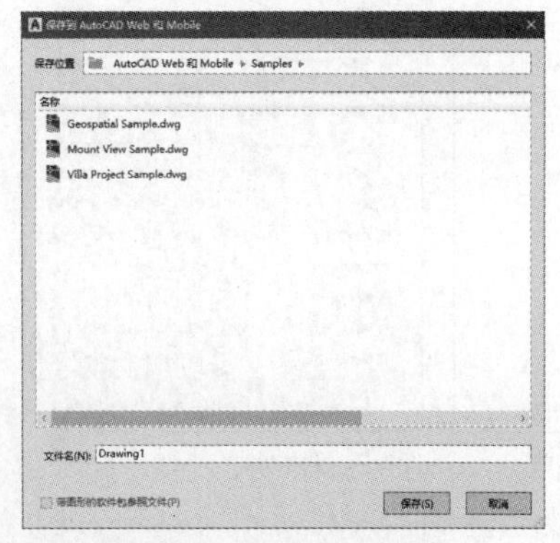

图1-6　将文件保存至A360云盘中

◆打印：用于打印图形文件。

◆放弃：可撤销上一步的操作。

◆重做：如果有放弃的操作，单击该按钮可以恢复。

◆工作空间下拉列表：可以切换不同的工作空间，不同的工作空间对应不同的软件操作界面。

◆共享：保存图形并登录Autodesk Account，在对话框中选择共享图形的方式，如图1-7所示，可以与其他用户共享当前图形。

此外，单击快速访问工具栏右端的下拉按钮，打开下拉菜单，在下拉菜单中可以自定义快速访问工具栏中显示的命令按钮，如图1-8所示。

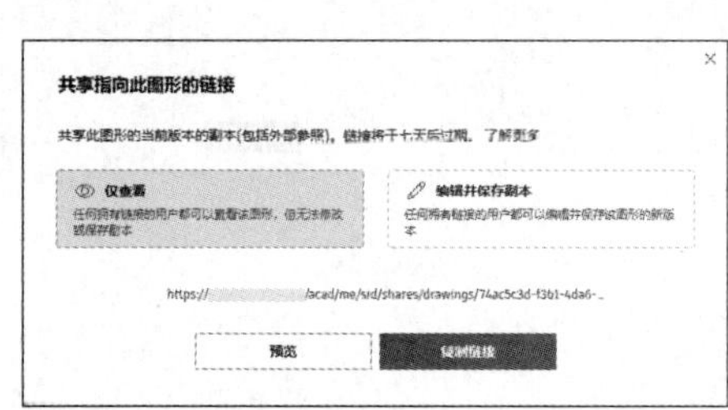

图1-7　选择共享图形的方式

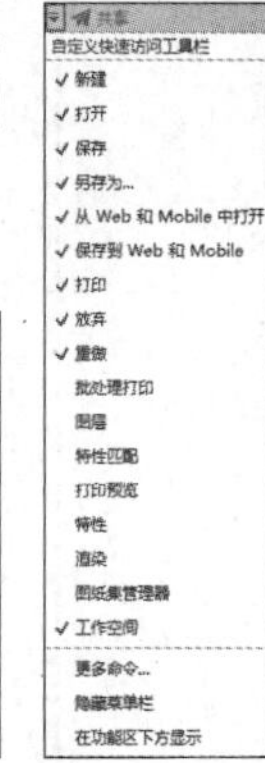

图1-8　下拉菜单

1.1.3 菜单栏

在AutoCAD 2022中，菜单栏在任何工作空间中都默认为不显示状态。只有在快速访问工具栏中单击下拉按钮，并在弹出的下拉菜单中选择“显示菜单栏”选项，才可将菜单栏显示出来，如图1-9所示。

菜单栏位于标题栏的下方，包括13个菜单：“文件”“编辑”“视图”“插入”“格式”“工具”“绘图”“标注”“修改”“参数”“窗口”“帮助”“Express”。每个菜单都包含该分类下的大量命令，因此菜单栏是AutoCAD中命令最详尽的部分。它的缺点是命令过于集中，要单独寻找某一个命令可能需要展开多个子菜单才能找到，如图1-10所示。因此在实际工作中一般不使用菜单栏执行命令，菜单栏通常只用于查找和执行少数不常用的命令。

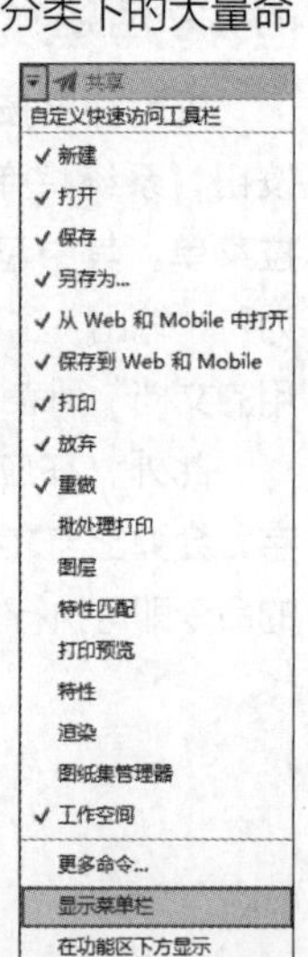

图1-9　“显示菜单栏”选项

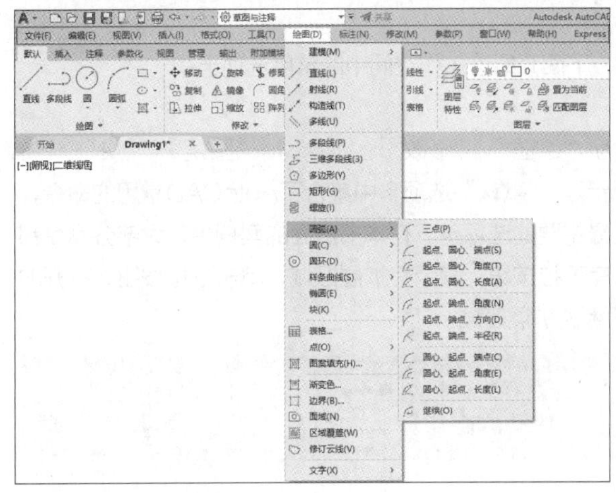

图1-10 菜单栏与子菜单

13个菜单介绍如下。

◆文件：用于管理图形文件，包括“新建”“打开”“保存”“另存为”“输出”“打印”“发布”等命令。

◆编辑：用于对图形文件进行常规编辑，包括“剪切”“复制”“粘贴”“删除”“OLE链接”“查找”等命令。

◆视图：用于管理AutoCAD的操作界面，包括“缩放”“平移”“动态观察”“相机”“视口”“三维视图”“消隐”“渲染”等命令。

◆插入：用于在当前绘图状态下插入所需的图块或其他格式的文件，包括“PDF参考底图”“字段”等命令。

◆格式：用于设置与绘图环境有关的参数，包括“图层”“颜色”“线型”“线宽”“文字样式”“标注样式”“表格样式”“点样式”“厚度”“图形界限”等命令。

◆工具：用于设置一些绘图的辅助工具，包括“选项板”“工具栏”“命令行”“查询”“向导”等命令。

◆绘图：提供绘制二维图形和三维模型的所有命令，包括“直线”“圆”“矩形”“多边形”“圆环”“边界”“面域”等。

◆标注：提供对图形进行尺寸标注时所需的命令，包括“线性”“半径”“直径”“角度”等。

◆修改：提供修改图形所需的命令，包括“删除”“复制”“镜像”“偏移”“阵列”“修剪”“倒角”“圆角”等。

◆参数：提供图形约束所需的命令，包括“几何约束”“自动约束”“标注约束”“删除约束”等。

◆窗口：用于在多文档状态时设置各个文档的屏幕，包括“层叠”“水平平铺”“垂直平铺”等命令。

◆帮助：提供使用AutoCAD所需的帮助信息。

◆Express：快速链接到各种命令，包括“立方体命令”“文字命令”“更改命令”等。

1.1.4 标题栏和交互信息工具栏

标题栏位于AutoCAD操作界面的最上方，如图1-11所示。标题栏显示软件名称，以及当前文件的名称等。标题栏最右侧提供了“最小化”按钮 - 、“最大化”按钮□和“关闭”按钮×。

交互信息工具栏位于标题栏上，主要包括搜索框、A360登录栏、“Autodesk App Store”按钮、保持连接栏4个部分。

Autodesk AutoCAD 2022 Drawing1.dwg 键入关键字或短语

图1-11 标题栏

1.1.5 功能区

功能区是各命令选项卡的集合，它用于显示与工作空间主题相关的控件，是AutoCAD中主要的命令调用区域。“草图与注释”工作空间的功能区包含“默认”“插入”“注释”“参数化”“视图”“管理”“输出”“附加模块”“协作”“Express Tools”10个选项卡，如图1-12所示。每个选项卡包含若干个面板，每个面板又包含许多命令按钮。

图1-12 功能区

1 功能区选项卡的组成

“草图与注释”工作空间是默认的工作空间，也最常用，下面介绍该工作空间中的常用选项卡。

“默认”选项卡

“默认”选项卡中包含10个面板，从左至右依次为“绘图”“修改”“注释”“图层”“块”“特性”“组”“实用工具”“剪贴板”“视图”，如图1-13所示。“默认”选项卡中集合了AutoCAD常用的命令，涵盖绘图、标注、编辑、修改、图层、图块等各个方面，是最主要的选项卡。在本书后面的案例中，大部分命令都将通过该选项卡来执行。在功能区选项卡中，有些面板下方有下拉按钮，表示有扩展区域，单击下拉按钮，打开的扩展区域会列出更多的操作命令，图1-14所示为“绘图”面板的扩展区域。

图1-13 “默认”选项卡

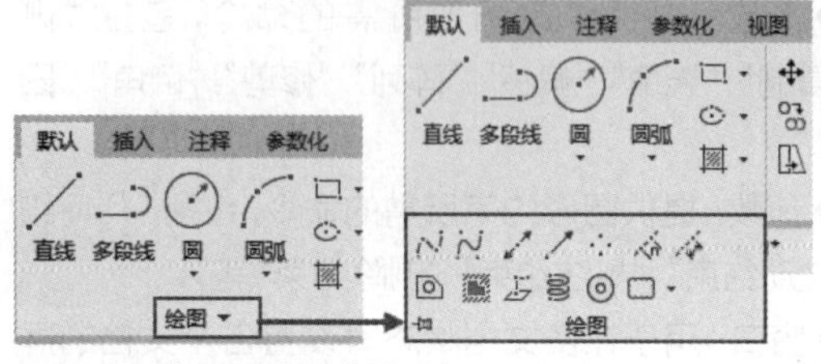

图1-14 “绘图”面板的扩展区域

“插入”选项卡

“插入”选项卡中包含7个面板，从左至右依次为“块”“块定义”“参照”“输入”“数据”“链接和提取”“位置”，如图1-15所示。“插入”选项卡主要用于图块、外部参照等外在图形的调用。

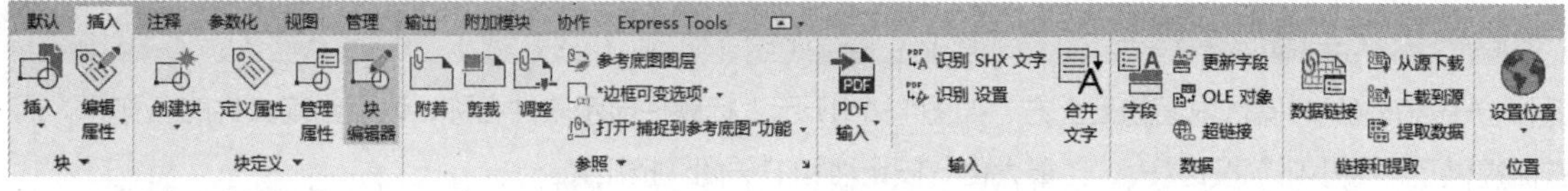

图1-15 “插入”选项卡

“注释”选项卡

“注释”选项卡中包含7个面板，从左至右依次为“文字”“标注”“中心线”“引线”“表格”“标记”“注释缩放”，如图1-16所示。“注释”选项卡提供了详尽的标注命令，包括“引线”“公差”“云线”等。

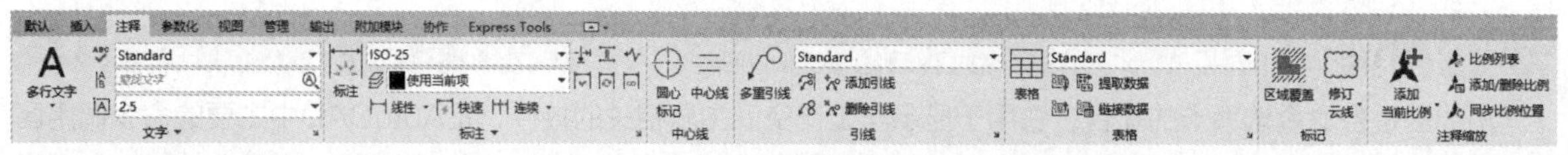

图1-16 “注释”选项卡

“参数化”选项卡

“参数化”选项卡中包含3个面板，从左至右依次为“几何”“标注”“管理”，如图1-17所示。“参数化”选项卡提供了管理图形约束方面的命令。

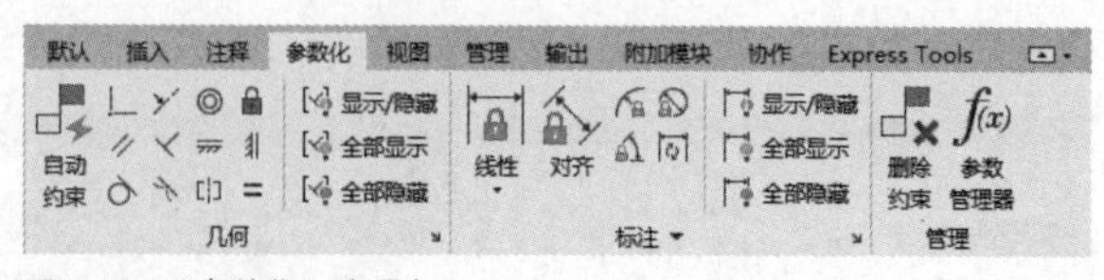

图1-17 “参数化”选项卡

“视图”选项卡

“视图”选项卡中包含7个面板，从左至右依次为“视口工具”“命名视图”“模型视口”“比较”“历史记录”“选项板”“界面”，如图1-18所示。“视图”选项卡提供了大量用于控制视图显示的命令，包括UCS的显现、绘图区上ViewCube和“文件”“布局”等标签的显示与隐藏。

图1-18　“视图”选项卡

“管理”选项卡

“管理”选项卡中包含5个面板，从左至右依次为“动作录制器”“自定义设置”“应用程序”“CAD标准”“清理”，如图1-19所示。“管理”选项卡可以用来加载各种插件与应用程序。

图1-19　“管理”选项卡

“输出”选项卡

“输出”选项卡中包含“打印”“输出为DWF/PDF”两个面板，如图1-20所示。“输出”选项卡提供了图形输出的相关命令，包含打印和输出为PDF等。

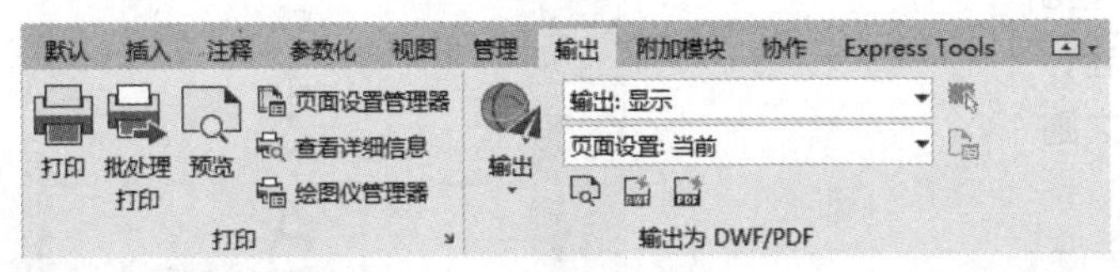

图1-20　“输出”选项卡

“附加模块”选项卡

“附加模块”选项卡如图1-21所示，在Autodesk应用程序网站中下载的各类应用程序和插件都集中在该选项卡中。

“协作”选项卡

“协作”选项卡是AutoCAD 2019新增的选项卡，在AutoCAD 2022中得以延续。其中有“共享”“Autodesk Docs”“跟踪”“比较”面板，可以提供共享视图和DWG图形跟踪、比较功能，如图1-22所示。

图1-21　“附加模块”选项卡

图1-22　“协作”选项卡

2 切换功能区显示方式

功能区可以以水平或竖直的方式显示，也可以显示为浮动选项板。另外，功能区还可以以最小化状态显示。在功能区选项卡右侧单击下拉按钮，在弹出的下拉菜单中选择一种最小化功能区状态选项，如图1-23所示，即可将功能区最小化显示。单击下拉按钮左侧的切换符号，功能区可在默认样式和最小化状态之间切换。

◆ “最小化为选项卡：选择该选项，功能区只显示出各选项卡的标题，如图1-24所示。

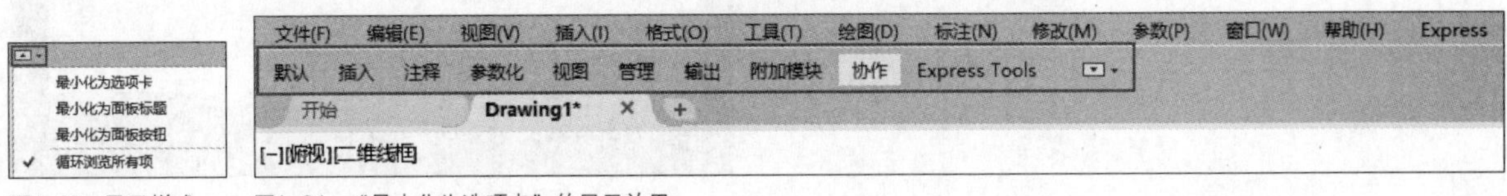

图1-23　显示样式列表

图1-24　“最小化为选项卡”的显示效果

◆最小化为面板标题：选择该选项，功能区仅显示选项卡和各面板的标题，如图1-25所示。

◆最小化为面板按钮：选择该选项，功能区仅显示选项卡标题、面板标题和面板按钮，如图1-26所示。

◆循环浏览所有项：按完整功能区、最小化为面板按钮、最小化为面板标题、最小化为选项卡的顺序切换4种功能区状态。

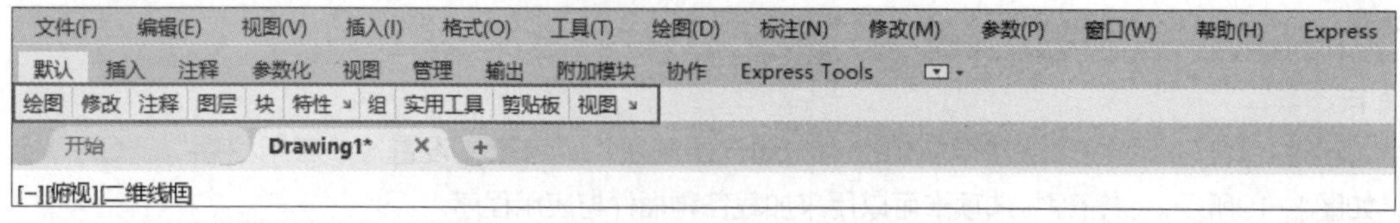

图1-25 “最小化为面板标题”的显示效果

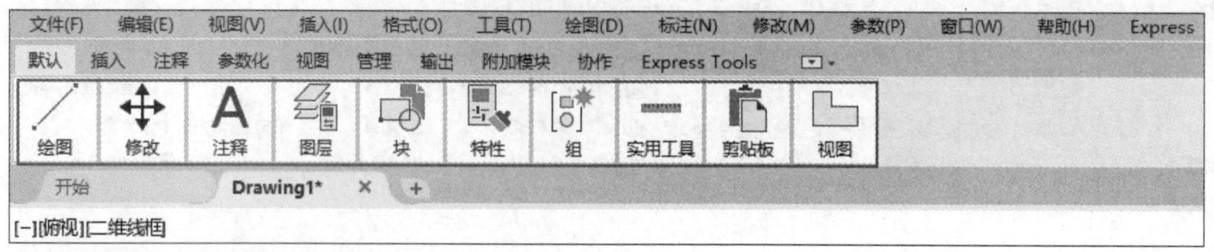

图1-26 “最小化为面板按钮”的显示效果

3 自定义选项卡及面板的构成

在功能区上单击鼠标右键，弹出图1-27与图1-28所示的快捷菜单，分别调整选项卡与面板的显示内容，勾选名称前的复选框则显示该选项卡或面板，反之则隐藏。

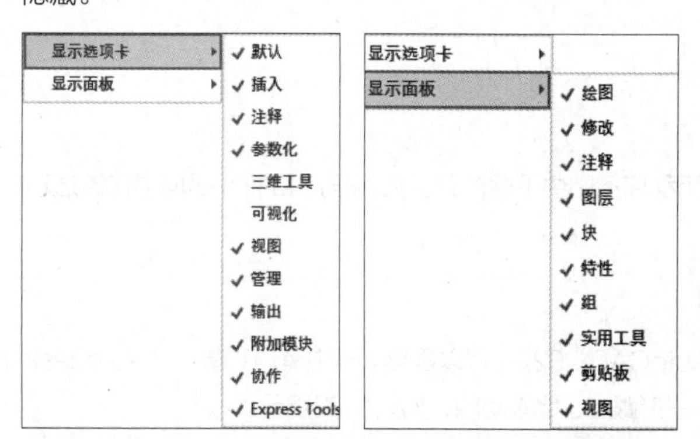

图1-27 调整选项卡的显示内容　图1-28 调整面板的显示内容

> **提示**
>
> “显示面板”菜单会根据不同的选项卡变换，其中为当前打开的选项卡中所有面板名称的列表。

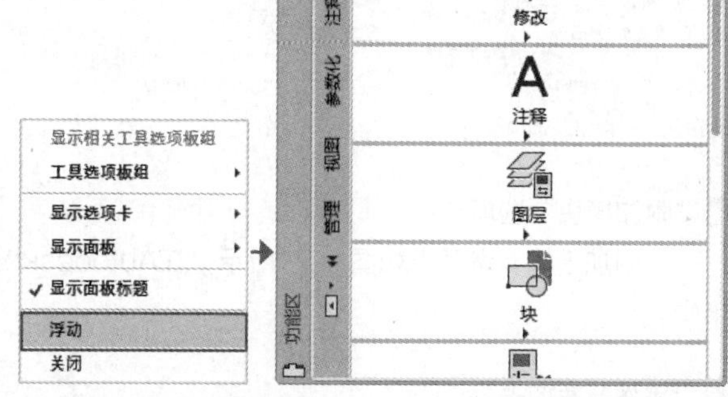

图1-29 将功能区设为浮动

4 调整功能区位置

在选项卡名称上单击鼠标右键，执行快捷菜单中的“浮动”命令，可使功能区浮动在绘图区上方，如图1-29所示。此时按住鼠标左键拖动功能区左侧灰色边框，可以自由调整其位置。

> **提示**
>
> 如果执行快捷菜单最下面的“关闭”命令，则将整体隐藏功能区，进一步扩大绘图区，如图1-30所示。功能区被整体隐藏之后，可以在命令行中输入“RIBBON”来恢复。

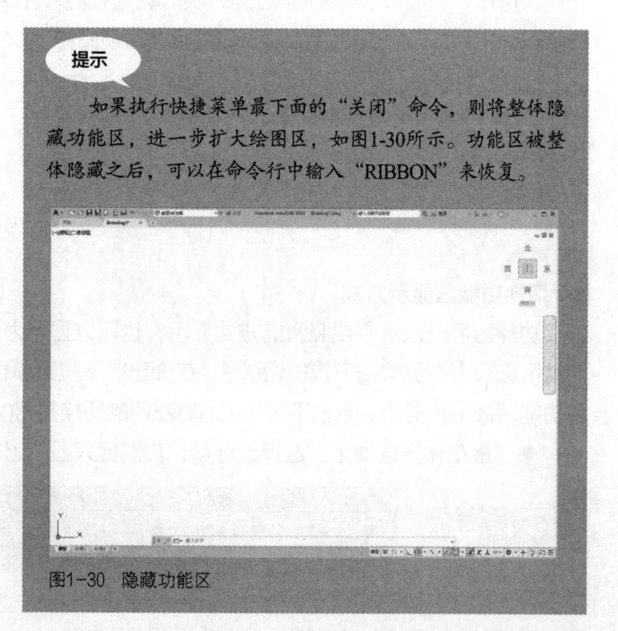

图1-30 隐藏功能区

1.1.6 文件选项卡

文件选项卡位于绘图区的上方。每个打开的图形都会在文件选项卡上显示名称。单击文件选项卡即可快速切换至相应的图形窗口，如图1-31所示。

单击文件选项卡上的×按钮，可以关闭文件；单击文件选项卡右侧的“新图形”按钮+，可以新建文件；用鼠标右键单击文件选项卡的空白处，弹出快捷菜单，如图1-32所示。在快捷菜单中可以执行“新建”“打开”“全部保存”“全部关闭”等命令。

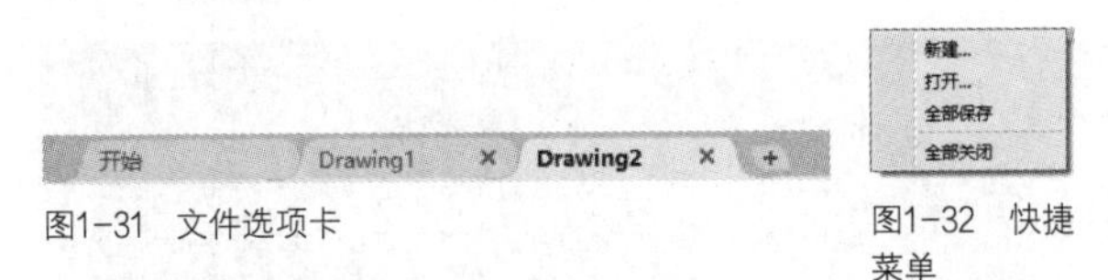

图1-31 文件选项卡

新建...
打开...
全部保存
全部关闭

图1-32 快捷菜单

此外，当鼠标指针经过文件选项卡时，将显示图形的预览和布局。如果鼠标指针经过某个预览图像，相应的模型或布局将临时显示在绘图区中，并且可以在预览图像中访问“打印”和“发布”工具，如图1-33所示。

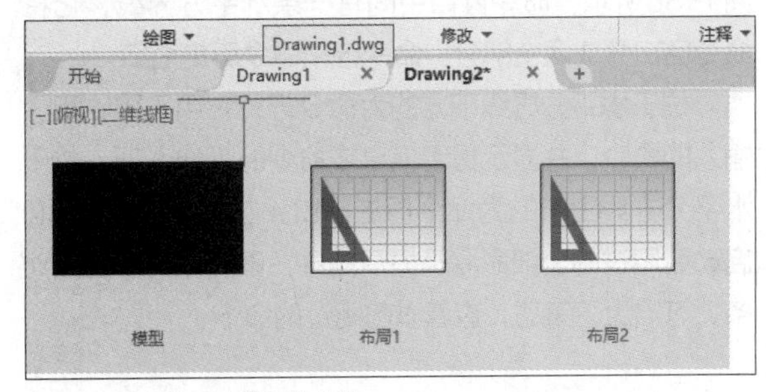

图1-33 文件选项卡的预览功能

1.1.7 绘图区

绘图区又被称为“绘图窗口”，它是绘图的主要区域，绘图的核心操作和图形显示都在该区域中实现。绘图区中有多个工具，包括十字光标、坐标系图标、ViewCube和视口控件等，如图1-34所示。

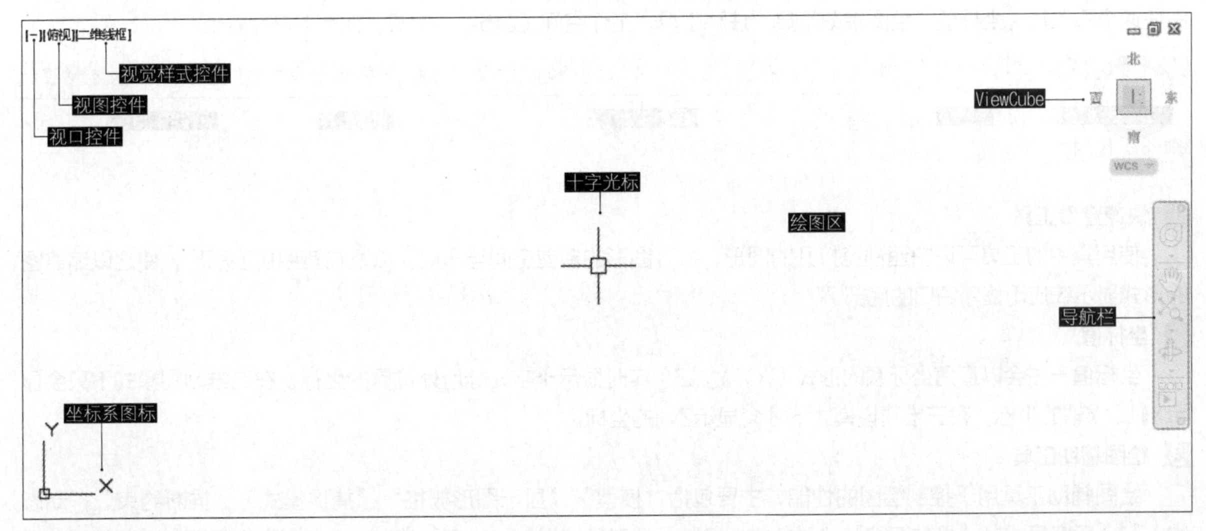

图1-34 绘图区

◆十字光标：在绘图区中，鼠标指针会以十字光标的形式显示，用户可以通过设置修改它的外观大小。

◆坐标系图标：此图标表示AutoCAD绘图系统中的坐标原点位置，默认在左下角，是AutoCAD绘图系统的基准。

◆ViewCube：此工具始终浮现在绘图区的右上角，指示模型的当前视图方向，并用于重定向三维模型的视图。

◆视口控件/视图控件/视觉样式控件：此工具显示在每个视口的左上角，提供更改视图、视觉样式和其他设置的便捷操作方式，如图1-35所示。

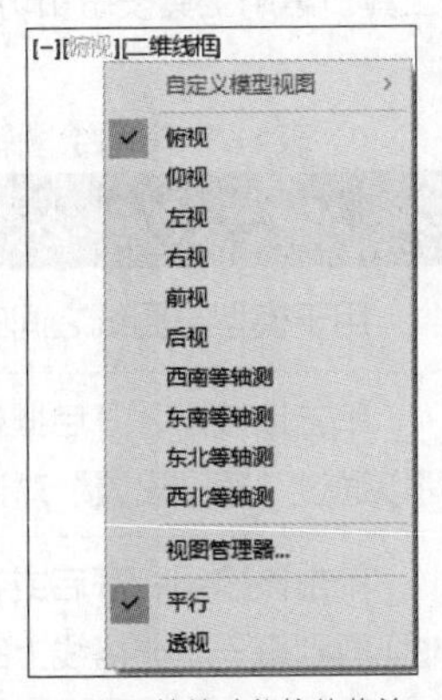

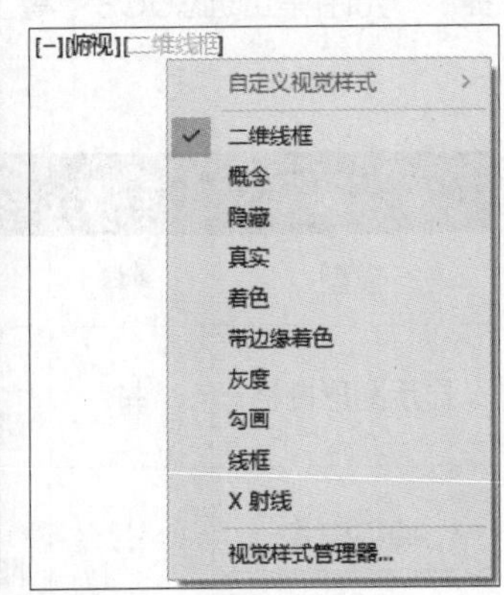

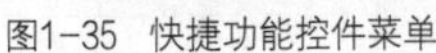

图1-35 快捷功能控件菜单

1.1.8 命令窗口

★重点★

命令窗口是输入命令名和显示命令提示的区域。默认的命令窗口位于绘图区下方，由若干文本行组成，如图1-36所示。命令窗口中间有一条水平分界线，它将命令窗口分成两个部分：命令行和命令历史窗口。

位于水平分界线下方的为命令行，它用于接收用户输入的命令，并显示提示信息或命令的延伸选项；位于水平分界线上方的为命令历史窗口，它含有AutoCAD启动后用过的全部命令及提示信息，该窗口有垂直滚动条，可以上下滚动，查看以前用过的命令。

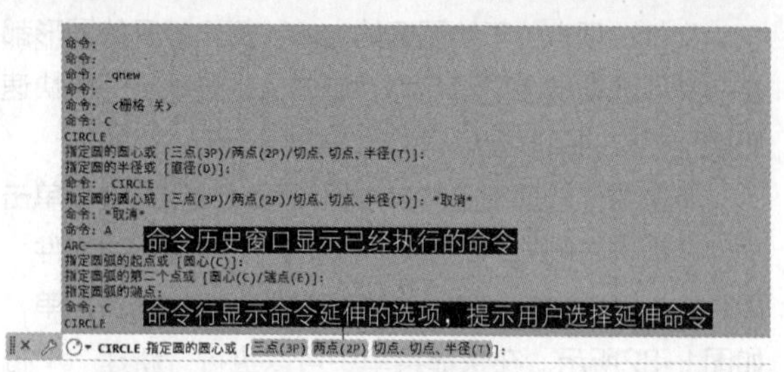

图1-36 命令窗口

提示

初学AutoCAD时，在执行命令后可以多看命令窗口，因为其中会给出操作的提示，在不熟悉命令的情况下，根据这些提示也能完成操作。

1.1.9 状态栏

★重点★

状态栏位于屏幕的底部，用来显示AutoCAD当前的状态，如对象捕捉和极轴追踪等命令的工作状态。它主要由快速查看工具、坐标值、绘图辅助工具、注释工具、工作空间工具5部分组成，如图1-37所示。

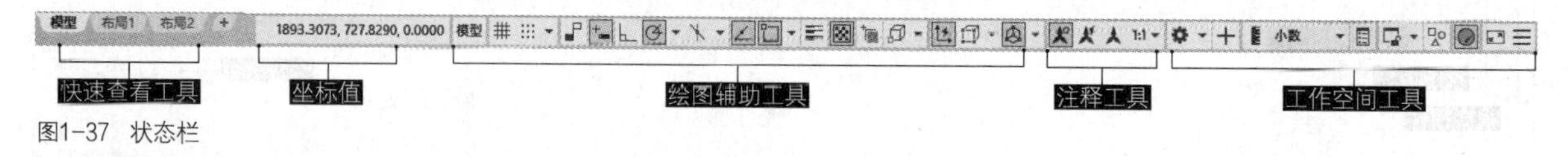

图1-37 状态栏

1 快速查看工具

使用其中的工具可以快速预览打开的图形，打开图形的模型空间与布局，以及在其中切换图形，使之以缩略图的形式显示在应用程序窗口的底部。

2 坐标值

坐标值一栏会以直角坐标系的形式（X，Y，Z）实时显示十字光标所处位置的坐标。在二维制图模式下只会显示X轴、Y轴的坐标，在三维建模模式下才会显示Z轴的坐标。

3 绘图辅助工具

绘图辅助工具用于控制绘图的性能，主要包括“模型”“显示图形栅格”“捕捉模式”“推断约束”“动态输入”“正交模式”“极轴追踪”“对象捕捉追踪”“对象捕捉”“线宽”“透明度”“选择循环”“三维对象捕捉”“允许/禁止动态UCS”等工具。常用工具按钮和功能说明见表1-1。

表1-1 常用绘图辅助工具按钮和功能说明

名 称	按 钮	功 能 说 明
模型	模型	用于模型与图纸之间的转换
显示图形栅格	#	单击该按钮，开启栅格显示，此时屏幕上将布满网格线。线与线之间的距离也可以通过“草图设置”对话框的“捕捉和栅格”选项卡进行设置
捕捉模式	⋮⋮⋮	单击该按钮，开启或者关闭栅格捕捉模式。开启状态下可以使十字光标很容易地抓取到每一个栅格线上的交点

（续表）

名称	按钮	功能说明
推断约束		单击该按钮，开启推断约束，可设置约束的限制效果，如限制两条直线垂直、相交、共线及圆与直线相切等
动态输入		单击该按钮，开启动态输入。此状态下绘图时十字光标会自带提示信息和坐标框，相当于在十字光标附近带了一个简易版的文本框
正交模式		该按钮用于开启或者关闭正交模式。正交即十字光标只能沿X轴或者Y轴方向移动，不能沿斜线移动
极轴追踪		该按钮用于开启或关闭极轴追踪模式。在绘制图形时，系统将根据设置显示一条追踪线，可以在追踪线上根据提示精确移动十字光标，从而精确绘图
对象捕捉追踪		单击该按钮，开启对象捕捉追踪模式，可以捕捉对象上的关键点，并沿着正交方向或极轴方向移动十字光标，此时可以显示十字光标当前位置与捕捉点之间的相对关系。若找到符合要求的点，直接单击即可将其捕捉
对象捕捉		该按钮用于开启或者关闭对象捕捉。对象捕捉能使十字光标在接近某些特殊点的时候自动指引到那些特殊的点，如端点、圆心、象限点等
线宽		单击该按钮，开启线宽显示。绘图时如果为图层或所绘图形定义了不同的线宽（至少大于0.3mm），那么单击该按钮就可以显示出线宽，以标识各种具有不同线宽的对象
透明度		单击该按钮，开启透明度显示。在绘图时，如果为图层或所绘图形设置了不同的透明度，那么单击该按钮就可以显示透明效果，以区别不同的对象
选择循环		该按钮用于控制在重叠对象上显示选择对象
三维对象捕捉		该按钮用于开启或者关闭三维对象捕捉。三维对象捕捉能使十字光标在接近三维对象某些特殊点的时候自动指引到那些特殊的点
允许/禁止动态UCS		该按钮用于切换允许和禁止动态UCS（用户坐标系）

4 注释工具

注释工具用于显示缩放注释的若干工具。在不同的模型空间和图纸空间中，将显示相应的工具。当图形状态栏打开后，注释工具将显示在绘图区的底部；当图形状态栏关闭时，注释工具将移至应用程序状态栏。

- ◆注释可见性：单击该按钮，可选择仅显示当前比例的注释或显示所有比例的注释。
- ◆当前视图的注释比例 1:1：用户可通过此按钮调整注释对象的缩放比例。

5 工作空间工具

工作空间工具用于切换AutoCAD的工作空间，以及进行自定义设置工作空间等操作。

- ◆切换工作空间：用户可通过此按钮切换AutoCAD的工作空间。
- ◆隔离对象：根据需要对大型图形的个别区域进行重点操作，并显示或临时隐藏选定的对象。
- ◆硬件加速：用于在绘制图形时通过硬件的支持提高绘图性能，如提高刷新频率。
- ◆全屏显示：单击即可控制AutoCAD的全屏显示状态。
- ◆自定义：单击该按钮，可以对当前状态栏中的按钮进行添加或删除，方便管理。

1.2 AutoCAD的视图控制

在绘图过程中，为了更好地观察和绘制图形，通常需要对视图进行缩放、平移、重生成等操作。本节将详细介绍AutoCAD的视图控制方法。

1.2.1 视图缩放 ★重点★

视图缩放可以调整当前视图大小，既能观察较大的图形范围，又能观察图形的细部而不改变图形的实际大小。视图缩放只改变视图的比例，并不改变图形中对象的绝对尺寸，打印出来的图形仍是设置的尺寸。执行"缩放"命令的方法如下。

◆菜单栏：执行"视图"|"缩放"命令。

◆功能区：在"视图"选项卡中，单击"视口工具"面板上的"导航栏"按钮，在打开的导航栏中选择视图缩放工具。

◆命令：ZOOM或Z。

◆快捷操作：滚动鼠标滚轮，如图1-38所示。

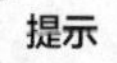
提示

本书在第一次介绍命令时，均会给出命令的执行方法，其中"快捷操作"是最推荐的一种。

在AutoCAD的绘图环境中，如需对视图进行放大、缩小，以便更好地观察图形，可按上面给出的方法进行操作。其中滚动鼠标滚轮进行缩放是最常用的方法。默认情况下向前滚动是放大视图，向后滚动是缩小视图。

如果要一次性将图形布满整个窗口，以显示出文件中所有的图形对象，或最大化所绘制的图形，可以通过双击来完成。

1.2.2 视图平移 ★重点★

视图平移不改变视图的大小和角度，只改变其位置，以便观察图形其他的组成部分。当图形不完全显示，且部分区域不可见时，使用视图平移可以很好地观察图形。执行"平移"命令的方法如下。

◆菜单栏：执行"视图"|"平移"命令。

◆命令：PAN或P。

◆快捷操作：按住鼠标中键进行移动，可以快速进行视图平移，如图1-39所示。

除了视图大小的缩放外，视图的平移也是频繁进行的操作，其中按住鼠标中键移动的方式最常用。必须注意的是，该操作并不是真的移动图形对象，也不是真正改变图形，而是移动视图窗口。

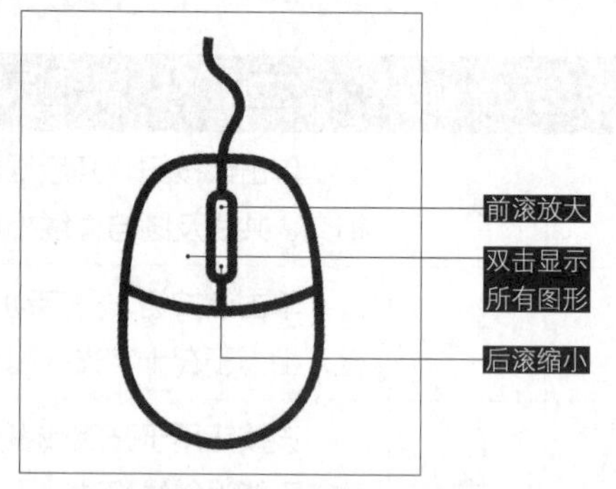

图1-38 缩放视图的快捷操作

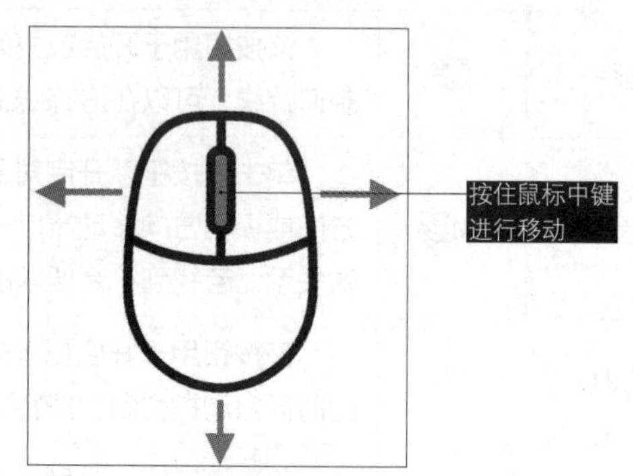

图1-39 移动视图的快键操作

提示

AutoCAD具备三维建模的功能，三维模型的视图操作与二维图形是一样的，只是多了一个视图旋转功能，以供用户全方位观察模型。三维模型的视图操作方法是按住Shift键，然后再按住鼠标中键进行移动。

1.2.3 使用导航栏

导航栏是一种用户界面元素，是一个视图控制集成工具，用户可以从中访问通用导航工具和特定于产品的导航工具。单击视口左上角的视口控件，在弹出的快捷菜单中选择"导航栏"选项，可以控制导航栏是否在视口中显示，如图1-40所示。

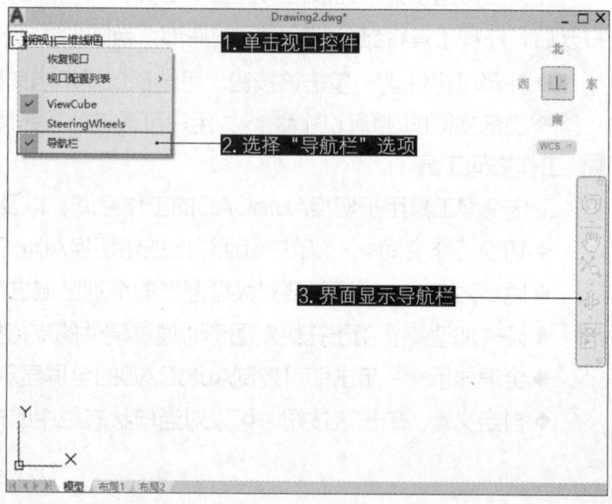

图1-40 使用导航栏

导航栏中有以下通用导航工具。

◆ViewCube：指示模型的当前方向，并用于重定向模型的当前视图。

◆SteeringWheels：用于在专用导航工具之间快速切换的控制盘集合。

◆ShowMotion：用户界面元素，为创建和回放电影式相机动画提供屏幕显示，以便进行设计查看、演示和书签样式导航。

◆3Dconnexion：一套导航工具，用于使用 3Dconnexion 三维鼠标重新设置模型当前视图的方向。

导航栏中有以下特定于产品的导航工具，如图1-41所示。

◆动态观察：用于旋转模型当前视图的导航工具集。

◆平移：沿屏幕平移视图。

◆缩放：用于增大或减小模型当前视图比例的导航工具集。

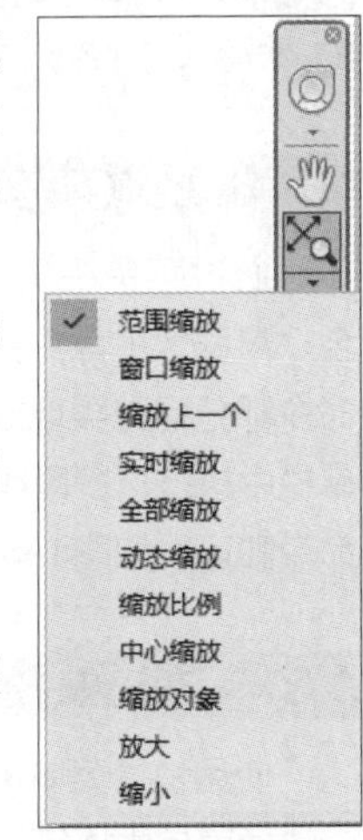

图1-41　导航工具

1.2.4　重生成视图

执行“重生成”命令不仅可以重新计算当前视图中所有对象的屏幕坐标，重新生成整个图形，还能重新建立图形数据库索引，从而优化显示和对象选择的性能。执行“重生成”命令的方法如下。

◆菜单栏：执行“视图”｜“重生成”命令。

◆命令：REGEN或RE。

“重生成”命令仅对当前视图范围内的图形有效，如果要对整个图形进行重生成操作，可执行“视图”｜“全部重生成”命令。重生成前后的效果如图1-42所示。

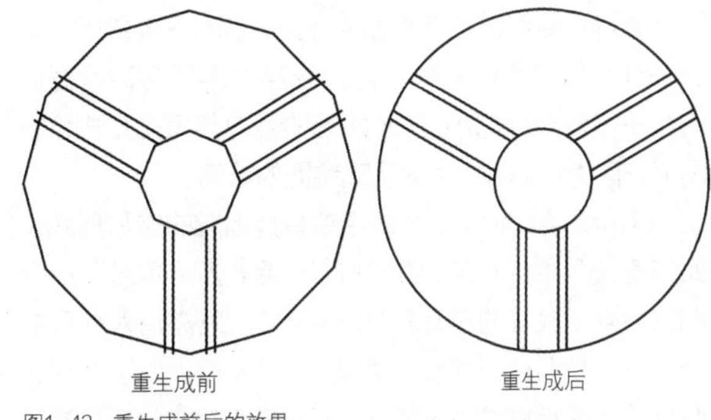

图1-42　重生成前后的效果

1.3　AutoCAD执行命令的5种方式

AutoCAD中执行命令的方式有多种，这里仅介绍最常用的5种。本书在后面的命令介绍章节中，将专门以“执行方式”的形式介绍各命令的执行方法，并按常用顺序依次排列。

1.3.1　通过功能区执行命令　★重点★

功能区将AutoCAD中各功能的常用命令进行了收纳，要执行命令，只需在对应的面板中找到相应的按钮并单击即可。相比其他执行命令的方法，通过功能区执行命令更直观，非常适合不能熟记绘图命令的AutoCAD初学者使用，如图1-43所示。

图1-43　功能区中的面板

延伸讲解：向功能区面板中添加命令按钮

功能区面板虽然收纳了大部分命令，但仍然难免有遗漏，如室内设计绘制墙体时常用的“多线”（MLINE）命令在功能区中就没有相应的按钮，这给习惯通过功能区执行命令的用户带来了不便。因此根据需要学会添加、删除和更改功能区中的命令按钮，能大大提高我们的绘图效率。

可以通过自定义功能区中面板的方式将“多线”按钮插入任意位置，同时也可以修改任意命令的快捷键，效果如图1-44所示。

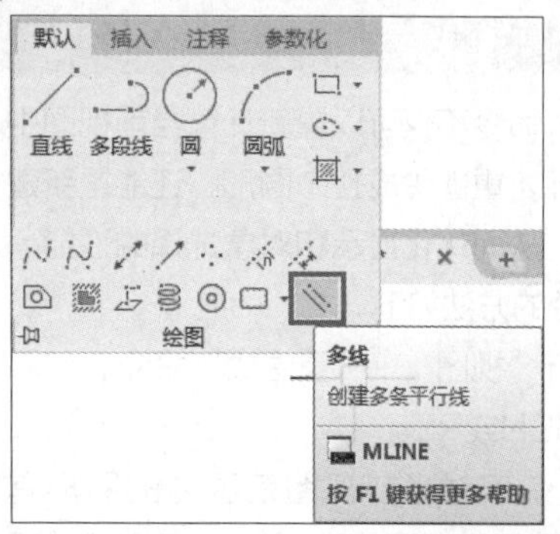

图1-44 添加至“绘图”面板中的“多线”按钮

1.3.2 通过命令行执行命令 ★进阶★

通过命令行执行命令是AutoCAD的一大特色，也是一种快捷的绘图方式。这要求用户熟记各种绘图命令，一般对AutoCAD比较熟悉的用户都用此方式绘制图形，因为这样可以大大提高绘图的效率。

AutoCAD绝大多数命令都有其相应的缩写形式。如“直线”命令LINE的缩写形式是L，“矩形”命令RECTANGLE的缩写形式是REC，只需输入缩写命令，便可执行这些命令，如图1-45所示。对于常用的命令，用缩写形式输入将大大减少键盘输入的工作量，提高工作效率。另外，AutoCAD对命令或参数输入不区分大小写，因此操作者不必考虑输入的大小写问题。

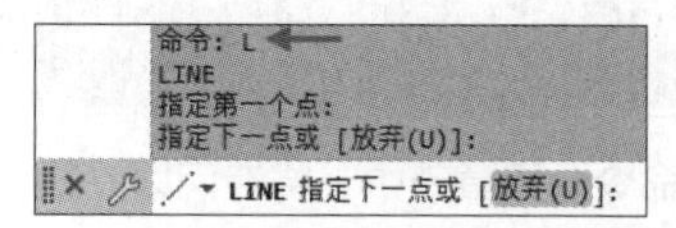

输入“L”执行“直线”命令

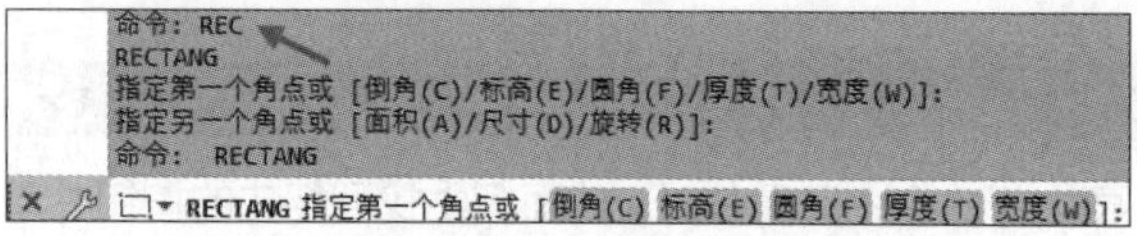

命令: REC
RECTANG
指定第一个角点或 [倒角(C)/标高(E)/圆角(F)/厚度(T)/宽度(W)]:
指定另一个角点或 [面积(A)/尺寸(D)/旋转(R)]:
命令: RECTANG
RECTANG 指定第一个角点或 [倒角(C) 标高(E) 圆角(F) 厚度(T) 宽度(W)]:

输入“REC”执行“矩形”命令

图1-45 通过命令行执行命令并选择命令的延伸选项

在命令行中输入命令后，有些命令带有延伸选项，如“矩形”命令下方显示的“[倒角(C)/标高(E)/圆角(F)/厚度(T)/宽度(W)]”部分。延伸选项是命令的补充，可以用来设置命令在执行过程中的各种细节。可以使用以下方法来选择延伸选项。

◆输入对应的字母。要选择延伸选项，在命令行中输入延伸选项对应的字母，然后按Enter键即可。如要选择“倒角（C）”选项，输入“C”并按Enter键即可。

◆单击命令行中的字符。使用鼠标直接在命令行中单击需要的选项即可，如单击“圆角（F）”选项，执行“圆角”命令。

◆选择默认选项。少数命令会以尖括号的方式给出默认选项，如图1-46中的“<4>”，表示“多边形”命令POLYGON中默认的边数为4。若接受默认选项，直接按Enter键即可，否则另行输入边数。

图1-46 命令行中的默认选项

1.3.3 通过菜单栏执行命令

通过菜单栏执行命令是AutoCAD提供的功能最全、最强大的命令执行方法。AutoCAD绝大多数常用命令都分门别类地放置在菜单栏中。例如，若需要在菜单栏中执行“多段线”命令，选择“绘图”|“多段线”命令即可，如图1-47所示。

1.3.4 通过快捷菜单执行命令 ★重点★

使用快捷菜单执行命令，即单击鼠标右键，在弹出的快捷菜单中执行命令，如图1-48所示。

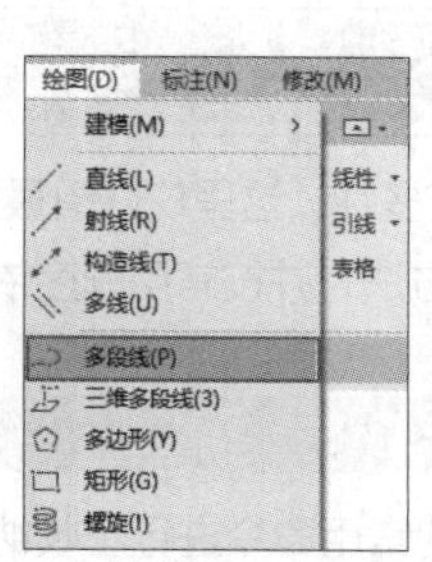

图1-47 通过菜单栏执行“多段线”命令

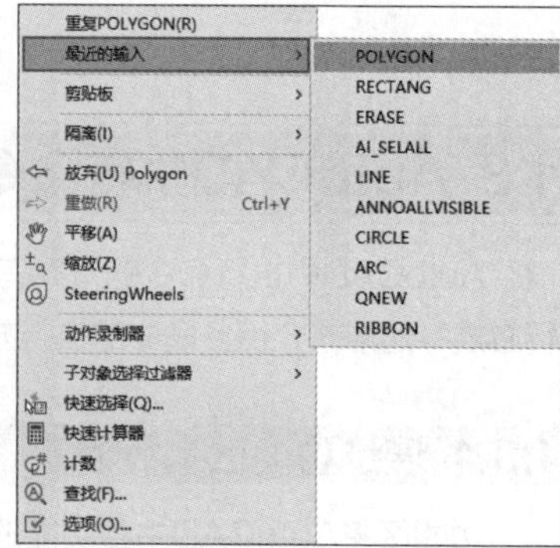

图1-48 快捷菜单

1.3.5 通过工具栏执行命令

通过工具栏执行命令是AutoCAD执行命令的经典方式，如图1-49所示，也是旧版本AutoCAD最主要的命令执行方式。与菜单栏一样，工具栏也不显示在3个工作空间中，需要执行“工具”|“工具栏”|“AutoCAD”命令调出。单击工具栏中的按钮，即可执行相应的命令。用户可以在其他工作空间绘图，也可以根据实际需要调出工具栏，如“UCS”“三维导航”“建模”“视图”“视口”等。

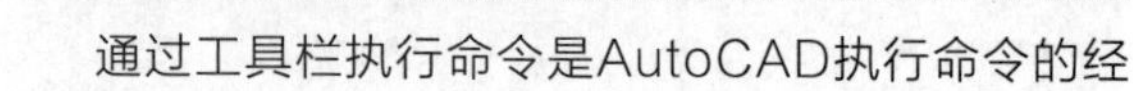

图1-49 通过工具栏执行命令

延伸讲解：创建带工具栏的经典工作空间

从AutoCAD 2015开始，AutoCAD取消了“经典工作空间”的界面设置，结束了长达十余年的工具栏命令操作方式。但对于一些有基础的用户来说，相较于AutoCAD 2019，他们更习惯AutoCAD 2005、2008、2012等经典版本的工作界面，也习惯使用工具栏来执行命令，如图1-50所示。

在AutoCAD 2022中仍然可以通过自定义软件界面的方式，创建出符合自己操作习惯的经典界面。

图1-50　旧版本AutoCAD的经典工作空间

1.4 辅助绘图工具

AutoCAD的辅助绘图工具包括坐标系、正交、极轴及对象捕捉等，利用这些工具，在绘图的过程中可以快速、准确地定位并捕捉特征点，提高绘图效率。

1.4.1 坐标系　★重点★

在AutoCAD中，坐标系分为世界坐标系（WCS）和用户坐标系（UCS）两种。

1 世界坐标系（WCS）

世界坐标系（World Coordinate System，WCS）是AutoCAD的基本坐标系。它由3个相互垂直的坐标轴*X*轴、*Y*轴和*Z*轴组成，在绘制和编辑图形的过程中，它的坐标原点和坐标轴的方向是不变的。

世界坐标系在默认情况下，*X*轴正方向水平向右，*Y*轴正方向垂直向上，*Z*轴正方向垂直屏幕平面指向用户，如图1-51所示。坐标原点在绘图区的左下角，在其上有一个方框标记，表明是世界坐标系。

2 用户坐标系（UCS）

为了更好地辅助绘图，经常需要修改坐标系的原点位置和坐标方向，这时就需要使用可变的用户坐标系（User Coordinate System，UCS）。在用户坐标系中，可以任意指定或移动原点，旋转坐标轴，默认情况下，用户坐标系和世界坐标系重合，如图1-52所示。

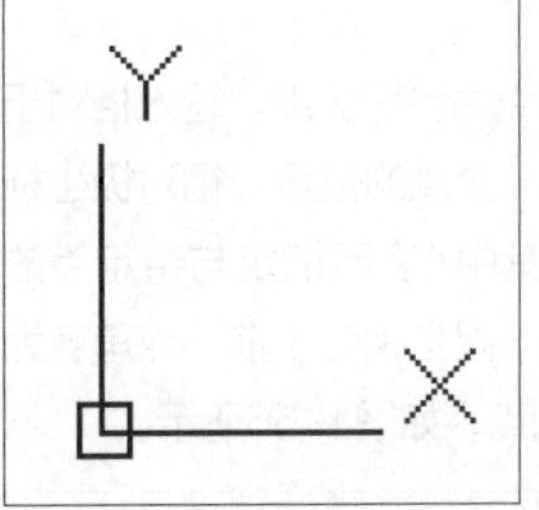

图1-51　世界坐标系图标（WCS）

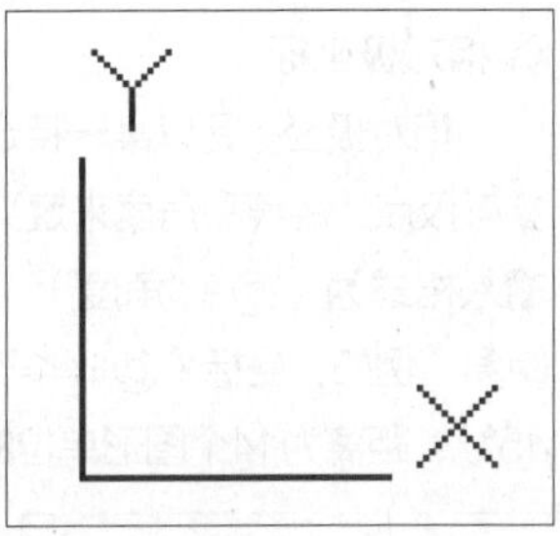

Y　X

图1-52　用户坐标系图标（UCS）

3 坐标系的表示方法

在指定坐标点时，既可以使用直角坐标系，也可以使用极坐标系。在AutoCAD中，一个点的坐标有绝对直角坐标、相对直角坐标、绝对极坐标和相对极坐标4种表示方法。

◎ 绝对直角坐标

绝对直角坐标是指相对于坐标原点（0,0,0）的直角坐标，要使用该指定方法指定点，应输入用逗号隔开的*X*、*Y*和*Z*值，即用（*X*,*Y*,*Z*）表示。当绘制二维平面图形时，其*Z*值为0，可省略不必输入，仅输入*X*、*Y*值即可。绝对直角坐标如图1-53所示。

◎ 相对直角坐标

相对直角坐标是基于上一个输入点而言，以某点相对于另一特定点的相对位置来定义该点的位置。相对直角坐标输入格式为（@*X*,*Y*），“@”符号表示使用相对坐标输入，指定的是相对于上一个点的偏移量，如图1-54所示。

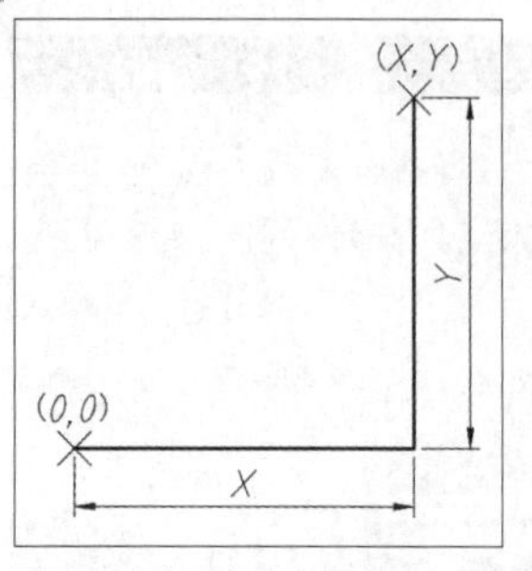

图1-53 绝对直角坐标

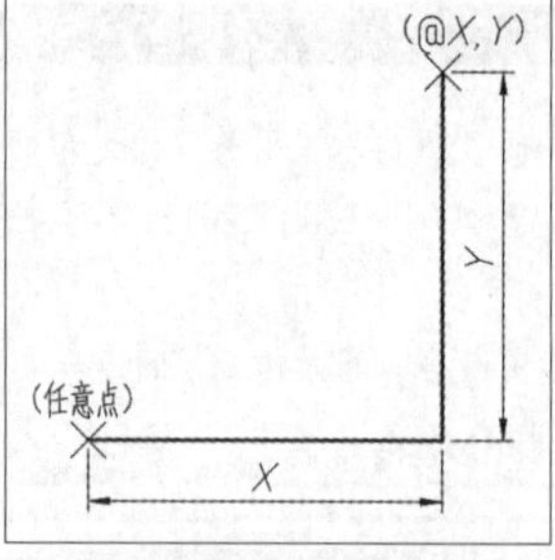

图1-54 相对直角坐标

> **提示**
>
> 坐标分割的逗号“,”和“@”符号都应是英文输入法下的字符，否则无效。

绝对极坐标

该坐标方式是指相对于坐标原点（0,0）的极坐标。例如，坐标（12<30）是指从X轴正方向逆时针旋转30°，距离原点12个图形单位的点，如图1-55所示。在实际绘图工作中，由于很难确定与坐标原点之间的绝对极轴距离，因此该方法使用较少。

相对极坐标

相对极坐标是以某一特定点为参考极点，输入相对于参考极点的距离和角度来定义一个点的位置。相对极坐标输入格式为（@A<角度），其中A表示指定与特定点的距离。例如，坐标（@14<45）是指相对于前一点角度为45°、距离为14个图形单位的点，如图1-56所示。

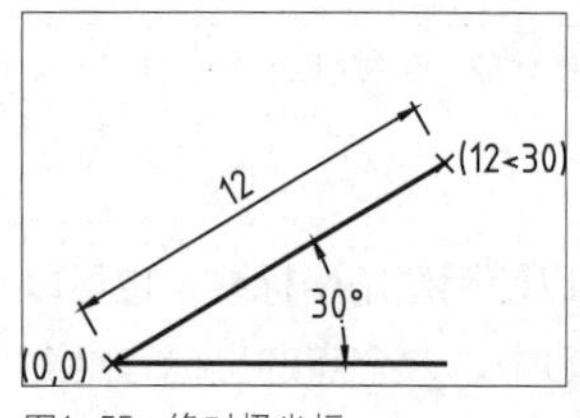

图1-55 绝对极坐标

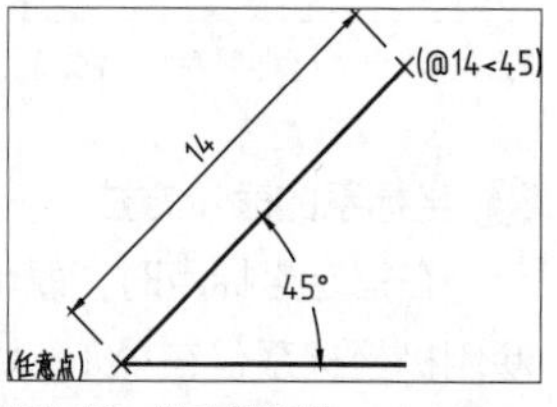

图1-56 相对极坐标

> **提示**
>
> 这4种坐标的表示方法，除了绝对极坐标外，其他3种均使用较多，需重点掌握。以下4个练习分别采用不同的坐标方法绘制相同的图形。

练习 1-1 使用绝对直角坐标绘制图形 ★进阶★

在图1-57所示的图形中，O点为AutoCAD的坐标原点，坐标为（0,0），因此A点的绝对坐标为（10,10），B点的绝对坐标为（50,10），C点的绝对坐标为（50,40），操作步骤如下。

步骤 01 启动AutoCAD，新建一个空白文档。

步骤 02 在“默认”选项卡中，单击“绘图”面板中的“直线”按钮，执行“直线”命令，如图1-58所示。

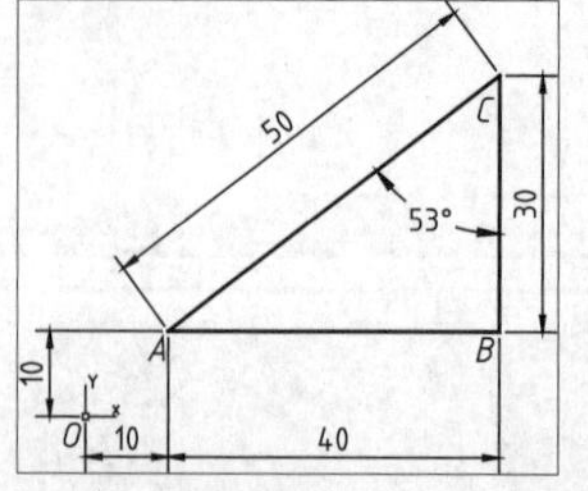

图1-57 图形效果

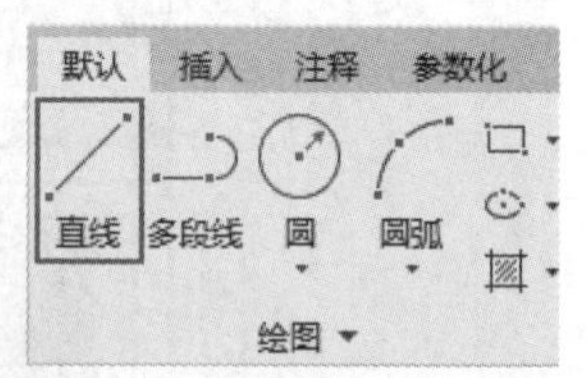

图1-58 单击“直线”按钮

步骤 03 命令行出现“指定第一个点”的提示，直接在其后输入“10,10”，即A点的坐标，如图1-59所示。

步骤 04 按Enter键确认第一个点的坐标，命令行提示“指定下一点或［放弃（U）］”，输入B点的坐标值“50,10”，效果如图1-60所示。

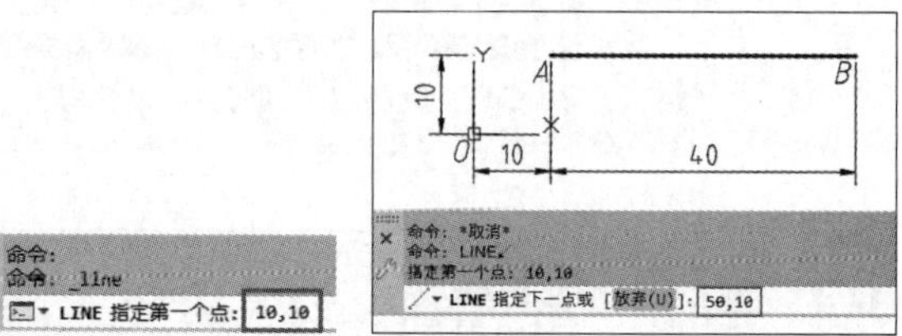

图1-59 输入绝对坐标确定第一个点　图1-60 输入B点坐标后的图形效果

步骤 05 用相同的方法输入C点的绝对坐标“50,40”，将图形闭合，即可得到图1-61所示的图形效果。

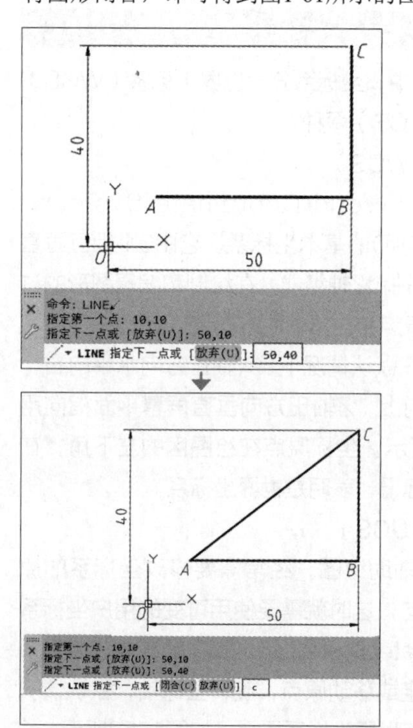

图1-61 闭合图形

命令行提示如下。

```
命令: _line
        //执行“直线”命令
指定第一个点: 10,10↙
        //输入A点的绝对坐标
指定下一点或 [放弃(U)]: 50,10↙
        //输入B点的绝对坐标
指定下一点或 [放弃(U)]: 50,40↙
        //输入C点的绝对坐标
指定下一点或 [闭合(C)/放弃(U)]: C↙
        //闭合图形
```

练习 1-2 使用相对直角坐标绘制图形 ★进阶★

在实际绘图工作中，大多数设计师都喜欢随意在绘图区中指定一点为第一个点，这样就很难界定该点及后续图形与坐标原点（0,0）的关系，因此多采用相对坐标的输入方法来进行绘制。相比于绝对坐标，相对坐标显得更为灵活多变。使用相对直角坐标绘制图形的步骤如下，最后的效果如图1-57所示。

步骤 01 启动AutoCAD，新建一个空白文档。

步骤 02 在“默认”选项卡中，单击“绘图”面板中的“直线”按钮，执行“直线”命令。

步骤 03 输入A点坐标。可按练习1-1中的方法输入A点坐标，也可以在绘图区中任意指定一点作为A点。

步骤 04 输入B点坐标。在图1-57中，B点位于A点的X轴正方向、距离为40，Y轴增量为0，因此相对于A点的坐标为（@40,0），在命令行提示“指定下一点或［放弃（U）］”时输入“@40,0”，即可确定B点，如图1-62所示。

步骤 05 输入C点坐标。由于相对直角坐标是相对于上一点定义的，因此在输入C点的相对坐标时，要考虑它和B点的相对关系，C点位于B点的正上方，距离为30，即输入“@0,30”，如图1-63所示。

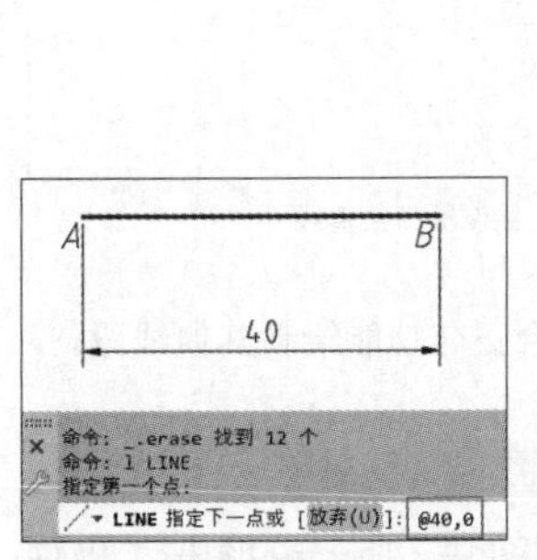

图1-62 输入B点的相对直角坐标

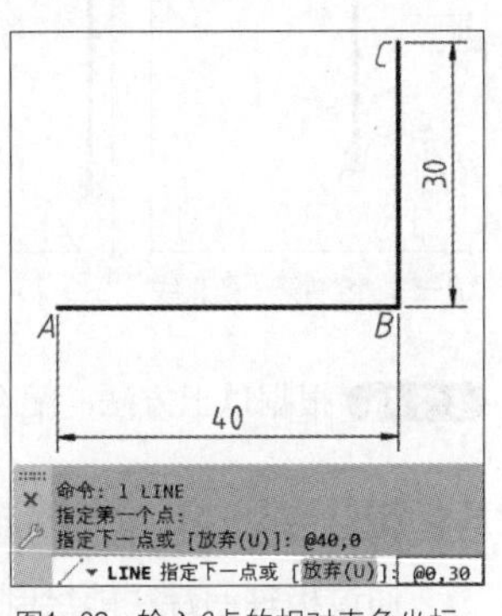

图1-63 输入C点的相对直角坐标

步骤 06 将图形闭合完成绘制，效果如图1-57所示。命令行提示如下。

```
命令: _line
        //执行“直线”命令
指定第一个点: 10,10↙
        //输入A点的绝对坐标
指定下一点或 [放弃(U)]: @40,0↙
        //输入B点相对于上一个点（A点）的相对坐标
指定下一点或 [放弃(U)]: @0,30↙
        //输入C点相对于上一个点（B点）的相对坐标
指定下一点或 [闭合(C)/放弃(U)]: C↙
        //闭合图形
```

练习 1-3 使用绝对极坐标绘制图形 ★进阶★

本练习介绍使用绝对极坐标绘制图形的方法，效果如图1-64所示。先确定坐标原点（10，10），再输入绝对极坐标（50<37），接着确定线的长度及角度，输入垂直线段的长度，最后输入“C”闭合图形，操作步骤如下。

步骤 01 在命令行中输入“L”，执行“直线”命令。

步骤 02 在命令行中输入坐标值，如图1-65所示，确定起点的位置。

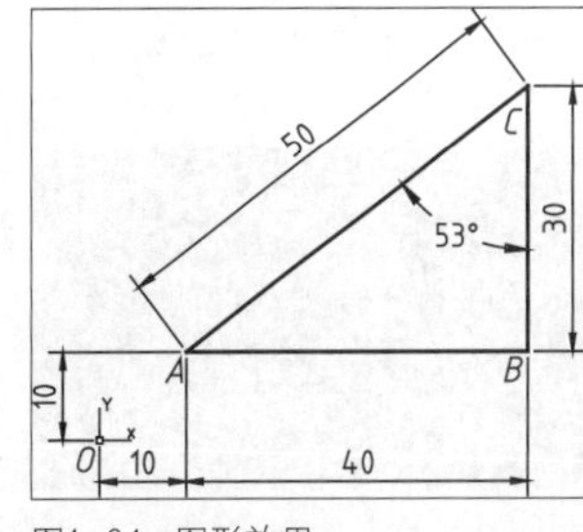

图1-64 图形效果

图1-65 输入坐标值确定起点

命令行提示如下。

```
命令: LINE↙
        //执行“直线”命令
指定第一个点: 10,10↙
        //输入坐标值，确定起点的位置
指定下一点或 [放弃(U)]: @50<37↙
        //输入绝对极坐标，确定线段的长度及角度
指定下一点或[退出(E)/放弃(U)]: 30↙
        //输入垂直线段的长度
指定下一点或[关闭(C)/退出(X)/放弃(U)]: C↙
        //输入“C”，闭合图形
```

练习 1-4 使用相对极坐标绘制图形 ★进阶★

相对极坐标与相对直角坐标都是以上一点为参考点，输入增量来定义下一个点的位置。只不过相对极坐标输入的是极轴增量和角度值。本练习介绍使用相对极坐标绘制图形的方法，效果如图1-57所示，操作步骤如下。

步骤 01 启动AutoCAD，新建一个空白文档。

步骤 02 在“默认”选项卡中，单击“绘图”面板中的

"直线"按钮，执行"直线"命令。

步骤 03 输入A点坐标。可按练习1-1中的方法输入A点坐标，也可以在绘图区中任意指定一点作为A点。

步骤 04 输入C点坐标。A点确定后，就可以通过相对极坐标的方式确定C点。C点位于A点的37°方向，距离为50（由勾股定理可知），因此相对极坐标为（@50<37），在命令行提示"指定下一点或［放弃（U）］"时输入"@50<37"，即可确定C点，如图1-66所示。

步骤 05 输入B点坐标。B点位于C点的−90°方向，距离为30，因此相对极坐标为（@30<−90），输入"@30<−90"即可确定B点，如图1-67所示。

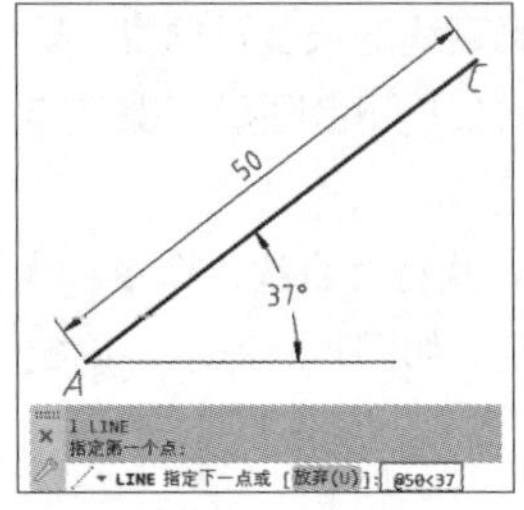

图1-66　输入C点的相对极坐标

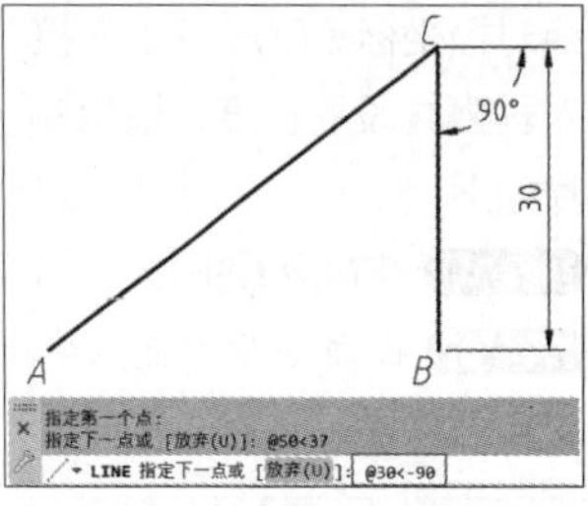

图1-67　输入B点的相对极坐标

> **提示**
>
> AutoCAD默认的角度方向是逆时针为正，顺时针为负。所以此处B点在C点的−90°方向，但是尺寸标注上不会显示正负号。

步骤 06 将图形闭合完成绘制。命令行提示如下。

```
命令: _line
        //执行"直线"命令
指定第一个点: 10,10↙
        //输入A点的绝对坐标
指定下一点或 [放弃(U)]: @50<37↙
        //输入C点相对于上一个点（A点）的相对极坐标
指定下一点或 [放弃(U)]: @30<-90↙
        //输入B点相对于上一个点（C点）的相对极坐标
指定下一点或 [闭合(C)/放弃(U)]: C↙
        //闭合图形
```

1.4.2 正交与极轴 ★重点★

利用正交功能可以控制鼠标指针的方向，帮助用户绘制水平线与垂直线。在关闭正交功能的情况下，利用极轴追踪功能也能准确地绘制指定角度的线。本小节通过两个练习介绍这两个工具的使用方法。

练习 1-5 使用正交功能绘制工字钢 ★进阶★

通过正交功能绘制图1-68所示的图形。正交功能开启后，系统自动将十字光标强制性地定位在水平或垂直位置上，在引出的追踪线上直接输入一个数值即可定位目标点，操作步骤如下。

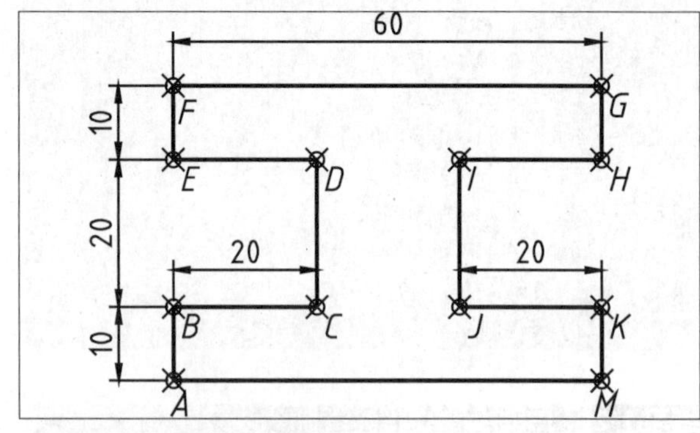

图1-68　通过正交功能绘制图形

步骤 01 启动AutoCAD，新建一个空白文档。

步骤 02 单击状态栏中的按钮，或按F8键，激活正交功能。

步骤 03 单击"绘图"面板中的"直线"按钮，执行"直线"命令，配合正交功能绘制图形。命令行提示如下。

```
命令: _line
指定第一个点:
        //在绘图区任意栅格点处单击，作为起点A
指定下一点或 [放弃(U)]:10↙
        //向上移动十字光标，引出90° 正交追踪线，如图1-69所示，输入"10"，定位B点
指定下一点或 [放弃(U)]:20↙
        //向右移动十字光标，引出0° 正交追踪线，如图1-70所示，输入"20"，定位C点
指定下一点或 [放弃(U)]:20↙
        //向上移动十字光标，引出90° 正交追踪线，输入"20"，定位D点
……
```

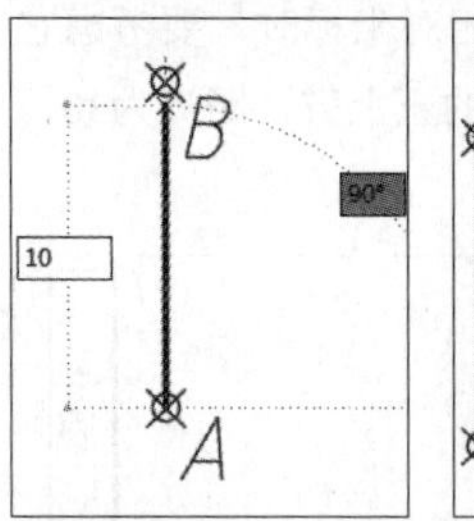

图1-69　绘制第一条直线

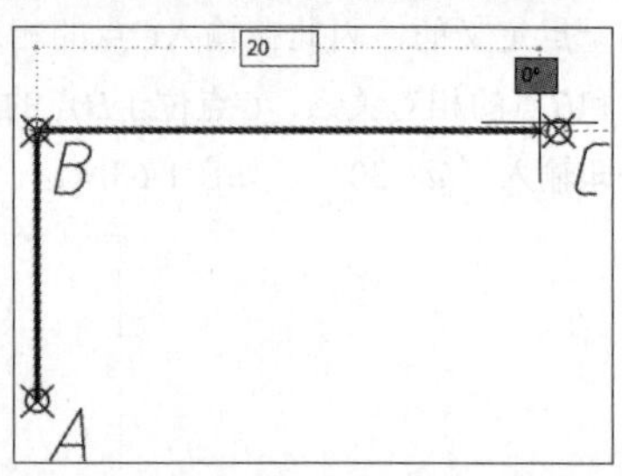

图1-70　绘制第二条直线

步骤 04 根据以上方法，配合正交功能绘制其他线段。

练习 1-6 使用极轴追踪功能绘制导轨截面 ★进阶★

通过极轴追踪功能绘制图1-71所示的图形。极轴追踪是一个非常重要的辅助工具，此工具可以在任何角度和方向上引出角度矢量，从而很方便地精确定位角度方向上的任何一点。相比于坐标输入、栅格与捕捉、正交等绘图方法，极轴追踪更便捷，足以绘制绝大部分图形，因此是经常使用的一种绘图方法，操作步骤如下。

步骤 01 启动AutoCAD，新建一个空白文档。

步骤 02 用鼠标右键单击状态栏上的“极轴追踪”按钮 ，在弹出的快捷菜单中执行“正在追踪设置”命令，在打开的“草图设置”对话框中勾选“启用极轴追踪”复选框，或按F10键，激活极轴追踪功能。将当前的“增量角”数值设置为45，再勾选“附加角”复选框，新建一个85°的附加角，如图1-72所示。

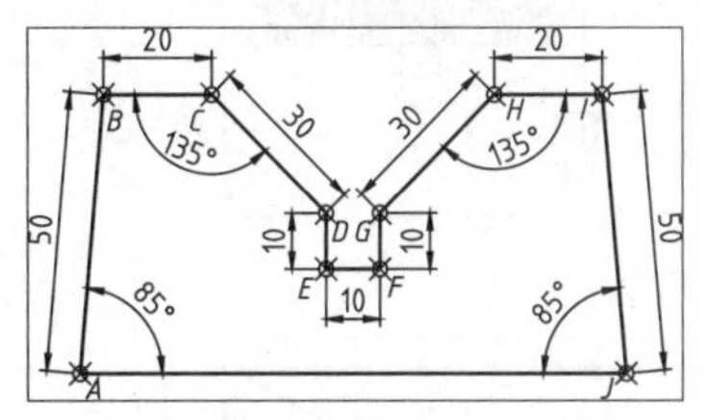

图1-71　通过极轴追踪功能绘制导轨图形

图1-72　设置极轴追踪参数

步骤 03 单击“绘图”面板中的 按钮，执行“直线”命令，配合极轴追踪功能绘制外框轮廓线。命令行提示如下。

```
命令: _line
指定第一个点:
        //在适当位置单击，拾取一点作为起点A
指定下一点或 [放弃(U)]:50↙
        //向上移动十字光标，在85°的位置引出极轴追踪虚线，如图1-73所示，此时输入“50”，得到第2点B
指定下一点或 [放弃(U)]:20↙
        //水平向右移动十字光标，引出0°的极轴追踪虚线，如图1-74所示，输入“20”，定位第3点C
指定下一点或 [放弃(U)]:30↙
        //向右下角移动十字光标，引出45°的极轴追踪虚线，如图1-75所示，输入“30”，定位第4点D
指定下一点或 [放弃(U)]:10↙
        //垂直向下移动十字光标，在90°方向上引出极轴追踪虚线，如图1-76所示，输入“10”，定位第5点E
……
```

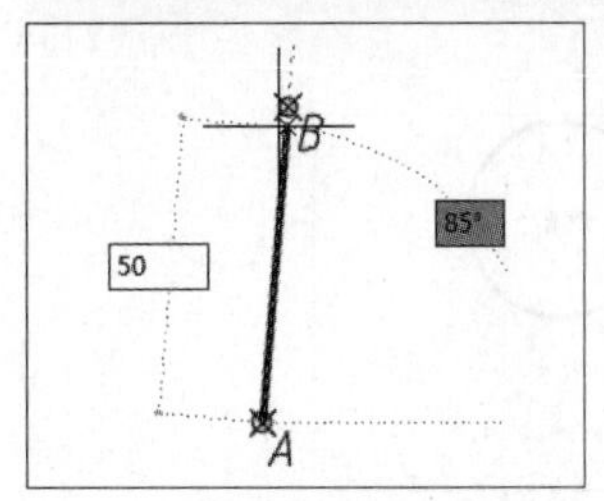

图1-73　引出85°的极轴追踪虚线

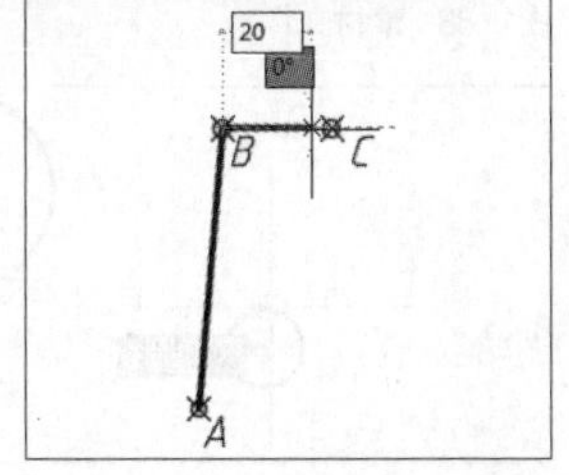

图1-74　引出0°的极轴追踪虚线

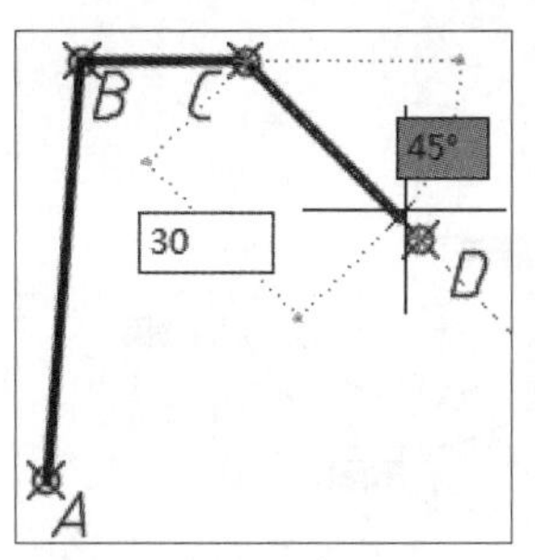

图1-75　引出45°的极轴追踪虚线

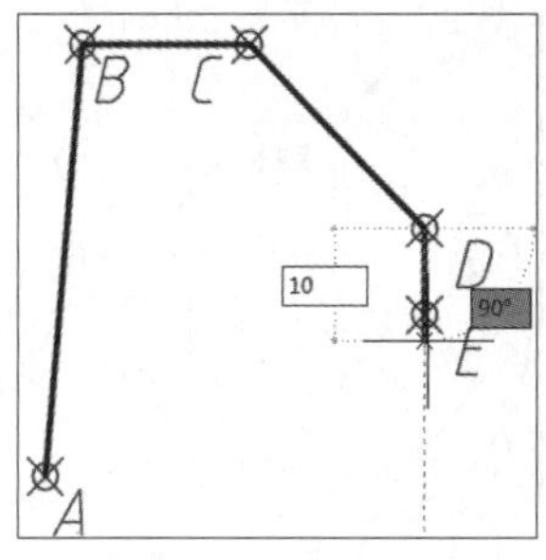

图1-76　引出90°的极轴追踪虚线

步骤 04 根据以上方法，配合极轴追踪功能绘制其他线段，即可绘制出图1-71所示的导轨图形。

1.4.3 对象捕捉与对象捕捉追踪 ★重点★

利用对象捕捉功能可以准确地定位图形的特征点，如中点、端点、圆心等。开启对象捕捉追踪功能，可以通过追踪线确定图形的角度、位置。本小节通过两个练习介绍这两个工具的使用方法。

练习 1-7 使用象限点绘制中心线 ★进阶★

利用对象捕捉功能确定起点、终点，并在圆形上绘制中心线。本练习介绍拾取圆心象限点绘制中心线的方法，操作步骤如下。

步骤 01 打开“练习1-7：使用象限点绘制中心线.dwg”素材文件，如图1-77所示。

步骤 02 执行“工具”|“绘图设置”命令，打开“草图设置”对话框。单击“对象捕捉”选项卡，勾选“象限点”复选框，如图1-78所示。

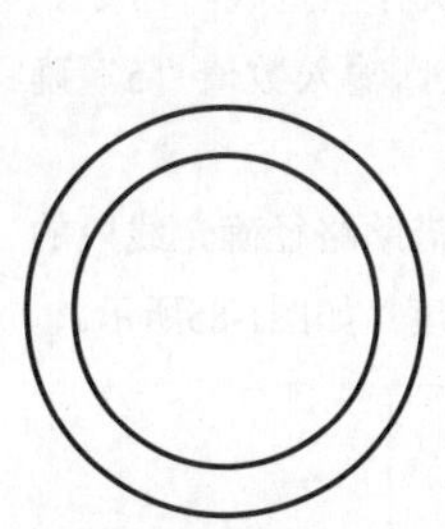

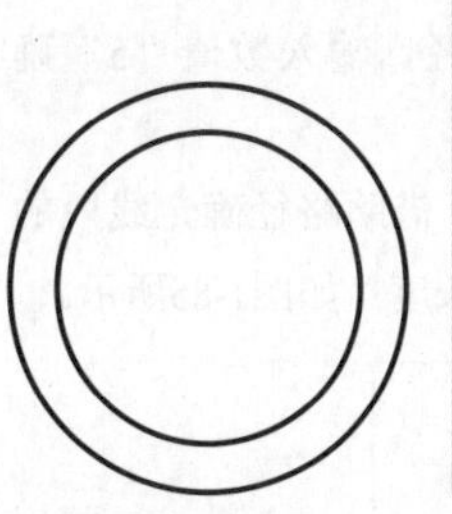

图1-77　素材文件　　图1-78　勾选“象限点”复选框

步骤 03 在命令行中输入“L”，执行“直线”命令。移动十字光标至外圆的象限点上，如图1-79所示。在该点处单击指定线段的起点。

步骤 04 向下移动十字光标，拾取外圆的象限点，如图1-80所示，指定线段的终点。

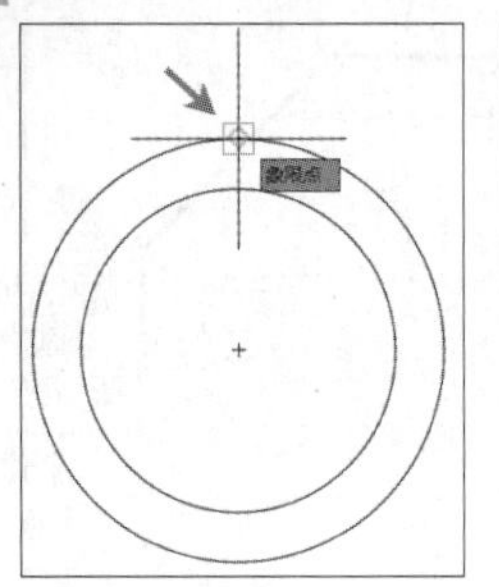

图1-79　指定起点

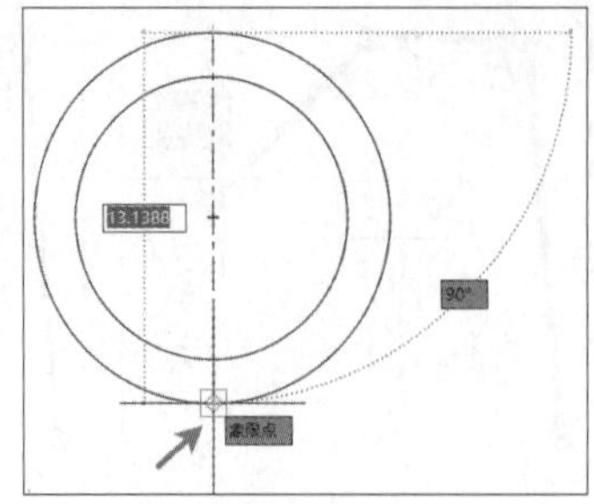

图1-80　指定终点

步骤 05 绘制垂直中心线的效果如图1-81所示。

步骤 06 重复上述操作，绘制水平中心线，效果如图1-82所示。

步骤 07 在命令行中输入“E”，执行“删除”命令，删除外圆，效果如图1-83所示。

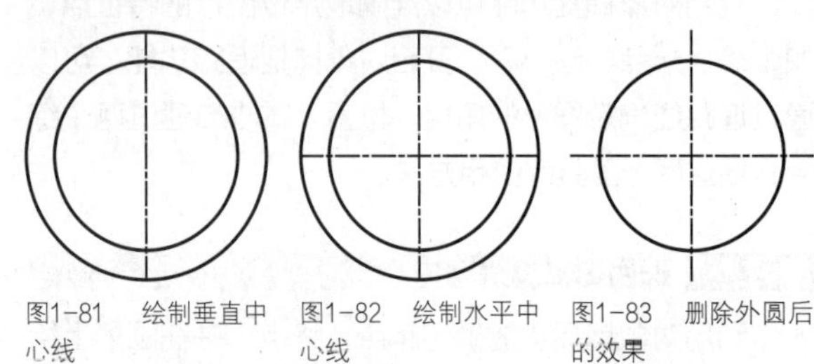
图1-81　绘制垂直中心线　图1-82　绘制水平中心线　图1-83　删除外圆后的效果

练习 1-8 使用对象捕捉追踪功能绘制标高符号 ★进阶★

利用对象捕捉追踪功能，在绘图过程中移动十字光标时显示对齐路径，用户可参考对齐路径确定绘制方向。本练习介绍利用对象捕捉追踪功能绘制标高符号的方法，操作步骤如下。

步骤 01 按F3键开启对象捕捉，选择“交点”捕捉模式。按F10键开始极轴追踪，设置“追踪角度”为“30°”。

步骤 02 在命令行中输入“L”，执行“直线”命令。向右移动十字光标，显示水平路径，输入数值“5”确定线段的长度，如图1-84所示。

步骤 03 向左下角移动十字光标，借助路径确定线段的方向，输入数值“1”确定线段的长度，如图1-85所示。

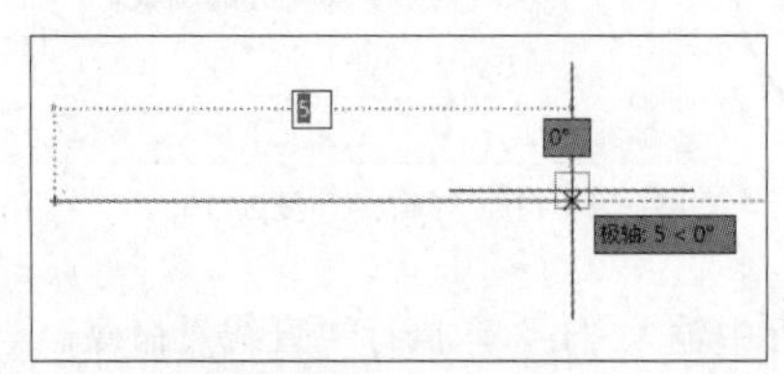

图1-84　绘制水平线段

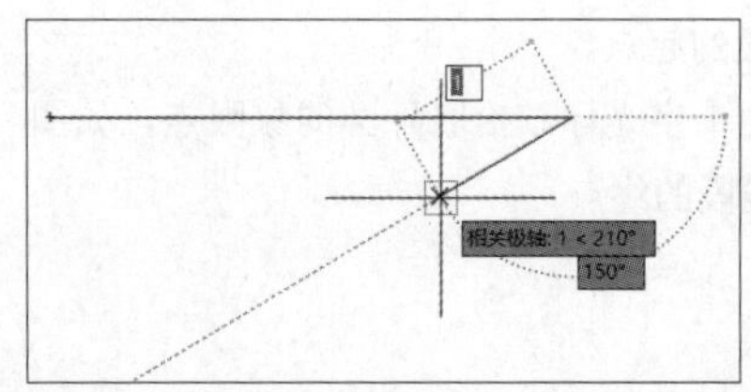

图1-85　输入参数

步骤 04 向左上角移动十字光标，输入数值“1”。确定另一线段的长度，如图1-86所示。

步骤 05 绘制标高符号，效果如图1-87所示。

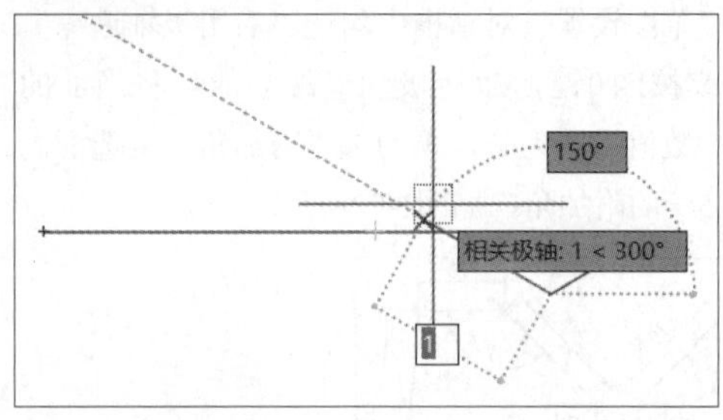

图1-86　绘制另一线段

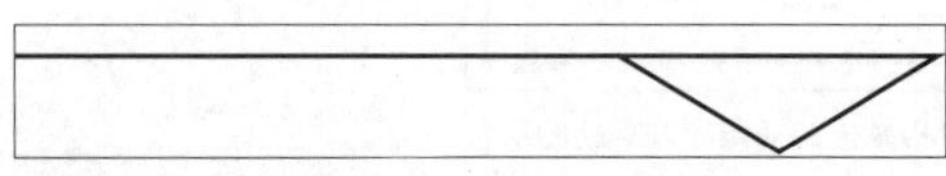
图1-87　绘制标高符号

1.5 临时捕捉 ★重点★

使用临时捕捉功能可以快速地捕捉图形的特征点，如几何中心、象限点、切点等。本节通过两个练习介绍该功能的使用方法。

练习 1-9 使用临时捕捉功能绘制公切线 ★进阶★

工程制图中经常需要绘制一些几何线，即具有几何学意义的线，如公切线、垂线、平行线等。要在AutoCAD中绘制这样的线，可以使用“临时捕捉”命令，操作步骤如下。

步骤 01 打开“练习1-9：使用临时捕捉功能绘制公切线.dwg”素材文件，如图1-88所示，其中已经绘制好了两个传动轮。

步骤 02 在“默认”选项卡中，单击“绘图”面板中的“直线”按钮，命令行提示指定直线的起点。

步骤 03 按住Shift键单击鼠标右键，在弹出的快捷菜单中执行“切点”命令。将十字光标移到传动轮1上，出现切点捕捉标记，如图1-89所示。在此位置单击，确定直线的第一个点。

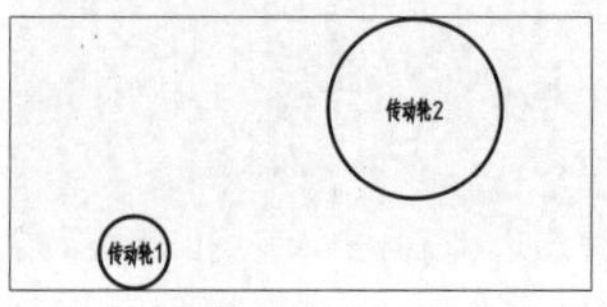

图1-88　素材文件

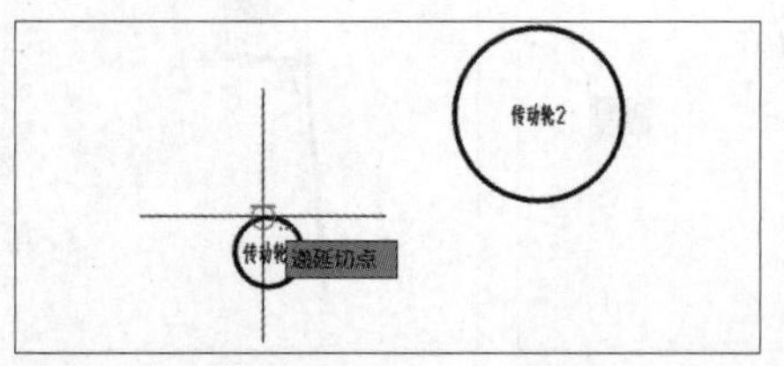

图1-89　切点捕捉标记

步骤 04 确定了第一个点之后，临时捕捉失效。再次按住Shift键单击鼠标右键，在弹出的快捷菜单中执行“切点”命令。将十字光标移到传动轮2的同一侧上，出现切点捕捉标记时单击，完成公切线的绘制，如图1-90所示。

步骤 05 重复上述操作，绘制另外一条公切线，效果如图1-91所示。

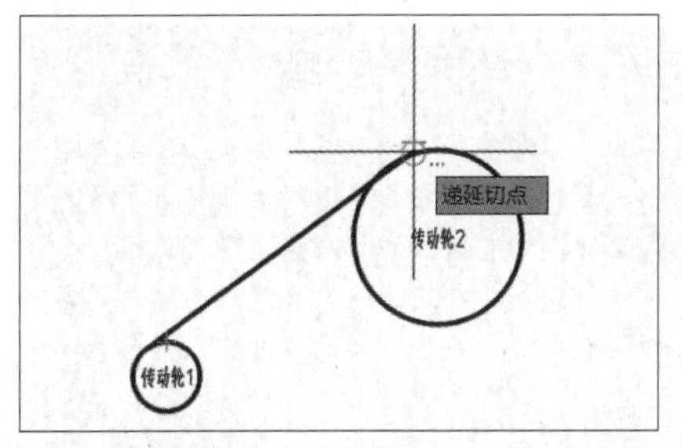

图1-90 绘制第一条公切线

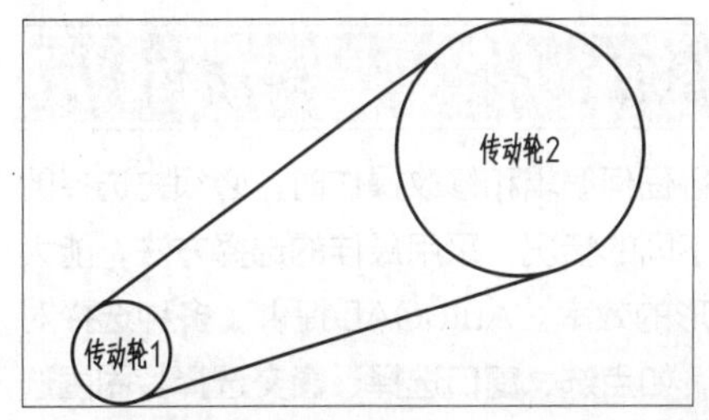

图1-91 绘制第二条公切线

练习 1-10 使用临时追踪点绘制图形 ★进阶★

如果要在半径为20的圆中绘制一条长度为30的弦，通常情况下是以圆心为起点，分别绘制两条辅助线，才可以得到最终图形，如图1-92所示。

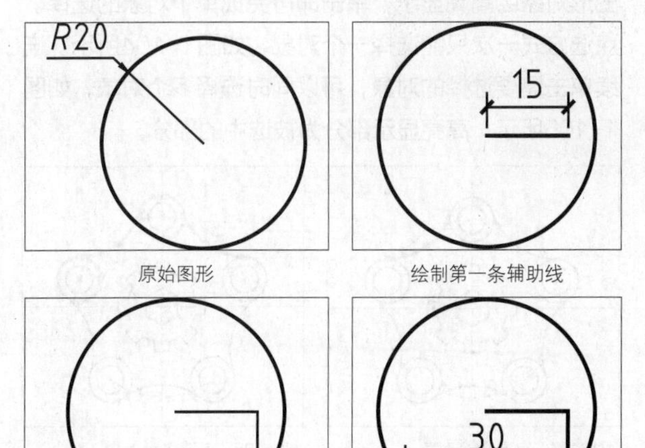

原始图形　　绘制第一条辅助线

绘制第二条辅助线　　绘制长度为30的弦

图1-92 指定弦长的常规画法

如果使用临时追踪点绘制，可以跳过第2、3步辅助线的绘制，直接从第1步原始图形跳到第4步绘制长度为30的弦，操作步骤如下。

步骤 01 打开“练习1-10：使用临时追踪点绘制图形.dwg”素材文件，其中已经绘制好了半径为20的圆，如图1-93所示。

步骤 02 在“默认”选项卡中，单击“绘图”面板中的“直线”按钮，执行“直线”命令。

步骤 03 执行“临时追踪点”命令。命令行出现“指定第一个点”的提示时，输入“tt”，如图1-94所示。也可以在绘图区中按住Shift键单击鼠标右键，在弹出的快捷菜单中执行“临时追踪点”命令。

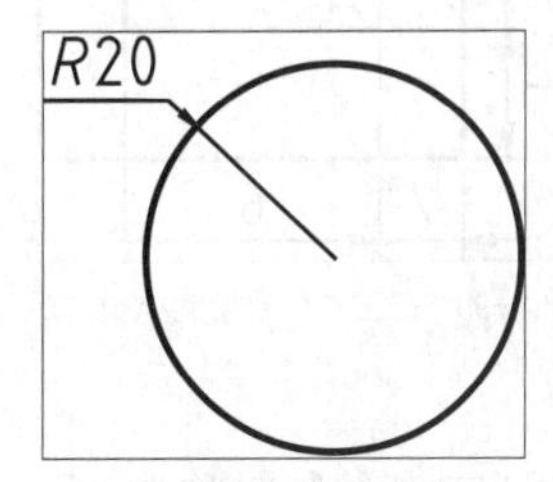

图1-93 素材文件

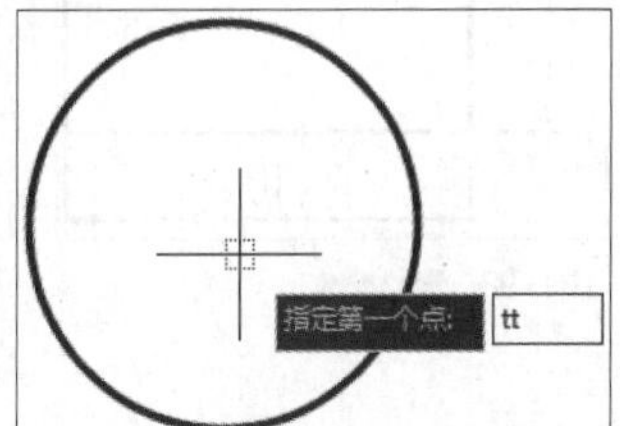

图1-94 执行“临时追踪点”命令

步骤 04 指定临时追踪点。将十字光标移动至圆心处，然后水平向右移动十字光标，引出0°的极轴追踪虚线，接着输入“15”，将临时追踪点指定为圆心右侧距离为15的点，如图1-95所示。

步骤 05 指定直线起点。垂直向下移动十字光标，引出270°的极轴追踪虚线，到达与圆的交点处，作为直线的起点，如图1-96所示。

步骤 06 指定直线终点。水平向左移动十字光标，引出180°的极轴追踪虚线，到达与圆的另一交点处，作为直线的终点，单击得到直线，该直线即所绘制的长度为30的弦，如图1-97所示。

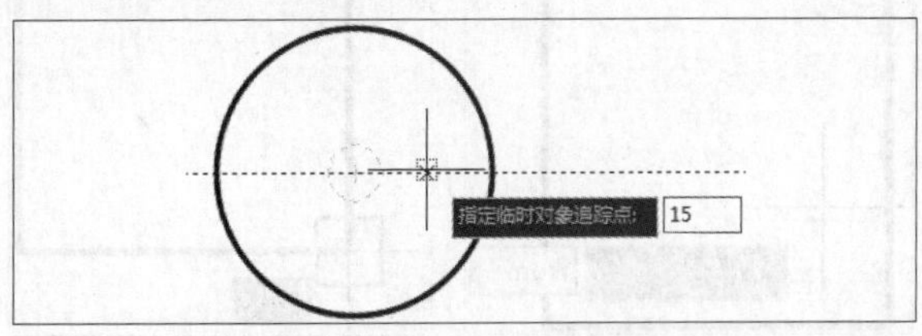

图1-95 指定临时追踪点

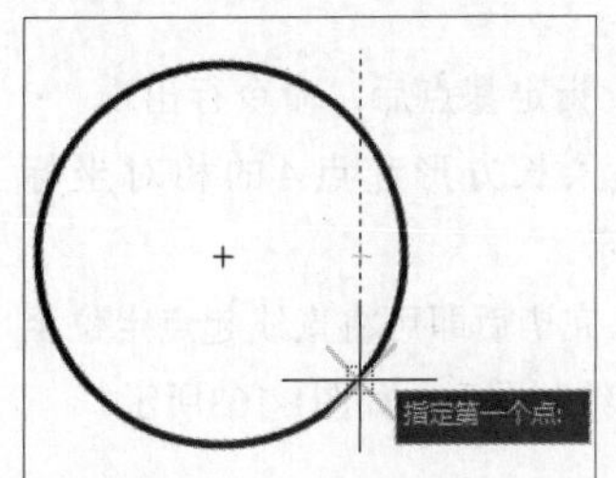

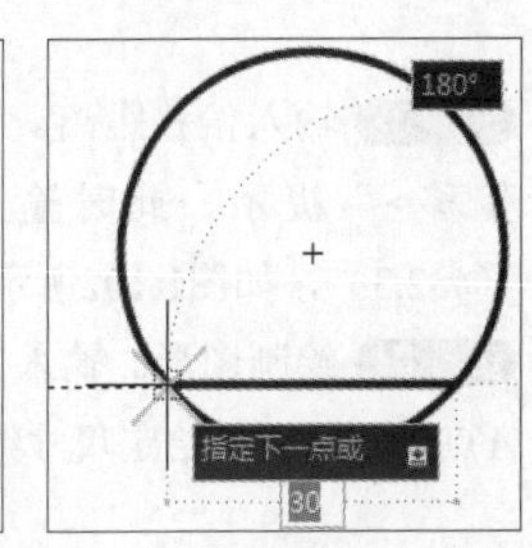

图1-96 指定直线起点　　图1-97 指定直线终点

练习 1-11 使用自功能绘制图形 ★进阶★

假如要在图1-98所示的正方形内部绘制一个长方形，如图1-99所示，一般情况下只能借助辅助线进行绘制，因为对象捕捉只能捕捉到正方形每条边上的端点和中点，这样即使通过对象捕捉的追踪线也无法定位长方形的起点（图中*A*点），这时就可以用自功能进行绘制，操作步骤如下。

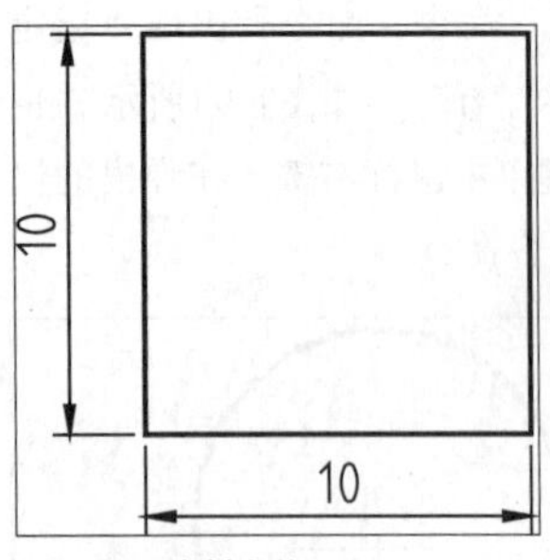

图1-98 素材文件

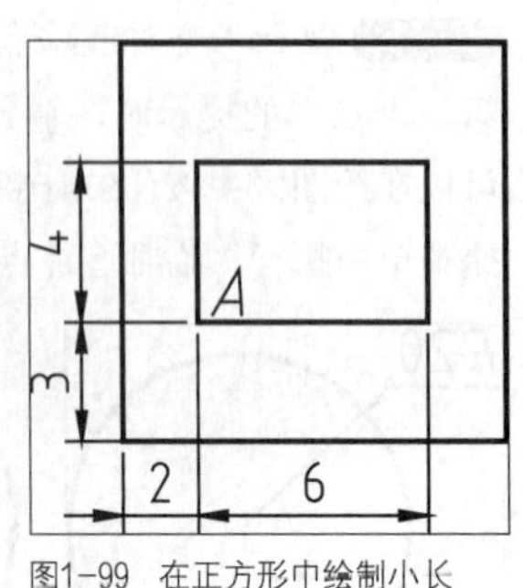

图1-99 在正方形中绘制小长方形

步骤 01 打开“练习1-11：使用自功能绘制图形.dwg”素材文件，其中已经绘制好了边长为10的正方形，如图1-98所示。

步骤 02 在“默认”选项卡中，单击“绘图”面板中的“直线”按钮，执行“直线”命令。

步骤 03 执行“自”命令。命令行出现“指定第一个点”的提示时，输入“from”，如图1-100所示。也可以在绘图区中按住Shift键单击鼠标右键，在弹出的快捷菜单中执行“自”命令。

步骤 04 指定基点。此时提示需要指定一个基点，选择正方形的左下端点作为基点，如图1-101所示。

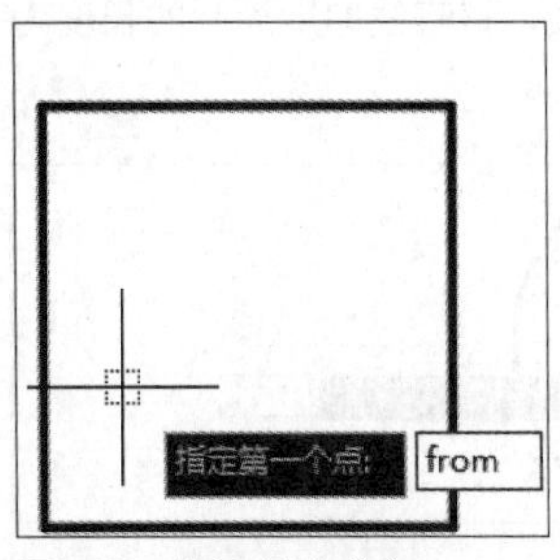

图1-100 执行“自”命令

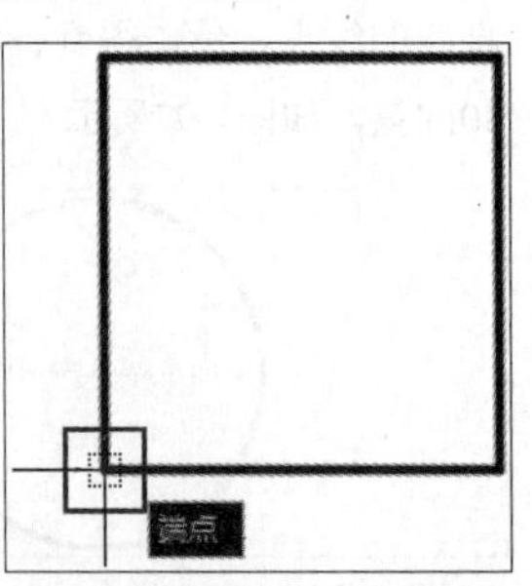

图1-101 指定基点

步骤 05 输入偏移距离。指定基点后，命令行出现“<偏移>”提示，此时输入长方形起点*A*的相对坐标（@2,3），如图1-102所示。

步骤 06 绘制图形。输入完毕后即可将直线起点定位至*A*点处，然后按给定尺寸绘制图形，如图1-103所示。

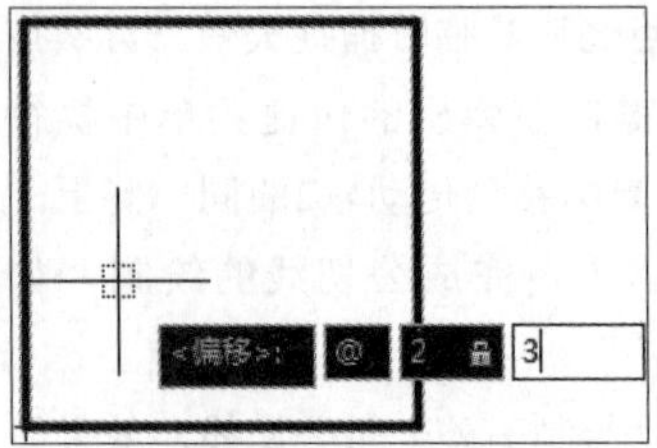

图1-102 输入偏移的相对坐标

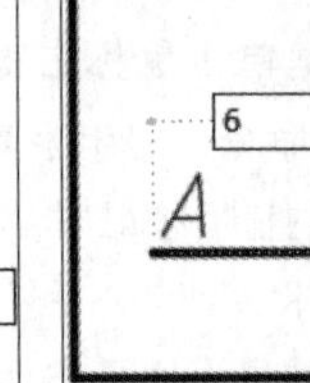

图1-103 绘制图形

> **提示**
>
> 在为“自”功能指定偏移点的时候，即使动态输入中默认的设置是相对坐标，也需要在输入时加上“@”来表明这是一个相对坐标。动态输入的相对坐标设置仅适用于指定第二点的时候。例如，在绘制一条直线时，输入的第一个坐标被当作绝对坐标，随后输入的坐标才被当作相对坐标。

1.6 选择图形

对图形进行任何编辑和修改操作时，必须先选择图形对象。针对不同的情况，采用最佳的选择方法，能大幅提高编辑图形的效率。AutoCAD提供了多种选择对象的基本方法，如点选、窗口选择、窗交选择、圈围选择、圈交选择等。

1.6.1 点选 

如果选择的是单个图形对象，可以使用点选的方法。直接将十字光标移动到要选择的对象上方，此时该图形对象会高亮显示，单击即可完成单个对象的选择。点选方式一次只能选择一个对象，如图1-104所示。连续单击需要选择的对象，可以同时选择多个对象，如图1-105所示，高亮显示部分为被选中的部分。

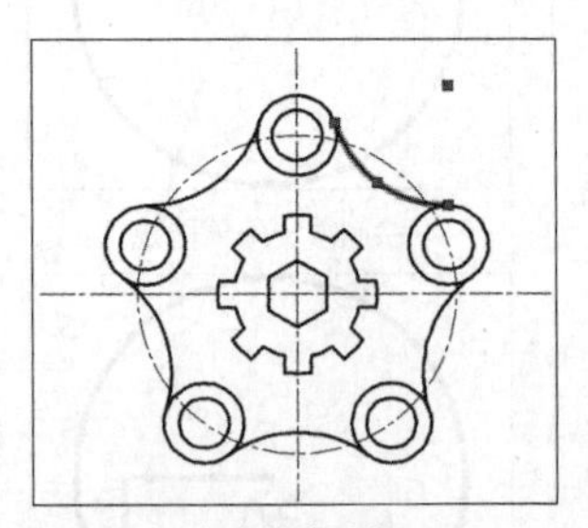
图1-104 点选单个对象

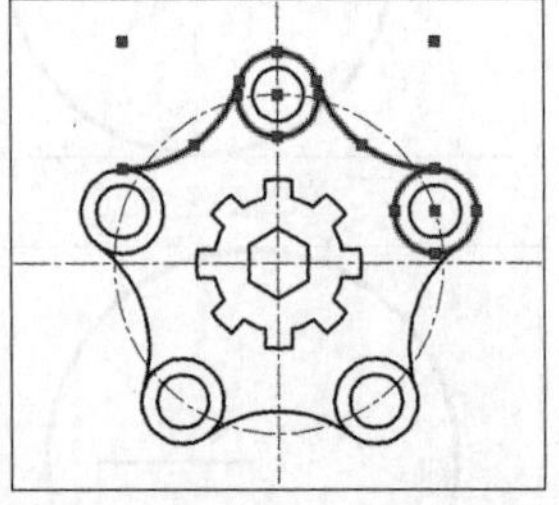
图1-105 点选多个对象

> **提示**
>
> 按住Shift键单击选择的对象，可以将这些对象从当前选择集中删除（即取消选择当前对象）；按Esc键可以取消选择当前全部被选中的对象。

如果需要同时选择多个或者大量的对象，使用点选的方法不仅费时费力，而且容易出错。此时宜使用窗口选择、窗交选择、栏选等选择方法。

1.6.2 窗口选择和窗交选择

★进阶★

窗口选择是通过定义矩形窗口来选择对象的一种方法。利用该方法选择对象时，在适当位置单击，从左往右拉出矩形框，框住需要选择的对象，此时绘图区将出现一个实线矩形方框，方框内的颜色为蓝色，如图1-106所示。再次单击，被方框完全包围的对象将被选中，如图1-107所示。高亮显示部分为被选中的部分，按Delete键删除被选中的对象，效果如图1-108所示。

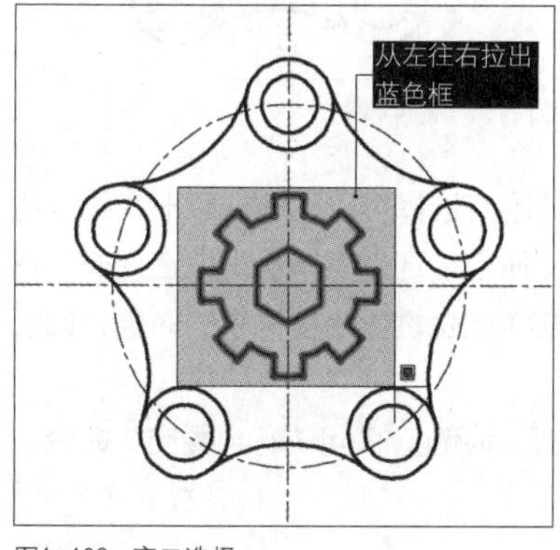

图1-106　窗口选择

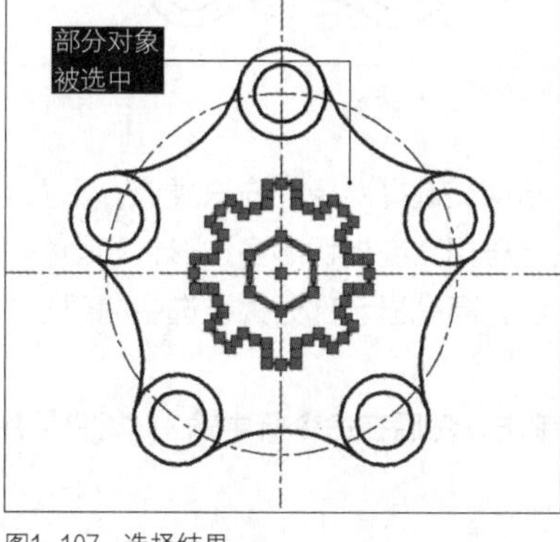

图1-107　选择结果

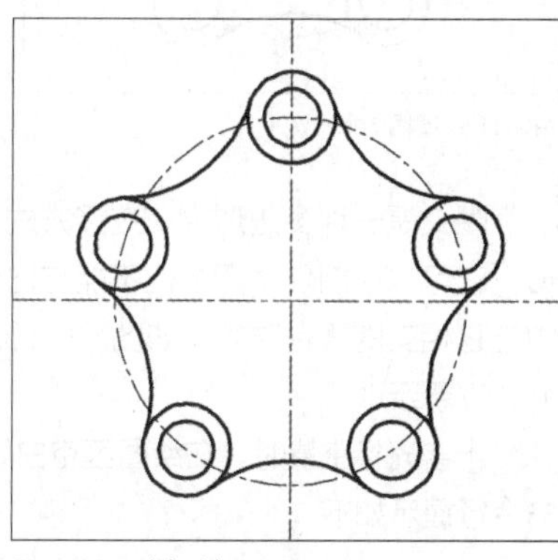

图1-108　删除对象

窗交选择对象的选择方向正好与窗口选择相反。单击或按住鼠标左键，向左上方或左下方移动十字光标，框住需要选择的对象，框选时绘图区将出现一个虚线矩形方框，方框内的颜色为绿色，如图1-109所示。释放鼠标后，与方框相交和被方框完全包围的对象都将被选中，如图1-110所示。高亮显示部分为被选中的部分，按Delete键删除被选中的对象，效果如图1-111所示。

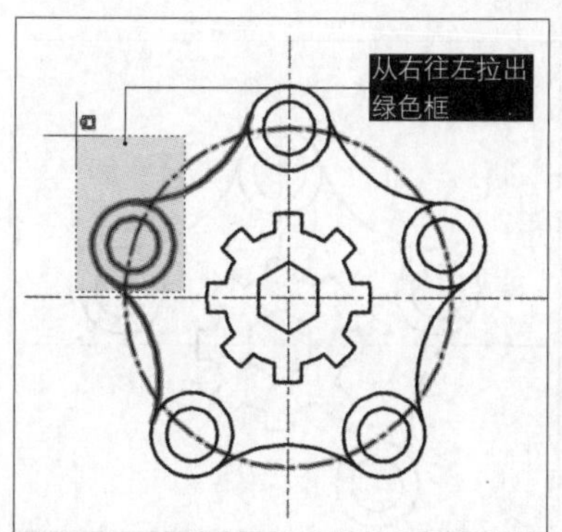

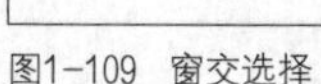

图1-109　窗交选择

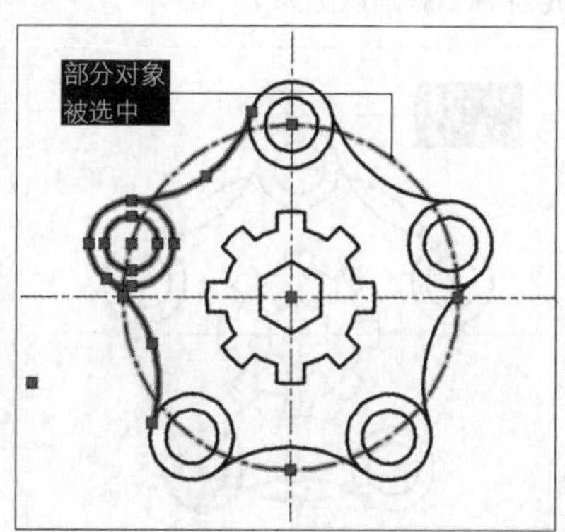

图1-110　选择结果

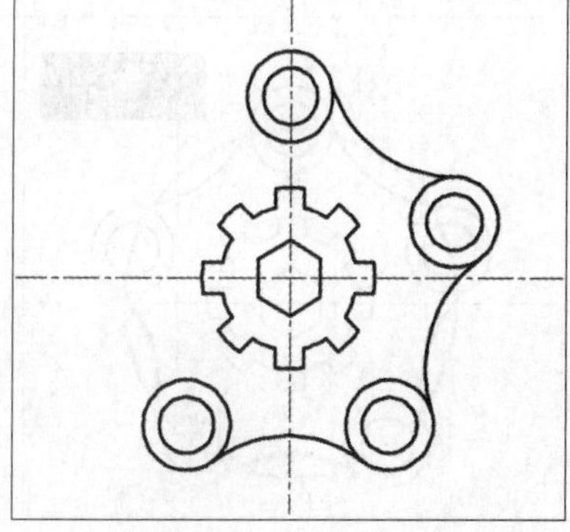

图1-111　删除对象

1.6.3 圈围选择和圈交选择

★进阶★

圈围是一种多边形窗口选择方式，与窗口选择对象的方法类似，不同的是，圈围选择可以构造任意形状的多边形，如图1-112所示。被多边形选框完全包围的对象才能被选中，如图1-113所示。高亮显示部分为被选中的部分，按Delete键删除被选中的对象，如图1-114所示。

十字光标空置时，在绘图区空白处单击，然后在命令行中输入“WP”并按Enter键，即可执行“圈围”命令，命令行提示如下。

```
指定对角点或 [栏选(F)/圈围(WP)/圈交(CP)]：WP↙            //选择“圈围”选项
第一圈围点:
指定直线的端点或 [放弃(U)]:
指定直线的端点或 [放弃(U)]:
```

圈围对象范围确定后，按Enter键或Space键确认选择。

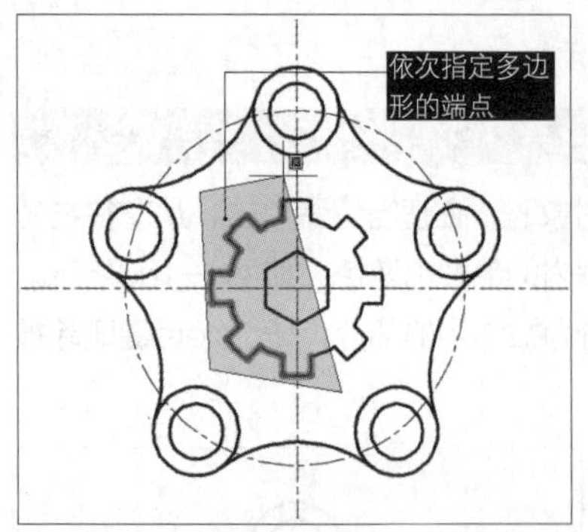

图1-112 圈围选择

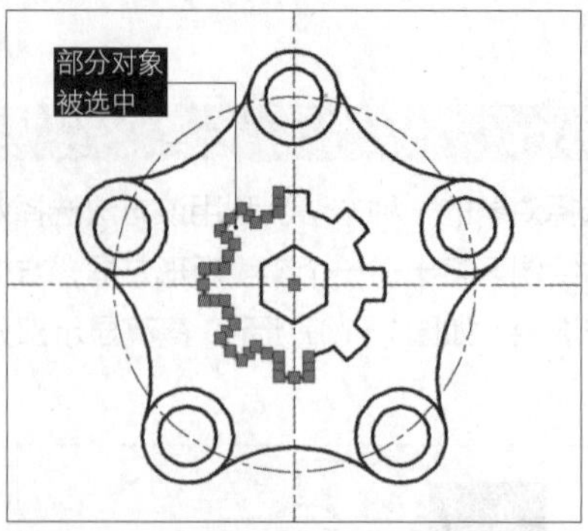

图1-113 选择结果

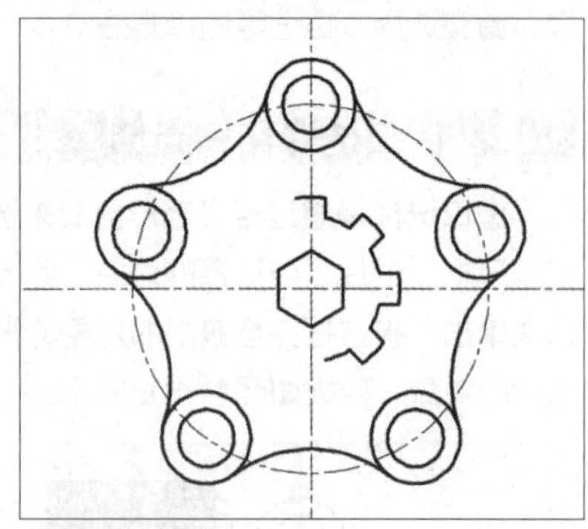

图1-114 删除对象

圈交是一种多边形窗交选择方式，与窗交选择对象的方法类似，不同的是圈交选择可以构造任意形状的多边形，它可以绘制任意闭合但不能与选框自身相交或相切的多边形，如图1-115所示。选择完毕后可以选择多边形中与它相交的所有对象，如图1-116所示。高亮显示部分为被选中的部分，按Delete键删除被选中的对象，如图1-117所示。

十字光标空置时，在绘图区空白处单击，然后在命令行中输入“CP”并按Enter键，即可执行“圈交”命令，命令行提示如下。

```
指定对角点或 [栏选(F)/圈围(WP)/圈交(CP)]: CP↙          //选择“圈交”选项
第一圈围点:
指定直线的端点或 [放弃(U)]:
指定直线的端点或 [放弃(U)]:
```

圈交对象范围确定后，按Enter键或Space键确认选择。

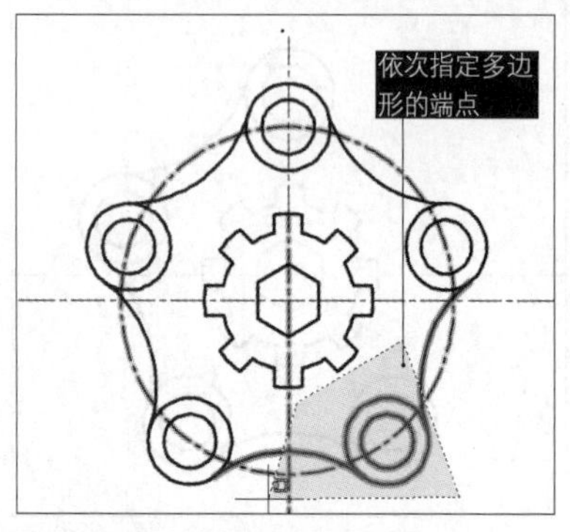

图1-115 圈交选择

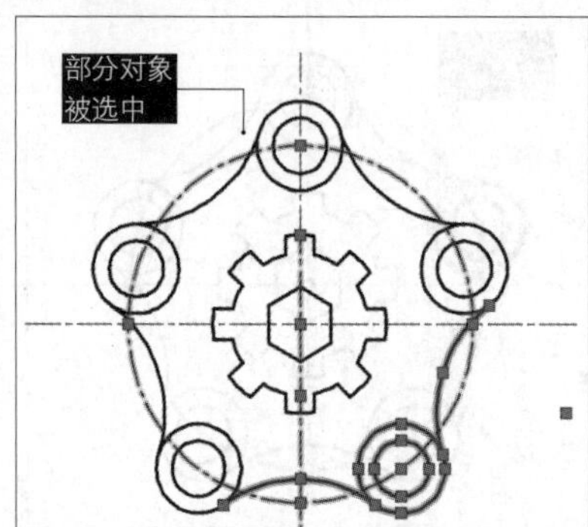

图1-116 选择结果

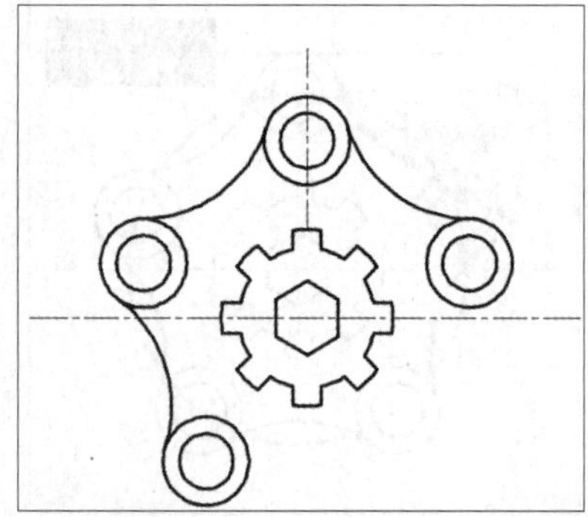

图1-117 删除对象

1.7 AutoCAD 2022的新增功能

AutoCAD 2022在原有版本的基础上新增了若干功能。认识并掌握新功能，不仅可以提高绘图效率，还能高效地与协作人员开展交流工作。

1.7.1 跟踪

★新增★

使用跟踪功能可以在 AutoCAD Web 和移动应用程序中更改图形，如同一张覆盖在图形上的虚拟图纸，方便协作者直接在图形中添加反馈。

注册并登录AutoCAD Web，显示存储在个人账户中的图纸。选择图纸，进入编辑窗口，在窗口左侧显示图形的详细信息。在窗口的左下角显示编辑工具，包括“绘图”“注释”“修改”选项卡，如图1-118所示。

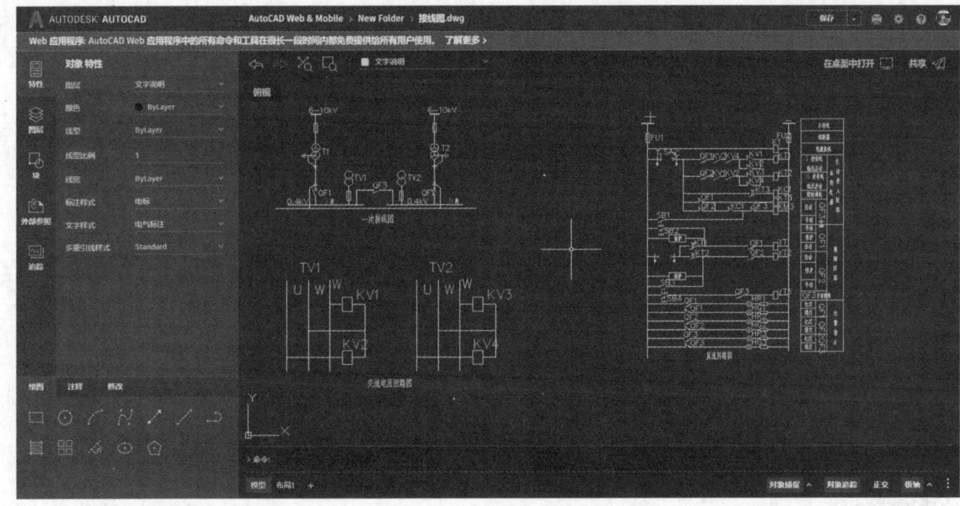

图1-118　进入编辑窗口

单击窗口左侧的“追踪”按钮，右侧的窗口被蒙上一张虚拟图纸。此时协作者就可以利用窗口左下角的工具按钮在虚拟图纸上添加修改信息。例如单击“修订云线”按钮，在图中绘制修订云线，完成后单击按钮即可，如图1-119所示。

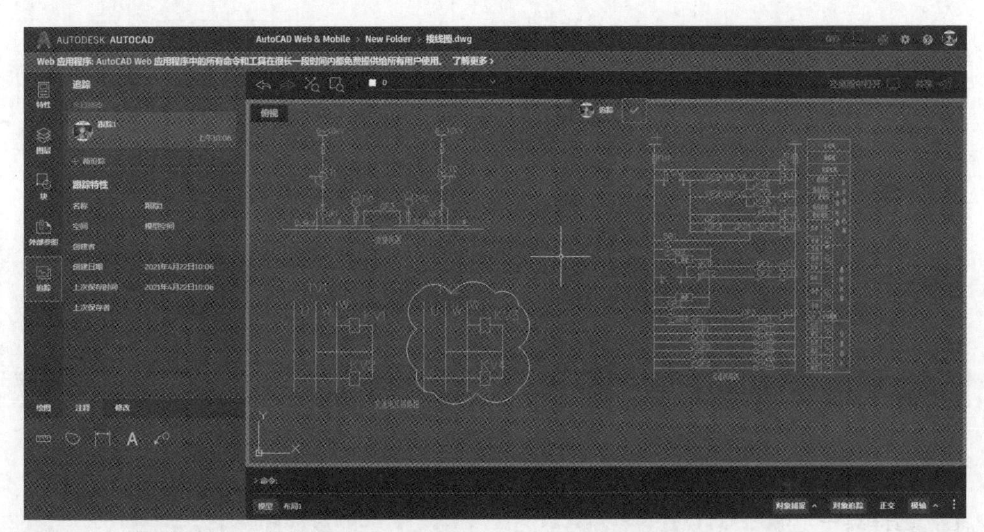

图1-119　创建跟踪

创建跟踪后，“追踪”选项板中显示已创建的更新，如图1-120所示，跟踪结果不会在AutoCAD Web窗口中显示。单击窗口右上角的“在桌面中打开”按钮，打开AutoCAD应用程序。

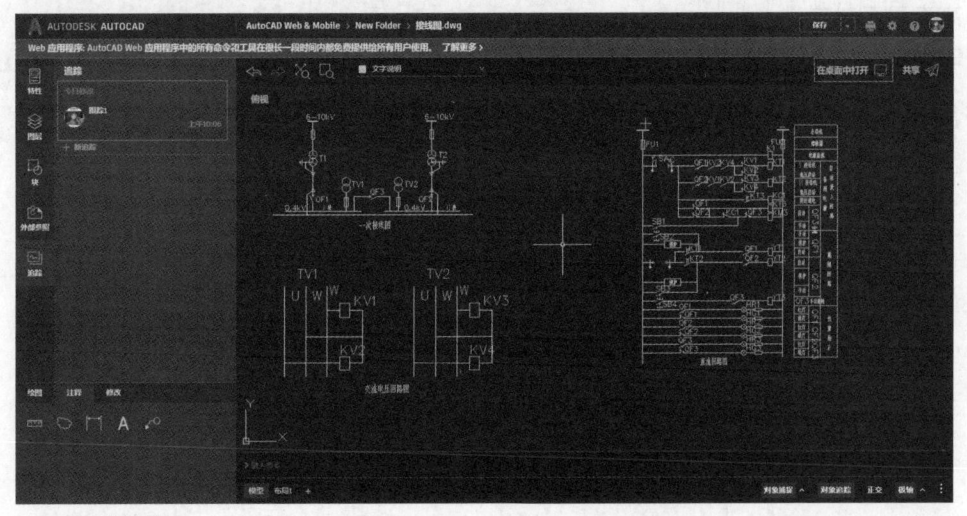

图1-120　创建结果

在AutoCAD工作界面中单击“协作”选项卡，单击“跟踪”面板上的“‘跟踪’选项板”按钮，打开选项板，观察创建跟踪的结果，如图1-121所示。观察完毕后单击✔按钮，虚拟图纸被隐藏，绘图员可以根据得到的信息更改图纸。

需要注意的是，可以在桌面、AutoCAD Web或移动应用程序中查看跟踪，但在使用AutoCAD Web和移动设备时只能创建或编辑跟踪。

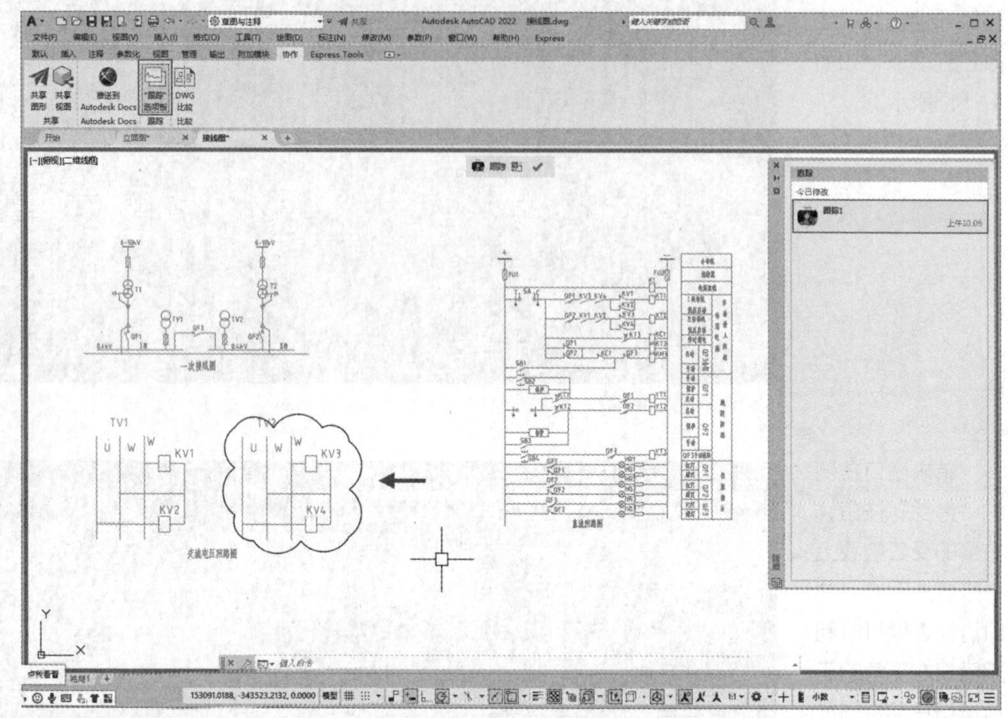

图1-121 查看跟踪

1.7.2 计数

★新增★

AutoCAD 2022新增计数功能，可以快速、准确地计算图形对象的信息。

单击“视图”选项卡，在“选项板”面板中单击“计数”按钮，进入计数模式。“计数”选项板中显示计数结果，选择其中一项，视图中高亮显示对应的图块，如图1-122所示。

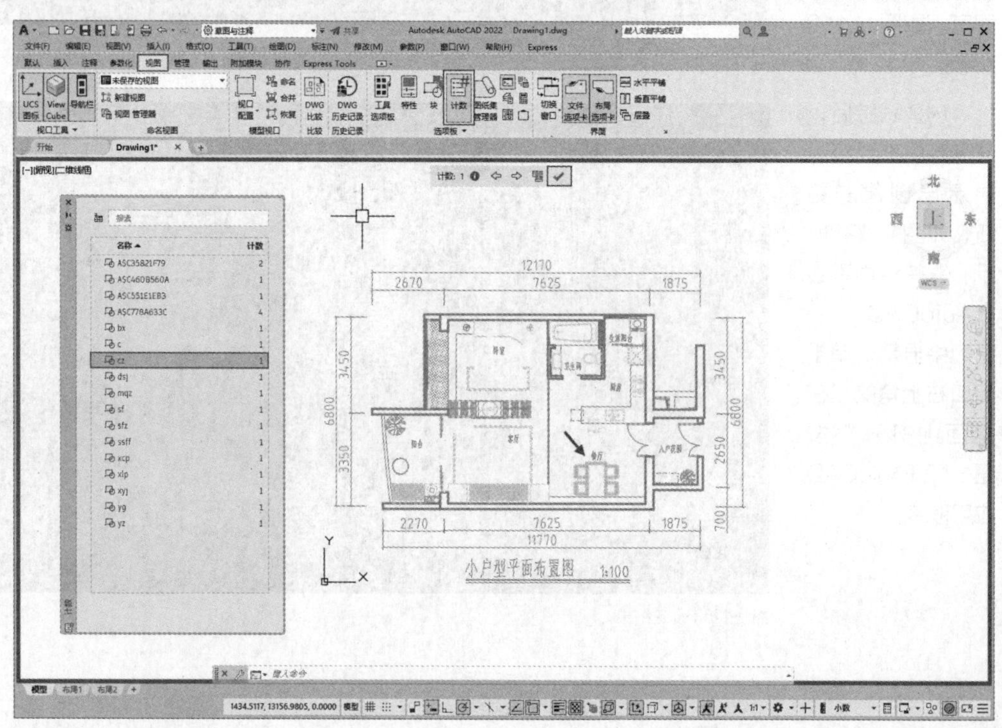

图1-122 进入计数模式

进入计数模式，“计数”工具栏显示在绘图区的顶部，如图1-123所示。

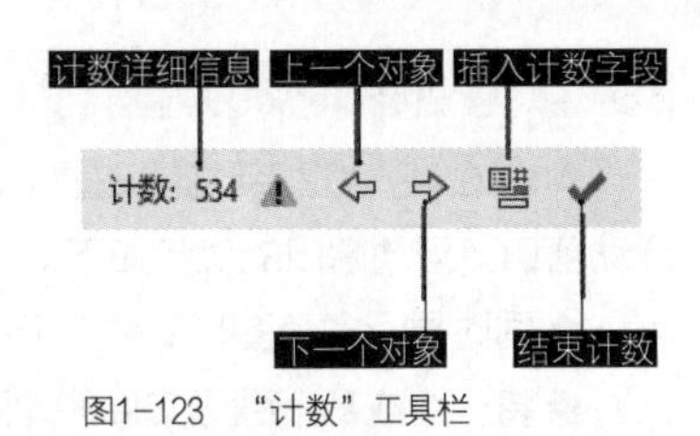

图1-123　“计数”工具栏

选择对象，如选择轮廓线，单击鼠标右键，在弹出的快捷菜单中执行“计数”命令，如图1-124所示，进入计数模式。

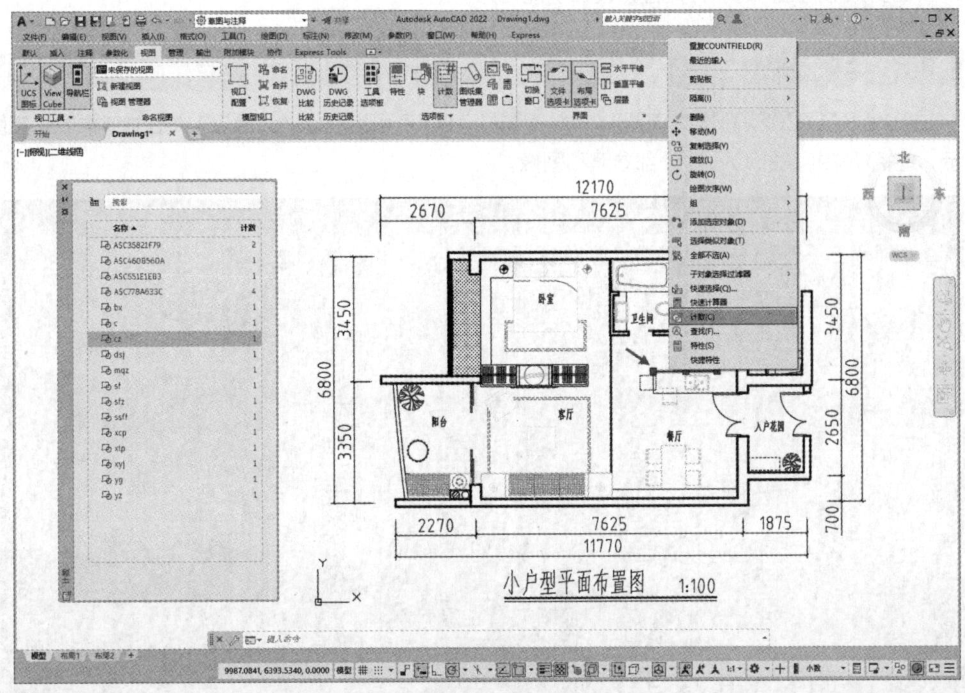

图1-124　执行“计数”命令

计数的结果如图1-125所示。在“计数”工具栏中显示对象的数量，同时以红色显示错误的图形，并在“计数”选项板中显示错误报告。

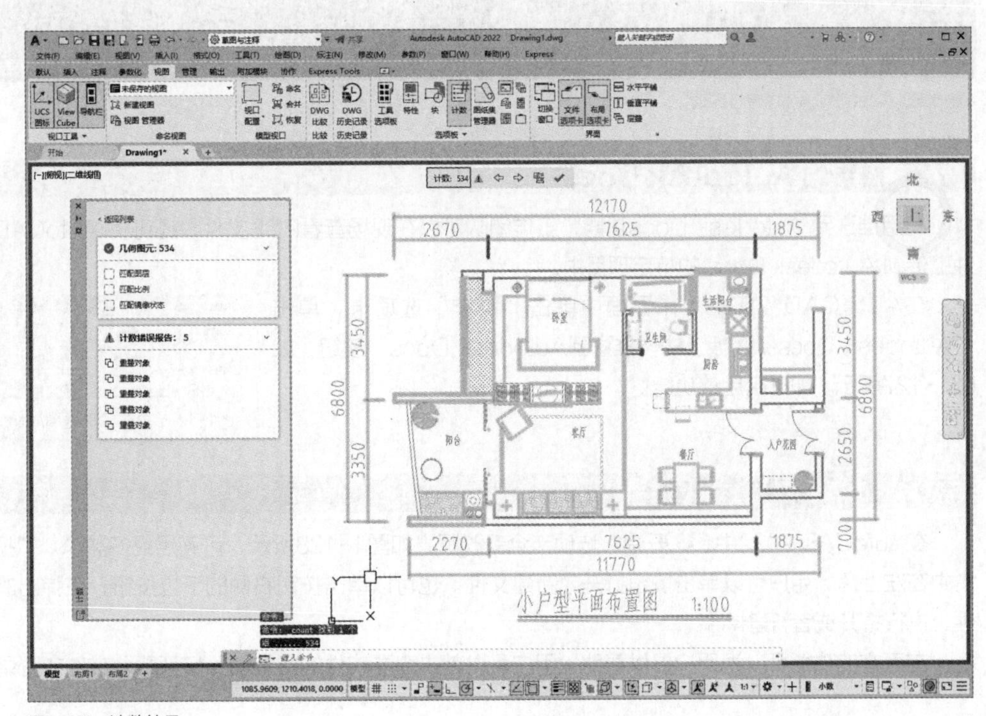

图1-125　计数结果

1.7.3 浮动图形窗口

★新增★

AutoCAD 2022新增浮动图形窗口功能，可以将某个图形文件选项卡拖出 AutoCAD 应用程序窗口，创建一个浮动窗口。浮动窗口的优势如下。

◆ 同时显示多个图形文件，无须在选项卡之间切换。

◆ 将一个或多个图形文件移动到另一个监视器上。

在多人协同工作时，浮动图形窗口功能尤为适用。

1.7.4 共享图形

★新增★

AutoCAD 2022新增共享图形功能 共享，协作者可以在AutoCAD Web中查看或编辑图形，如图1-126所示，包括所有相关的 DWG 外部参照和图像。

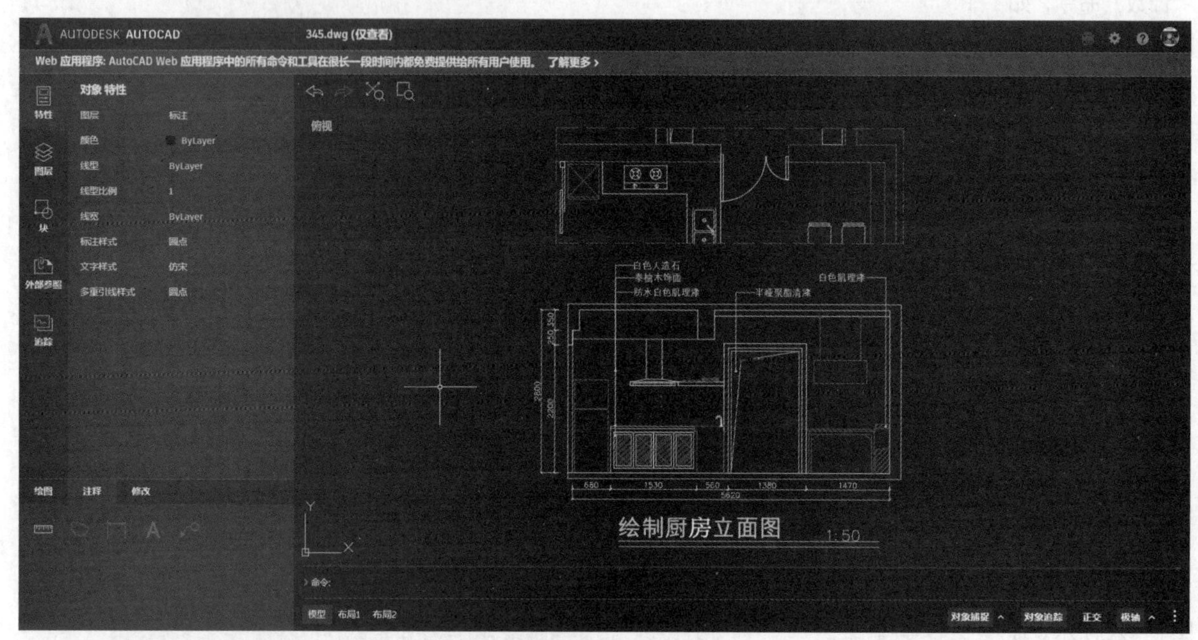

图1-126　在AutoCAD Web中查看图形

1.7.5 推送到 Autodesk Docs

★新增★

利用推送到 Autodesk Docs功能，工作团队可以在现场查看PDF文件，还可将 AutoCAD 图形作为 PDF文件上传到 Autodesk Docs 的特定项目中。

在AutoCAD 2022工作界面中单击“协作”选项卡，单击“Autodesk Docs”面板上的“推送到Autodesk Docs”按钮，如图1-127所示，即可启用该功能。

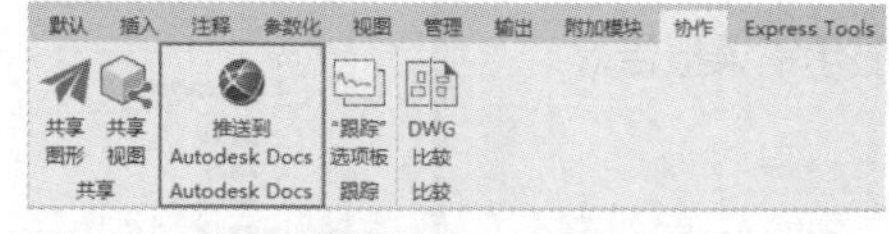

图1-127　单击“推送到Autodesk Docs”按钮

1.7.6 更新“开始”选项卡

★新增★

在AutoCAD 2022中，“开始”选项卡全新改版，如图1-128所示，可满足更多需求。“打开”“新建”按钮集中在左上角，用户可以单击按钮打开或新建文件。也可以单击按钮右侧的下拉按钮，在弹出的下拉列表中选择文件，执行打开或者新建操作。

左下方的功能可以为用户提供帮助。用户可以单击查看软件的新特性、打开帮助文件或登录社区论坛等。选项卡的中间显示最近打开的文件，方便用户检索。

选项卡的右侧显示Autodesk实时推送的消息，提醒用户关注软件更新。

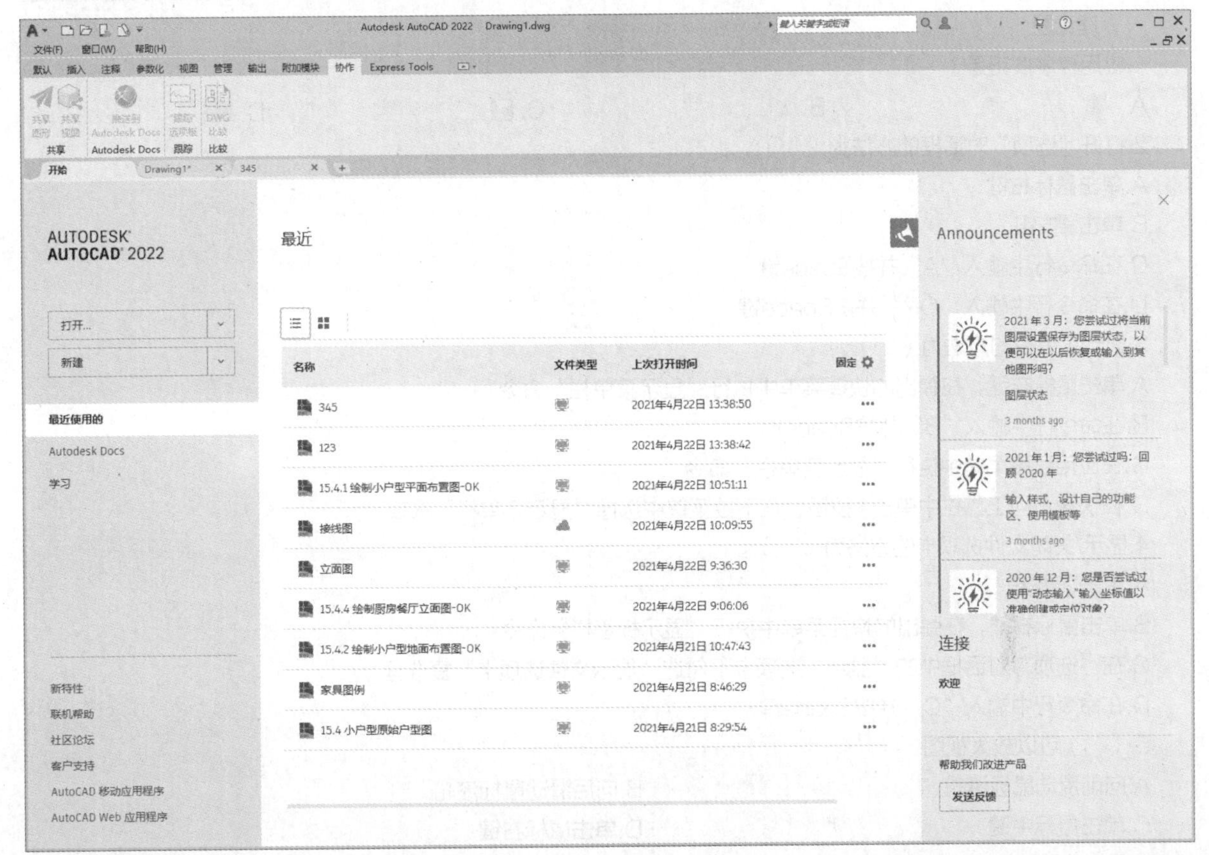

图1–128　"开始"选项卡

1.7.7 三维图形技术预览 ★新增★

AutoCAD 2022新增预览三维图形的功能，默认情况下，该功能处于禁用状态。启用后，将采用“着色”视觉样式显示图形。

在命令行中输入“3DTECHPREVIEW”并按Enter键，可以打开(ON)或关闭(OFF)该功能。

1.7.8 简化安装程序 ★新增★

AutoCAD 2022提供了简单、快捷的安装体验。安装过程中选项较少，可以加快安装进程。要创建更加具有个性化的安装，可以使用 Autodesk Account 中的“自定义安装”工作流。这样就可以完全控制所需的选项，无须先下载程序。

1.8 本章小结

读者第一次接触AutoCAD应用程序时，可能会因为陌生的操作界面而手足无措。为了帮助读者了解AutoCAD 2022，本章以循序渐进的方式安排内容，先介绍操作界面中重要组件的使用方法，如应用程序按钮、快速访问工具栏及菜单栏等，再介绍屏幕控制的方法、调用命令的方式及各类辅助绘图工具的使用方法。

读者通过了解各个组件的功能和使用方法，可以初步认识AutoCAD 2022。为了帮助读者巩固理论知识，书中穿插了练习，帮助读者随时上机操作，将所学知识熟记于心。

本章的最后还安排了课后习题，包括理论题与操作题。读者可以做完后再对照参考答案，借此检查自己的学习成果。

1.9 课后习题

一、理论题

1.应用程序按钮是（ ）。

A. B. C. D.

2.打开“选项”对话框的方法为（ ）。

A.单击鼠标右键

B.单击按钮

C.在命令行中输入“A”并按Space键

D.在命令行中输入“OP”并按Space键

3.显示菜单栏的方法为（ ）。

A.单击鼠标右键，在弹出的快捷菜单中执行“显示菜单栏”命令

B.在命令行中输入“B”并按Space键

C.在应用程序菜单中执行“显示菜单栏”命令

D.在快速访问工具栏中单击按钮，在下拉菜单中选择“显示菜单栏”选项

4.显示/关闭文件选项卡的方法为（ ）。

A.单击按钮

B.单击鼠标右键，在弹出的快捷菜单中执行“显示标签栏”命令

C.在“选项”对话框中的“显示”选项卡下勾选“显示文件选项卡”复选框

D.在命令行中输入“C”并按Space键

5.（ ）可以放大视图。

A.向前滑动鼠标滚轮 B.向后滑动鼠标滚轮

C.单击鼠标中键 D.单击鼠标右键

6.重生成视图的方式为（ ）。

A.单击鼠标右键，在弹出的快捷菜单中执行“重生成”命令

B.在“修改”菜单中执行“重生成”命令

C.在应用程序菜单中执行“重生成”命令

D.在命令行中输入“RE”并按Space键

7.在命令行中输入命令的快捷方式后，需要执行下一步操作才可调用命令，（ ）是错误的操作方式。

A.按Space键 B.按Enter键

C.单击鼠标右键 D.按Esc键

8.启用正交功能的快捷键是（ ）。

A.F1 B.F4 C.F6 D.F8

9.启用极轴追踪功能的快捷键是（ ）。

A.F3 B.F5 C.F7 D.F10

10.启用对象捕捉功能的快捷键是（ ）。

A.F2 B.F3 C.F9 D.F11

二、操作题

1.在计算机里安装AutoCAD 2022后，启动软件。默认情况下菜单栏为隐藏状态，请按照本章介绍的方法打开菜单栏。

2.参考本章介绍的屏幕控制方法，通过缩放、平移等操作，查看图1-129所示的机械图纸。

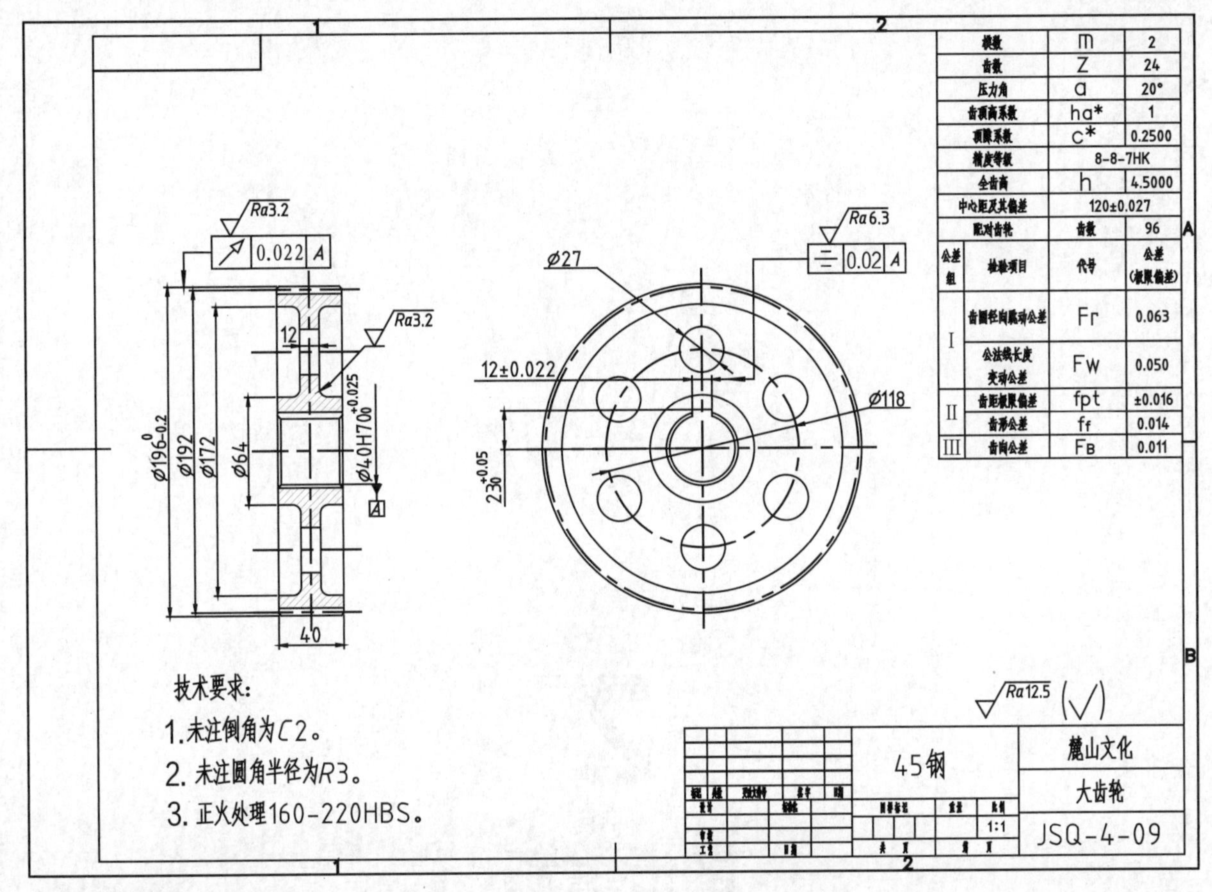

图1-129　机械图纸

3.利用“直线”命令、“偏移”命令，并结合正交和极轴追踪功能，绘制图1-130所示的餐桌立面。

4.利用所学的调用命令的各种方式，绘制图1-131所示的门立面。

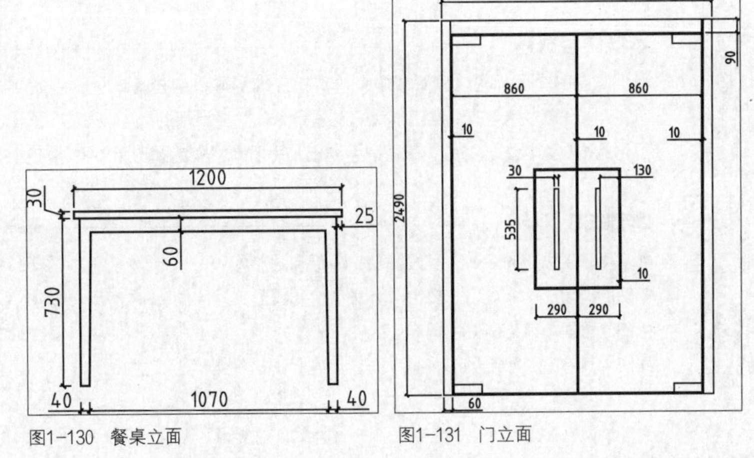

图1-130　餐桌立面　　图1-131　门立面

5.利用合适的选择图形的方法，选择并删除图形，效果如图1-132所示。

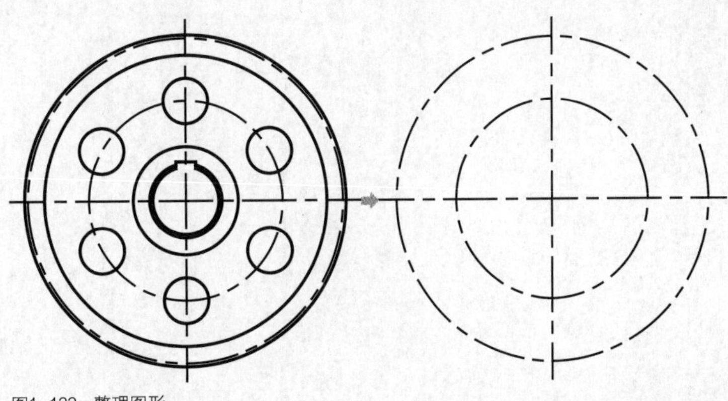

图1-132　整理图形

第 2 章

图形绘制

本章内容概述

任何复杂的图形都可以分解成多个基本的二维图形，这些基本图形包括点、直线、圆、多边形、圆弧和样条曲线等。AutoCAD为用户提供了丰富的绘图命令，并将常用的几种收集在“默认”选项卡的“绘图”面板中。只要掌握了“绘图”面板中的命令，就可以绘制出几乎所有类型的图形，本章将依次介绍“绘图”面板中的命令。

本章知识要点

- 使用“直线”命令、“多段线”命令绘制图形
- 使用“矩形”命令、“多边形”命令绘制图形
- 创建图案填充与渐变色填充
- 使用其他命令绘制图形
- 使用“圆”命令、“圆弧”命令绘制图形
- 使用“椭圆”命令、“椭圆弧”命令绘制图形
- 使用“多线”命令绘制图形

2.1 直线

直线是非常常见的图形对象，也是AutoCAD中最基本的图形之一，只要指定了起点和终点，就可以绘制出一条直线。执行“直线”命令的方法如下。

◆菜单栏：执行“绘图”|“直线”命令。

◆功能区：单击“绘图”面板中的“直线”按钮。

◆命令：LINE或L。

执行“直线”命令后，命令行提示如下。

```
命令: _line
        //执行“直线”命令
指定第一个点:
        //输入直线段的起点，用十字光标指定点或在命令行中输入点的坐标
指定下一点或 [放弃(U)]:
        //输入直线段的终点。也可以用鼠标指定一定角度后，直接输入直线的长度
指定下一点或 [放弃(U)]:
        //输入下一直线段的终点。输入“U”表示放弃之前的输入
指定下一点或 [闭合(C)/放弃(U)]:
        //输入下一直线段的终点。输入“C”使图形闭合，或按Enter键结束命令
```

命令行各选项的含义说明如下。

◆指定下一点或［放弃(U)］：当命令行提示“指定下一点或［放弃(U)］”时，用户可以指定多个端点，从而绘制出多条直线段；每一段直线又都是一个独立的图形对象，可以单独进行编辑操作，如图2-1所示。

◆闭合(C)：绘制两条以上直线段后，命令行会出现“闭合(C)”选项；此时如果输入“C”并按Enter键，系统会自动连接直线段的起点和终点，绘制封闭的图形，如图2-2所示。

◆放弃(U)：命令行出现“放弃(U)”选项时，如果输入“U”并按Enter键，会擦除最近一次绘制的直线段，如图2-3所示。

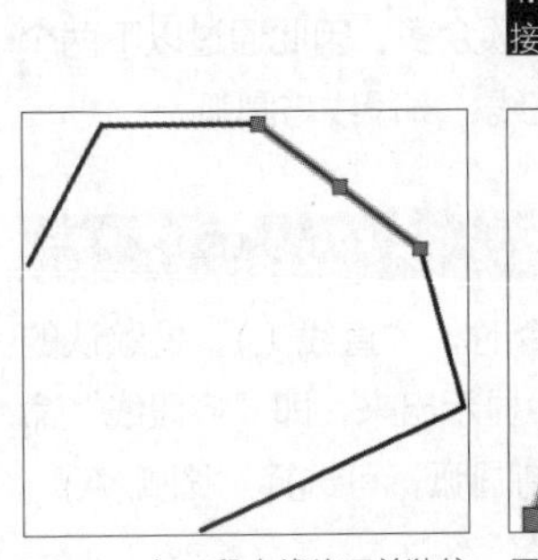

图2-1　每一段直线均可单独编辑

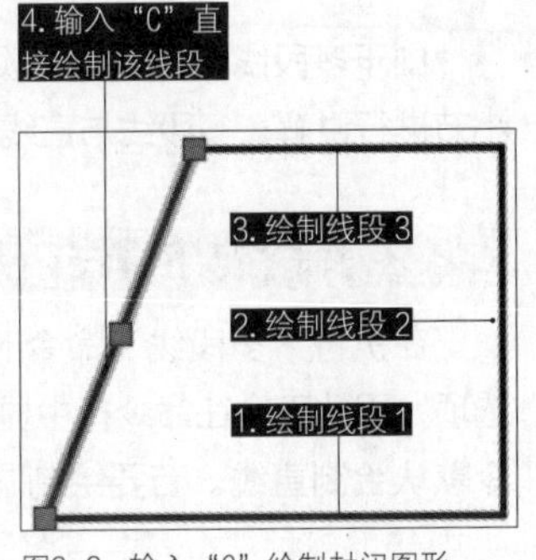

图2-2　输入“C”绘制封闭图形

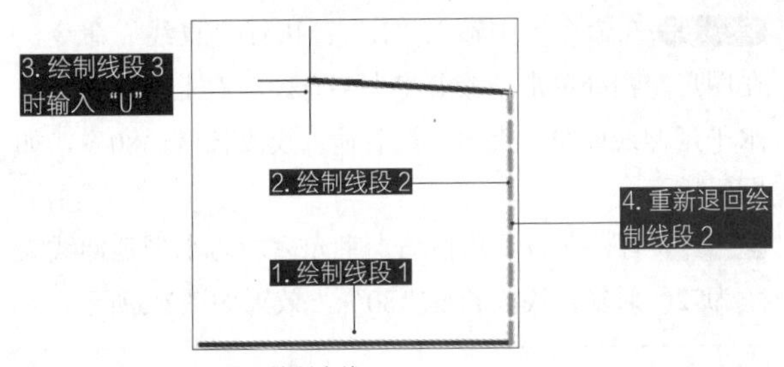

图2-3　输入“U”重新绘制直线

练习 2-1　使用“直线”命令绘制五角星　★进阶★

使用“直线”命令时，只要不退出命令，便可以使用该命令一直绘制。因此，制图时应先分析图形的构成和尺寸，尽量一次性将线性对象绘出，减少“直线”命令的重复调用，这样将大幅提高绘图效率，操作步骤如下。

步骤 01 启动AutoCAD，新建一个空白文档。可先设置好绘图时所需的角度，然后再进行绘图。

步骤 02 用鼠标右键单击状态栏上的“极轴追踪”按钮，弹出追踪角度快捷菜单。在快捷菜单中执行“正在追踪设置”命令，打开“草图设置”对话框，在“极轴追踪”选项卡中勾选“附加角”复选框，单击右侧的“新建”按钮，在左侧列表框中输入要捕捉的角度值“72”和“144”，如图2-4所示。这样设置之后，绘制时只需移动十字光标至72°或144°的大概位置就会出现追踪线，绘图十分方便。

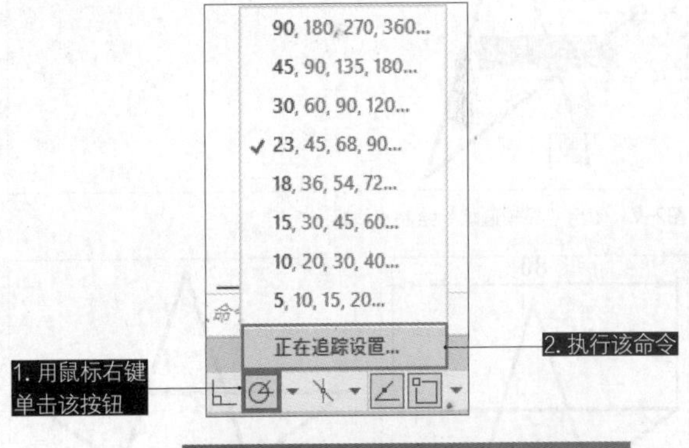

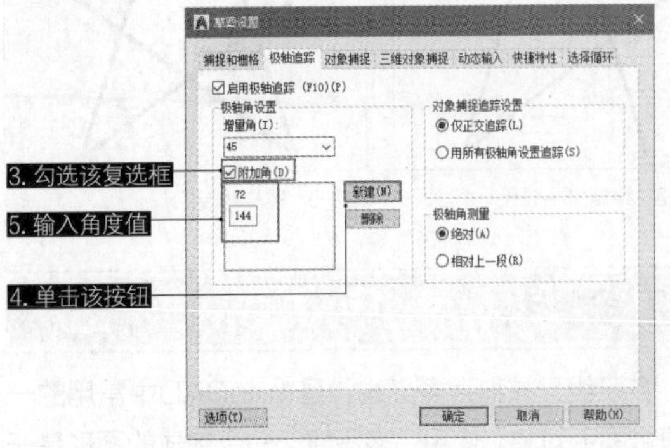

图2-4　设置追踪角度

步骤 03 在命令行中输入“L”，执行“直线”命令，在图形空白处单击，接着将十字光标向右上角移动，与水平延伸线成72°夹角，然后输入线段长度“80”，如图2-5所示。

步骤 04 直接向右下角移动十字光标，与水平延伸线夹角为72°时输入线段长度“80”，效果如图2-6所示。

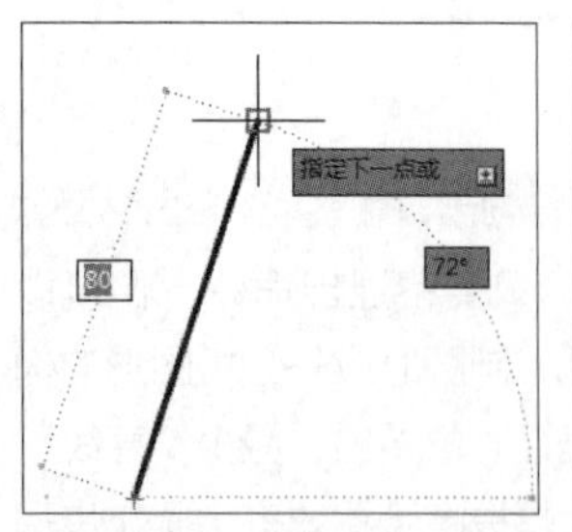

图2-5 使用“极轴追踪”绘制直线段

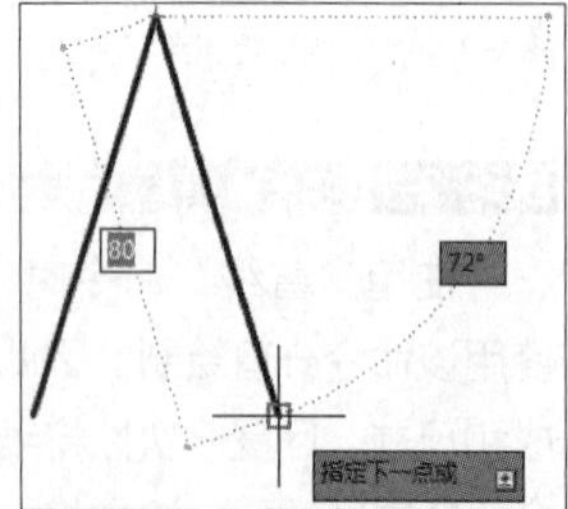

图2-6 绘制直线段

步骤 05 向左上角移动十字光标至与水平延伸线成144°夹角，然后输入线段长度“80”，效果如图2-7所示。

步骤 06 水平向右移动十字光标，然后输入线段长度“80”，效果如图2-8所示。

步骤 07 最后输入“C”并按Enter键即可将本次绘制的直线段的起点和终点自动连接，最终效果如图2-9所示。

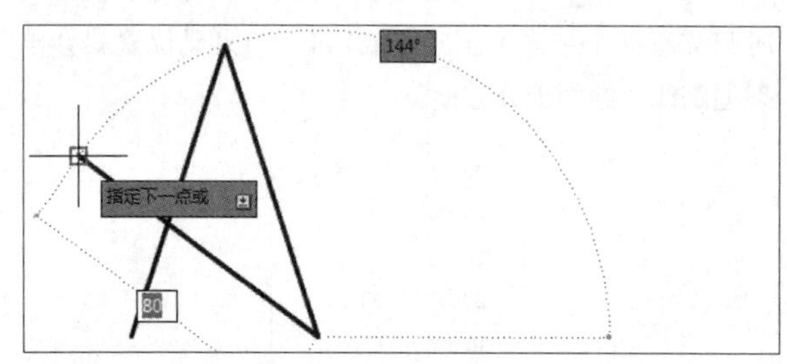

图2-7 使用“极轴追踪”绘制直线段

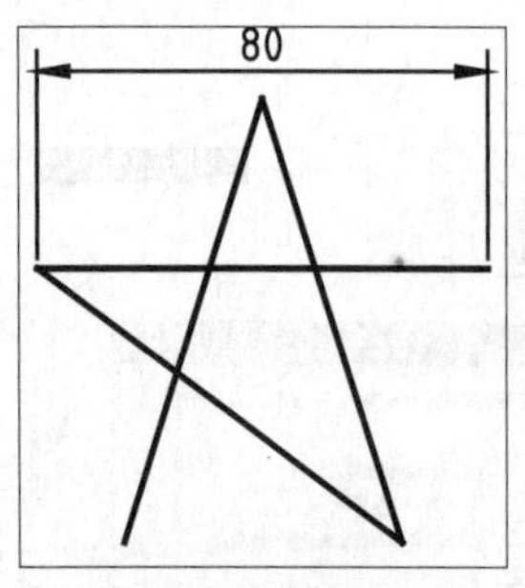

图2-8 绘制水平线段

图2-9 连接两端点

2.2 多段线

多段线又被称为多义线，是AutoCAD中常用的一类复合图形对象。使用“多段线”命令构成的图形是一个整体，可以统一对其进行编辑修改。

2.2.1 多段线概述

多段线和直线类似，区别在于“直线”命令绘制的图形是独立存在的，每一段直线都能单独被选中，而多段线则是一个整体，选择其中任意一段，其他部分也都会被选中，如图2-10所示。“多段线”命令除了能绘制直线，还能绘制圆弧，这也是和“直线”命令的一大区别。

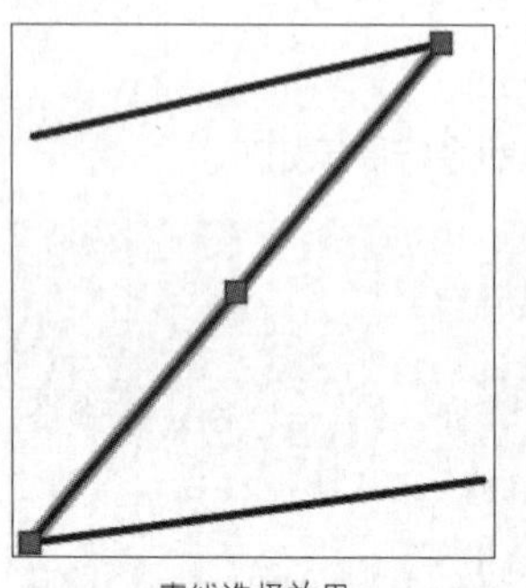
直线选择效果

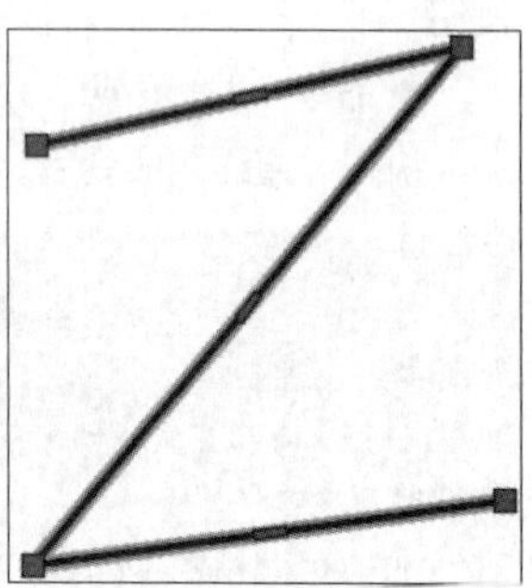
多段线选择效果

图2-10 直线与多段线的选择效果对比

执行“多段线”命令的方法如下。

◆菜单栏：执行“绘图”|“多段线”命令。

◆功能区：单击“绘图”面板中的“多段线”按钮 。

◆命令：PLINE或PL。

执行“多段线”命令后，命令行提示如下。

```
命令: _pline
        //执行“多段线”命令
指定起点:
        //在绘图区中任意指定一点为起点，有临时的加号标记显示
当前线宽为 0.0000
        //显示当前线宽
指定下一个点或 [圆弧(A)/半宽(H)/长度(L)/放弃(U)/宽度(W)]:
        //指定多段线的端点
指定下一点或 [圆弧(A)/闭合(C)/半宽(H)/长度(L)/放弃(U)/宽度(W)]:   //指定下一段多段线的端点
指定下一点或 [圆弧(A)/闭合(C)/半宽(H)/长度(L)/放弃(U)/宽度(W)]:   //指定下一端点或按Enter键结束
```

由于多段线中各延伸选项众多，因此通过以下两个小节进行讲解：多段线与直线、多段线与圆弧。

2.2.2 多段线与直线 ★重点★

在执行“多段线”命令时，“直线(L)”是默认的选项，因此不会在命令行中显示出来，即“多段线”命令默认绘制直线。若要绘制圆弧，可选择“圆弧(A)”

选项。直线状态下的多段线，除“长度(L)”选项之外，其他皆为通用选项，含义介绍如下。

◆闭合(C)：该选项的含义与“直线”命令中的一致，可连接第一条线段的起点和最后一条线段的终点，以创建闭合的多段线。

◆半宽(H)：指定从宽线段的中心到一条边的宽度；选择该选项后，命令行提示用户分别输入起点与端点的半宽值，而起点宽度将成为默认的端点宽度，如图2-11所示。

◆长度(L)：按照与上一线段相同的角度、方向创建指定长度的线段，如果上一线段是圆弧，将创建与该圆弧相切的新直线段。

◆宽度(W)：设置多段线起始与结束的宽度值；选择该选项后，命令行提示用户分别输入起点与终点的宽度值，而起点宽度将成为默认的终点宽度，如图2-12所示。

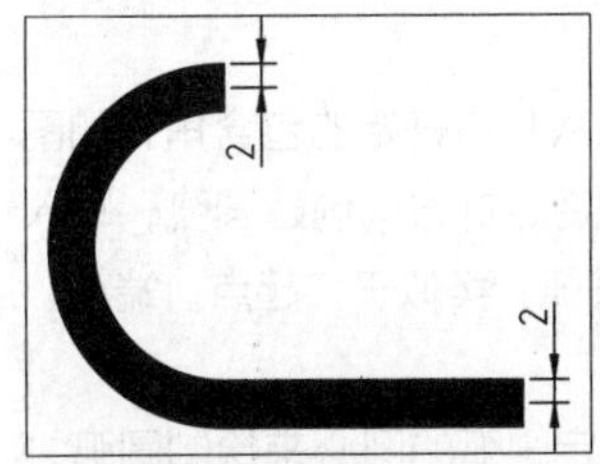

图2-11 半宽为2示例

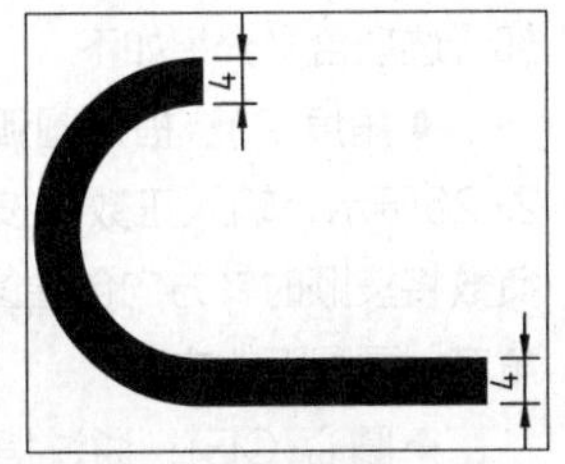

图2-12 宽度为4示例

为多段线指定宽度后，有如下几点需要注意。

◆多段线的本体位于宽度效果的中心部分，如图2-13所示。

◆一般情况下，带有宽度的多段线在转折角处会自动相连，如图2-14所示；但在圆弧互不相切、有非常尖锐的角（小于29°）或使用点划线线型的情况下将无倒角，如图2-15所示。

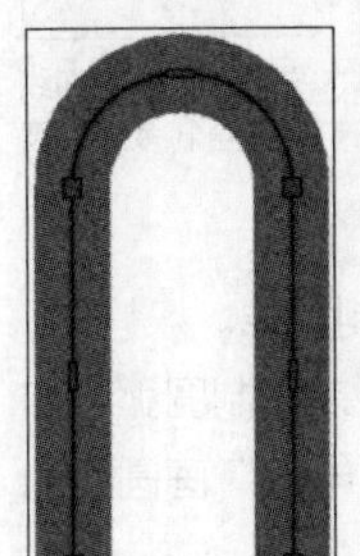

图2-13 多段线位于宽度效果的中心部分

图2-14 多段线在转角处自动相连

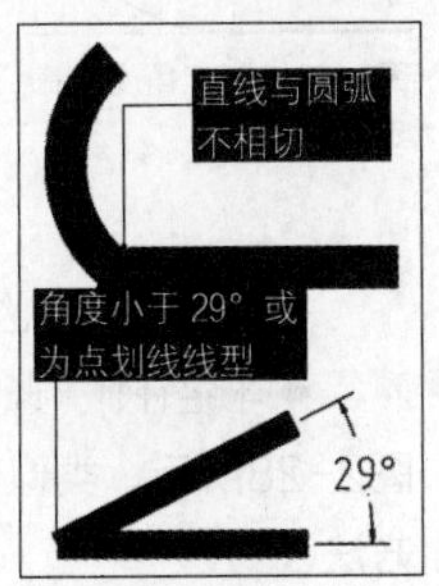

图2-15 多段线在转角处不相连的情况

练习 2-2 使用“多段线”命令绘制箭头 Logo ★进阶★

多段线的使用虽不及直线、圆频繁，但可以通过指定线段宽度绘制出许多独特的图形，如各种标识箭头。本练习便通过灵活设置多段线的线宽一次性绘制坐标系箭头图形，操作步骤如下。

步骤 01 打开“练习2-2：使用‘多段线’命令绘制箭头Logo.dwg”素材文件，其中已经绘制好了两段直线，如图2-16所示。

步骤 02 绘制Y轴方向箭头。单击“绘图”面板中的“多段线”按钮，指定竖直直线的上方端点为起点，在命令行中输入“W”，选择“宽度”选项。指定起点宽度为0、终点宽度为5，向下绘制一段长度为10的多段线，如图2-17所示。

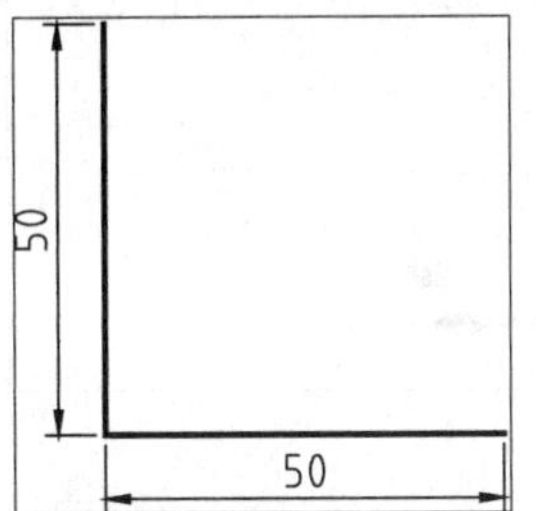

图2-16 素材图形

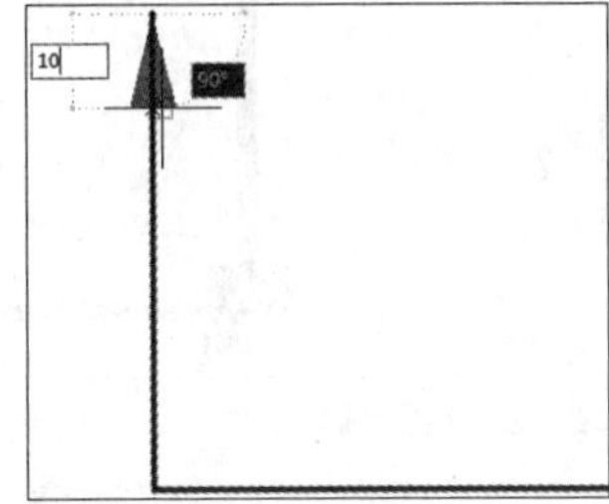

图2-17 绘制Y轴方向箭头

步骤 03 绘制Y轴连接线。箭头绘制完毕后，再次在命令行中输入“W”，指定起点宽度为2、终点宽度为2，向下绘制一段长度为35的多段线，如图2-18所示。

步骤 04 绘制基点方框。连接线绘制完毕后，再次在命令行中输入“W”，指定起点宽度为10、终点宽度为10，向下绘制一段多段线至直线交点，如图2-19所示。

步骤 05 保持线宽不变，向右移动十字光标，绘制一段长度为5的多段线，效果如图2-20所示。

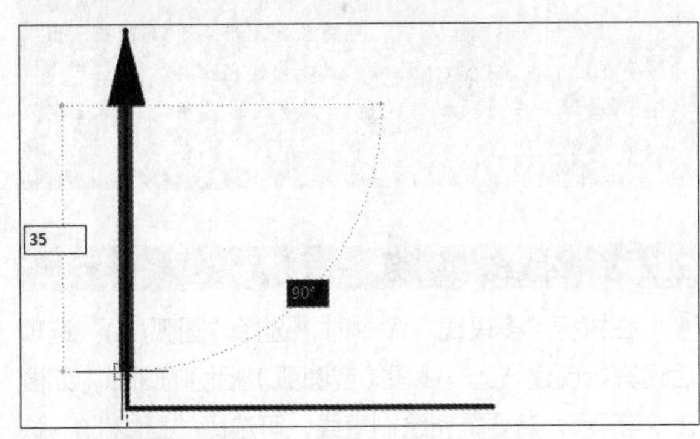

图2-18 绘制Y轴连接线

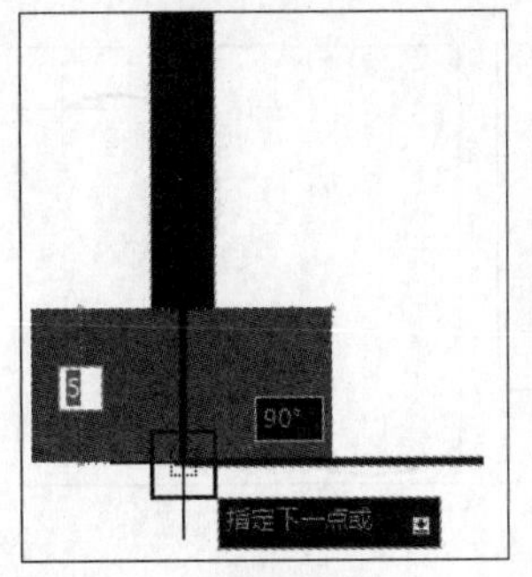

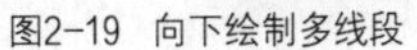

图2-19 向下绘制多线段

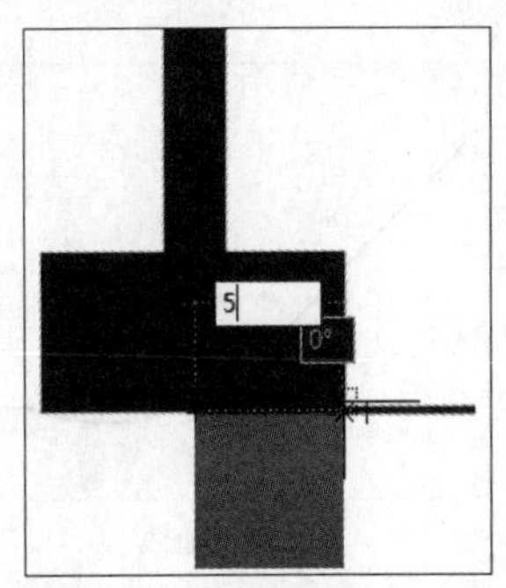

图2-20 向右绘制多线段

步骤 06 绘制X轴连接线。指定起点宽度为2、终点宽度为2，向右绘制一段长度为35的多段线，如图2-21所示。

步骤 07 绘制X轴方向箭头。按步骤02的方法，绘制X轴右侧的箭头，起点宽度为5、终点宽度为0，如图2-22所示。

步骤 08 按Enter键，退出多段线的绘制，坐标系箭头标识绘制完成，如图2-23所示。

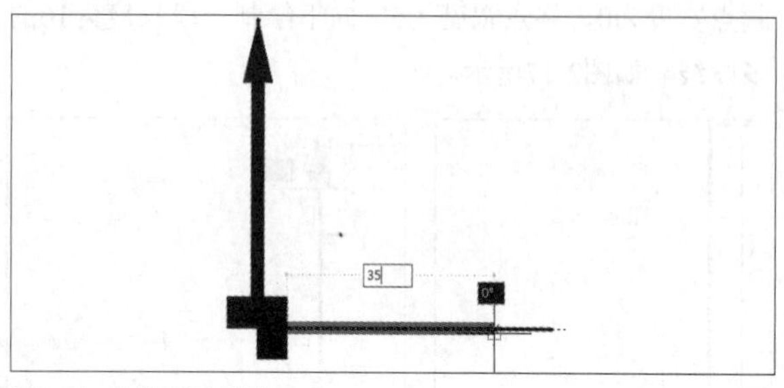

图2-21 绘制X轴连接线

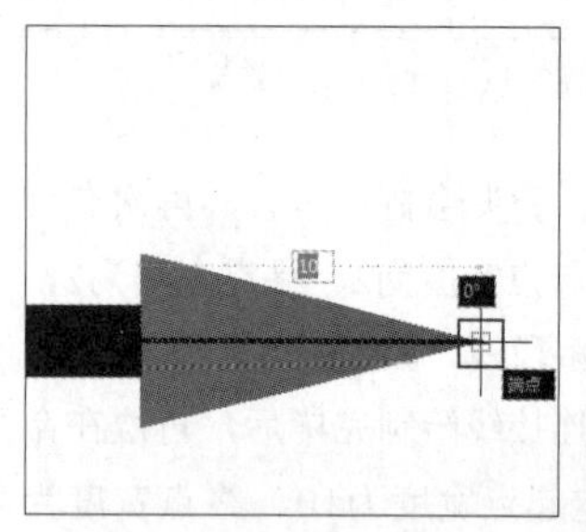

图2-22 绘制X轴方向箭头

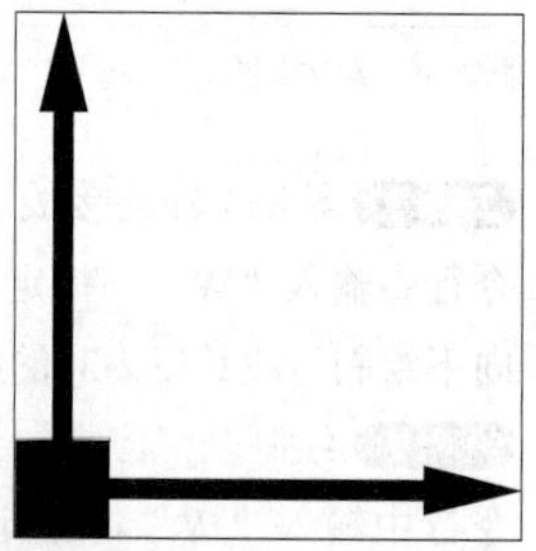

图2-23 图形效果

> **提示**
>
> 在多段线绘制过程中，可能预览图形不会及时显示出带有宽度的转角效果，让用户误以为绘制出错。其实只要按Enter键完成多段线的绘制，多段线的转角处便会呈现出平滑的效果。

2.2.3 多段线与圆弧 ★重点★

在执行“多段线”命令时，选择“圆弧(A)”选项后便开始创建与上一线段（或圆弧）相切的圆弧，如图2-24所示。若要重新绘制直线，可选择“直线(L)”选项。

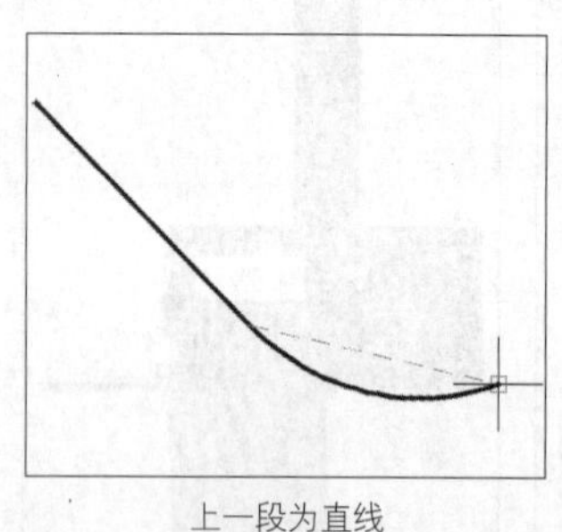

上一段为直线　　上一段为圆弧

图2-24 创建圆弧时自动相切

执行“多段线”命令后，命令行提示如下。

```
命令: _pline
        //执行“多段线”命令
指定起点:
        //在绘图区中任意指定一点为起点
当前线宽为 0.0000
指定下一个点或 [圆弧(A)/半宽(H)/长度(L)/放弃(U)/宽度(W)]:
A↙      //选择“圆弧”选项
指定圆弧的端点(按住 Ctrl 键以切换方向)或
        //指定圆弧的一个端点
[角度(A)/圆心(CE)/方向(D)/半宽(H)/直线(L)/半径(R)\第二个点(S)/放弃(U)/宽度(W)]:
指定圆弧的端点(按住 Ctrl 键以切换方向)或
        //指定圆弧的另一个端点
[角度(A)/圆心(CE)/闭合(CL)/方向(D)/半宽(H)/直线(L)/半径(R)\第二个点(S)/放弃(U)/宽度(W)]: *取消*
```

根据命令行提示可知，在执行“多段线”命令的过程中选择“圆弧(A)”选项时，会出现10种延伸选项，部分选项含义介绍如下。

◆角度(A)：指定圆弧从起点开始的包含角，如图2-25所示；输入正数将按逆时针方向创建圆弧，输入负数将按顺时针方向创建圆弧，类似于“起点、端点、角度”画圆弧的方法。

◆圆心(CE)：通过指定圆弧的圆心来绘制圆弧，如图2-26所示，类似于“起点、圆心、端点”画圆弧的方法。

◆方向(D)：通过指定圆弧的切线来绘制圆弧，如图2-27所示，类似于“起点、端点、方向”画圆弧的方法。

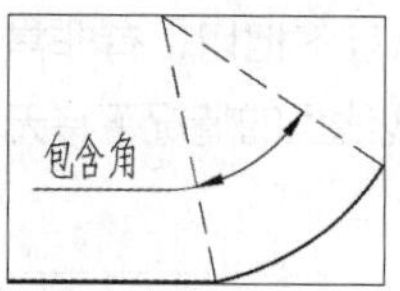

图2-25 指定角度绘制多段线圆弧

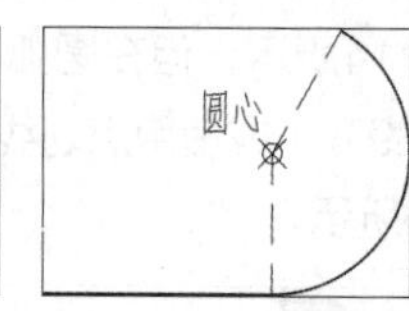

图2-26 指定圆心绘制多段线圆弧

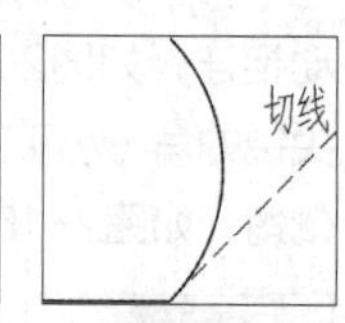

图2-27 指定切线方向绘制多段线圆弧

◆直线(L)：从绘制圆弧切换到绘制直线。

◆半径(R)：通过指定圆弧的半径来绘制圆弧，如图2-28所示，类似于“起点、端点、半径”画圆弧的方法。

◆第二个点(S)：通过指定圆弧上的第二点和端点来绘制圆弧，如图2-29所示，类似于“三点”画圆弧的方法。

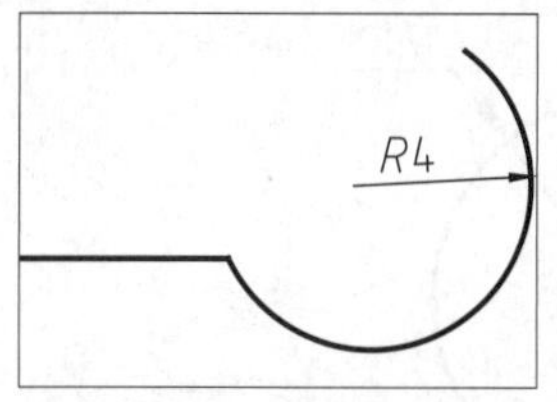

图2-28 指定半径绘制多段线圆弧

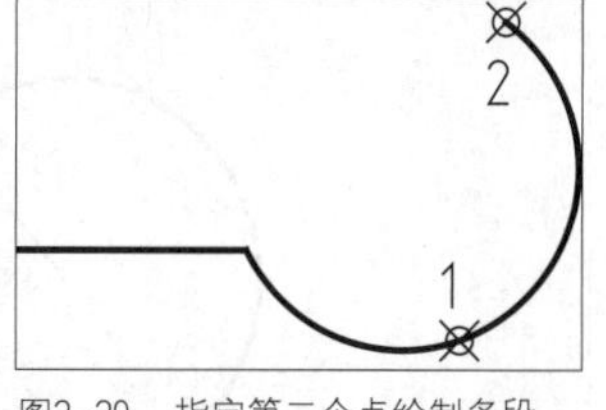

图2-29 指定第二个点绘制多段线圆弧

练习 2-3 使用“多段线”命令绘制蜗壳图形 ★进阶★

执行“多段线”命令，除了可以获得最明显的宽度效果外，还可以选择其“圆弧(A)”选项，创建与上一段直线（或圆弧）相切的圆弧。例如本练习的蜗壳图形，由多段相切的圆弧组成，如图2-30所示。如果直接使用“圆弧”命令进行绘制会比较麻烦，因此这类图形应首选“多段线”命令绘制，以避免剪切、计算等烦琐的工作，操作步骤如下。

步骤 01 启动AutoCAD，单击快速访问工具栏中的“打开”按钮，打开“练习2-3：使用‘多段线’命令绘制蜗壳图形.dwg”素材文件，其中已经绘制好了长度为50的直线，且直线上有A、B、C、D共4个点，将直线平均分为5份，如图2-31所示。

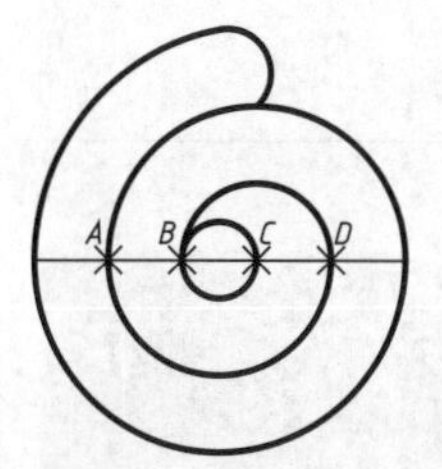

图2-30 蜗壳效果

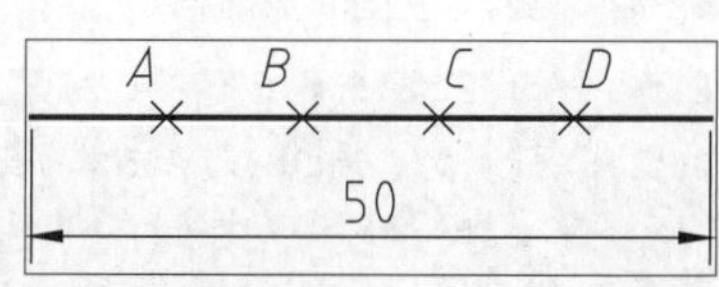

图2-31 素材图形

步骤 02 绘制BC弧段。单击“绘图”面板中的“多段线”按钮，执行“多段线”命令。捕捉B点作为起点，在命令行中输入“A”选择“圆弧(A)”选项，此时圆弧以BC线段为切线，与要求的BC弧段方向不符，如图2-32所示。

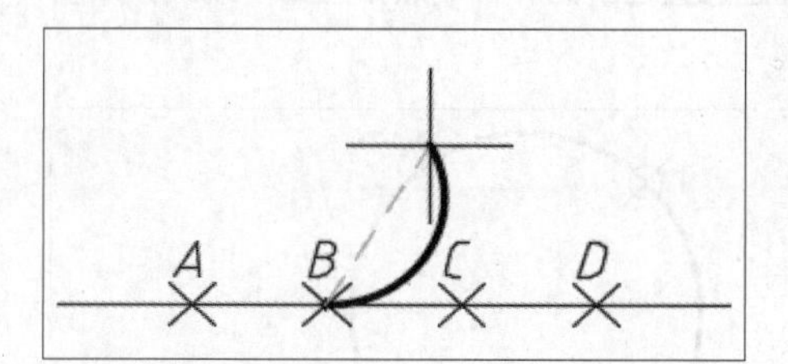

图2-32 错误的圆弧方向

步骤 03 调整圆弧方向。在命令行中输入“D”选择“方向(D)”选项，引出追踪线后指定B点正上方（90°方向）的任意一点来确定切向，指定后圆弧方向为正确的方向，再捕捉C点即可得到BC弧段，如图2-33所示。

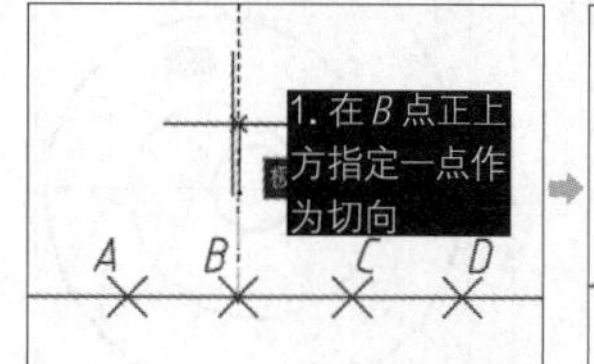

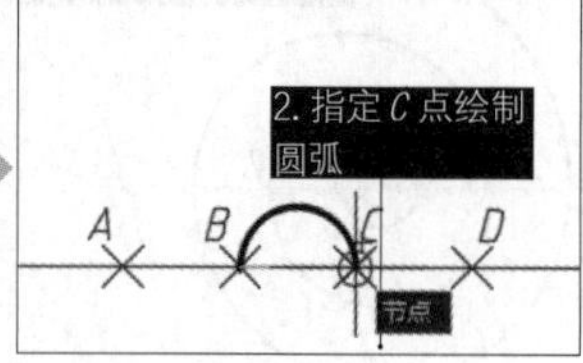

图2-33 调整方向并绘制BC弧段

步骤 04 绘制CB弧段。绘制好BC弧段后直接向左移动十字光标，捕捉B点，即可绘制CB弧段，效果如图2-34所示。

步骤 05 绘制BD弧段。直接向右移动十字光标至D点并捕捉，即可绘制BD弧段，如图2-35所示。

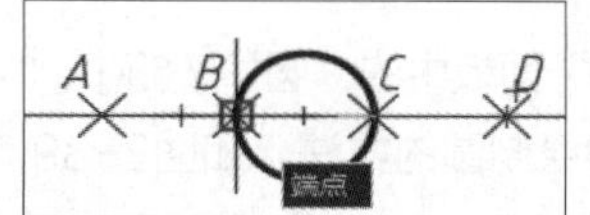

图2-34 绘制CB弧段

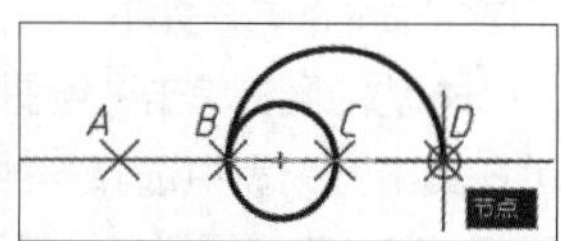

图2-35 绘制BD弧段

步骤 06 绘制其他弧段。使用相同的方法，依次将十字光标从D点移动至A点，然后从A点移动至直线右侧端点，再从右侧端点移动至左侧端点，即可绘制出与直线相交的大部分蜗壳，如图2-36所示。

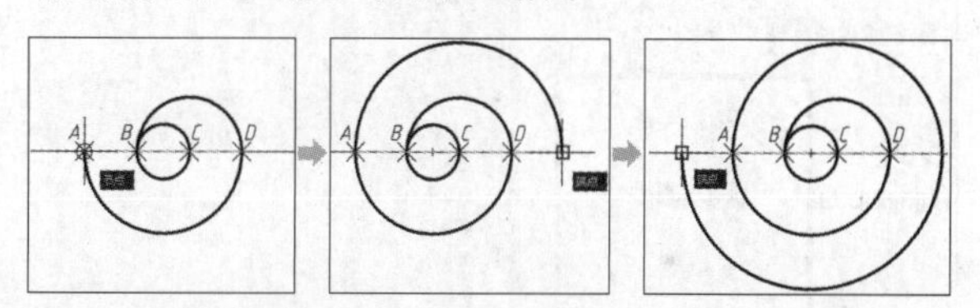

图2-36 绘制剩余弧段

> **提示**
>
> 至此，直线上的蜗壳部分已经绘制完毕，可见只有开始的BC弧段在绘制时需仔细设置，后面的弧段完全可以一蹴而就。

步骤 07 绘制上方圆弧。上方圆弧的端点不在直线上，因此不能直接捕捉，但可以通过极轴捕捉追踪功能来定位。移动十字光标至直线段中点处，然后向正上方（90°方向）移动十字光标，在命令行中输入“30”，将圆弧端点定位至直线中点正上方30的距离处，如图2-37所示。

步骤 08 绘制收口圆弧。向下移动十字光标，捕捉至下方圆弧的垂足点，即可完成收口圆弧的绘制，最终得到蜗壳图形如图2-38所示。

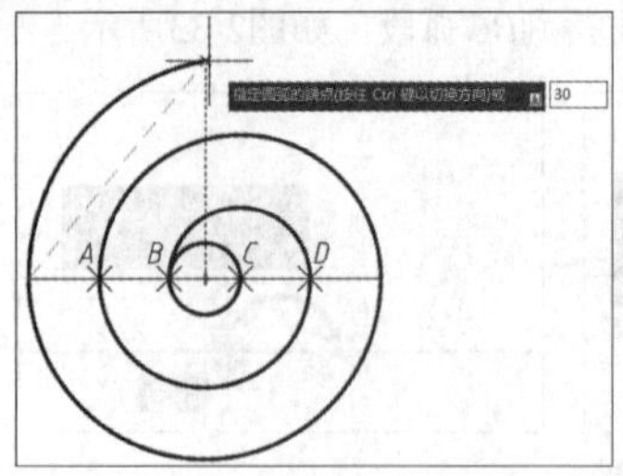

图2-37　绘制上方圆弧

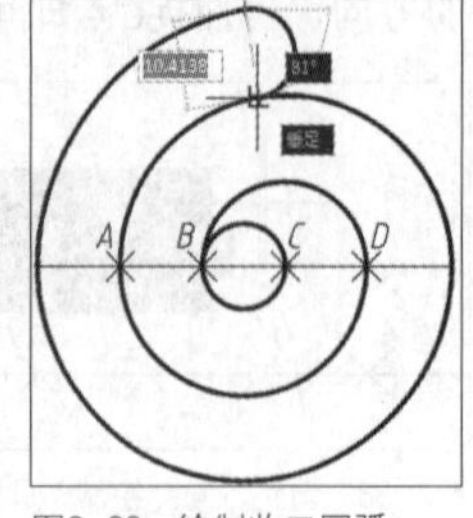

图2-38　绘制收口圆弧

2.3 圆

圆也是绘图中常用的图形对象，在AutoCAD中，“圆”命令的执行方式与功能选项也非常丰富。执行“圆”命令的方法如下。

◆功能区：单击“绘图”面板中的“圆”按钮⊘。可在其下拉列表中选择一种绘制圆的方法，如图2-39所示，默认为“圆心，半径”。

◆菜单栏：执行“绘图”|“圆”命令，在子菜单中选择一种绘制圆的方法，如图2-40所示。

◆命令：CIRCLE或C。

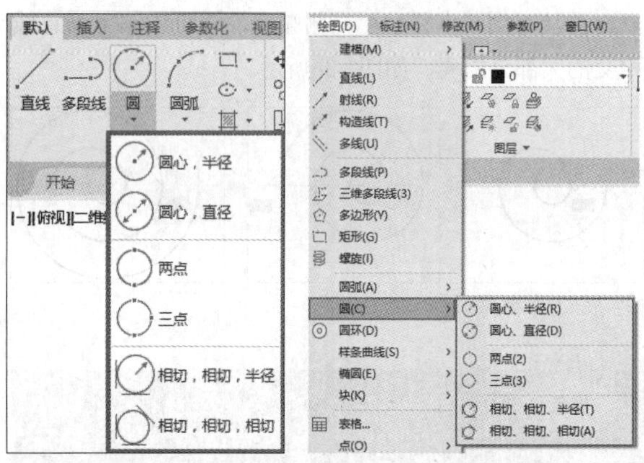

图2-39　“绘图”面板上的“圆”按钮及其下拉列表　图2-40　菜单栏里的“圆”命令

执行“圆”命令后，命令行提示如下。

```
命令: _circle
                                        //执行“圆”命令
指定圆的圆心或 [三点(3P)/两点(2P)/切点、切点、半径(T)]:
                                        //选择圆的绘制方式
指定圆的半径或 [直径(D)]: 3↙
                                        //直接输入半径的值或用十字光标指定半径长度
```

6种绘制圆的命令的含义和用法介绍如下。

◆圆心、半径(R)⊘：用圆心和半径的方式绘制圆，如图2-41所示；这是默认的执行方式，不需要展开面板中的下拉列表，直接单击“圆”按钮即可执行。

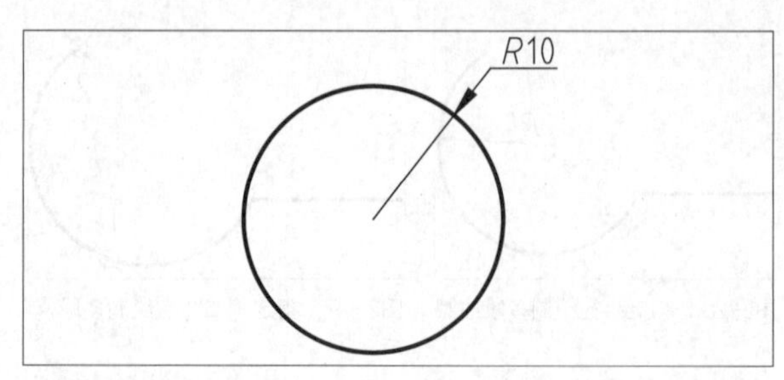

图2-41　“圆心、半径(R)”画圆

```
命令：CIRCLE↙
指定圆的圆心或[三点(3P)/两点(2P)/切点、切点、半径(T)]:
            //输入坐标或移动十字光标并单击确定圆心
指定圆的半径或[直径(D)]：10↙
            //输入半径的值，也可以输入相对于圆心的相对坐标，确定圆周上一点
```

◆圆心、直径(D)⊘：用圆心和直径的方式绘制圆，如图2-42所示。

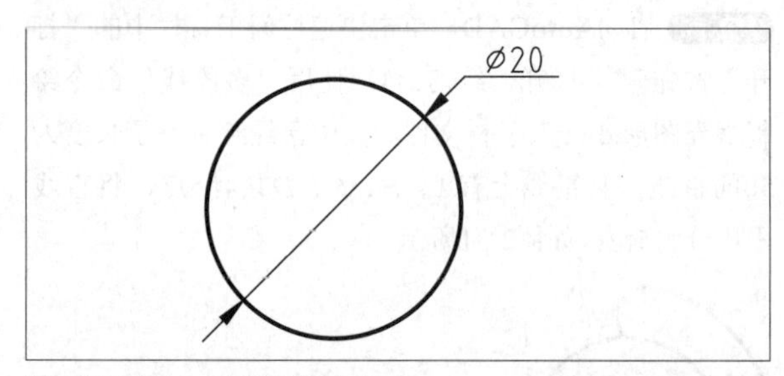

图2-42　“圆心、直径(D)”画圆

```
命令：CIRCLE↙
指定圆的圆心或[三点(3P)/两点(2P)/切点、切点、半径(T)]:
            //输入坐标或用十字光标单击确定圆心
指定圆的半径或[直径(D)]<80.1736>：D↙
            //选择“直径”选项
指定圆的直径<200.00>：20↙
            //输入直径值
```

◆两点(2P)”○：通过两个点绘制圆，实际上是以这两个点的连线为直径，以连线的中点为圆心画圆；系统会提示指定圆直径的第一个端点和第二个端点，如图2-43所示。

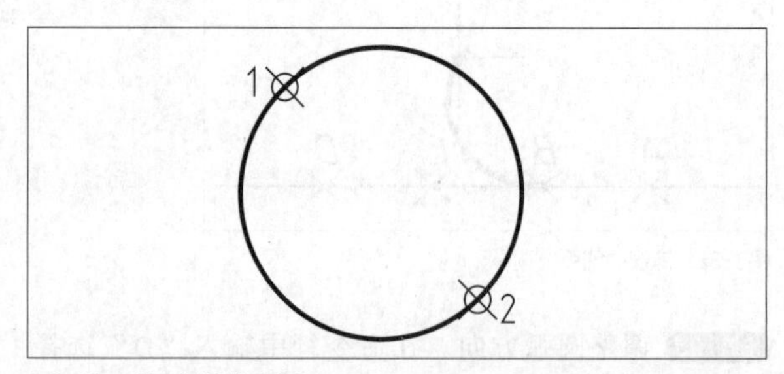

图2-43　“两点(2P)”画圆

```
命令：CIRCLE↙
指定圆的圆心或[三点(3P)/两点(2P)/切点、切点、半径(T)]:
2P↙
                    //选择“两点”选项
指定圆直径的第一个端点：
                    //输入坐标或单击确定直径的第一个端点1
指定圆直径的第二个端点：
                    //单击确定直径的第二个端点2，或输入
相对于第一个端点的相对坐标
```

◆三点(3P) ○：通过3个点绘制圆，实际上是绘制这3个点确定的三角形的唯一的外接圆；系统会提示指定圆上的第一个点、第二个点和第三个点，如图2-44所示。

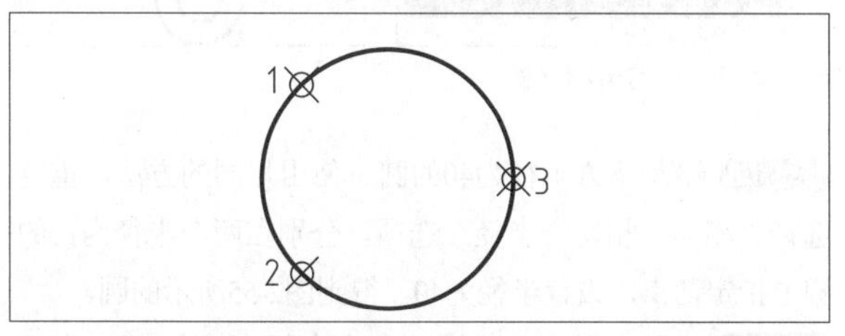

图2-44　“三点(3P)”画圆

```
命令：CIRCLE↙
指定圆的圆心或[三点(3P)/两点(2P)/切点、切点、半径(T)]:
3P↙
                    //选择“三点”选项
指定圆上的第一个点：
                    //单击确定第一点
指定圆上的第二个点：
                    //单击确定第二点
指定圆上的第三个点：
                    //单击确定第三点
```

◆相切、相切、半径(T) ◌：如果已经存在两个图形对象，再确定圆的半径，就可以绘制出与这两个对象相切的公切圆。系统会提示指定图形对象与圆的第一个切点和第二个切点及圆的半径，如图2-45所示。

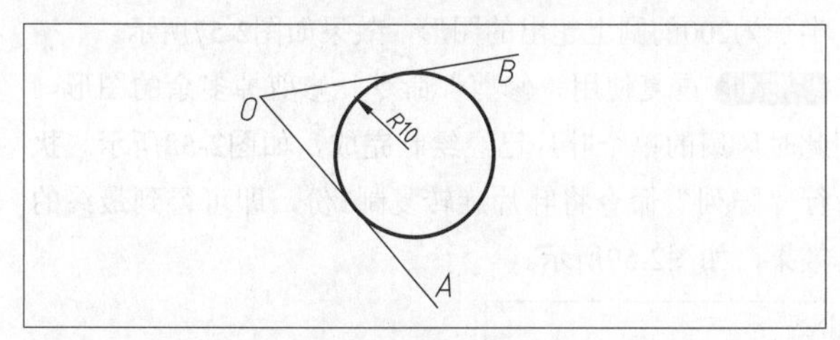

图2-45　“相切、相切、半径(T)”画圆

```
命令：_circle
指定圆的圆心或[三点(3P)/两点(2P)/切点、切点、半径(T)]: T↙
                              //选择“切点、切点、半径”
选项
指定对象与圆的第一个切点：  //单击直线OA上任意一点
指定对象与圆的第二个切点：  //单击直线OB上任意一点
指定圆的半径: 10↙
                              //输入半径
```

◆相切、相切、相切(A) ◌：选择3条切线来绘制圆，可以绘制出与3个图形对象相切的公切圆，如图2-46所示。

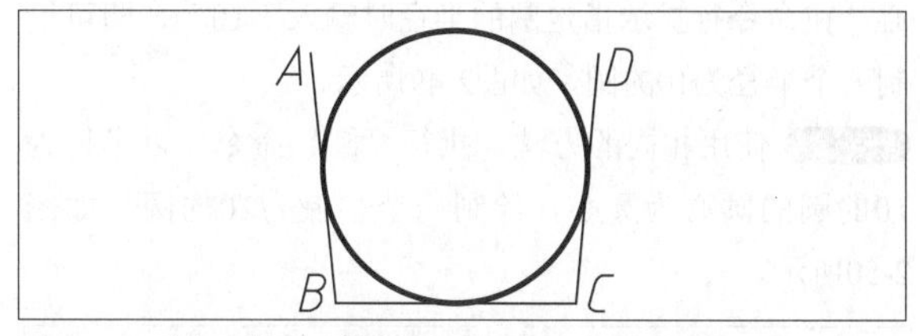

图2-46　“相切、相切、相切(A)”画圆

```
命令：_circle
指定圆的圆心或 [三点(3P)/两点(2P)/切点、切点、半径(T)]:
_3p
                              //执行“综图”|“圆”|“相
切、相切、相切”命令
指定圆上的第一个点: _tan 到  //单击直线AB上任意一点
指定圆上的第二个点: _tan 到  //单击直线BC上任意一点
指定圆上的第三个点: _tan 到  //单击直线CD上任意一点
```

练习 2-4　使用“圆”命令绘制风扇叶片　★进阶★

本练习将绘制风扇叶片图形，它由3个相同的叶片组成，如图2-47所示。该图形几乎全部由圆弧组成，因此非常适合用于考察圆的各种画法。在绘制的时候可以先绘制其中的一个叶片，然后再通过阵列或者复制的方法得到其他的部分，如图2-48所示。绘制本图时会引入一个暂时还没有介绍的命令：修剪（TRIM或TR），使用该命令可以删除图形超出界限的部分，操作步骤如下。

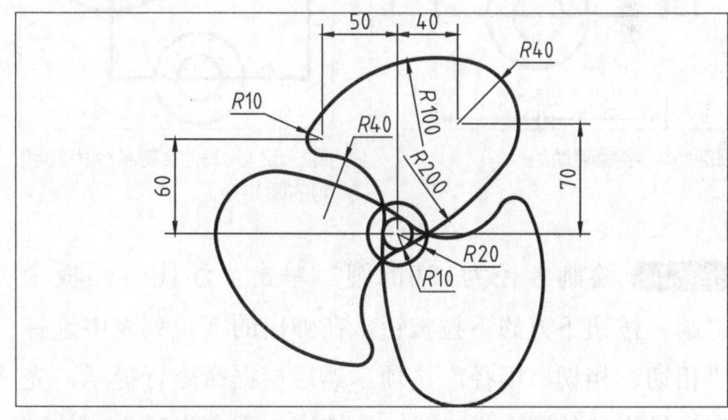

图2-47　风扇叶片效果图

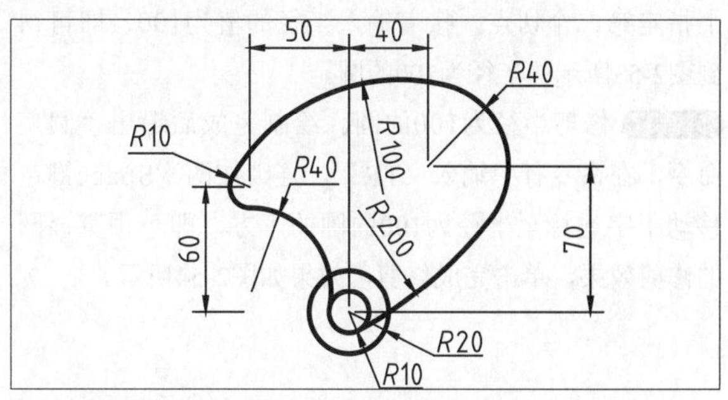

图2-48　单个叶片效果图

步骤 01 启动AutoCAD，新建一个空白文档。

步骤 02 单击“绘图”面板中的“圆”按钮，以“圆心，半径”方法绘图。在绘图区中任意指定一点为圆心，在命令行提示指定圆的半径时输入“10”，即可绘制一个半径为10的圆，如图2-49所示。

步骤 03 使用相同的方法，执行“圆”命令，以半径为10的圆的圆心为圆心，绘制一个半径为20的圆，如图2-50所示。

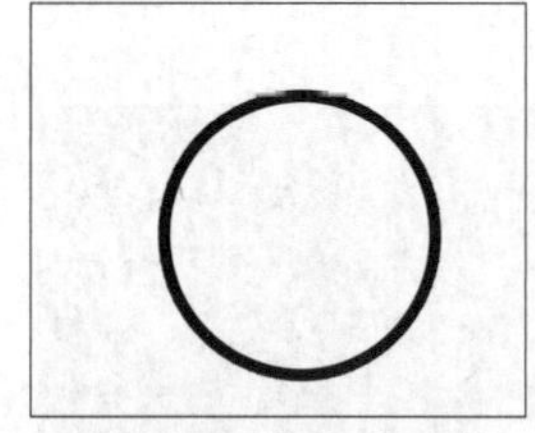

图2-49 绘制半径为10的圆

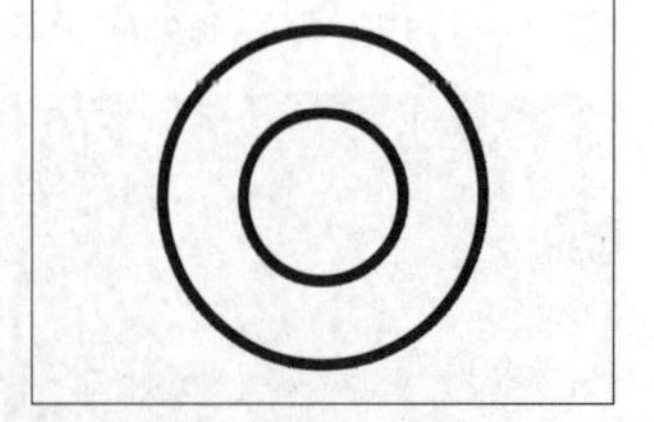

图2-50 绘制半径为20的同心圆

步骤 04 绘制辅助线。单击“绘图”面板中的“多段线”按钮，绘制图2-51所示的两条多段线，这两条线即用来绘制风扇叶图形左上方圆弧和右上方圆弧的辅助线。

步骤 05 单击“绘图”面板中的“圆”按钮，以辅助线的端点为圆心，分别绘制半径为10和40的圆，如图2-52所示。

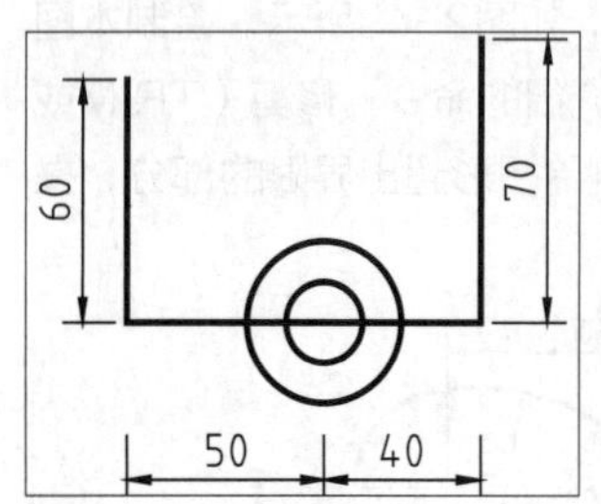

图2-51 绘制辅助线

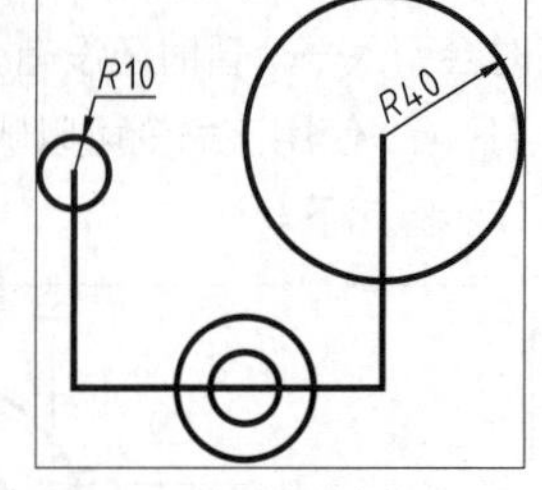

图2-52 分别绘制半径为10和40的圆

步骤 06 绘制半径为100的圆。单击“绘图”面板中“圆”按钮下方的下拉按钮，在弹出的下拉列表中选择“相切、相切、半径”选项。然后根据命令行提示，先在半径为10的圆上指定第一个切点，再在半径为40的圆上指定第二个切点，接着输入半径的值为100，即可得到图2-53所示的半径为100的圆。

步骤 07 修剪半径为100的圆。绘制完成后退出“圆”命令，在命令行中输入“TR”，连续按两次Space键，移动十字光标至半径为100的圆的下方，即可预览该圆的修剪效果，单击完成修剪，效果如图2-54所示。

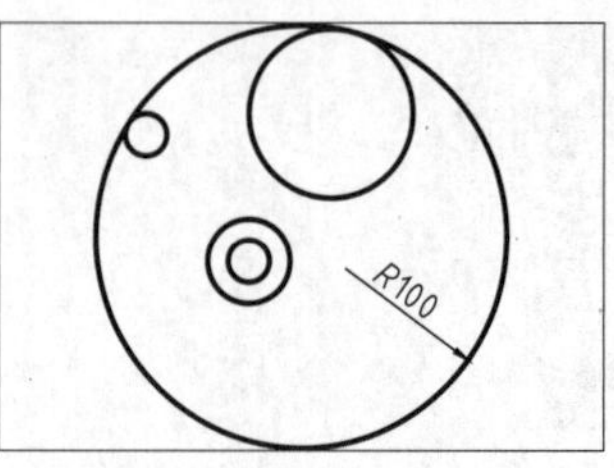

图2-53 绘制半径为100的圆

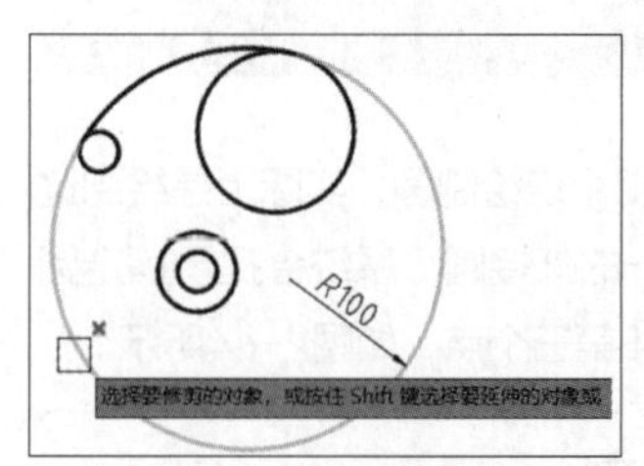

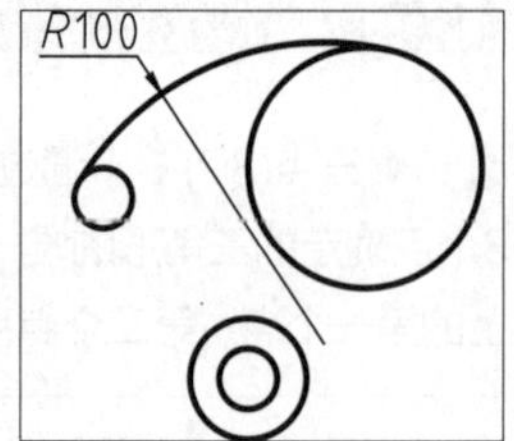

图2-54 修剪半径为100的圆

步骤 08 绘制下方半径为40的圆。使用相同的方法，重复选择“相切、相切、半径”选项，分别在两个半径为10的圆上指定切点，设置半径为40，得到图2-55所示的圆。

步骤 09 修剪半径为40的圆。在命令行中输入“TR”，连续按两次Space键，选择半径为40的圆外侧的部分进行修剪，修剪后的效果如图2-56所示。

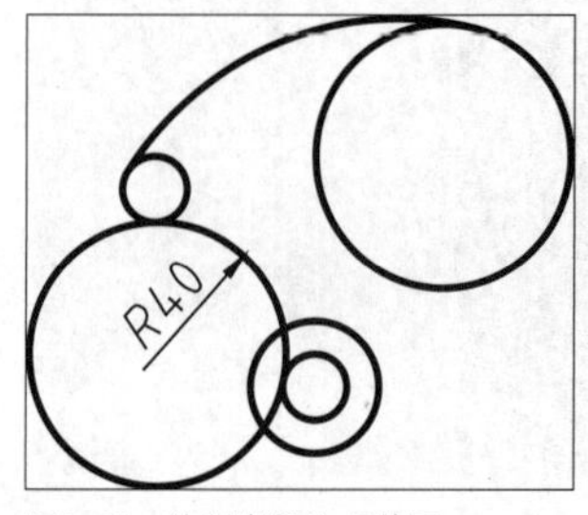

图2-55 绘制半径为40的圆

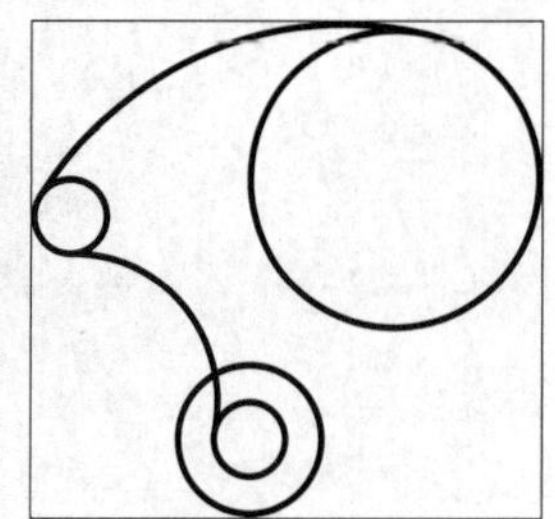

图2-56 修剪半径为40的圆

步骤 10 使用相同的方法，选择“相切、相切、半径”选项，分别在半径为40的圆和半径为10的圆上指定切点，绘制一个半径为200的圆，执行“修剪”命令修剪半径为200的圆上超出的图形，效果如图2-57所示。

步骤 11 重复使用“修剪”命令，修剪掉多余的图形，此时风扇的单个叶片已经绘制完成，如图2-58所示。执行“阵列”命令将叶片旋转复制3份，即可得到最终的效果，如图2-59所示。

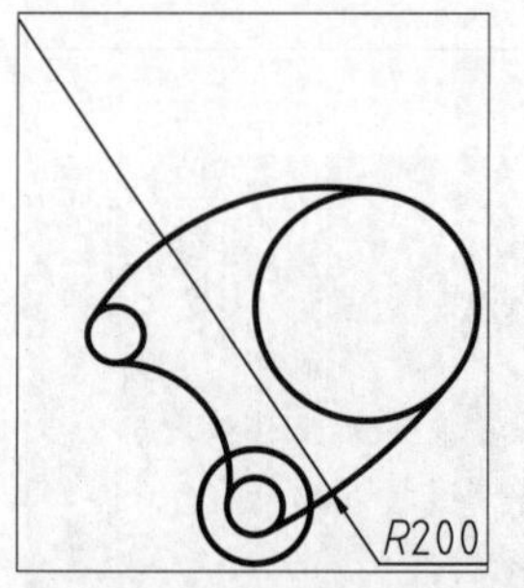

图2-57 绘制并修剪半径为200的圆

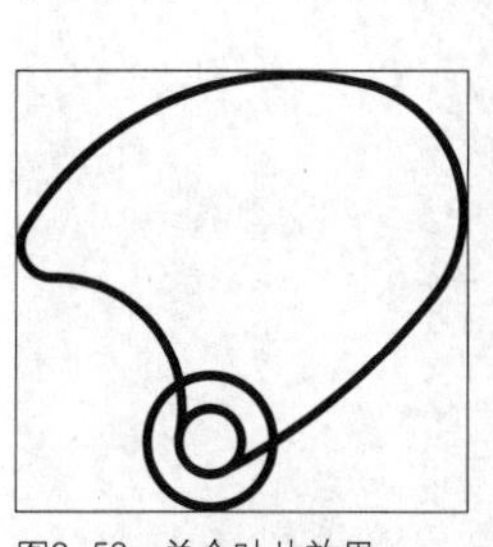

图2-58　单个叶片效果

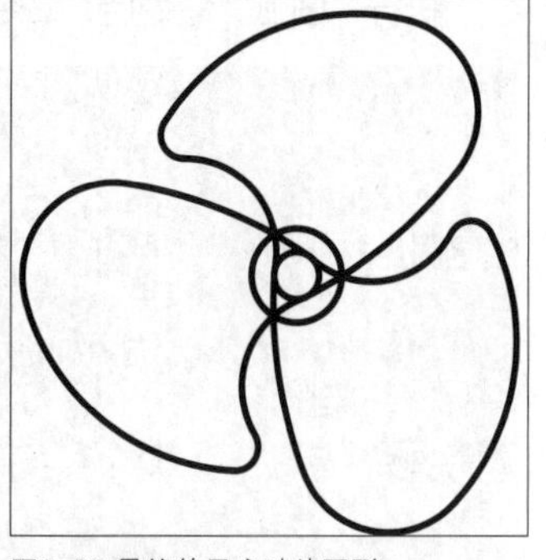

图2-59　最终的风扇叶片图形

练习 2-5　使用“圆”命令绘制正等轴测图　★进阶★

正等轴测图是一种单面投影图，在一个投影面上能同时反映出物体3个坐标面的形状，效果接近人们的视觉习惯，图形形象、逼真、富有立体感，如图2-60所示。正等轴测图中的圆不能直接使用“圆”命令来绘制，而且它们虽然看上去非常类似椭圆，但并不是椭圆，所以也不能使用“椭圆”命令来绘制。本练习介绍正等轴测图中圆的画法，操作步骤如下。

步骤 01 启动AutoCAD，单击快速访问工具栏中的“打开”按钮，打开“练习2-5：使用‘圆’命令绘制正等轴测图.dwg”素材文件，其中已经绘制好了一个立方体的正等轴测图，如图2-61所示。

图2-60　正等轴测图中的圆

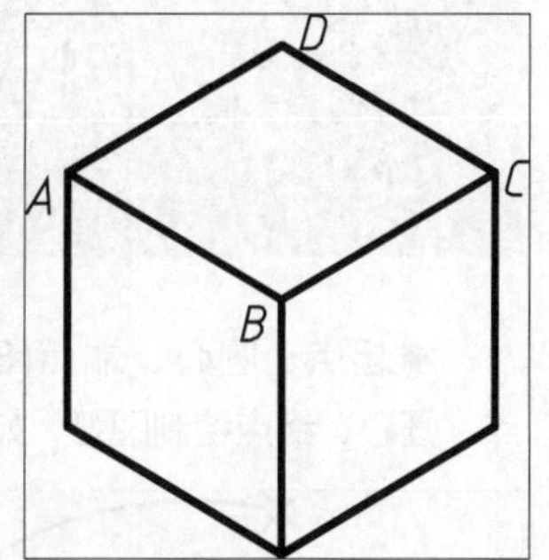

图2-61　素材图形

步骤 02 本练习需要在3个面上分别绘制圆，其绘制方法是相似的，因此先介绍顶面圆的绘制方法，如图2-62所示。

步骤 03 单击“绘图”面板中的“直线”按钮，连接直线AB与直线CD的中点，以及直线AD与BC的中点，如图2-63所示。

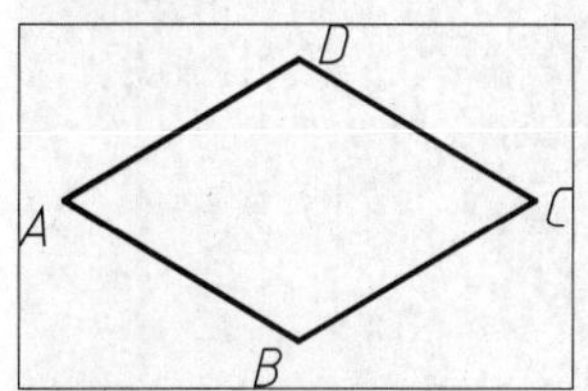

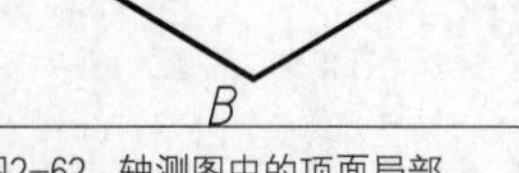

图2-62　轴测图中的顶面局部

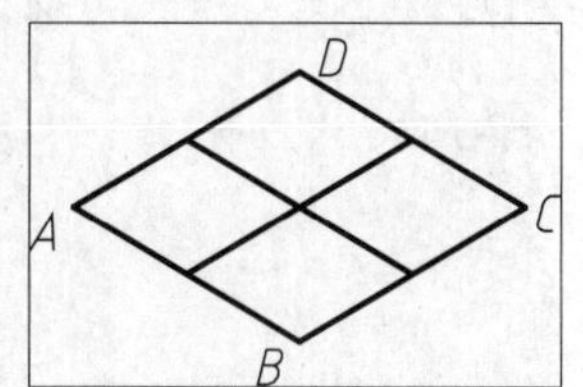

图2-63　连接直线上的中点

步骤 04 再次执行“直线”命令，连接B点和直线AD的中点，然后连接D点和直线BC的中点，如图2-64所示。

步骤 05 重复执行“直线”命令，连接A点和C点，此时得到的直线AC与步骤04绘制的直线有两个交点，如图2-65所示。

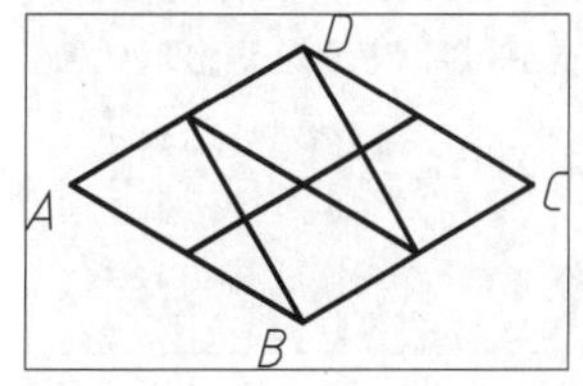

图2-64　连接直线的端点和中点

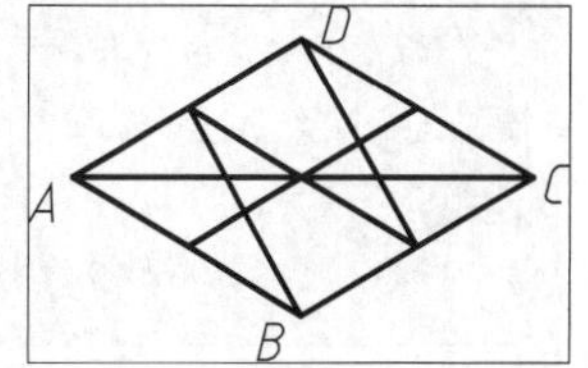

图2-65　连接A点和C点

步骤 06 单击“绘图”面板中的“圆”按钮，以“圆心，半径”方法绘图。以左侧交点为圆心，将半径端点捕捉至直线AD的中点处，如图2-66所示。

步骤 07 使用相同的方法，以右侧交点为圆心，将半径端点捕捉至直线BC的中点处，如图2-67所示。

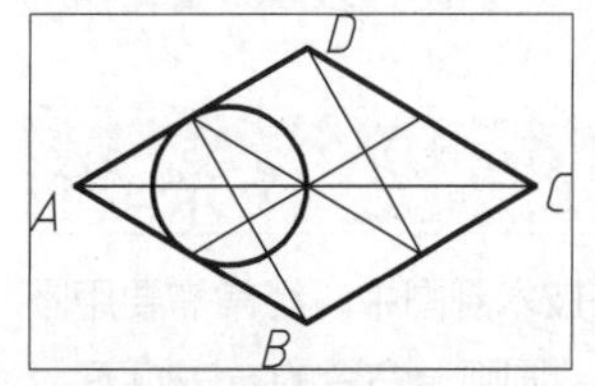

图2-66　绘制左侧圆

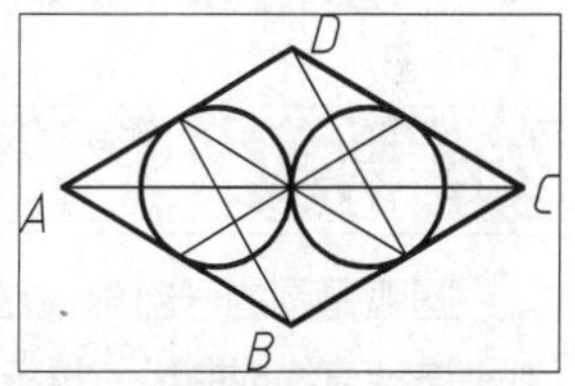

图2-67　绘制右侧圆

步骤 08 结合“TR”（修剪）和“Delete”（删除）命令，将虚线处的部分修剪或删除，如图2-68所示。

步骤 09 单击“绘图”面板中的“圆”按钮，分别以B、D点为圆心，将半径端点捕捉至所绘圆弧的端点，如图2-69所示。

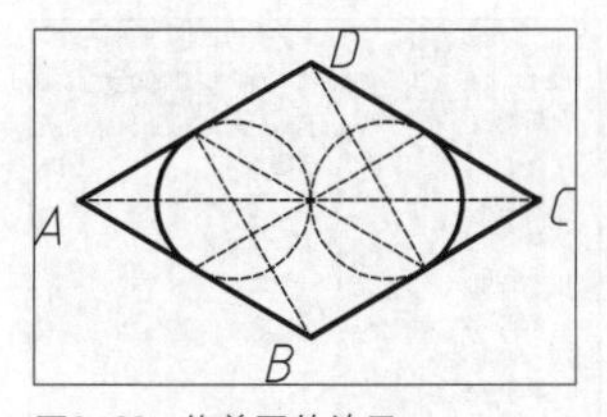

图2-68　修剪圆的效果

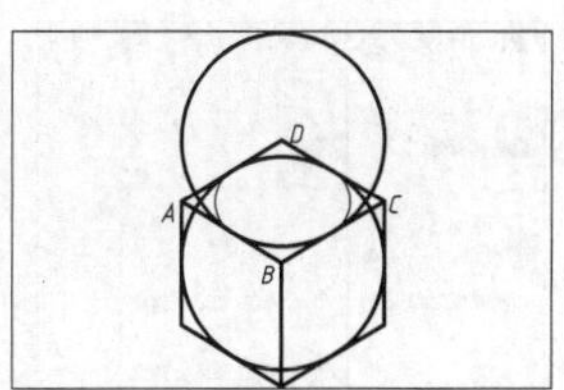

图2-69　绘制上下两侧的圆

步骤 10 在命令行中输入“TR”，连续按两次Space键，修剪绘制的圆，得到图2-70所示的图形，至此便绘制完成了顶面上的图形。

步骤 11 使用相同的方法绘制其他面上的圆，最终图形如图2-71所示。

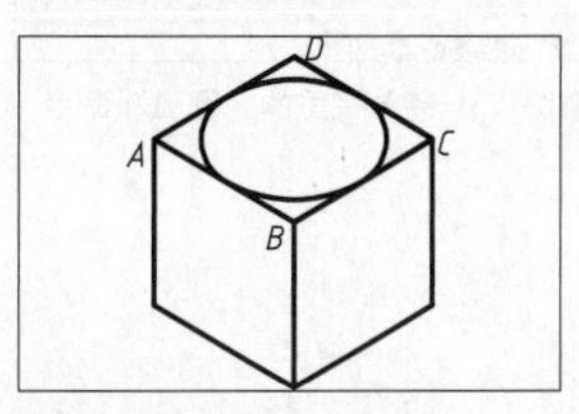

图2-70　顶面圆的绘制效果

图2-71　最终图形

延伸讲解：绘图时出现的动态图形

用AutoCAD绘制矩形、圆时，通常会在十字光标处显示一个动态图形，用来帮助设计者判断图形的大小，十分方便，如图2-72所示。

有时由于误操作，会使该动态图形无法显示，如图2-73所示。这是由于系统变量DRAGMODE的设置出现了问题，只需在命令行中输入“DRAGMODE”，然后根据提示，将选项修改为“自动(A)”或“开(ON)”（推荐设置为自动），即可让动态图形显示恢复正常。

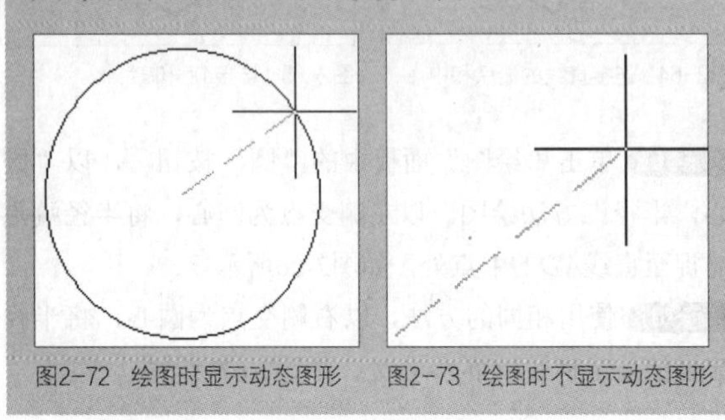

图2-72 绘图时显示动态图形　图2-73 绘图时不显示动态图形

2.4 圆弧

圆弧是圆的一部分，在技术制图中，经常需要用圆弧来连接直线或曲线。执行“圆弧”命令的方法如下。

◆功能区：单击“绘图”面板中的“圆弧”按钮，在下拉列表中选择一种绘制圆弧的方法，如图2-74所示，默认为“三点”。

◆菜单栏：执行“绘图”|“圆弧”命令，在子菜单中选择一种绘制圆弧的方法，如图2-75所示。

◆命令：ARC或A。

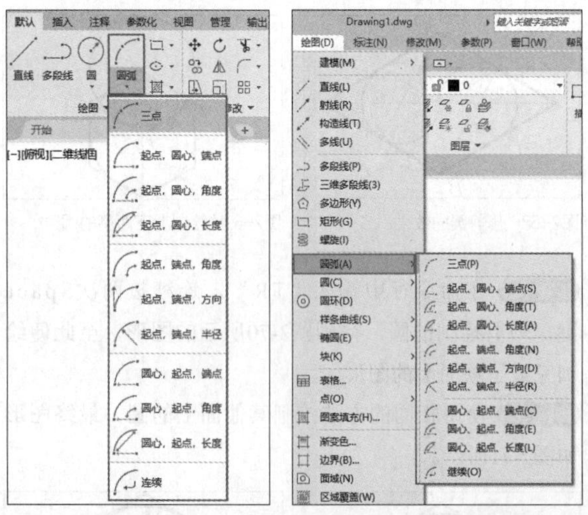

图2-74 “绘图”面板中的“圆弧”按钮及其下拉列表　图2-75 菜单栏里的“圆弧”命令

执行“圆弧”命令后，命令行提示如下。

```
命令: _arc
                                        //执行“圆弧”命令
指定圆弧的起点或 [圆心(C)]:
                                        //指定圆弧的起点1
指定圆弧的第二个点或 [圆心(C)/端点(E)]:
                                        //指定圆弧的第二点2
指定圆弧的端点:
                                        //指定圆弧的终点3
```

11种绘制圆弧的命令的含义和用法介绍如下。

◆三点(P)：通过指定圆弧上的3个点绘制圆弧，需要指定圆弧的起点、通过的第二个点和终点，如图2-76所示。

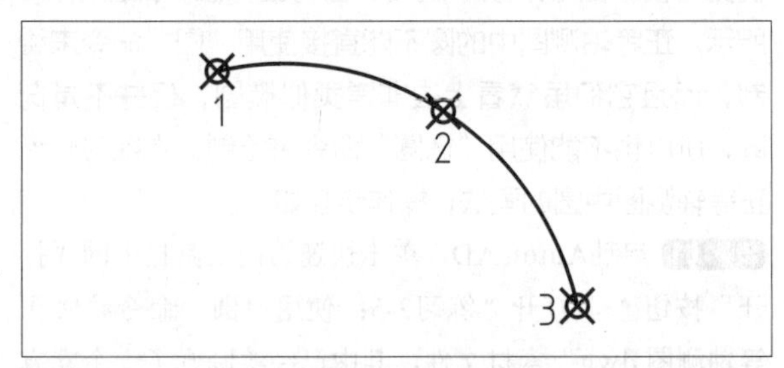

图2-76 “三点(P)”画圆弧

```
命令: _arc
指定圆弧的起点或 [圆心(C)]:                //指定圆弧的起点1
指定圆弧的第二个点或 [圆心(C)/端点(E)]:
                                        //指定点2
指定圆弧的端点:                            //指定点3
```

◆起点、圆心、端点(S)：通过指定圆弧的起点、圆心、终点绘制圆弧，如图2-77所示。

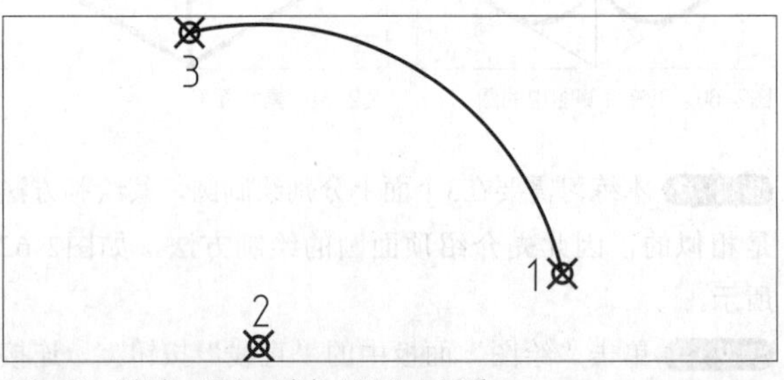

图2-77 “起点、圆心、端点（S）”画圆弧

```
命令: _arc
指定圆弧的起点或 [圆心(C)]:
                                        //指定圆弧的起点1
指定圆弧的第二个点或 [圆心(C)/端点(E)]: _c
                                        //系统自动选择
指定圆弧的圆心:
                                        //指定圆弧的圆心2
指定圆弧的端点(按住 Ctrl 键以切换方向)或 [角度(A)/弦长(L)]:
                                        //指定圆弧的终点3
```

◆起点、圆心、角度(T)：通过指定圆弧的起点、圆心、夹角角度绘制圆弧；执行此命令时会出现“指定夹角”的提示，在输入角度值时，如果当前环境设置逆时针方向为角度正方向且输入正的角度值，则绘制的圆弧是从起点绕圆心沿逆时针方向绘制的，如图2-78所示。

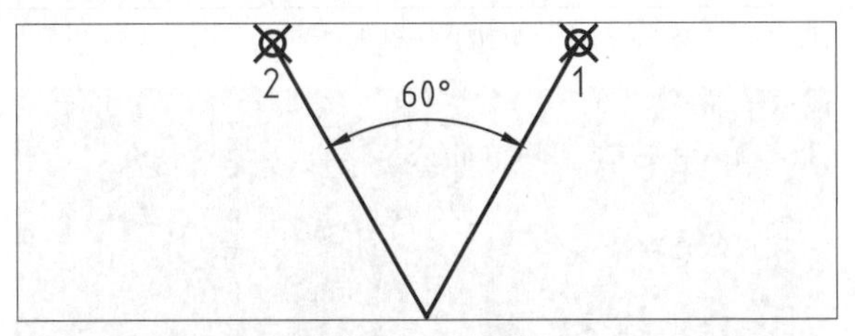

图2-78　“起点、圆心、角度（T）”画圆弧

```
命令: _arc
指定圆弧的起点或 [圆心(C)]:
                    //指定圆弧的起点1
指定圆弧的第二个点或 [圆心(C)/端点(E)]: _c
                    //系统自动选择
指定圆弧的圆心:
                    //指定圆弧的圆心2
指定圆弧的端点(按住 Ctrl 键以切换方向)或 [角度(A)/弦长(L)]: _a
                    //系统自动选择
指定夹角(按住 Ctrl 键以切换方向): 60↙
                    //输入圆弧夹角角度
```

◆起点、圆心、长度(A)：通过指定圆弧的起点、圆心、弦长绘制圆弧，如图2-79所示；另外，在命令行提示“指定弦长”时，如果输入负数，则该值的绝对值将作为圆弧的弧长。

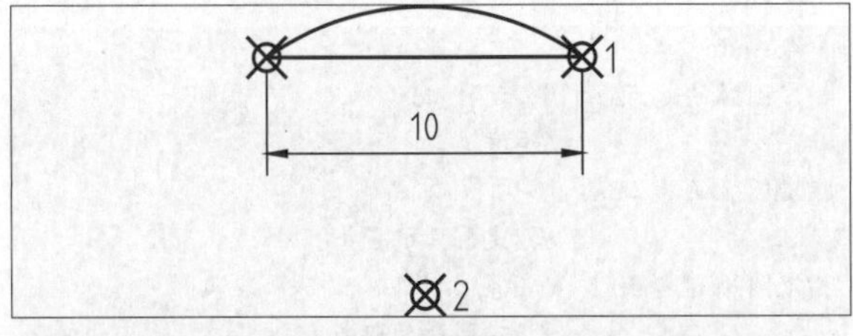

图2-79　“起点、圆心、长度(A)”画圆弧

```
命令: _arc
指定圆弧的起点或 [圆心(C)]:
                    //指定圆弧的起点1
指定圆弧的第二个点或 [圆心(C)/端点(E)]: _c
                    //系统自动选择
指定圆弧的圆心:
                    //指定圆弧的圆心2
指定圆弧的端点(按住 Ctrl 键以切换方向)或 [角度(A)/弦长(L)]: _l
                    //系统自动选择
指定弦长(按住 Ctrl 键以切换方向): 10↙
                    //输入弦长
```

◆起点、端点、角度(N)：通过指定圆弧的起点、端点、夹角角度绘制圆弧，如图2-80所示。

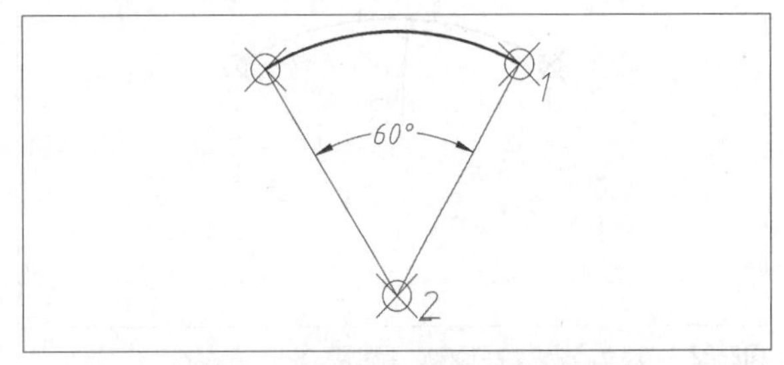

图2-80　“起点、端点、角度(N)”画圆弧

```
命令: _arc
指定圆弧的起点或 [圆心(C)]:
                    //指定圆弧的起点1
指定圆弧的第二个点或 [圆心(C)/端点(E)]: _e
                    //系统自动选择
指定圆弧的端点:
                    //指定圆弧的终点2
指定圆弧的中心点(按住 Ctrl 键以切换方向)或[角度(A)/方向(D)/半径(R)]: _a
                    //系统自动选择
指定夹角(按住 Ctrl 键以切换方向): 60↙
                    //输入圆弧夹角角度
```

◆起点、端点、方向(D)：通过指定圆弧的起点、端点和圆弧起点的相切方向绘制圆弧，如图2-81所示；命令在执行过程中命令行会出现“指定圆弧起点的相切方向”的提示信息，此时移动十字光标动态地确定圆弧在起点处的切线方向和水平方向的夹角；在移动十字光标时，AutoCAD会在当前十字光标与圆弧起点之间形成一条线，即圆弧在起点处的切线，确定切线方向后，单击即可得到相应的圆弧。

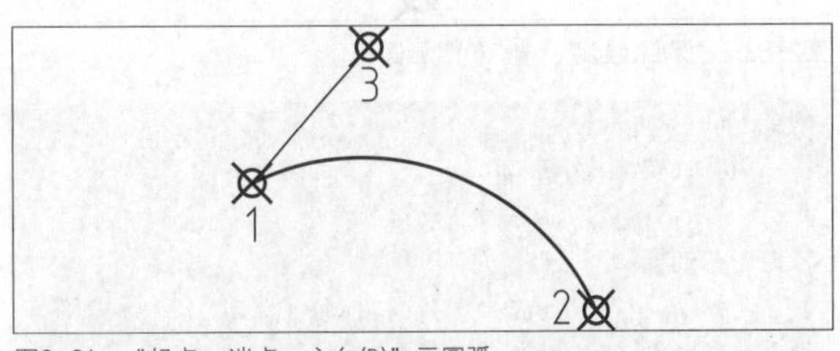

图2-81　“起点、端点、方向(D)”画圆弧

```
命令: _arc
指定圆弧的起点或 [圆心(C)]:
                    //指定圆弧的起点1
指定圆弧的第二个点或 [圆心(C)/端点(E)]: _e
                    //系统自动选择
指定圆弧的端点:
                    //指定圆弧的终点2
指定圆弧的中心点(按住 Ctrl 键以切换方向)或 [角度(A)/方向(D)/半径(R)]: _d
                    //系统自动选择
指定圆弧起点的相切方向(按住Ctrl键以切换方向):
                    //指定点3确定方向
```

◆起点、端点、半径(R)：通过指定圆弧的起点、终点和圆弧半径绘制圆弧，如图2-82所示。

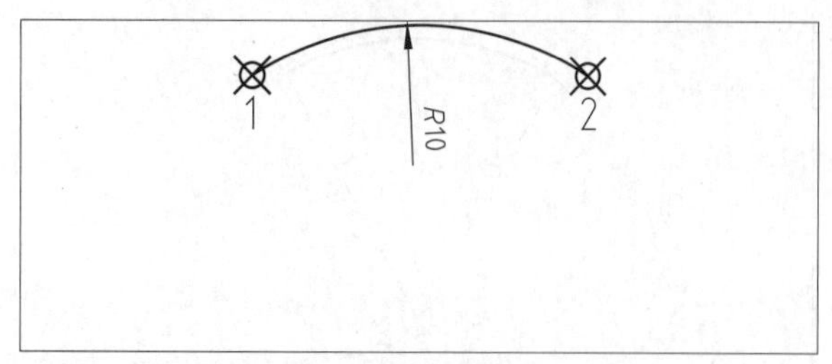

图2-82 “起点、端点、半径(R)”画圆弧

```
命令: _arc
指定圆弧的起点或 [圆心(C)]:
                    //指定圆弧的起点1
指定圆弧的第二个点或 [圆心(C)/端点(E)]: _e
                    //系统自动选择
指定圆弧的端点:
                    //指定圆弧的端点2
指定圆弧的中心点(按住 Ctrl 键以切换方向)或 [角度(A)/方向(D)/半径(R)]: _r
                    //系统自动选择
指定圆弧的半径(按住 Ctrl 键以切换方向): 10↙
                    //输入圆弧的半径
```

◆圆心、起点、端点(C)：通过指定圆弧的圆心、起点、终点绘制圆弧，如图2-83所示。

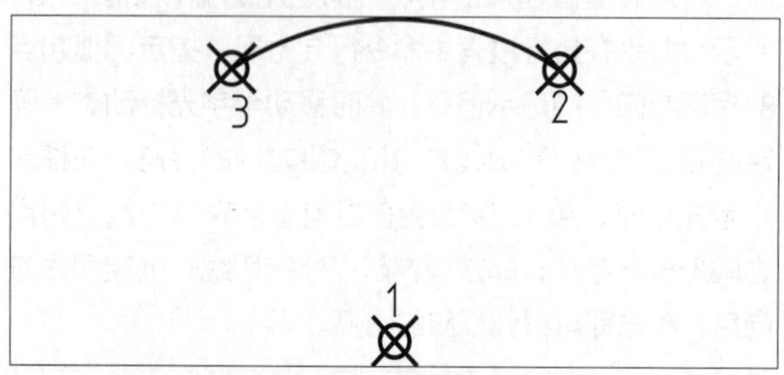

图2-83 “圆心、起点、端点(C)”画圆弧

```
命令: _arc
指定圆弧的起点或 [圆心(C)]: _c
                    //系统自动选择
指定圆弧的圆心:
                    //指定圆弧的圆心1
指定圆弧的起点:
                    //指定圆弧的起点2
指定圆弧的端点(按住 Ctrl 键以切换方向)或 [角度(A)/弦长(L)]:
                    //指定圆弧的端点3
```

◆圆心、起点、角度(E)：通过指定圆弧的圆心、起点、夹角角度绘制圆弧，如图2-84所示。

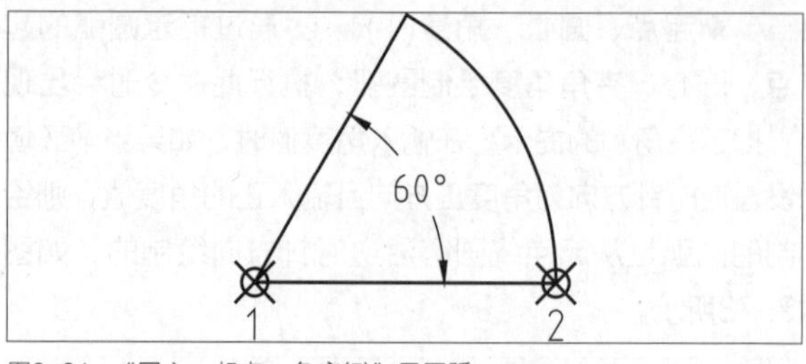

图2-84 “圆心、起点、角度(E)”画圆弧

```
命令: _arc
指定圆弧的起点或 [圆心(C)]: _c
                    //系统自动选择
指定圆弧的圆心:
                    //指定圆弧的圆心1
指定圆弧的起点:
                    //指定圆弧的起点2
指定圆弧的端点(按住 Ctrl 键以切换方向)或 [角度(A)/弦长(L)]: _a
                    //系统自动选择
指定夹角(按住 Ctrl 键以切换方向): 60↙
                    //输入圆弧夹角角度
```

◆圆心、起点、长度(L)：通过指定圆弧的圆心、起点、弦长绘制圆弧，如图2-85所示。

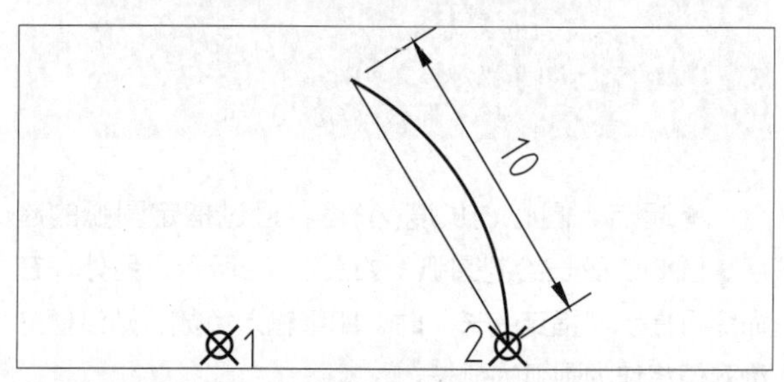

图2-85 “圆心、起点、长度(L)”画圆弧

```
命令: _arc
指定圆弧的起点或 [圆心(C)]: _c
                    //系统自动选择
指定圆弧的圆心:
                    //指定圆弧的圆心1
指定圆弧的起点:
                    //指定圆弧的起点2
指定圆弧的端点(按住 Ctrl 键以切换方向)或 [角度(A)/弦长(L)]: _l
                    //系统自动选择
指定弦长(按住 Ctrl 键以切换方向): 10↙
                    //输入弦长
```

◆继续(O)：绘制其他直线与非封闭曲线后执行“绘图”|“圆弧”|“继续”命令，系统将自动以刚才绘制的对象的终点作为即将绘制的圆弧的起点。

练习 2-6 使用“圆弧”命令绘制梅花图案 ★进阶★

本练习为一个经典案例，梅花图形由5段首尾相接的圆弧组成，每段圆弧的夹角都为180°，且给出了各圆弧的起点和终点，但圆弧的圆心却是未知的。绘制此图的关键是要学会通过指定起点和终点的方式来绘制圆弧，同时使用“两点之间的中点”这个临时捕捉命令来确定圆心，只有掌握了这两点才能绘制得既快又准，操作步骤如下。

步骤 01 打开“练习2-6：使用‘圆弧’命令绘制梅花图案.dwg”素材文件，其中已经绘制好了5个点，如图2-86所示。

步骤 02 绘制第一段圆弧。在命令行中输入“A”执行“圆弧”命令，根据命令行提示选择点1为第一段圆弧的起点，输入“E”，选择“端点”选项，指定点2为第一段圆弧的终点，如图2-87所示。

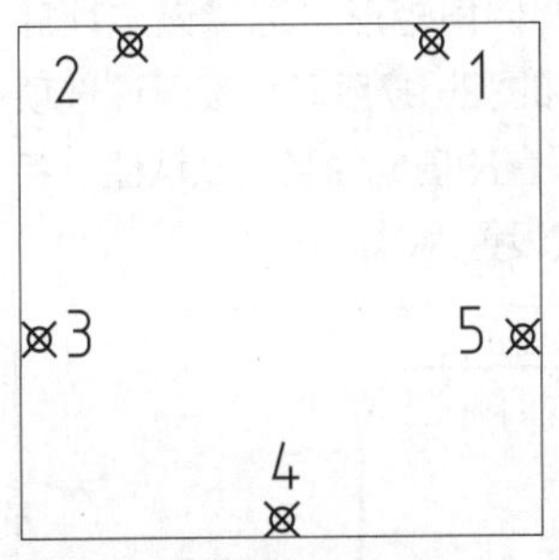

图2-86 素材图形

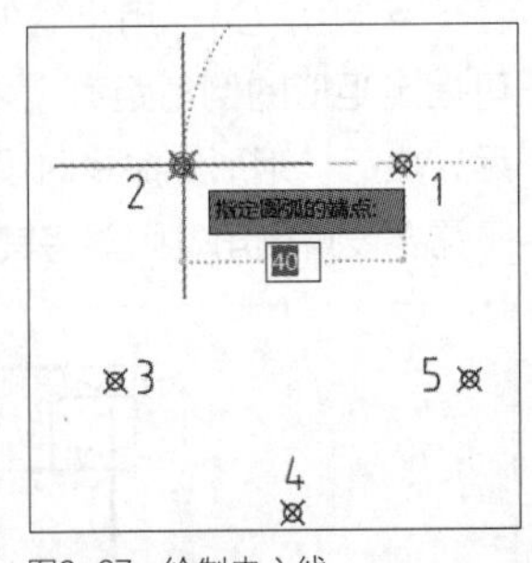

图2-87 绘制中心线

步骤 03 指定了圆弧的起点和终点后，命令行会提示指定圆弧的圆心，此时按住Shift键单击鼠标右键，在弹出的快捷菜单中执行“两点之间的中点”命令，分别捕捉点1和点2，即可创建图2-88所示的第一段圆弧。

步骤 04 使用相同的方法，以点2和点3为起点和终点，然后捕捉这两点之间的中点为圆心，创建第二段圆弧。以此类推，即可绘制出最终的梅花图案，删除多余点，如图2-89所示。

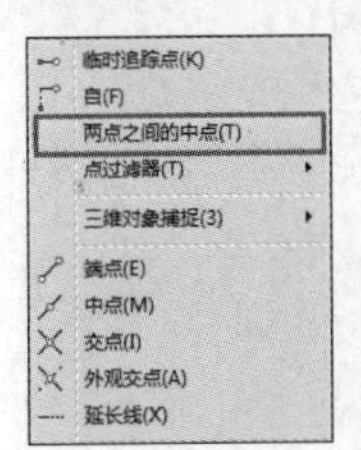

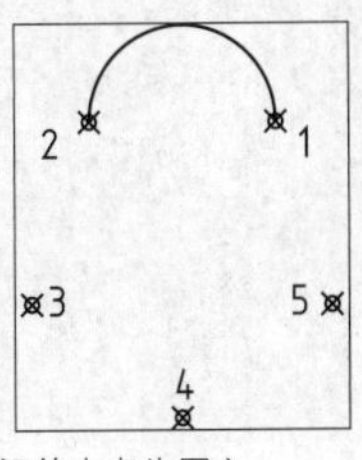

图2-88 捕捉两点之间的中点为圆心

图2-89 梅花图案

练习 2-7 使用“圆弧”命令绘制葫芦图案 ★进阶★

在绘制圆弧的时候，有时绘制出来的结果和设想的不一样，这是因为没有弄清楚圆弧的大小和方向。下面通过一个经典案例来进行说明，操作步骤如下。

步骤 01 打开“练习2-7：使用‘圆弧’命令绘制葫芦图案.dwg”素材文件，其中已经绘制好了一条长度为20的线段，如图2-90所示。

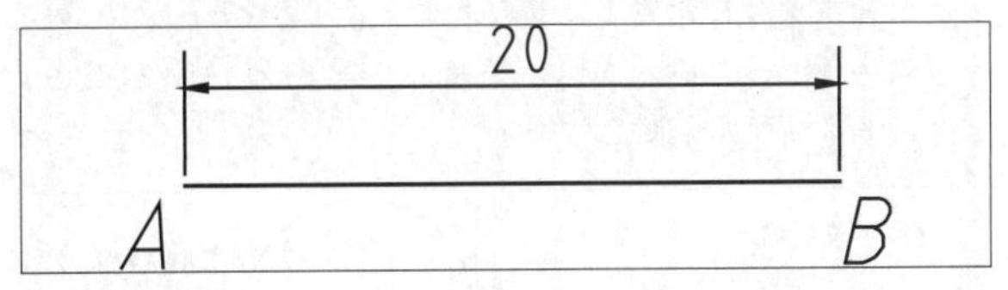

图2-90 素材图形

步骤 02 绘制上圆弧。单击“绘图”面板中“圆弧”按钮下方的下拉按钮▼，在打开的下拉列表中选择“起点，端点，半径”选项 起点，端点，半径，选择直线的右端点*B*作为起点、左端点*A*作为终点，输入半径的值“−22”，即可绘制上圆弧，如图2-91所示。

步骤 03 绘制下圆弧。按Enter或Space键，重复选择“起点，端点，半径”选项，选择直线的左端点*A*作为起点、右端点*B*作为终点，输入半径的值“−44”，即可绘制下圆弧，如图2-92所示。

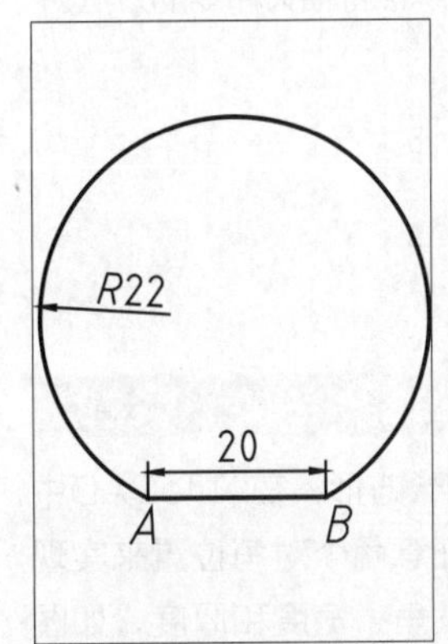

图2-91 绘制上圆弧

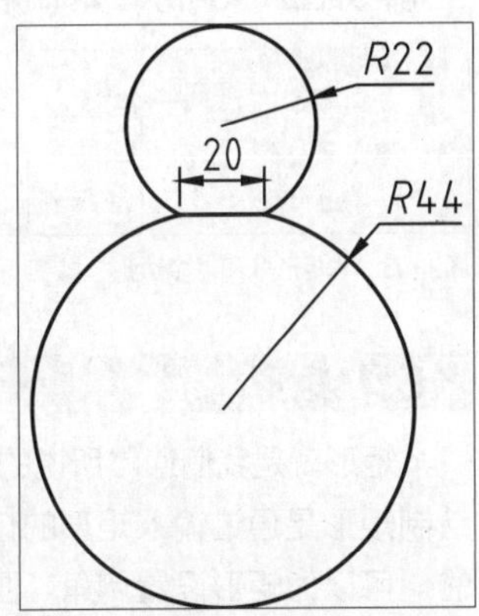

图2-92 绘制下圆弧

延伸讲解：圆弧的方向与大小

“圆弧”是初学者最常犯错的命令之一。由于圆弧的绘制方法及延伸选项都很丰富，因此初学者在掌握“圆弧”命令的时候不容易理解清楚概念。练习2-7绘制葫芦形体时，就有两处需要注意的地方。

◆为什么绘制上、下圆弧时，起点和终点是互相颠倒的？

◆为什么输入的半径值是负数？

这是因为AutoCAD中绘制圆弧的默认方向是逆时针方向，所以在绘制上圆弧的时候，如果我们分别以A点和B点为起点和终点，则会绘制出图2-93所示的圆弧。

根据几何学的知识可知，在半径已知的情况下，弦长对应两段圆弧：优弧（弧长较长的一段）和劣弧（弧长较短的一段）。在AutoCAD中只有输入负数才能绘制出优弧，具体关系如图2-94所示。

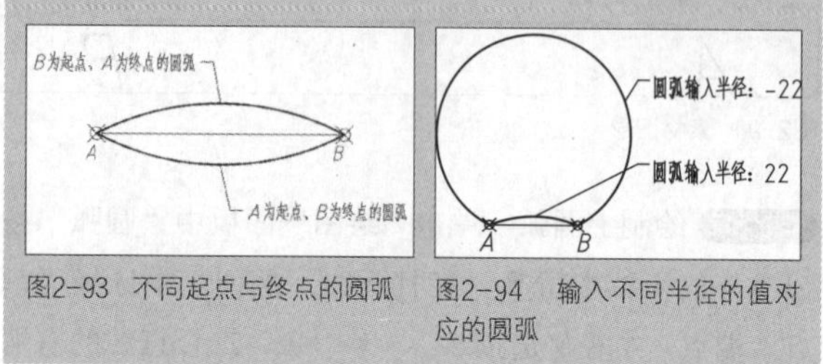

图2-93　不同起点与终点的圆弧　　图2-94　输入不同半径的值对应的圆弧

2.5 矩形与多边形

矩形和多边形常用作轮廓线，在绘图过程中被频繁使用。“矩形”和“多边形”按钮在“绘图”面板的右上角，如图2-95所示。本节讲解执行相关命令的方法。

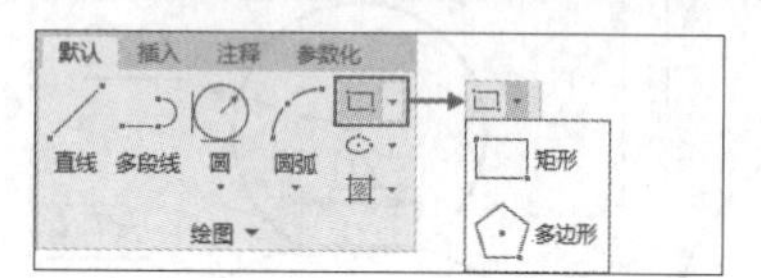

图2-95　“矩形”和“多边形”按钮

2.5.1 矩形

★重点★

矩形就是我们通常所说的长方形，在AutoCAD中绘制矩形是通过输入矩形的任意两个对角位置来实现的。可以为矩形设置倒角、圆角、宽度和厚度，如图2-96所示。

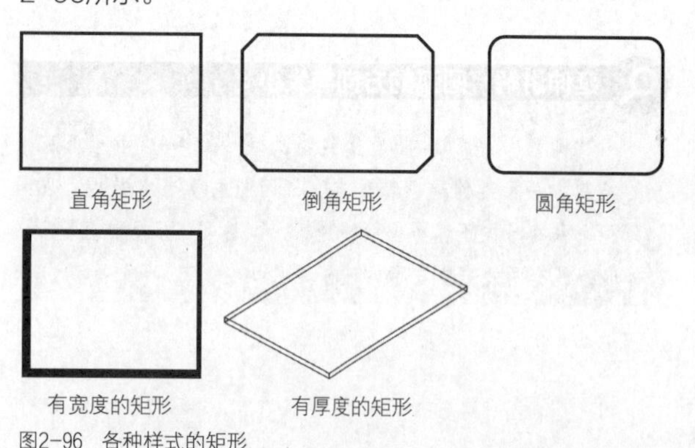

图2-96　各种样式的矩形

执行“矩形”命令的方法如下。

◆菜单栏：执行“绘图”|“矩形”命令。

◆功能区：在“默认”选项卡中，单击“绘图”面板中的“矩形”按钮□。

◆命令：RECTANG或REC。

执行“矩形”命令后，命令行提示如下。

```
命令: _rectang
        //执行“矩形”命令
指定第一个角点或 [倒角(C)/标高(E)/圆角(F)/厚度(T)/宽度(W)]:    //指定矩形的第一个角点
指定另一个角点或 [面积(A)/尺寸(D)/旋转(R)]:
        //指定矩形的对角点
```

在指定第一个角点时，有5个延伸选项，而指定第二个角点时，有3个延伸选项，各选项的含义说明如下。

◆倒角(C)：用来绘制倒角矩形，选择该选项后可指定矩形的倒角距离，如图2-97所示；设置该选项后，执行“矩形”命令时设置的值成为当前默认值，若不需要设置倒角，则要将其设置为0。

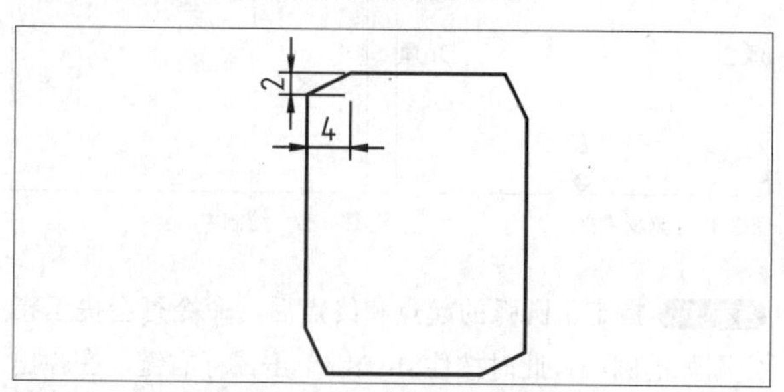

图2-97　“倒角(C)”画矩形

```
命令: _rectang
指定第一个角点或 [倒角(C)/标高(E)/圆角(F)/厚度(T)/宽度(W)]: C↙
                    //选择“倒角”选项
指定矩形的第一个倒角距离 <0.0000>: 2↙
                    //输入第一个倒角距离
指定矩形的第二个倒角距离 <2.0000>: 4↙
                    //输入第二个倒角距离
指定第一个角点或 [倒角(C)/标高(E)/圆角(F)/厚度(T)/宽度(W)]:
                    //指定第一个角点
指定另一个角点或 [面积(A)/尺寸(D)/旋转(R)]:
                    //指定第二个角点
```

◆标高(E)：指定矩形的标高，即Z轴正方向上的值；选择该选项后可在高为标高值的平面上绘制矩形，如图2-98所示。

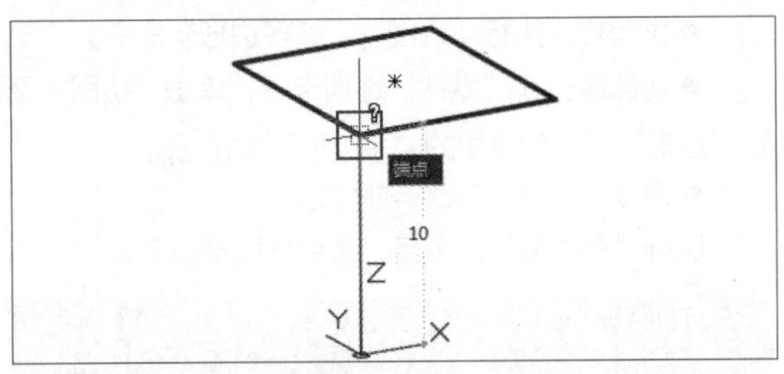

图2-98　“标高（E）”画矩形

命令: _rectang
指定第一个角点或 [倒角(C)/标高(E)/圆角(F)/厚度(T)/宽度(W)]: E↙
//选择“标高”选项
指定矩形的标高 <0.0000>: 10↙
//输入标高
指定第一个角点或 [倒角(C)/标高(E)/圆角(F)/厚度(T)/宽度(W)]:
//指定第一个角点
指定另一个角点或 [面积(A)/尺寸(D)/旋转(R)]:
//指定第二个角点

◆圆角(F)：用来绘制圆角矩形，选择该选项后可指定矩形的圆角半径，绘制带圆角的矩形，如图2-99所示。

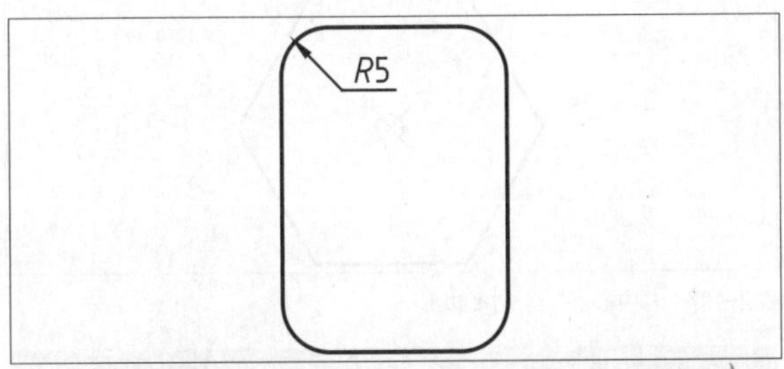

图2-99　“圆角(F)”画矩形

命令: _rectang
指定第一个角点或 [倒角(C)/标高(E)/圆角(F)/厚度(T)/宽度(W)]: F↙
//选择“圆角”选项
指定矩形的圆角半径 <0.0000>: 5↙
//输入圆角半径的值
指定第一个角点或 [倒角(C)/标高(E)/圆角(F)/厚度(T)/宽度(W)]:
//指定第一个角点
指定另一个角点或 [面积(A)/尺寸(D)/旋转(R)]:
//指定第二个角点

提示

如果因矩形的长度和宽度太小而无法使用当前设置创建矩形，那么绘制出来的矩形将无法带有圆角或倒角。

◆厚度(T)：用来绘制有厚度的矩形，该选项可为要绘制的矩形指定Z轴方向上的值，如图2-100所示。

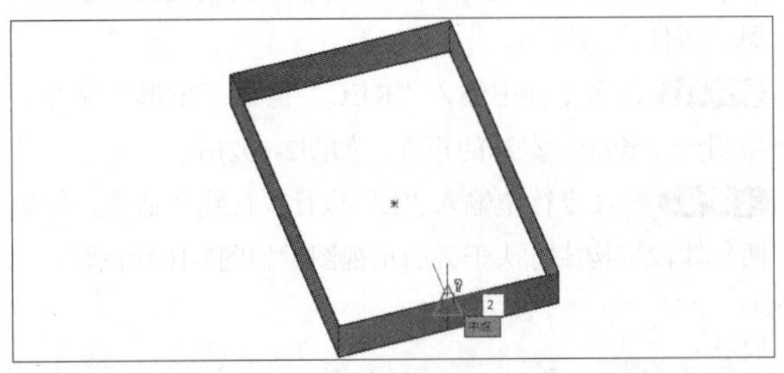

图2-100　“厚度(T)”画矩形

命令: _rectang
指定第一个角点或 [倒角(C)/标高(E)/圆角(F)/厚度(T)/宽度(W)]: T↙
//选择“厚度”选项
指定矩形的厚度 <0.0000>: 2↙
//输入矩形厚度值
指定第一个角点或 [倒角(C)/标高(E)/圆角(F)/厚度(T)/宽度(W)]:
//指定第一个角点
指定另一个角点或 [面积(A)/尺寸(D)/旋转(R)]:
//指定第二个角点

◆宽度(W)：用来绘制有宽度的矩形，该选项可为要绘制的矩形指定线的宽度，如图2-101所示。

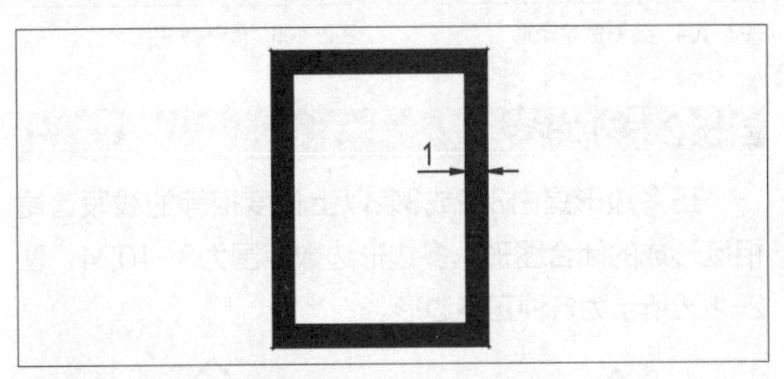

图2-101　“宽度(W)”画矩形

命令: _rectang
指定第一个角点或 [倒角(C)/标高(E)/圆角(F)/厚度(T)/宽度(W)]: W↙
//选择“宽度”选项
指定矩形的线宽 <0.0000>: 1↙
//输入线宽值
指定第一个角点或 [倒角(C)/标高(E)/圆角(F)/厚度(T)/宽度(W)]:
//指定第一个角点
指定另一个角点或 [面积(A)/尺寸(D)/旋转(R)]:
//指定第二个角点

◆面积(A)：该选项提供另一种绘制矩形的方式，即通过确定矩形面积的大小绘制矩形。

◆尺寸(D)：该选项通过输入矩形的长度和宽度确定矩形的大小。

◆旋转(R)：该选项可以指定绘制矩形的旋转角度。

练习 2-8 使用“矩形”命令绘制方头平键 ★进阶★

本练习中绘制的方头平键图形在机械制图中较为常见，操作步骤如下。

步骤 01 在命令行中输入“REC”执行“矩形”命令，绘制一个长80、宽30的矩形，如图2-102所示。

步骤 02 在命令行中输入“L”执行“直线”命令，绘制两条线段，构成方头平键的正视图，如图2-103所示。

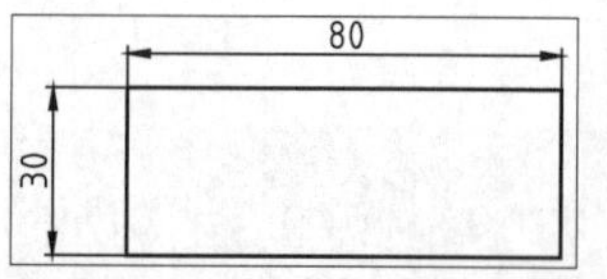

图2-102 绘制矩形

3

图2-103 绘制直线

步骤 03 按Space键重复执行“矩形”命令，在命令行中输入“C”选择“倒角”选项，将两个倒角距离都设置为3，接着绘制长30、宽15的矩形，如图2-104所示。

步骤 04 使用相同的方法，绘制俯视图，如图2-105所示。

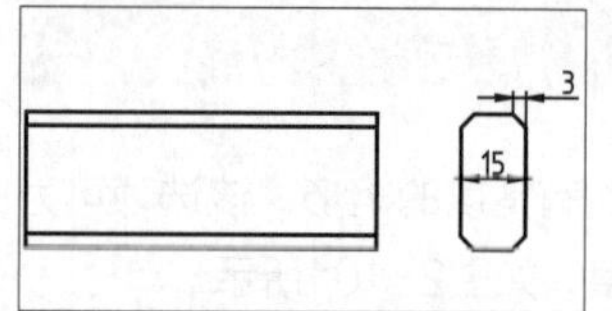

图2-104 绘制倒角矩形

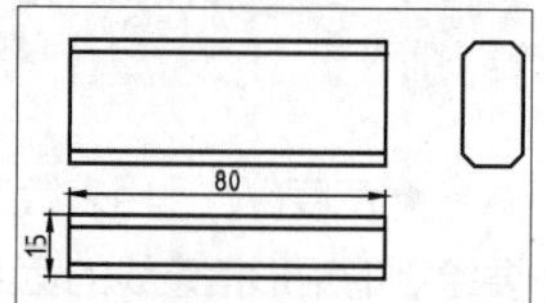

图2-105 最终效果图

2.5.2 多边形

★重点★

正多边形是由3条或3条以上长度相等的线段首尾相接形成的闭合图形，多边形边数范围为3~1024。图2-106所示为各种正多边形。

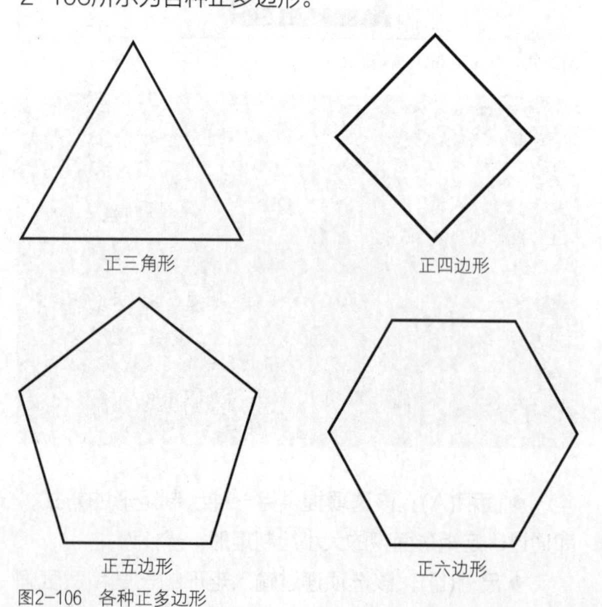

图2-106 各种正多边形

执行“多边形”命令的方法如下。

◆菜单栏：执行“绘图” | “多边形”命令。

◆功能区：在“默认”选项卡中，单击“绘图”面板“矩形”下拉列表中的“多边形”按钮。

◆命令：POLYGON或POL。

执行“多边形”命令后，命令行提示如下。

```
命令: POLYGON↙
                              //执行“多边形”命令
输入侧面数 <4>:
                              //指定多边形的边数，默认状态为四边形
指定正多边形的中心点或 [边(E)]:
                              //确定多边形的一条边来绘制正多边形，由边数和边长确定
输入选项 [内接于圆(I)/外切于圆(C)] <I>:
                              //选择正多边形的创建方式
指定圆的半径:
                              //指定创建正多边形时内接圆或外切圆的半径
```

命令行选项的含义介绍如下。

◆中心点：通过指定正多边形中心点的方式来绘制正多边形，此为默认方式，如图2-107所示。

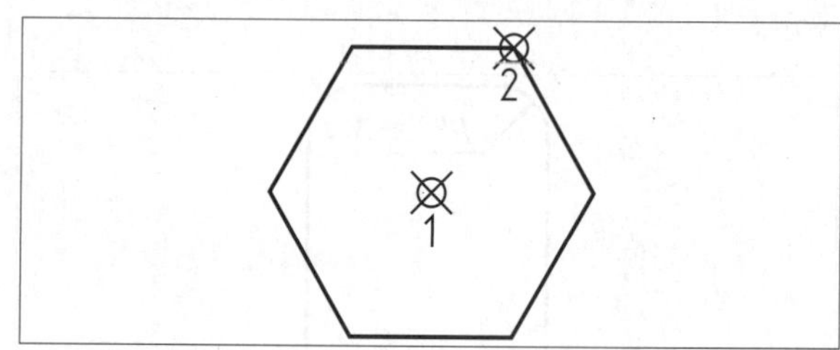

图2-107 “中心点”绘制多边形

```
命令: _polygon
输入侧面数 <4>: 6↙
          //指定边数
指定正多边形的中心点或 [边(E)]:
          //指定中心点1
输入选项 [内接于圆(I)/外切于圆(C)] <I>:
          //选择多边形创建方式
指定圆的半径: 100↙
          //输入圆半径的值
```

◆边(E)：通过指定正多边形边的方式来绘制正多边形，该方式通过边的数量和长度来确定正多边形，如图2-108所示；选择该方式后不可指定“内接于圆”或“外切于圆”选项。

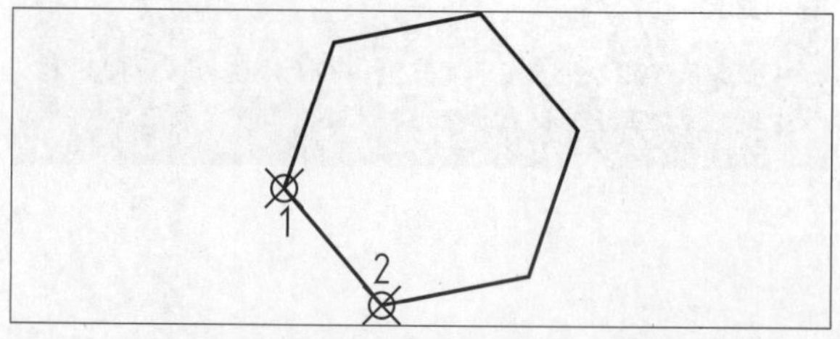

图2-108 “边(E)”绘制多边形

```
命令: _polygon
输入侧面数 <4>: 6↙              //指定边数
指定正多边形的中心点或 [边(E)]: E↙
                                //选择“边”选项
指定边的第一个端点:              //指定多边形某条边的端点1
指定边的第一个端点:
                                //指定多边形某条边的端点2
```

◆内接于圆(I)：该选项表示以指定正多边形内接圆半径的方式来绘制正多边形，如图2-109所示。

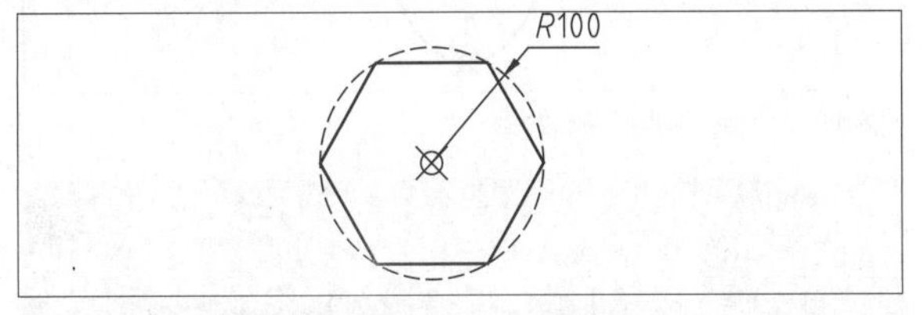

图2-109　“内接于圆(I)”绘制多边形

```
命令: _polygon
输入侧面数 <4>: 6↙
                    //指定边数
指定正多边形的中心点或 [边(E)]:
                    //指定中心点
输入选项 [内接于圆(I)/外切于圆(C)] <I>:
                    //选择“内接于圆”选项
指定圆的半径: 100↙
                    //输入圆半径的值
```

◆外切于圆(C)：该选项表示以指定正多边形外切圆半径的方式来绘制正多边形，如图2-110所示。

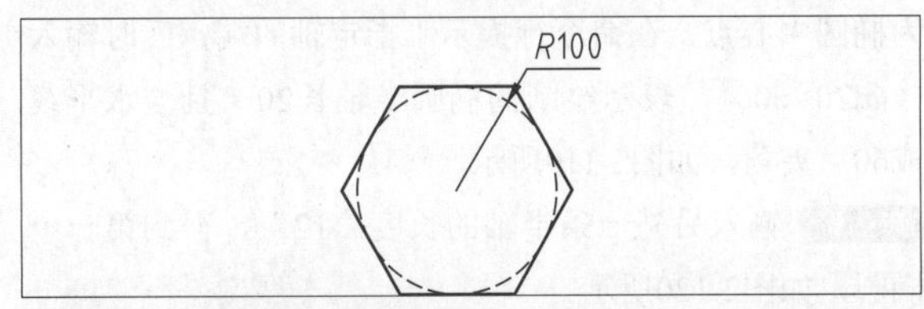

图2-110　“外切于圆(C)”绘制多边形

```
命令: _polygon
输入侧面数 <4>: 6↙
                    //指定边数
指定正多边形的中心点或 [边(E)]:
                    //指定中心点
输入选项 [内接于圆(I)/外切于圆(C)] <I>: C↙
                    //选择“外切于圆”选项
指定圆的半径: 100↙
                    //输入圆半径的值
```

练习 2-9　使用“多边形”命令绘制图形　★进阶★

正多边形是各边长和各内角都相等的多边形。运用“多边形”命令直接绘制正多边形可以提高绘图效率，并能保证所绘图形的准确性。操作步骤如下。

步骤 01 单击“绘图”面板中的“圆”按钮，分别绘制一个半径为20和一个半径为40的圆，如图2-111所示。

步骤 02 单击“绘图”面板中的“多边形”按钮，设置侧面数为6，选择中心为圆心，使其端点在圆上，如图2-112所示。

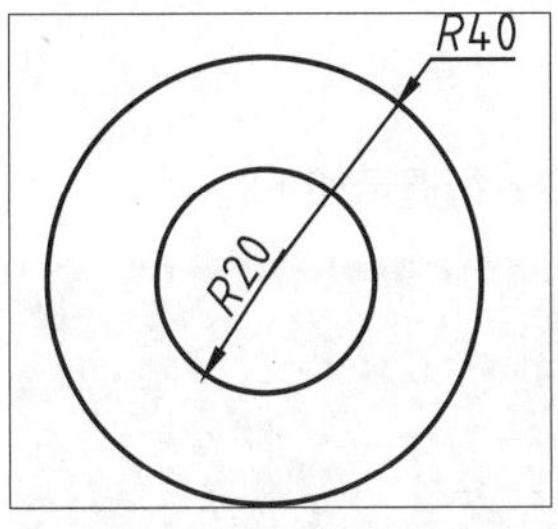

图2-111　绘制圆

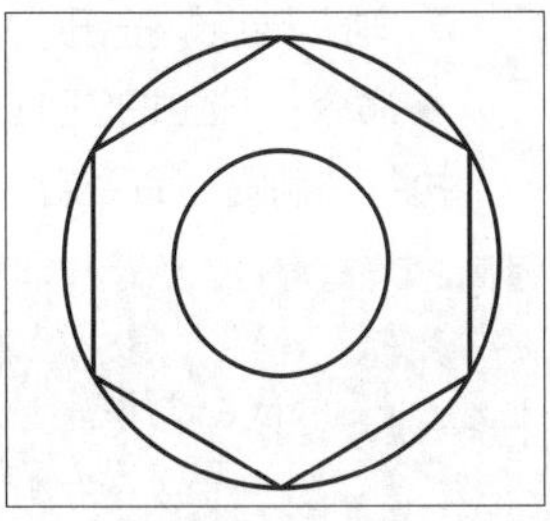

图2-112　绘制正六边形

步骤 03 按Space键或者Enter键，重复执行“多边形”命令，设置侧面数为3，在小圆中绘制一个正三角形，如图2-113所示。

步骤 04 执行“直线”命令连接正六边形内的端点，即可得到最终的图形，删除标注，效果如图2-114所示。

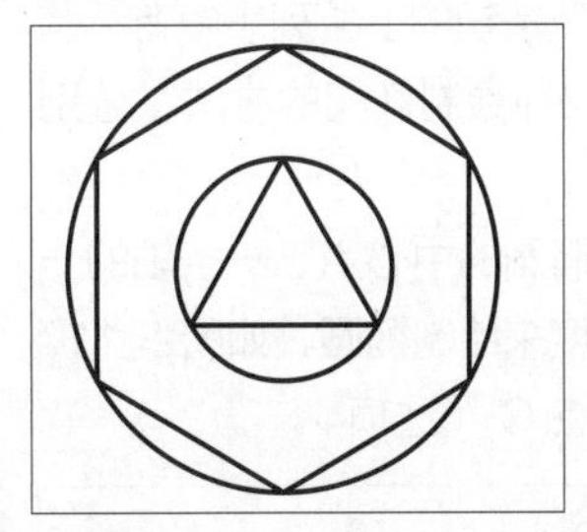

图2-113　绘制正三角形

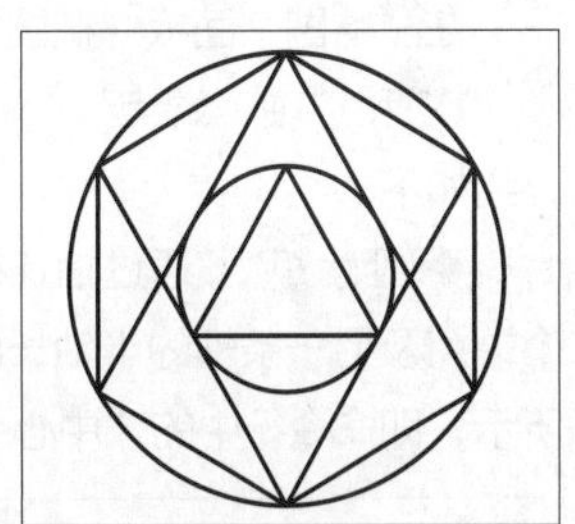

图2-114　最终效果

2.6 椭圆和椭圆弧

在建筑绘图中，很多图形都是椭圆或椭圆弧形的，如地面拼花、室内吊顶造型等，在机械制图中也常用“椭圆”命令来绘制轴测图上的圆。在AutoCAD中，“椭圆”按钮位于“绘图”面板的右侧，如图2-115所示。

2.6.1 椭圆　★重点★

椭圆是到两定点（焦点）的距离之和为定值的所有点的集合，与圆相比，椭圆的半径长度不一，形状由定义其长度和宽度的两条轴决定，较长的轴称为长轴，较短的轴称为短轴，如图2-116所示。

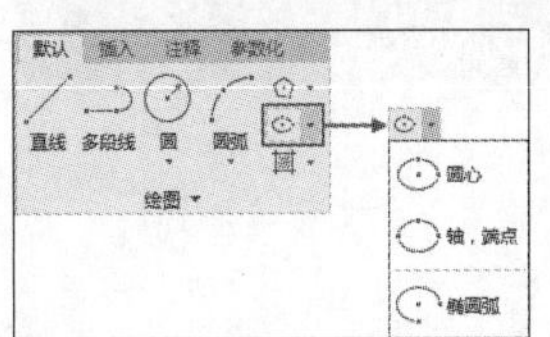

图2-115　“椭圆”按钮

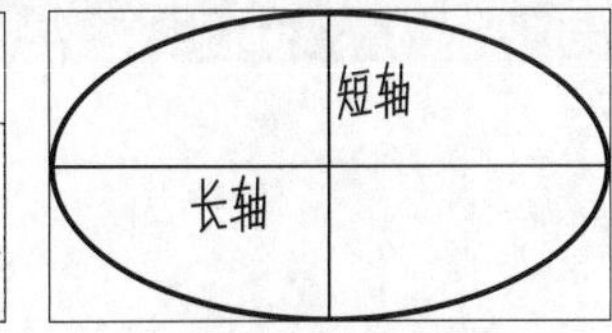

图2-116　椭圆的长轴和短轴

执行“椭圆”命令的方法如下。

◆菜单栏：执行“绘图”|“椭圆”子菜单中的“圆心”或“轴、端点”命令。

◆功能区：单击“绘图”面板中的“圆心”按钮或“轴，端点”按钮。

◆命令：ELLIPSE或EL。

执行“椭圆”命令后，命令行提示如下。

```
命令: _ellipse
                //执行“椭圆”命令
指定椭圆的轴端点或 [圆弧(A)/中心点(C)]: c
                //系统自动选择绘制对象为椭圆
指定椭圆的中心点:
                //在绘图区中指定椭圆的中心点
指定轴的端点:
                //在绘图区中指定一点
指定另一条半轴长度或 [旋转(R)]:
                //在绘图区中指定一点或输入数值
```

在“绘图”面板“椭圆”按钮的下拉列表中有“圆心”和“轴，端点”2种绘制椭圆的方法，分别介绍如下。

◆圆心：通过指定椭圆的中心点、一条轴的一个端点及另一条轴的半轴长度来绘制椭圆，如图2-117所示，即命令行中的“中心点(C)”选项。

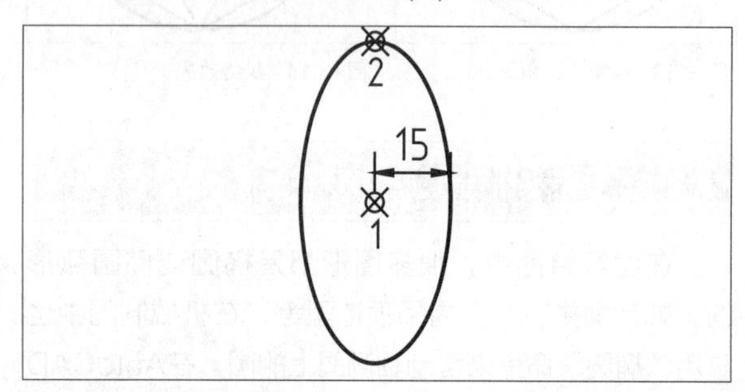

图2-117 “圆心”画椭圆

```
命令: _ellipse
        //执行“椭圆”命令
指定椭圆的轴端点或 [圆弧(A)/中心点(C)]: _c
        //系统自动选择椭圆的绘制方法
指定椭圆的中心点:
        //指定中心点1
指定轴的端点:
        //指定轴端点2
指定另一条半轴长度或 [旋转(R)]:15↙
        //输入另一半轴的长度
```

◆轴，端点：通过指定椭圆一条轴的两个端点及另一条轴的半轴长度来绘制椭圆，如图2-118所示，即命令行中的“圆弧(A)”选项。

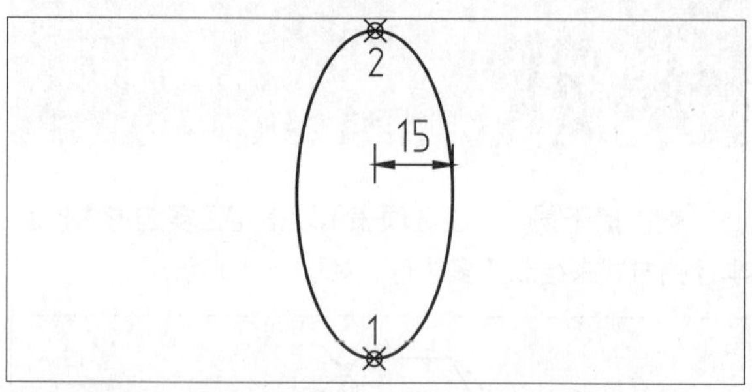

图2-118 “轴，端点”画椭圆

```
命令: _ellipse
        //执行“椭圆”命令
指定椭圆的轴端点或 [圆弧(A)/中心点(C)]:
        //指定点1
指定轴的另一个端点:
        //指定点2
指定另一条半轴长度或 [旋转(R)]: 15↙
        //输入另一半轴的长度值
```

练习 2-10 使用“椭圆”命令绘制爱心标志 ★进阶★

使用“椭圆”命令，结合“直线”与“修剪”命令，可以绘制对称的爱心标志，操作步骤如下。

步骤 01 启动AutoCAD，新建一个空白文档。

步骤 02 单击“绘图”面板中的“椭圆”按钮，以默认的“圆心”方式绘制椭圆。在绘图区中任意指定一点为椭圆中心点，在命令行提示“指定轴的端点”时输入（@20<60），表示绘制的椭圆半轴长20，且与水平线成60°夹角，如图2-119所示。

步骤 03 输入另外一条半轴的长度“12”，得到第一个椭圆，如图2-120所示。

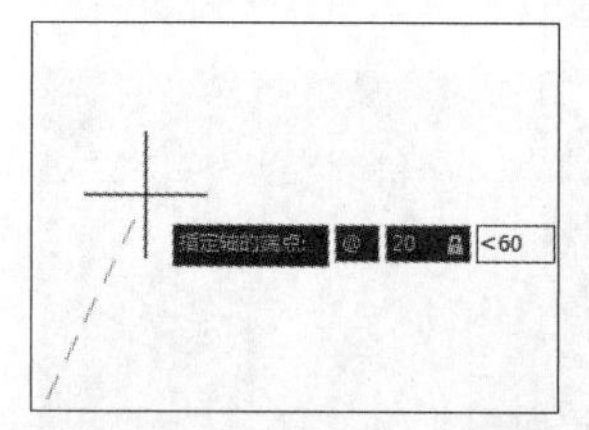

图2-119 指定椭圆中心点和轴的端点

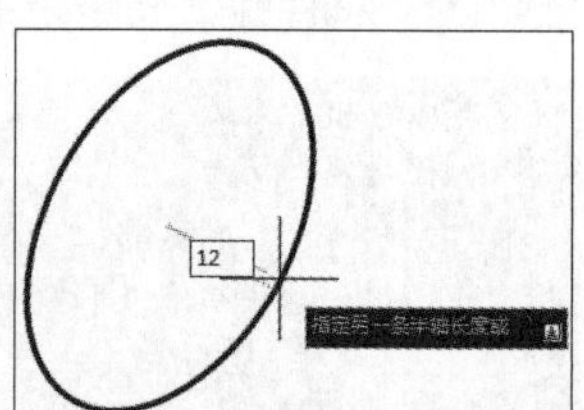

图2-120 指定椭圆另一个轴的端点

步骤 04 单击“绘图”面板中的“直线”按钮，以椭圆中心点为起点，向左绘制一条长度为12的水平辅助线，如图2-121所示。

步骤 05 单击“绘图”面板中的“椭圆”按钮，以直线的左端点为中心点，在命令行提示“指定轴的端点”

时输入（@20<120），表示绘制的椭圆半轴长20，且与水平线成120° 夹角，如图2-122所示。

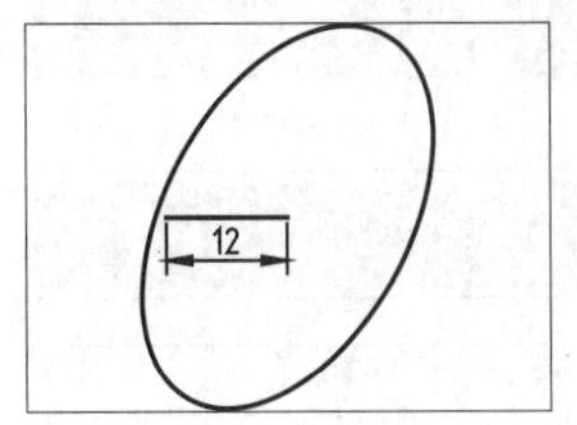

图2-121 绘制辅助线

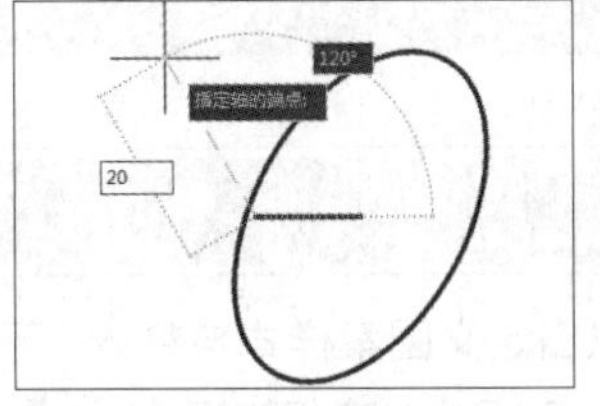

图2-122 指定第二个椭圆中心点和轴的端点

步骤 06 输入另外一条半轴的长度“12”，得到第二个椭圆，然后删除辅助线，效果如图2-123所示。

步骤 07 在命令行中输入“TR”，连续按两次Space键，将两个椭圆中间多余的线条删除，即可得到爱心标志，如图2-124所示。

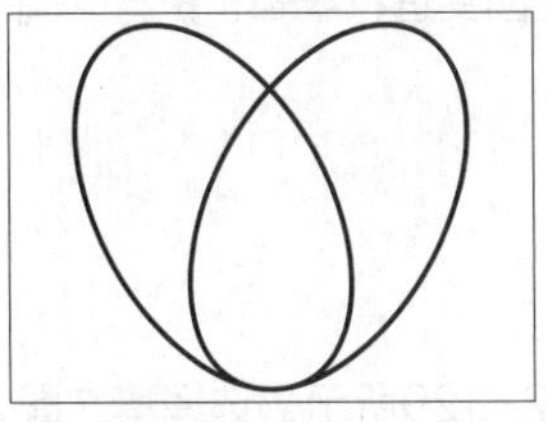

图2-123 绘制好的第二个椭圆

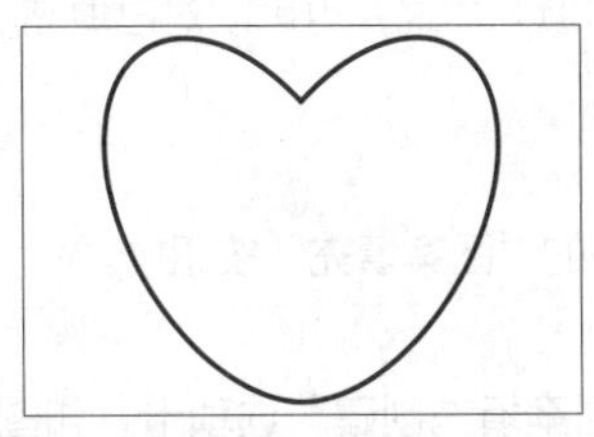

图2-124 爱心标志效果

2.6.2 椭圆弧 ★重点★

椭圆弧是椭圆的一部分。绘制椭圆弧需要确定的参数有：椭圆弧所在椭圆的两条轴及椭圆弧的起始角度和终止角度。执行“椭圆弧”命令的方法如下。

◆菜单栏：执行“绘图”|“椭圆”|“圆弧”命令。

◆功能区：单击“绘图”面板中的“椭圆弧”按钮 。

执行“椭圆”命令后，命令行提示如下。

```
命令: _ellipse
        //执行“椭圆”命令
指定椭圆的轴端点或 [圆弧(A)/中心点(C)]: _a
        //系统自动选择绘制对象为椭圆弧
指定椭圆弧的轴端点或 [中心点(C)]:
        //在绘图区中指定椭圆一轴的端点
指定轴的另一个端点:
        //在绘图区中指定该轴的另一个端点
指定另一条半轴长度或 [旋转(R)]:
        //在绘图区中指定一点或输入数值
指定起点角度或 [参数(P)]:
        //在绘图区中指定一点或输入椭圆弧的起始角度
指定端点角度或 [参数(P)/夹角(I)]:
        //在绘图区中指定一点或输入椭圆弧的终止角度
```

“椭圆”命令中各选项的含义前面已经介绍过，只有在指定另一半轴长度后，会提示指定起点角度与端点角度来确定椭圆弧。这时有两种指定方法，即“旋转(R)”和“参数(P)”，分别介绍如下。

◆旋转(R)：指定起点角度与端点角度来确定椭圆弧，以椭圆长轴为基准确定角度，如图2-125所示。

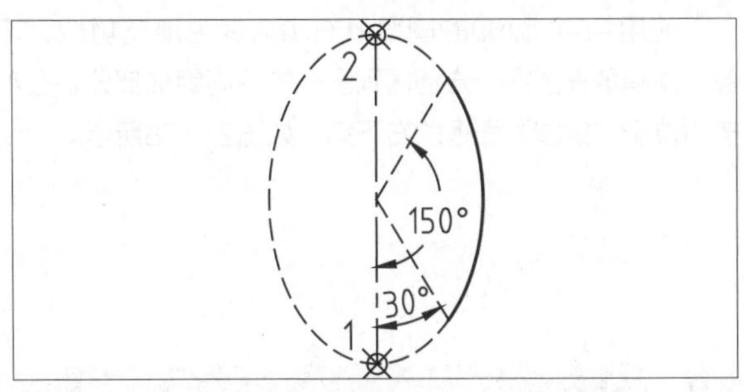

图2-125 “旋转(R)”绘制椭圆弧

```
命令: _ellipse
        //执行“椭圆”命令
指定椭圆的轴端点或 [圆弧(A)/中心点(C)]: _a
        //系统自动选择绘制对象为椭圆弧
指定椭圆弧的轴端点或 [中心点(C)]:
        //指定轴端点1
指定轴的另一个端点:
        //指定轴端点2
指定另一条半轴长度或 [旋转(R)]: 6↙
        //输入另一半轴的长度值
指定起点角度或 [参数(P)]: 30↙
        //输入起始角度值
指定端点角度或 [参数(P)/夹角(I)]: 150↙
        //输入终止角度值
```

◆参数(P)：用矢量参数方程式$p(n)=c+a\times\cos(n)+b\times\sin(n)$绘制椭圆弧；其中$n$是用户输入的参数;$c$是椭圆弧的半焦距；$a$和$b$分别是椭圆长轴与短轴的半轴长；使用“参数(P)”选项可以从角度模式切换到参数模式，参数模式用于控制计算椭圆弧的方法。

参数模式下，“夹角(I)”指定椭圆弧的起点角度后，可选择该选项，然后输入夹角角度来确定椭圆弧，如图2-126所示。值得注意的是，89.4° ~ 90.6° 的夹角值无效，因为此时椭圆将显示为一条直线，如图2-127所示。这些角度值的倍数将每隔 90° 产生一次镜像效果。

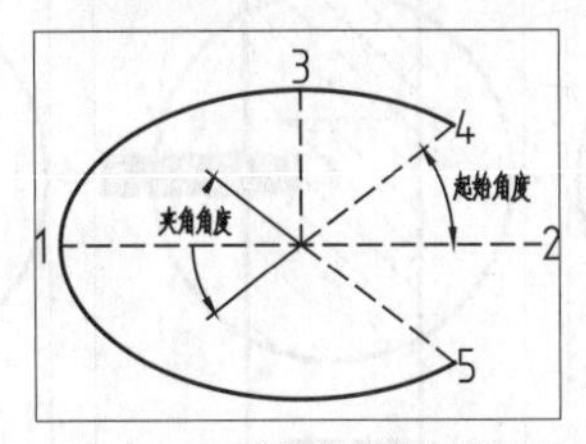

图2-126 “夹角(I)”绘制椭圆弧

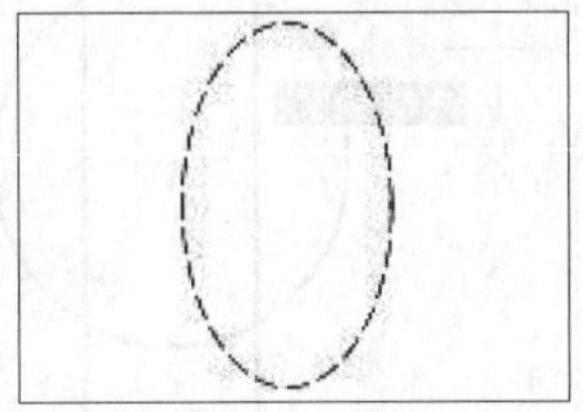

图2-127 89.4° ~90.6° 的夹角不显示椭圆弧

提示

椭圆弧的起始角度从长轴开始计算。

2.7 图案填充与渐变色填充

使用AutoCAD的图案填充和渐变色填充功能，可以自定义图案样式与参数，创建填充图案，方便区别图形的不同组成部分。在AutoCAD中，它们的相关按钮位于“绘图”面板的右下角，如图2-128所示。

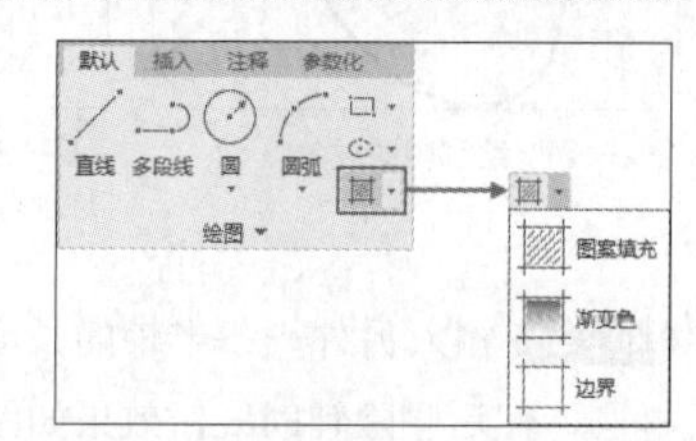

图2-128 填充功能相关按钮

2.7.1 图案填充

★重点★

在图案填充过程中，用户可以根据实际需求选择不同的填充样式，也可以对已填充的图案进行编辑。执行“图案填充”命令的方法如下。

◆菜单栏：执行“绘图”|“图案填充”命令。

◆功能区：在“默认”选项卡中，单击“绘图”面板中的“图案填充”按钮▦。

◆命令：BHATCH或HATCH或H。

在AutoCAD中执行“图案填充”命令后，将显示“图案填充创建”选项卡，如图2-129所示。选择填充图案，移动十字光标至要填充的区域，生成效果预览，在该区域单击即可创建填充。单击“关闭”面板中的“关闭图案填充创建”按钮即可退出该命令。

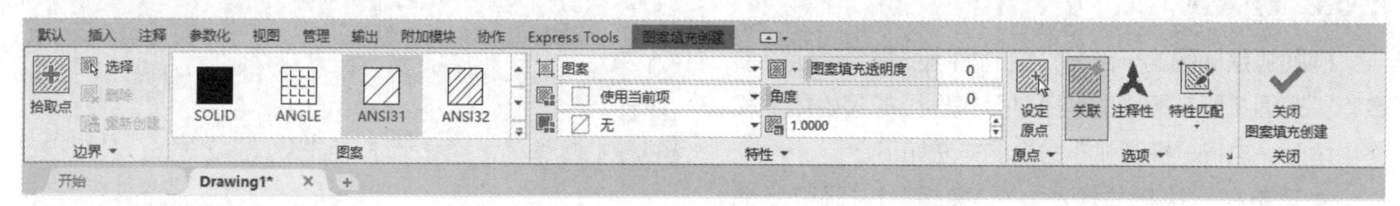

图2-129 “图案填充创建”选项卡

“图案填充创建”选项卡由“边界”“图案”“特性”“原点”“选项”“关闭”6个面板组成，分别介绍如下。

1 “边界”面板

“边界”面板中各选项的含义介绍如下。

◆拾取点▦：单击此按钮，命令行提示“拾取内部点”，移动十字光标至要填充的区域，会出现填充的预览效果，此时单击即可创建预览的填充效果，如图2-130所示；移动十字光标至其他区域可继续进行填充，直到按Esc键退出命令，该操作是最常用和简便的填充操作。

◆选择▦：单击此按钮，命令行提示“选择对象”，移动十字光标选择要填充的封闭图形对象（如圆、矩形等），即可在所选的封闭图形内部进行填充，如图2-131所示。

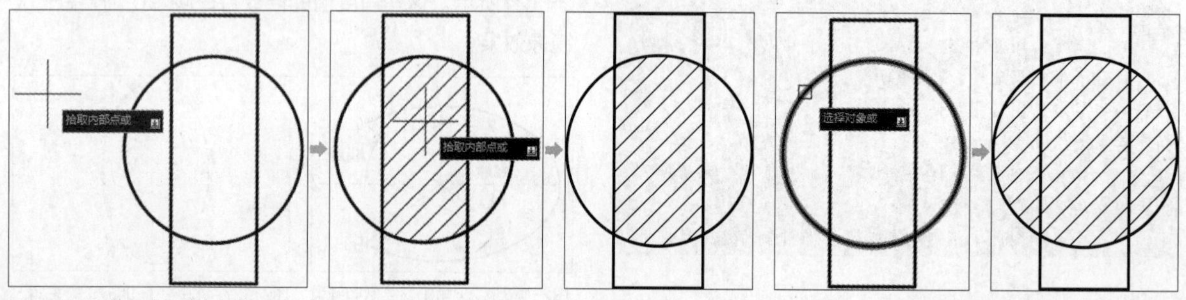

图2-130 “拾取点”填充操作

图2-131 “选择”填充操作

◆删除：用于取消边界，边界即在一个大的封闭区域内存在的一个独立的小区域，该功能只有在创建图案填充的过程中才可用。

◆重新创建：编辑填充图案时，可利用此功能生成与图案边界相同的多段线或面域。

2 “图案”面板

该面板用来选择使用图案填充时的图案效果。单击其右侧的按钮可打开“图案”下拉列表，拖动滚动条选择所需的填充图案，如图2-132所示。常用的几种图案介绍如下。

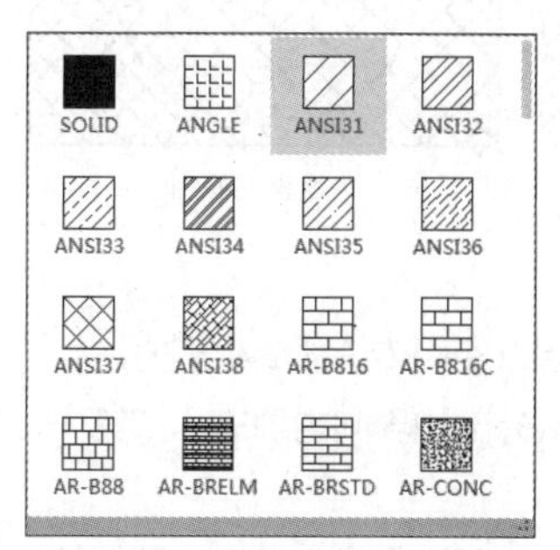

图2-132　“图案”面板

◆SOLID■：实体填充，此图案填充效果为一整块色块，一般用于细微零件或实体截面的填充。

◆ANSI31：常用的细斜线图案，也是默认的填充图案，本书在不特别说明的情况下，都以这种图案作为默认填充图案。

◆ANSI37：填充效果为网格线，一般用于塑料、橡胶、织物等非金属物品的图形的填充。

◆AR-CONC：用于建筑图中混凝土部分的填充。

3 “特性”面板

图2-133所示为展开的“特性”面板中的选项，各选项的含义介绍如下。

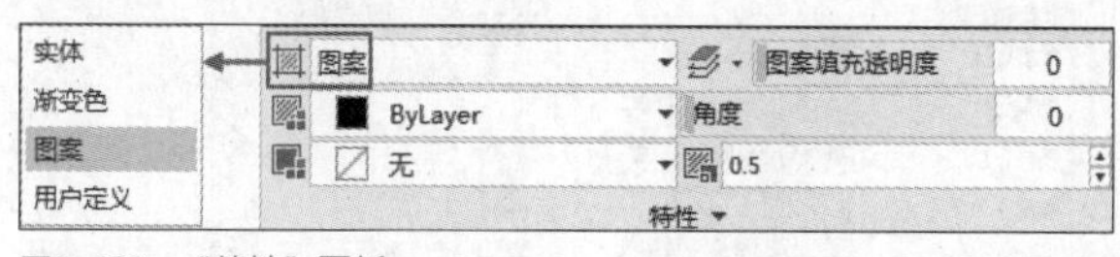

图2-133　“特性”面板

◆图案：单击下拉按钮，在打开的下拉列表中有“实体”“渐变色”“图案”“用户定义”4个选项；若选择“实体”选项，则填充效果同SOLID图案效果；若选择“渐变色”选项，则按渐变的颜色效果进行填充；若选择“图案”选项，则使用AutoCAD预定义的图案，这些图案保存在“acad.pat”和“acadiso.pat”文件中；若选择“用户定义”选项，则采用用户定义的图案，这些图案保存在“.pat”类型文件中，需要加载才可以使用。

◆图案填充颜色/背景色：单击下拉按钮，在打开的下拉列表中选择需要的图案填充颜色和背景颜色，如图2-134和图2-135所示，默认状态下为无背景颜色。

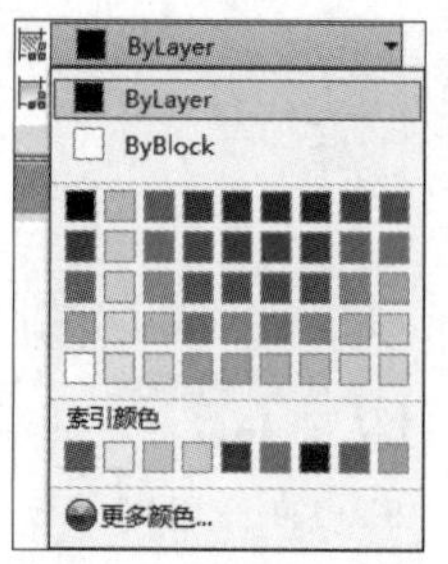

图2-134　选择图案填充颜色

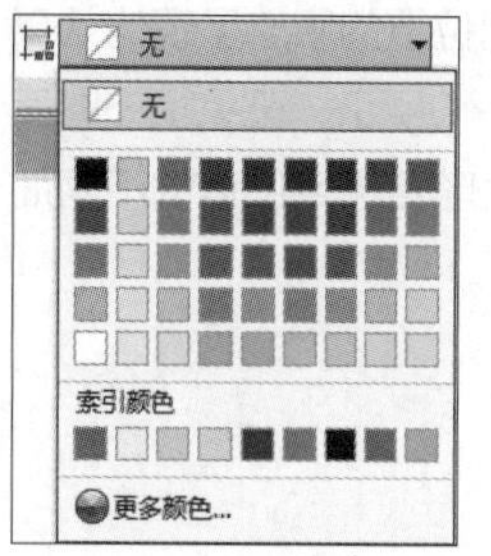

图2-135　选择背景颜色

◆图案填充透明度：通过拖动滑块，可以设置图案填充的透明度，如图2-136所示；设置完透明度之后，需要单击状态栏中的“显示/隐藏透明度”按钮，透明度才能显示出来。

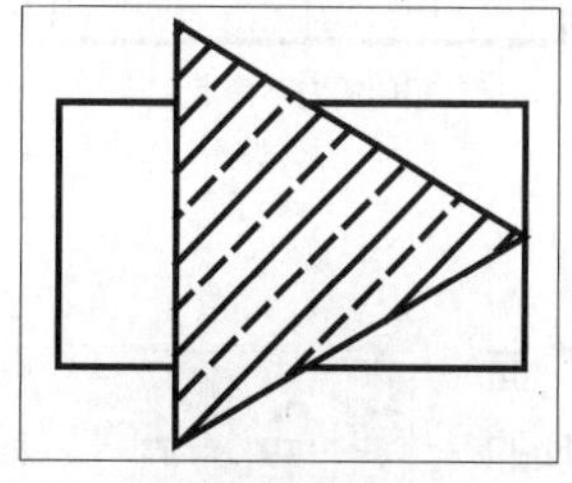

透明度为0

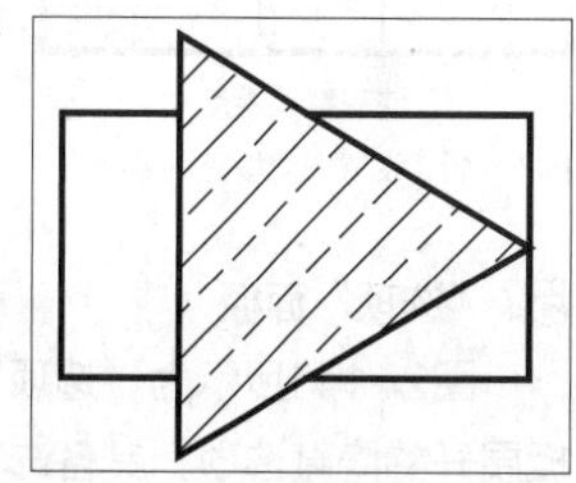

透明度为50

图2-136　设置图案填充透明度

◆图案填充角度：通过拖动滑块，可以设置图案填充的角度，如图2-137所示。

◆填充图案比例：通过在文本框中输入比例值，可以设置图案填充的比例，如图2-138所示。

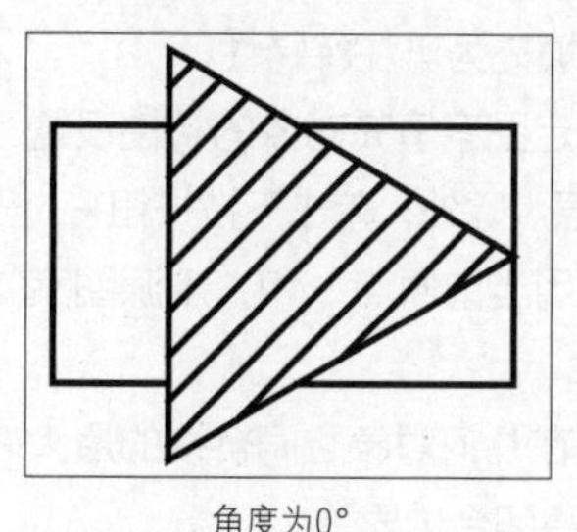

角度为0°

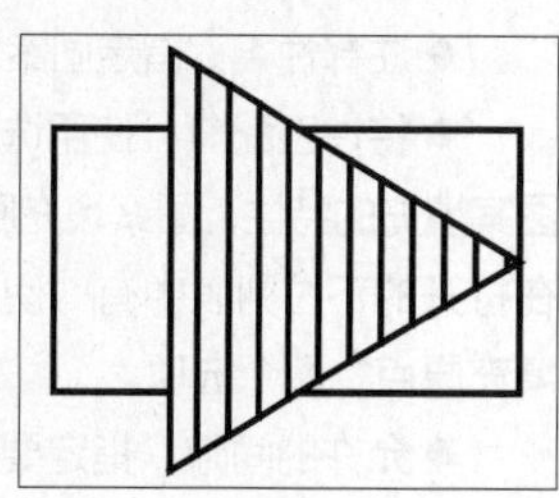

角度为45°

图2-137　设置图案填充的角度

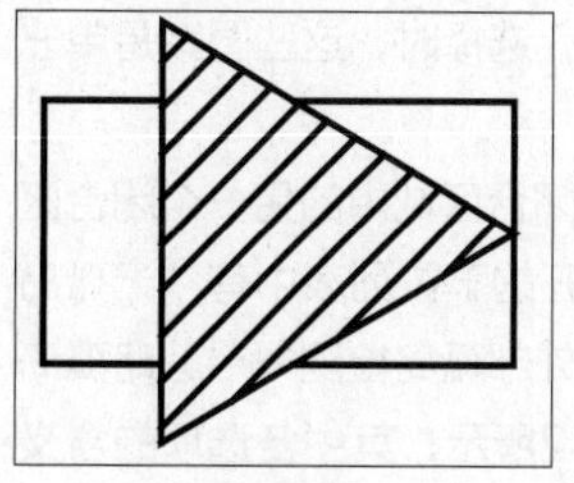

比例为10

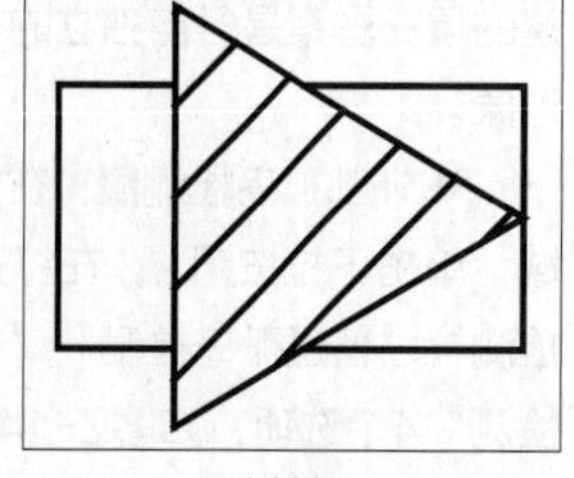

比例为5

图2-138　设置图案填充的比例

4 “原点”面板

图2-139所示为“原点”面板展开的选项，指定原点的位置有“左下”、“右下”、“左上”、“右上”、“中心”和“使用当前原点”6种方式。不同位置的原点呈现的效果如图2-140所示，可见填充图案的效果会随着原点位置的不同而不同。

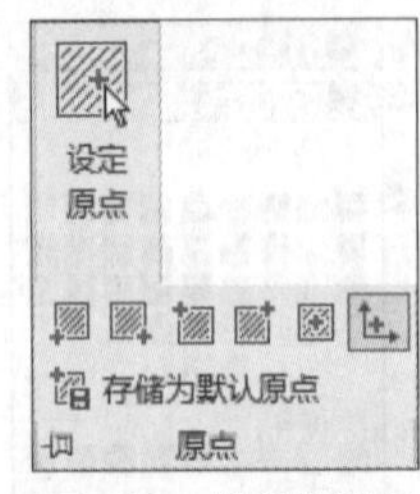

图2-139 “原点”面板

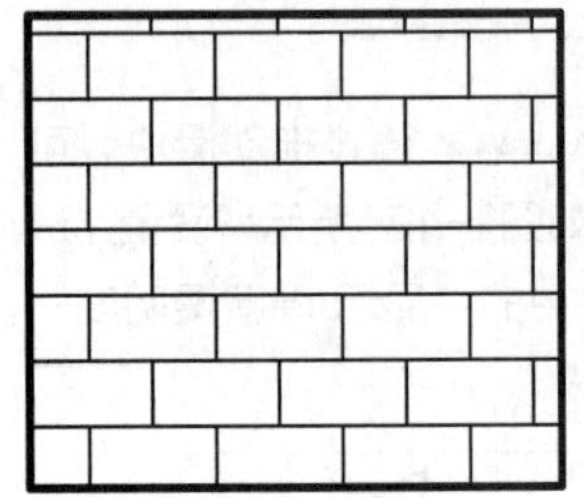
使用默认原点

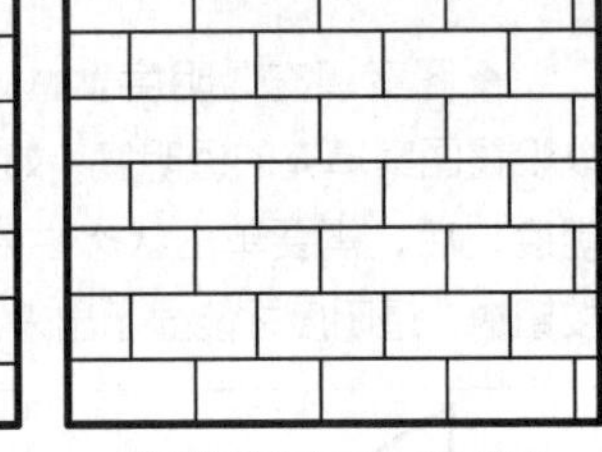
指定矩形的左下角点为原点

图2-140 设置图案填充的原点

5 “选项”面板

图2-141所示为“选项”面板展开的隐藏选项，其各选项的含义介绍如下。

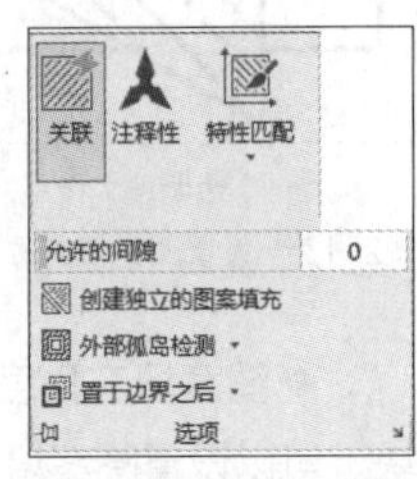

图2-141 “选项”面板

◆关联：当用户修改图案填充边界时，控制是否自动更新图案填充。

◆注释性：指定图案填充为可注释特性。

◆特性匹配：使用选定图案填充对象的特性设置图案填充的特性，图案填充原点除外；单击下拉按钮，在打开的下拉列表中有“使用当前原点”和“用源图案填充原点”两个选项。

◆允许的间隙：指定要在几何对象之间桥接的最大间隙，这些对象经过延伸后将闭合边界。

◆创建独立的图案填充：一次在多个闭合边界创建的填充图案是各自独立的，选择时，这些图案是单一对象。

◆外部孤岛检测：在闭合区域内的另一个闭合区域；单击下拉按钮，在打开的下拉列表中有“无孤岛检测”“普通孤岛检测”“外部孤岛检测”“忽略孤岛检测”4个选项，如图2-142所示，其中各选项的含义介绍如下。

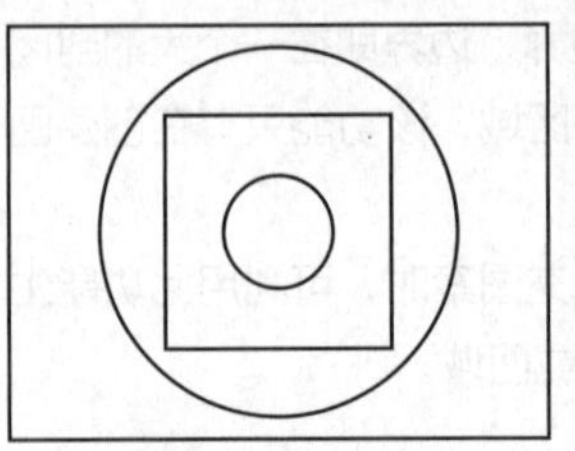
无孤岛检测

普通孤岛检测

外部孤岛检测

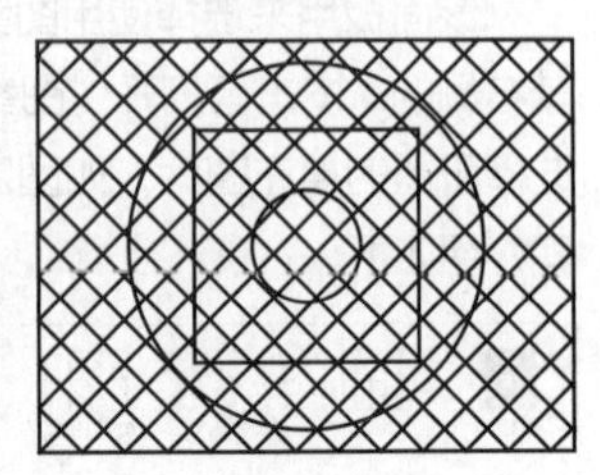
忽略孤岛检测

图2-142 孤岛的4种显示方式

- 无孤岛检测：关闭以使用传统孤岛检测方法。
- 普通孤岛检测：从外部边界向内填充，即第一层填充，第二层不填充。
- 外部孤岛检测：从外部边界向内填充，即只填充从最外边界到第一边界之间的区域。
- 忽略孤岛检测：忽略最外层边界包含的其他任何边界，从最外层边界向内填充全部图形。
- 置于边界之后：指定图案填充的创建顺序；单击下拉按钮，在打开的下拉列表中有“不指定”“后置”“前置”“置于边界之后”“置于边界之前”5个选项，默认情况下，图案填充绘制次序是“置于边界之后”。
- 图案填充和渐变色：单击“选项”面板中的按钮，打开“图案填充和渐变色”对话框，如图2-143所示。

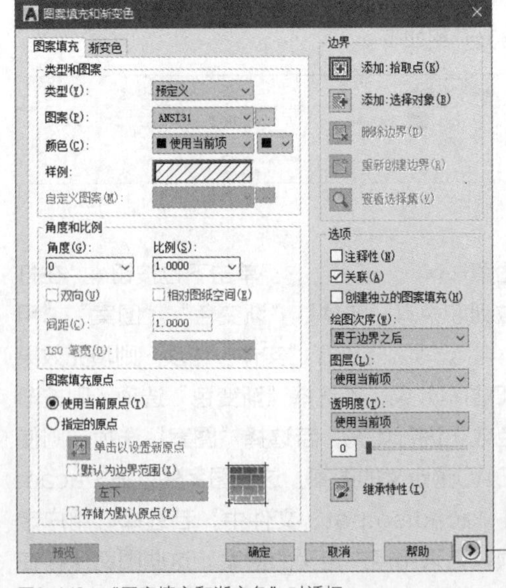

图2-143 “图案填充和渐变色”对话框

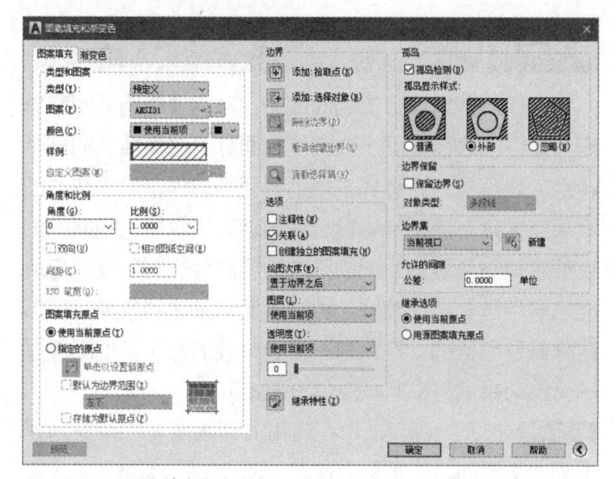

图2-143 “图案填充和渐变色”对话框（续）

6 “关闭”面板

单击“关闭”面板中的“关闭图案填充创建”按钮，可退出图案填充，也可按Esc键代替此按钮操作。

在出现“图案填充创建”选项卡之后，在命令行中输入“T”，也可进入设置界面，打开“图案填充和渐变色”对话框。单击该对话框右下角的“更多选项”按钮⊙，展开图2-143所示的对话框，显示出更多选项。对话框中选项的含义与之前介绍过的选项含义基本相同，这里不再赘述。

练习 2-11 使用“图案填充”命令绘制室内鞋柜立面图 ★进阶★

室内设计是否美观，很大程度上取决于在主要立面上的艺术处理，包括造型与装修是否优美。在设计阶段，可以用立面图来反映房屋的外貌和立面装修。因此室内立面图经常需要进行图案填充。本练习便通过填充室内鞋柜立面图，让读者熟练掌握图案填充的方法，操作步骤如下。

步骤 01 启动AutoCAD，打开“练习2-11：使用‘图案填充’命令绘制室内鞋柜立面图.dwg”素材文件，如图2-144所示。

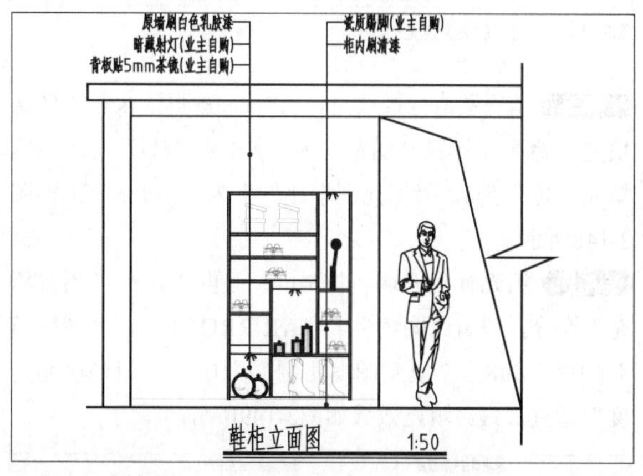

图2-144 素材图形

步骤 02 填充墙体结构图案。在命令行中输入“H”并按Enter键，弹出“图案填充创建”选项卡，如图2-145所示。在“图案”面板中设置“图案”为“ANSI31”；在“特性”面板中设置“图案填充颜色”为8，“填充图案比例”为20。设置完成后，拾取墙体为内部拾取点填充，按Space键退出，填充效果如图2-146所示。

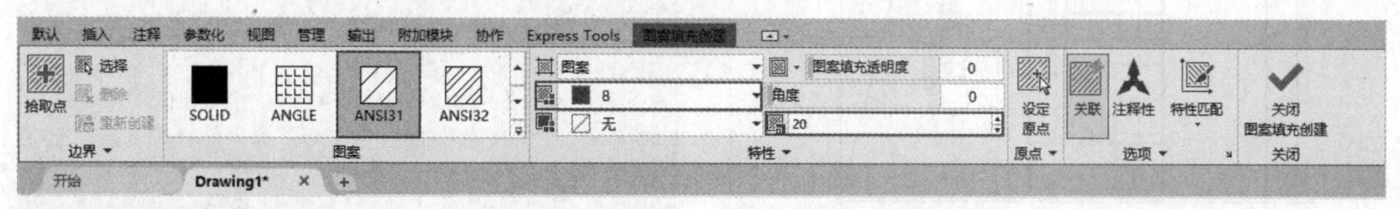

图2-145 “图案填充创建”选项卡

步骤 03 继续填充墙体结构图案。按Space键再次执行“图案填充”命令，设置“图案”为“AR-CONC”，“图案填充颜色”为8，“填充图案比例”为1，填充效果如图2-147所示。

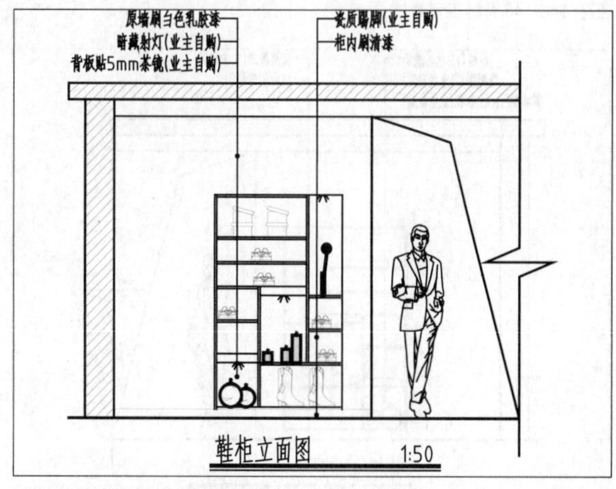

图2-146 填充墙体钢筋

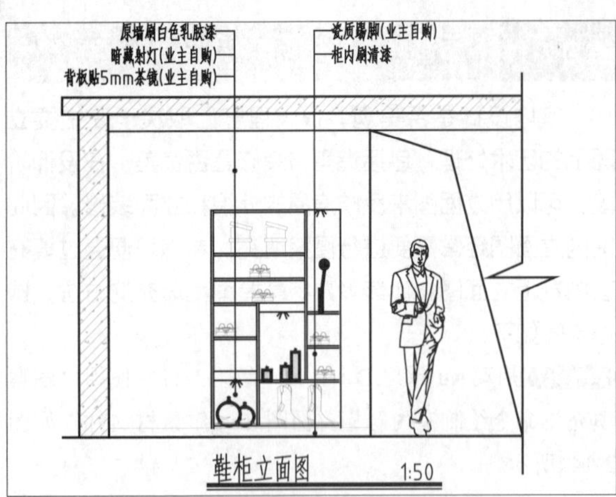

图2-147 填充墙体混凝土

步骤 04 填充鞋柜背景墙面。按Space键再次执行“图案填充”命令，设置“图案”为“AR-SAND”，“图案填充颜色”为8，“填充图案比例”为3，填充效果如图2-148所示。

步骤 05 填充鞋柜玻璃。按Space键再次执行“图案填充”命令，设置“图案”为“AR-RROOF”，“图案填充颜色”为8，“填充图案比例”为10，“图案填充角度”适宜，最终填充效果如图2-149所示。

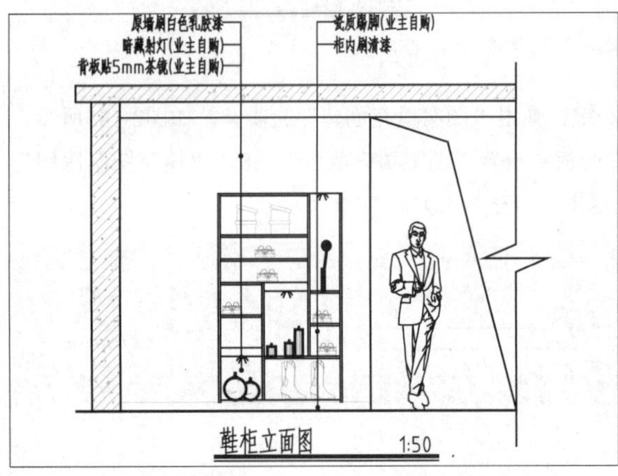

图2-148 填充鞋柜背景墙面

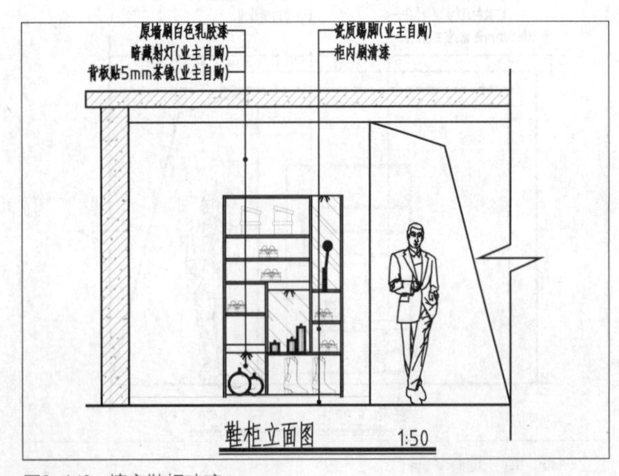

图2-149 填充鞋柜玻璃

练习 2-12 使用“图案填充”命令创建混凝土填充 ★进阶★

在绘制建筑设计的剖面图时，常需要使用“图案填充”命令来表示混凝土或实体地面等。这类填充的一个特点就是范围大，边界不规则甚至无边界，但是在“图案填充创建”选项卡中是无法创建无边界填充图案的，它要求填充区域是封闭的。有的用户会想到通过创建填充后删除边界线或隐藏边界线的显示来达到效果，虽然这样做是可行的，不过有一种更有效的方法，下面通过一个练习来进行说明，操作步骤如下。

步骤 01 打开“练习2-12：使用‘图案填充’命令创建混凝土填充.dwg”素材文件。

步骤 02 在命令行中输入“H”并按Enter键，命令行提示如下。

```
命令：H↙
                    //执行完整的“图案填充”命令
当前填充图案: SOLID
                    //当前的填充图案
指定内部点或 [特性(P)/选择对象(S)/绘图边界(W)/删除边界(B)/高级(A)/绘图次序(DR)/原点(O)/注释性(AN)/图案填充颜色(CO)/图层(LA)/透明度(T)]: P↙
                    //选择“特性”选项
输入图案名称或 [?/实体(S)/用户定义(U)/渐变色(G)]: AR-CONC↙    //输入混凝土填充的名称
指定图案缩放比例 <1.0000>:10↙
                    //输入填充的缩放比例
指定图案角度 <0>: 45↙
                    //输入填充的角度值
当前填充图案: AR-CONC
指定内部点或 [特性(P)/选择对象(S)/绘图边界(W)/删除边界(B)/高级(A)/绘图次序(DR)/原点(O)/注释性(AN)/图案填充颜色(CO)/图层(LA)/透明度(T)]: W↙
                    //选择“绘图边界”选项，手动绘制边界
```

步骤 03 在绘图区依次捕捉点，注意打开捕捉模式，如图2-150所示。捕捉完之后按两次Enter键。

步骤 04 系统提示指定内部点，单击选择绘图区的封闭区域并按Enter键，绘制效果如图2-151所示。

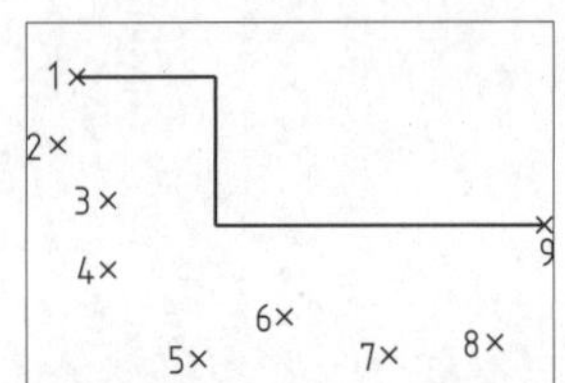

图2-150 指定填充边界参考点

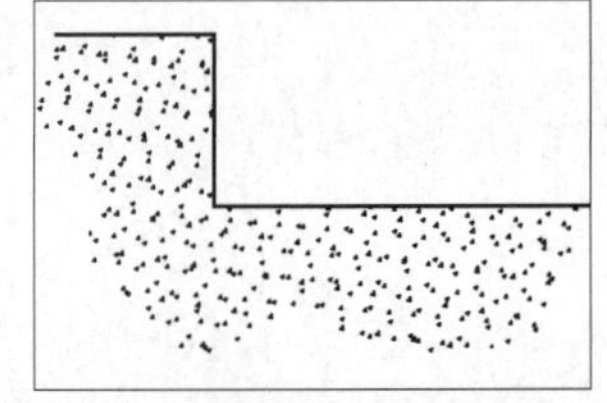

图2-151 创建的填充图案效果

延伸讲解：填充出错时的解决办法和最小填充间隙

如果图形不封闭，就会出现无法创建填充图案的情况，软件会弹出“图案填充-边界定义错误”对话框，并且在图形中会用颜色圆圈标示出没有封闭的区域，如图2-152所示。

这时可以在命令行中输入“HPGAPTOL”，即可输入一个新的数值，用以指定图案填充时可忽略的最小间隙，小于输入数值的间隙都不会影响填充效果，如图2-153所示。

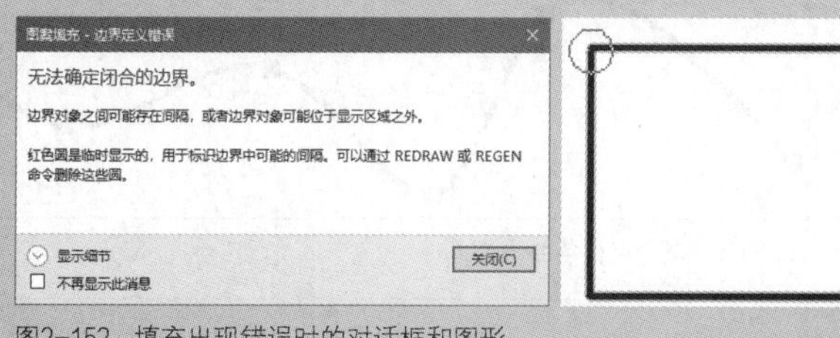

图2-152　填充出现错误时的对话框和图形

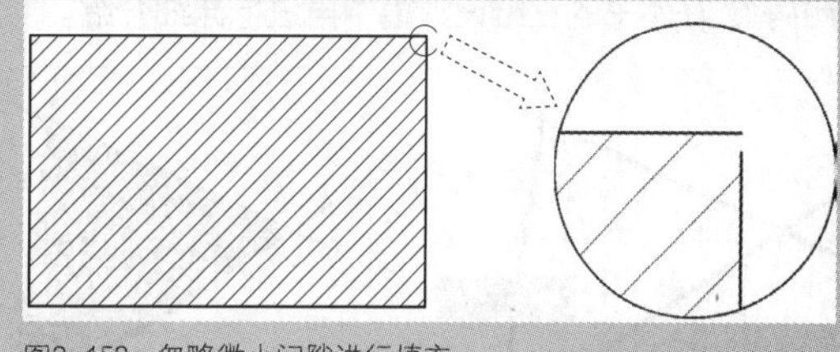

图2-153　忽略微小间隙进行填充

2.7.2 渐变色填充

★重点★

在绘图过程中，有些图形在填充时需要用到一种或多种颜色，例如绘制装修图纸、美工图纸等。执行“渐变色”命令的方法如下。

◆功能区：在“默认”选项卡中，单击“绘图”面板中的“渐变色”按钮。

◆菜单栏：执行“绘图”|“渐变色”命令。

执行“渐变色”命令后，将弹出图2-154所示的“图案填充创建”选项卡。该选项卡同样由“边界”“图案”等6个面板组成，只是按钮换成了与渐变色相关的。各面板的功能与之前介绍过的“图案填充”中的面板功能一致，在此不重复介绍。

图2-154　“渐变色”下的“图案填充创建”选项卡

> **提示**
>
> 在执行“图案填充”命令时，如果在“特性”面板中的“图案”下拉列表中选择“渐变色”选项，也会切换至渐变填充效果。

命令行提示“拾取内部点或[选择对象(S)/放弃(U)/设置(T)]:”时，选择“设置(T)”选项，将打开图2-155所示的“图案填充和渐变色”对话框，并自动切换到“渐变色”选项卡。该对话框中常用选项的含义介绍如下。

◆单色：指定的颜色从高饱和度的单色平滑过渡到透明的填充方式。

◆双色：指定的两种颜色进行平滑过渡的填充方式，如图2-156所示。

◆渐变样式：在渐变区域有9种固定渐变填充的图案，这些图案包括径向渐变、线性渐变等。

◆方向：在该选项组中，可以设置渐变色的角度及其是否居中。

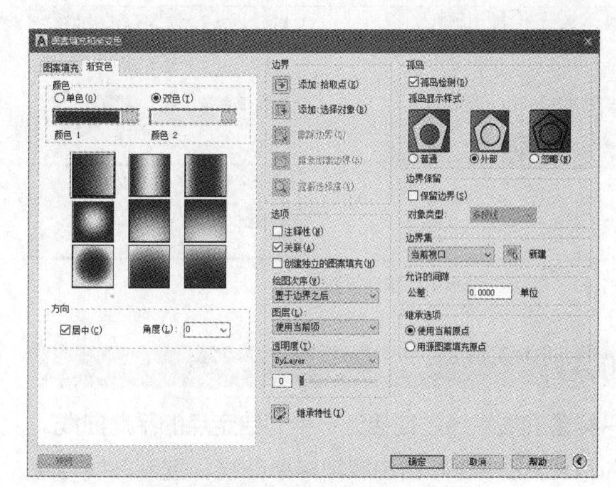

图2-155　“图案填充和渐变色”对话框

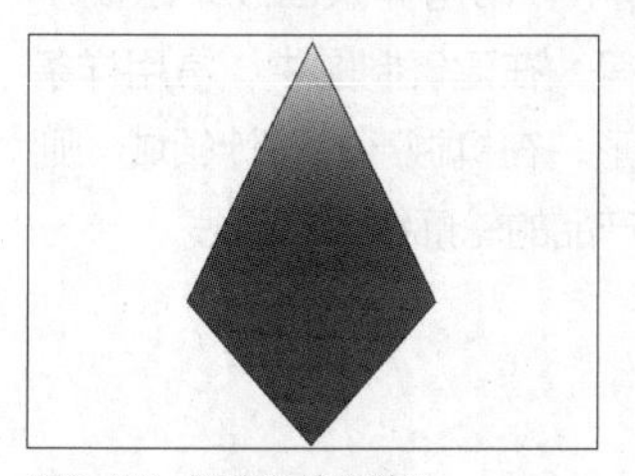

图2-156　渐变色填充效果

2.7.3 边界

使用“边界”命令可以将封闭区域转换为面域，面域是AutoCAD中用来创建三维模型的基础，其大致可以理解为图2-157所示的过程。因此“边界”命令主要用来辅助创建三维模型，与二维绘图关系不大，此处不进行讲解，在本书的三维设计篇中再进行详细介绍。

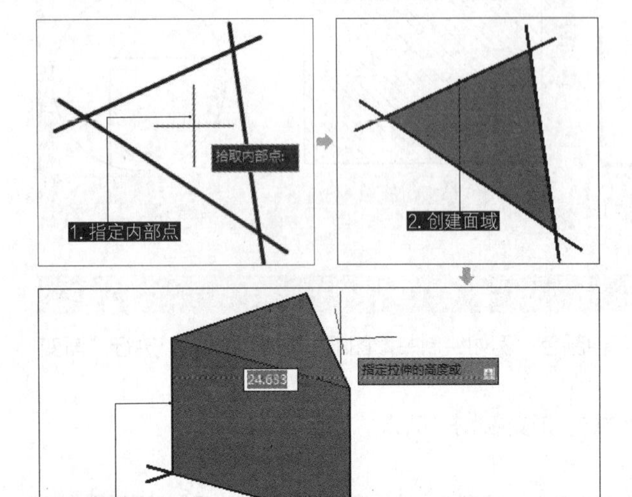

图2-157 在AutoCAD中创建三维模型的过程

2.8 其他绘图命令

“绘图”面板包含扩展区域，单击“绘图”右侧的下拉按钮即可展开，如图2-158所示。下面介绍“绘图”面板扩展区域中绘图命令的操作方法。

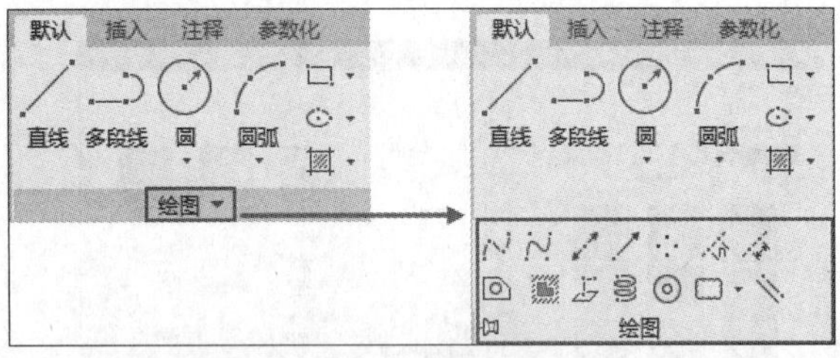

图2-158 “绘图”面板中的扩展区域

2.8.1 样条曲线

样条曲线是经过或接近一系列给定点的平滑曲线。在AutoCAD中能够自由编辑样条曲线，控制曲线与点的拟合程度。在景观设计中，常用样条曲线来绘制水体、流线型的园路及模纹等；在建筑制图中，常用样条曲线来表示剖面符号等图形；在机械产品设计领域，则常用样条曲线来表示某些产品的轮廓线或剖切线。

在AutoCAD中，样条曲线可分为“拟合点样条曲线”和“控制点样条曲线”两种。“拟合点样条曲线”的拟合点与曲线重合，如图2-159所示。“控制点样条曲线”是通过曲线外的控制点控制曲线的形状，如图2-160所示。

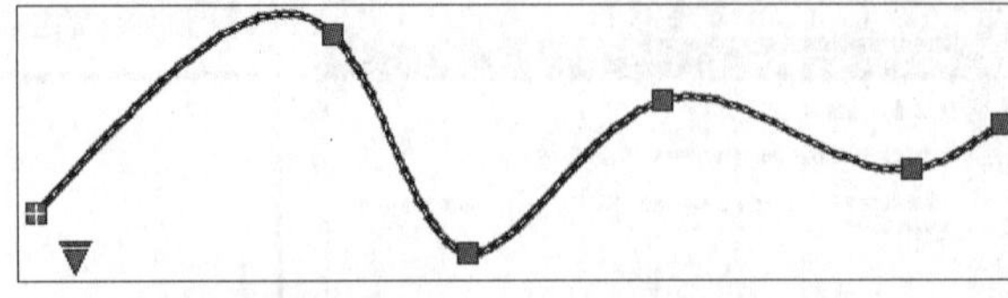

图2-159 拟合点样条曲线

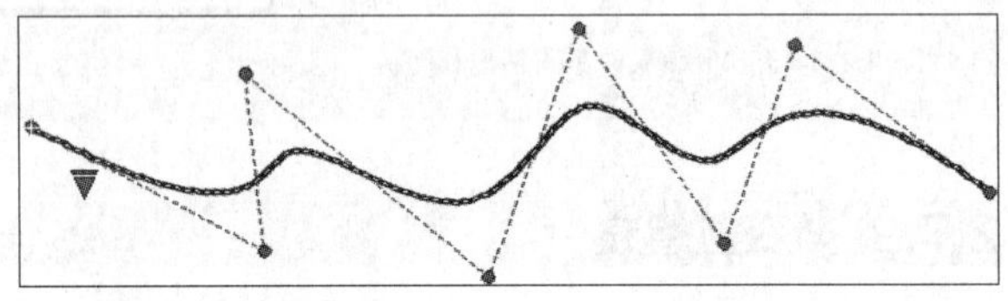

图2-160 控制点样条曲线

执行“样条曲线”命令的方法如下。

◆菜单栏：执行“绘图” | “样条曲线”命令，然后在子菜单中选择“拟合点”或“控制点”命令。

◆功能区：单击“绘图”面板扩展区域中的“样条曲线拟合”按钮或“样条曲线控制点”按钮。

◆命令：SPLINE或SPL。

执行“样条曲线拟合”命令时，命令行提示如下。

```
命令: _spline
                    //执行“样条曲线拟合”命令
当前设置: 方式=拟合  节点=弦
                    //显示当前样条曲线的设置
指定第一个点或 [方式(M)/节点(K)/对象(O)]: _M
                    //系统自动选择
输入样条曲线创建方式 [拟合(F)/控制点(CV)] <拟合>: _FIT
                    //系统自动选择“拟合”选项
当前设置: 方式=拟合  节点=弦
                    //显示当前方式下的样条曲线设置
指定第一个点或 [方式(M)/节点(K)/对象(O)]:
                    //指定样条曲线起点或选择创建方式
输入下一个点或 [起点切向(T)/公差(L)]:
                    //指定样条曲线上的第二点
输入下一个点或 [端点相切(T)/公差(L)/放弃(U)/闭合(C)]:
                    //指定样条曲线上的第三点
                    //要创建样条曲线，最少需指定3个点
```

执行“样条曲线控制点”命令时，命令行提示如下。

```
命令: _SPLINE
                    //执行“样条曲线控制点”命令
当前设置: 方式=控制点  阶数=3
                    //显示当前样条曲线的设置
指定第一个点或 [方式(M)/阶数(D)/对象(O)]: _M
                    //系统自动选择
输入样条曲线创建方式 [拟合(F)/控制点(CV)] <拟合>: _CV
                    //系统自动选择“控制点”选项
当前设置: 方式=控制点  阶数=3
                    //显示当前方式下的样条曲线设置
指定第一个点或 [方式(M)/阶数(D)/对象(O)]:
                    //指定样条曲线起点或选择创建方式
输入下一个点:
                    //指定样条曲线上的第二点
输入下一个点或 [闭合(C)/放弃(U)]:
                    //指定样条曲线上的第三点
```

虽然在AutoCAD中，绘制样条曲线有“样条曲线拟合”和“样条曲线控制点”两种方式，但是它们的操作过程却基本一致，只有少数选项有区别（“节点”与“阶数”），命令行各选项介绍如下。

◆拟合(F)：执行“样条曲线拟合”命令，通过指定样条曲线必须经过的拟合点来创建3阶（三次）B样条曲线；在公差值大于0时，样条曲线必须在各个点的指定公差距离内。

◆控制点(CV)：执行“样条曲线控制点”命令，通过指定控制点来创建样条曲线；使用此方法创建1阶（线性）、2阶（二次）、3阶（三次）直到最高为10阶（十次）的样条曲线；通过移动控制点调整样条曲线的形状通常可以提供比移动拟合点更好的效果。

◆节点(K)：指定节点参数化，是一种计算方法，用来确定样条曲线中连续拟合点之间的零部件曲线如何过渡；该选项包括“弦”“平方根”“统一”3个延伸选项，各选项都能微调曲线的弯曲程度。

◆阶数(D)：设置生成的样条曲线的多项式阶数；选择此选项可以创建1阶（线性）、2阶（二次）、3阶（三次）直到最高为10 阶（十次）的样条曲线。

◆对象(O)：选择该选项后，选择二维或三维的、二次或三次的多段线，可将其转换成等效的样条曲线，如图2-161所示。

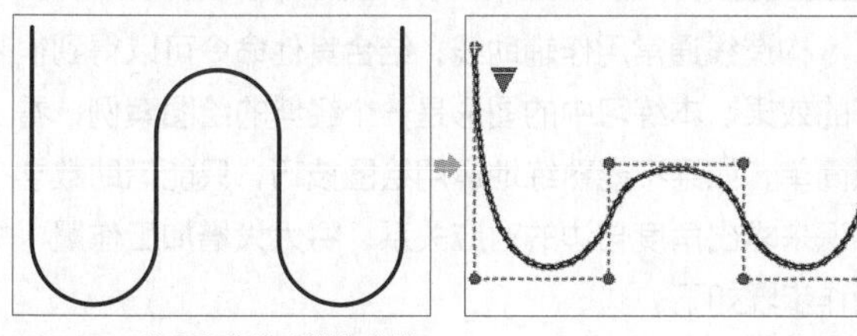

图2-161　将多段线转为样条曲线

练习 2-13　使用“样条曲线拟合”命令绘制剖切边线　★进阶★

在绘图中常使用样条曲线来表示局部剖视图的边线、折断视图的折断线等，样条曲线在绘制剖视图和展开图时很有用，操作步骤如下。

步骤 01 启动AutoCAD，打开“练习2-13：使用‘样条曲线拟合’命令绘制剖切边线.dwg”素材文件，如图2-162所示。

步骤 02 单击“绘图”面板扩展区域中的“样条曲线拟合”按钮，绘制样条曲线，如图2-163所示。

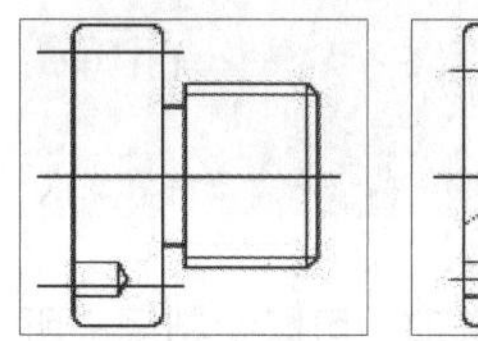

图2-162　素材图形

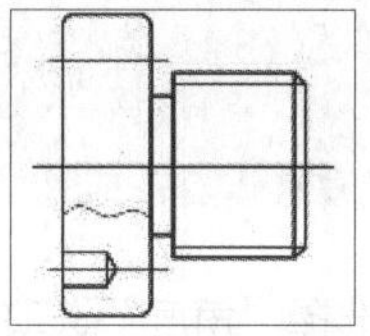

图2-163　绘制曲线

步骤 03 在命令行中输入“H”执行“图案填充”命令，对图形进行图案填充，表示图形的剖面，如图2-164所示。

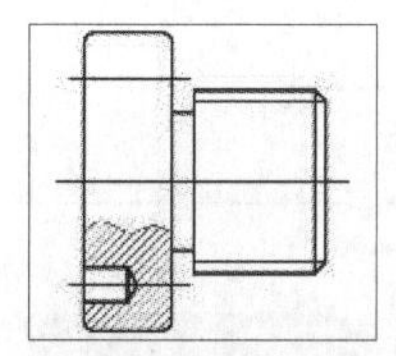

图2-164　填充图案

2.8.2 构造线

构造线是两端无限延伸的直线，没有起点和终点，主要用于绘制辅助线和修剪边界，在建筑设计中常用作辅助线，在机械设计中也可作为轴线使用。构造线只需指定两个点即可确定位置和方向，执行“构造线”命令的方法如下。

◆菜单栏：执行“绘图”|“构造线”命令。

◆功能区：单击“绘图”面板扩展区域中的“构造线”按钮。

◆命令：XLINE或XL。

执行“构造线”命令后，命令行提示如下。

```
命令: _xline
          //执行“构造线”命令
指定点或 [水平(H)/垂直(V)/角度(A)/二等分(B)/偏移(O)]:
          //输入第一个点
指定通过点:
          //输入第二个点
指定通过点:
          //继续输入点，可以继续画线，按Enter键结束命令
```

命令行中各选项的含义说明如下。

◆ 水平(H)、垂直(V)：选择“水平”或“垂直”选项，可以绘制水平或垂直构造线，如图2-165所示。

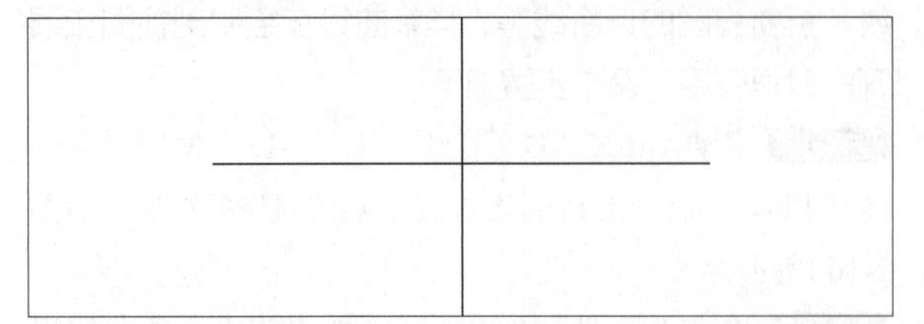

图2-165　绘制水平或垂直构造线

```
命令: _xline
指定点或 [水平(H)/垂直(V)/角度(A)/二等分(B)/偏移(O)]: H↙
                    //输入“H”或“V”
指定通过点:          //指定通过点，绘制水平或垂直构造线
```

◆ 角度(A)：选择“角度”选项，可以绘制用户所设定角度方向的构造线，如图2-166所示。

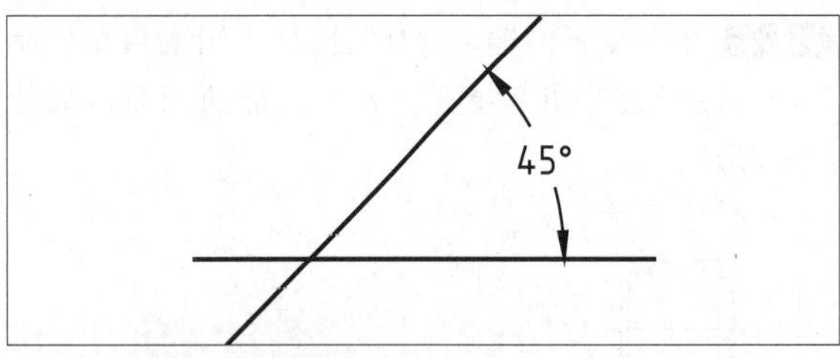

图2-166　绘制成角度的构造线

```
命令: _xline
指定点或 [水平(H)/垂直(V)/角度(A)/二等分(B)/偏移(O)]: A↙
                    //选择“角度”选项
输入构造线的角度 (0) 或 [参照(R)]: 45↙
                    //输入构造线的角度值
指定通过点:          //指定通过点完成创建
```

◆ 二等分(B)：选择“二等分”选项，可以绘制两条相交直线的角平分线，如图2-167所示；绘制角平分线时，使用捕捉功能依次拾取顶点*O*、起点*A*和端点*B*即可（*A*、*B*可为直线上除*O*点外的任意一点）。

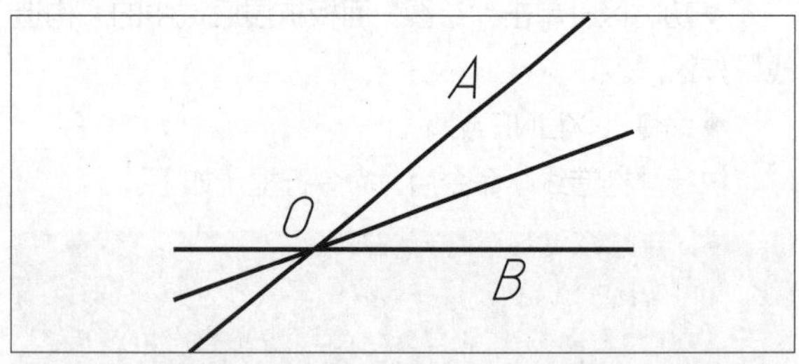

图2-167　绘制二等分构造线

```
命令: _xline
指定点或 [水平(H)/垂直(V)/角度(A)/二等分(B)/偏移(O)]: B↙
                    //输入“B”，选择“二等分”选项
指定角的顶点:        //选择O点
指定角的起点:        //选择A点
指定角的端点:        //选择B点
```

◆ 偏移(O)：选择“偏移”选项，可以基于已有直线偏移出平行线，如图2-168所示；该选项的功能类似于“偏移”命令，通过输入偏移距离和选择要偏移的直线对象来绘制与该直线平行的构造线。

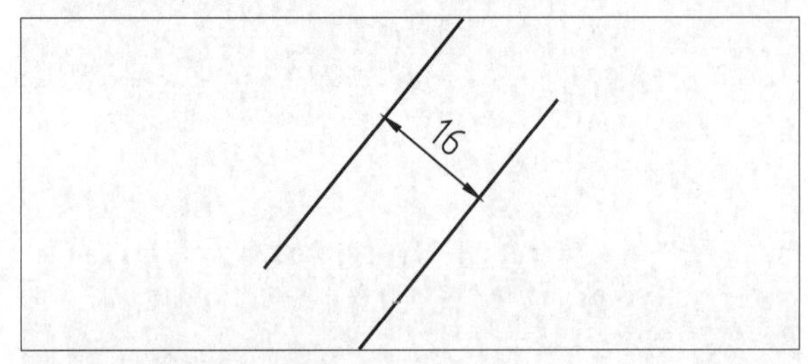

图2-168　绘制偏移的构造线

```
命令: _xline
指定点或 [水平(H)/垂直(V)/角度(A)/二等分(B)/偏移(O)]: O↙
                                        //选择“偏移”选项
指定偏移距离或 [通过(T)] <10.0000>: 16↙
                                        //输入偏移距离
选择直线对象:                            //选择偏移的对象
指定向哪侧偏移:                          //指定偏移的方向
```

构造线是真正意义上的直线，可以向两端无限延伸。构造线在处理草图的几何关系、尺寸关系方面有着极其重要的作用，如三视图中“长对正、高平齐、宽相等”的辅助线，如图2-169所示（图中细实线为构造线，粗实线为轮廓线，下同）。

构造线不会改变图形的总面积，因此它的无限长的特性对缩放或视点没有影响，并会被显示图形范围的命令所忽略。与其他图形对象一样，构造线也可以移动、旋转和复制。构造线常用来绘制各种绘图过程中的辅助线和基准线，如机械制图中的中心线、建筑制图中的墙体线，如图2-170所示。

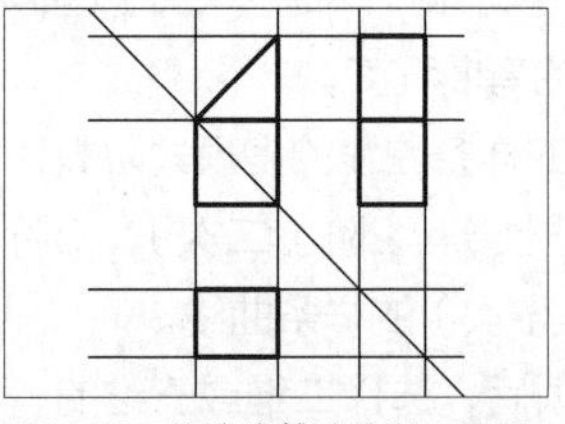

图2-169　构造线辅助绘制三视图

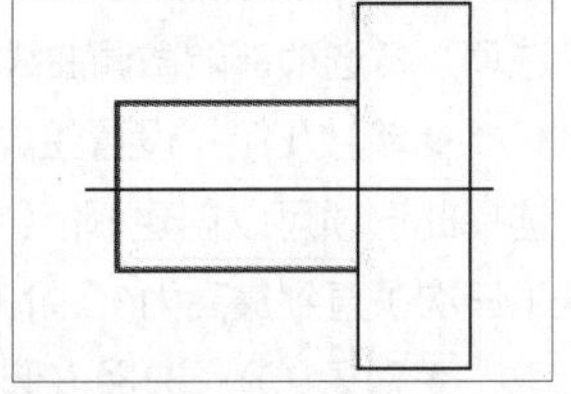

图2-170　构造线用作中心线

练习 2-14 使用“构造线”命令绘制图形　★进阶★

构造线通常用作辅助线，结合其他命令可以得到很好的效果。本练习中的图形是一个经典的绘图案例，看似简单，如果不能熟练地运用绘图技巧，只能借助数学知识来求出角度与边的对应关系，将大大增加工作量，操作步骤如下。

步骤 01 启动AutoCAD，新建一个空白文档。

步骤 02 在命令行中输入“C”执行“圆”命令，绘制一个半径为80的圆，如图2-171所示。

步骤 03 单击“绘图”面板扩展区域中的“构造线”按钮，以圆心为第一个点，输入相对坐标（@2,1），绘制辅助线，如图2-172所示。

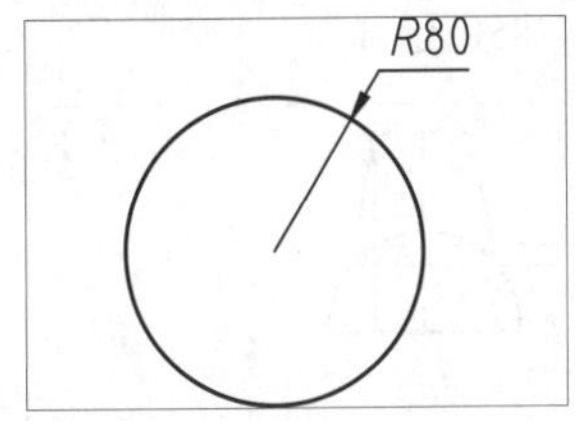

图2-171　绘制圆

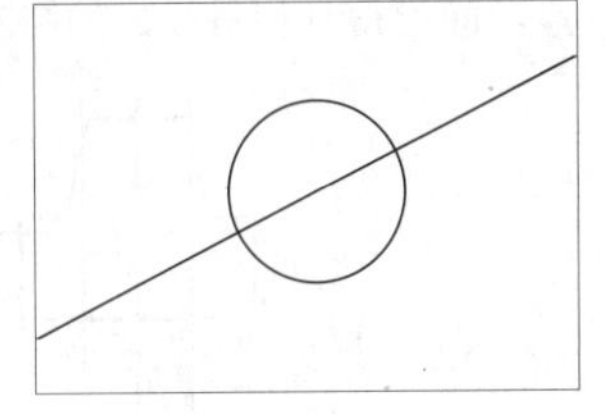

图2-172　绘制辅助线

步骤 04 通过构造线与圆的交点，分别绘制一条水平直线和竖直直线，效果如图2-173所示。

步骤 05 使用相同的方法绘制对侧的两条线段，即可得到圆内的矩形，其比例满足条件，效果如图2-174所示。

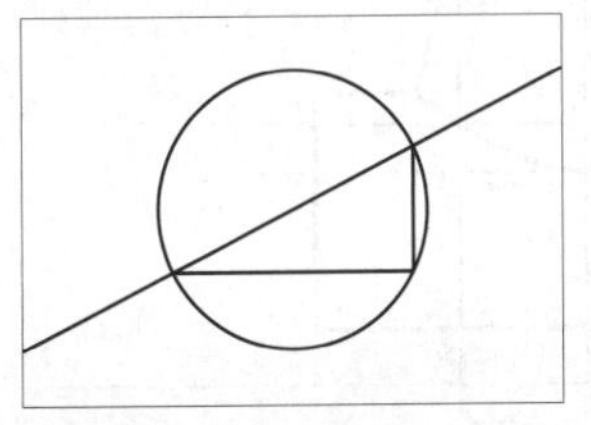

图2-173　通过交点绘制水平和竖直的直线

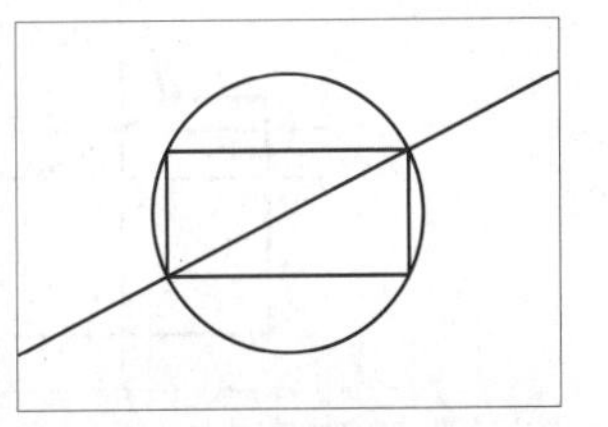

图2-174　绘制对侧的线段

2.8.3 射线

射线是一端固定，另一端无限延伸的线，它只有起点和方向，没有终点。射线在AutoCAD中使用较少，通常用作辅助线，在机械制图中可以作为三视图的投影线使用。

执行“射线”命令的方法如下。

◆菜单栏：选择“绘图”|“射线”命令。

◆功能区：单击“绘图”面板扩展区域中的“射线”按钮。

◆命令：RAY。

练习 2-15 使用“射线”命令绘制中心投影图 ★进阶★

一个点光源把一个图形照射到一个平面上，这个图形的影子就是它在这个平面上的中心投影。中心投影可以使用射线来进行绘制，操作步骤如下。

步骤 01 打开“练习2-15：使用‘射线’命令绘制中心投影图.dwg”素材文件，其中已经绘制好了△*ABC*和对应的坐标系，以及中心投影点*O*，如图2-175所示。

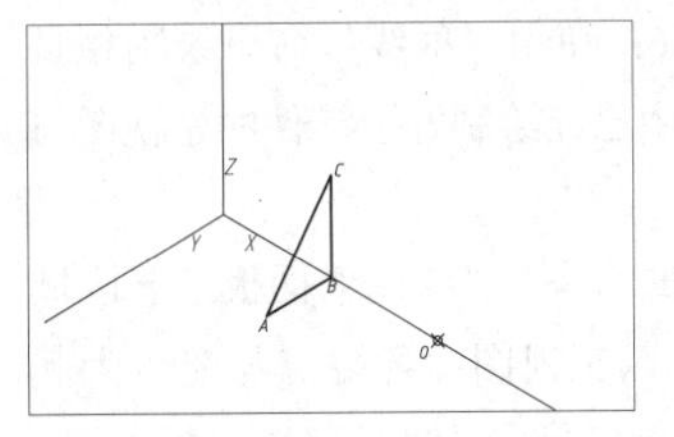

图2-175　素材图形

步骤 02 在“默认”选项卡中，单击“绘图”面板扩展区域中的“射线”按钮，以*O*点为起点，依次指定*A*、*B*、*C*点，绘制3条投影线，如图2-176所示。

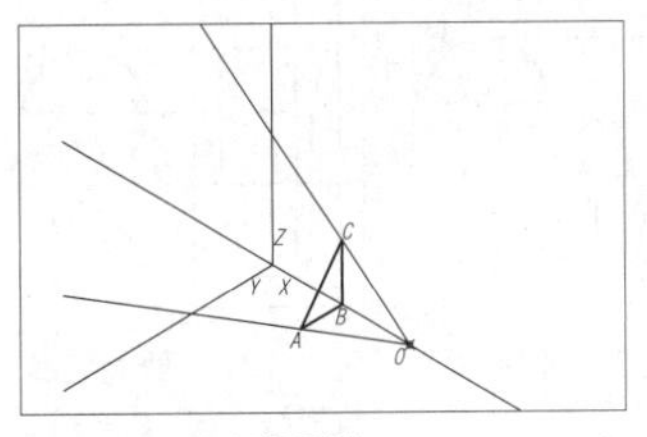

图2-176　绘制投影线

步骤 03 单击“默认”选项卡“绘图”面板中的“直线”按钮，执行“直线”命令。依次捕捉投影线与坐标轴的交点，这样得到的新三角形便是原△*ABC*在*YZ*平面上的投影，如图2-177所示。

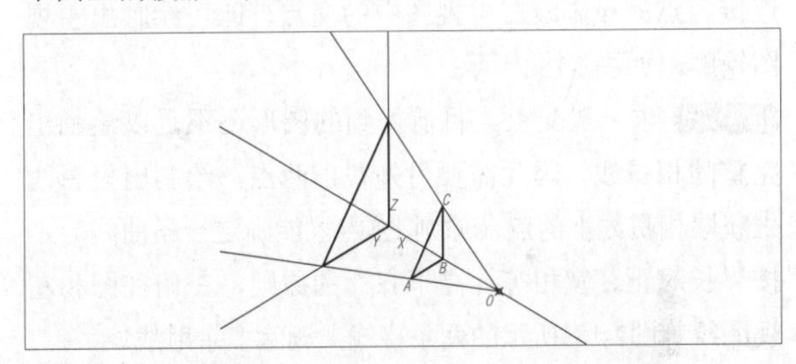

图2-177　中心投影图

提示

执行“射线”命令，指定射线的起点后，可以根据“指定通过点”的提示指定多个通过点，绘制经过相同起点的多条射线，直到按Esc键或Enter键退出命令为止。

练习 2-16 使用“射线”命令绘制相贯线 ★进阶★

两立体表面的交线为相贯线，如图2-178所示。这些立体图形的表面（外表面或内表面）相交，均出现了标示处的相贯线，在画该类零件的三视图时，必然涉及绘制相贯线的投影图的问题，操作步骤如下。

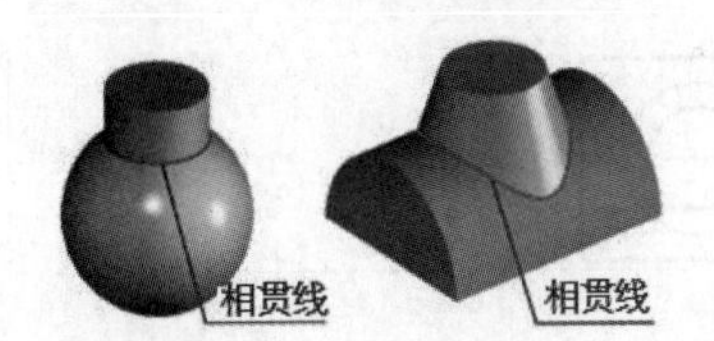

图2-178　相贯线

步骤 01 打开"练习2-16：使用'射线'命令绘制相贯线.dwg"素材文件，其中已经绘制好了零件的左视图与俯视图，如图2-179所示。

步骤 02 绘制水平投影线。单击"绘图"面板扩展区域中的"射线"按钮，以左视图中各端点与交点为起点，向左绘制水平投影线，如图2-180所示。

步骤 03 绘制竖直投影线。按照相同的方法，以俯视图中各端点与交点为起点，向上绘制竖直投影线，如图2-181所示。

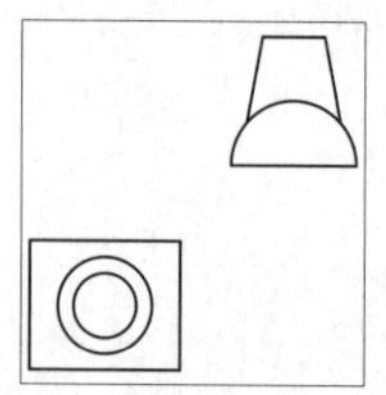
图2-179 素材图形

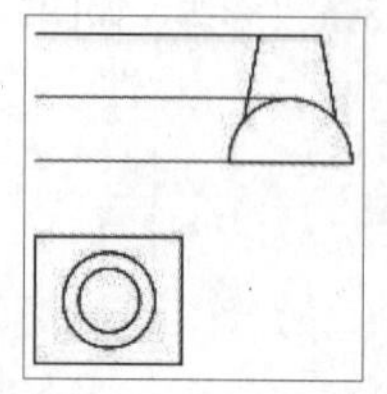
图2-180 绘制水平投影线

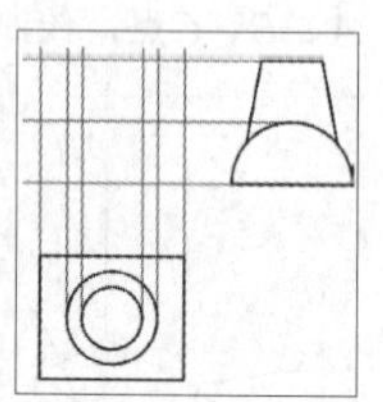
图2-181 绘制竖直投影线

步骤 04 绘制主视图轮廓。绘制主视图轮廓之前，先要分析出俯视图与左视图中各特征点的投影关系（俯视图中的点，如1、2等，即相当于左视图中的点1'、2'，下同），然后单击"绘图"面板中的"直线"按钮，连接各点的投影线在主视图中的交点，即可绘制出主视图轮廓，如图2-182所示。

步骤 05 求一般交点。目前得到的图形还不足以绘制出完整的相贯线，因此需要另外找出两点，绘制出投影线来获取相贯线上的点（原则上5点才能确定一条曲线）。按"长对正、宽相等、高平齐"的原则，在俯视图和左视图绘制图2-183所示的两条直线，删除多余射线。

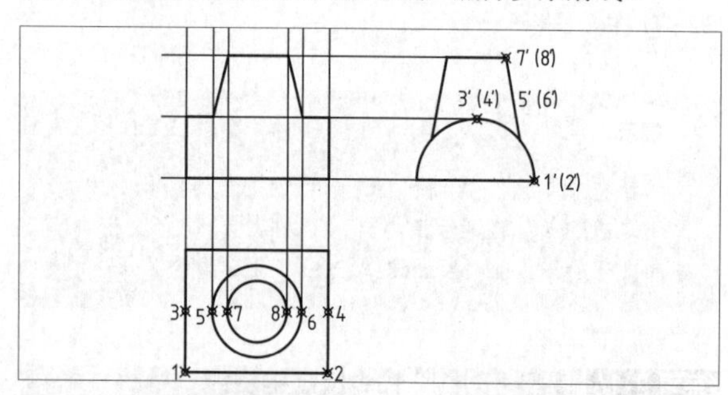

图2-182 绘制主视图轮廓

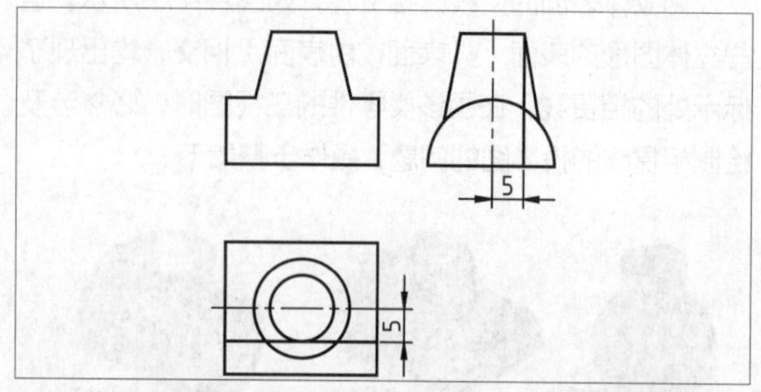

图2-183 绘制辅助线

步骤 06 绘制投影线。以辅助线与图形的交点为起点，执行"射线"命令绘制投影线，如图2-184所示。

步骤 07 绘制相贯线。单击"绘图"面板扩展区域中的"样条曲线拟合"按钮，连接主视图中各投影线的交点，即可得到相贯线，如图2-185所示。

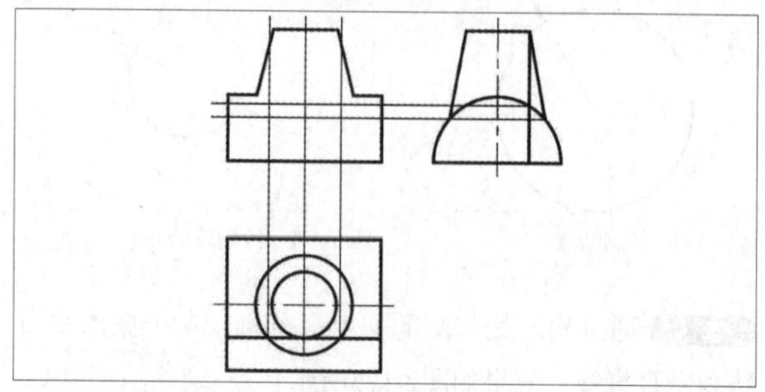
图2-184 绘制投影线

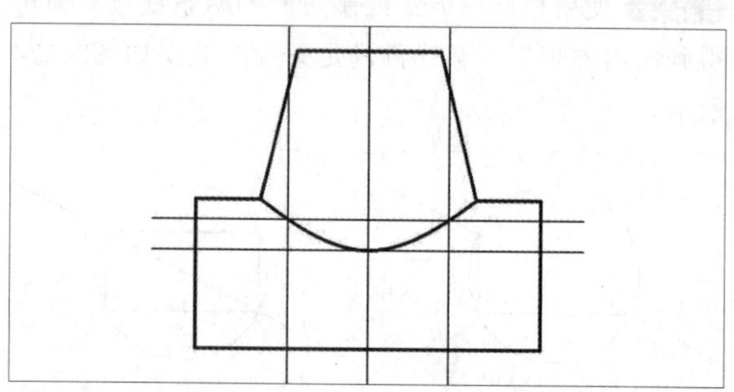
图2-185 绘制相贯线

2.8.4 绘制点

点是所有图形中最基本的图形对象，可以作为捕捉和偏移对象的参考点。从理论上讲，点是没有长度和大小的图形对象。在绘制点之前，先了解一下"点样式"。

1 点样式

在AutoCAD中，默认情况下系统绘制的点显示为一个小圆点，在屏幕中很难识别。设置"点样式"，调整点的外观形状，如图2-186所示，方便观察点的创建效果。

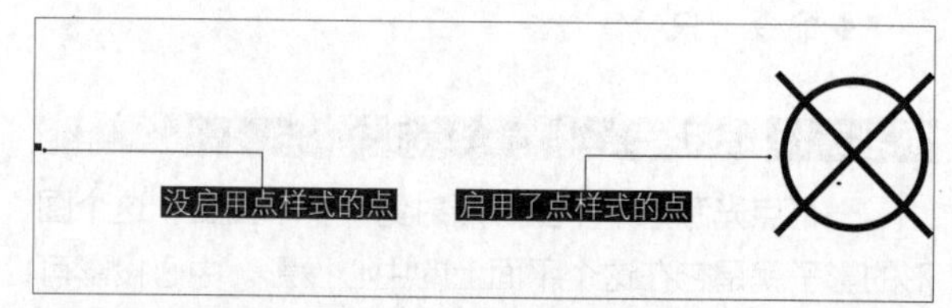

图2-186 没启用点样式与启用了点样式的点效果

也可以调整点的尺寸，以便根据需要让点显示在图形中。在绘制单点、多点、定数等分点、定距等分点之后，经常需要调整点的显示方式，以便使用对象捕捉绘制图形。执行"点样式"命令的方法如下。

◆菜单栏：执行“格式”|“点样式”命令。

◆功能区：单击“默认”选项卡“实用工具”面板扩展区域中的“点样式”按钮 点样式...，如图2-187所示。

◆命令：DDPTYPE。

执行“点样式”命令后，弹出图2-188所示的“点样式”对话框，该对话框提供20种点样式，还可设置点大小。

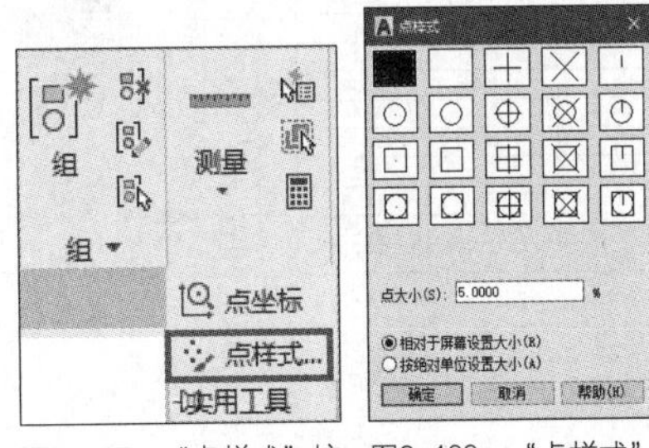

图2-187 “点样式”按钮　图2-188 “点样式”对话框

对话框中各选项的含义说明如下。

◆点大小(S)：用于设置点的显示大小，与下面的两个单选项有关。

◆相对于屏幕设置大小(R)：用于按AutoCAD绘图屏幕尺寸的百分比设置点的显示大小，在进行视图缩放操作时，点的显示大小并不改变，在命令行中输入“RE”即可重新生成，始终保持与屏幕的相对比例，如图2-189所示。

◆按绝对单位设置大小(A)：使用实际单位设置点的大小，与其他的图形元素（如直线、圆）类似，在进行视图缩放操作时，点的显示大小也会随之改变，如图2-190所示。

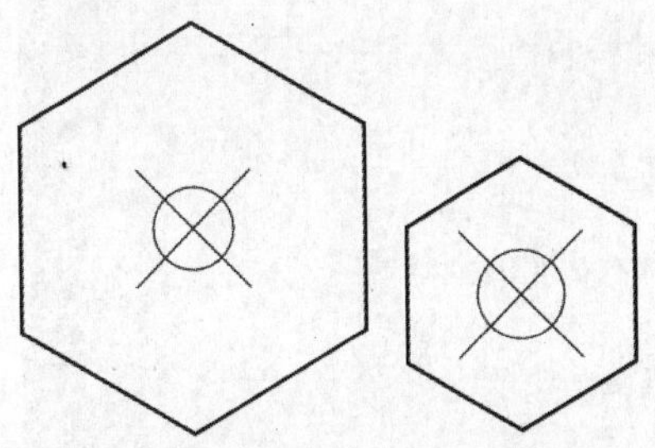

图2-189 视图缩放时点大小相对于屏幕不变

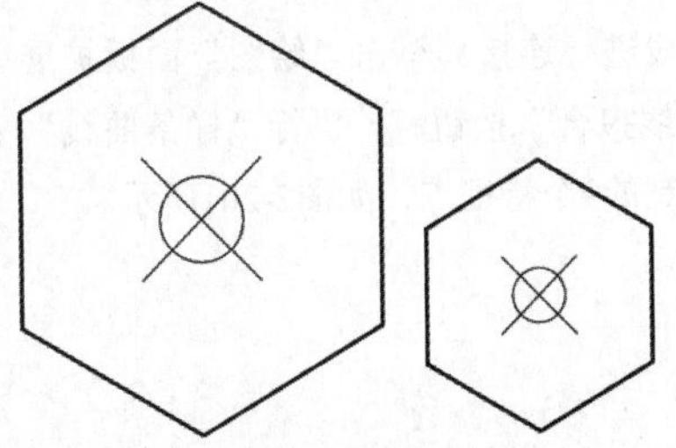

图2-190 视图缩放时点大小相对于图形不变

> **提示**
>
> “点样式”与“文字样式”和“标注样式”不同，在同一个DWG文件中有且仅有一种点样式，而“文字样式”“标注样式”可以设置出多种不同的样式。要想设置不同的点视觉效果，唯一能做的便是在“特性”中选择不同的颜色。

练习 2-17 使用“点样式”命令调整刻度的显示效果 ★进阶★

通过图2-188所示的“点样式”对话框可知，点样式的种类很多，使用情况也各不相同。通过指定合适的点样式，可以快速获得所需的图形，如矢量线上的刻度，操作步骤如下。

步骤 01 启动AutoCAD，单击快速访问工具栏中的“打开”按钮，打开“练习2-17：使用‘点样式’命令调整刻度的显示效果.dwg”素材文件，该图形在各数值上已经创建好了点，但并没有设置点样式，如图2-191所示。

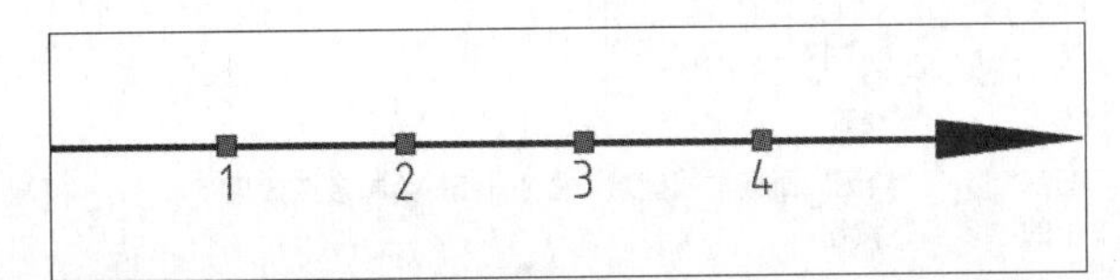

图2-191 素材图形

步骤 02 在“默认”选项卡“实用工具”面板扩展区域中单击“点样式”按钮 点样式...，弹出“点样式”对话框。根据需要在对话框中选择第一排最后一个点样式，然后选择“按绝对单位设置大小”单选项，输入点大小为“2”，如图2-192所示。

步骤 03 单击“确定”按钮，关闭对话框，完成“点样式”的设置，最终效果如图2-193所示。

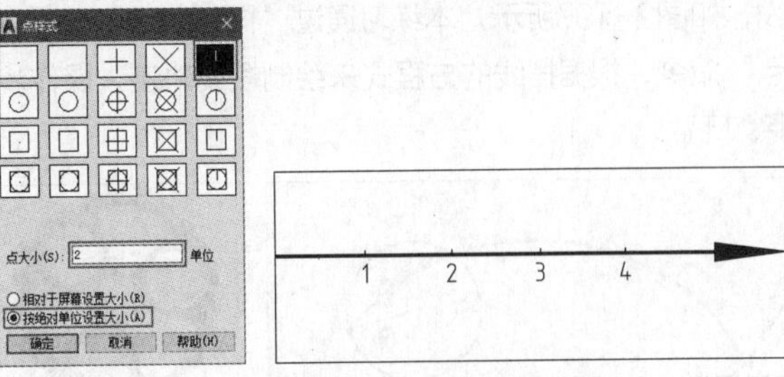

图2-192 设置点样式　图2-193 矢量线的刻度效果

2 多点

在AutoCAD中，点有两种创建方法，分别是“多点”和“单点”，两个命令并没有本质区别，通常使用“多点”命令来创建，“单点”命令不太常用。绘制多点就是指执行一次命令后可以连续指定多个点，直到按Esc键结束命令。

执行“多点”命令的方法如下。

◆菜单栏：执行“绘图”|“点”|“多点”命令。

◆功能区：单击“绘图”面板扩展区域中的“多点”按钮⁖，如图2-194所示。

◆命令：POINT或PO。

设置点样式之后，单击“绘图”面板扩展区域中的“多点”按钮⁖，根据命令行提示，在绘图区任意6个位置单击，按Esc键退出，即可完成多点的绘制，效果如图2-195所示。命令行提示如下。

```
命令：_point
当前点模式：PDMODE=33 PDSIZE=0.0000
        //在任意位置单击放置点
指定点：*取消*
        //按Esc键完成多点绘制
```

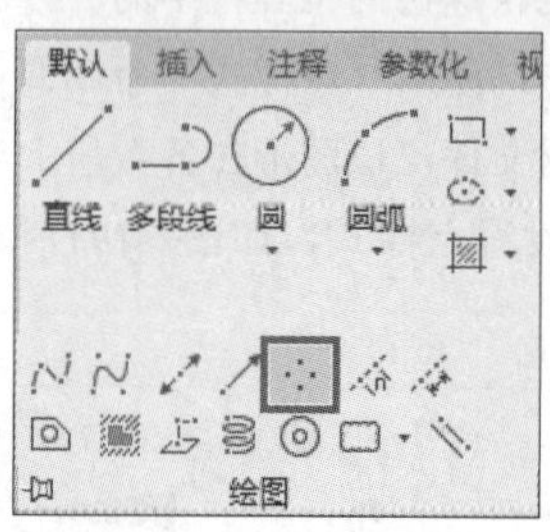

图2-194 “绘图”面板扩展区域中的“多点”按钮

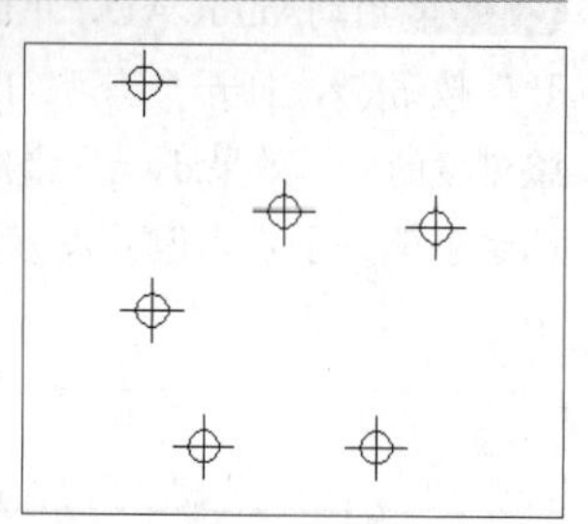
图2-195 绘制多点效果

练习 2-18 使用“多点”命令绘制函数曲线 ★进阶★

函数曲线又称数学曲线，是根据函数方程在笛卡尔直角坐标系中绘制出来的规律曲线，如三角函数曲线、心形线、渐开线、摆线等。本练习绘制的摆线是一个圆沿一条直线缓慢地滚动，圆上一固定点所经过的轨迹，如图2-196所示。摆线是数学上的经典曲线，也是机械设计中重要的轮廓造型曲线，广泛应用于各类减速器，如摆线针轮减速器，其中的传动轮轮廓线便是一种摆线，如图2-197所示。本练习通过“样条曲线”与“多点”命令，根据摆线的方程式来绘制摆线轨迹，操作步骤如下。

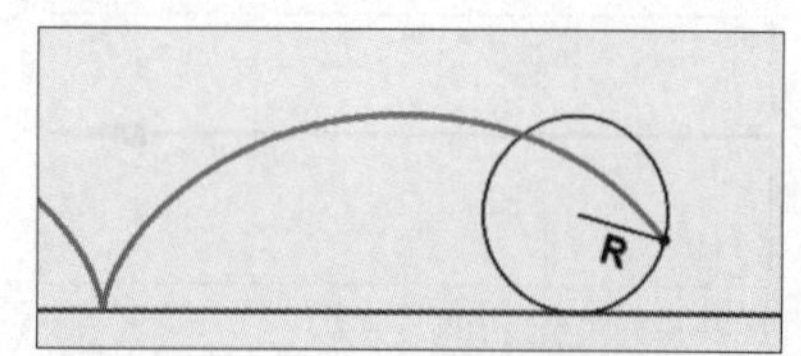

图2-196 摆线

图2-197 外轮廓为摆线的传动轮

步骤 01 启动AutoCAD，打开“练习2-18：使用‘多点’命令绘制函数曲线.dwg”素材文件，素材文件内包含一个表格，表格中包含摆线的曲线方程和特征点坐标，如图2-198所示。

步骤 02 设置点样式。执行“格式”|“点样式”命令，在弹出的“点样式”对话框中选择点样式为⊠，如图2-199所示。

摆线方程式：$x=R\times(t-\sin t),y=R\times(1-\cos t)$				
R	t	$x=r\times(t-\sin t)$	$y=r\times(1-\cos t)$	坐标 (x,y)
$R=10$	0	0	0	(0,0)
	$\frac{1}{4}\pi$	0.8	2.9	(0.8,2.9)
	$\frac{1}{2}\pi$	5.7	10	(5.7,10)
	$\frac{3}{4}\pi$	16.5	17.1	(16.5,17.1)
	π	31.4	20	(31.4,20)
	$\frac{5}{4}\pi$	46.3	17.1	(46.3,17.1)
	$\frac{3}{2}\pi$	57.1	10	(57.1,10)
	$\frac{7}{4}\pi$	62	2.9	(62,2.9)
	2π	62.8	0	(62.8,0)

图2-198 素材表格

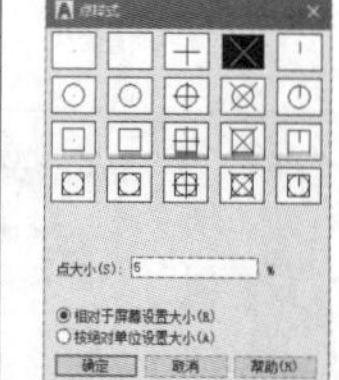
图2-199 设置点样式

步骤 03 绘制各特征点。单击“绘图”面板扩展区域中的“多点”按钮⁖，在命令行中按表格中的“坐标”栏输入坐标值，绘制的9个特征点如图2-200所示，命令行提示如下。

```
命令：_point
当前点模式：PDMODE=3 PDSIZE=0.0000
指定点：0,0↙
        //输入第一个点的坐标
指定点：0.8, 2.9↙
        //输入第二个点的坐标
指定点：5.7, 10↙
        //输入第三个点的坐标
指定点：16.5, 17.1↙
        //输入第四个点的坐标
指定点：31.4, 20↙
        //输入第五个点的坐标
指定点：46.3, 17.1↙
        //输入第六个点的坐标
指定点：57.1, 10↙
        //输入第七个点的坐标
指定点：62, 2.9↙
        //输入第八个点的坐标
指定点：62.8, 0↙
        //输入第九个点的坐标
指定点：*取消*
        //按Esc键取消多点绘制
```

步骤 04 用样条曲线进行连接。单击“绘图”面板扩展区域中的“样条曲线拟合”按钮⁓，执行“样条曲线”命令，依次连接绘制的9个特征点，如图2-201所示。

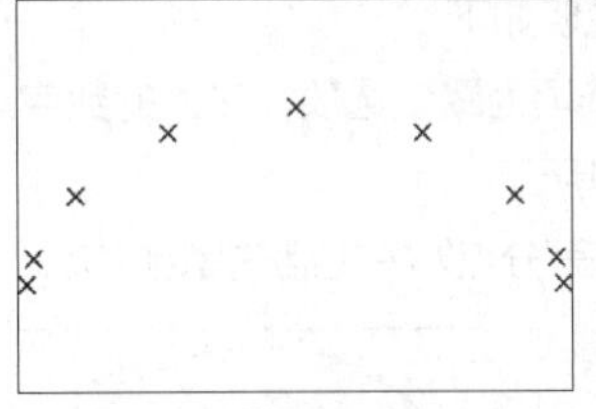

图2-200　绘制的9个特征点

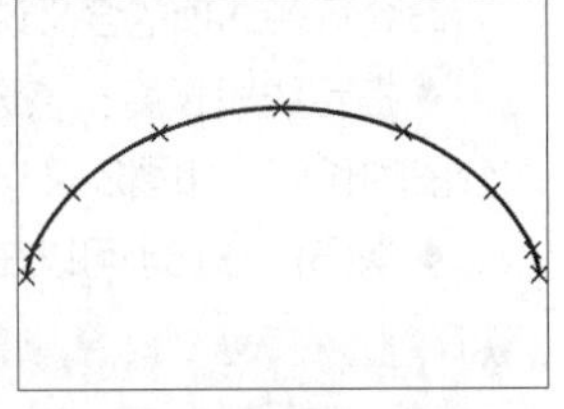

图2-201　用样条曲线连接9个点

> **提示**
>
> 函数曲线上的各点坐标可以通过Excel软件计算得出，按上述方法操作即可绘制出各种曲线。

2.8.5 定数等分　★重点★

“定数等分”是将对象按指定的数量分为等长的多段，并在各等分位置生成点。例如输入“4”，则将对象等分为4段，如图2-202所示。

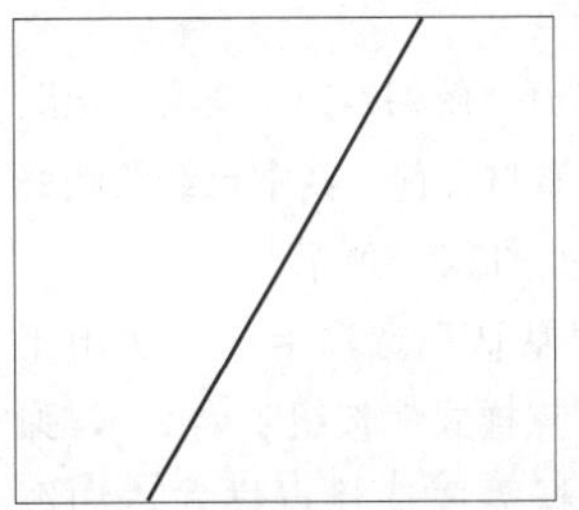

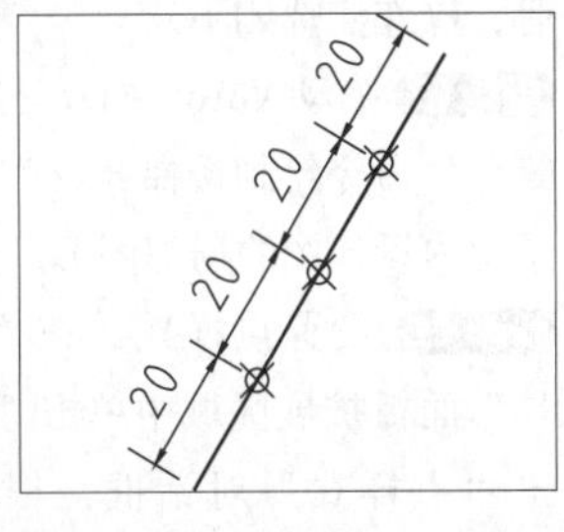

图2-202　定数等分

执行“定数等分”命令的方法如下。

◆菜单栏：执行“绘图”|“点”|“定数等分”命令。

◆功能区：单击“绘图”面板扩展区域中的“定数等分”按钮，如图2-203所示。

◆命令：DIVIDE或DIV。

执行“定数等分”命令后，命令行提示如下。

```
命令: _divide
        //执行“定数等分”命令
选择要定数等分的对象:
        //选择要等分的对象，可以是直线、圆、圆弧、样条曲线、多段线
输入线段数目或 [块(B)]:
        //输入要等分的段数
```

命令行各选项的含义说明如下。

◆输入线段数目：该选项为默认选项，输入数字即可将被选中的图形等分，如图2-204所示。

◆块(B)：该选项可以在等分点处生成用户指定的块，如图2-205所示。

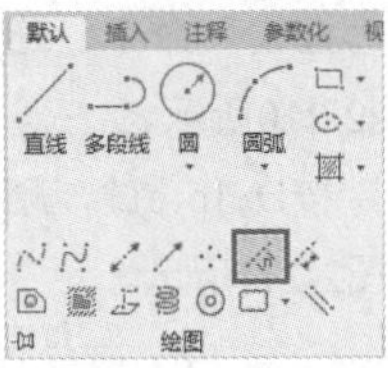

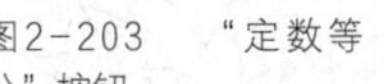

图2-203　“定数等分”按钮

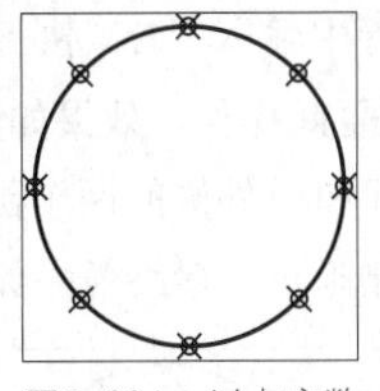

图2-204　以点定数等分

图2-205　以块定数等分

练习 2-19 使用“定数等分”命令绘制棘轮　★进阶★

由于“定数等分”是将图形按指定的数量进行等分，因此适用于圆、圆弧、椭圆、样条曲线等曲线图形，常用于绘制一些数量明确、形状相似的图形，如棘轮、扇子、花架等，操作步骤如下。

步骤 01 启动AutoCAD，单击快速访问工具栏中的“打开”按钮，打开“练习2-19：使用‘定数等分’命令绘制棘轮.dwg”素材文件，其中已经绘制好了3个圆，半径分别为90、60、40，如图2-206所示。

步骤 02 设置点样式。在“默认”选项卡的“实用工具”面板扩展区域中单击“点样式”按钮，在弹出的“点样式”对话框中选择“×”样式，如图2-207所示。

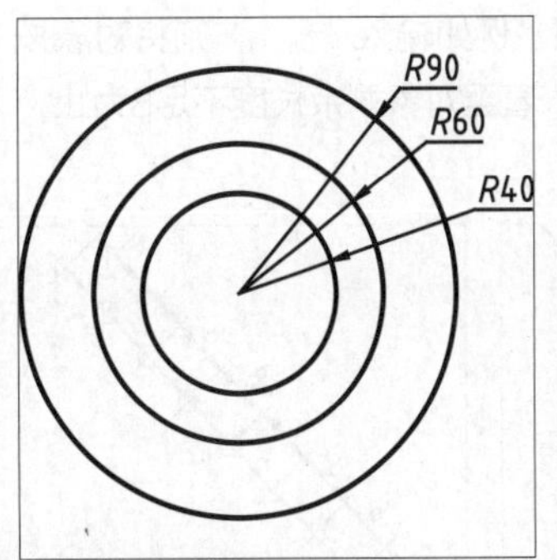

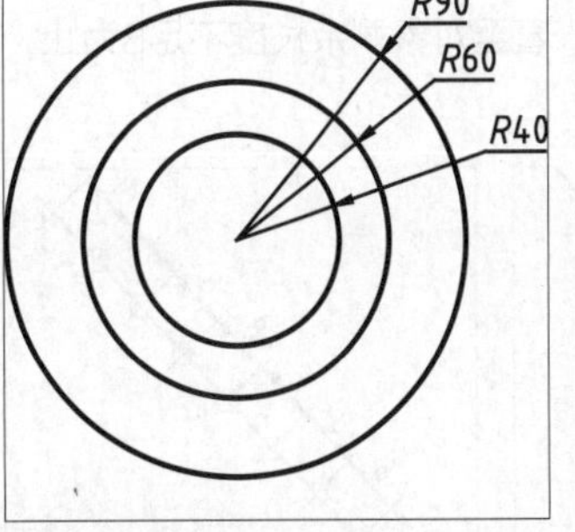

图2-206　素材图形

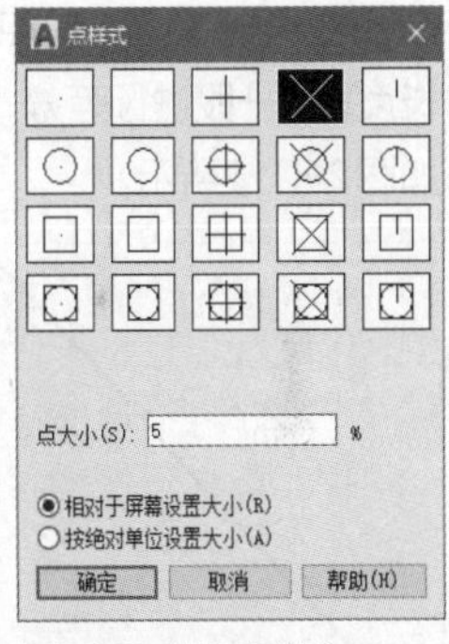

图2-207　选择点样式

步骤 03 在命令行中输入“DIV”，执行“定数等分”命令，选择最外侧半径为90的圆，设置线段数目为12，如图2-208所示。

步骤 04 使用相同的方法等分中间半径为60的圆，线段数目同样为12，如图2-209所示。

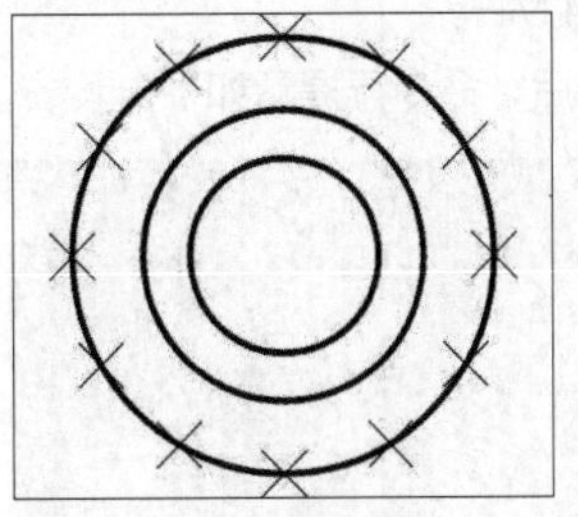

图2-208　等分最外侧的圆

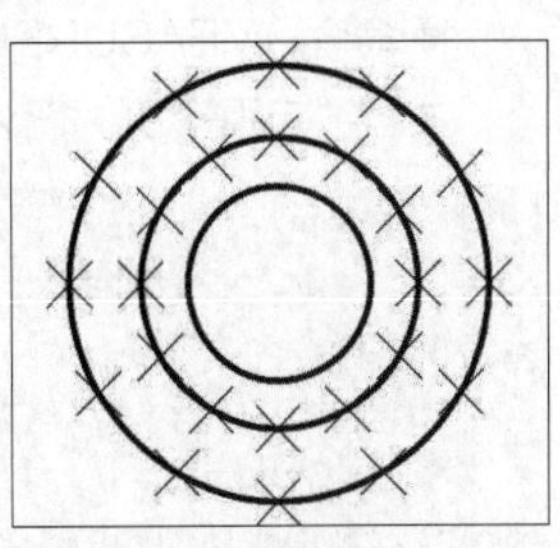

图2-209　等分中间的圆

步骤 05 在命令行中输入“L”执行“直线”命令，连接3个等分点，重复此操作，效果如图2-210所示。

步骤 06 选择中间和最外侧的两个圆，按Delete键，删除这两个圆，再删除点，最终效果如图2-211所示。

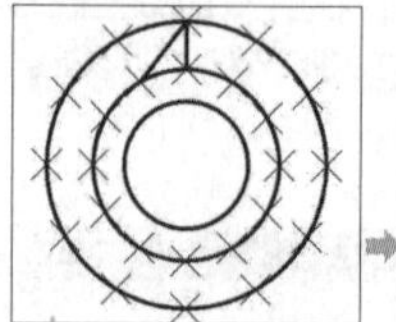

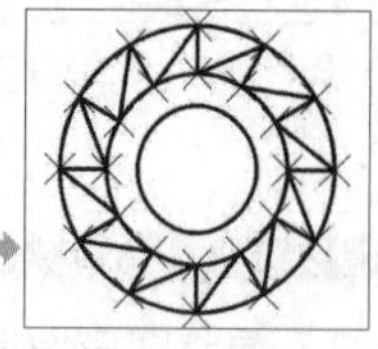

图2-210 绘制连接线段

图2-211 最终效果

> 提示
>
> AutoCAD提供的命令非常丰富，很多图形都可以有多种画法。例如本练习所绘的棘轮图形，除了使用上面介绍的“定数等分”命令外，还可以使用“阵列”“旋转”等命令来完成。最后一步的删除操作，除了按Delete键，也可以在命令行中输入“E”或“ERASER”来执行。本书会介绍绝大多数工作中能用得上的命令，完成本书的学习后，读者可以从中摸索出最适合自己的绘图方法。

2.8.6 定距等分 ★重点★

“定距等分”是将对象分为长度为指定值的多段，并在各等分位置生成点。例如输入“8”，则将对象按长度8为一段进行等分，直至对象剩余长度不足8为止，如图2-212所示。

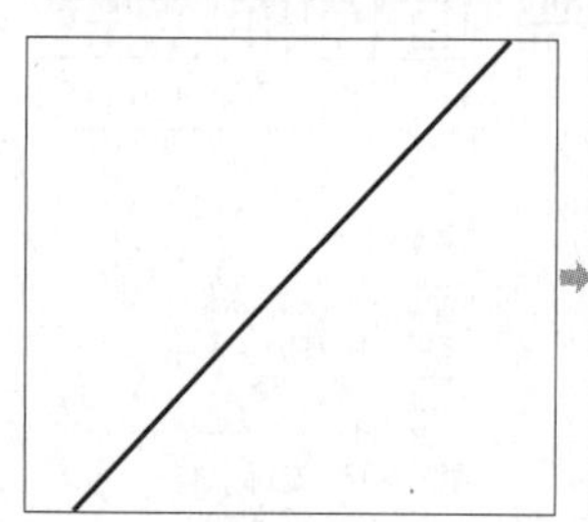

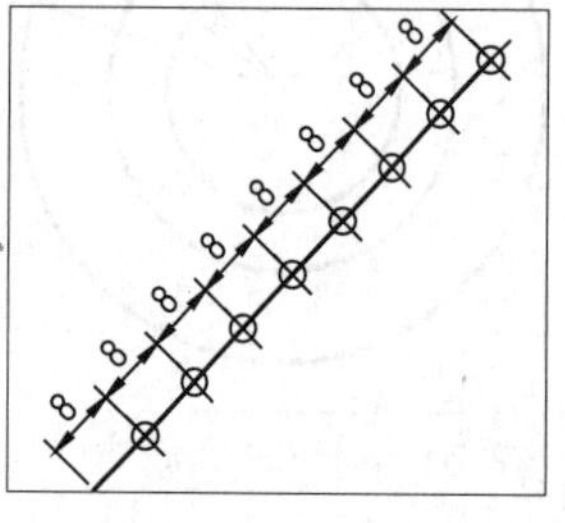

图2-212 定距等分示例

执行“定距等分”命令的方法如下。

◆菜单栏：执行“绘图”|“点”|“定距等分”命令。

◆功能区：单击“绘图”面板扩展区域中的“定距等分”按钮，如图2-213所示。

◆命令：MEASURE或ME。

执行“定距等分”命令后，命令行提示如下。

```
命令: _measure
        //执行“定距等分”命令
选择要定距等分的对象:
        //选择要等分的对象，可以是直线、圆、圆弧、样条曲线、多段线等
指定线段长度或 [块(B)]:
        //输入要等分的单段长度
```

命令行各选项的含义说明如下。

◆指定线段长度：该选项为默认选项，输入的数字即分段的长度，如图2-214所示。

◆块(B)：该选项可以在等分点处生成用户指定的块。

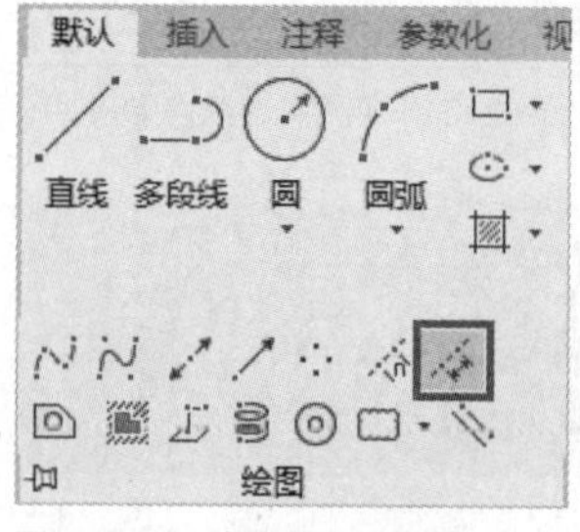

图2-213 “定距等分”按钮

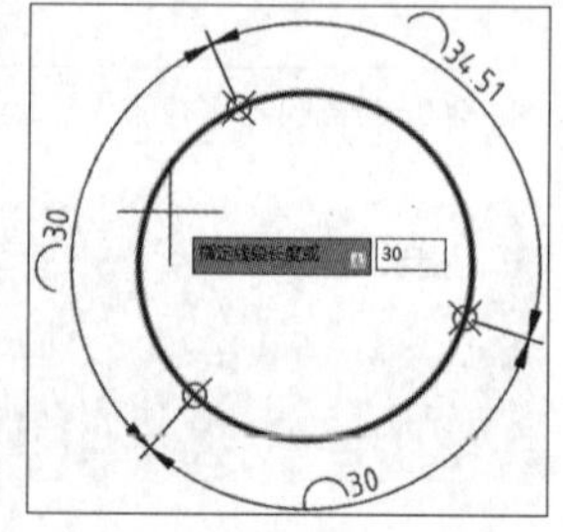

图2-214 定距等分效果

练习 2-20 使用“定距等分”命令绘制楼梯 ★进阶★

“定距等分”是将图形按指定的长度进行等分，适用于绘制一些具有固定间隔长度的图形，如楼梯和踏板等，操作步骤如下。

步骤 01 启动AutoCAD，打开“练习2-20：使用‘定距等分’命令绘制楼梯.dwg”素材文件，其中已经绘制好了室内设计图的局部图形，如图2-215所示。

步骤 02 设置点样式。在“默认”选项卡的“实用工具”面板扩展区域中单击“点样式”按钮 点样式...，弹出“点样式”对话框，根据需要选择点样式，如图2-216所示。

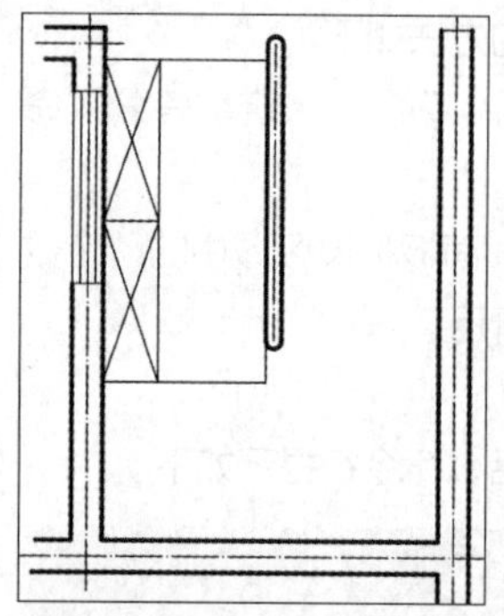

图2-215 素材图形

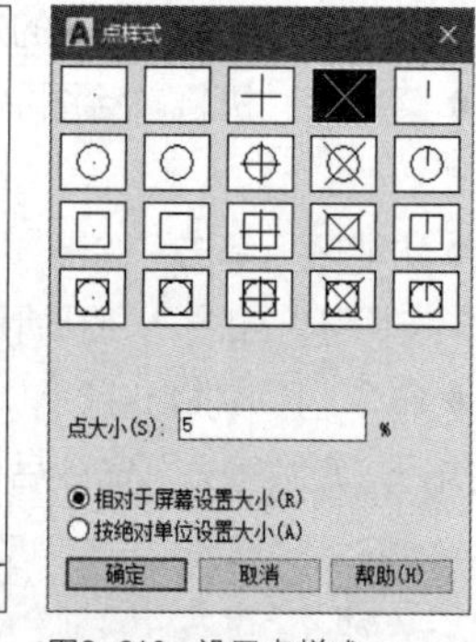

图2-216 设置点样式

步骤 03 执行“定距等分”命令。单击“绘图”面板扩展区域中的“定距等分”按钮，将楼梯口左侧的直线段按每段250mm进行等分，效果如图2-217所示，命令行提示如下。

```
命令: _measure
        //执行“定距等分”命令
选择要定距等分的对象:
        //选择素材直线
指定线段长度或 [块(B)]: 250↙
        //输入要等分的距离值
        //按Esc键退出
```

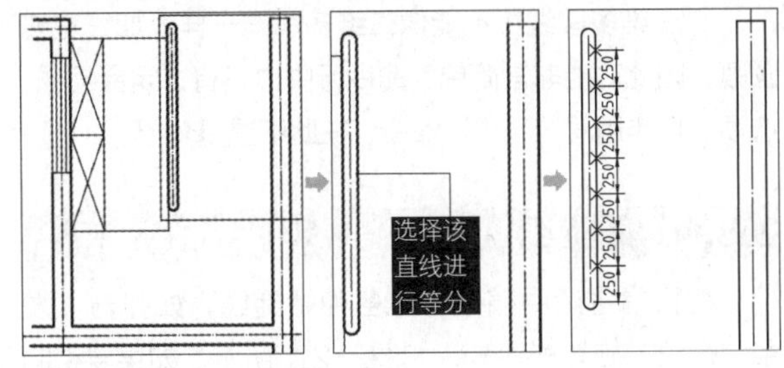

图2-217　将直线段定距等分

步骤 04 在“默认”选项卡中，单击“绘图”面板中的“直线”按钮，以各等分点为起点向右绘制直线，效果如图2-218所示。

步骤 05 将点样式重新设置为默认状态，即可得到楼梯图形，如图2-219所示。

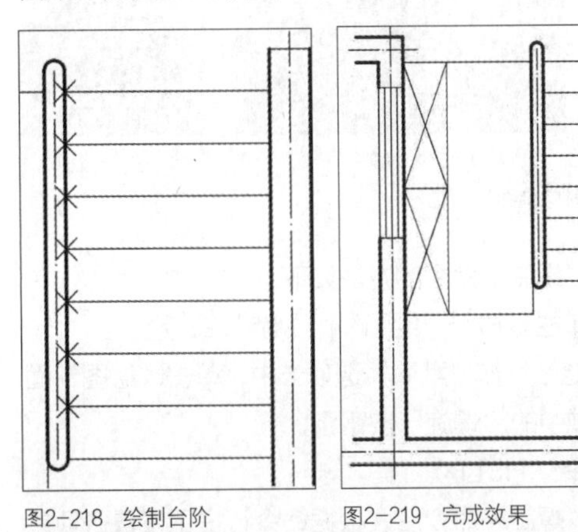
图2-218　绘制台阶　　图2-219　完成效果

延伸讲解：“块(B)”选项的使用

在执行“定数等分”或“定距等分”这类等分命令时，命令行中会出现一个“块(B)”的延伸选项。该选项表示在等分点处插入指定的块，效果如图2-220所示。“块”的概念在第6章中有详细介绍。

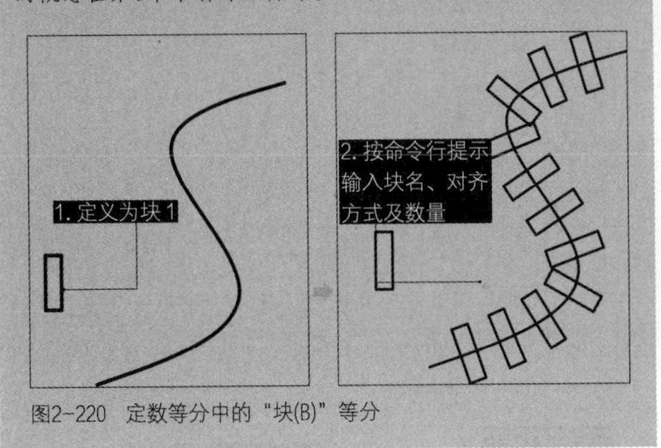

图2-220　定数等分中的“块(B)”等分

2.8.7 面域

“面域”命令和前面介绍的“边界”命令相同，都是用来进行三维建模的基础命令。与“边界”命令不同的是，“面域”命令是通过直接选择封闭对象来创建面域的，如图2-221所示。

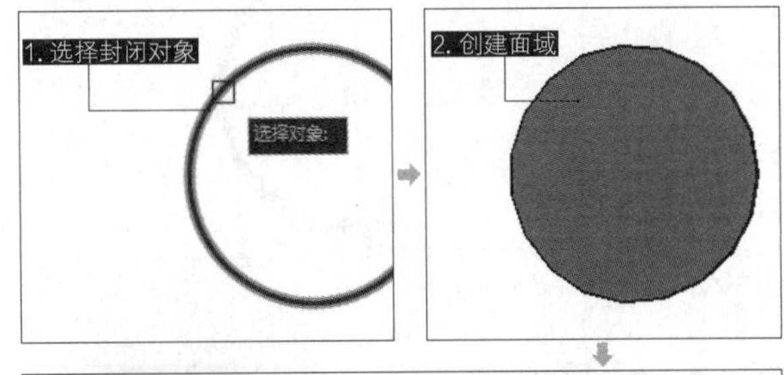

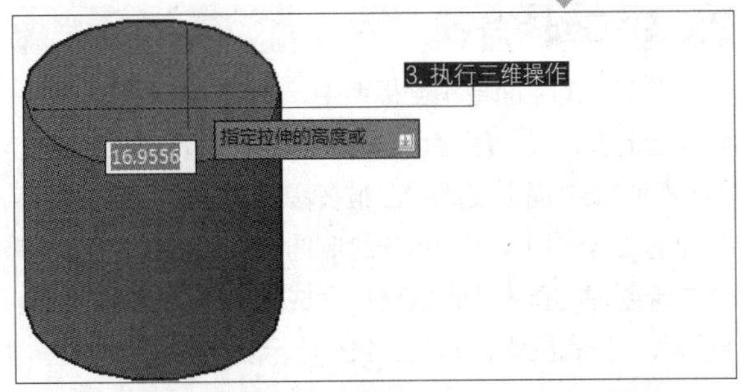

图2-221　创建面域再进行三维建模

2.8.8 区域覆盖

该命令可以创建一个多边形区域，该区域将使用当前背景的颜色，屏蔽其下面的图形对象。覆盖区域由边框进行绑定，用户可以打开或关闭该边框，也可以选择在屏幕上显示边框并在打印时将其隐藏。

执行“区域覆盖”命令的方法如下。

◆菜单栏：执行“绘图”|“区域覆盖”命令。

◆功能区：在“默认”选项卡中，单击“绘图”面板扩展区域中的“区域覆盖”按钮。

◆命令：WIPEOUT。

执行“区域覆盖”命令后，命令行会提示“指定第一点”，指定后操作类似于绘制多段线，但区域起点与终点始终是相连的。因此按Esc键结束绘制后，会得到一个封闭区域，如果移动该封闭区域至其他图形上方，则会遮盖其他图形，如图2-222所示。

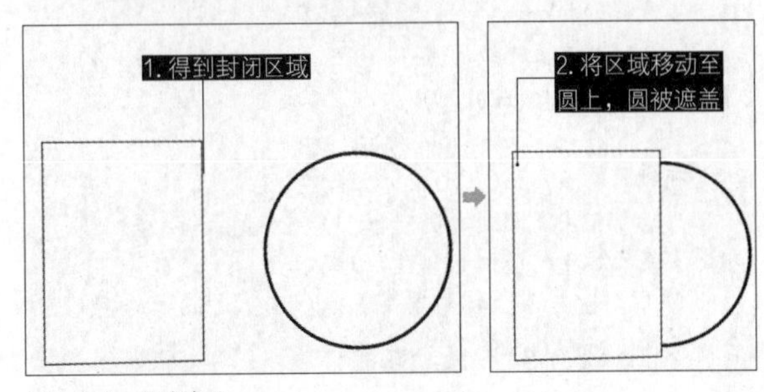

图2-222　遮盖效果

要注意的是，被遮盖的图形并没有被删除或者修剪掉，只是被盖了一层东西隐藏了起来，如图2-22中的圆，当被选择时仍然可以看到被遮盖的左半部分，如图2-223所示。

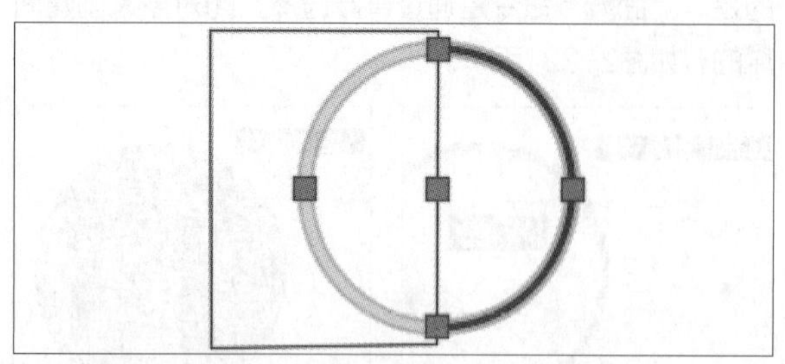

图2-223　被遮盖图形的显示效果

2.8.9 三维多段线

在二维的平面直角坐标系中，使用“多段线”命令可以绘制多段线，尽管可以设置各线段的宽度和厚度，但它们必须共面。使用“三维多段线”命令可以绘制不共面的三维多段线。但这样绘制的三维多段线是作为单个对象创建的直线段相互连接而成的序列，因此它只有直线段，没有圆弧，如图2-224所示。

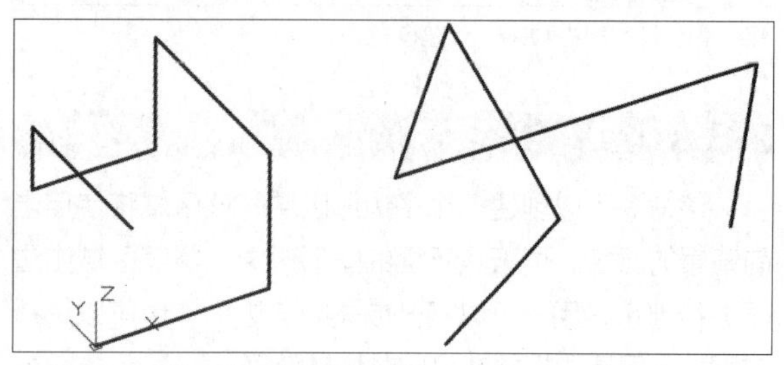

图2-224　三维多段线不含圆弧

执行“三维多段线”命令的方法如下。

◆菜单栏：执行“绘图”｜“三维多段线”命令。

◆功能区：单击“绘图”面板扩展区域中的“三维多段线”按钮。

◆命令：3DPOLY。

绘制三维多段线的操作十分简单，执行命令后依次指定点即可。命令行提示如下。

```
命令: _3dpoly
        //执行“三维多段线”命令
指定多段线的起点:
        //指定多段线的起点
指定直线的端点或 [放弃(U)]:
        //指定多段线的下一个点
指定直线的端点或 [放弃(U)]:
        //指定多段线的下一个点
指定直线的端点或 [闭合(C)/放弃(U)]:
        //指定多段线的下一个点。输入“C”使图形闭合，或按Enter键结束命令
```

“三维多段线”不能像二维多段线一样添加线宽或圆弧，因此功能非常简单，命令行中也只有“闭合(C)”选项，其作用同“直线”命令，在此不重复介绍。

2.8.10 螺旋线

在日常生活中随处可见各种螺旋线，如弹簧、发条、螺纹、旋转楼梯等，如图2-225所示。如果要绘制这些图形，仅使用“圆弧”“样条曲线”等命令是很难完成的，因此在AutoCAD中就提供了一个专门用来绘制螺旋线的命令——“螺旋”。

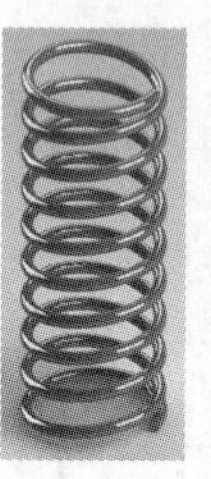

弹簧

发条

旋转楼梯

图2-225　各种螺旋图形

执行“螺旋”命令的方法如下。

◆菜单栏：执行“绘图”｜“螺旋”命令。

◆功能区：在“默认”选项卡中，单击“绘图”面板扩展区域中的“螺旋”按钮。

◆命令：HELIX。

执行“螺旋”命令后，根据命令行提示设置各项参数，即可绘制螺旋线，如图2-226所示。命令行提示如下。

```
命令: _Helix
        //执行“螺旋”命令
圈数 = 3.0000    扭曲=CCW
        //当前螺旋线的参数设置
指定底面的中心点:
        //指定螺旋线的中心点
指定底面半径或 [直径(D)] <1.0000>: 10↙
        //输入最里层的圆半径的值
指定顶面半径或 [直径(D)] <10.0000>: 30↙
        //输入最外层的圆半径的值
指定螺旋高度或 [轴端点(A)/圈数(T)/圈高(H)/扭曲(W)] <1.0000>:
        //输入螺旋线的高度值，绘制三维的螺旋线，或按Enter键完成操作
```

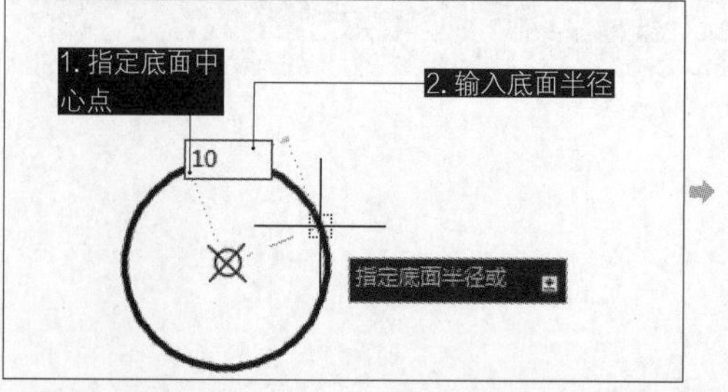

图2-226　创建螺旋线

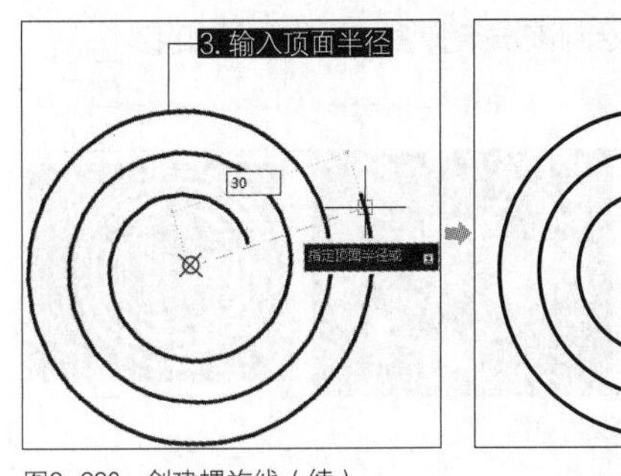

图2-226　创建螺旋线（续）

命令行各选项介绍如下。

◆底面的中心点：设置螺旋基点的中心。

◆底面半径：指定螺旋底面的半径，初始状态下，默认的底面半径设定为 1；以后在执行“螺旋”命令时，底面半径的默认值则始终是先前输入的任意实体图元或螺旋的底面半径的值。

◆顶面半径：指定螺旋顶面的半径，其默认值与底面半径相同；底面半径和顶面半径可以相等（但不能都为0），这时创建的螺旋线在二维视图下外观就为一个圆，但在三维视图下则为一个标准的弹簧型螺旋线，如图2-227所示。

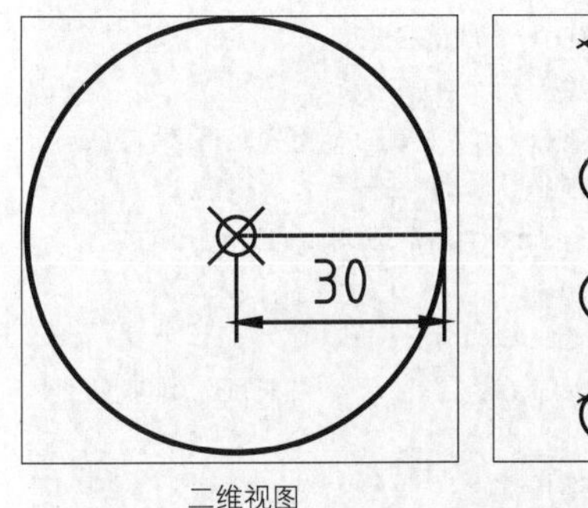

二维视图

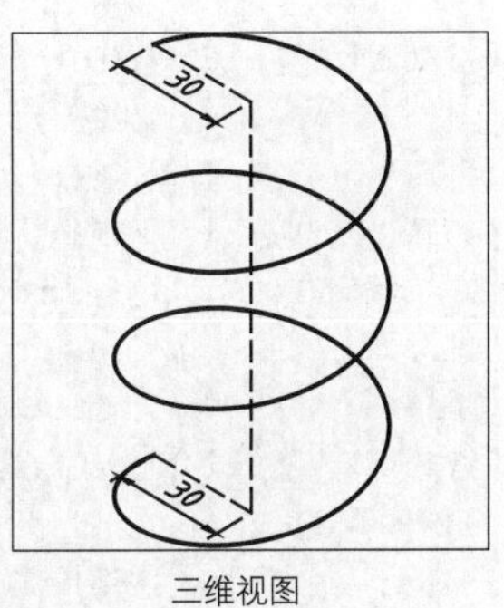

三维视图

图2-227　不同视图下的螺旋线显示效果

◆螺旋高度：为螺旋线指定高度（即Z轴方向上）的值，从而创建三维的螺旋线；不同的底面半径的值和顶面半径的值在相同螺旋高度下的螺旋线如图2-228所示。

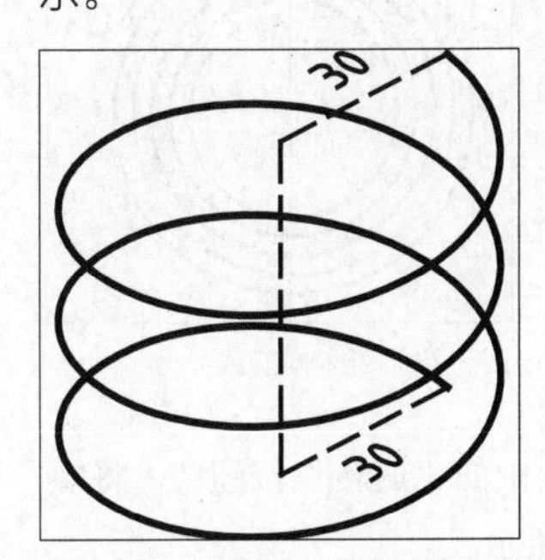

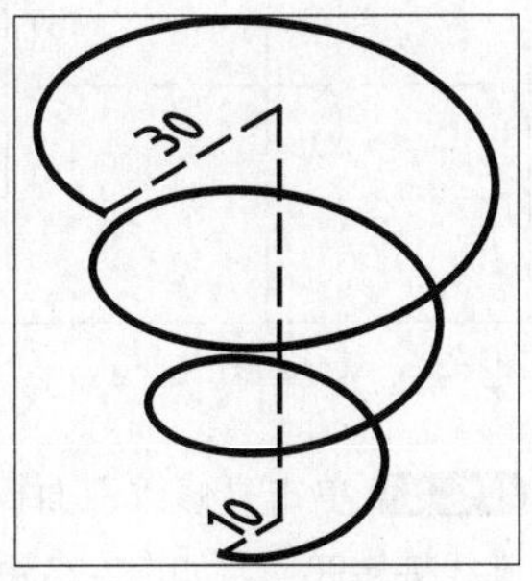

图2-228　不同半径、相同高度的螺旋线效果

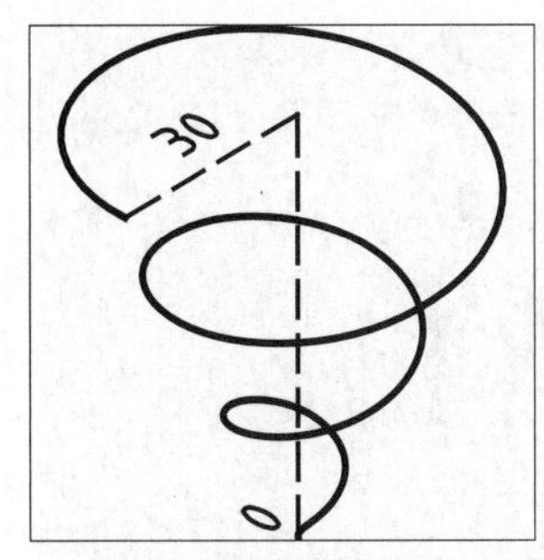

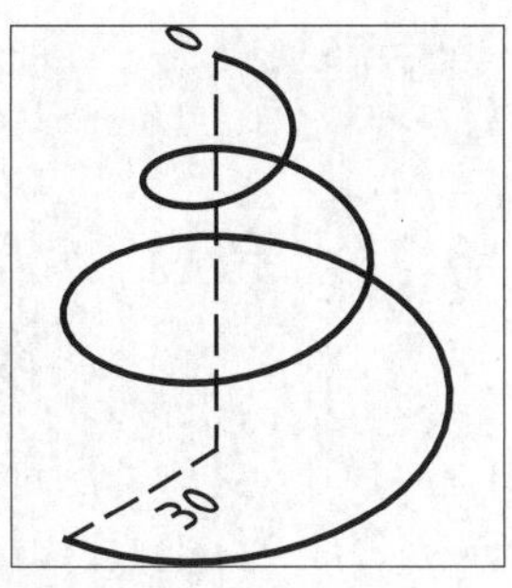

图2-228　不同半径、相同高度的螺旋线效果（续）

◆轴端点(A)：通过指定螺旋轴的端点位置来确定螺旋线的长度和方向；轴端点可以位于三维空间的任意位置，因此可以通过该选项创建指向各方向的螺旋线，效果如图2-229所示。

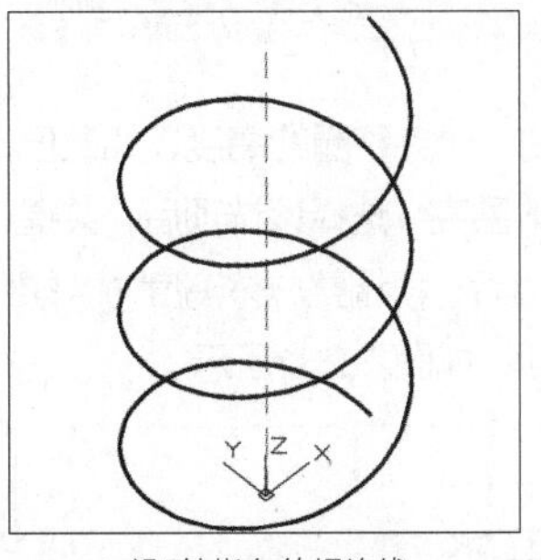

沿Z轴指向的螺旋线

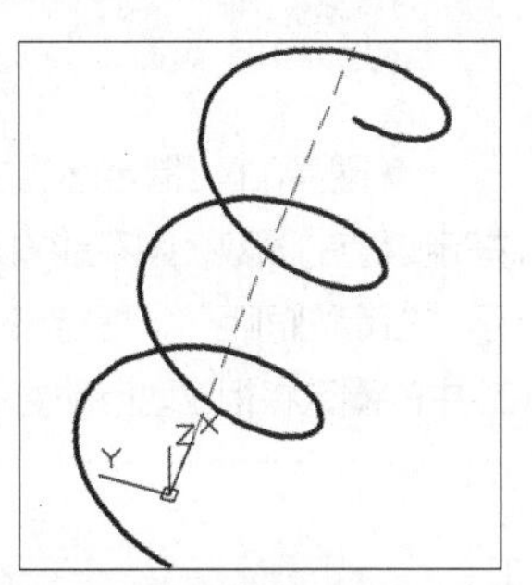

沿X轴指向的螺旋线

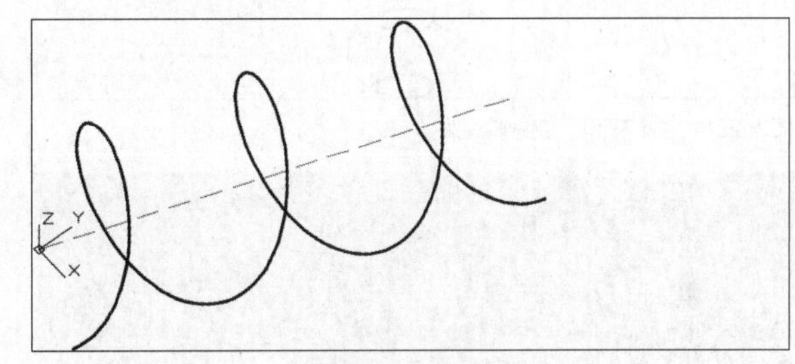

指向任意方向的螺旋线

图2-229　通过轴端点可以指定螺旋线的指向

◆圈数(T)：通过指定螺旋的圈（旋转）数来确定螺旋线的高度；螺旋的圈数不能超过500。在初始状态下，圈数的默认值为3；圈数指定后，再输入螺旋的高度，则只会实时调整螺旋的间距（即“圈高”），效果如图2-230所示。

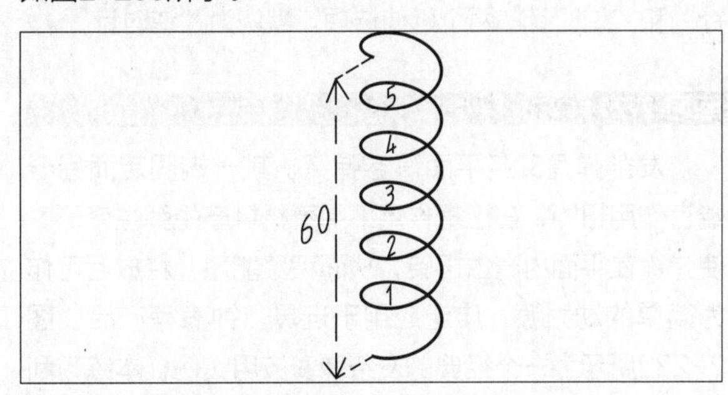

图2-230　“圈数(T)”绘制螺旋线

```
命令：HELIX↙
                    //执行“螺旋”命令
……
指定螺旋高度或 [轴端点(A)/圈数(T)/圈高(H)/扭曲(W)]
<60.0000>: T↙
                    //选择“圈数”选项
输入圈数 <3.0000>: 5↙
                    //输入圈数
指定螺旋高度或 [轴端点(A)/圈数(T)/圈高(H)/扭曲(W)]
<44.6038>: 60↙
                    //输入螺旋高度
```

> **提示**
>
> 一旦执行“螺旋”命令，则圈数的默认值始终是先前输入的圈数。

◆圈高(H)：指定螺旋内一个完整圈的高度，如果已指定螺旋的圈数，则不能输入圈高；选择该选项后，会提示“指定圈间距”，指定该值后，再调整总体高度时，螺旋中的圈数将相应地自动更新，如图2-231所示。

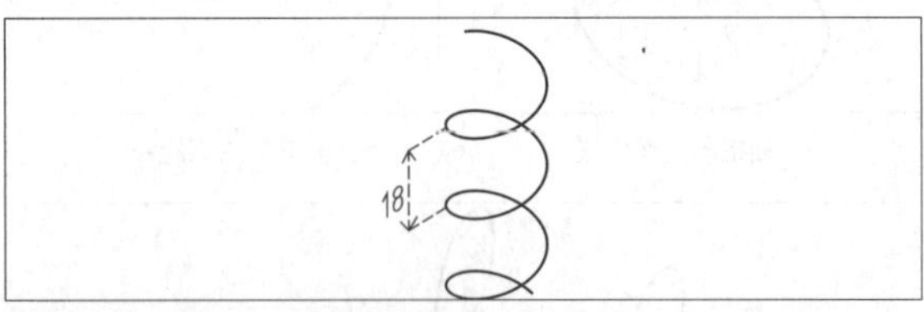

图2-231 “圈高(H)”绘制螺旋线

```
命令：HELIX↙
                    //执行“螺旋”命令
……
指定螺旋高度或 [轴端点(A)/圈数(T)/圈高(H)/扭曲(W)]
<60.0000>: H↙
                    //选择“圈高”选项
指定圈间距 <15.0000>: 18↙
                    //输入圈间距
指定螺旋高度或 [轴端点(A)/圈数(T)/圈高(H)/扭曲(W)]
<44.6038>: 60↙
                    //输入螺旋高度
```

◆扭曲(W)：可指定螺旋扭曲的方向，有“顺时针”和“逆时针”两个延伸选项，默认为“逆时针”。

练习 2-21 使用“螺旋”命令绘制发条弹簧

发条弹簧又名平面涡卷弹簧。其一端固定而另一端有作用扭矩；在扭矩作用下弹簧材料产生弹性变形，使弹簧在平面内产生扭转，从而积聚能量，释放后可作为简单的动力源，广泛应用于玩具、钟表等产品。图2-232所示为一个经典的发条弹簧应用实例。本练习利用“螺旋”命令绘制该发条弹簧，操作步骤如下。

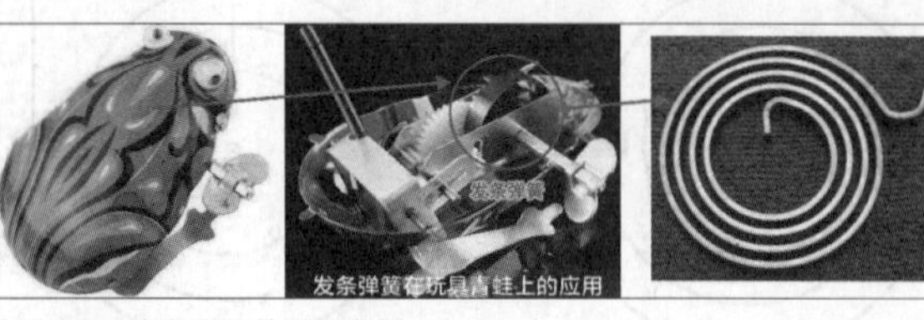

图2-232 发条弹簧的应用实例

步骤 01 打开“练习2-21：使用‘螺旋’命令绘制发条弹簧.dwg”素材文件，其中已经绘制好了交叉的中心线，如图2-233所示。

步骤 02 单击“绘图”面板扩展区域中的“螺旋”按钮，以中心线的交点为中心点，绘制底面半径为10、顶面半径为20、圈数为5、螺旋高度为0、旋转方向为顺时针的平面螺旋线，如图2-234所示，命令行提示如下。

```
命令：_Helix
圈数 = 3.0000    扭曲=CCW
指定底面的中心点:
                    //选择中心线的交点
指定底面半径或 [直径(D)] <1.0000>:10↙
                    //输入底面半径的值
指定顶面半径或 [直径(D)] <10.0000>: 20↙
                    //输入顶面半径的值
指定螺旋高度或 [轴端点(A)/圈数(T)/圈高(H)/扭曲(W)]
<0.0000>: W↙       //选择“扭曲”选项
输入螺旋的扭曲方向 [顺时针(CW)/逆时针(CCW)] <CCW>:
CW↙
                    //选择“顺时针”选项
指定螺旋高度或 [轴端点(A)/圈数(T)/圈高(H)/扭曲(W)]
<0.0000>:T↙
                    //选择“圈数”选项
输入圈数 <3.0000>:5↙
                    //输入圈数
指定螺旋高度或 [轴端点(A)/圈数(T)/圈高(H)/扭曲(W)]
<0.0000>:          //输入高度值为0，结束操作
```

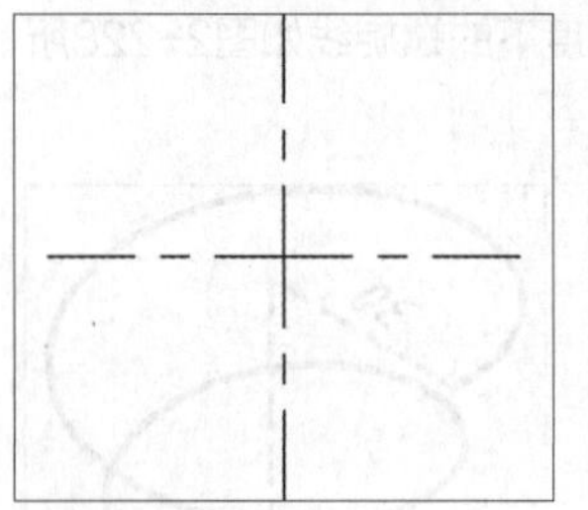

图2-233 素材图形

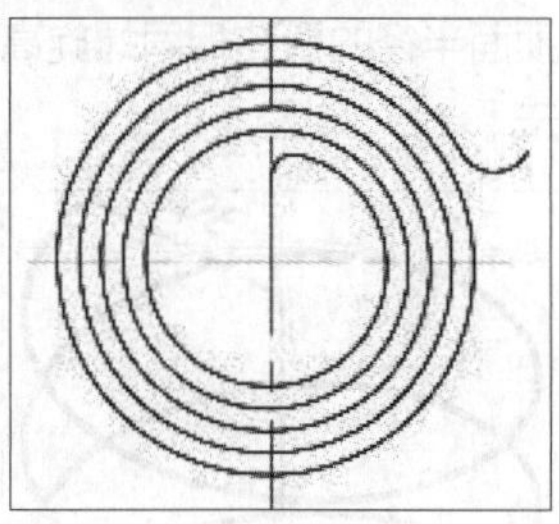

图2-234 绘制螺旋线

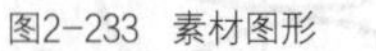

步骤 03 单击“修改”面板中的“旋转”按钮，将螺旋线旋转90°，如图2-235所示。

步骤 04 绘制内侧吊杆。执行“直线”命令，在螺旋线内圈的起点处绘制一条长度值为4的竖线。单击“修

改”面板中的“圆角”按钮⌒，设置半径的值为2，选择直线与螺旋线执行“圆角”操作，如图2-236所示。

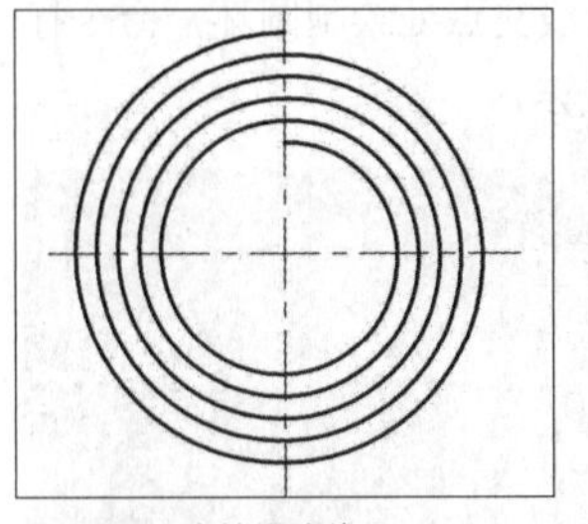

图2-235　旋转螺旋线

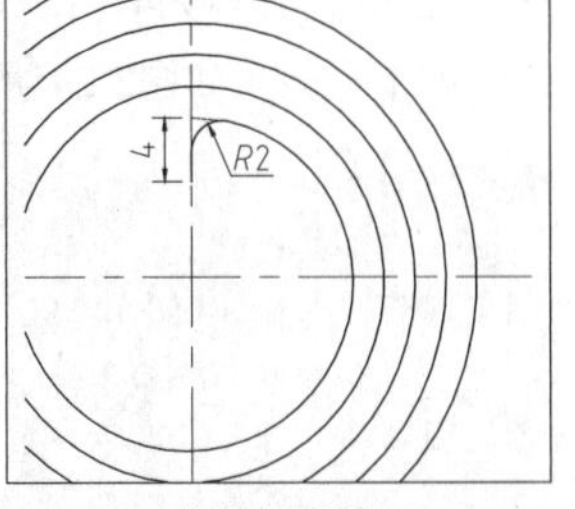

图2-236　绘制内侧吊杆

步骤 05 绘制外侧吊钩。单击“绘图”面板中的“多段线”按钮⊐，以螺旋线外圈的终点为起点，螺旋线中心为圆心，绘制一段端点角度为30°的圆弧，如图2-237所示，命令行提示如下。

```
命令: _pline
指定起点:
            //指定螺旋线的终点为多段线的起点
当前线宽为 0.0000
指定下一个点或 [圆弧(A)/半宽(H)/长度(L)/放弃(U)/宽度(W)]:
A↙        //选择“圆弧”选项
指定圆弧的端点(按住 Ctrl 键以切换方向)或
[角度(A)/圆心(CE)/方向(D)/半宽(H)/直线(L)/半径(R)\第二个点(S)/放弃(U)/宽度(W)]: CE↙
            //选择“圆心”选项
指定圆弧的圆心:
            //指定螺旋线中心为圆心
指定圆弧的端点(按住 Ctrl 键以切换方向)或 [角度(A)/长度(L)]: 30↙ //输入端点角度值
```

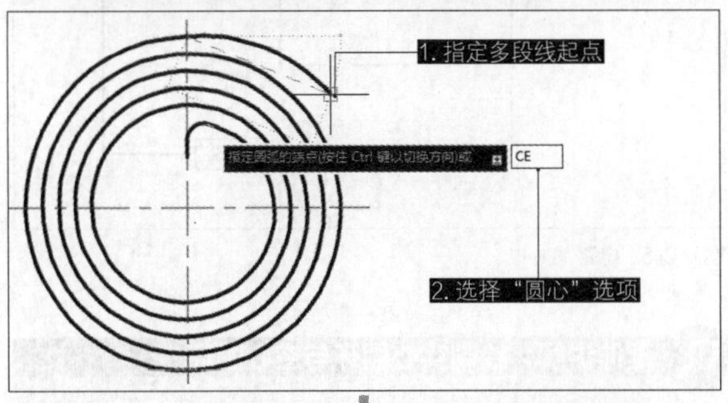

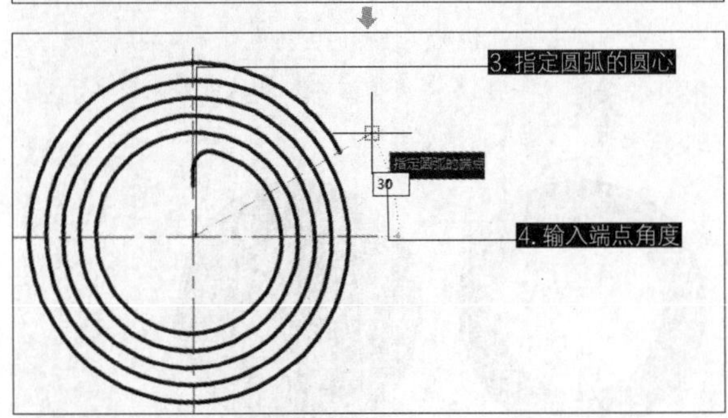

图2-237　绘制第一段多段线

步骤 06 继续执行“多段线”命令，水平向右移动十字光标，绘制一段跨距为6的圆弧，结束命令，最终图形如图2-238所示。

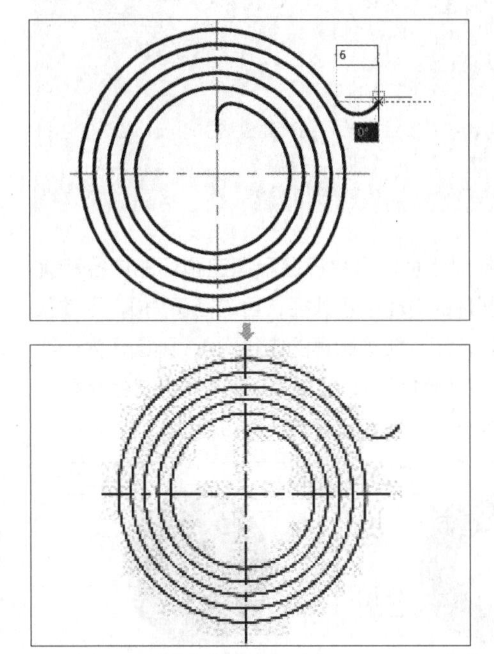

图2-238　绘制第二段多段线

2.8.11 圆环

圆环可看作由同一圆心、不同直径的两个同心圆组成，控制圆环的参数是圆心、内直径和外直径。圆环可分为“填充环”（两个圆形中间的面积填充，可用于绘制电路图中的各接点）和“实体填充圆”（圆环的内直径为0，可用于绘制各种标识）。圆环的典型示例如图2-239所示。

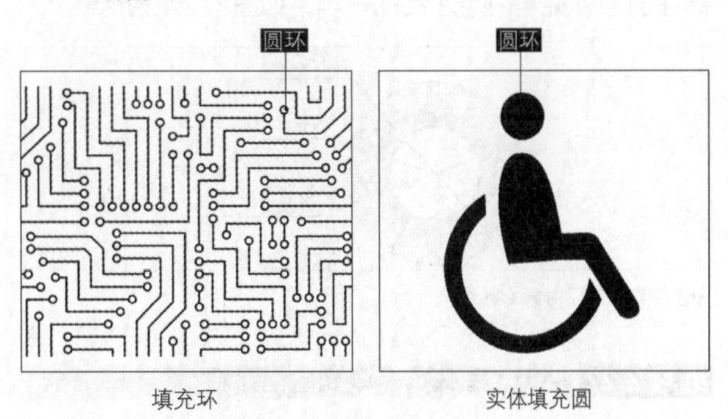

图2-239　圆环的典型示例

执行“圆环”命令的方法如下。

◆菜单栏：执行“绘图”|“圆环”命令。

◆功能区：在“默认”选项卡中，单击“绘图”面板扩展区域中的“圆环”按钮◎。

◆命令：DONUT或DO。

执行“圆环”命令后，命令行提示如下。

```
命令: _donut
        //执行“圆环”命令
指定圆环的内径 <0.5000>:10↙
        //指定圆环内径
指定圆环的外径 <1.0000>:20↙
        //指定圆环外径
指定圆环的中心点或 <退出>:
        //在绘图区中指定一点放置圆环，放置位置为圆心
指定圆环的中心点或 <退出>: *取消*
        //按Esc键退出“圆环”命令
```

在绘制圆环时，命令行提示指定圆环的内径和外径，正常圆环的内径小于外径，且内径不为0，则效果如图2-240所示；如果圆环的内径为0，则圆环为一实心圆，如图2-241所示；如果圆环的内径与外径相等，则圆环就是一个普通圆，如图2-242所示。

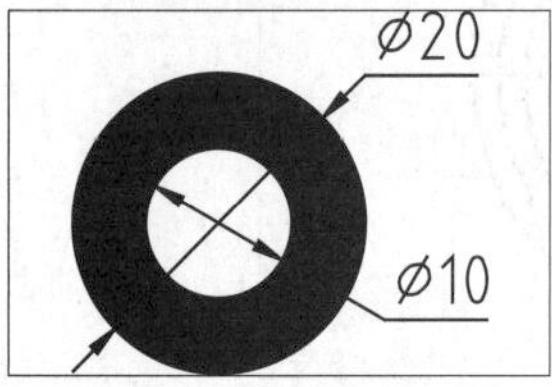

图2-240　内、外径不相等

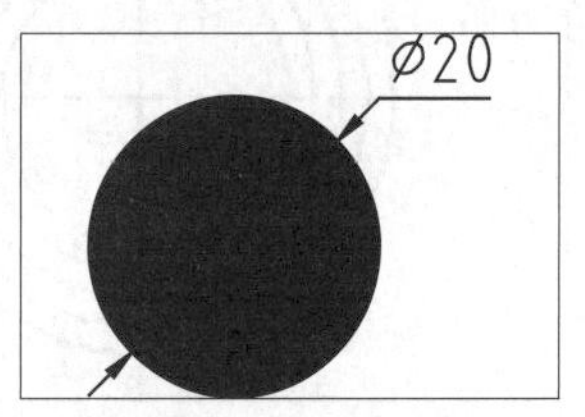

图2-24　内径为0，外径为20

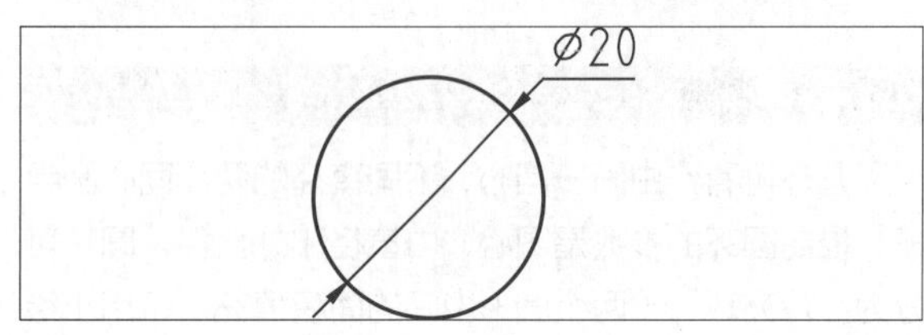

图2-242　内径与外径均为20

此外，执行“直径”命令，可以对圆环进行标注。标注值为外径与内径之和的一半，如图2-243所示。

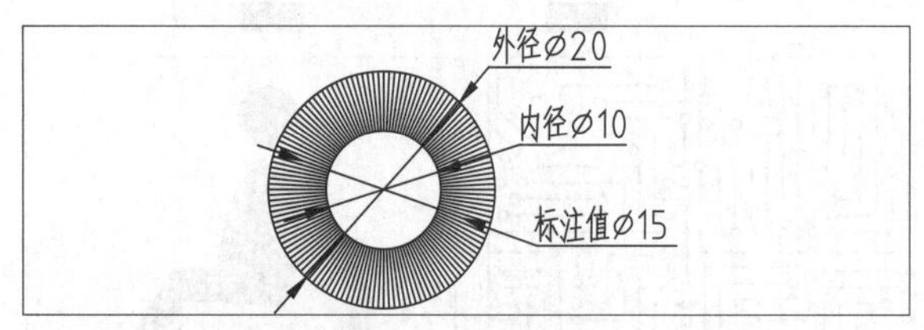

图2-243　圆环对象的标注值

练习 2-22 使用“圆环”命令完善电路图 ★进阶★

使用“圆环”命令可以快速创建大量实心或普通圆，因此在绘制电路图时使用“圆环”命令相较于“圆”命令更方便、快捷。本练习通过执行“圆环”命令来完善某液位自动控制器的电路图，操作步骤如下。

步骤 01 单击快速访问工具栏中的“打开”按钮，打开“练习2-22：“使用‘圆环’命令完善电路图.dwg”素材文件，素材文件内已经绘制好了一份完整的电路图，如图2-244所示。

步骤 02 设置圆环参数。在“默认”选项卡中，单击“绘图”面板扩展区域中的“圆环”按钮◎，指定圆环的内径为0，外径为4，在各线交点处绘制圆环，命令行提示如下，效果如图2-245所示。

```
命令: _donut
        //执行“圆环”命令
指定圆环的内径 <0.5000>: 0↙
        //输入圆环的内径
指定圆环的外径 <1.0000>: 4↙
        //输入圆环的外径
指定圆环的中心点或 <退出>:
        //在交点处放置圆环
……
指定圆环的中心点或 <退出>:
        //按Enter键结束放置
```

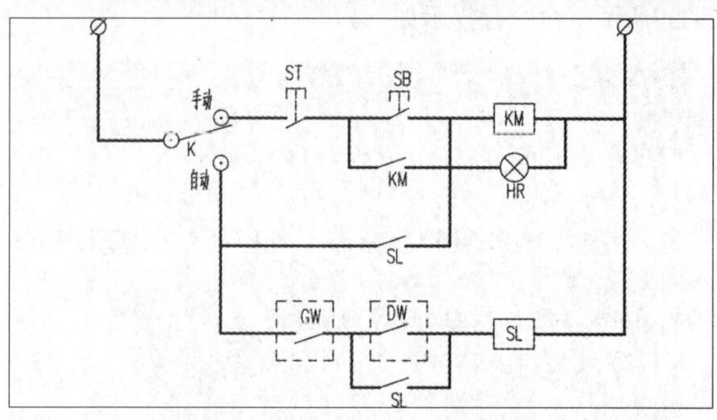

图2-244　素材图形

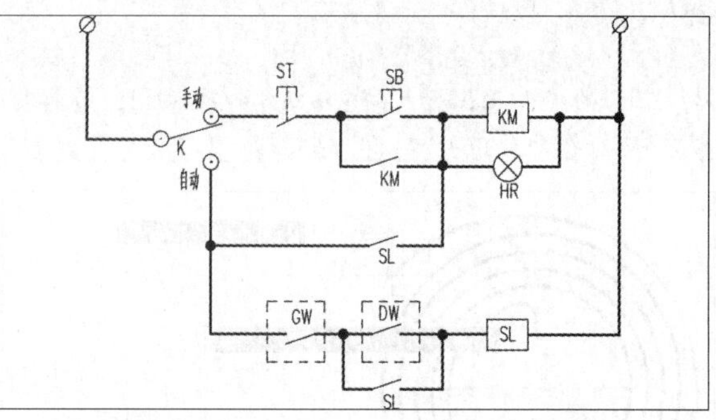

图2-245　电路图效果

延伸讲解：绘制实心圆环与空心圆环

AutoCAD在默认情况下绘制的圆环为填充的实心图形，如图2-246所示。此外其他的实体效果也会如此显示，如SOLID填充、带宽度的多段线等。

图2-246　填充效果为“开(ON)”

这是因为AutoCAD中默认的FILL参数设置为“开(ON)”的结果。如果在绘制圆环或多段线之前，在命令行中输入“FILL”，然后将其设置为“关(OFF)”，则实体图形将为空心显示，如图2-247所示，命令行提示如下。

命令：FILL↙
输入模式[开(ON)][关(OFF)]<开>：
//输入“ON”或者“OFF”来选择填充效果的开、关

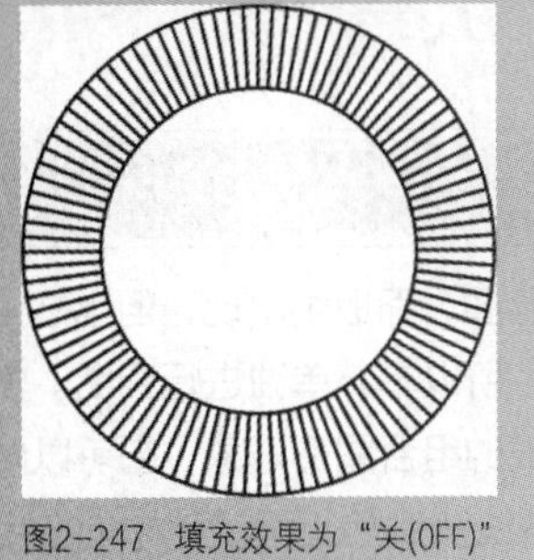

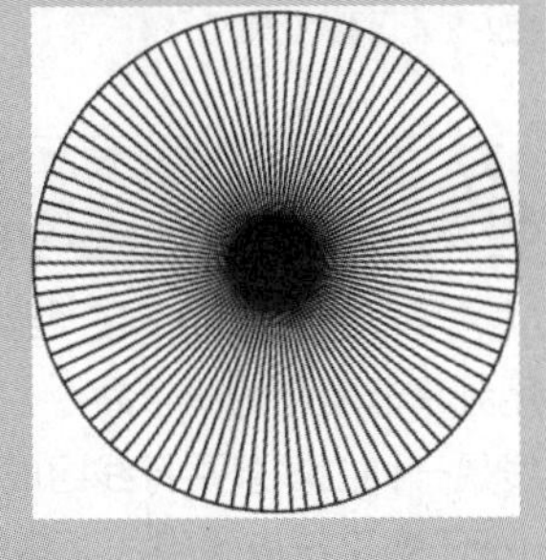

图2-247　填充效果为“关(OFF)”

2.8.12 修订云线

修订云线是一类特殊的线条，它的形状类似于云朵，主要用于突出显示图纸中已修改的部分，或用来添加部分图纸批注文字，在园林绘图中常用于绘制灌木，如图2-248所示。其组成参数包括多个控制点、最大弧长和最小弧长。

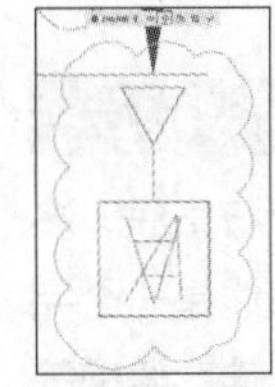

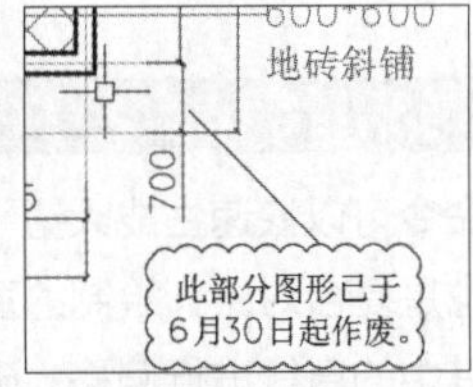

图2-248　修订云线的应用场合举例

执行“修订云线”命令的方法如下。

◆菜单栏：执行“绘图”|“修订云线”命令。

◆功能区：单击“绘图”面板扩展区域中“矩形修订云线”按钮右侧的下拉按钮，在打开的下拉列表中单击“矩形”按钮、“多边形”按钮或“徒手画”按钮，如图2-249所示。

◆命令：REVCLOUD。

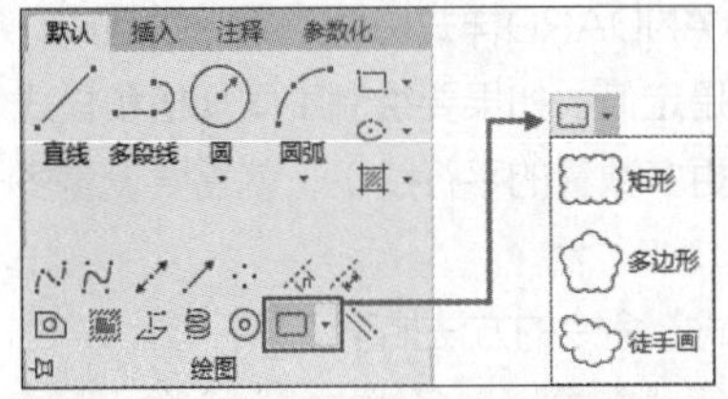

图2-249　“绘图”面板扩展区域中的“修订云线”按钮

执行“修订云线”命令后，命令行提示如下。

命令：_revcloud
//执行“修订云线”命令
最小弧长：3　最大弧长：5　样式：普通　类型：多边形
//显示当前修订云线的设置
指定起点或 [弧长(A)/对象(O)/矩形(R)/多边形(P)/徒手画(F)/样式(S)/修改(M)] <对象>：_F
//选择修订云线的创建方法或修改设置

各选项的含义介绍如下。

◆弧长(A)：指定修订云线的弧长，选择该选项后可指定最小与最大弧长，其中最大弧长不能超过最小弧长的3倍。

◆对象(O)：指定要转换为修订云线的单个对象，如图2-250所示。

图2-250　修订云线对象及转换

◆矩形(R)：通过绘制矩形创建修订云线，如图2-251所示。

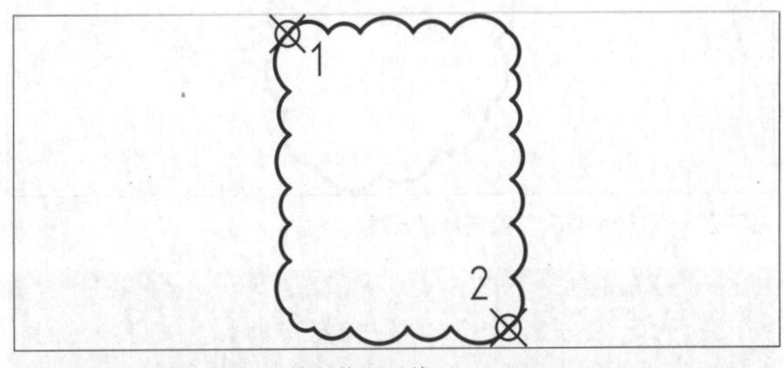

图2-251　“矩形（R）”绘制修订云线

命令：_revcloud
最小弧长：3　最大弧长：5　样式：普通　类型：矩形
指定第一个角点或 [弧长(A)/对象(O)/矩形(R)/多边形(P)/徒手画(F)/样式(S)/修改(M)] <对象>：_R
//选择“矩形”选项
指定第一个角点或 [弧长(A)/对象(O)/矩形(R)/多边形(P)/徒手画(F)/样式(S)/修改(M)] <对象>：
//指定矩形的第一个角点1
指定对角点：
//指定矩形的对角点2

◆多边形(P)：通过绘制多段线创建修订云线，如图2-252所示。

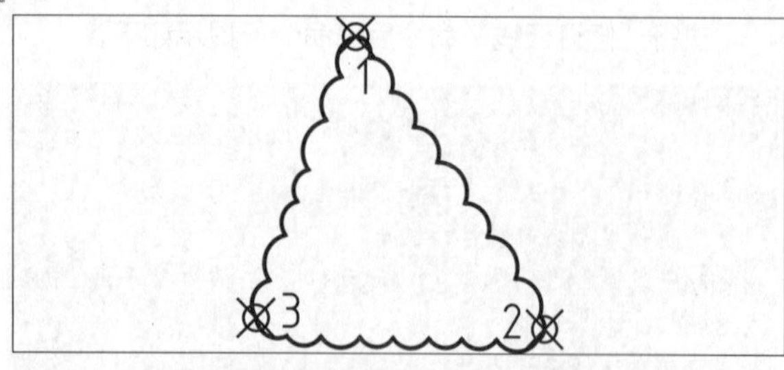

图2-252 "多边形(P)"绘制修订云线

```
命令: _revcloud
指定起点或 [弧长(A)/对象(O)/矩形(R)/多边形(P)/徒手画(F)/样式(S)/修改(M)] <对象>: _P
        //选择"多边形"选项
指定起点或 [弧长(A)/对象(O)/矩形(R)/多边形(P)/徒手画(F)/样式(S)/修改(M)] <对象>:
        //指定多边形的起点1
指定下一点:
        //指定多边形的第二点2
指定下一点或 [放弃(U)]:
        //指定多边形的第三点3
```

◆徒手画(F)：通过绘制自由形状的闭合图形创建修订云线，如图2-253所示。

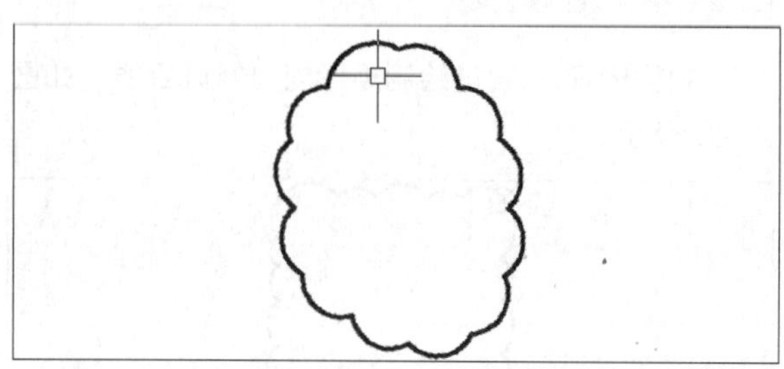

图2-253 "徒手画(F)"绘制修订云线

```
命令: _revcloud
指定起点或 [弧长(A)/对象(O)/矩形(R)/多边形(P)/徒手画(F)/样式(S)/修改(M)] <对象>: _F
        //选择"徒手画"选项
最小弧长: 3  最大弧长: 5  样式: 普通  类型: 徒手画
指定第一个点或 [弧长(A)/对象(O)/矩形(R)/多边形(P)/徒手画(F)/样式(S)/修改(M)] <对象>:
        //指定多边形的起点
沿云线路径引导十字十字光标...指定下一点或 [放弃(U)]:
```

提示

在绘制修订云线时，若不希望它自动闭合，可在绘制过程中将十字光标移动到合适的位置后，单击鼠标右键结束修订云线的绘制。

◆样式(S)：用于选择修订云线的样式，选择该选项后，命令行将出现"选择圆弧样式[普通(N)/(C)]<普通>："的提示信息，默认为"普通"选项，如图2-254所示。

◆修改(M)：对绘制的修订云线进行修改。

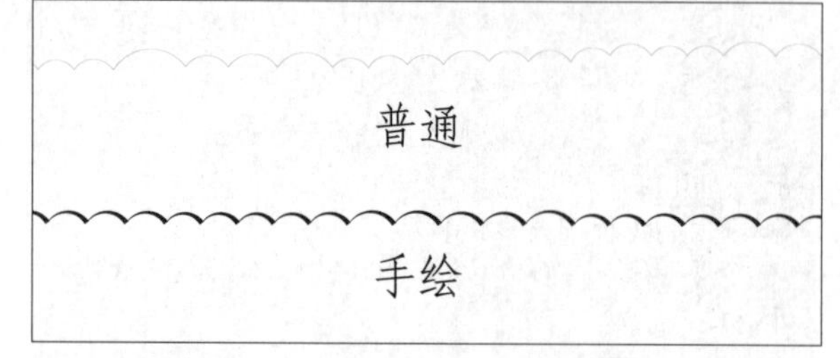

图2-254 样式效果

2.9 多线

"多线"命令不在"绘图"面板中出现，但也是使用频率非常高的一个命令，所以本节单独进行介绍。多线是一种由多条平行线组成的组合图形对象，它可以由1~16条平行直线组成。多线在实际工程设计中的应用非常广泛，如建筑平面图中的墙体、规划设计图中的道路、机械设计图中的键等，如图2-255所示。

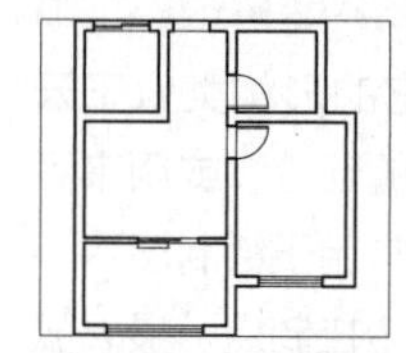

建筑平面图中的墙体

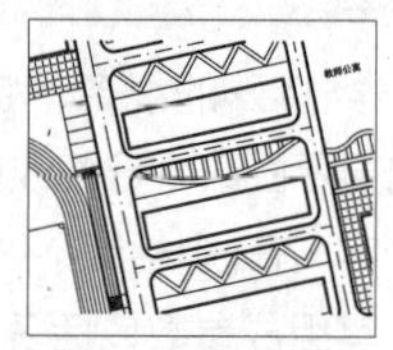

规划设计图中的道路

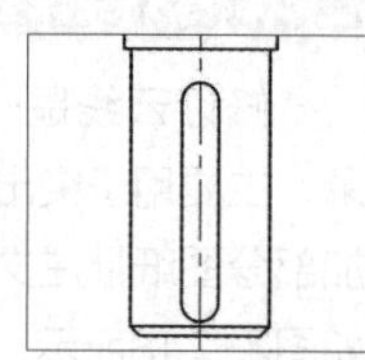

机械设计图中的键

图2-255 各行业图纸中的多线应用

2.9.1 多线概述

使用"多线"命令可以快速生成大量平行直线，多线同多段线一样，也是复合对象，绘制的直线是一个完整的整体，不能对其中的直线进行偏移、延伸、修剪等编辑操作，只能将其分解为多条直线后才能编辑。

"多线"的操作步骤与"多段线"类似，稍有不同的是，"多线"需要在绘制前设置好样式与其他参数，开始绘制后不能更改。而"多段线"在一开始并不需要做任何设置，在绘制的过程中可以根据众多的延伸选项随时进行调整。

2.9.2 设置多线样式 ★重点★

系统默认的STANDARD样式由两条平行线组成，并且平行线的间距是定值。如果要绘制不同规格和样式的多线（带封口或更多数量的平行线），就需要设置多线的样式。

执行"多线样式"命令的方法如下。

◆菜单栏：执行"格式"|"多线样式"命令。

◆命令：MLSTYLE。

执行“多线样式”命令，打开“多线样式”对话框，可以新建、修改或者加载多线样式，如图2-256所示。单击“新建”按钮，可以打开“创建新的多线样式”对话框，定义新多线样式的名称（如“平键”），如图2-257所示。

单击“继续”按钮，可以打开“新建多线样式：平键”对话框，在其中设置多线的各种特性，如图2-258所示。

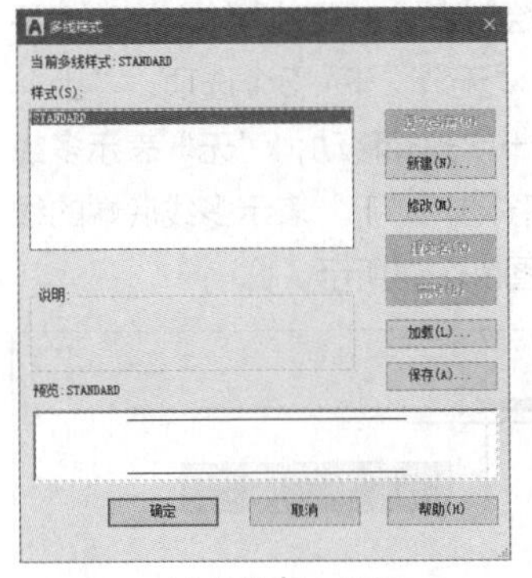

图2-256　“多线样式”对话框

图2-257　“创建新的多线样式”对话框

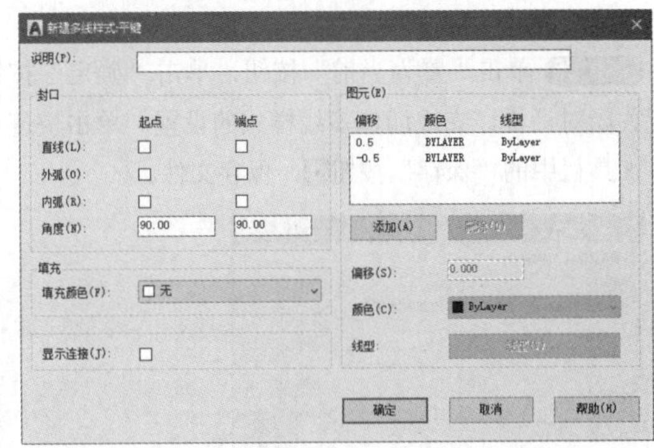

图2-258　“新建多线样式：平键”对话框

“新建多线样式：平键”对话框中各选项的含义介绍如下。

◆封口：设置多线的平行线段之间两端封口的样式；当取消勾选“封口”选项组中的复选框时，绘制的多段线两端将呈打开状态，图2-259所示为多线的各种封口样式。

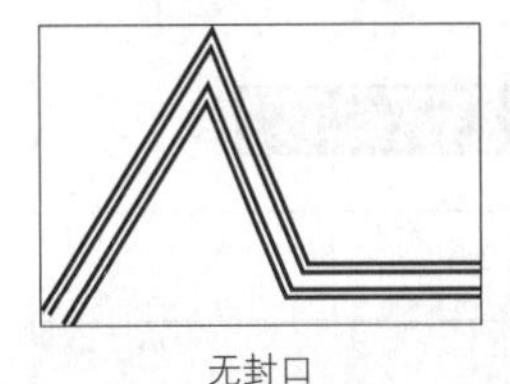
无封口

直线封口

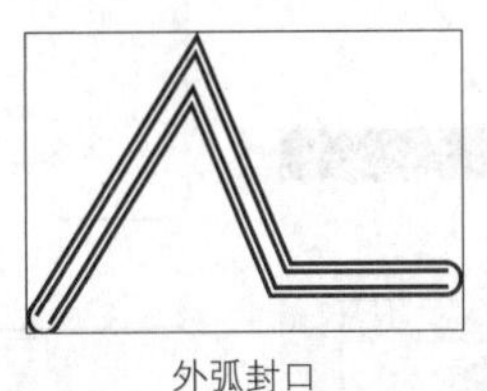
外弧封口

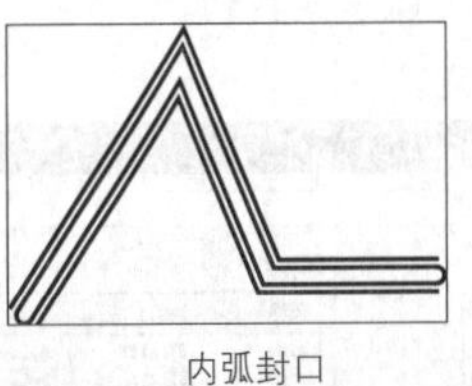
内弧封口

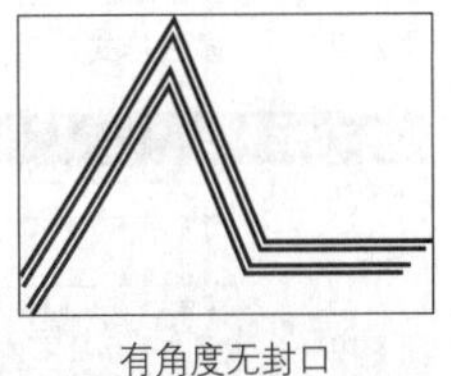
有角度无封口

图2-259　多线的各种封口样式

◆填充颜色：设置封闭的多线内的填充颜色；选择“无”选项，表示使用透明颜色填充，如图2-260所示。

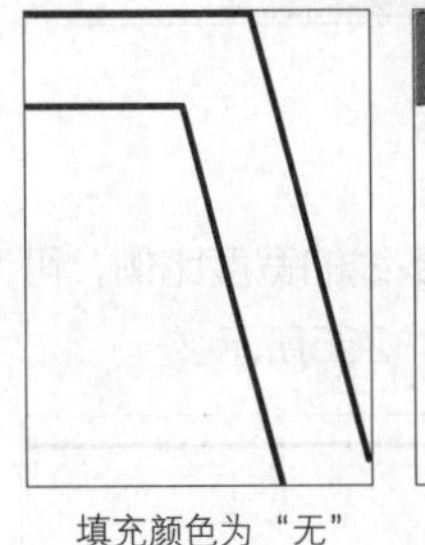
填充颜色为“无”

填充颜色为“红”

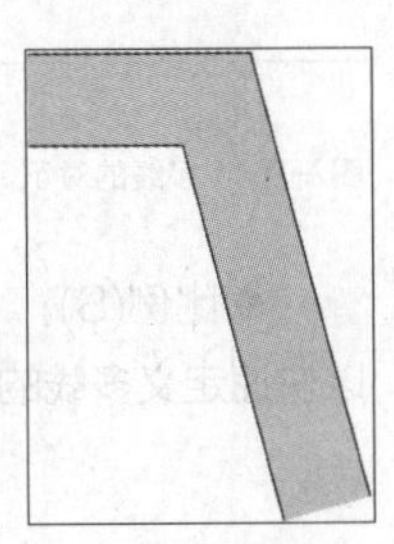
填充颜色为“绿”

图2-260　各多线的填充颜色效果

◆显示连接：显示或隐藏每条线段顶点处的连接，效果如图2-261所示。

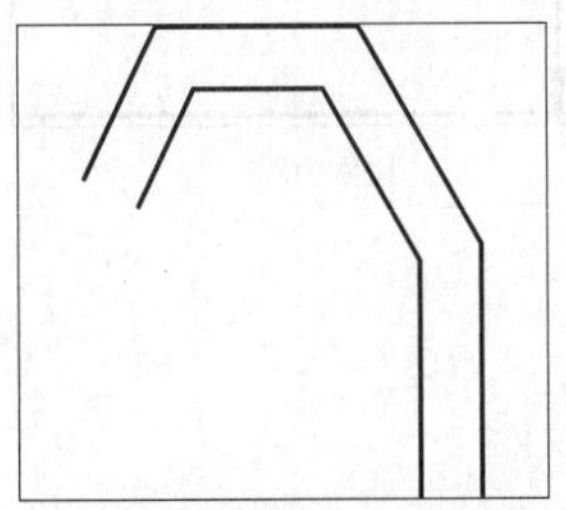
不勾选“显示连接”复选框的效果

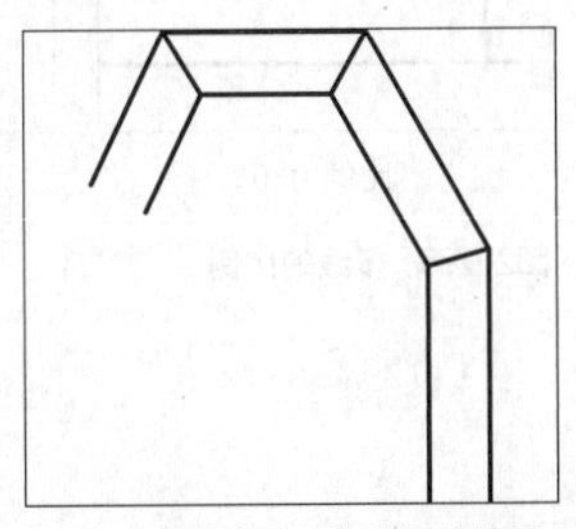
勾选“显示连接”复选框的效果

图2-261　不勾选与勾选“显示连接”复选框的效果

◆图元：构成多线的元素，单击“添加”按钮可以添加多线的构成元素，单击“删除”按钮可以删除这些元素。

◆偏移：设置多线元素从中线的偏移值，值为正表示向上偏移，值为负表示向下偏移。

◆颜色：设置组成多线元素的直线线条颜色。

◆线型：设置组成多线元素的直线线条线型。

练习 2-23　使用“多线样式”命令创建“墙体”样式　★进阶★

多线的使用虽然方便，但是默认的STANDARD样式过于简单，无法用来应对现实工作中所遇到的各种问题（如绘制带有封口的墙体线）。这时就可以通过创建新的多线样式来解决，操作步骤如下。

步骤 01 启动AutoCAD，单击快速访问工具栏中的“新建”按钮，新建一个空白文档。

步骤 02 在命令行中输入“MLSTYLE”并按Enter键，系统弹出“多线样式”对话框，如图2-262所示。

步骤 03 单击“新建”按钮 新建(N)...，系统弹出“创建新的多线样式”对话框，在对话框中设置“新样式名”为“墙体”，“基础样式”为STANDARD，单击“确定”按钮，系统弹出“新建多线样式:墙体”对话框。

步骤 04 在“封口”选项组中勾选“直线”后的两个复选框，在“图元”选项组中设置“偏移”为120与-120，如图2-263所示。单击“确定”按钮，系统返回“多线样式”对话框。

步骤 05 单击“置为当前”按钮，单击“确定”按钮，关闭对话框，完成墙体多线样式的设置。单击快速访问工具栏中的“保存”按钮，保存文件。

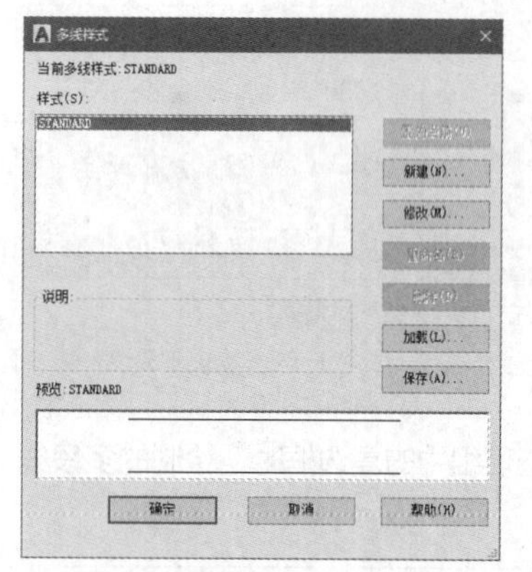

图2-262 “多线样式”对话框

图2-263 设置封口和偏移值

2.9.3 绘制多线 ★重点★

执行“多线”命令的方法如下。

◆菜单栏：执行“绘图”|“多线”命令。

◆命令：MLINE或ML。

执行“多线”命令后，命令行提示如下。

```
命令: _mline
        //执行“多线”命令
当前设置: 对正 = 上，比例 = 20.00，样式 = STANDARD
        //显示当前的多线设置
指定起点或 [对正(J)/比例(S)/样式(ST)]:
        //指定多线起点或修改多线设置
指定下一点:
        //指定多线的端点
指定下一点或 [放弃(U)]:
        //指定下一段多线的端点
指定下一点或 [闭合(C)/放弃(U)]:
        //指定下一段多线的端点或按Enter键结束
```

在绘制多线的过程中，命令行提示3种设置类型：“对正(J)”“比例(S)”“样式(ST)”，分别介绍如下。

◆对正(J)：设置绘制多线时相对于输入点的偏移位置；该选项有“上”“无”“下”3个选项，“上”表示多线顶端的线随着十字光标移动；“无”表示多线的中心线随着十字光标移动；“下”表示多线底端的线随着十字光标移动，如图2-264所示。

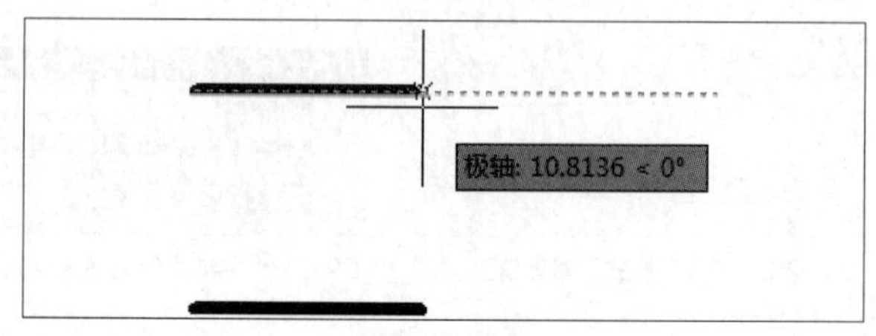

“上”：捕捉点在上

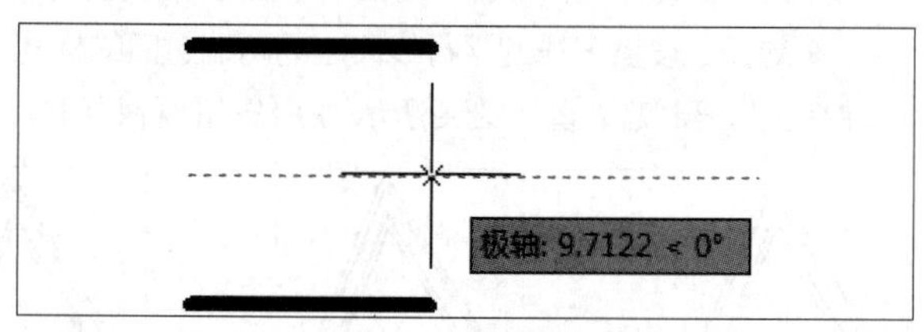

“无”：捕捉点在中

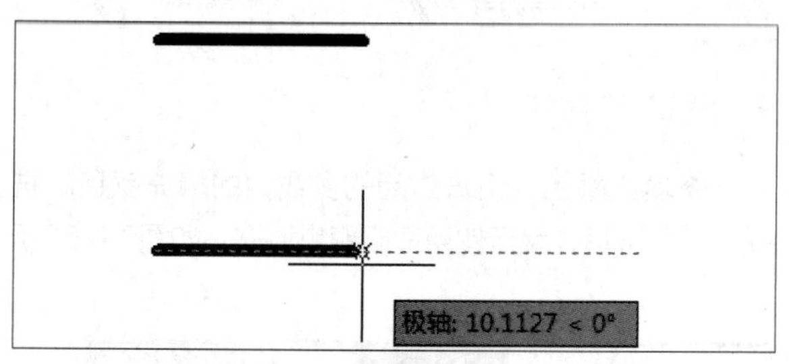

“下”：捕捉点在下

图2-264 多线的对正

◆比例(S)：设置多线样式中多线的宽度比例，可以快速定义多线的间隔宽度，如图2-265所示。

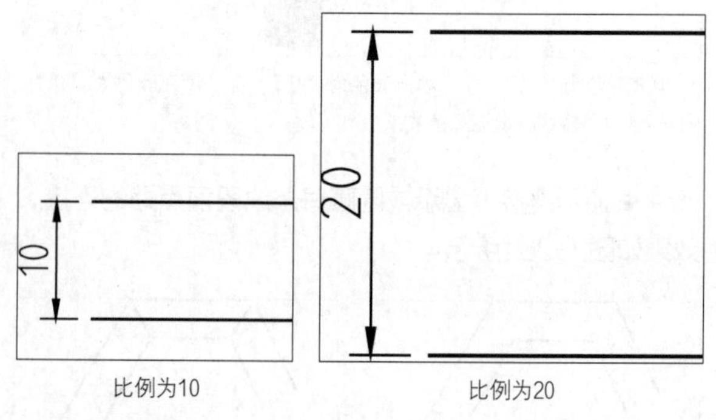

比例为10　　比例为20

图2-265 多线的比例

◆样式(ST)：设置绘制多线时使用的样式，默认的多线样式为STANDARD；选择该选项后，可以在提示信息“输入多线样式名或[？]”后面输入已定义的样式名；输入“？”则会列出当前图形中所有的多线样式。

练习 2-24 使用“多线”命令绘制墙体 ★进阶★

使用“多线”命令可一次性绘制出大量平行线，非常适合用来绘制室内、建筑平面图中的墙体。本练习便根据已经设置好的“墙体”多线样式进行绘图，操作步骤如下。

步骤 01 单击快速访问工具栏中的“打开”按钮，打开“练习2-24：使用‘多线’命令绘制墙体.dwg”素材文件，如图2-266所示。

步骤 02 创建“墙体”多线样式，如图2-267所示。

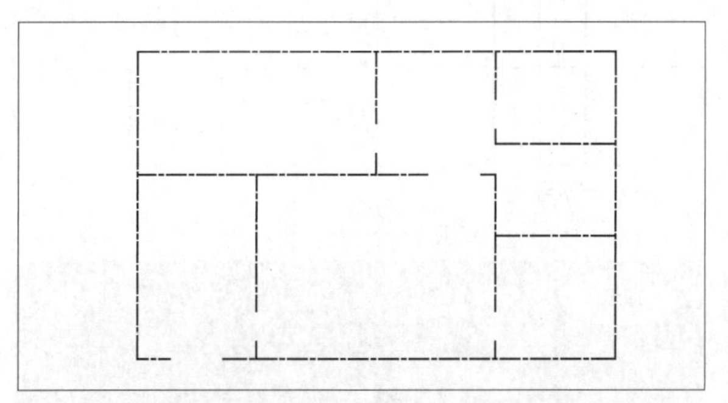

图2-266　素材图形

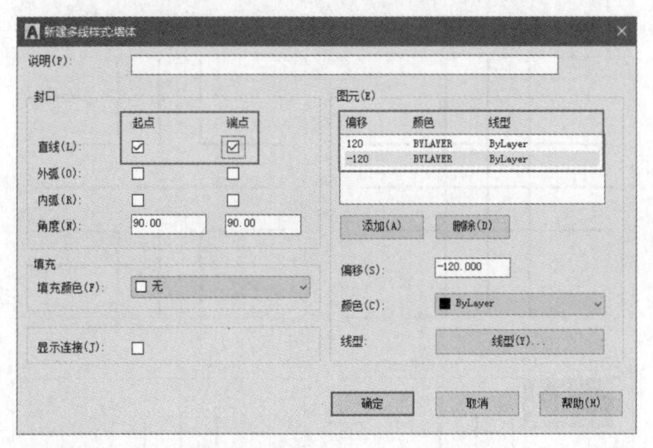

图2-267　创建“墙体”多线样式

步骤 03 在命令行中输入“ML”，执行“多线”命令，绘制图2-268所示的墙体，命令行提示如下。

命令：ML↙
　　　　　　//执行“多线”命令
当前设置：对正＝上，比例＝20.00，样式＝墙体
指定起点或 [对正(J)/比例(S)/样式(ST)]：S↙
　　　　　　//选择“比例”选项
输入多线比例 <20.00>：1↙
　　　　　　//输入多线比例
当前设置：对正＝上，比例＝1.00，样式＝墙体
指定起点或 [对正(J)/比例(S)/样式(ST)]：J↙
　　　　　　//选择“对正”选项
输入对正类型 [上(T)/无(Z)/下(B)] <上>：Z↙
　　　　　　//选择“无”选项
当前设置：对正＝无，比例＝1.00，样式＝墙体
指定起点或 [对正(J)/比例(S)/样式(ST)]：
　　　　　　//沿着轴线绘制墙体
指定下一点：
指定下一点或 [放弃(U)]：
指定下一点或 [闭合(C)/放弃(U)]：↙
　　　　　　//按Enter键结束绘制

步骤 04 按Space键重复执行“多线”命令，绘制非承重墙，把比例设置为0.5，命令行提示如下。

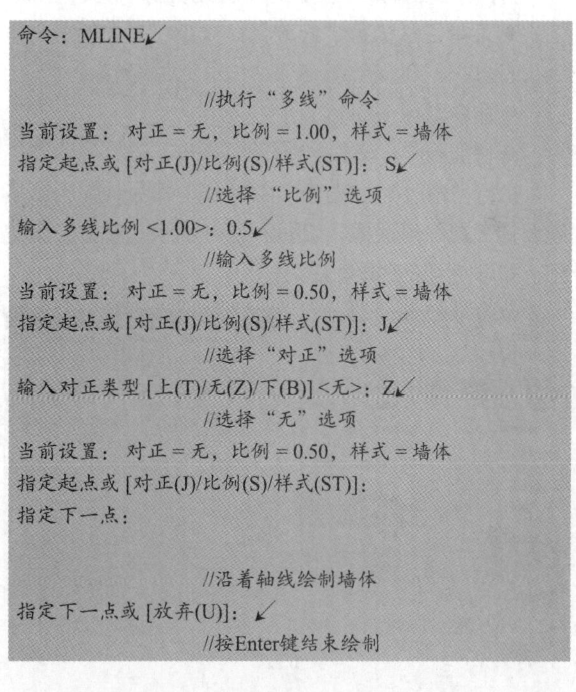

命令：MLINE↙
　　　　　　//执行“多线”命令
当前设置：对正＝无，比例＝1.00，样式＝墙体
指定起点或 [对正(J)/比例(S)/样式(ST)]：S↙
　　　　　　//选择“比例”选项
输入多线比例 <1.00>：0.5↙
　　　　　　//输入多线比例
当前设置：对正＝无，比例＝0.50，样式＝墙体
指定起点或 [对正(J)/比例(S)/样式(ST)]：J↙
　　　　　　//选择“对正”选项
输入对正类型 [上(T)/无(Z)/下(B)] <无>：Z↙
　　　　　　//选择“无”选项
当前设置：对正＝无，比例＝0.50，样式＝墙体
指定起点或 [对正(J)/比例(S)/样式(ST)]：
指定下一点：
　　　　　　//沿着轴线绘制墙体
指定下一点或 [放弃(U)]：↙
　　　　　　//按Enter键结束绘制

最终效果如图2-269所示。

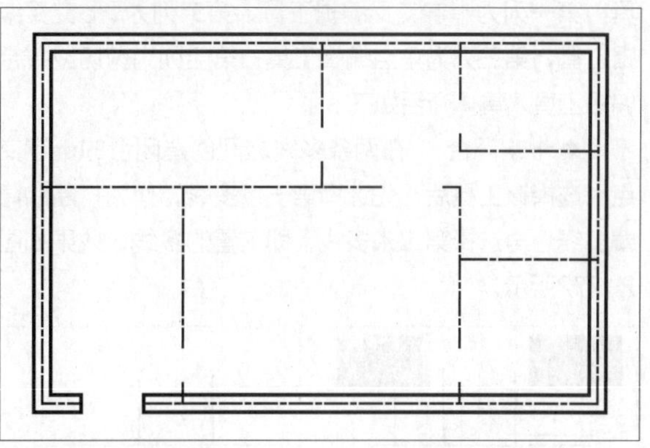

图2-268　绘制承重墙

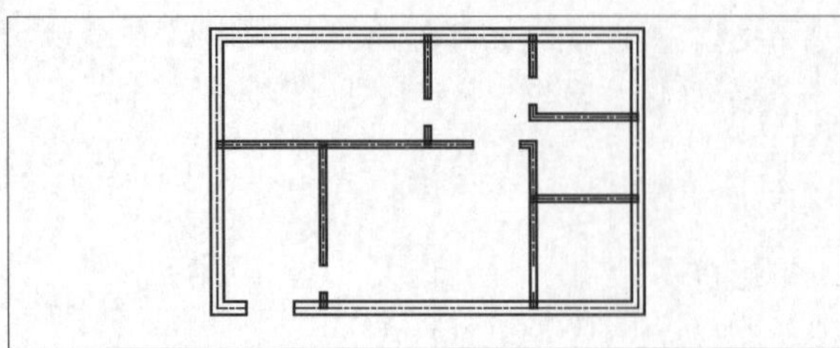

图2-269　最终效果图

2.9.4 编辑多线 ★重点★

多线是复合对象，只有将其分解为多条直线后才能进行编辑。在AutoCAD中，也可以用自带的“多线编辑工具”对话框进行编辑。

打开“多线编辑工具”对话框的方法如下。

◆菜单栏：执行“修改”|“对象”|“多线”命令，如图2-270所示。

◆命令：MLEDIT。

◆快捷操作：双击绘制的多线图形。

执行“修改”|“对象”|“多线”命令，弹出“多线编辑工具”对话框，如图2-271所示。单击工具按钮，即可使用该工具编辑多线。

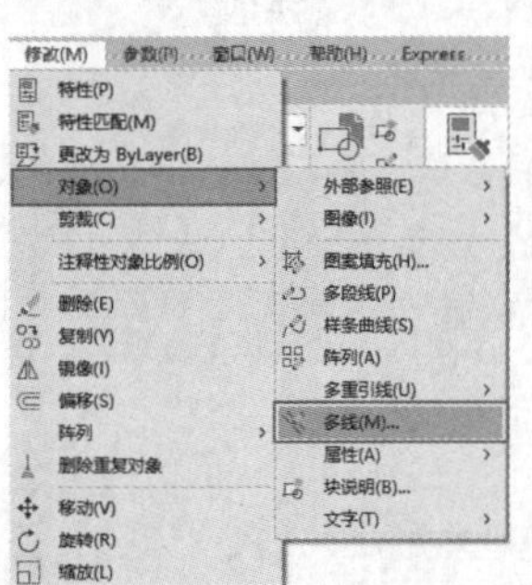

图2-270　通过菜单栏调用“多线”命令

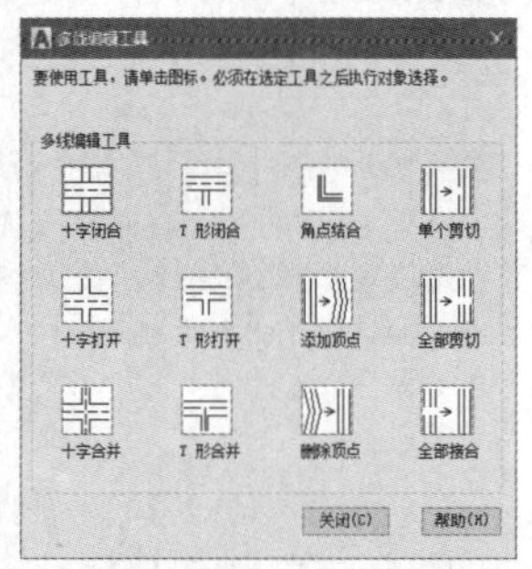

图2-271　“多线编辑工具”对话框

“多线编辑工具”对话框中共有12种多线编辑工具：第一列为十字交叉编辑工具，第二列为T形交叉编辑工具，第三列为角点编辑工具，第四列为剪切或接合编辑工具。具体介绍如下。

◆十字闭合： 在两条多线之间创建闭合的十字交点；选择该工具后，先选择第一条多线，作为打断的隐藏多线；再选择第二条多线，即前置的多线，效果如图2-272所示。

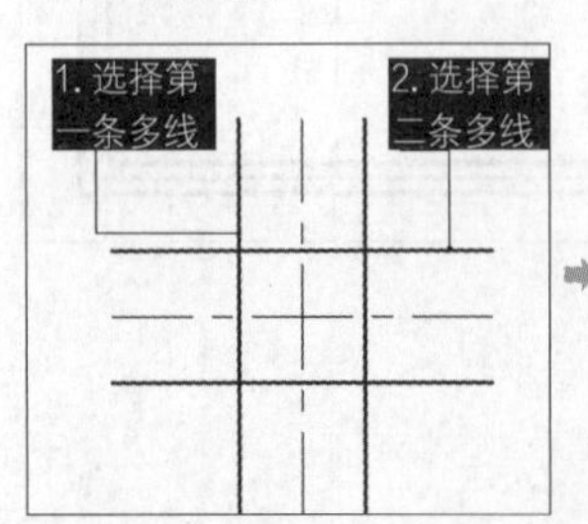

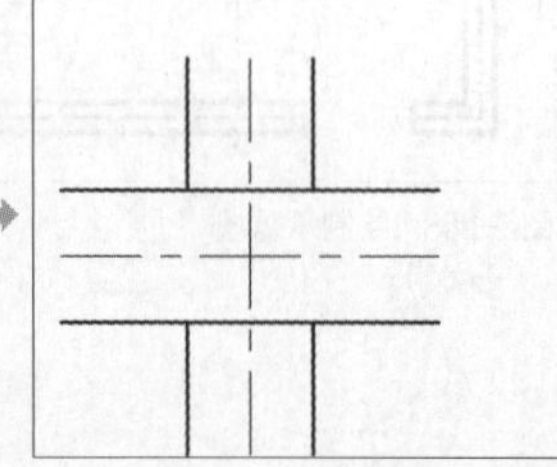

图2-272　十字闭合

◆十字打开：在两条多线之间创建打开的十字交点，打断将插入第一条多线的所有元素和第二条多线的外部元素，效果如图2-273所示。

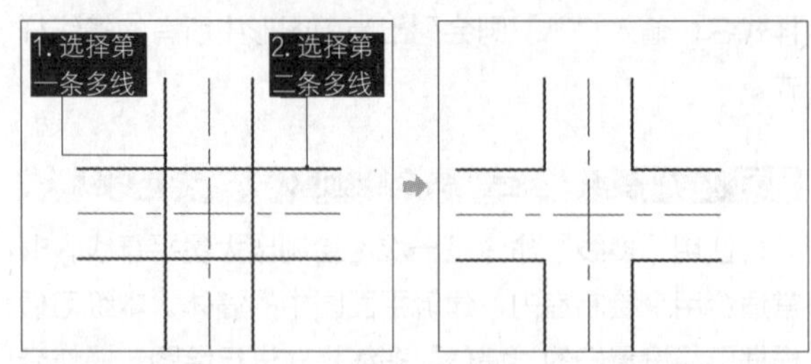

图2-273　十字打开

◆十字合并：在两条多线之间创建合并的十字交点，选择多线的次序并不重要，效果如图2-274所示。

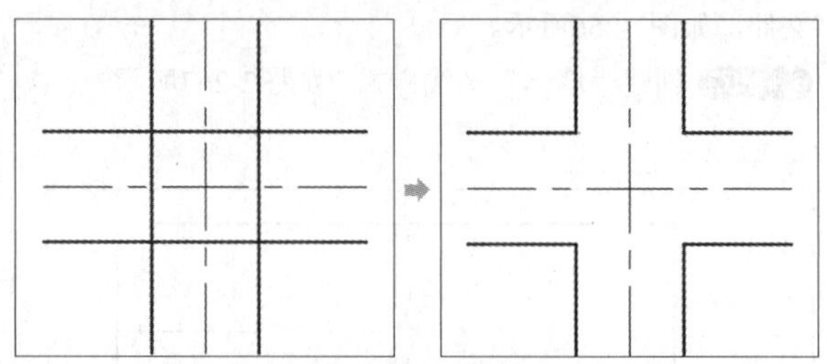

图2 274　十字合并

> **提示**
>
> 对于双数多线来说，“十字打开”和“十字合并”的结果是一样的；但对于三线，中间线的结果是不一样的，这两种工具的编辑效果如图2-275所示。

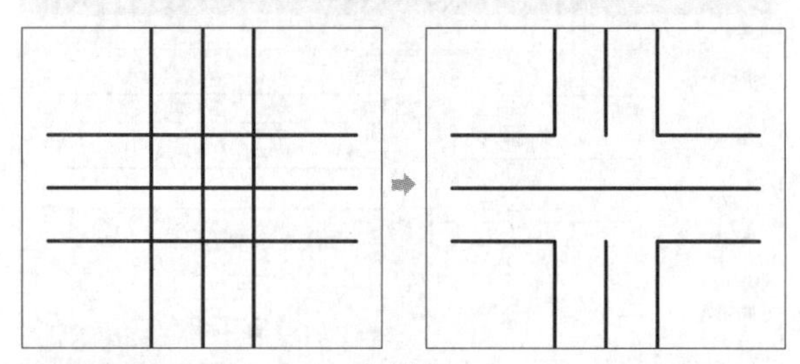

十字打开

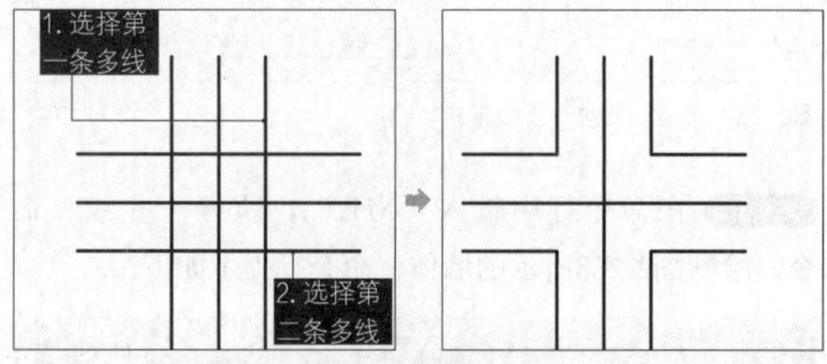

十字合并

图2-275　三线的编辑效果

◆T形闭合：在两条多线之间创建闭合的T形交点，将第一条多线修剪或延伸到与第二条多线的交点处，如图2-276所示。

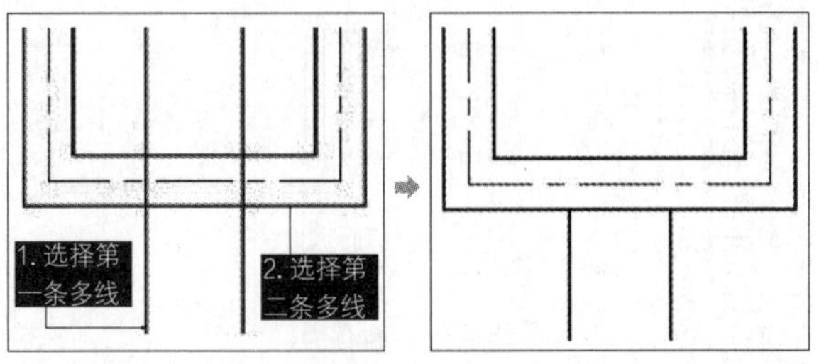

图2-276　T形闭合

◆T形打开：在两条多线之间创建打开的T形交点，将第一条多线修剪或延伸到与第二条多线的交点处，如图2-277所示。

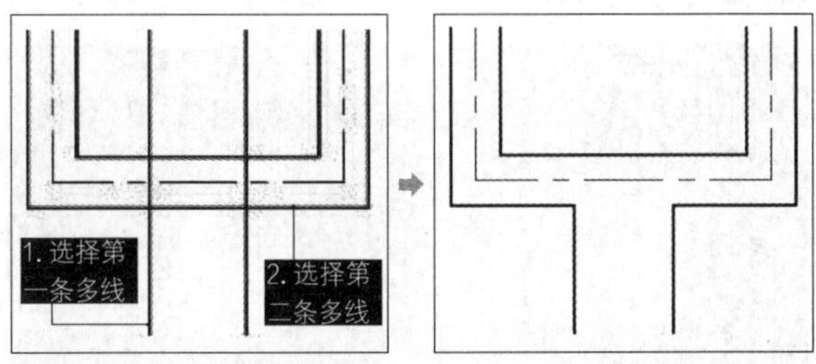

图2-277　T形打开

◆T形合并：在两条多线之间创建合并的T形交点，将多线修剪或延伸到与另一条多线的交点处，如图2-278所示。

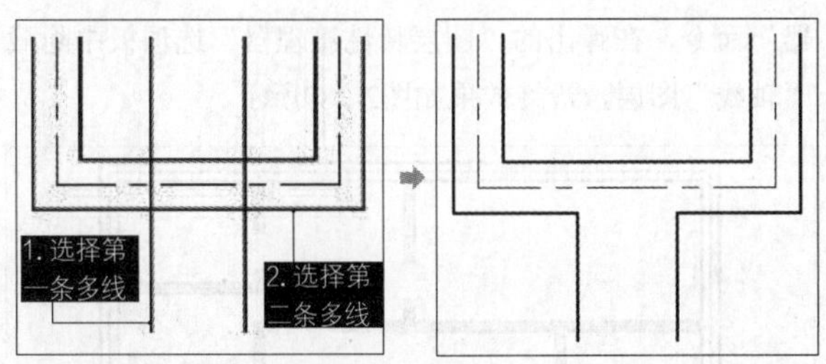

图2-278　T形合并

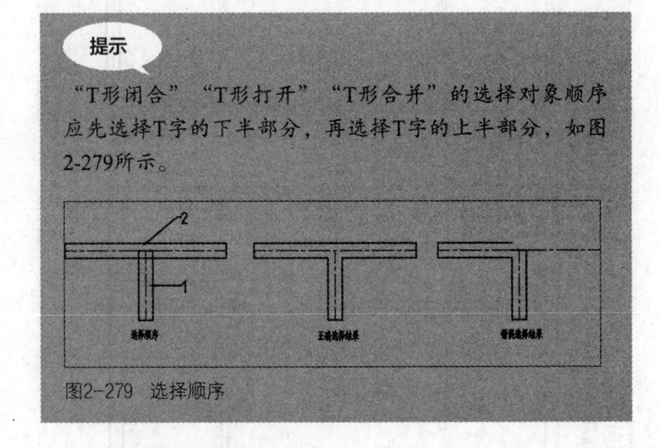

提示

"T形闭合""T形打开""T形合并"的选择对象顺序应先选择T字的下半部分，再选择T字的上半部分，如图2-279所示。

图2-279　选择顺序

◆角点结合：在多线之间创建角点结合，将多线修剪或延伸到它们的交点处，效果如图2-280所示。

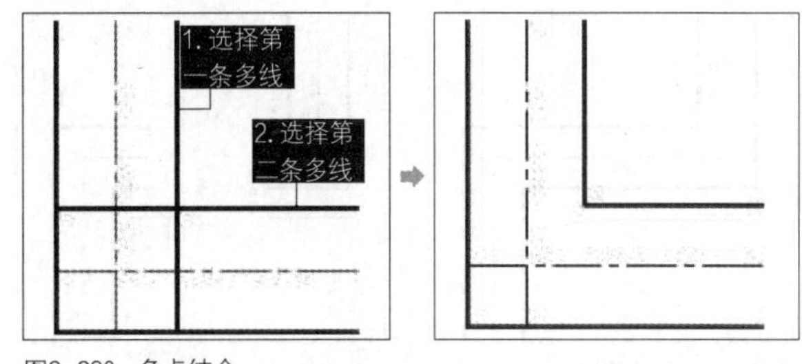

图2-280　角点结合

◆添加顶点：向多线上添加一个顶点，新添加的角点就可以用于夹点编辑，效果如图2-281所示。

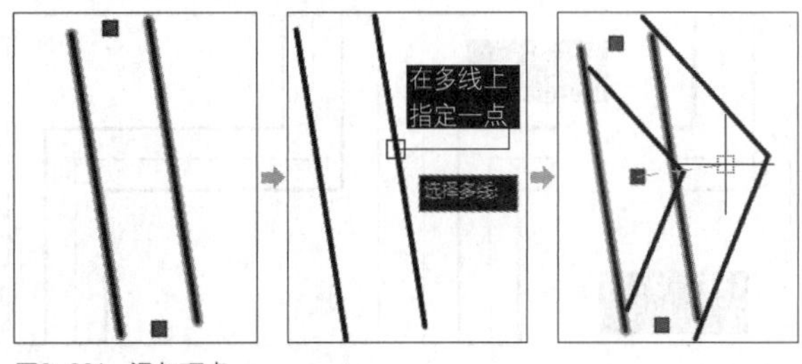

图2-281　添加顶点

◆删除顶点：从多线上删除一个顶点，效果如图2-282所示。

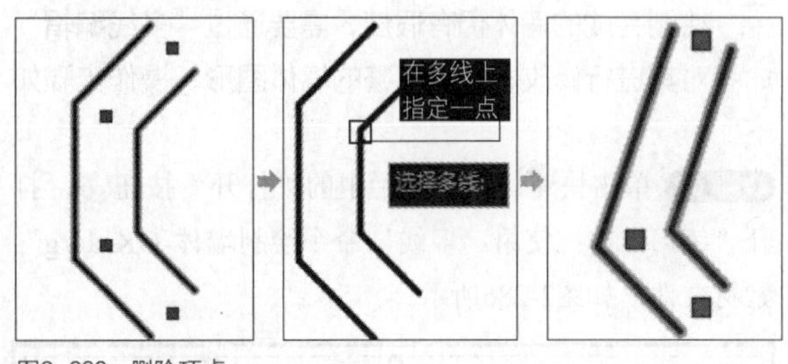

图2-282　删除顶点

◆单个剪切：在选定多线元素中创建可见打断，效果如图2-283所示。

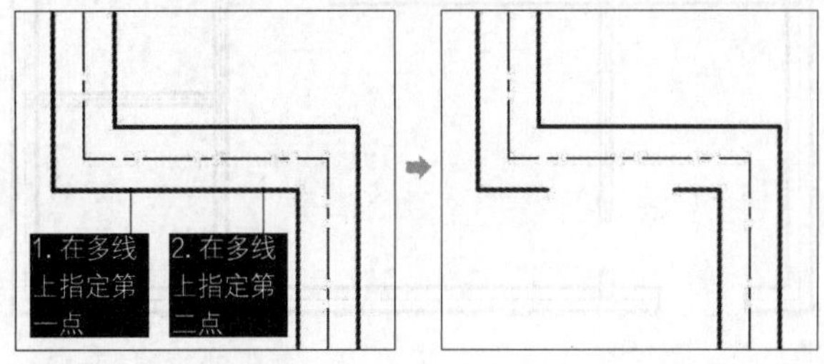

图2-283　单个剪切

◆全部剪切：创建穿过整条多线的可见打断，效果如图2-284所示。

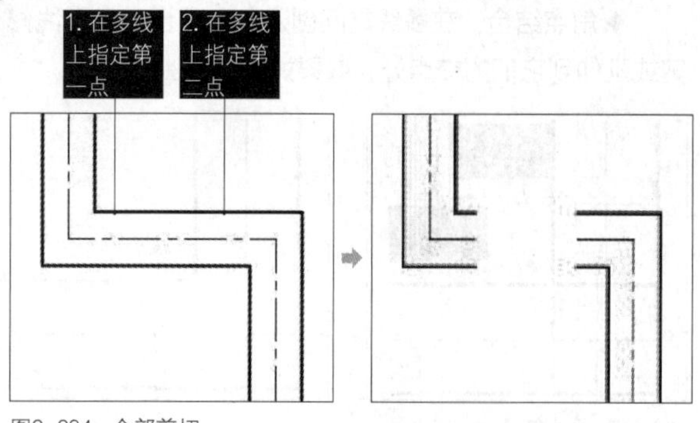

图2-284 全部剪切

◆全部接合：将已被剪切的多线线段重新接合起来，如图2-285所示。

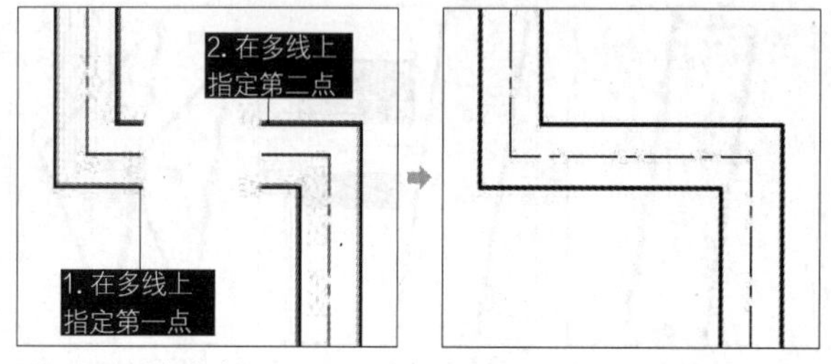

图2-285 全部接合

练习 2-25 使用“多线编辑工具”对话框编辑墙体 ★进阶★

绘制完成的墙体仍有瑕疵，需要通过“多线编辑”命令对其进行修改，得到完整的墙体图形，操作步骤如下。

步骤 01 单击快速访问工具栏中的“打开”按钮，打开“练习2-24：使用‘多线’命令绘制墙体-OK.dwg”素材文件，如图2-286所示。

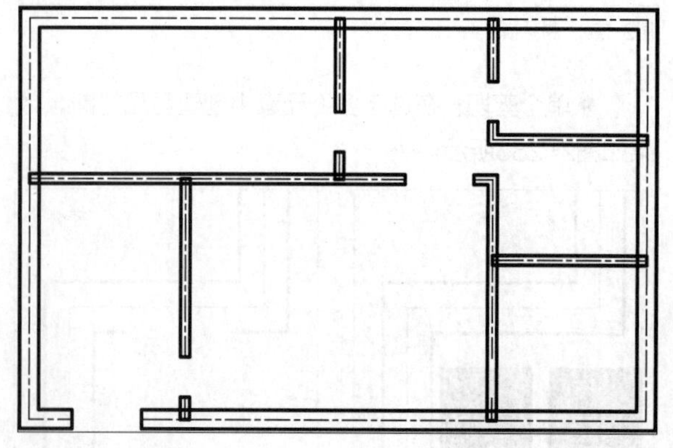

图2-286 素材图形

步骤 02 在命令行中输入“MLEDIT”，执行“多线编辑”命令，打开“多线编辑工具”对话框，如图2-287所示。

图2-287 “多线编辑工具”对话框

步骤 03 选择对话框中的“T形合并”选项，系统自动返回到绘图区，根据命令行提示对墙体接合部进行编辑，命令行提示如下。

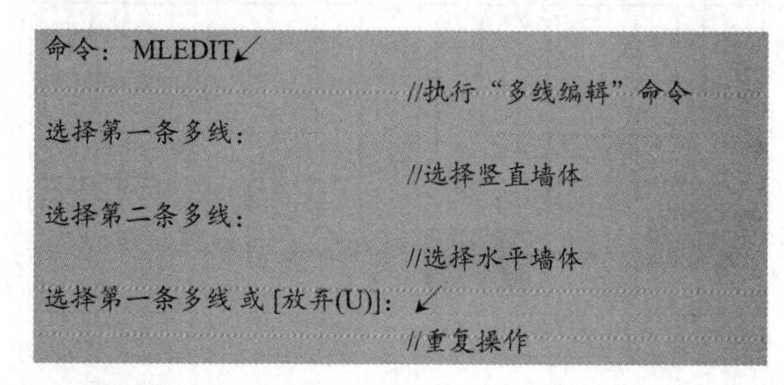

```
命令：MLEDIT↙
                    //执行“多线编辑”命令
选择第一条多线：
                    //选择竖直墙体
选择第二条多线：
                    //选择水平墙体
选择第一条多线 或 [放弃(U)]：↙
                    //重复操作
```

步骤 04 重复上述操作，对所有墙体执行“T形合并”命令，效果如图2-288所示。

步骤 05 在命令行中输入“LA”，执行“图层特性管理器”命令，在弹出的“图层特性管理器”选项板中隐藏“轴线”图层，最终效果如图2-289所示。

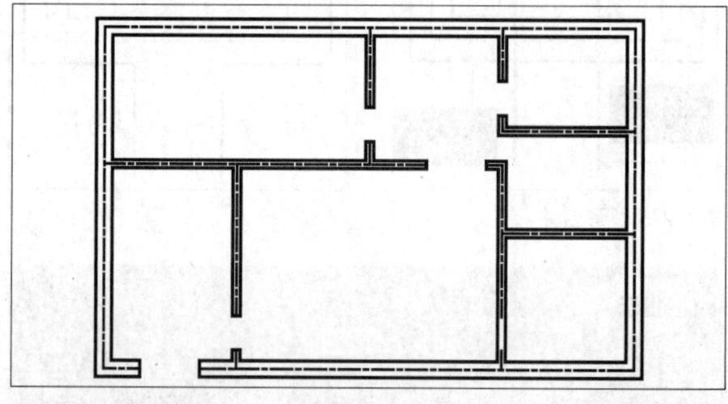

图2-288 合并墙体

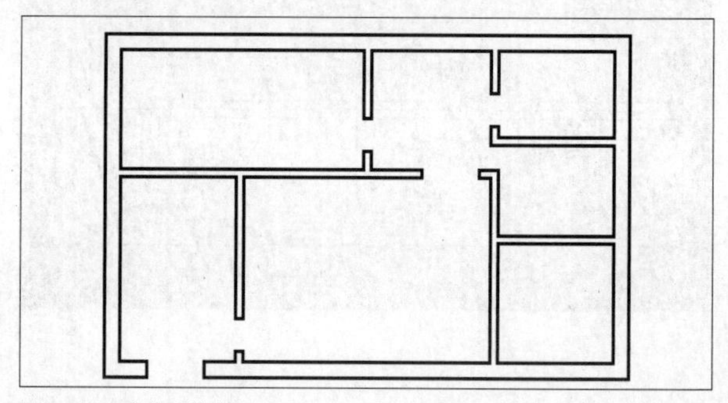

图2-289 隐藏“轴线”图层

2.10 本章小结

AutoCAD包含众多的绘图命令，其中“直线”“矩形”“弧线”等命令较常用，需要熟练掌握。本章系统介绍了常用绘图命令的相关知识，包括命令的基本概念、调用方法、操作技巧等。本章还提供了多个练习，帮助读者加强学习效果。例如学习“直线”命令后，进行“使用‘直线’命令绘制五角星”的练习，将知识以上机操作的方式进行巩固，检验学习成果，及时了解不足。

本章的最后安排了若干课后习题，包括理论题与操作题。读者应尽量做完后再对照参考答案，并将错误单独列出，重新思考解题方法。

2.11 课后习题

一、理论题

1.“直线”命令的按钮是（　）。

A.　　B.　　C.　　D.

2.“多段线”命令的快捷方式是（　）。

A.L　　B.C　　C.EL　　D.PL

3.多边形的边数范围为（　）之间。

A .4～1025　　B. 3～1024　　C. 5～1027　　D. 6～1028

4.绘制椭圆需要指定（　）。

A. 圆心、轴距离、半轴长度

B. 宽度、左轴端点、右轴端点

C. 中心点、轴端点、半轴长度

D.象限点、长轴距离、短轴距离

5.执行“图案填充”命令时，如果要打开设置对话框，只需要在命令行中输入（　）即可。

A. G　　B. W　　C. F　　D.T

6.以下编辑样条曲线的方法中错误的是（　）。

A. 选中样条曲线后按Space键

B. 双击样条曲线

C. 执行“修改”|“对象”|“样条曲线”命令

D. 选中样条曲线后按A键

7.在（　）中设置点的显示效果。

A.“选项”对话框　　B.“草图设置”对话框

C.“点样式”对话框　　D.“图形单位”对话框

8.“定数等分”命令的按钮是（　）。

A.　　B.　　C.　　D.

9.绘制圆环时，想要得到一个实心圆，必须将内径设置为（　）。

A. 1　　B.2　　C.5　　D.0

10.编辑多线的方法是（　）。

A. 双击多线　　B. 选择多线单击鼠标右键

C. 选择多线按Esc键　　D. 选择多线按F1键

二、操作题

1.执行“直线”命令、“圆弧”命令及“图案填充”命令，绘制图2-290所示的图形。

2.执行“圆”命令、“直线”命令，绘制图2-291所示的吊灯图形。

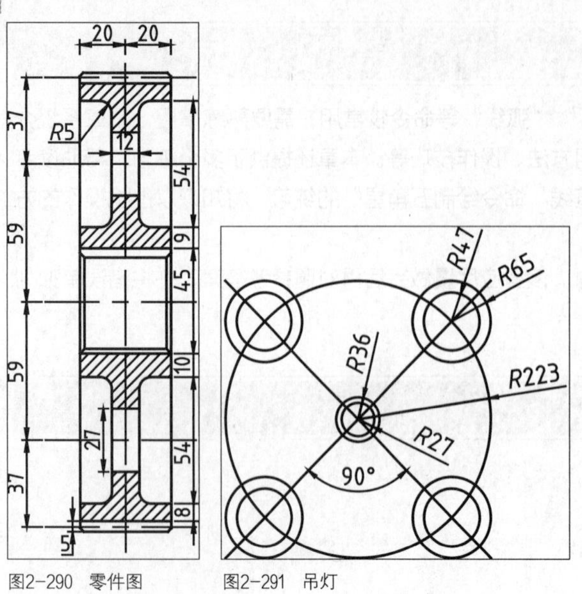

图2-290 零件图　图2-291 吊灯

3.执行“矩形”命令、“直线”命令，绘制图2-292所示的熔断器箱图形。

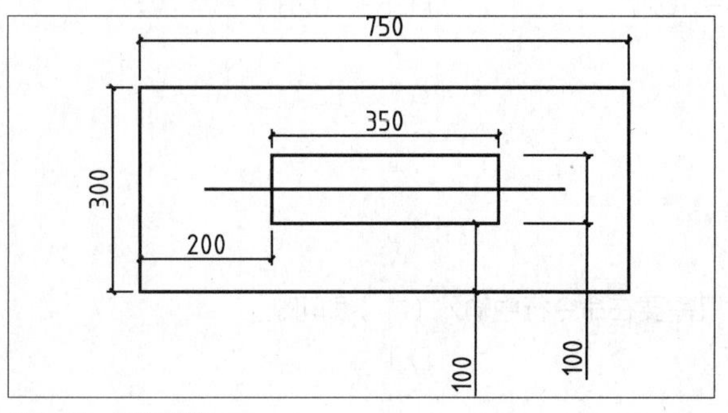

图2-292 熔断器箱

4.使用“定数等分”命令或者“定距等分”命令，绘制钢琴上的琴键，如图2-293所示。

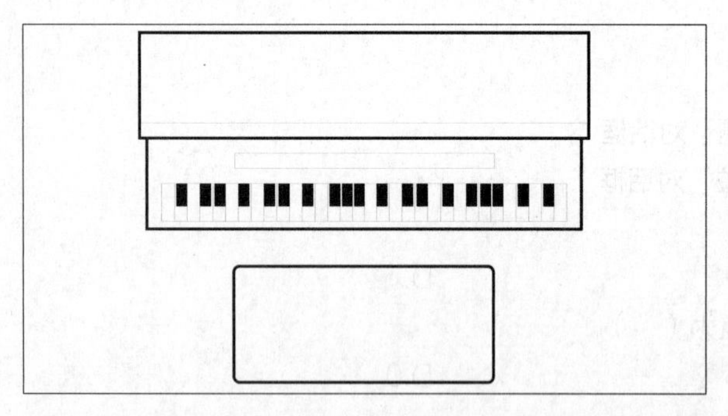

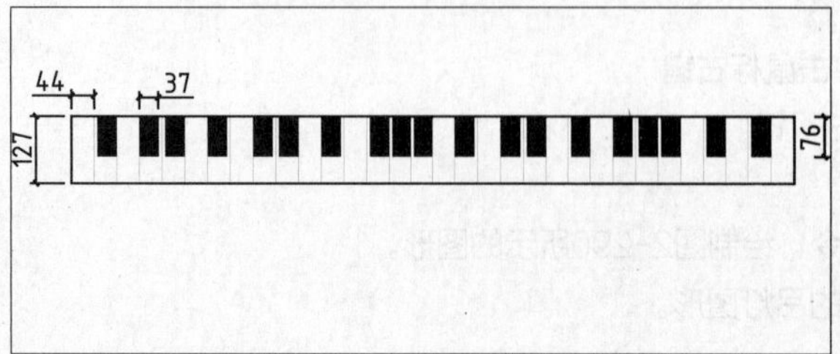

图2-293 绘制琴键

5.执行“多线”命令绘制墙体，并使用“多线编辑工具”对话框编辑图形，效果如图2-294所示。

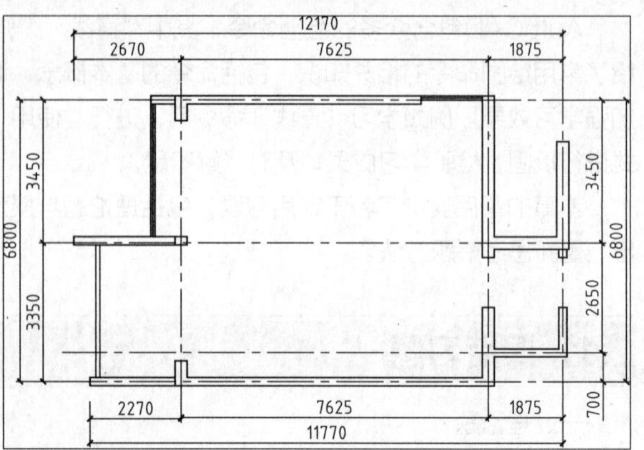

图2-294 绘制墙体

第3章

图形编辑

本章内容概述

前面介绍了各种图形对象的绘制方法，为了创建图形的更多细节特征并提高绘图的效率，AutoCAD提供了许多编辑命令，如“移动”“复制”“修剪”“倒角”“圆角”等。本章将讲解这些命令的使用方法，进一步提高读者绘制复杂图形的能力。本章介绍的编辑命令集中在“默认”选项卡的“修改”面板中，本章将按“修改”面板中的顺序依次进行介绍。

本章知识要点

- “移动”“删除”“镜像”等常用编辑命令的用法
- “编辑多段线”“阵列”“合并”等编辑命令的用法
- 通过夹点编辑图形的方法

3.1 常用的编辑命令

首先介绍直接显示在“修改”面板中的命令，这些都是常用的编辑命令，使用这些命令能够方便地改变图形的大小、位置、方向、数量及形状等，从而绘制出更为复杂的图形。

3.1.1 移动 ★重点★

使用“移动”命令可以将对象从一个位置平移到另一个位置，移动过程中对象的大小、形状和倾斜角度均不改变。在执行命令的过程中，需要确定的参数有：需要移动的对象、移动基点和第二点。

“移动”命令有以下几种调用方法。

- ◆菜单栏：执行“修改”|“移动”命令。
- ◆功能区：单击“修改”面板中的“移动”按钮✥。
- ◆命令：MOVE或M。

执行“移动”命令后，根据命令行提示，在绘图区中选择需要移动的对象后按Enter键，单击指定基点，然后指定第二个点（目标点）即可完成移动操作，如图3-1所示。命令行提示如下。

```
命令: _move
        //执行“移动”命令
选择对象: 找到 1 个
        //选择要移动的对象
指定基点或 [位移(D)] <位移>:
        //选择移动的参考点
指定第二个点或 <使用第一个点作为位移>:
        //选择目标点，放置图形
```

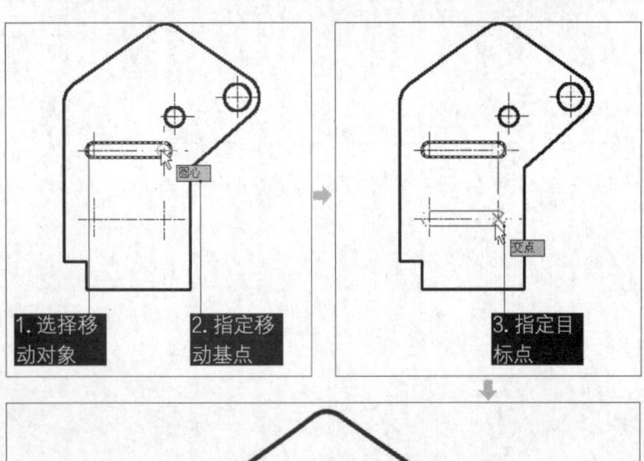

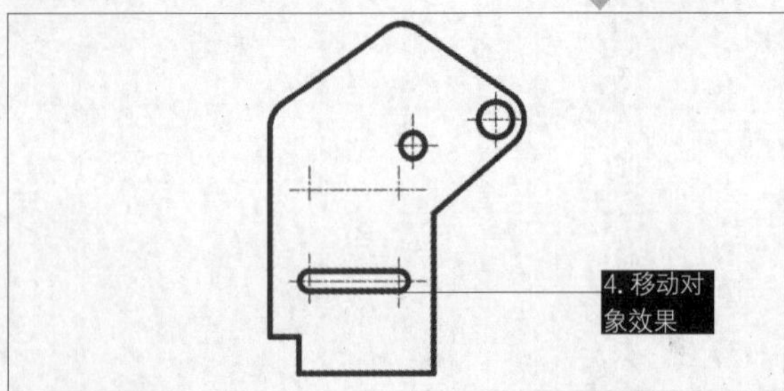

图3-1 移动对象

执行“移动”命令时，命令行中只有一个延伸选项“位移(D)”，使用该选项可以输入坐标。输入的坐标值将指定相对距离和方向，图3-2所示为输入坐标（500，100）的位移效果。

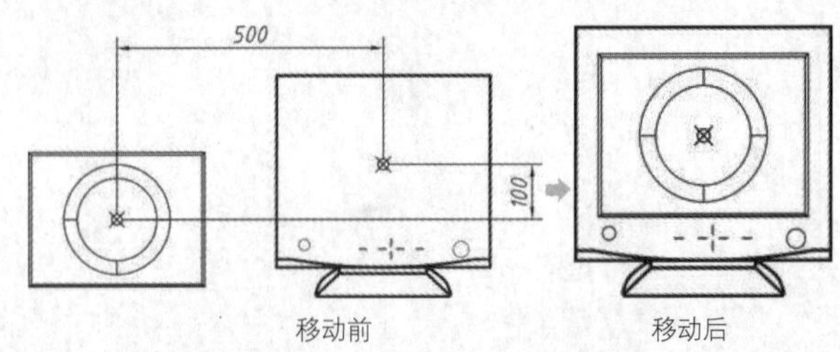

图3-2 移动效果

练习 3-1 使用“移动”命令完善卫生间图形 ★进阶★

在进行室内设计时，很多装饰图形都有现成的图块，如马桶、书桌、门等。因此，在绘制室内平面图时，可以先插入图块，然后使用“移动”命令将其放置在合适的位置上，操作步骤如下。

步骤 01 单击快速访问工具栏中的“打开”按钮，打开“练习3-1：使用‘移动’命令完善卫生间图形.dwg”素材文件，如图3-3所示。

步骤 02 在“默认”选项卡中，单击“修改”面板中的“移动”按钮✥，选择浴缸，按Space键或Enter键确认。

步骤 03 指定浴缸的右上角作为移动基点，指定卫生间的右上角为终点，结果如图3-4所示。

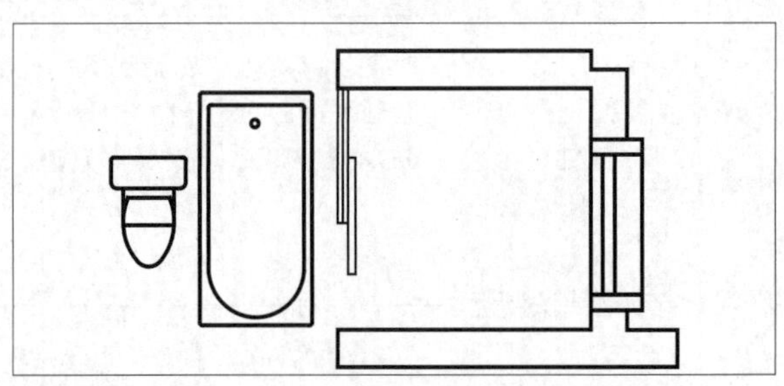

图3-3 素材图形

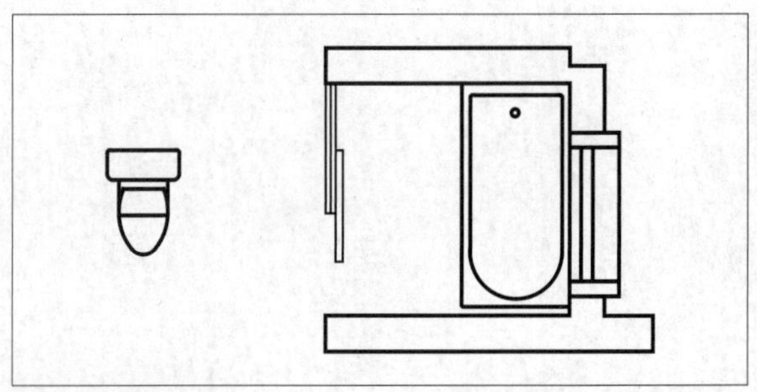

图3-4 移动浴缸

步骤 04 再次调用“移动”命令，将马桶移至卫生间的左上方，最终效果如图3-5所示。

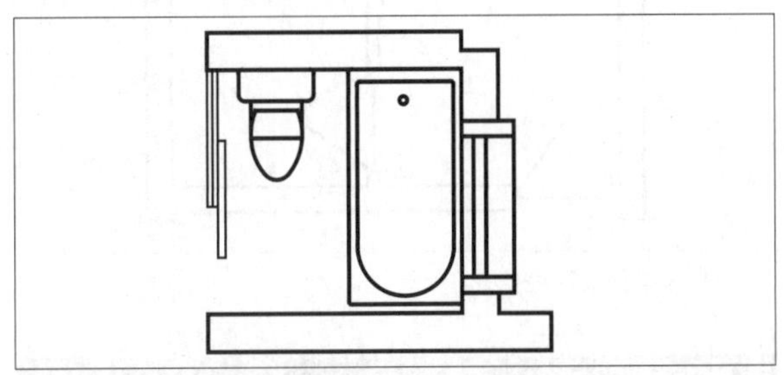

图3-5　移动马桶后的最终效果

3.1.2 旋转 ★重点★

使用“旋转”命令可以将对象绕一个固定的点（基点）旋转一定的角度。在执行命令的过程中，需要确定的参数有：旋转对象、旋转基点和旋转角度。默认情况下逆时针旋转的角度为正值，顺时针旋转的角度为负值。

在AutoCAD中，“旋转”命令有以下几种常用调用方法。

◆菜单栏：执行“修改”|“旋转”命令。

◆功能区：单击“修改”面板中的“旋转”按钮。

◆命令：ROTATE或RO。

执行“旋转”命令后，命令行提示如下。

```
命令：ROTATE↙
                //执行“旋转”命令
UCS 当前的正角方向：ANGDIR=逆时针 ANGBASE=0
                //当前的角度测量方式和基准
选择对象：找到 1 个
                //选择要旋转的对象
指定基点：
                //指定旋转的基点
指定旋转角度，或 [复制(C)/参照(R)] <0>：45↙
                //输入旋转的角度
```

在命令行提示“指定旋转角度”时，还有“复制(C)”和“参照(R)”两个选项，分别介绍如下。

◆默认旋转：利用该方法旋转图形时，对象将按指定的旋转中心和旋转角度旋转至新位置，不保留图形对象的原始副本。执行“旋转”命令后，选择旋转对象，然后指定旋转基点，根据命令行提示输入旋转角度，按Enter键即可完成旋转对象操作，如图3-6所示。

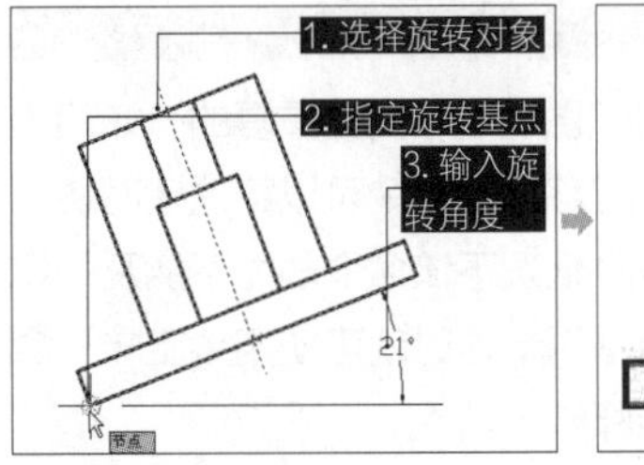

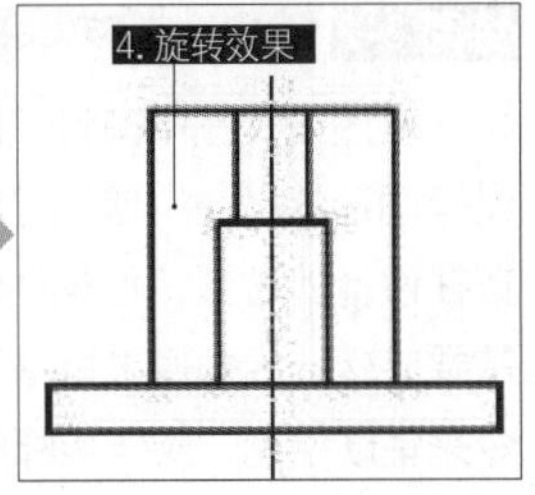

图3-6　指定角度旋转对象

◆复制(C)：使用该旋转方法不仅可以将对象的放置方向调整一定的角度，还可以保留原对象。执行“旋转”命令后，选择旋转对象，然后指定旋转基点，在命令行中选择“复制(C)”选项，并指定旋转角度，按Enter键确认，如图3-7所示。

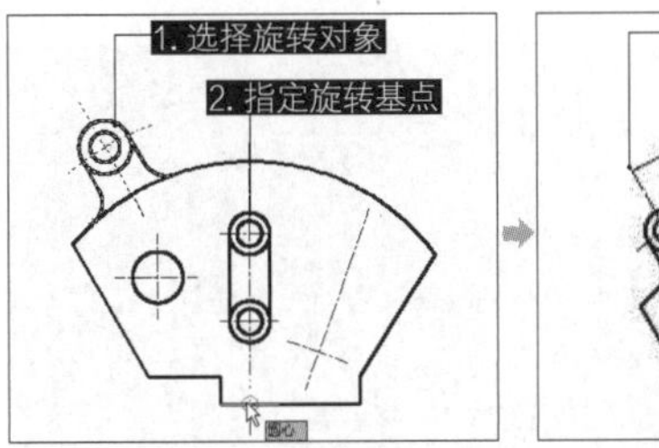

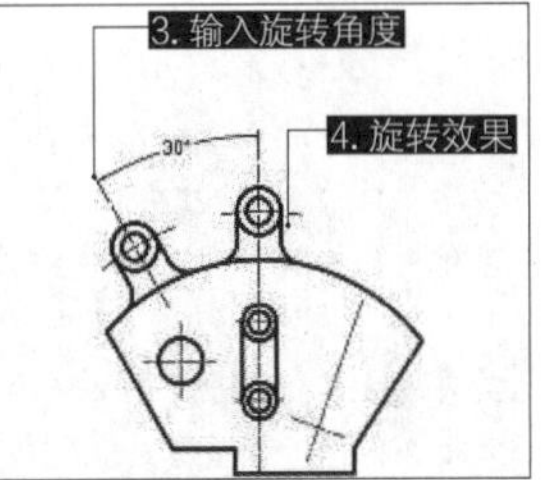

图3-7　“复制(C)”旋转对象

◆参照(R)：可以将对象从指定的角度旋转到新的绝对角度，特别适用于旋转角度值为非整数值或未知的对象。执行“旋转”命令后，选择旋转对象，然后指定旋转基点，在命令行中选择“参照(R)”选项，再指定参照第一点和参照第二点，这两点的连线与X轴的夹角即参照角，接着移动十字光标即可指定新的旋转角度，如图3-8所示。

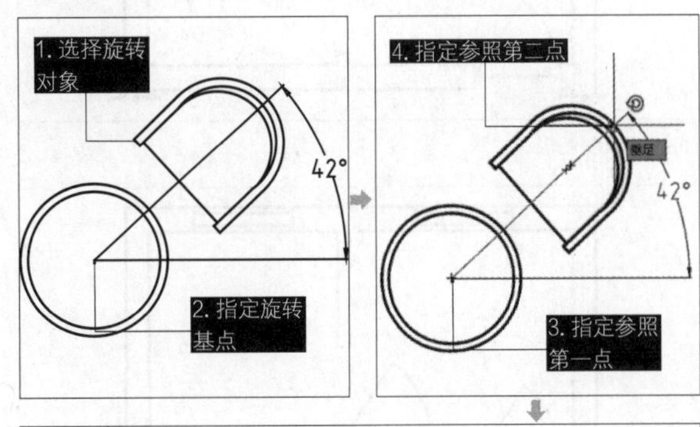

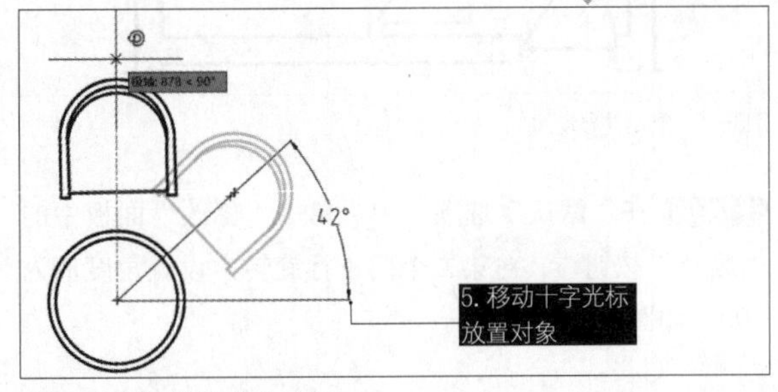

图3-8　“参照(R)”旋转对象

练习 3-2 使用“旋转”命令修改门图形 ★进阶★

室内设计图中有许多图块是相同且重复的，如门、窗等图形的图块。使用“移动”命令可以将这些图块放置在设计的位置，但某些情况下该命令却力不能及，如需要旋转一定角度才能放置。这时就可使用“旋转”命令来辅助绘制，操作步骤如下。

步骤 01 单击快速访问工具栏中的“打开”按钮，打开“练习3-2：使用‘旋转’命令修改门图形.dwg”素材文件，如图3-9所示。

步骤 02 在“默认”选项卡中，单击“修改”面板中的“复制”按钮，复制一个门，将其移至另一个门的位置，如图3-10所示。命令行提示如下。

```
命令：_copy
                    //执行“复制”命令
选择对象：指定对角点：找到 3个
选择对象：
                    //选择门图形
当前设置：  复制模式 = 多个
指定基点或 [位移(D)/模式(O)] <位移>:
                    //指定门右侧的基点
指定第二个点或 [阵列(A)] <使用第一个点作为位移>:
                    //指定墙体中点为目标点
指定第二个点或 [阵列(A)/退出(E)/放弃(U)] <退出>: *取消*
                    //按Esc键退出
```

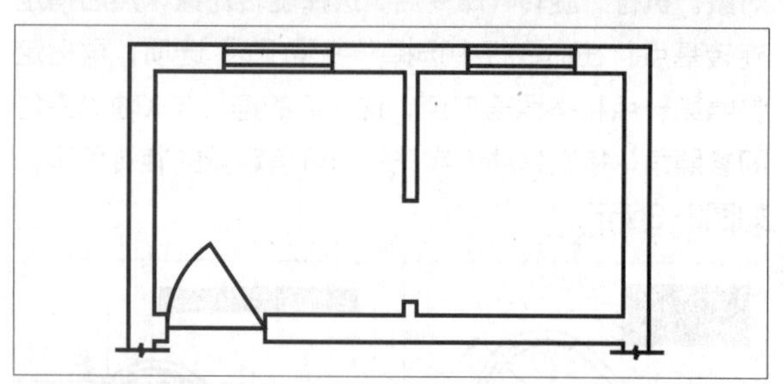

图3-9　素材图形

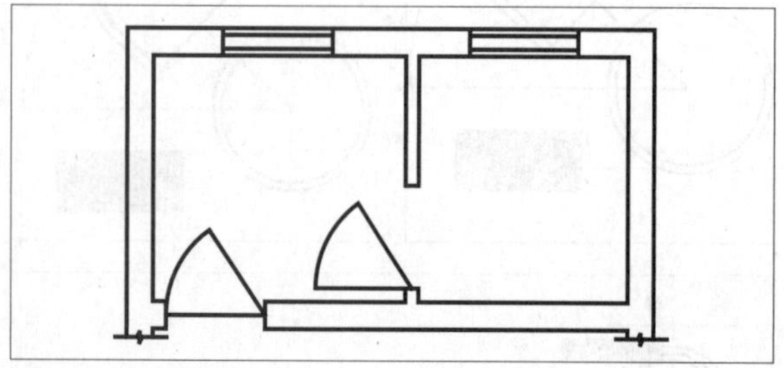

图3-10　复制并移动门

步骤 03 在“默认”选项卡中，单击“修改”面板中的“旋转”按钮，对第二个门进行旋转，设置角度值为-90，如图3-11所示。

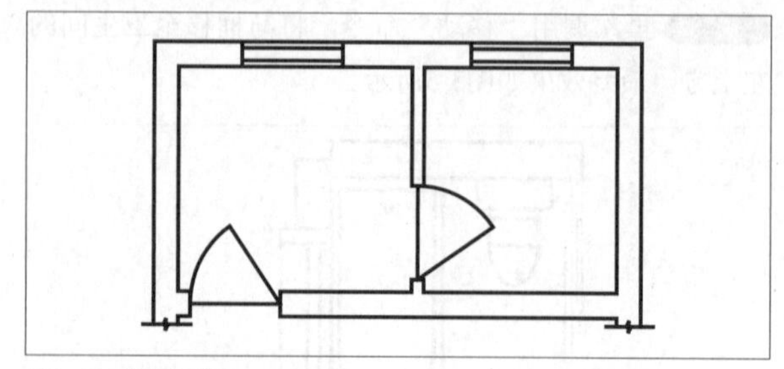

图3-11　旋转门效果

练习 3-3 使用“参照”方式旋转图形 ★进阶★

如果图形在世界坐标系上的初始角度为非整数或者未知数，那么可以使用“参照”旋转的方法，将对象从指定的角度旋转到新的绝对角度。该方法特别适用于旋转角度值为非整数值的对象，操作步骤如下。

步骤 01 打开“练习3-3：使用‘参照’方式旋转图形.dwg”素材文件，如图3-12所示，图中指针指在一点半多的位置，可见其与水平线的夹角为非整数。

步骤 02 在命令行中输入“RO”，按Enter键确认，执行“旋转”命令。

步骤 03 选择指针为旋转对象，指定圆心为旋转中心。在命令行中输入“R”，选择“参照”选项，指定参照第一点和参照第二点，这两点的连线与*X*轴的夹角即参照角，如图3-13所示。

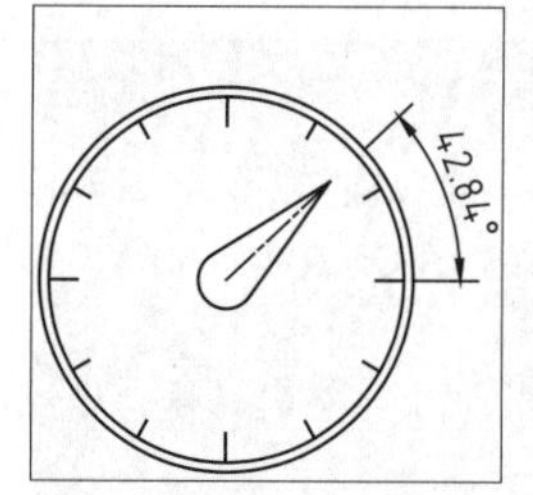

图3-12　素材图形

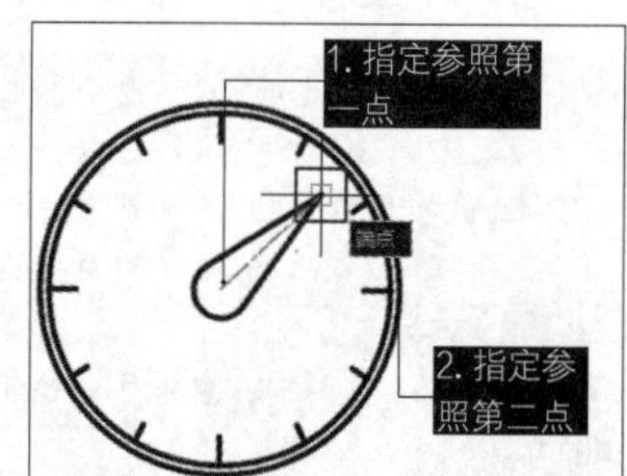

图3-13　指定参照角

步骤 04 在命令行中输入新的角度值“60”，即可替代原参照角度，成为新的图形，结果如图3-14所示。

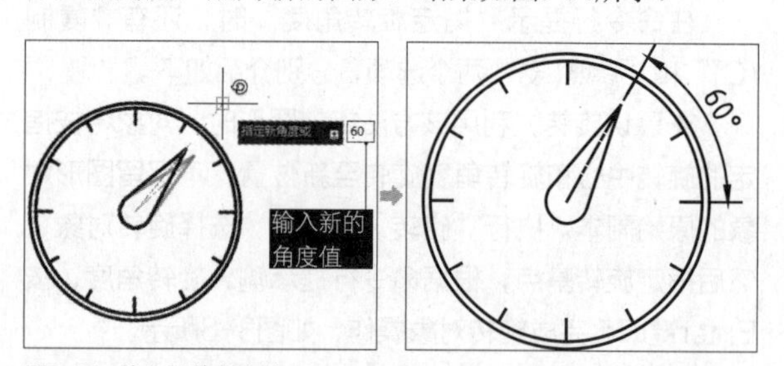

图3-14　输入新的角度值

> **提示**
>
> 最后输入的新角度值为图形与世界坐标系*X*轴夹角的绝对角度值。

3.1.3 修剪和延伸 ★重点★

“修剪”和“延伸”命令在AutoCAD中互为可逆的命令，即在执行任意一个命令的过程中，都能按住Shift键切换为另一个命令。它们位于“修改”面板的右上方，如图3-15所示。

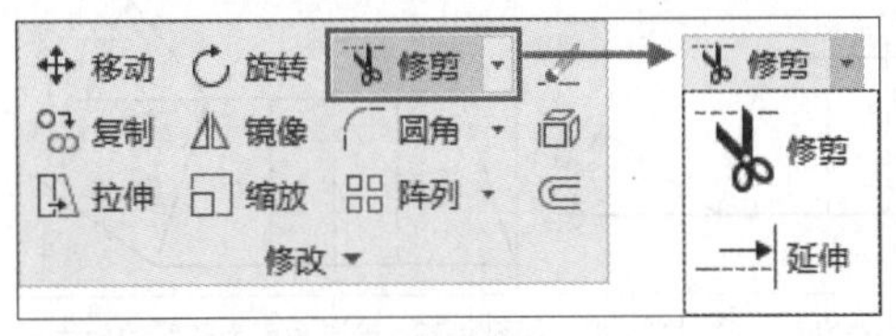

图3-15 “修剪”和“延伸”按钮

1 修剪

“修剪”命令在前面已经大致介绍过，作用是将超出边界的多余部分修剪掉。“修剪”命令可以用来修剪直线、圆、圆弧、多段线、样条曲线和射线等多种对象，是AutoCAD中使用频率极高的命令。在执行命令的过程中，需要设置的参数有修剪边界和修剪对象两类。需要注意的是，在选择修剪对象时，需要删除哪一部分，就在哪一部分上单击。

在AutoCAD中，“修剪”命令有以下几种常用执行方法。

- ◆菜单栏：执行“修改” | “修剪”命令。
- ◆功能区：单击“修改”面板中的“修剪”按钮。
- ◆命令：TRIM或TR。

执行“修剪”命令后，选择要作为剪切边的对象（可以是多个对象），命令行提示如下。

```
当前设置:投影=UCS，边=无
选择边界的边...
选择对象或 <全部选择>:
        //选择要作为边界的对象
选择对象:
        //可以继续选择对象或按Enter键结束选择
选择要修剪的对象，或按住 Shift 键选择要延伸的对象，或
[栏选(F)/窗交(C)/投影(P)/边(E)/放弃(U)]:
        //选择要修剪的对象
```

在命令行出现“选择对象或<全部选择>：”提示时，可以按Enter键选择“全部选择”选项，这样便会将所有图形识别为待修剪对象，这些图形同时也是修剪边界，将十字光标移动至图形上，就能预览修剪效果，此时只需单击便能修剪对象，如图3-16所示。这种方法是最便捷的修剪方法。

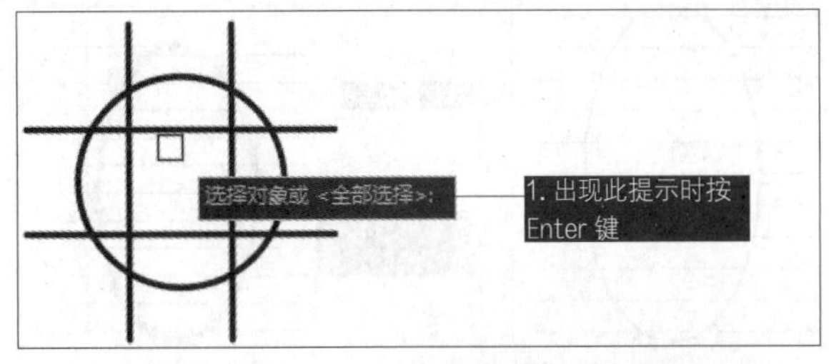

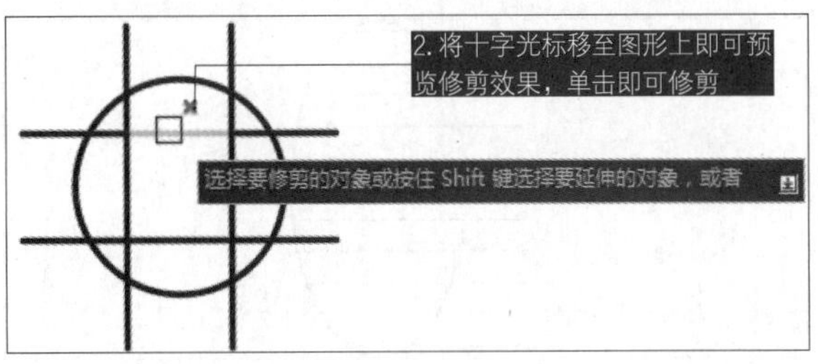

图3-16 快速修剪示例

> **提示**
>
> 前面介绍过输入“TR”后连续按两次Space键，便能快速执行“修剪”操作，在此解释如下：输入“TR”即执行“修剪”命令，第一次按Space键表示确认执行“修剪”操作，第二次按Space键表示选择“修剪”操作中的“全部选择”选项（即上述命令行提示部分中的“<全部选择>”）。单击“修剪”按钮就相当于在命令行中输入“TR”，并按了一次Space键。此外，在AutoCAD中，Space键和Enter键的效果相同。

执行“修剪”命令并选择对象之后，命令行中会出现一些选择方式的选项，这些选项的含义如下。

◆栏选(F)：用栏选的方式选择要修剪的对象，如图3-17所示。

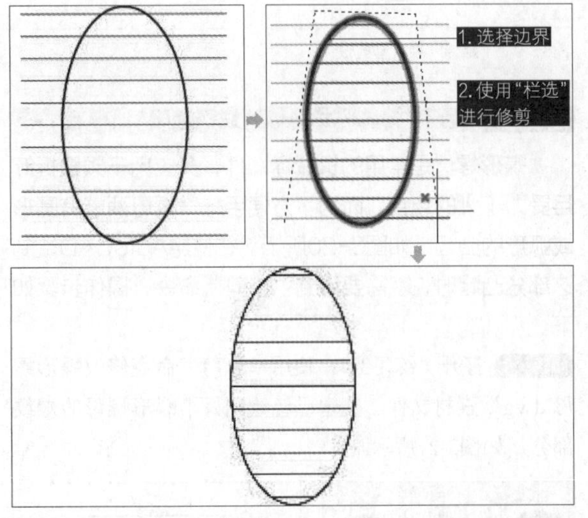

图3-17 使用“栏选(F)”进行修剪

◆窗交(C)：用窗交的方式选择要修剪的对象，如图3-18所示。

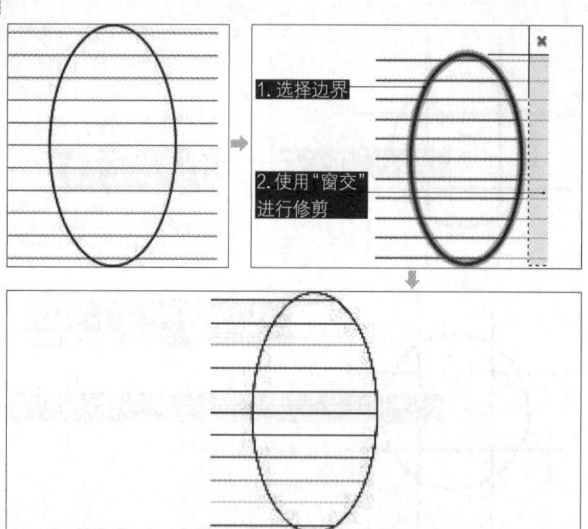

图3-18 使用"窗交(C)"进行修剪

◆投影(P)：用于指定修剪对象时使用的投影方式，即选择进行修剪的空间。

◆边(E)：选择"边"选项后会提示是否使用"延伸"模式，默认为"不延伸"模式，即修剪对象必须与修剪边界相交才能够被修剪；如果选择"延伸"模式，则修剪对象与修剪边界的延伸线相交即可被修剪。例如图3-19所示的圆弧，使用"延伸"模式才能够被修剪。

◆放弃(U)：放弃上一次的修剪操作。

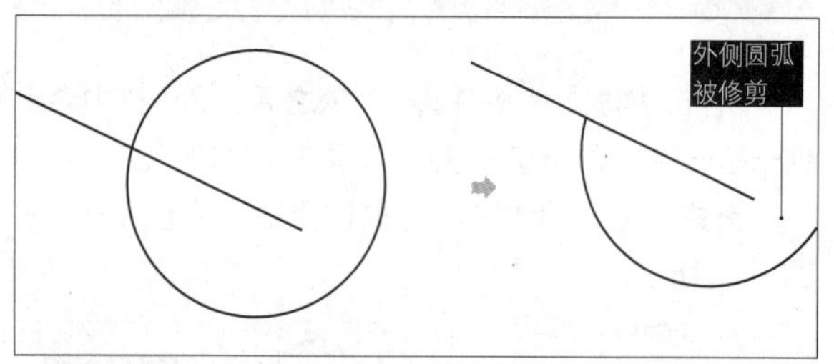

图3-19 "延伸"模式修剪效果

练习 3-4 使用"修剪"命令修改蝶形螺母 ★进阶★

蝶形螺母是常用的机械标准件，多应用于频繁拆卸且受力不大的场合。而为了方便手拧，螺母两端有圆形或弧形的凸起，如图3-20所示。在使用AutoCAD绘制这部分凸起时，就需要用到"修剪"命令，操作步骤如下。

步骤 01 打开"练习3-4：使用'修剪'命令修改蝶形螺母.dwg"素材文件，其中已经绘制好了蝶形螺母的螺纹部分，如图3-21所示。

图3-20 蝶形螺母

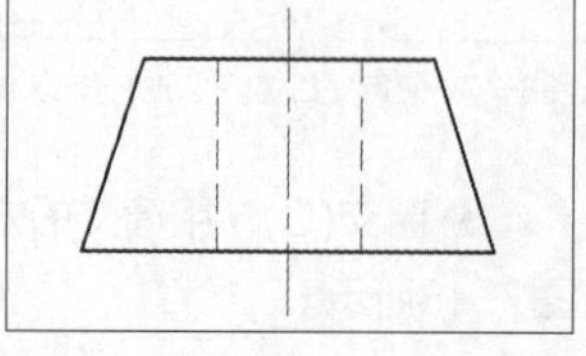

图3-21 素材图形

步骤 02 绘制凸起。单击"绘图"面板扩展区域中的"射线"按钮，以右下角点为起点，绘制一条角度为36°的射线，如图3-22所示。

步骤 03 使用相同的方法，在右上角点绘制一条角度为52°的射线，如图3-23所示。

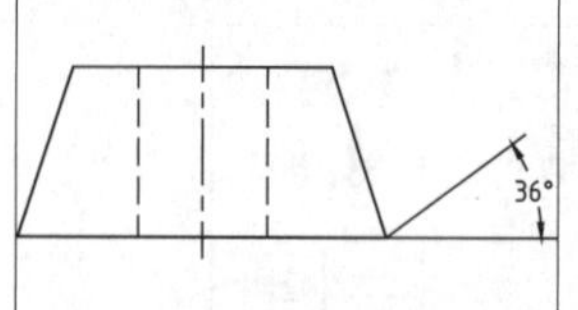

图3-22 绘制角度为36°的射线

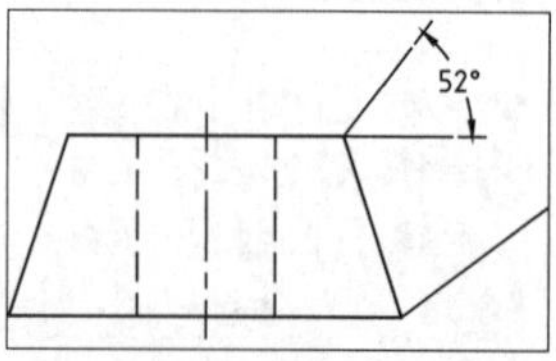

图3-23 绘制角度为52°的射线

步骤 04 绘制圆形。在"绘图"面板的"圆"下拉列表中选择"相切，相切，半径"选项，分别在两条射线上指定切点，然后输入半径的值为"18"，绘制圆形，如图3-24所示。

步骤 05 按此方法绘制另一边的图形，效果如图3-25所示。

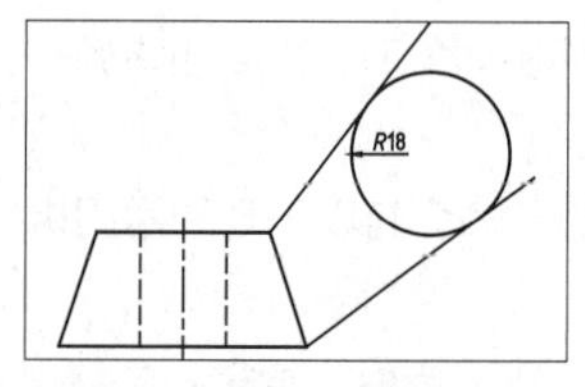

图3-24 绘制第一个圆

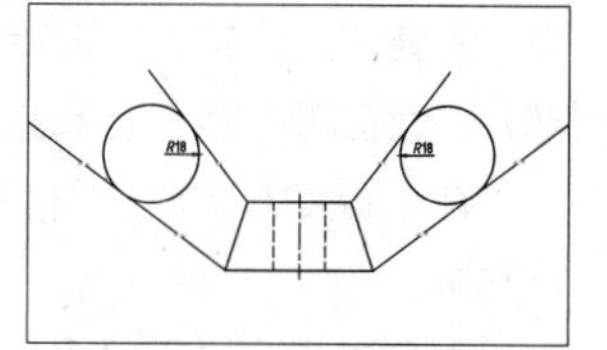

图3-25 绘制第二个圆

步骤 06 修剪蝶形螺母。单击"修改"面板中的"修剪"按钮，执行"修剪"命令，根据命令行提示进行修剪操作，结果如图3-26所示。命令行提示如下。

```
命令: _trim
        //执行"修剪"命令
当前设置:投影=UCS，边=无
选择剪切边...
选择对象或 <全部选择>:↙
        //选择全部对象作为修剪边界
选择要修剪的对象，或按住 Shift 键选择要延伸的对象，或
[栏选(F)/窗交(C)/投影(P)/边(E)/删除(R)/放弃(U)]:
        //分别单击射线和两段圆弧，完成修剪
```

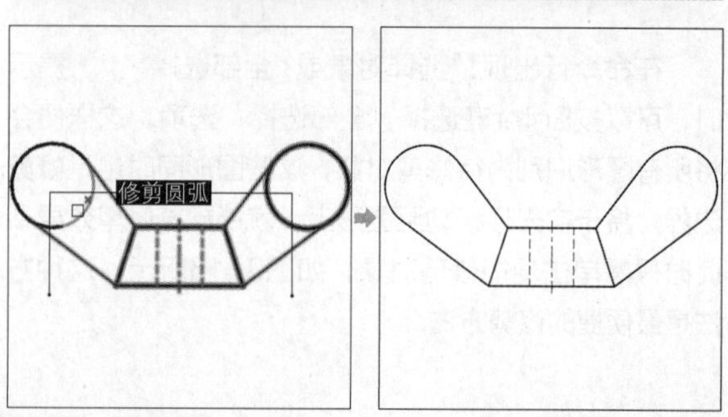

图3-26 一次修剪多个对象

2 延伸

使用“延伸”命令可以将没有和边界相交的部分延伸补齐，它和“修剪”命令是一组相对的命令。在执行命令的过程中，需要设置的参数有延伸边界和延伸对象两类。“延伸”命令的执行方法与“修剪”命令的执行方法相似。在执行“延伸”命令时，如果再按住Shift键选择对象，则可以切换执行“修剪”命令。

在AutoCAD中，“延伸”命令有以下几种常用执行方法。

- ◆功能区：单击“修改”面板中的“延伸”按钮。
- ◆菜单栏：执行“修改”|“延伸”命令。
- ◆命令：EXTEND或EX。

执行“延伸”命令后，选择要延伸的对象（可以是多个对象），命令行提示如下。

```
选择要延伸的对象，或按住 Shift 键选择要修剪的对象，或
[栏选(F)/窗交(C)/投影(P)/边(E)/删除(R)/放弃(U)]:
```

选择延伸对象时，需要注意延伸方向的选择。朝哪个边界延伸，则在靠近边界的那部分上单击。例如，将直线*AB*延伸至边界直线*M*时，需要单击*A*端；将直线*AB*延伸到边界直线*N*时，则单击*B*端，如图3-27所示。

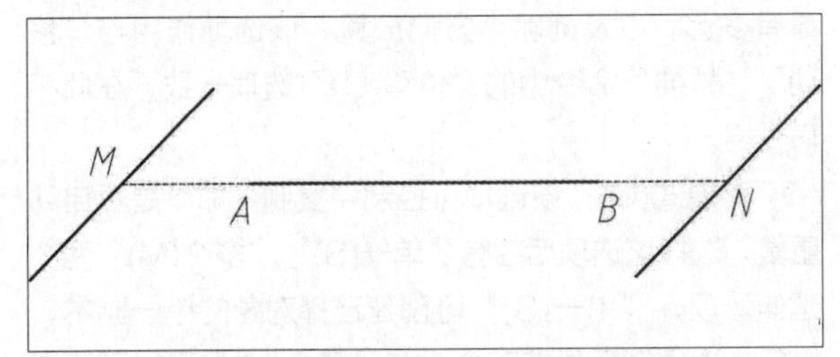

图3-27 使用“延伸”命令延伸直线

> **提示**
>
> 命令行中各选项的含义与“修剪”命令相同，在此不再赘述。

练习 3-5 使用“延伸”命令完善熔断器箱图形 ★进阶★

熔断器可以在电流超过规定值一定时间后，以其自身产生的热量使熔体熔断，从而使电路断开。熔断器广泛应用于低压配电系统、控制系统及用电设备中，是应用最普遍的保护器件之一，操作步骤如下。

步骤 01 打开“练习3-5：使用‘延伸’命令完善熔断器箱图形.dwg”素材文件，如图3-28所示。

步骤 02 执行“延伸”命令，延伸水平直线，命令行提示如下。

```
命令:EX↙
                        //执行“延伸”命令
当前设置:投影=UCS，边=无
选择边界的边...
选择对象或 <全部选择>:
                        //选择图3-29所示的边作为延伸边界
找到 1 个
选择对象:↙
                        //按Enter键结束选择
选择要延伸的对象，或按住 Shift 键选择要修剪的对象，或
[栏选(F)/窗交(C)/投影(P)/边(E)/放弃(U)]:
                        //选择图3-30所示的线条
选择要延伸的对象，或按住 Shift 键选择要修剪的对象，或
[栏选(F)/窗交(C)/投影(P)/边(E)/放弃(U)]:
                        //选择第二条同样的线条
选择要延伸的对象，或按住 Shift 键选择要修剪的对象，或
[栏选(F)/窗交(C)/投影(P)/边(E)/放弃(U)]:
                        //使用同样的方法，延伸其他直线，如图
3-31所示
```

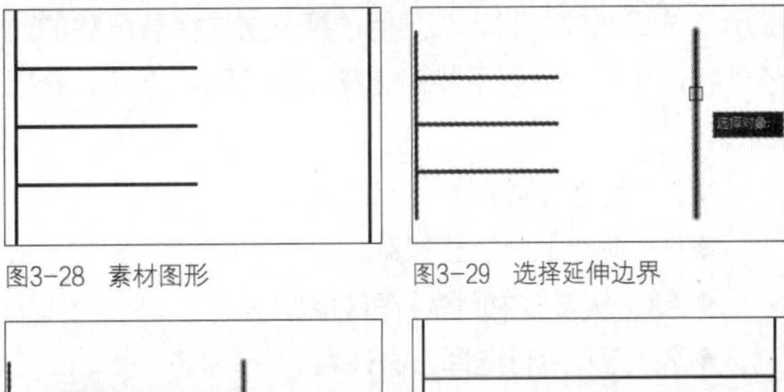

图3-28 素材图形　　图3-29 选择延伸边界

图3-30 需要延伸的线条

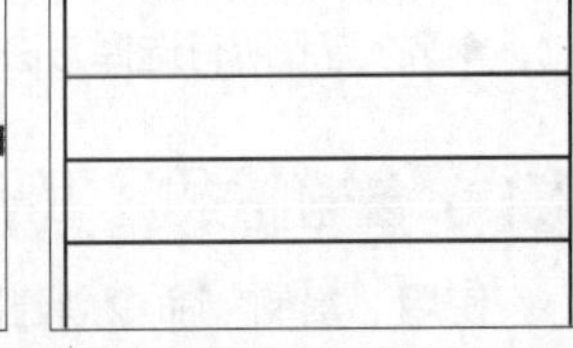

图3-31 延伸结果

3.1.4 删除

使用“删除”命令可将多余的对象从图形中完全清除，该命令是AutoCAD中最为常用的命令之一，使用也最为简单。在AutoCAD中执行“删除”命令的方法如下。

- ◆菜单栏：执行“修改”|“删除”命令。
- ◆功能区：在“默认”选项卡中，单击“修改”面板中的“删除”按钮。
- ◆命令：ERASE或E。
- ◆快捷操作：选中对象后直接按Delete键。

执行“删除”命令后，根据命令行的提示选择需要删除的对象，按Enter键即可删除选择的对象，如图3-32所示。

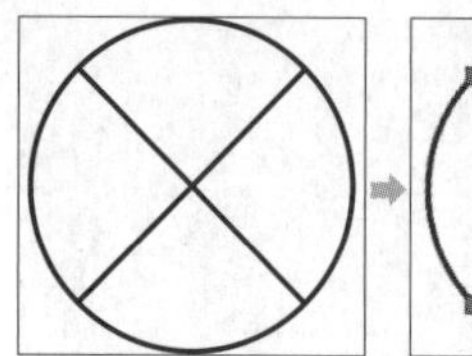
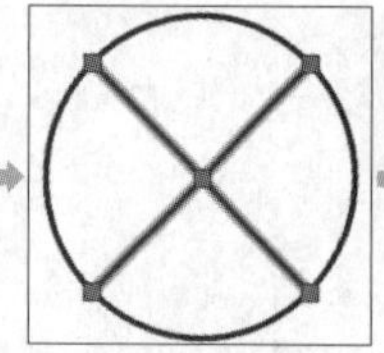
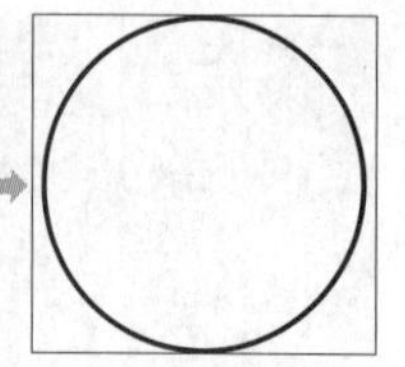
原对象　　选择要删除的对象　　删除结果

图3-32　删除图形

在绘图时如果意外删错了对象，可以使用“UNDO”（撤销）命令或“OOPS”（恢复删除）命令将其恢复。

◆撤销：放弃上一步操作，快捷键为Ctrl+Z，对所有命令有效。

◆恢复删除：在命令行中输入“OOPS”可恢复由上一个“删除”命令删除的对象，该命令对“删除”命令有效。

此外，“删除”命令还有一些隐藏选项，在命令行提示“选择对象”时，除了用选择方法选择要删除的对象外，还可以输入以下特定字符，执行隐藏操作，介绍如下。

◆L：删除绘制的上一个对象。

◆P：删除上一个选择集。

◆All：从图形中删除所有对象。

◆?：查看所有选择方法列表。

3.1.5 复制 ★重点★

使用“复制”命令创建图形副本，可以避免重复绘制相同的图形。如果想要精准地确定图形副本的位置，可以设置位移距离。默认情况下，允许创建多个图形副本。

在AutoCAD中，执行“复制”命令有以下几种常用方法。

◆菜单栏：执行“修改”|“复制”命令。

◆功能区：单击“修改”面板中的“复制”按钮。

◆命令：COPY、CO或CP。

执行“复制”命令后，选择需要复制的对象，指定复制基点，移动十字光标指定新基点，单击即可完成复制操作，继续在其他放置点单击，还可以复制多个图形对象，如图3-33所示。命令行提示如下。

```
命令: _copy
                    //执行“复制”命令
选择对象: 找到 1 个
                    //选择要复制的图形
当前设置: 复制模式 = 多个
                    //当前的复制设置
指定基点或 [位移(D)/模式(O)] <位移>:
                    //指定复制的基点
指定第二个点或 [阵列(A)] <使用第一个点作为位移>:
                    //指定放置点1
指定第二个点或 [阵列(A)/退出(E)/放弃(U)] <退出>:
                    //指定放置点2
指定第二个点或 [阵列(A)/退出(E)/放弃(U)] <退出>:↙
                    //按Enter键完成操作
```

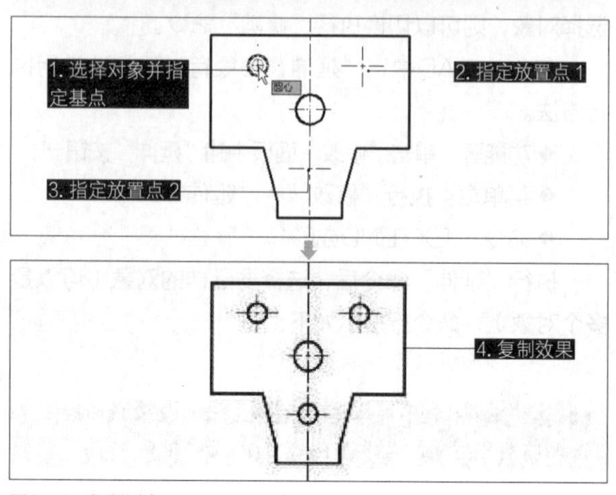

图3-33　复制对象

执行“复制”命令时，命令行各选项介绍如下。

◆位移(D)：使用坐标指定相对距离和方向。指定的两点定义一个矢量，指示复制对象的放置位置离原位置有多远，以及向哪个方向放置；该选项作用与“移动”“拉伸”命令中的“位移(D)”选项一致，在此不再介绍。

◆模式(O)：该选项可控制“复制”命令是否自动重复，选择该选项后会有“单一(S)”“多个(M)”两个延伸选项；“单一(S)”可创建选择对象的单一副本，执行一次复制后便结束命令，“多个(M)”可以创建多个图形副本。

◆阵列(A)：选择该选项，可以以线性阵列的方式快速复制大量对象，如图3-34所示。命令行提示如下。

```
命令: _copy
                    //执行“复制”命令
选择对象: 找到 1 个
                    //选择复制对象
当前设置: 复制模式 = 多个
指定基点或 [位移(D)/模式(O)] <位移>:
                    //指定复制基点
指定第二个点或 [阵列(A)] <使用第一个点作为位移>: A↙
                    //输入“A”，选择“阵列”选项
输入要进行阵列的项目数: 4↙
                    //输入阵列的项目数
指定第二个点或 [布满(F)]: 10↙
                    //移动十字光标确定阵列间距
指定第二个点或 [阵列(A)/退出(E)/放弃(U)] <退出>:↙
                    //按Enter键完成操作
```

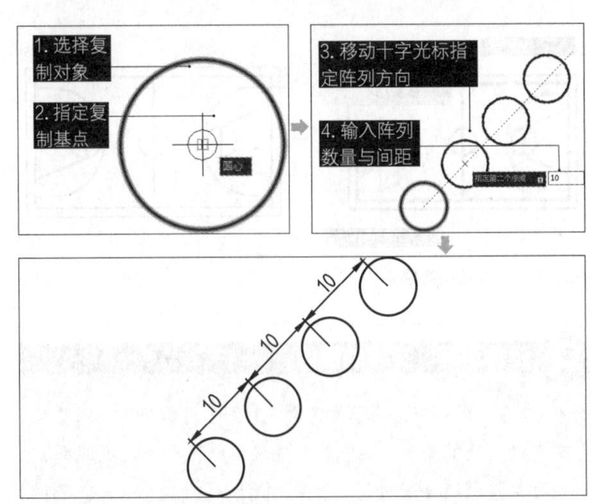

图3-34　阵列复制

练习 3-6 使用“复制”命令补全螺纹孔　★进阶★

在机械制图中，螺纹孔、沉头孔、通孔等孔系图形十分常见，在绘制这类图形时，可以先单独绘制出一个“孔”，然后使用“复制”命令将其放置在其他位置上，操作步骤如下。

步骤 01 打开“练习3-6：使用‘复制’命令补全螺纹孔.dwg”素材文件，如图3-35所示。

步骤 02 单击“修改”面板中的“复制”按钮，复制螺纹孔到*A*、*B*、*C*点，如图3-36所示。命令行提示如下。

```
命令: _copy
        //执行“复制”命令
选择对象: 指定对角点: 找到 2 个
        //选择螺纹孔内、外圆弧
选择对象:
        //按Enter键结束选择
当前设置: 复制模式 = 多个
指定基点或 [位移(D)/模式(O)] <位移>:
        //选择螺纹孔的圆心作为基点
指定第二个点或 [阵列(A)] <使用第一个点作为位移>:
        //选择A点
指定第二个点或 [阵列(A)/退出(E)/放弃(U)] <退出>:
        //选择B点
指定第二个点或 [阵列(A)/退出(E)/放弃(U)] <退出>:
        //选择C点
指定第二个点或 [阵列(A)/退出(E)/放弃(U)] <退出>:*取消*
        //按Esc键退出复制
```

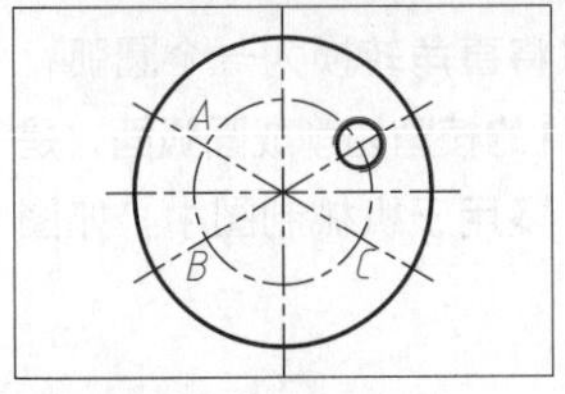

图3-35　素材图形

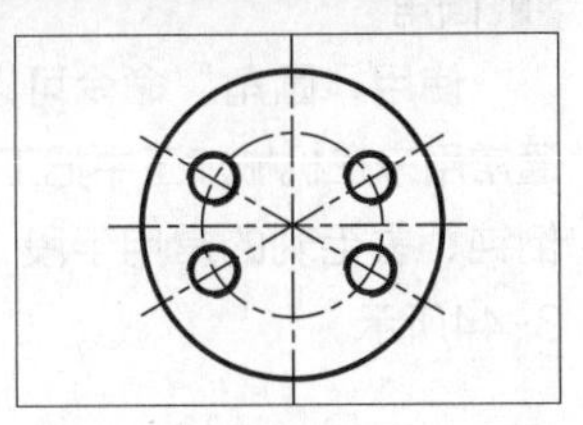

图3-36　复制螺纹孔

3.1.6 镜像　★重点★

使用“镜像”命令可以将图形绕指定轴（镜像线）镜像复制，该命令常用于绘制结构规则且有对称特点的图形，如图3-37所示。AutoCAD通过指定临时镜像线进行镜像复制，操作时可选择删除或保留源对象。

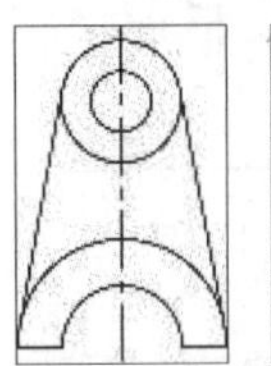

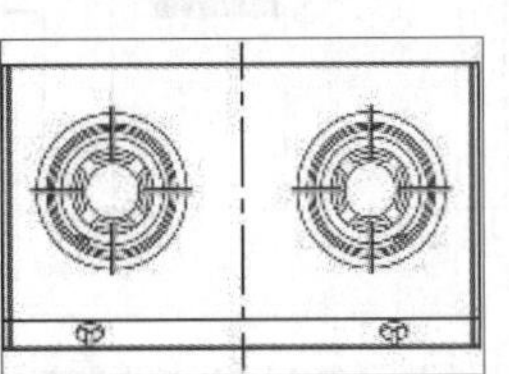

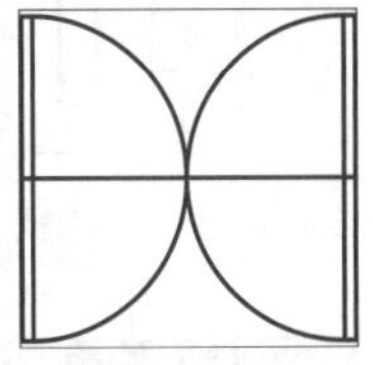

图3-37　对称图形

在AutoCAD中，“镜像”命令的执行方法如下。

- 菜单栏：执行“修改”|“镜像”命令。
- 功能区：单击“修改”面板中的“镜像”按钮。
- 命令：MIRROR或MI。

在执行命令的过程中，需要确定镜像复制的对象和镜像线。镜像线可以是任意的，所选对象将根据该镜像线进行对称复制，并且可以选择删除或保留源对象。在实际工程设计中，许多对象都是对称形式的，如果绘制了这些对象的一半，就可以通过执行“镜像”命令迅速得到另一半，如图3-38所示。

执行“镜像”命令后，命令行提示如下。

```
命令: MIRROR↙
        //执行“镜像”命令
选择对象: 指定对角点: 找到 14 个
        //选择镜像对象
指定镜像线的第一点:
        //指定镜像线第一点A
指定镜像线的第二点:
        //指定镜像线第二点B
要删除源对象吗? [是(Y)/否(N)] <N>: ↙
        //选择是否删除源对象，或按Enter键结束命令
```

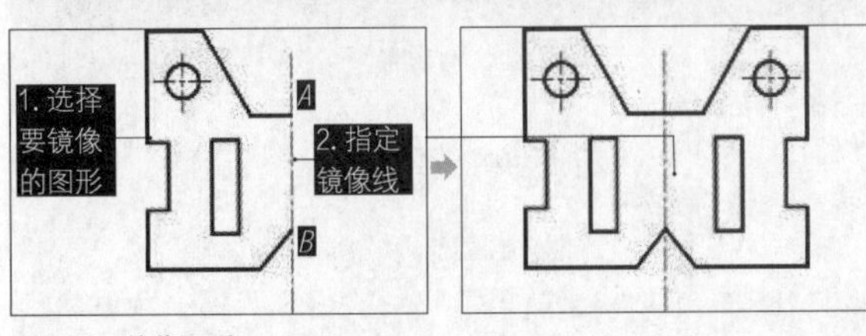

图3-38　镜像图形

> **提示**
>
> 如果是水平或者竖直方向镜像图形，可以使用正交功能快速指定镜像线。

“镜像”操作十分简单，命令行中的延伸选项不多，只有在结束命令前可选择是否删除源对象。如果选择“是”选项，则删除源对象，效果如图3-39所示。

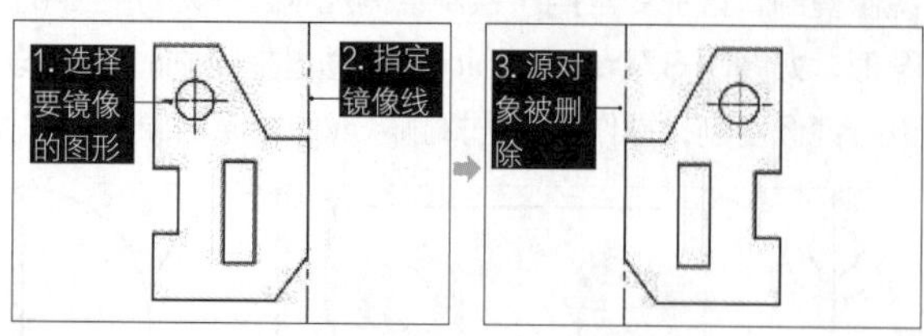

图3-39 删除源对象

练习 3-7 使用“镜像”命令绘制篮球场图形 ★进阶★

一些体育运动场所的图形，如篮球场、足球场、网球场等，通常都是对称图形，因此在绘制这部分图形时，可以先绘制一半，然后利用“镜像”命令快速完成其余部分。

步骤 01 打开“练习3-7：使用‘镜像’命令绘制篮球场图形.dwg”素材文件，如图3-40所示。

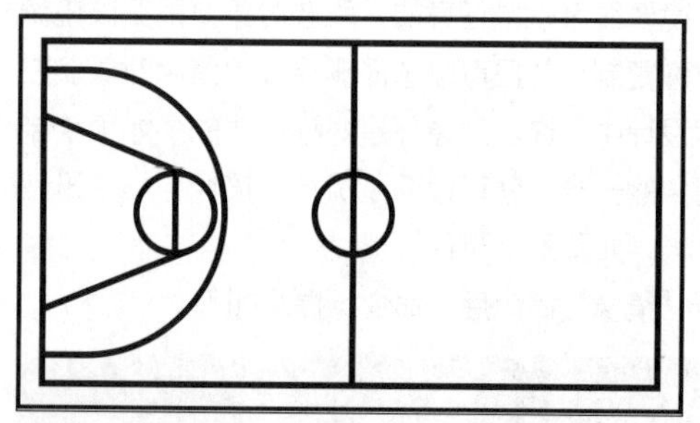

图3-40 素材图形

步骤 02 镜像复制图形。在“默认”选项卡中，单击“修改”面板中的“镜像”按钮，以A、B两个中点的连线为镜像线，镜像复制篮球场，如图3-41所示，命令行提示如下。

```
命令: _mirror
                    //执行“镜像”命令
选择对象: 指定对角点: 找到 11 个
                    //框选左侧图形
选择对象:
                    //按Enter键确认
指定镜像线的第一点:
                    //捕捉确定镜像线第一点A
指定镜像线的第二点:
                    //捕捉确定镜像线第二点B
要删除源对象吗? [是(Y)/否(N)] <N>:N↙
                    //选择不删除源对象，按Enter键确认
```

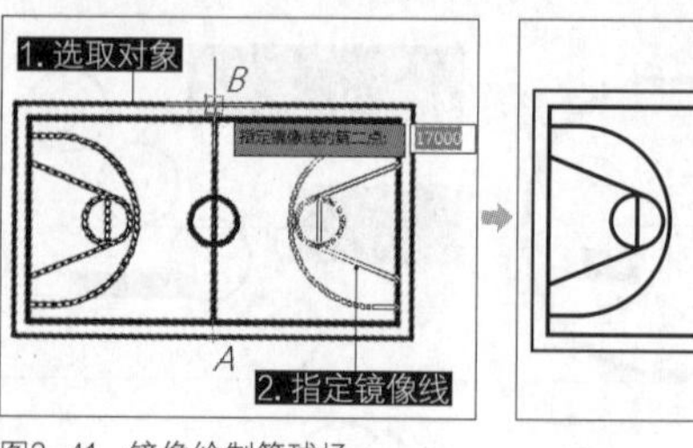

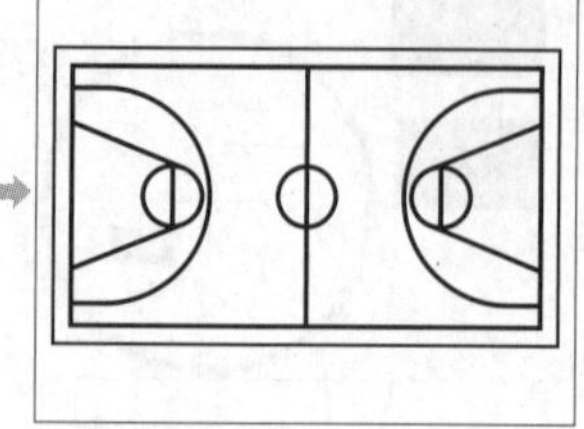

图3-41 镜像绘制篮球场

延伸讲解：文字的镜像

在AutoCAD中，除了能镜像复制图形对象外，还可以对文字进行镜像复制，但文字的镜像效果可能会出现颠倒，这时就可以通过控制系统变量MIRRTEXT的值来控制文字对象的镜像方向。

在命令行中输入“MIRRTEXT”，设置MIRRTEXT变量值，不同变量值的镜像效果如图3-42所示。

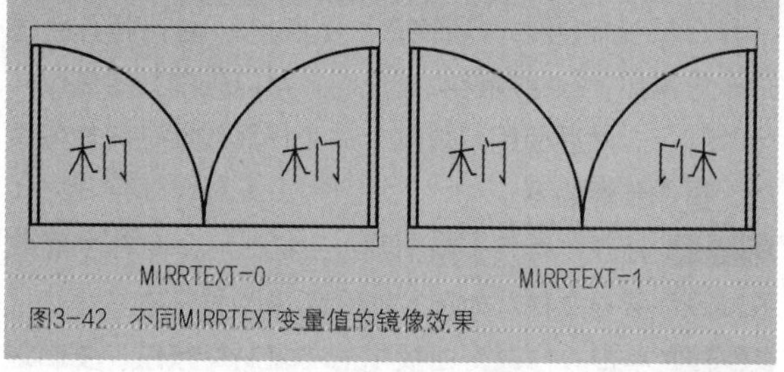

图3-42 不同MIRRTEXT变量值的镜像效果

3.1.7 圆角、倒角与光顺曲线

倒角指的是把工件的棱角切削成一定斜面或圆面的加工方式，这样做既能避免工件尖锐的棱角伤人，也有利于装配，如图3-43所示。切削成斜面的叫作倒斜角，而切削成圆面的则叫作倒圆角。AutoCAD中的“圆角”和“倒角”命令便是用来创建这类特征的倒角的，而“光顺曲线”命令则用来调整样条曲线的顺滑程度。

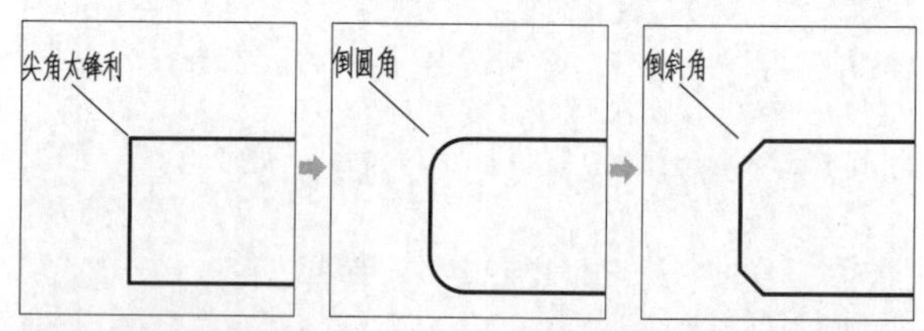

图3-43 倒角示意

1 圆角

使用“圆角”命令可以将直角转换为一个圆弧，通常用来在机械加工中把工件的棱角切削成圆弧面，是倒钝、去毛刺的常用手段，多用于机械制图中，如图3-44所示。

在AutoCAD中，执行“圆角”命令的方法如下。

◆菜单栏：执行“修改”|“圆角”命令。

◆功能区：单击“修改”面板中的“圆角”按钮，如图3-45所示。

◆命令：FILLET或F。

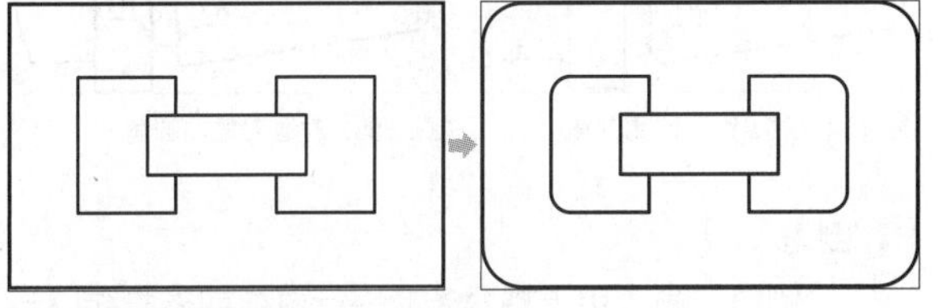

图3-44 绘制圆角

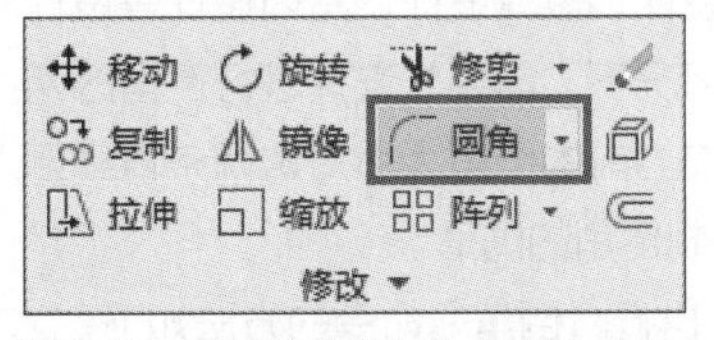

图3-45 “修改”面板中的“圆角”按钮

执行“圆角”命令后，命令行提示如下。

```
命令:_fillet
        //执行“圆角”命令
当前设置:模式=修剪，半径=3.0000
        //当前圆角设置
选择第一个对象或 [放弃(U)/多段线(P)/半径(R)/修剪(T)/多个(M)]:    //选择要倒圆的第一个对象
选择第二个对象，或按住 Shift 键选择对象以应用角点或 [半径(R)]:    //选择要倒圆的第二个对象
```

创建的圆弧方向和长度由所拾取的选择对象上的点确定，始终在距离所选位置的最近处创建圆角，如图3-46所示。

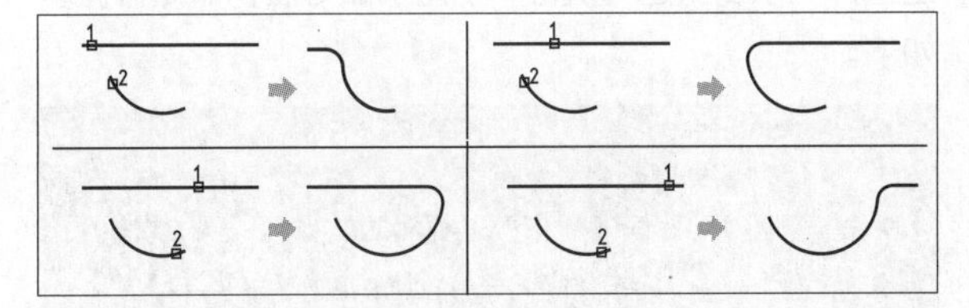

图3-46 所选对象位置与所创建圆角的关系

重复执行“圆角”命令，圆角的半径和修剪选项无须重新设置，直接选择圆角对象即可，系统默认以上一次圆角的参数创建之后的圆角。命令行各选项的含义介绍如下。

◆放弃(U)：放弃上一次的圆角操作。

◆多段线(P)：选择该选项，将对多段线中每个顶点处的相交直线的夹角进行圆角处理，并且形成的圆弧线段将成为多段线的新线段（除非“修剪(T)”选项设置为“不修剪”），如图3-47所示。

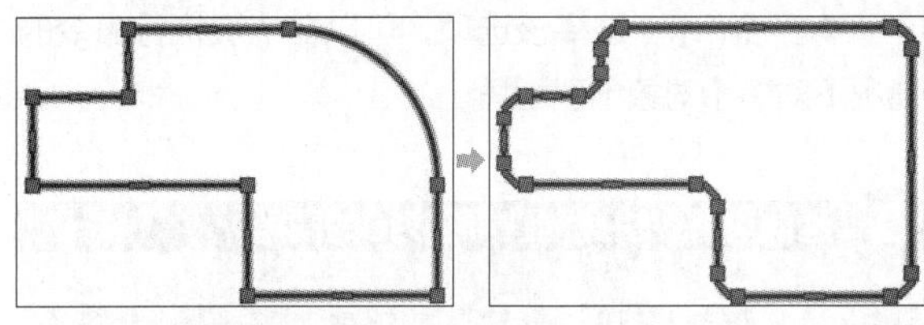

图3-47 “多段线(P)”倒圆角

◆半径(R)：选择该选项，可以设置圆角的半径，更改此值不会影响现有圆角；半径为0可用于创建尖角，还原已倒圆的对象，也可为两条直线、射线、构造线、二维多段线创建半径为0的圆角延伸或修剪对象，以使其相交，如图3-48所示。

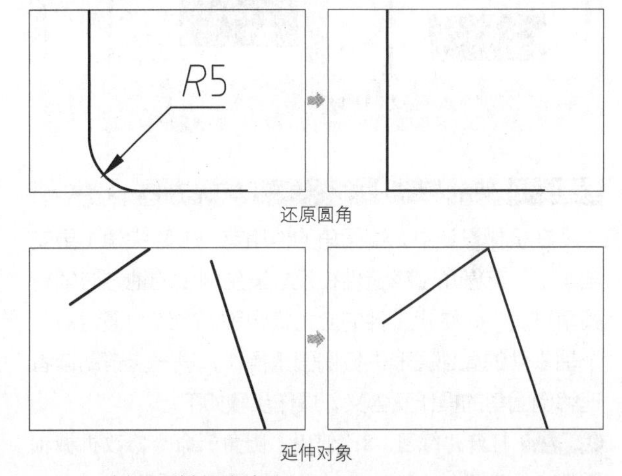

图3-48 半径为0的倒圆角效果

提示

在AutoCAD中，对两条平行直线也可执行倒圆角操作，但圆角直径需为两条平行线的距离，如图3-49所示。

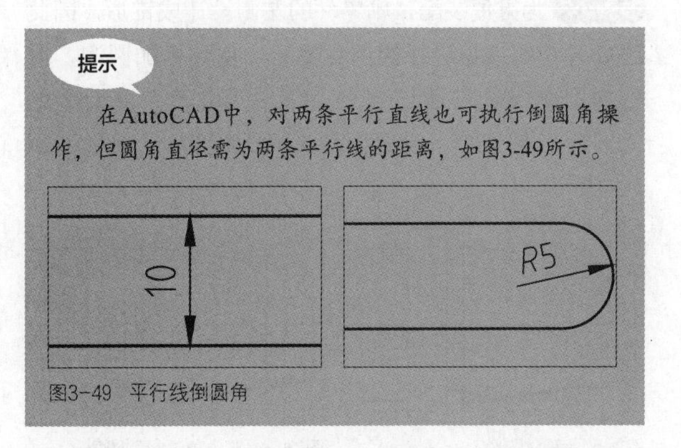

图3-49 平行线倒圆角

◆修剪(T)：选择该选项，设置是否修剪对象，修剪与不修剪的效果对比如图3-50所示。

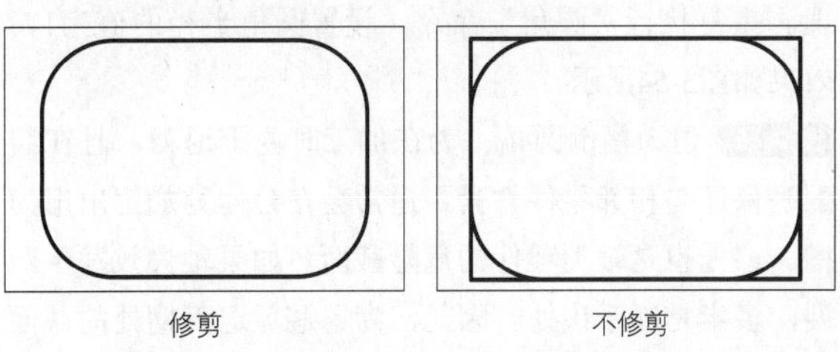

图3-50 倒圆角的修剪效果

◆多个(M)：选择该选项，可以在依次执行命令的情况下对多个对象创建圆角。

延伸讲解：快速创建半径为0的圆角

创建半径为0的圆角在绘图时十分有用，不仅能还原已经倒圆角的线段，还可以作为“延伸”命令让线段相交。但如果每次创建半径为0的圆角都要选择“半径(R)”选项进行设置，则操作多有不便。这时就可以按住Shift键来快速创建半径为0的圆角，如图3-51所示。

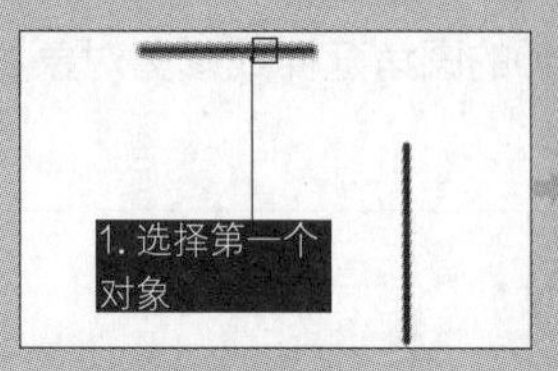

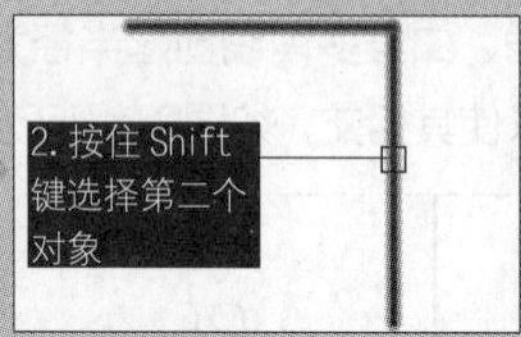

图3-51 快速创建半径为0的圆角

练习 3-8 使用“圆角”命令修改机械轴零件 ★进阶★

在机械设计中，倒圆角的作用有：去除尖角（更安全）、工艺圆角（铸造件在尺寸发生剧变的地方必须有圆角过渡）、防止工件的应力集中等。本练习通过对一个轴零件的局部图形进行倒圆角操作，进一步帮助读者理解倒圆角的操作及含义，操作步骤如下。

步骤 01 打开“练习3-8：使用‘圆角’命令修改机械轴零件.dwg”素材文件，素材图形如图3-52所示。

步骤 02 为方便装配，轴零件的左侧设计成锥形，因此还可对左侧尖角进行倒圆角处理，使其更加圆润，此处的圆角半径可适当增大。单击“修改”面板中的“圆角”按钮，设置圆角半径的值为3，效果如图3-53所示。

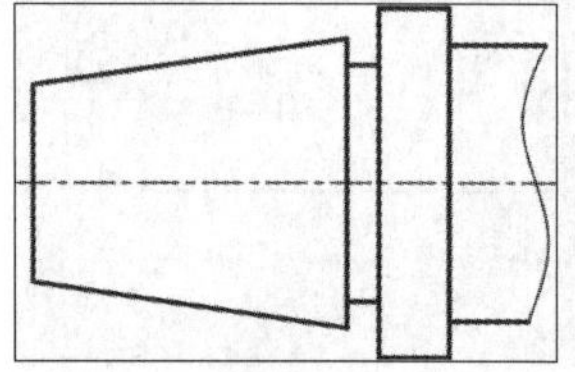

图3-52 素材图形

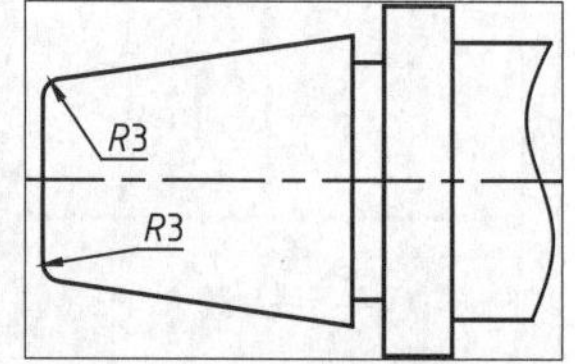

图3-53 对尖角进行倒圆角

步骤 03 锥形段的右侧截面处较尖锐，需进行倒圆角处理。重复执行“圆角”命令，设置圆角半径的值为1，效果如图3-54所示。

步骤 04 退刀槽倒圆角。为在加工时便于退刀，且在装配时保证与相邻零件靠紧，通常会在台肩处加工出退刀槽。该槽也是轴类零件的危险截面，如果轴失效发生断裂，多半是断于该处。因此，为了避免退刀槽处的截面变化太大，会在此处设计圆角，防止应力集中，下面在退刀槽两端处进行倒圆角处理，圆角半径的值为1，效果如图3-55所示。

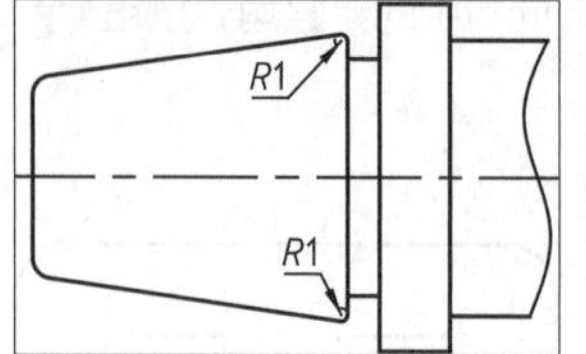

图3-54 对尖锐截面倒圆角

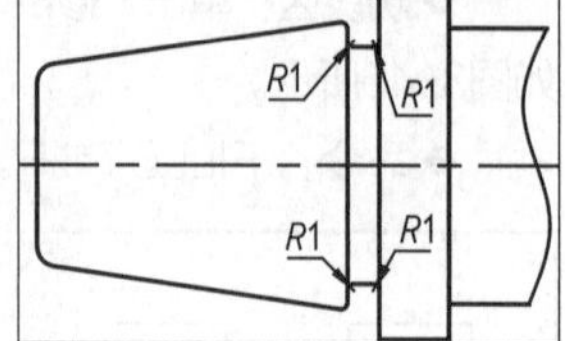

图3-55 对退刀槽倒圆角

2 倒角

“倒角”命令用于将两条非平行直线或多段线以一段斜线相连，在机械设计、家具设计、室内设计等设计图中均有应用。默认情况下，需要先选择进行倒角的两条相邻的直线，然后按当前的倒角大小对这两条直线倒角。图3-56所示为绘制倒角的图形。

在AutoCAD中，执行“倒角”命令的方法如下。

◆菜单栏：执行“修改”｜“倒角”命令。

◆功能区：单击“修改”面板中的“倒角”按钮，如图3-57所示。

◆命令：CHAMFER或CHA。

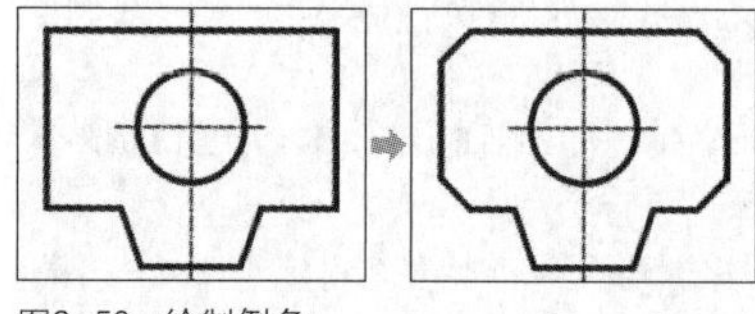

图3-56 绘制倒角

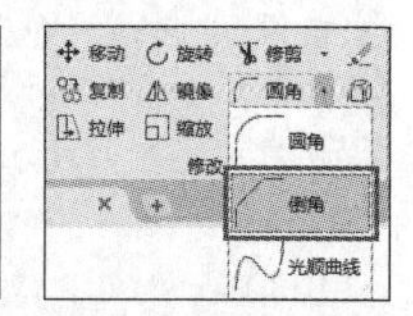

图3-57 “修改”面板中的“倒角”按钮

“倒角”命令的执行分两个步骤，第一步是确定倒角的大小，通过命令行里的“距离”选项实现；第二步是选择两条倒角边。执行“倒角”命令后，命令行提示如下。

```
命令：_chamfer
        //执行“倒角”命令
（“修剪”模式）当前倒角距离 1 = 0.0000，距离 2 = 0.0000
选择第一条直线或 [放弃(U)/多段线(P)/距离(D)/角度(A)/修剪(T)/方式(E)/多个(M)]:
        //选择倒角的方式，或选择第一条倒角边
选择第二条直线，或按住 Shift 键选择直线以应用角点或 [距离(D)/角度(A)/方法(M)]:
        //选择第二条倒角边
```

命令行各选项的含义介绍如下。

◆放弃(U)：放弃上一次的倒角操作。

◆多段线(P)：对整个多段线每个顶点处的相交直线进行倒角处理，倒角后的线段将成为多段线的新线段；如果多段线包含的线段过短以至于无法容纳倒角距离，则不对这些线段进行倒角处理，如图3-58所示（图中倒角距离为3）。

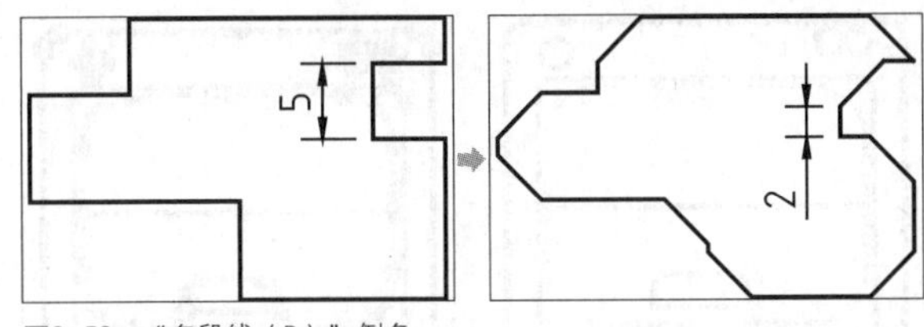

图3-58　“多段线（P）”倒角

◆距离(D)：通过设置两个倒角边的倒角距离来进行倒角操作，第二个距离默认与第一个距离相同；如果将两个距离均设定为0，则将延伸或修剪两条直线，使它们终止于同一点，同半径为0的倒圆角，如图3-59所示。

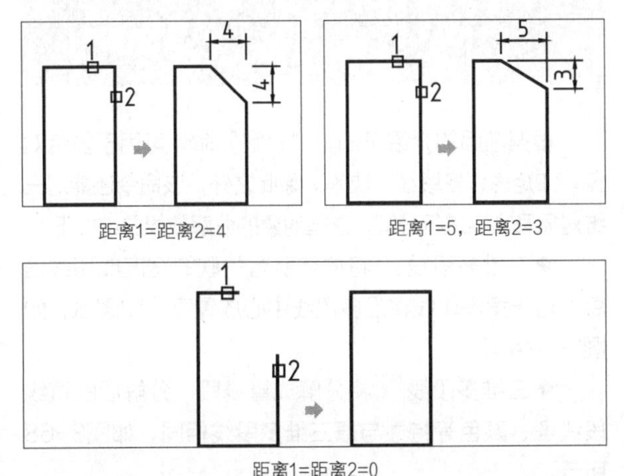

图3-59　不同距离的倒角

◆角度(A)：用第一条线的倒角距离和第二条线的角度设置倒角距离，如图3-60所示。

◆修剪(T)：设置是否对倒角进行修剪，如图3-61所示。

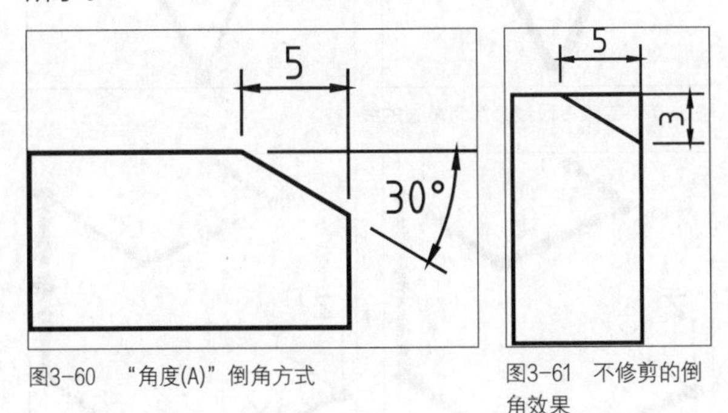

图3-60　“角度(A)”倒角方式

图3-61　不修剪的倒角效果

◆方式(E)：选择倒角方式，与选择“距离(D)”或“角度(A)”选项的作用相同。

◆多个(M)：选择该选项，可以对多组对象进行倒角。

练习 3-9　使用“倒角”命令编辑洗手盆　★进阶★

在家具设计中，随处可见倒角，如洗手池、八角桌、方凳等，操作步骤如下。

步骤 01 按快捷键Ctrl+O，打开“练习3-9：使用‘倒角’命令编辑洗手盆.dwg”素材文件，如图3-62所示。

步骤 02 单击“修改”面板中的“倒角”按钮，对洗手盆最外侧轮廓进行倒角，如图3-63所示。命令行提示如下。

```
命令: _chamfer
(“修剪”模式) 当前倒角距离 1 = 0.0000，距离 2 = 0.0000
选择第一条直线或 [放弃(U)/多段线(P)/距离(D)/角度(A)/修剪(T)/方式(E)/多个(M)]:D↙
        //输入“D”，选择“距离”选项
指定第一个倒角距离 <0.0000>: 55↙
        //输入第一个倒角距离
指定第二个倒角距离 <55.0000>:55↙
        //输入第二个倒角距离
选择第一条直线或 [放弃(U)/多段线(P)/距离(D)/角度(A)/修剪(T)/方式(E)/多个(M)]:
选择第二条直线，或按住 Shift 键选择直线以应用角点或 [距离(D)/角度(A)/方法(M)]:
        //分别选择待倒角的线段，完成倒角操作
```

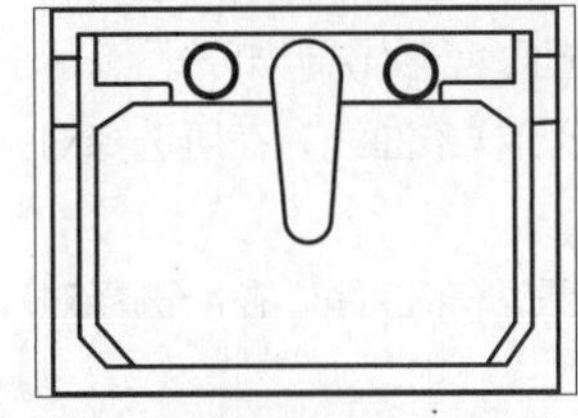

图3-62　素材图形

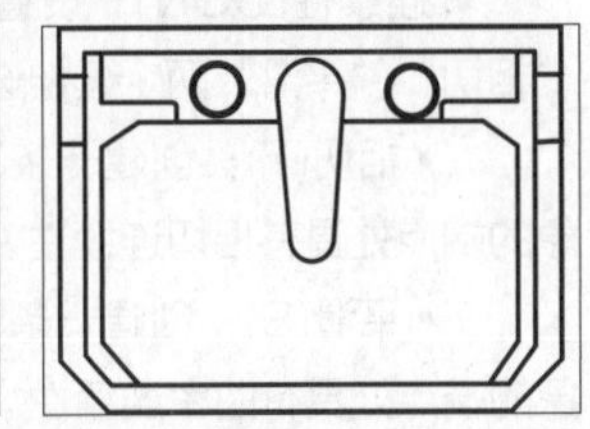

图3-63　倒角结果

3 光顺曲线

“光顺曲线”命令是指在两条开放曲线的端点之间创建相切或平滑的样条曲线，有效对象包括直线、圆弧、椭圆弧、螺线、没闭合的多段线和没闭合的样条曲线。

执行“光顺曲线”命令的方法如下。

◆菜单栏：执行“修改”|“光顺曲线”命令。

◆功能区：在“默认”选项卡中，单击“修改”面板中的“光顺曲线”按钮，如图3-64所示。

◆命令：BLEND。

光顺曲线的操作方法与倒角类似，依次选择要光顺处理的两个对象即可，效果如图3-65所示。

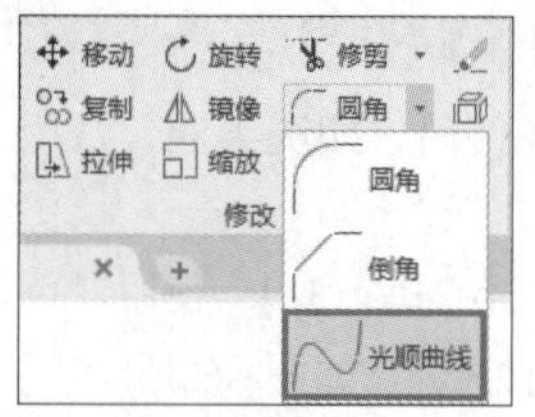

图3-64 “修改”面板中的“光顺曲线”按钮

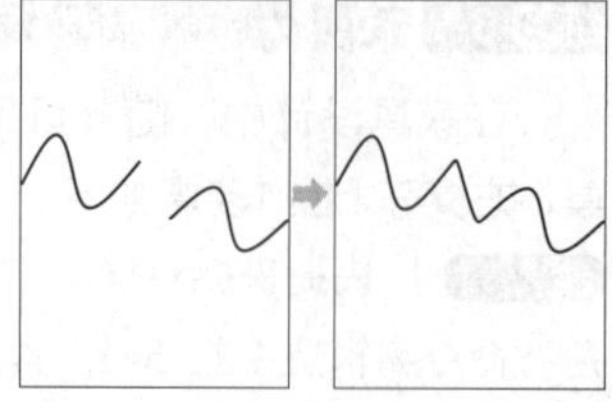

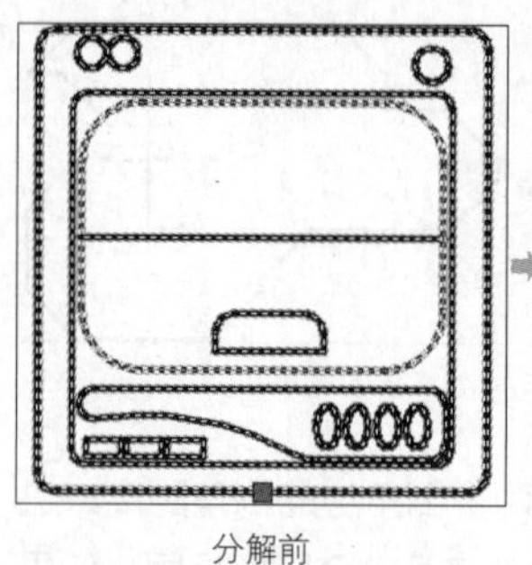

图3-65 光顺曲线

执行“光顺曲线”命令后，命令行提示如下。

```
命令: _blend
                    //执行“光顺曲线”命令
连续性 = 相切
选择第一个对象或 [连续性(CON)]:
                    //要光顺的对象
选择第二个点: CON↙
                    //选择“连续性”选项
输入连续性 [相切(T)/平滑(S)] <相切>: S↙
                    //选择“平滑”选项
选择第二个点:
                    //单击第二点完成操作
```

其中各选项的含义介绍如下。

◆连续性(CON)：设置连接曲线的过渡类型，有“相切”“平滑”两个延伸选项，含义说明如下。

• 相切(T)：创建一条3阶样条曲线，在所选择对象的端点处具有相切连续性。

• 平滑(S)：创建一条5阶样条曲线，在所选择对象的端点处具有曲率连续性。

3.1.8 分解

使用“分解”命令可以将某些特殊的对象分解成多个独立的部分，以便于更具体地进行编辑。其主要用于将复合对象，如矩形、多段线、块、填充图案等还原为一般的图形对象。分解后的对象，其颜色、线型和线宽都可能发生改变。

在AutoCAD中，执行“分解”命令的方法如下。

◆菜单栏：执行“修改”|“分解”命令。

◆功能区：单击“修改”面板中的“分解”按钮。

◆命令：EXPLODE或X。

执行“分解”命令后，选择要分解的图形对象，按Enter键，即可完成分解操作，操作方法与“删除”命令一致。图3-66所示的微波炉图块被分解后，可以单独选择其中的任意一条边。

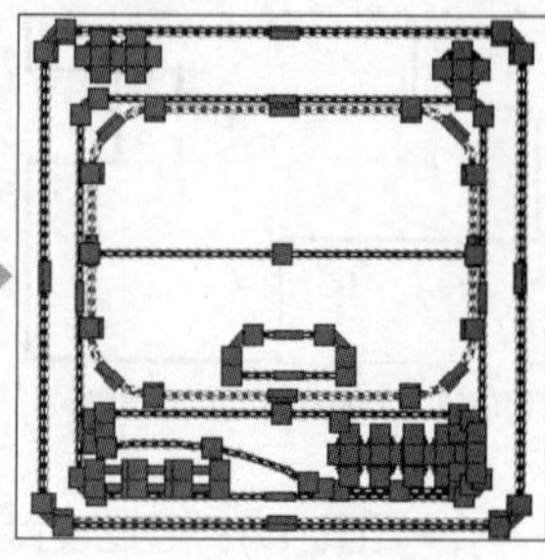

分解前　分解后

图3-66 图形分解前后对比

提示

在旧版本的AutoCAD中，“分解”命令曾被翻译为“爆炸”命令。

根据前面的介绍可知，“分解”命令可用于复合对象，如矩形、多段线、块等。除此之外，该命令还能对三维对象及文字进行分解，这些对象的分解效果总结如下。

◆二维多段线：将放弃所有关联的宽度或切线信息，对于宽多段线将沿多段线中心放置直线和圆弧，如图3-67所示。

◆三维多段线：将分解成直线段，分解后的直线段线型、颜色等特性与原三维多段线相同，如图3-68所示。

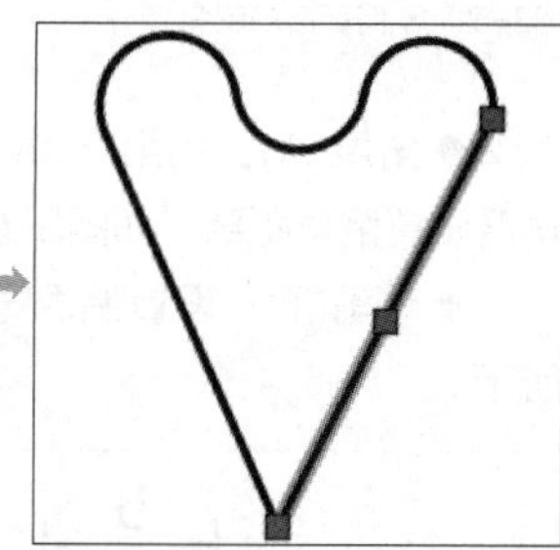

图3-67 二维多段线分解为单独的线

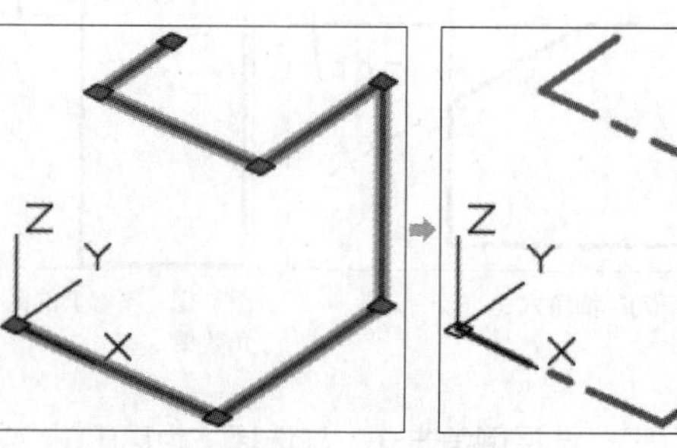

图3-68 三维多段线分解为单独的线

◆阵列对象：将阵列图形分解为原始对象的副本，相当于复制出来的图形，如图3-69所示。

◆填充图案：将填充图案分解为直线、圆弧、点等基本图形，如图3-70所示，SOLID实体填充图形除外。

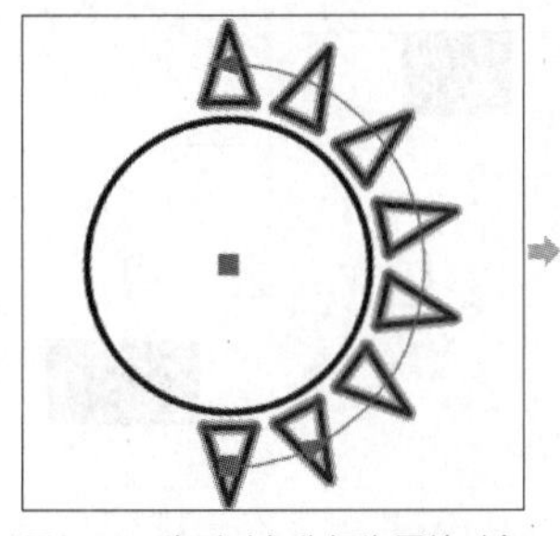

图3-69　阵列对象分解为原始对象

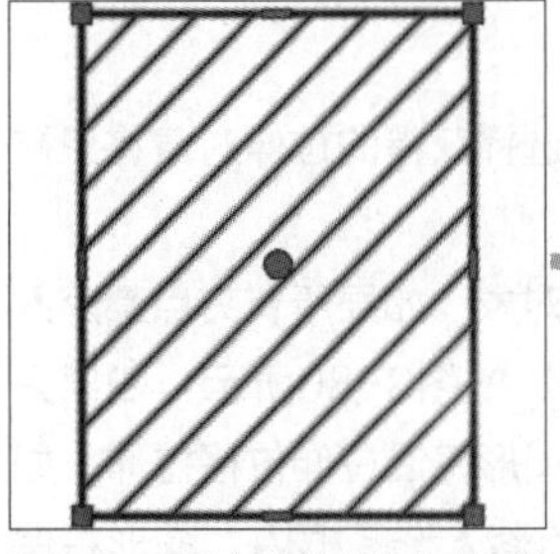
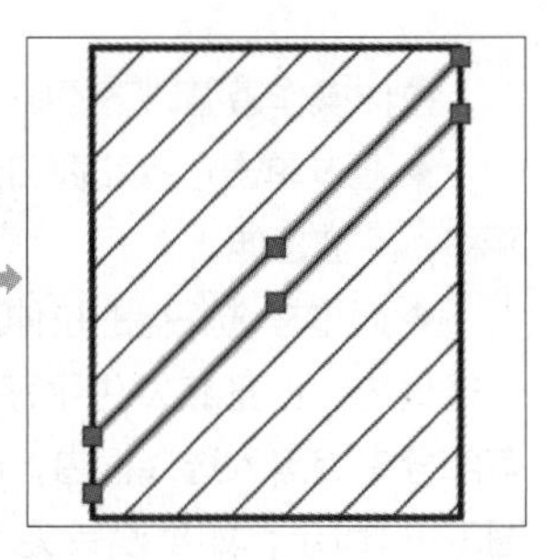

图3-70　填充图案分解为基本图形

◆引线：根据引线的不同，可分解成直线、样条曲线、实体（箭头）、块插入（箭头、注释块）、多行文字或公差对象，如图3-71所示。

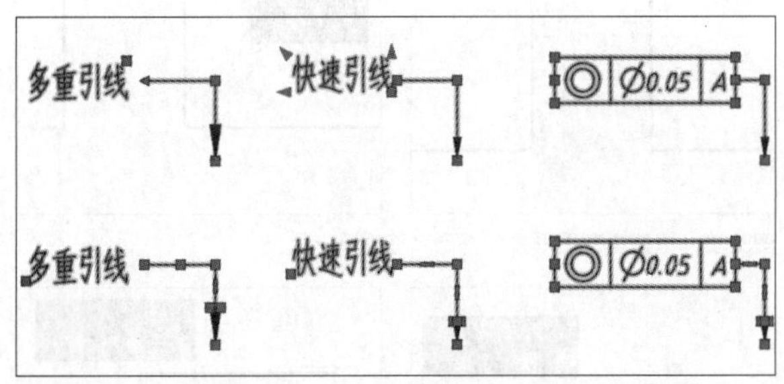

图3-71　引线分解效果

◆多行文字：将分解成单行文字，如果要将文字彻底分解成直线等图元对象，则需使用“文字分解”（TXTEXP）命令，效果如图3-72所示。

原始图形（多行文字）

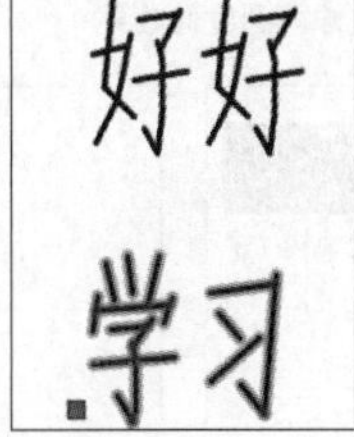

“分解”效果（单行文字）

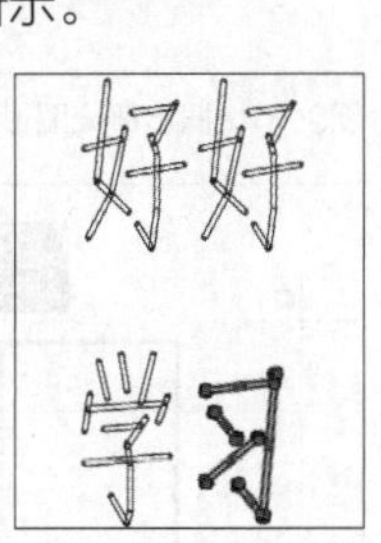

“文字分解”效果（普通线条）

图3-72　多行文字的分解效果

◆面域：分解成直线、圆弧或样条曲线，即还原为原始图形，消除面域效果，如图3-73所示。

◆三维实体：将三维实体上平整的面分解成面域，不平整的面分解为曲面，如图3-74所示。

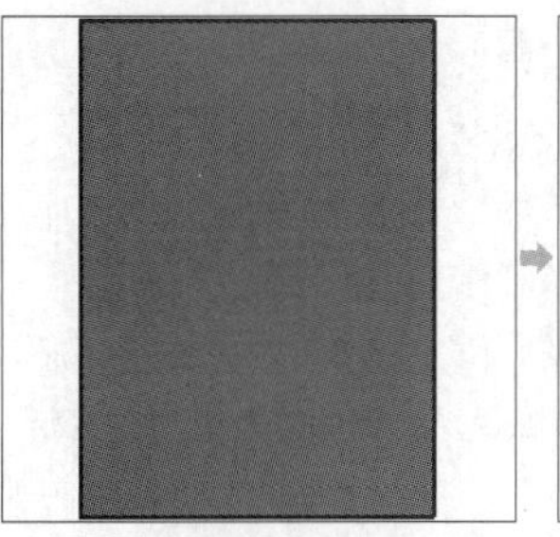
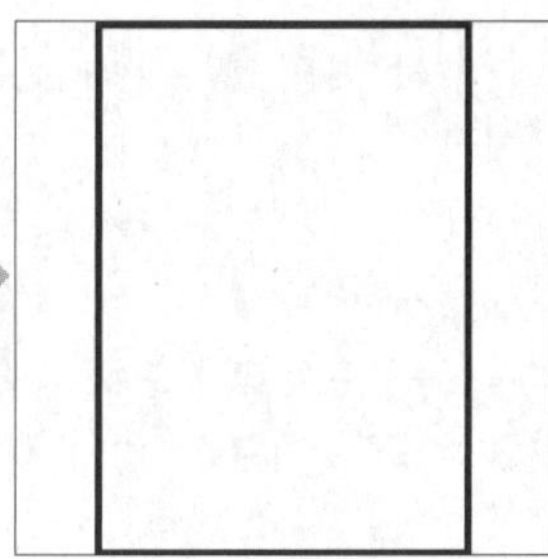

图3-73　面域对象分解为原始图形

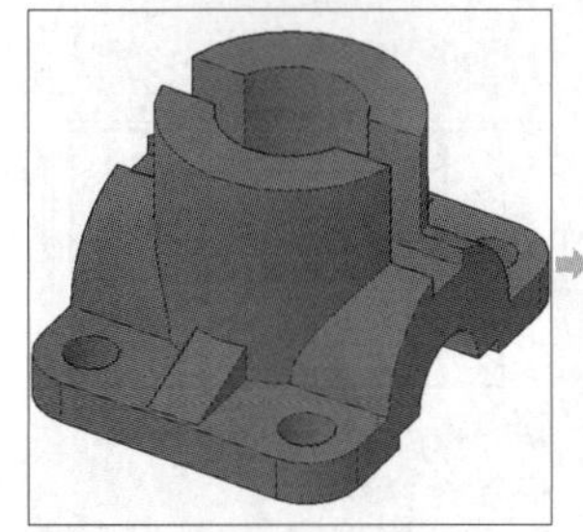
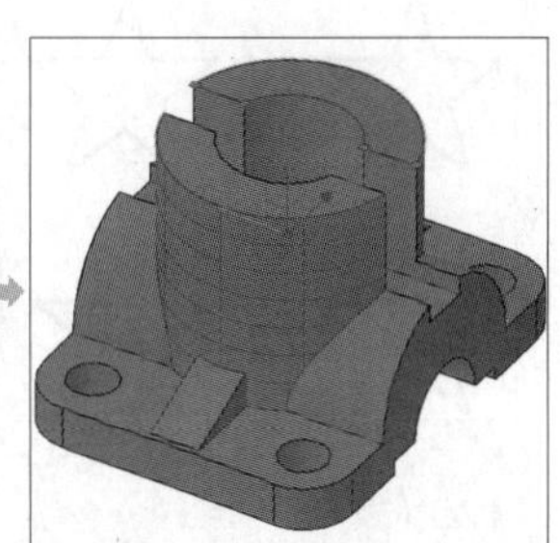

图3-74　三维实体分解为面

◆三维曲面：分解成直线、圆弧或样条曲线，即还原为基本轮廓，消除曲面效果，如图3-75所示。

◆三维网格：将每个网格面分解成独立的三维面对象，三维面将保留指定的颜色和材质，如图3-76所示。

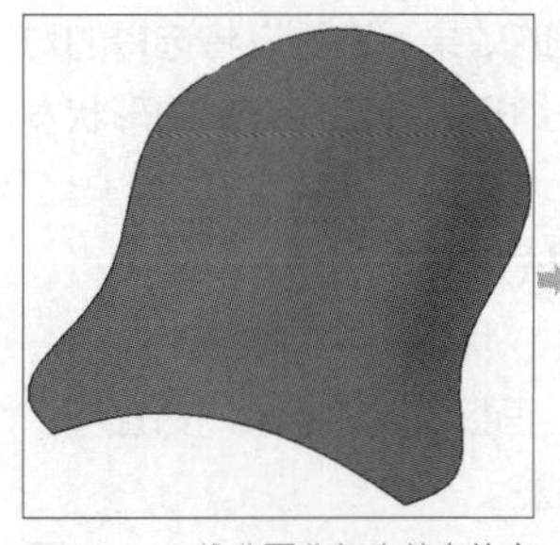
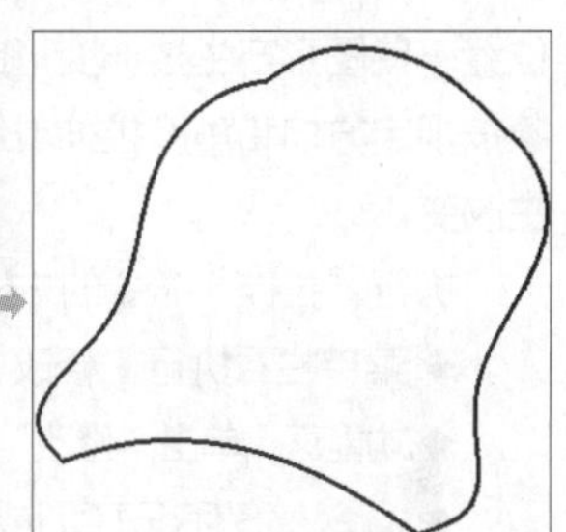

图3-75　三维曲面分解为基本轮廓

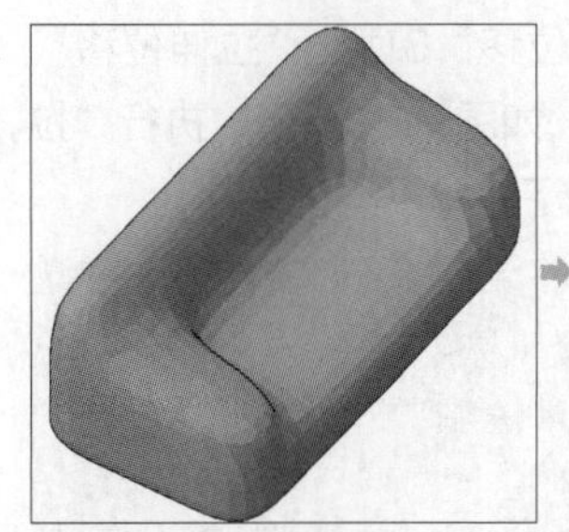
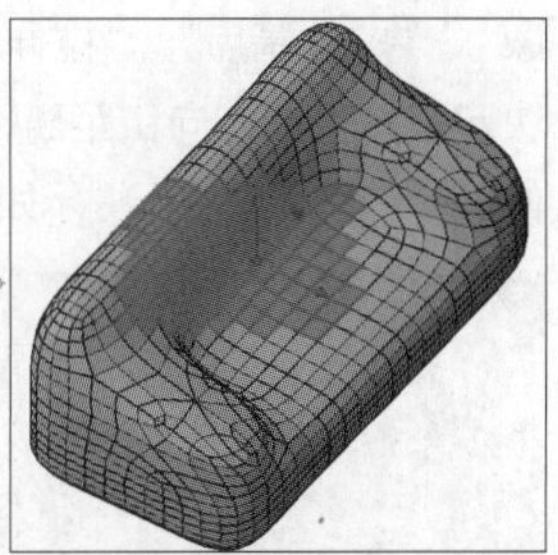

图3-76　三维网格分解为多个三维面

延伸讲解：不能被分解的图形

在AutoCAD中，有3类图形是无法被分解的，它们都是图块，即“阵列插入图块”（MINSERT）、“附着外部DWG参照”（XATTACH）”和“外部参照的依赖块”这3类。

◆阵列插入图块（MINSERT）：用“MINSERT”命令多重引用插入的块，如果行列数目设置不为1，则插入的块将不能被分解，如图3-77所示；该命令在插入块的时候，可以通过命令行指定行数、列数及间距，类似于矩形阵列。

◆附着外部DWG参照（XATTACH）：使用外部DWG参照插入的图形会在绘图区中淡化显示，只能用作参考，不能编辑与分解，如图3-78所示。

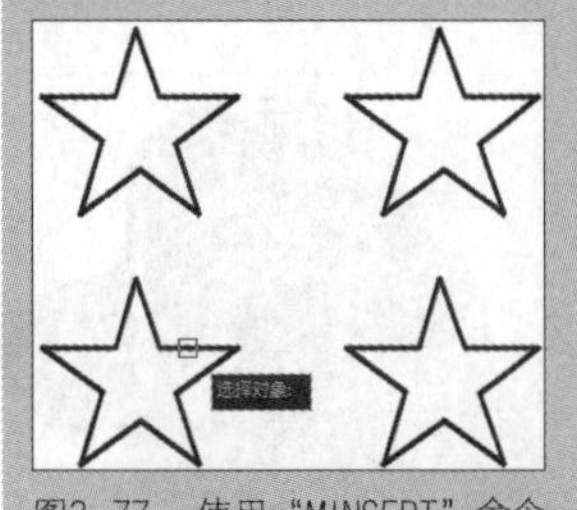

图3-77 使用“MINSERT”命令插入并阵列的图块无法被分解

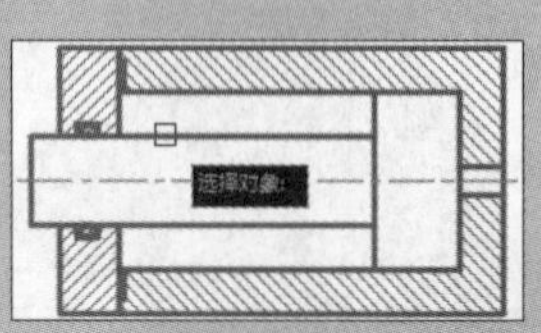

图3-78 使用外部DWG参照插入的图形无法被分解

◆外部参照的依赖块：外部参照图形中所包含的块无法被分解。

3.1.9 拉伸 ★重点★

使用“拉伸”命令可以沿拉伸路径平移图形夹点的位置，使图形产生拉伸变形的效果。它可以将选择的对象按规定方向和角度拉伸或缩短，并且使对象的形状发生改变。

执行“拉伸”命令的方法如下。

◆菜单栏：执行“修改” | “拉伸”命令。

◆功能区：单击“修改”面板中的“拉伸”按钮。

◆命令：STRETCH或S。

“拉伸”命令需要设置的主要参数有“拉伸对象”“拉伸基点”“拉伸位移”3项。“拉伸位移”决定了拉伸的方向和距离，如图3-79所示。执行“拉伸”命令后，命令行提示如下。

```
命令: _stretch
                    //执行“拉伸”命令
以交叉窗口或交叉多边形选择要拉伸的对象...
选择对象: 指定对角点: 找到 1 个
选择对象:
                    //以窗交、圈围等方式选择拉伸对象
指定基点或 [位移(D)] <位移>:
                    //指定拉伸基点
指定第二个点或 <使用第一个点作为位移>:
                    //指定拉伸终点
```

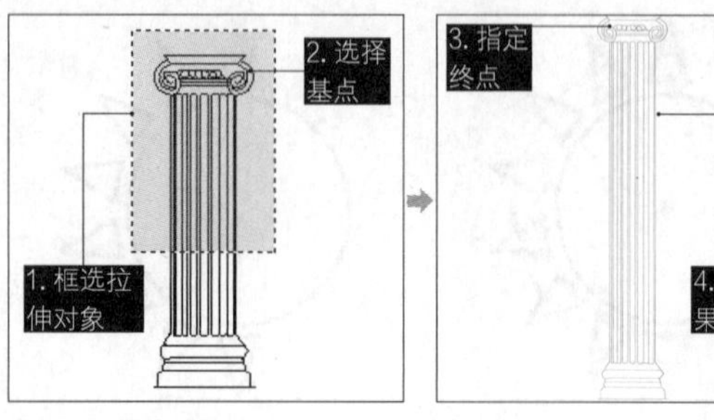

图3-79 拉伸对象

拉伸操作遵循以下原则。

◆通过单击选择和窗口选择获得的拉伸对象将只被平移，不被拉伸。

◆通过框选获得的拉伸对象，如果所有夹点都落入选择框内，图形将发生平移，如图3-80所示；如果只有部分夹点落入选择框内，图形将沿拉伸位移拉伸，如图3-81所示；如果没有夹点落入选择框内，图形将保持不变，如图3-82所示。

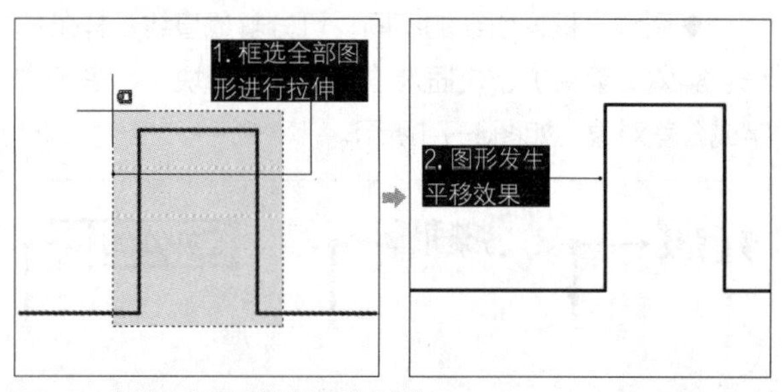

图3-80 框选全部图形拉伸得到平移效果

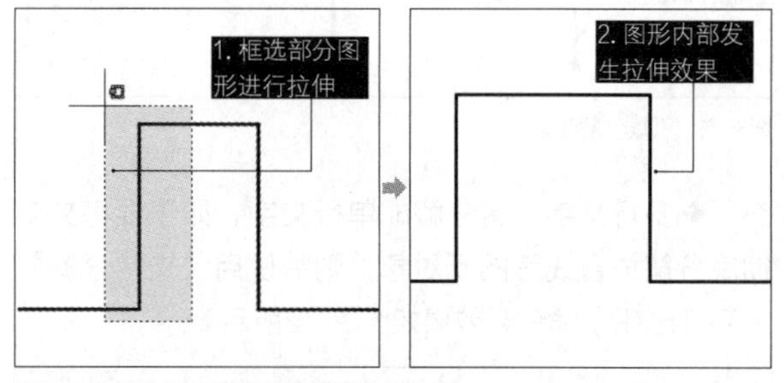

图3-81 框选部分图形拉伸得到拉伸效果

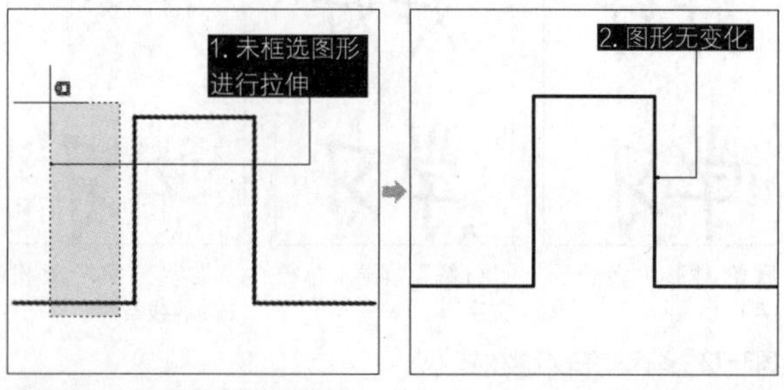

图3-82 未框选图形拉伸效果

“拉伸”命令与“移动”命令一样，命令行中只有一个选项，即“位移(D)”，选择该选项，可以输入坐标表示矢量。输入的坐标值将指定拉伸相对于基点的距离和方向，图3-83所示为输入坐标“1000，200”的位移效果。

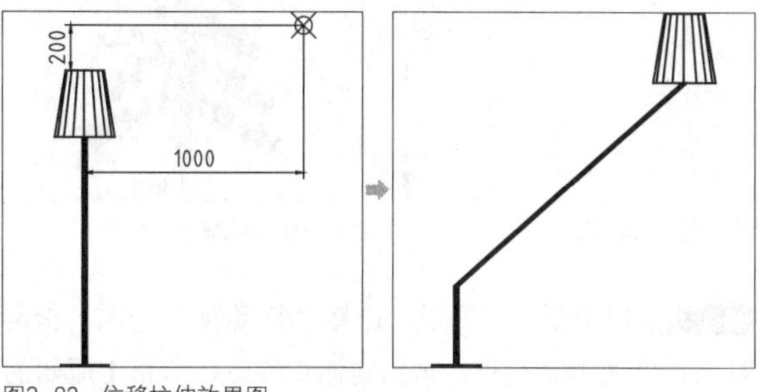

图3-83　位移拉伸效果图

练习 3-10　使用“拉伸”命令调整门的位置 ★进阶★

在室内设计中，有时需要对大门或其他图形的位置进行调整，而又不能破坏原图形的结构。这时就可以使用“拉伸”命令来进行修改，操作步骤如下。

步骤 01 打开“练习3-10：使用‘拉伸’命令调整门的位置.dwg”素材文件，如图3-84所示。

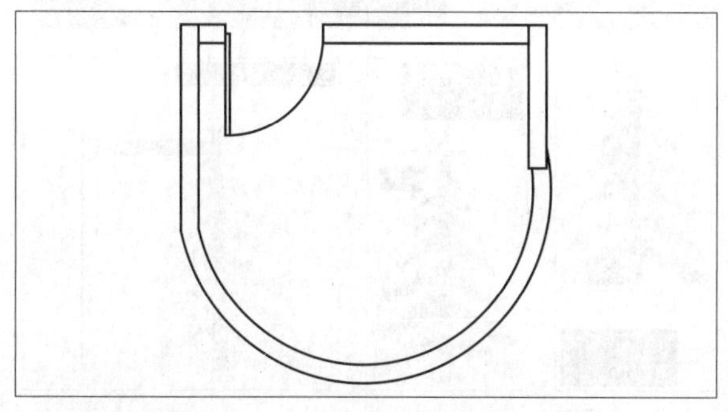

图3-84　素材图形

步骤 02 在“默认”选项卡中，单击“修改”面板中的“拉伸”按钮，将门沿水平方向拉伸1800，操作如图3-85所示，命令行提示如下。

```
命令: _stretch
        //执行“拉伸”命令
以交叉窗口或交叉多边形选择要拉伸的对象...
选择对象: 指定对角点: 找到 11 个
        //框选对象
选择对象: ↙
        //按Enter键结束选择
指定基点或 [位移(D)] <位移>:
        //选择顶边上任意一点
指定第二个点或 <使用第一个点作为位移>: <正交 开> 1800↙
        //打开正交功能，在竖直方向移动十字光标并输入拉伸距离
```

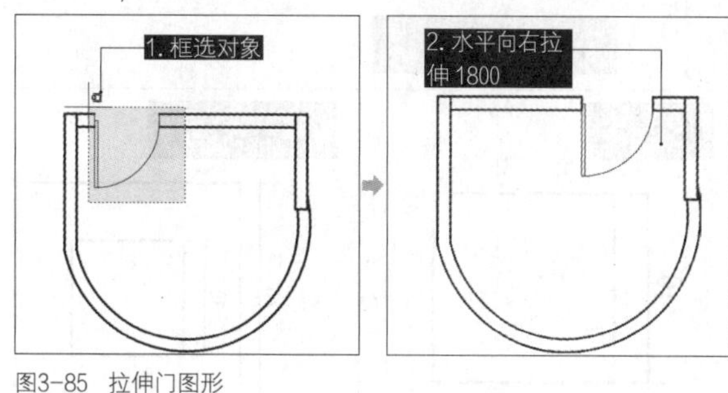

图3-85　拉伸门图形

3.1.10 缩放 ★重点★

使用“缩放”命令可以将图形对象以指定的缩放基点为缩放参照，放大或缩小一定比例，创建出与源对象成一定比例且形状相同的新图形对象。在执行命令的过程中，需要确定的参数有：“缩放对象”“基点”“比例因子”。比例因子就是缩小或放大的比例值，比例因子大于1时，缩放结果是图形变大；比例因子小于1时，则图形变小。

在AutoCAD中，执行“缩放”命令的方法如下。

◆菜单栏：执行“修改”|“缩放”命令。

◆功能区：单击“修改”面板中的“缩放”按钮。

◆命令：SCALE或SC。

执行“缩放”命令后，命令行提示如下。

```
命令: _scale
        //执行“缩放”命令
选择对象: 找到 1 个
        //选择要缩放的对象
指定基点:
        //拾取缩放的基点
指定比例因子或 [复制(C)/参照(R)]: 2↙
        //输入比例因子
```

命令行中各选项的含义介绍如下。

◆默认缩放：指定基点后直接输入比例因子进行缩放，不保留源对象，如图3-86所示。

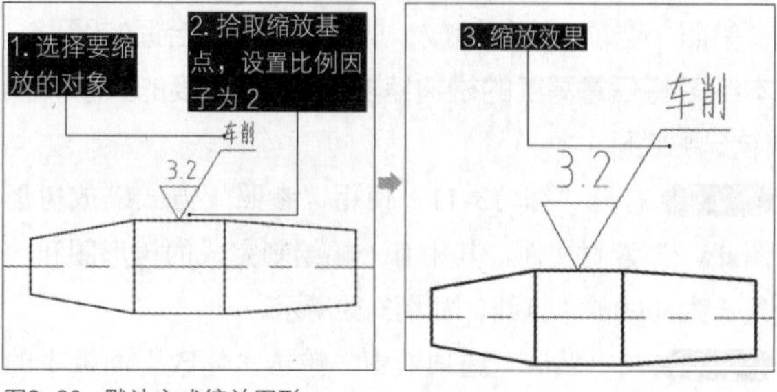

图3-86　默认方式缩放图形

◆复制(C)：在命令行中输入“C”，选择该选项进行缩放，可以在缩放时保留源对象，如图3-87所示。

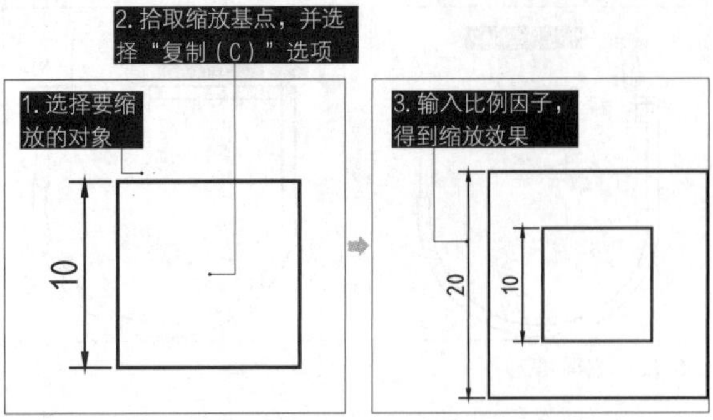

图3-87 “复制(C)”缩放图形

◆参照(R)：如果选择该选项，则命令行会提示用户输入“参照长度”和“新长度”，由系统自动计算出两长度之间的比例，从而定义图形的比例因子，对图形进行缩放操作，如图3-88所示。

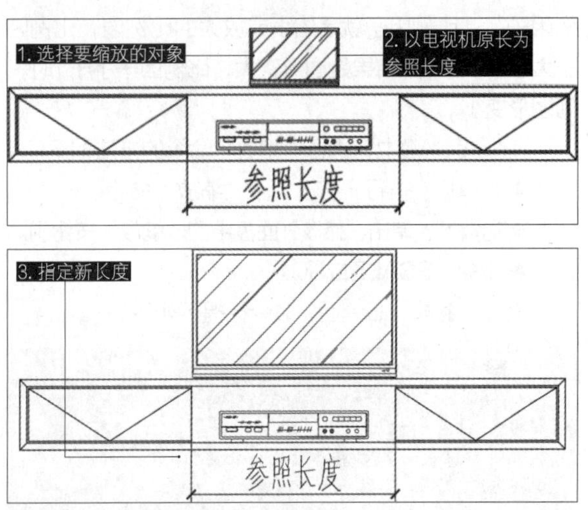

图3-88 “参照(R)”缩放图形

练习 3-11 使用“参照”方式缩放树形图 ★进阶★

在园林设计中，经常会用到各种植物图形，如松树、竹林等，这些图形可以从网上下载，也可以自行绘制。在实际应用中，往往会根据具体的设计要求来调整这些图块的大小，这时就可以使用“缩放”命令中的“参照”选项来进行缩放，从而获得大小合适的图形。本练习将任意高度的松树缩放至5000高度的大小，操作步骤如下。

步骤 01 打开“练习3-11：使用‘参照’方式缩放树形图.dwg”素材文件，其中有一幅绘制完成的树形图和一条长为5000的垂直线，如图3-89所示。

步骤 02 在“默认”选项卡中，单击“修改”面板中的“缩放”按钮，选择树形图，并指定树形图块的最下方中点为基点，如图3-90所示。

图3-89 素材图形

图3-90 指定基点

步骤 03 根据命令行提示，选择“参照(R)”选项。指定参照长度的测量起点，再指定测量终点，即指定原始的树高；输入新的参照长度，即最终的树高5000，操作如图3-91所示，命令行提示如下。

```
指定比例因子或 [复制(C)/参照(R)]: R↙
        //选择“参照”选项
        //以树桩处中点为参照长度的测量起点
指定参照长度 <2839.9865>: 指定第二点:
        //以树梢处端点为参照长度的测量终点
指定新的长度或 [点(P)] <1.0000>: 5000↙
        //输入或指定新的参照长度
```

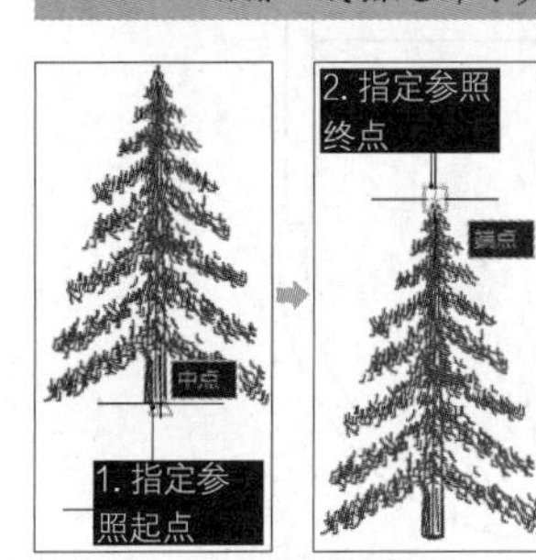

图3-91 参照缩放

练习 3-12 使用“参照”方式缩放图形 ★进阶★

在初学AutoCAD的过程中，读者难免会碰到一些构思巧妙的练习题，如图3-92所示。这些题型的一大特点就是要绘制的图形看似简单，但是给出的尺寸却很少，绘制时其实很难确定图形的各种位置关系。其实这些图形都可以通过参照缩放来绘制，本练习便通过绘制其中一个典型的图形，如图3-93所示，介绍这一类图形难题的破解方法，操作步骤如下。

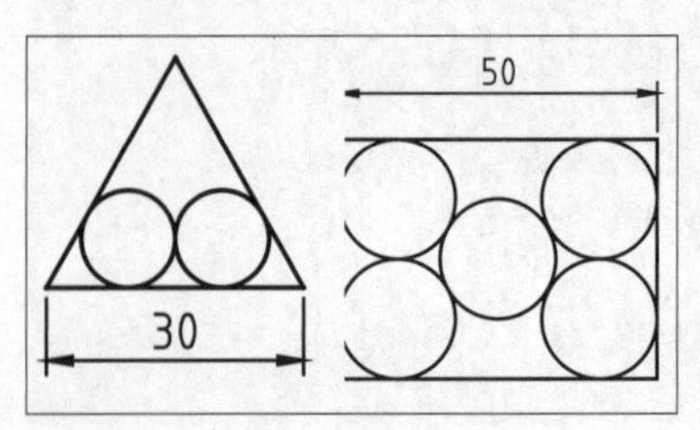

图3-92 练习题

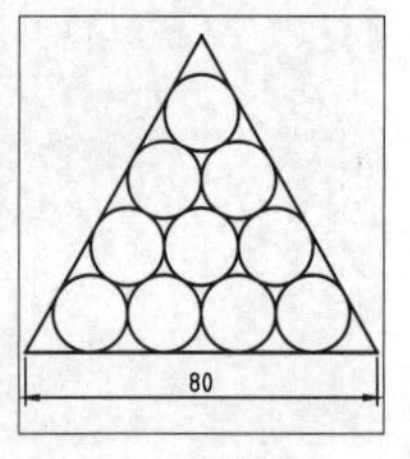

图3-93 图形效果

步骤 01 启动AutoCAD，新建一个空白文档。

步骤 02 使用常规方法是绘制不了此图形的，因此绘制时需要具有一定的创造思维。本练习先绘制三角形里面的小圆。单击“绘图”面板中的“圆”按钮，任意指定一点为圆心，输入任意值为半径（如5），如图3-94所示。

步骤 03 绘制倒数第一排的圆。绘制完成后，单击“修改”面板中的“复制”按钮，捕捉圆左侧的象限点为基点，依次向右复制出3个圆，如图3-95所示。

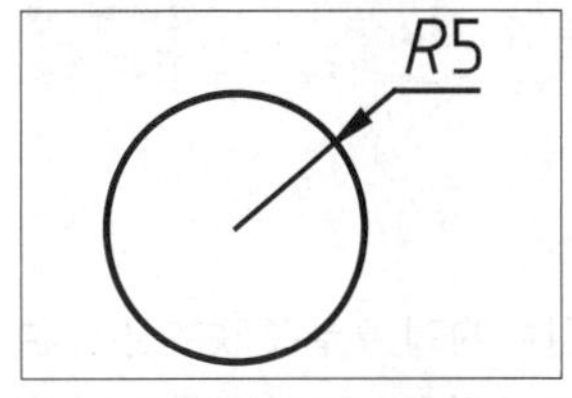

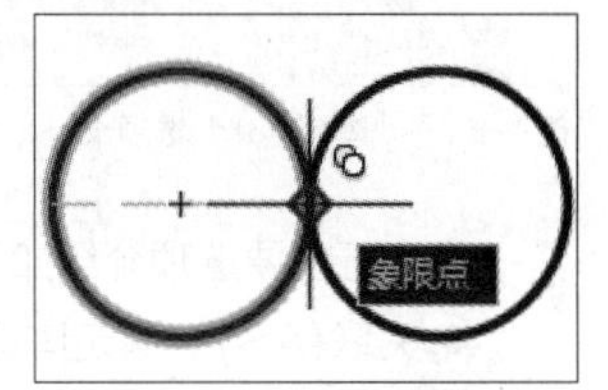

图3-94　绘制半径为5的圆

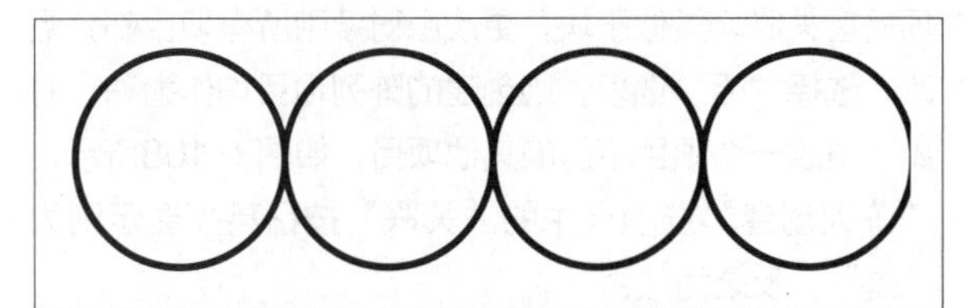

图3-95　复制其他3个圆

步骤 04 绘制倒数第二排的圆。单击“绘图”面板中“圆”按钮下方的下拉按钮，在打开的下拉列表中选择“相切，相切，半径”选项，分别在倒数第一排的前两个圆上选择切点，输入半径的值“5”，这样即可得到倒数第二排的第一个圆，如图3-96所示。

步骤 05 以相同的方法，绘制出倒数第二排剩下的圆，以及倒数第三和倒数第四排的圆，如图3-97所示。

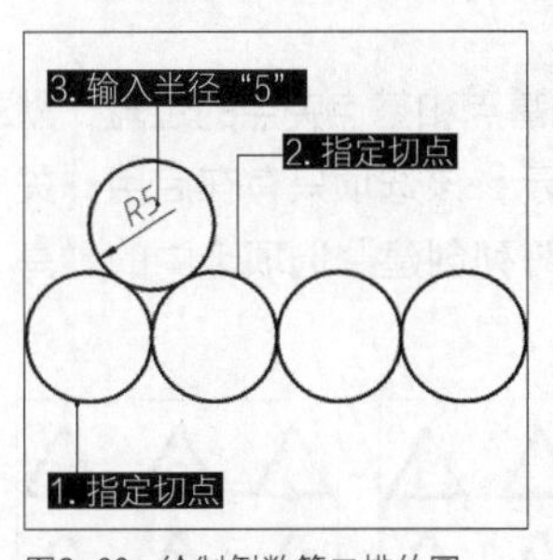

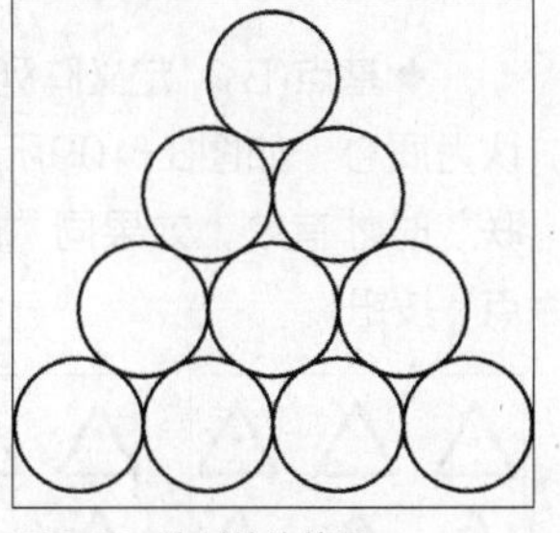

图3-96　绘制倒数第二排的圆　　图3-97　绘制其他的圆

步骤 06 绘制下方公切线。单击“绘图”面板中的“直线”按钮，捕捉倒数第一排圆的下象限点，得到下方公切线，如图3-98所示。

步骤 07 绘制左侧公切线。重复执行“直线”命令，在命令行提示指定点时，按住Shift键并单击鼠标右键，在弹出的快捷菜单中执行“切点”命令，在倒数第一排第一个圆上指定切点，在指定下一点时同样按住Shift键并单击鼠标右键，在弹出的快捷菜单中执行“切点”命令，在最上端的圆上指定切点，即可得到左侧的公切线，如图3-99所示。

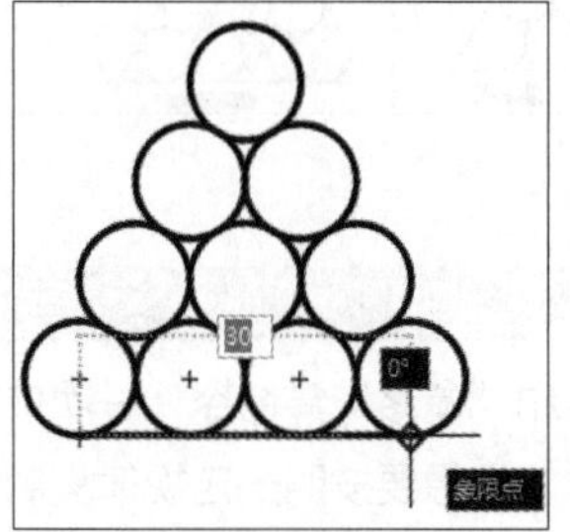

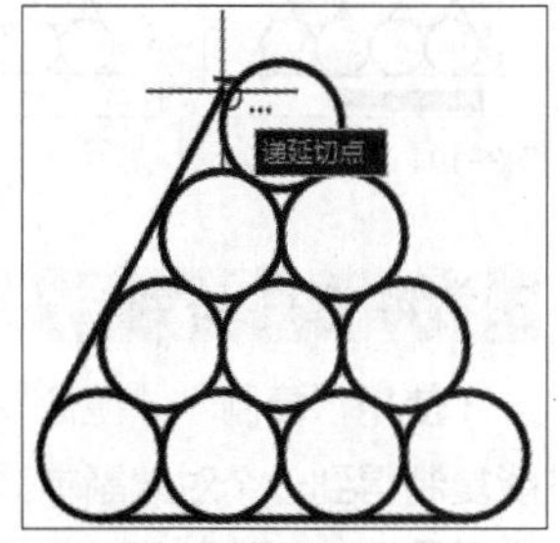

图3-98　绘制下方公切线　　图3-99　绘制左侧公切线

步骤 08 参照左侧公切线的绘制方法，绘制右侧的公切线，如图3-100所示。

步骤 09 单击“修改”面板中的“延伸”按钮，延伸各公切线，得到图3-101所示的图形。

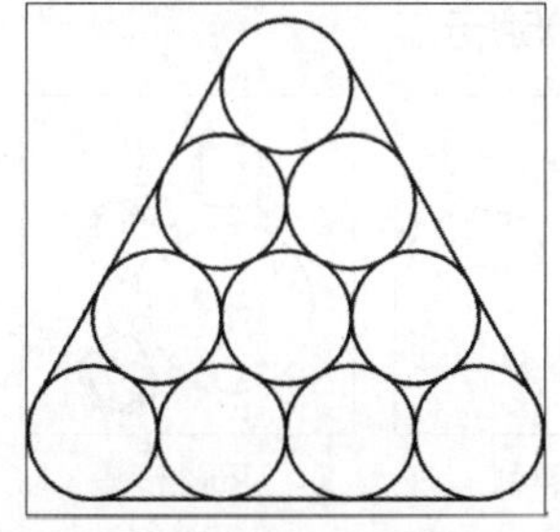

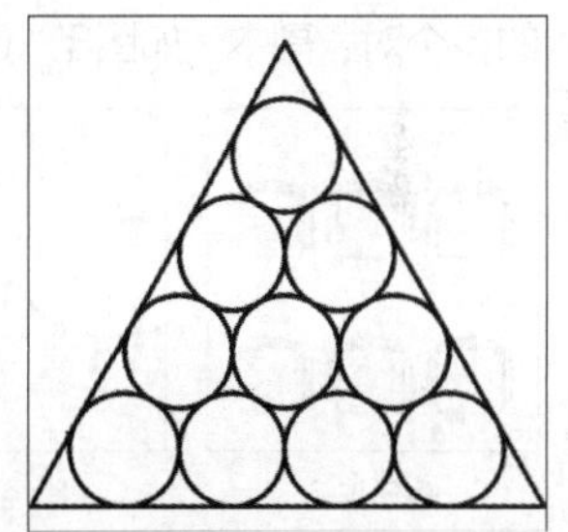

图3-100　绘制右侧公切线　　图3-101　延伸各公切线

步骤 10 至此，图形的形状已经绘制完成。执行“标注”命令，可知图形的尺寸并不符合要求，如图3-102所示，接下来就可以通过参照缩放将其缩放至要求的尺寸。

步骤 11 单击“修改”面板中的“缩放”按钮，选择整个图形，指定图形左下方的端点为缩放基点，如图3-103所示。

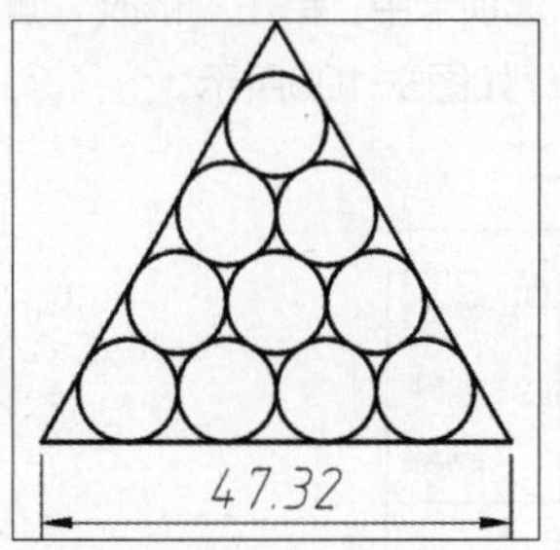

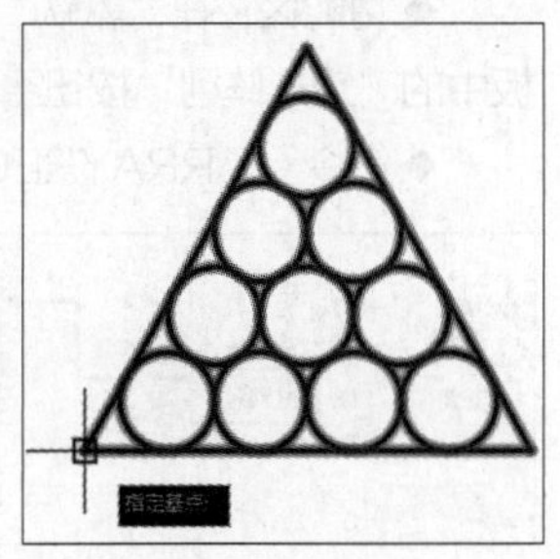

图3-102　图形大小不符合要求　　图3-103　指定缩放基点

步骤 12 选择“参照(R)”选项，同样以左下方的端点为参照缩放的测量起点，捕捉直线的另一端点为终点，指定完毕后输入所要求的尺寸值“80”，即可得到所需的图形，如图3-104所示。

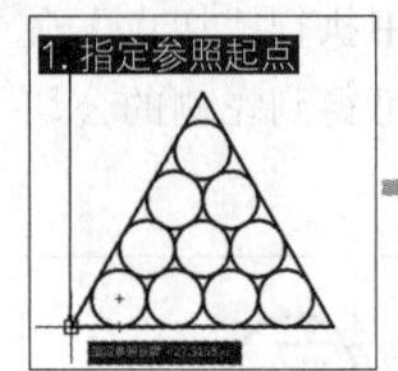

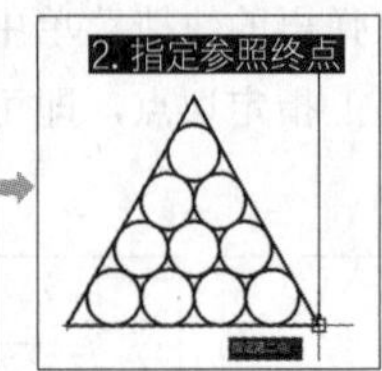

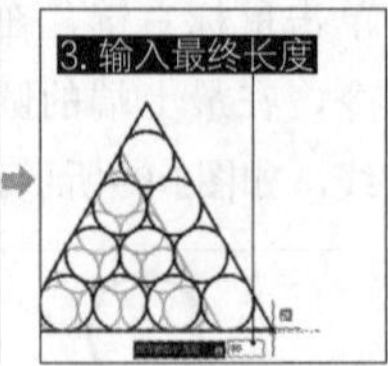

图3-104 参照缩放

3.1.11 图形阵列

使用"复制""镜像"和"偏移"等命令，一次只能复制得到一个对象副本。如果想要按照一定规律复制大量图形，可以使用AutoCAD提供的"阵列"命令。"阵列"命令是一个功能强大的多重复制命令，它可以一次将选择的对象复制成多个，并按指定的规律排列。

AutoCAD提供了3种"阵列"方式，分别是矩形阵列、路径阵列、环形阵列，可以按照矩形、路径角度和环形的方式，以定义的距离、路径和角度复制出源对象的多个对象副本，如图3-105所示。

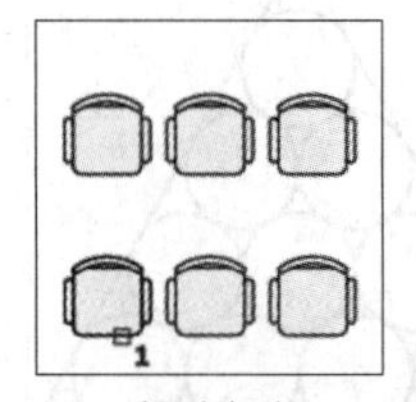
矩形阵列

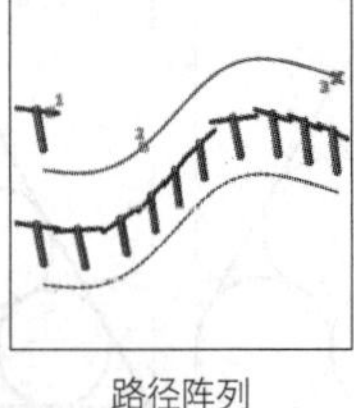
路径阵列

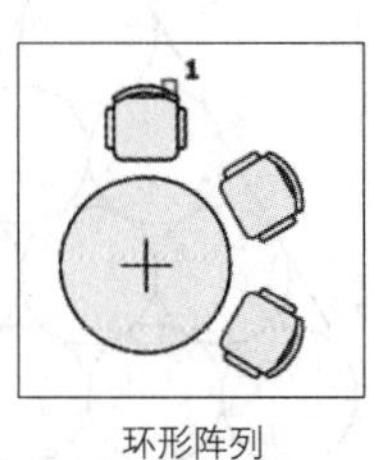
环形阵列

图3-105 阵列的3种方式

1 矩形阵列

矩形阵列就是图形呈行列排列，如园林平面图中的道路绿化带、建筑立面图中的窗格、规律摆放的桌椅等。执行"阵列"命令的方法如下。

◆菜单栏：执行"修改"|"阵列"|"矩形阵列"命令。

◆功能区：在"默认"选项卡中，单击"修改"面板中的"矩形阵列"按钮，如图3-106所示。

◆命令：ARRAYRECT。

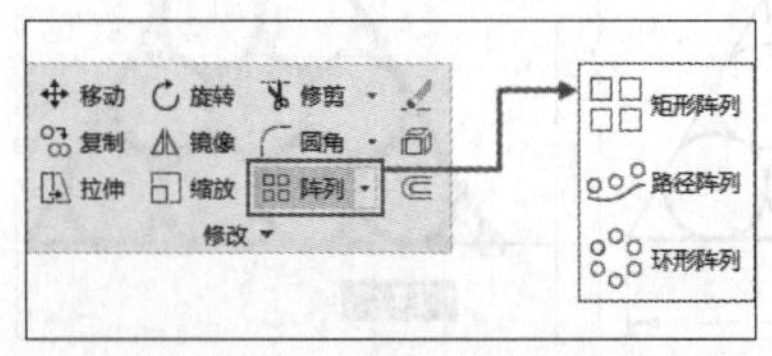

图3-106 "修改"面板中的"矩形阵列"按钮

执行"矩形阵列"命令需要设置的参数有阵列的"源对象"、"行"和"列"的数目，以及"行距"和"列距"。行和列的数目决定了需要复制的图形对象有多少个。

执行"矩形阵列"命令，显示"阵列创建"选项卡，如图3-107所示。命令行提示如下。

```
命令: _arrayrect
                    //执行"矩形阵列"命令
选择对象: 找到 1 个
                    //选择要阵列的对象
类型 = 矩形 关联 = 是
                    //显示当前的阵列设置
选择夹点以编辑阵列或 [关联(AS)/基点(B)/计数(COU)/间距(S)/列数(COL)/行数(R)/层数(L)/退出(X)]: ↙
                    //设置阵列参数，按Enter键退出
```

图3-107 "阵列创建"选项卡

命令行主要选项介绍如下。

◆关联(AS)：指定阵列中的对象是关联的还是独立的；选择"是"选项，则单个阵列对象中的所有阵列项目皆关联，类似于块，更改源对象则所有项目都会更改；选择"否"选项，则创建的阵列项目均作为独立对象，更改一个项目不影响其他项目，如图3-108所示；"阵列创建"选项卡中的"关联"按钮高亮显示则为"是"，反之为"否"。

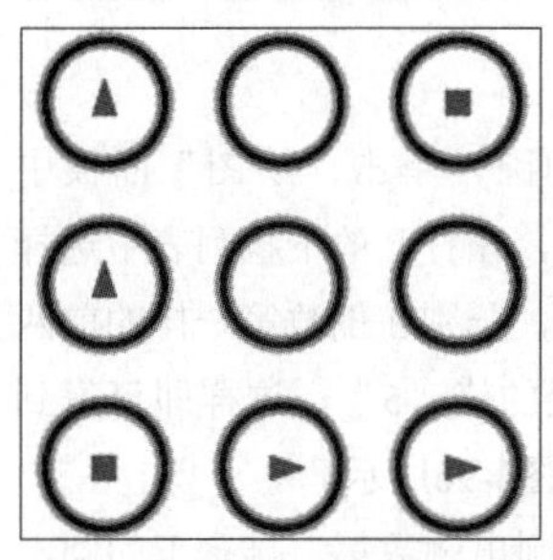
选择"是"选项：所有对象关联

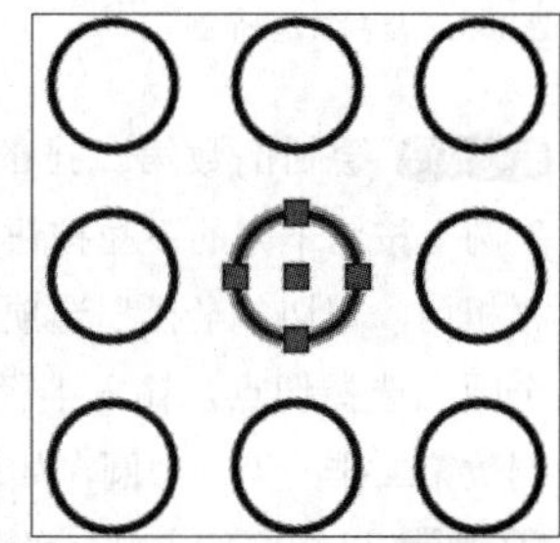
选择"否"选项：所有对象独立

图3-108 阵列的关联效果

◆基点(B)：定义阵列基点和基点夹点的位置，默认为质心，如图3-109所示；该选项只有在启用"关联"时才有效，效果同"阵列创建"选项卡中的"基点"按钮。

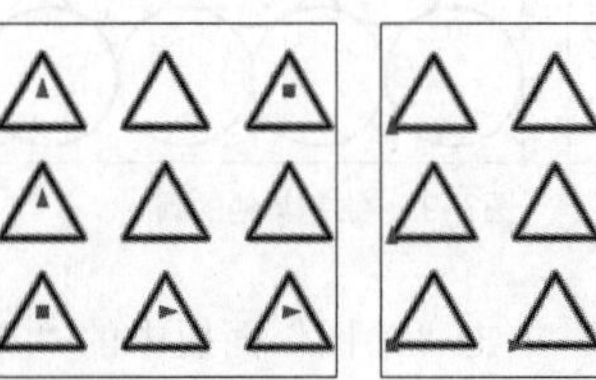
默认为质心处

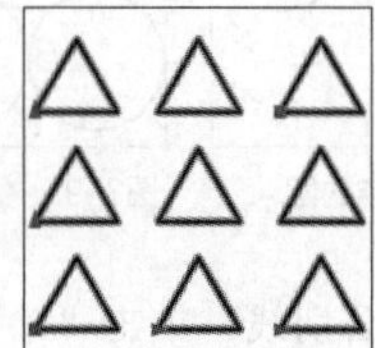
其他位置1

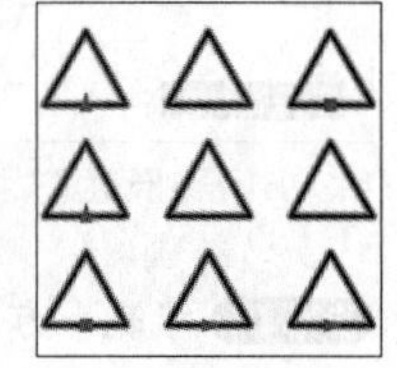
其他位置2

图3-109 不同的基点效果

◆计数(COU)：指定行数和列数，并使用户在移动十字光标时可以动态观察阵列结果，如图3-110所示，效果同"阵列创建"选项卡中的"列数"文本框和"行数"文本框。

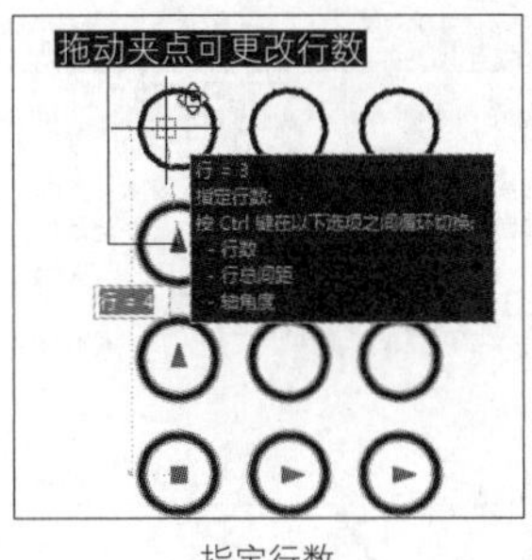

指定行数

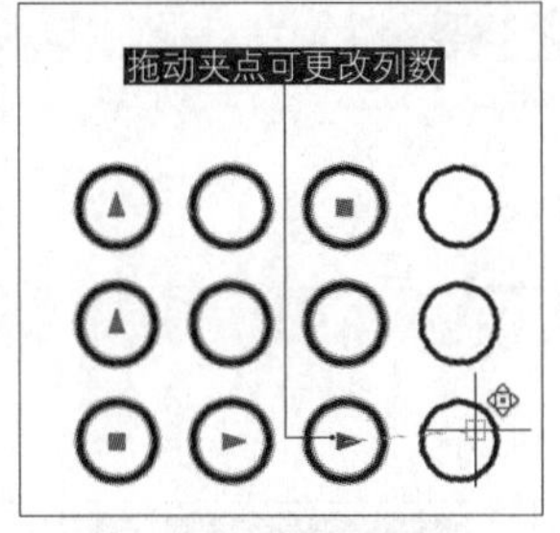

指定列数

图3-110　更改阵列的行数与列数

> **提示**
>
> 在创建矩形阵列的过程中，如果希望阵列的图形往相反的方向复制，可以在列数或行数前面加“-”符号，也可以向反方向拖动夹点。

◆间距(S)：指定行距和列距，并使用户在移动十字光标时可以动态观察结果，如图3-111所示，效果同“阵列创建”选项卡中的两个“介于”文本框。

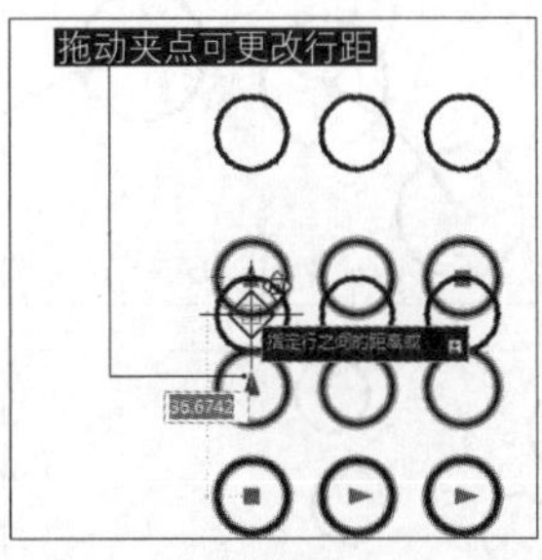

指定行距

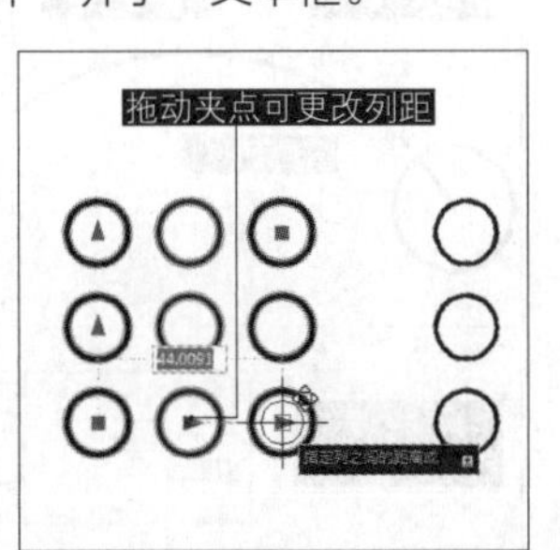

指定列距

图3-111　更改阵列的行距与列距

◆列数(COL)：依次编辑列数和列距，功能同“阵列创建”选项卡中的“列”面板选项。

◆行数(R)：依次指定阵列中的行数、行距及行之间的增量标高；“增量标高”指三维效果中Z轴方向上的增量，图3-112所示为“增量标高”为10的效果。

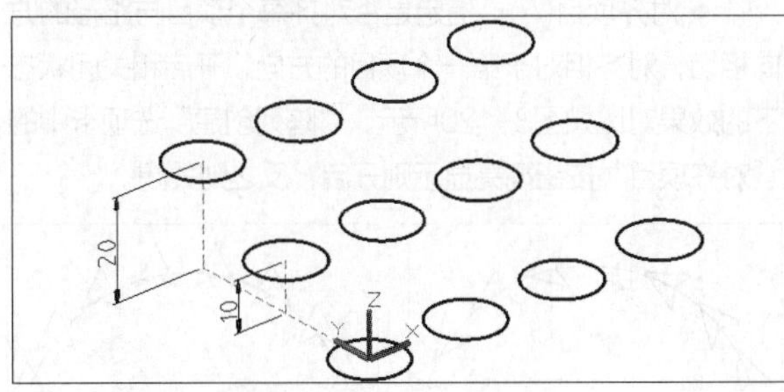

图3-112　阵列的增量标高效果

◆层数(L)：指定三维阵列的层数和层距，效果同“阵列创建”选项卡中的“层级”面板，二维情况下无须设置。

练习 3-13　使用“矩形阵列”命令绘制行道树 ★重点★

园林设计中需要为园路布置各种植被、绿化带图形，此时就可以灵活使用“阵列”命令来快速、大量地放置这些对象，操作步骤如下。

步骤 01 单击快速访问工具栏中的“打开”按钮，打开“练习3-13：使用‘矩形阵列’命令绘制行道树.dwg”素材文件，如图3-113所示。

步骤 02 在“默认”选项卡中，单击“修改”面板中的“矩形阵列”按钮，选择树图形作为阵列对象，设置行、列间距为6000，结果如图3-114所示。

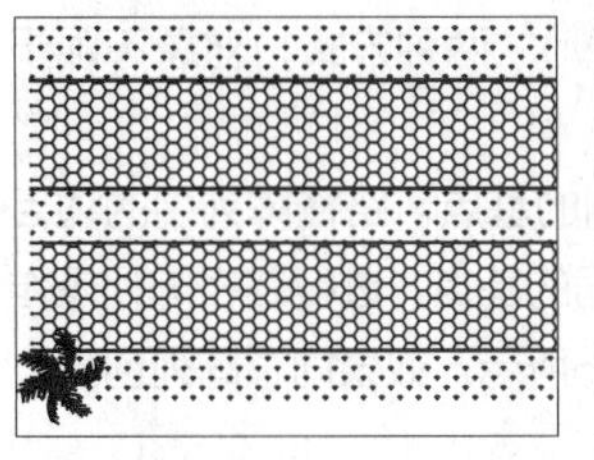
图3-113　素材图形

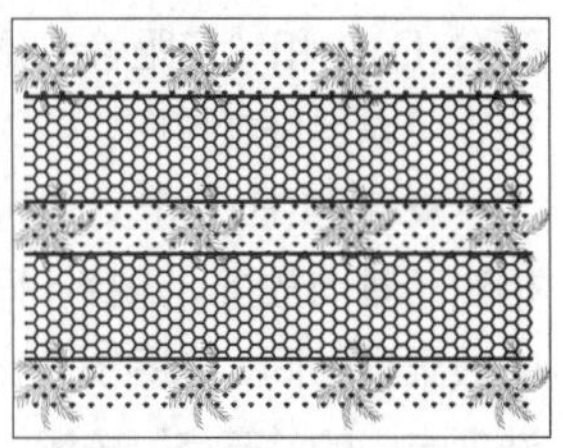
图3-114　阵列结果

2 路径阵列

路径阵列可沿曲线（可以是直线、多段线、三维多段线、样条曲线、螺旋线、圆弧、圆或椭圆）复制阵列图形，通过设置不同的基点，能得到不同的阵列结果。在园林设计中，使用路径阵列可快速复制园路与街道旁的树木，或者草地中的汀步等图形对象。

执行“路径阵列”命令的方法如下。

◆菜单栏：执行“修改”|“阵列”|“路径阵列”命令。

◆功能区：在“默认”选项卡中，单击“修改”面板中的“路径阵列”按钮。

◆命令：ARRAYPATH。

执行“路径阵列”命令需要设置的参数有“阵列路径”“阵列对象”“阵列数量”“方向”等。执行“路径阵列”命令，显示“阵列创建”选项卡，如图3-115所示。命令行提示如下。

```
命令: _arraypath
                            //执行“路径阵列”命令
选择对象: 找到 1 个
                            //选择要阵列的对象
选择对象:
类型 = 路径  关联 = 是
                            //显示当前的阵列设置
选择路径曲线:
                            //选取阵列路径
选择夹点以编辑阵列或 [关联(AS)/方法(M)/基点(B)/切向(T)/项目(I)/行(R)/层(L)/对齐项目(A)/Z 方向(Z)/退出(X)] <退出>: ↙
                            //设置阵列参数，按Enter键退出
```

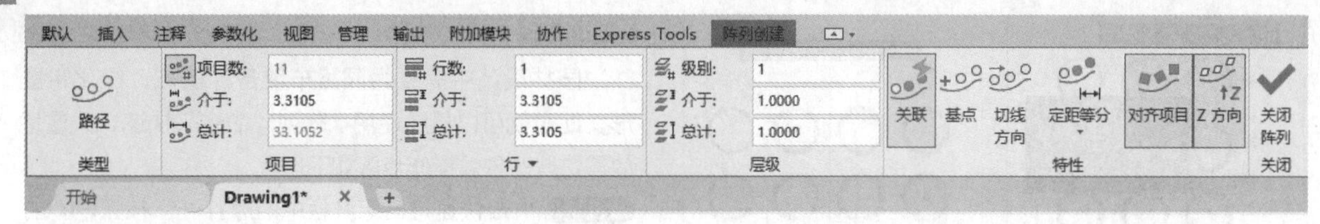

图3-115 “阵列创建”选项卡

命令行中主要选项介绍如下。

◆关联(AS)：与“矩形阵列”中的“关联”选项相同，这里不重复讲解。

◆方法(M)：控制如何沿路径分布项目，有“定数等分(D)”和“定距等分(M)”两种方式；对象不限于块，可以是任意图形。

◆基点(B)：定义阵列的基点。路径阵列中的项目相对于基点放置。选择不同的基点，进行路径阵列操作的效果也不同，如图3-116所示。效果同“阵列创建”选项卡中的“基点”按钮。

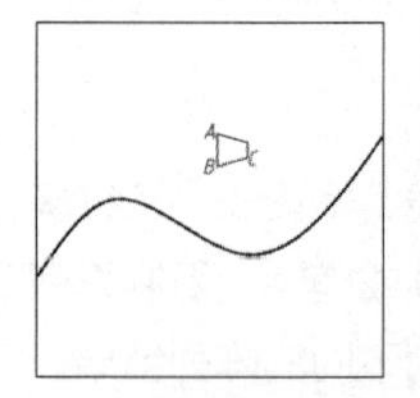

原图形

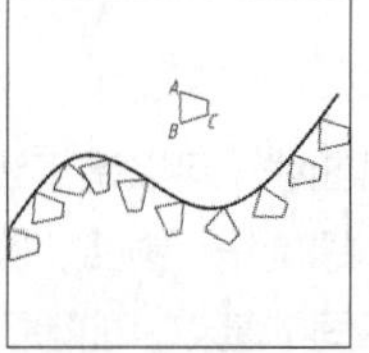

以A点为基点

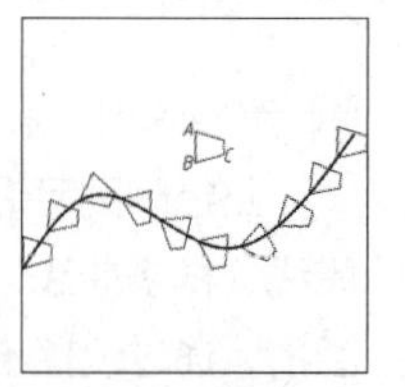

以B点为基点

图3-116 不同基点的路径阵列

◆切向(T)：指定阵列中的项目如何相对于路径的起始方向对齐，不同基点、切向的阵列效果如图3-117所示。效果同“阵列创建”选项卡中的“切线方向”按钮。

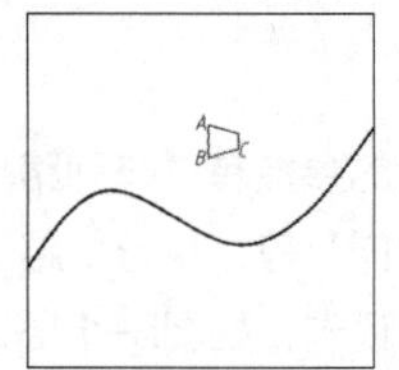

原图形

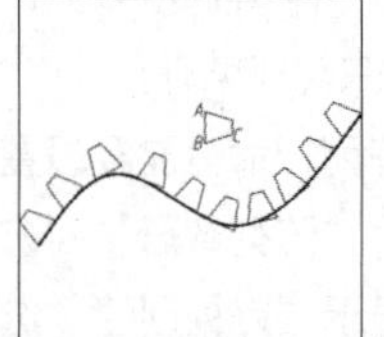

以A点为基点，AB为方向矢量

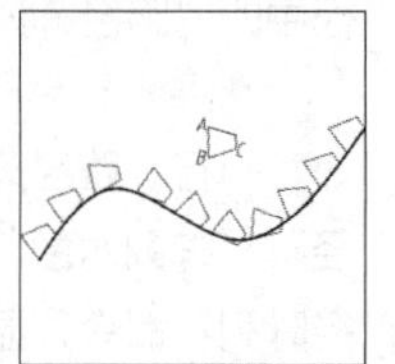

以B点为基点，BC为方向矢量

图3-117 不同基点、切向的路径阵列

◆项目(I)：根据“方法”设置，指定项目数（方法为“定数等分”）或项目之间的距离（方法为“定距等分”），如图3-118所示。效果同“阵列创建”选项卡中的“项目”面板。

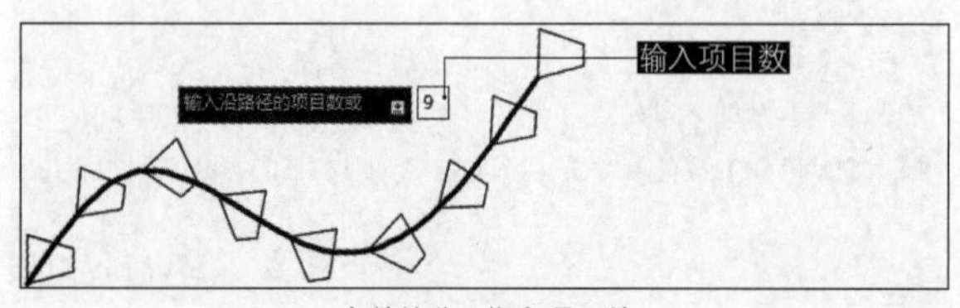

定数等分：指定项目数

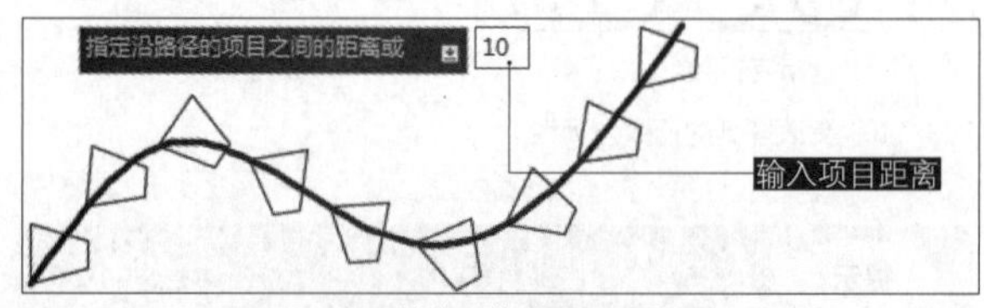

定距等分：指定项目距离

图3-118 根据所选方法输入阵列的项目数或项目距离

◆行(R)：指定阵列中的行数、行之间的距离及行之间的增量标高，如图3-119所示。效果同“阵列创建”选项卡中的“行”面板。

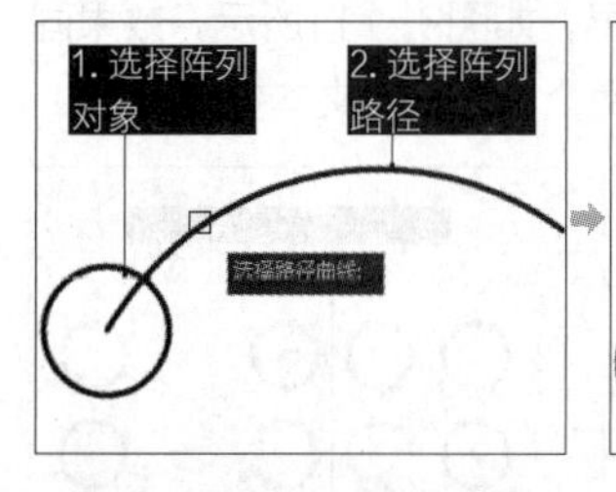

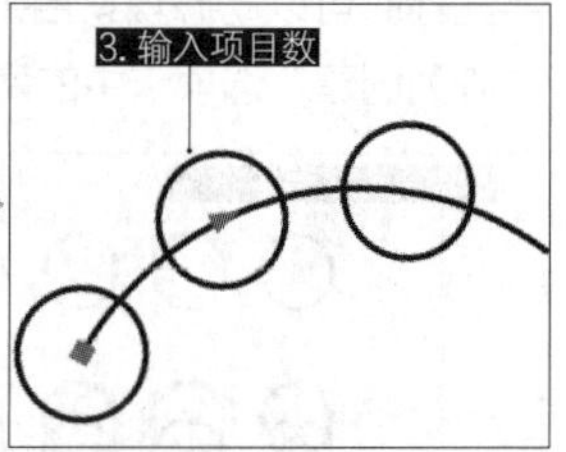

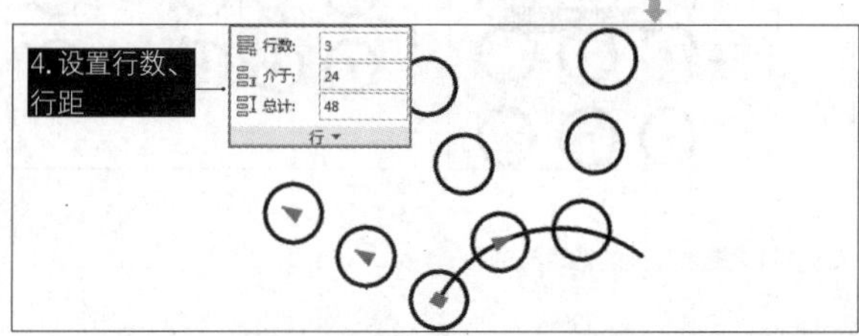

图3-119 路径阵列的“行”效果

◆层(L)：指定三维阵列的层数和层距，效果同“阵列创建”选项卡中的“层级”面板，在二维视图中无须设置。

◆对齐项目(A)：指定是否对齐每个项目与路径的方向相切，对齐相对于第一个项目的方向，开启和关闭状态下的效果对比如图3-120所示。“阵列创建”选项卡中的“对齐项目”按钮高亮显示则开启，反之则关闭。

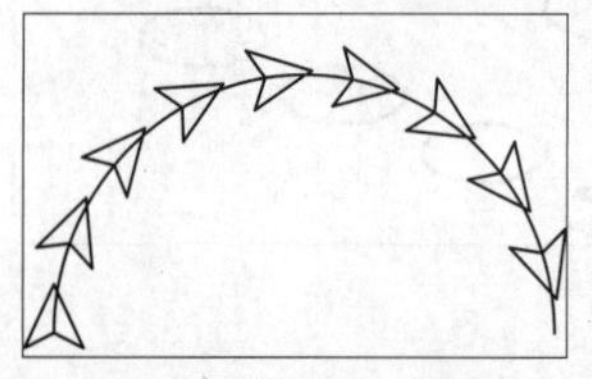

开启“对齐项目”效果

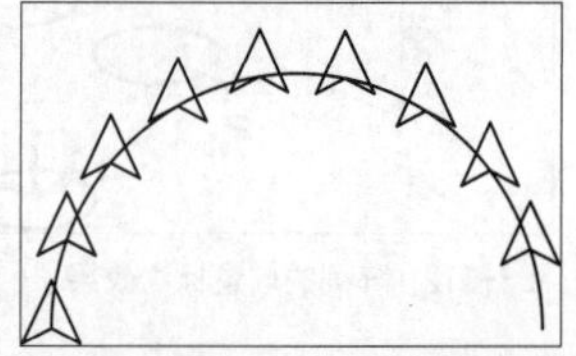

关闭“对齐项目”效果

图3-120 对齐项目效果

◆Z方向(Z)：控制是否保持项目的原始Z方向，或沿三维路径自然倾斜项目。

练习 3-14 使用“路径阵列”命令绘制汀步 ★重点★

在我国古典园林中，常以零散的叠石点缀于窄而浅的水面上，如图3-121所示。这些叠石被称为“汀步”，或“掇步”“踏步”。这种古老的渡水设施质朴自然，别有情趣，因此在当代园林设计中得到了大量应用。本练习使用“路径阵列”命令创建汀步，操作步骤如下。

步骤 01 启动AutoCAD，打开“练习3-14：使用‘路径阵列’命令绘制汀步.dwg”素材文件，如图3-122所示。

图3-121　汀步

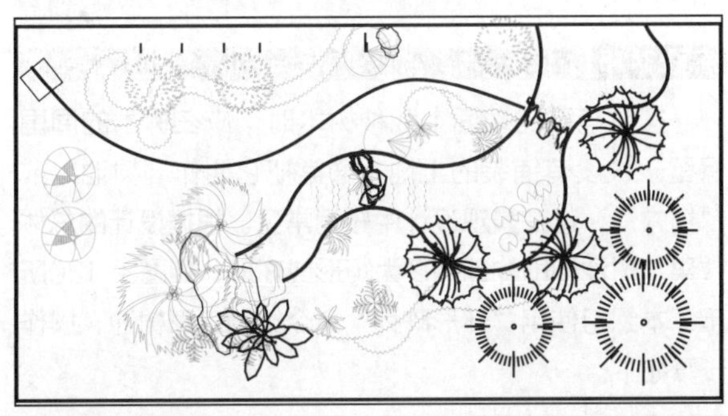

图3-122　素材图形

步骤 02 单击“修改”面板中的“路径阵列”按钮，选择阵列对象和阵列曲线，命令行提示如下。

```
命令: _arraypath
        //执行“路径阵列”命令
选择对象: 找到 1 个
        //选择矩形汀步图形，按Enter键确认
类型 = 路径  关联 = 是
选择路径曲线:
        //选择样条曲线作为阵列路径，按Enter键确认
选择夹点以编辑阵列或 [关联(AS)/方法(M)/基点(B)/切向(T)/项目(I)/行(R)/层(L)/对齐项目(A)/Z方向(Z)/退出(X)] <退出>: I↙
        //选择“项目”选项
指定沿路径的项目之间的距离或 [表达式(E)] <126>: 700↙
        //输入项目距离
最大项目数 = 16
指定项目数或 [填写完整路径(F)/表达式(E)] <16>:↙
        //按Enter键确认阵列数量
选择夹点以编辑阵列或 [关联(AS)/方法(M)/基点(B)/切向(T)/项目(I)/行(R)/层(L)/对齐项目(A)/z 方向(Z)/退出(X)] <退出>:↙
        //按Enter键完成操作
```

步骤 03 操作完成后，删除路径曲线，汀步绘制效果如图3-123所示。

图3-123　路径阵列效果

3 环形阵列

“环形阵列”即极轴阵列，是以某一点为中心点进行环形复制，使阵列对象沿中心点的四周均匀排列成环形。执行“环形阵列”命令的方法如下。

◆菜单栏：执行“修改”|“阵列”|“环形阵列”命令。

◆功能区：在“默认”选项卡中，单击“修改”面板中的“环形阵列”按钮。

◆命令：ARRAYPOLAR。

执行“环形阵列”命令需要设置的参数有阵列的“源对象”“项目总数”“中心点位置”“填充角度”。填充角度是指全部项目排成的环形所占有的角度。例如，若是360°填充，所有项目将排满一圈，如图3-124所示；若是120°填充，则在120°的范围内分布项目，如图3-125所示。

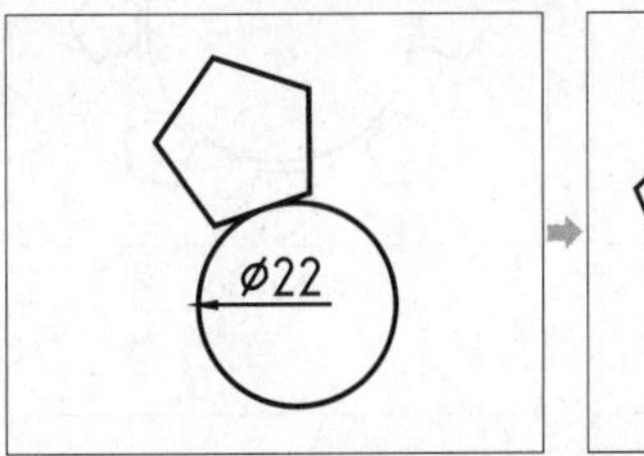

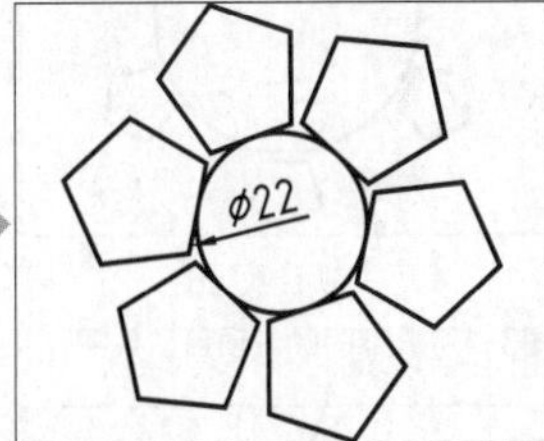

图3-124　指定项目总数和填充角度阵列

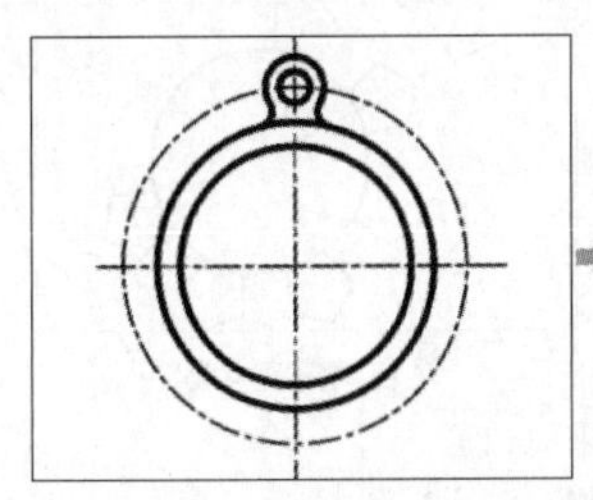

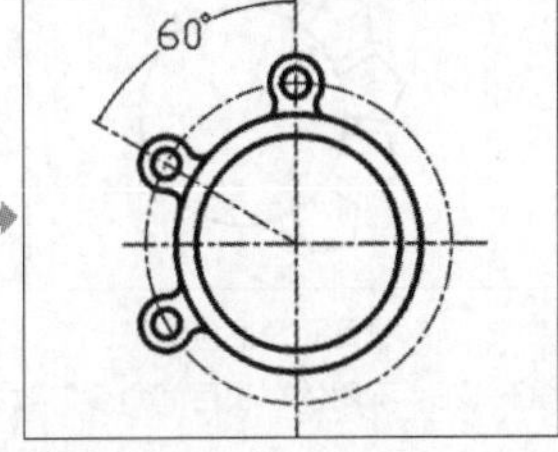

图3-125　指定项目总数和项目间的角度阵列

执行“环形阵列”命令，显示“阵列创建”选项卡，如图3-126所示。命令行提示如下。

```
命令: _arraypolar
                    //执行“环形阵列”命令
选择对象: 找到 1 个
                    //选择阵列对象
选择对象:
类型 = 极轴  关联 = 是
                    //显示当前的阵列设置
指定阵列的中心点或 [基点(B)/旋转轴(A)]:
                    //指定阵列中心点
选择夹点以编辑阵列或 [关联(AS)/基点(B)/项目(I)/项目间角度(A)/填充角度(F)/行(ROW)/层(L)/旋转项目(ROT)/退出(X)] <退出>: ↙
                    //设置阵列参数并按Enter键退出
```

图3-126 “阵列创建”选项卡

命令行主要选项介绍如下。

◆关联(AS)：与“矩形阵列”中的“关联”选项相同，这里不重复讲解。

◆基点(B)：指定阵列的基点，默认为质心，效果同“阵列创建”选项卡中的“基点”按钮。

◆项目(I)：使用值或表达式指定阵列中的项目数，默认为360°排列，如图3-127所示。

◆项目间角度(A)：使用值表示项目之间的角度，如图3-128所示，效果同“阵列创建”选项卡中的“项目”面板。

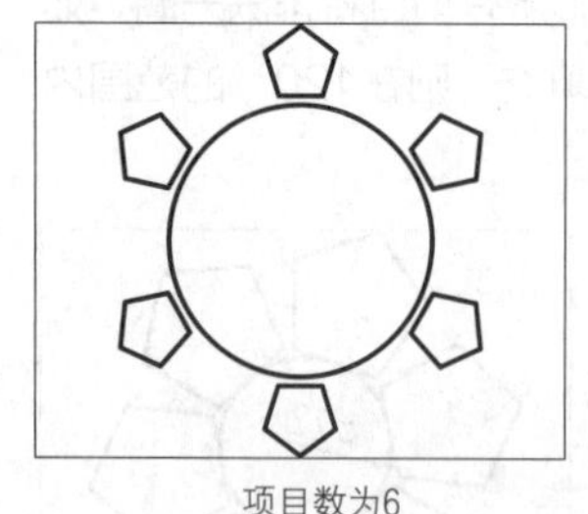

项目数为6

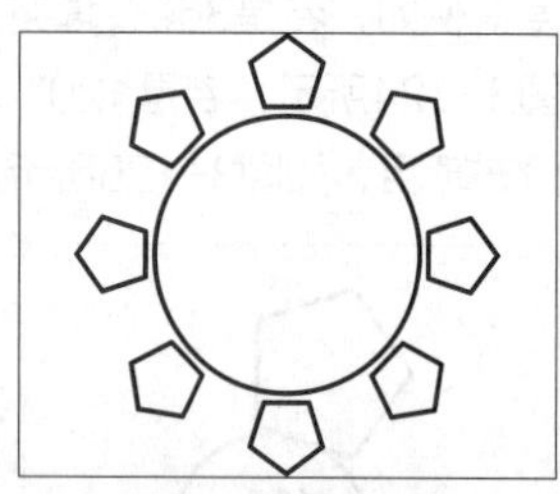

项目数为8

图3-127 不同的“项目”效果

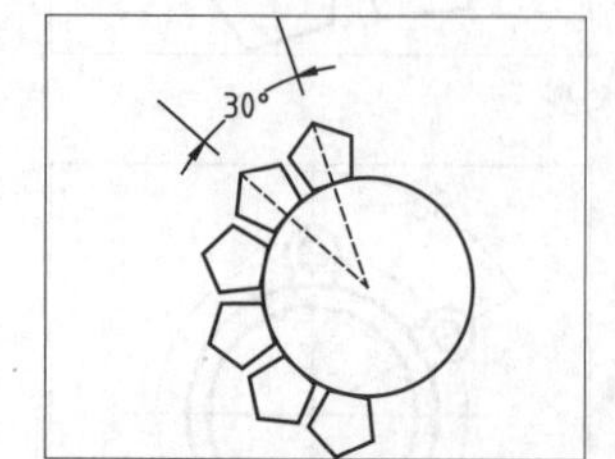

项目间角度为30°

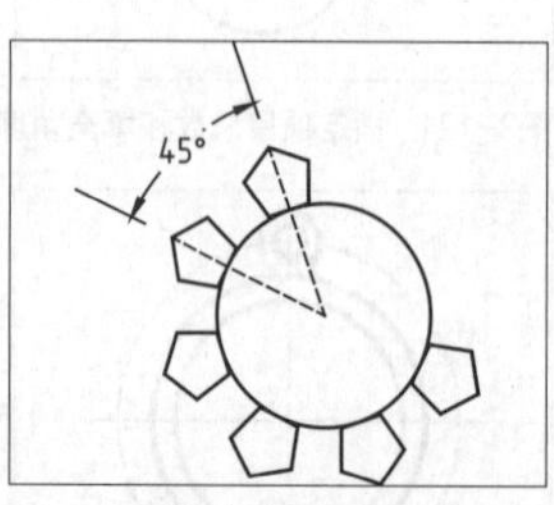

项目间角度为45°

图3-128 不同的“项目间角度”效果

◆填充角度(F)：使用值或表达式指定阵列中第一个项目和最后一个项目之间的角度，即环形阵列的总角度。

◆行(ROW)：指定阵列中的行数、行之间的距离及行之间的增量标高，效果与“路径阵列”中的“行(R)”选项一致，在此不重复讲解。

◆层(L)：指定三维阵列的层数和层距，效果同“阵列创建”选项卡中的“层级”面板，在二维视图中无须设置。

◆旋转项目(ROT)：控制在阵列项目时是否旋转项目，效果对比如图3-129所示；“阵列创建”选项卡中的“旋转项目”按钮高亮显示则开启，反之则关闭。

开启“旋转项目”效果

关闭“旋转项目”效果

图3-129 不同的“旋转项目”效果

练习 3-15 使用“环形阵列”命令绘制树池 ★重点★

在有铺装的地面上栽种树木时，应在树木的周围保留一块没有铺装的土地，通常把它叫作“树池”或“树穴”，这在景观设计中较为常见。根据设计的总体效果，树池周围的铺装多为矩形或环形，如图3-130所示。本练习使用“环形阵列”命令绘制环形树池，操作步骤如下。

矩形树池

环形树池

图3-130 树池

步骤 01 单击快速访问工具栏中的“打开”按钮，打开“练习3-15：使用‘环形阵列’命令绘制树池.dwg”素材文件，如图3-131所示。

步骤 02 在“默认”选项卡中，单击“修改”面板中的“环形阵列”按钮，选择图形下侧的矩形作为阵列对象，命令行提示如下。

```
类型 = 极轴  关联 = 是
指定阵列的中心点或 [基点(B)/旋转轴(A)]:
                    //指定树池圆心作为阵列的中心点进行阵列
选择夹点以编辑阵列或 [关联(AS)/基点(B)/项目(I)/项目间角
```

度(A)/填充角度(F)/行(ROW)/层(L)/旋转项目(ROT)/退出(X)] <退出>：I↙
输入阵列中的项目数或 [表达式(E)] <6>：70↙
选择夹点以编辑阵列或 [关联(AS)/基点(B)/项目(I)/项目间角度(A)/填充角度(F)/行(ROW)/层(L)/旋转项目(ROT)/退出(X)] <退出>：

环形阵列效果如图3-132所示。

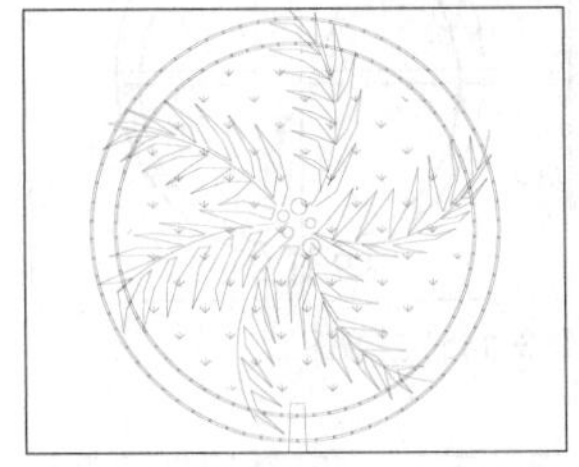
图3-131　素材图形

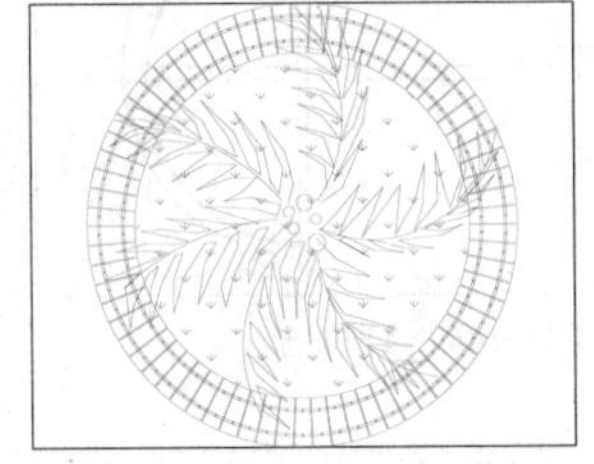
图3-132　环形阵列效果

3.1.12 偏移

使用“偏移”命令可以创建与源对象成一定距离的形状相同或相似的新图形对象。可以进行偏移的图形对象包括直线、圆、圆弧、曲线、多边形等，如图3-133所示。

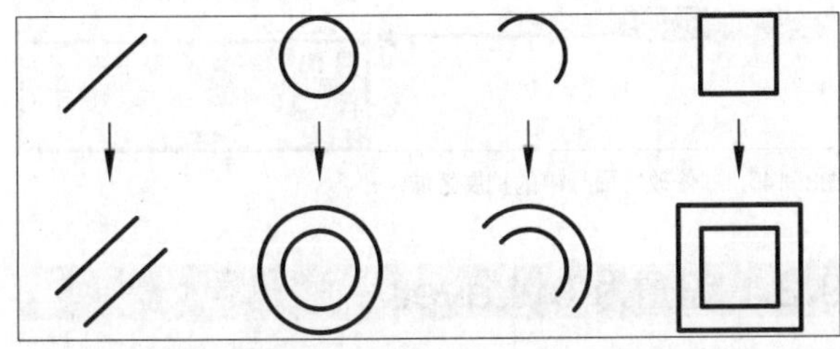
图3-133　各图形偏移示例

在AutoCAD中，执行“偏移”命令的方法如下。

◆菜单栏：执行“修改” | “偏移”命令。

◆功能区：单击“修改”面板中的“偏移”按钮⊆。

◆命令：OFFSET或O。

执行“偏移”命令需要输入的参数有需要偏移的“源对象”、“偏移距离”和“偏移方向”。只要在需要偏移的一侧的任意位置单击即可确定偏移方向，也可以指定偏移对象通过已知的点。执行“偏移”命令后，命令行提示如下。

命令：OFFSET↙
　　//执行“偏移”命令
指定偏移距离或 [通过(T)/删除(E)/图层(L)] <通过>：
　　//输入偏移距离
选择要偏移的对象，或 [退出(E)/放弃(U)] <退出>：
　　//选择偏移对象
指定通过点或 [退出(E)/多个(M)/放弃(U)] <退出>：
　　//输入偏移距离或指定目标点

命令行各选项的含义介绍如下。

◆通过(T)：指定一个通过点定义偏移的距离和方向，如图3-134所示。

◆删除(E)：偏移源对象后将其删除。

◆图层(L)：确定将偏移对象创建在当前图层上还是源对象所在的图层上。

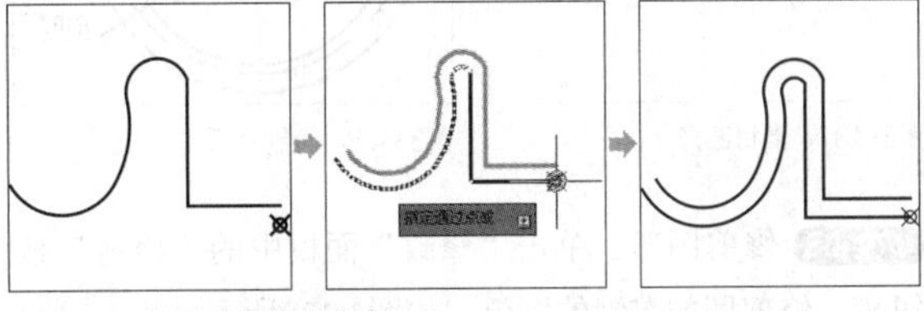
图3-134　“通过(T)”偏移效果

练习 3-16　使用“偏移”命令绘制弹性挡圈　★进阶★

弹性挡圈分为轴用挡圈与孔用挡圈两种，如图3-135所示，是紧固在轴或孔上的圈形机件，可以防止装在轴或孔上的其他零件窜动。弹性挡圈的应用非常广泛，在各种工程机械与农业机械上都很常见。弹性挡圈通常采用65Mn板料冲切制成，截面呈矩形。

弹性挡圈的规格与安装槽标准见相关国标文件，本练习使用“偏移”命令绘制图3-136所示的弹性挡圈，操作步骤如下。

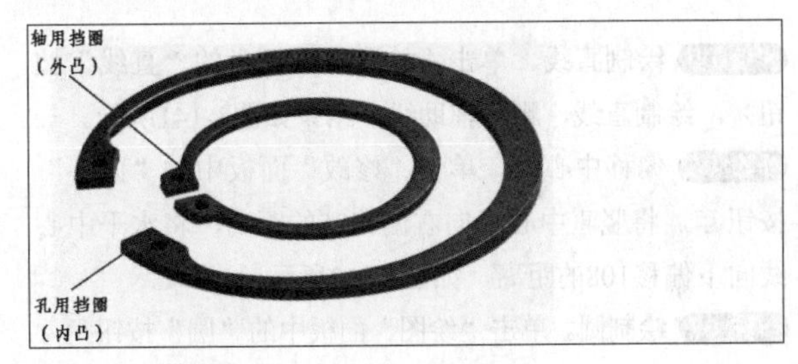

图3-135　弹性挡圈

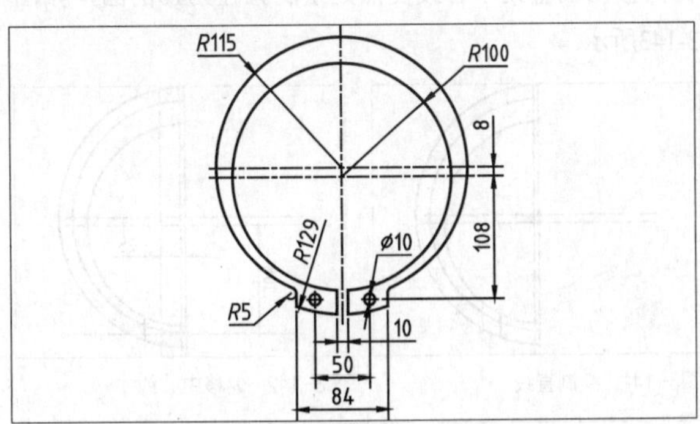

图3-136　轴用弹性挡圈

步骤 01 打开“练习3-16：使用‘偏移’命令绘制弹性挡圈.dwg”素材文件，素材图形如图3-137所示，其中已经绘制好了3条中心线。

步骤 02 绘制圆。单击“绘图”面板中的“圆”按钮⊙，分别在上方的中心线交点处绘制半径为115、129

的圆，在下方的中心线交点处绘制半径为100的圆，如图3-138所示。

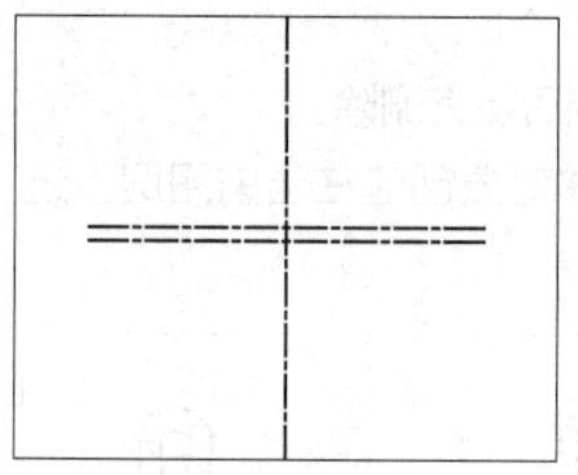

图3-137　素材图形

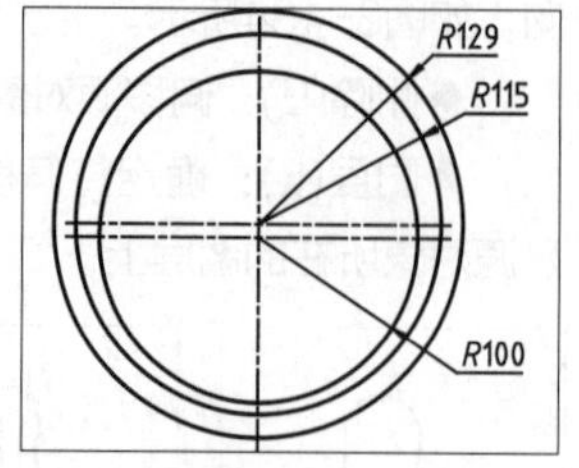

图3-138　绘制圆弧

步骤 03 修剪图形。单击“修改”面板中的“修剪”按钮，修剪圆的左侧的圆弧，如图3-139所示。

步骤 04 偏移图形。单击“修改”面板中的“偏移”按钮，将竖直中心线分别向右偏移5、42的距离，结果如图3-140所示。

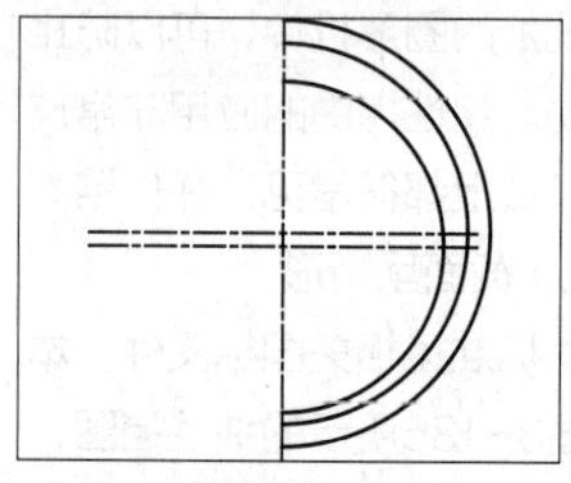

图3-139　修剪图形

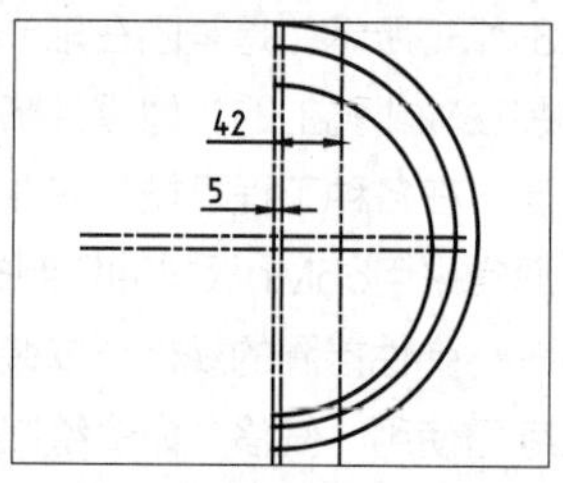

图3-140　偏移复制

步骤 05 绘制直线。单击“绘图”面板中的“直线”按钮，绘制直线，删除辅助线，结果如图3-141所示。

步骤 06 偏移中心线。单击“修改”面板中的“偏移”按钮，将竖直中心线向右偏移25的距离，将水平中心线向下偏移108的距离，如图3-142所示。

步骤 07 绘制圆。单击“绘图”面板中的“圆”按钮，在偏移出的辅助中心线交点处绘制直径为10的圆，如图3-143所示。

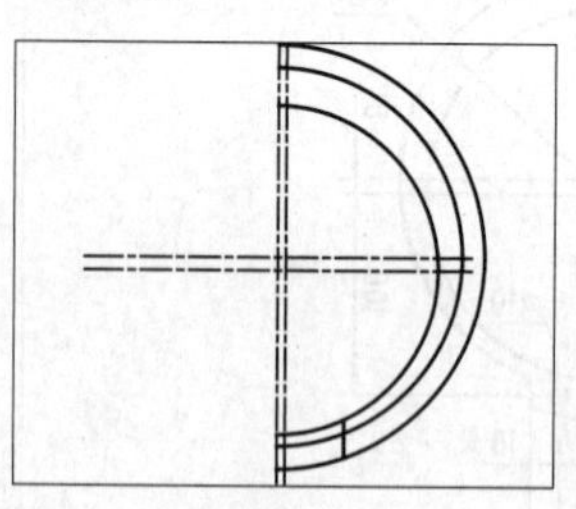

图3-141　绘制直线

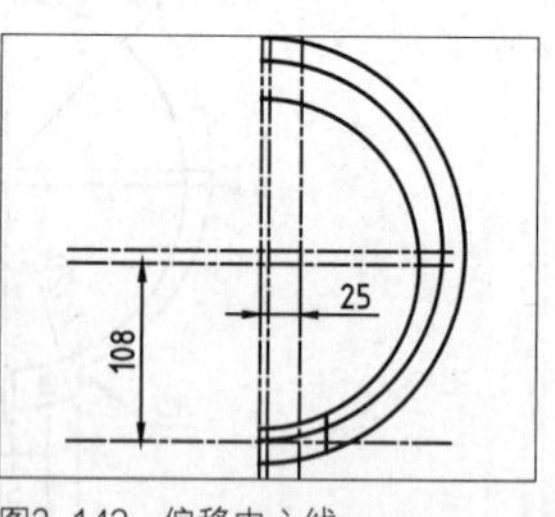

图3-142　偏移中心线

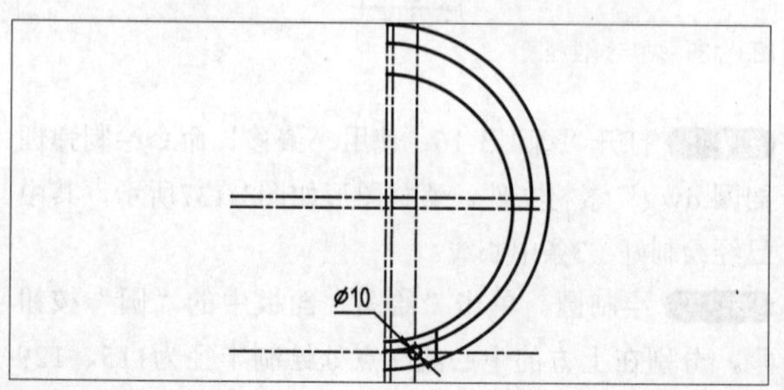

图3-143　绘制圆

步骤 08 修剪图形。单击“修改”面板中的“修剪”按钮，修剪出右侧图形，如图3-144所示。

步骤 09 镜像图形。单击“修改”面板中的“镜像”按钮，以竖直中心线作为镜像线镜像图形，如图3-145所示。

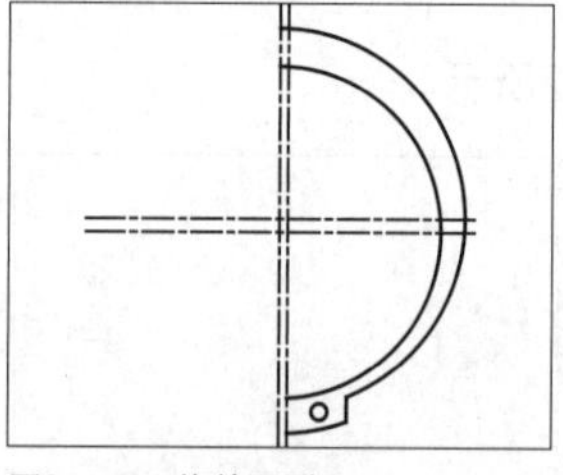

图3-144　修剪图形

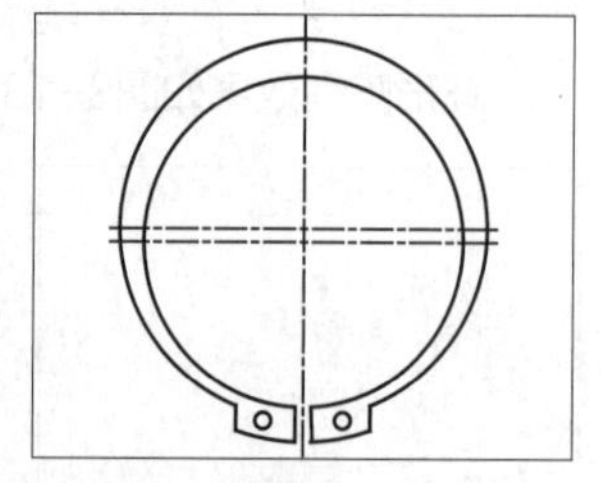

图3-145　镜像图形

3.2 其他的编辑命令

与“绘图”面板相似，“修改”面板也包含扩展区域。单击“修改”右侧的下拉按钮即可展开，如图3-146所示。

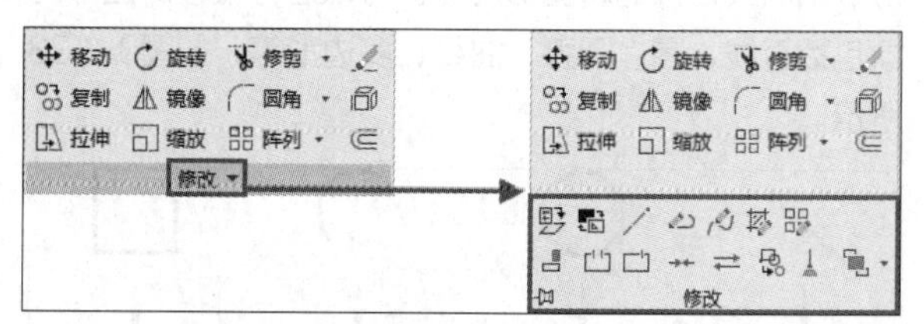

图3-146　“修改”面板中的扩展区域

3.2.1 设置为 ByLayer

“设置为ByLayer”是“修改”面板扩展区域里的第一个按钮，可以将图形对象的特性转换为图层特性。图层的概念将在本书后面的章节中详细介绍。

3.2.2 更改空间

使用“更改空间”按钮可以在布局和模型空间之间传输选定对象，该按钮极少使用。关于布局和模型空间的概念将在本书后面的章节中重点介绍。

3.2.3 拉长

拉长就是改变原图形的长度，可以把原图形变长，也可以将其缩短。用户可以通过指定一个长度增量、角度增量（对于圆弧）、总长度或者相对于原长的百分比增量来改变原图形的长度，也可以通过动态拖动的方式来直接改变原图形的长度。

执行“拉长”命令的方法如下。

◆菜单栏：执行“修改”｜“拉长”命令。

◆功能区：单击“修改”面板扩展区域中的“拉

长”按钮。

◆命令：LENGTHEN或LEN。

执行“拉长”命令后，命令行提示如下。

```
选择要测量的对象或 [增量(DE)/百分比(P)/总计(T)/动态(DY)] <总计(T)>:
```

只有选择了各延伸选项确定拉长方式后，才能对图形进行拉长，因此各操作需结合不同的选项进行说明。命令行中各选项的含义介绍如下。

◆增量(DE)：表示以增量方式修改对象的长度；可以直接输入长度增量来拉长直线或者圆弧，长度增量为正时拉长对象，如图3-147所示，长度增量为负时缩短对象；也可以输入“A”（“角度”命令），通过指定圆弧的长度和角增量来修改圆弧的长度，如图3-148所示。

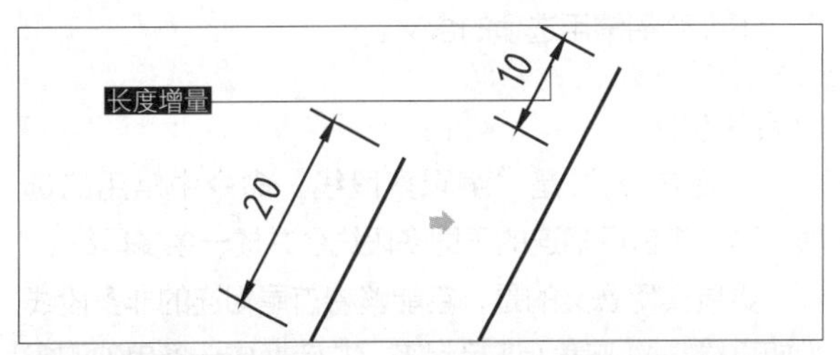

图3-147 长度增量效果

```
命令: _lengthen
选择要测量的对象或 [增量(DE)/百分比(P)/总计(T)/动态(DY)]: DE↙
                    //输入“DE”，选择“增量”选项
输入长度增量或 [角度(A)] <0.0000>:10↙
                    //输入增量数值
选择要修改的对象或 [放弃(U)]: ↙
                    //按Enter键完成操作
```

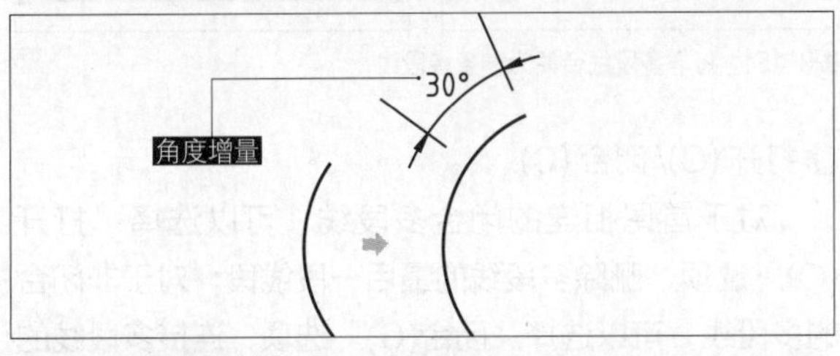

图3-148 角度增量效果

```
命令: _lengthen
选择要测量的对象或 [增量(DE)/百分比(P)/总计(T)/动态(DY)]: DE↙
          //输入“DE”，选择“增量”选项
输入长度增量或 [角度(A)] <0.0000>: A↙
          //输入“A”，选择“角度”选项
输入角度增量 <0>:30↙
          //输入角度增量
选择要修改的对象或 [放弃(U)]: ↙
          //按Enter键完成操作
```

◆百分比(P)：通过输入百分比来改变对象的长度或圆心角大小，百分比的数值以原长度为参照；若输入“50”，则表示将图形缩短至原长度的50%，如图3-149所示。

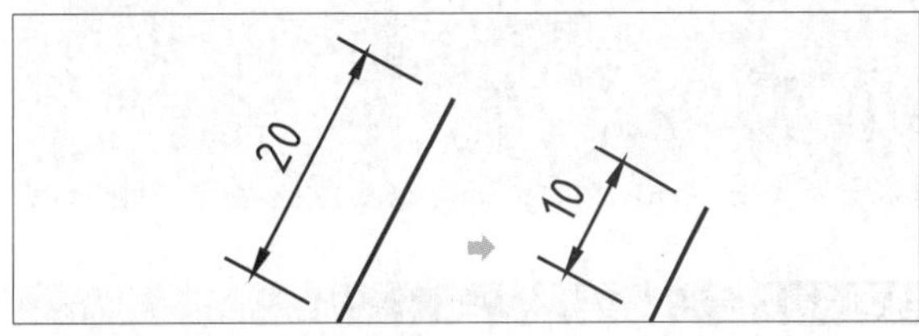

图3-149 “百分数(P)”增量效果

```
命令: _lengthen
选择要测量的对象或 [增量(DE)/百分比(P)/总计(T)/动态(DY)]: P↙
                    //输入“P”，选择“百分比”选项
输入长度百分数 <0.0000>:50↙
                    //输入百分比数值
选择要修改的对象或 [放弃(U)]: ↙
                    //按Enter键完成操作
```

◆总计(T)：将对象从离选择点最近的端点拉长到指定值，该指定值为拉长后的总长度，该方法特别适合于对一些长度值为非整数的线段（或圆弧）进行操作，如图3-150所示。

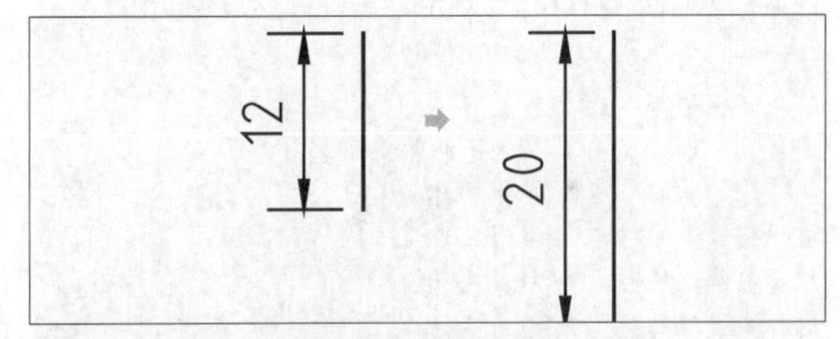

图3-150 “总计(T)”增量效果

```
命令: _lengthen
选择要测量的对象或 [增量(DE)/百分比(P)/总计(T)/动态(DY)]: T↙
                    //输入“T”，选择“总计”选项
指定总长度或 [角度(A)] <0.0000>: 20↙
                    //输入总长数值
选择要修改的对象或 [放弃(U)]: ↙
                    //按Enter键完成操作
```

◆动态(D)：用动态模式拖动对象的一个端点来改变对象的长度或角度，如图3-151所示。

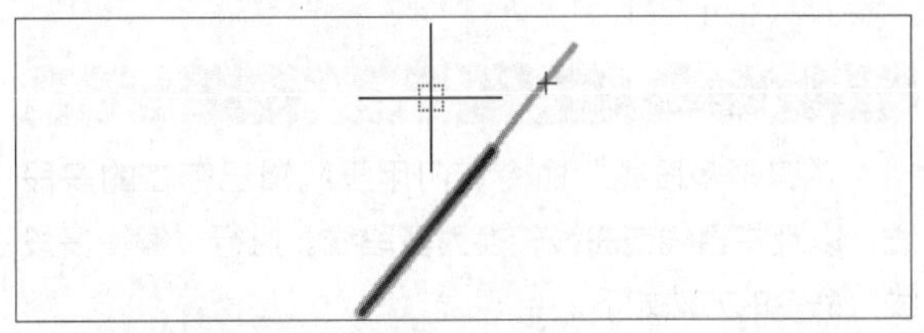

图3-151 “动态(DY)”增量效果

```
命令: _lengthen
选择要测量的对象或 [增量(DE)/百分比(P)/总计(T)/动态(DY)]: DY↙
                    //输入“DY”，选择“动态”选项
选择要修改的对象或 [放弃(U)]:
                    //选择要拉长的对象
指定新端点:          //指定新的端点
选择要修改的对象或 [放弃(U)]: ↙
                    //按Enter键完成操作
```

练习 3-17 使用“拉长”命令修改中心线 ★进阶★

大部分图形（如圆、矩形）需要绘制中心线，而在绘制中心线的时候，通常需要将中心线延长至图形外，且伸出长度相等。一根一根去拉伸中心线略显麻烦，这时就可以使用“拉长”命令来快速延伸中心线，使其符合设计规范，操作步骤如下。

步骤 01 打开“练习3-17：使用‘拉长’命令修改中心线.dwg”素材文件，如图3-152所示。

步骤 02 单击“修改”面板扩展区域中的“拉长”按钮，执行“拉长”命令，在两条中心线的各个端点处单击，向外拉长3个单位，命令行提示如下。

```
命令: _lengthen
选择对象或 [增量(DE)/百分数(P)/全部(T)/动态(DY)]:DE↙
                    //选择“增量”选项
输入长度增量或 [角度(A)] <0.5000>: 3↙
                    //输入每次拉长增量
选择要修改的对象或 [放弃(U)]:
选择要修改的对象或 [放弃(U)]:
选择要修改的对象或 [放弃(U)]:
选择要修改的对象或 [放弃(U)]:
                    //依次在两条中心线的4个端点附近单击，完成拉长
选择要修改的对象或 [放弃(U)]:↙
                    //按Enter键结束“拉长”命令
```

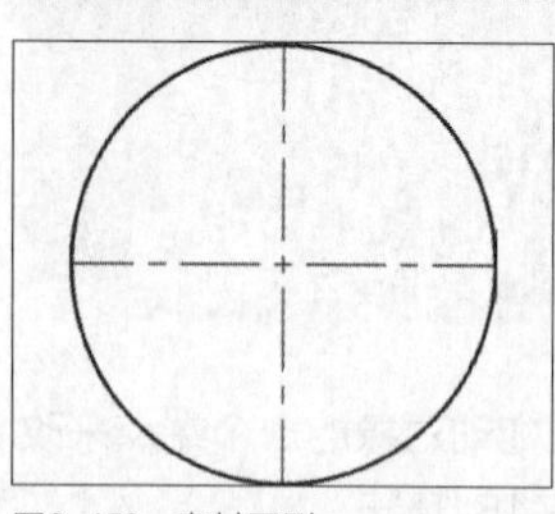
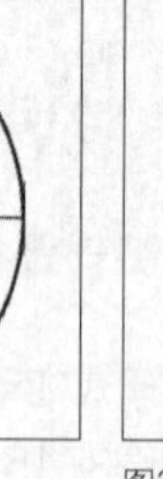

图3-152 素材图形

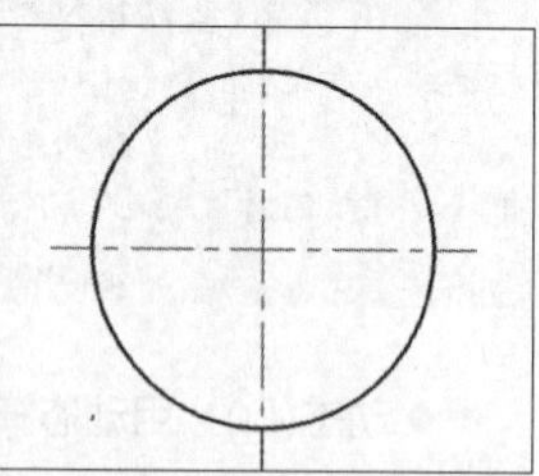

图3-153 拉长效果

3.2.4 编辑多段线

“编辑多段线”命令专门用于编辑已存在的多段线，以及将直线或曲线转换为多段线。执行“编辑多段线”命令的方法如下。

◆菜单栏：执行“修改”|“对象”|“多段线”命令。

◆功能区：单击“修改”面板扩展区域中的“编辑多段线”按钮。

◆命令：PEDIT或PE。

执行“编辑多段线”命令后，选择需要编辑的多段线。然后命令行提示各延伸选项，选择其中的一项来对多段线进行编辑。

```
命令: PE↙
          //执行“编辑多段线”命令
PEDIT 选择多段线或 [多条(M)]:
          //选择一条或多条多段线
输入选项 [闭合(C)/合并(J)/宽度(W)/编辑顶点(E)/拟合(F)/样条曲线(S)/非曲线化(D)/线型生成(L)/反转(R)/放弃(U)]:
          //提示选择延伸选项
```

下面介绍常用选项的含义。

合并(J)

“合并(J)”是“编辑多段线”命令中常用的选项，可以将首尾相连的不同多段线合并成一条多段线。

更具实用意义的是，它能够将首尾相连的非多段线（如直线、圆弧等）连接起来，并转换成一条单独的多段线，如图3-154所示。这个功能在三维建模中经常用到，用于创建封闭的多段线，从而生成面域。

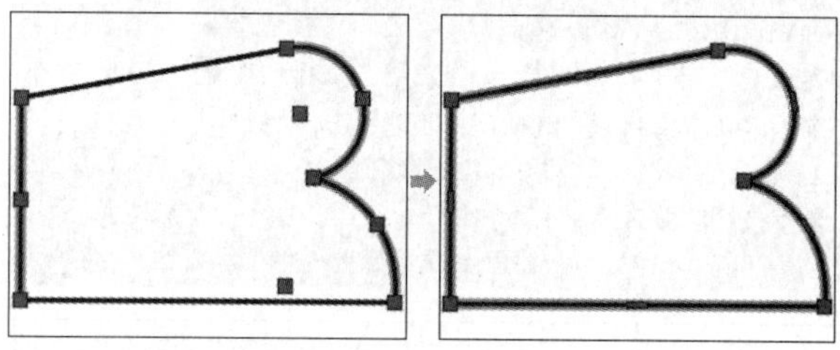

图3-154 将非多段线合并为一条多段线

打开(O)/闭合(C)

对于首尾相连的闭合多段线，可以选择“打开(O)”选项，删除多段线的最后一段线段；对于非闭合的多段线，可以选择“闭合(C)”选项，连接多段线的起点和终点，形成闭合多段线，如图3-155所示。

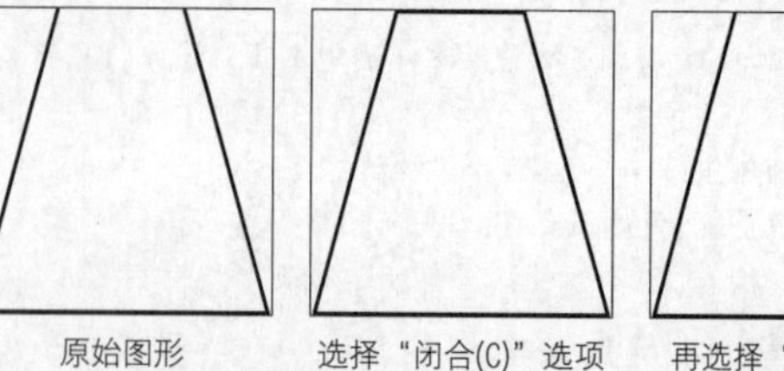

图3-155 “闭合”与“打开”效果

拟合 (F)/ 还原多段线

多段线和平滑曲线之间可以相互转换，相关选项介绍如下。

◆拟合(F)：选择“拟合”选项，可将已存在的多段线转换为平滑曲线，曲线经过多段线的所有顶点并成切线方向，如图3-156所示。

◆样条曲线(S)：选择“样条曲线”选项，可将已存在的多段线转换为平滑曲线，曲线经过第一个和最后一个顶点，如图3-157所示。

◆非曲线化(D)：将平滑曲线还原成为多段线，并删除所有拟合曲线，如图3-158所示。

图3-156　拟合

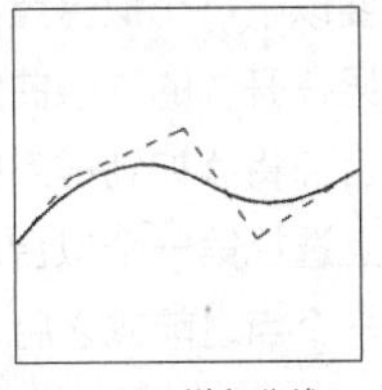

图3-157　样条曲线

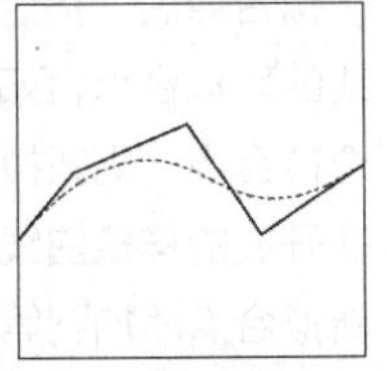

图3-158　非曲线化

编辑顶点 (E)

选择“编辑顶点(E)”选项，可以对多段线的顶点进行增加、删除、移动等操作，从而修改整个多段线的形状。选择该选项后，命令行进入顶点编辑模式。

```
输入顶点编辑选项[下一个(N)/上一个(P)/打断(B)/插入(I)/移动(M)/重生成(R)/拉直(S)/切向(T)/宽度(W)/退出(X)]<N>:
```

各选项功能介绍如下。

◆下一个(N)/上一个(P)：用于选择编辑顶点，选择相应的延伸选项后，屏幕上的“×”形标记将移到下一顶点或上一顶点，以便选择并编辑其他选项。

◆打断(B)：将“×”形标记移到任何其他顶点时，保存已标记的顶点位置，并在该点处打断多段线，如图3-159所示；如果指定的一个顶点在多段线的端点上，得到的将是一条被截断的多段线；如果指定的两个顶点都在多段线端点上，或者只指定了一个顶点并且也在端点上，则不能选择“打断”选项。

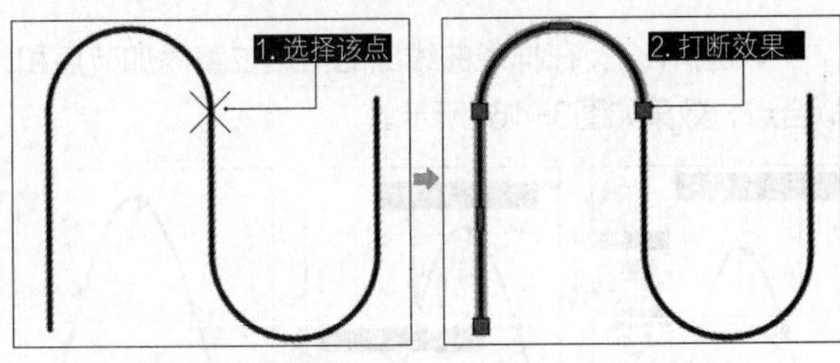

图3-159　多段线的打断效果

◆插入(I)：在所选的顶点后增加新顶点，从而增加多段线的线段数目，如图3-160所示。

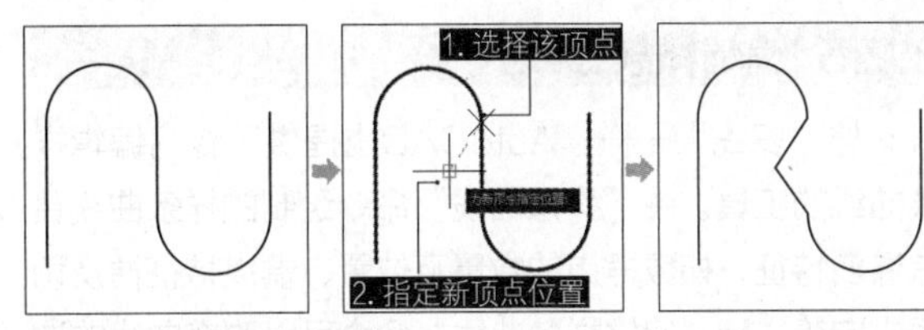

图3-160　多段线增加新顶点

◆移动(M)：移动编辑顶点的位置，从而改变整个多段线形状，如图3-161所示；该操作不会改变多段线上圆弧与直线的关系，这是“移动”选项与夹点编辑拉伸最主要的区别。

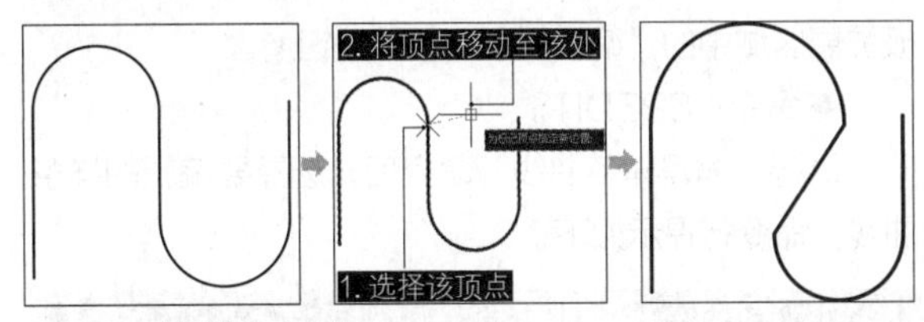

图3-161　多段线移动顶点

◆重生成(R)：重画多段线，编辑多段线后，刷新屏幕，显示编辑后的效果。

◆拉直(S)：删除顶点并拉直多段线；选择该延伸选项后，以多段线端点为起点，通过“下一个”选项移动“×”形标记，起点与该标记点之间的所有顶点将被删除，从而拉直多段线，如图3-162所示。

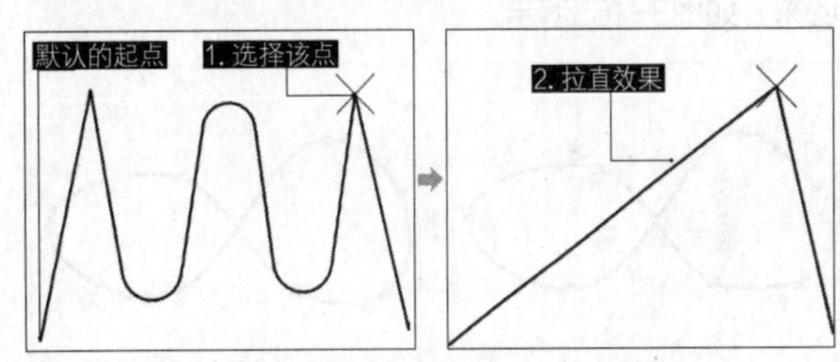

图3-162　多段线的拉直效果

◆切向(T)：为编辑顶点增加一个切线方向，将多段线拟合成曲线时，该切线方向将会被用到。该选项对现有的多段线形状不会有影响。

◆退出(X)：退出顶点编辑模式。

其他延伸选项

◆宽度(W)：修改多段线的线宽。该选项只能使多段线各段具有统一的线宽值。如果要设置各段不同的线宽值或渐变线宽，可在顶点编辑模式下选择“宽度”选项。

◆线型生成(L)：生成经过多段线顶点的连续图案线型。关闭此选项，将在每个顶点处以点划线开始和结束生成线型。“线型生成”选项不能用于带变宽线段的多段线。

3.2.5 编辑样条曲线

与“多线”一样，AutoCAD也提供了专门编辑样条曲线的工具。由“样条曲线”命令绘制的样条曲线具有许多特征，如数据点的数量及位置、端点特征性及切线方向等，用“编辑样条曲线”命令可以改变曲线的这些特征。

执行“编辑样条曲线”命令有以下方法。

◆菜单栏：执行“修改”|“对象”|“样条曲线”命令。

◆功能区：在“默认”选项卡中，单击“修改”面板扩展区域中的“编辑样条曲线”按钮。

◆命令：SPEDIT。

执行“编辑样条曲线”命令后，选择要编辑的样条曲线，命令行提示如下。

```
输入选项[闭合(C)/合并(J)/拟合数据(F)/编辑顶点(E)/转换为多线段(P)/反转(R)/放弃(U)/退出(X)]:<退出>
```

选择其中的延伸选项即可执行对应命令。命令行部分选项的含义介绍如下。

打开 (O)/ 闭合 (C)

用于闭合开放的样条曲线，选择后，选项将自动变为“打开(O)”，如果再选择“打开”选项，又会切换回来，如图3-163所示。

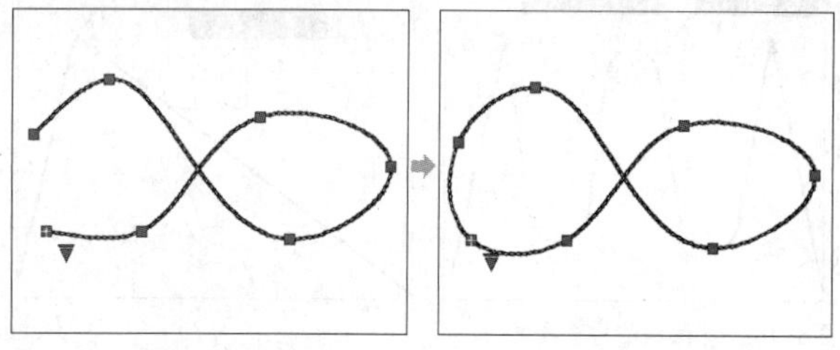

图3-163 “闭合”的编辑效果

合并 (J)

将选定的样条曲线与其他样条曲线、直线、多段线和圆弧在重合端点处合并，以形成一条较大的样条曲线。对象在连接点处扭折连接在一起，如图3-164所示。

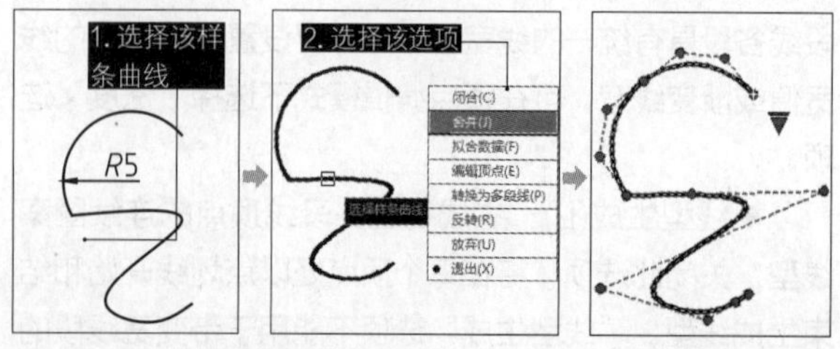

图3-164 将其他图形合并至样条曲线

拟合数据 (F)

用于编辑“拟合点样条曲线”的数据。拟合数据包括所有的拟合点、拟合公差及绘制样条曲线时与之相关联的切线。选择该选项后，样条曲线上各控制点将会被激活，命令行提示如下。

```
输入拟合数据选项[添加(A)/闭合(C)/删除(D)/扭折(K)/移动(M)/清理(P)/切线(T)/公差(L)/退出(X)]:<退出>:
```

对应的延伸选项表示各个拟合数据编辑工具，各选项的含义介绍如下。

◆添加(A)：为样条曲线添加新的控制点。选择一个拟合点后，指定要以下一个拟合点方向添加到样条曲线的新拟合点；如果在开放的样条曲线上选择了最后一个拟合点，则新拟合点将添加到样条曲线的端点；如果在开放的样条曲线上选择第一个拟合点，则可以选择将新拟合点添加到第一个点之前或之后。效果如图3-165所示。

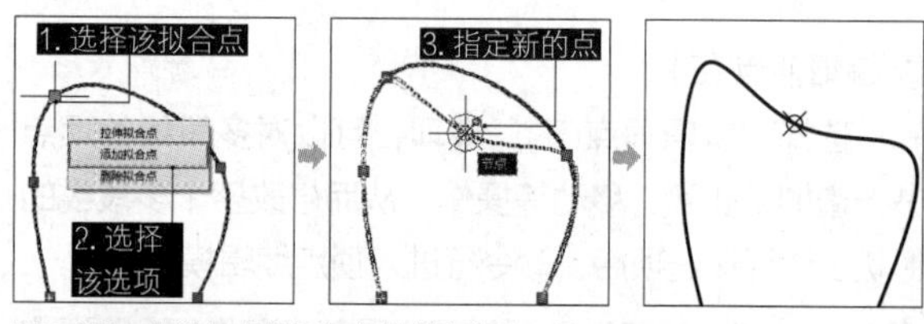

图3-165 为样条曲线添加新的拟合点

◆闭合(C)：用于闭合开放的样条曲线，效果同之前介绍的“闭合”选项，如图3-163所示。

◆删除(D)：用于删除样条曲线上的拟合点并重新用其他点拟合样条曲线，如图3-166所示。

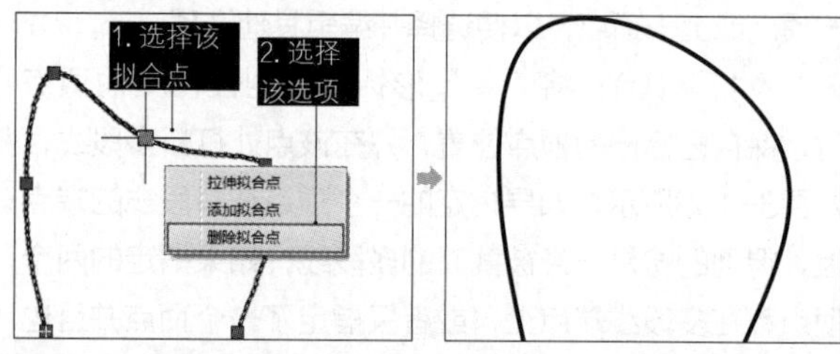

图3-166 删除样条曲线上的拟合点

◆扭折(K)：在样条曲线上的指定位置添加节点和拟合点，效果如图3-167所示。

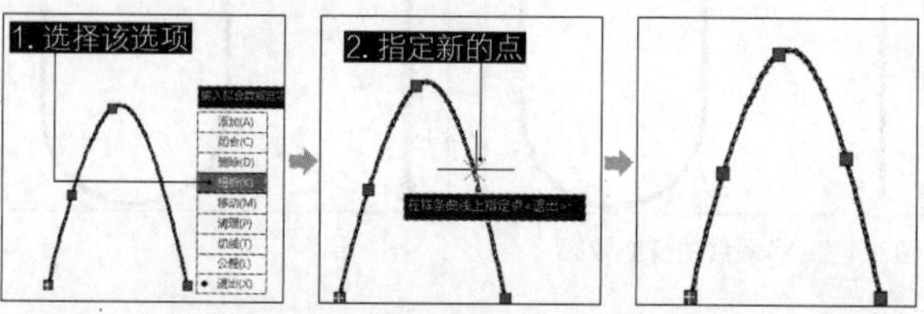

图3-167 在样条曲线上添加节点

◆移动(M)：可以依次将拟合点移动到新位置。

◆清理(P)：从图形数据库中删除样条曲线的拟合

数据，将样条曲线的“拟合点”转换为“控制点”，如图3-168所示。

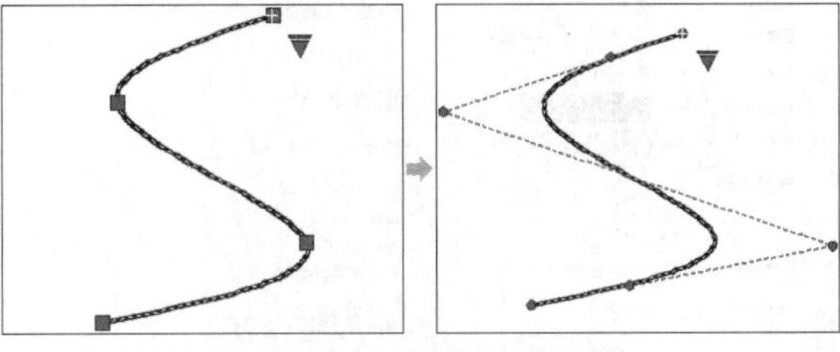

图3-168　将样条曲线的“拟合点”转换为“控制点”

◆切线(T)：更改样条曲线的开始切线和结束切线，指定点以建立切线方向。可以使用对象捕捉，例如垂直或平行，效果如图3-169所示。

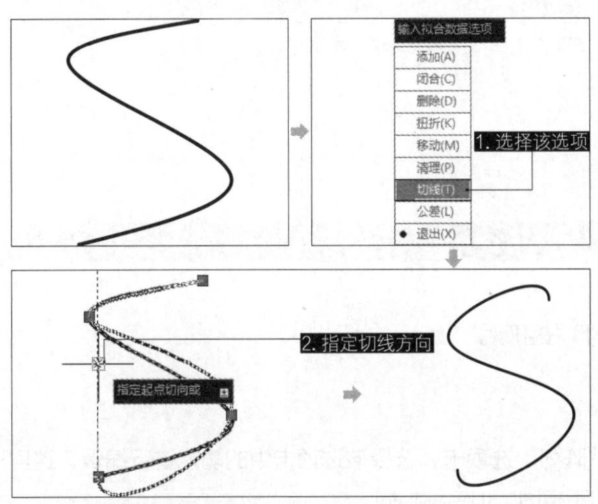

图3-169　修改样条曲线的切线方向

◆公差(L)：重新设置拟合公差的值。

◆退出(X)：退出拟合数据编辑。

编辑顶点 (E)

此选项用于精密调整“控制点样条曲线”的顶点，选择后，命令行提示如下。

```
输入顶点编辑选项 [添加(A)/删除(D)/提高阶数(E)/移动(M)/权值(W)/退出(X)] <退出>:
```

对应的延伸选项表示编辑顶点的多个工具，各选项的含义介绍如下。

◆添加(A)：在位于两个现有的控制点之间的指定点处添加一个新控制点，如图3-170所示。

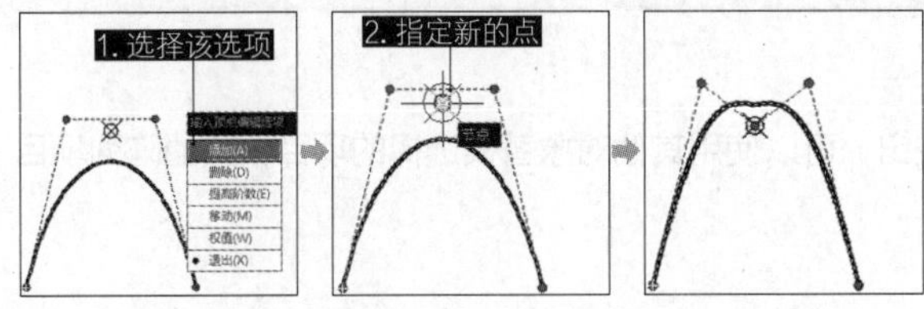

图3-170　在样条曲线上添加控制点

◆删除(D)：删除样条曲线的顶点，选择该选项后的效果如图3-171所示。

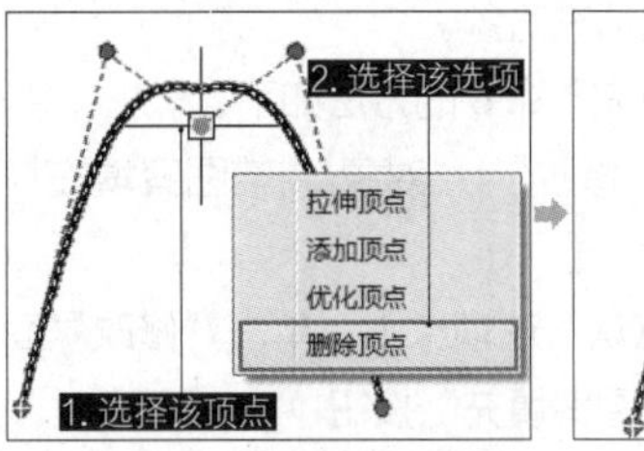

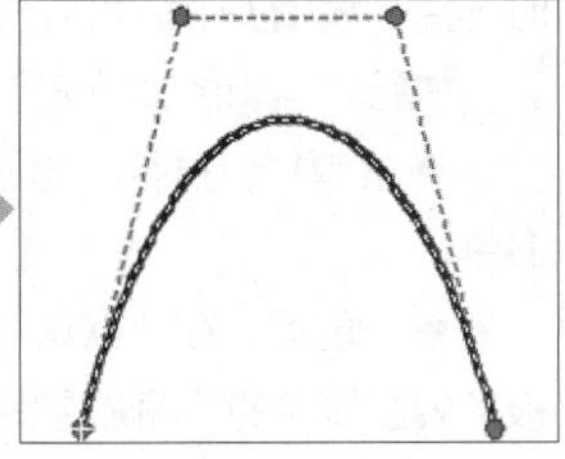

图3-171　删除样条曲线上的顶点

◆提高阶数(E)：增大样条曲线的多项式阶数（阶数加 1），阶数最高为26。这将增加整个样条曲线的控制点的数量，效果如图3-172所示。

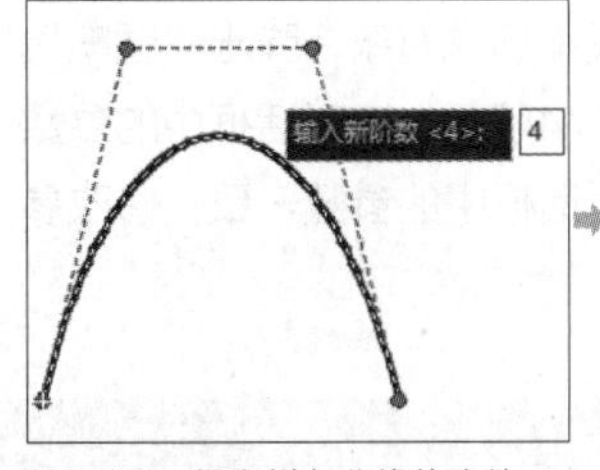

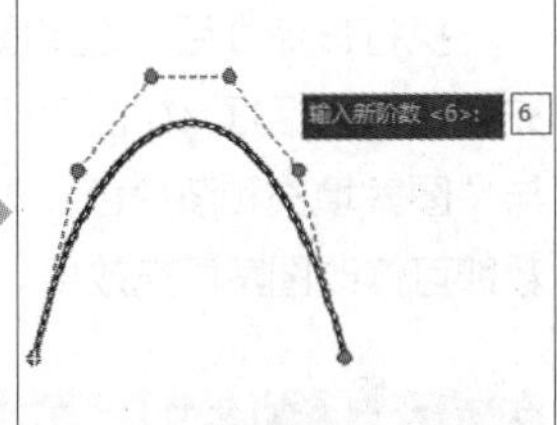

图3-172　提高样条曲线的阶数

◆移动(M)：将样条曲线上的顶点移动到合适位置。

◆权值(W)：修改不同样条曲线控制点的权值，并根据指定控制点的新权值重新计算样条曲线。权值越大，样条曲线越接近控制点，如图3-173所示。

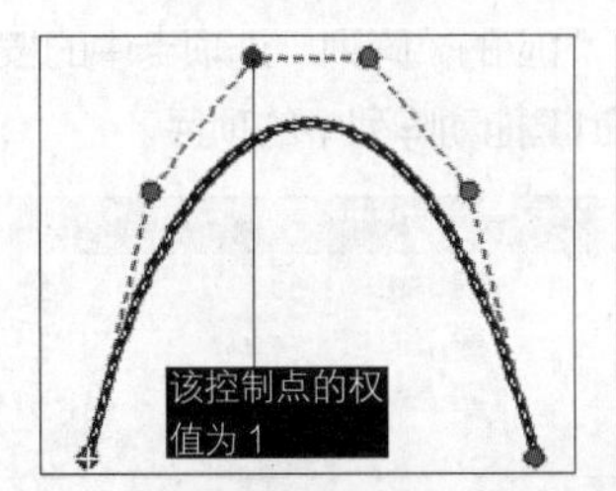

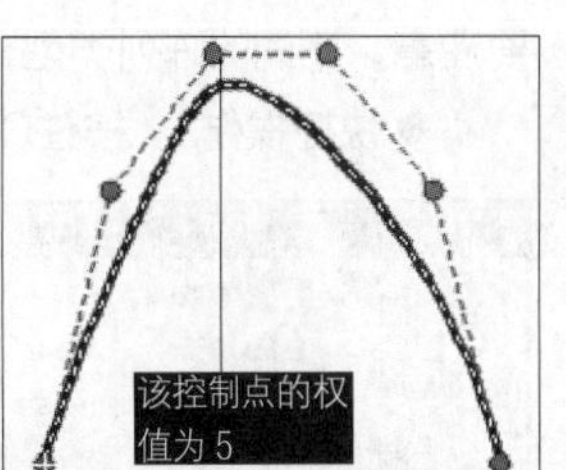

图3-173　修改样条曲线控制点的权值

转换为多段线 (P)

此选项用于将样条曲线转换为多段线。精度值决定生成的多段线与样条曲线的接近程度，有效精度值为0～99内的任意整数，较高的精度值会降低性能。

反转 (R)

此选项可以反转样条曲线的方向。

放弃 (U)

此选项用于还原操作，每选择一次将取消上一次的操作，可一直返回到编辑任务开始时的状态。

3.2.6 编辑填充的图案

在为图形填充了图案后，如果对填充效果不满意，还可以通过执行“编辑图案填充”命令对其进行编辑。

可编辑内容包括填充比例、旋转角度和填充图案等。AutoCAD 2022增强了图案填充的编辑功能，可以同时选择并编辑多个图案填充对象。

执行“编辑图案填充”命令的方法如下。

◆菜单栏：执行“修改”|“对象”|“图案填充”命令。

◆功能区：在“默认”选项卡中，单击“修改”面板扩展区域中的“编辑图案填充”按钮。

◆命令：HATCHEDIT或HE。

◆快捷操作1：在要编辑的对象上单击鼠标右键，在弹出的快捷菜单中执行“图案填充编辑”命令。

◆快捷操作2：在绘图区双击要编辑的图案填充对象。

执行该命令后，选择图案填充对象，弹出“图案填充编辑”对话框，如图3-174所示。该对话框中的参数与“图案填充和渐变色”对话框中的参数一致，修改参数即可修改图案填充效果。

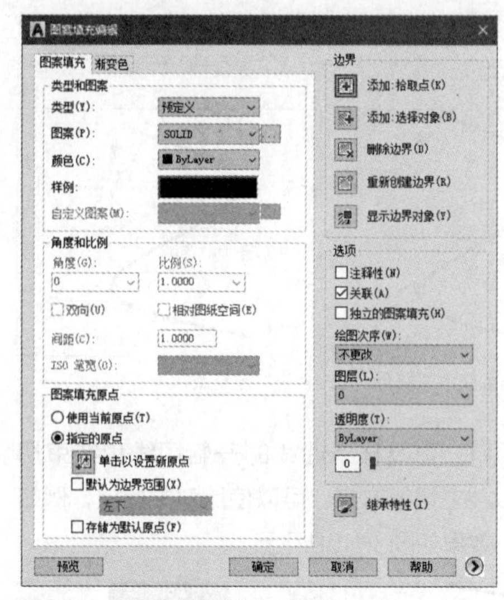

图3-174　“图案填充编辑”对话框

3.2.7 编辑阵列

执行“编辑阵列”命令的方法如下。

◆功能区：单击“修改”面板扩展区域中的“编辑阵列”按钮。

◆命令：ARRAYEDIT。

◆快捷操作1：选择阵列图形，拖动对应夹点。

◆快捷操作2：选择阵列图形，打开图3-175所示的“阵列”选项卡，选择该选项卡中的功能进行编辑。这里要注意，不同的阵列类型，对应的“阵列”选项卡中的按钮不相同，但名称相同。

◆快捷操作3：按住Ctrl键拖动阵列中的项目。

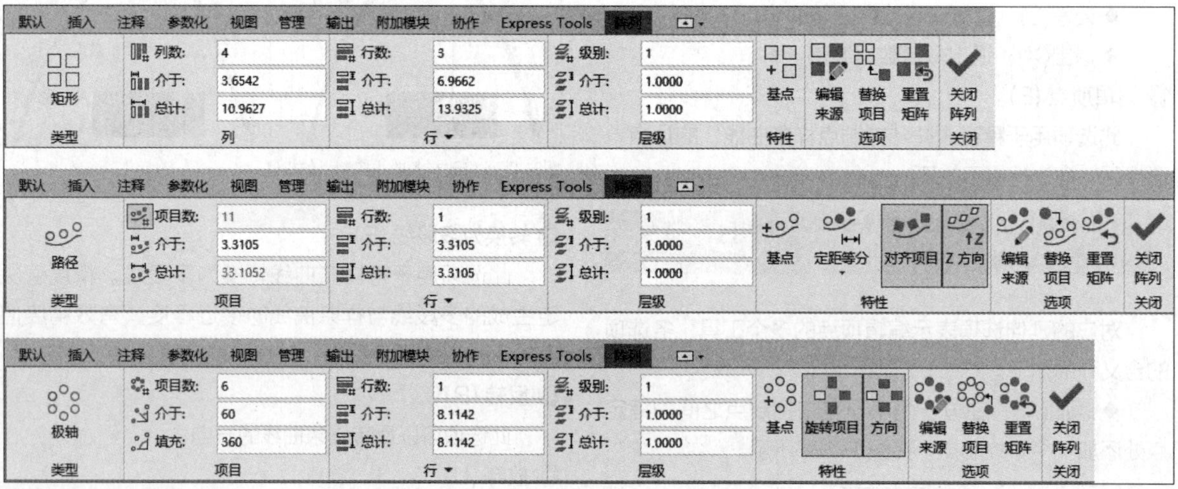

图3-175　3种“阵列”选项卡

单击“阵列”选项卡“选项”面板中的“替换项目”按钮，可以使用其他对象替换选择的项目，其他阵列项目将保持不变，如图3-176所示。

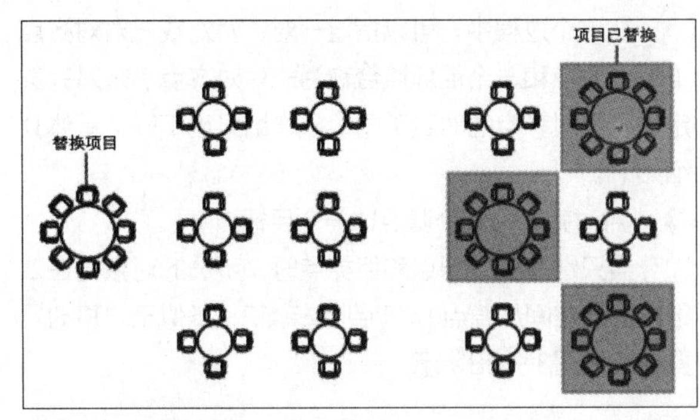

图3-176 替换阵列项目

单击“阵列”选项卡“选项”面板中的“编辑来源”按钮，可进入阵列项目源对象编辑状态，保存更改后，所有的更改（包括创建新的对象）将立即应用于参考相同源对象的所有项目，如图3-177所示。

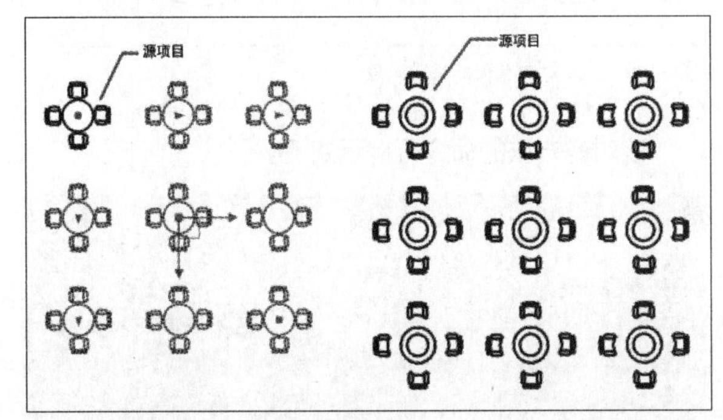

图3-177 编辑阵列源项目

按住Ctrl键单击阵列中的项目，可以单独删除、移动、旋转或缩放选择的项目，不会影响其他的阵列，如图3-178所示。

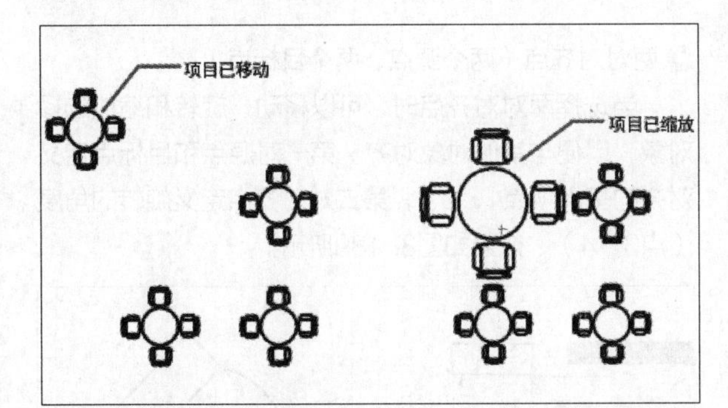

图3-178 单独编辑阵列项目

练习 3-18 使用“阵列”命令绘制同步带 ★进阶★

同步带是以钢丝绳或玻璃纤维为强力层，外覆聚氨酯或氯丁橡胶的环形带，带的内周制成齿状，使其与齿形带轮啮合，如图3-179所示。同步带广泛应用于纺织、机床、烟草、通信电缆、轻工、化工、冶金、仪表仪器、食品、矿山、石油、汽车等各行业中各种类型的机械传动。本练习将使用“阵列”命令绘制图3-180所示的同步带，操作步骤如下。

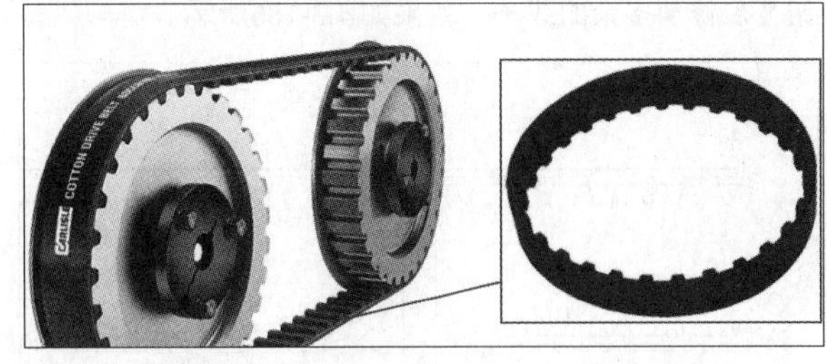

图3-179 同步带的应用

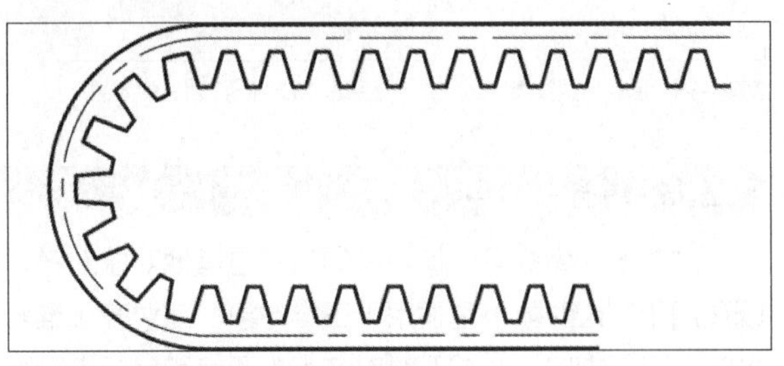

图3-180 同步带效果

步骤 01 打开“练习3-18：使用‘阵列’命令绘制同步带.dwg”素材文件，素材图形如图3-181所示。

步骤 02 阵列同步带齿。单击“修改”面板中的“矩形阵列”按钮，选择单个齿轮作为阵列对象，设置“列数”为12，“行数”为1，“距离”为18，阵列效果如图3-182所示。

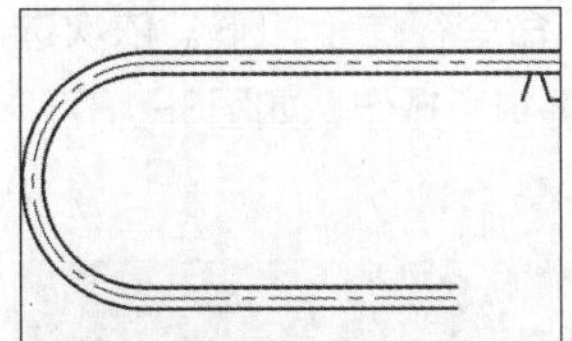

图3-181 素材图形

图3-182 矩形阵列后的效果

步骤 03 分解阵列图形。单击“修改”面板中的“分解”按钮，将矩形阵列的齿分解，并删除左端多余的部分。

步骤 04 环形阵列。单击“修改”面板中的“环形阵列”按钮，选择最左侧的一个齿作为阵列对象，设置“填充角度”为180，“项目数量”为8，效果如图3-183所示。

步骤 05 镜像齿条。单击“修改”面板中的“镜像”按钮，选择图3-184所示的8个齿作为镜像对象，以通过圆心的水平线作为镜像线，镜像效果如图3-185所示。

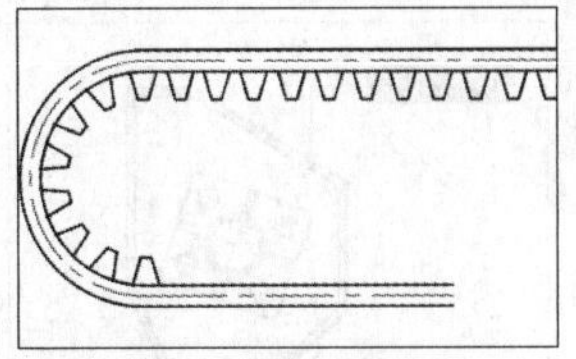

图3-183 环形阵列后的效果

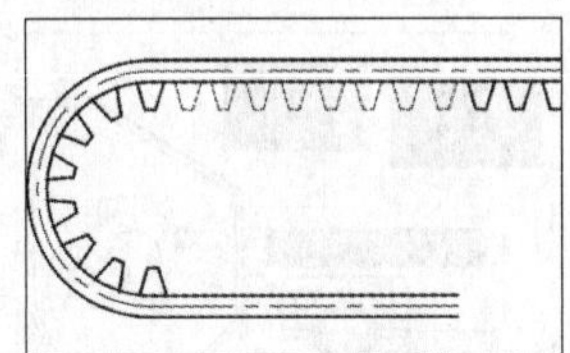

图3-184 选择镜像对象

步骤 06 修剪图形。单击“修改”面板中的“修剪”按钮✂，修剪多余的线条，效果如图3-186所示。

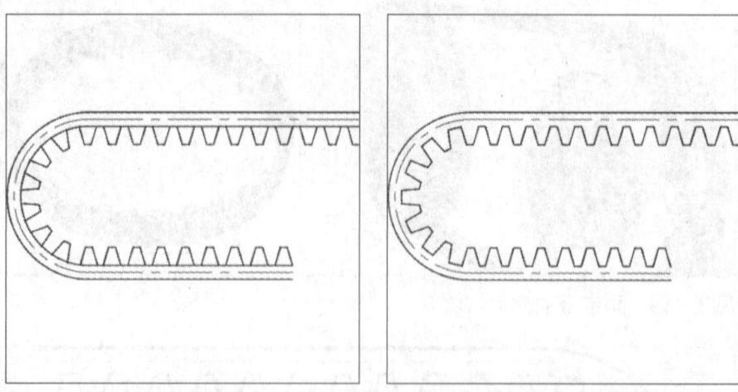

图3-185　镜像后的效果　　图3-186　修剪之后的效果

3.2.8 对齐

“对齐”命令可以使当前的对象与其他对象对齐，既适用于二维对象，也适用于三维对象。在对齐二维对象时，可以指定一对或两对对齐点（源点和目标点）；在对齐三维对象时，则需要指定3对对齐点。

在AutoCAD中，执行“对齐”命令的方法如下。

◆菜单栏：执行“修改”|“三维操作”|“对齐”命令。

◆功能区：单击“修改”面板扩展区域中的“对齐”按钮。

◆命令：ALIGN或AL。

执行“对齐”命令后，命令行提示如下。依次选择源点和目标点，按Enter键结束操作，如图3-187所示。

```
命令: _align
        //执行“对齐”命令
选择对象: 找到 1 个
        //选择要对齐的对象
指定第一个源点:
        //指定源对象上的一点
指定第一个目标点:
        //指定目标对象上的对应点
指定第二个源点:
        //指定源对象上的一点
指定第二个目标点:
        //指定目标对象上的对应点
指定第三个源点或 <继续>:↙
        //按Enter键完成选择
是否基于对齐点缩放对象? [是(Y)/否(N)] <否>:↙
        //按Enter键结束命令
```

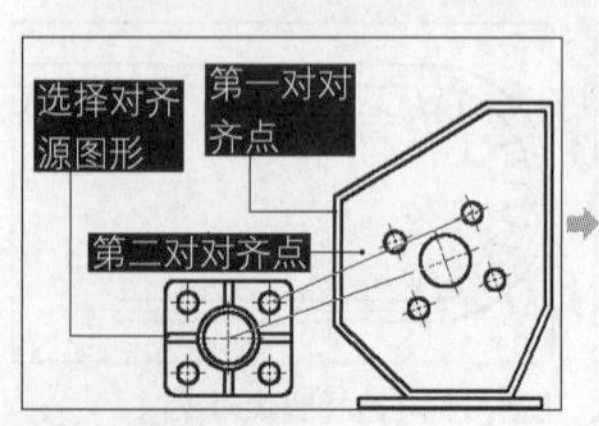

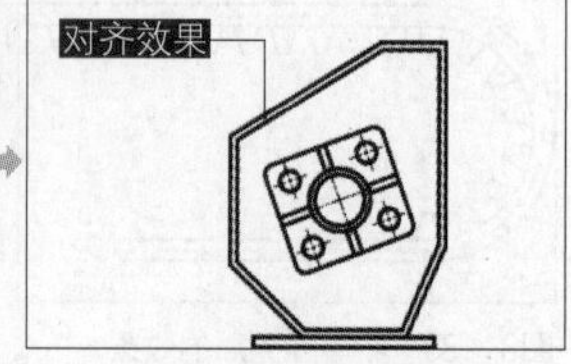

图3-187　对齐对象

在这个过程中，可以指定一对、两对或三对对齐点（一个源点和一个目标点合称为一对对齐点）来对齐选定对象。对齐点的对数不同，操作结果也不同，具体介绍如下。

一对对齐点（一个源点、一个目标点）

当只选择一对源点和目标点时，所选的对象将在二维或三维空间从源点1移动到目标点2，类似于“移动”操作，如图3-188所示。

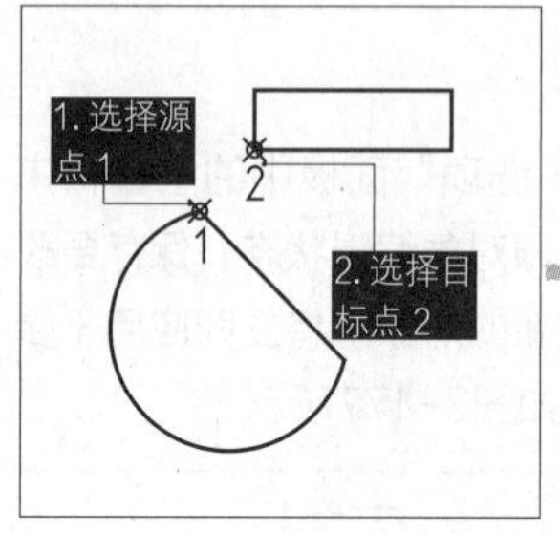

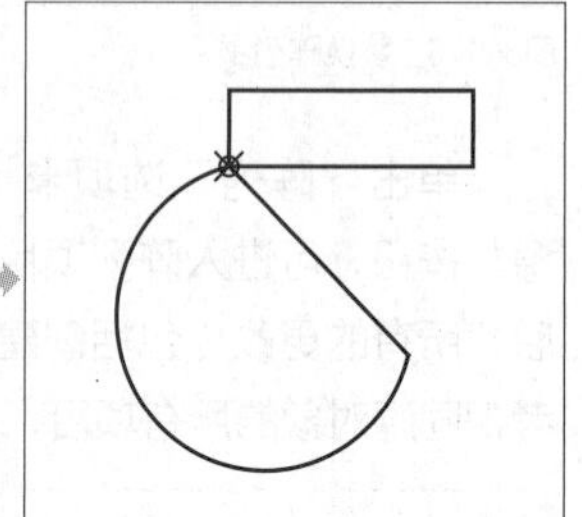

图3-188　一对对齐点仅能移动对象

该对齐方法的命令行提示如下。

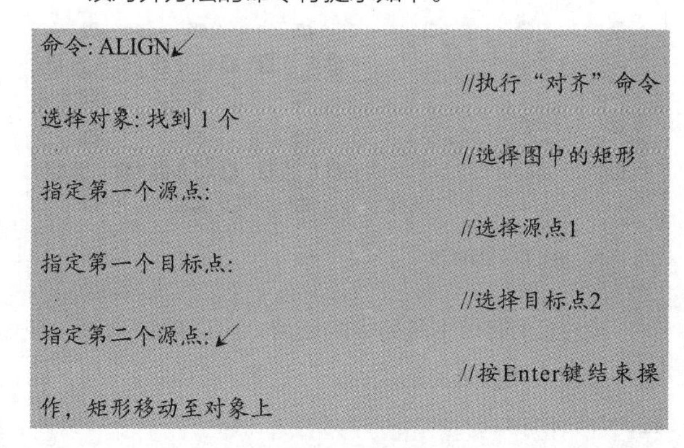

```
命令: ALIGN↙
                    //执行“对齐”命令
选择对象: 找到 1 个
                    //选择图中的矩形
指定第一个源点:
                    //选择源点1
指定第一个目标点:
                    //选择目标点2
指定第二个源点:↙
                    //按Enter键结束操作，矩形移动至对象上
```

两对对齐点（两个源点、两个目标点）

当选择两对对齐点时，可以移动、旋转和缩放选择对象，以便与其他对象对齐。第一对源点和目标点定义对齐的基点（点1、2），第二对对齐点定义旋转的角度（点3、4），效果如图3-189所示。

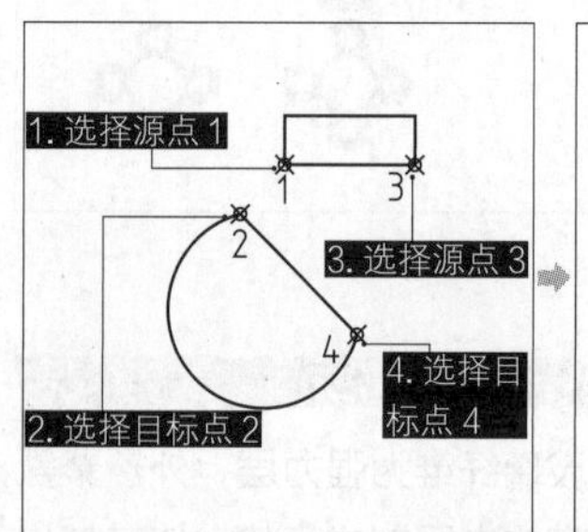

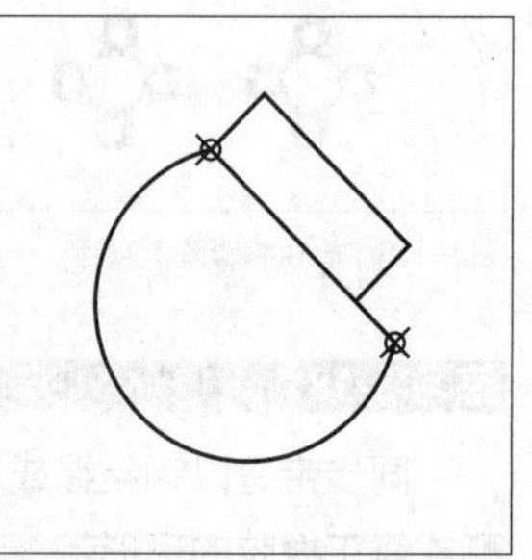

图3-189　两对对齐点可将对象移动并对齐

该对齐方法的命令行提示如下。

```
命令: ALIGN↙
                                    //执行“对齐”命令
选择对象: 找到 1 个
                                    //选择图中的矩形
指定第一个源点:
                                    //选择源点1
指定第一个目标点:
                                    //选择目标点2
指定第二个源点:
                                    //选择源点3
指定第二个目标点:
                                    //选择目标点4
指定第三个源点或 <继续>:↙
                                    //按Enter键完成选择
是否基于对齐点缩放对象? [是(Y)/否(N)] <否>:↙
                                    //按Enter键结束操作
```

在选择第二对对齐点后，系统会给出“缩放对象”的提示。如果选择“是(Y)”选项，将缩放源对象，使其上的源点3与目标点4重合，效果如图3-190所示；如果选择“否(N)”选项，则源对象大小保持不变，源点3落在目标点2、4的连线上。

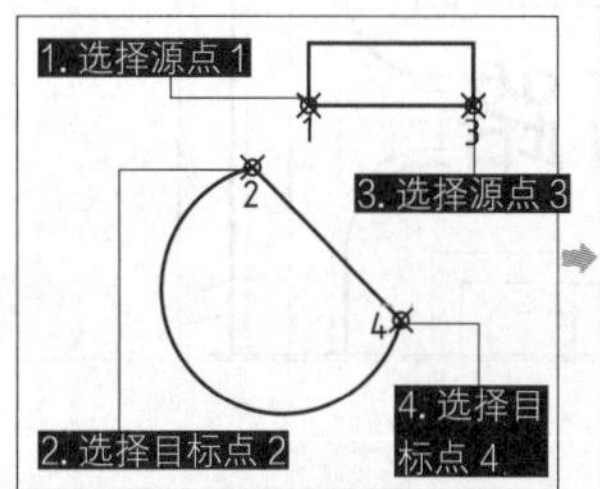

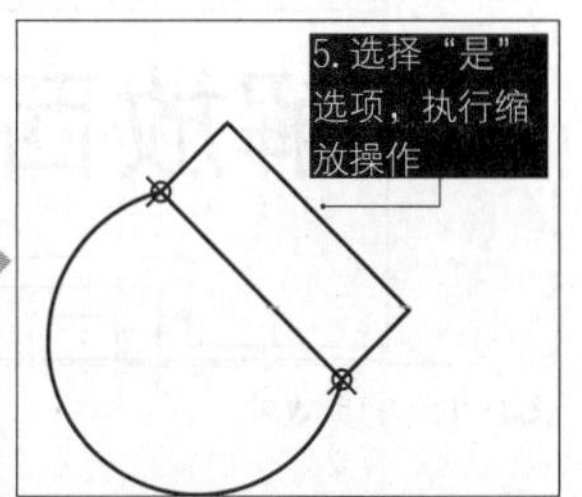

图3-190　对齐时的缩放效果

> **提示**
>
> 只有使用两对对齐点对齐对象时才能缩放对象。

◎ 三对对齐点（三个源点、三个目标点）

对于二维图形来说，两对对齐点已可以满足绝大多数情况下的使用需要，只有在三维空间中才会用三对对齐点。当选择三对对齐点时，选定的对象可在三维空间中进行移动和旋转，然后与其他对象对齐，如图3-191所示。

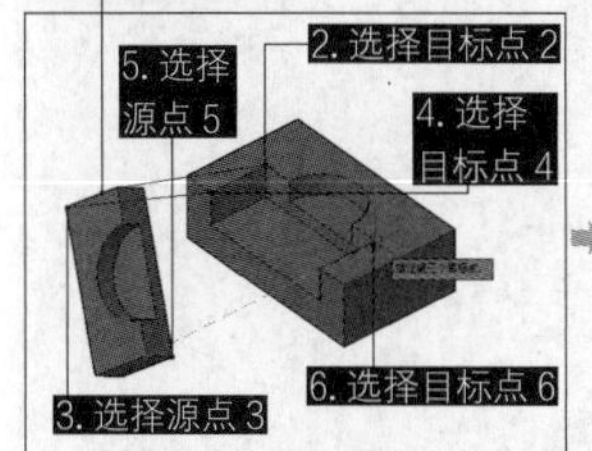

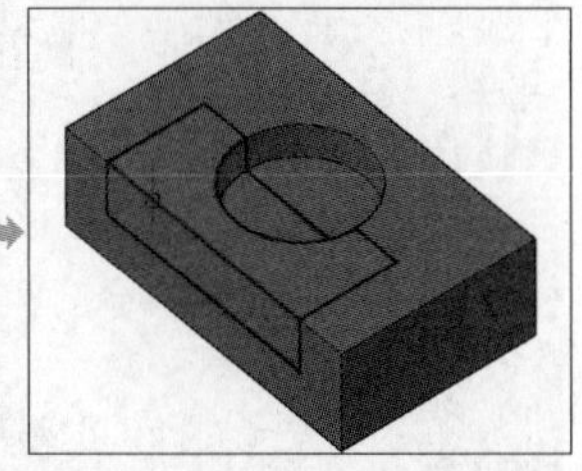

图3-191　三对对齐点可在三维空间中对齐

练习 3-19 使用“对齐”命令装配三通管 ★进阶★

在机械装配图的绘制过程中，如果仍使用一笔一画的绘制方法，则效率极为低下，无法体现出AutoCAD强大的绘图功能，也不能满足现代设计的需要。熟练掌握AutoCAD，熟悉其中的各种绘制、编辑命令，对提高工作效率有很大的帮助。在本练习中，如果使用“移动”“旋转”等命令，难免费时费力，而使用“对齐”命令，则可以一步到位，极为简便，操作步骤如下。

步骤 01 打开“练习3-19：使用‘对齐’命令装配三通管.dwg”素材文件，其中已经绘制好了三通管和装配管，但图形比例不一致，如图3-192所示。

步骤 02 单击“修改”面板扩展区域中的“对齐”按钮，执行“对齐”命令，选择整个装配管图形，然后根据三通管和装配管的对接方式，按图3-193所示选择对应的两对对齐点（点1对应点2、点3对应点4）。

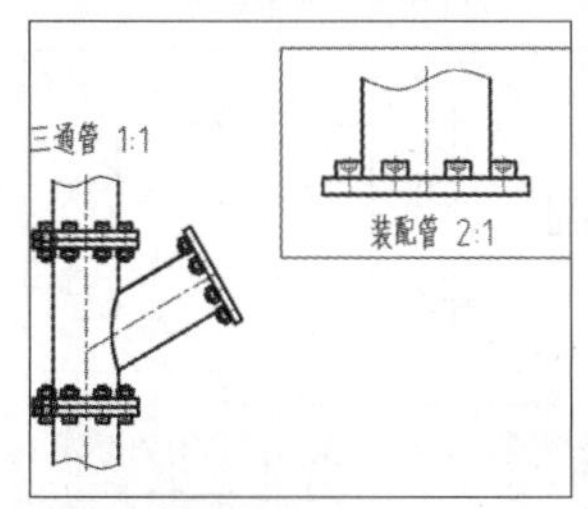

图3-192　素材图形

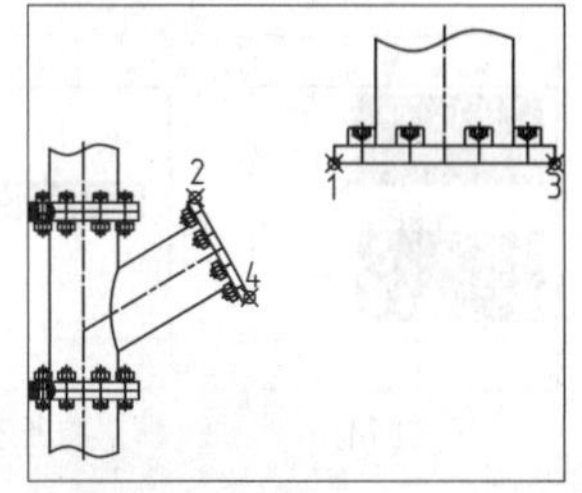

图3-193　选择对齐点

步骤 03 两对对齐点指定完毕后，按Enter键，命令行提示“是否基于对齐点缩放对象”，输入“Y”，选择“是”选项，再按Enter键，即可将装配管对齐至三通管中，效果如图3-194所示。

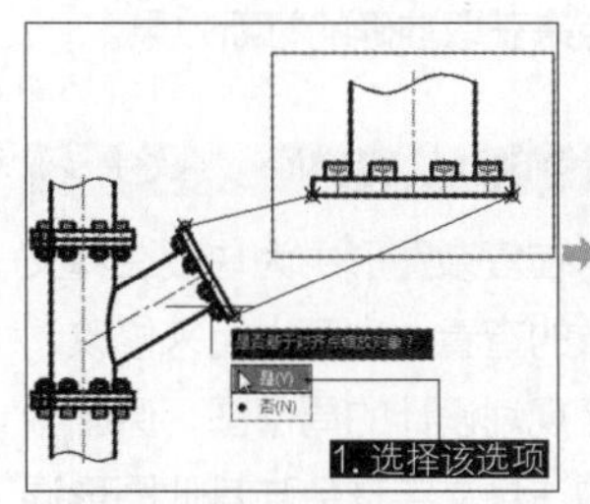

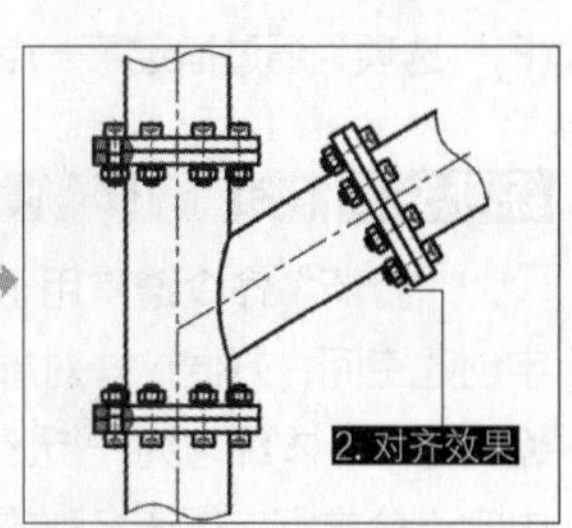

图3-194　两对对齐点的对齐效果

3.2.9 打断

执行“打断”命令时，可以在对象上指定两点，两点之间的部分会被删除。被打断的对象不能是组合形体，如图块等，只能是单独的线条，如直线、圆弧、圆、多段线、椭圆、样条曲线、圆环等。

在AutoCAD中，执行“打断”命令的方法如下。

◆菜单栏：执行“修改”|“打断”命令。

◆功能区：单击“修改”面板扩展区域中的“打断”按钮。

◆命令：BREAK或BR。

使用“打断”命令可以在选择的线条对象上创建两个打断点，从而将线条断开。如果在对象之外指定一点为第二个打断点，系统将以该点到被打断对象的垂直点位置为第二个打断点，除去两点间的线段。图3-195所示为打断对象的过程，可以看到使用“打断”命令能快速完成图形效果的调整。命令行提示如下。

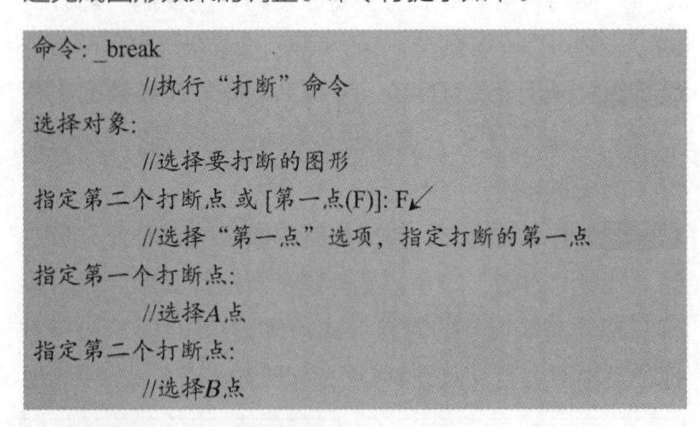

```
命令: _break
        //执行“打断”命令
选择对象:
        //选择要打断的图形
指定第二个打断点 或 [第一点(F)]: F↙
        //选择“第一点”选项，指定打断的第一点
指定第一个打断点:
        //选择A点
指定第二个打断点:
        //选择B点
```

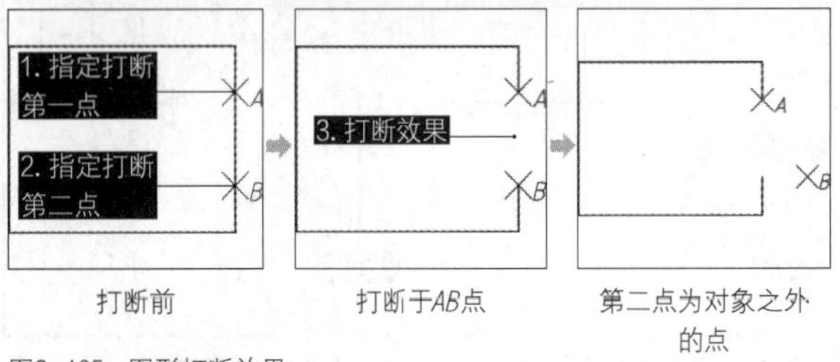

图3-195　图形打断效果

默认情况下，系统会以选择对象时的拾取点作为第一个打断点。若此时直接在对象上选择另一点，即可去除两点之间的线条图形，但这样的打断效果往往不符合要求，因此可在命令行中输入字母“F”，选择“第一点(F)”选项，通过指定第一点来获取准确的打断效果。

练习 3-20　使用“打断”命令创建注释空间　★进阶★

“打断”命令通常用于在复杂图形中为块或注释文字创建空间，方便这些对象的查看，也可以用来修改、编辑图形。本练习为一街区规划设计的局部图，原图中内容十分丰富，街道名称的注释文字难免与其他图形混杂在一块，难以看清。这时就可以通过执行“打断”命令来进行修改，操作步骤如下。

步骤 01 打开“练习3-20：使用‘打断’命令创建注释空间.dwg”素材文件，其中为街区局部图，如图3-196所示。

步骤 02 在“默认”选项卡中，单击“修改”面板扩展区域中的“打断”按钮，选择“解放西路”主干道上的第一条线进行打断，效果如图3-197所示。

图3-196　素材图形

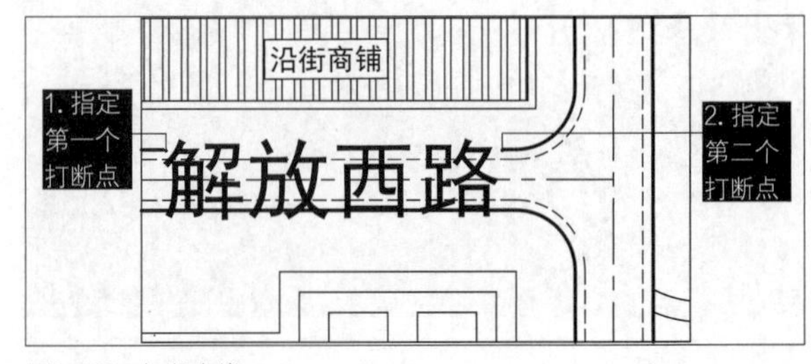

图3-197　打断直线

步骤 03 按相同的方法打断街道上的其他线条，最终效果如图3-198所示。

图3-198　打断效果

3.2.10 打断于点

“打断于点”命令是从“打断”命令派生出来的，“打断于点”是指通过指定一个打断点，将对象从该点处断开成两个对象。在AutoCAD中，“打断于点”命令不能通过命令行输入和菜单调用等方法来执行，只有一种执行方法，即单击“修改”面板扩展区域中的“打断于点”按钮，如图3-199所示。

“打断于点”命令在执行过程中，需要输入的参数只有“打断对象”和一个“打断点”。打断之后的对象外观无变化，没有间隙，但选择时可见对象已在打断点处分成两个对象，如图3-200所示。命令行提示如下。

```
命令: _break
        //执行“打断”命令
选择对象:
        //选择要打断的图形
指定第二个打断点 或 [第一点(F)]: _f
        //系统自动选择“第一点”选项
指定第一个打断点:
        //指定打断点
指定第二个打断点: @
        //系统自动输入“@”结束命令
```

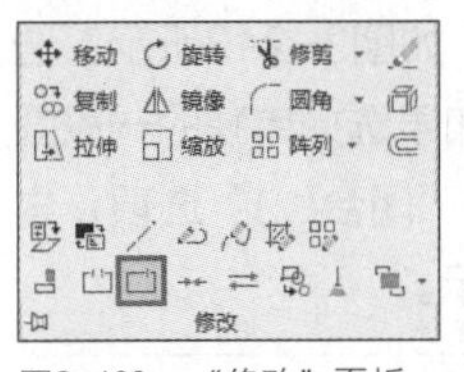

图3-199 “修改”面板扩展区域中的“打断于点”按钮

图3-200 打断于点的图形

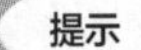
提示

不能在一点打断闭合对象（例如圆）。

读者可以发现，“打断于点”与“打断”的命令行提示相差无几，甚至在命令窗口中的命令都是“BREAK”。这是因为“打断于点”可以被理解为“打断”命令的一种特殊情况，即第二点与第一点重合。因此，如果在执行“打断”命令时，要想让输入的第二个点和第一个点相同，在指定第二点时在命令行中输入“@”字符即可，此操作相当于“打断于点”。

练习 3-21 使用“打断”命令修改电路图 ★进阶★

“打断”命令除了为文字、标注等创建注释空间外，还可以用来修改、编辑图形，尤其适用于修改由大量直线、多段线等线性对象构成的电路图。本练习便灵活运用“打断”命令为某电路图添加电器元件，操作步骤如下。

步骤 01 打开“练习3-21：使用‘打断’命令修改电路图.dwg”素材文件，其中绘制好了电路图和悬空外的电子元件（可调电阻），如图3-201所示。

步骤 02 在“默认”选项卡中，单击“修改”面板扩展区域中的“打断”按钮，选择可调电阻左侧的线路作为打断对象，可调电阻的上、下两个端点作为打断点，打断效果如图3-202所示。

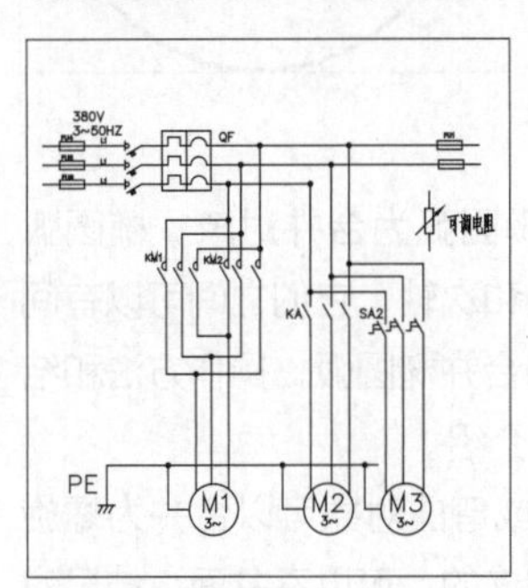

图3-201 素材图形

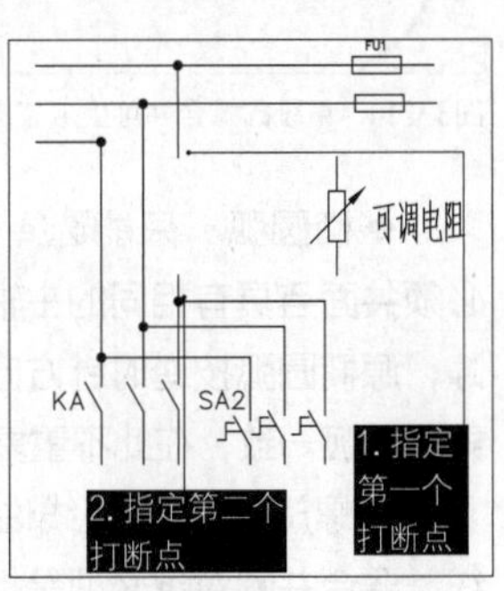

图3-202 打断线路

步骤 03 按相同的方法打断剩下的两条线路，如图3-203所示。

步骤 04 单击“修改”面板中的“复制”按钮，将可调电阻复制到打断的3条线路上，如图3-204所示。

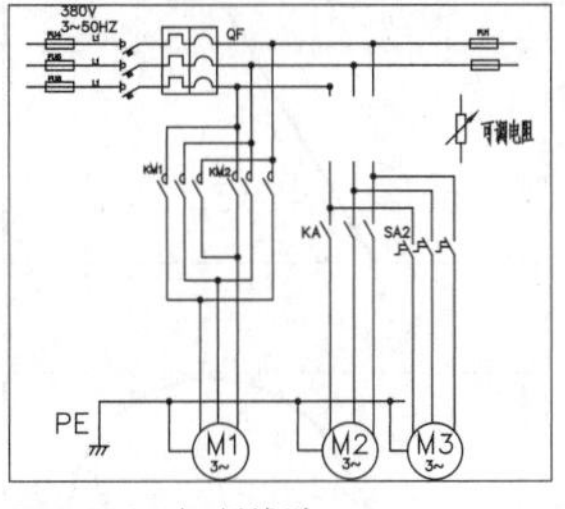

图3-203 打断线路

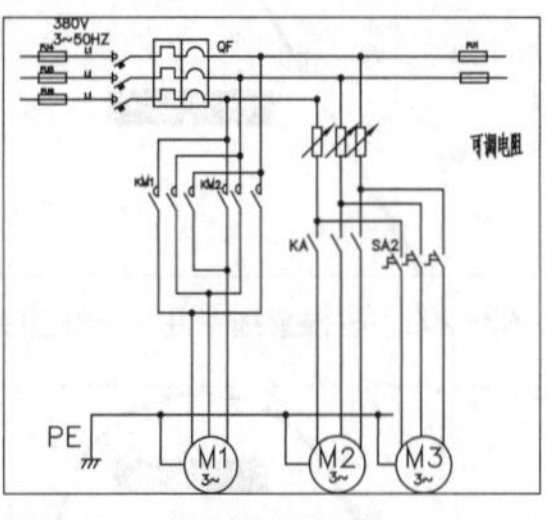

图3-204 添加电子元件

3.2.11 合并

“合并”命令用于将多个独立的图形对象合并为一个整体。它可以将多个对象进行合并，包括直线、多段线、三维多段线、圆弧、椭圆弧、螺旋线和样条曲线等。

在AutoCAD中，执行“合并”命令的方法如下。

◆菜单栏：执行“修改”|“合并”命令。

◆功能区：单击“修改”面板扩展区域中的“合并”按钮。

◆命令：JOIN或J。

执行“合并”命令后，选择要合并的对象，按Enter键完成操作，如图3-205所示。命令行提示如下。

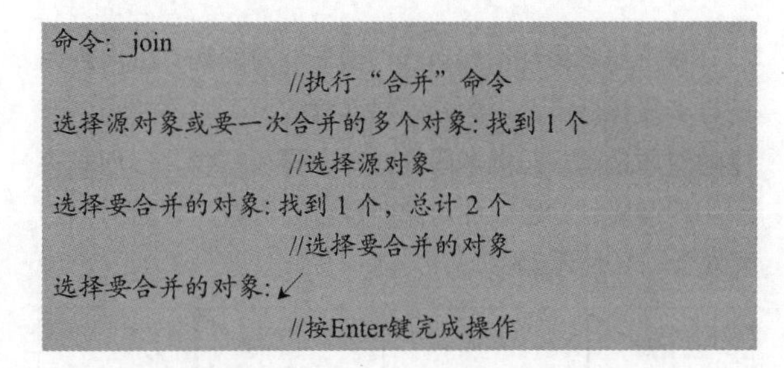
```
命令: _join
                    //执行“合并”命令
选择源对象或要一次合并的多个对象: 找到 1 个
                    //选择源对象
选择要合并的对象: 找到 1 个，总计 2 个
                    //选择要合并的对象
选择要合并的对象: ↙
                    //按Enter键完成操作
```

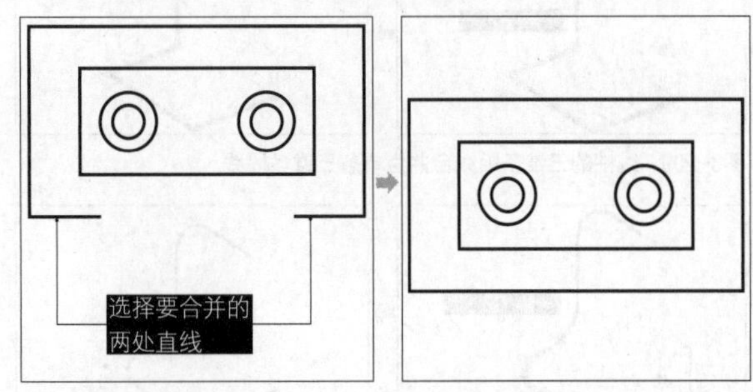

图3-205 合并图形

“合并”命令产生的对象类型取决于选择的对象类型、首先选择的对象类型，以及对象是否共线（或共面）。因此“合并”操作的结果与所选对象及选择顺序有关，不同对象的合并效果总结如下。

◆直线：两直线对象必须共线才能合并，它们之间可以有间隙，如图3-206所示；如果选择的源对象为直线，再选择圆弧，合并之后将生成多段线，如图3-207所示。

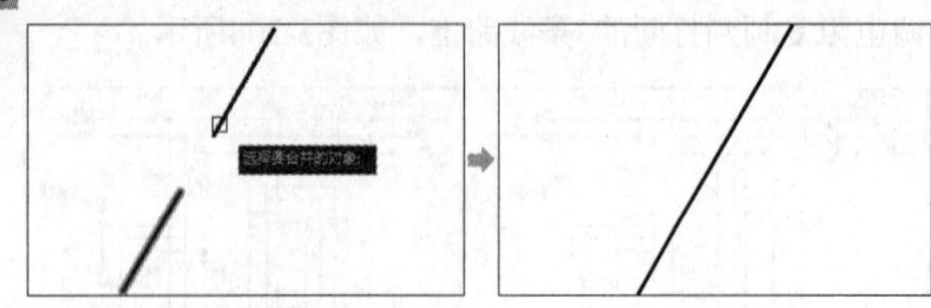

图3-206　两根直线合并为一根直线

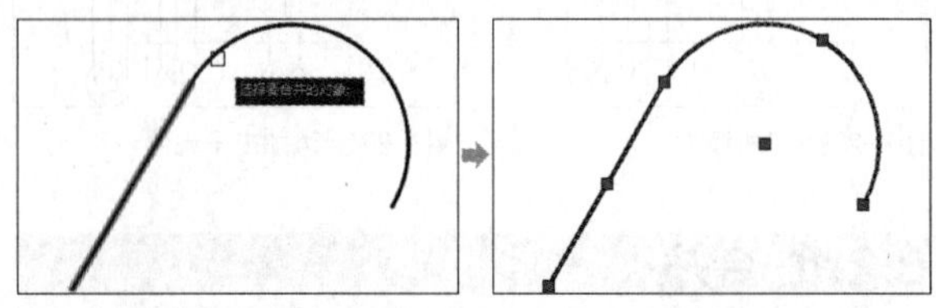

图3-207　直线、圆弧合并为多段线

◆多段线：直线、多段线和圆弧可以与多段线合并；所有对象必须连续且共面，生成的对象是单条多段线，如图3-208所示。

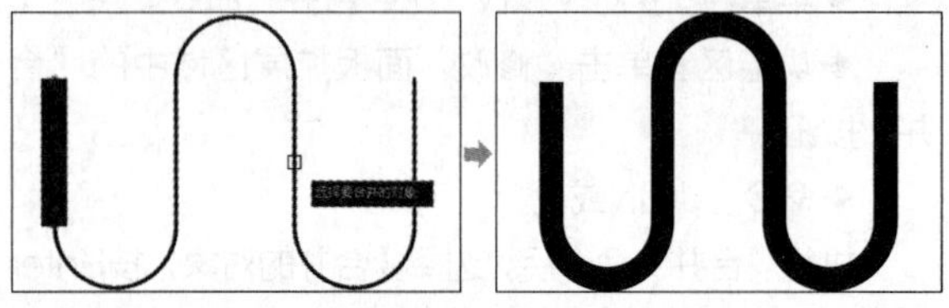

图3-208　多段线与其他对象合并仍为多段线

◆三维多段线：所有线性或弯曲对象都可以合并为三维多段线；所选对象必须是连续的，可以不共面；产生的对象是单条三维多段线或单条样条曲线，分别取决于用户连接到的是线性对象还是弯曲对象，如图3-209和图3-210所示。

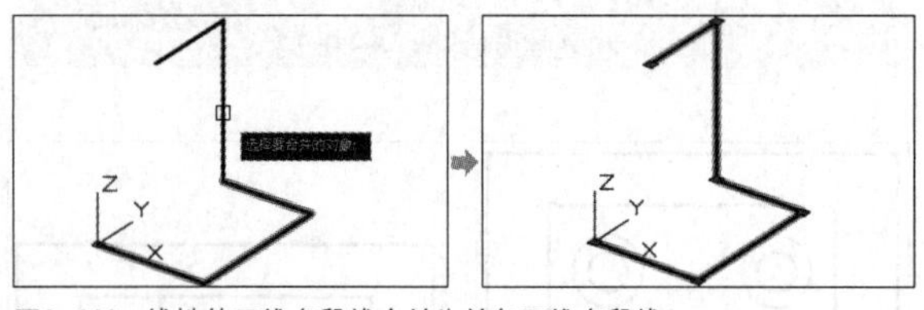

图3-209　线性的三维多段线合并为单条三维多段线

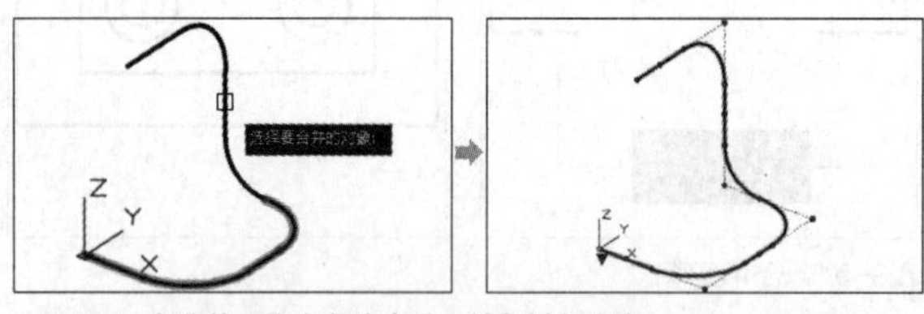

图3-210　弯曲的三维多段线合并为单条样条曲线

◆圆弧：只能选择圆弧为合并对象，所有的待合并圆弧对象必须同心、同半径，它们之间可以有间隙；合并圆弧时，源圆弧按逆时针方向进行合并，因此不同的选择顺序，所生成的圆弧也有优弧、劣弧之分，如图3-211和图3-212所示；如果两圆弧相邻，它们之间没有间隙，则合并时命令行会提示是否转换为圆，选择“是(Y)”选项，则生成整圆，如图3-213所示，选择“否(N)”选项，则无效果；如果选择单独的一段圆弧，则可以在命令行提示中选择“闭合(L)”选项，生成该圆弧的整圆，如图3-214所示。

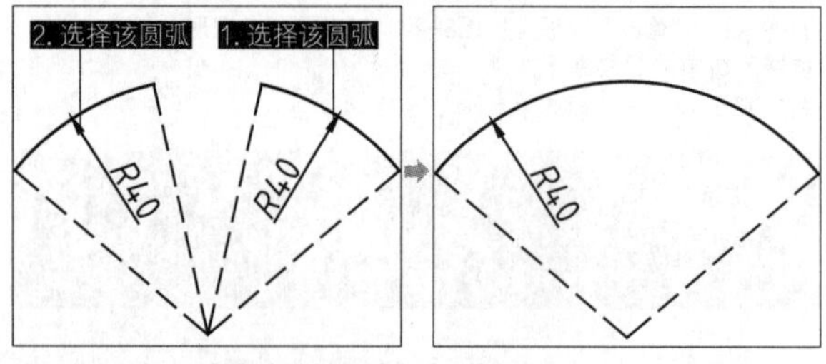

图3-211　按逆时针顺序选择圆弧合并生成劣弧

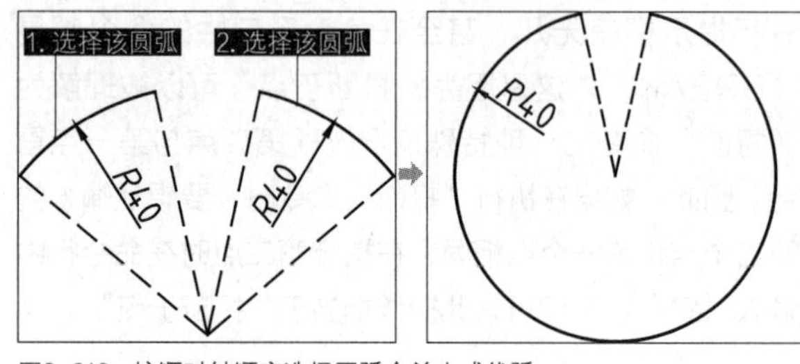

图3-212　按顺时针顺序选择圆弧合并生成优弧

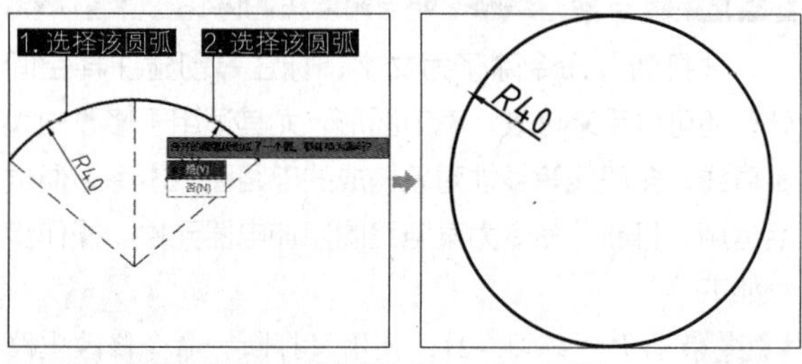

图3-213　圆弧相邻且它们没有间隙时可合并生成整圆

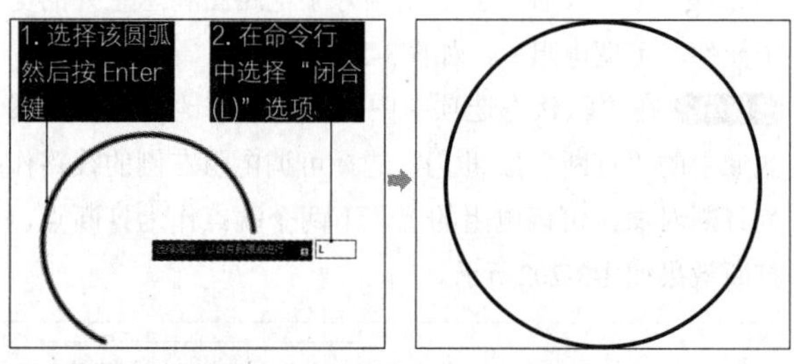

图3-214　单段圆弧合并可生成整圆

◆椭圆弧：只能选择椭圆弧为合并对象，椭圆弧必须共面且具有相同的主轴和次轴，它们之间可以有间隙；源椭圆弧按逆时针方向合并椭圆弧，操作方法和结果与圆弧一致，在此不重复介绍。

◆螺旋线：所有线性或弯曲对象可以合并为螺旋线，要合并的对象必须是相连的，可以不共面；结果对象是单条样条曲线，如图3-215所示。

◆样条曲线：所有线性或弯曲的图形对象可以合并为样条曲线，要合并的对象必须是相连的，可以不共面；合并结果是单条样条曲线，如图3-216所示。

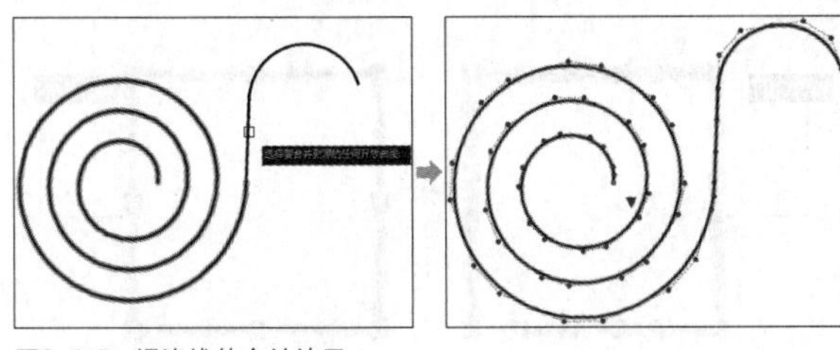

图3-215 螺旋线的合并效果

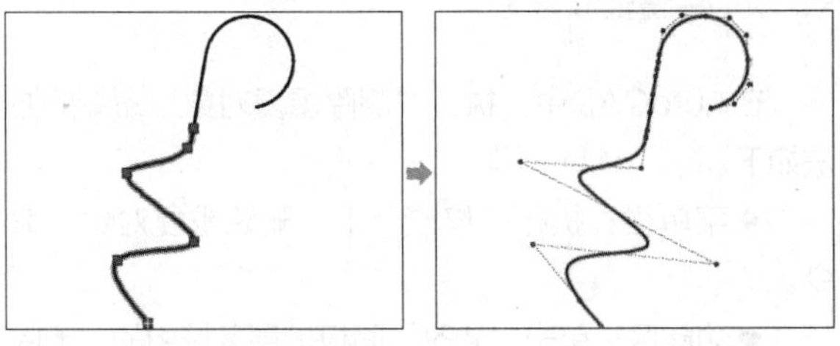

图3-216 样条曲线的合并效果

练习 3-22 使用“合并”命令修改电路图 ★进阶★

在练习3-21中，使用“打断”命令为电路图添加了电子元件。如果需要删除电子元件，则可以通过“合并”命令来完成，操作步骤如下。

步骤 01 打开“练习3-22：使用‘合并’命令修改电路图.dwg”素材文件，其中有已经绘制好了的完整电路图，如图3-217所示。

步骤 02 删除电子元件。在“默认”选项卡中，单击“修改”面板中的“删除”按钮，删除3个可调电阻，如图3-218所示。

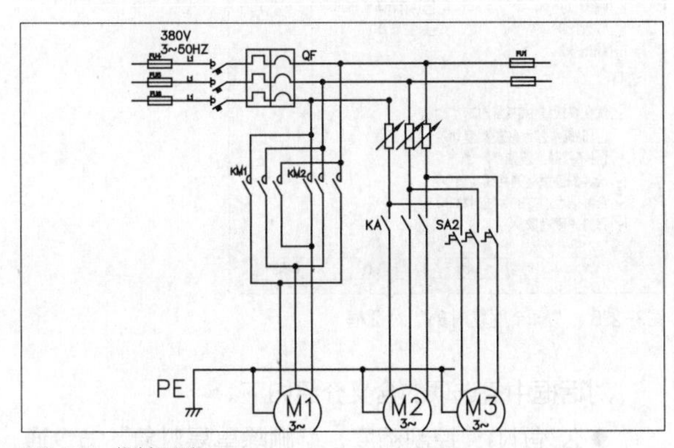

图3-217 素材图形

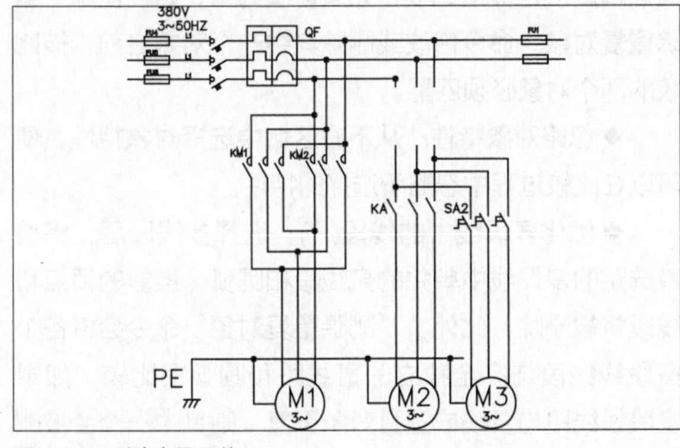

图3-218 删除电子元件

步骤 03 单击“修改”面板扩展区域中的“合并”按钮，分别单击打断线路的两端，将直线合并，如图3-219所示。

步骤 04 按相同的方法合并剩下的两条线路，最终效果如图3-220所示。

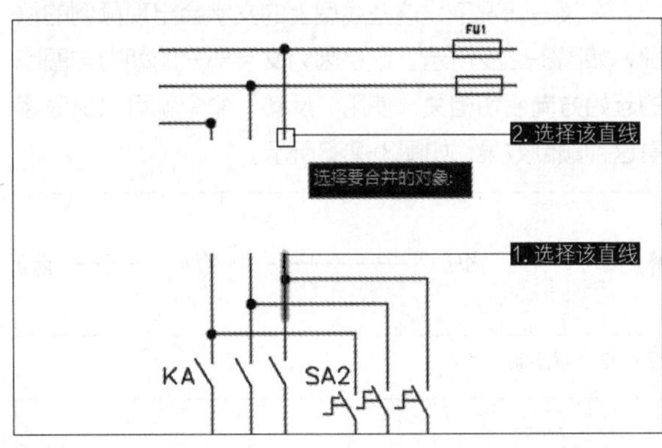

图3-219 合并直线

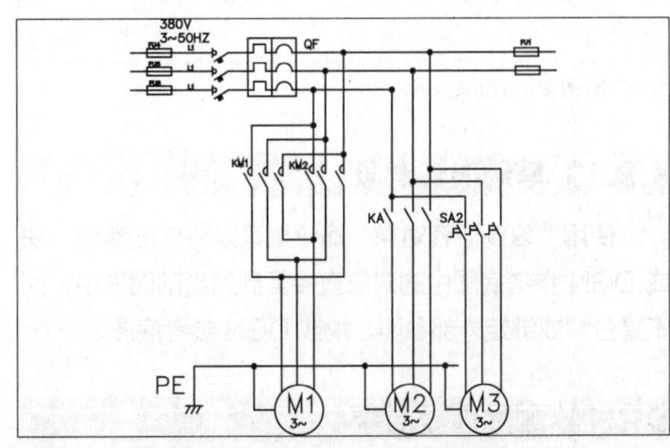

图3-220 完成效果

3.2.12 反转

要理解“反转”命令，首先需要大致了解AutoCAD中线型的概念。所谓线型，可以理解为线的形状，如波浪线、破折线、点划线等，不同的线型可以用来表示不同的部分，这在以后介绍图层时将详细介绍。AutoCAD作为一款功能强大的绘图软件，提供了多种线型供用户选择，其中就包括带文字的线型，如图3-221所示。

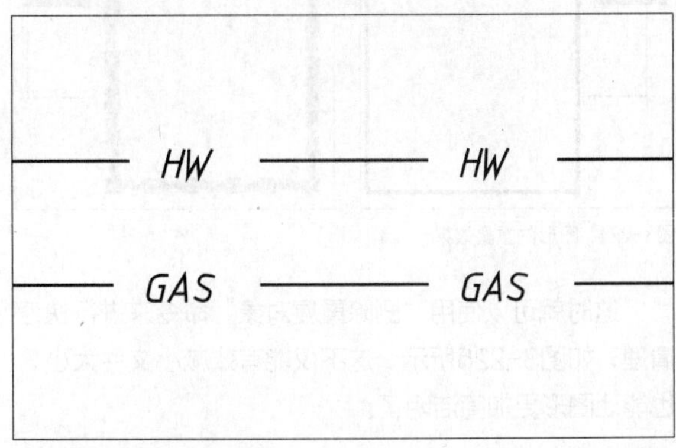

图3-221 带文字的线型

> **提示**
>
> *HW*表示Hot Water，用来表示热水管道走线；*GAS*用来表示天然气管道走线。

在某些情况下，这些线型上的文字会出现颠倒的情况，如图3-222所示。这是因为文字部分的朝向与图线的起始方向密切相关，使用“反转”命令就可以快速修复这种颠倒效果，如图3-223所示。

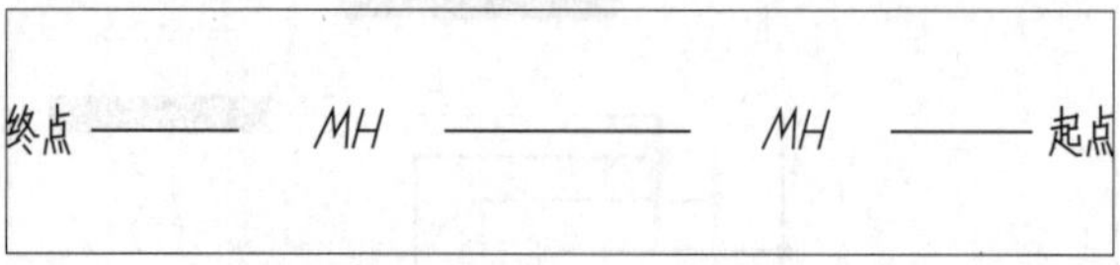

终点 —— MH —— MH —— 起点

图3-222　线型颠倒效果

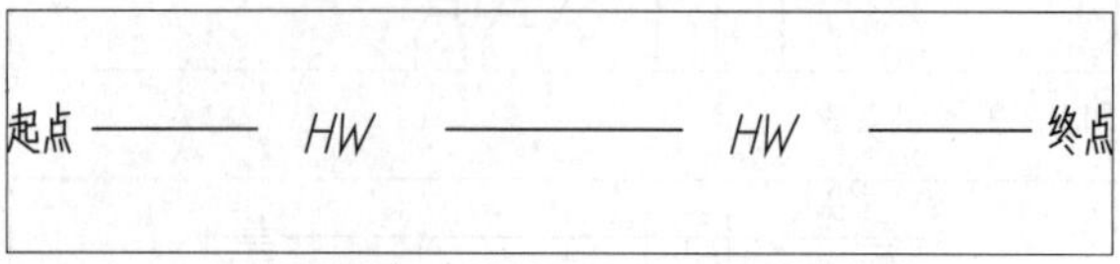

起点 —— HW —— HW —— 终点

图3-223　修复后的正常效果

3.2.13 复制嵌套对象

使用“复制嵌套对象”命令可以将外部参照、块或 DGN 参考底图中的对象直接复制到当前图形中，而不是分解或绑定外部参照、块或 DGN 参考底图。

3.2.14 删除重复对象

使用“删除重复对象”命令可以快速删除重复或重叠的直线、圆弧和多段线。此外，还可以合并局部重叠或连续的直线、圆弧和多段线。该命令在实际工作中较为实用，因为实际工作中的图纸往往经过了多次修改，图上可能会出现大量的零散对象或重叠的图线，从外观上是看不出重叠效果的，但选择图形后就很明显，如图3-224所示，虽然看上去是一个矩形，但实际上是由许多条直线组成的。

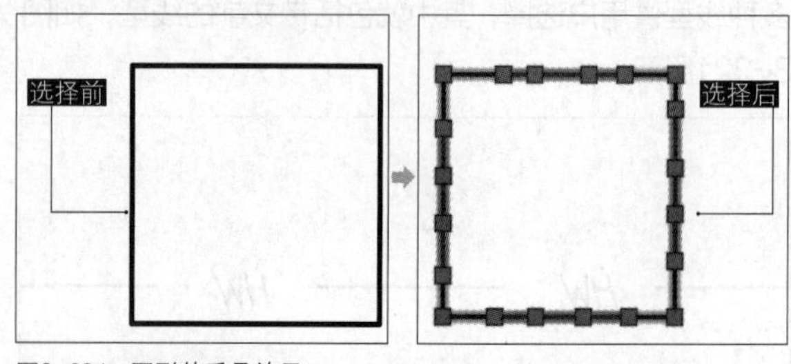

图3-224　图形的重叠效果

这时就可以使用“删除重复对象”命令来进行快速清理，如图3-225所示。这不仅能有效减小文件大小，也能让图形更加简洁明了。

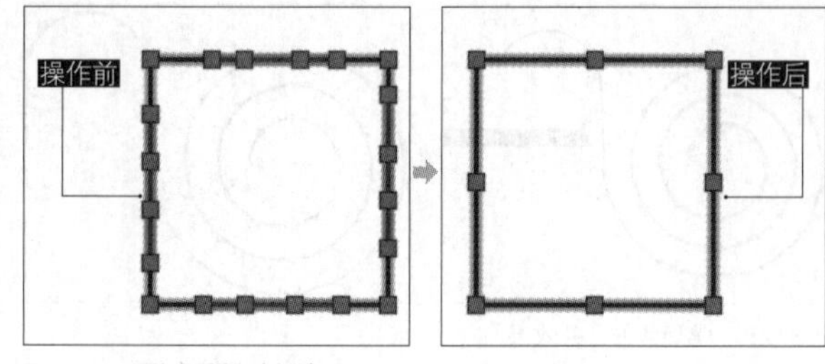

图3-225　删除重复对象效果

在AutoCAD中，执行“删除重复对象”命令的方法如下。

◆菜单栏：执行“修改”｜“删除重复对象”命令。

◆功能区：单击“修改”面板扩展区域中的“删除重复对象”按钮。

◆命令：OVERKILL。

执行“删除重复对象”命令后，可以直接按快捷键Ctrl+A全选图形或者框选绘制好的图形，然后按Enter键确认，弹出“删除重复对象”对话框。在其中设置删除或合并选项，单击“确定”按钮即可完成操作，如图3-226所示。

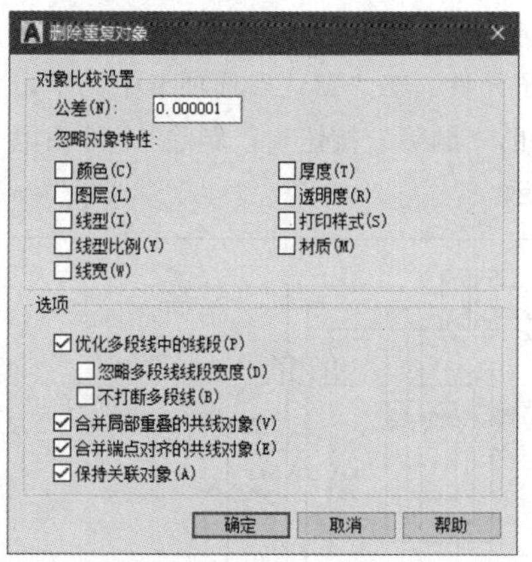

图3-226　“删除重复对象”对话框

对话框中各选项的含义介绍如下。

◆公差(N)：控制精度，“删除重复对象”命令通过该精度进行数值比较；如果该值为 0，则在使用“删除重复对象”命令修改或删除其中一个对象之前，被比较的两个对象必须匹配。

◆忽略对象特性：从下方区域中选择对象特性，便可以在比较过程中忽略所选择的特性。

◆优化多段线中的线段(P)：选择多线段后，将检查选定的多段线中单独的直线段和圆弧，重复的顶点和线段将被删除；此外，“删除重复对象”命令会将各个多段线线段与完全独立的直线段和圆弧相比较，如果多段线线段与直线或圆弧对象重复，则其中一个会被删除；如果未勾选此复选框，多段线会作为参考对象被比较，而且两个子复选框是不可选的。

• 忽略多段线线段宽度(D)：忽略线段宽度，同时优化多段线线段。

• 不打断多段线(B)：多段线对象将保持不变。

◆ 合并局部重叠的共线对象(V)：重叠的对象被合并为单个对象。

◆ 合并端点对齐的共线对象(E)：将具有公共端点的对象合并为单个对象。

◆ 保持关联对象(A)：不会删除或修改关联对象。

3.2.15 绘图次序

如果当前文件中的图形元素很多，而且不同的图形发生重叠，则不利于操作。例如要选择某一个图形，但是这个图形被其他的图形遮住而无法选择，此时就可以通过控制图形的显示层次来解决。将挡在前面的图形后置，或让选中的图形前置，即可让被遮住的图形显示在最前面，如图3-227所示。

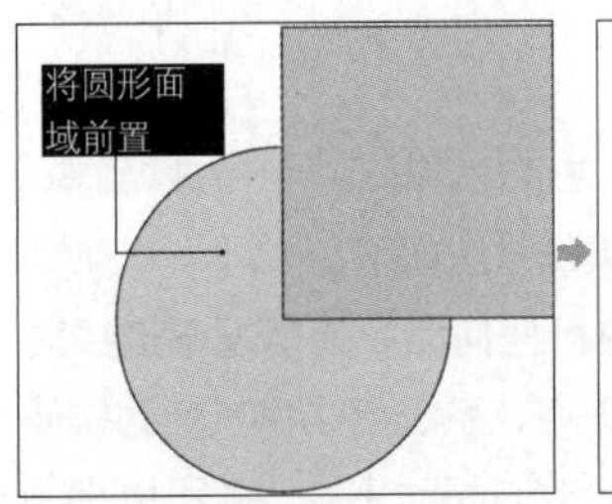

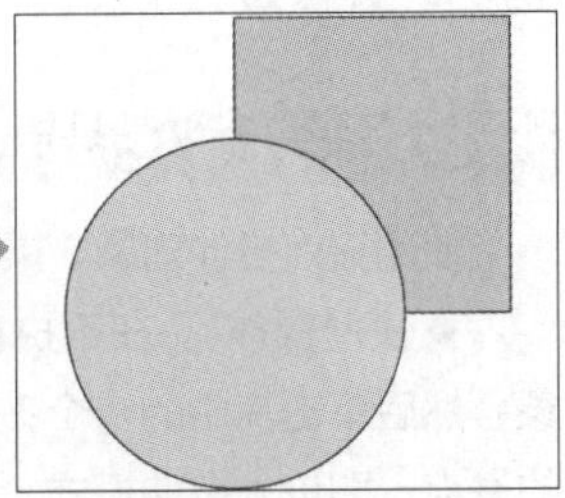

图3-227　绘图次序的变化效果

在AutoCAD中，调整图形叠放次序的方法如下。

◆ 菜单栏：执行“工具” | “绘图次序”命令，在打开的子菜单中选择相应的命令，如图3-228所示。

◆ 功能区：在“修改”面板扩展区域中的“绘图次序”下拉列表中选择所需的选项，如图3-229所示。

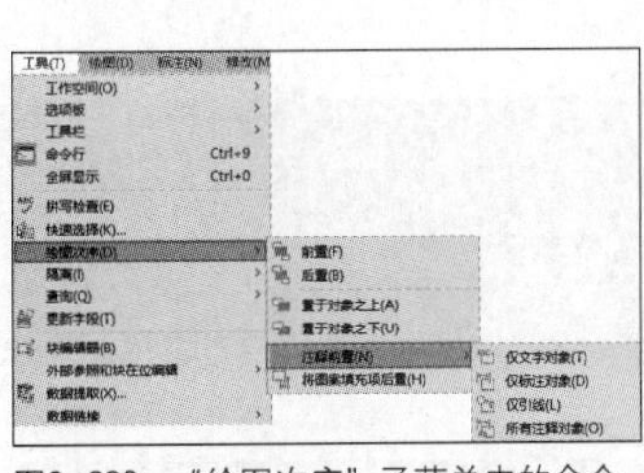

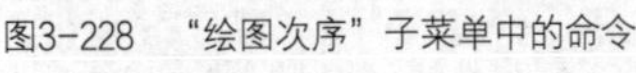

图3-228　“绘图次序”子菜单中的命令

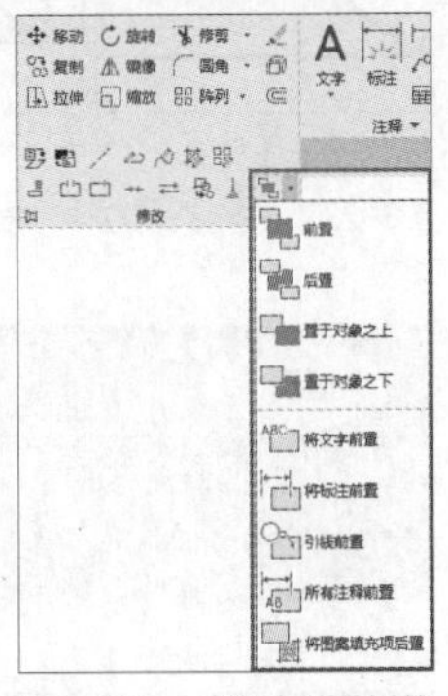

图3-229　“修改”面板扩展区域中的“绘图次序”下拉列表

“绘图次序”子菜单中的各命令操作方式基本相同，而且十分简单，执行命令后直接选择要前置或后置的对象即可。“绘图次序”子菜单中的各命令含义说明如下。

◆ 前置：强制使选择的对象显示在所有对象之前。

◆ 后置：强制使选择的对象显示在所有对象之后。

◆ 置于对象之上：使选择的对象显示在指定的参考对象之前。

◆ 置于对象之下：使选择的对象显示在指定的参考对象之后。

◆ 注释前置：

• 将文字前置：强制使文字对象显示在所有其他对象之前，单击即可生效。

• 将标注前置：强制使标注对象显示在所有其他对象之前，单击即可生效。

• 引线前置：强制使引线对象显示在所有其他对象之前，单击即可生效。

• 所有注释前置：强制使所有注释对象（标注、文字、引线等）显示在所有其他对象之前，单击即可生效。

◆ 将图案填充项后置：强制使图案填充项显示在所有其他对象之后，单击即可生效。

练习 3-23　使用“绘图次序”命令修改图形　★进阶★

在进行城镇的规划布局设计时，一张设计图可能包含数以千计的图形元素，如各种建筑、道路、河流、绿植等。这时难免会因为绘图时的先后顺序不同，使各图形的叠放效果不一样，就可能会出现一些违反生活常识的图形。例如本练习素材中的河流就“淹没”了所绘制的道路，这明显是不符合设计要求的。这时就可以通过执行“绘图次序”命令来进行修改，操作步骤如下。

步骤 01 打开“练习3-23：使用‘绘图次序’命令修改图形.dwg”素材文件，其中有已经绘制好了的市政规划局部图，图中可见道路、文字被河流遮挡，如图3-230所示。

步骤 02 前置道路。选择道路的填充图案，以及道路上的各线条，单击“修改”面板扩展区域中的“前置”按钮，结果如图3-231所示。

图3-230　素材图形

图3-231　前置道路

步骤 03 前置文字。此时道路图形被置于河流之上，符合生活实际，但道路名称被遮盖，因此需将文字对象前置。单击“修改”面板扩展区域中的“将文字前置”按钮，即可完成操作，结果如图3-232所示。

步骤 04 前置边框。此时图形边框被置于各对象之下，为了完善打印效果，可将边框置于最前，结果如图3-233所示。

图3-232　将文字前置

图3-233　前置边框

3.3 通过夹点编辑图形

除了上述介绍的编辑命令外，在AutoCAD中还有一种非常重要的编辑方法，即通过夹点来编辑图形。所谓夹点，指的是在选择图形对象后出现的一些可供捕捉或选择的特征点，如端点、顶点、中点、中心点等，图形的位置和形状通常是由夹点的位置决定的。在AutoCAD中，夹点模式是一种集成的编辑模式，利用夹点模式可以编辑图形的大小、位置、方向，以及对图形进行镜像复制操作等。

3.3.1 夹点模式概述

在夹点模式下，图形对象以蓝色高亮显示，图形上的特征点（如端点、圆心、象限点等）将显示为蓝色的小方框■，如图3-234所示，这样的小方框就是夹点。

夹点有未激活和被激活两种状态。蓝色小方框显示的夹点处于未激活状态，单击某个未激活夹点，该夹点以红色小方框显示，处于被激活状态，称为“热夹点”。以热夹点为基点，可以对图形对象进行拉伸、平移、复制、缩放和镜像等操作。按住Shift键可以同时选择激活多个热夹点。

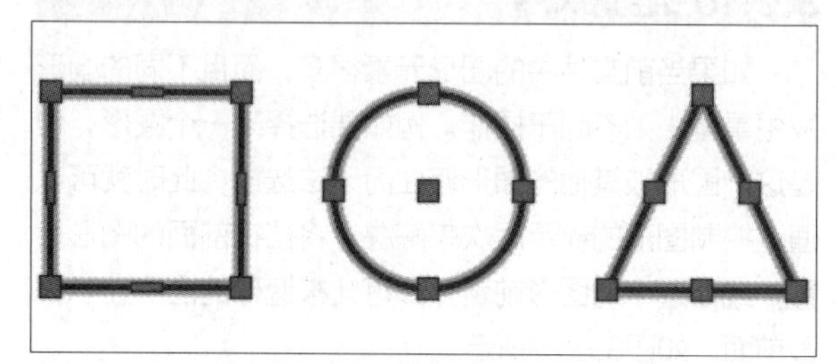

图3-234　不同对象的夹点

3.3.2 使用夹点拉伸对象

使用夹点拉伸对象，操作方法如下。

◆快捷操作：在不执行任何命令的情况下选择对象，然后单击其中的一个夹点，系统自动将其作为拉伸的基点，即进入拉伸模式，此时移动夹点，就可以将图形对象拉伸至新位置；夹点编辑中的“拉伸”与“拉伸”（STRETCH）命令效果一致，效果如图3-235所示。

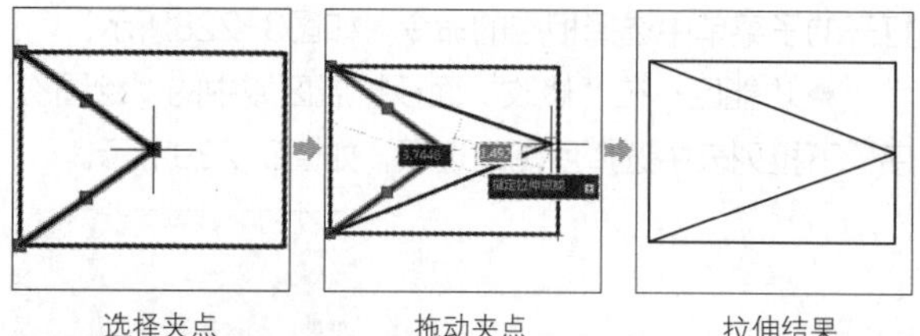

图3-235　使用夹点拉伸对象

> **提示**
>
> 对于某些夹点，只能移动而不能拉伸，如文字、块、直线中点、圆心、椭圆中心和点对象上的夹点。

3.3.3 使用夹点移动对象

使用夹点移动对象，操作方法如下。

◆命令：在夹点编辑模式下确定基点后，输入“MO”进入移动模式，选择的夹点即基点。

◆快捷操作：选择一个夹点，按一次Enter键，进入移动模式。

通过夹点进入移动模式后，命令行提示如下。

```
** MOVE **
指定移动点或 [基点(B)/复制(C)/放弃(U)/退出(X)]:
```

使用夹点移动对象，可以将对象从当前位置移动到新位置，效果同 “移动”（MOVE）命令，如图3-236所示。

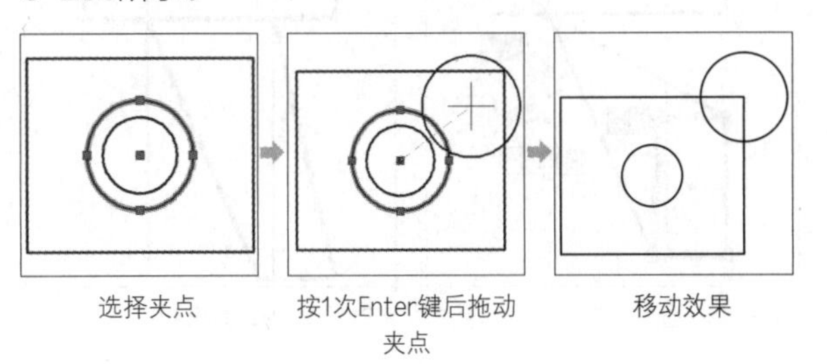

图3-236　使用夹点移动对象

3.3.4 使用夹点旋转对象

使用夹点旋转对象，操作方法如下。

◆命令：在夹点编辑模式下确定基点后，输入 “RO” 进入旋转模式，选择的夹点即基点。

◆快捷操作：选择一个夹点，按两次Enter键，进入旋转模式。

通过夹点进入旋转模式后，命令行提示如下。

```
** 旋转 **
指定旋转角度或 [基点(B)/复制(C)/放弃(U)/参照(R)/退出(X)]:
```

默认情况下，输入旋转角度值或通过拖动方式确定旋转角度后，即可将对象绕基点旋转指定的角度。也可以选择“参照”选项，以参照方式旋转对象。效果同“旋转”（ROTATE）命令，使用夹点旋转对象如图3-237所示。

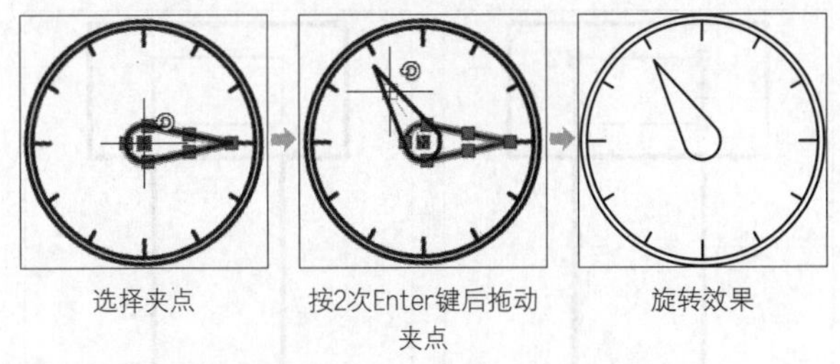

图3-237　使用夹点旋转对象

3.3.5 使用夹点缩放对象

使用夹点缩放对象，操作方法如下。

◆命令：输入“SC”进入缩放模式，选择的夹点即缩放基点。

◆快捷操作：选择一个夹点，按3次Enter键，进入缩放模式。

通过夹点进入缩放模式后，命令行提示如下。

```
** 比例缩放 **
指定比例因子或 [基点(B)/复制(C)/放弃(U)/参照(R)/退出(X)]:
```

默认情况下，当确定了缩放的比例因子后，AutoCAD将相对于基点进行缩放操作。比例因子大于1时放大对象；比例因子大于0而小于1时缩小对象，操作同 “缩放”（SCALE）命令，如图3-238所示。

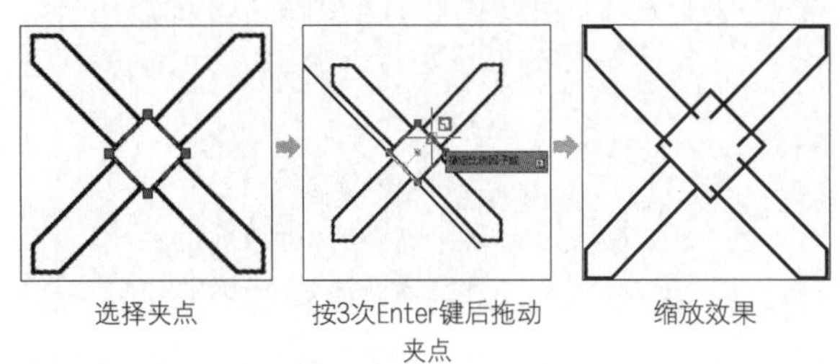

图3-238　使用夹点缩放对象

3.3.6 使用夹点镜像对象

使用夹点镜像对象，操作方法如下。

◆命令：输入“MI”进入镜像模式，选择的夹点即镜像线的第一点。

◆快捷操作：选择一个夹点，按4次Enter键，进入镜像模式。

通过夹点进入镜像模式后，命令行提示如下。

```
** 镜像 **
指定第二点或 [基点(B)/复制(C)/放弃(U)/退出(X)]:
```

指定镜像线上的第二点后，AutoCAD将以基点作为镜像线上的第一点，对对象进行镜像操作并删除源对象。使用夹点镜像对象如图3-239所示。

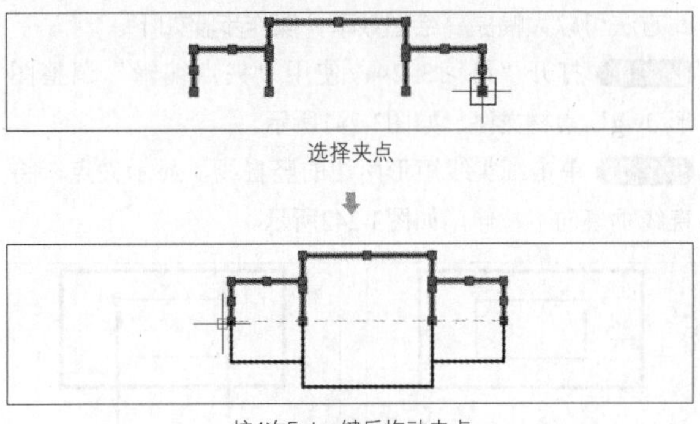

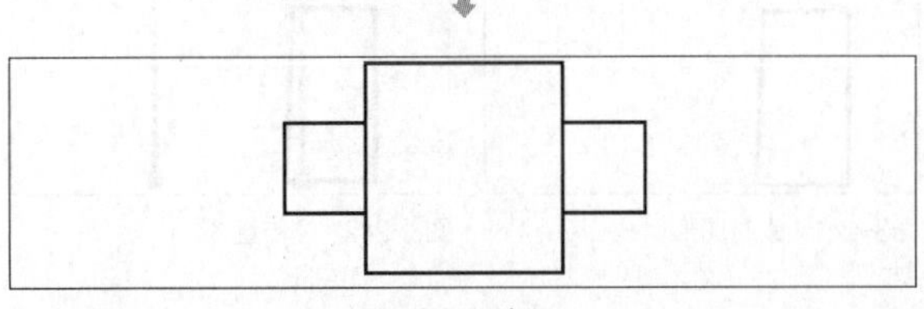

图3-239　利用夹点镜像对象

3.3.7 使用夹点复制对象

使用夹点复制对象，操作方法如下。

◆命令：选择夹点后进入移动模式，然后在命令行中输入“C”，命令行提示如下。

```
** MOVE **
                    //进入“移动”模式
指定移动点 或 [基点(B)/复制(C)/放弃(U)/退出(X)]:C↙
                    //选择“复制”选项

** MOVE (多个) **
                    //进入“复制”模式
指定移动点 或 [基点(B)/复制(C)/放弃(U)/退出(X)]: ↙
                    //指定放置点，并按Enter键完成操作
```

使用夹点复制对象，在选择中心夹点进行拖动时需按住Ctrl键，复制效果如图3-240所示。

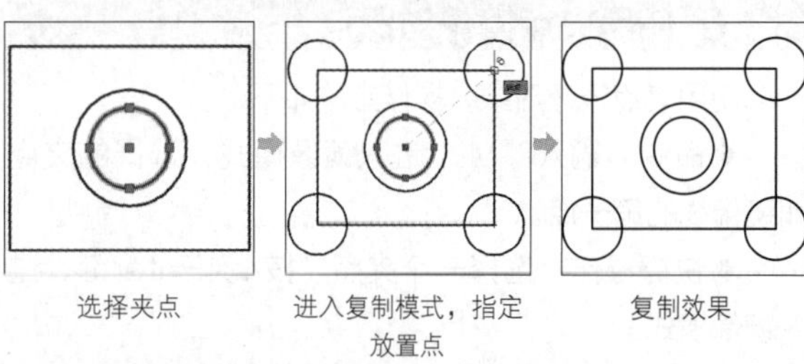

图3-240 使用夹点复制对象

练习 3-24 使用“夹点编辑”调整图形 ★进阶★

夹点是一个重要的辅助工具，夹点操作的优势只有在绘图过程中才能展现。本练习介绍在已有的图形上先进行夹点操作修改图形，然后结合其他命令进一步修改图形，综合运用夹点操作和编辑命令绘图的方法，使用此方法可以大幅提高绘图效率，操作步骤如下。

步骤 01 打开“练习3-24：使用‘夹点编辑’调整图形.dwg”素材文件，如图3-241所示。

步骤 02 单击细实线矩形两边的竖直线，显示夹点，将直线垂直向下拉伸，如图3-242所示。

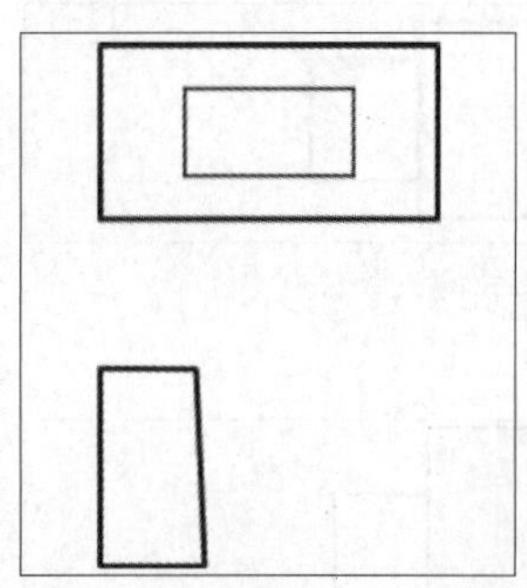

图3-241 素材图形

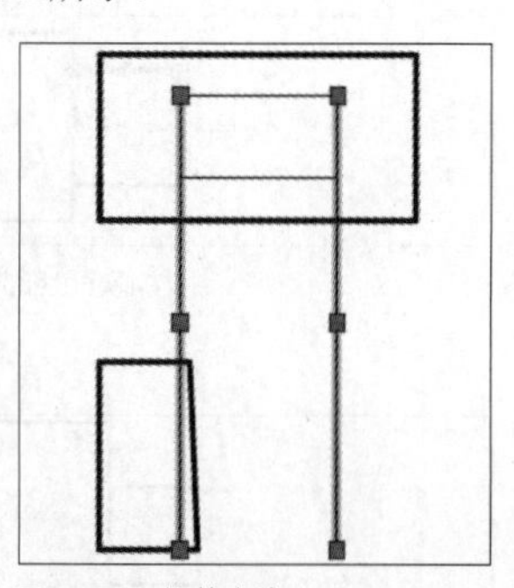

图3-242 拉伸直线

步骤 03 单击左下角不规则的四边形，拖动四边形的右上端点到细实线与矩形的交点，如图3-243所示。

步骤 04 仍使用相同的办法拖动不规则四边形的左上端点，如图3-244所示。

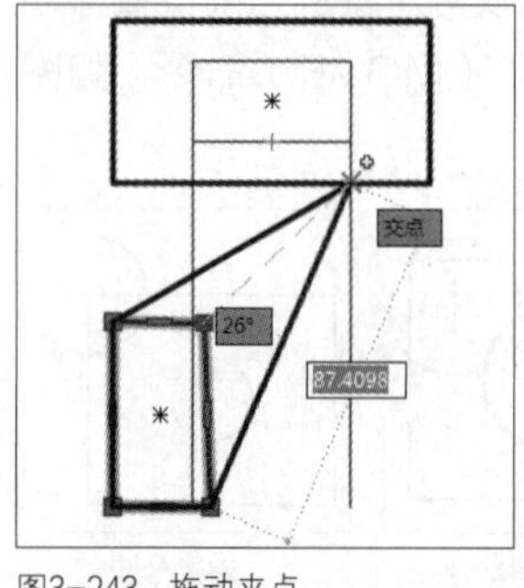

图3-243 拖动夹点

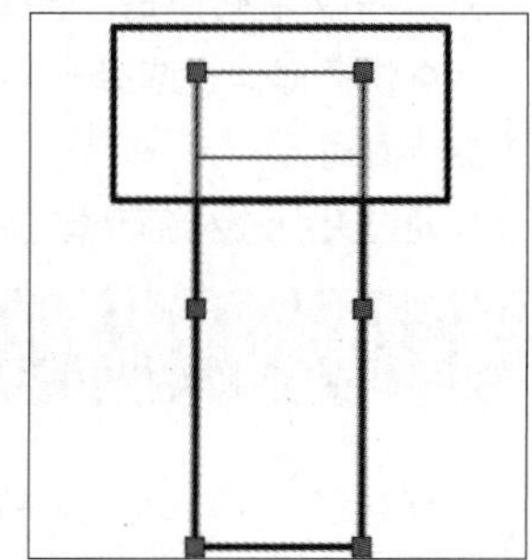

图3-244 拖动效果

步骤 05 按F8键开启正交模式，选择不规则的四边形，水平拖动其下端点连接到竖直细实线，效果如图3-245所示。

步骤 06 单击细实线矩形两边的竖直线，呈现夹点状态，如图3-246所示。

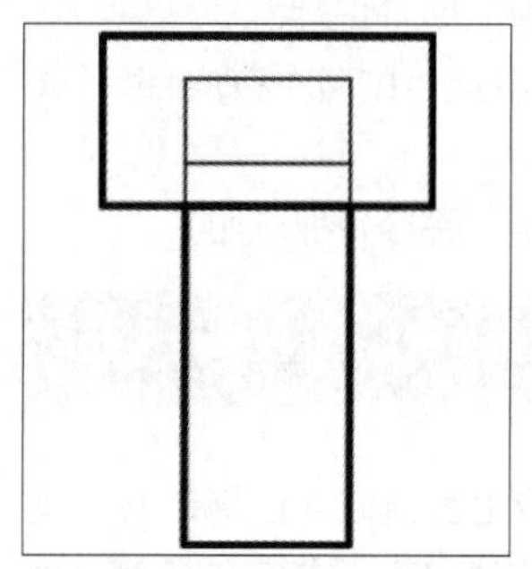

图3-245 拖动夹点

图3-246 激活直线

步骤 07 分别拖动竖直细线，使其缩短到原来的位置，如图3-247所示。

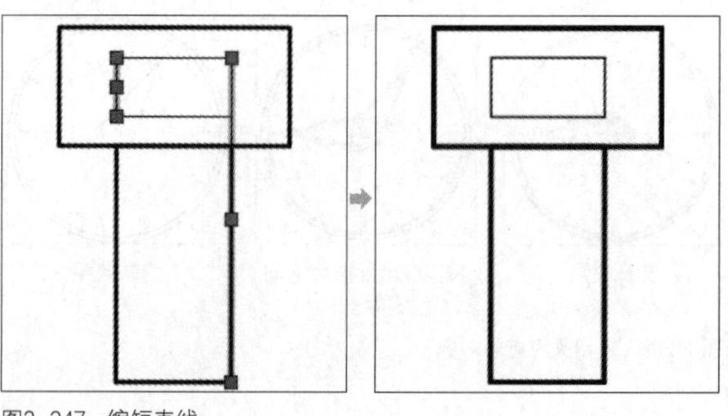

图3-247 缩短直线

步骤 08 单击“修改”面板中的“镜像”按钮⚠，以上水平线为镜像线，镜像整个图形，如图3-248所示。

步骤 09 单击“修改”面板中的“移动”按钮✥，选择对象为镜像图形，基点为左端竖直线段的中点，如图3-249所示。

步骤 10 拖动基点到原图形中矩形右端竖直线的中点，如图3-250所示。

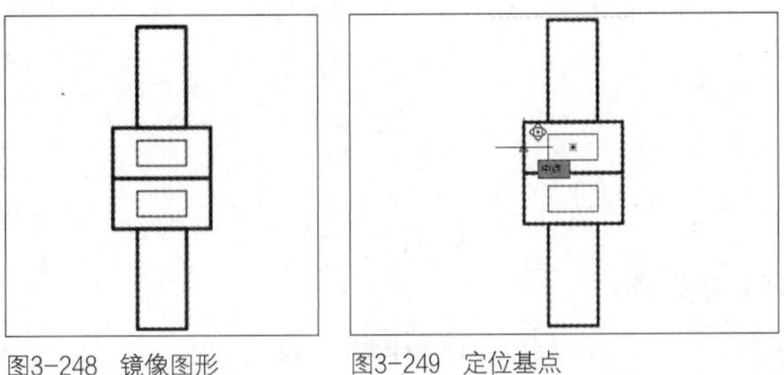

图3-248　镜像图形

图3-249　定位基点

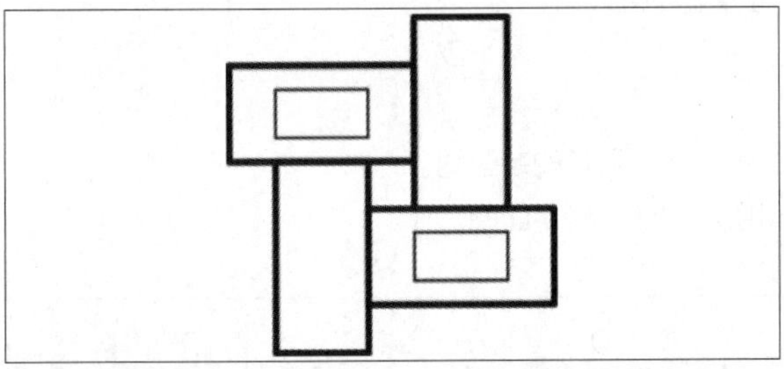

图3-250　最终定位

步骤 11 单击“修改”面板中的“矩形阵列”按钮，选择阵列对象为整个图形，设置参数如图3-251所示。

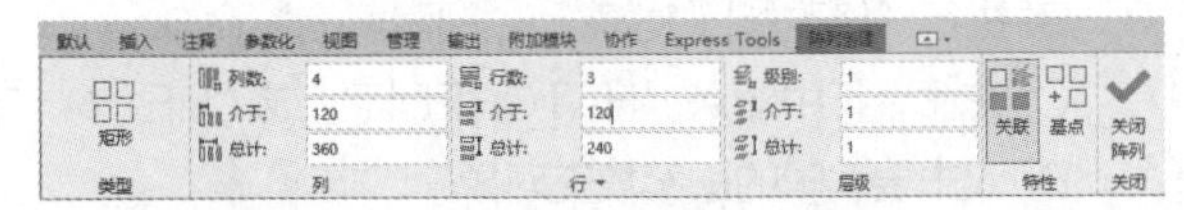

图3-251　阵列参数

最终效果如图3-252所示。

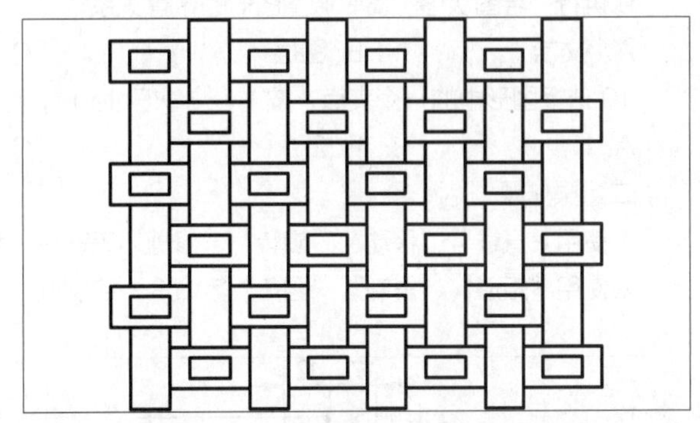

图3-252　最终效果

3.4 本章小结

上一章介绍了绘制图形的方法，如利用直线、圆形、矩形搭建新图形。这一章则介绍了编辑图形的方法，包括移动、旋转、镜像等操作。利用各种编辑方式，可以更改图形的显示样式。例如执行“镜像”命令，可以在指定的位置、方向创建图形副本，还可以根据需要选择是否保留源图形。

利用编辑命令，可以大大减少绘图工作量。例如，执行“镜像”命令可以避免重复绘制、移动图形，提高绘图速度及准确率。正确地运用编辑命令可以帮助绘图人员事半功倍地完成工作，但是要通过大量的练习才能得心应手地使用命令。

本章的最后安排了若干课后习题，包括理论题与操作题。读者可以做完后再对照参考答案。检查结果的时候将错误标记出来，调整自己的解题方式，继续练习，直到得出正确的答案为止。

3.5 课后习题

一、理论题

1.“移动”命令的工具按钮是（　）。

A. ✥　　B. ✂　　C. ↻　　D. ⇥

2.“修剪”命令的快捷方式是（　）。

A. C　　B. RT　　C. TR　　D. AR

3.执行“复制”命令创建对象副本，（　）操作不能退出命令。

A. 单击鼠标右键，在弹出的快捷菜单中执行“确认”命令　　B. 按Enter键

C. 按Esc键　　D. 单击十字光标

4.执行“镜像”命令时，需要先指定（　）才可以创建对象副本。

A. 中点　　B. 象限点　　C. 圆心　　D. 镜像线

5.执行“圆角”命令时，如果需要多次为对象创建圆角，在命令行中输入（　）选择“多个”选项即可。

A. U　　B. R　　C. T　　D. M

6.对图形执行“缩放”操作，当缩放的比例因子（　）时，对象被放大。

A. 小于1　　B. 小于2　　C. 大于1　　D. 大于0

7.编辑填充图案的方法不包括（ ）。

A. 选择填充图案单击十字光标

B. 执行“修改”|“对象”|“图案填充”命令

C. 在命令行中输入“HATCHEDIT”或“HE”

D. 双击要编辑的图案填充对象

8.对图形执行打断操作，需要指定（ ）个打断点。

A. 2　B. 3　C. 4　D. 5

9.执行“绘图次序”命令调整图形的位置关系，（ ）不能被调整。

A. 文字　B. 图层　C. 标注　D. 引线

10.选择图形中的一个夹点，按（ ）次Enter键，可以进入缩放模式。

A. 1　B. 2　C. 3　D. 4

二、操作题

1.使用“直线”“移动”“旋转”“修剪”等命令，绘制图3-253所示的装配图。

2.使用“矩形”“复制”“圆角”等命令，绘制图3-254所示的洗衣机平面图。

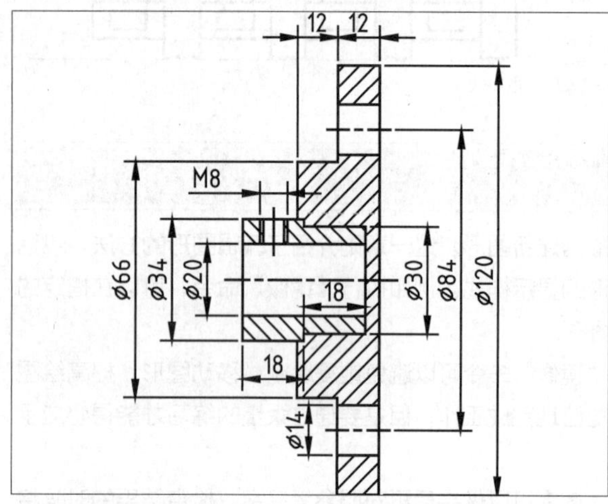

图3-253 装配图

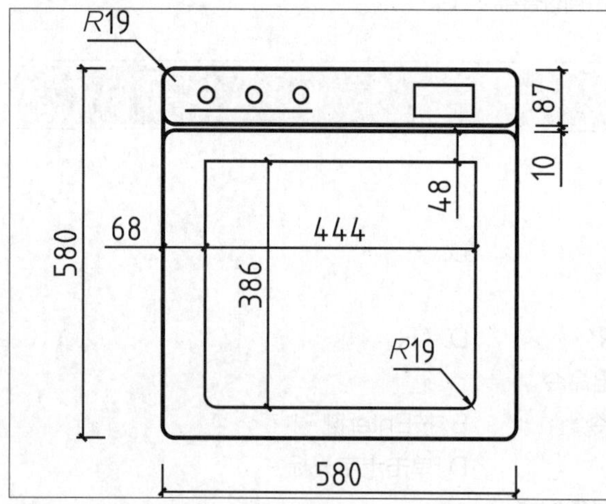

图3-254 洗衣机平面图

3.使用“直线”“椭圆”“打断”“旋转”等命令，绘制图3-255所示的热敏开关图形。

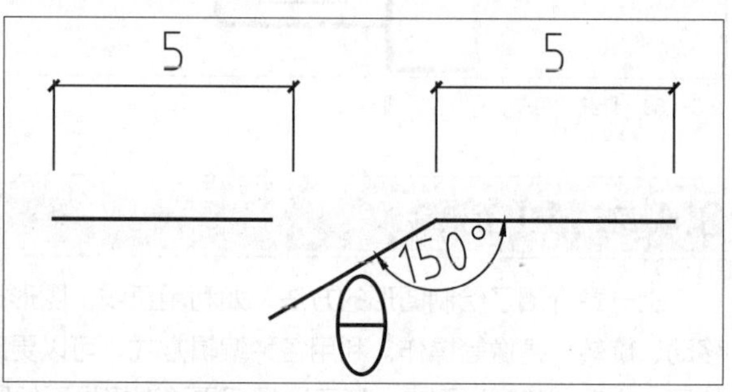

图3-255 热敏开关

4.使用“矩形”“矩形阵列”“修剪”等命令，绘制图3-256所示的花架图形。

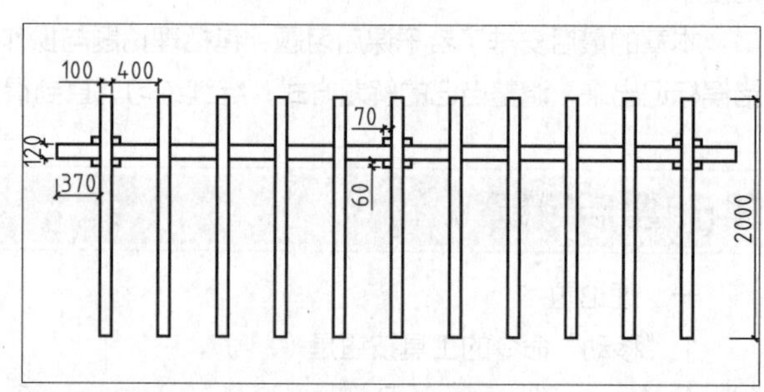

图3-256 花架

5.使用“直线”“镜像”等命令，绘制图3-257所示的阀门图形。

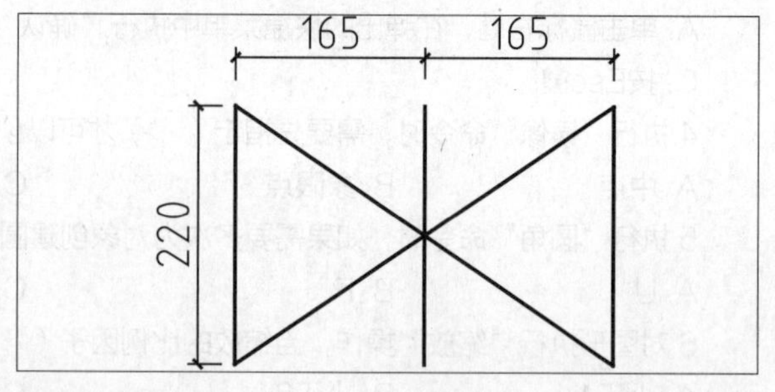

图3-257 阀门

第4章

创建图形注释

本章内容概述

在AutoCAD中，图形注释可以是文字、尺寸标注、引线，也可以是表格说明等，创建这些注释的命令集中在“注释”面板中。本章将依次介绍“注释”面板中的命令。

本章知识要点

- 创建与编辑文字注释
- 创建尺寸标注
- 编辑引线的方法
- 创建与编辑表格
- 创建文字、尺寸及表格等样式
- 其他标注方法

4.1 文字注释

文字是绘图过程中很重要的内容。在进行各种设计时，不仅要绘制出图形，还需要在图形中标注一些注释性的文字，这样可以对不便于用图形表达的设计加以说明，使设计表达更加清晰。在AutoCAD中，文字分为“多行文字”和“单行文字”，在“注释”面板中单击各自的按钮，可分别添加文字注释，如图4-1所示。

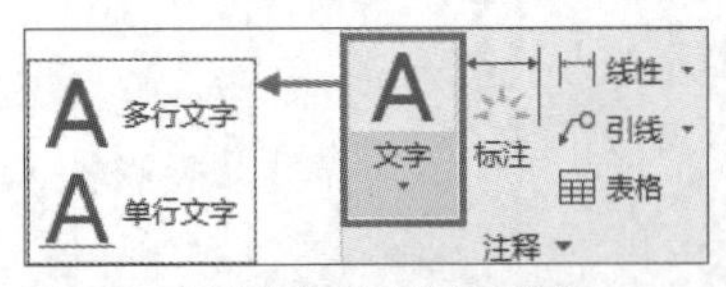

图4-1 “注释”面板中的文字按钮

4.1.1 多行文字 ★重点★

“多行文字”又称段落文字，是一种易于管理的文字对象，由两行以上的文字组成，而且各行文字都作为一个整体被处理。在制图中常使用“多行文字”创建较为复杂的说明文字，如图样的工程说明或技术要求等。与“单行文字”相比，“多行文字”格式更工整、规范，可以对文字进行更复杂的编辑，如为文字添加下划线，设置文字段落对齐方式，为段落添加编号和项目符号等。

可以通过如下方法创建多行文字。

◆菜单栏：执行“绘图”|“文字”|“多行文字”命令。

◆功能区：在“默认”选项卡中，单击“注释”面板中的“多行文字”按钮A。

◆命令：T、MT或MTEXT。

执行该命令后，命令行提示如下。

```
命令: MTEXT↙
当前文字样式: "景观设计文字样式" 文字高度: 600 注释性: 否
指定第一角点:
                    //指定多行文字框的第一个角点
指定对角点或 [高度(H)/对正(J)/行距(L)/旋转(R)/样式(S)/宽度(W)/栏(C)]:
                    //指定多行文字框的对角点
```

在指定了输入文字的对角点之后，弹出图4-2所示的多行文字编辑框和“文字编辑器”选项卡，用户可以在多行文字编辑框中输入文字。

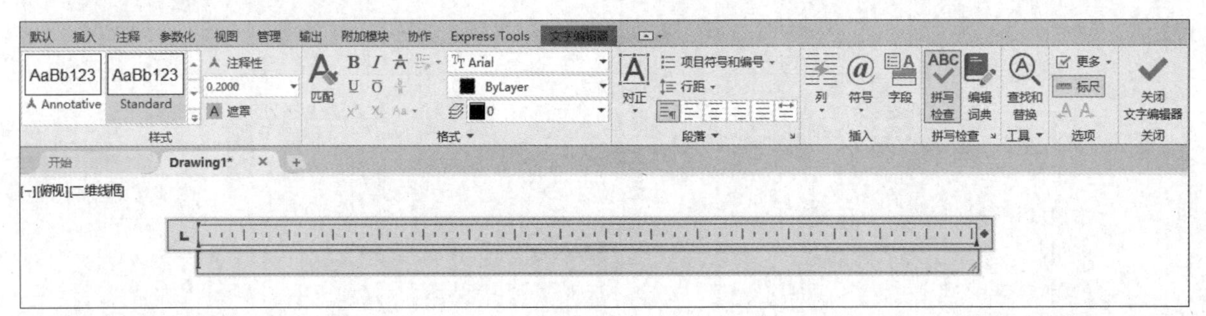

图4-2 多行文字编辑器

多行文字编辑器由多行文字编辑框和“文字编辑器”选项卡组成，它们的作用介绍如下。

◆多行文字编辑框：包含制表位和缩进，可以快捷地对输入的文字进行调整，部分功能如图4-3所示。

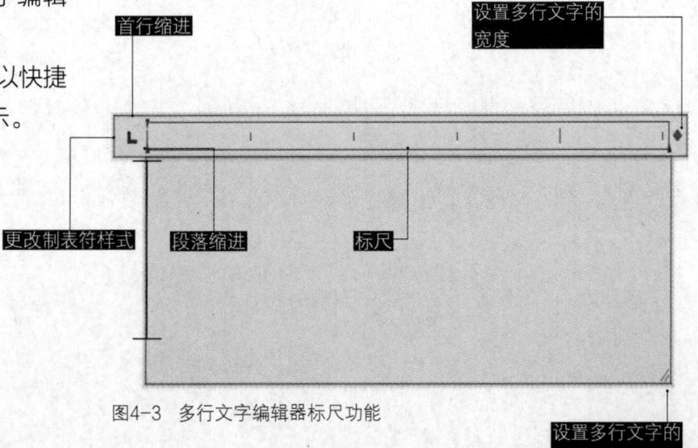

图4-3 多行文字编辑器标尺功能

◆“文字编辑器”选项卡：包含“样式”“格式”“段落”“插入”“拼写检查”“工具”“选项”“关闭”面板，如图4-4所示；在多行文字编辑框中选择文字，在“文字编辑器”选项卡中可以修改文字的大小、字体、颜色等，完成在一般文字编辑中常用的一些操作。

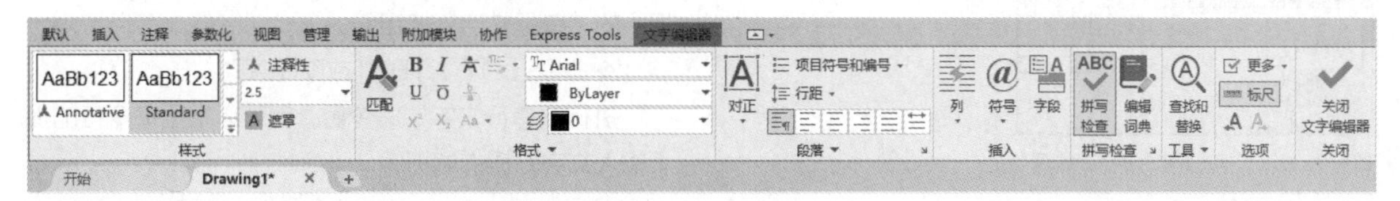

图4-4　“文字编辑器”选项卡

练习 4-1 使用“多行文字”命令创建技术要求

★进阶★

技术要求是机械图纸的补充，它用文字注解说明制造和检验零件时在技术指标上应达到的要求。技术要求的内容包括零件的表面结构要求、零件的热处理和表面修饰的说明、加工材料的特殊性、成品尺寸的检验方法、各种加工细节的补充等。本练习将使用“多行文字”命令创建一般性的技术要求，适用于各类加工零件，操作步骤如下。

步骤 01 打开“练习4-1：使用‘多行文字’命令创建技术要求.dwg”素材文件，如图4-5所示。

步骤 02 在“默认”选项卡中，单击“注释”面板中的“多行文字”按钮A，如图4-6所示，执行“多行文字”命令。

步骤 03 系统弹出“文字编辑器”选项卡，移动十字光标划出多行文字的范围，绘图区会显示一个文字编辑框，如图4-7所示。命令行提示如下。

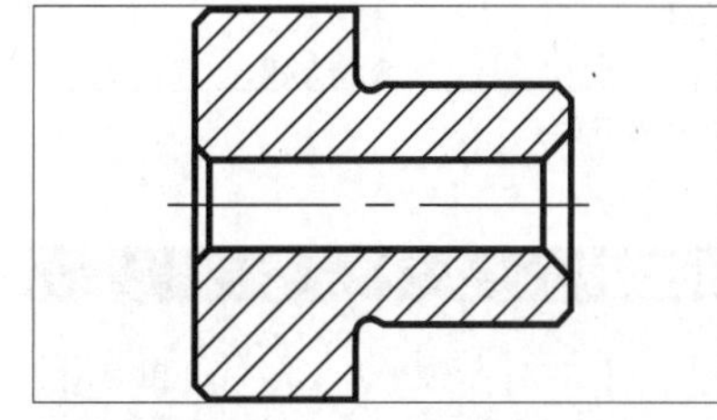

图4-5　素材图形

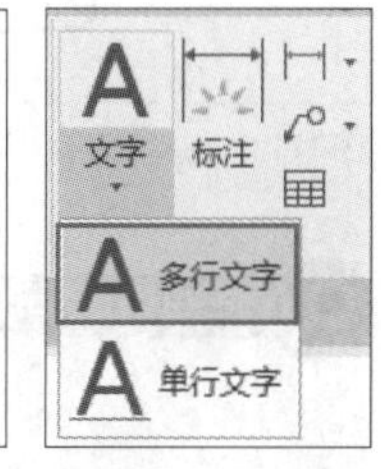

图4-6　“注释”面板中的“多行文字”按钮

```
命令: _mtext                                                    //执行“多行文字”命令
当前文字样式: "Standard"  文字高度: 2.5  注释性: 否
指定第一角点:                                                   //在绘图区合适位置拾取一点
指定对角点或 [高度(H)/对正(J)/行距(L)/旋转(R)/样式(S)/宽度(W)/栏(C)]:  //指定对角点
```

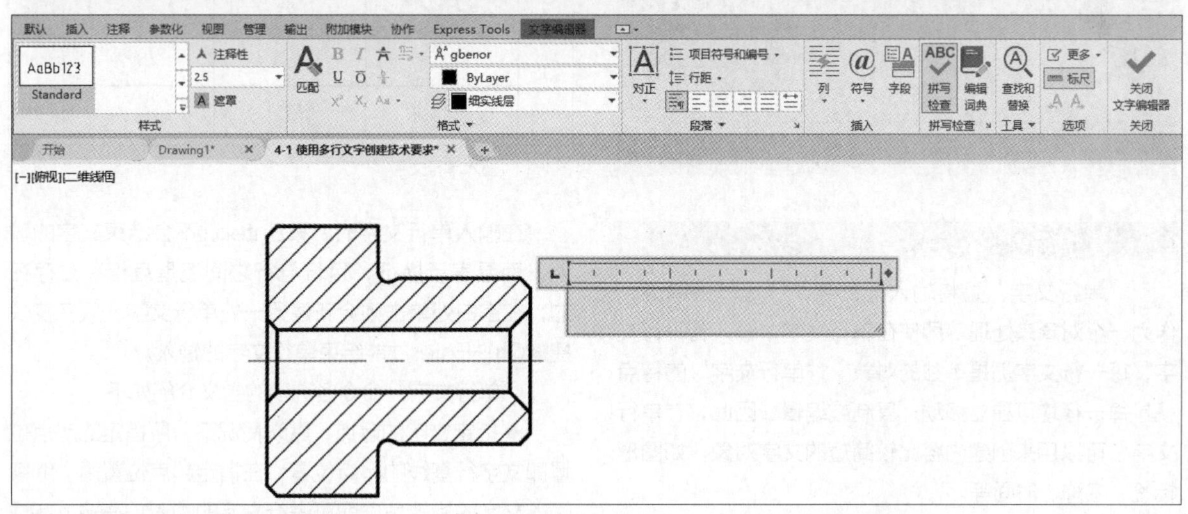

图4-7　“文字编辑器”选项卡与文字编辑框

步骤 04 在文字编辑框内输入文字，每输入一行按Enter键再输入下一行，输入结果如图4-8所示。

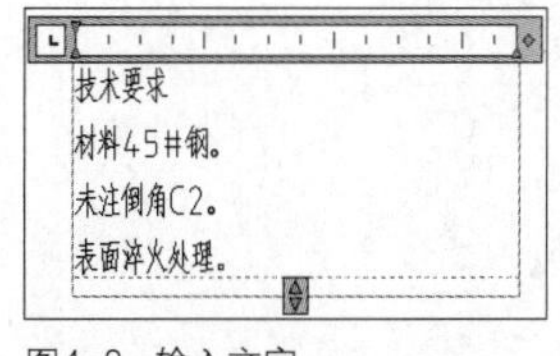

图4-8　输入文字

步骤 05 选择“技术要求”这4个字，在“样式”面板中修改文字高度为3.5，如图4-9所示。

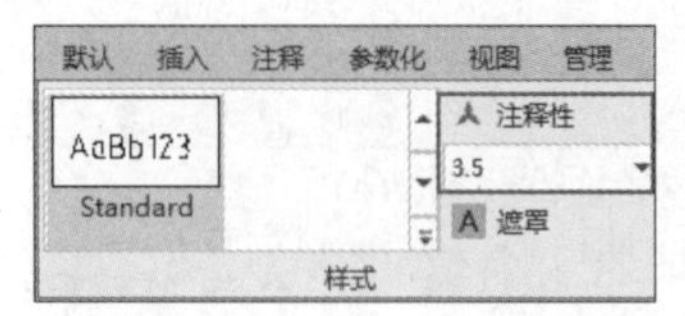

图4-9 修改“技术要求”的文字高度

步骤 06 按Enter键执行修改，修改文字高度后的效果如图4-10所示。

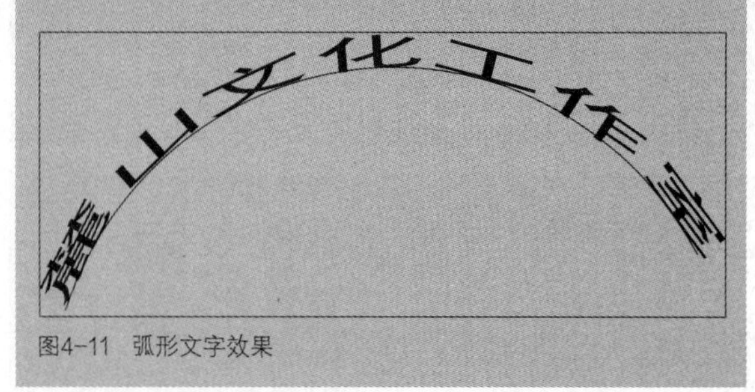

图4-10 创建的不同字高的多行文字

延伸讲解：弧形文字

有时需要对文字进行一些特殊处理，如输入圆弧对齐文字（即所输入的文字沿指定的圆弧均匀分布）。要实现这个效果，可以手动输入文字后再以阵列的方式完成操作。在AutoCAD中还有一种更加快捷有效的方法，那就是使用“Arctext”命令直接创建弧形文字，如图4-11所示。

麓山文化工作室

图4-11 弧形文字效果

4.1.2 单行文字

“单行文字”是将输入的文字以“行”为单位，作为一个对象来处理。即使在单行文字中输入若干行文字，每一行文字仍是单独的对象。“单行文字”的特点就是每一行均可独立移动、复制或编辑。因此，“单行文字”可以用来创建内容比较简短的文字对象，如图形标签、名称、时间等。

在AutoCAD中，执行“单行文字”命令的方法如下。

◆菜单栏：执行“绘图”|“文字”|“单行文字”命令。

◆功能区：在“默认”选项卡中，单击“注释”面板中的“单行文字”按钮A。

◆命令：DT、TEXT或DTEXT。

执行“单行文字”命令后，就可以根据命令行的提示输入文字，操作如下。

```
命令: _dtext
        //执行“单行文字”命令
当前文字样式: “Standard” 文字高度: 2.5000 注释性: 否
        //显示当前文字样式
指定文字的起点或 [对正(J)/样式(S)]:
        //在绘图区域合适位置任意拾取一点
指定高度 <2.5000>: 3.5↙
        //指定文字高度
指定文字的旋转角度 <0>:↙
        //指定文字旋转角度，一般默认为0
```

在执行命令的过程中，需要输入的参数有“文字起点”、“文字高度”（此提示只有在当前文字样式的字高为0时才显示）、“文字旋转角度”和“文字内容”等。“文字起点”用于指定文字的插入位置，是文字对象的左下角点。“文字旋转角度”指文字相对于水平位置的倾斜角度。

设置完成后，绘图区将出现一个带光标的矩形框，在其中输入相关文字即可，如图4-12所示。

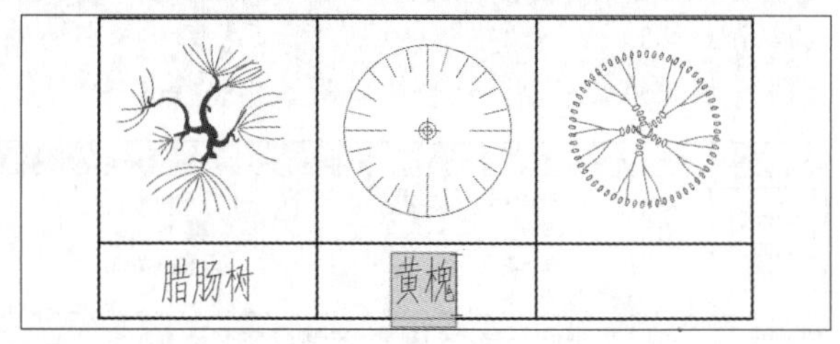

图4-12 输入单行文字

在输入单行文字时，按Enter键不会结束文字的输入，而是表示换行，且行与行之间还是互相独立存在的；在空白处单击则会新建另一处单行文字；只有按快捷键Ctrl+Enter才能结束单行文字的输入。

“单行文字”命令各选项的含义介绍如下。

◆指定文字的起点：默认情况下，所指定的起点位置即文字行基线的起点位置；在指定起点位置后，继续输入文字的旋转角度即可进行文字的输入；在输入完成后，按两次Enter键或将十字光标移至图纸的其他任意位置并单击，按Esc键即可结束单行文字的输入。

◆对正(J)：选择该选项，可以设置文字的对正方式，共有15种方式。

◆样式(S)：选择该选项，可以在命令行中直接输入文字样式的名称，也可以输入“？”，打开“AutoCAD文本窗口”对话框，该对话框将显示当前图形中已有的文字样式和其他信息，如图4-13所示。

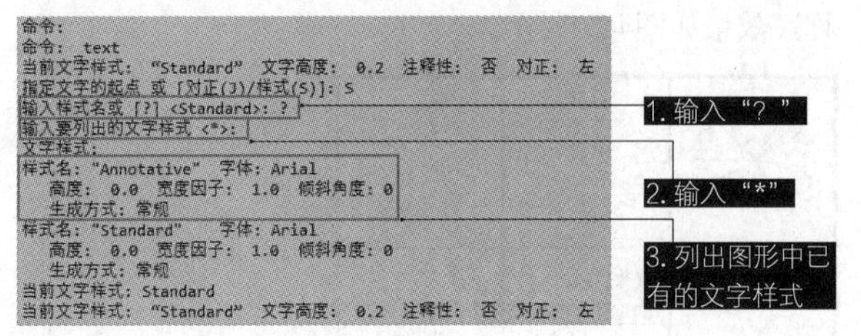

图4-13 “AutoCAD文本窗口”对话框

“对正(J)”选项用于设置文字的缩排和对齐方式。选择该选项，可以设置文字的对正点，命令行提示如下。

[左(L)/居中(C)/右(R)/对齐(A)/中间(M)/布满(F)/左上(TL)/中上(TC)/右上(TR)/左中(ML)/正中(MC)/右中(MR)/左下(BL)/中下(BC)/右下(BR)]:

命令行中常用选项的含义介绍如下。

◆左(L)：向左对齐插入文字。

◆居中(C)：居中插入文字。

◆右(R)：向右对齐插入文字。

◆中间(M)：以中央为基准插入文字。

◆左上(TL)：以左上角为基准插入文字。

◆中上(TC)：以中心点为基准插入文字。

◆右上(TR)：以右上角为基准插入文字。

◆左中(ML)：以左中点为基准插入文字。

◆正中(MC)：以正中点为基准插入文字。

◆右中(MR)：以右中点为基准插入文字。

◆左下(BL)：以左下角为基准插入文字。

◆中下(BC)：以底线中点为基准插入文字。

◆右下(BR)：以右下角为基准插入文字。

要想充分理解各对齐位置与单行文字的关系，就需要先了解文字的组成结构。AutoCAD为“单行文字”的水平文本行规定了4条定位线：顶线（Top Line）、中线（Middle Line）、基线（Base Line）、底线（Bottom Line），如图4-14所示。顶线为大写字母顶部所对齐的线，基线为大写字母底部所对齐的线，中线处于顶线与基线的正中间，底线为长尾小写字母底部所在的线，汉字在顶线和基线之间。系统提供了13个对齐点及15种对齐方式。其中，各对齐点即文本行的插入点，如图4-14所示，结合前文与该图，即可对单行文字的对齐有充分的了解。

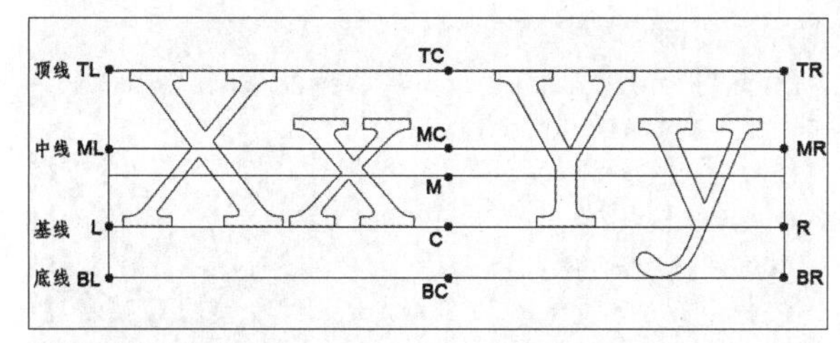

图4-14 对齐方位示意图

图4-14中还有“对齐(A)”和“布满(F)”这两种方式没有示意，分别介绍如下。

◆对齐(A)：指定文本行基线的两个端点确定文字的高度和方向，系统将自动调整字符高度，使文字在两端点之间均匀分布，而字符的宽高比例不变，如图4-15所示。

◆布满(F)：指定文本行基线的两个端点确定文字的方向，系统将调整字符的宽高比例，使文字在两端点之间均匀分布，而文字高度不变，如图4-16所示。

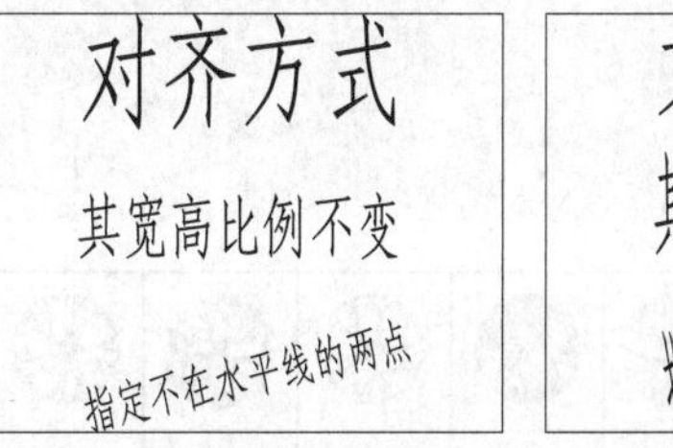

图4-15 文字“对齐”方式效果　图4-16 文字“布满”方式效果

练习 4-2 使用“单行文字”命令注释图形 ★进阶★

单行文字输入完成后，可以不退出命令，直接在另一个要输入文字的地方单击，同样会出现文字输入框。在需要进行多次单行文字标注的图形中使用此方法，可以大大节省时间。例如机械制图中的剖面图标识、园林图中的植被统计表，都可以在最后统一使用单行文字进行标注，操作步骤如下。

步骤 01 打开“练习4-2：使用‘单行文字’命令注释图形.dwg”素材文件，其中已绘制好了植物平面图例，如图4-17所示。

步骤 02 在“默认”选项卡中，单击“注释”面板中的“单行文字”按钮A，根据命令行提示输入文字“桃花心木”，如图4-18所示，命令行提示如下。

```
命令: _dtext
当前文字样式: "Standard"  文字高度: 2.5000  注释性: 否
指定文字的起点或 [对正(J)/样式(S)]:
指定高度 <2.5000>: 600↙
                                //指定文字高度
指定文字的旋转角度 <0>:↙
                                //指定文字角度。按快捷键Ctrl+Enter结束命令
命令: _text
当前文字样式: "Standard"  文字高度: 2.5000  注释性: 否
对正: 左
指定文字的起点 或 [对正(J)/样式(S)]: J↙
                                //选择"对正"选项
输入选项 [左(L)/居中(C)/右(R)/对齐(A)/中间(M)/布满(F)/左上(TL)/中上(TC)/右上(TR)/左中(ML)/正中(MC)/右中(MR)/左下(BL)/中下(BC)/右下(BR)]: TL↙
                                //选择"左上"选项
指定文字的左上点:
                                //指定表格的左上角点
指定高度 <2.5000>: 600↙
                                //输入文字高度值为"600"
指定文字的旋转角度 <0>:↙
                                //文字旋转角度为0
                                //输入文字"桃花心木"
```

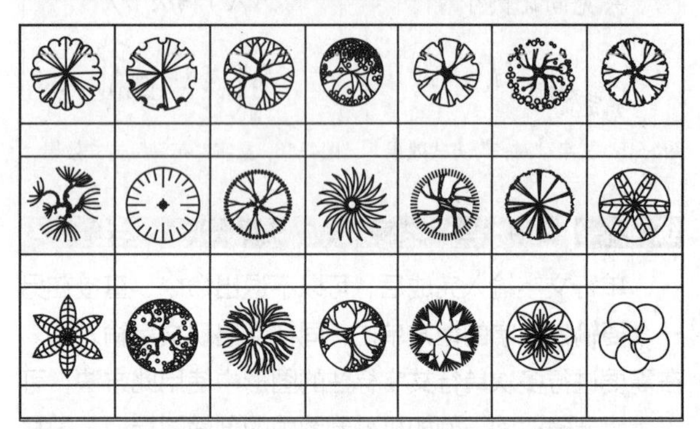

图4-17 素材图形

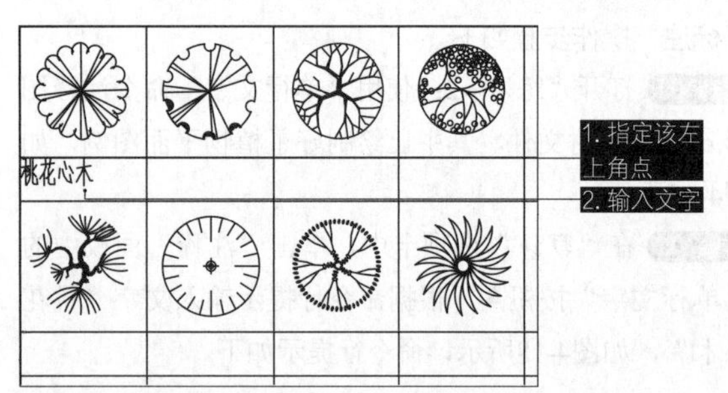

图4-18 创建第一个单行文字

步骤 03 输入完成后，可以不退出命令，直接在右边的框格中单击，同样会出现文字输入框，输入第二个单行文字“麻楝”，如图4-19所示。

步骤 04 使用相同的方法，在各个框格中输入植物名称，效果如图4-20所示。

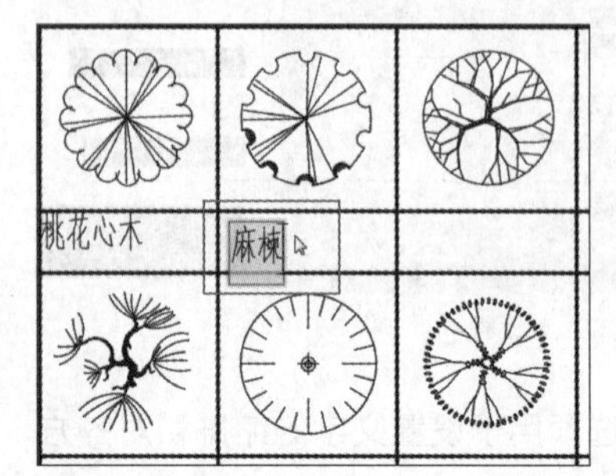

图4-19 创建第二个单行文字

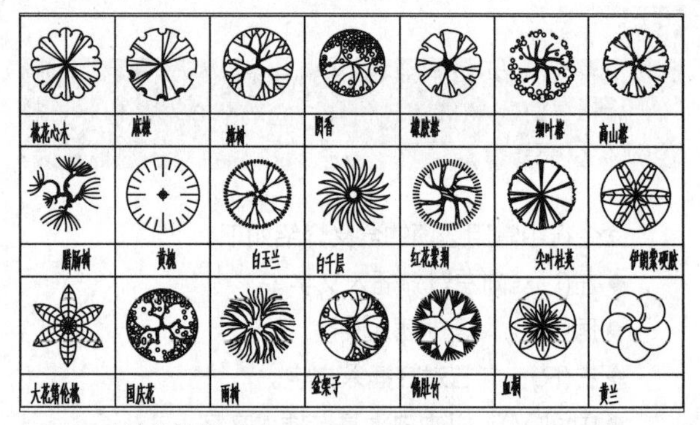

图4-20 创建其他单行文字

步骤 05 使用“移动”命令或通过夹点拖移，将各单行文字对齐，最终结果如图4-21所示。

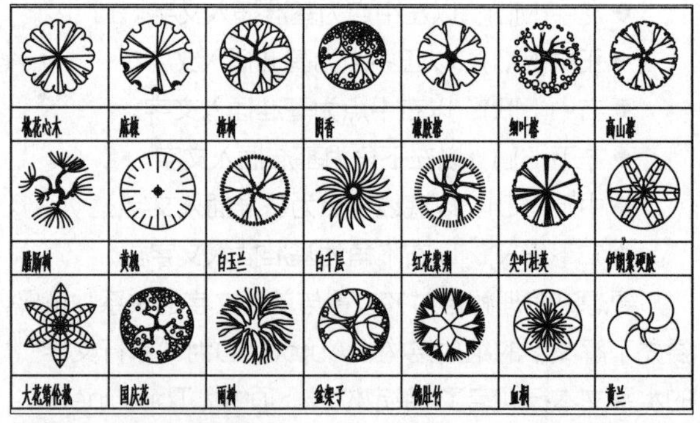

图4-21 对齐所有单行文字

4.1.3 文字的编辑

同Word、Excel等办公软件一样，在AutoCAD中也可以对文字进行编辑和修改，只是“注释”面板中并没有提供相关的按钮。本小节便介绍如何在AutoCAD中对文字特性和内容进行编辑与修改。

1 修改文字内容

修改文字内容的方法如下。

◆菜单栏：执行“修改”|“对象”|“文字”|“编辑”命令。

◆命令：DDEDIT或ED。

◆快捷操作：双击要修改的文字。

执行以上任意一种操作后，文字将变成可输入状态，如图4-22所示。此时可以重新输入需要的文字内容，然后按Enter键退出，如图4-23所示。

某小区景观设计总平面图

图4-22　可输入状态

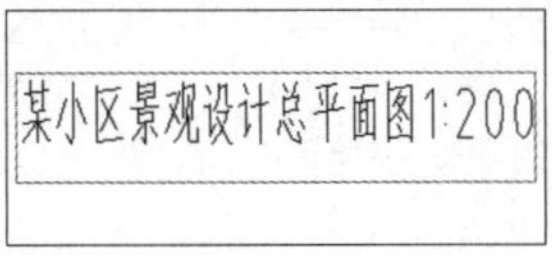

某小区景观设计总平面图1:200

图4-23　编辑文字内容

2 在单行文字中插入特殊符号

单行文字的可编辑性较弱，只能通过输入控制符的方式插入特殊符号。

AutoCAD的特殊符号由两个百分号（%%）和一个字母构成，常用的文字控制符如表4-1所示。在文本编辑状态输入文字控制符时，这些文字控制符也临时显示在屏幕上。当结束文本编辑之后，这些文字控制符将从屏幕上消失，并转换成相应的特殊符号。

表4-1 AutoCAD文字控制符

特殊符号	功　能
%%O	打开或关闭文字上划线
%%U	打开或关闭文字下划线
%%D	标注角度（°）符号
%%P	标注正负公差（±）符号
%%C	标注直径（Ø）符号

在AutoCAD的文字控制符中，%%O和%%U分别是上划线与下划线的开关。符号第一次出现时，可打开上划线或下划线；符号第二次出现时，会关掉上划线或下划线。

3 给多行文字添加背景

有时为了使文字更清晰地显示在复杂的图形中，用户可以为文字添加不透明的背景。

双击要添加背景的多行文字，打开“文字编辑器”选项卡。单击“样式”面板中的“遮罩”按钮 遮罩，系统弹出“背景遮罩”对话框，如图4-24所示。

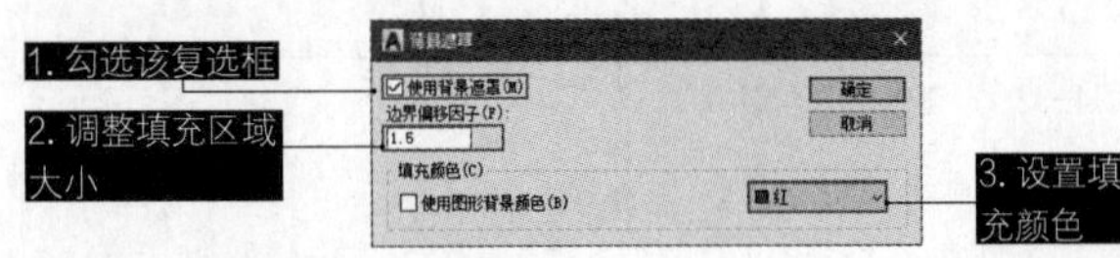

图4-24　“背景遮罩”对话框

勾选“使用背景遮罩”复选框，设置填充背景的大小和颜色，效果如图4-25所示。

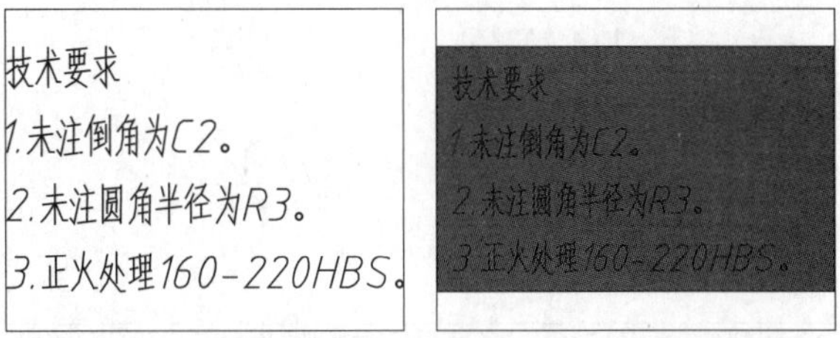

技术要求
1.未注倒角为C2。
2.未注圆角半径为R3。
3.正火处理160-220HBS。

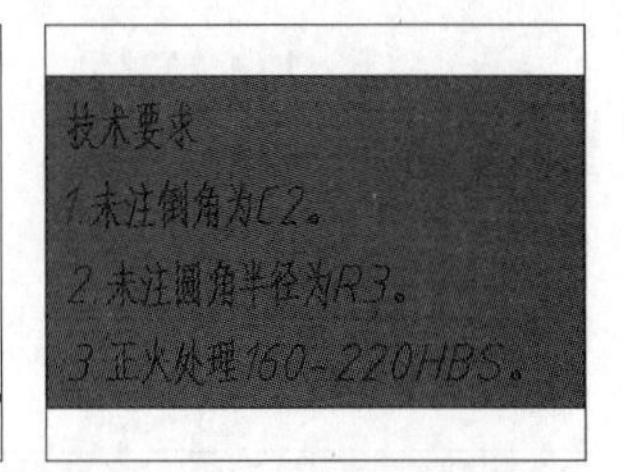

图4-25　给多行文字添加背景的效果

4 在多行文字中插入特殊符号

与单行文字相比，在多行文字中插入特殊符号的方式更灵活。除了使用控制符的方法外，还有以下两种途径。

◆在“文字编辑器”选项卡中，单击“插入”面板中的“符号”按钮，在弹出的下拉列表中选择所需的符号即可，如图4-26所示。

◆在编辑状态下单击鼠标右键，在弹出的快捷菜单中执行“符号”命令，如图4-27所示，其子菜单中包含了常用的各种特殊符号。

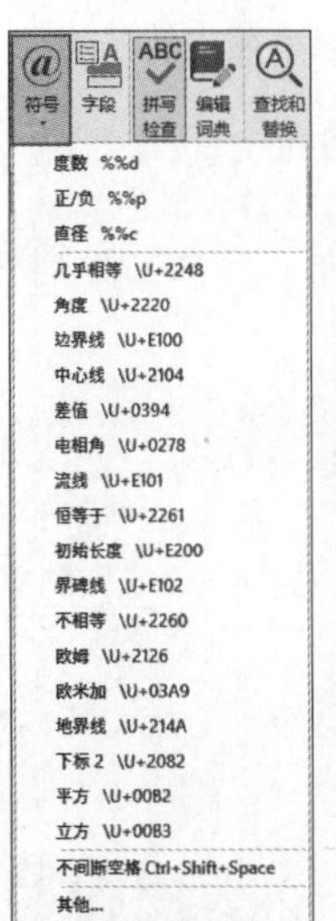

图4-26　在“符号”下拉列表中选择符号

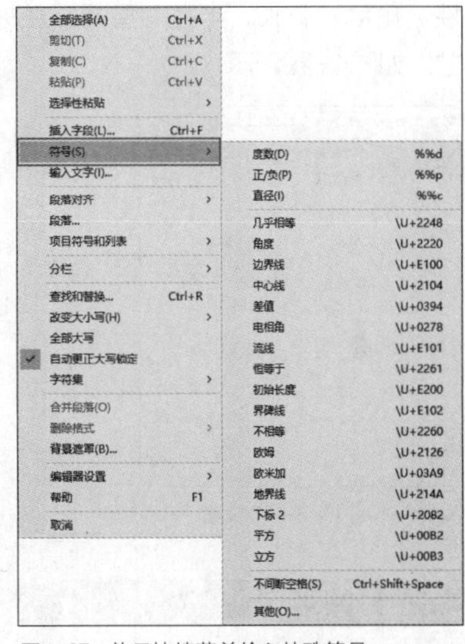

图4-27　使用快捷菜单输入特殊符号

5 创建堆叠文字

如果要创建堆叠文字（一种垂直对齐的文字），可先输入要堆叠的文字，在其间使用“/”、“#”或“^”分隔，再选中要堆叠的字符，单击“文字编辑器”选项卡“格式”面板中的“堆叠”按钮，文字即可按照要求自动堆叠。堆叠文字在机械制图中应用很多，可以用来创建尺寸公差、分数等，如图4-28所示。需要注意的是，这些分隔符号必须是英文格式的符号。

14 1/2 → 14 $\frac{1}{2}$

14 1^2 → 14 $^{1}2$

14 1#2 → 14 1/2

图4-28 文字堆叠效果

4.2 尺寸注释

使用AutoCAD进行绘图设计时，首先要明确的一点就是：图形中的线条长度并不代表物体的真实尺寸，一切数值应以标注为准。无论是零件加工还是建筑施工，所依据的是标注的尺寸值，所以尺寸标注是绘图中最重要的部分。一些成熟的设计师，在现场或无法使用AutoCAD的场合，会直接用笔在纸上手绘出一张草图，图不一定要画得好看，但记录的数据必须准确。由此可见，图形仅是标注的辅助而已。

对于不同的对象，其定位所需的尺寸类型也不同。AutoCAD包含一套完整的尺寸标注命令，可以标注线性、角度、弧长、半径、直径、坐标等在内的各类尺寸，如图4-29所示。

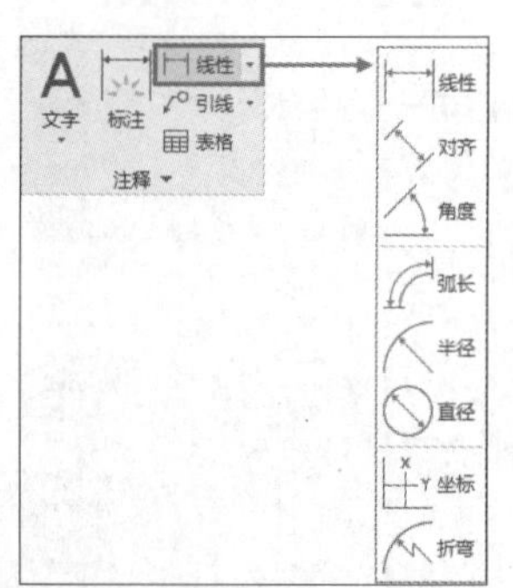

图4-29 尺寸标注命令按钮

4.2.1 智能标注

使用“智能标注”命令可以根据选择的对象类型自动创建相应的标注。例如选择一条线段，则创建线性标注；选择一段圆弧，则创建半径标注。可以将其看作以前的“快速标注”命令的加强版。

执行“智能标注”命令有以下几种方式。

◆功能区：在“默认”选项卡中，单击“注释”面板中的“标注”按钮。

◆命令：DIM。

使用上面任何一种方式执行“智能标注”命令，将十字光标置于对应的图形对象上，就会自动创建出相应的标注，如图4-30所示。如果有需要，可以使用命令行选项更改标注类型。命令行提示如下。

```
选择对象或指定第一个尺寸界线原点或 [角度(A)/基线(B)/连续(C)/坐标(O)/对齐(G)/分发(D)/图层(L)/放弃(U)]:
        //选择图形或标注对象
```

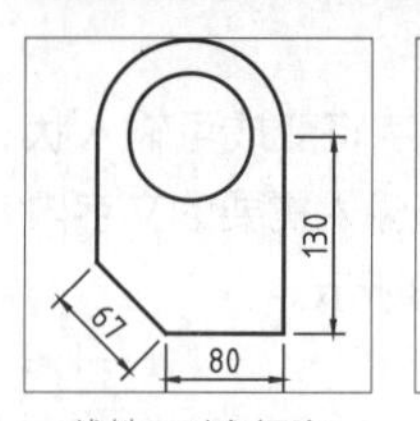

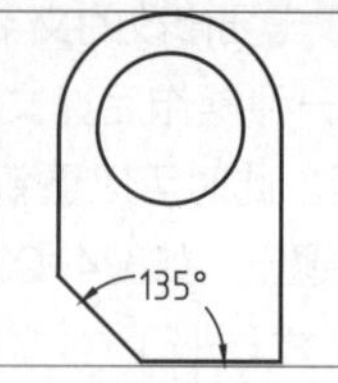

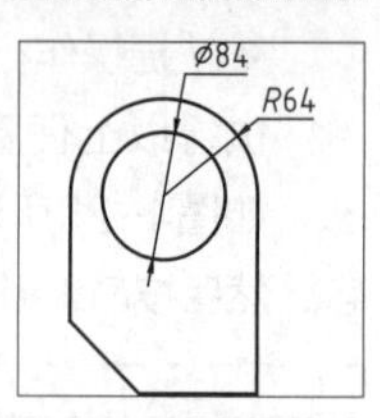

线性、对齐标注　　角度标注　　半径、直径标注

图4-30 智能标注

命令行中部分选项的含义介绍如下。

◆角度(A)：创建一个角度标注来显示3个点或两条直线之间的角度，操作方法同“角度标注”，如图4-31所示。命令行提示如下。

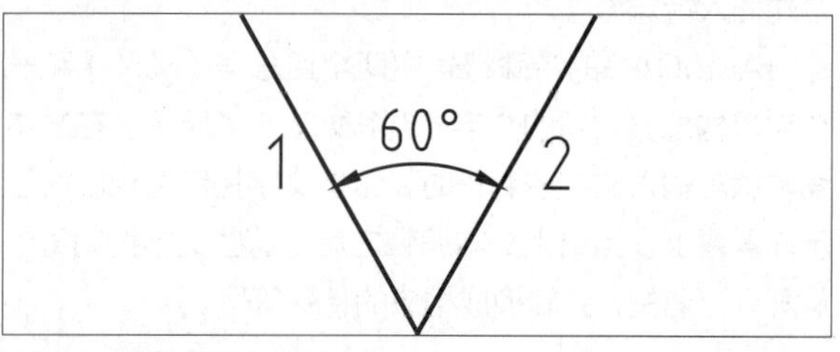

图4-31 “角度(A)”标注尺寸

```
命令: _dim
        //执行“智能标注”命令
选择对象或指定第一个尺寸界线原点或 [角度(A)/基线(B)/连续(C)/坐标(O)/对齐(G)/分发(D)/图层(L)/放弃(U)]:  A↙
        //选择“角度”选项
选择圆弧、圆、直线或 [顶点(V)]:
        //选择第1个对象
选择直线以指定角度的第二条边:
        //选择第2个对象
指定角度标注位置或 [多行文字(M)/文字(T)/文字角度(N)/放弃(U)]:
        //放置角度
```

◆基线(B)：选定尺寸标注的第一条界线，可以创建线性、角度或坐标的标注，操作方法同“基线标注”，如图4-32所示。命令行提示如下。

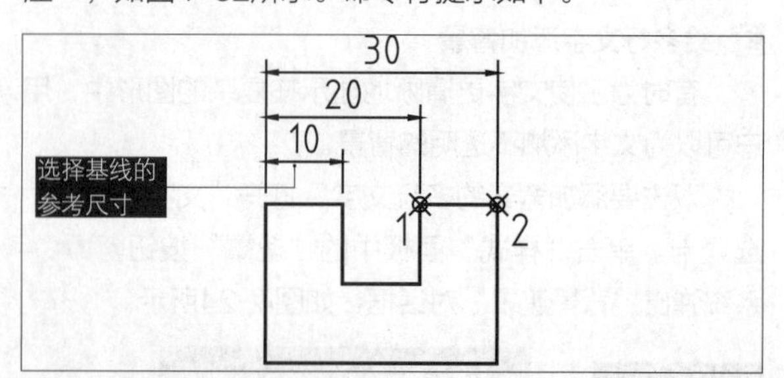

图4-32 “基线(B)”标注尺寸

```
命令: _dim
                    //执行"智能标注"命令
选择对象或指定第一个尺寸界线原点或 [角度(A)/基线(B)/连续(C)/坐标(O)/对齐(G)/分发(D)/图层(L)/放弃(U)]:B↙
                    //选择"基线"选项
当前设置: 偏移 (DIMDLI) = 3.750000
                    //当前的基线标注参数
指定作为基线的第一个尺寸界线原点或 [偏移(O)]:
                    //选择基线的参考尺寸
指定第二个尺寸界线原点或 [选择(S)/偏移(O)/放弃(U)] <选择>:
标注文字 = 20
                    //指定基线标注的下一点1
指定第二个尺寸界线原点或 [选择(S)/偏移(O)/放弃(U)] <选择>:
标注文字 = 30
                    //指定基线标注的下一点2
……
                    //按Enter键结束命令
```

◆连续(C)：选择一个尺寸标注，单击第二条尺寸界线创建线性、角度或坐标的标注，操作方法同"连续标注"，如图4-33所示。命令行提示如下。

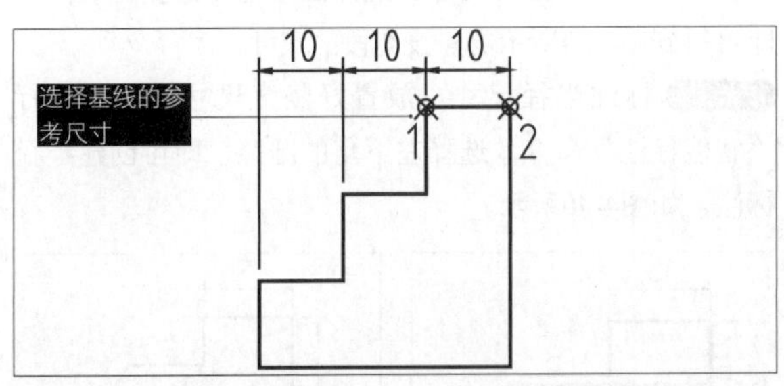

图4-33　"连续(C)"标注尺寸

```
命令: _dim
                    //执行"智能标注"命令
选择对象或指定第一个尺寸界线原点或 [角度(A)/基线(B)/连续(C)/坐标(O)/对齐(G)/分发(D)/图层(L)/放弃(U)]:C↙
                    //选择"连续"选项
指定第一个尺寸界线原点以继续:
                    //选择标注的参考尺寸
指定第二个尺寸界线原点或 [选择(S)/放弃(U)] <选择>:
标注文字 = 10
                    //指定连续标注的下一点1
指定第二个尺寸界线原点或 [选择(S)/放弃(U)] <选择>:
标注文字 = 10
                    //指定连续标注的下一点2
……
                    //按Enter键结束命令
```

◆坐标(O)：创建坐标标注，提示指定部件上的点，如端点、交点或对象中心点，如图4-34所示。命令行提示如下。

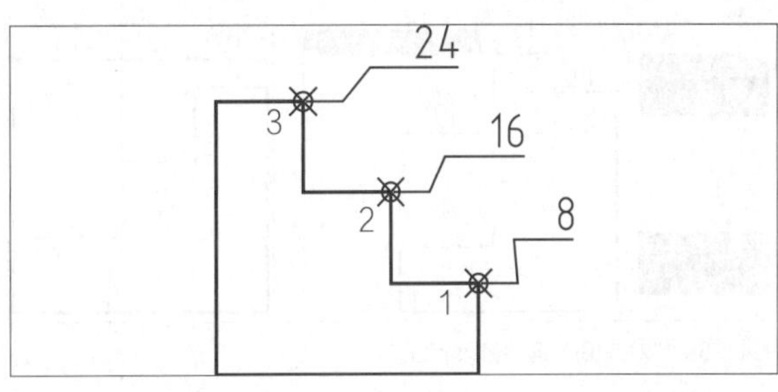

图4-34　"坐标(O)"标注尺寸

```
命令: _dim
                    //执行"智能标注"命令
选择对象或指定第一个尺寸界线原点或[角度(A)/基线(B)/连续(C)/坐标(O)/对齐(G)/分发(D)/图层(L)/放弃(U)]:O↙
                    //选择"坐标"选项
指定点坐标或 [放弃(U)]:
                    //指定点1
指定引线端点或 [X基准(X)/Y基准(Y)/多行文字(M)/文字(T)/角度(A)/放弃(U)]:
标注文字 = 8
指定点坐标或 [放弃(U)]:
                    //指定点2
指定引线端点或[X基准(X)/Y基准(Y)/多行文字(M)/文字(T)/角度(A)/放弃(U)]:
标注文字 = 16
指定点坐标或 [放弃(U)]:
                    //指定点3
指定引线端点或[X基准(X)/Y基准(Y)/多行文字(M)/文字(T)/角度(A)/放弃(U)]:
标注文字 = 24
指定点坐标或 [放弃(U)]:
                    //按Enter键结束命令
```

◆对齐(G)：将多个平行、同心或同基准的标注对齐到选定的基准标注，用于调整标注，让图形看起来工整、简洁，如图4-35所示。命令行提示如下。

```
命令: _dim
          //执行"智能标注"命令
选择对象或指定第一个尺寸界线原点或 [角度(A)/基线(B)/连续(C)/对齐(G)/分发(D)/图层(L)/放弃(U)]:G↙
          //选择"对齐"选项
选择基准标注:
          //选择基准标注10
选择要对齐的标注:找到 1 个
          /选择要对齐的标注12
选择要对齐的标注:找到 1 个，总计 2 个
          //选择要对齐的标注15
选择要对齐的标注:
          //按Enter键结束命令
```

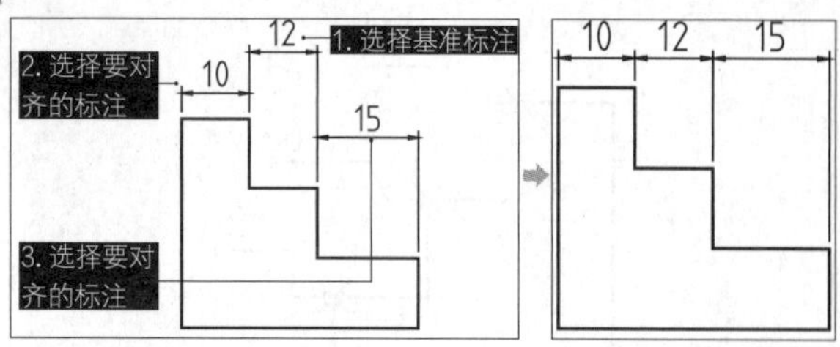

图4-35 “对齐(G)”选项修改标注

◆分发(D)：用来调整标注的间距，如图4-36所示。命令行提示如下。

```
命令: _dim
        //执行“智能标注”命令
选择对象或指定第一个尺寸界线原点或 [角度(A)/基线(B)/连续(C)/对齐(G)/分发(D)/图层(L)/放弃(U)]:D↙
        //选择“分发”选项
当前设置: 偏移 (DIMDLI) = 6.000000
        //当前“分发”选项的参数设置，偏移值即间距值
指定用于分发标注的方法 [相等(E)/偏移(O)] <相等>:O↙
        //选择“偏移”选项
选择基准标注或 [偏移(O)]:
        //选择基准标注10
选择要分发的标注或 [偏移(O)]:找到 1 个
        //选择要隔开的标注12
选择要分发的标注或 [偏移(O)]:找到 1 个，总计 2 个
        //选择要隔开的标注15
选择要分发的标注或 [偏移(O)]: ↙
        //按Enter键结束命令
```

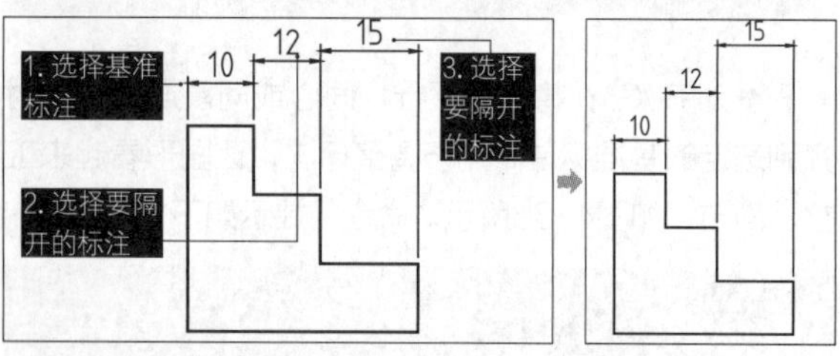

图4-36 “分发(D)”选项修改标注

◆图层(L)：为指定的图层指定新标注，以替代当前图层，输入“USE CURRENT”或“.”以使用当前图层。

练习 4-3 使用“智能标注”命令注释图形

如果读者在使用AutoCAD之前，使用过UG（NX）、Solidworks或天正CAD等设计软件，那对“智能标注”命令的操作肯定不会感到陌生。传统的AutoCAD标注方法需要根据对象的类型来选择不同的标注命令，但这种方式效率较低。因此，快速选择对象，实现无差别标注的方法应运而生。本练习通过执行“智能标注”命令对图形添加标注，读者也可以使用传统方法进行标注，以此来比较二者之间的差异，操作步骤如下。

步骤 01 打开“练习4-3：使用‘智能标注’命令注释图形.dwg”素材文件，其中已绘制好了示例图形，如图4-37所示。

步骤 02 标注水平尺寸。在“默认”选项卡中，单击“注释”面板中的“标注”按钮，移动十字光标至图形上方的水平线段，系统自动生成线性标注，如图4-38所示。

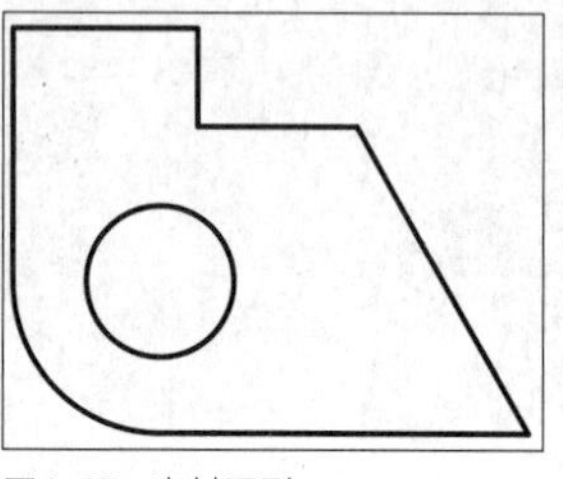

图4-37 素材图形　　图4-38 标注水平尺寸

步骤 03 标注竖直尺寸。放置好步骤02创建的尺寸，继续执行“智能标注”命令。选择图形左侧的竖直线段，即可得到图4-39所示的竖直线段的尺寸。

步骤 04 标注半径尺寸。放置好竖直尺寸，继续执行“智能标注”命令。选择左下角的圆弧，即可创建半径标注，如图4-40所示。

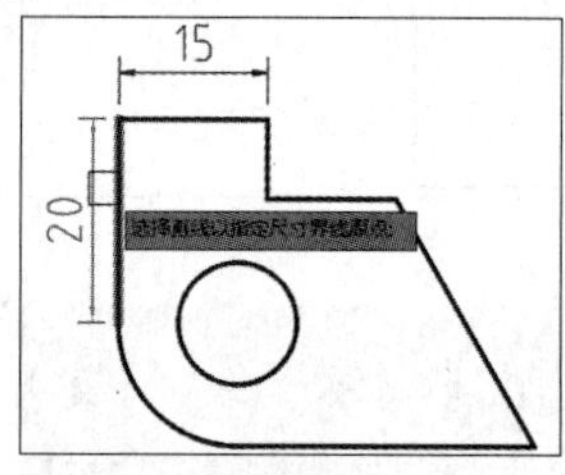

图4-39 标注竖直尺寸　　图4-40 标注半径尺寸

步骤 05 标注角度尺寸。放置好半径尺寸，继续执行“智能标注”命令。选择图形底边的水平线，不要放置标注，直接选择右侧的斜线，即可创建角度标注，如图4-41所示。

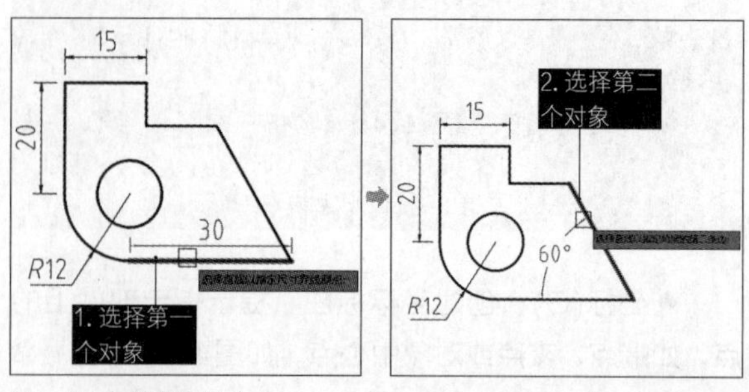

图4-41 标注角度尺寸

步骤 06 创建对齐标注。放置角度标注之后，移动十字光标至右侧的斜线，得到图4-42所示的对齐标注。

步骤 07 按Enter键结束“智能标注”命令，最终标注效果如图4-43所示。读者也可自行使用“线性”“半径”等传统命令进行标注，以比较两种方法之间的异同，选择更适合自己的方法去标注。

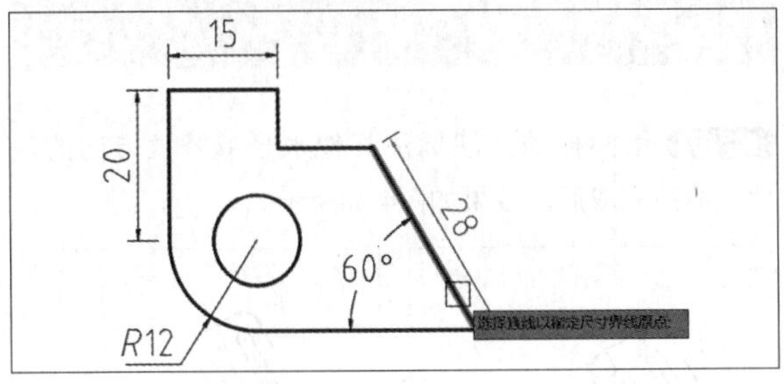

图4-42　标注对齐尺寸

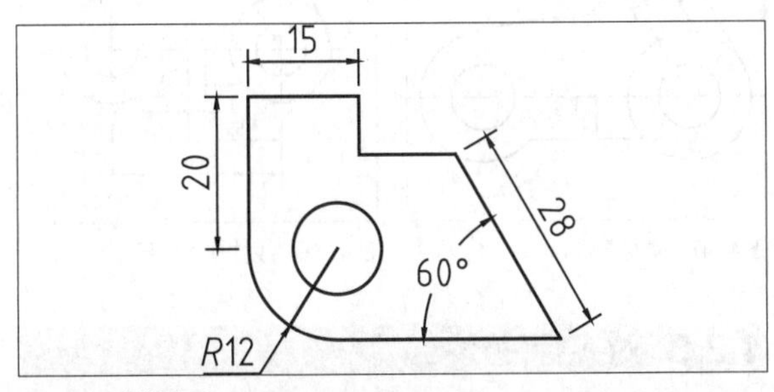

图4-43　最终效果

4.2.2 线性标注　★重点★

在AutoCAD中，还可以使用水平、垂直或旋转的尺寸线创建线性的标注尺寸。“线性标注”命令仅用于标注任意两点之间的水平或竖直方向的距离。执行“线性标注”命令的方法有以下几种。

◆菜单栏：执行“标注”|“线性”命令。

◆功能区：在“默认”选项卡中，单击“注释”面板中的“线性”按钮⊢。

◆命令：DIMLINEAR或DLI。

执行“线性标注”命令后，依次指定要测量的两点，即可得到线性标注尺寸。命令行提示如下。

```
命令: _dimlinear
        //执行“线性标注”命令
指定第一个尺寸界线原点或 <选择对象>:
        //指定测量的起点
指定第二条尺寸界线原点:
        //指定测量的终点
指定尺寸线位置或
        //放置标注尺寸，结束操作
```

执行“线性标注”命令后，有两种标注方式，即“指定原点”和“选择对象”。这两种方式的操作方法与区别介绍如下。

1 指定原点

默认情况下，在命令行提示下指定第一条尺寸界线的原点，并在“指定第二条尺寸界线原点”提示下指定第二条尺寸界线的原点，命令行提示如下。

```
指定尺寸线位置或第二条线的角度[多行文字(M)/文字(T)/角度(A)/水平(H)/垂直(V)/旋转(R)]
```

因为线性标注有水平和竖直方向两种可能，所以指定尺寸线的位置后，尺寸值才能够完全确定。命令行中其他选项的功能介绍如下。

◆多行文字(M)：选择该选项，将进入多行文字编辑模式，可以使用“多行文字编辑器”输入并设置标注文字，其中文字输入窗口中的尖括号（< >）表示系统测量值。

◆文字(T)：以单行文字形式输入尺寸文字。

◆角度(A)：设置标注文字的旋转角度，效果如图4-44所示。

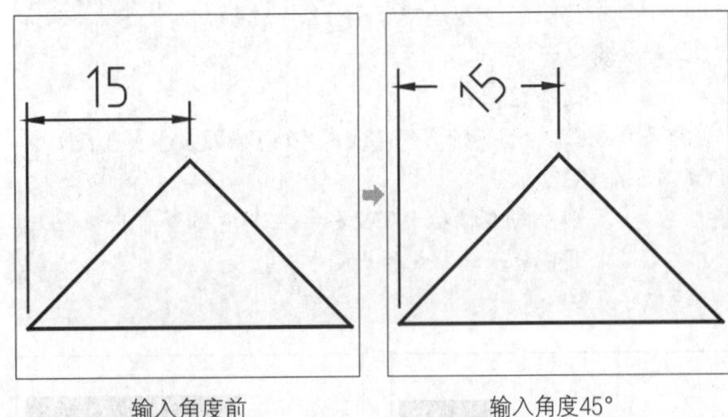

图4-44　线性标注时输入角度效果

◆水平(H)、垂直(V)：标注水平尺寸和垂直尺寸，可以直接确定尺寸线的位置，也可以选择其他选项来指定标注的标注文字内容或标注文字的旋转角度。

◆旋转(R)：旋转标注对象的尺寸线，测量值也会随之调整，相当于“对齐标注”。

指定原点标注的操作方法如图4-45所示，命令行提示如下。

```
命令: _dimlinear
        //执行“线性标注”命令
指定第一个尺寸界线原点或 <选择对象>:
        //指定矩形一个顶点
指定第二条尺寸界线原点:
        //指定矩形另一侧边的顶点
指定尺寸线位置或
[多行文字(M)/文字(T)/角度(A)/水平(H)/垂直(V)/旋转(R)]:
        //向上移动十字光标，在合适位置单击放置尺寸线
标注文字 = 50
        //生成尺寸标注
```

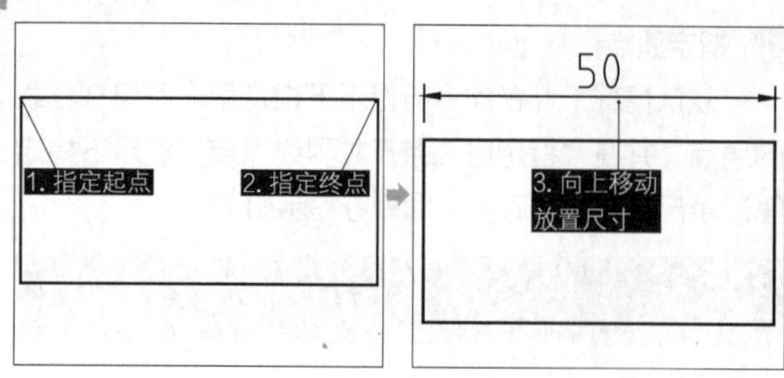

图4-45 线性标注之“指定原点”

```
命令: _dimlinear
指定第一个尺寸界线原点或 <选择对象>:
        //指定标注对象起点
指定第二条尺寸界线原点:
        //指定标注对象终点
指定尺寸线位置或
[多行文字(M)/文字(T)/角度(A)/水平(H)/垂直(V)/旋转(R)]:
标注文字 = 100
        //单击确定尺寸线放置位置，完成操作
```

2 选择对象

执行“线性标注”命令之后，直接按Enter键，命令行提示选择标注尺寸的对象。选择对象之后，系统便以对象的两个端点作为两条尺寸界线的起点。

该标注的操作方法如图4-46所示，命令行提示如下。

```
命令: _dimlinear
        //执行“线性标注”命令
指定第一个尺寸界线原点或 <选择对象>:↙
        //按Enter键选择“选择对象”选项
选择标注对象:
        //选择直线AB
指定尺寸线位置或[多行文字(M)/文字(T)/角度(A)/水平(H)/垂直(V)/旋转(R)]:
        //水平向右移动十字光标，在合适位置单击放置尺寸线（若上下移动，则生成水平尺寸）
标注文字 = 30
```

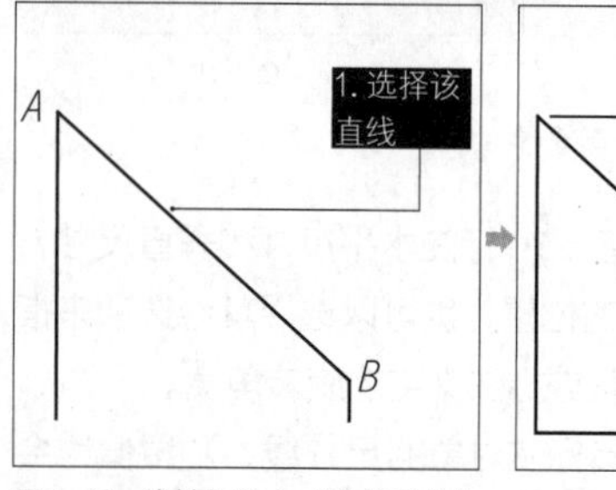

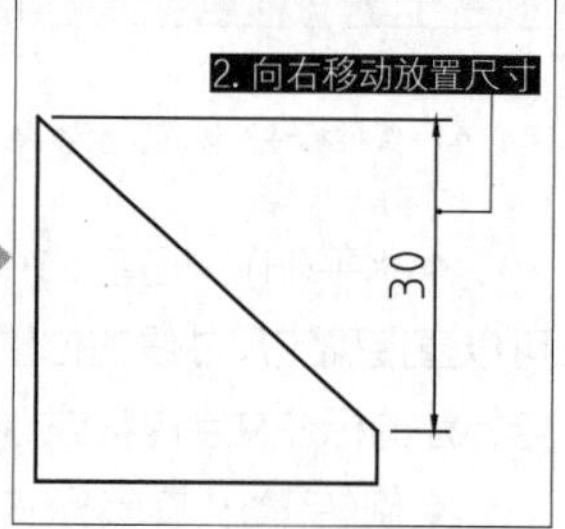

图4-46 线性标注之“选择对象”

练习 4-4 使用“线性标注”命令标注零件图 ★重点★

机械零件上具有多种结构特征，需灵活使用AutoCAD中提供的各种标注命令才能为其添加完整的注释。本练习便先为零件图添加最基本的线性尺寸，操作步骤如下。

步骤 01 打开“练习4-4：使用‘线性标注’命令标注零件图.dwg”素材文件，其中已绘制好了零件图形，如图4-47所示。

步骤 02 单击“注释”面板中的“线性”按钮⊢，执行“线性标注”命令，命令行提示如下。

步骤 03 用同样的方法标注其他水平或竖直方向的尺寸，标注完成后，效果如图4-48所示。

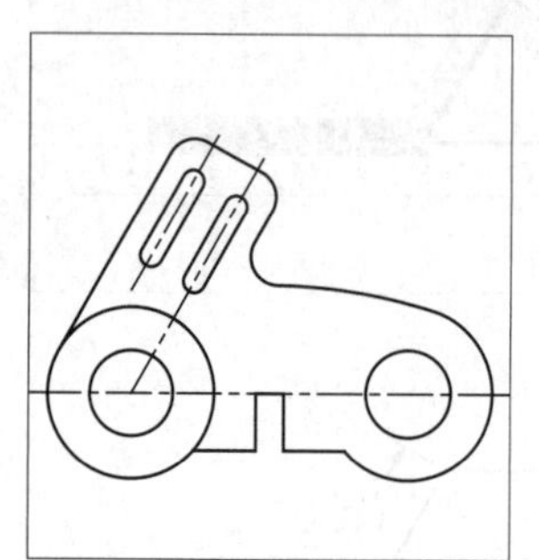

图4-47 素材图形

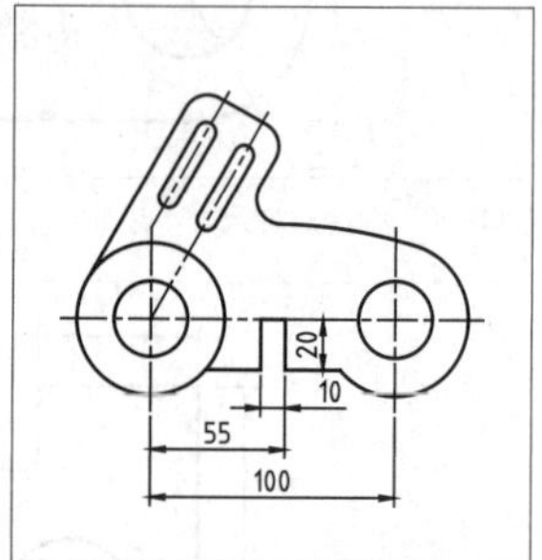

图4-48 线性标注效果

4.2.3 对齐标注

在对直线段进行标注时，如果该直线的倾斜角度未知，那么使用“线性标注”将无法得到准确的测量结果，这时可以使用“对齐标注”完成图4-49所示的标注效果。

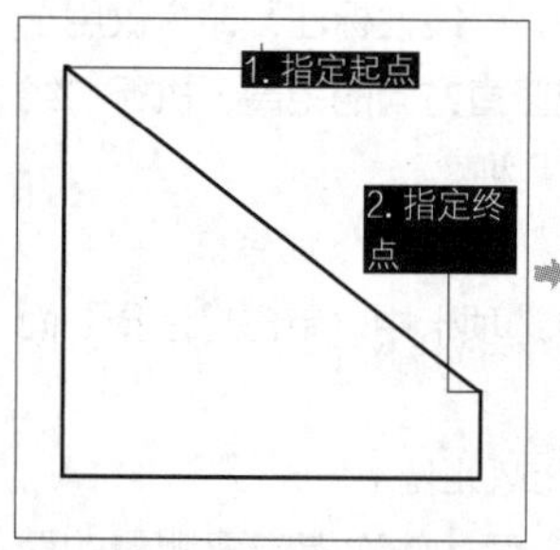

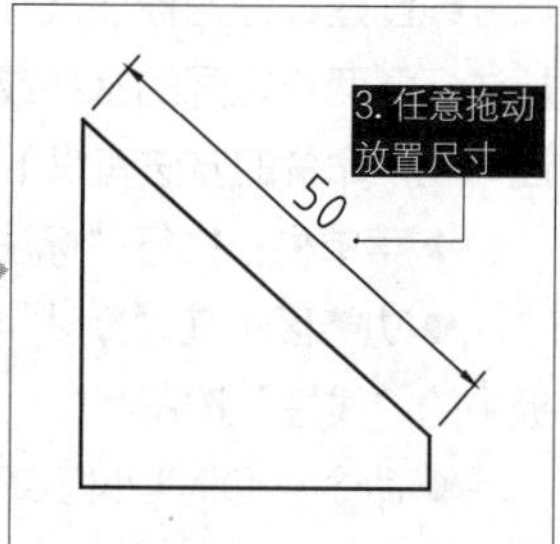

图4-49 对齐标注

在AutoCAD中，执行“对齐标注”命令有如下几种常用方法。

◆菜单栏：执行“标注”|“对齐”命令。

◆功能区：在“默认”选项卡中，单击“注释”面板中的“对齐”按钮⟍。

◆命令：DIMALIGNED或DAL。

“对齐标注”的使用方法与“线性标注”相同，指定两个目标点后就可以创建尺寸标注。命令行提示如下。

```
命令: _dimaligned
指定第一个尺寸界线原点或 <选择对象>:
          //指定测量的起点
指定第二条尺寸界线原点:
          //指定测量的终点
指定尺寸线位置或[多行文字(M)/文字(T)/角度(A)]:
          //放置标注尺寸，结束操作
标注文字 = 50
```

命令行中各选项的含义与“线性标注”中的一致，这里不再赘述。

练习 4-5　使用“对齐标注”命令标注零件图　★进阶★

在机械零件图中，有许多非水平、非竖直的平行轮廓，这类尺寸的标注就需要用到“对齐标注”命令。本练习延续“练习4-4”的结果，为零件图标注对齐尺寸，操作步骤如下。

步骤 01 单击快速访问工具栏中的“打开”按钮，打开“练习4-4：使用‘线性标注’命令标注零件图-OK.dwg”素材文件，如图4-48所示。

步骤 02 在“默认”选项卡中，单击“注释”面板中的“对齐”按钮，执行“对齐标注”命令。操作完成后，效果如图 4-50所示。

步骤 03 用同样的方法标注其他非水平、非竖直的线性尺寸，对齐标注完成后，效果如图 4-51所示。命令行提示如下。

```
命令: _dimaligned
指定第一个尺寸界线原点或 <选择对象>:
          //指定横槽的圆心为起点
指定第二条尺寸界线原点:
          //指定横槽的另一圆心为终点
指定尺寸线位置或
[多行文字(M)/文字(T)/角度(A)]:
标注文字 = 30
          //单击确定尺寸线放置位置，完成操作
```

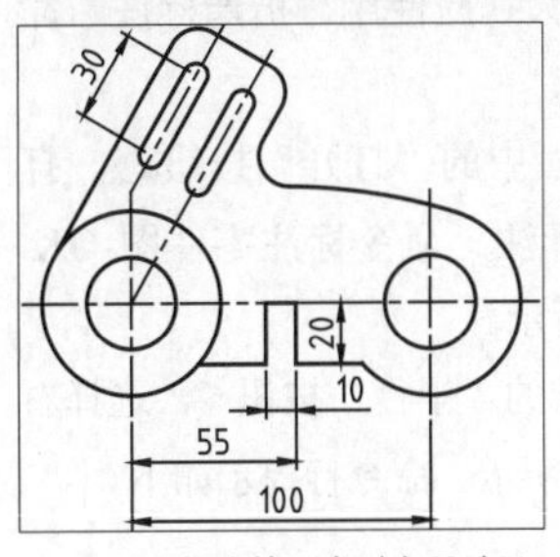

图 4-50　标注第一个对齐尺寸30

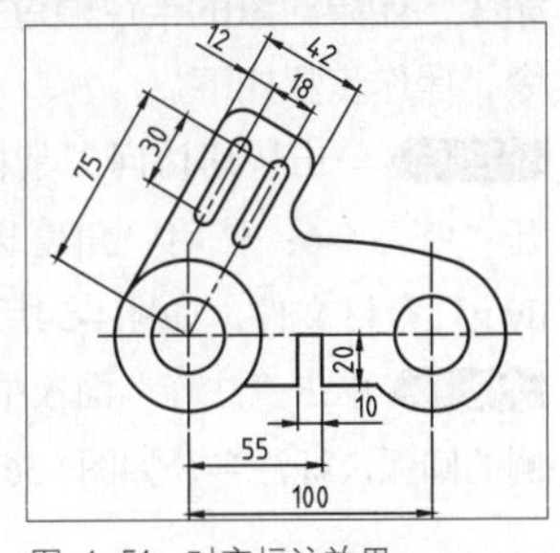

图 4-51　对齐标注效果

4.2.4 角度标注

使用“角度标注”命令不仅可以标注两条成一定角度的直线或3个点之间的夹角，若选择圆弧，还可以标注圆弧的圆心角。

在AutoCAD中，执行“角度标注”命令的方法如下。

◆菜单栏：执行“标注”|“角度”命令。

◆功能区：在“默认”选项卡中，单击“注释”面板中的“角度”按钮。

◆命令：DIMANGULAR或DAN。

通过以上任意一种方法执行该命令后，选择图形上要标注角度尺寸的对象，即可进行标注。操作示例如图4-52所示。命令行提示如下。

```
命令: _dimangular
选择圆弧、圆、直线或 <指定顶点>:
          //选择直线CO
选择第二条直线:
          //选择直线AO
指定标注弧线位置或 [多行文字(M)/文字(T)/角度(A)/象限点
(Q)]:
          //在锐角内放置圆弧线，结束命令
标注文字 = 45
命令:↙
          //按Enter键，重复执行“角度标注”命令
命令: _dimangular
          //执行“角度标注”命令
选择圆弧、圆、直线或 <指定顶点>:
          //选择圆弧AB
指定标注弧线位置或 [多行文字(M)/文字(T)/角度(A)/象限点
(Q)]:
          //在合适位置放置圆弧线，结束命令
标注文字 = 50
```

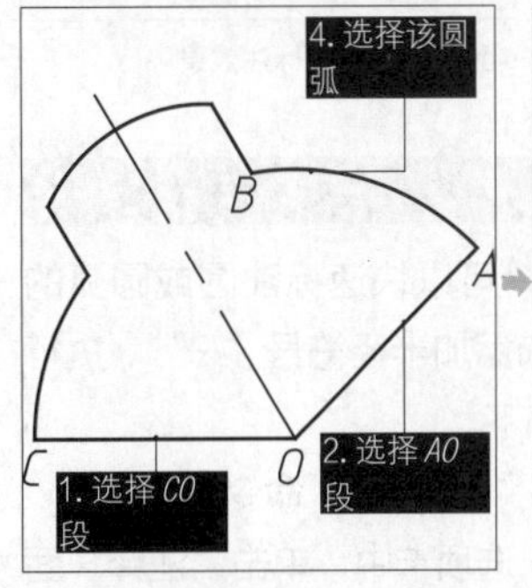

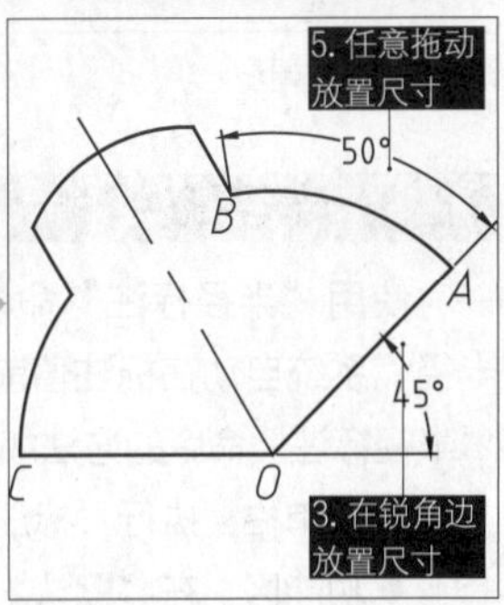

图 4-52　角度标注

> **提示**
>
> “角度标注”默认以逆时针开始。

“角度标注”与“线性标注”相同，也可以选择具体的对象来进行标注，其他选项的含义均相同，在此不重复介绍。

练习 4-6 使用“角度标注”命令标注零件图 ★进阶★

在机械零件图中，有时会出现一些转角、拐角之类的特征，这部分特征可以通过角度标注并结合旋转剖面图来进行表达，常见于一些叉架类零件图，操作步骤如下。

步骤 01 单击快速访问工具栏中的“打开”按钮，打开“练习4-5：使用‘对齐标注’命令标注零件图-OK.dwg”素材文件，如图4-53所示。

步骤 02 在“默认”选项卡中，单击“注释”面板中的“角度”按钮，标注角度，命令行提示如下。

```
命令: _dimangular
选择圆弧、圆、直线或 <指定顶点>:
                    //选择第一条直线
选择第二条直线:
                    //选择第二条直线
指定标注弧线位置或 [多行文字(M)/文字(T)/角度(A)/象限点(Q)]:          //指定尺寸线位置
标注文字 = 30
```

标注完成后，效果如图4-54所示。

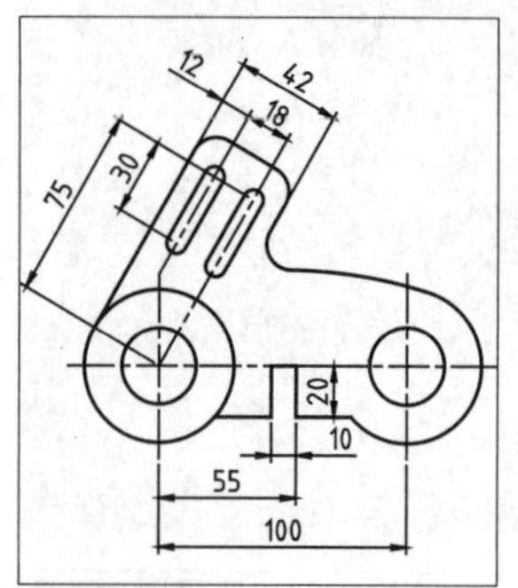

图4-53 素材图形

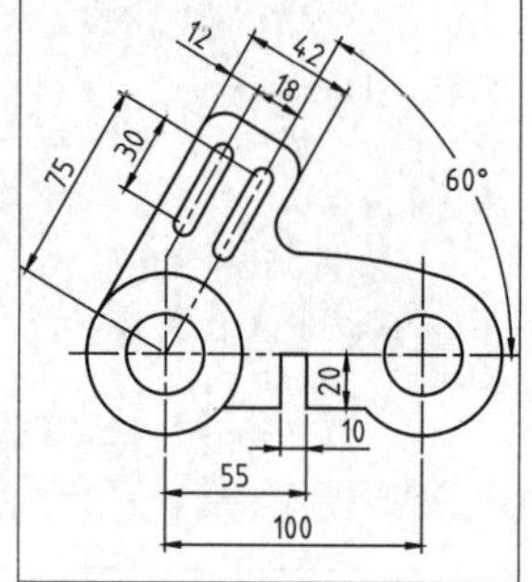

图4-54 角度标注效果

4.2.5 半径标注

使用“半径标注”命令可以快速标注圆或圆弧的半径，系统自动在标注值前添加半径符号“*R*”。执行“半径标注”命令的方法如下。

◆菜单栏：执行“标注”|“半径”命令。

◆功能区：在“默认”选项卡中，单击“注释”面板中的“半径”按钮。

◆命令：DIMRADIUS或DRA。

执行“半径标注”命令后，命令行提示选择需要标注的对象，单击圆或圆弧即可生成半径标注，移动十字光标在合适的位置放置尺寸线。该标注方法的操作如图4-55所示。命令行提示如下。

```
命令: _dimradius
            //执行“半径标注”命令
选择圆弧或圆:
            //单击选择圆弧A
标注文字 = 150
指定尺寸线位置或 [多行文字(M)/文字(T)/角度(A)]:
            //在圆弧内侧合适位置单击放置尺寸线，结束命令
```

按Enter键可重复执行上一命令，按此方法重复执行“半径标注”命令，即可标注圆弧*B*的半径。

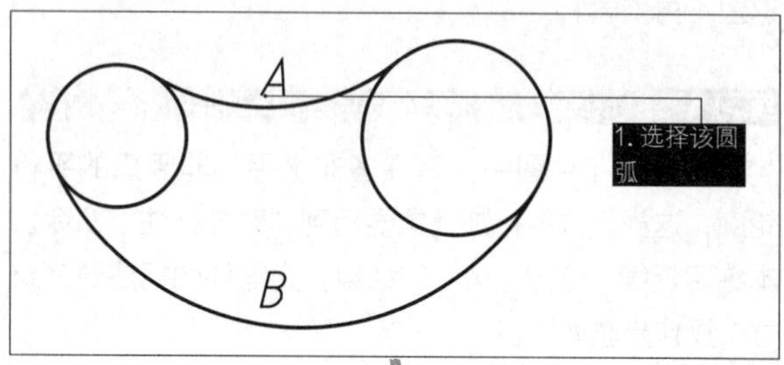

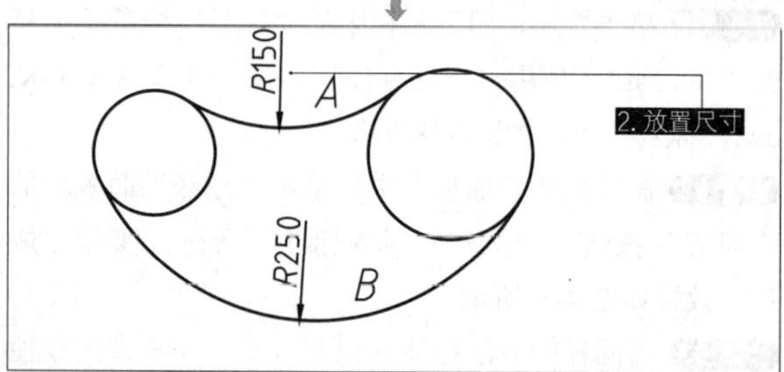

图4-55 半径标注

默认情况下，系统自动加注半径符号“*R*”。但如果在命令行中选择“多行文字”和“文字”选项重新确定尺寸文字，则只有在输入的尺寸文字前加前缀，才能使标注出的半径尺寸有半径符号“*R*”，否则没有该符号。

练习 4-7 使用“半径标注”命令标注零件图 ★进阶★

“半径标注”命令适用于标注图纸上一些未画成整圆的圆弧和圆角。如果为整圆，宜使用“直径标注”命令；如果对象的半径值过大，应使用“折弯标注”命令，操作步骤如下。

步骤 01 单击快速访问工具栏中的“打开”按钮，打开“练习4-6：使用‘角度标注’命令标注零件图-OK.dwg”素材文件，如图4-54所示。

步骤 02 单击“注释”面板中的“半径”按钮，选择右侧的圆弧，标注半径如图4-56所示。命令行提示如下。

```
命令: _dimradius
选择圆弧或圆:
        //选择右侧的圆弧
标注文字 = 30
指定尺寸线位置或 [多行文字(M)/文字(T)/角度(A)]:
        //在合适位置单击放置尺寸线，结束命令
```

步骤 03 用同样的方法标注其他不为整圆的圆弧及倒圆角，效果如图4-57所示。

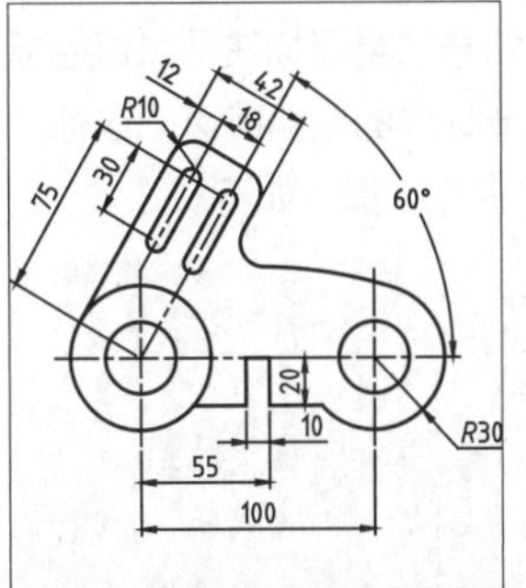

图4-56 标注第一个半径尺寸$R30$

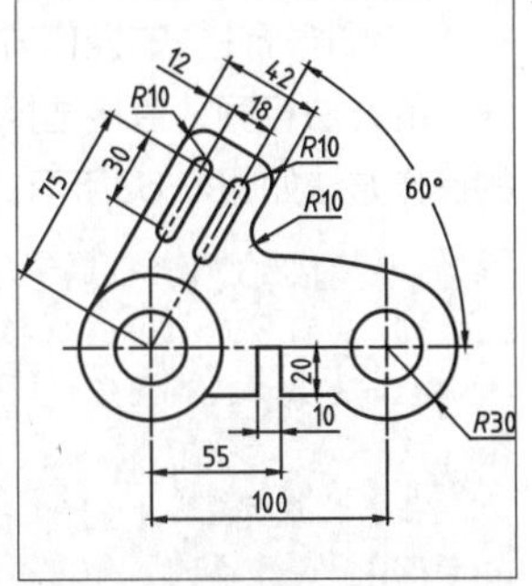

图4-57 半径标注效果

4.2.6 直径标注

使用“直径标注”命令可以标注圆或圆弧的直径，系统自动在标注值前添加直径符号“$\varnothing$”。执行“直径标注”命令的方法如下。

◆菜单栏：执行“标注”|“直径”命令。

◆功能区：在“默认”选项卡中，单击“注释”面板中的“直径”按钮⃠。

◆命令：DIMDIAMETER或DDI。

“直径标注”的方法与“半径标注”的方法相同，执行“直径标注”命令之后，选择要标注的圆弧或圆，然后指定尺寸线的位置即可，如图4-58所示，命令行提示如下。

```
命令: _dimdiameter
        //执行“直径标注”命令
选择圆弧或圆:
        //单击选择圆
标注文字 = 160
指定尺寸线位置或 [多行文字(M)/文字(T)/角度(A)]:
        //在合适位置单击放置尺寸线，结束命令
```

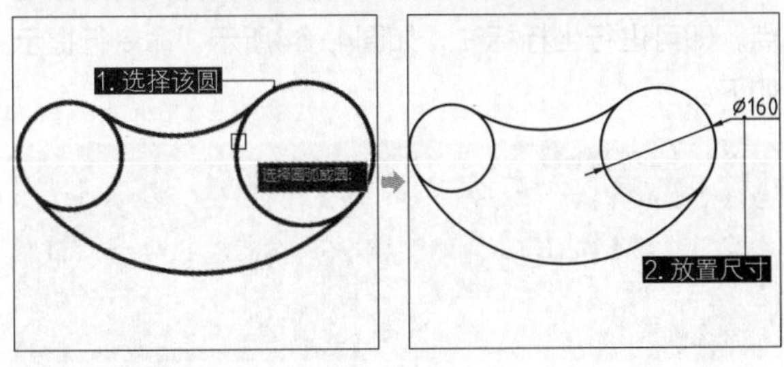

图4-58 直径标注

练习 4-8 使用“直径标注”命令标注零件图 ★进阶★

图纸中的整圆一般直接用“直径标注”命令标注，而不用“半径标注”命令。本练习介绍为零件图添加直径尺寸的方法，操作步骤如下。

步骤 01 单击快速访问工具栏中的“打开”按钮，打开“练习4-7：使用‘半径标注’命令标注零件图-OK.dwg”素材文件，如图4-57所示。

步骤 02 单击“注释”面板中的“直径”按钮⃠，选择右侧的圆，标注直径如图4-59所示。命令行提示如下。

```
命令: _dimdiameter
选择圆弧或圆:
        //选择右侧的圆
标注文字 = 30
指定尺寸线位置或 [多行文字(M)/文字(T)/角度(A)]:
        //在合适位置单击放置尺寸线，结束命令
```

步骤 03 用同样的方法标注其他圆的直径尺寸，效果如图4-60所示。

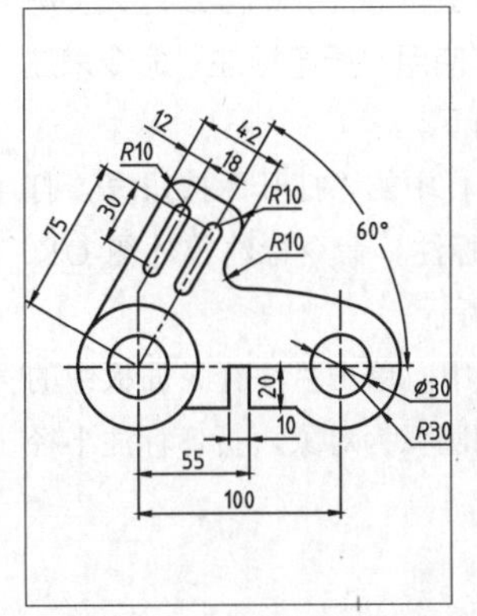

图4-59 标注第一个直径尺寸⌀30

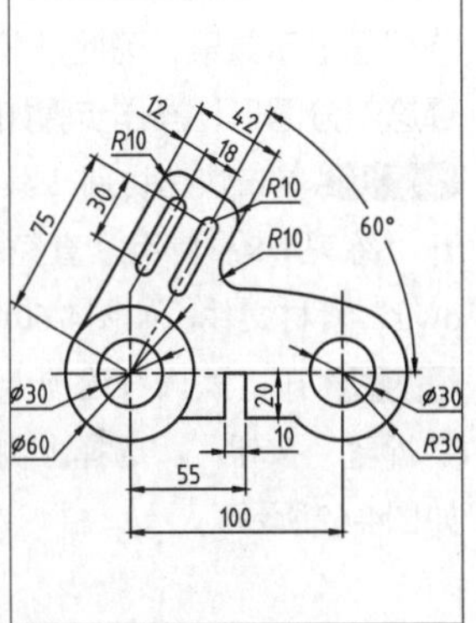

图4-60 直径标注效果

4.2.7 折弯标注

当圆弧半径相对于图形尺寸较大时，半径标注的尺寸线相对于图形显得过长，这时可以使用“折弯标注”命令进行标注。“折弯标注”的方法与“半径标注”“直径标注”的方法基本相同，但需要指定一个位置代替圆或圆弧的圆心。

执行“折弯标注”命令的方法有以下几种。

◆菜单栏：执行“标注”|“折弯”命令。

◆功能区：在“默认”选项卡中，单击“注释”面板中的“折弯”按钮。

◆命令：DIMJOGGED。

操作如图4-61所示。命令行提示如下。

```
命令: _dimjogged
        //执行“折弯标注”命令
选择圆弧或圆:
        //单击选择圆弧
指定图示中心位置:
        //指定A点
标注文字 = 250
指定尺寸线位置或 [多行文字(M)/文字(T)/角度(A)]:
指定折弯位置:
        //指定折弯位置，结束命令
```

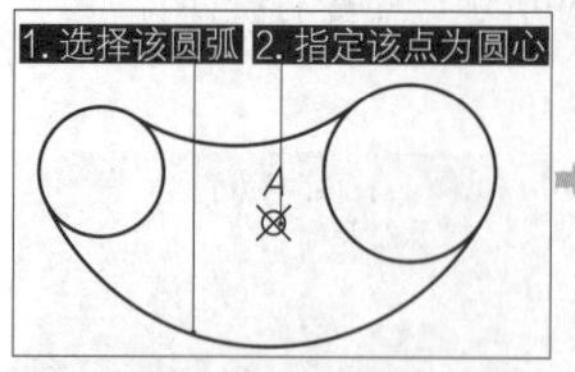

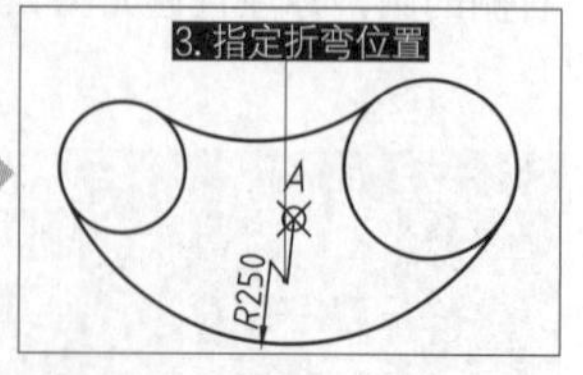

图4-61 折弯标注

练习 4-9 使用“折弯标注”命令标注零件图 ★进阶★

机械设计中为追求零件外表面的流畅、圆润效果，通常会设计大半径的圆弧轮廓。这类图形在标注时如果直接使用“半径标注”命令进行标注，则连线过大，影响视图显示效果，因此推荐使用“折弯标注”命令来注释这部分图形，操作步骤如下。

步骤 01 单击快速访问工具栏中的“打开”按钮，打开“练习4-8：使用‘直径标注’命令标注零件图-OK.dwg”素材文件，如图4-60所示。

步骤 02 在“默认”选项卡中，单击“注释”面板中的“折弯”按钮，选择上侧圆弧为对象，折弯标注半径如图4-62所示。

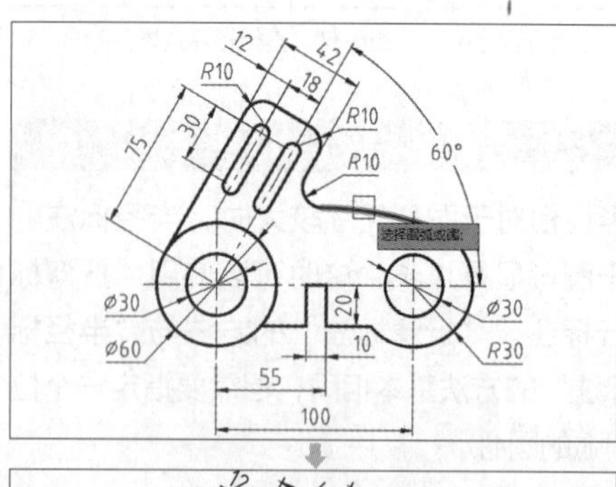

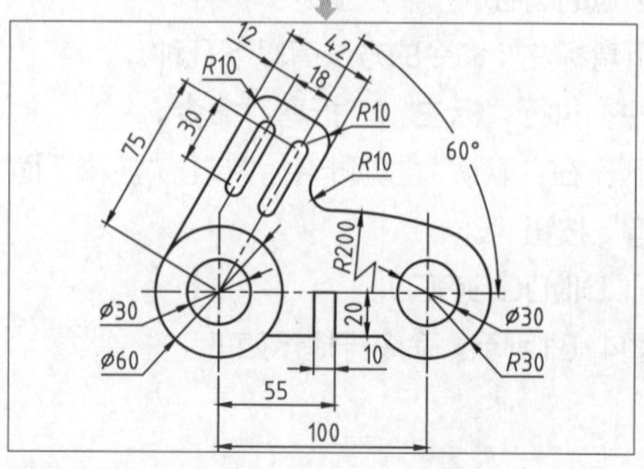

图4-62 折弯标注效果

4.2.8 弧长标注

弧长标注用于标注圆弧、椭圆弧或者其他弧线的长度。在AutoCAD中，执行“弧长标注”命令有如下几种常用方法。

◆菜单栏：执行“标注”|“弧长”命令。

◆功能区：在“默认”选项卡中，单击“注释”面板中的“弧长”按钮。

◆命令：DIMARC。

“弧长标注”的操作方法与“半径标注”“直径标注”的方法相同，直接选择要标注的圆弧即可。该标注的操作方法如图4-63所示。命令行提示如下。

```
命令: _dimarc
                        //执行“弧长标注”命令
选择弧线段或多段线圆弧段:
                        //单击选择要标注的圆弧
指定弧长标注位置或 [多行文字(M)/文字(T)/角度(A)/部分(P)/
引线(L)]:
标注文字 = 67
                        //在合适的位置单击放置标注
```

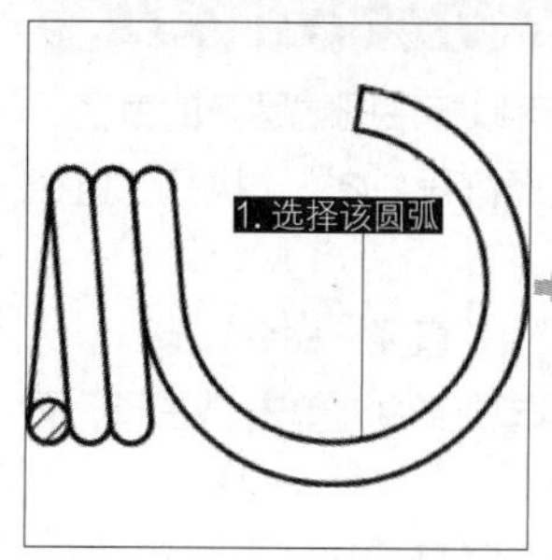

图4-63 弧长标注

4.2.9 坐标标注

“坐标标注”是一类特殊的引注，用于标注某些相对于UCS坐标原点的点的横坐标和纵坐标。在AutoCAD中，执行“坐标标注”命令的方法如下。

◆菜单栏：执行“标注”|“坐标”命令。

◆功能区：在“默认”选项卡中，单击“注释”面板中的“坐标”按钮。

◆命令：DIMORDINATE或DOR。

按上述方法执行“坐标标注”命令后，指定标注点，即可进行坐标标注，如图4-64所示。命令行提示如下。

```
命令: _dimordinate
指定点坐标:
指定引线端点或 [X 基准(X)/Y 基准(Y)/多行文字(M)/文字(T)/
角度(A)]:
标注文字 = 100
```

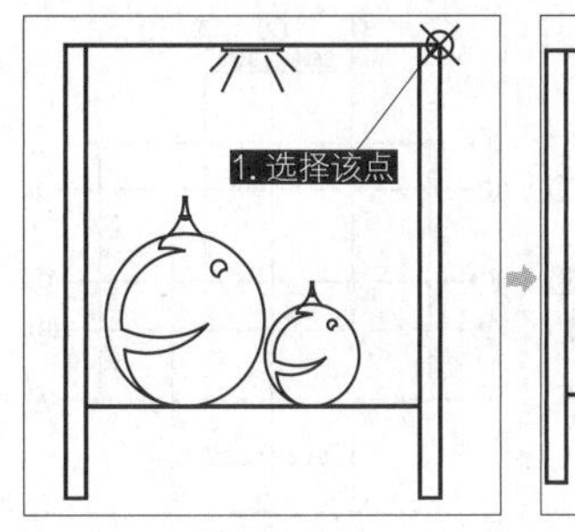

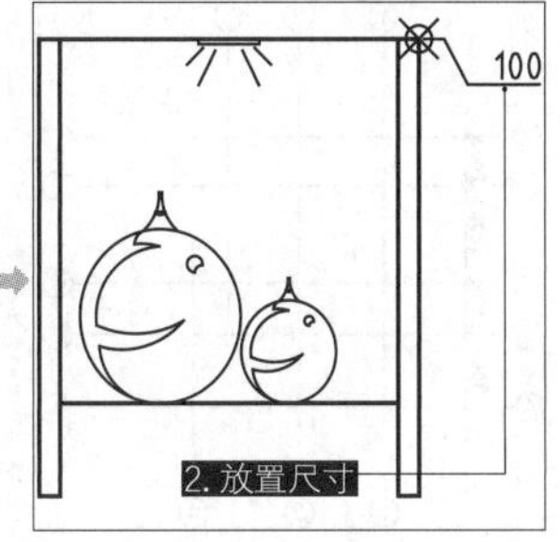

图4-64 坐标标注

命令行中各选项的含义介绍如下。

◆指定引线端点：通过拾取绘图区中的点确定标注文字的位置。

◆X基准(X)：系统自动测量所选择点的X轴坐标值并确定引线和标注文字的方向，如图4-65所示。

◆Y基准(Y)：系统自动测量所选择点的Y轴坐标值并确定引线和标注文字的方向，如图4-66所示。

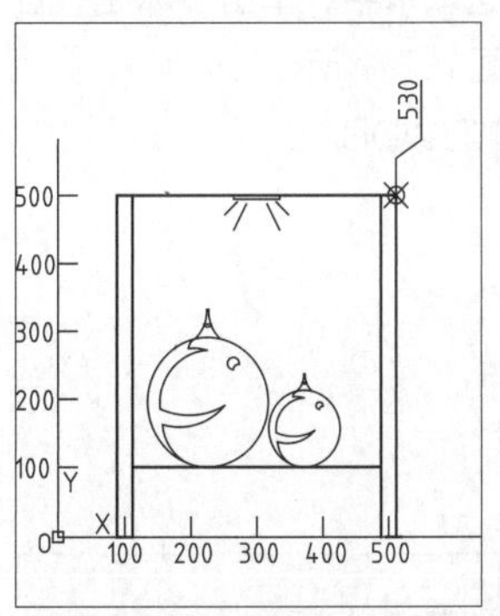

图4-65 标注X轴坐标值

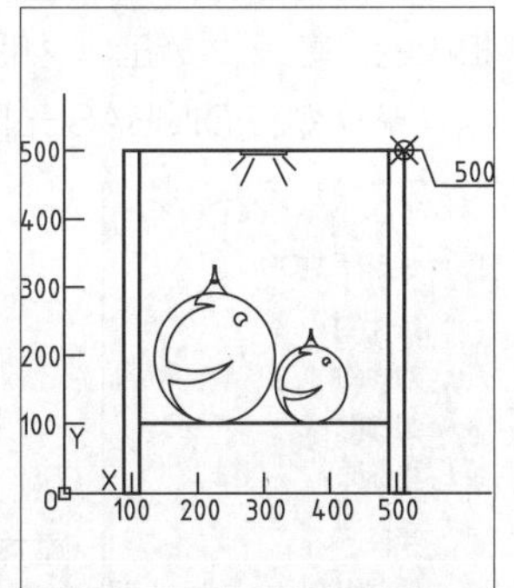

图4-66 标注Y轴坐标值

提示

也可以通过移动十字光标的方式在“X基准(X)”和“Y基准(Y)”中来回切换。十字光标上、下移动为横坐标；十字光标左、右移动为纵坐标。

◆多行文字(M)：选择该选项，可以通过输入多行文字的方式输入多行标注文字。

◆文字(T)：选择该选项，可以通过输入单行文字的方式输入单行标注文字。

◆角度(A)：选择该选项，可以设置标注文字的方向与X(Y)轴的夹角，系统默认为0°，与“线性标注”中的选项一致。

4.2.10 连续标注 ★重点★

执行“连续标注”命令，将自动从上一个线性标注、角度标注或者坐标标注继续创建其他标注。也可以从选择的尺寸界线继续创建其他标注，系统自动排列尺寸线。

在AutoCAD中，执行“连续标注”命令的方法如下。

◆菜单栏：执行“标注”|“连续”命令，如图4-67所示。

◆功能区：在“注释”选项卡中，单击“标注”面板中的“连续”按钮，如图4-68所示。

◆命令：DIMCONTINUE或DCO。

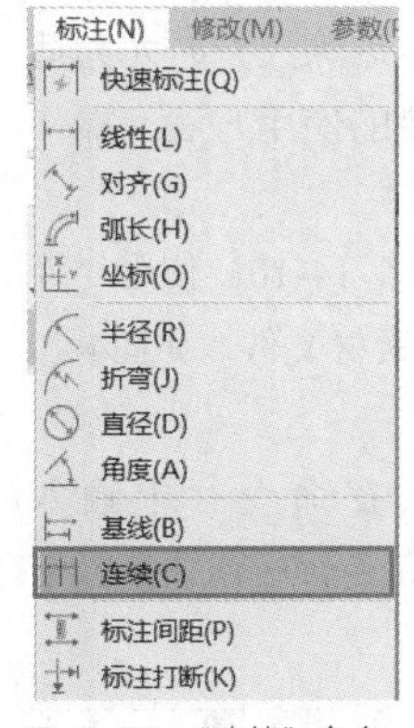

图 4-67 “连续”命令

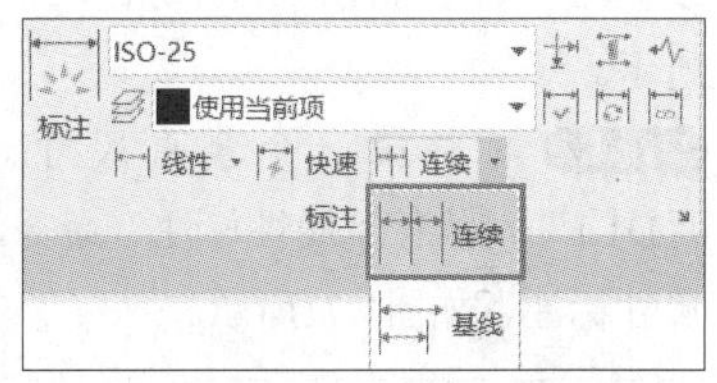

图 4-68 “标注”面板中的“连续”按钮

标注连续尺寸前，必须存在一个尺寸界线起点。进行连续标注时，默认将上一个尺寸界线的终点作为连续标注的起点，提示用户选择第二条延伸线起点，重复指定第二条延伸线起点，创建连续标注。在标注墙体时使用“连续标注”命令极为方便，效果如图4-69所示。命令行提示如下。

```
命令: _dimcontinue
                    //执行“连续标注”命令
选择连续标注:
                    //选择作为基准的标注
指定第二个尺寸界线原点或 [选择(S)/放弃(U)] <选择>:
                    //指定标注的下一点，系统自动放置尺寸
标注文字 = 2400
指定第二个尺寸界线原点或 [选择(S)/放弃(U)] <选择>:
                    //指定标注的下一点，系统自动放置尺寸
标注文字 = 1400
指定第二个尺寸界线原点或 [选择(S)/放弃(U)] <选择>:
                    //指定标注的下一点，系统自动放置尺寸
标注文字 = 1600
指定第二个尺寸界线原点或 [选择(S)/放弃(U)] <选择>:
                    //指定标注的下一点，系统自动放置尺寸
标注文字 = 820
指定第二个尺寸界线原点或 [选择(S)/放弃(U)] <选择>:↙
                    //按Enter键完成标注
选择连续标注: *取消*
                    //按Enter键结束命令
```

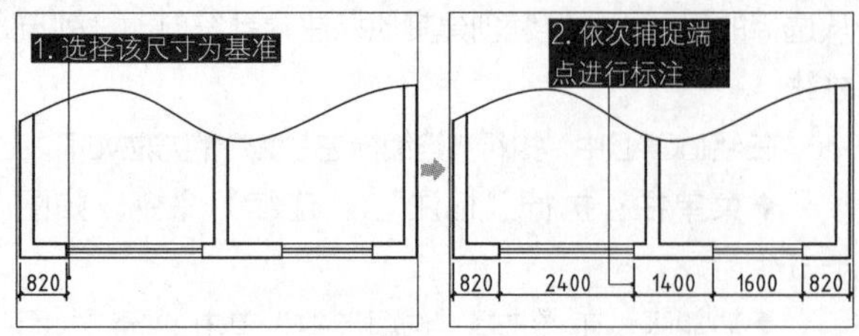

图4-69　连续标注示例

练习 4-10 使用“连续标注”命令标注墙体轴线 ★进阶★

使用“连续标注”命令可以连续创建多个尺寸标注，在标注轴间距、开间尺寸、进深尺寸时尤为适用。本练习介绍“连续标注”命令的使用方法，操作步骤如下。

步骤 01 按快捷键Ctrl+O，打开“练习4-10：使用‘连续标注’命令标注墙体轴线.dwg”素材文件，如图4-70所示。

步骤 02 标注第一个竖直尺寸。在命令行中输入“DLI”，执行“线性标注”命令，为轴线添加第一个尺寸标注，如图4-71所示。

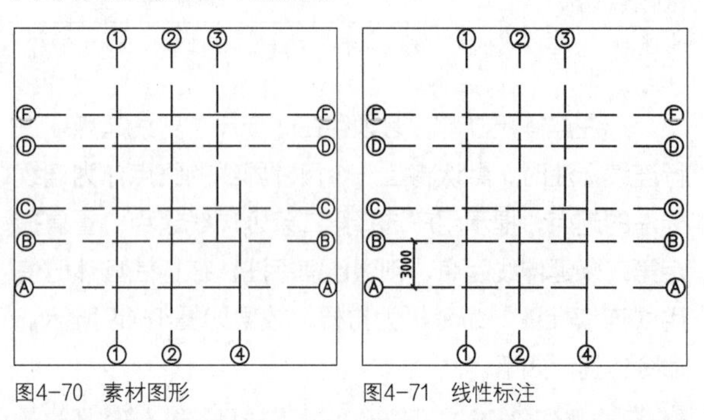

图4-70　素材图形　　图4-71　线性标注

步骤 03 在“注释”选项卡中，单击“标注”面板中的“连续”按钮，执行“连续”命令，效果如图4-72所示。命令行提示如下。

```
命令: _dimcontinue
        //执行“连续标注”命令
选择连续标注:
        //选择标注
指定第二条尺寸界线原点或 [放弃(U)/选择(S)] <选择>:
        //指定第二条尺寸界线原点
标注文字 = 2100
指定第二条尺寸界线原点或 [放弃(U)/选择(S)] <选择>:
标注文字 = 4000
        //按Esc键退出绘制
```

步骤 04 用与上述相同的方法继续标注轴线，效果如图4-73所示。

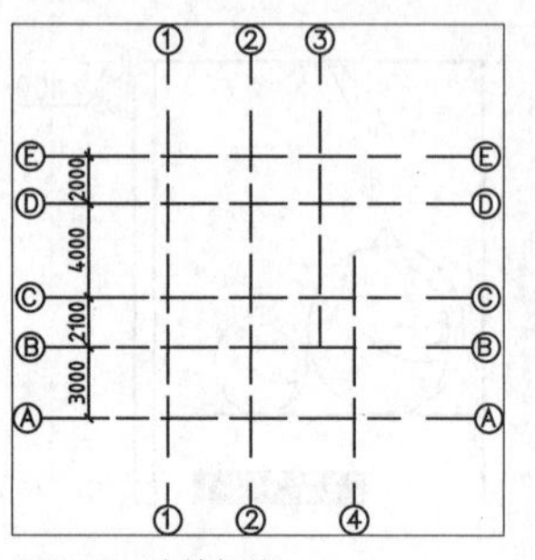

图4-72　连续标注

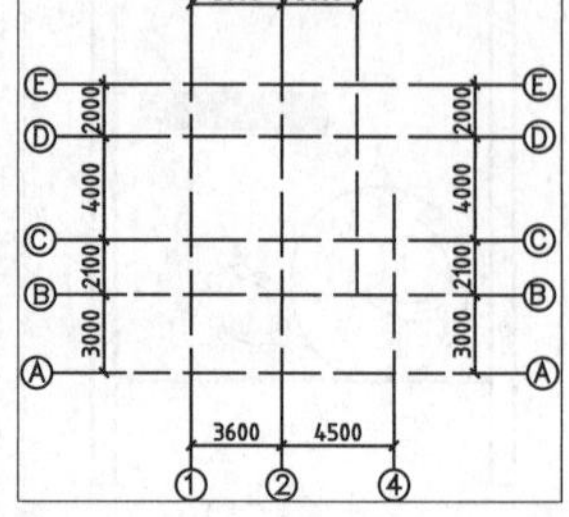

图4-73　标注效果

4.2.11 基线标注

使用“基线标注”命令可以从上一个或选择的标注基线做连续的线性、角度或坐标标注。

在AutoCAD中，执行“基线标注”命令的方法如下。

◆菜单栏：执行“标注”|“基线”命令，如图4-74所示。

◆功能区：在“注释”选项卡中，单击“标注”面板中的“基线”按钮，如图4-75所示。

◆命令：DIMBASELINE或DBA。

图4-74　“基线”命令

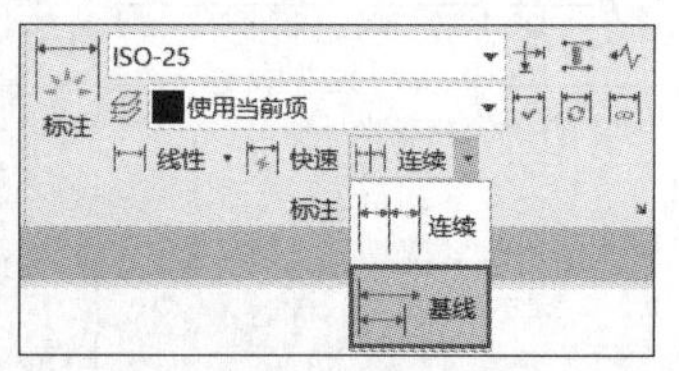

图4-75　“标注”面板中的“基线”按钮

执行“基线标注”命令后，将十字光标移动到第一条尺寸界线起点，单击创建一个尺寸标注。重复拾取第二条尺寸界线的终点，即可完成一系列基线尺寸的标注，如图4-76所示。命令行提示如下。

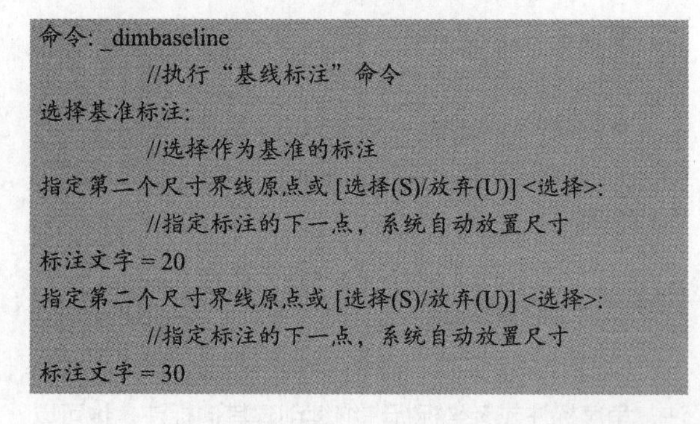

```
命令: _dimbaseline
        //执行“基线标注”命令
选择基准标注:
        //选择作为基准的标注
指定第二个尺寸界线原点或 [选择(S)/放弃(U)] <选择>:
        //指定标注的下一点，系统自动放置尺寸
标注文字 = 20
指定第二个尺寸界线原点或 [选择(S)/放弃(U)] <选择>:
        //指定标注的下一点，系统自动放置尺寸
标注文字 = 30
```

```
指定第二个尺寸界线原点或 [选择(S)/放弃(U)] <选择>:
        //按Enter键完成标注
选择基准标注:
        //按Enter键结束命令
```

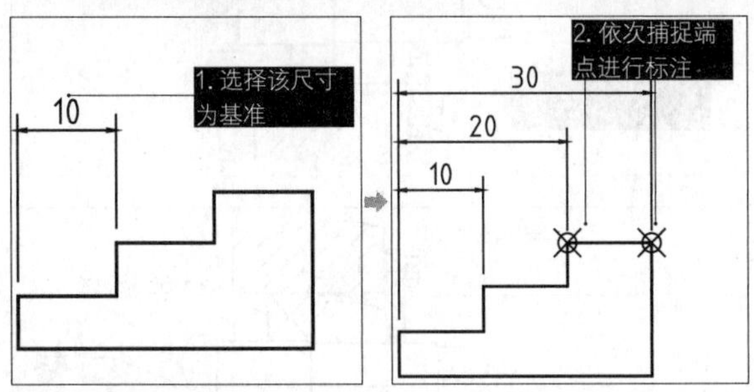

图4-76　基线标注示例

练习 4-11　使用"基线标注"命令标注密封沟槽　★进阶★

执行"基线标注"命令，以上一个或者选择的尺寸标注的基线为参考，创建连续性尺寸标注，包括线性标注、角度标注及坐标标注，操作步骤如下。

步骤 01 打开"练习4-11：使用'基线标注'命令标注密封沟槽.dwg"素材文件，其中已绘制好了活塞的半边剖面图，如图4-77所示。

步骤 02 标注第一个水平尺寸。单击"注释"面板中的"线性"按钮⊢⊣，在活塞上端添加一个水平标注，如图4-78所示。

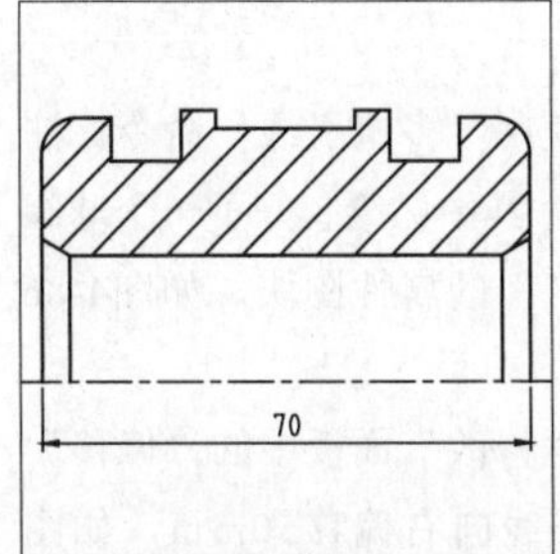

图4-77　素材图形

图4-78　标注第一个水平尺寸

> **提示**
>
> 如果图形为对称结构，在绘制剖面图时可以选择只绘制半边图形。

步骤 03 标注沟槽定位尺寸。切换至"注释"选项卡，单击"标注"面板中的"基线"按钮，系统自动以上一步骤创建的标注为基准，依次选择活塞图上各沟槽的右侧端点，用作定位尺寸，如图4-79所示。

步骤 04 补充沟槽定型尺寸。退出"基线标注"命令，重新切换到"默认"选项卡，再次执行"线性标注"命令，依次将各沟槽的定型尺寸补齐，如图4-80所示。

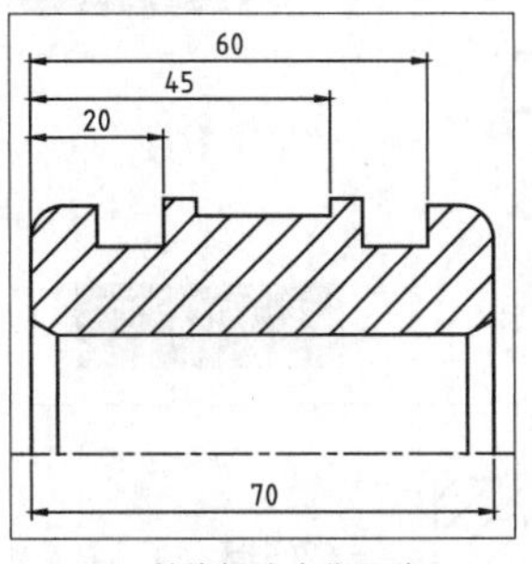

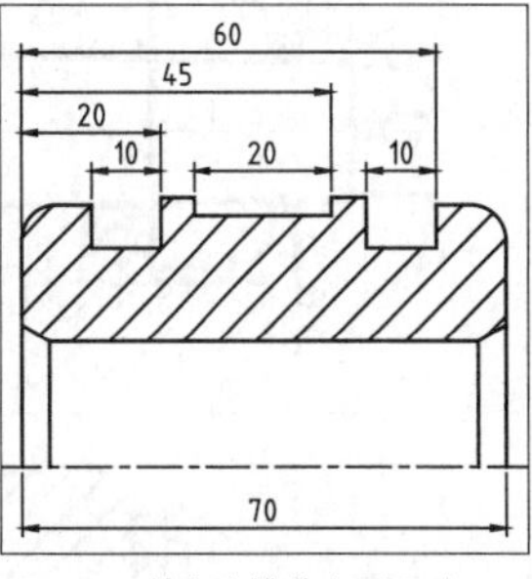

图4-79　基线标注定位尺寸　　图4-80　补齐沟槽的定型尺寸

4.2.12 多重引线　★重点★

使用"多重引线"命令不仅能够快速地为装配图创建标注，而且能够更清楚地标识制图的标准、说明等内容。此外，还可以通过修改"多重引线样式"编辑引线的格式、类型及内容。本小节介绍"创建多重引线标注"和"管理多重引线样式"两部分内容。

在AutoCAD中，执行"多重引线"命令的方法如下。

◆菜单栏：执行"标注"|"多重引线"命令，如图4-81所示。

◆功能区：在"默认"选项卡中，单击"注释"面板中的"引线"按钮，如图4-82所示。

◆命令：MLEADER或MLD。

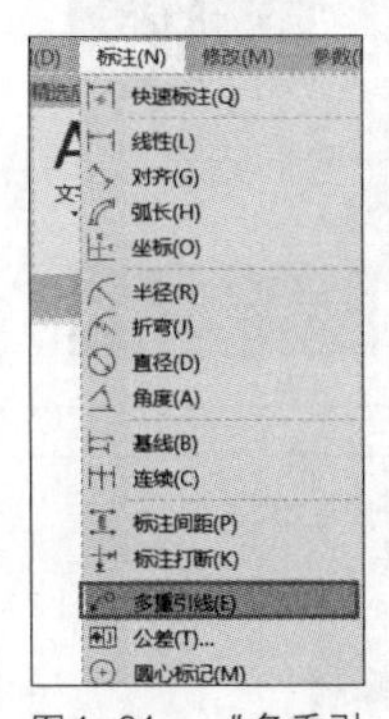

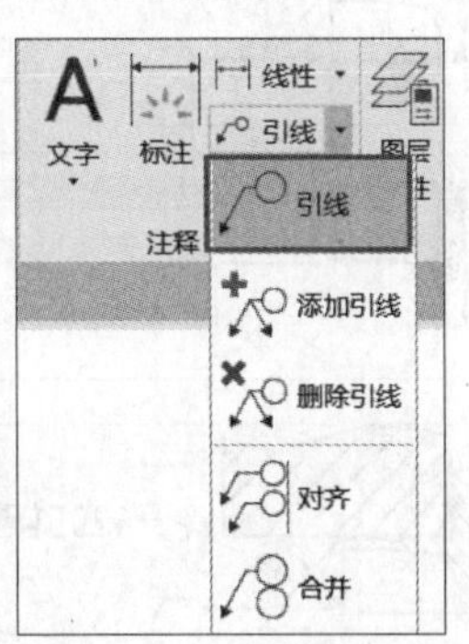

图4-81　"多重引线"命令　　图4-82　"注释"面板中的"引线"按钮

执行命令后，在图形中单击确定引线箭头位置；然后在打开的文字输入窗口中输入注释内容即可，如图4-83所示。命令行提示如下。

```
命令: _mleader
        //执行"多重引线"命令
指定引线箭头的位置或 [引线基线优先(L)/内容优先(C)/选项(O)] <选项>:
        //指定引线箭头位置
指定引线基线的位置:
        //指定基线位置，并输入注释文字，在空白处单击即可结束命令
```

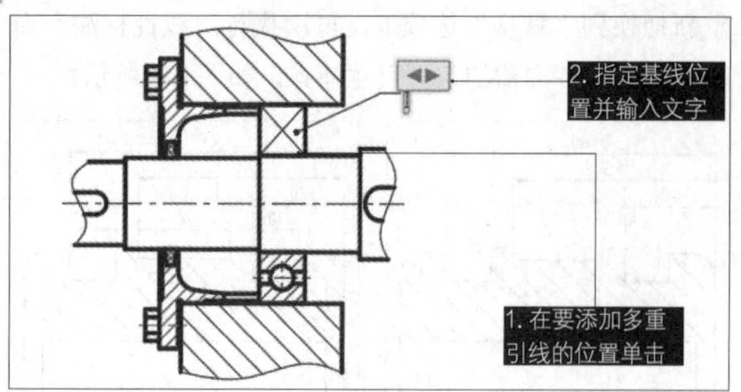

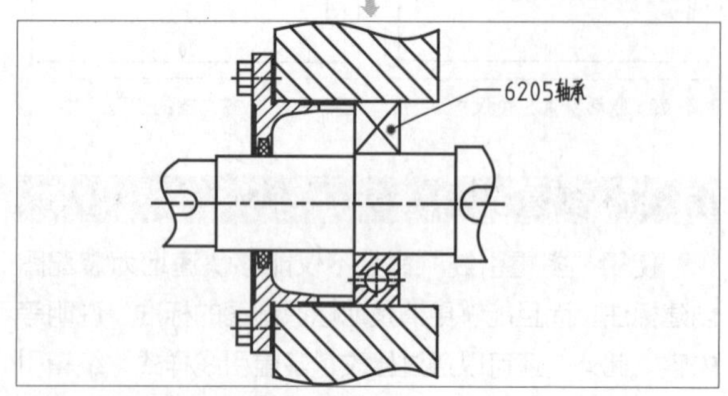

图4-83　引线标注示例

命令行中各选项的含义介绍如下。

◆引线基线优先(L)：选择该选项，可以颠倒多重引线的默认创建顺序，即先指定基线位置（即文字输入的位置），再指定箭头位置，如图4-84所示。

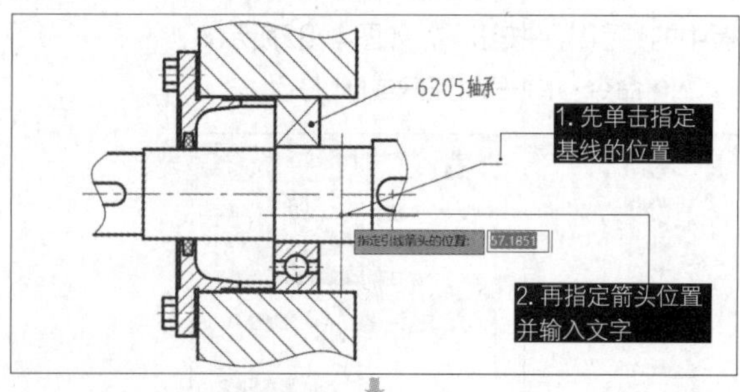

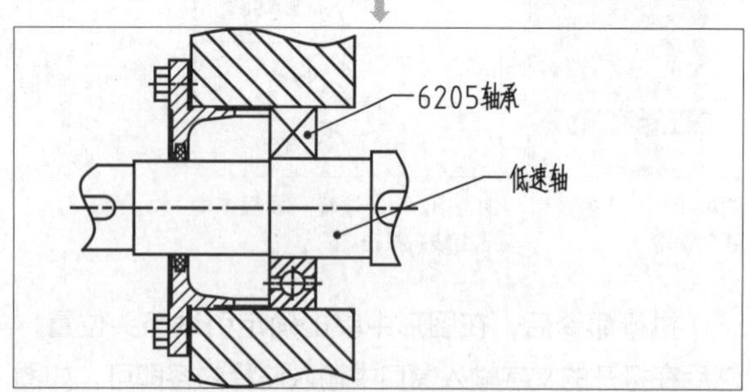

图4-84　"引线基线优先(L)"标注多重引线

◆内容优先(C)：选择该选项，可以先创建标注文字，再指定引线箭头来进行标注，如图4-85所示；该方式下的基线位置可以自动调整，随十字光标移动方向而定。

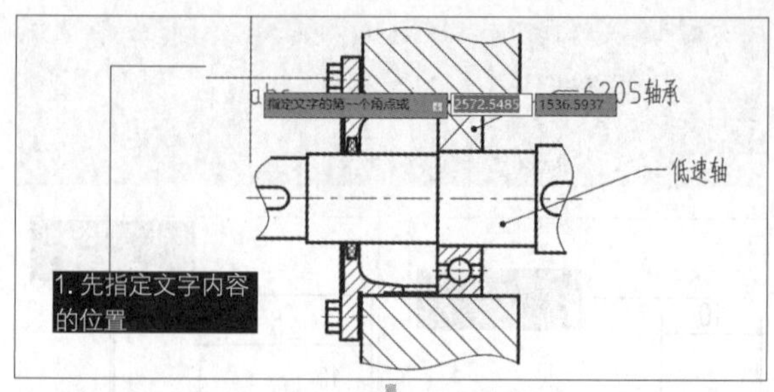

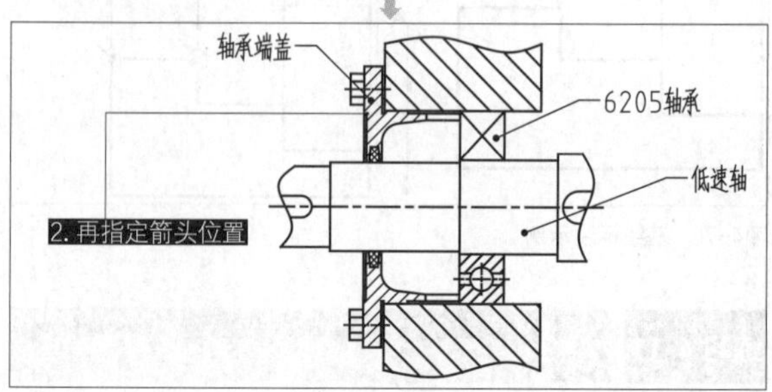

图4-85　"内容优先(L)"标注多重引线

练习 4-12　使用"多重引线"命令标注机械装配图 ★进阶★

在机械装配图中，有时会因为零部件过多而采用分类编号的方法（如螺钉类、螺母类、加工件类），不同类型的编号在外观上自然也不相同（如外围带圈、带方块），因此就需要灵活使用"多重引线"命令中的"块(B)"选项来进行标注。此外，还需要指定"多重引线"的角度，让引线在装配图中达到工整的效果，操作步骤如下。

步骤 01 打开"练习4-12：使用'多重引线'命令标注机械装配图.dwg"素材文件，其中已绘制好了一个球阀的装配图和一个名称为"块1"的属性图块，如图4-86所示。

步骤 02 绘制辅助线。单击"修改"面板中的"偏移"按钮，将图形中的竖直中心线向右偏移50mm，如图4-87所示，用作多重引线的对齐线。

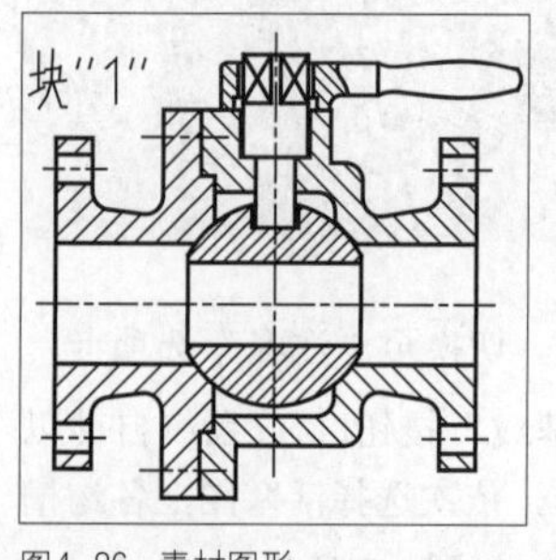

图4-86　素材图形

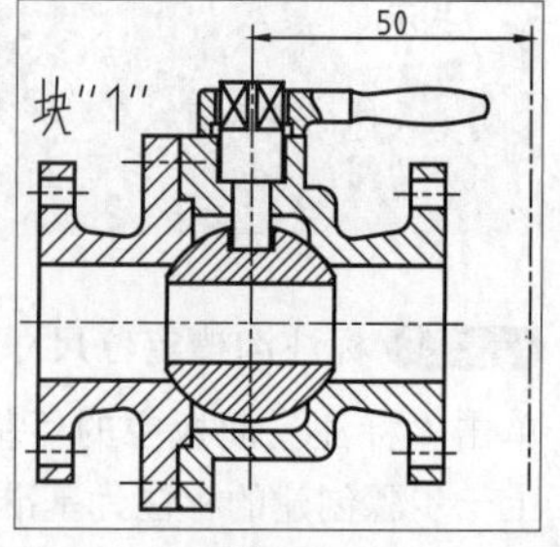

图4-87　绘制辅助线

步骤 03 在"默认"选项卡中，单击"注释"面板中的"引线"按钮，执行"多重引线"命令，并选择命令行中的“选项(O)”选项，设置内容类型为“块”，指定块“1”；然后选择“第一个角度(F)”选项，设置角度为60°，再选择“第二个角度(S)”选项，设置角度为200°，在手柄处添加引线标注，如图4-88所示。命令行提示如下。

```
命令: _mleader
指定引线箭头的位置或 [引线基线优先(L)/内容优先(C)/选项(O)] <选项>:
输入选项 [引线类型(L)/引线基线(A)/内容类型(C)/最大节点数(M)/第一个角度(F)/第二个角度(S)/退出选项(X)] <退出选项>: C↙
        //选择“内容类型”选项
选择内容类型 [块(B)/多行文字(M)/无(N)] <多行文字>: B↙
        //选择“块”选项
输入块名称 <1>: 1↙
        //输入要调用的块名称
输入选项 [引线类型(L)/引线基线(A)/内容类型(C)/最大节点数(M)/第一个角度(F)/第二个角度(S)/退出选项(X)] <内容类型>: F↙
        //选择“第一个角度”选项
输入第一个角度约束 <0>: 60↙
        //输入引线箭头的角度
输入选项 [引线类型(L)/引线基线(A)/内容类型(C)/最大节点数(M)/第一个角度(F)/第二个角度(S)/退出选项(X)] <第一个角度>: S↙
        //选择“第二个角度”选项
输入第二个角度约束 <0>: 200↙
        //输入基线的角度
输入选项 [引线类型(L)/引线基线(A)/内容类型(C)/最大节点数(M)/第一个角度(F)/第二个角度(S)/退出选项(X)] <第二个角度>: X↙
        //退出“选项”
指定引线箭头的位置或 [引线基线优先(L)/内容优先(C)/选项(O)] <选项>:
        //在手柄处单击放置引线箭头
指定引线基线的位置
        //在辅助线上单击放置，结束命令
```

步骤 04 使用相同的方法，标注球阀中的阀芯和阀体，分别标注序号②、③，如图4-89所示。

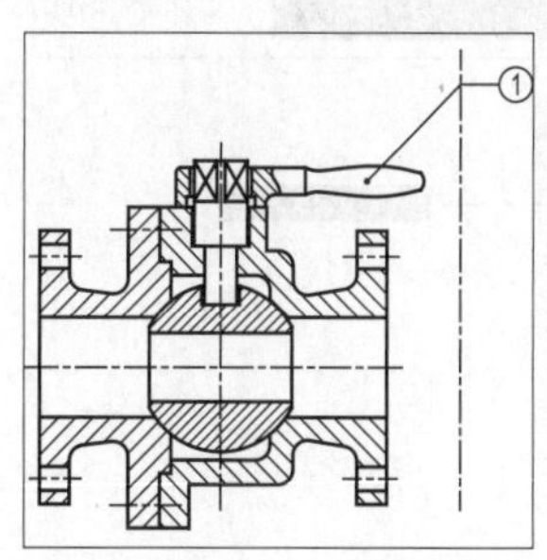

图4-88 添加第一个多重引线标注

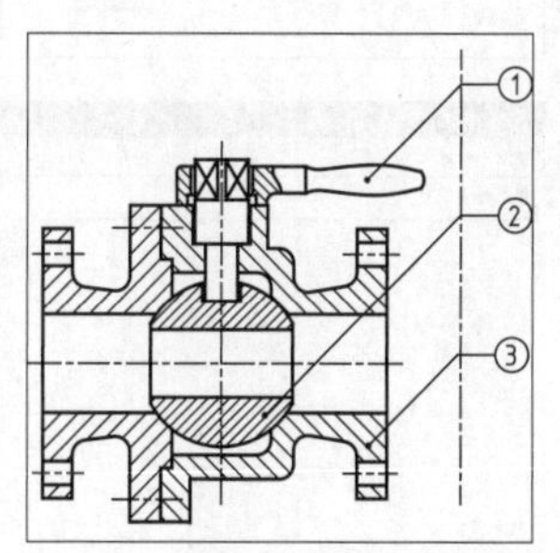

图4-89 添加其他多重引线标注

练习 4-13 使用“多重引线”命令标注立面图标高 ★进阶★

除了利用属性块标注标高外，还可以利用多重引线标注。多重引线标注可以嵌入外部块，在标注标高的同时创建标高图块，操作步骤如下。

步骤 01 打开“练习4-13：使用‘多重引线’命令标注立面图标高.dwg”素材文件，其中已绘制好了楼层的立面图和名称为“标高”的属性图块，如图4-90所示。

步骤 02 创建引线样式。在“默认”选项卡中，单击“注释”面板扩展区域中的“多重引线样式”按钮，打开“多重引线样式管理器”对话框。在对话框中单击“新建”按钮，新建名称为“标高引线”的样式，如图4-91所示。

图4-90 素材图形

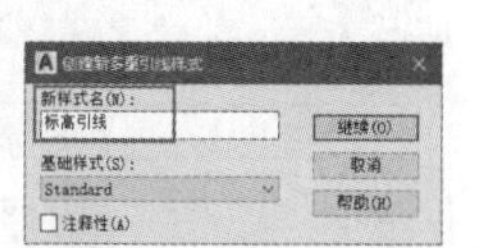

图4-91 新建“标高引线”样式

步骤 03 设置引线参数。单击“继续”按钮，打开“修改多重引线样式:标高引线”对话框。在“引线格式”选项卡中设置箭头“符号”为“无”，如图4-92所示。在“引线结构”选项卡中取消勾选“自动包含基线”复选框，如图4-93所示。

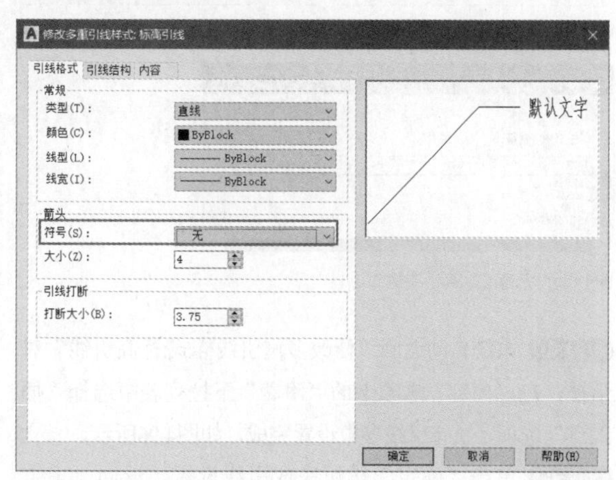

图4-92 设置箭头“符号”为“无”

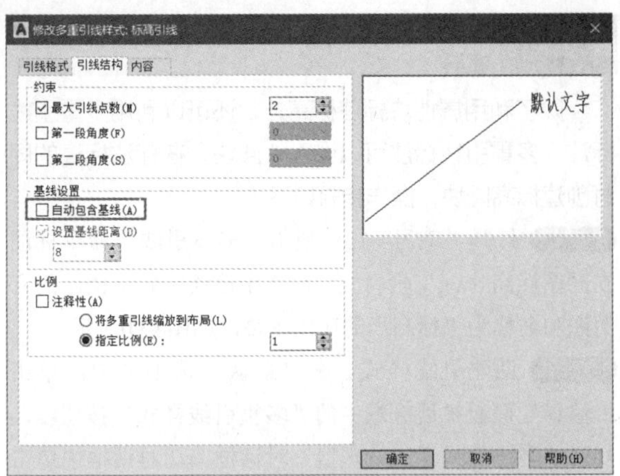

图4-93 取消勾选“自动包含基线”复选框

步骤 04 设置引线内容。切换至“内容”选项卡，在“多重引线类型”下拉列表中选择“块”选项，然后在“源块”下拉列表中选择“用户块”选项，即用户自己创建的图块，如图4-94所示。

步骤 05 打开“选择自定义内容块”对话框，“从图形块中选择”下拉列表中提供了当前视图中所有的图块，选择已创建好的“标高”图块，如图4-95所示。

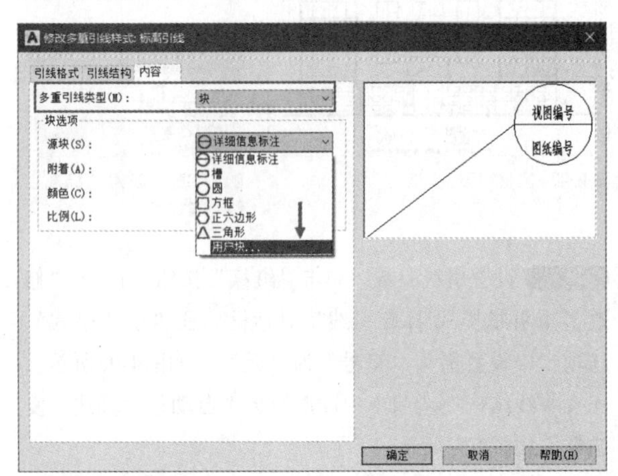

图4-94 设置多重引线内容

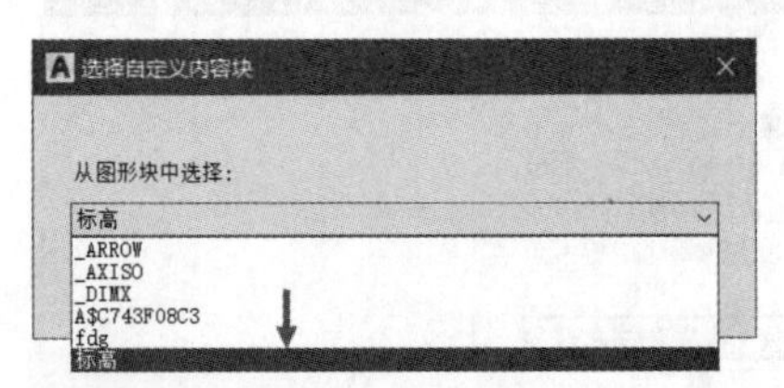

图4-95 选择“标高”图块

步骤 06 系统自动返回“修改多重引线样式:标高引线”对话框，在“内容”选项卡的“附着”下拉列表中选择“插入点”选项，所有引线参数设置完成，如图4-96所示。

步骤 07 单击“确定”按钮完成引线设置，返回“多重引线样式管理器”对话框，将“标高引线”样式置为当前，如图4-97所示。

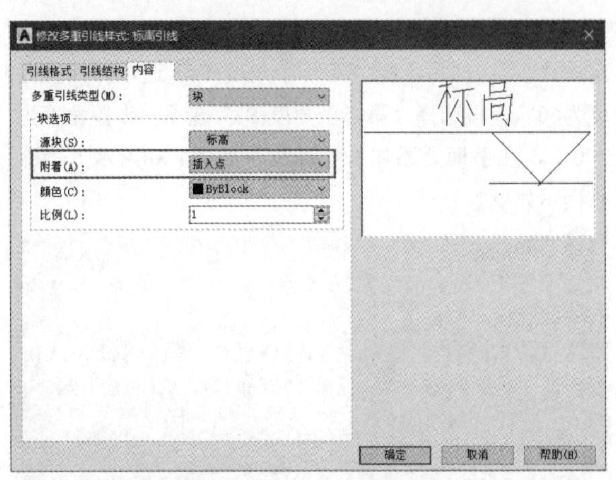

图4-96 设置多重引线的附着点

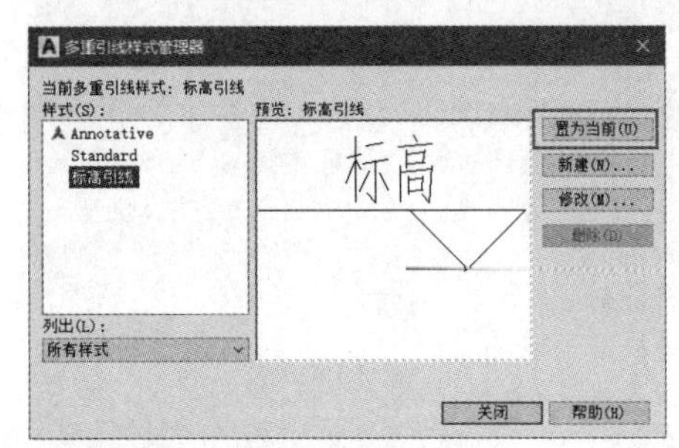

图4-97 将“标高引线”样式置为当前

步骤 08 标注标高。在“默认”选项卡中，单击“注释”面板中的“引线”按钮，执行“多重引线”命令。从左侧标注的最下方尺寸界线端点开始，水平向左引出第一条引线，然后单击放置，打开“编辑属性”对话框，设置“输入标高值”为0.000，即基准标高，如图4-98所示。

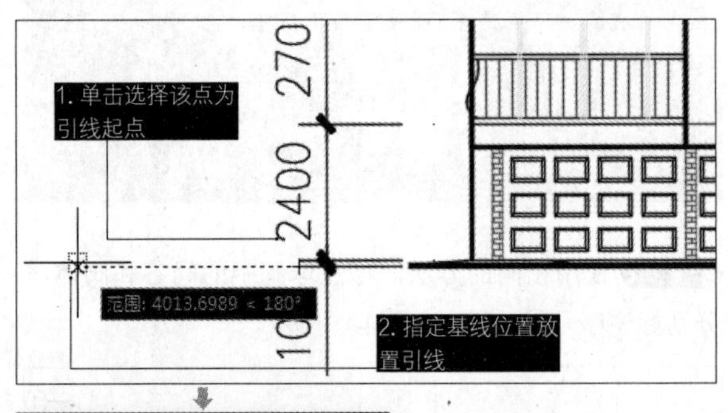

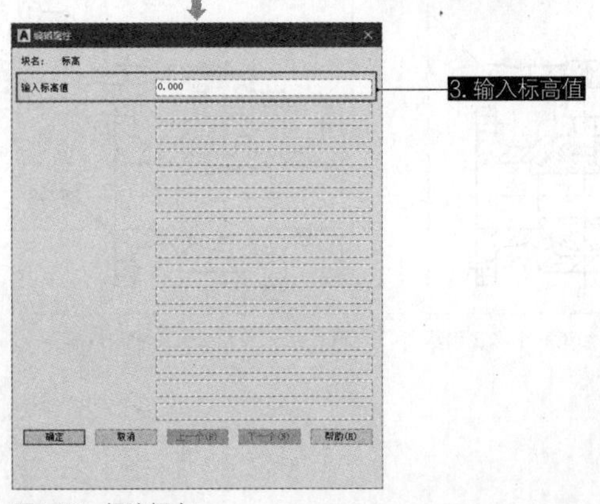

图4-98 标注标高

步骤 09 第一个标高标注效果如图4-99所示。使用相同的方法，对其他位置进行标注，即可快速创建该立面图的所有标高，最终效果如图4-100所示。

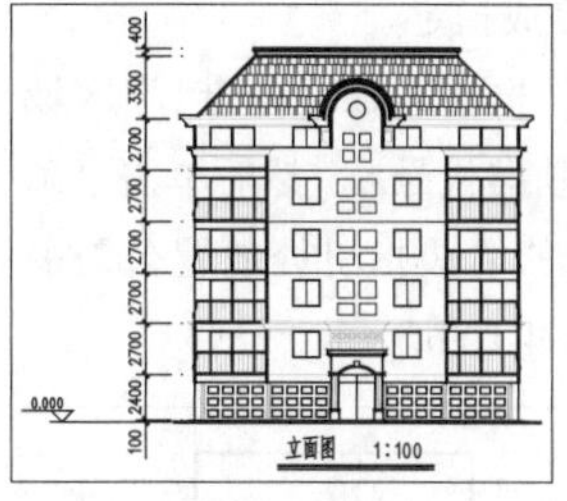

图4-99 标注第一个标高

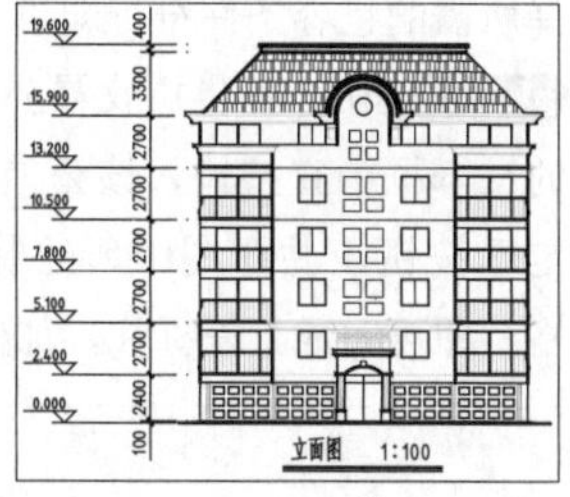

图4-100 标注其他标高

4.2.13 快速引线

“快速引线”是一种形式较为自由的引线标注，结构组成如图4-101所示，其转折次数可以自定义，注释内容也可以设置为其他类型。

“快速引线”命令只能在命令行中执行。输入“QLEADER”或“LE”并按Enter键，命令行提示如下。

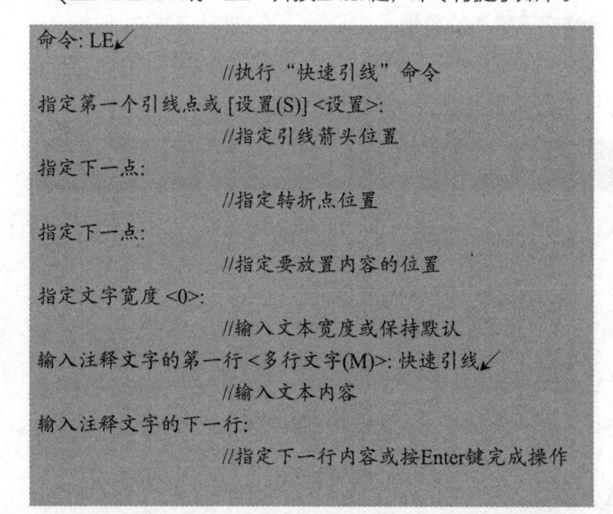

命令: LE↙
//执行“快速引线”命令
指定第一个引线点或 [设置(S)] <设置>:
//指定引线箭头位置
指定下一点:
//指定转折点位置
指定下一点:
//指定要放置内容的位置
指定文字宽度 <0>:
//输入文本宽度或保持默认
输入注释文字的第一行 <多行文字(M)>: 快速引线↙
//输入文本内容
输入注释文字的下一行:
//指定下一行内容或按Enter键完成操作

在命令行中输入“S”，弹出“引线设置”对话框，如图4-102所示，设置注释、引线和箭头、附着等参数。

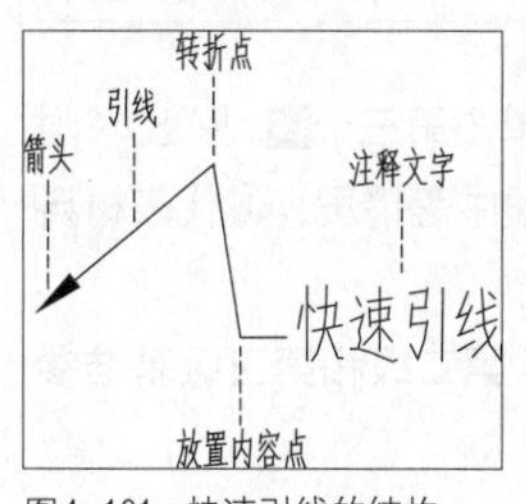

图4-101 快速引线的结构

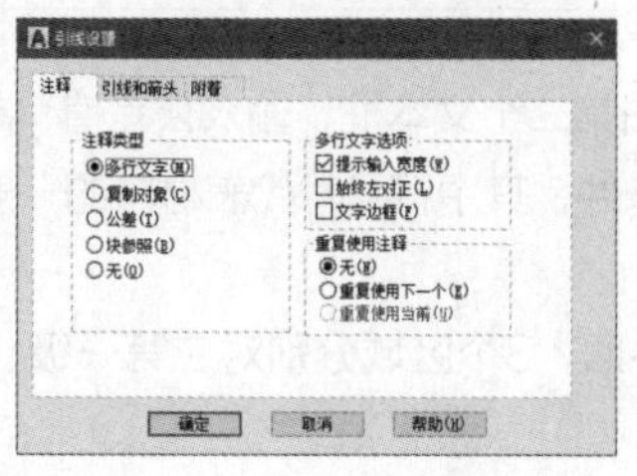

图4-102 “引线设置”对话框

4.2.14 形位公差标注

在产品设计及工程施工时很难做到分毫无差，因此必须考虑形位公差标注，否则最终产品不仅有尺寸误差，还有形状上和位置上的误差。通常将形状误差和位置误差统称为“形位误差”，这类误差影响产品的功能，因此设计时应规定相应的形位公差，并按规定的标准符号标注在图样上。

通常情况下，形位公差的标注主要由公差框格和指引线组成，而公差框格内又主要包括公差代号、公差值及基准代号。其中，第一个特征控制框为几何特征符号，表示应用公差的几何特征，如位置、轮廓、形状、方向或跳动。形位公差可以控制直线度、平行度、圆度和圆柱度，形位公差的典型组成结构如图4-103所示。

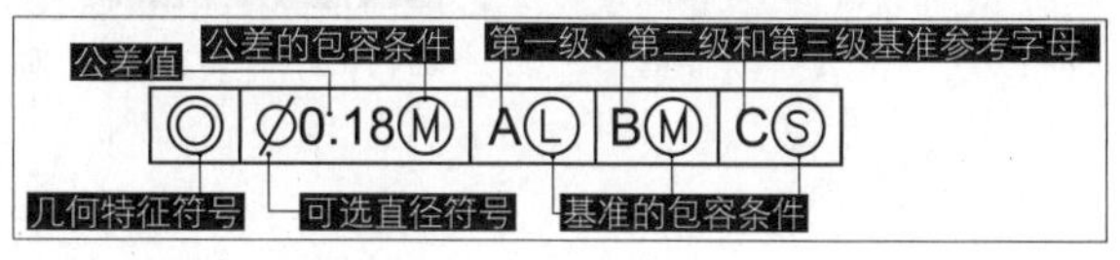

图4-103 形位公差的组成

在AutoCAD中，执行“形位公差”命令的方法如下。

◆菜单栏：执行“标注”|“公差”命令，如图4-104所示。

◆功能区：在“注释”选项卡中，单击“标注”面板扩展区域中的“公差”按钮，如图4-105所示。

◆命令：TOLERANCE或TOL。

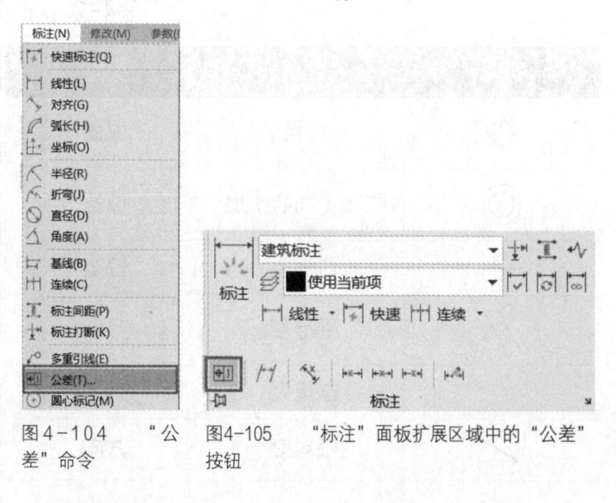

图4-104 “公差”命令

图4-105 “标注”面板扩展区域中的“公差”按钮

要在AutoCAD中添加一个完整的形位公差，操作步骤如下。

步骤 01 绘制基准代号和箭头指引线。通常在进行形位公差标注之前指定公差的基准位置，绘制基准代号，并在图形上的合适位置使用引线工具绘制公差标注的箭头指引线，如图4-106所示。

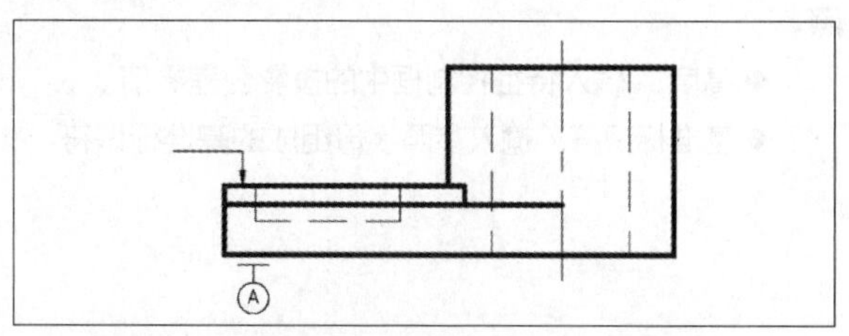

图4-106 绘制公差基准代号和箭头指引线

步骤 02 指定形位公差符号。执行“形位公差”命令后，弹出“形位公差”对话框，如图4-107所示。

步骤 03 选择对话框中的“符号”色块，弹出“特征符号”对话框，选择公差符号，完成公差符号的指定，如图4-108所示。

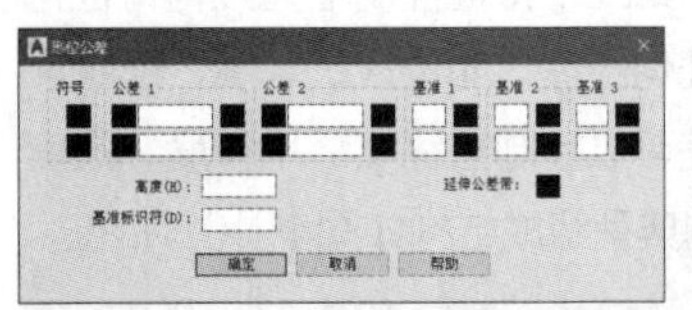
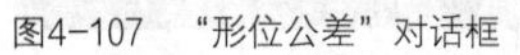

图4-107 “形位公差”对话框

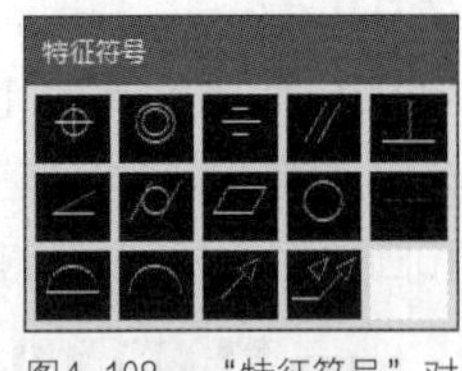

图4-108 “特征符号”对话框

步骤 04 指定公差值和包容条件。在“形位公差”对话框“公差1”区域的文本框中直接输入公差值，并选择后侧的色块，弹出“附加符号”对话框，在对话框中选择所需的包容条件符号即可完成指定。

步骤 05 指定基准并放置公差框格。在“基准1”区域的文本框中直接输入该公差基准代号A，然后单击“确定”按钮，并在图中所绘制的箭头指引处放置公差框格，即可完成公差标注，如图4-109所示。

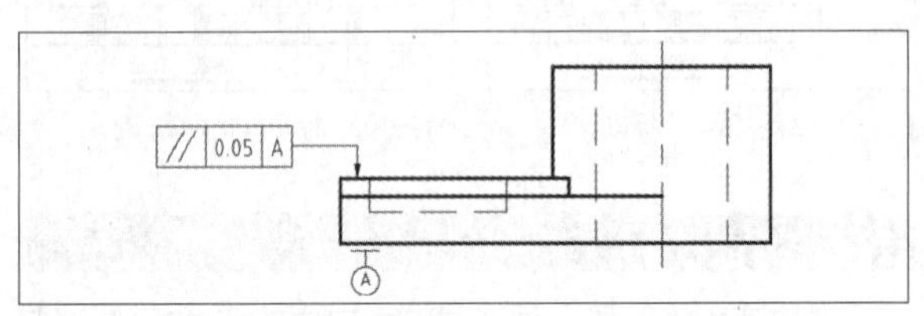

图4-109 标注形位公差

“形位公差”对话框中的选项介绍如下。

◆符号：单击■，弹出“特征符号”对话框，如图4-108所示，在该对话框中选择公差符号，特征符号的含义和类型如表4-2所示；单击“特征符号”对话框中的■，表示清空已填入的符号。

表4-2 特征符号的含义和类型

符号	含义	类型	符号	含义	类型
⌖	位置	位置	▱	平面度	形状
◎	同轴（同心）度	位置	○	圆度	形状
⌯	对称度	位置	—	直线度	形状
//	平行度	方向	⌓	面轮廓度	轮廓
⊥	垂直度	方向	⌒	线轮廓度	轮廓
∠	倾斜度	方向	↗	圆跳动	跳动
⌭	圆柱度	形状	⌰	全跳动	跳动

◆公差1、公差2：单击第一个■，插入直径符号；单击第二个文本框，输入公差值；单击第三个■，弹出“附加符号”对话框，如图4-110所示，用来插入公差的包容条件；其中符号Ⓜ代表材料的一般中等情况；Ⓛ代表材料的最大状况；Ⓢ代表材料的最小状况。

◆基准1、基准2、基准3：这3个区域用来添加基准参照，3个区域分别对应第一级、第二级和第三级基准参照。

◆高度：输入特征控制框中的投影公差零值。

◆基准标识符：输入参照字母组成的基准标识符。

图4-110 “附加符号”对话框

练习 4-14 使用“公差”命令标注轴 ★进阶★

入延伸公差带符号

在“形位公差”对话框中选择符号，设置参数值，可以在指定的位置创建形位公差标注，操作步骤如下。

步骤 01 打开“练习4-14：使用‘公差’命令标注轴.dwg”素材文件，如图4-111所示。

步骤 02 单击“绘图”面板中的“矩形”“直线”等按钮，绘制基准符号，并添加文字，如图4-112所示。

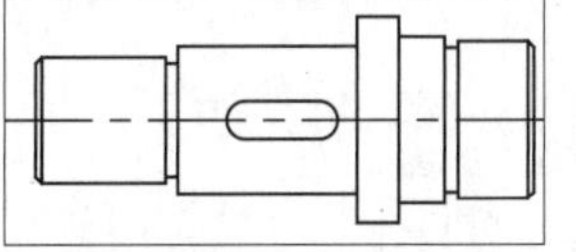

图4-111 素材图形

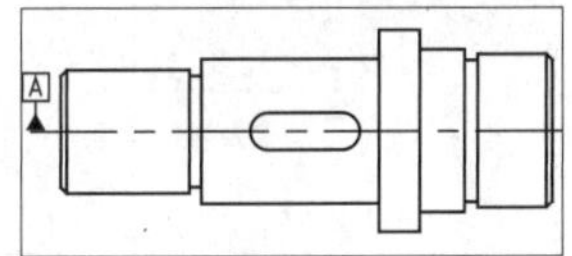

图4-112 绘制基准符号

步骤 03 执行“标注” | “公差”命令，弹出“形位公差”对话框，设置公差类型为“同轴度”，输入公差值“Ø0.03”和公差基准“A”，如图4-113所示。

步骤 04 单击“确定”按钮，在要标注的位置附近单击，放置该形位公差，如图4-114所示。

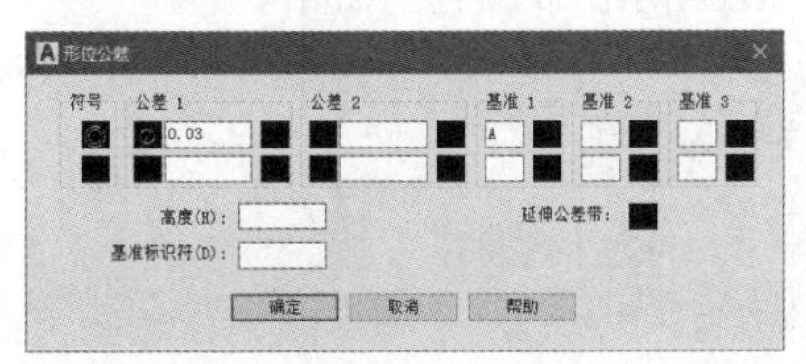

图4-113 设置公差参数

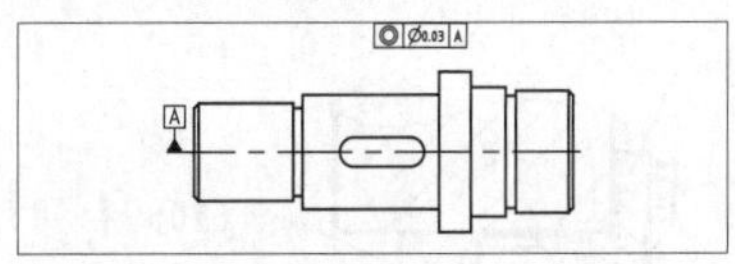

图4-114 生成的形位公差

步骤 05 单击“注释”面板中的“引线”按钮，绘制多重引线指向公差位置，如图4-115所示。

步骤 06 使用“快速引线”命令快速绘制形位公差。在命令行中输入“LE”并按Enter键，利用快速引线标注形位公差，命令行提示如下。

```
命令: LE↙
                //执行“快速引线”命令
QLEADER
指定第一个引线点或 [设置(S)] <设置>:S↙
                //选择“设置”选项，弹出“引线设置”对话框，设置“注释类型”为“公差”，如图4-116所示，单击“确定”按钮，继续执行以下命令行操作
指定第一个引线点或 [设置(S)] <设置>:
                //在要标注公差的位置单击，指定引线箭头位置
指定下一点:
                //指定引线转折点
指定下一点:
                //指定引线端点
```

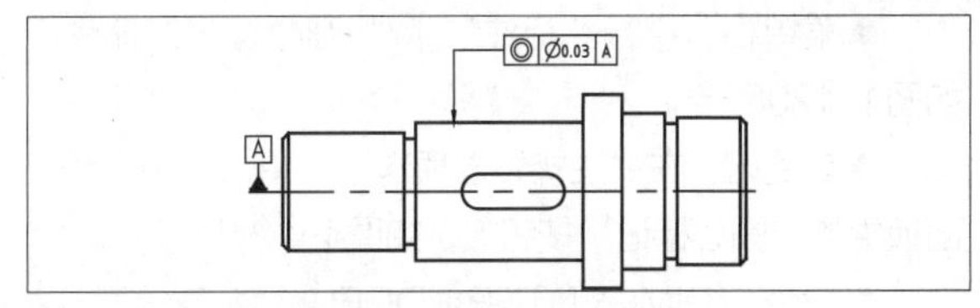

图4-115 添加多重引线

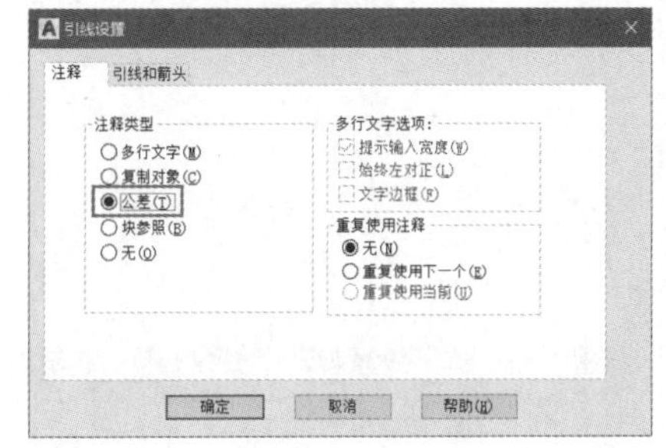

图4-116 “引线设置”对话框

步骤 07 在需要标注形位公差的地方定义引线，如图4-117所示。定义之后，弹出“形位公差”对话框，设置公差参数，如图4-118所示。

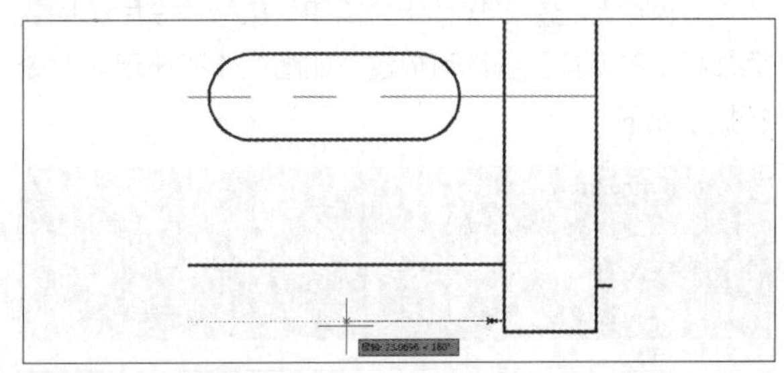

图4-117 绘制快速引线

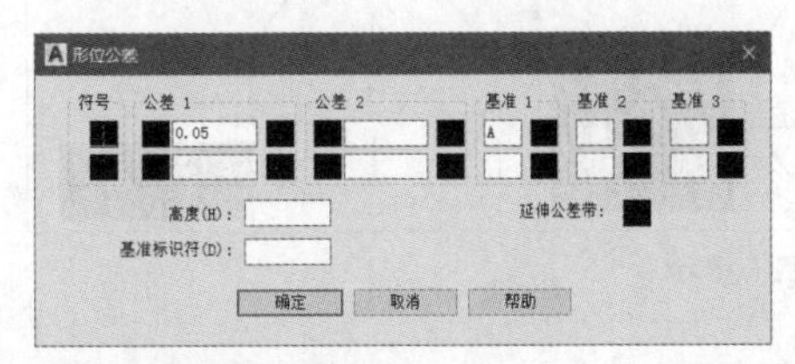

图4-118 设置公差参数

步骤 08 单击“确定”按钮，形位公差的创建结果如图4-119所示。

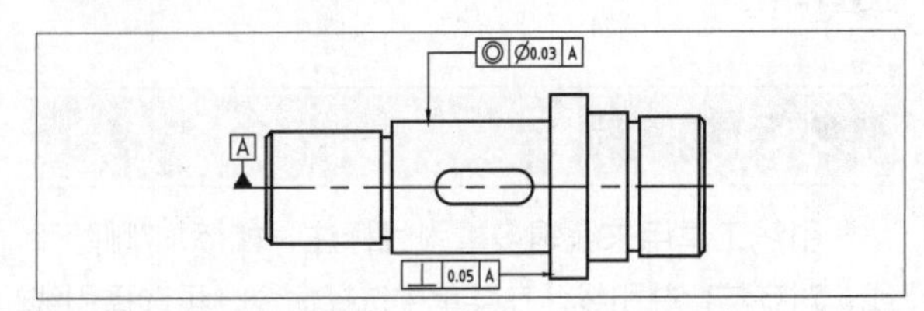

图4-119 标注的形位公差

4.2.15 圆心标记

“圆心标记”命令可以用来标注圆和圆弧的圆心位置。

执行“圆心标记”命令的方法如下。

◆菜单栏：执行“标注”|“圆心标记”命令，如图4-120所示。

◆功能区：在“注释”选项卡中，单击“中心线”面板中的“圆心标记”按钮⊕，如图4-121所示。

◆命令：DIMCENTER或DCE。

图4-120 “圆心标记”命令

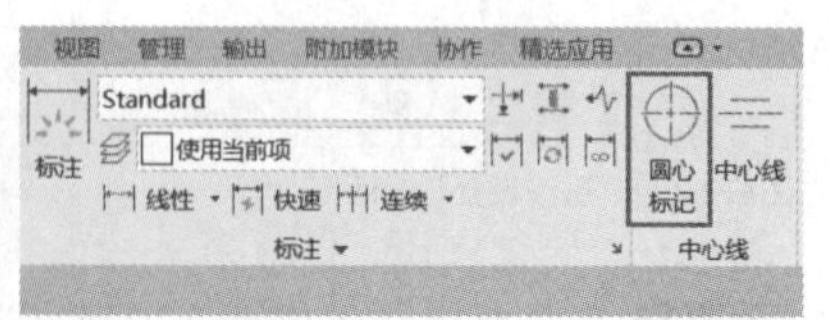

图4-121 “中心线”面板中的“圆心标记”按钮

“圆心标记”的操作十分简单，执行命令后选择要添加标记的圆或圆弧即可放置，如图4-122所示。命令行提示如下。

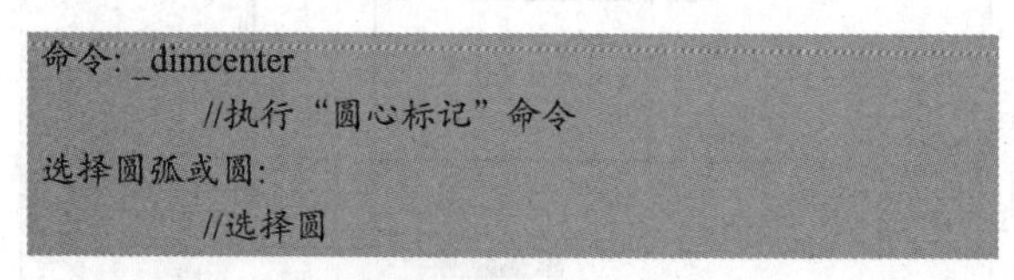

```
命令: _dimcenter
        //执行“圆心标记”命令
选择圆弧或圆:
        //选择圆
```

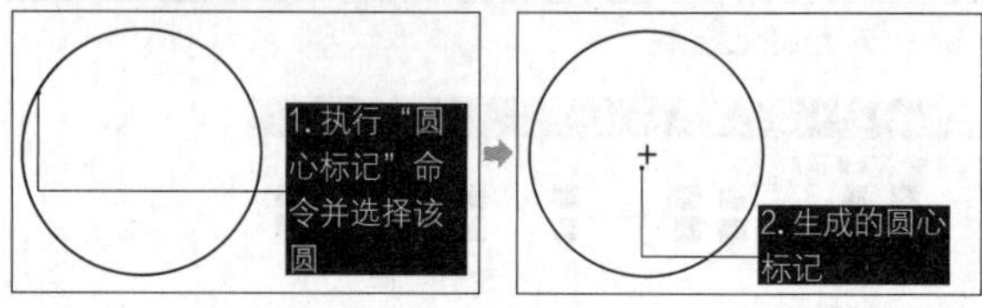

图4-122 创建圆心标记

圆心标记符号由两条正交直线组成，可以在“修改标注样式”对话框的“符号和箭头”选项卡中设置圆心标记符号的大小。对符号大小的修改只对修改之后的标注起作用。

4.3 引线编辑

引线工具用来编辑多重引线标注，如添加/删除引线、对齐与合并引线。在菜单中选择命令，再选择引线标注，即可执行编辑操作。本节介绍操作方法。

4.3.1 添加引线 ★进阶★

使用“添加引线”命令可以将引线添加至现有的多重引线对象，从而创建一对多的引线效果。可以通过以下方法执行“添加引线”命令。

◆功能区1：在“默认”选项卡中，单击“注释”面板中的“添加引线”按钮，如图4-123所示。

◆功能区2：在“注释”选项卡中，单击“引线”面板中的“添加引线”按钮，如图4-124所示。

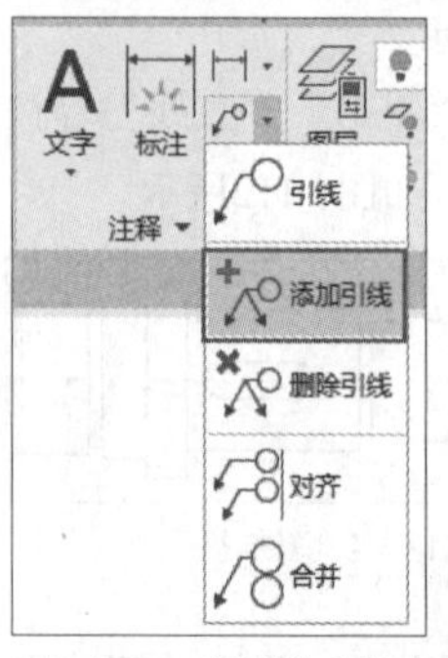

图4-123 “注释”面板中的“添加引线”按钮

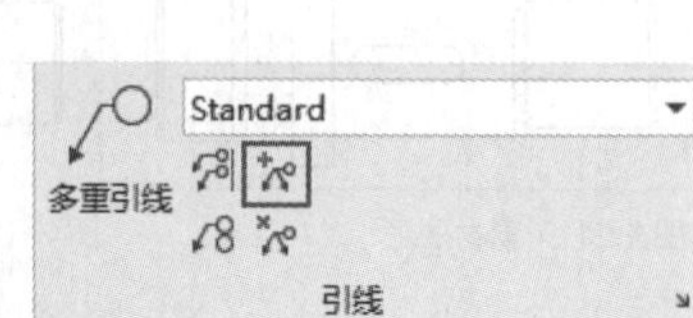

图4-124 “引线”面板中的“添加引线”按钮

单击“添加引线”按钮执行命令后，直接选择要添加引线的多重引线，然后再指定引线的箭头放置点即可，如图4-125所示。命令行提示如下。

```
选择多重引线:
        //选择要添加引线的多重引线
找到 1 个
指定引线箭头位置或 [删除引线(R)]:
        //指定新的引线箭头位置，按Enter结束命令
```

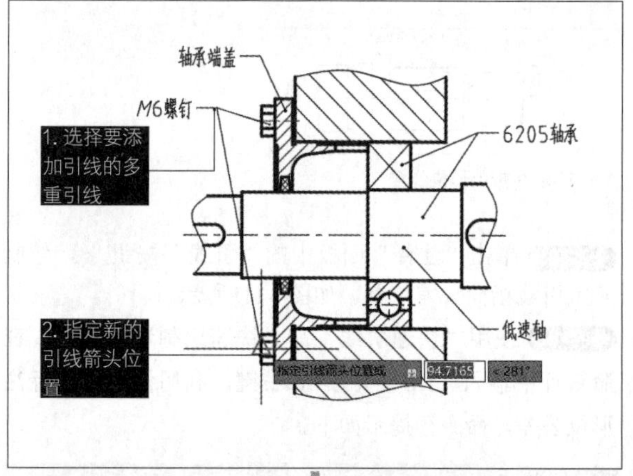

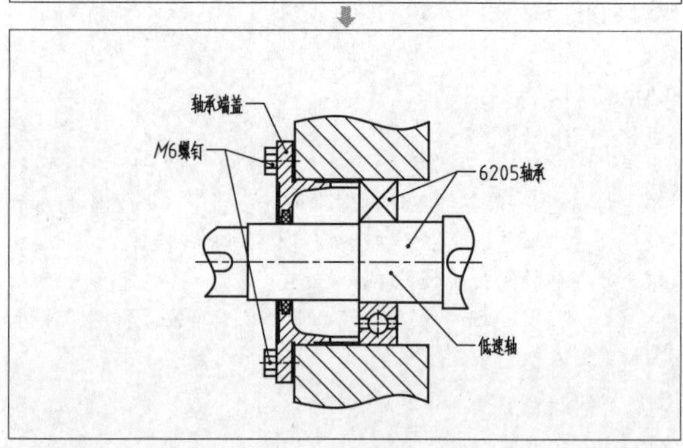

图4-125 “添加引线”操作

4.3.2 删除引线 ★进阶★

使用“删除引线”命令可以将引线从现有的多重引线对象中删除，即将“添加引线”命令所创建的引线删除。可以通过以下方法执行“删除引线”命令。

◆功能区1：在“默认”选项卡中，单击“注释”面板中的“删除引线”按钮。

◆功能区2：在“注释”选项卡中，单击“引线”面板中的“删除引线”按钮。

单击“删除引线”按钮执行命令后，直接选择要删除的多重引线即可，如图4-126所示。命令行提示如下。

```
选择多重引线:
        //选择要删除引线的多重引线
找到 1 个
指定要删除的引线或 [添加引线(A)]:
        //按Enter键结束命令
```

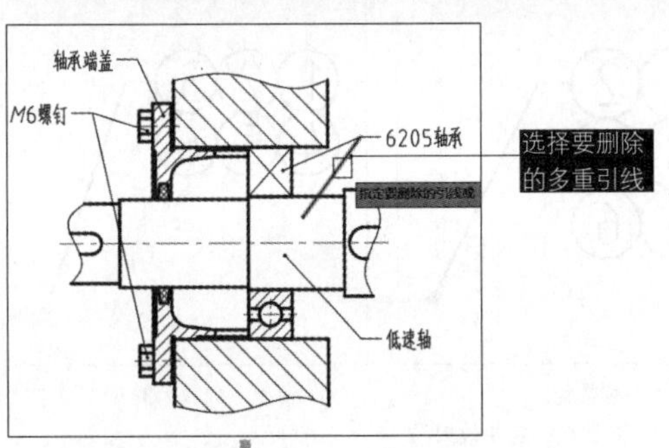

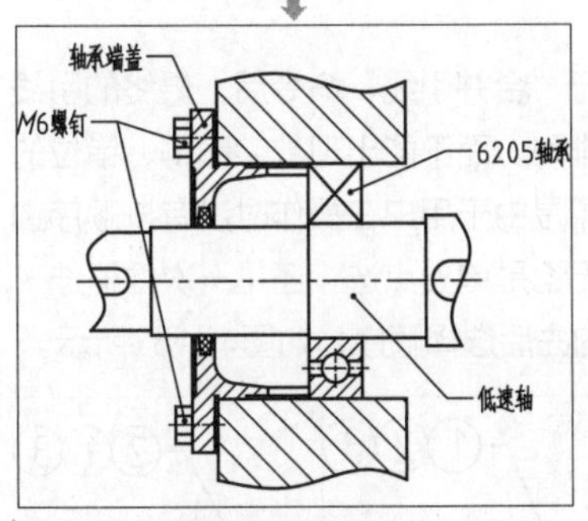

图4-126　“删除引线”操作

4.3.3 对齐引线 ★进阶★

使用“对齐引线”命令可以将选择的多重引线对齐，并按一定的间距进行排列。可以通过以下方法执行“对齐引线”命令。

◆功能区1：在“默认”选项卡中，单击“注释”面板中的“对齐”按钮。

◆功能区2：在“注释”选项卡中，单击“引线”面板中的“对齐”按钮。

◆命令：MLEADERALIGN。

单击“对齐”按钮执行命令后，选择所有要对齐的多重引线，按Enter键确认，接着根据提示指定一条多重引线，则其他多重引线均与该多重引线对齐，如图4-127所示。命令行提示如下。

```
命令: _mleaderalign
        //执行“对齐引线”命令
选择多重引线: 指定对角点: 找到 6 个
        //选择所有要对齐的多重引线
选择多重引线:
        //按Enter键完成选择
当前模式: 使用当前间距
        //显示当前的对齐设置
选择要对齐到的多重引线或 [选项(O)]:
        //选择作为对齐基准的多重引线
指定方向:
        //移动十字光标指定对齐方向，单击结束命令
```

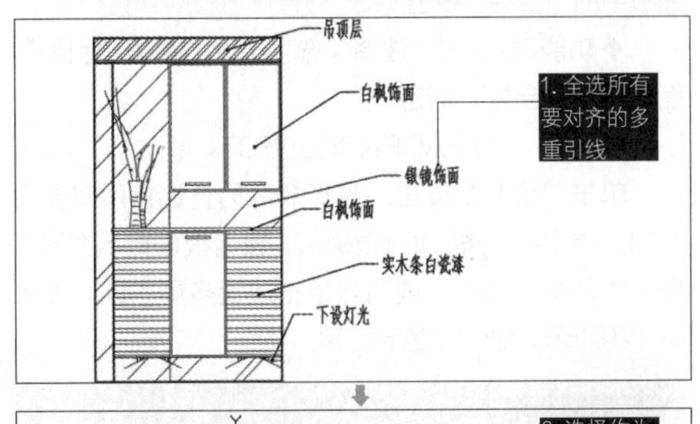

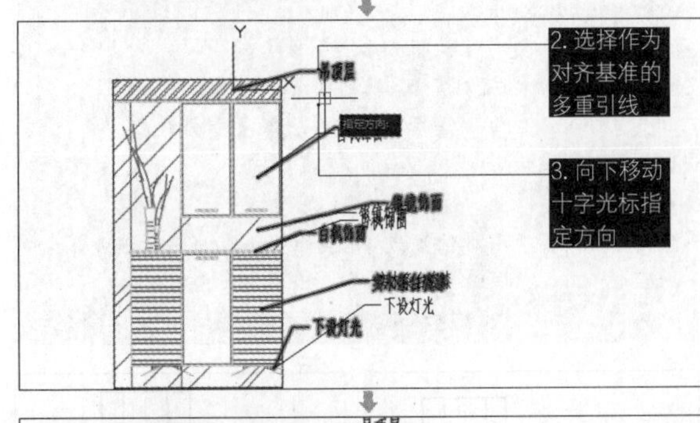

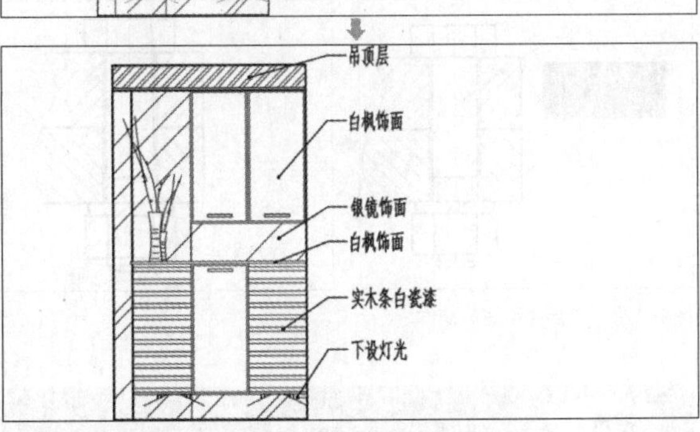

图4-127　“对齐引线”操作

4.3.4 合并引线 ★进阶★

使用“合并引线”命令可以将包含“块”的多重引线组织成一行或一列，并使用单引线显示结果，多用于机械行业中的装配图。在装配图中，有时会遇到若干个

零部件成组出现的情况，如1个螺栓可能配有2个弹性垫圈和1个螺母。如果都一一对应一条多重引线来表示，那图形将非常凌乱。因此一组紧固件及装配关系清楚的零件组可采用公共指引线，如图4-128所示。

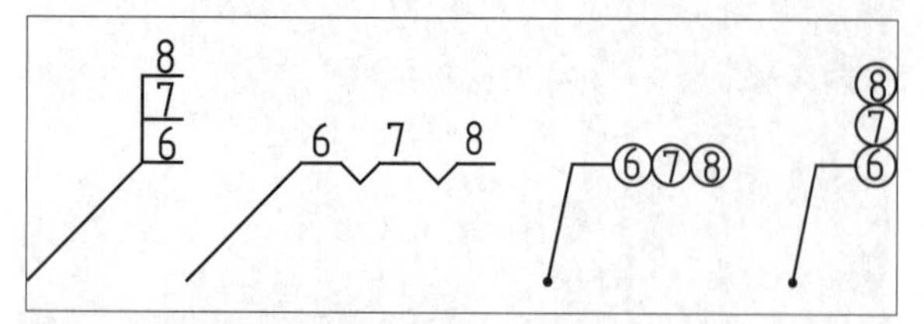

图4-128 零件组的编号形式

可以通过以下方法执行“合并引线”命令。

◆功能区1：在“默认”选项卡中，单击“注释”面板中的“合并”按钮。

◆功能区2：在“注释”选项卡中，单击“引线”面板中的“合并”按钮。

◆命令：MLEADERCOLLECT。

单击“合并”按钮执行命令后，选择所有要合并的多重引线，按Enter键确认，接着根据提示选择多重引线的排列方式，或直接单击放置多重引线，如图4-129所示。命令行提示如下。

```
命令: _mleadercollect
                    //执行“合并引线”命令
选择多重引线: 指定对角点: 找到 3 个
                    //选择所有要合并的多重引线
选择多重引线:
                    //按Enter键确认
指定收集的多重引线位置或 [垂直(V)/水平(H)/缠绕(W)] <水平>:
                    //选择引线排列方式，或单击结束命令
```

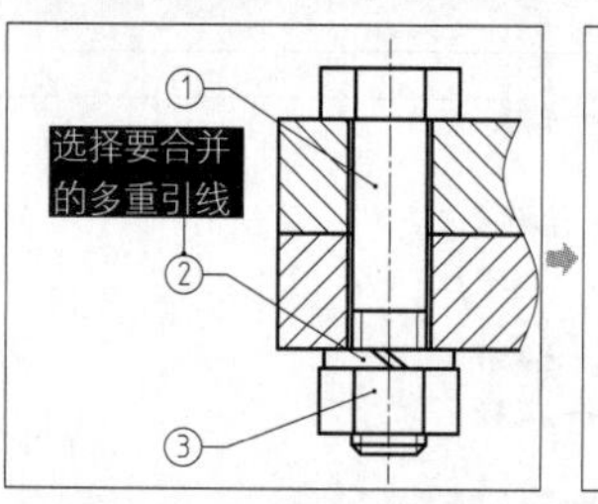

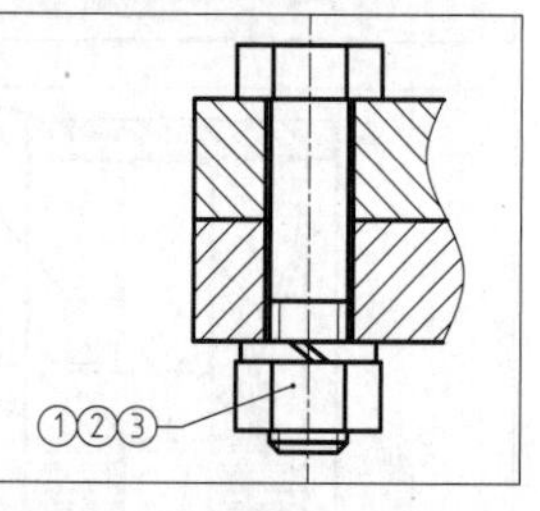

图4-129 “合并引线”操作

> **提示**
>
> 执行“合并引线”命令的多重引线，其注释的内容必须是“块”，如果是多行文字则无法操作。

命令行中提供了3种合并多重引线的方式，分别介绍如下。

◆垂直(V)：将多重引线集合放置在一列或多列中，如图4-130所示。

◆水平(H)：将多重引线集合放置在一行或多行中，此为默认选项，如图4-131所示。

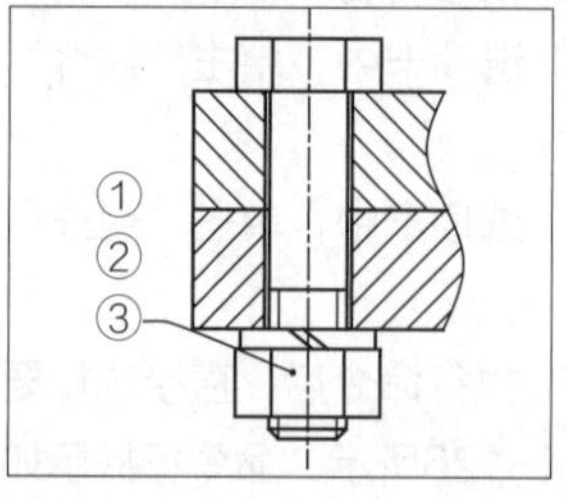

图4-130 “垂直(V)”合并多重引线

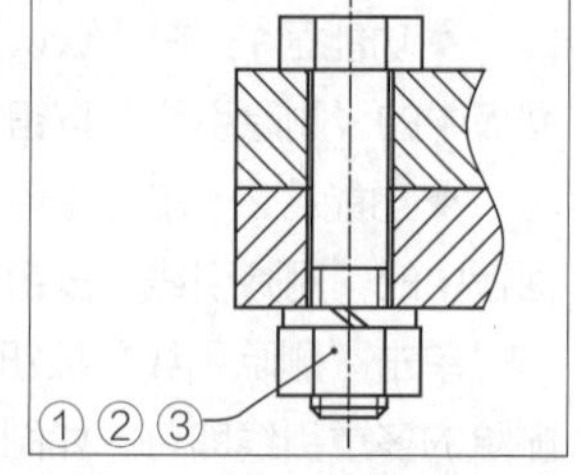

图4-131 “水平(H)”合并多重引线

◆缠绕(W)：指定缠绕的多重引线集合的宽度，选择该选项后，可以指定“缠绕宽度”和“数目”，也可以指定序号的列数，效果如图4-132所示。

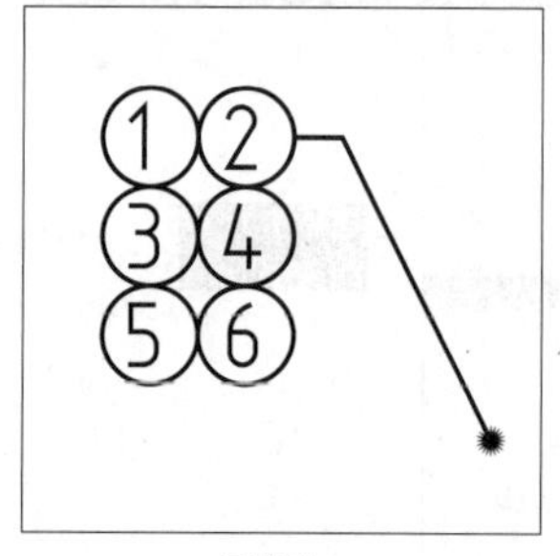

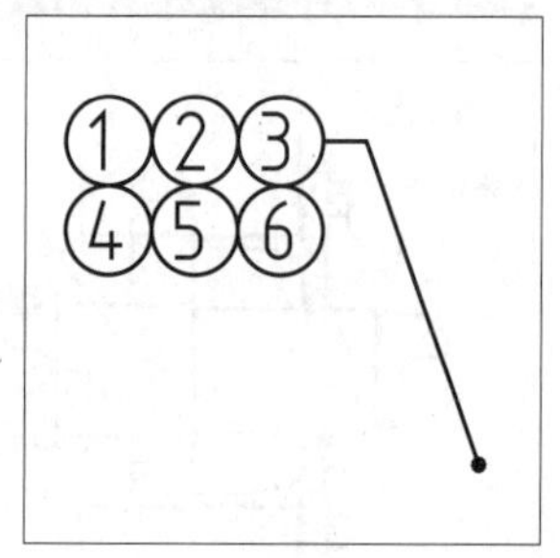

列数为2　列数为3

图4-132 不同数量的合并效果

对多重引线执行“合并引线”命令后，最终的引线序号应按顺序依次排列，而不能出现数字颠倒、错位的情况。出现错位现象是由于用户在操作时没有按顺序选择多重引线。因此无论是单独点选，还是一次性框选，都需要考虑各引线的先后选择顺序，如图4-133所示。

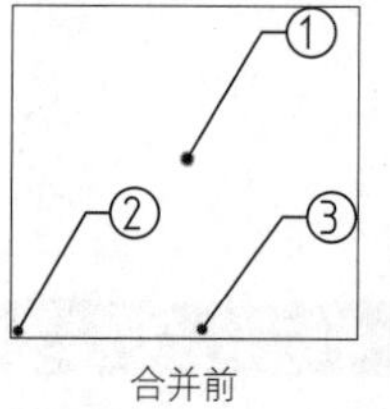

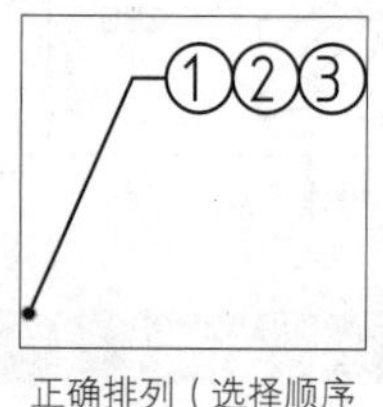

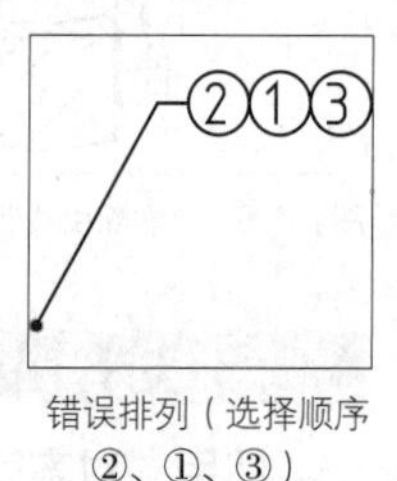

合并前　正确排列（选择顺序①、②、③）　错误排列（选择顺序②、①、③）

图4-133 选择顺序对“合并引线”效果的影响

除了序号排列效果，最终合并引线的水平基线和箭头指点也与选择顺序有关，具体总结如下。

◆水平基线即所选的第一个多重引线的基线。

◆箭头指点即所选的最后一个多重引线的箭头指点。

4.4 表格注释

表格在各类制图中的运用非常普遍，主要用来展示与图形相关的标准、数据信息、材料和装配信息等内容。不同类型的图形（如机械图形、工程图形、电子的线路图形等），其对应的制图标准也不相同，这就需要设置符合产品设计要求的表格样式，并利用表格功能快速、清晰、醒目地反映设计思想及创意。使用AutoCAD的表格功能，能够自动创建和编辑表格，操作方法与Word、Excel等软件相似。

4.4.1 创建表格 ★重点★

表格是在行和列中包含数据的对象，在设置表格样式后便可以用空表格或其他表格样式创建表格对象，还可以将表格链接至Excel电子表格。在AutoCAD中，插入表格的方法如下。

◆菜单栏：执行“绘图”|“表格”命令。

◆功能区：在“默认”选项卡中，单击“注释”面板中的“表格”按钮▦，如图4-134所示。

◆命令：TABLE或TB。

通过以上任意一种方法执行该命令后，系统弹出“插入表格”对话框，如图4-135所示。“插入表格”对话框中包含多个选项组和对应选项。

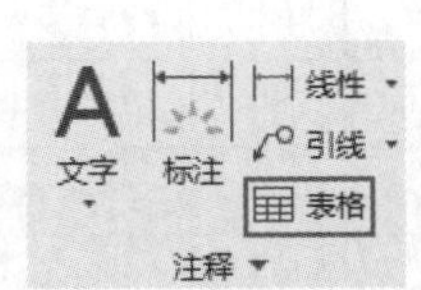

图4-134　“注释”面板中的“表格”按钮

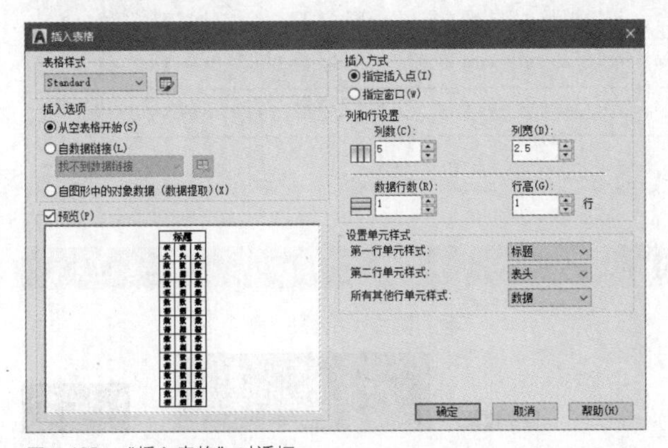

图4-135　“插入表格”对话框

设置好列数和列宽、行数和行高后，单击“确定”按钮，并在绘图区指定插入点，将会在当前位置按照表格设置插入一个表格，在此表格中添加相应的文本信息，即可完成表格的创建。

“插入表格”对话框中主要包含5个选项组，各选项组的含义说明如下。

◆表格样式：在该选项组中不仅可以从下拉列表中选择表格样式，也可以单击右侧的▣按钮创建新表格样式。

◆插入选项：该选项组中包含3个单选项，选择“从空表格开始”单选项可以创建一个空的表格；选择“自数据链接”单选项可以从外部导入数据来创建表格，如Excel；选择“自图形中的对象数据（数据提取）”单选项，则可以从可输出到表格或外部的图形中提取数据来创建表格；默认情况下，系统均以“从空表格开始”方式插入表格。

◆插入方式：该选项组中包含两个单选项，选择“指定插入点”单选项可以在绘图区中的某点插入固定大小的表格；选择“指定窗口”单选项可以在绘图区中通过指定表格两对角点的方式来创建任意大小的表格。

◆列和行设置：在此选项组中，可以通过改变“列数”“列宽”“数据行数”“行高”等文本框中的数值来调整表格的外观大小。

◆设置单元样式：在此选项组中可以设置“第一行单元样式”“第二行单元样式”“所有其他行单元样式”选项。

练习 4-15 使用“表格”命令创建标题栏 ★进阶★

与其他制图类似，机械制图中的标题栏也配置在图框的右下角，操作步骤如下。

步骤 01 打开“练习4-15：使用‘表格’命令创建标题栏.dwg”素材文件，其中已经绘制好了零件图。

步骤 02 在命令行中输入“TB”并按Enter键，系统弹出“插入表格”对话框。设置插入方式为“指定窗口”，设置“列数”为7、“数据行数”为2，设置所有的单元样式均为“数据”，如图4-136所示。

步骤 03 单击“插入表格”对话框中的“确定”按钮，在绘图区单击确定表格左下角点，向上移动十字光标，在合适的位置单击确定表格右下角点。生成的表格如图4-137所示。

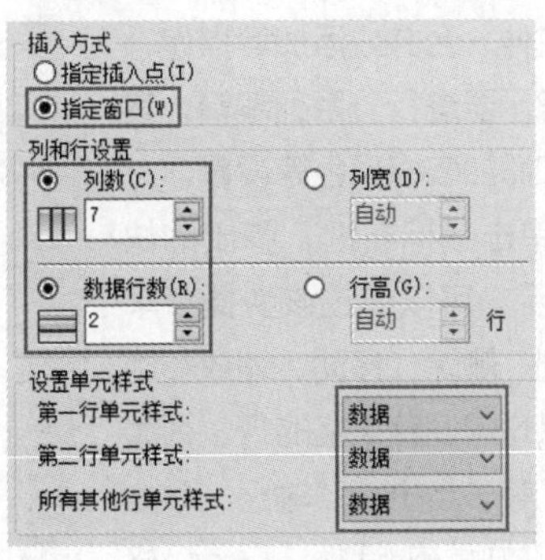

图4-136　设置表格参数

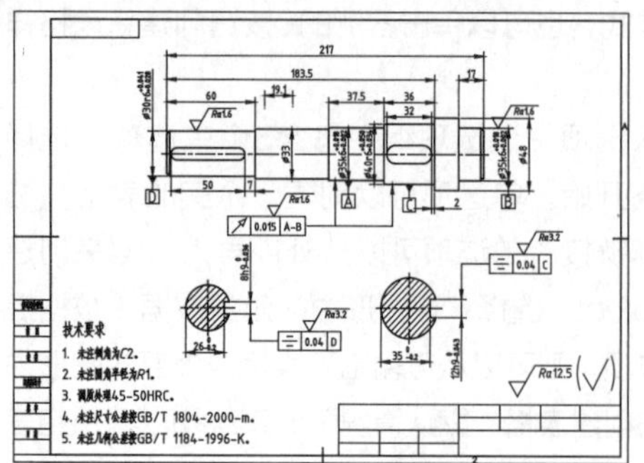

图4-137 插入表格

提示

在设置行数的时候需要看清楚对话框中设置的是“数据行数”，这里的数据行数应该减去标题与表头的行数，即“最终行数=输入行数+2”。

延伸讲解：将Excel输入为AutoCAD中的表格

AutoCAD具有完善的图形绘制功能和强大的图形编辑功能。尽管还有文字与表格的处理能力，但相对于具备专业的数据处理、统计分析和辅助决策功能的Excel软件来说，其功能还是很弱的。但在实际工作中，往往需要绘制各种复杂的表格，输入大量的文字，并调整表格大小和文字样式，这在AutoCAD中无疑会比较烦琐。

因此，如果将Word、Excel等文档中的表格数据选择性粘贴插入AutoCAD中，且插入后的表格数据也会以表格的形式显示于绘图区，如图4-138所示，就能极大地方便用户整理数据。

序号	名称	规格型号	数量	重量/原值（吨/万元）	制造/投用（时间）	主体材质	操作条件	安装地点/使用部门	生产制造单位	备注
1	吸氨泵、碳化泵、浓氨泵（TH01）	MNS	1		2010.04/2010.08	数铝锌板	交流控制（AC380V/220V）	碳化配电室/	上海德力西开关有限公司	
2	离心机1#-3#主机、辅机控制（TH02）	MNS	1		2010.04/2010.08	数铝锌板	交流控制（AC380V/220V）	碳化配电室/	上海德力西开关有限公司	
3	防爆控制箱	XBK-B24D24G	1		2010.07	铸铁	交流控制（AC220V）	碳化值班室内/	新黎明防爆电器有限公司	
4	防爆照明（动力）配电箱	CBP51-7KXXG	1		2010.11	铸铁	交流控制（AC380V）	碳化二楼/	长城电器集团有限公司	
5	防爆动力（电磁）启动箱	BXG	1		2010.07	铸铁	交流控制（AC380V）	碳化值班室内/	新黎明防爆电器有限公司	
6	防爆照明（动力）配电箱	CBP51-7KXXG	1		2010.11	铸铁	交流控制（AC380V）	碳化一楼/	长城电器集团有限公司	
7	碳化循环水控制柜		1		2010.11	普通钢板	交流控制（AC380V）	碳化配电室内/	自配控制柜	
8	碳化深水泵控制柜		1		2011.04	普通钢板	交流控制（AC380V）	碳化配电室内/	自配控制柜	
9	防爆控制箱	XBK-B12D12G	1		2010.07	铸铁	交流控制（AC380V）	碳化二楼/	新黎明防爆电器有限公司	
10	防爆控制箱	XBK-B30D30G	1		2010、07	铸铁	交流控制（AC380V）	碳化二楼/	新黎明防爆电器有限公司	

图4-138 粘贴生成的AutoCAD表格

4.4.2 编辑表格

★进阶★

在添加完成表格后，不仅可根据需要对表格整体或表格单元执行拉伸、合并或添加等操作，而且可以对表格的表指示器进行一系列编辑，其中包括编辑表格形状和添加表格颜色等设置。

选择整个表格，单击鼠标右键，弹出的快捷菜单如图4-139所示。可以通过该快捷菜单对表格进行剪切、复制、删除、移动、缩放和旋转等简单操作，还可以均匀调整表格的行、列大小，删除所有特性替代等。当执行“输出”命令时，还可以打开“输出数据”对话框，以.csv格式输出表格中的数据。

选择表格后，也可以通过拖动夹点来编辑表格，各夹点的含义如图4-140所示。

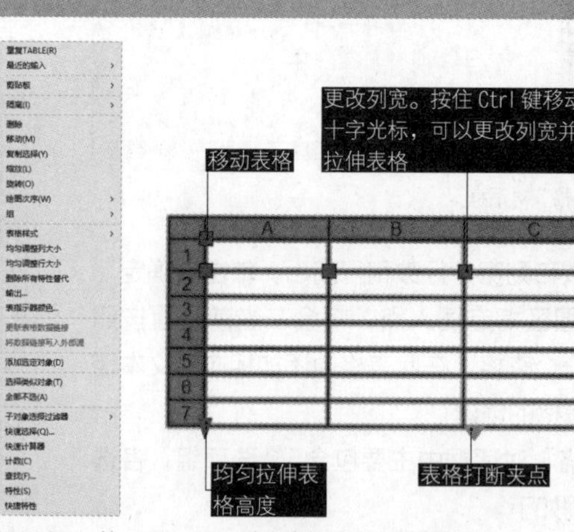

图4-139 快捷菜单

图4-140 选择表格时各夹点的含义

4.4.3 编辑单元格 ★进阶★

选择单元格，单击鼠标右键，弹出的快捷菜单如图4-141所示，在选择的单元格周围也会出现夹点，可以通过拖动这些夹点来编辑单元格，各夹点的含义如图4-142所示。如果要选择多个单元格，可以按住鼠标左键并在欲选择的单元格上拖动；也可以按住Shift键并在欲选择的单元格内单击，这样可以同时选中这两个单元格及它们之间的所有单元格。

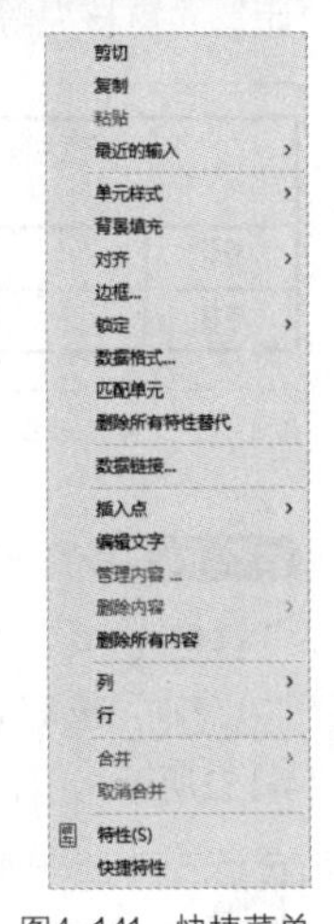

图4-141　快捷菜单

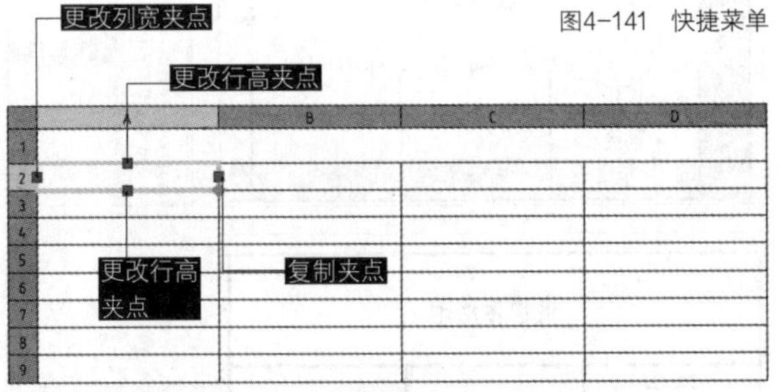

图4-142　选择单元格时各夹点的含义

4.4.4 添加表格内容 ★进阶★

在AutoCAD中，表格的主要作用就是清晰、完整、系统地表现图纸中的数据。表格中的数据都是通过单元格进行添加的，单元格不仅可以包含文本信息，而且可以包含多个块。此外，还可以将AutoCAD中的表格数据与Microsoft Excel电子表格中的数据进行链接。

确定表格的结构之后，在表格中添加文字、块、公式等内容。添加表格内容之前，必须了解单元格的选中状态和激活状态。

◆选中状态：单元格的选中状态在上一小节已经介绍，如图4-142所示；单击单元格内部即可选中单元格，选中单元格之后系统弹出“表格单元”选项卡。

◆激活状态：在单元格的激活状态下，单元格呈灰底显示，并出现闪动光标，如图4-143所示；双击单元格可以激活单元格，激活单元格之后系统弹出“文字编辑器”选项卡。

1 添加数据

创建表格后，系统会自动高亮显示第一个单元格，并打开文字格式工具栏，此时可以开始输入文字，在输入文字的过程中，单元格的行高会随输入文字的高度或行数的增加而增加。要移动到下一单元格，可以按Tab键或用箭头键向左、向右、向上和向下移动。在选中的单元格中按F2键可以快速编辑单元格文字。

2 在表格中添加块

在表格中添加块需要选中单元格。选中单元格之后，系统弹出“表格单元”选项卡，单击“插入”面板中的“块”按钮，系统弹出“在表格单元中插入块”对话框，如图4-144所示，在其中可以浏览块文件然后插入块。在表格单元中插入块时，块可以自动适应表格单元的大小，也可以调整表格单元以适应块的大小，并且可以将多个块插入同一个表格单元中。

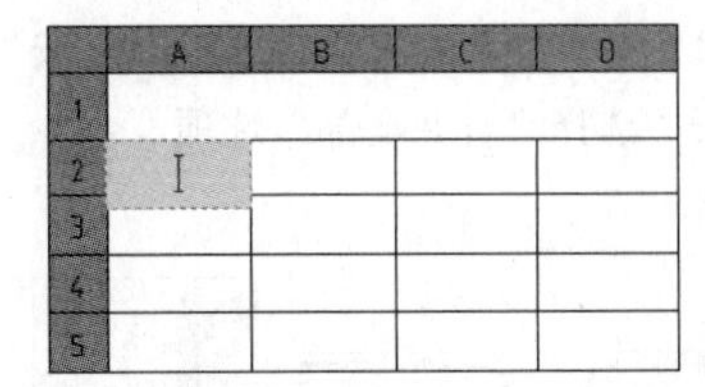

图4-143　激活单元格

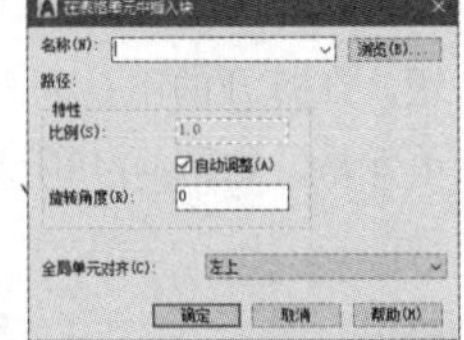

图4-144　“在表格单元中插入块”对话框

3 在表格中添加方程式

在表格中添加方程式可以将某单元格的值定义为其他单元格的组合运算值。选中单元格之后，在“表格单元”选项卡中，单击“插入”面板中的“公式”按钮，弹出图4-145所示的下拉菜单，选择“方程式”选项，激活单元格，进入文字编辑模式。输入与单元格标号相关的运算公式，如图4-146所示，该方程式的运算结果如图4-147所示。如果修改方程式所引用的单元格数据，运算结果也会随之更新。

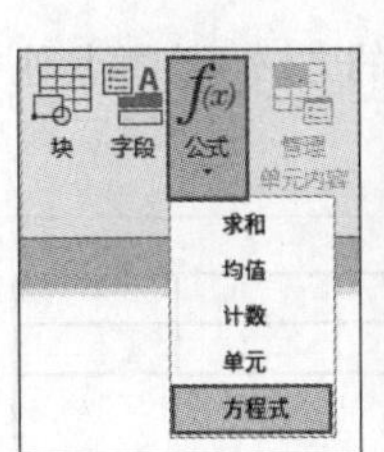

图4-145　“公式”下拉菜单

	A	B	C	D
1				
2	1	2	3	=A2+B2+C2
3				
4				
5				

图4-146　输入方程式

1	2	3	6

图4-147　方程式运算结果

练习 4-16 填写标题栏表格 ★进阶★

机械制图中的标题栏一般由更改区、签字区、其他区、名称及代号区组成。填写的内容主要有零件的名称、材料、数量、比例、图样代号等，还有设计者、审核者、批准者的姓名、日期等。本练习延续“练习4-15”的结果，填写已经创建完成的标题栏，操作步骤如下。

步骤 01 打开“练习4-15：使用‘表格’命令创建标题栏-OK.dwg”素材文件，如图4-137所示，其中已经绘制好了零件图形和标题栏。

步骤 02 编辑标题栏。选中左上角的6个单元格，单击“表格单元”选项卡“合并”面板中的“合并单元”按钮，在打开的下拉列表中选择“合并全部”选项，合并单元格，如图4-148所示。

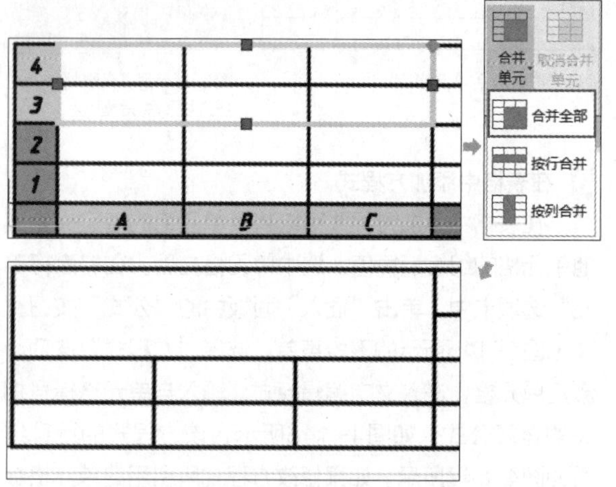

图4-148 合并单元格

步骤 03 合并其他单元格。使用相同的方法，合并其他单元格，最终结果如图4-149所示。

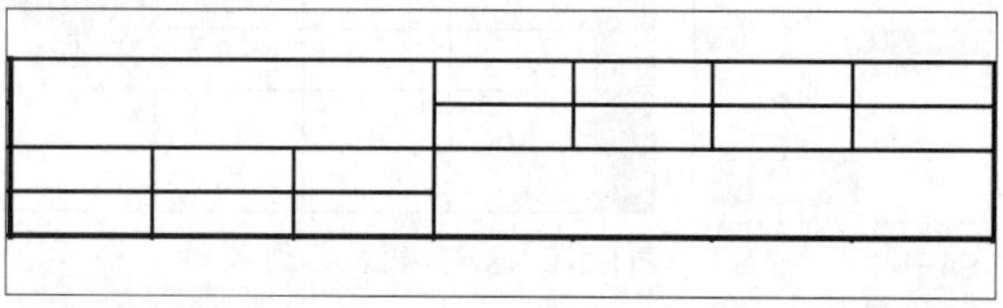

图4-149 合并其他单元格

步骤 04 输入文字。双击左上角合并之后的大单元格，输入图形的名称“低速传动轴”，如图4-150所示。此时输入的文字，其样式为“标题栏”表格样式中所设置的样式。

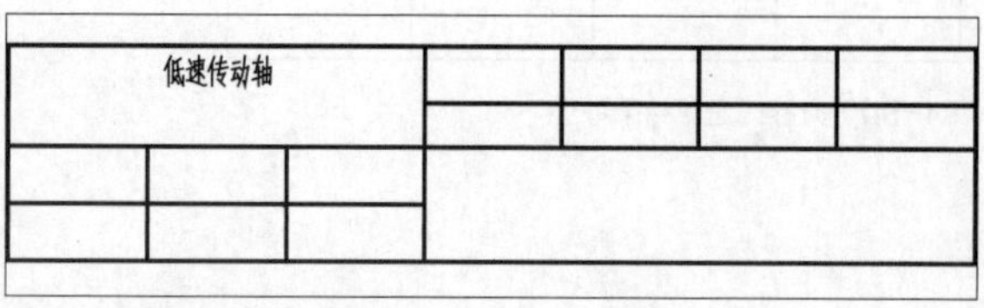

低速传动轴						

图4-150 输入单元格文字

步骤 05 使用相同的方法，输入其他文字，如“设计”“审核”等，如图4-151所示。

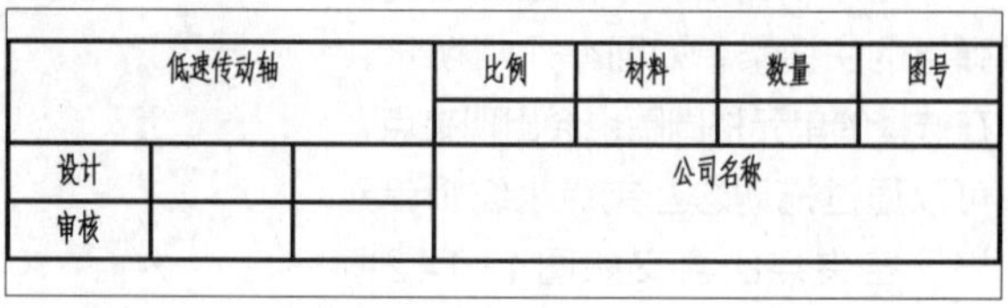

低速传动轴			比例	材料	数量	图号
设计			公司名称			
审核						

图4-151 在其他单元格中输入文字

步骤 06 调整文字内容。单击左上角的大单元格，在“表格单元”选项卡中，单击“单元样式”面板中的“正中”按钮，将文字调整至单元格的中心，如图4-152所示。

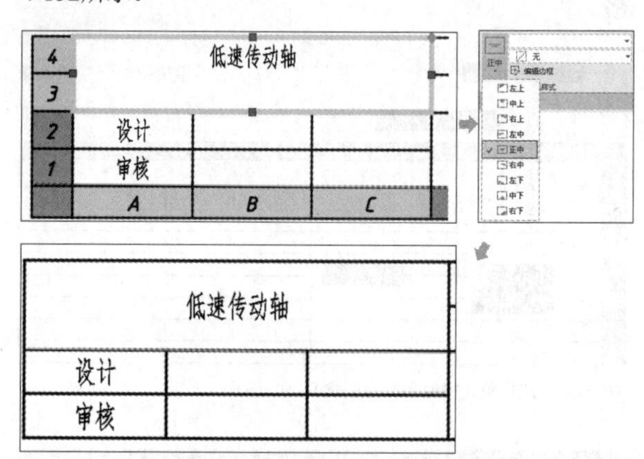

图4-152 调整单元格内容的对齐方式

步骤 07 使用相同的方法，对齐所有单元格内容（也可以直接选中表格，单击“单元样式”面板中的“正中”按钮，即将表格中所有单元格的对齐方式统一设置为“正中”），再将两处文字的字高调整为8，最终效果如图4-153所示。

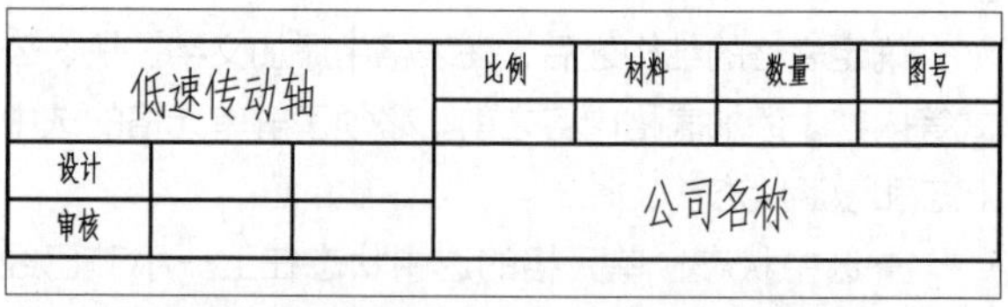

低速传动轴			比例	材料	数量	图号
设计			公司名称			
审核						

图4-153 对齐其他单元格

4.5 注释的样式

“样式”在AutoCAD中是一个非常重要的概念，可以理解为一种风格。例如，当创建文字时，默认的字体是Arial，文字高度是2.5。如果需要创建多个字体为“宋体”、文字高度为6的文字，肯定不能创建了文字之后再一个个进行修改，此时就可以创建一个字体为“宋体”、文字高度为6的文字样式，在该样式下创建的文字都将符合要求，这便是“样式”的作用。前文介绍的文字、尺寸标注、引线、表格等都具有样式，样式可以在

“注释”面板的扩展区域中选择，如图4-154所示。

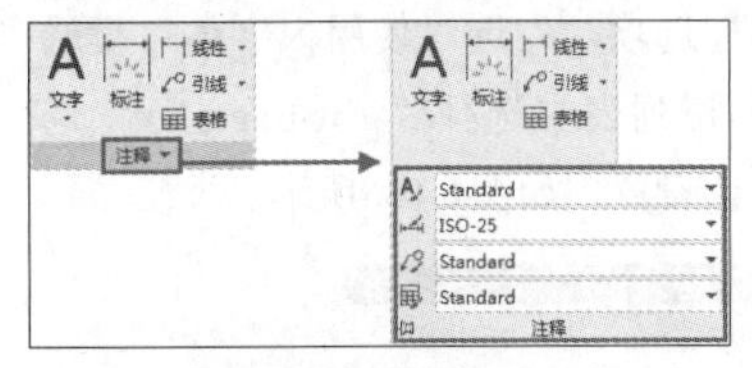

图4-154　样式列表

4.5.1 文字样式 ★重点★

文字内容可以设置“文字样式”来定义文字的外观，包括字体、高度、宽度比例、倾斜角度及排列方式等。文字样式是对文字特性的一种描述。

要创建文字样式，首先要打开“文字样式”对话框。该对话框不仅显示当前图形文件中已经创建的所有文字样式，还显示当前文字样式及与其有关的设置、外观预览等。在该对话框中不但可以新建并设置文字样式，还可以修改或删除已有的文字样式。

执行“文字样式”命令有如下几种常用方法。

◆菜单栏：执行“格式”|“文字样式”命令。

◆功能区：在“默认”选项卡中，单击“注释”面板扩展区域中的“文字样式”按钮 A，如图4-155所示。

◆命令：STYLE或ST。

执行该命令后，系统弹出“文字样式”对话框，如图4-156所示，可以在其中新建文字样式或修改当前文字样式，指定字体、大小等参数。

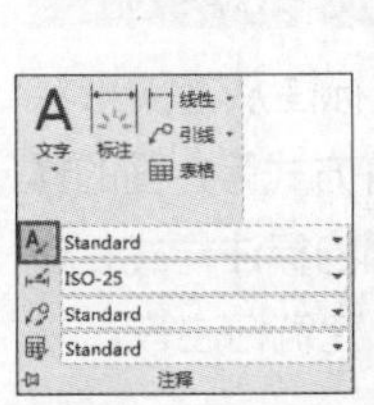

图4-155　“注释”面板扩展区域中的“文字样式”按钮

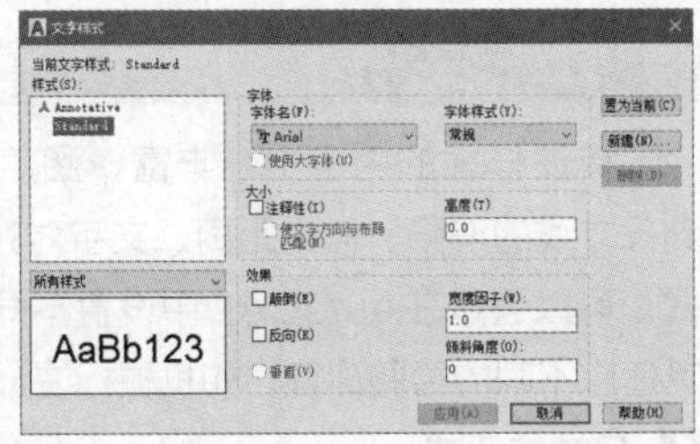

图4-156　“文字样式”对话框

“文字样式”对话框中主要参数的含义介绍如下。

◆样式：列出了当前可以使用的文字样式，默认文字样式为Standard（标准）。

◆字体名：在该下拉列表中可以选择不同的字体，如宋体、黑体和楷体等，如图4-157所示。

◆使用大字体：用于指定亚洲语言的大字体文件，只有扩展名为.shx的字体文件才可以创建大字体。

◆字体样式：在该下拉列表中可以选择其他字体样式。

◆置为当前：单击该按钮，可以将选择的文字样式设置成当前的文字样式。

◆新建：单击该按钮，系统弹出“新建文字样式”对话框，如图4-158所示，在“样式名”文本框中输入新建样式的名称，单击“确定”按钮，新建的文字样式将显示在“样式”列表框中。

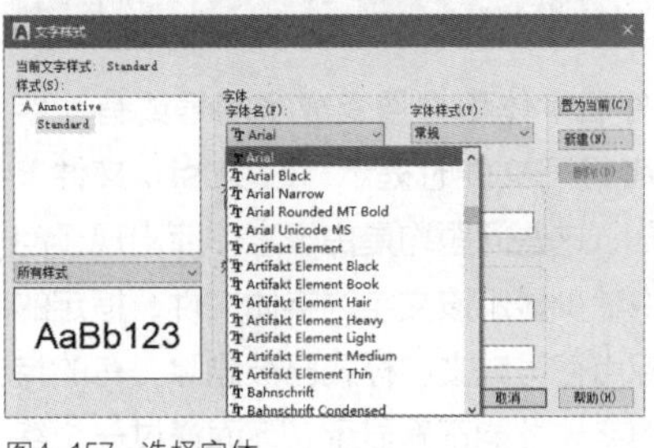

图4-157　选择字体

图4-158　“新建文字样式”对话框

◆颠倒：勾选“颠倒”复选框，文字方向将翻转，如图4-159所示。

◆反向：勾选“反向”复选框，文字的阅读顺序将与开始时相反，如图4-160所示。

图4-159　颠倒文字效果

图4-160　反向文字效果

◆高度：该文本框的参数控制文字的高度，即控制文字的大小。

◆宽度因子：该文本框的参数控制文字的宽度；正常情况下宽度比例为1，如果增大比例，那么文字将会变宽；图4-161所示为宽度因子变为2时的效果。

◆倾斜角度：该文本框的参数控制文字的倾斜角度；正常情况下为0，图4-162所示为文字倾斜45°后的效果；要注意的是，用户只能输入-85～85的角度值，超过这个区间的角度值无效。

图4-161　调整宽度因子

图4-162　调整倾斜角度

> **提示**
>
> 在“文字样式”对话框中修改的文字效果仅对单行文字起作用。用户如果使用的是多行文字创建的内容，则无法通过更改“文字样式”对话框中的设置来达到相应效果，如倾斜、颠倒等。

如果打开文件后字体和符号变成了问号或有些字体不显示，又或者打开文件时提示“缺少.shx文件”或“未找到字体”，这些问题均是由于字体库出现了问题，可能是系统中缺少显示该文字的字体文件、指定的字体不支持全角标点符号或文字样式已被删除，有的特殊文字需要特定的字体才能正确显示。下面通过一个练习来介绍修复这些问题的方法。

练习 4-17 使用“文字样式”命令创建国标文字样式 ★进阶★

国家标准规定了工程图纸中字母、数字及汉字的书写规范（详见GB/T 14691—1993《技术制图 字体》）。AutoCAD提供了3种符合国家标准的中文字体文件：“gbenor.shx”“gbeitc.shx”“gbcbig.shx”文件。其中，“gbenor.shx”“gbeitc.shx”用于标注直体和斜体字母和数字，“gbcbig.shx”用于标注中文（需要勾选“使用大字体”复选框）。本练习便创建“gbenor.shx”字体的国标文字样式，操作步骤如下。

步骤 01 单击快速访问工具栏中的“新建”按钮，新建图形文件。

步骤 02 在“默认”选项卡中，单击“注释”面板扩展区域中的“文字样式”按钮，系统弹出“文字样式”对话框，如图4-163所示。

步骤 03 单击“新建”按钮，弹出“新建文字样式”对话框，系统默认新建样式名为“样式1”的文字样式，在“样式名”文本框中输入“国标文字”，如图4-164所示。

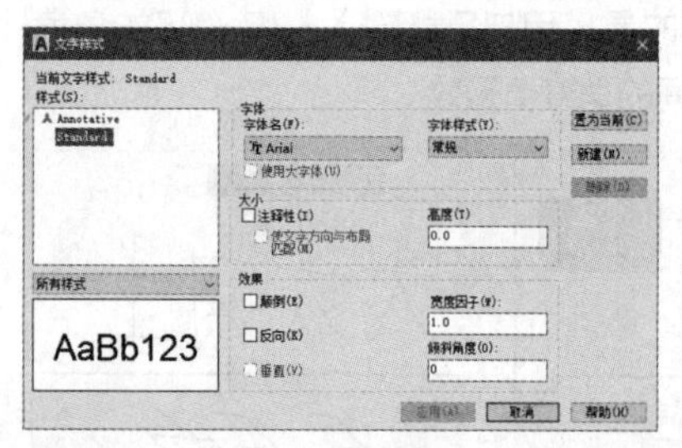

图4-163 “文字样式”对话框

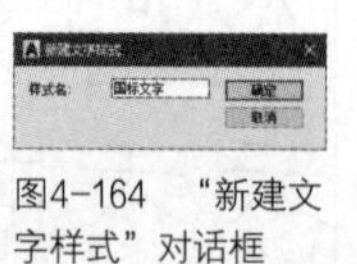

图4-164 “新建文字样式”对话框

步骤 04 单击“确定”按钮，在“样式”列表框中新增“国标文字”文字样式，如图4-165所示。

步骤 05 在“字体”选项组下的“SHX字体”下拉列表中选择“gbenor.shx”选项，勾选“使用大字体”复选框，在“大字体”下拉列表中选择“gbcbig.shx”选项。其他选项保持默认设置，如图4-166所示。

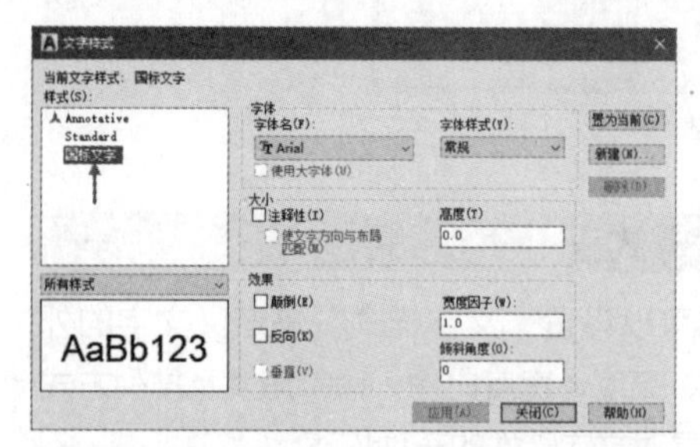

图4-165 新建文字样式

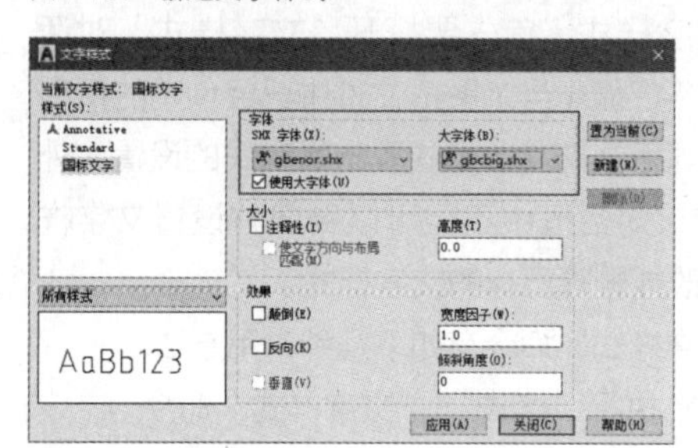

图4-166 更改设置

步骤 06 单击“应用”按钮，单击“置为当前”按钮，将“国标文字”样式置为当前样式。

步骤 07 单击“关闭”按钮，完成“国标文字”样式的创建。创建完成的样式可用于“多行文字”“单行文字”等文字创建命令，也可以用于标注、动态块中的文字。

4.5.2 标注样式 ★重点★

标注样式的内容相当丰富，涵盖标注从箭头形状到尺寸线的消隐、伸出距离、文字对齐方式等方面的样式。可以通过在AutoCAD中设置不同的标注样式，使其适应不同的绘图环境，如机械标注、建筑标注等。

1 尺寸的组成

在学习标注样式之前，先介绍一下尺寸的组成，这有助于读者更好地理解标注样式。在AutoCAD中，一个完整的尺寸标注由“尺寸界线”“尺寸箭头”“尺寸线”“尺寸文字”4个要素构成，如图4-167所示。AutoCAD的尺寸标注命令和样式设置都是围绕着这4个要素进行的。

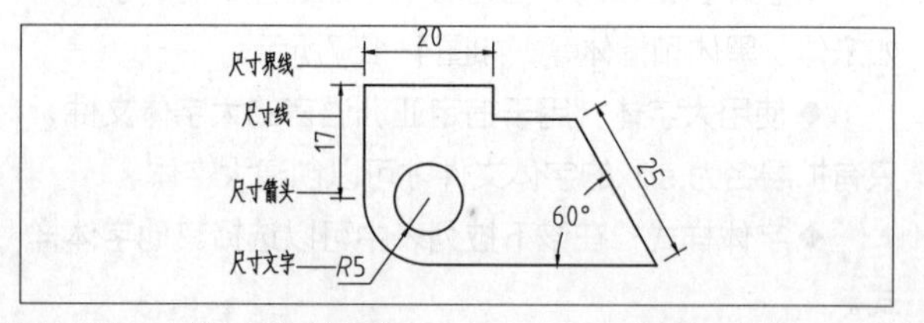

图4-167 尺寸标注的组成要素

各组成部分的作用与含义介绍如下。

◆尺寸界线：也称为投影线，用于标注尺寸的界限，由图样中的轮廓线、轴线或对称中心线引出；标注时，延伸线从所标注的对象上自动延伸出来，它的端点与所标注的对象接近但并未相连。

◆尺寸箭头：也称为标注符号，标注符号显示在尺寸线的两端，用于指定标注的起始位置，AutoCAD默认使用闭合的填充箭头作为标注符号；此外，AutoCAD还提供了多种箭头符号，以满足不同行业的需要，如建筑制图的箭头以45°的粗短斜线表示，而机械制图的箭头以实心三角形箭头表示等。

◆尺寸线：用于表明标注的方向和范围，通常与所标注对象平行，放在两延伸线之间，一般情况下为直线，但在角度标注时，尺寸线呈圆弧形。

◆尺寸文字：表明标注图形的实际尺寸，通常位于尺寸线上方或中断处；在进行尺寸标注时，AutoCAD会自动生成所标注对象的尺寸数值，我们也可以对标注的文字进行修改、添加等操作。

2 新建标注样式

要新建标注样式，可以通过“标注样式管理器”对话框来完成。在AutoCAD中，执行“标注样式”命令有如下几种方法。

◆菜单栏：执行“格式”|“标注样式”命令。

◆功能区：在“默认”选项卡中，单击“注释”面板扩展区域中的“标注样式”按钮，如图4-168所示。

◆命令：DIMSTYLE或D。

执行“标注样式”命令后，系统弹出“标注样式管理器”对话框，如图4-169所示。

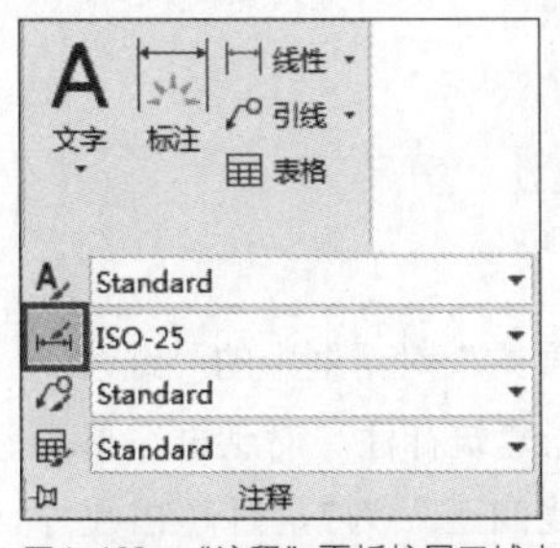

图4-168　“注释”面板扩展区域中的“标注样式”按钮

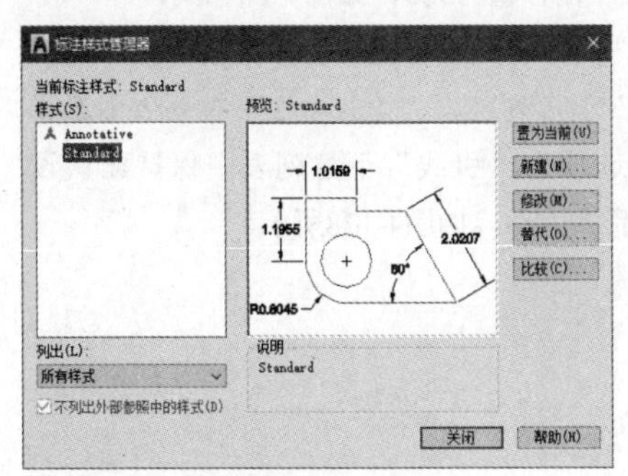

图4-169　“标注样式管理器”对话框

“标注样式管理器”对话框中部分按钮的含义介绍如下。

◆置为当前：将在左边“样式”列表框中选择的标注样式设定为当前标注样式，当前样式将应用于所创建的标注。

◆新建：单击该按钮，打开“创建新标注样式”对话框，输入名称后单击“继续”按钮可打开“新建标注样式”对话框，从而可以定义新的标注样式。

◆修改：单击该按钮，打开“修改标注样式”对话框，从而可以修改现有的标注样式，该对话框中的各选项均与“新建标注样式”对话框中的一致。

◆替代：单击该按钮，打开“替代当前样式”对话框，从而可以设定标注样式的临时替代值；该对话框中的各选项与“新建标注样式”对话框中的一致，替代将作为未保存的更改结果显示在“样式”列表框中的标注样式下，如图4-170所示。

◆比较：单击该按钮，打开“比较标注样式”对话框，如图4-171所示，从中可以比较选择的两个标注样式（选择相同的标注样式进行比较，则会列出该样式的所有特性）。

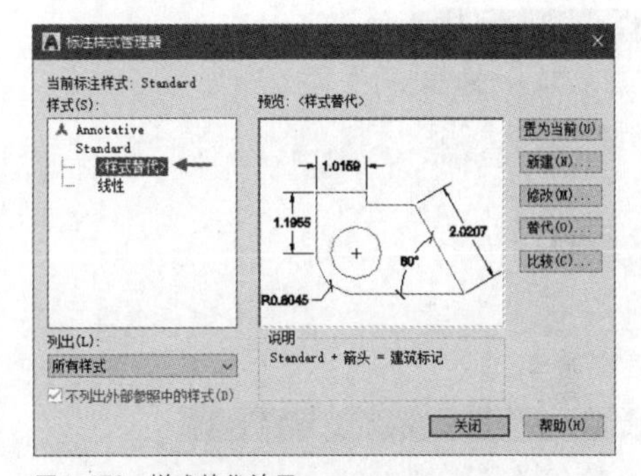

图4-170　样式替代效果

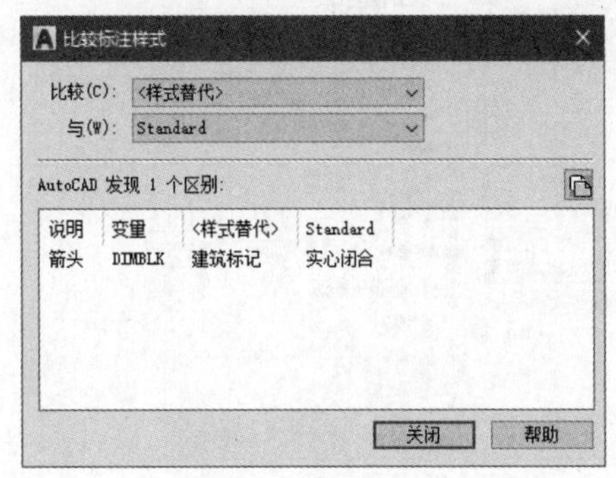

图4-171　“比较标注样式”对话框

单击“新建”按钮，系统弹出“创建新标注样式”对话框，如图4-172所示。在“新样式名”文本框中输入新样式的名称，单击“继续”按钮，即可打开“新建标注样式”对话框进行新建。

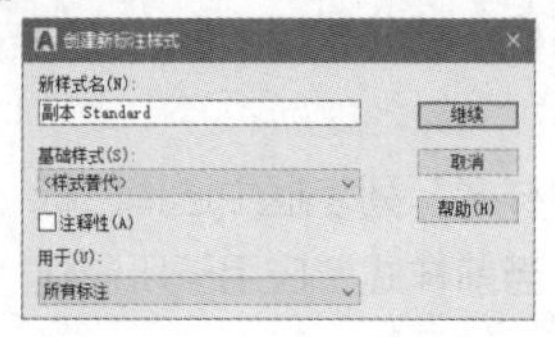

图4-172 “创建新标注样式”对话框

“创建新标注样式”对话框中各选项的含义介绍如下。

◆基础样式：在该下拉列表中选择一种基础样式，新样式将在该基础样式的基础上进行修改。

◆注释性：勾选“注释性”复选框，可将标注定义成可注释对象。

◆用于：选择其中的一种标注，即可创建一种仅适用于该标注类型（如仅用于直径标注、线性标注等）的标注子样式，如图4-173所示。

设置新样式的名称、基础样式和适用范围后，单击该对话框中的“继续”按钮，系统弹出“新建标注样式:副本 Standard”对话框。在7个选项卡中可以设置标注中的线、符号和箭头、文字、单位等内容，如图4-174所示。

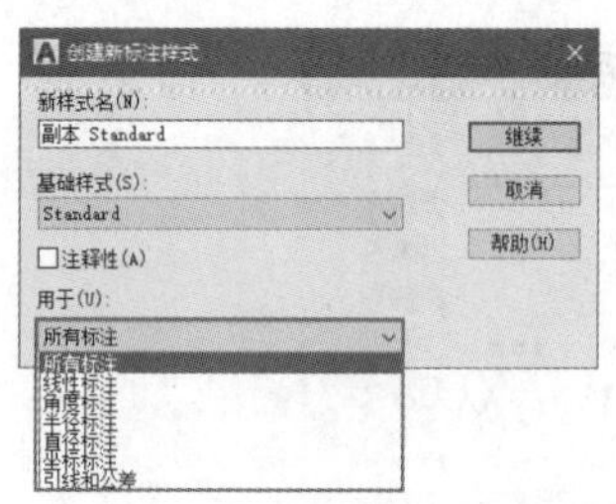

图4-173 用于选定的标注

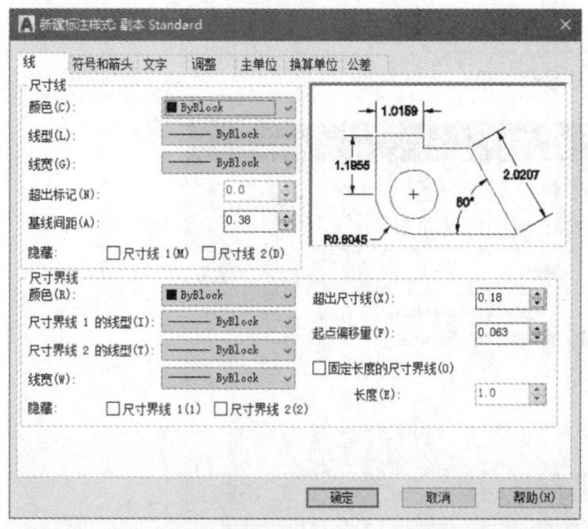

图4-174 “新建标注样式:副本 Standard”对话框

> **提示**
>
> AutoCAD中的标注按类型分为“线性标注”“角度标注”“半径标注”“直径标注”“坐标标注”“引线和公差”等6个类型。

练习 4-18 使用“标注样式”命令创建标注样式 ★进阶★

建筑标注样式可按GB/T 50001—2017《房屋建筑制图统一标准》来进行设置。需要注意的是，建筑制图中线性标注的箭头样式为斜线，而半径标注、直径标注、角度标注则为实心箭头，因此在新建建筑标注样式时要注意分开设置，操作步骤如下。

步骤 01 新建空白文档，单击“注释”面板扩展区域中的“标注样式”按钮，打开“标注样式管理器”对话框，如图4-175所示。

步骤 02 设置通用参数。单击“标注样式管理器”对话框中的“新建”按钮，打开“创建新标注样式”对话框，在其中输入新样式名“建筑标注”，如图4-176所示。

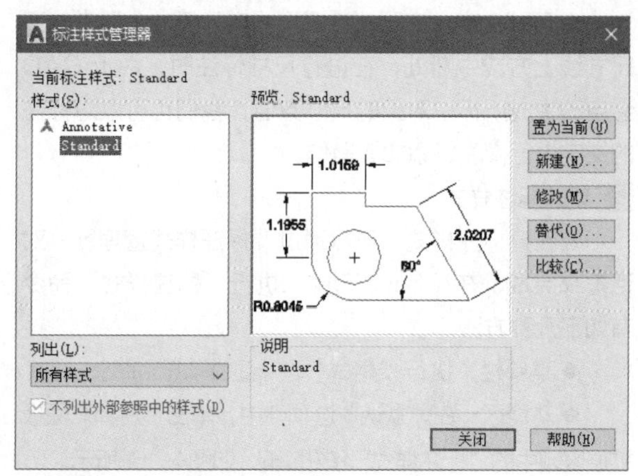

图4-175 “标注样式管理器”对话框

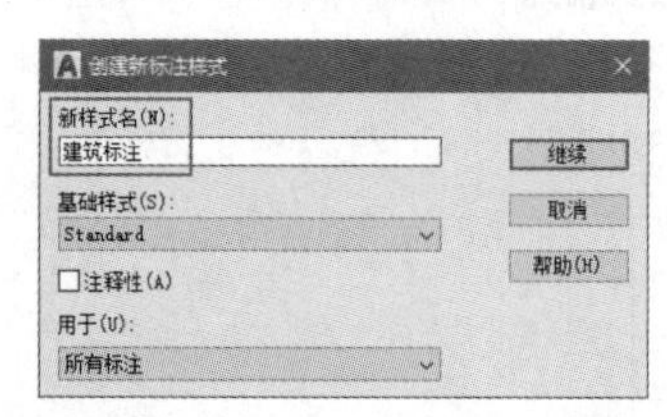

图4-176 “创建新标注样式”对话框

步骤 03 单击“创建新标注样式”对话框中的“继续”按钮，打开“新建标注样式:建筑标注”对话框，单击“线”选项卡，设置“基线间距”为7，“超出尺寸线”为2，“起点偏移量”为3，如图4-177所示。

步骤 04 单击“符号和箭头”选项卡，在“箭头”选项组的“第一个”下拉列表、“第二个”下拉列表中选择“建筑标记”选项，“引线”下拉列表中保持默认设置，最后设置箭头大小，如图4-178所示。

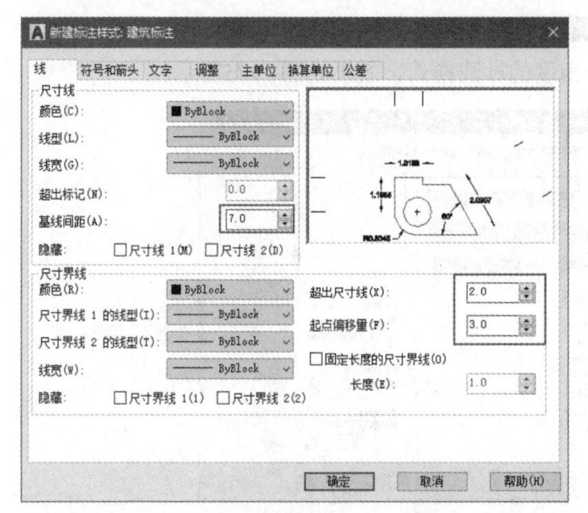

图4-177　设置“线”选项卡中的参数

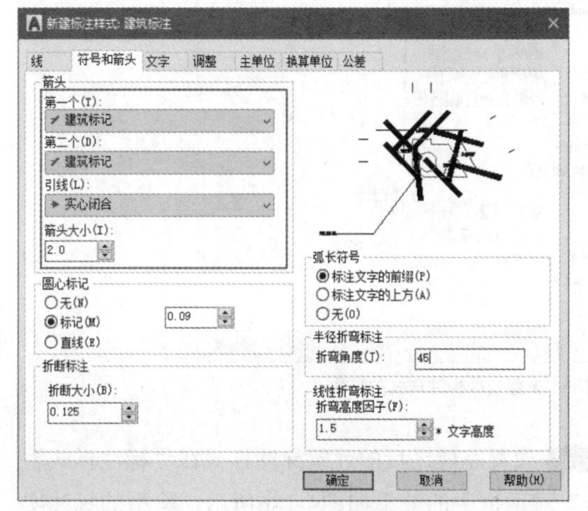

图4-178　设置“符号和箭头”选项卡中的参数

步骤 05 单击“文字”选项卡，设置“文字高度”为3.5，在“垂直”下拉列表中选择“上”选项，文字对齐方式选择“与尺寸线对齐”单选项，如图4-179所示。

步骤 06 单击“调整”选项卡，因为建筑图往往尺寸都非常大，所以设置全局比例为100，如图4-180所示。

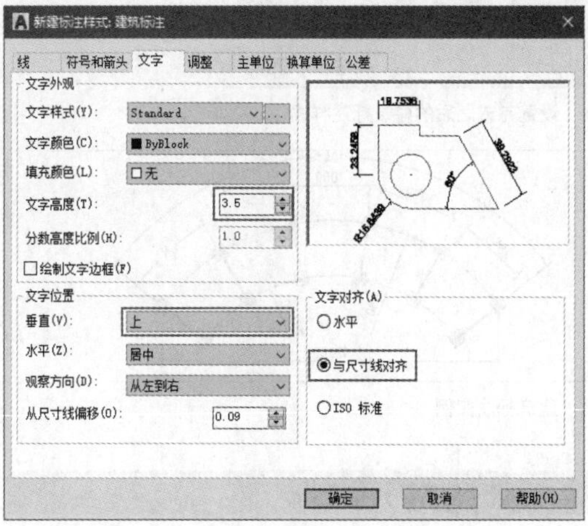

图4-179　设置“文字”选项卡中的参数

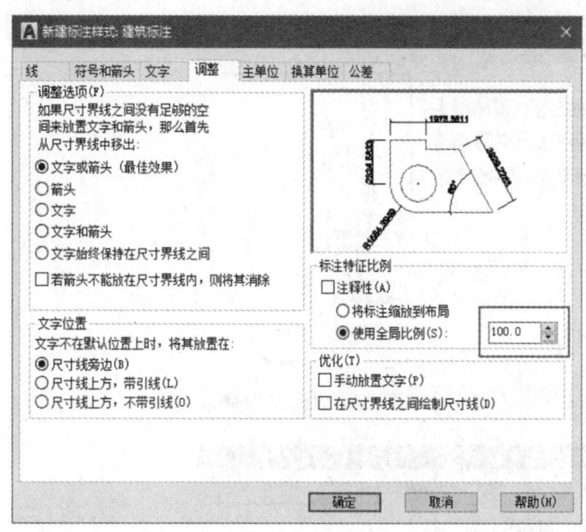

图4-180　设置“调整”选项卡中的参数

步骤 07 单击“主单位”选项卡，将“精度”设置为0。其他选项卡中的参数保持默认，单击“确定”按钮，返回“标注样式管理器”对话框。以上为建筑标注的常规设置，下面再有针对性地设置半径、直径、角度等标注样式。

步骤 08 设置半径标注样式。在“标注样式管理器”对话框中选择创建好的“建筑标注”样式，单击“新建”按钮，打开“创建新标注样式”对话框，输入新样式名“半径”，在“用于”下拉列表中选择“半径标注”选项，如图4-181所示。

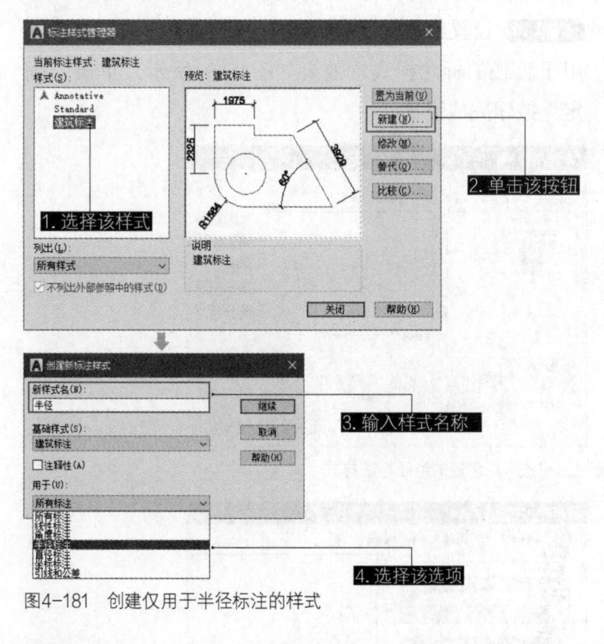

图4-181　创建仅用于半径标注的样式

步骤 09 单击“继续”按钮，打开“新建标注样式:建筑标注:半径”对话框，设置其中的第二个箭头符号为“实心闭合”，文字对齐方式为“ISO标准”，其他选项卡中的参数不变，如图4-182所示。

图4-182 设置半径标注样式的参数

步骤 10 单击“确定”按钮，返回“标注样式管理器”对话框，可在左侧的“样式”列表框中发现在“建筑标注”下多出了一个“半径”分支，如图4-183所示。

步骤 11 设置直径标注样式。使用相同的方法，设置仅用于直径的标注样式，效果如图4-184所示，单击“确定”按钮完成设置。

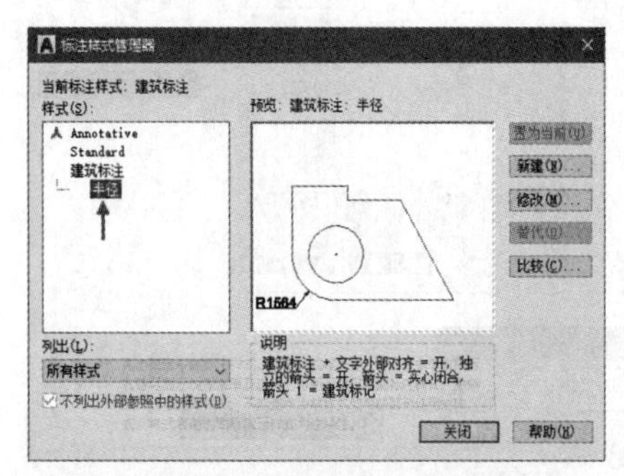

图4-183 新创建的半径标注样式

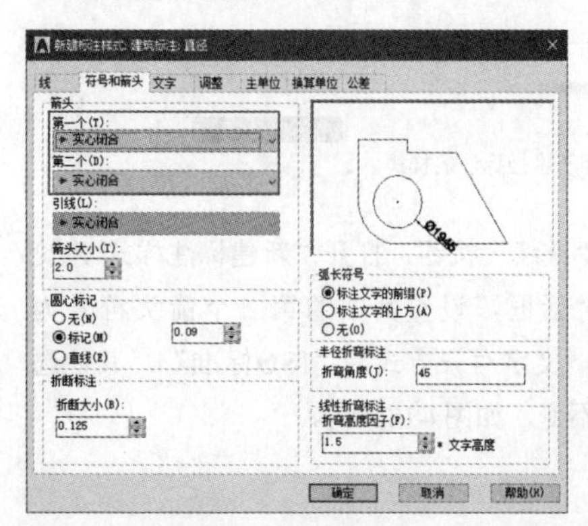

图4-184 设置直径标注样式的参数

步骤 12 设置角度标注样式。使用相同的方法，设置仅用于角度的标注样式，效果如图4-185所示。

图4-185 设置角度标注样式的参数

步骤 13 设置完成之后的建筑标注样式在“标注样式管理器”对话框中的效果如图4-186所示，典型的标注实例如图4-187所示。

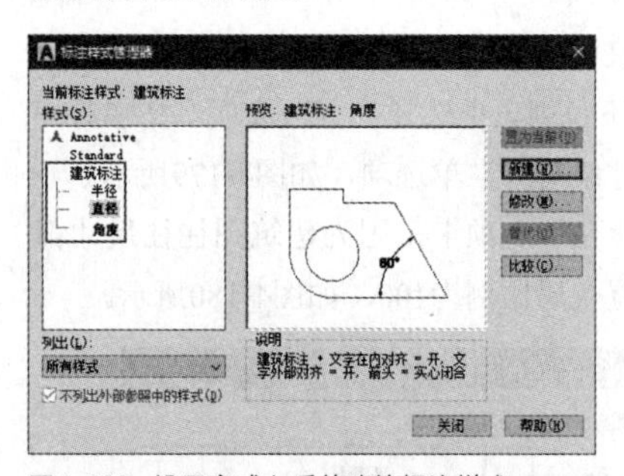

图4-186 设置完成之后的建筑标注样式

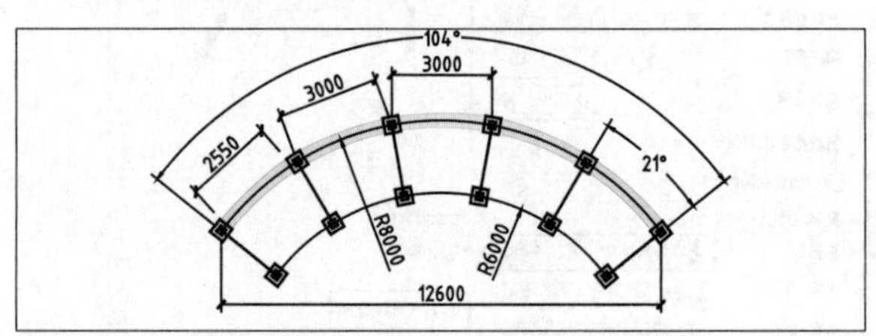

图4-187 建筑标注实例

4.5.3 标注样式内容详解

在新建标注样式的过程中，打开“新建标注样式”对话框之后的操作是最重要的，这也是本小节所要着重讲解的内容。在“新建标注样式”对话框中可以设置尺寸标注的各种特性，该对话框中有“线”“符号和箭头”“文字”“调整”“主单位”“换算单位”“公差”7个选项卡，如图4-174所示，每一个选项卡对应一种特性的设置，分别介绍如下。

1 “线”选项卡

切换到“新建标注样式”对话框中的“线”选项卡，如图4-174所示，其中包括“尺寸线”和“尺寸界线”两个选项组。在该选项卡中可以设置尺寸线、尺寸界线的格式和特性。

“尺寸线”选项组

“尺寸线”选项组中各选项的含义介绍如下。

◆颜色：用于设置尺寸线的颜色，一般保持默认值“ByBlock”（随块）即可，也可以使用变量DIMCLRD设置。

◆线型：用于设置尺寸线的线型，一般保持默认值“ByBlock”（随块）即可。

◆线宽：用于设置尺寸线的线宽，一般保持默认值“ByBlock”（随块）即可，也可以使用变量DIMLWD设置。

◆超出标记：用于设置尺寸线超出量；若尺寸线两端是箭头，则此框无效；若在对话框的“符号和箭头”选项卡中设置了箭头的形式是“倾斜”和“建筑标记”，则可以设置尺寸线超过尺寸界线外的距离，如图4-188所示。

◆基线间距：用于设置基线标注中尺寸线之间的间距。

◆隐藏：“尺寸线1”和“尺寸线2”复选框分别控制第一条和第二条尺寸线的可见性，如图4-189所示。

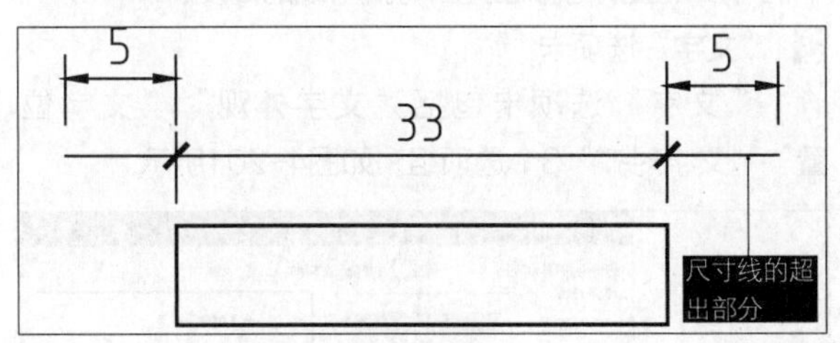

图4-188　“超出标记”设置为5时的效果

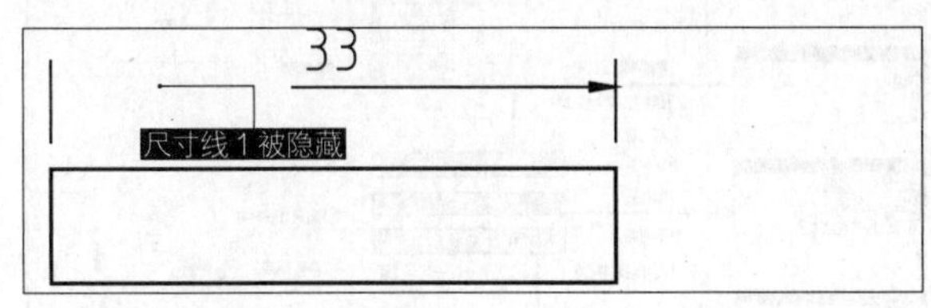

图4-189　“隐藏尺寸线1”的效果

“尺寸界线”选项组

“尺寸界线”选项组中各选项的含义介绍如下。

◆颜色：用于设置延伸线的颜色，一般保持默认值“ByBlock”（随块）即可，也可以使用变量DIMCLRD设置。

◆尺寸界线1/2的线型：分别用于设置“尺寸界线1”和“尺寸界线2”的线型，一般保持默认值“ByBlock”（随块）即可。

◆线宽：用于设置延伸线的宽度，一般保持默认值“ByBlock”（随块）即可，也可以使用变量DIMLWD设置。

◆隐藏：“尺寸界线1”和“尺寸界线2”复选框分别控制第一条和第二条尺寸界线的可见性。

◆超出尺寸线：控制尺寸界线超出尺寸线的距离，如图4-190所示。

◆起点偏移量：控制尺寸界线起点与标注对象端点的距离，如图4-191所示。

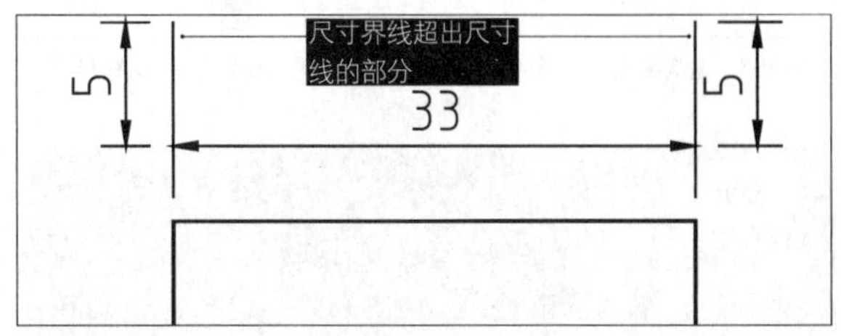

图4-190　“超出尺寸线”设置为5时的效果

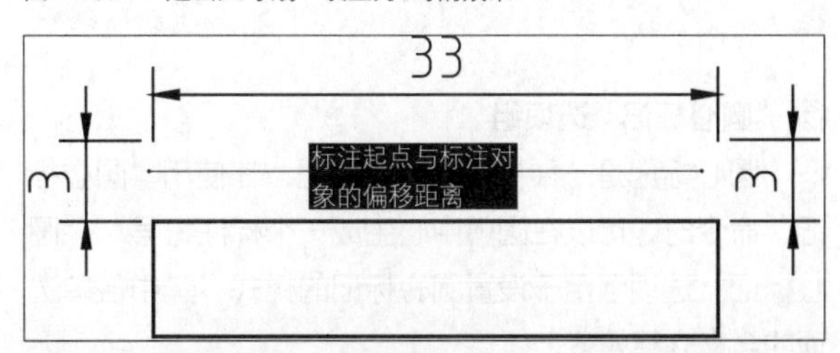

图4-191　“起点偏移量”设置为3时的效果

> **提示**
>
> 在绘制机械制图中的标注时，为了区分尺寸标注和被标注对象，用户应使尺寸界线与标注对象不接触，因此尺寸界线的“起点偏移量”一般设置为2～3mm。

2 “符号和箭头”选项卡

“符号和箭头”选项卡中包括“箭头”“圆心标记”“折断标注”“弧长符号”“半径折弯标注”“线性折弯标注”6个选项组，如图4-192所示。

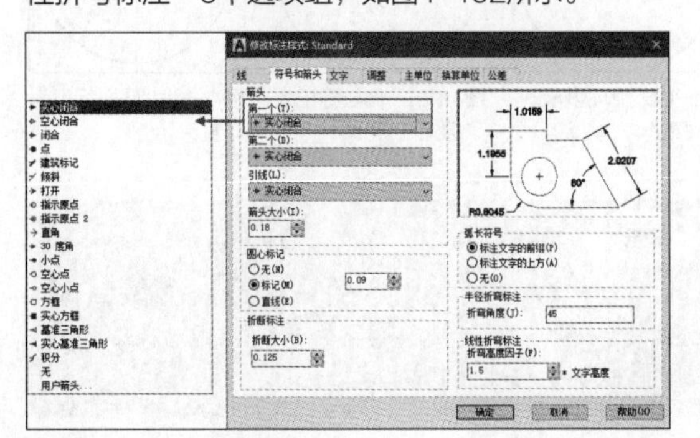

图4-192　“符号和箭头”选项卡

“箭头”选项组

◆第一个、第二个：用于选择尺寸线两端的箭头样式；在建筑绘图中通常设置为“建筑标记”或“倾斜”样式，如图4-193所示；在机械制图中通常设置为“实心闭合”样式，如图4-194所示。

◆引线：用于设置快速引线标注（命令：LE）中的箭头样式，如图4-195所示。

◆箭头大小：用于设置箭头的大小。

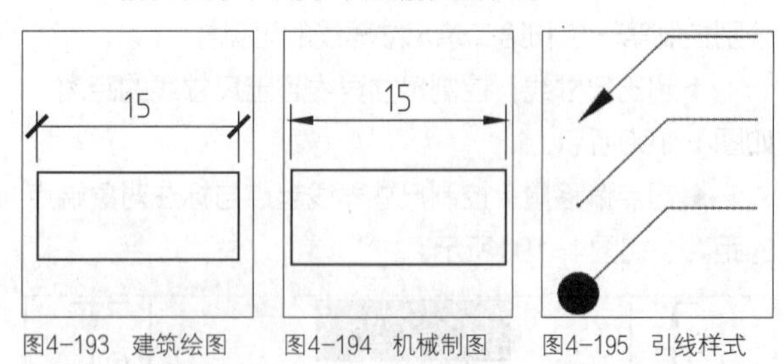

图4-193 建筑绘图　图4-194 机械制图　图4-195 引线样式

> **提示**
>
> AutoCAD中提供了多种箭头，如果选择了第一个箭头的样式，第二个箭头会自动选择和第一个箭头一样的样式，也可以在“第二个”下拉列表中选择不同的样式。

“圆心标记”选项组

圆心标记是一种特殊的标注类型，在使用“圆心标记”命令时，可以在圆弧中心生成一个标注符号。“圆心标记”选项组用于设置圆心标记的样式，其中各单选项的含义介绍如下。

◆无：使用“圆心标记”命令时，无圆心标记，如图4-196所示。

◆标记：创建圆心标记，在圆心位置将会出现小十字，如图4-197所示。

◆直线：创建中心线，在使用“圆心标记”命令时，十字线将会延伸到圆或圆弧外边，如图4-198所示。

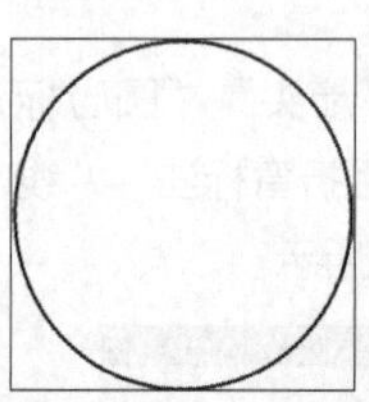
图4-196 圆心标记为“无”

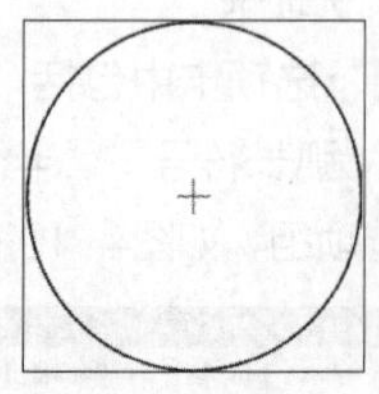
图4-197 圆心标记为“标记”

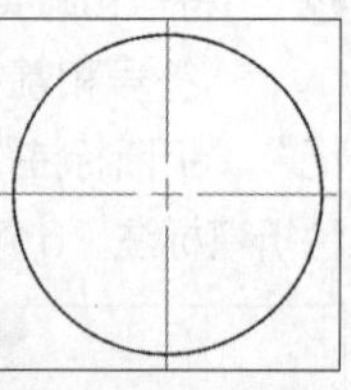
图4-198 圆心标记为“直线”

> **提示**
>
> 可以取消勾选“调整”选项卡中的“在尺寸界线之间绘制尺寸线”复选框，这样就能在标注直径或半径尺寸时创建圆心标记，如图4-199所示。

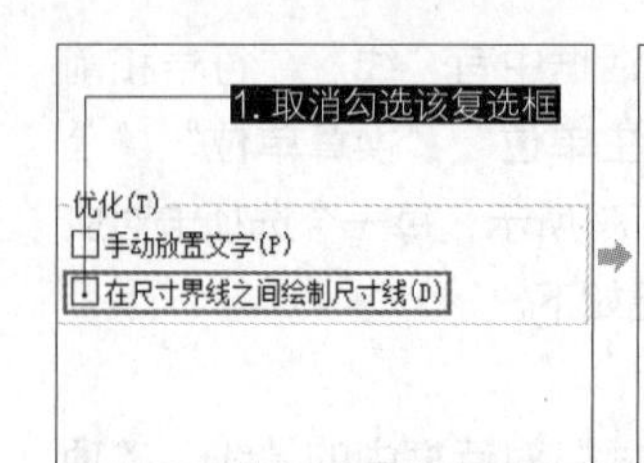

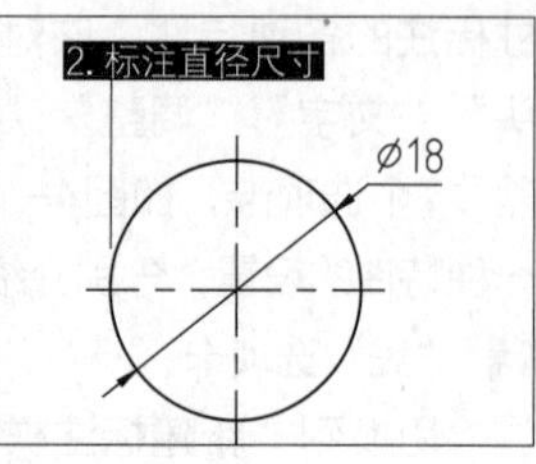

图4-199 标注的同时创建尺寸与圆心标记

“折断标注”选项组

“折断标注”选项组中的“折断大小”文本框可以设置在执行“标注打断”（DIMBREAK）命令时标注线的打断长度。

“弧长符号”选项组

在“弧长符号”选项组中可以设置弧长符号的显示位置，包括“标注文字的前缀”“标注文字的上方”“无”3种方式，如图4-200所示。

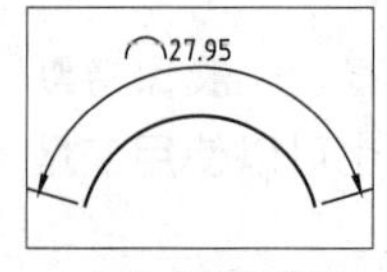

标注文字的前缀　标注文字的上方

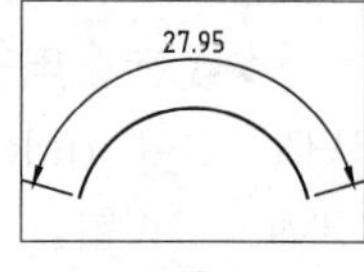

无

图4-200 弧长符号显示位置

“半径折弯标注”选项组

“半径折弯标注”选项组中的“折弯角度”文本框可以确定折弯半径标注中尺寸线的横向角度，其值不能大于90。

“线性折弯标注”选项组

“线性折弯标注”选项组中的“折弯高度因子”文本框可以设置折弯标注打断时折弯线的高度。

3 “文字”选项卡

“文字”选项卡包括“文字外观”“文字位置”“文字对齐”3个选项组，如图4-201所示。

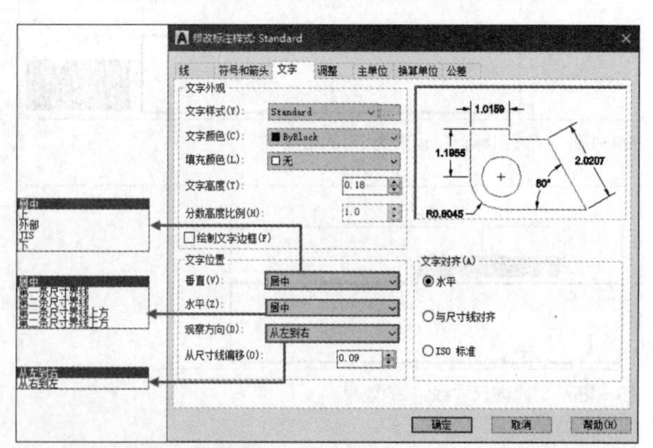

图4-201 “文字”选项卡

“文字外观”选项组

◆文字样式：用于选择标注的文字样式，也可以单击其后的...按钮，系统弹出“文字样式”对话框，选择文字样式或新建文字样式。

◆文字颜色：用于设置文字的颜色，一般保持默认值“ByBlock”（随块）即可，也可以使用变量DIMCLRT设置。

◆填充颜色：用于设置标注文字的背景色，默认为“无”；如果图纸中尺寸标注很多，就会出现图形轮廓线、中心线、尺寸线等与标注文字相重叠的情况，这时若将“填充颜色”设置为“背景”，即可有效改善图形效果，如图4-202所示。

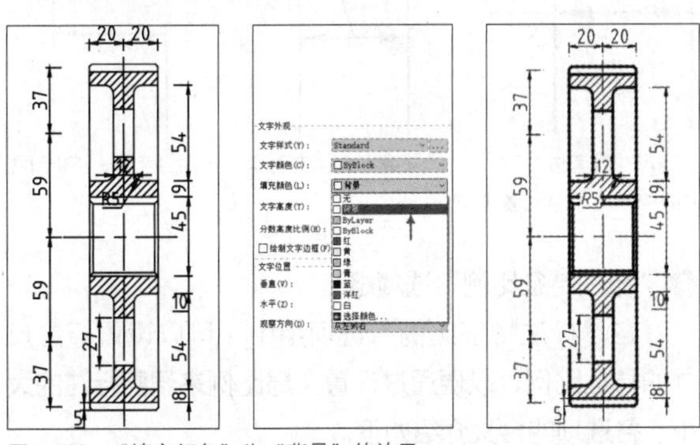
图4-202　“填充颜色”为“背景”的效果

◆文字高度：用于设置文字的高度，也可以使用变量DIMCTXT设置。

◆分数高度比例：用于设置标注文字的分数相对于其他标注文字的比例，AutoCAD将该比例值与标注文字高度的乘积作为分数的高度。

◆绘制文字边框：用于设置是否给标注文字加边框。

“文字位置”选项组

◆垂直：用于设置标注文字相对于尺寸线在垂直方向的位置；“垂直”下拉列表中有“居中”“上”“外部”“JIS”等选项；选择“居中”选项可以把标注文字放在尺寸线中间；选择“上”选项可以把标注文字放在尺寸线的上方；选择“外部”选项可以把标注文字放在远离第一定义点的尺寸线一侧；选择“JIS”选项则按JIS规则（日本工业标准）放置标注文字；选择“下”选项可以把文字放置在尺寸线的下方；各种效果如图4-203所示。

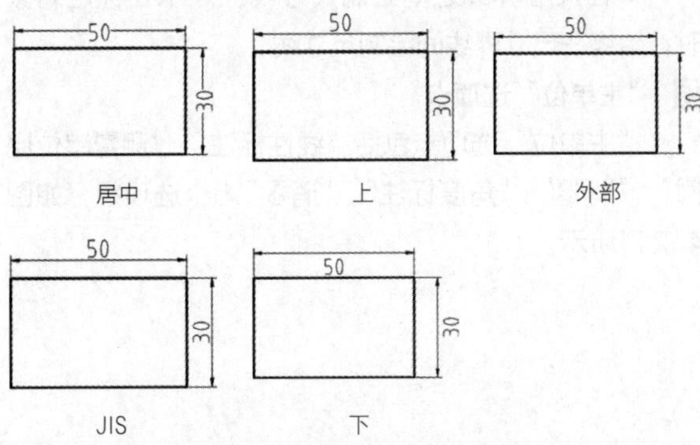

图4-203　尺寸文字在垂直方向上的相对位置

◆水平：用于设置标注文字相对于尺寸线和延伸线在水平方向的位置，其下拉列表中有“居中”“第一条尺寸界线”“第二条尺寸界线”“第一条尺寸界线上方”“第二条尺寸界线上方”5个选项，各种效果如图4-204所示。

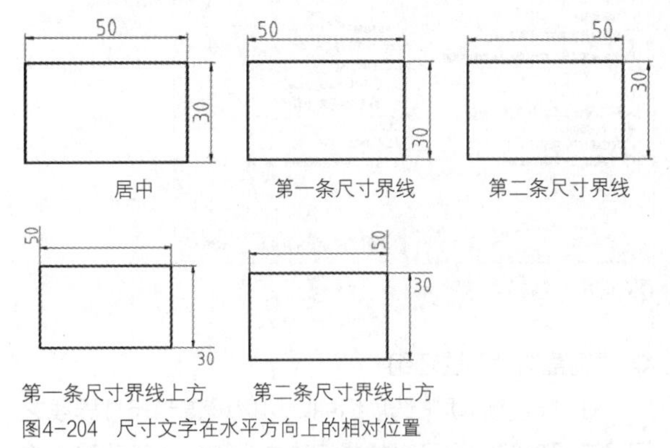

图4-204　尺寸文字在水平方向上的相对位置

◆观察方向：用于设置标注文字的排列方向，有“从左到右”和“从右到左”两个选项。

◆从尺寸线偏移：用于设置标注文字与尺寸线之间的距离，如图4-205所示。

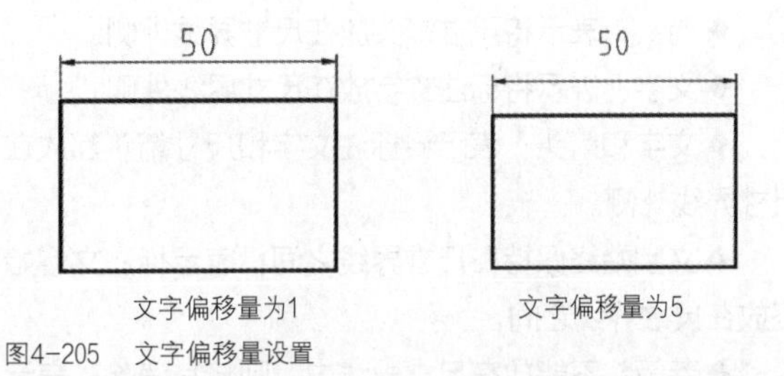

图4-205　文字偏移量设置

“文字对齐”选项组

在“文字对齐”选项组中，可以设置标注文字的对齐方式，效果如图4-206所示。各选项的含义介绍如下。

◆水平：无论尺寸线的方向如何，文字始终水平放置。

◆与尺寸线对齐：文字的方向与尺寸线平行。

◆ISO标准：按照ISO标准对齐文字；当文字在尺寸界线内时，文字与尺寸线对齐；当文字在尺寸界线外时，文字水平排列。

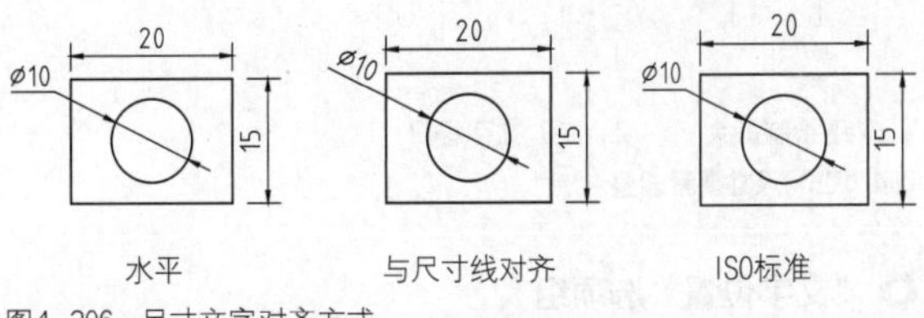

图4-206　尺寸文字对齐方式

4 “调整”选项卡

“调整”选项卡包括“调整选项”“文字位置”“标注特征比例”“优化”4个选项组，可以设置标注文字、尺寸线、尺寸箭头的位置，如图4-207所示。

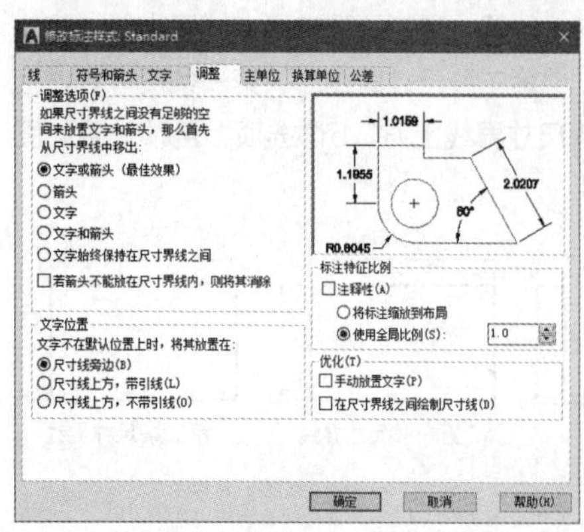

图4-207　“调整”选项卡

“调整选项”选项组

在“调整选项”选项组中，可以设置当尺寸界线之间没有足够的空间同时放置标注文字和尺寸箭头时，应从尺寸界线之间移出的对象，效果如图4-208所示。各选项的含义介绍如下。

◆文字或箭头(最佳效果)：表示由系统选择一种最佳方式来安排标注文字和尺寸箭头的位置。

◆箭头：表示将尺寸箭头放在尺寸界线外侧。

◆文字：表示将标注文字放在尺寸界线外侧。

◆文字和箭头：表示将标注文字和尺寸箭头都放在尺寸界线外侧。

◆文字始终保持在尺寸界线之间：表示标注文字始终放在尺寸界线之间。

◆若箭头不能放在尺寸界线内，则将其消除：表示当尺寸界线之间不能放置箭头时，不显示标注箭头。

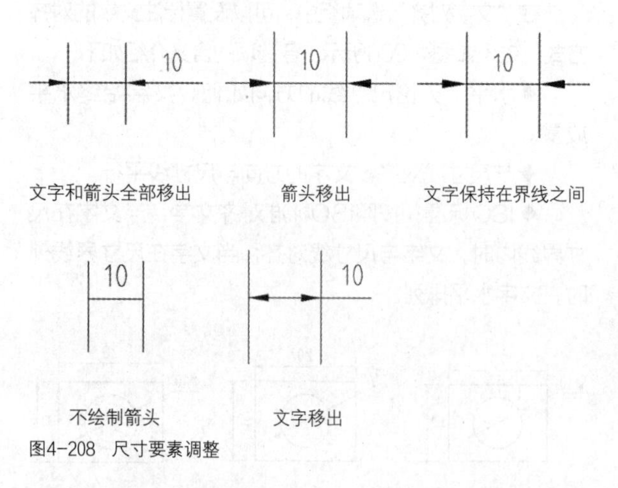

图4-208　尺寸要素调整

“文字位置”选项组

在“文字位置”选项组中，可以设置当标注文字不在默认位置时应放置的位置，效果如图4-209所示。各单选项的含义介绍如下。

◆尺寸线旁边：表示当标注文字在尺寸界线外部时，将文字放置在尺寸线旁边。

◆尺寸线上方，带引线：表示当标注文字在尺寸界线外部时，将文字放置在尺寸线上方并加一条引线相连。

◆尺寸线上方，不带引线：表示当标注文字在尺寸界线外部时，将文字放置在尺寸线上方，不加引线。

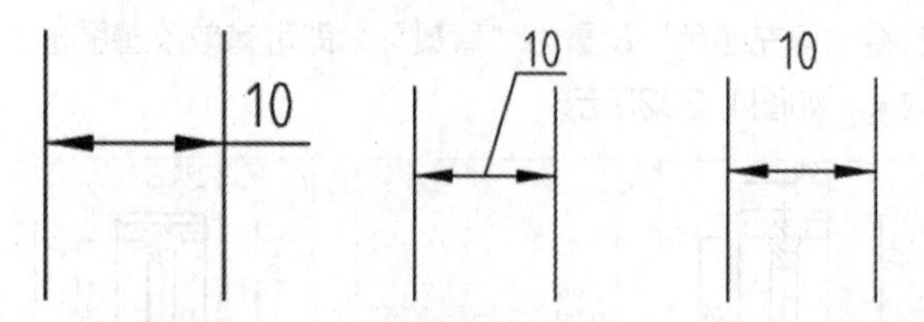

图4-209　文字位置调整

“标注特征比例”选项组

在“标注特征比例”选项组中，可以设置标注尺寸的特征比例，以便通过设置全局比例来调整标注的大小。各选项的含义介绍如下。

◆注释性：勾选该复选框，可以将标注定义成可注释性对象。

◆将标注缩放到布局：选择该单选项，可以根据当前模型空间视口与图纸之间的缩放关系设置比例。

◆使用全局比例：选择该单选项，可以对全部尺寸标注设置缩放比例，该比例不改变尺寸的测量值，效果如图4-210所示。

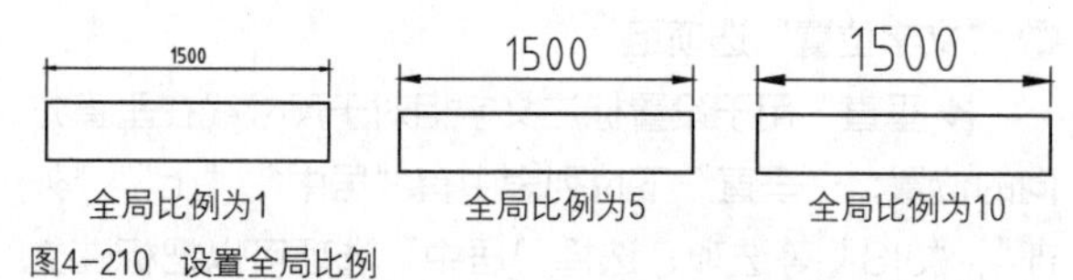

图4-210　设置全局比例

“优化”选项组

在“优化”选项组中，可以对标注文字和尺寸线进行细微调整。该选项组包括以下两个复选框。

◆手动放置文字：表示忽略所有水平对正设置，并将文字手动放置在“尺寸线位置”的相应位置。

◆在尺寸界线之间绘制尺寸线：表示在标注对象时，始终在尺寸界线间绘制尺寸线。

5 “主单位”选项卡

“主单位”选项卡包括“线性标注”“测量单位比例”“消零”“角度标注”“消零”5个选项组，如图4-211所示。

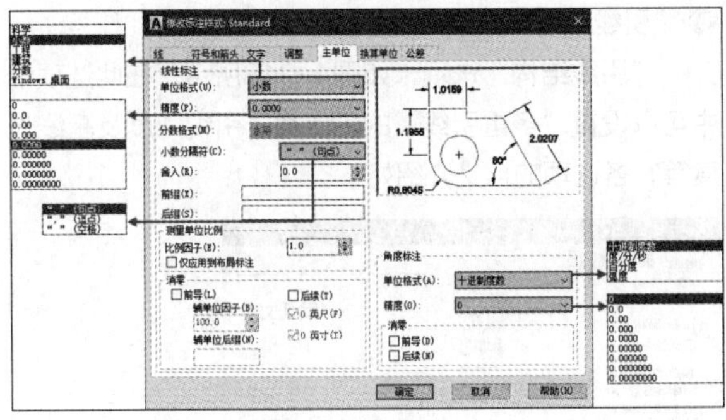

图4-211　“主单位”选项卡

“主单位”选项卡可以对标注尺寸的精度进行设置，并能给标注文本加入前缀或者后缀等。

“线性标注”选项组

“线性标注”选项组中各选项的含义介绍如下。

◆单位格式：设置除角度标注之外的其他各标注类型的尺寸单位，包括“科学”“小数”“工程”“建筑”“分数”等选项。

◆精度：设置除角度标注之外的其他标注的尺寸精度。

◆分数格式：当单位格式是分数时，可以设置分数的格式，包括“水平”“对角”“非堆叠”3种方式。

◆小数分隔符：设置小数的分隔符，包括“句点”“逗点”“空格”3种方式。

◆舍入：用于设置除角度标注外的其他标注的尺寸测量值的舍入值。

◆前缀和后缀：设置标注文字的前缀和后缀，在相应的文本框中输入字符即可。

“测量单位比例”选项组

使用“比例因子”可以设置测量尺寸的缩放比例，AutoCAD的实际标注值为测量值与该比例的积。勾选“仅应用到布局标注”复选框，可以设置该比例关系仅适用于布局。

“消零”选项组

“消零”选项组包括“前导”和“后续”两个复选框，用于设置是否消除角度尺寸的前导和后续零，如图4-212所示。

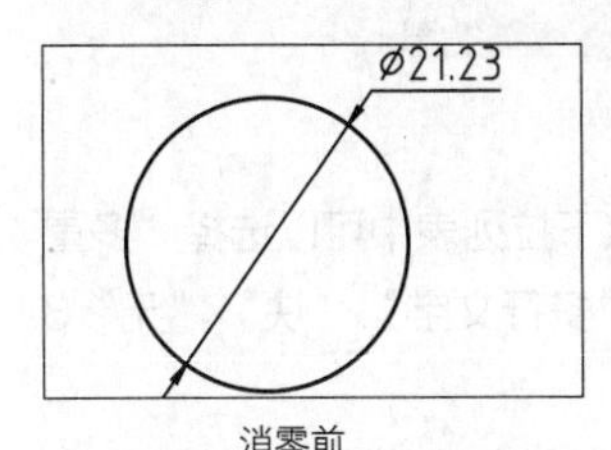

图4-212　“后续”消零

“角度标注”选项组

“角度标注”选项组中各选项的含义介绍如下。

◆单位格式：在此下拉列表中设置标注角度时的单位。

◆精度：在此下拉列表中设置标注角度时的尺寸精度。

6 “换算单位”选项卡

“换算单位”选项卡包括“换算单位”“消零”“位置”3个选项组。“换算单位”可以方便地改变标注的单位，通常使用的就是公制单位与英制单位的互换。勾选“显示换算单位”复选框后，选项卡中的其他选项才可用，可以在“换算单位”选项组中设置换算单位的“单位格式”“精度”“换算单位倍数”“舍入精度”“前缀”“后缀”等，其方法与设置主单位的方法相同，在此不一一讲解。

7 “公差”选项卡

“公差”选项卡包括“公差格式”“公差对齐”“消零”等选项组，用来设置公差标注的样式参数。在“公差格式”选项组的“方式”下拉列表中可以选择公差的类型，激活相应的参数选项，在设置参数的同时，可以通过右上角的预览窗口观察效果，直到满意为止。

4.5.4 多重引线样式

多重引线可以设置“多重引线样式”来指定引线的默认效果，如箭头、引线、文字等特征。创建不同样式的多重引线，可以使其适用于不同的使用环境。

在AutoCAD中，打开“多重引线样式管理器”对话框有如下几种方法。

◆菜单栏：执行“格式”|“多重引线样式”命令。

◆功能区：在“默认”选项卡中，单击“注释”面板扩展区域中的“多重引线样式”按钮，如图4-213所示。

◆命令：MLEADERSTYLE或MLS。

执行“多重引线样式”命令后，打开“多重引线样式管理器”对话框，如图4-214所示。

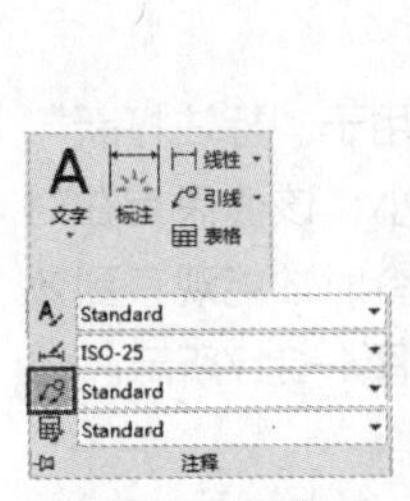

图4-213　“注释”面板扩展区域中的“多重引线样式”按钮

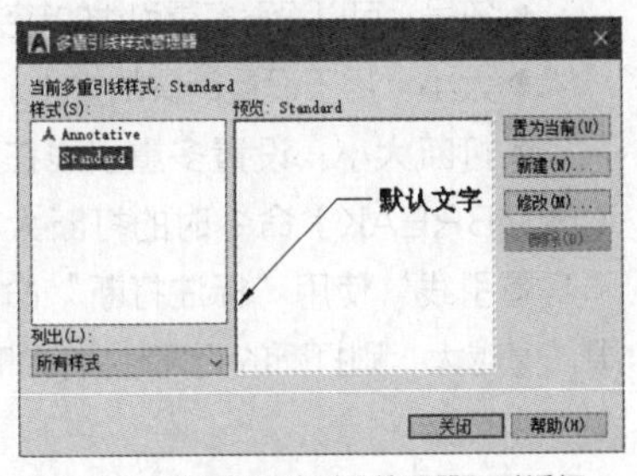

图4-214　“多重引线样式管理器”对话框

该对话框的功能和“标注样式管理器”对话框类

似，可以设置多重引线的格式和内容。单击“新建”按钮，系统弹出“创建新多重引线样式”对话框，如图4-215所示。在“新样式名”文本框中输入新样式的名称，单击“继续”按钮，打开“修改多重引线样式：副本 Standard”对话框。在“修改多重引线样式:副本Standard”对话框中可以设置多重引线标注的各种特性，对话框中有“引线格式”“引线结构”“内容”3个选项卡，如图4-216所示。每一个选项卡对应一种特性的设置，分别介绍如下。

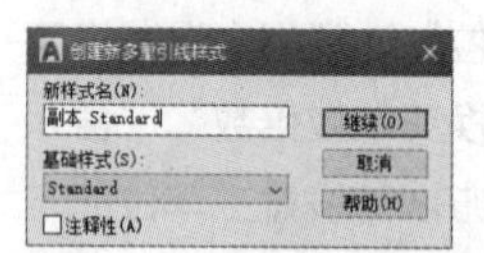

图4-215　“创建新多重引线样式”对话框

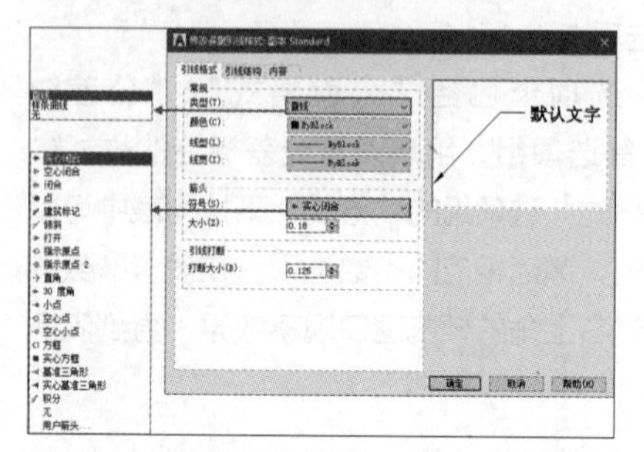

图4-216　“修改多重引线样式：副本 Standard”对话框

“引线格式”选项卡

“引线格式”选项卡如图4-216所示，在此选项卡中可以设置引线的线型、颜色和类型等，各选项的含义介绍如下。

◆类型：用于设置引线的类型，包含“直线”“样条曲线”“无”3个选项。

◆颜色：用于设置引线的颜色，一般保持默认值“ByBlock”（随块）即可。

◆线型：用于设置引线的线型，一般保持默认值“ByBlock”（随块）即可。

◆线宽：用于设置引线的线宽，一般保持默认值“ByBlock”（随块）即可。

◆符号：可以设置多重引线的箭头符号（共20种）。

◆大小：用于设置箭头的大小。

◆打断大小：设置多重引线在用于“标注打断”（DIMBREAK）命令时的打断大小；该值只有在对“多重引线”使用“标注打断”命令时才能观察到效果，值越大，则打断的距离越大，如图4-217所示。

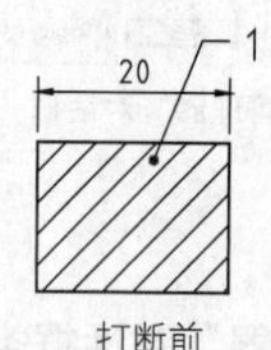

打断前

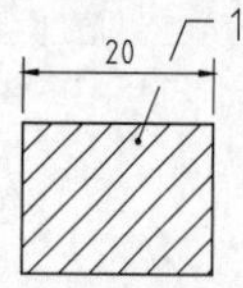

打断大小为3

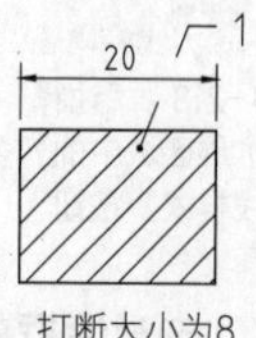

打断大小为8

图4-217　不同“打断大小”在执行“标注打断”命令后的效果

“引线结构”选项卡

“引线结构”选项卡如图4-218所示，在此选项卡中可以设置“多重引线”的折点数、引线角度及基线长度等，各选项的含义介绍如下。

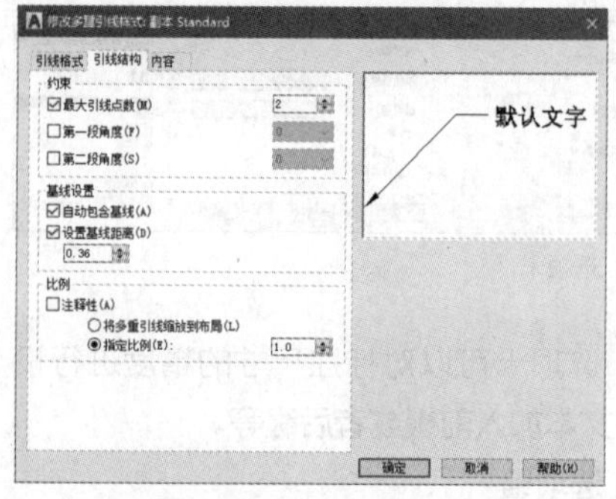

图4-218　“引线结构”选项卡

◆最大引线点数：可以指定新引线的最大点数或线段数。

◆第一段角度：可以约束新引线中的第一个点的角度。

◆第二段角度：可以约束新引线中的第二个点的角度。

◆自动包含基线：确定“多重引线”中是否含有水平基线。

◆设置基线距离：确定“多重引线”中基线的固定长度，只有在勾选“自动包含基线”复选框后才可使用。

“内容”选项卡

“内容”选项卡如图4-219所示，在该选项卡中，可以对“多重引线”的注释内容进行设置，如文字样式、文字角度、文字颜色等。主要选项介绍如下。

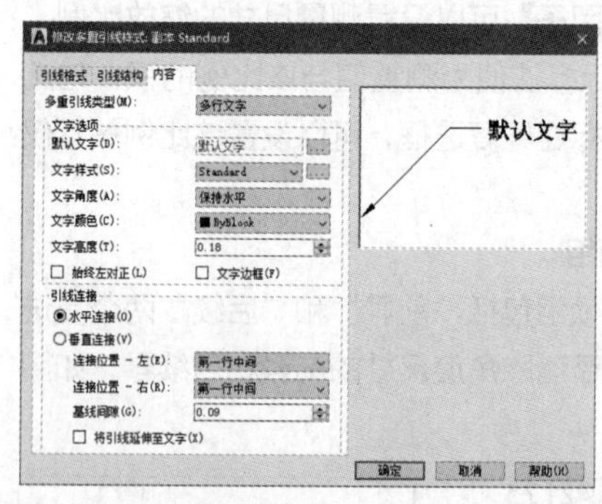

图4-219　“内容”选项卡

◆多重引线类型：在该下拉列表中可以选择“多重引线”的内容类型，包含“多行文字”“块”“无”3个选项。

◆文字样式：用于选择标注的文字样式，也可以单击其后的...按钮，系统弹出“文字样式”对话框，选择文字样式或新建文字样式。

◆文字角度：指定标注文字的旋转角度，包含“保持水平”“按插入”“始终正向读取”3个选项；“保持水平”为默认选项，无论引线如何变化，文字始终保持水平位置，如图4-220所示；选择“按插入”选项则根据引线方向自动调整文字角度，使文字对齐至引线，如图4-221所示；选择“始终正向读取”选项同样可以让文字对齐至引线，但对齐时会根据引线方向自动调整文字方向，使其一直保持从左往右的正向读取方向，如图4-222所示。

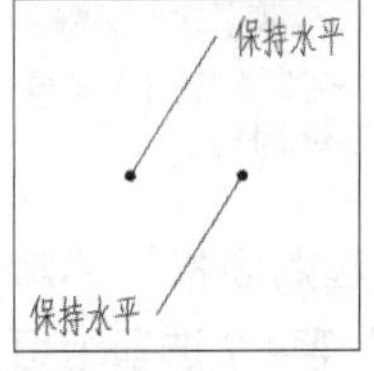

图4-220　“保持水平”效果

图4-221　“按插入”效果

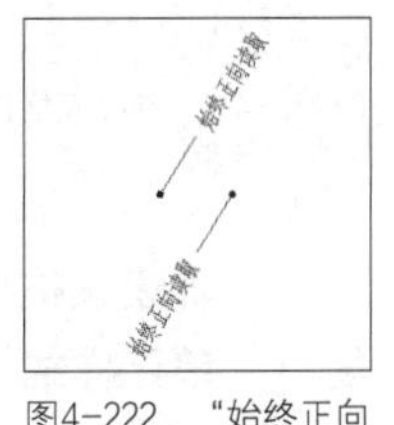
图4-222　“始终正向读取”效果

> **提示**
>
> “文字角度”选项只有在取消勾选“自动包含基线”复选框后才会生效。

◆文字颜色：用于设置文字的颜色，一般保持默认值“ByBlock”（随块）即可。

◆文字高度：用于设置文字的高度。

◆始终左对正：始终指定文字内容左对齐。

◆文字边框：为文字内容添加边框，如图4-223所示，边框始终从基线的末端开始，与文本之间的间距就相当于基线到文本的距离，因此通过修改“基线间隙”文本框中的值，就可以控制文字和边框之间的距离。

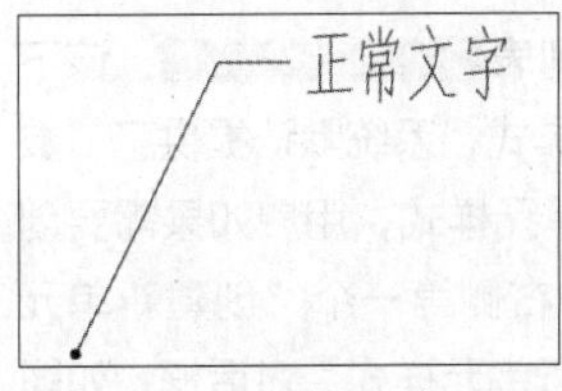

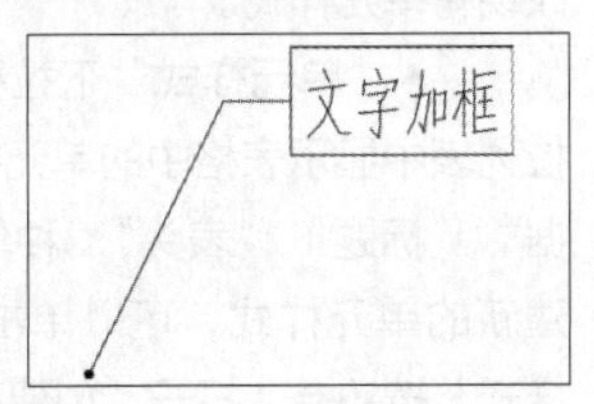

图4-223　“文字边框”效果

◆水平连接：将引线插入文字内容的左侧或右侧，“水平连接”包括文字和引线之间的基线，如图4-224所示，此为默认设置。

◆垂直连接：将引线插入文字内容的顶部或底部，“垂直连接”不包括文字和引线之间的基线，如图4-225所示。

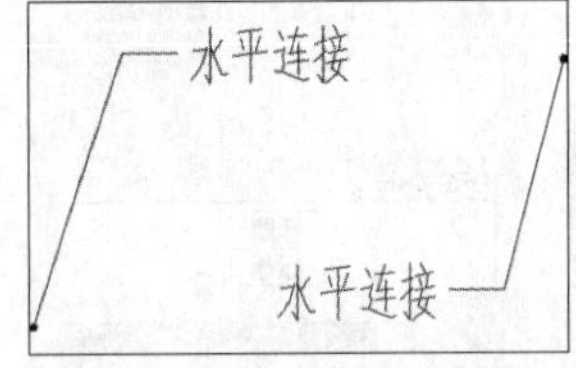

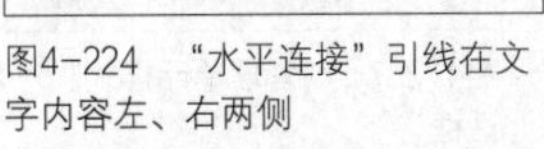
图4-224　“水平连接”引线在文字内容左、右两侧

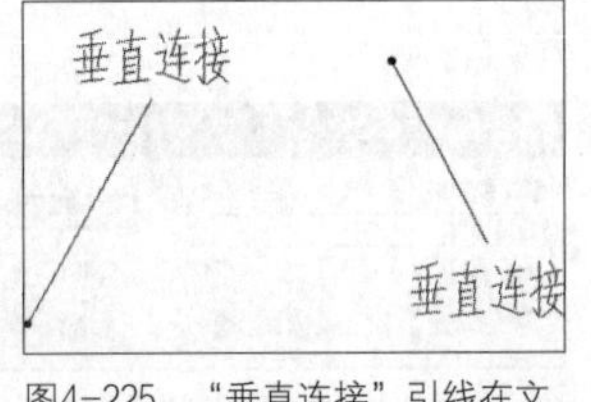

图4-225　“垂直连接”引线在文字内容上、下两侧

> **提示**
>
> “垂直连接”不含基线效果。

•连接位置：该选项控制基线连接到文字的方式，根据不同的“引线连接”有不同的选项；如果选择的是“水平连接”单选项，则“连接位置”有左、右之分，每个下拉列表中都有9个位置选项可选，如图4-226所示；如果选择的是“垂直连接”单选项，则“连接位置”有上、下之分，每个下拉列表中只有2个位置选项可选，如图4-227所示。

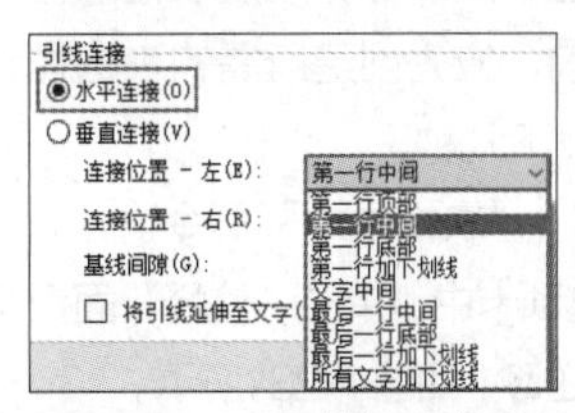

图4-226　“水平连接”下的引线连接位置

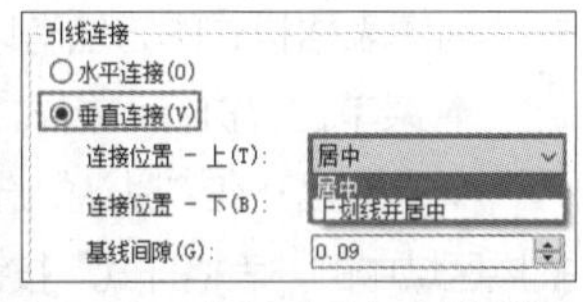

图4-227　“垂直连接”下的引线连接位置

> **提示**
>
> “水平连接”下的9种引线连接位置如图4-228所示；“垂直连接”下的2种引线连接位置如图4-229所示。通过指定合适的位置，可以创建出适用于不同行业的多重引线，有关案例请见本章多重引线练习。

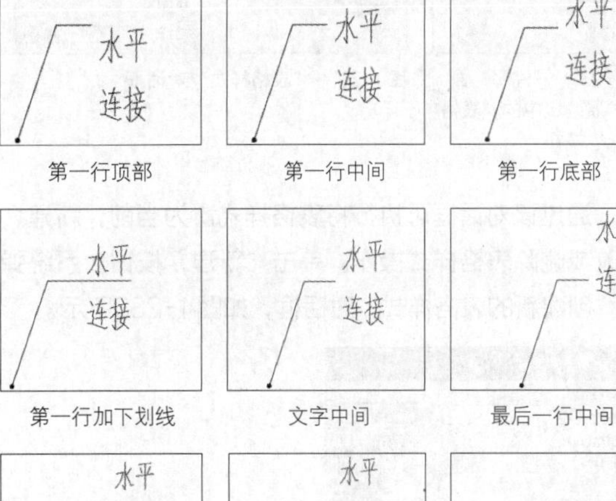

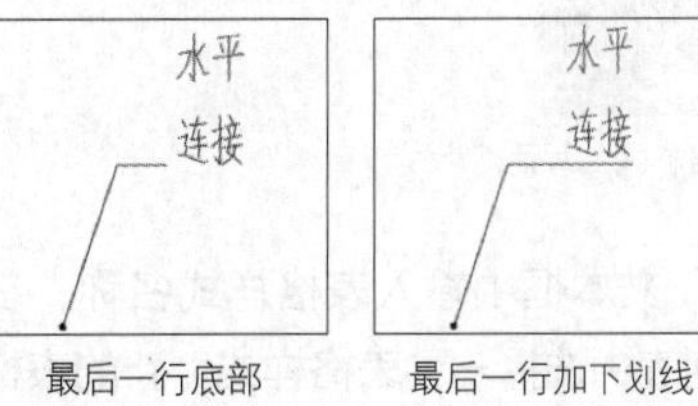

图4-228　“水平连接”下的9种引线连接位置

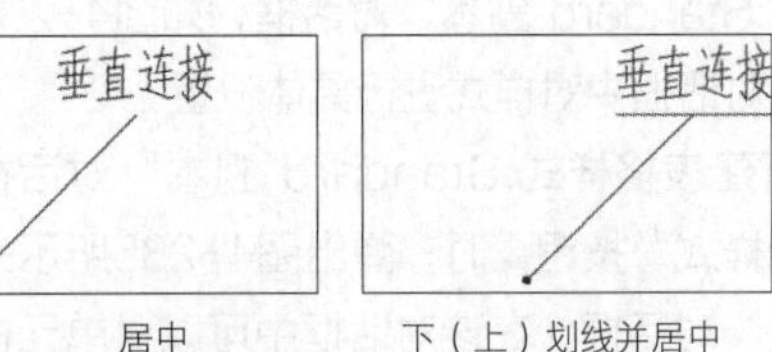

图4-229　“垂直连接”下的2种引线连接位置

• 基线间隙：该文本框可以指定基线和文本内容之间的距离，如图4-230所示。

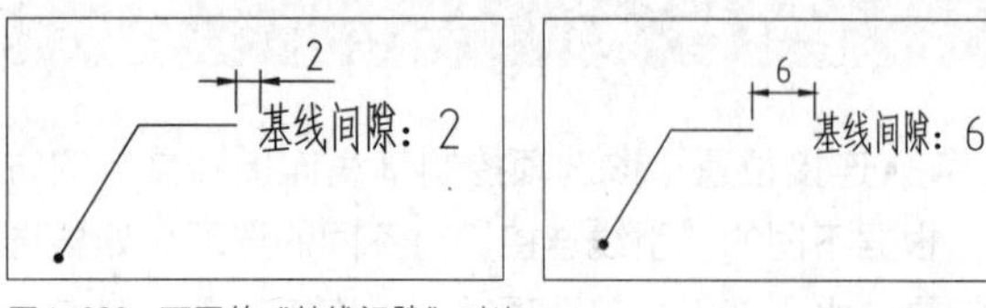

图4-230　不同的“基线间隙”对比

4.5.5 表格样式

与文字类似，AutoCAD中的表格也有一定样式，包括表格内文字的字体、颜色、高度等，以及表格的行高、行距等。在插入表格之前，应先创建所需的表格样式。创建表格样式的方法有以下几种。

◆ 菜单栏：执行“格式”|“表格样式”命令。

◆ 功能区：在“默认”选项卡中，单击“注释”面板扩展区域中的“表格样式”按钮，如图4-231所示。

◆ 命令：TABLESTYLE或TS。

执行“表格样式”命令后，系统弹出“表格样式”对话框，如图4-232所示。

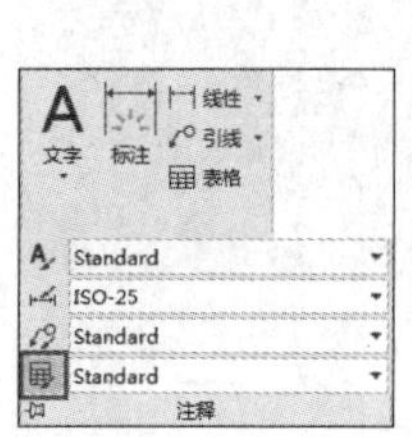

图4-231　“注释”面板扩展区域中的“表格样式”按钮

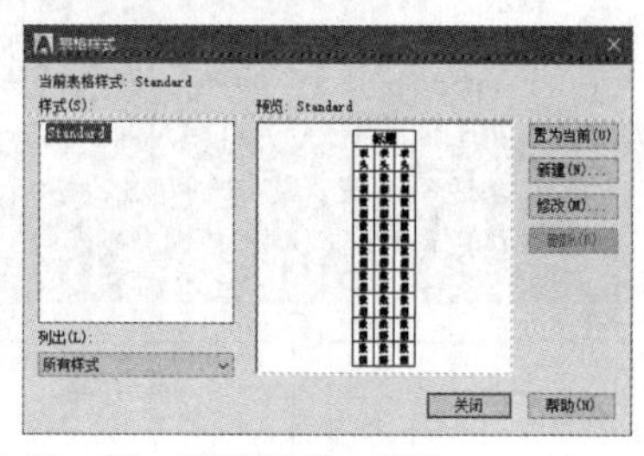

图4-232　“表格样式”对话框

通过该对话框可执行将表格样式置为当前，新建、修改或删除表格样式操作。单击“新建”按钮，系统弹出“创建新的表格样式”对话框，如图4-233所示。

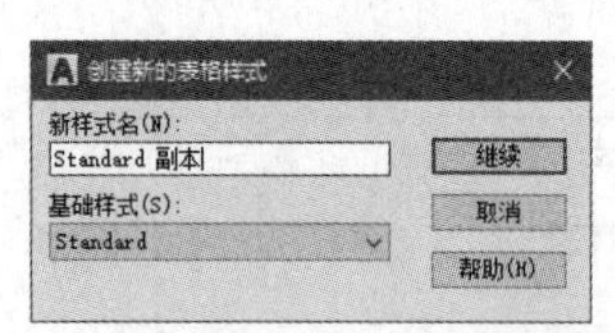

图4-233　“创建新的表格样式”对话框

在“新样式名”文本框中输入表格样式名称，在“基础样式”下拉列表中选择一种表格样式，新的表格样式默认为基础样式。单击“继续”按钮，系统弹出“新建表格样式:Standard 副本”对话框，如图4-234所示，可以在该对话框中对样式进行具体设置。

当单击“新建表格样式:Standard 副本”对话框中的“管理单元样式”按钮时，弹出图4-235所示的“管理单元样式”对话框，在该对话框中可以对单元样式进行新建、重命名或删除操作。

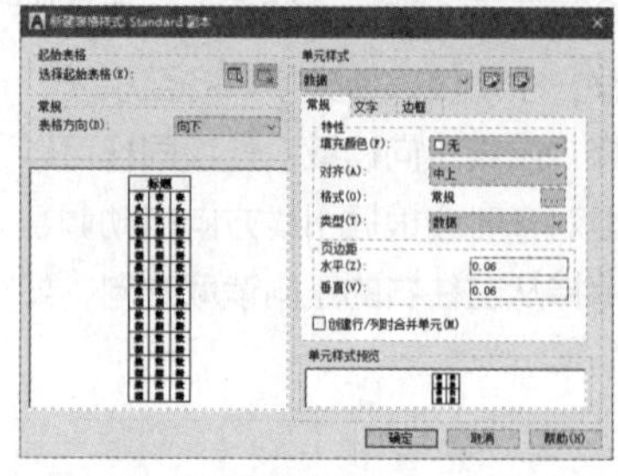

图4-234　“新建表格样式:Standard 副本”对话框

图4-235　“管理单元样式”对话框

“新建表格样式”对话框由“起始表格”“常规”“单元样式”“单元样式预览”等4个选项组组成，其中各选项的含义介绍如下。

◆ “起始表格”选项组允许用户在图形中制定一个表格用作样例来设置此表格样式的格式；单击“选择表格”按钮，进入绘图区，可以在绘图区选择表格录入表格；“删除表格”按钮与“选择表格”按钮作用相反。

◆ “常规”选项组用于更改表格方向，通过在“表格方向”下拉列表中选择“向下”或“向上”选项来设置表格方向。

• 向下：创建由上而下读取的表格，标题行和列都在表格的顶部。

• 向上：创建由下而上读取的表格，标题行和列都在表格的底部。

• 预览框：显示当前表格样式设置效果的样例。

◆ “单元样式”选项组用于定义新的单元样式或修改现有单元样式。

• “单元样式”下拉列表：该下拉列表中显示表格中的单元样式，系统默认提供了“数据”“标题”“表头”3种单元样式，用户如果需要创建新的单元样式，可以单击右侧第一个“创建新单元样式”按钮，打开“创建新单元样式”对话框，如图4-236所示，在对话框中输入新的单元样式名，单击“继续”按钮创建新的单元样式；如果单击右侧第二个“管理单元样式”按钮，则弹出图4-237所示的“管理单元样式”对话框，在该对话框中可以对单元样式进行新建、重命名或删除操作。

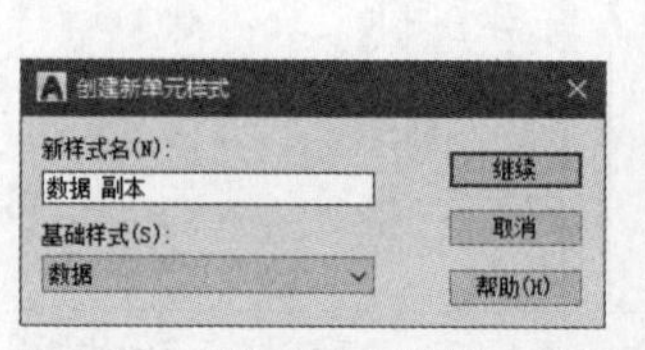

图4-236　“创建新单元样式”对话框

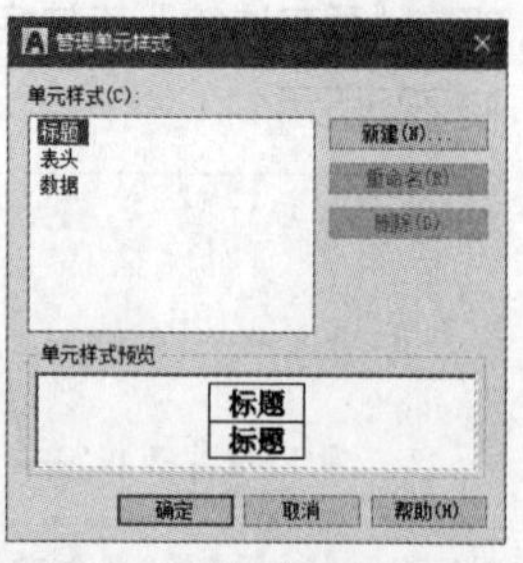

图4-237　“管理单元样式”对话框

“单元样式”选项组中还有3个选项卡，如图4-238所示。

“常规”选项卡　“文字”选项卡　“边框”选项卡

图4-238　“单元样式”选项组中的3个选项卡

“常规”选项卡中部分选项的含义介绍如下。

- 填充颜色：设置表格单元的背景颜色，默认值为“无”。
- 对齐：设置表格单元中文字的对齐方式。
- 水平：设置单元文字与左右单元边界之间的距离。
- 垂直：设置单元文字与上下单元边界之间的距离。

“文字”选项卡中部分选项的含义介绍如下。

- 文字样式：选择文字样式，单击按钮，打开“文字样式”对话框，可以创建新的文字样式。
- 文字角度：设置文字倾斜角度，默认以逆时针方向为正值，顺时针方向为负值。

“边框”选项卡中部分选项的含义介绍如下。

- 线宽：指定表格单元的边界线宽。
- 颜色：指定表格单元的边界颜色。
- 按钮：将边界特性设置应用于所有单元格。
- 按钮：将边界特性设置应用于单元的外部边界。
- 按钮：将边界特性设置应用于单元的内部边界。
- 按钮：将边界特性设置应用于单元的底、左、上或右边界。
- 按钮：隐藏单元格的边界。

练习 4-19 创建“标题栏”表格样式 ★进阶★

创建表格样式后，在创建表格时选择该样式，所绘表格以指定的样式显示，操作步骤如下。

步骤 01 新建空白文档，在此基础上执行创建“标题栏”表格样式操作。

步骤 02 执行“格式”｜“表格样式”命令，系统弹出“表格样式”对话框，如图4-239所示。

步骤 03 单击“新建”按钮，系统弹出“创建新的表格样式”对话框，在“新样式名”文本框中输入“标题栏”，如图4-240所示。

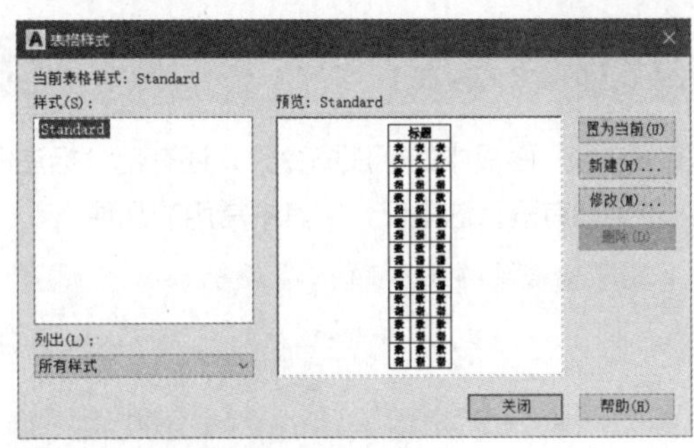

图4-239　“表格样式”对话框

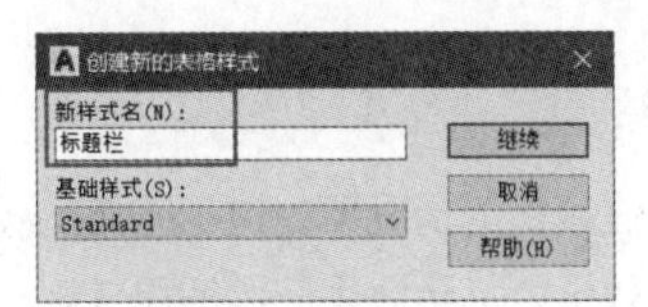

图4-240　输入表格样式名

步骤 04 设置表格样式。单击“继续”按钮，弹出“修改表格样式:标题栏”对话框，切换至“文字”选项卡，设置“文字高度”为20，如图4-241所示。

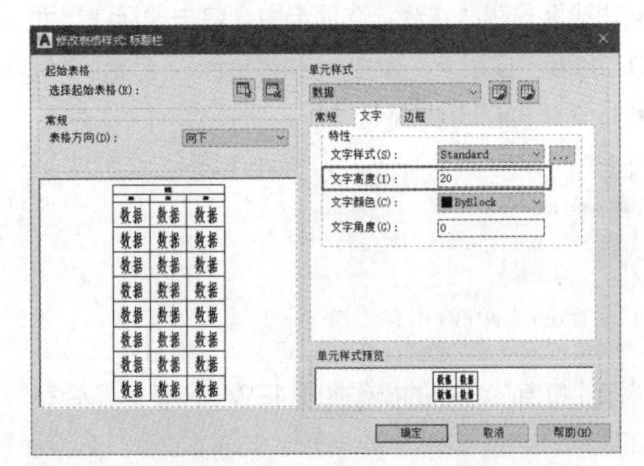

图4-241　设置文字样式

步骤 05 单击“确定”按钮，返回“表格样式”对话框，选择新创建的“标题栏”样式，单击“置为当前”按钮，如图4-242所示。单击“关闭”按钮，完成表格样式的创建。

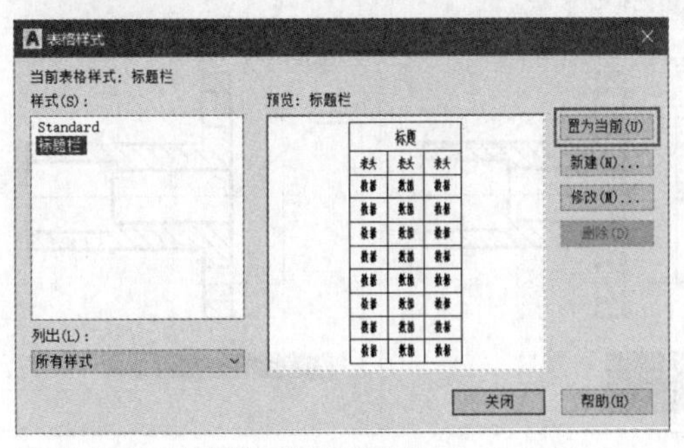

图4-242　将“标题栏”样式置为当前

4.6 其他标注方法

除了“注释”面板中的标注命令外，还有部分标注命令比较常用，它们出现在“注释”选项卡中，如图4-243所示。由于篇幅有限，这里仅介绍其中常用的几种。

图4-243 “注释”选项卡

4.6.1 标注打断

在图纸内容丰富、标注繁多的情况下，过于密集的标注线会影响图纸的观察效果，甚至让用户混淆尺寸，导致疏漏，造成损失。为了使图纸尺寸结构清晰，可使用“标注打断”命令在标注线交叉的位置将其打断。

执行“标注打断”命令的方法有以下几种。

◆菜单栏：执行“标注”|“标注打断”命令。

◆功能区：在“注释”选项卡中，单击“标注”面板中的“打断”按钮，如图4-244所示。

◆命令：DIMBREAK。

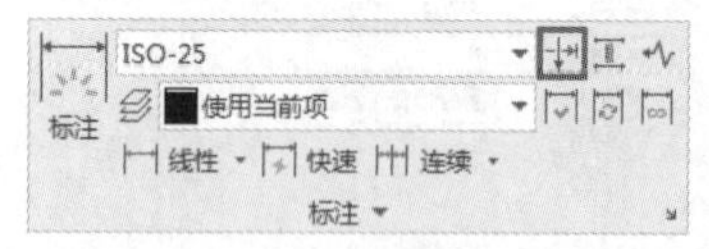

图4-244 “标注”面板中的“打断”按钮

“标注打断”命令的操作如图4-245所示。命令行提示如下。

```
命令: DIMBREAK↙
        //执行“标注打断”命令
选择要添加/删除折断的标注或 [多个(M)]:
        //选择线性尺寸标注50
选择要折断标注的对象或 [自动(A)/手动(M)/删除(R)] <自动>:
        //选择多重引线或直接按Enter键
1 个对象已修改
```

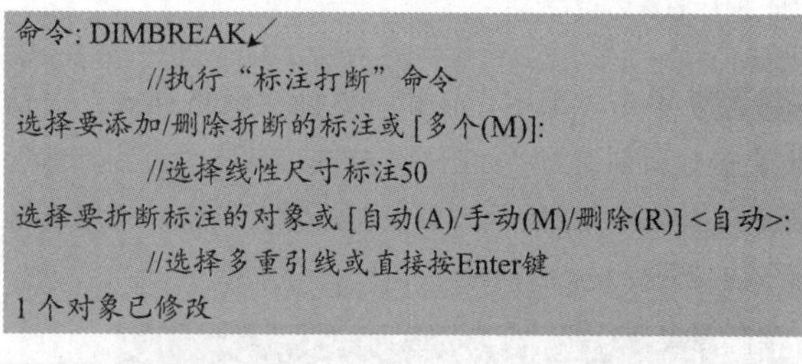

图4-245 “标注打断”操作

命令行中各选项的含义介绍如下。

◆多个(M)：指定要向其中添加折断或要从中删除折断的多个标注。

◆自动(A)：此选项是默认选项，用于在标注相交位置自动生成打断；普通标注的打断距离为“修改标注样式”对话框中“符号和箭头”选项卡下“折断大小”文本框中的值；多重引线的打断距离则通过“修改多重引线样式”对话框中“引线格式”选项卡下的“打断大小”文本框中的值来控制。

◆手动(M)：选择此选项，需要用户指定两个打断点，将两点之间的标注线打断。

◆删除(R)：选择此选项，可以删除已创建的打断。

练习 4-20 打断标注优化图形 ★进阶★

如果图形中孔系繁多，结构复杂，那图形的定位尺寸、定形尺寸的种类就相当丰富，而且可能互相交叉，对我们观察图形有一定影响。这类图形打印出来之后，如果打印机分辨率不高，就可能模糊成一团，让加工人员无从下手。本练习便通过对定位块的标注进行优化，让读者进一步理解“标注打断”命令的操作，操作步骤如下。

步骤 01 打开“练习4-20：打断标注优化图形.dwg”素材文件，如图4-246所示。图形中可见各标注相互交叉，有尺寸被遮挡。

步骤 02 在“注释”选项卡中，单击“标注”面板中的“打断”按钮，然后在命令行中输入“M”，选择“多个(M)”选项，选择最上方的尺寸40，连续按两次Enter键，完成打断标注的选取，结果如图4-247所示。命令行提示如下。

```
命令: DIMBREAK↙
选择要添加/删除折断的标注或 [多个(M)]: M↙
        //选择“多个”选项
选择标注: 找到 1 个
        //选择最上方的尺寸40为要打断的尺寸
选择标注:
        //按Enter键完成选择
选择要折断标注的对象或 [自动(A)/删除(R)] <自动>:
        //按Enter键完成要显示的标注选择，即所有其他标注
1 个对象已修改
```

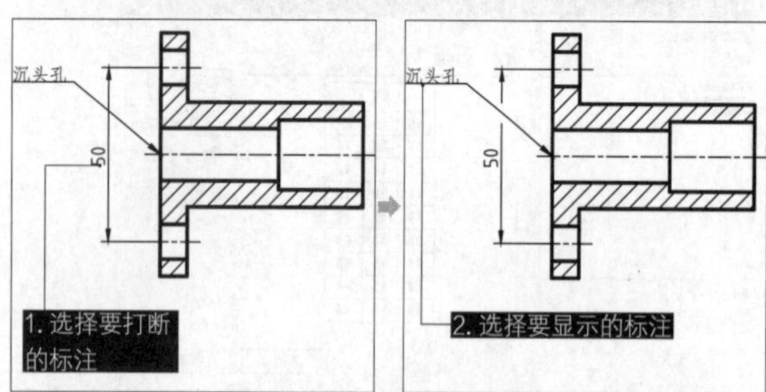

步骤 03 根据相同的方法，打断其他交叉的尺寸，最终效果如图4-248所示。

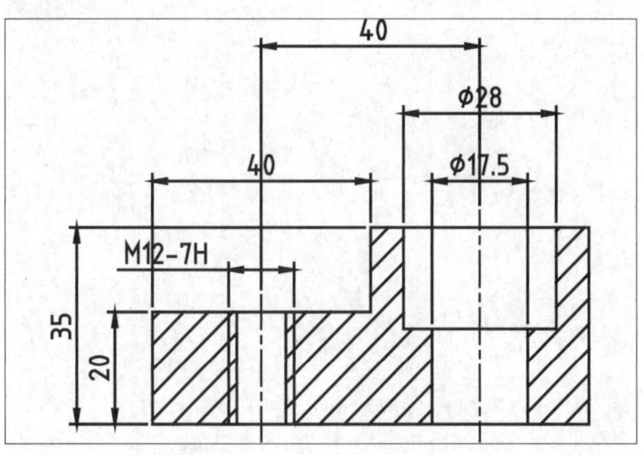

图4-246　素材图形

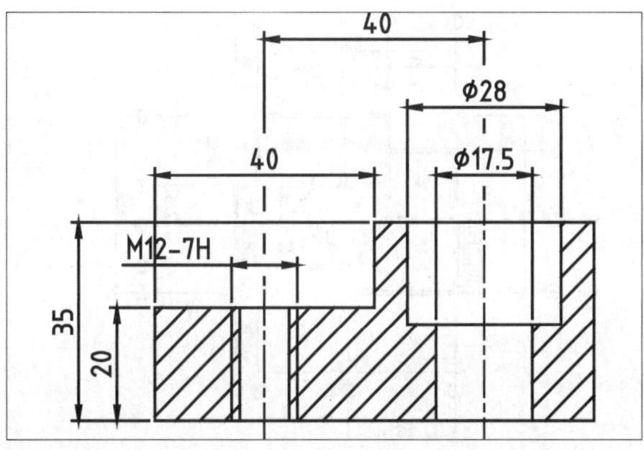

图4-247　打断尺寸40

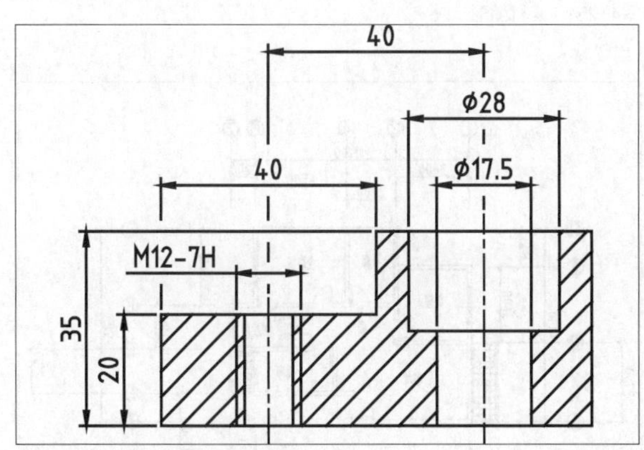

图4-248　图形的最终打断效果

4.6.2 调整标注间距

在AutoCAD中进行基线标注时，如果没有设置合适的基线间距，可能使尺寸线之间的距离过大或过小，如图4-249所示。使用“调整间距”命令，可调整互相平行的线性尺寸或角度尺寸之间的距离。

执行“调整间距”命令的方法有以下几种。

◆菜单栏：执行“标注”|“标注间距”命令。

◆功能区：在“注释”选项卡中，单击“标注”面板中的“调整间距”按钮，如图4-250所示。

◆命令：DIMSPACE。

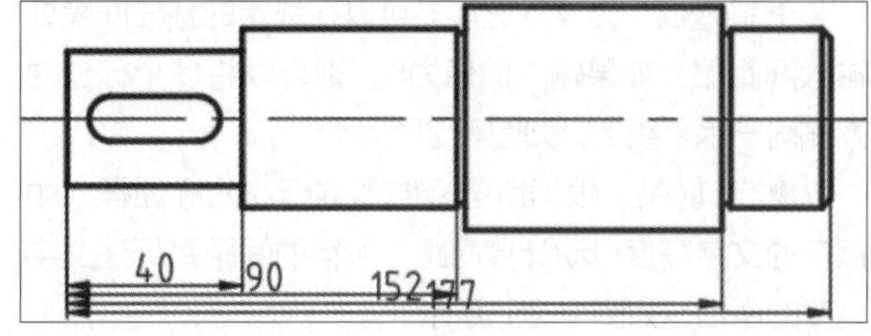

图4-249　标注间距过小

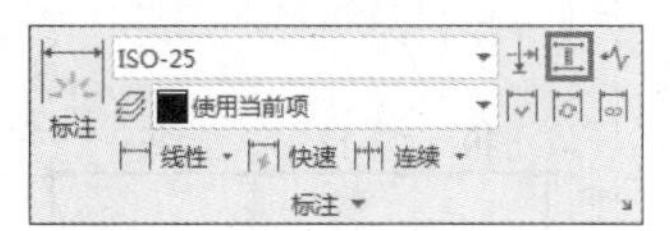

图4-250　“标注”面板中的“调整间距”按钮

“调整间距”命令的操作如图4-251所示。命令行提示如下。

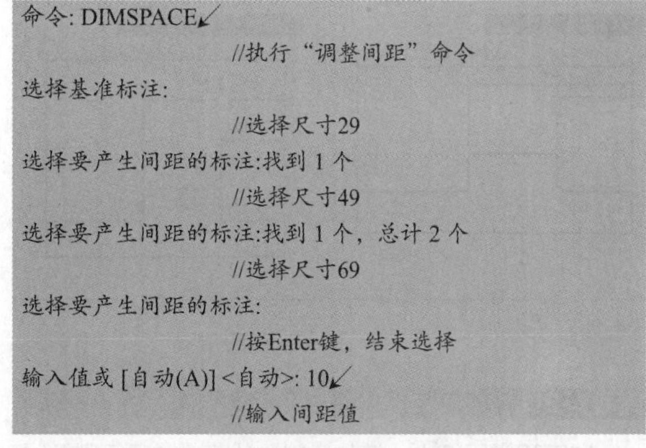

```
命令: DIMSPACE↙
                        //执行“调整间距”命令
选择基准标注:
                        //选择尺寸29
选择要产生间距的标注:找到 1 个
                        //选择尺寸49
选择要产生间距的标注:找到 1 个，总计 2 个
                        //选择尺寸69
选择要产生间距的标注:
                        //按Enter键，结束选择
输入值或 [自动(A)] <自动>: 10↙
                        //输入间距值
```

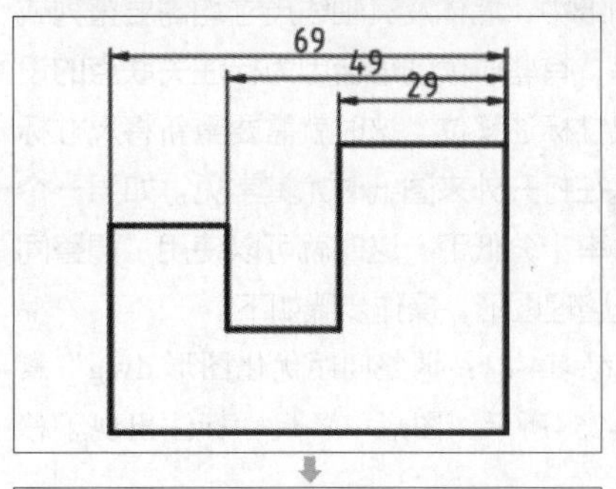

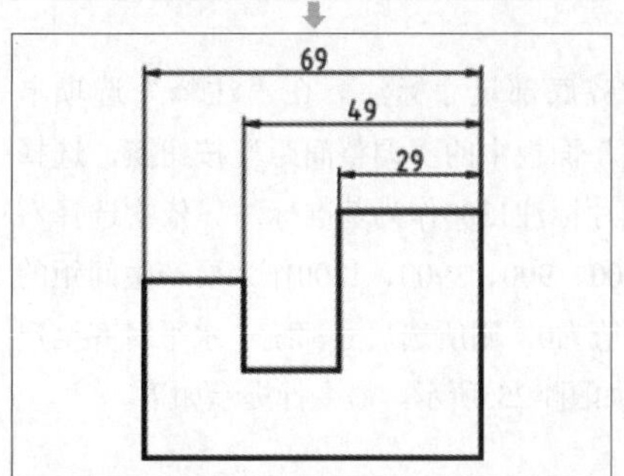

图4-251　调整标注间距的效果

“调整间距”命令可以通过“输入值”和“自动(A)”这两种方式来创建间距，两种方式的含义介绍如下。

◆输入值：为默认选项。可以在选定的标注间隔处输入间距值；如果输入的值为0，则可以将多个标注对齐在同一水平线上，如图4-252所示。

◆自动(A)：根据所选择的基准标注的标注样式中指定的文字高度自动计算间距，所得的间距是标注文字高度的两倍，如图4-253所示。

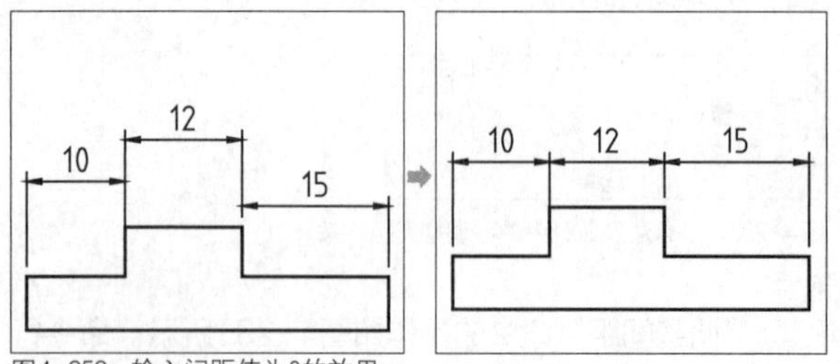

图4-252　输入间距值为0的效果

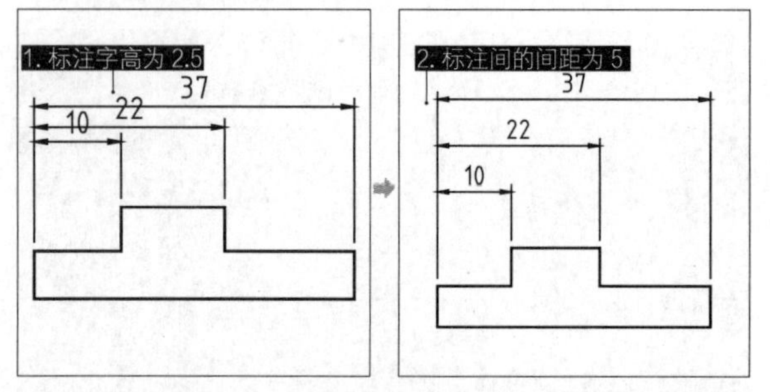

图4-253　“自动(A)”根据字高自动调整间距

练习 4-21 调整间距优化图形 ★进阶★

在工程类图纸中，墙体及其轴线尺寸均需要整列或整排对齐。但是，有些时候图形会因为标注关联点的设置问题，导致尺寸标注移位，这时就需要重新将尺寸标注逐一对齐，这在打开外来图纸时尤其常见。如果一个个调整标注，效率十分低下，这时就可以使用“调整间距”命令来快速整理图形，操作步骤如下。

步骤 01 打开“练习4-21：调整间距优化图形.dwg”素材文件，如图4-254所示，图形中各尺寸标注出现了移位，并不工整。

步骤 02 水平对齐底部尺寸标注。在“注释”选项卡中，单击“标注”面板中的“调整间距”按钮，选择左下方的阳台尺寸标注1300作为基准标注。依次选择右方的尺寸标注5700、900、3900、1200作为要产生间距的标注，输入间距值为0，则所选尺寸都统一水平对齐至尺寸标注1300处，如图4-255所示。命令行提示如下。

```
命令:_DIMSPACE
选择基准标注:
                          //选择尺寸1300
选择要产生间距的标注:找到 1 个
                          //选择尺寸5700
选择要产生间距的标注:找到 1 个，总计 2 个
                          //选择尺寸900
选择要产生间距的标注:找到 1 个，总计 3 个
                          //选择尺寸3900
选择要产生间距的标注:找到 1 个，总计 4 个
                          //选择尺寸1200
选择要产生间距的标注:
                          //按Enter键，结束选择
输入值或 [自动(A)] <自动>: 0↙
                          //输入间距值0，得到水平排列
```

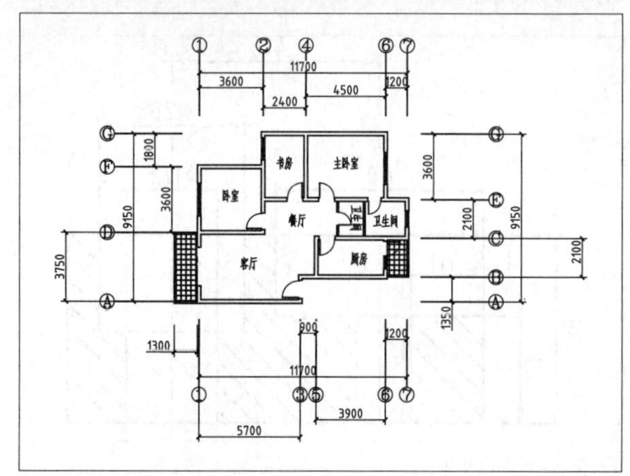

图4-254　素材图形

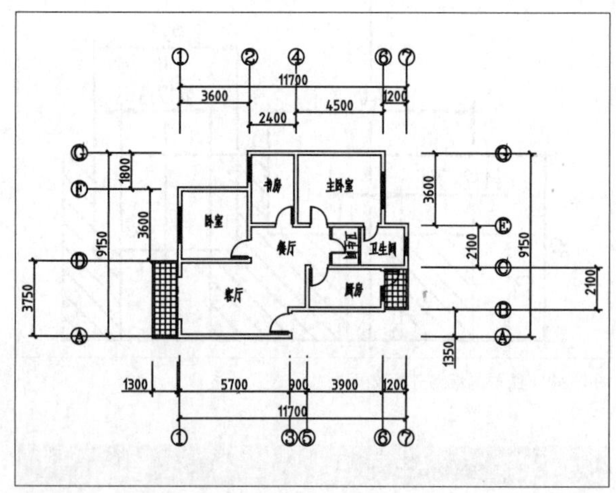

图4-255　水平对齐尺寸标注

步骤 03 垂直对齐右侧尺寸标注。选择右下方1350尺寸标注为基准标注，依次选择上方的尺寸标注2100、2100、3600，输入间距值为0，得到垂直对齐尺寸标注，如图4-256所示。

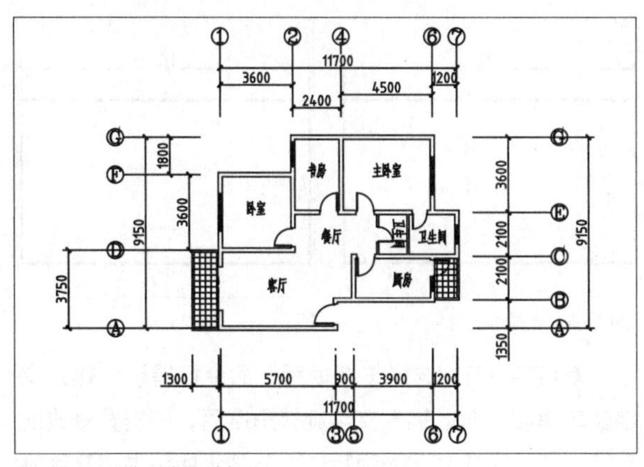

图4-256　垂直对齐尺寸标注

步骤 04 对齐其他尺寸标注。使用相同的方法，对齐其他尺寸标注，最外层的总长尺寸标注除外，效果如图4-257所示。

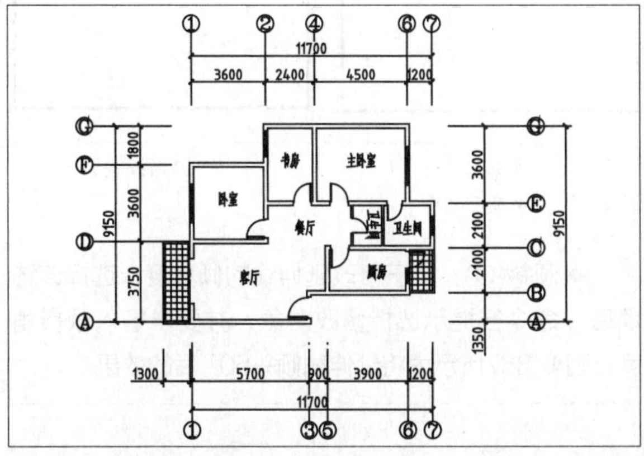

图4-257　对齐其他尺寸标注

步骤 05 调整外层间距。再次执行“调整间距”命令，仍选择左下方的阳台尺寸标注1300作为基准标注，选择下方的总长尺寸标注11700为要产生间距的尺寸标注，输入间距值为1300，效果如图4-258所示。

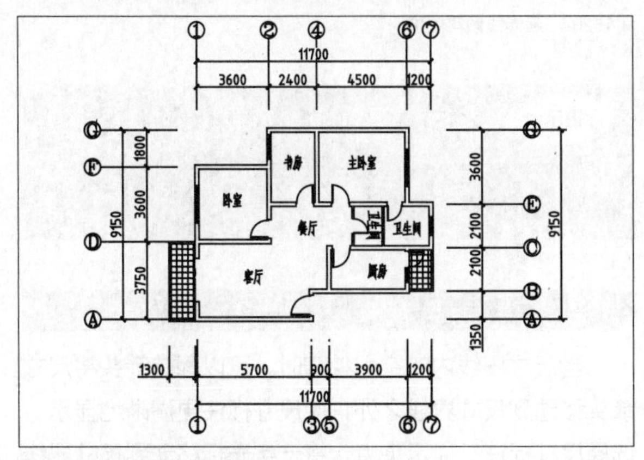

图4-258　垂直对齐尺寸标注

步骤 06 按相同的方法，调整所有的外层总长尺寸标注，最终结果如图4-259所示。

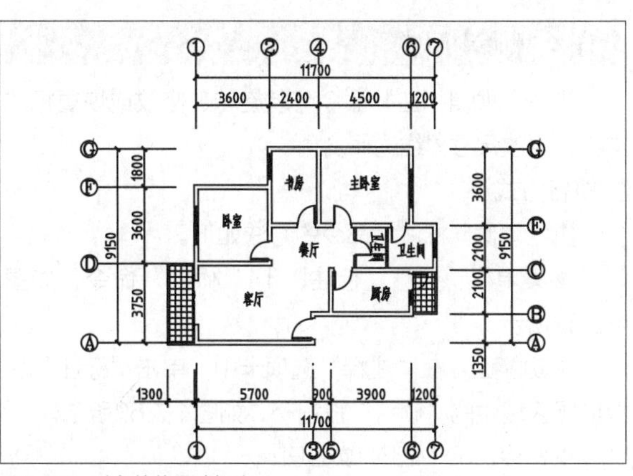

图4-259　对齐其他尺寸标注

4.6.3 折弯线性标注

在标注一些长度较大的轴类打断视图的长度尺寸时，可以对应使用折弯线性标注。在AutoCAD中，执行“折弯线性”命令有如下几种常用方法。

◆菜单栏：执行“标注”|“折弯线性”命令。

◆功能区：在“注释”选项卡中，单击“标注”面板中的“标注，折弯标注”按钮，如图4-260所示。

◆命令：DIMJOGLINE。

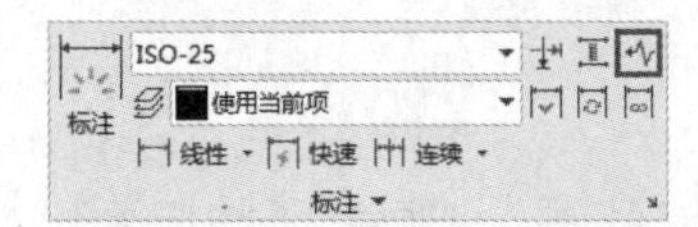

图4-260　“标注”面板中的“标注，折弯标注”按钮

执行“折弯线性”命令后，选择需要添加折弯的线性标注或对齐标注，然后指定折弯位置，如图4-261所示。命令行提示如下。

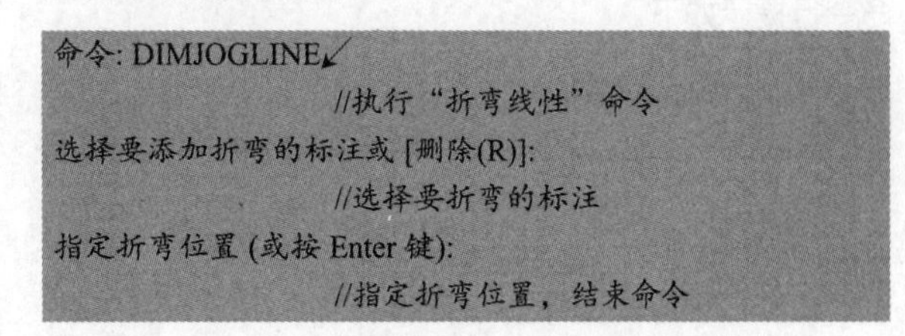

```
命令: DIMJOGLINE↙
                    //执行“折弯线性”命令
选择要添加折弯的标注或 [删除(R)]:
                    //选择要折弯的标注
指定折弯位置 (或按 Enter 键):
                    //指定折弯位置，结束命令
```

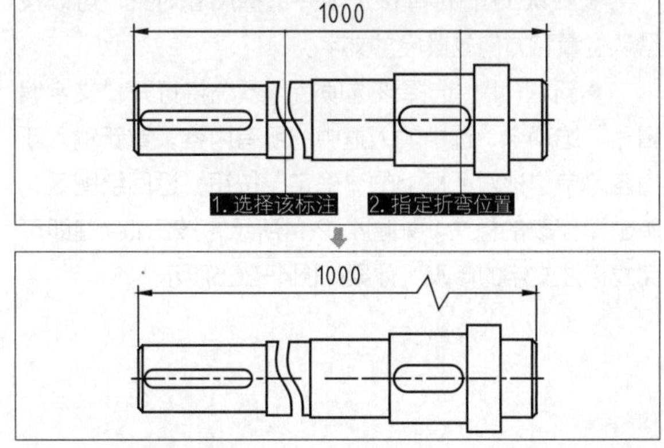

图4-261　折弯线性标注

4.6.4 倾斜标注

执行“倾斜标注”命令可以旋转、修改或恢复标注文字，更改尺寸界线的倾斜角。

◎ 执行方式

执行“倾斜标注”命令的方法如下。

◆菜单栏：执行“标注”|“倾斜”命令，如图4-262所示。

◆功能区：在“注释”选项卡中，单击“标注”面板扩展区域中的“倾斜”按钮，如图4-263所示。

◆命令：DIMEDIT或DED。

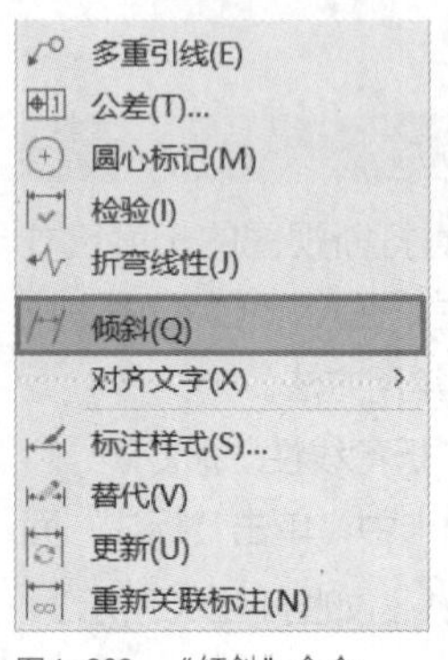

图4-262 “倾斜”命令

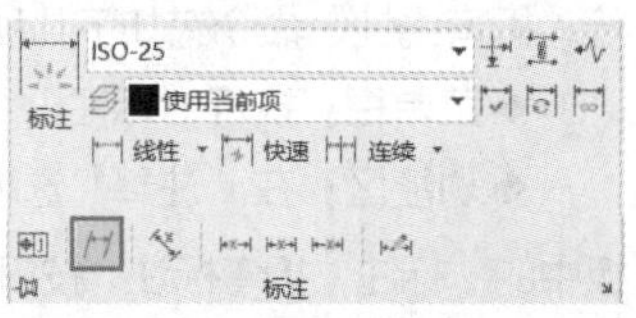

图4-263 “标注”面板扩展区域中的“倾斜”按钮

◎ 操作步骤

在以前版本的AutoCAD中，“倾斜”命令归类于“DIMEDIT（标注编辑）”命令之内。在AutoCAD 2022中，“倾斜”命令开始作为一个独立的命令出现在面板中。如果还是以在命令行中输入“DIMEDIT”的方式调用，可以执行其他属于“标注编辑”的命令。命令行提示如下。

```
输入标注编辑类型[默认(H)/新建(N)/旋转(R)/倾斜(O)]〈默认〉:
```

◎ 选项说明

命令行中各选项的含义介绍如下。

◆默认(H)：选择该选项并选择尺寸对象，可以按默认位置和方向放置尺寸文字。

◆新建(N)：选择该选项后，系统将打开“文字编辑器”选项卡，选中输入框中的所有内容，重新输入新内容，单击该对话框上的“确定”按钮；返回绘图区，单击要修改的标注，如图4-264所示，按Enter键即可完成标注文字的修改，效果如图4-265所示。

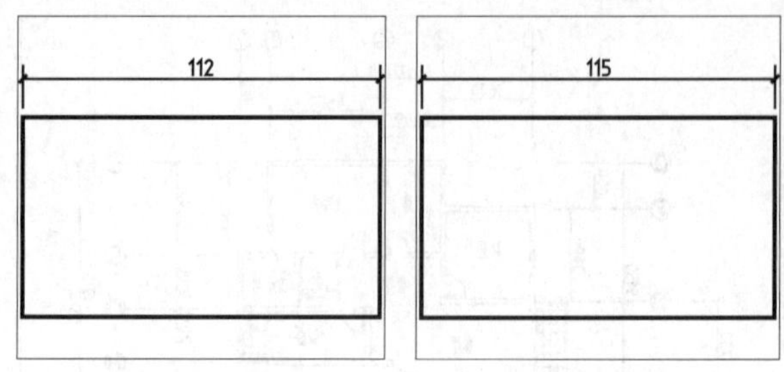

图4-264 选择修改对象　　图4-265 修改效果

◆旋转(R)：选择该选项后，命令行提示“输入文字旋转角度：”，输入文字旋转角度后，单击要修改的文字，即可完成文字的旋转，图4-266所示为将文字旋转30°后的效果。

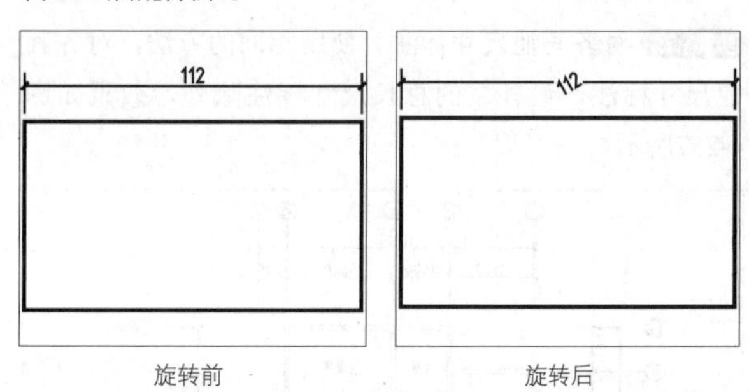

图4-266 文字旋转效果

◆倾斜(O)：用于修改延伸线的倾斜度，选择该选项后，命令行提示选择修改对象，并要求输入倾斜角度。图4-267所示为将延伸线倾斜60°后的效果。

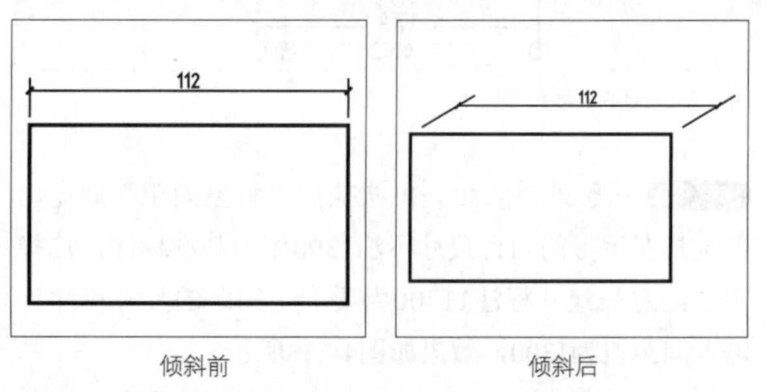

图4-267 延伸线倾斜效果

> **提示**
>
> 在命令行中输入“DDEDIT”或“ED”，也可以很方便地修改标注文字的内容。

4.6.5 翻转箭头

当尺寸界线内的空间狭窄时，可以翻转箭头将尺寸箭头移动到尺寸界线之外，使尺寸标注更清晰地显示。选择尺寸标注，显示夹点，将十字光标移动到尺寸界线夹点上，弹出快捷菜单，选择其中的“翻转箭头”选项，即可翻转该侧的一个箭头。使用同样的方法可以翻转另一侧的箭头。操作过程如图4-268所示。

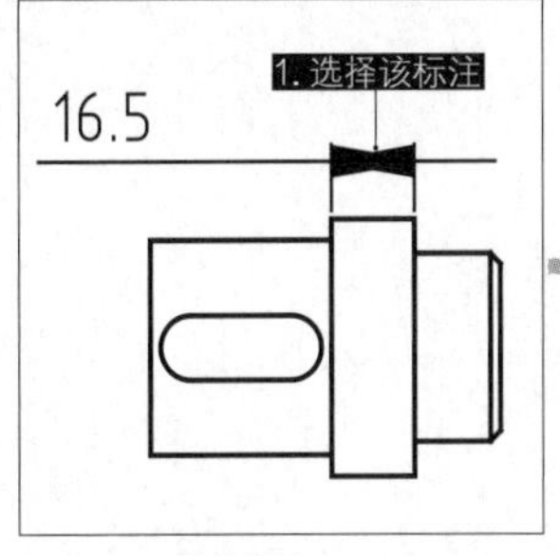

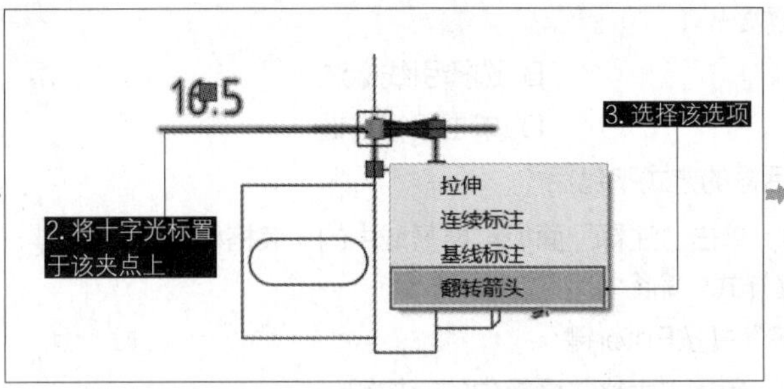

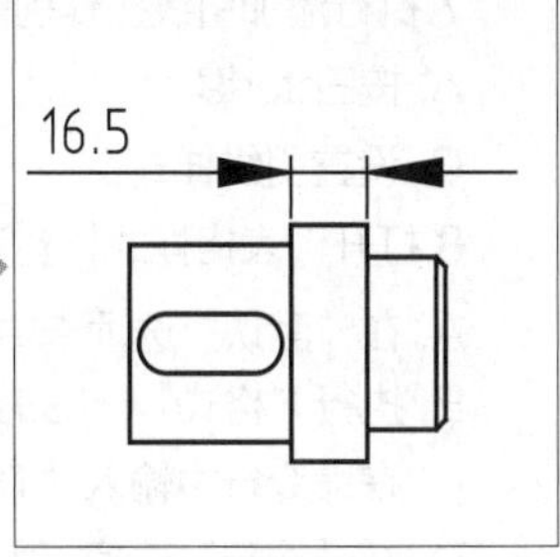

图4-268　翻转箭头

4.7 本章小结

本章介绍了创建图形注释的方法，包括创建文字注释、尺寸注释、引线注释及表格注释。通过设置注释样式，如文字样式，可以影响注释的显示效果。在“文字样式”对话框中执行选择字体类型、设置文字高度、调整倾斜角度等操作，可以调整文字注释在图面的最终效果。

尺寸注释包含多种类型，如智能标注、线性标注及对齐标注等，为了方便同时创建多个相同的尺寸标注，需要先创建尺寸标注样式。创建注释后，当用户修改样式参数时，图中的注释会自动更新。

引线注释包含引线和注释文字，所以在设置样式参数时，需要同时设置引线与文字参数。通过对引线执行编辑操作，如添加、删除、对齐与合并，调整引线注释的显示方式。

表格可以清楚明了地标注各种参数，所以常利用表格来绘制门窗表、材料表等。通过编辑表格的行列、文字等相关参数，可以使表格数据以更合理的方式呈现。

此外，掌握编辑标注的方法也很重要，如打断标注、调整标注间距及创建折弯线性标注等。只有多加练习才能将这些命令的使用方法熟记在心，本章的最后提供了课后习题方便读者进行练习。

4.8 课后习题

一、理论题

1.“多行文字”命令的工具按钮是（　）。

A. A　　B. A　　C. 　　D.

2.编辑文字的方法不包括（　）。

A. 执行“修改”|“对象”|“文字”|“编辑”命令

B. 在命令行中输入“DDEDIT”或“ED”并按Enter键

C. 选择文字，单击鼠标右键，在弹出的快捷菜单中执行“编辑”命令

D. 在文字上双击

3.“线性标注”命令的快捷方式是（　）。

A. DDL　　B. DAL　　C. DLI　　D. DBL

4.“半径标注”命令的工具按钮是（　）。

A. 　　B. 　　C. 　　D.

5.创建连续标注前，必须先存在一个（　）。

A. 圆心　　B. 尺寸界线起点

C. 角度　　D. 圆心标记

6.执行“多重引线”命令的方式为（　）。

A. 在“默认”选项卡中，单击“注释”面板中的“引线”按钮

B. 执行“注释”|“多重引线”命令

C. 在命令行中输入“MLI”并按Enter键

D. 在“注释”选项卡中单击按钮

7.执行添加引线操作前需要先（　）。

A. 按Enter键　　B. 选择引线标注

C. 设置引线样式　　D. 单击鼠标右键

8.打开“表格样式”对话框的方式不包括（　）。

A. 在“默认”选项卡中，单击“注释”面板扩展区域中的“表格样式”按钮

B. 执行“格式”|“表格样式”命令

C. 在命令行中输入“TS”并按Enter键

D. 在“注释”选项卡中，单击“表格”面板中的按钮

9.合并表格单元格的方式不包括（　）。

A. 合并全部　　B. 合并两行

C. 按行合并　　D. 按列合并

10.在表格单元格中输入文字，按（　）键不能切换单元格。

A. Esc　　B. Enter　　C. Tab　　D. ↑ ↓ ←→

二、操作题

1.执行“单行文字”或者“多行文字”命令，为电气图绘制说明文字，如图4-269所示。

2.为图4-270所示的构件标注半径尺寸。

3.执行“多重引线”命令，为图4-271所示的立面图绘制引线标注，箭头样式与文字样式可以自定义。

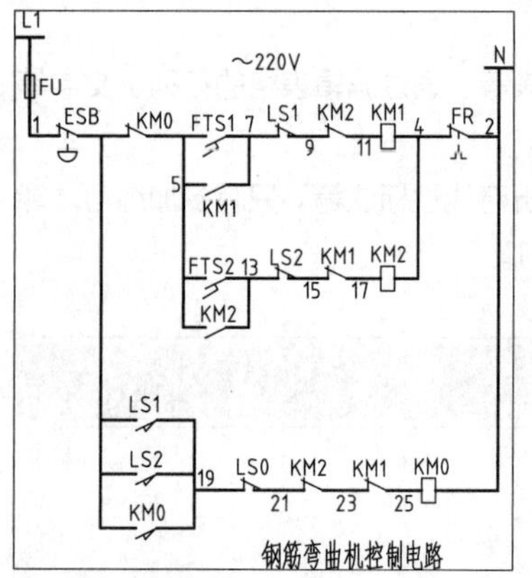

图4-269　绘制说明文字

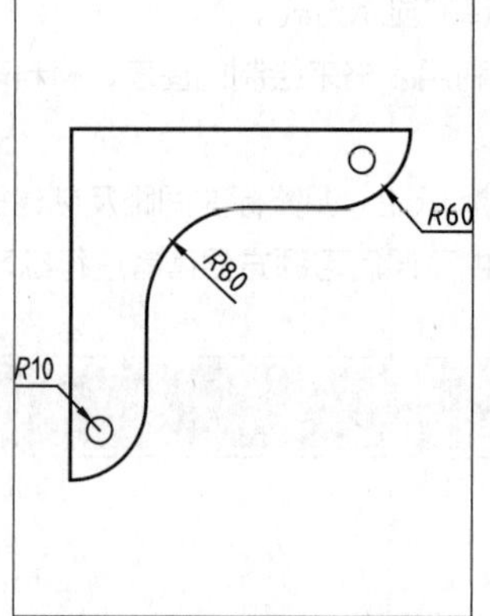

图4-270　绘制半径尺寸

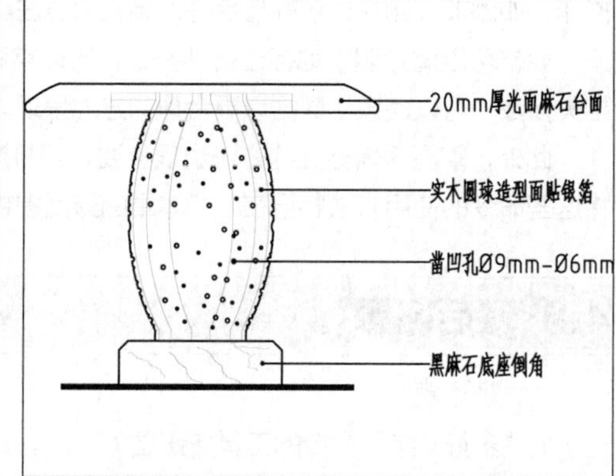

图4-271　绘制引线标注

4.按照所学方法，创建表格并输入内容，绘制电气设施统计表，如图4-272所示。

序号	名称	规格型号	数量	重量/原值（吨/万元）	制造/投用（时间）	主体材质	操作条件	安装地点/使用部门	生产制造单位	备注
1	吸氨泵、碳化泵、浓氨泵（TH01）	MNS	1		2010.04/2010.08	敷铝锌板	交流控制（AC380V/220V）	碳化配电室/	上海德力西开关有限公司	
2	离心机1#-3#主机、辅机控制（TH02）	MNS	1		2010.04/2010.08	敷铝锌板	交流控制（AC380V/220V）	碳化配电室/	上海德力西开关有限公司	
3	防爆控制箱	XBK-B24D24G	1		2010.07	铸铁	交流控制（AC220V）	碳化值班室内/	新黎明防爆电器有限公司	
4	防爆照明（动力）配电箱	CBP51-7KXXG	1		2010.11	铸铁	交流控制（AC380V）	碳化二楼/	长城电器集团有限公司	
5	防爆动力（电磁）启动箱	BXG	1		2010.07	铸铁	交流控制（AC380V）	碳化值班室内/	新黎明防爆电器有限公司	
6	防爆照明（动力）配电箱	CBP51-7KXXG	1		2010.11	铸铁	交流控制（AC380V）	碳化一楼/	长城电器集团有限公司	
7	碳化循环水控制柜		1		2010.11	普通钢板	交流控制（AC380V）	碳化配电室内/	自配控制柜	
8	碳化深水泵控制柜		1		2011.04	普通钢板	交流控制（AC380V）	碳化配电室内/	自配控制柜	
9	防爆控制箱	XBK-B12D12G	1		2010.07	铸铁	交流控制（AC380V）	碳化二楼/	新黎明防爆电器有限公司	
10	防爆控制箱	XBK-B30D30G	1		2010、07	铸铁	交流控制（AC380V）	碳化二楼/	新黎明防爆电器有限公司	

图4-272　绘制电气设施统计表

5.调整标注间距，优化图形的显示效果，如图4-273所示。

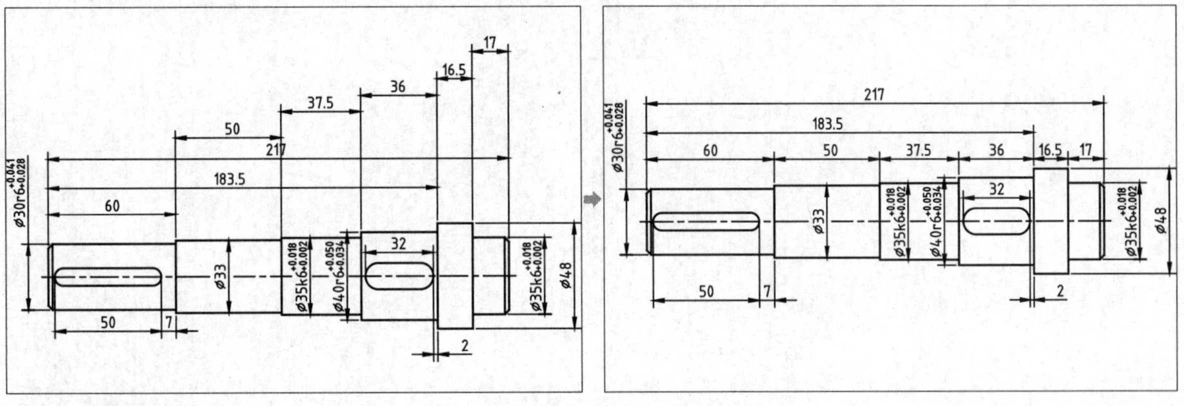

图4-273　调整标注间距

第**5**章

图层与图形特性

本章内容概述

图层是 AutoCAD 中用于组织图形的强有力的工具。AutoCAD 的图形对象必须绘制在某个图层上，它可以是默认的图层，也可以是用户自己创建的图层。利用图层的特性（如颜色、线型、线宽等），可以非常方便地区分不同的对象。此外，AutoCAD 还提供了大量的图层管理功能（如打开 / 关闭、冻结 / 解冻、加锁 / 解锁等），这些功能使用户在组织图层时非常方便。本章将详细讲解使用图层管理图形的方法。

本章知识要点

- 了解图层的基本概念
- 创建与设置图层
- 编辑图层
- 设置图形特性

解锁课程后你还可以获得

1 进入微信交流群，与老师直接交流

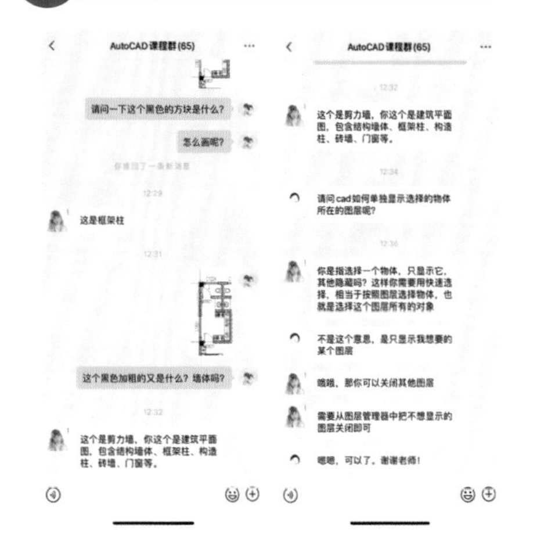

2 AutoCAD设计案例分析，从机械、建筑、室内装潢、电气等设计领域解读AutoCAD行业应用

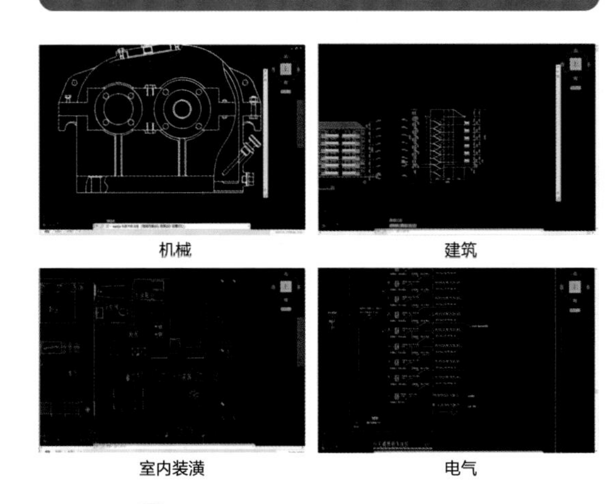

3 课程中所有案例的素材文件及丰富附赠素材

4 课程配套的课后习题集及答案+教师专享教学PPT课件、教案、教学大纲

添加助教老师微信，0元领取视频课程

绘制&行业应用全解析，打通CAD技能通道!

5.1 图层的基本概念

AutoCAD图层相当于传统图纸中使用的重叠图纸。它就如同一张张透明的图纸，整个AutoCAD文档就如由若干透明图纸上下叠加的结果，如图5-1所示。用户可以根据不同的特征、类别或用途，将图形对象分类组织到不同的图层中。同一个图层中的图形对象具有许多相同的外观属性，如线宽、颜色、线型等。

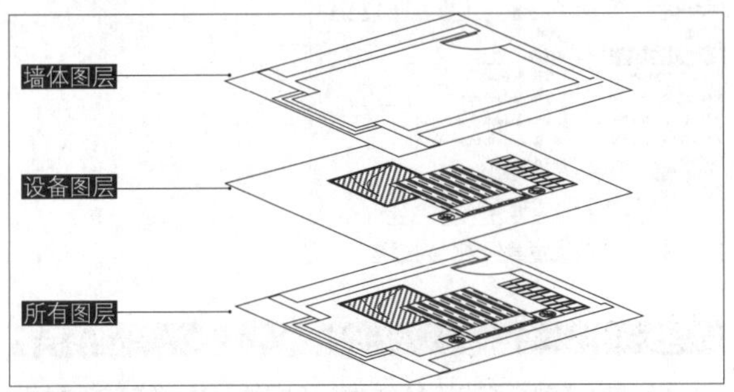

图5-1　图层的原理

按图层组织数据有很多好处。首先，图层结构有利于设计人员对AutoCAD文档的绘制和阅读。不同工种的设计人员，可以将不同类型的数据组织到各自的图层中，最后统一叠加。阅读文档时，可以暂时隐藏不必要的图层，减少屏幕上的图形对象数量，提高显示效率，也有利于看图。修改图纸时，可以锁定或冻结其他工种的图层，以防误删、误改他人图纸。其次，按照图层组织数据，可以减少数据冗余，压缩文件数据量，提高系统处理效率。许多图形对象都有共同的属性，如果逐个记录这些属性，那么这些共同属性将被重复记录。按图层组织数据以后，具有共同属性的图形对象同属一个层，便于管理。

5.2 图层的创建与设置

图层的新建、设置等操作通常在“图层特性管理器”选项板中进行。“图层特性管理器”选项板可以控制图层的颜色、线型、线宽、透明度、是否打印等。本节仅介绍其中常用的前3种方法，后面的设置方法与前面3种相同，不再一一介绍。

5.2.1 新建并命名图层 ★进阶★

在使用 AutoCAD 进行绘图工作前，用户应先根据自身行业要求创建好对应的图层。AutoCAD 的图层创建和设置都在“图层特性管理器”选项板中进行。

打开“图层特性管理器”选项板有以下几种方法。

◆菜单栏：执行“格式”|“图层”命令。

◆功能区：在“默认”选项卡中，单击“图层”面板中的“图层特性”按钮，如图 5-2 所示。

◆命令：LAYER 或 LA。

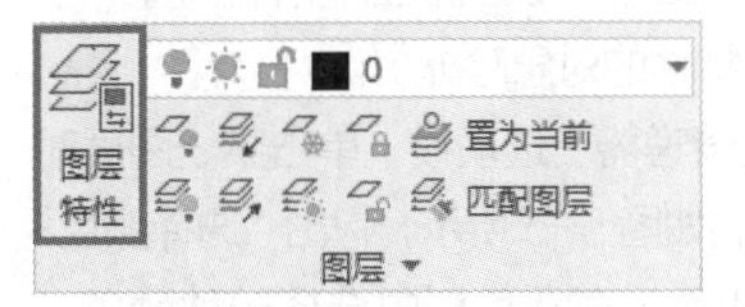

图5-2　“图层”面板中的“图层特性”按钮

执行以上命令后，弹出“图层特性管理器”选项板，如图5-3所示，单击选项板上方的“新建图层”按钮，即可新建一个图层。默认情况下，创建的图层会以“图层1”“图层2”等顺序命名，用户也可以自行输入易辨别的名称，如“轮廓线”“中心线”等。输入图层名称之后，依次设置该图层对应的颜色、线型、线宽等特性。

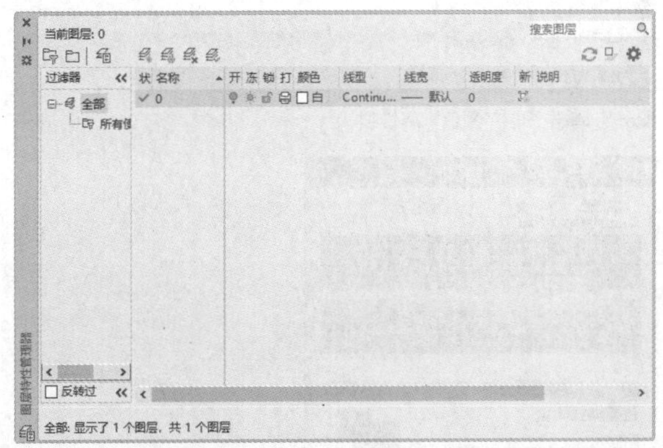

图5-3　“图层特性管理器”选项板

设置为当前的图层项目前会出现✔符号。图5-4所示为将粗实线图层置为当前图层，颜色设置为红色、线型设置为实线、线宽设置为0.3mm的结果。

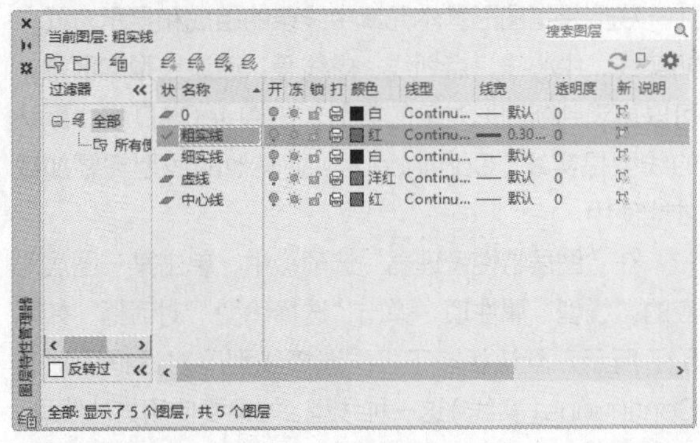

图5-4　粗实线图层

提示

图层的名称最多可以包含255个字符，并且中间可以含有空格。图层名区分大小写字母。图层名不能包含的符号有：<、>、^、“、”、；、?、*、|、,、=、’等。如果用户在命名图层时提示失败，可检查是否输入了这些字符。

5.2.2 设置图层颜色 ★进阶★

为了区分不同的对象，通常为不同的图层设置不同的颜色。设置图层颜色之后，该图层上的所有对象均显示为该颜色（修改了特性的对象除外）。

打开“图层特性管理器”选项板，单击某一图层对应的“颜色”属性项，如图5-5所示，弹出“选择颜色”对话框，如图5-6所示。在调色板中选择一种颜色，单击“确定”按钮，即可完成颜色设置。

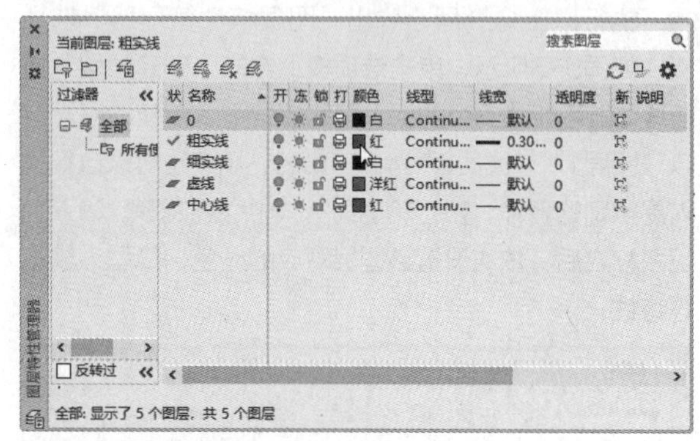

图5-5 单击图层“颜色”属性项

图5-6 “选择颜色”对话框

5.2.3 设置图层线型 ★进阶★

线型是指图形基本元素中线条的组成和显示方式，如实线、中心线、点划线、虚线等。通过线型的区别，可以直观判断图形对象的类别。在AutoCAD中，默认的线型是实线（Continuous），其他的线型需要加载才能使用。

在“图层特性管理器”选项板中，单击某一图层对应的“线型”属性项，弹出“选择线型”对话框，如图5-7所示。默认状态下，“选择线型”对话框中只有Continuous（实线）这一种线型。如果要使用其他线型，必须将其添加到“选择线型”对话框中。单击“加载”按钮，弹出“加载或重载线型”对话框，如图5-8所示，从该对话框中选择要使用的线型，单击“确定”按钮，完成线型设置。

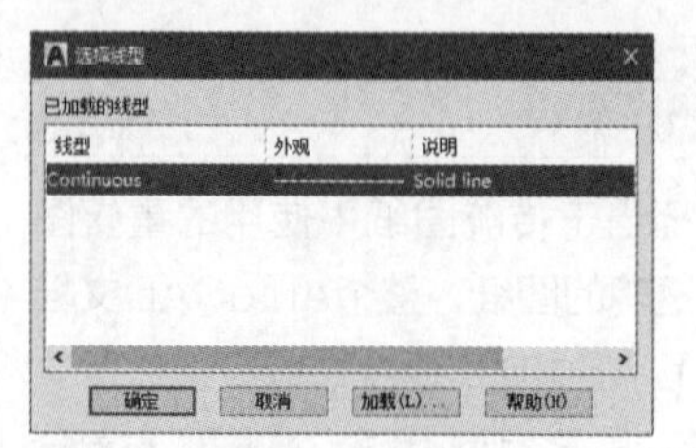

图5-7 “选择线型”对话框

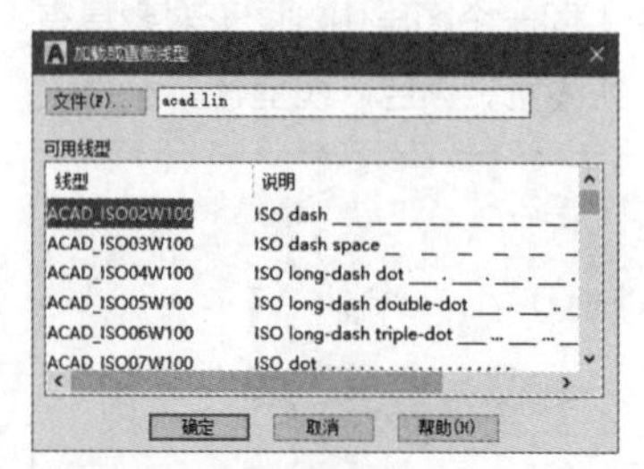

图5-8 “加载或重载线型”对话框

练习5-1 调整中心线线型比例 ★进阶★

有时设置好了非连续线型（如虚线、中心线）的图层，但绘制时仍会显示出实线的效果。这通常是因为线型的“线型比例”值过大，修改线型比例相关数值即可显示出合适的线型效果，如图5-9所示。操作步骤如下。

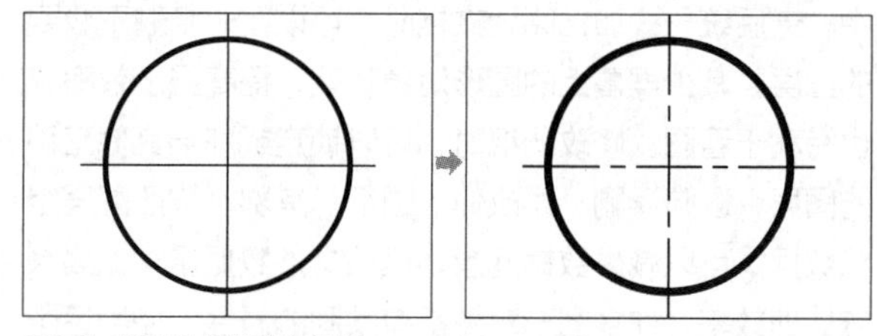

图5-9 线型比例的变化效果

步骤 01 打开“练习5-1：调整中心线线型比例.dwg”素材文件，如图5-10所示，图形的中心线为实线显示。

步骤 02 在“默认”选项卡中，选择“特性”面板“线型”下拉列表中的“其他”选项，如图5-11所示。

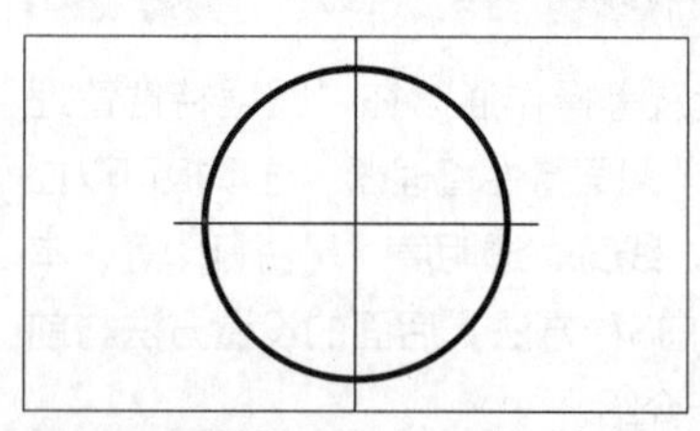

图5-10 素材图形

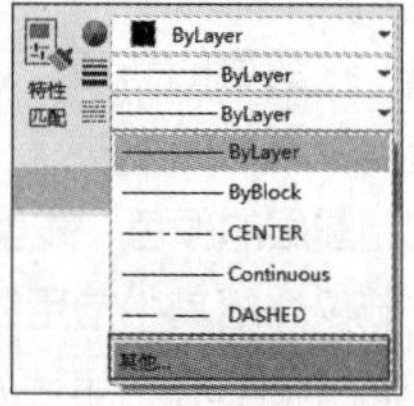

图5-11 “其他”选项

步骤 03 系统弹出“线型管理器”对话框，在中间的线型列表框中选择中心线所在的图层“CENTER”，然后在右下方的“全局比例因子”文本框中输入“0.25”，如图5-12所示。

步骤 04 设置完成之后，单击对话框中的“确定”按钮返回绘图区，可以看到中心线的效果发生了变化，变为了合适的点划线，如图5-13所示。

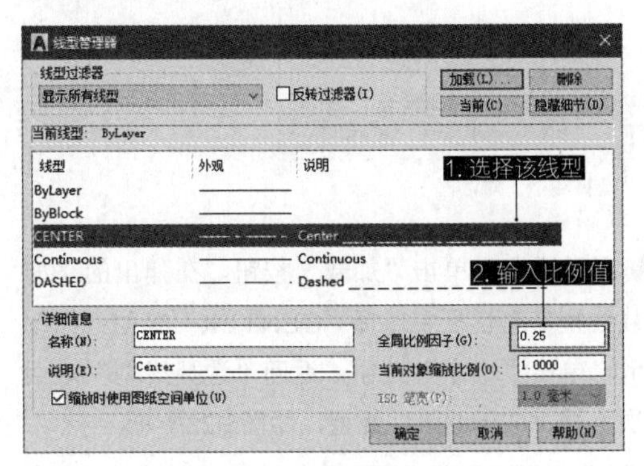

图5-12　“线型管理器”对话框

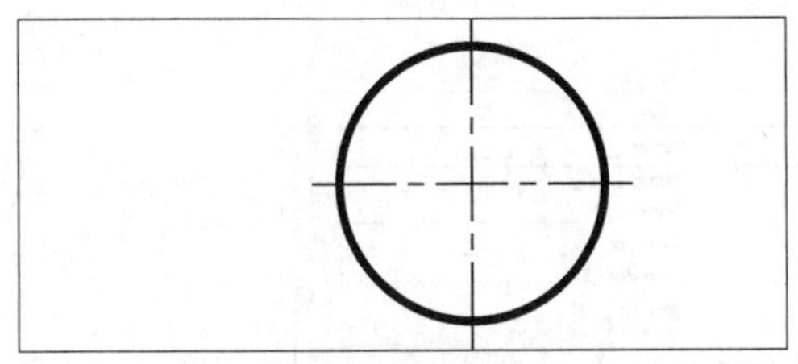

图5-13　修改线型比例值之后的图形

5.2.4 设置图层线宽

线宽即线条显示的宽度。使用不同宽度的线条表现对象的不同部分，可以提高图形的表达性和可读性，如图 5-14 所示。

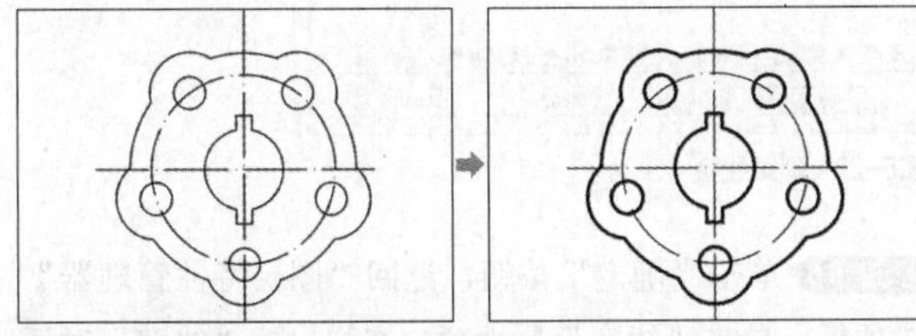

图5-14　线宽变化

在“图层特性管理器”选项板中，单击某一图层对应的“线宽”属性项，弹出“线宽”对话框，如图5-15所示，从中选择所需的线宽即可。

如果需要自定义线宽，在命令行中输入“LWEIGHT”或“LW”并按Enter键，弹出“线宽设置”对话框，如图 5-16 所示。通过调整线宽比例，可使图形中的线宽显示得更粗或更细。

机械、建筑制图中通常采用粗、细两种线宽，在AutoCAD中常设置粗细比例为2：1，共有0.25/0.13、0.35/0.18、0.5/0.25、0.7/0.35、1/0.5、1.4/0.7、2/1（线宽单位均为 mm）这 7 种组合，同一图纸只允许采用一种组合。其他行业制图请查阅相关标准。

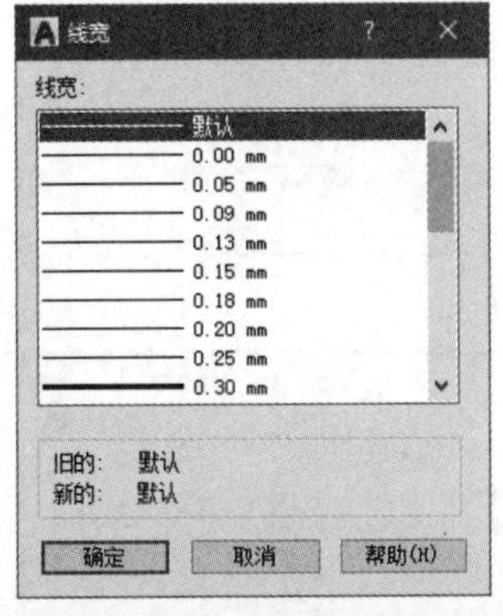

图5-15　“线宽”对话框

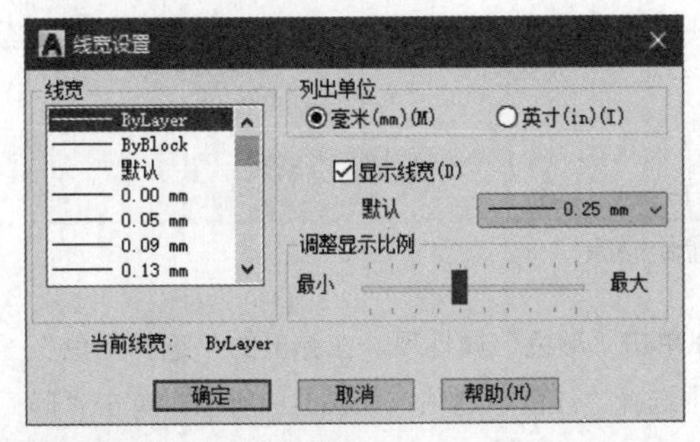

图5-16　“线宽设置”对话框

练习5-2 创建绘图基本图层

★重点★

本练习介绍绘图基本图层的创建方法，在该练习中要求分别建立“粗实线”“细实线”“中心线”“标注与注释”“细虚线”层，这些图层的主要特性如表 5-1 所示，操作步骤如下。

表 5-1 图层列表

序号	图层名	线宽（mm）	线型	颜色	打印属性
1	粗实线	0.3	CONTINUOUS	白	打印
2	细实线	0.15	CONTINUOUS	红	打印
3	中心线	0.15	CENTER	红	打印
4	标注与注释	0.15	CONTINUOUS	绿	打印
5	细虚线	0.15	ACAD-ISO 02W100	蓝	打印

步骤 01 在“默认”选项卡中，单击“图层”面板中的“图层特性”按钮。系统弹出“图层特性管理器”选项板，单击“新建图层”按钮，新建图层。系统默认“图层1”为新建图层的名称，如图5-17所示。

步骤 02 此时文本框呈可编辑状态，在其中输入文字“中心线”并按Enter键，完成中心线图层的创建，如图5-18所示。

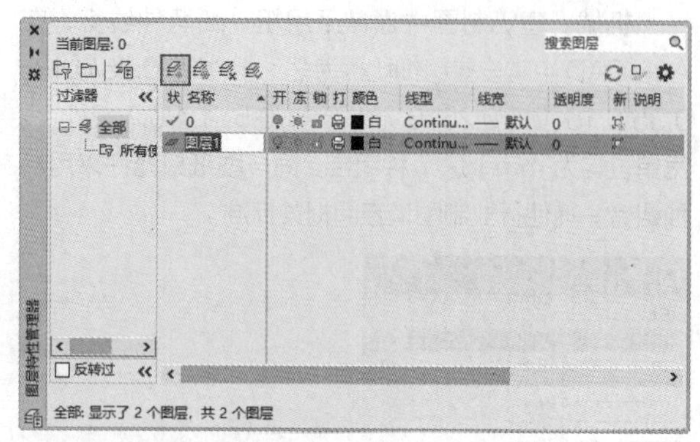

图5-17 “图层特性管理器”选项板

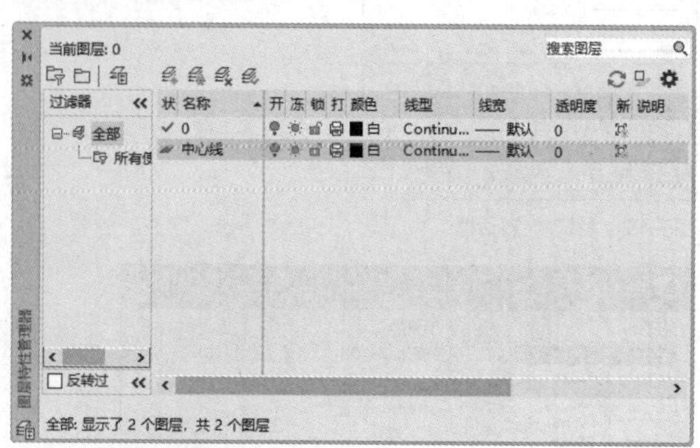

图5-18 重命名图层

步骤 03 单击“颜色”属性项，在弹出的“选择颜色”对话框中选择“红色”选项，如图5-19所示。单击“确定”按钮，返回“图层特性管理器”选项板。

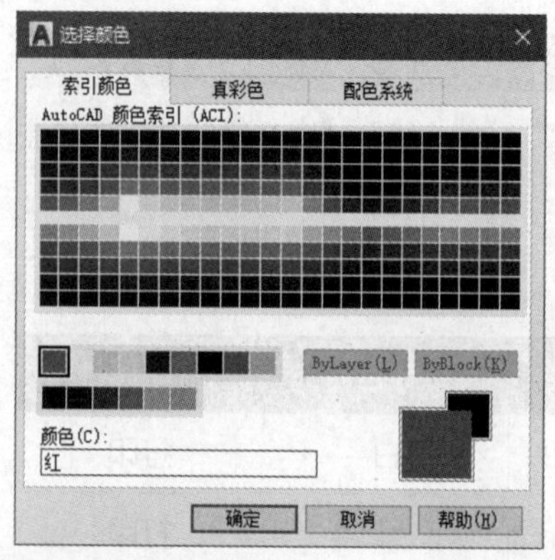

图5-19 设置图层颜色

步骤 04 单击“线型”属性项，弹出“选择线型”对话框，如图5-20所示。

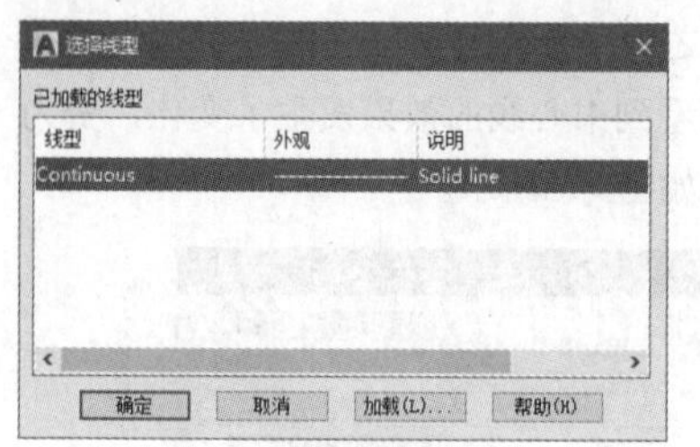

图5-20 “选择线型”对话框

步骤 05 在对话框中单击“加载”按钮，在弹出的“加载或重载线型”对话框中选择“CENTER”线型，如图5-21所示。单击“确定”按钮，返回“选择线型”对话框。再次选择“CENTER”线型，如图5-22所示。

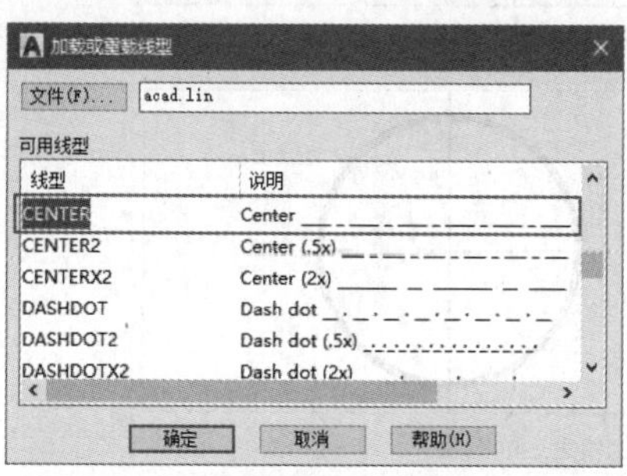

图5-21 “加载或重载线型”对话框

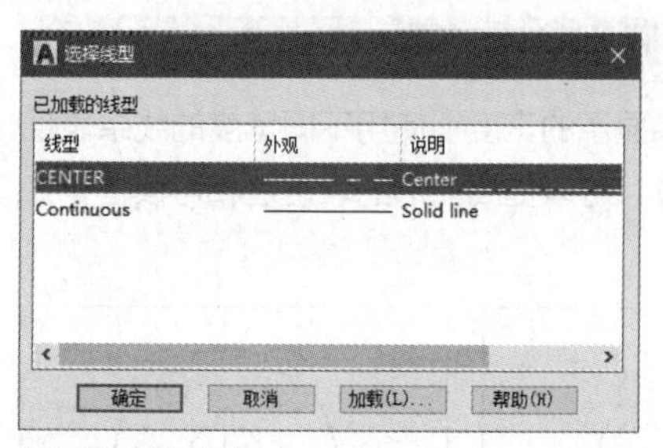

图5-22 设置线型

步骤 06 单击“确定”按钮，返回“图层特性管理器”选项板。单击“线宽”属性项，在弹出的“线宽”对话框中选择“0.15mm”，如图5-23所示。

步骤 07 单击“确定”按钮，返回“图层特性管理器”选项板。设置的中心线图层如图5-24所示。

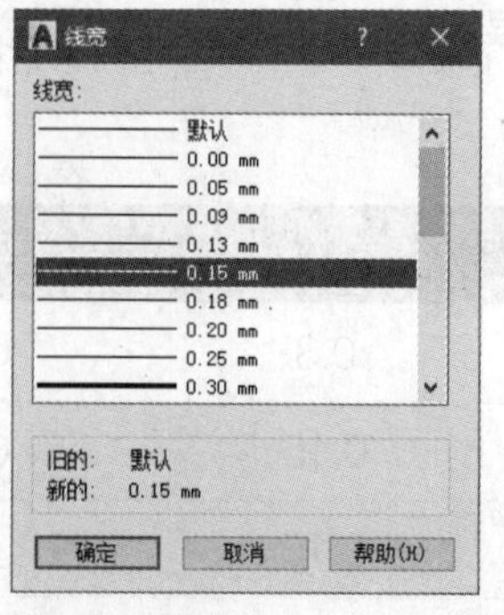

图5-23 选择线宽

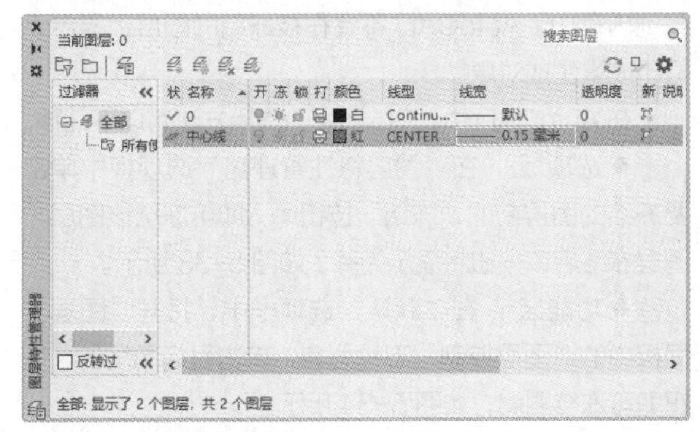

图5-24　设置的中心线图层

步骤 08 重复上述步骤，分别创建“粗实线”层、“细实线”层、“标注与注释”层和“细虚线”层，并为各图层设置对应的颜色、线型和线宽特性，结果如图5-25所示。

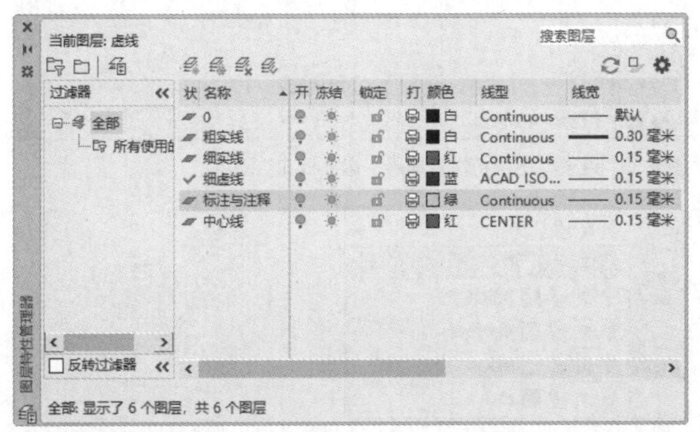

图5-25　图层设置结果

5.3 图层的其他操作

在AutoCAD中，还可以对图层进行隐藏、冻结及锁定等其他操作，这样在使用AutoCAD绘制复杂的图形时，可以有效地减少误操作，提高绘图效率。

5.3.1　打开与关闭图层

在绘图的过程中可以将暂时不用的图层关闭，被关闭的图层中的对象将不可见，并且不能被选择、编辑、修改及打印。在 AutoCAD 中，关闭图层的常用方法有以下几种。

◆选项板：在“图层特性管理器”选项板中选中要关闭的图层，单击💡按钮即可关闭图层，图层被关闭后该按钮将显示为💡，表明该图层已经被关闭，如图5-26 所示。

◆功能区：在“默认”选项卡中，打开“图层”面板中的“图层控制”下拉列表，单击目标图层的💡按钮即可关闭图层，如图 5-27 所示。

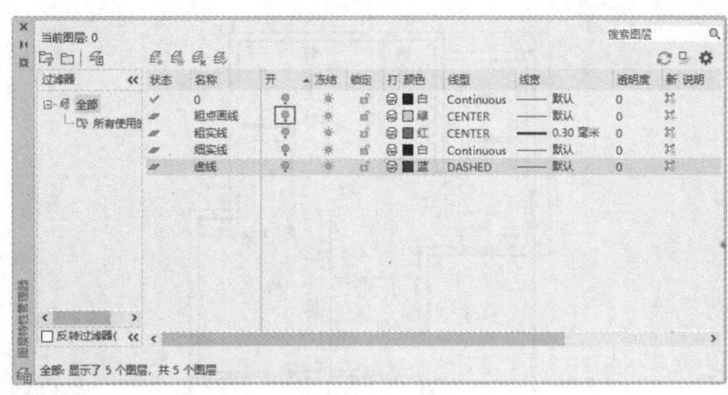

图5-26　通过“图层特性管理器”选项板关闭图层

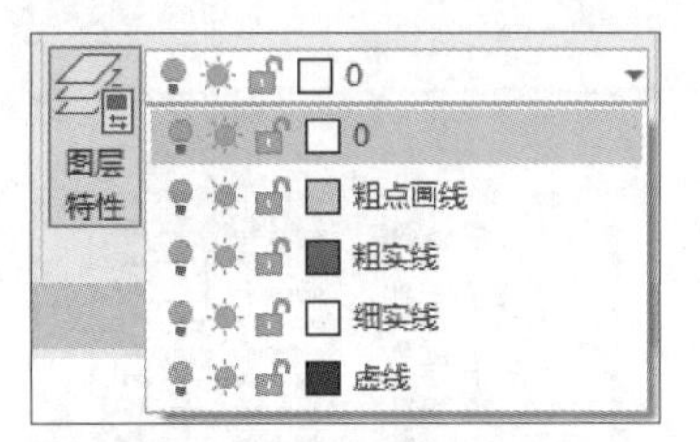

图5-27　通过“图层”面板关闭图层

> **提示**
>
> 当关闭的图层为“当前图层”时，将弹出图5-28所示的对话框，此时选择“关闭当前图层”选项即可。如果要恢复关闭的图层，重复以上操作，单击图层前的💡按钮即可打开图层。

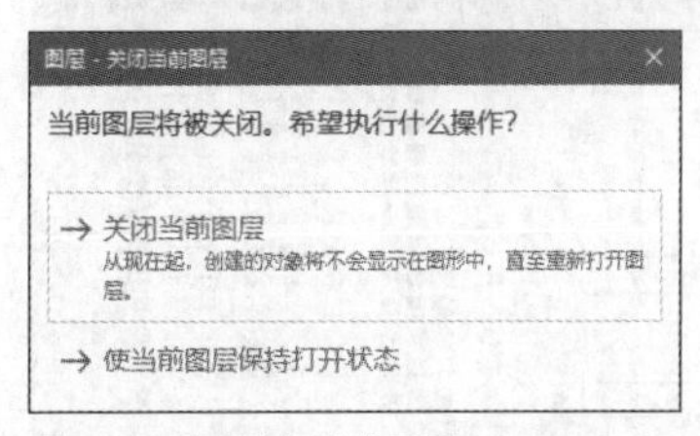

图5-28　确定关闭当前图层

练习5-3　通过关闭图层控制图形　★进阶★

在进行室内设计时，通常会将不同的对象分属于各个不同的图层，如家具图形属于“家具层”，墙体图形属于“墙体层”，轴线类图形属于“轴线层”等。这样做的好处就是可以通过打开或关闭图层来控制设计图的显示，使其快速呈现仅含墙体或仅含轴线之类的图形，操作步骤如下。

步骤 01 打开“练习5-3：通过关闭图层控制图形.dwg”素材文件，其中已经绘制好了室内平面图，如图5-29所示。图层效果全是打开状态，如图5-30所示。

步骤 02 设置图层显示状态。在“默认”选项卡中，单击“图层”面板中的“图层特性”按钮，打开“图层特性管理器”选项板。在选项板内找到“家具”层，单击该图层前的💡按钮使按钮变成💡，即可关闭“家具”层。使用此方法关闭其他图层，只保留“QT-000墙体”和“门窗”层开启，如图5-31所示。

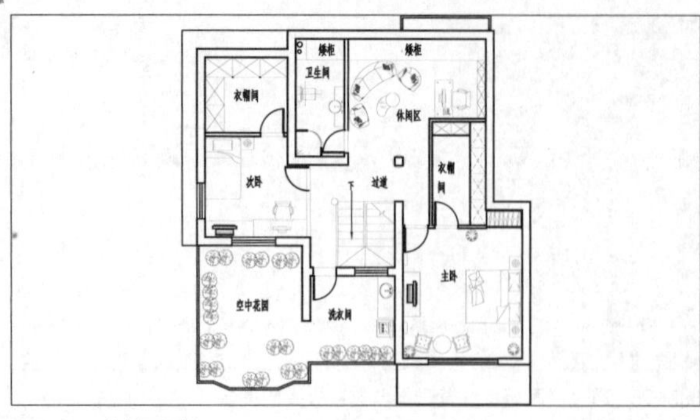

图5-29　素材图形

图5-30　素材中的图层

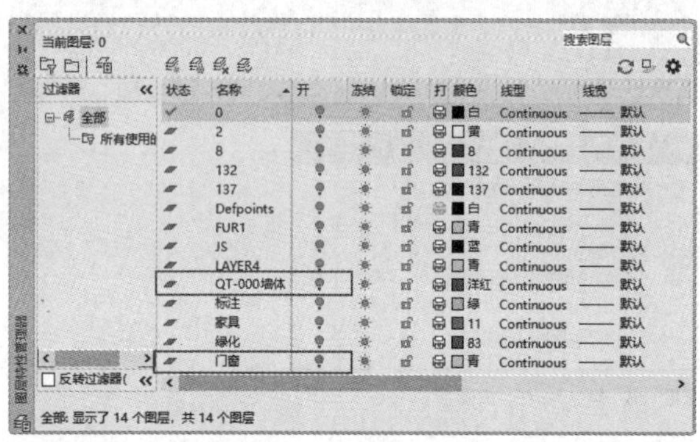

图5-31　关闭除墙体和门窗之外的所有图层

步骤 03 关闭“图层特性管理器”选项板，此时图形仅包含墙体和门窗，效果如图5-32所示。

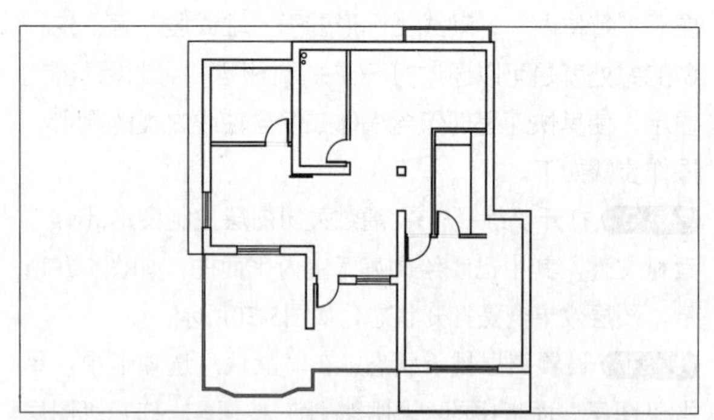

图5-32　关闭图层效果

5.3.2　冻结与解冻图层

将长期不需要显示的图层冻结，可以提高系统运行速度，减少图形刷新的时间，因为这些图层将不会被加载到内存中。AutoCAD 不会在被冻结的图层上显示、打印或重生成对象。

在 AutoCAD 中，冻结图层的常用方法有以下几种。

◆选项板：在“图层特性管理器”选项板中单击要冻结的图层前的“冻结”按钮☀，即可冻结该图层，图层冻结后该按钮将显示为❄，如图 5-33 所示。

◆功能区：在“默认”选项卡中，打开“图层”面板中的“图层控制”下拉列表，单击目标图层的☀按钮即可冻结图层，如图 5-34 所示。

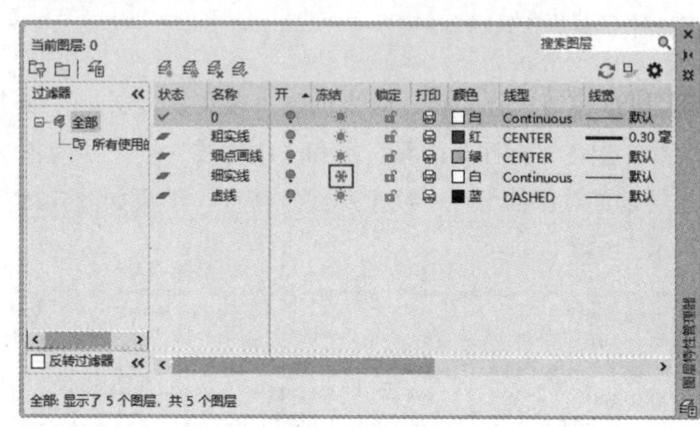

图5-33　通过“图层特性管理器”选项板冻结图层

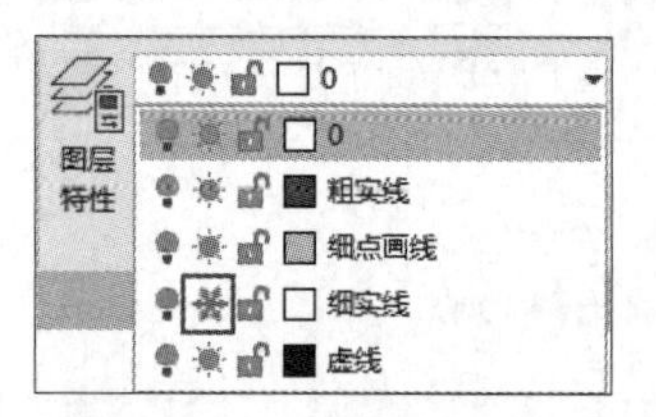

图5-34　通过“图层”面板冻结图层

> **提示**
>
> 如果要冻结的图层为“当前图层”，将弹出图5-35所示的对话框，提示无法冻结“当前图层”，此时需要将其他图层设置为“当前图层”才能冻结该图层。如果要恢复冻结的图层，重复以上操作，单击图层前的❄按钮即可解冻图层。

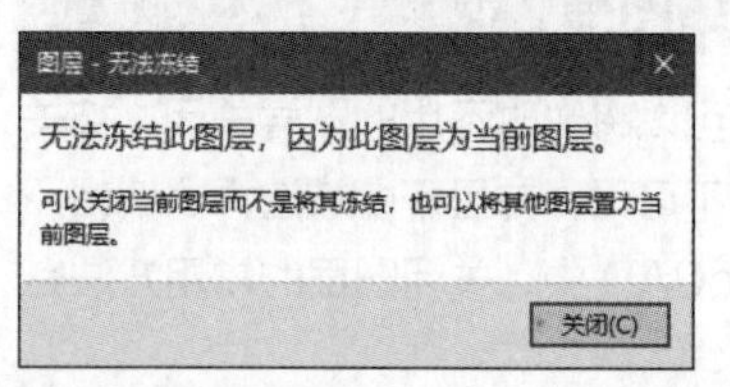

图5-35　图层无法冻结

练习5-4　通过冻结图层控制图形　★进阶★

在使用 AutoCAD 绘图时，有时会在绘图区的空白处随意绘制一些辅助图形。待图纸全部绘制完毕后，既不想让辅助图形影响整张设计图的完整性，又不想删除这些辅助图形，这时就可以使用冻结图层功能来将其隐藏，操作步骤如下。

步骤 01 打开“练习5-4：通过冻结图层控制图形.dwg”

素材文件，其中已经绘制好了完整图形，但在图形上方还有绘制过程中遗留的辅助图，如图5-36所示。

步骤 02 冻结图层。在“默认”选项卡中，打开“图层”面板中的“图层控制”下拉列表，在下拉列表中找到“Defpoints”层，单击该图层前的“冻结”按钮，使其变成，即可冻结“Defpoints”层，如图5-37所示。

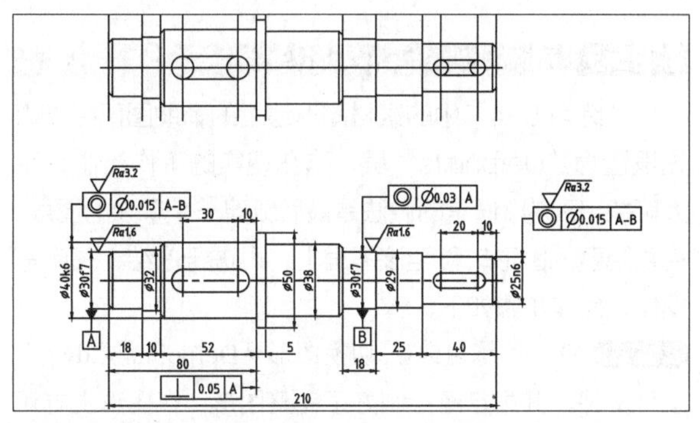

图5-36 素材图形

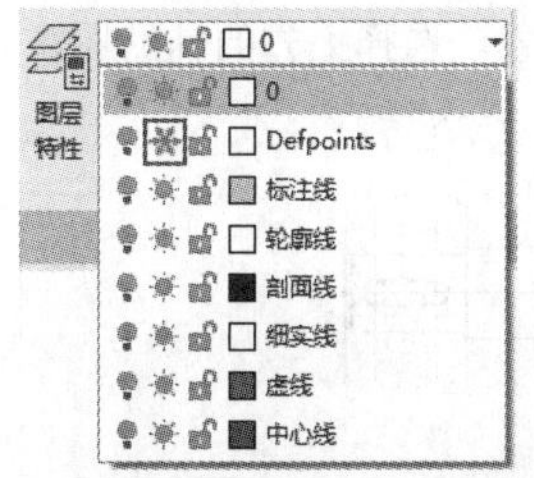

图5-37 冻结不需要的图形图层

步骤 03 冻结“Defpoints”层之后的图形如图5-38所示，可见上方的辅助图形被隐藏。

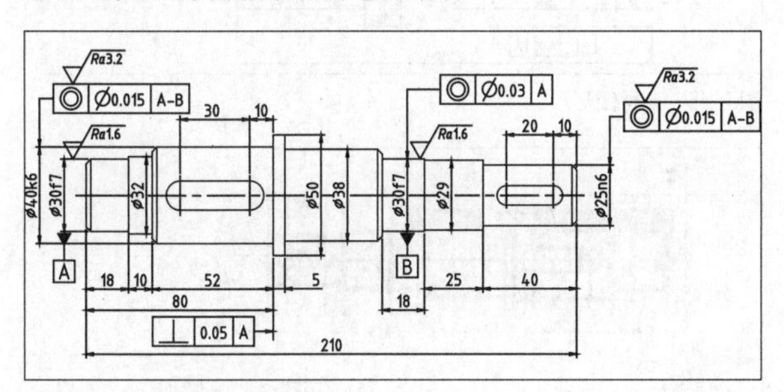

图5-38 图层冻结之后的结果

延伸讲解：图层“冻结”和“关闭”的区别

图层的“冻结”和“关闭”都能使该图层上的对象全部被隐藏，看似效果一致，其实仍有不同。被“关闭”的图层不能显示、编辑、打印，但仍然存在于图形当中，图形刷新时仍会计算该图层上的对象，可以近似理解为被“忽视”；被“冻结”的图层，不但不能显示、编辑、打印，而且不再属于图形，图形刷新时也不会再计算该图层上的对象，可以理解为被“无视”。

5.3.3 锁定与解锁图层

如果某个图层上的对象只需要显示，不需要被修改和编辑，那么可以锁定该图层。被锁定图层上的对象仍然可见，但会淡化显示，虽可以被选择、标注和测量，但不能被编辑、修改和删除，另外，还可以在该图层上添加新的图形对象。因此使用 AutoCAD 绘图时，可以将中心线、辅助线等基准线条所在的图层锁定。

锁定图层的常用方法有以下几种。

◆选项板：在“图层特性管理器”选项板中单击“锁定”按钮，即可锁定该图层，图层锁定后该按钮将显示为，如图 5-39 所示。

◆功能区：在“默认”选项卡中，打开“图层”面板中的“图层控制”下拉列表，单击目标图层的按钮即可锁定图层，如图 5-40 所示。

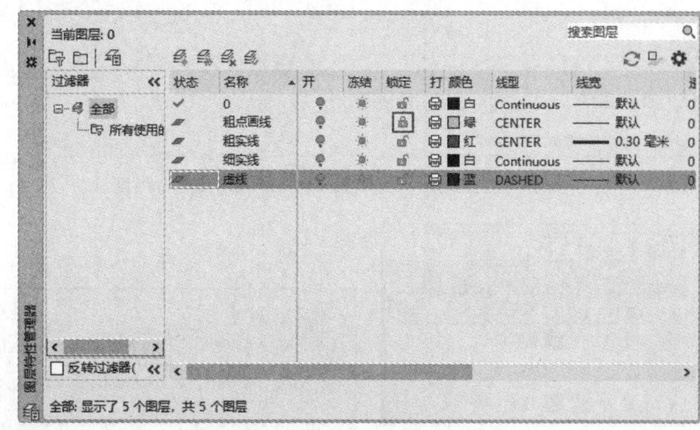

图5-39 通过“图层特性管理器”选项板锁定图层

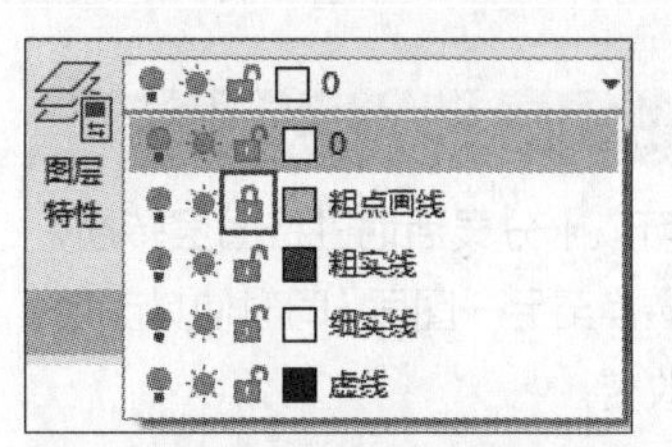

图5-40 通过“图层”面板锁定图层

提示

如果要解除图层锁定，重复以上的操作并单击“解锁”按钮，即可解除图层的锁定。

5.3.4 设置当前图层

当前图层是当前工作状态下所处的图层。设置某一图层为当前图层之后，接下来所绘制的对象都位于该图层中。如果要在其他图层中绘图，就需要更改当前图层。

在 AutoCAD 中，设置当前图层有以下几种常用方法。

◆选项板：在“图层特性管理器”选项板中选择目标图层，单击“置为当前”按钮，如图 5-41 所示，被置为当前的图层前会出现✔符号。

◆功能区 1：在“默认”选项卡中，打开“图层”面板中的“图层控制”下拉列表，在其中选择需要的图层，即可将其设置为当前图层，如图 5-42 所示。

◆功能区 2：在“默认”选项卡中，单击“图层”面板中的“置为当前”按钮 置为当前，即可将所选图形对象的图层置为当前，如图 5-43 所示。

◆命令：在命令行中输入“CLAYER”，然后输入图层名称，即可将该图层置为当前。

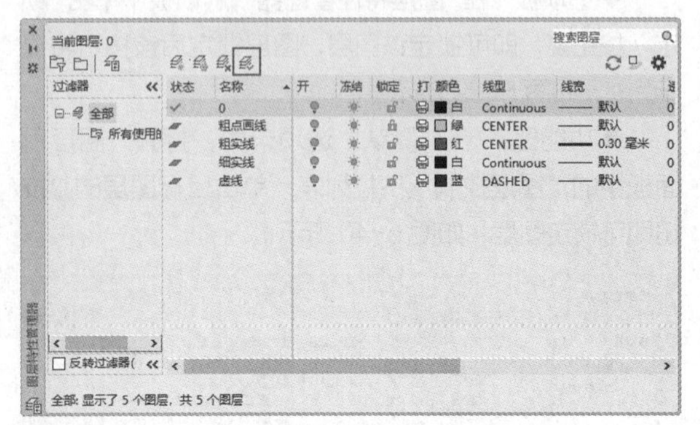

图5-41 在“图层特性管理器”选项板中将目标图层置为当前

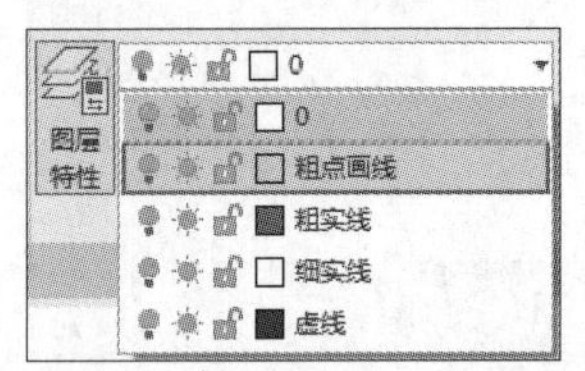

图5-42 “图层控制”下拉列表

图5-43 “置为当前”按钮

5.3.5 转换图形所在图层

在 AutoCAD 中还可以十分灵活地进行图层转换，即将某一图层内的图形转换至另一图层，同时使其颜色、线型、线宽等特性发生改变。

如果某图形对象需要转换图层，可以先选择该图形对象，然后打开“图层”面板中的“图层控制”下拉列表，在其中选择要转换的目标图层即可，如图 5-44 所示。

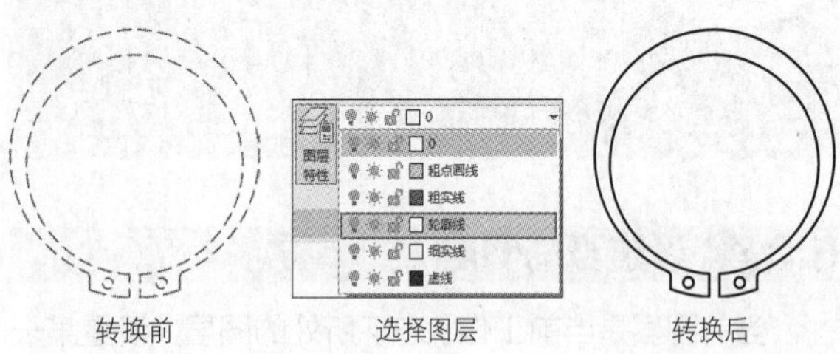

图5-44 图层转换

绘制复杂的图形时，由于图形元素的性质不同，用户常需要将某个图层上的对象转换到其他图层上，同时使其颜色、线型、线宽等特性发生改变。除了之前所介绍的方法之外，在 AutoCAD 中还可以使用以下方法转换图层。

1 通过“图层”面板中的命令按钮转换图层

在“图层”面板中，如下命令按钮可以帮助转换图层。

◆“匹配图层”按钮 匹配图层：单击该按钮，先选择要转换图层的对象，然后按 Enter 键确认，再选择目标图层，即可将原对象转换至目标图层。

◆“更改为当前图层”按钮：选择图形对象后单击该按钮，即可将对象图层转换为当前图层。

练习5-5 切换图形至Defpoints层 ★进阶★

“练习 5-4”中的素材图形遗留的辅助图已经被事先设置为“Defpoints”层，这在现实的工作当中是不大可能出现的。通常的做法是最后新建一个单独的图层，将要隐藏的图形转移至该图层上，再进行冻结、关闭等操作，操作步骤如下。

步骤 01 打开“练习5-5：切换图形至Defpoints层.dwg”素材文件，其中已经绘制好了完整图形，在图形上方还有绘制过程中遗留的辅助图，如图5-45所示。

步骤 02 选择要切换图层的对象。选择上方的辅助图，如图5-46所示。

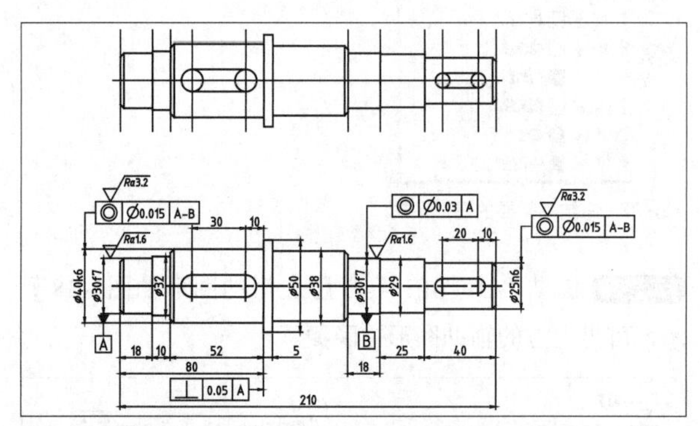

图5-45 素材图形

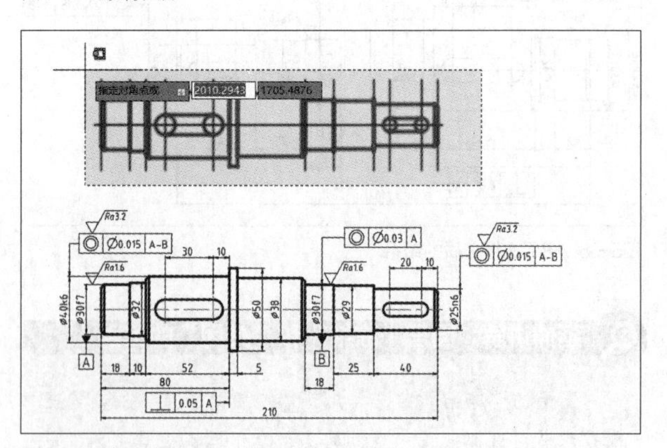

图5-46 选择对象

步骤 03 切换图层。在“默认”选项卡中，打开“图层”面板中的“图层控制”下拉列表，在该下拉列表中选择“Defpoints”层，如图5-47所示。

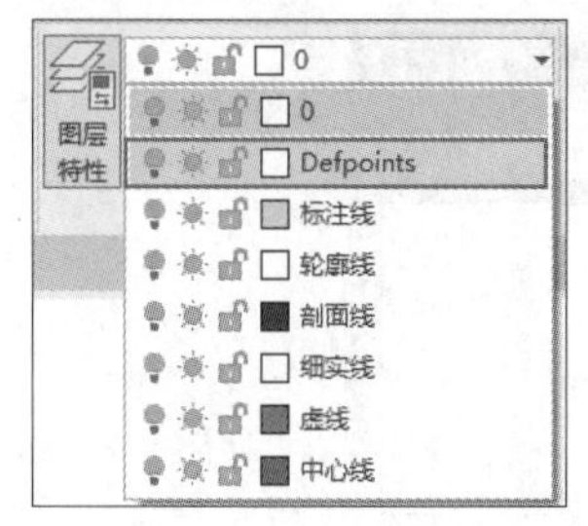

图5-47　“图层控制”下拉列表

步骤 04 此时图形对象由其他图层转换为“Defpoints”层，如图5-48所示。

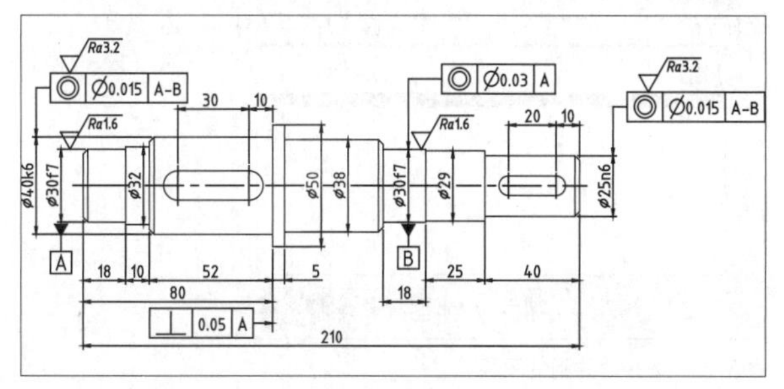

图5-48　最终效果

5.3.6　删除多余图层

在图层创建过程中，如果新建了多余的图层，可以在“图层特性管理器”选项板中单击“删除图层”按钮将其删除。AutoCAD 规定以下 4 类图层不能被删除。

◆图层 0 和图层 Defpoints。

◆当前图层。要删除当前图层，可以改变当前图层到其他图层。

◆包含对象的图层。要删除该图层，必须先删除该图层中所有的对象。

◆依赖外部参照的图层。要删除该图层，必须先删除外部参照。

文档中有些图层无法被删除。用户在删除这些图层时，系统会弹出图 5-49 所示的对话框，提醒用户所选图层不能被删除。

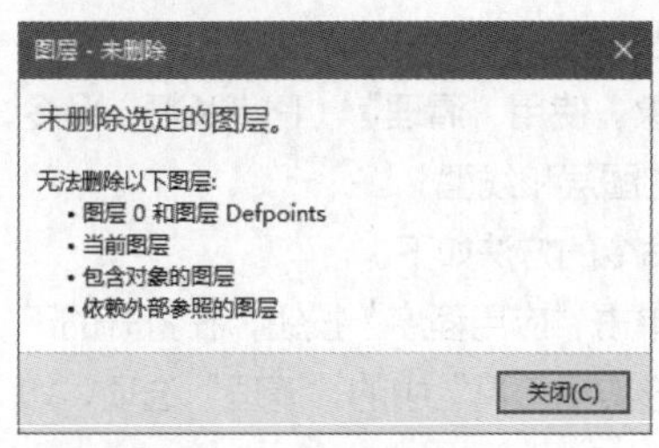

图5-49　“图层-未删除”对话框

不仅如此，局部打开图形中的图层也被视为已参照并且不能删除。0 图层和 Defpoints 图层是系统建立的，因此无法删除，用户应该把图形绘制在别的图层中；当前图层无法删除，可以更改当前图层再执行删除操作；包含对象或依赖外部参照的图层，执行移动操作比较困难，用户可以使用“图层转换”或“图层合并”的方式将其删除。

1 图层转换

执行图层转换操作，可以将新建图层的属性转换至已有图层，已有图层原本的属性被完全取代。操作步骤如下。

步骤 01 单击“管理”选项卡“CAD标准”面板中的“图层转换器”按钮，系统弹出“图层转换器”对话框，如图5-50所示。

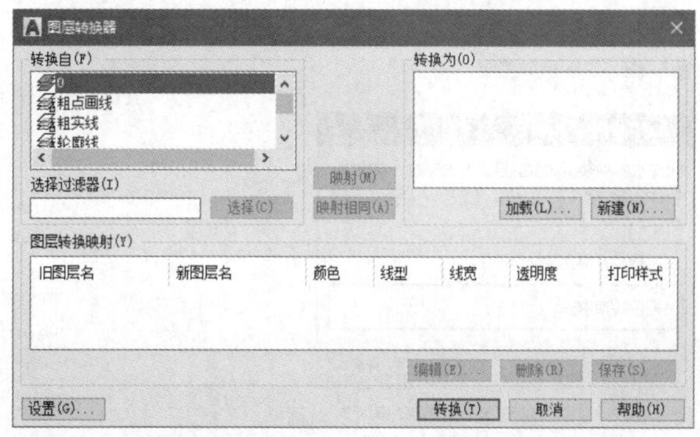

图5-50　“图层转换器”对话框

步骤 02 单击对话框“转换为”列表框下的“新建”按钮，系统弹出“新图层”对话框，如图5-51所示。在“名称”文本框中输入现有的图层名称或新的图层名称，并设置线型、线宽、颜色等属性，单击“确定”按钮。

步骤 03 单击“图层转换器”对话框中的“设置”按钮，弹出图5-52所示的“设置”对话框。在此对话框中可以设置转换后图层的属性状态和转换时的请求，设置完成后单击“确定”按钮。

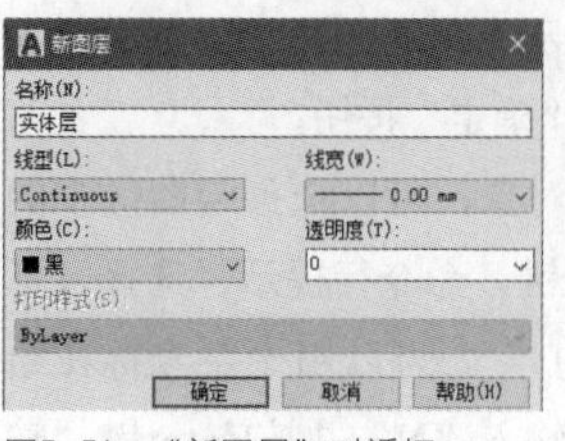

图5-51　“新图层”对话框

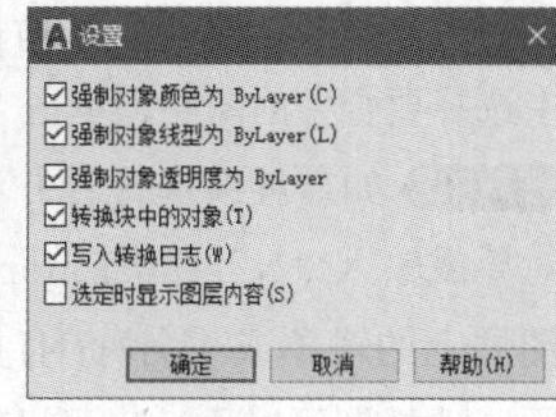

图5-52　“设置”对话框

步骤 04 在“图层转换器”对话框“转换自”列表框中选择需要转换的图层名称，在“转换为”列表框中选择需要转换到的图层。单击“映射”按钮，“图层转换映射”列表框中将显示新建图层（即“实体层”图层）的属性，如图5-53所示。

步骤 05 映射完成后单击“转换”按钮，系统弹出“图层转换器-未保存更改”对话框，如图5-54所示，选择“仅转换”选项即可。这时打开“图层特性管理器”选项板，会发现选择的“转换自”图层不见了，这是由于转换后图层被系统自动删除，如果选择的“转换自”图层是0图层或Defpoints图层，则不会被删除。

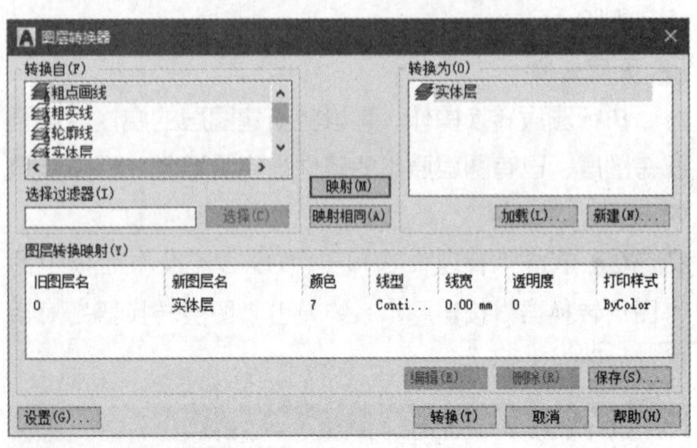

图5-53 “图层转换器”对话框

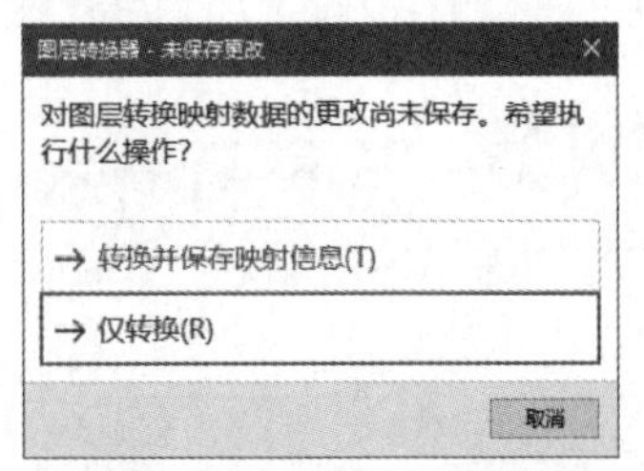

图5-54 “图层转换器-未保存更改”对话框

2 图层合并

可以通过合并图层来减少图形中的图层数，将所合并图层上的对象移动到目标图层，并从图形中清理原始图层。用这种方法同样可以删除顽固图层，操作步骤如下。

步骤 01 在命令行中输入“LAYMRG”并按Enter键，系统提示“选择要合并的图层上的对象或［命名 (N)］。”可以用十字光标在绘图区选中图形对象，也可以输入“N”并按Enter键。输入“N”并按Enter键后弹出“合并图层”对话框，如图5-55所示。在“合并图层”对话框中选择要合并的图层，单击“确定”按钮。

步骤 02 如需继续选择合并对象，可以选择绘图区中的对象或输入“N”并按Enter键，命令行提示“选择目标图层上的对象或［名称(N)］”。可以用十字光标在绘图区选择图形对象，也可以输入“N”并按Enter键。输入“N”并按Enter键后弹出“合并到图层”对话框，如图5-56所示。

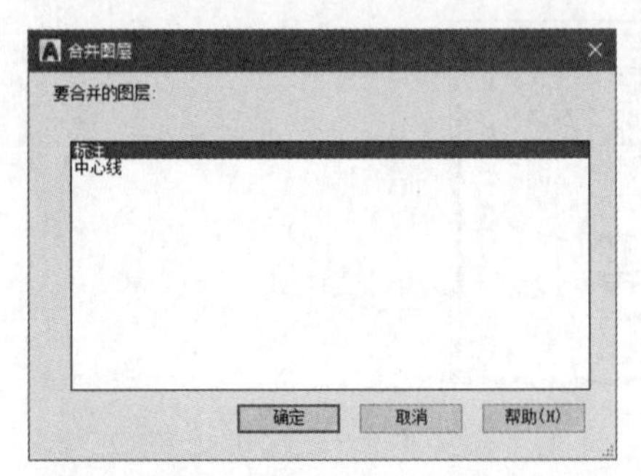

图5-55 选择要合并的图层

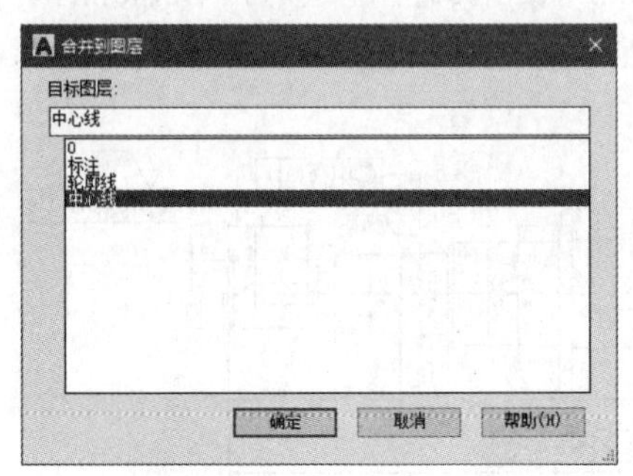

图5-56 选择合并到的图层

步骤 03 在“合并图层”对话框中单击“确定”按钮，系统弹出“合并到图层”对话框，如图5-57所示。单击“是”按钮。这时打开“图层特性管理器”选项板，会发现列表框中的“标注”图层被删除了。

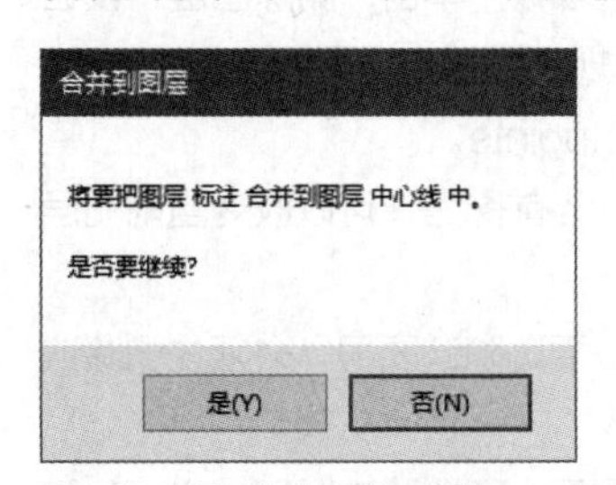

图5-57 “合并到图层”对话框

5.3.7 清理图层和线型

图层和线型都要保存在图形数据库中，它们会增加图形文件的容量。因此，清除图形中不再使用的图层和线型就很有必要。也可以删除多余的图层，但是很难确定图层是否包含对象。使用“清理”（PURGE）命令可以删除不再使用的图层和线型。

执行“清理”命令的方法如下。

◆应用程序：单击“应用程序”按钮，在打开的下拉列表中选择“图形实用工具”中的“清理”选项，如图 5-58 所示。

◆命令：PURGE。

执行“清理”命令后，打开“清理”对话框，如图 5-59 所示。

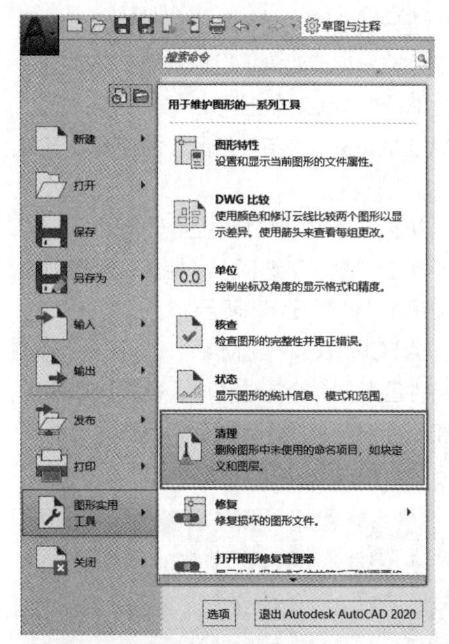

图5-58 选择“清理”选项

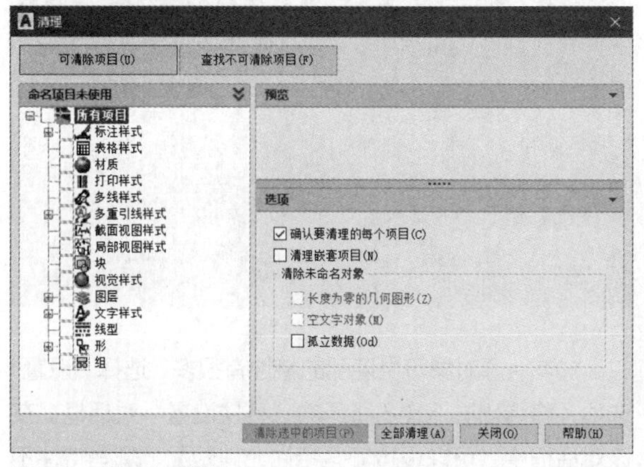

图5-59 “清理”对话框

单击“可清除项目”按钮，对象类型前的“+”号表示可清除的对象。要清除个别项目，只需选择该选项然后单击“清除选中的项目”按钮即可；也可以单击“全部清理”按钮对所有项目进行清理。在清理的过程中会弹出图 5-60 所示的对话框，提示用户是否确定清理该项目。

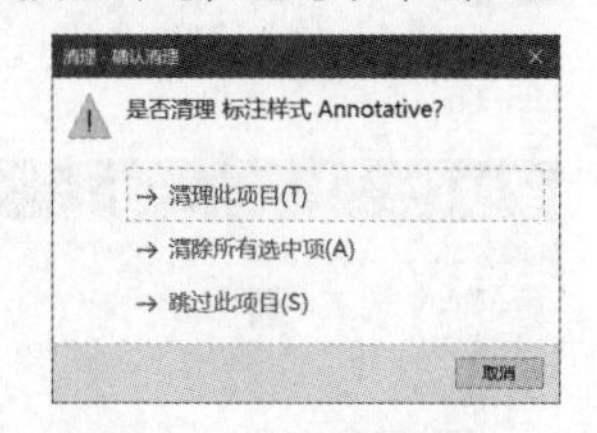

图5-60 “清理-确认清理”对话框

5.4 图形特性设置

在AutoCAD的功能区中有一个“特性”面板，专门用于显示图形对象的颜色、线宽和线型，如图5-61所示。一般情况下，“特性”面板和图层设置参数是一致的，用户也可以手动改变“特性”面板中的设置，而不影响图层效果。

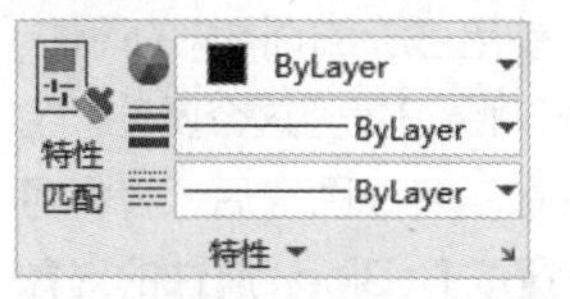

图5-61 “特性”面板

5.4.1 查看并修改图形特性

一般情况下，图形对象的显示特性都是“ByLayer”，表示图形对象的属性与其所在的图层的特性相同；若选择“ByBlock”选项，则对象与它所在的块的颜色和线型一致。

1 通过“特性”面板编辑对象属性

在“默认”选项卡的“特性”面板中选择要编辑的属性，该面板分为多个下拉列表，分别控制对象的不同特性。选择一个对象，然后在对应的下拉列表中选择要修改为的特性，即可修改对象的特性。

默认设置下，对象颜色、线宽、线型 3 个特性为“ByLayer”，即与所在图层一致，这种情况下绘制的对象将使用当前图层的特性，通过 3 种特性的下拉列表可以修改当前图层的特性，如图 5-62 所示。

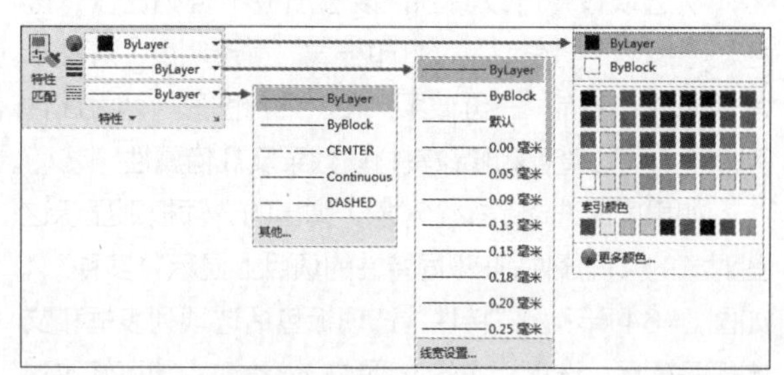

图5-62 “特性”面板选项列表框

图形对象有几个基本属性，即颜色、线型、线宽等，这几个属性可以控制图形的显示效果和打印效果。合理设置对象的属性，不仅可以使图面看上去更美观、清晰，更重要的是可以获得正确的打印效果。在设置对象的颜色、线型、线宽时，都会看到列表中的“ByLayer”“ByBlock”这两个选项。

“ByLayer”即对象属性使用它所在的图层的属性。绘图过程中通常会将同类的图形放在同一个图层中，用图层来控制图形对象的属性。因此通常设置好图层的颜色、线型、线宽等，然后在所在图层绘制图形，假如图形对象属性有误，还可以调换图层。

图层特性是硬性的，不管是独立的图形对象，还是图块、外部参照等都会分配在图层中。图块对象所属图层与图块定义时图形所在图层和块参照插入的图层都有关系。如果图块在 0 层创建定义，图块插入哪个层，就属于哪个层；如果图块不在 0 层创建定义，则图块无论插入哪个层，也仍然属于原来创建的那个图层。

“ByBlock”即对象属性使用它所在的图块的属性。通常只有将要做成图块的图形对象设置为这个属性。当图形对象设置为ByBlock并被定义成图块后，我们可以直接调整图块的属性，设置成ByBlock属性的对象属性将跟随图块设置的变化而变化。

2 通过“特性”选项板编辑对象属性

“特性”面板能查看和修改的图形特性只有颜色、线型和线宽，“特性”选项板则能查看并修改更多的对象特性。在AutoCAD中，打开对象的“特性”选项板有以下几种常用方法。

◆菜单栏：选择要查看特性的对象，然后执行“修改”|“特性”命令；也可先执行命令，再选择对象。

◆命令：选择要查看特性的对象，然后在命令行中输入“PROPERTIES”“PR”或“CH”后按Enter键。

◆快捷操作：选择要查看特性的对象，然后按快捷键Ctrl+1。

如果只选择了单个图形，执行以上任意一种操作都将打开该对象的“特性”选项板，如图5-63所示，对其中所显示的图形信息进行修改即可。

从选项板中可以看到，该选项板不但列出了“颜色”“线宽”“线型”“打印样式”“透明度”等图形常规属性，还有“三维效果”和“几何图形”两大属性列表框，可以查看和修改其材质效果及几何属性。

如果同时选择了多个对象，弹出的选项板则显示这些对象的共同属性，在不同特性的项目上显示“*多种*”，如图5-64所示。“特性”选项板包括选项列表框和文本框等项目，选择相应的选项或输入参数，即可修改对象的特性。

图5-63 单个图形的“特性”选项板

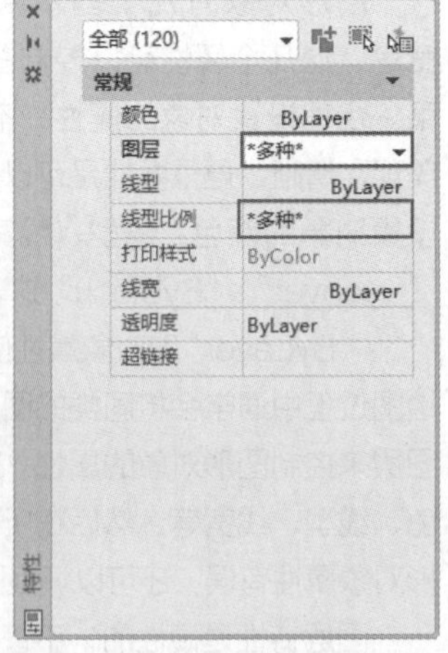

图5-64 多个图形的“特性”选项板

5.4.2 匹配图形属性

特性匹配的功能就如同Microsoft Office软件中的“格式刷”，可以把一个对象（源对象）的特性完全“复制”给另外一个（或一组）对象（目标对象），使这些对象的部分或全部特性与源对象相同。

在AutoCAD中，执行“特性匹配”命令有以下常用方法。

◆菜单栏：执行“修改”|“特性匹配”命令。

◆功能区：单击“默认”选项卡“特性”面板中的“特性匹配”按钮，如图5-65所示。

◆命令：MATCHPROP或MA。

在执行“特性匹配”命令的过程中，需要选择两类对象：源对象和目标对象。操作完成后，目标对象的部分或全部特性与源对象相同。命令行提示如下。

```
命令：MA↙
                //执行“特性匹配”命令
MATCHPROP
选择源对象：
                //单击选择源对象
当前活动设置：  颜色 图层 线型 线型比例 线宽 透明度 厚度 打印样式 标注 文字 图案填充 多段线 视口 表格 材质 多重引线
选择目标对象或 [设置(S)]:
                //十字光标变成格式刷形状，选择目标对象，可以立即修改其属性
选择目标对象或 [设置(S)]:
                //选择目标对象完毕后按Enter键，结束命令
```

通常，源对象可供匹配的特性有很多，选择“设置”选项，将弹出图5-66所示的“特性设置”对话框。在该对话框中，可以设置哪些特性允许匹配，哪些特性不允许匹配。

图5-65 “特性”面板

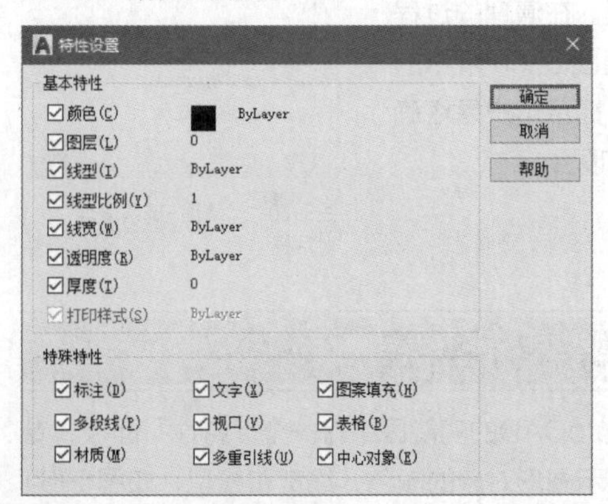

图5-66 “特性设置”对话框

练习5-6 特性匹配图形 ★进阶★

为图 5-67 所示的素材图形进行特性匹配，最终效果如图 5-68 所示。

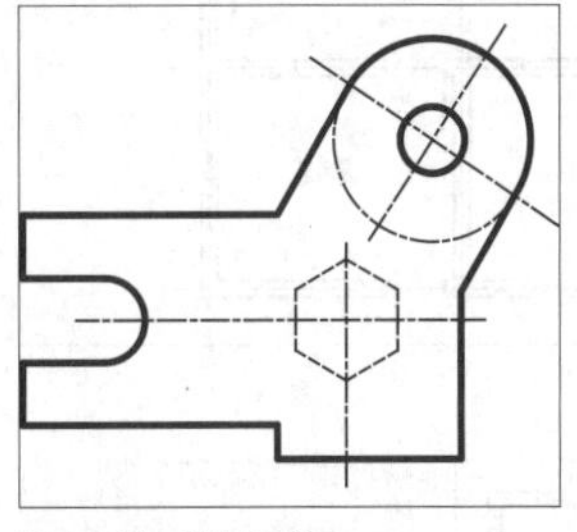
图 5-67 素材图形

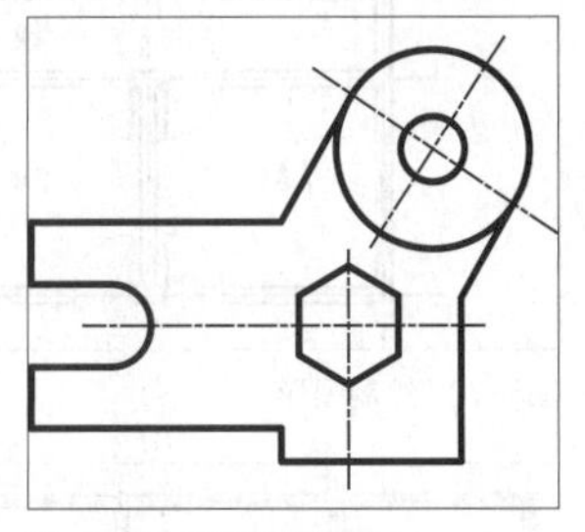
图 5-68 完成后的效果

步骤 01 单击快速访问工具栏中的“打开”按钮，打开“练习5-6：特性匹配图形.dwg”素材文件，如图5-67所示。

步骤 02 单击“默认”选项卡“特性”面板中的“特性匹配”按钮，选择图 5-69所示的源对象。

步骤 03 当鼠标指针由方框变成刷子时，表示源对象选择完成。单击素材图形中的六边形，如图 5-70所示。命令行提示如下。

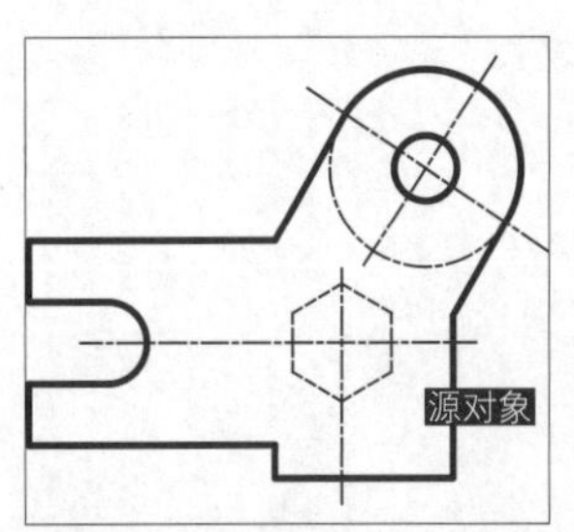

图 5-69 选择源对象

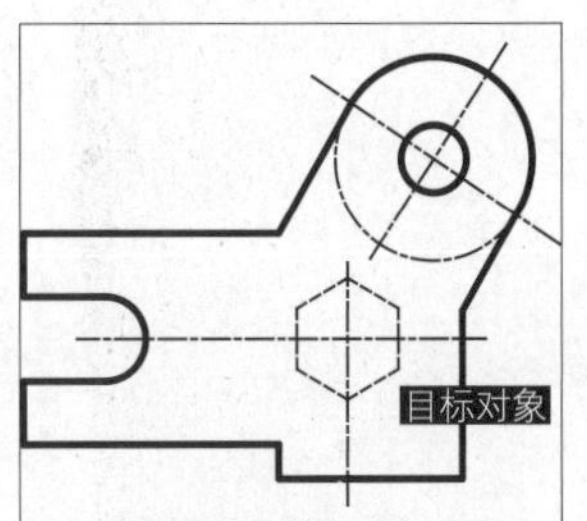

图 5-70 选择目标对象

```
命令：_matchprop
选择源对象：
                    //选择源对象
当前活动设置： 颜色 图层 线型 线型比例 线宽 透明度 厚度 打印样式 标注 文字 图案填充 多段线 视口 表格 材质 阴影显示 多重引线
选择目标对象或 [设置(S)]:
                    //选择目标对象
```

步骤 04 重复以上操作，继续给素材图形进行特性匹配，完成最终效果的制作。

5.5 本章小结

本章介绍了创建图层与编辑图层特性的方法。图纸由各种类型的图形组成，为了区分这些图形，可以设置不同的图形属性。用图层来管理图形属性最好不过，通过设置图层属性，影响图层中图形的显示效果，达到管理的目的。

图层属性包括线宽、线型、颜色等，另外通过打开/关闭、锁定/解锁、冻结/解冻等操作，可以隐藏/显示图形，使我们在绘图时不受干扰。

图层的功能强大，为了帮助读者更好地理解其使用方法，本章的最后安排了课后习题，读者在学完本章内容后，可以通过做练习巩固已学知识。

5.6 课后习题

一、理论题

1. 打开“图层特性管理器”选项板的快捷方式为（ ）。

A. LS　B. LA　C. LE　D. LT

2. 单击（ ）按钮可以关闭选择的图层。

A.　B.　C.　D.

3. 锁定图层后，该图层上的图形可以被（ ）。

A. 编辑　B. 隐藏　C. 查看并选中　D. 直接删除

4. 删除图层的方法是（ ）。

A. 单击按钮　B. 删除图层上所有的图形

C. 选中图层后按Enter键　D. 选中图层后按Tab键

5. 打开“特性”选项板的快捷键是（ ）。

A. Ctrl+2　B.Ctrl+3　C.Ctrl+4　D.Ctrl+1

二、操作题

1.参考本章介绍的知识，创建图5-71所示的图层。

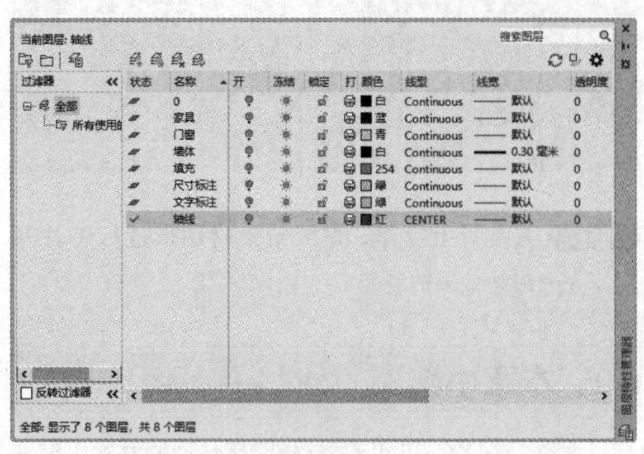

图5-71　创建图层

2.执行绘图和编辑命令，在图层上绘制相应的图形，如在“轴线”图层上绘制轴线，如图5-72所示。

3.选择图形，按快捷键Ctrl+1打开“特性”选项板，查看图形的属性，如图5-73所示。例如，选择墙体，就可以在选项板中查看墙体的信息，包括颜色、图层、线型及线型比例等。

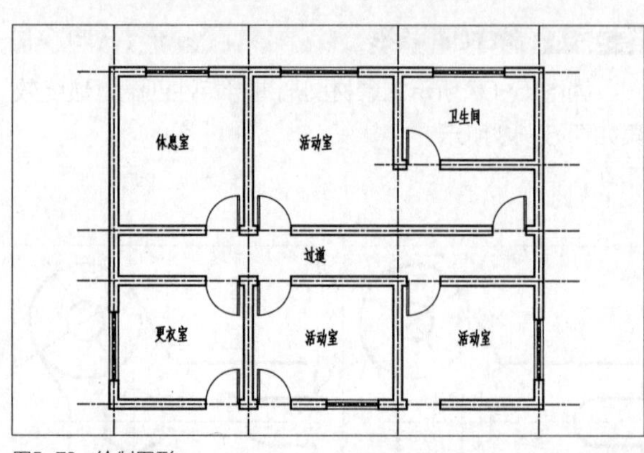

图5-72　绘制图形

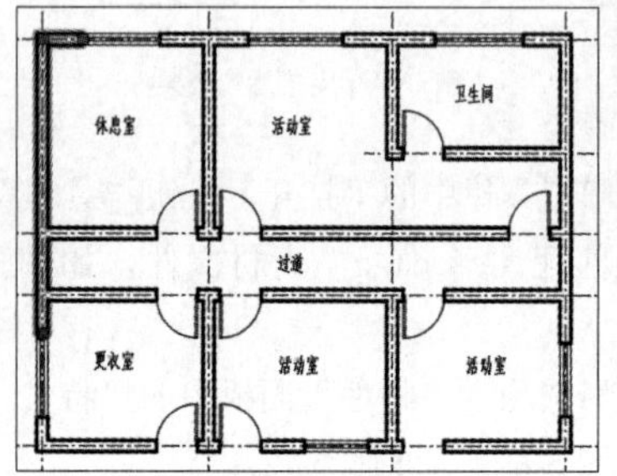

图5-73　查看图形的属性

第6章

图块

本章内容概述

在绘制图形时，如果图形中有大量相同或相似的内容，或者绘制的图形与已有的图形文件相同，则可以把要重复绘制的图形创建成图块，并根据需要为块创建属性，指定块的名称、用途及设计者等信息，这样可以在需要时直接将其作为图块插入，从而提高绘图效率。

本章知识要点

- 创建图块的方法
- 编辑图块的方法
- 利用“设计中心”选项板插入图块的方法

6.1 图块的创建

图块是由多个对象组成的具有块名的集合。通过建立图块，用户可以将多个对象作为一个整体来操作。在AutoCAD中，使用图块可以提高绘图效率、节省存储空间，同时还便于修改和重新定义图块。图块具有以下特点。

◆提高绘图效率。使用AutoCAD绘图，经常需要绘制一些重复出现的图形，如建筑工程图中的门和窗等。如果把这些图形做成图块并以文件的形式保存在计算机中，需要调用时将其插入图形文件中，就可以避免大量的重复工作，从而提高工作效率。

◆节省存储空间。AutoCAD要保存图形中的每一个相关信息，如对象的图层、线型和颜色等，这些信息占用大量的存储空间。可以把相同的图形先定义成一个块，然后再插入所需的位置。例如在绘制建筑工程图时，可将需要修改的对象用图块定义，从而节省大量的存储空间。

◆可以为图块添加属性。AutoCAD允许为图块创建具有文字信息的属性，并可以在插入图块时指定是否显示这些属性。

6.1.1 内部图块的创建和插入

内部图块是存储在图形文件内部的块，只能在存储文件中使用，而不能在其他图形文件中使用。执行“创建块”命令的方法如下。

◆菜单栏：执行“绘图”|“块”|“创建”命令。

◆功能区：在“默认”选项卡中，单击“块”面板中的“创建”按钮，如图6-1所示。

◆命令：BLOCK或B。

执行上述命令后，系统弹出“块定义”对话框，如图6-2所示。在对话框中设置“名称”“对象”“基点”这3个要素即可创建图块。

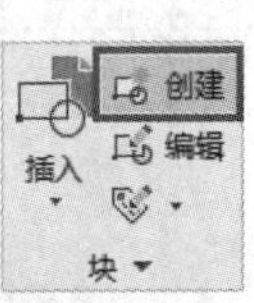

图6-1 “创建”按钮

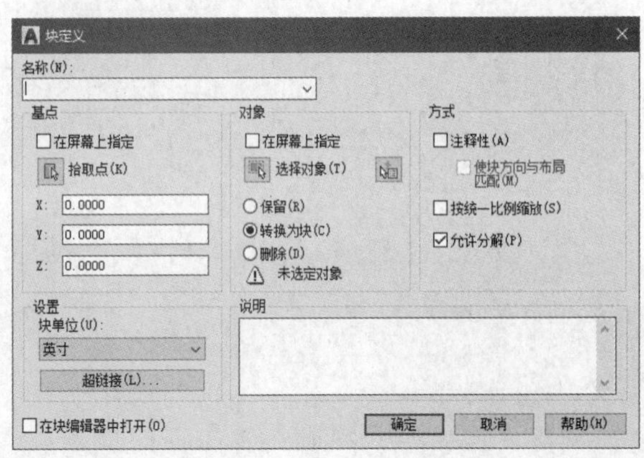

图6-2 “块定义”对话框

该对话框中常用选项的功能介绍如下。

◆名称：用于输入或选择块的名称。

◆拾取点：单击该按钮，系统切换到绘图区中拾取基点。

◆选择对象：单击该按钮，系统切换到绘图区中选择创建块的对象。

◆保留：创建块后保留源对象不变。

◆转换为块：创建块后将源对象转换为块。

◆删除：创建块后删除源对象。

◆允许分解：勾选该复选框，允许块被分解。

创建图块之前需要有图形源对象，这样才能使用AutoCAD创建块。可以定义一个或多个图形对象为图块。

练习 6-1 使用“创建块”命令创建电视内部图块 ★进阶★

本练习创建好的电视机图块只存在于“练习6-1：使用‘创建块’命令创建电视内部图块-OK.dwg”这个素材文件之中，操作步骤如下。

步骤 01 单击快速访问工具栏中的“新建”按钮，新建一个空白文档。

步骤 02 在“默认”选项卡中，单击“绘图”面板中的“矩形”按钮，绘制长800、宽600的矩形。

步骤 03 在命令行中输入“O”，将矩形向内偏移50，如图6-3所示。

步骤 04 在“默认”选项卡中，单击“修改”面板中的“拉伸”按钮，窗交选择外矩形的下侧边作为拉伸对象，向下拉伸100的距离，如图6-4所示。

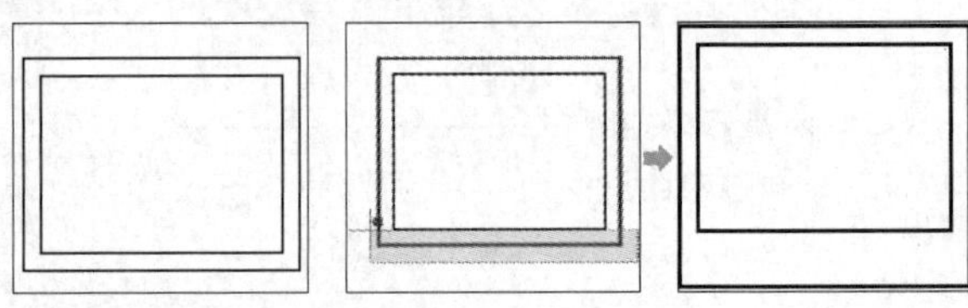
图6-3 绘制矩形　图6-4 选择拉伸对象

步骤 05 在矩形内绘制几个圆作为电视机按钮，拉伸结果如图6-5所示。

步骤 06 在“默认”选项卡中，单击“块”面板中的“创建”按钮，系统弹出“块定义”对话框，在“名称”文本框中输入“电视”，如图6-6所示。

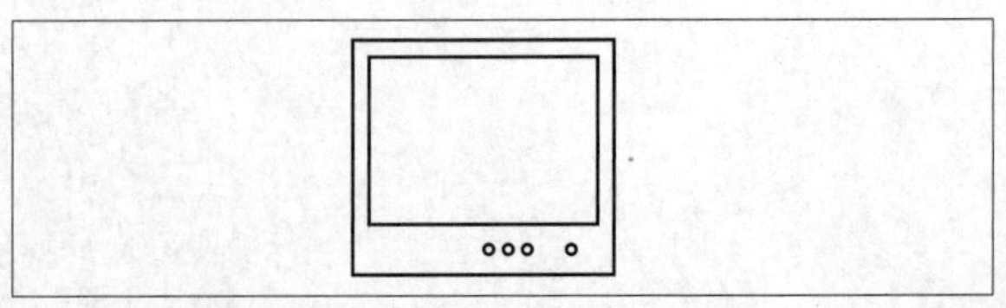
图6-5 矩形拉伸后的效果

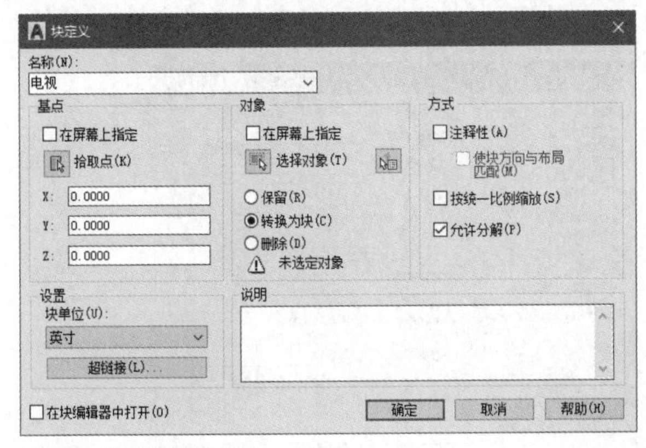

图 6-6　“块定义”对话框

步骤 07 在“对象”选项组中单击“选择对象”按钮，在绘图区选择整个图形，按Space键返回对话框。

步骤 08 在“基点”选项组中单击“拾取点”按钮，返回绘图区指定图形中心点作为块的基点，如图6-7所示。

步骤 09 单击“确定”按钮，完成普通块的创建，此时图形成为一个整体，如图6-8所示。

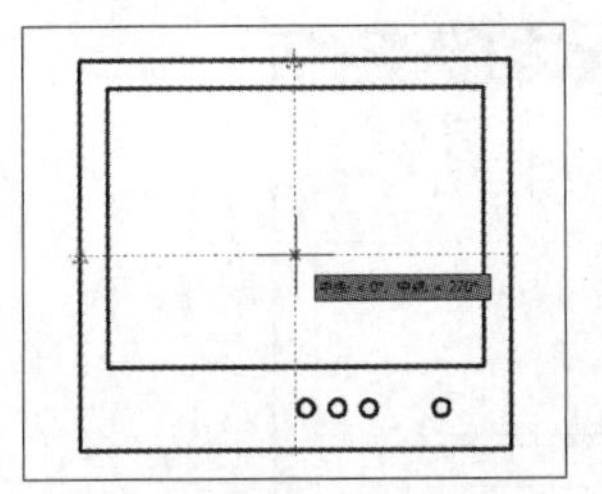
图 6-7　选择基点

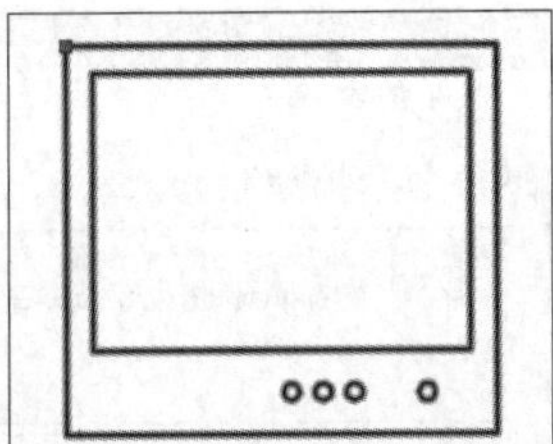
图 6-8　“电视”图块

6.1.2 外部图块

内部图块仅限于在创建块的图形文件中使用，当其他文件也需要使用时，则需要创建外部图块，也就是永久图块。外部图块不依赖于当前图形，可以在任意图形文件中调用并插入。使用“写块”命令可以创建外部图块。“写块”命令只能通过在命令行中输入“WBLOCK”或“W”来执行。执行该命令后，系统弹出“写块”对话框，如图 6-9 所示。

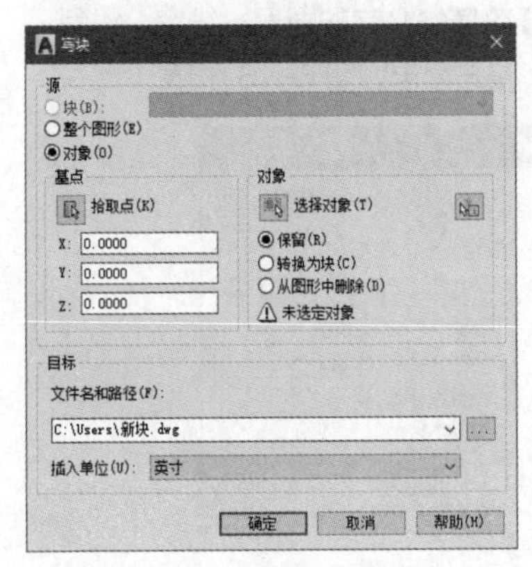

图 6-9　“写块”对话框

“写块”对话框中常用选项的含义介绍如下。

◆块：将已定义好的块保存，可以在其后的下拉列表中选择已有的内部图块，如果当前文件中没有定义的块，该单选项不可用。

◆整个图形：将当前工作区中的全部图形保存为外部图块。

◆对象：选择图形对象定义为外部图块，该单选项为默认选项，一般情况下选择此单选项即可。

◆拾取点：单击该按钮，系统切换到绘图区中拾取基点。

◆选择对象：单击该按钮，系统切换到绘图区中选择创建块的对象。

◆保留：创建块后保留源对象不变。

◆从图形中删除：将选定对象另存为文件后，从当前图形中删除它们。

◆目标：用于设置块的保存路径和块名，单击该选项组“文件名和路径”文本框右边的按钮，可以在打开的对话框中设置保存路径。

练习 6-2　使用“写块”命令创建电视外部图块　★进阶★

本练习创建的电视机图块不仅存在于“练习 6-2：使用‘写块’命令创建电视外部图块 -OK.dwg”素材文件中，还存在于所指定的路径（桌面）上，操作步骤如下。

步骤 01 单击快速访问工具栏中的“打开”按钮，打开“练习6-2：使用‘写块’命令创建电视外部图块.dwg”素材文件，如图6-10所示。

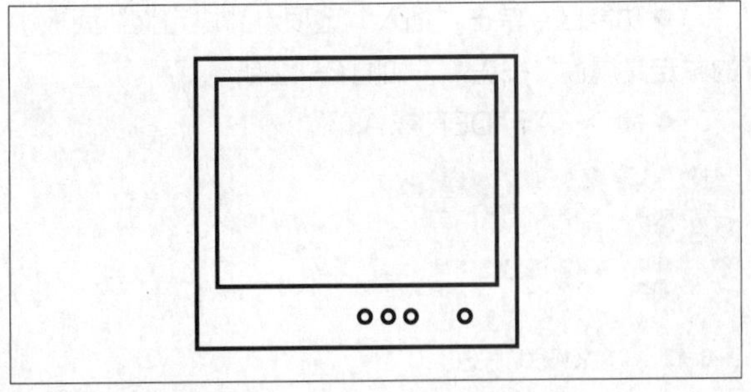
图 6-10　素材图形

步骤 02 在命令行中输入“WBLOCK”，打开“写块”对话框。在“源”选项组中选择“块”单选项，在其右侧的下拉列表中选择“电视”图块。

步骤 03 指定保存路径。在“目标”选项组中，单击“文件名和路径”文本框右侧的按钮，在弹出的对话框中选择保存路径，将其保存于桌面上，如图6-11所示。

步骤 04 单击“确定”按钮，完成外部图块的创建。

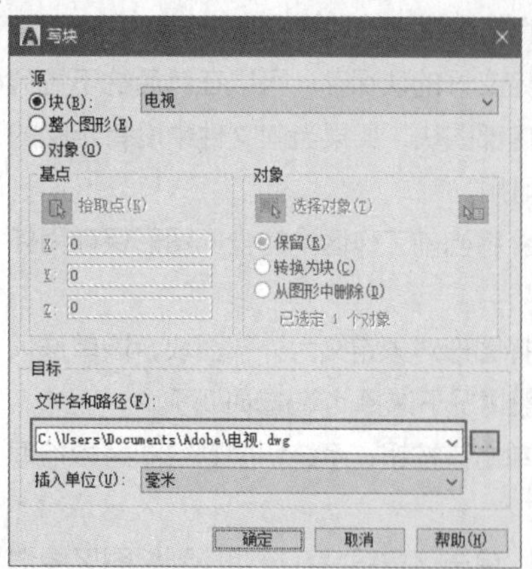

图 6-11　指定保存路径

6.1.3 属性块

图块包含的信息可以分为两类：图形信息和非图形信息。块属性是图块的非图形信息，例如在办公室工程设计中定义办公桌图块，每个办公桌的编号、使用者等属性。块属性必须和图块结合在一起使用，在图纸上显示为块实例的标签或说明，单独的属性是没有意义的。

1 创建块属性

在 AutoCAD 中，添加块属性的操作主要分为 3 个步骤。

步骤 01 定义块属性。

步骤 02 在定义图块时附加块属性。

步骤 03 在插入图块时输入属性值。

定义块属性必须在定义块之前进行。定义块属性的方法如下。

◆ 菜单栏：执行“绘图”|“块”|“定义属性”命令。

◆ 功能区：单击“插入”选项卡“块定义”面板中的“定义属性”按钮，如图 6-12 所示。

◆ 命令：ATTDEF 或 ATT。

图 6-12　“定义属性”按钮

执行上述命令后，系统弹出“属性定义”对话框，如图6-13所示。分别填写“属性”选项组中的“标记”“提示”“默认”，设置好文字位置与对齐等属性，单击“确定”按钮，即可创建块属性。

“属性定义”对话框中常用选项的含义介绍如下。

◆ 属性：用于设置属性数据，包括“标记”“提示”“默认”3 个文本框。

◆ 插入点：该选项组用于指定图块属性的位置。

◆ 文字设置：该选项组用于设置属性文字的对正、样式、高度和旋转等。

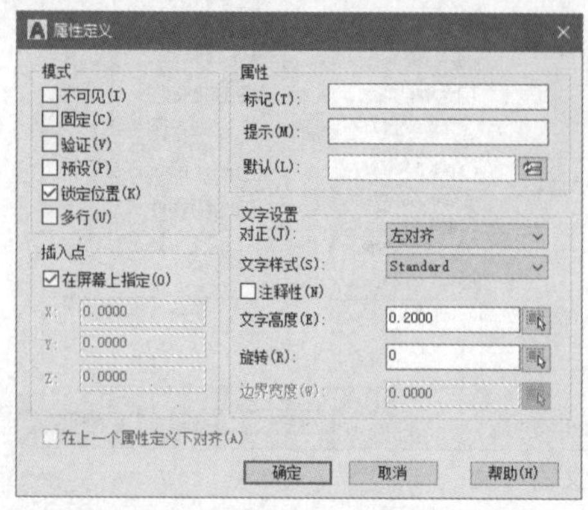

图 6-13　“属性定义”对话框

2 修改属性定义

直接双击块属性，系统弹出“增强属性编辑器”对话框。在“属性”选项卡的列表框中选择要修改的文字属性，在下面的“值”文本框中输入块中定义的标记和属性值，如图 6-14 所示。

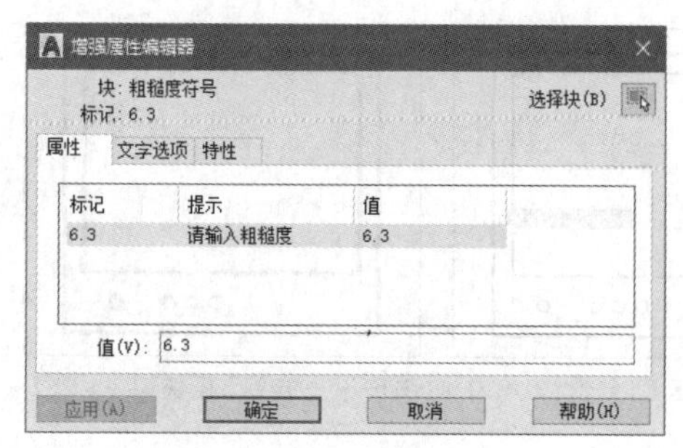

图 6-14　“增强属性编辑器”对话框

在“增强属性编辑器”对话框中，各选项卡的含义介绍如下。

◆ 属性：显示块中每个属性的标识、提示和值；在列表框中选择某一属性后，在“值”文本框中将显示出该属性对应的属性值，可以通过它来修改属性值。

◆ 文字选项：用于修改属性文字的格式，该选项卡如图 6-15 所示。

◆ 特性：用于修改属性文字的图层、线宽、线型、颜色及打印样式等，该选项卡如图 6-16 所示。

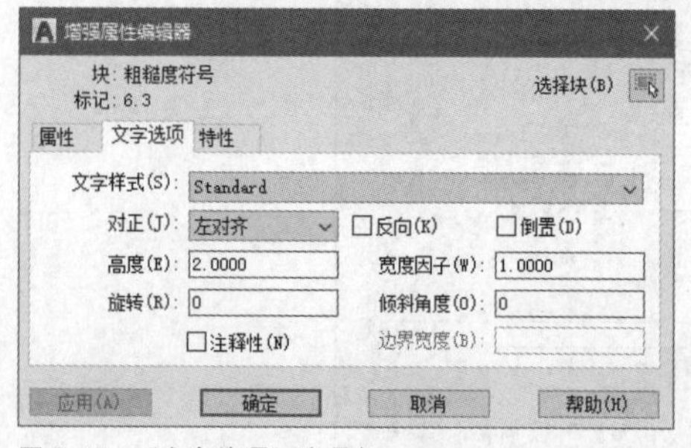

图 6-15　“文字选项”选项卡

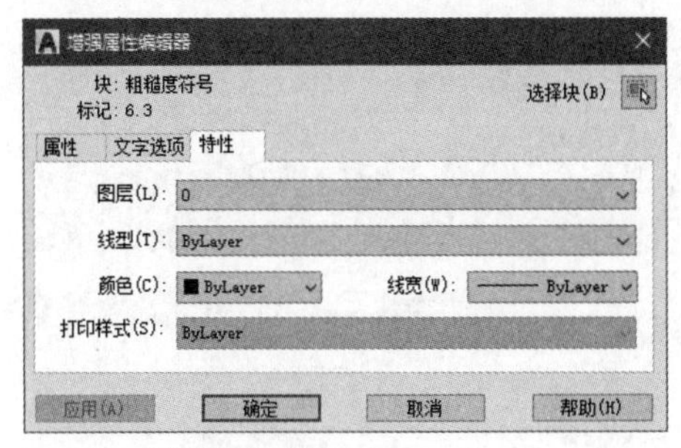

图 6-16　“特性”选项卡

下面通过一个练习来说明属性块的作用与含义。

练习 6-3　使用“定义属性”命令创建标高属性块　★重点★

标高符号在图形中形状相似，仅数值不同，因此可以创建为属性块，以便在绘图时直接调用，操作步骤如下。

步骤 01 打开“练习6-3：使用‘定义属性’命令创建标高属性块.dwg”素材文件，如图6-17所示。

步骤 02 在“默认”选项卡中，单击“块”面板扩展区域中的“定义属性”按钮，系统弹出“属性定义”对话框，在该对话框中定义属性参数，如图6-18所示。

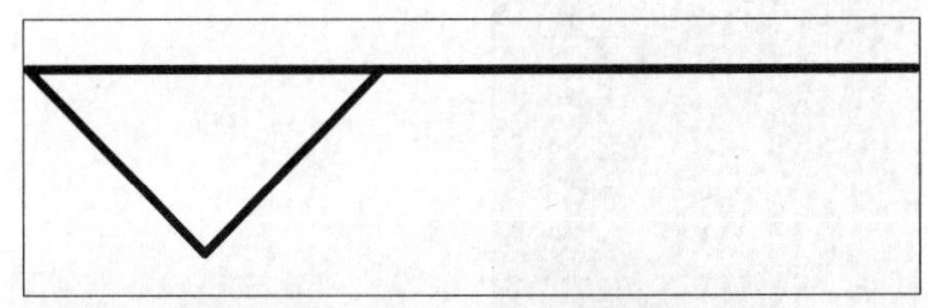

图 6-17　素材图形

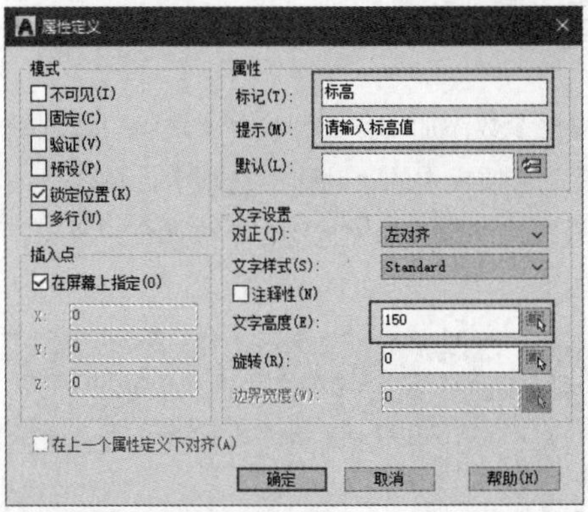

图 6-18　“属性定义”对话框

步骤 03 单击“确定”按钮，在水平线上合适位置放置属性定义，如图6-19所示。

步骤 04 在“默认”选项卡中，单击“块”面板中的“创建”按钮，系统弹出“块定义”对话框。在“名称”下拉列表中输入“标高”，单击“拾取点”按钮，拾取三角形的下角点作为基点，单击“选择对象”按钮，选择符号图形和属性定义，如图6-20所示。

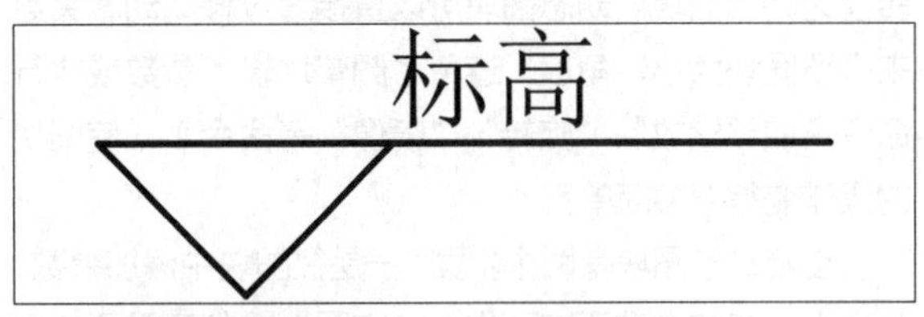

图 6-19　放置属性定义

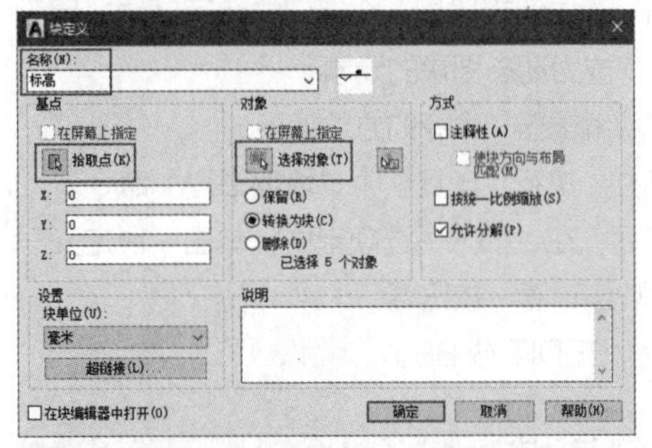

图 6-20　“块定义”对话框

步骤 05 单击“确定”按钮，系统弹出“编辑属性”对话框，更改标高值为0.000，如图6-21所示。

步骤 06 单击“确定”按钮，标高属性块创建完成，如图6-22所示。

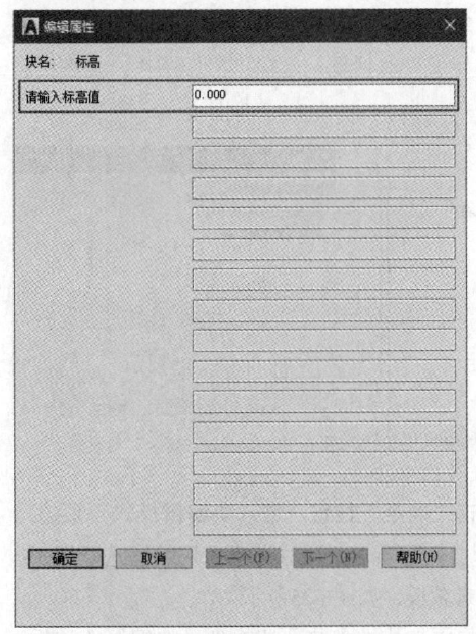

图 6-21　“编辑属性”对话框

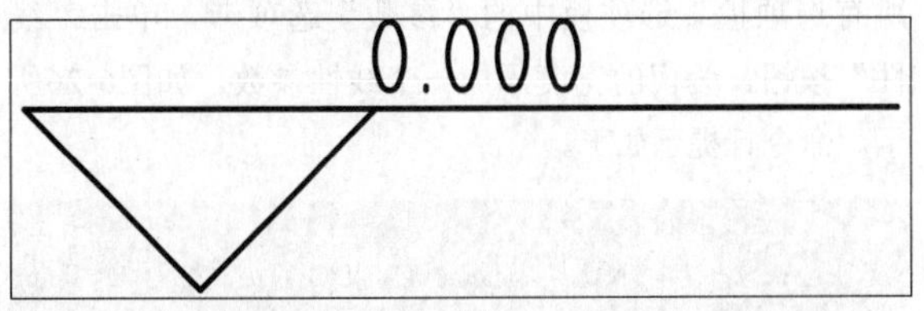

图 6-22　标高属性块

6.1.4 动态图块

在AutoCAD中，可以为普通图块添加动作，将其转换为动态图块。动态图块可以直接通过移动动态夹点来调整图块大小、角度，避免了频繁地输入参数或执行命令（如“缩放”“旋转”“镜像”等命令），使图块的操作变得更加简单。

创建动态图块有两个步骤：一是往图块中添加参数，二是为添加的参数添加动作。动态图块的创建需要使用“块编辑器”。块编辑器是一个专门的编写区域，用于添加能够使块成为动态图块的元素。

执行“块编辑器”命令的方法如下。

◆菜单栏：执行“工具”｜“块编辑器”命令。

◆功能区：在“插入”选项卡中，单击“块定义”面板中的“块编辑器”按钮。

◆命令：BEDIT或BE。

练习6-4 创建门动态图块 ★重点★

创建门动态图块，方便用户编辑图形，如旋转、移动、缩放等，操作步骤如下。

步骤 01 打开“练习6-4：创建门动态图块.dwg”素材文件，图形中已经创建了一个门的普通块，如图6-23所示。

步骤 02 在命令行中输入“BE”并按Enter键，系统弹出“编辑块定义”对话框。选择“门”图块，如图6-24所示。

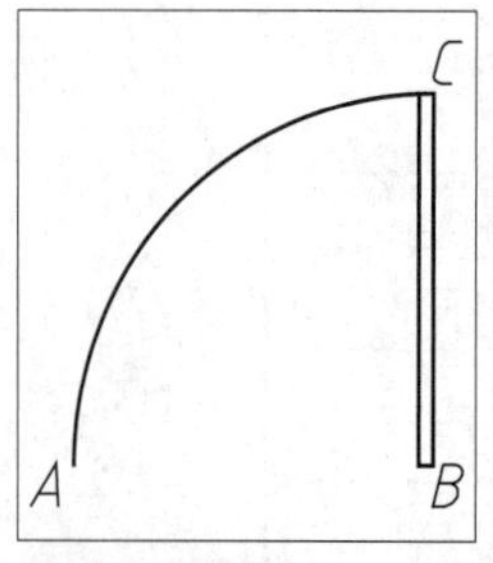

图6-23 素材图形

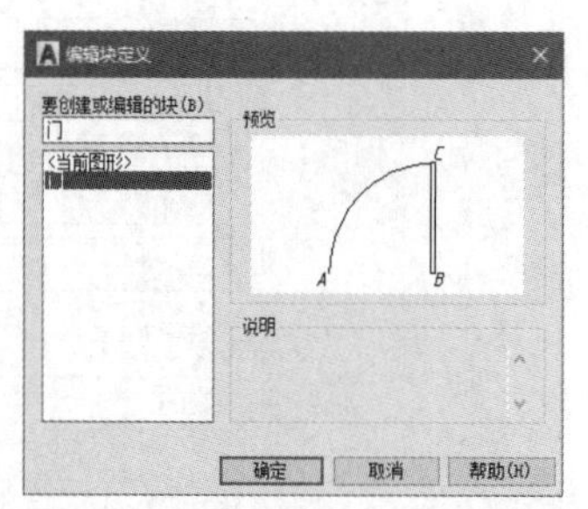

图6-24 “编辑块定义”对话框

步骤 03 单击“确定”按钮，进入块编辑模式，系统弹出“块编辑器”选项卡，同时弹出“块编写选项板–所有选项板”选项板，如图6-25所示。

步骤 04 为块添加线性参数。切换到“块编写选项板–所有选项板”选项板中的“参数”选项卡，单击“线性”按钮，为门的宽度添加一个线性参数，如图6-26所示。命令行提示如下。

```
命令: _bparameter
指定起点或 [名称(N)/标签(L)/链(C)/说明(D)/基点(B)/选项板(P)/值集(V)]:
        //单击左下角圆弧端点
指定端点:
        //单击右下角矩形端点
指定标签位置:
        //向下移动十字光标，在合适位置单击放置线性参数标签
```

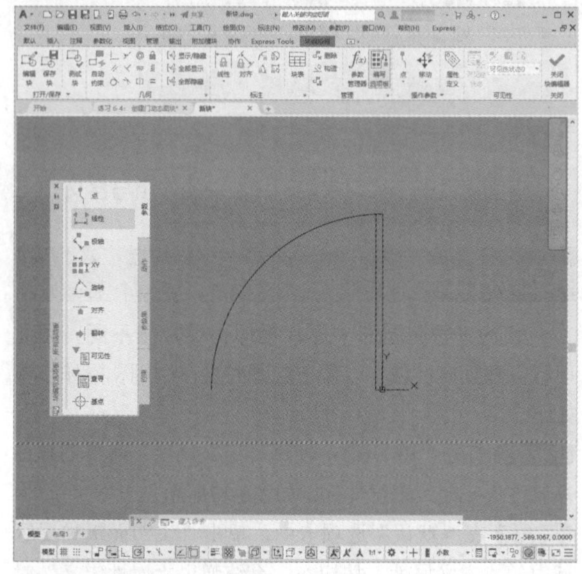
图6-25 块编辑界面

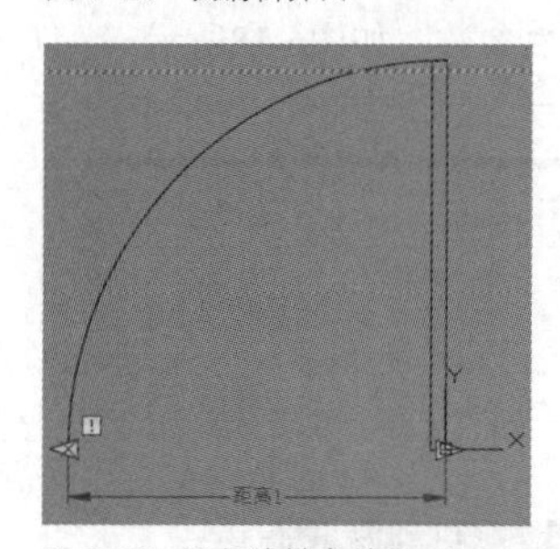

图6-26 添加线性参数

步骤 05 为线性参数添加动作。切换到“块编写选项板–所有选项板”选项板中的“动作”选项卡，单击“缩放”按钮，为线性参数添加缩放动作，如图6-27所示。命令行提示如下。

```
命令: _bactiontool
选择参数:
        //选择上一步添加的线性参数
指定动作的选择集
选择对象: 找到 1 个
选择对象: 找到 1 个, 总计 2 个
        //依次选择门图块包含的全部轮廓线，包括一条圆弧和一个矩形
选择对象:
        //按Enter键结束选择，完成动作的创建
```

步骤 06 为块添加旋转参数。切换到“块编写选项板–所有选项板”选项板中的“参数”选项卡，单击“旋转”按钮，为门添加一个旋转参数，如图6-28所示。命令行提示如下。

```
命令: _bparameter
指定基点或 [名称(N)/标签(L)/链(C)/说明(D)/选项板(P)/值集(V)]:
          //单击矩形左下角点作为旋转基点
指定参数半径:
          //单击矩形左上角点来定义参数半径
指定默认旋转角度或 [基准角度(B)] <0>: 90↙
          //设置默认旋转角度为90°
指定标签位置:
          //指定参数标签位置，在合适位置单击放置标签
```

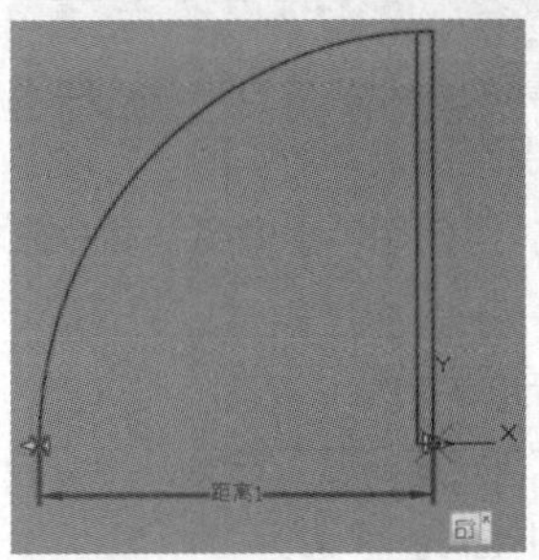

图 6-27 添加缩放动作

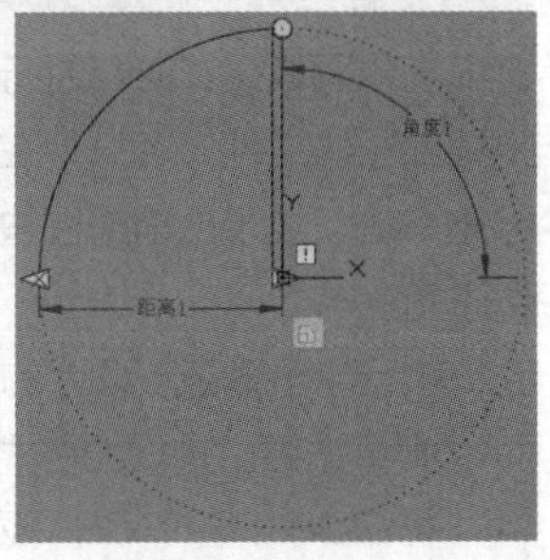

图 6-28 添加旋转参数

步骤 07 为旋转参数添加动作。切换到“块编写选项板–所有选项板”选项板中的“动作”选项卡，单击“旋转”按钮，为旋转参数添加旋转动作，如图6-29所示。命令行操作如下。

```
命令: _bactiontool
选择参数:
          //选择创建的角度参数
指定动作的选择集
选择对象: 找到 1 个
          //选择矩形作为动作对象
选择对象:
          //按Enter键结束选择，完成动作的创建
```

步骤 08 在“块编辑器”选项卡中，单击“打开/保存”面板中的“保存块”按钮，保存对块的编辑。单击“关闭块编辑器”按钮关闭块编辑器，返回绘图区，此时单击创建的动态块，该块上出现3个夹点，如图6-30所示。

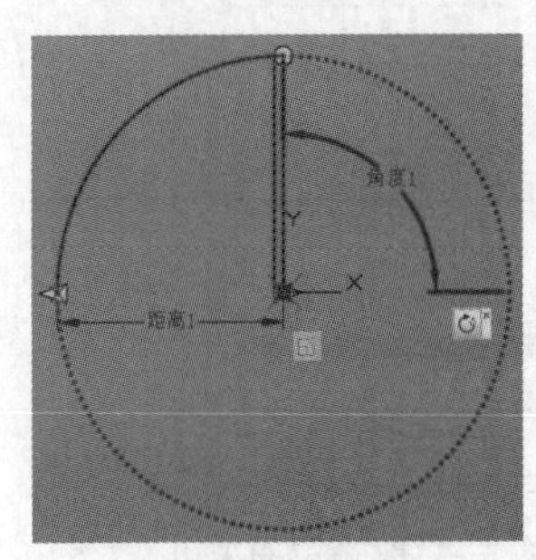

图 6-29 添加旋转动作

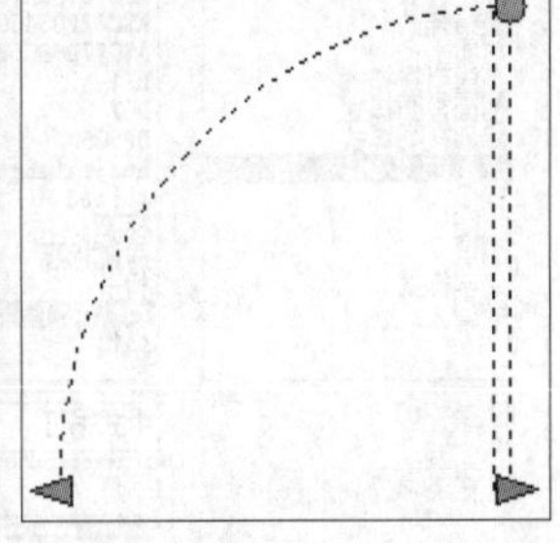
图 6-30 块的夹点

步骤 09 拖动三角形夹点可以修改门的大小，如图6-31所示；而拖动圆形夹点可以修改门的打开角度，如图6-32所示。至此，门动态图块创建完成。

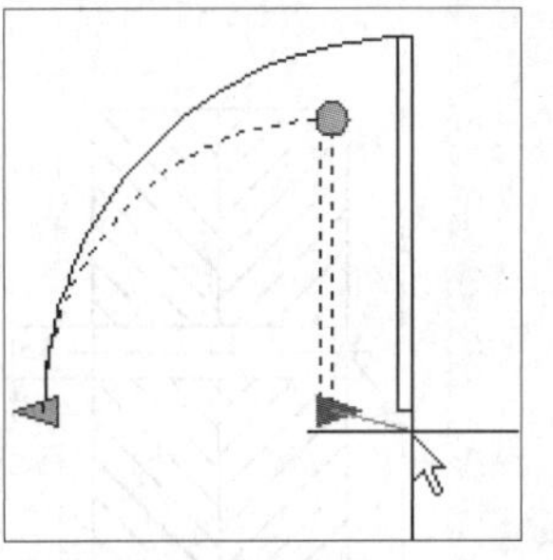
图 6-31 拖动三角形夹点

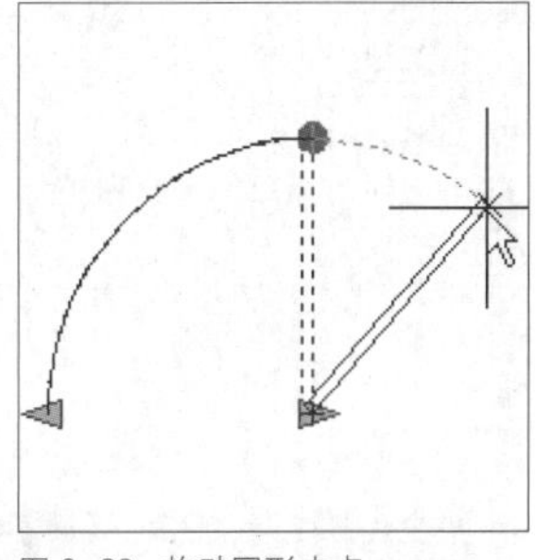
图 6-32 拖动圆形夹点

6.1.5 插入块

块定义完成后，就可以插入与块定义关联的块实例了。执行“插入”命令的方法如下。

◆菜单栏：执行“插入” | “块”命令。

◆功能区：单击“插入”选项卡“块”面板中的“插入”按钮，如图 6-33 所示。

◆命令：INSERT 或 I。

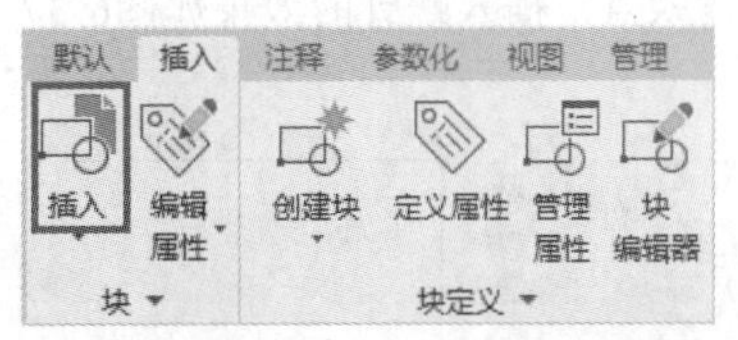

图 6-33 “插入”按钮

执行“插入”命令后，系统弹出“块”选项板，如图 6-34 所示。在其中选择要插入的图块，返回绘图区指定基点即可插入块。该选项板中常用选项的含义介绍如下。

◆名称：用于选择块或图形。可以单击其后的“浏览”按钮，系统弹出“打开图形文件”对话框，在该对话框中选择保存的块和外部图形。

◆插入点：设置块的插入点位置。

◆比例：用于设置块的插入比例。

◆旋转：用于设置块的旋转角度。可直接在“角度”文本框中输入角度值指定旋转角度。

◆分解：可以将插入的块分解成块的各基本对象。

练习6-5 使用“插入”命令插入螺钉图块 ★进阶★

在图6-35所示的通孔图形中，插入定义好的“螺钉”块。因为定义的螺钉图块直径为 10，该通孔的直径仅为 6，因此图块应缩小至原来的 60%，操作步骤如下。

步骤 01 打开“练习6-5：使用‘插入’命令插入螺钉图块.dwg”素材文件，其中已经绘制好了通孔，如图6-35所示。

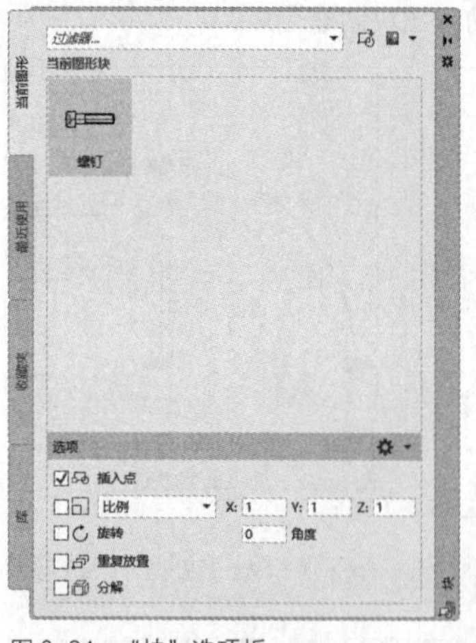

图 6-34 “块”选项板

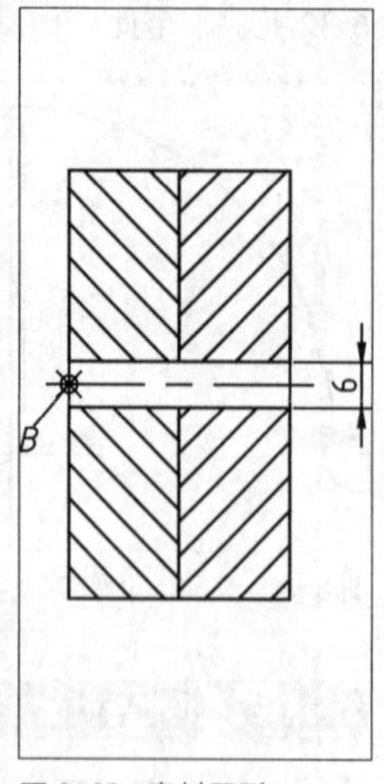

图 6-35 素材图形

步骤 02 执行“插入”命令，系统弹出“块”选项板，选择“螺钉”图块。

步骤 03 确定缩放比例。在下拉列表中选择“统一比例”选项，输入“0.6”，如图6-36所示。

步骤 04 指定B点为插入点，插入螺钉的效果如图6-37所示。

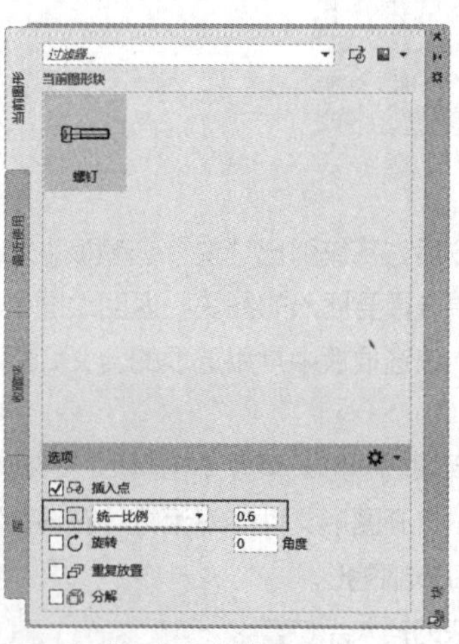

图 6-36 设置插入参数

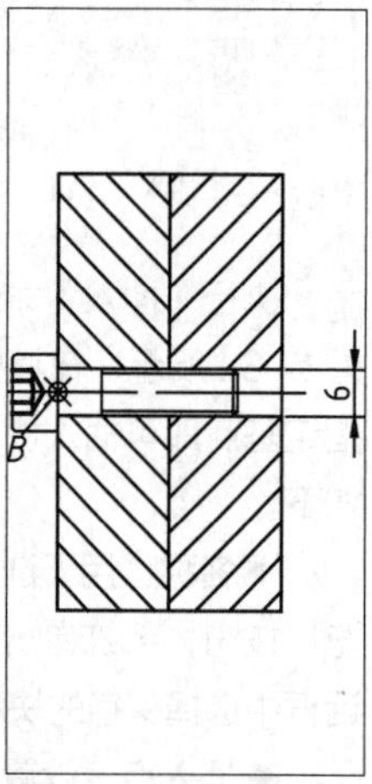

图 6-37 完成图形

6.2 编辑块

图块在创建完成后还可随时进行编辑，如重命名图块、分解图块、删除图块和重新定义图块等。

6.2.1 设置插入基点

在创建图块时，可以为图块设置插入基点，这样在插入时就可以直接捕捉基点插入。但是如果创建的块事先没有指定插入基点，插入时系统默认的插入点为该图的坐标原点，这样往往会带来不便，此时可以使用“基点”命令为图块设置新的插入基点。

执行“基点”命令的方法如下。

- ◆菜单栏：执行“绘图”|“块”|“基点”命令。
- ◆功能区：在“默认”选项卡中，单击“块”面板扩展区域中的“设置基点”按钮。
- ◆命令：BASE。

执行该命令后，可以根据命令行提示输入基点坐标或用十字光标直接在绘图区中指定基点。

6.2.2 重命名图块

创建图块后，对其进行重命名的方法有多种。如果是外部图块文件，可直接在保存目录中对该图块文件进行重命名；如果是内部图块，可使用“重命名”命令来更改图块的名称。

执行“重命名”命令的方法如下。

- ◆菜单栏：执行“格式”|“重命名”命令。
- ◆命令：RENAME 或 REN。

练习6-6 重命名图块 ★进阶★

如果已经定义好了图块，但最后觉得图块的名称不合适，便可以通过该方法来重新定义，操作步骤如下。

步骤 01 单击快速访问工具栏中的“打开”按钮，打开“练习6-6：重命名图块.dwg”素材文件。

步骤 02 在命令行中输入“REN”并按Enter键，系统弹出“重命名”对话框。

步骤 03 在对话框左侧的“命名对象”列表框中选择“块”选项，在右侧的“项数”列表框中选择“中式吊灯”选项。

步骤 04 “旧名称”文本框中显示的是该块的旧名称，在“重命名为”按钮后面的文本框中输入新名称“吊灯”。

步骤 05 单击“重命名为”按钮确认操作，重命名图块完成，如图6-38所示。

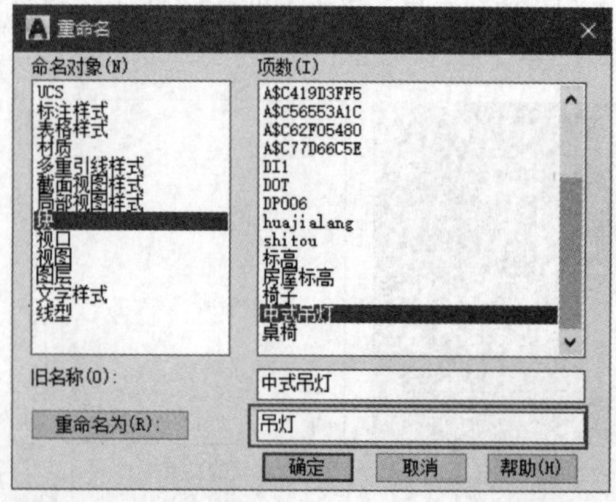

图 6-38 重命名完成效果

6.2.3 分解图块

由于插入的图块是一个整体，在需要对图块进行编辑时，必须先将其分解。执行“分解”命令的方法如下。

◆菜单栏：执行“修改”|“分解”命令。

◆功能区：在“默认”选项卡中，单击“修改”面板中的“分解”按钮。

◆命令：EXPLODE 或 X。

分解图块的操作非常简单，执行“分解”命令后，选择要分解的图块，再按 Enter 键即可。图块被分解后，它的各个组成元素将变为单独的图形对象，之后便可以单独对各个组成对象进行编辑。

练习6-7 分解图块 ★进阶★

如果要编辑图块，需要先将其分解。执行“分解”命令可以轻松分解图块，操作步骤如下。

步骤 01 单击快速访问工具栏中的“打开”按钮，打开“练习6-7：分解图块.dwg”素材文件，如图 6-39所示。

步骤 02 框选图形，图块的夹点显示和属性如图6-40所示。

图 6-39　素材图形

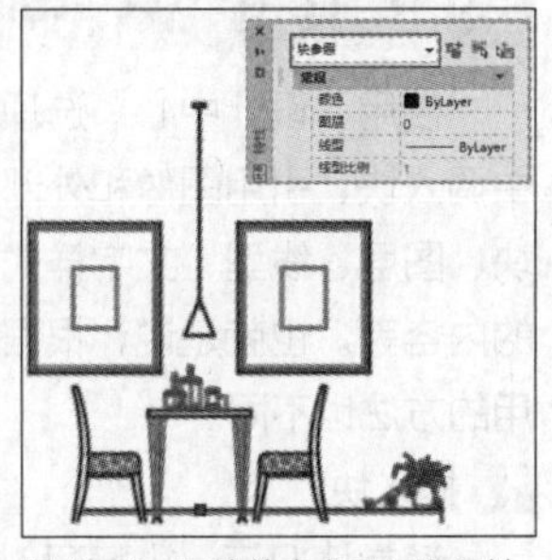

图 6-40　图块的夹点显示和属性

步骤 03 在命令行中输入“X”，按Enter键确认分解，分解后图块框选效果如图 6-41所示。

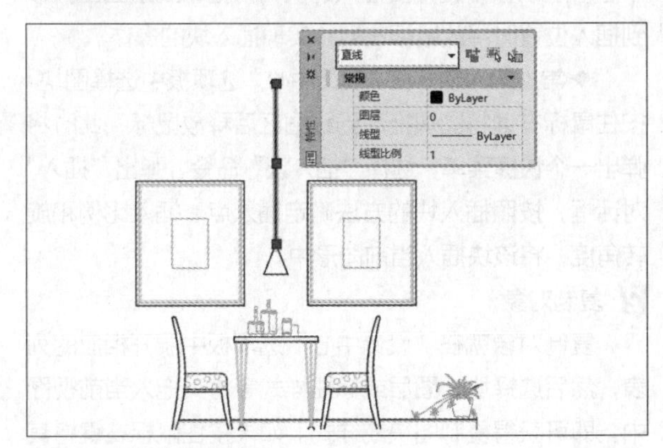

图 6-41　图块分解后的效果

6.2.4 删除图块

如果图块是外部图块文件，可直接在计算机中删除；如果图块是内部图块，可使用以下方法删除。

◆应用程序：单击应用程序按钮，在打开的下拉列表中选择“图形实用工具”中的“清理”选项。

◆命令：PURGE 或 PU。

6.2.5 重新定义图块

通过对图块的重定义，可以更新所有与之关联的块实例，实现自动修改，其方法与定义块的方法基本相同。操作步骤如下。

步骤 01 使用“分解”命令将当前图形中需要重新定义的图块分解为由单个元素组成的对象。

步骤 02 对分解后的图块组成对象进行编辑。完成编辑后，重新执行“块定义”命令，在打开的“块定义”对话框的“名称”下拉列表中选择源图块的名称。

步骤 03 选择编辑后的图块并为图块指定插入基点及单位，单击“确定”按钮，打开图6-42所示的对话框，在对话框中单击“重定义”按钮，完成图块的重定义。

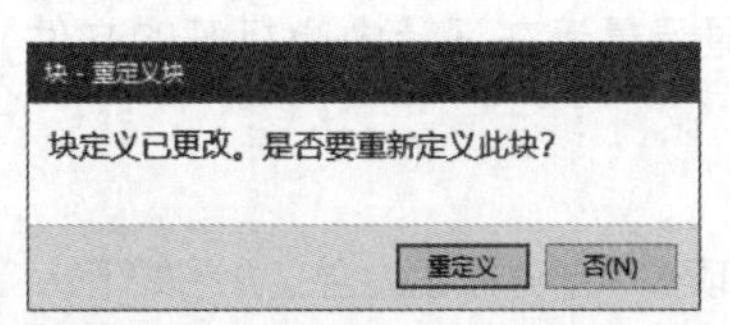

图 6-42　“块 - 重定义块”对话框

6.3 AutoCAD设计中心

AutoCAD 设计中心类似于 Windows 资源管理器，在此可以访问图形、块、图案填充和其他内容，也可在图形之间执行复制和粘贴操作，使设计者更好地管理外部参照、块参照和线型等内容。该操作可以简化绘图过程，也可以共享资源。

6.3.1 “设计中心”选项板

在 AutoCAD 中，打开“设计中心”选项板有以下方法。

执行方式

◆功能区：在“视图”选项卡中，单击“选项板”面板中的“设计中心”按钮。

◆快捷键：Ctrl+2。

操作步骤

执行上述命令后，打开“设计中心”选项板，如图 6-43 所示。

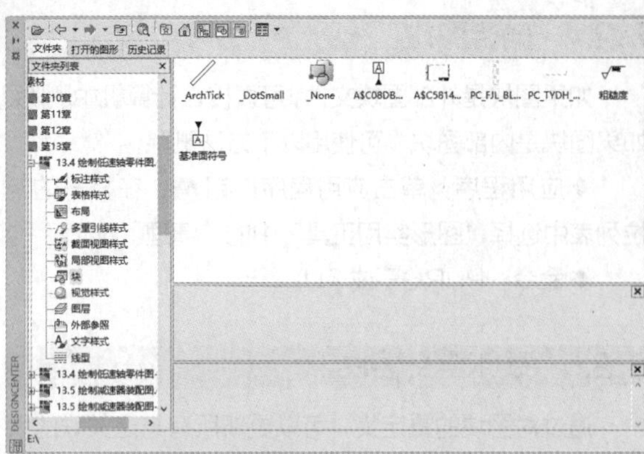

图6-43 “设计中心”选项板

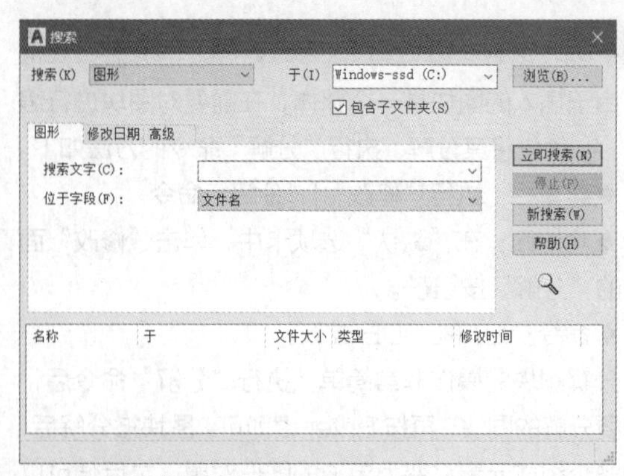

图6-44 “搜索”对话框

◎ 选项卡说明

在“设计中心”选项板中，可以在3个选项卡之间进行切换，各选项卡的含义介绍如下。

◆文件夹：指定文件路径（包括网络路径），右侧显示图形信息。

◆打开的图形：显示当前已打开的所有图形，在右方的列表框中可观察图形中的块、图层、线型、文字样式、标注样式和打印样式。

◆历史记录：显示最近在设计中心打开的文件列表。

◎ 按钮操作

“设计中心”选项板中部分按钮的含义介绍如下。

◆加载：单击该按钮，利用桌面、收藏夹等路径加载图形文件。

◆搜索：用于快速查找图形对象。

◆收藏夹：通过收藏夹来标记存放在本地硬盘和网页中的常用文件。

◆主页：将设计中心返回到默认文件夹。

◆树状图切换：打开或关闭树状视图窗口。

◆预览：打开或关闭选项卡右下侧的窗格。

◆说明：打开或关闭说明窗格，确定是否显示说明窗格内容。

◆视图：用于确定控制板显示内容的显示格式。

6.3.2 “设计中心”选项板中的“查找”功能

使用“设计中心”选项板中的“查找”功能，可在弹出的“搜索”对话框中快速查找图形、块特征、图层特征和尺寸样式等内容，将这些资源导入当前图形，可辅助当前设计。单击“设计中心”选项板中的“搜索”按钮，系统弹出“搜索”对话框，如图6-44所示。

在该对话框中选择搜索对象所在的路径，在“搜索文字”文本框中输入搜索对象的名称，在“位于字段”下拉列表中选择搜索类型，单击“立即搜索”按钮，执行搜索操作。另外，还可以在其他选项卡中设置不同的搜索条件。

切换至“修改日期”选项卡，选择图形文件创建或修改的日期范围。默认情况下不指定日期，需要在此之前指定图形修改日期。

切换至“高级”选项卡，可以指定其他搜索参数。

6.3.3 使用“设计中心”选项板插入图形

使用“设计中心”选项板的最终目的是在当前视图中调入块、引用图像和外部参照，并且在视图之间复制块、图层、线型、文字样式、标注样式，以及用户定义的内容等。也就是说，根据插入内容类型的不同，所使用的方法也不同。

1 插入块

通常情况下，执行插入块操作时，可根据设计需要确定插入方式。

◆自动换算比例插入块：选择该方法，可从“设计中心”选项板中选择要插入的块，并拖动到绘图区，移到插入位置时释放鼠标左键，实现插入块的操作。

◆常规插入块：在“设计中心”选项板中选择图块，按住鼠标右键将图块拖动到绘图区后释放鼠标，此时将弹出一个快捷菜单，选择“插入块”命令，弹出“插入”对话框，按照插入块的方法确定插入点、插入比例和旋转角度，将该块插入当前图形中。

2 复制对象

复制对象就在“设计中心”选项板中展开相应的列表，然后选择块、图层或标注样式等将其拖入当前视图中，即可获得复制图块或样式。如果按住鼠标右键将其拖入当前视图，系统将弹出快捷菜单，通过执行命令即可复制相应的对象。

3 以动态块形式插入

以动态块形式在当前视图中插入外部文件，只需要单击鼠标右键，在弹出的快捷菜单中执行“块编辑器”命令即可。系统将打开“块编辑器”选项卡，用户通过该选项卡可将选择的图形创建为动态图块。

4 引入外部参照

从“设计中心”选项板中选择外部参照，按住鼠标右键将其拖动到绘图区后释放鼠标，在弹出的快捷菜单中执行“附着为外部参照”命令，弹出“外部参照”对话框，可以在其中确定插入点、插入比例和旋转角度。

练习6-8 插入沙发图块 ★重点★

使用“设计中心”选项板可以将图块插入至当前视图中，但是要先把图块存储到计算机中指定的位置，操作步骤如下。

步骤 01 单击快速访问工具栏中的“新建”按钮，新建一个空白文档。

步骤 02 按快捷键Ctrl+2，打开“设计中心”选项板。

步骤 03 展开“文件夹列表”，在树状目录中选择“6”文件夹，文件夹中包含的所有图形文件显示在右侧的列表框中，如图6-45所示。

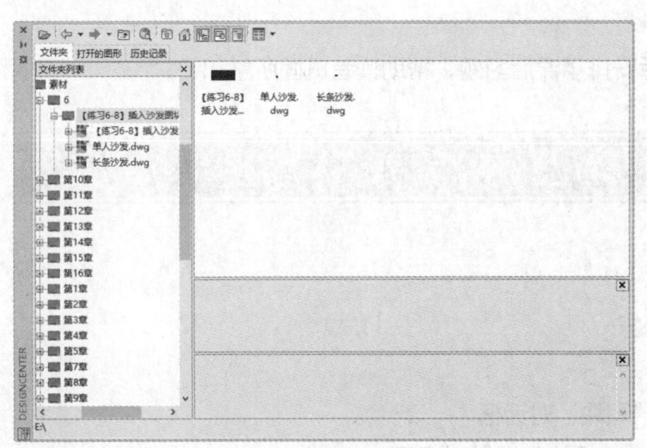

图 6-45 浏览文件夹

步骤 04 在列表框中选择“长条沙发”图形并单击鼠标右键，弹出快捷菜单，如图6-46所示，执行“插入为块”命令，弹出“插入”对话框，如图6-47所示。

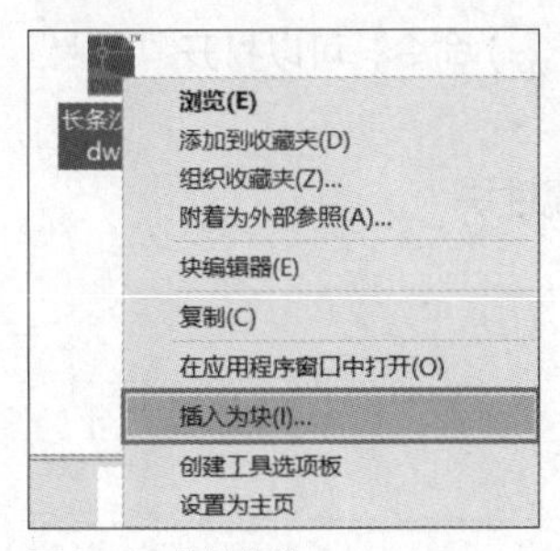

图 6-46 快捷菜单

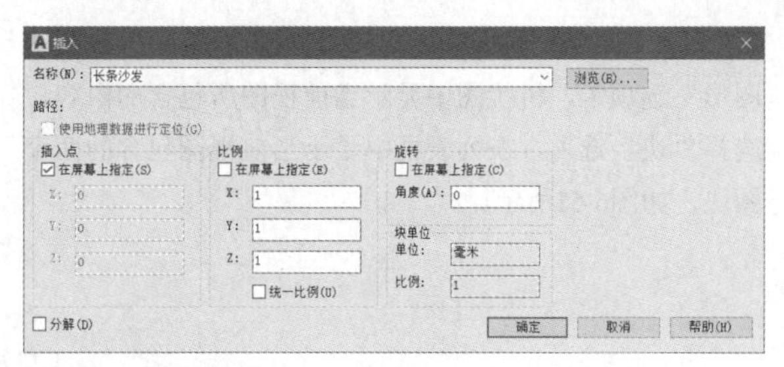

图 6-47 “插入”对话框

步骤 05 单击“确定”按钮，将该图形布置到当前视图中，如图6-48所示。

步骤 06 在列表框中选择 “长条沙发”图形，将其拖动到绘图区，根据命令行提示插入“单人沙发”图形，如图6-49所示。命令行提示如下。

```
命令: INSERT↙
                    //输入块名或 [?] <长条沙发>:
单位: 毫米   转换: 1
指定插入点或 [基点(B)/比例(S)/X/Y/Z/旋转(R)]:
                    //选择块的插入点
输入 X 比例因子，指定对角点，或 [角点(C)/XYZ(XYZ)]
<1>:                //使用默认X比例因子
输入 Y 比例因子或 <使用 X 比例因子>:
                    //使用默认Y比例因子
指定旋转角度 <0>:
                    //使用默认旋转角度
```

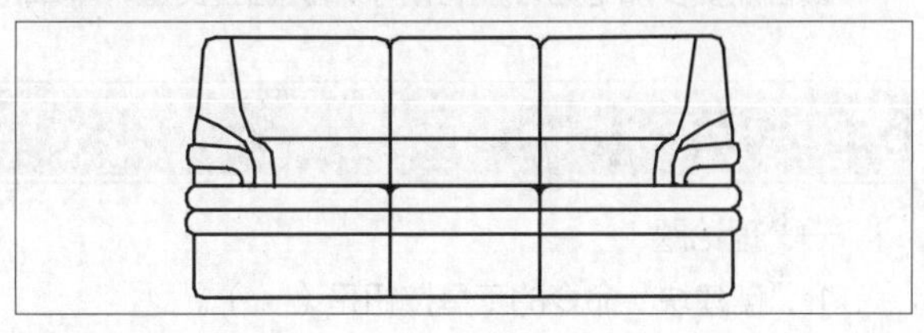

图 6-48 插入长条沙发

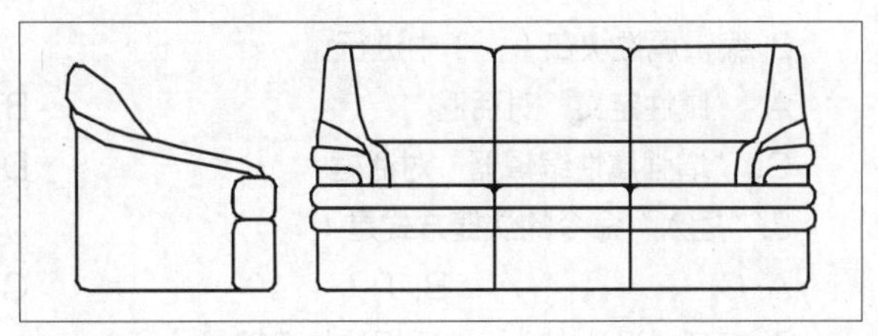

图 6-49 插入单人沙发

步骤 07 在命令行输入“M”并按Enter键，将已插入的“单人沙发”图块移动到合适位置。执行“镜像”命令，镜像复制一个与之对称的单人沙发，效果如图6-50所示。

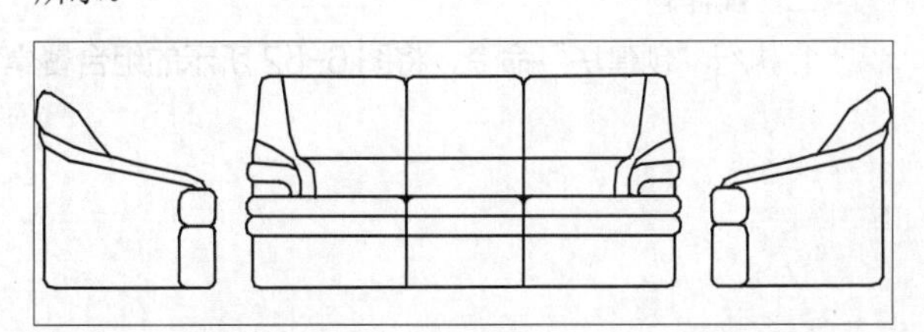

图 6-50 移动和镜像沙发的效果

步骤 08 在“设计中心”选项板的左侧切换到“打开的图形”选项卡，树状图中显示当前视图所包含的内容，选择“块”选项，在列表框中显示当前视图包含的两个图块，如图6-51所示。

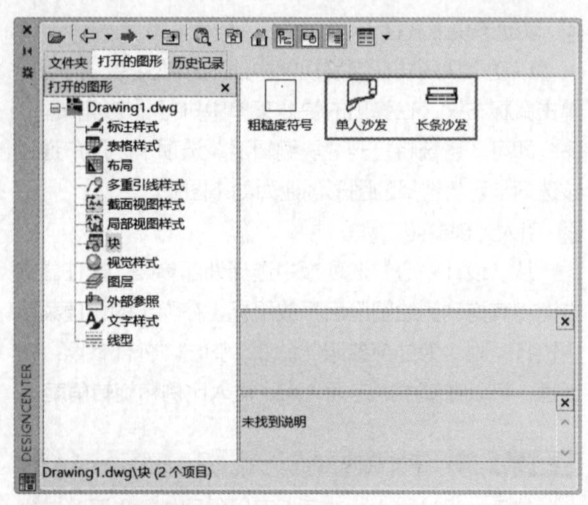

图 6-51　当前图形中的块

6.4 本章小结

本章介绍了创建、编辑、插入图块的方法。绘制图纸时，经常需要重复调用某个图形。为了方便调用，可以将图形创建成块，并存储在计算机中，需要使用时将其插入即可。为适应不同的绘图要求，在插入图块时可以更改比例、调整角度等。

属性块包含文字和图形，如标高图块。在插入属性块时，可以自定义文字参数。在 AutoCAD 设计中心中可以浏览图形的属性，如文字样式、标注样式、图层等。在实际工作中，经常利用 AutoCAD 设计中心来插入图块，本章也介绍了操作方法。

读者需要多加练习才能将所学知识融会贯通，本章最后安排了课后习题，帮助读者巩固所学知识。

6.5 课后习题

一、理论题

1.“创建块”命令的工具按钮是（　）。

A.　　B.　　C.　　D.

2. 编辑属性块在（　）中进行。

A. “属性定义”对话框　　B. “写块”对话框

C. “增强属性编辑器”对话框　　D. “编辑块定义”对话框

3.“插入”命令的快捷方式是（　）。

A. C　　B. T　　C.K　　D.I

4. 打开“设计中心”选项板的快捷键是（　）。

A. Ctrl+2　　B. Ctrl+3　　C. Ctrl+4　　D. Ctrl+5

5. 在“设计中心”选项板中选择图块，单击鼠标右键，在弹出的快捷菜单中执行（　）命令，可以打开“插入”对话框。

A. 图块　　B. 插入块　　C. 创建　　D. 属性块

二、操作题

1. 执行“创建块”命令，将图 6-52 所示的组合餐桌创建成块并存储在计算机中。

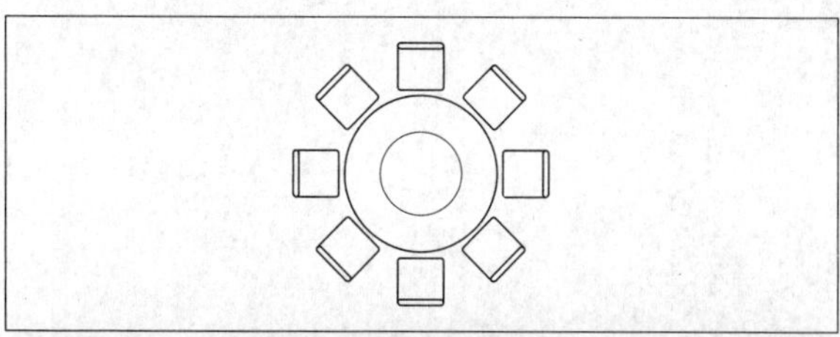

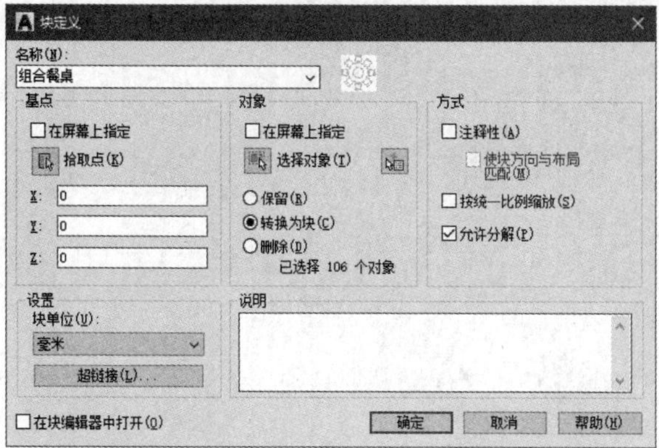

图 6-52　创建图块

2. 执行“定义属性”命令，为熔断器添加属性文字，如图 6-53 所示。

图 6-53　添加属性文字

3. 打开在第 5 章操作题中绘制的平面图，在“设计中心”选项板中选择图块，并将其布置到平面图中，如图 6-54 所示。

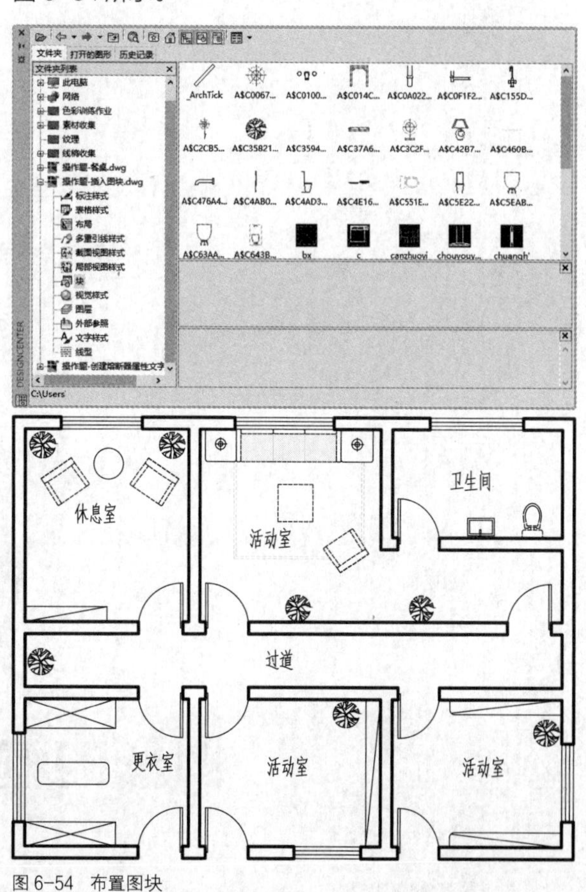

图 6-54　布置图块

第 **7** 章

图形的输出和打印

本章内容概述

当完成所有的设计和制图工作之后，就需要将图形文件通过绘图仪或打印机输出为图纸。本章主要讲解 AutoCAD 出图过程中涉及的一些问题，包括模型空间与布局空间的转换、打印样式设置、打印比例设置等。

本章知识要点

- 模型空间与布局空间的区别
- 设置打印样式
- 输出文件为多种格式

7.1 模型空间与布局空间

模型空间和布局空间是两个功能不同的工作空间，单击绘图区下面的标签，可以在模型空间和布局空间之间切换，一个打开的文件中只有一个模型空间和两个默认的布局空间，用户也可创建更多的布局空间。

7.1.1 模型空间

当打开或新建一个图形文件时，系统将默认进入模型空间，如图 7-1 所示。模型空间是一个无限大的绘图区域，可以在其中创建二维或三维图形，以及进行必要的尺寸标注和文字说明等操作。

模型空间对应的窗口称为模型窗口。在模型窗口中，十字光标在整个绘图区都处于激活状态，并且可以创建多个不重复的平铺视口，以展示图形的不同视口。例如在绘制机械三维图形时，可以创建多个视口，便于从不同的角度观测图形。在一个视口中对图形做出修改后，其他视口也会随之更新，如图 7-2 所示。

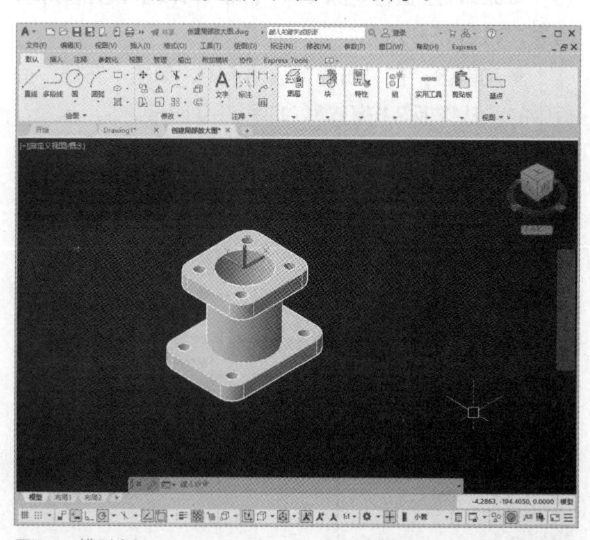

图7-1　模型空间

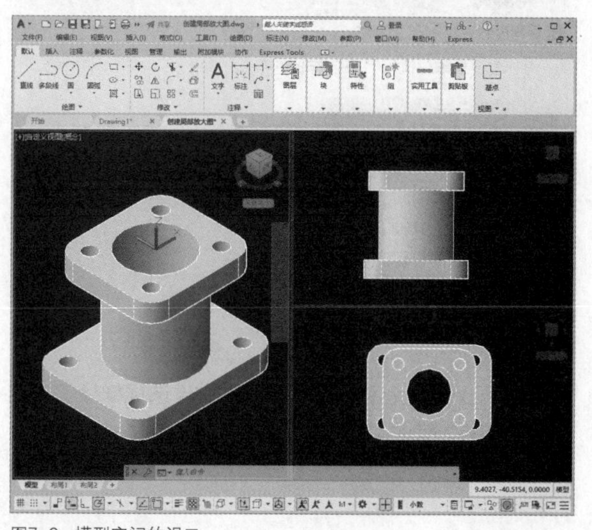

图7-2　模型空间的视口

7.1.2 布局空间

布局空间又被称为图纸空间，主要用于出图。模型建立后，需要将模型打印到纸面上形成图样。使用布局空间可以方便地设置打印设备、纸张、比例尺、图样布局等，还可以预览实际出图的效果，如图 7-3 所示。

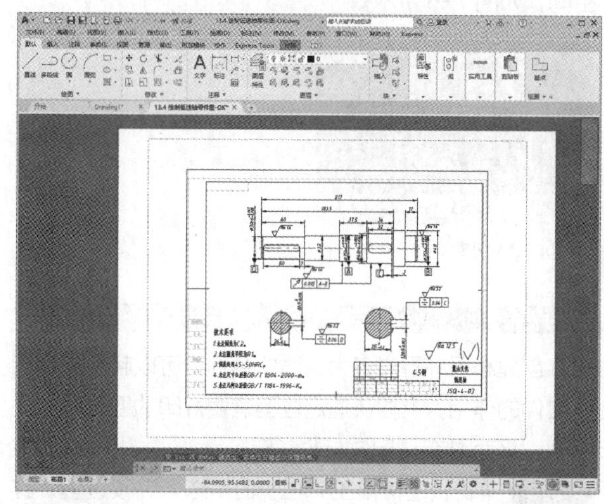

图7-3　布局空间

布局空间对应的窗口称为布局窗口。可以在同一个 AutoCAD 文档中创建多个不同的布局空间。单击工作区左下角的各个布局按钮，可以从模型窗口切换到各个布局窗口。当需要将多个视图放在同一张图样上输出时，通过布局窗口就可以很方便地控制图形的位置，以及输出比例等参数。

7.1.3 空间管理

使用鼠标右键单击绘图区下的“模型”或“布局”标签，在弹出的快捷菜单中执行相应的命令，可以对布局窗口进行删除、新建、重命名、移动、复制、页面设置等操作，如图 7-4 所示。

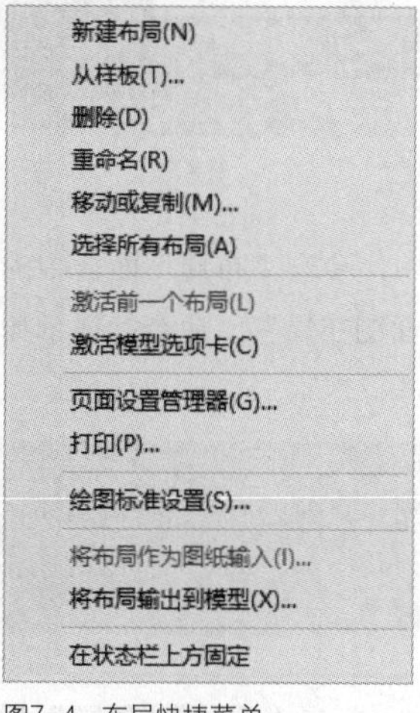

图7-4　布局快捷菜单

1 空间的切换

在模型窗口中绘制完图样后，若需要进行打印，可单击绘图区左下角的布局空间标签，即“布局 1”和“布局 2”，进入布局空间，对图样打印输出的布局效果进行设置。设置完毕后，单击“模型”标签可以返回模型空间，如图 7-5 所示。

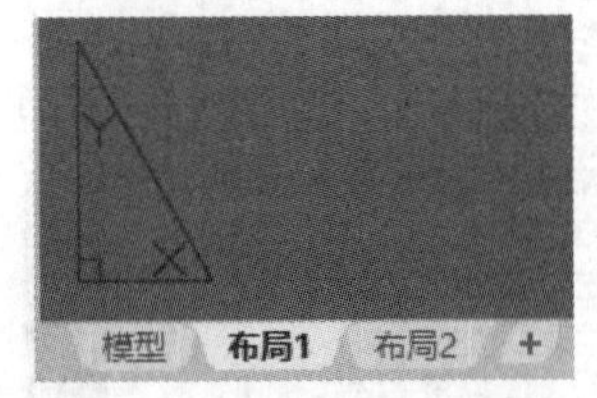

图7-5 空间切换

练习7-1 创建新布局 ★进阶★

创建布局并重命名为合适的名称，可以起到快速浏览文件的作用，也能快速定位至需要打印的图纸，如立面图、平面图等，操作步骤如下。

步骤 01 单击快速访问工具栏中的“打开”按钮，打开“练习7-1：创建新布局.dwg”素材文件。图7-6所示为“布局1”窗口的显示界面。

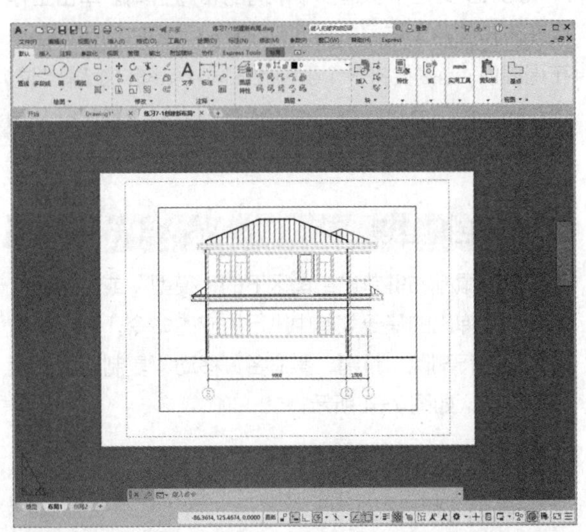
图7-6 素材图形

步骤 02 在“布局”选项卡中，单击“布局”面板中的“新建”按钮，新建“立面图布局”。命令行提示如下。

```
命令:_layout
输入布局选项 [复制(C)/删除(D)/新建(N)/样板(T)/重命名(R)/另存为(SA)/设置(S)/?] <设置>: N↙
输入新布局名 <布局3>: 立面图布局
```

步骤 03 完成布局的创建后，单击“立面图布局”标签，切换至“立面图布局”空间，效果如图7-7所示。

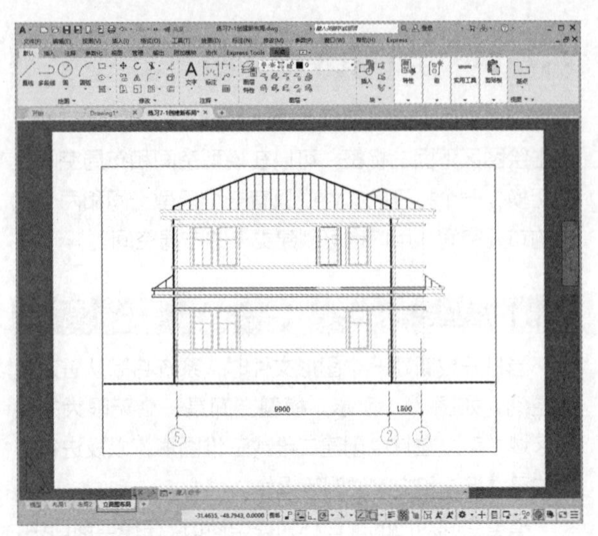

图7-7 创建布局空间

2 插入样板布局

在 AutoCAD 中，提供了多种样板布局供用户使用。其创建方法如下。

◆菜单栏：执行“插入”|“布局”|“来自样板的布局”命令，如图 7-8 所示。

◆功能区：在“布局”选项卡中，单击“布局”面板中的“从样板”按钮，如图 7-9 所示。

◆快捷方式：使用鼠标右键单击绘图区左下方的布局标签，在弹出的快捷菜单中执行“从样板”命令。

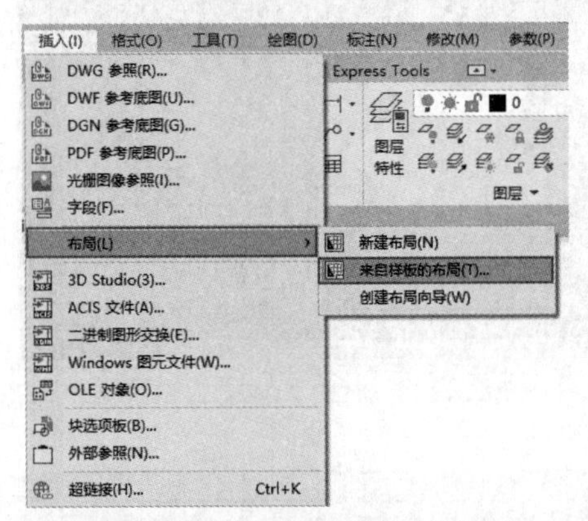

图7-8 通过菜单栏执行“来自样板的布局”命令

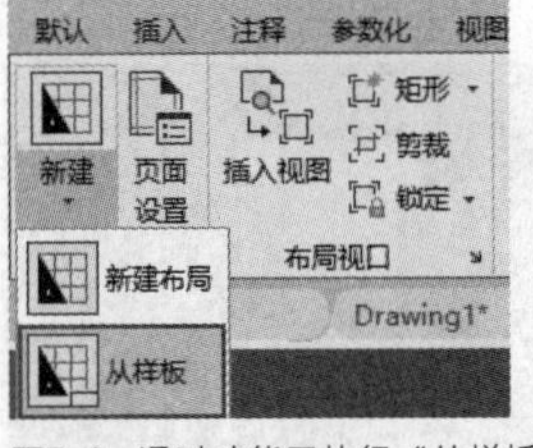

图7-9 通过功能区执行“从样板”命令

执行上述命令后，将弹出“从文件选择样板”对话框，可以在其中选择需要的样板创建布局。

练习7-2 插入样板布局 ★进阶★

如果需要将图纸发送给国外的客户，可以尽量采用AutoCAD中自带的英制或公制模板，操作步骤如下。

步骤 01 单击快速访问工具栏中的“新建”按钮，新建一个空白文档。

步骤 02 在“布局”选项卡中，单击“布局”面板中的“从样板”按钮，系统弹出“从文件选择样板”对话框，如图7-10所示。

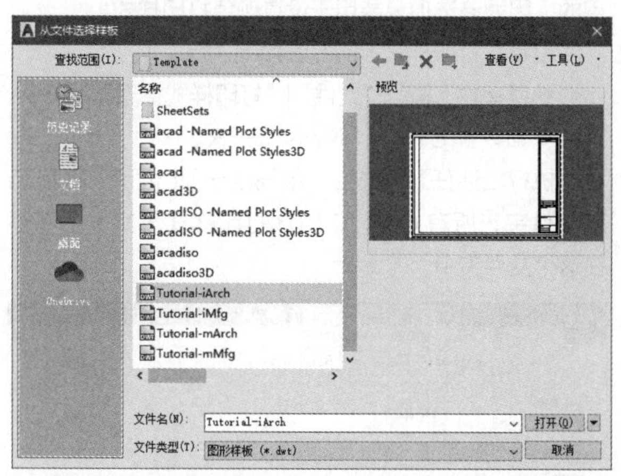

图7-10 “从文件选择样板”对话框

步骤 03 选择“Tutorial-iArch.dwt”选项，单击“打开”按钮，系统弹出“插入布局”对话框，如图7-11所示，选择布局名称后单击“确定”按钮。

图7-11 “插入布局”对话框

步骤 04 完成样板布局的插入，切换至新创建的“D-尺寸布局”空间，效果如图7-12所示。

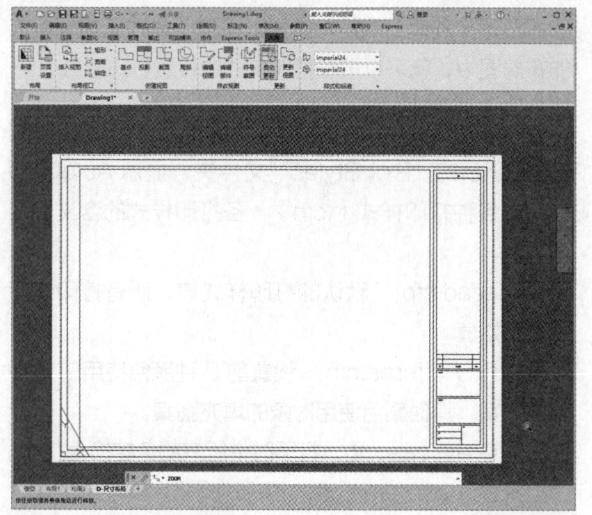

图7-12 “D-尺寸布局”空间

练习7-3 通过布局绘制室内设计图 ★进阶★

通常情况下都在模型空间中绘图，其实在布局空间中也能绘制、编辑图形，操作步骤如下。

步骤 01 打开“练习7-3：通过布局绘制室内设计图.dwg”素材文件。

步骤 02 切换到“平面图”布局空间，如图7-13所示。

步骤 03 在视口边框内双击，进入视口。向前滑动鼠标滚轮，放大视图，如图7-14所示。接下来介绍在布局空间中绘制子母门的方法。

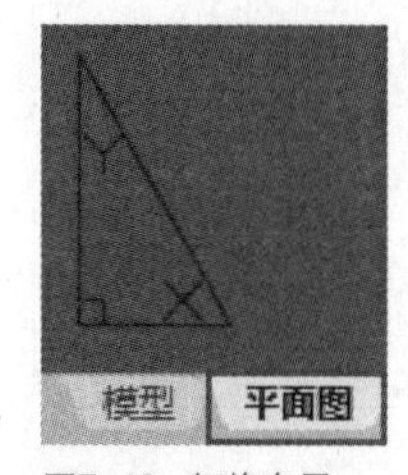

图7-13 切换布局空间　图7-14 放大视图

步骤 04 执行“矩形”命令，设置尺寸参数为710×30，绘制矩形，如图7-15所示。

步骤 05 执行“圆弧”命令，绘制圆弧，表示门的开启方向，如图7-16所示。

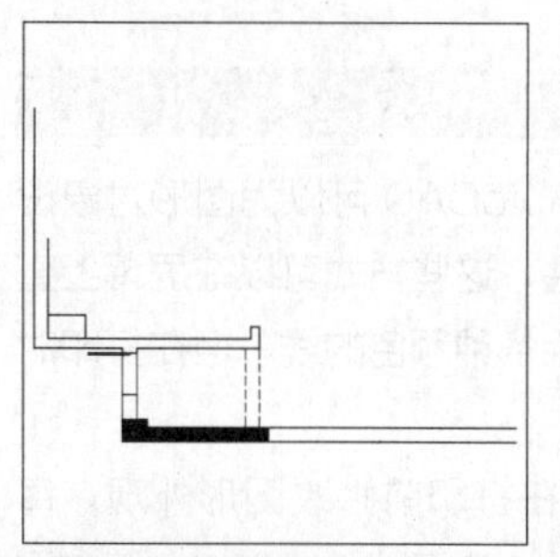

图 7-15 绘制矩形

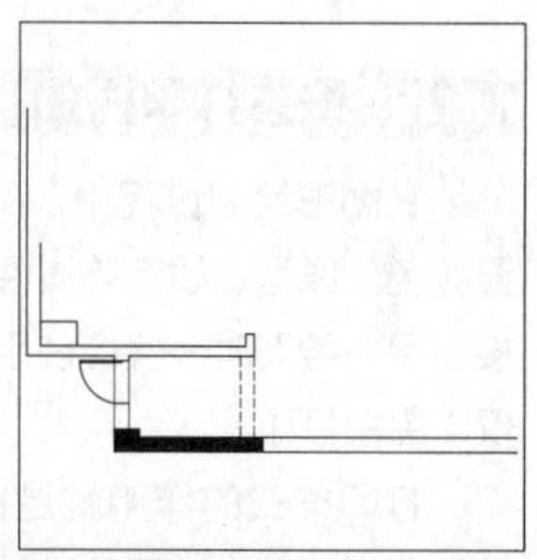

图 7-16 绘制圆弧

步骤 06 重复上述操作，绘制尺寸为420×30的矩形，并绘制圆弧表示开启方向，如图7-17所示。

步骤 07 执行“删除”命令，删除门洞中的水平辅助线，效果如图7-18所示。

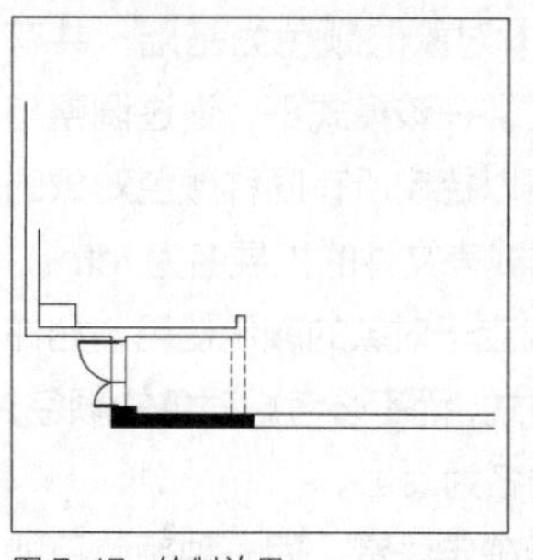

图 7-17 绘制效果

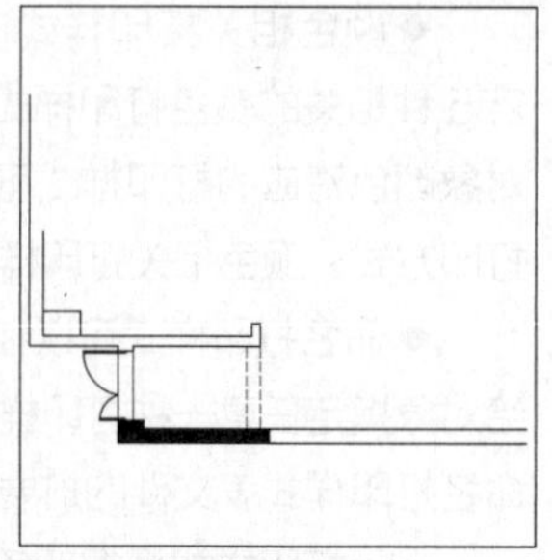

图 7-18 删除辅助线

3 布局的组成

布局图中通常存在 3 个边界，如图 7-19 所示，最外层的是纸张边界，是由“纸张设置”中的纸张类型和打印方向确定的。虚线线框为打印边界，其作用与 Word 文档中的页边距一样，只有位于打印边界内部的图形才会被打印出来。位于图形四周的（即最里面的）实线线框为视口边界，边界内部的图形就是模型空间中的模型，视口边界的大小和位置是可调的。

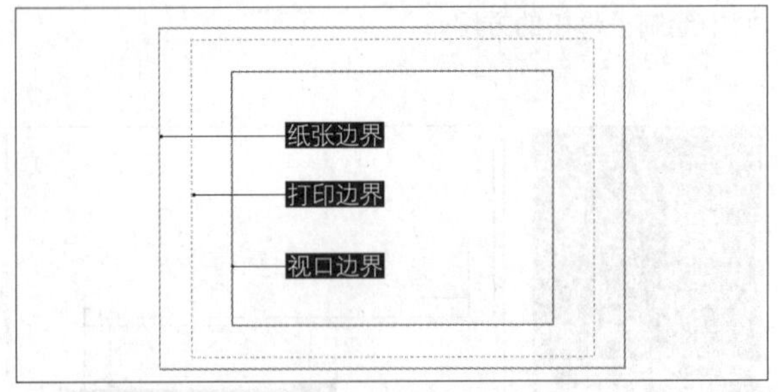

图 7-19　布局图的组成

7.2 图形的打印

打印出图之前还需进行页面设置，这是出图准备过程中的最后一个步骤。打印的图形在进行布局之前，先要对布局的页面进行设置，确定出图的纸张大小等参数。

7.2.1 设置打印样式

在图形绘制过程中，AutoCAD 可以为图形对象设置颜色、线型、线宽等属性，这些样式可以在屏幕上直接显示。绘图时一般会使用各种颜色的线，但在打印时仅以黑白打印。

打印样式的作用就是在打印前修改图形外观。每种打印样式都有自己的特性，包括端点、连接、填充图案，以及抖动、灰度等。打印样式都以文件的形式保存在 AutoCAD 支持的文件搜索路径下。

1 打印样式的类型

AutoCAD 有两种类型的打印样式，分别是“颜色相关样式”（CTB）和“命名样式”（STB）。

◆颜色相关打印样式以对象的颜色为基础，共有 255 种相关的颜色打印样式。在该模式下，通过调整与对象颜色对应的打印样式可以控制所有同种颜色对象的打印方式。颜色相关打印样式表文件的扩展名为 .ctb。

◆命名打印样式可以独立于对象的颜色使用，允许给对象指定任意一种打印样式，而不必考虑对象的颜色。命名打印样式表文件的扩展名为 .stb。

.ctb 打印样式根据颜色确定线宽，同一种颜色只能对应一种线宽。.stb 打印样式根据对象的特性或名称来指定线宽，同一种颜色可以打印两种不同的线宽，因为它们的对象可能不一样。

2 打印样式的设置

打印样式属于对象的一种特性，用于修改图形的打印外观。用户可以设置打印样式来代替对象原有的颜色、线型和线宽等特性。在同一个 AutoCAD 图形中，不允许同时使用两种不同类型的打印样式，但允许使用同一类型的多个打印样式。例如，为当前文档使用命名打印样式时，图层特性管理器中的“打印样式”选项是不可用的，因为该选项只能用于设置颜色打印样式。

设置“打印样式”的方法如下。

◆菜单栏：执行“文件”|“打印样式管理器”命令。

◆命令：STYLESMANAGER。

执行上述任意操作后，系统自动弹出图 7-20 所示的文件夹，所有 CTB 和 STB 打印样式表文件都保存在这个文件夹中。

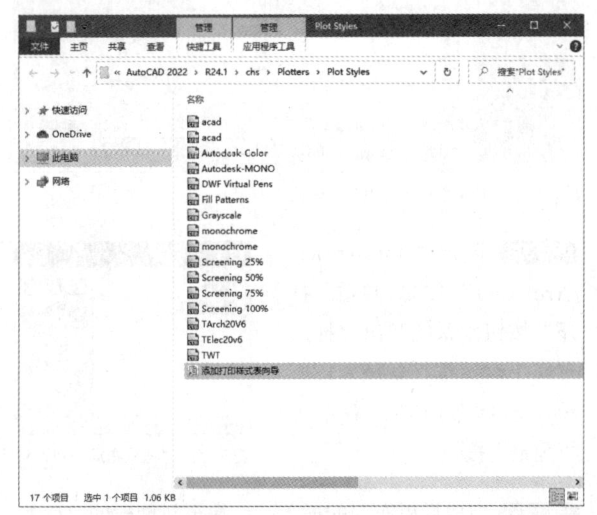

图 7-20　打印样式管理器

双击“添加打印样式表向导”文件，根据对话框中的提示逐步创建新的打印样式。将打印样式添加到相应的布局图中，就可以按照打印样式的设置打印图纸。

在系统盘的 AutoCAD 存储目录下，可以打开图 7-20 所示的“Plot Styles”文件夹，显示 AutoCAD 自带的各种打印样式（.ctp），各打印样式的含义说明如下。

◆acad.ctp：默认的打印样式表，所有打印设置均为初始值。

◆Fill Patterns.ctb：设置前 9 种颜色使用前 9 种填充图案，其他颜色使用对象的填充图案。

◆Grayscale.ctb：打印时将所有颜色转换为灰度。

◆monochrome.ctb：将所有图形打印为黑色。

◆Screening 100%.ctb：对所有图形使用 100%

墨水。

◆Screening 75%.ctb：对所有图形使用 75% 墨水。

◆Screening 50%.ctb：对所有图形使用 50% 墨水。

◆Screening 25%.ctb：对所有图形使用 25% 墨水。

7.2.2 页面设置

页面设置包括设置打印设备、打印纸张、打印区域、打印方向等。页面设置可以命名保存，可以将同一个页面设置应用到多个布局图中，也可以从其他图形中输入命名页设置并应用到当前图形的布局中，这样就避免了在每次打印前都进行打印设置的麻烦。

页面设置在“页面设置管理器”对话框中进行，执行“页面设置管理器”命令的方法如下。

◆菜单栏：执行“文件”|“页面设置管理器”命令，如图 7-21 所示。

◆功能区：在“输出”选项卡中，单击“布局”面板或“打印”面板中的“页面设置管理器”按钮，如图 7-22 所示。

◆命令：PAGESETUP。

◆快捷方式：使用鼠标右键单击绘图区下的“模型”或“布局”标签，在弹出的快捷菜单中执行“页面设置管理器”命令。

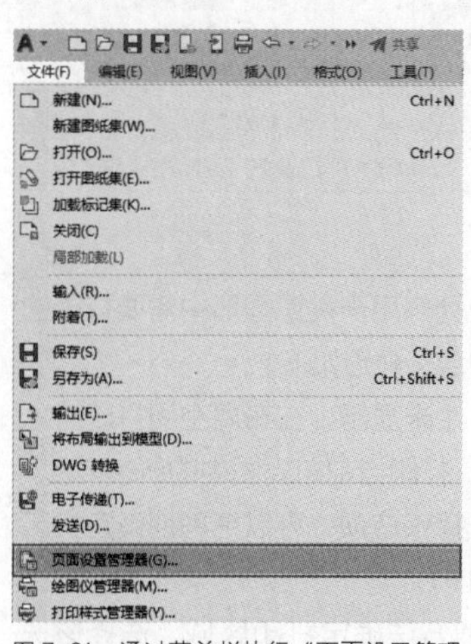

图 7-21　通过菜单栏执行“页面设置管理器”命令

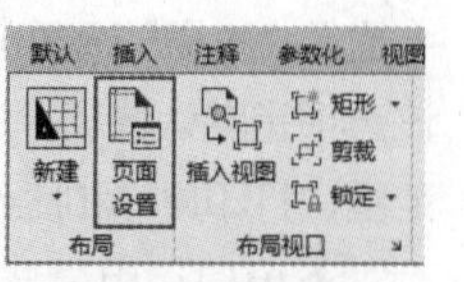

图 7-22　通过功能区调用“页面设置管理器”命令

执行该命令后，打开“页面设置管理器”对话框，如图 7-23 所示，对话框中显示了已存在的所有页面设置的列表。用鼠标右键单击页面设置，或用鼠标左键单击右边的工具按钮，可以对页面设置进行新建、修改、删除、重命名或置为当前等操作。

单击对话框中的“新建”按钮，新建一个页面设置，或选择某页面设置后单击“修改”按钮，都将打开图 7-24 所示的“页面设置 - 模型”对话框。在该对话框中，可以进行打印设备、图纸尺寸、打印区域、打印比例等的设置。

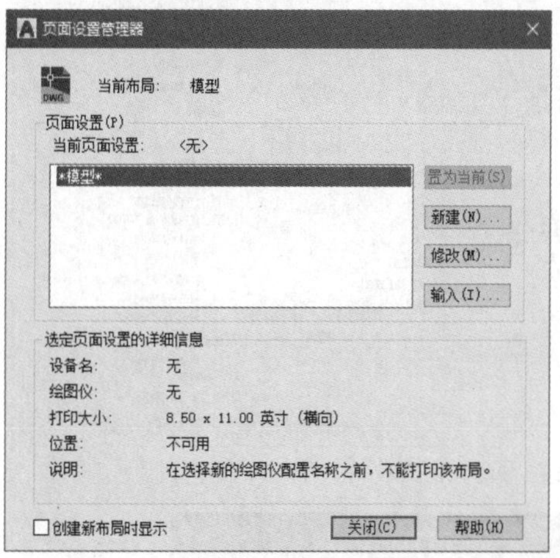

图 7-23　“页面设置管理器”对话框

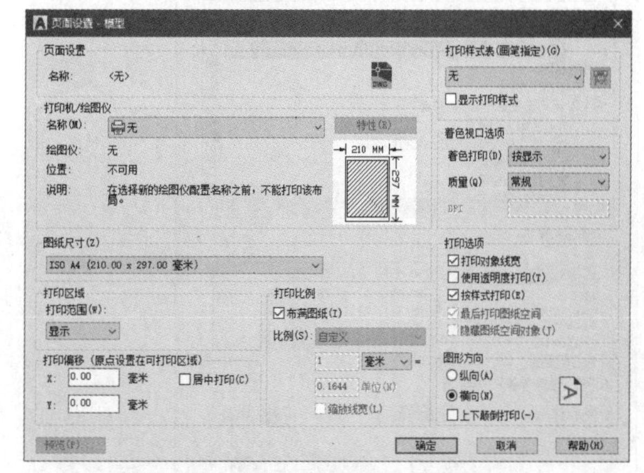

图 7-24　“页面设置 - 模型”对话框

7.2.3 指定打印设备

“打印机 / 绘图仪”选项组用于设置出图的打印机或绘图仪。如果打印设备已经与计算机或网络系统正确连接，并且驱动程序也已经正常安装，那么在“名称”下拉列表中就会显示该打印设备的名称，可以选择需要的打印设备。

AutoCAD 将打印介质和打印设备的相关信息存储在扩展名为 .pc3 的打印配置文件中，这些信息包括绘图仪配置、指定端口信息、光栅图形和矢量图形的质量、图样尺寸，以及取决于绘图仪类型的自定义特性。这样使打印配置可以用于其他 AutoCAD 文档，能够实现共享，避免了重复设置。

单击“输出”选项卡“打印”面板中的“打印”按钮，系统弹出“打印 - 模型”对话框，如图 7-25 所示。在“打印机 / 绘图仪”选项组的“名称”下拉列表中选择要设置的名称选项，单击右边的“特性”按钮 特性(R)... ，系统弹出“绘图仪配置编辑器 - DWG To PDF.pc3”对话框，如图 7-26 所示。

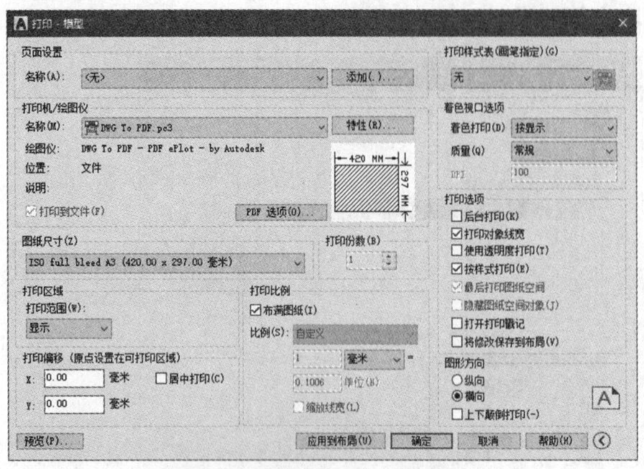

图 7-25 “打印 - 模型”对话框

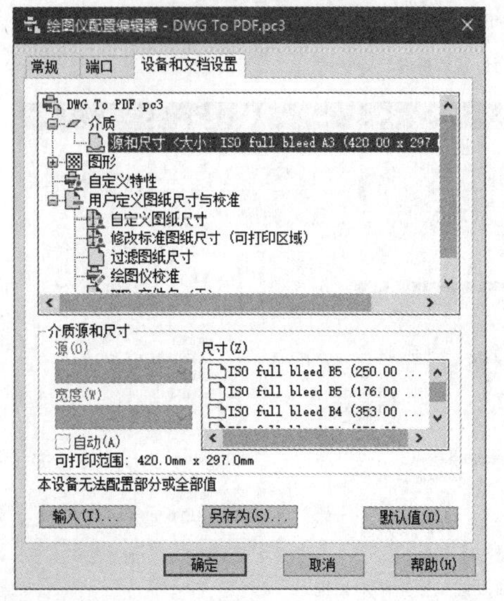

图 7-26 “绘图仪配置编辑器 -DWG To PDF.pc3”对话框

切换到“设备和文档设置”选项卡，选择各个选项，根据需要进行设置即可。

7.2.4 设定图纸尺寸

在“图纸尺寸”下拉列表中可以选择打印出图时的纸张类型，控制出图比例。

工程制图的图纸有一定的规范尺寸，一般采用英制 A 系列图纸尺寸，包括 A0、A1、A2 等标准型号，以及 A0+、A1+ 等加长图纸型号。图纸加长的规定是：可以将边延长 1/4 或 1/4 的整数倍，最多可以延长至原尺寸的两倍，短边不可延长。各型号标准图纸的尺寸如表 7-1 所示。

表 7-1 标准图纸尺寸

图纸型号	长宽尺寸
A0	1189mm×841mm
A1	841mm×594mm
A2	594mm×420mm
A3	420mm×297mm
A4	297mm×210mm

新建图纸尺寸的步骤为：首先在打印配置文件中新建一个或若干个自定义尺寸，然后保存为新的打印配置文件。这样，以后需要使用自定义尺寸时，只需要在“打印机 / 绘图仪”选项组中选择该配置文件即可。

7.2.5 设置打印区域

在使用模型空间打印时，一般在“打印 - 模型”对话框中设置打印范围，如图 7-27 所示。

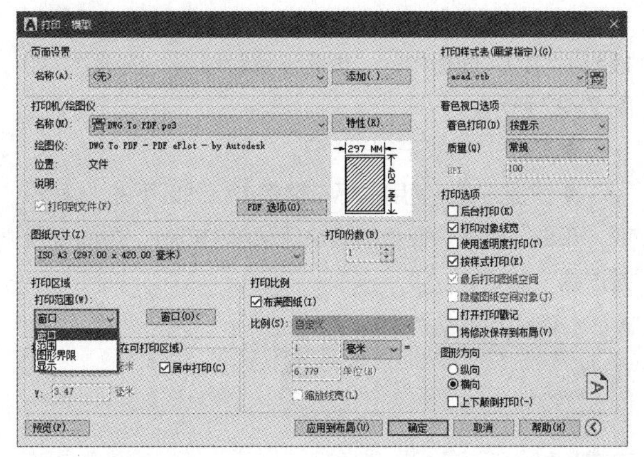

图 7-27 设置打印范围

“打印范围”下拉列表用于设置图形中需要打印的区域，其中部分选项的含义介绍如下。

◆布局（图 7-27 中未显示，在布局空间打印时才会显示“布局”选项）：打印当前布局图中的所有内容；该选项是默认选项，选择该选项，可以精确地确定打印范围、打印尺寸和比例。

◆窗口：用窗选的方法确定打印区域；选择该选项后，“打印 - 模型”对话框暂时消失，系统返回到绘图区，可以用十字光标在模型窗口中的工作区拉出一个矩形框，该框内的区域就是打印范围；使用该选项确定打印范围简单、方便，但是不能精确调整比例尺和出图尺寸。

◆范围：打印模型空间中包含所有图形对象的范围。

◆显示：打印模型窗口当前视图状态下显示的所有图形对象，可以通过“缩放”调整视图状态，从而调整打印范围。

在使用布局空间打印图形时，在“打印 - 布局 1”对话框中单击“预览”按钮 预览(P)... ，预览当前的打印效果。有时会出现部分不能完全打印的状况，如图 7-28 所示，这是因为图形大小超过了图纸可打印区域。可通过“绘图仪配置编辑器”对话框中的“修改标准图纸尺寸（可打印区域）”选项重新设置图纸的可打印区域来解决。图 7-29 所示的虚线表示图纸的可打印区域。

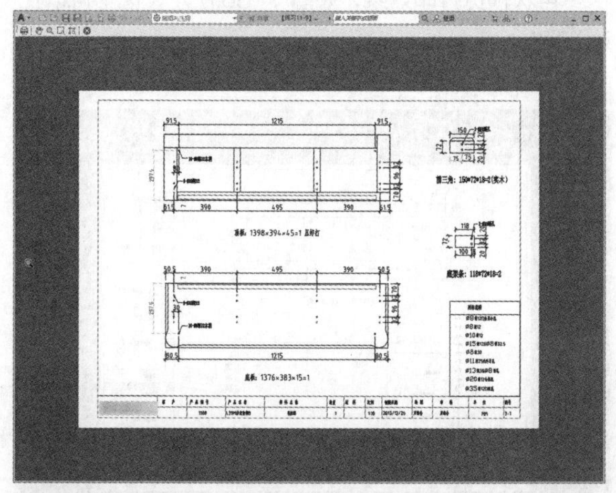

图 7-28　打印预览

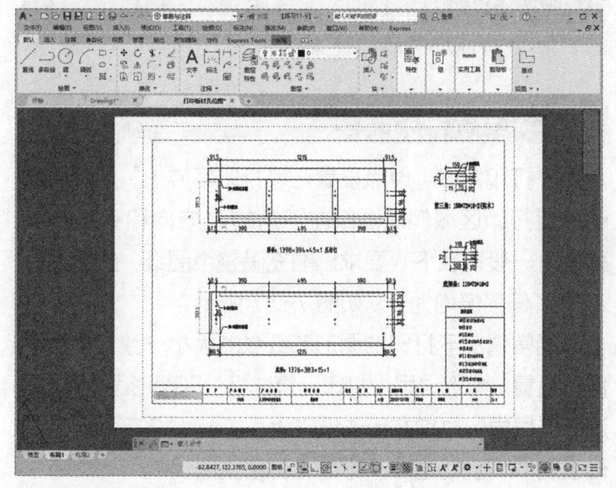

图 7-29　可打印区域

执行“文件”|“绘图仪管理器”命令，系统打开“Plotters”文件夹，如图 7-30 所示。双击所设置的打印设备，系统弹出“绘图仪配置编辑器 -DWF6ePlot.pc3”对话框，在该对话框中选择“修改标准图纸尺寸（可打印区域）”选项，重新设置图纸的可打印区域，如图 7-31 所示。也可在“打印 - 布局 1”对话框中选择打印设备后，单击右边的“特性”按钮，打开该对话框。

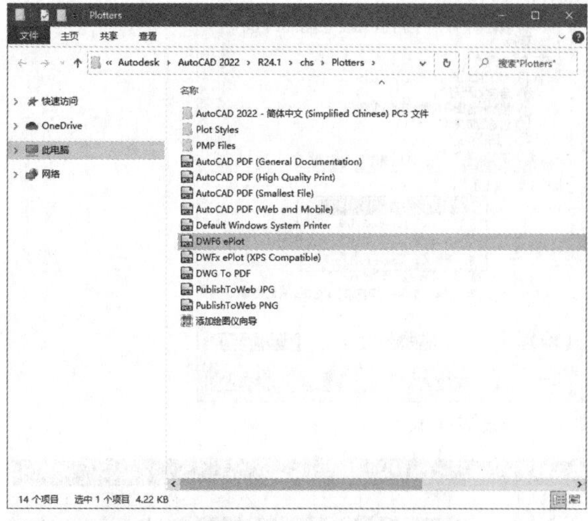

图 7-30　“Plotters”文件夹

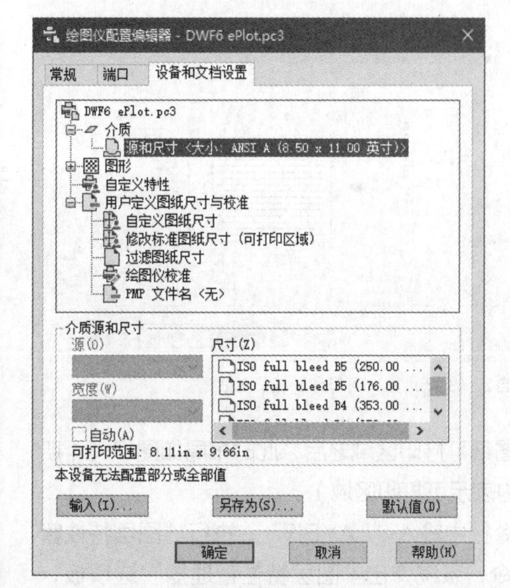

图 7-31　“绘图仪配置编辑器”对话框

在“修改标准图纸尺寸”选项组中选择当前使用的图纸类型（即在“页面设置 - 布局 1”对话框中的“图纸尺寸”下拉列表中选择的图纸尺寸），如图 7-32 所示。不同打印机有不同的显示。

单击“修改”按钮，弹出“自定义图纸尺寸 - 可打印区域”对话框，如图 7-33 所示，分别设置上、下、左、右的页边距（使打印范围略大于图框即可），单击两次“下一步”按钮，单击“完成”按钮，返回“绘图仪配置编辑器”对话框，单击“确定”按钮，关闭对话框。

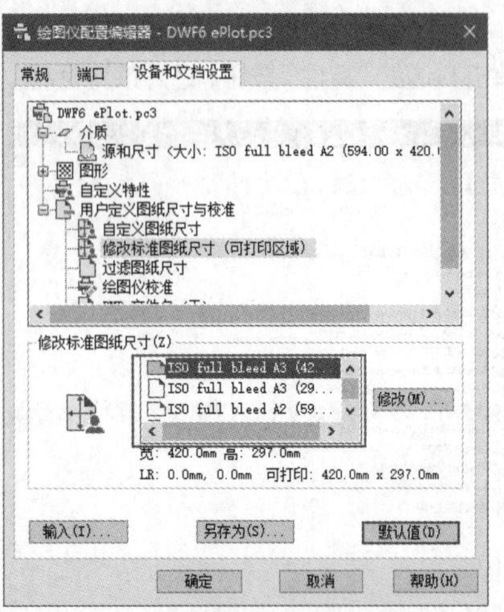

图 7-32　选择图纸尺寸

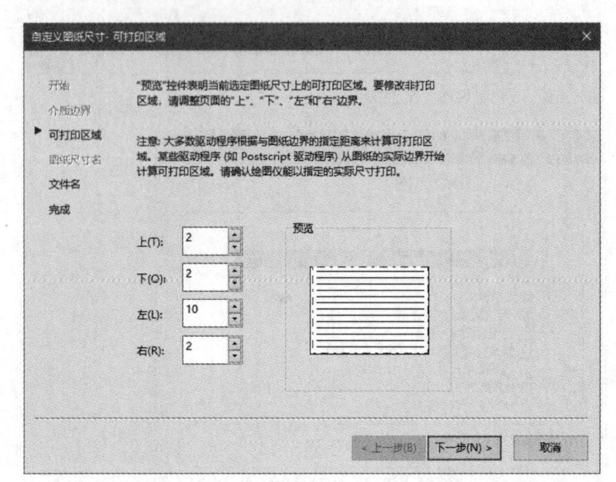

图 7-33　"自定义图纸尺寸 - 可打印区域"对话框

修改图纸可打印区域之后，此时布局如图 7-34 所示（虚线内表示可打印区域）。

在命令行中输入"LAYER"，执行"图层特性管理器"命令，系统弹出"图层特性管理器"选项板，将视口边框所在图层设置为不可打印，如图 7-35 所示。这样视口边框将不会被打印。

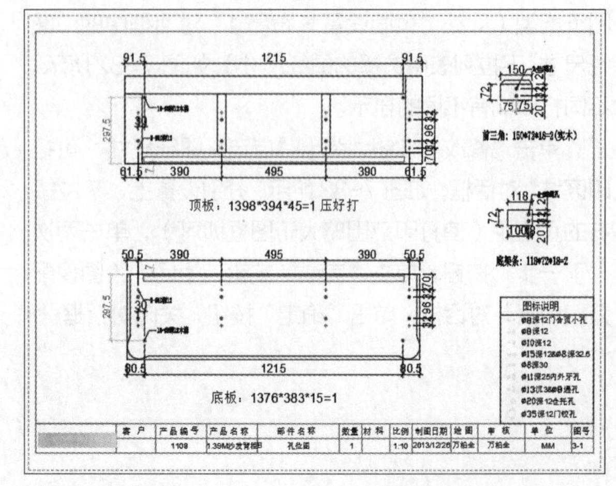

图 7-34　布局效果

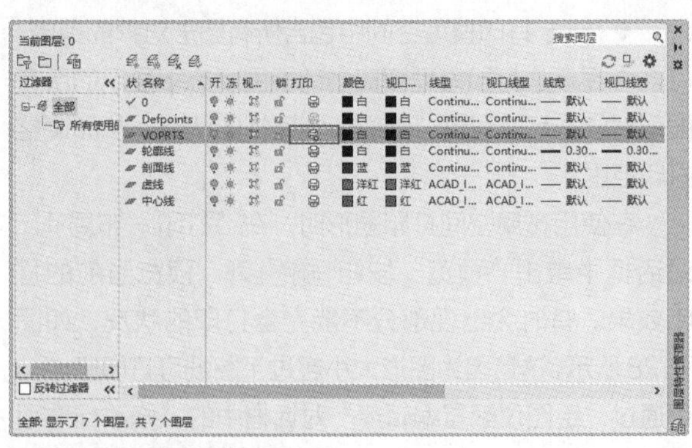

图 7-35　设置视口边框图层属性

再次预览打印效果，如图 7-36 所示，图形可以正确打印。

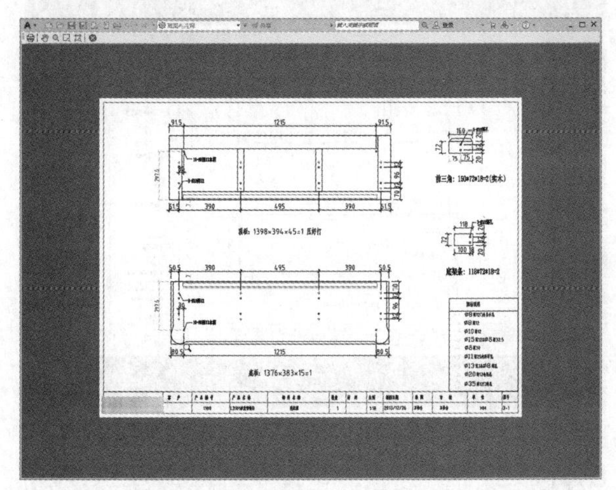

图 7-36　修改页边距后的打印效果

7.2.6 设置打印偏移

"打印偏移（原点设置在可打印区域）"选项组用于设置打印区域偏离图纸左下角的 *X* 方向和 *Y* 方向偏移值。一般情况下，要求出图充满整个图纸，所以设置 *X* 和 *Y* 偏移值均为 0，如图 7-37 所示。

通常情况下打印的图形和纸张的大小一致，不需要修改设置。勾选"居中打印"复选框，则图形居中打印。这个"居中"是指在所选纸张大小 A1、A2 等尺寸的基础上居中，也就是 4 个方向上各留空白。

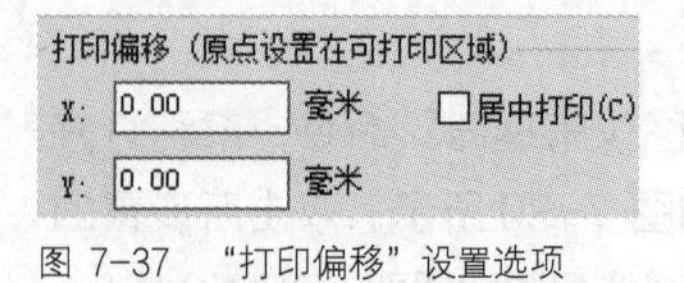

图 7-37　"打印偏移"设置选项

7.2.7 设置打印比例

1 打印比例

"打印比例"选项组用于设置出图比例尺。在"比例"下拉列表中可以精确设置需要出图的比例尺。如果选择“自定义”选项，则可以在下方的文本框中输入与图形单位等价的英寸数来创建自定义比例尺。

如果对出图比例尺和打印尺寸没有要求，可以直接勾选“布满图纸”复选框，这样 AutoCAD 会将打印区域自动缩放到充满整个图纸。“缩放线宽”复选框用于设置线宽值是否按打印比例缩放。通常要求直接按照线宽值打印，而不按打印比例缩放。

在 AutoCAD 中，可使用以下方法控制打印出图比例。

◆在打印设置或页面设置的“打印比例”选项组中设置比例，如图 7-38 所示。

◆在图纸空间中使用视口控制比例，然后按照 1 ∶ 1 的比例进行打印。

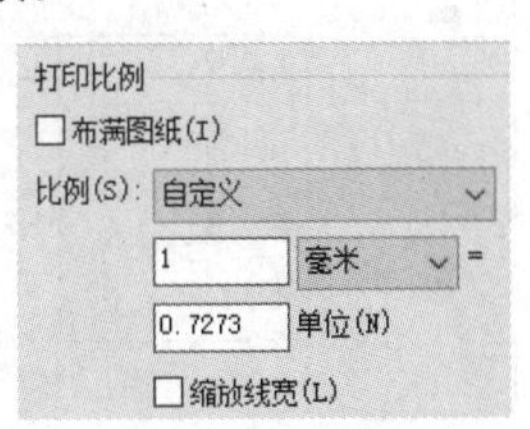

图 7-38　“打印比例”设置选项

2 图形方向

工程制图大多需要使用大幅的卷筒纸打印，在使用卷筒纸打印时，在打印方向上存在两个方面的问题：第一，图纸阅读时所说的图纸方向是横宽还是竖长；第二，图形与卷筒纸的方向关系是顺着出纸方向还是垂直于出纸方向。

在 AutoCAD 中使用图纸尺寸和图形方向来控制最后出图的方向。在“图形方向”选项组中可以看到小示意图，其中白纸表示设置图纸尺寸时选择的图纸尺寸是横宽还是竖长，字母 A 表示图形在纸张上的方向。

7.2.8 指定打印样式表

“打印样式表”下拉列表用于选择已存在的打印样式，从而非常方便地用设置好的打印样式替代图形对象原有属性，并体现到出图格式中。

7.2.9 设置打印方向

在“图形方向”选项组中选择纵向或横向打印，勾选“上下颠倒打印”复选框，可以上下颠倒地放置并打印图形。

7.2.10 模型打印

在完成上述的所有设置工作后，就可以开始打印出图了。

执行“打印”命令的方法如下。

◆菜单栏：执行“文件”|“打印”命令。

◆功能区：在“输出”选项卡中，单击“打印”面板中的“打印”按钮。

◆命令：PLOT。

◆快捷键：Ctrl+P。

在 AutoCAD 中，打印分为两种形式：模型打印和布局打印。

在布局空间中，执行“打印”命令后，系统弹出“打印 - 布局 1”对话框，如图 7-39 所示。该对话框可以进行出图前的最后设置。

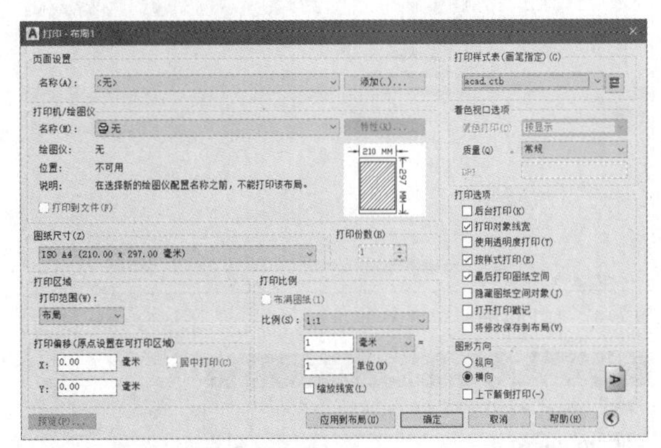

图 7-39　“打印 - 布局 1”对话框

练习7-4 打印地面平面图 ★重点★

本练习介绍直接从模型空间进行打印的方法。先设置打印参数，再进行打印，是基于统一规范的考虑。读者可以用此方法调整自己常用的打印设置，操作步骤如下。

步骤 01 单击快速访问工具栏中的“打开”按钮，打开“练习7-4：打印地面平面图.dwg”素材文件，如图7-40所示。

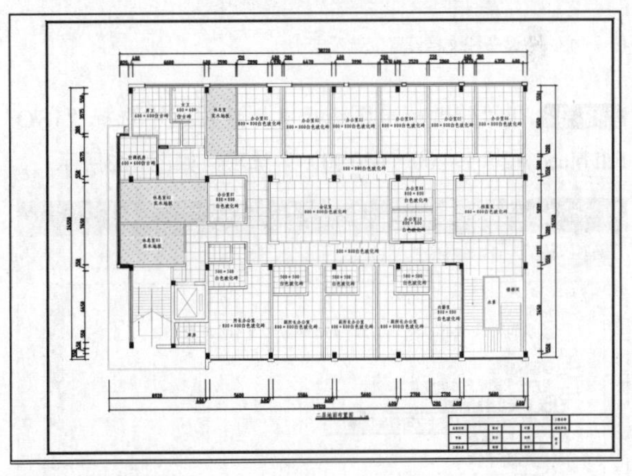

图 7-40　素材图形

步骤 02 单击应用程序按钮，在弹出的下拉列表中选择“打印”|“管理绘图仪”选项，系统弹出“Plotters”文件夹，如图7-41所示。

步骤 03 双击文件夹中的“DWF6 ePlot”，弹出“绘图仪配置编辑器–DWF6 ePlot.pc3”对话框。在对话框中单击“设备和文档设置”选项卡，如图7-42所示，然后选择对话框中的“修改标准图纸尺寸（可打印区域）”选项。

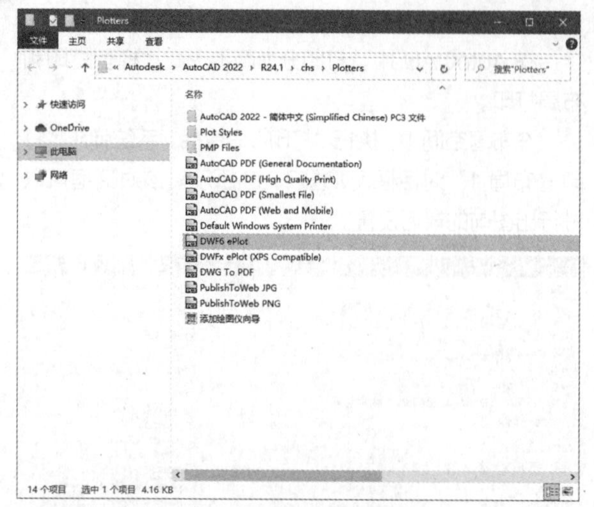

图 7-41 "Plotters"文件夹

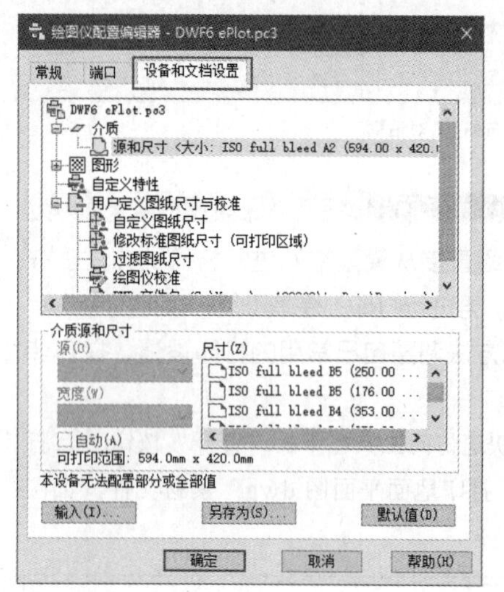

图 7-42 "设备和文档设置"选项卡

步骤 04 在"修改标准图纸尺寸"选项组中选择"ISO full bleed A2（594.00×420.00）"选项，如图7-43所示。

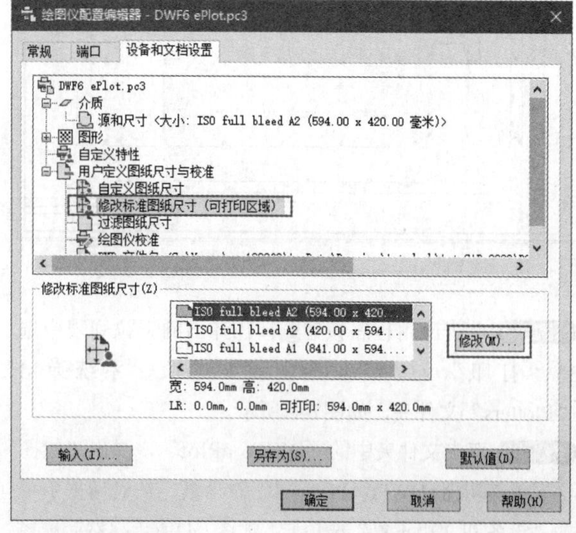

图 7-43 选择图纸尺寸

步骤 05 单击"修改"按钮，弹出"自定义图纸尺寸–可打印区域"对话框，设置参数，如图7-44所示。

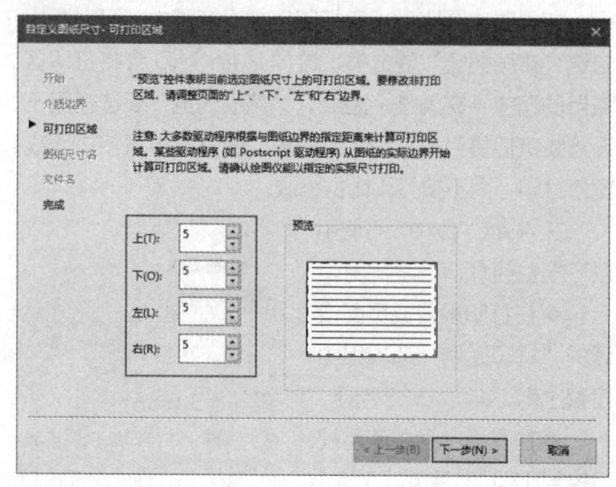

图 7-44 设置图纸打印区域

步骤 06 单击"下一步"按钮，弹出"自定义图纸尺寸–文件名"对话框，如图7-45所示。保持默认参数不变，在对话框中单击"下一步"按钮。

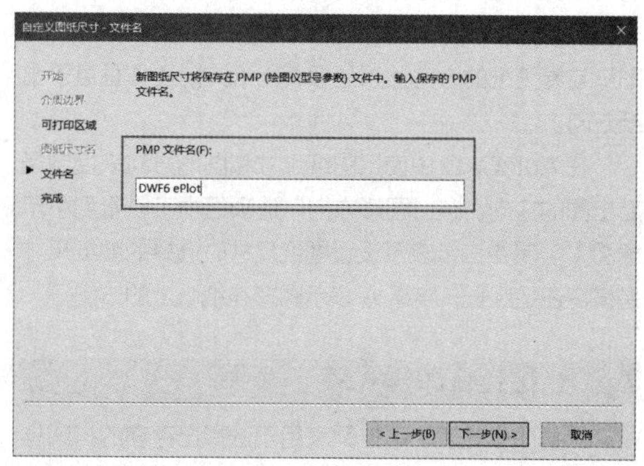

图 7-45 设置名称

步骤 07 弹出"自定义图纸尺寸–完成"对话框，如图7-46所示，单击"完成"按钮，返回"绘图仪配置编辑器–DWF6 ePlot.pc3"对话框，单击"确定"按钮，完成参数设置。

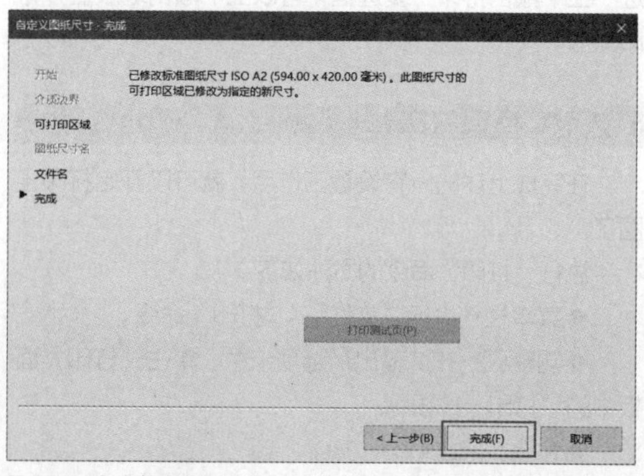

图 7-46 完成参数设置

步骤 08 单击应用程序按钮，在弹出的下拉列表中选择“打印”中的“页面设置”选项，弹出“页面设置管理器”对话框，如图7-47所示。

步骤 09 当前布局为“模型”，单击“修改”按钮，弹出“页面设置–模型”对话框，设置参数，如图7-48所示。将“打印范围”设置为“窗口”，选择整个素材图形。

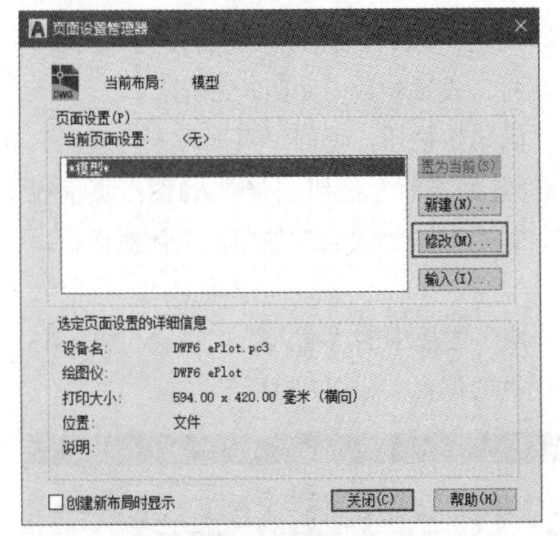

图 7-47　“页面设置管理器”对话框

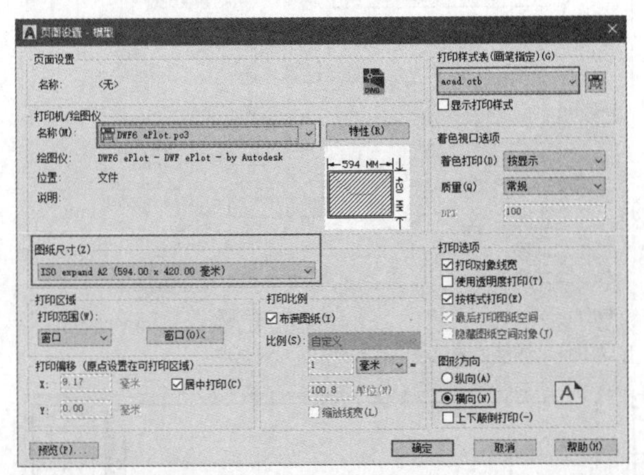

图 7-48　设置参数

步骤 10 单击“预览”按钮，效果如图7-49所示。

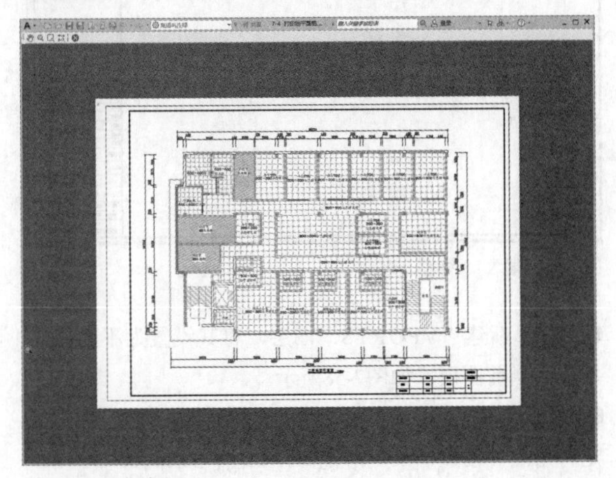

图 7-49　预览效果

步骤 11 如果对效果满意，单击鼠标右键，在弹出的快捷菜单中执行“打印”命令，弹出“浏览打印文件”对话框，如图7-50所示。设置保存路径，单击“保存”按钮，保存文件，完成模型打印的操作。

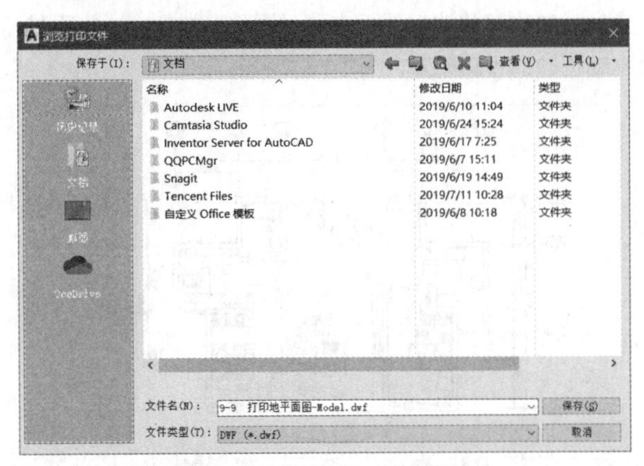

图 7-50　保存打印文件

7.2.11 布局打印

在布局空间中，执行“打印”命令后，系统弹出“打印 – 布局 1”对话框，如图 7-51 所示。可以在“页面设置”选项组中的“名称”下拉列表中选择已经创建的页面设置，这样就不必重复设置。

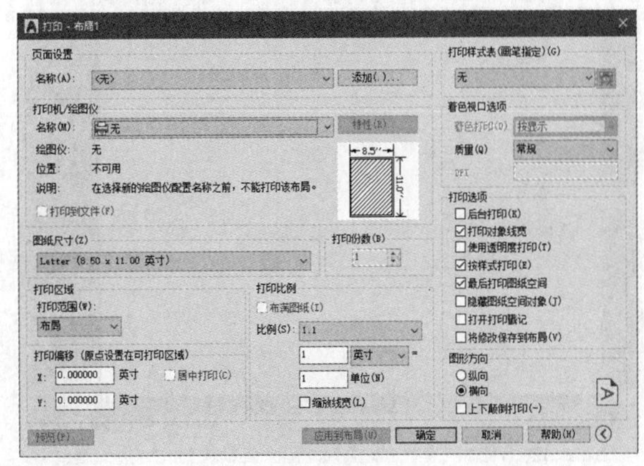

图 7-51　“打印 – 布局 1”对话框

布局打印又分为单比例打印和多比例打印。单比例打印就是当一张图纸上多个图形的比例相同时，可以直接在模型空间内插入图框出图。多比例打印可以对不同的图形指定不同的比例来打印输出。

下面通过两个练习讲解单比例和多比例打印的过程。

练习7-5 单比例打印 ★进阶★

单比例打印用于打印简单的图形。通过本练习的介绍，帮助用户熟悉布局空间的创建、多视口的创建、视口的调整、打印比例的设置、图形的打印等，操作步骤如下。

步骤 01 打开“练习7-5：单比例打印.dwg”素材文件，如图7-52所示。

步骤 02 单击绘图区下方的“布局1”标签，进入布局1空间。单击“修改”面板中的“删除”按钮，将系统自动创建的视口删除，如图7-53所示。

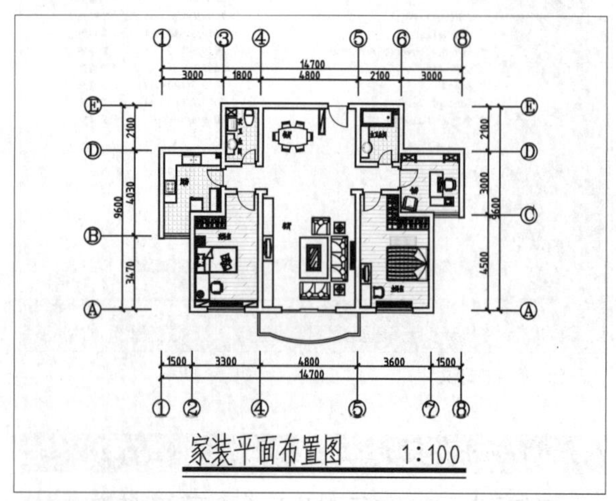

图 7-52 素材图形

图 7-53 删除视口

步骤 03 将十字光标置于“布局1”标签上，单击鼠标右键，弹出快捷菜单，执行“页面设置管理器”命令，如图7-54所示。

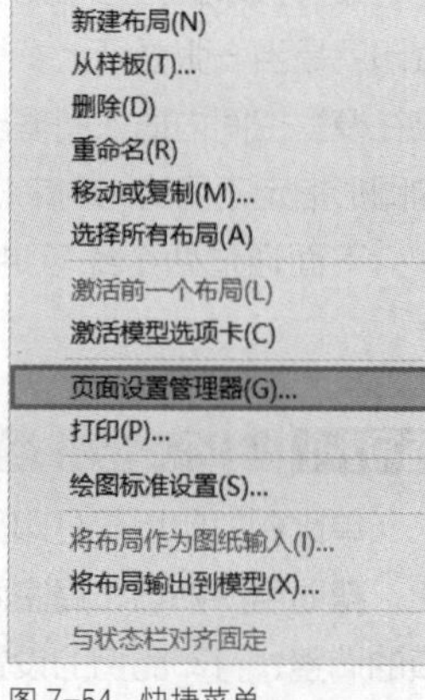

图 7-54 快捷菜单

步骤 04 在打开的“页面设置管理器”对话框中单击“新建”按钮，弹出“新建页面设置”对话框，设置新页面设置名称，结果如图7-55所示。

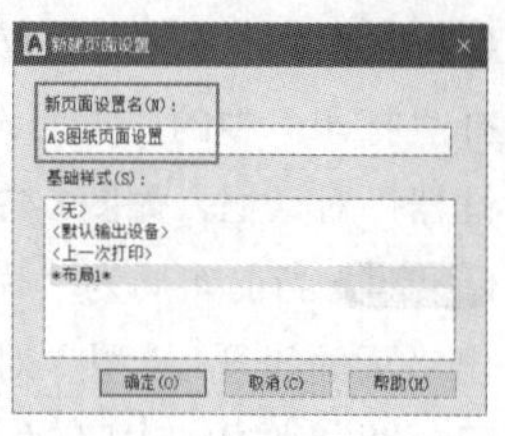

图 7-55 “新建页面设置”对话框

步骤 05 单击“确定”按钮，打开“页面设置-A3图纸页面设置”对话框，设置参数，如图7-56所示。

步骤 06 单击“确定”按钮，返回“页面设置管理器”对话框。单击“置为当前”按钮，将“A3图纸页面设置”置为当前，最后单击“关闭”按钮，关闭对话框，返回绘图区。

步骤 07 单击“块”面板中的“插入”按钮，插入A3图签，并调整图框的位置，如图7-57所示。

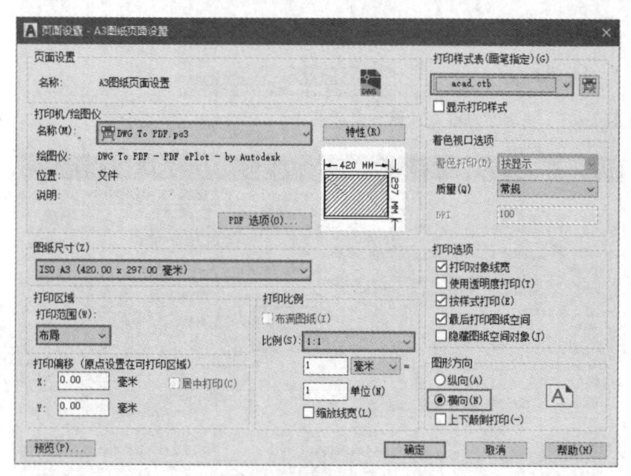

图 7-56 “页面设置 -A3 图纸页面设置”对话框

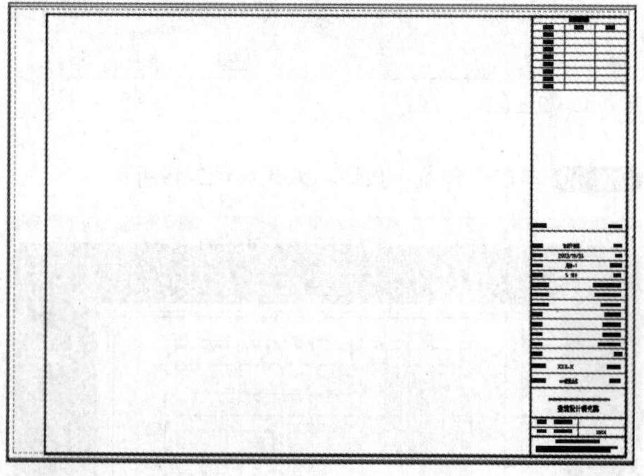

图 7-57 插入 A3 图签

步骤 08 新建“VPORTS”图层，将其设置为不可打印并置为当前图层，如图7-58所示。

步骤 09 在命令行中输入“VPORTS”并按Enter键，指定对角点，创建一个矩形视口，如图7-59所示。

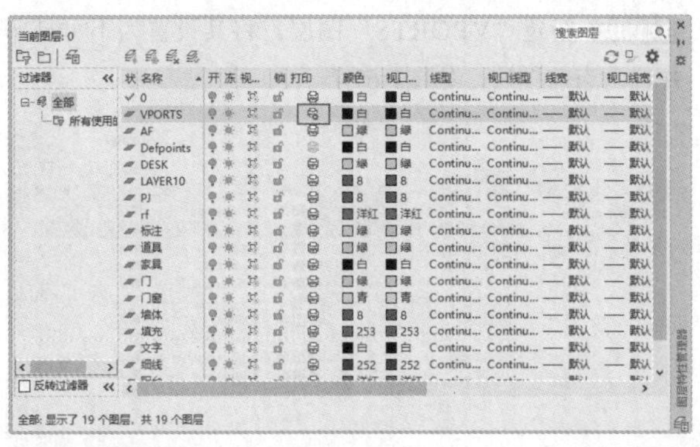

图 7-58 新建图层

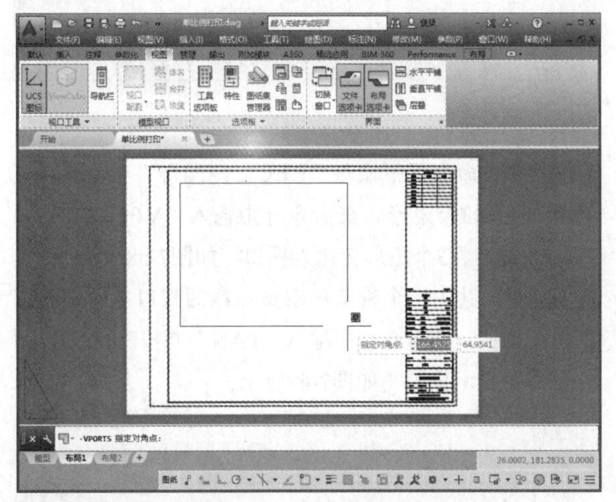

图 7-59 创建矩形视口

步骤 10 在视口内双击，激活视口，调整出图比例为1∶100。在命令行中输入“PAN”并按Enter键，调整平面图在视口中的位置，如图7-60所示。

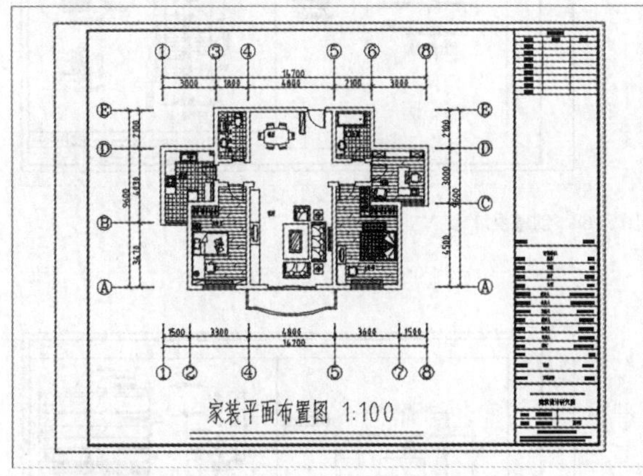

图 7-60 调整出图比例

步骤 11 执行“文件”|“打印”命令，弹出“打印–布局1”对话框，设置参数，如图7-61所示。

步骤 12 设置完成后，单击“预览”按钮，效果如图7-62所示，如果效果合适，就可以打印出图。

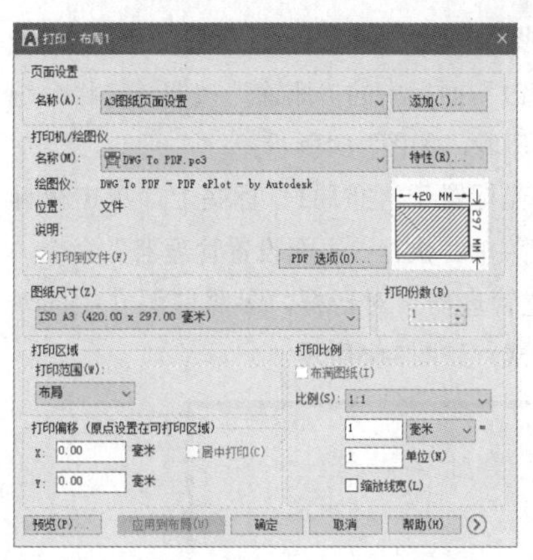

图 7-61 “打印 – 布局 1”对话框

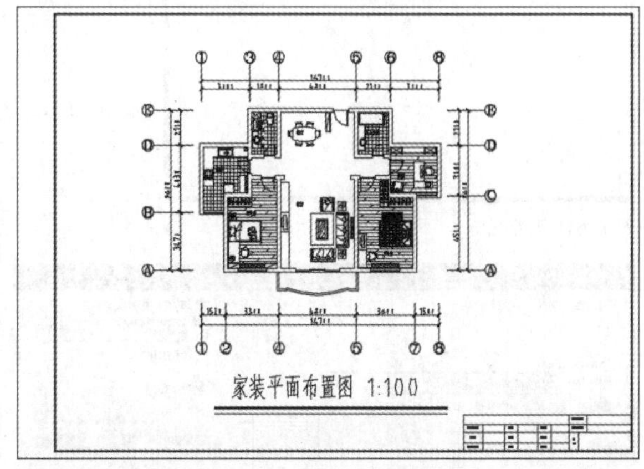

图 7-62 打印预览效果

练习7-6 多比例打印 ★进阶★

通过本练习的介绍，帮助读者熟悉布局空间的创建、多视口的创建、视口的调整、打印比例的设置、图形的打印等，操作步骤如下。

步骤 01 打开“练习7-6：多比例打印.dwg”素材文件，如图7-63所示。

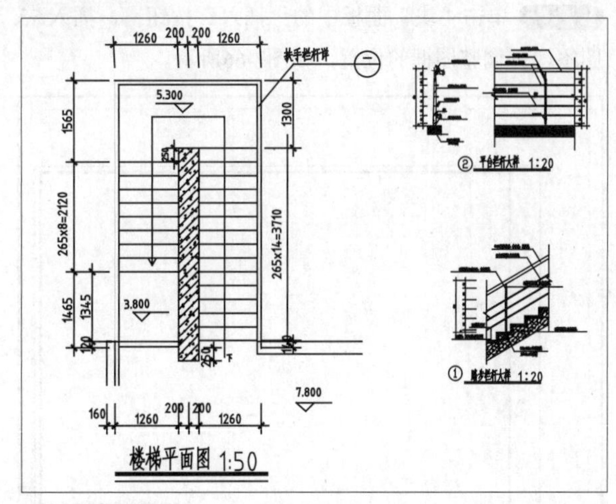

图 7-63 素材图形

步骤 02 单击绘图区下方的“布局1”标签，进入布局1空间。单击“修改”面板中的“删除”按钮，将系统自动创建的视口删除，如图7-64所示。

步骤 03 将十字光标置于“布局1”标签上，单击鼠标右键，弹出快捷菜单，执行“页面设置管理器”命令，打开“页面设置管理器”对话框。参照前面介绍的方法，创建页面样式，如图7-65所示。

图 7-64 删除视口

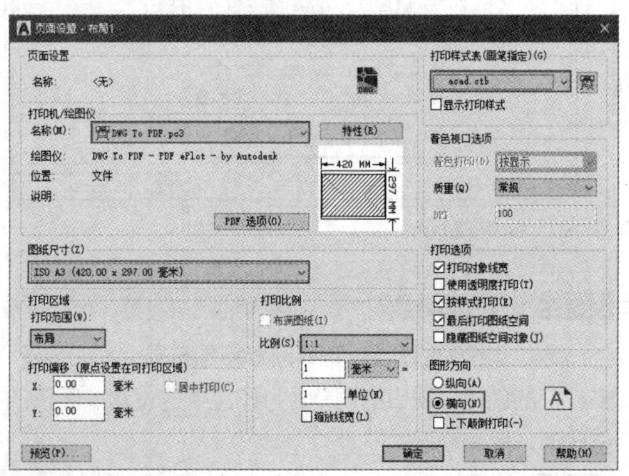

图 7-65 创建页面样式

步骤 04 单击“块”面板中的“插入”按钮，插入A3图签，并调整图框的位置，如图7-66所示。

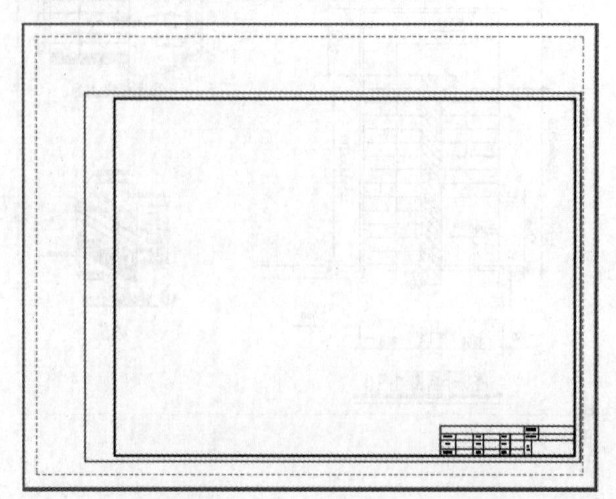
图 7-66 插入 A3 图签

步骤 05 新建“VPORTS”图层，将其设置为不可打印并置为当前图层，如图7-67所示。

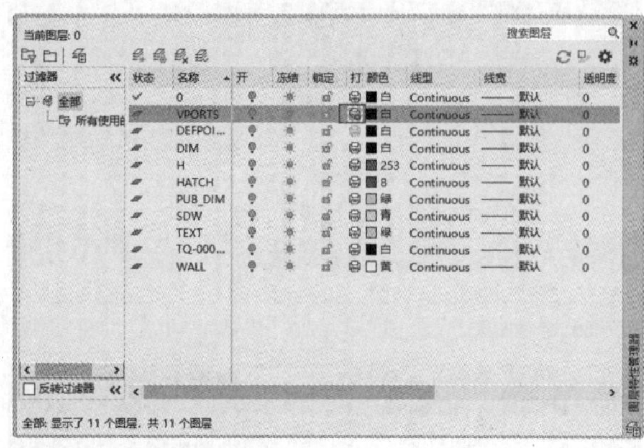

图 7-67 新建图层

步骤 06 在命令行中输入“REC”，配合“对象捕捉”功能，绘制3个矩形。在命令行中输入“VPORTS”并按Enter键，将3个矩形转化为视口，如图7-68所示。

步骤 07 在其中一个视口内双击，激活视口，调整相应的出图比例。在命令行中输入“PAN”并按Enter键，调整图形的显示位置，如图7-69所示。

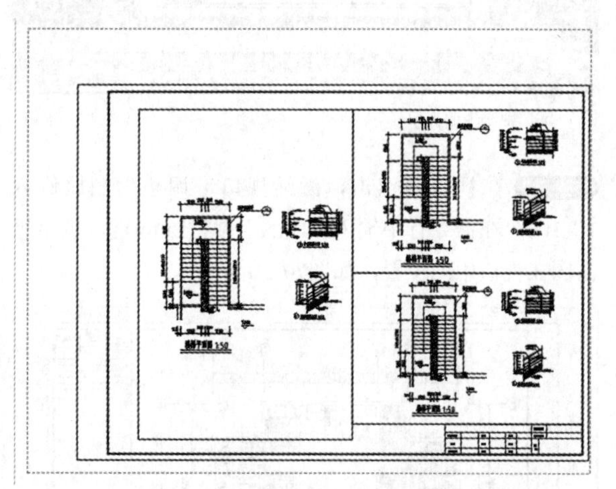
图 7-68 创建视口

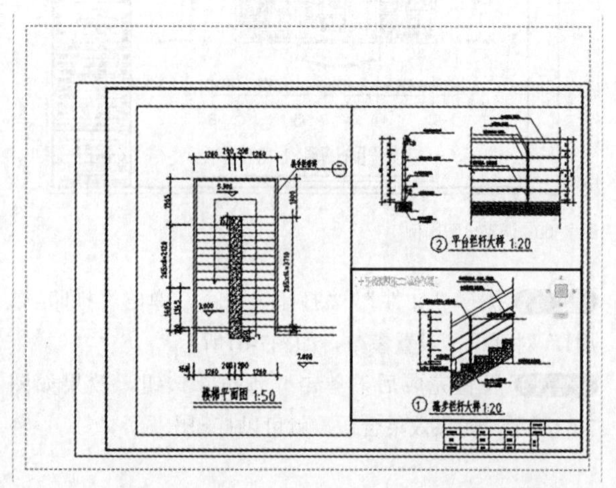

图 7-69 调整出图比例

步骤 08 执行“文件”|“打印”命令，在弹出的“打印-布局1”对话框中选择打印机并设置其他参数后，单击“预览”按钮，效果如图7-70所示。如果不满意，可以返回继续调整参数，直到满意为止。单击“确定”按钮，进行打印输出。

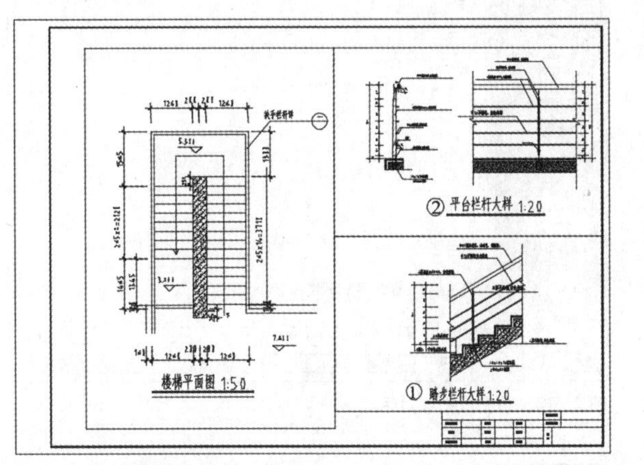

图 7-70　打印预览效果

7.3 文件的输出

AutoCAD 拥有强大、方便的绘图工具，有时在绘图后，需要将绘图的结果用于其他程序。在这种情况下，我们需要将 AutoCAD 图形输出为通用格式的图像文件，如 JPG、PDF 等。

7.3.1 输出为DXF文件

DXF 是 Autodesk 公司开发的用于 AutoCAD 与其他软件之间进行 CAD 数据交换的 CAD 数据文件格式。

DXF 即 Drawing Exchange File（图形交换文件），这是一种 ASCII 文本文件，它包含对应的 DWG 文件的全部信息，不是 ASCII 形式，可读性差，但用它形成图形速度快。哪怕是用同一版本的文件，其 DWG 文件也是不可交换的。为了克服这一缺点，AutoCAD 提供了 DXF 类型文件，其内部为 ASCII，这样不同类型的计算机可通过交换 DXF 文件来达到交换图形的目的。由于 DXF 文件可读性好，用户可方便地对它进行修改、编程，达到对外部图形进行编辑、修改的目的。

练习7-7 输出DXF文件在其他建模软件中打开 ★进阶★

将 AutoCAD 图形输出为 .dxf 文件后，就可以导入到其他的建模软件中打开，如 UG、Creo、草图大师等。DXF 文件适用于 AutoCAD 的二维草图输出，操作步骤如下。

步骤 01 打开要输出的素材文件“练习7-7：输出DXF文件在其他建模软件中打开.dwg”，如图7-71所示。

步骤 02 单击快速访问工具栏中的“另存为”按钮，或按快捷键Ctrl+Shift+S，打开“图形另存为”对话框，选择输出路径，自定义新的文件名，在“文件类型”下拉列表中选择“AutoCAD 2018 DXF（*.dxf）”选项，如图7-72所示。

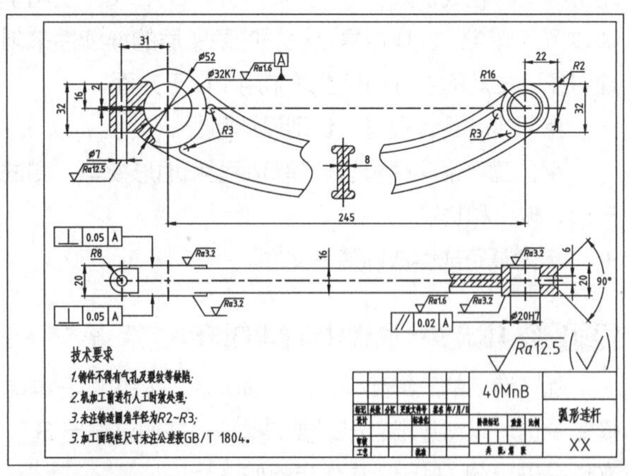

图 7-71　素材图形

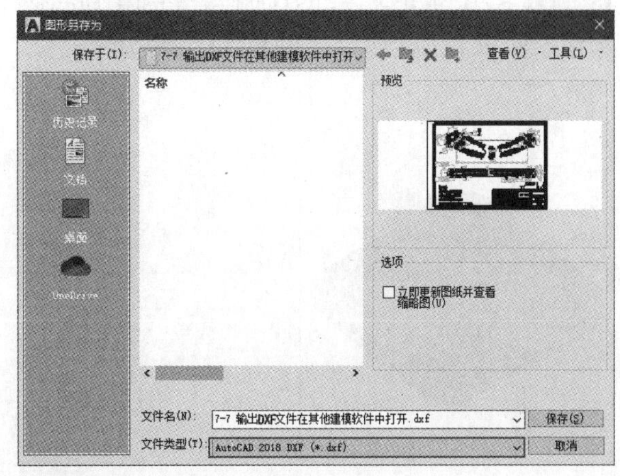

图 7-72　“图形另存为”对话框

步骤 03 在建模软件中导入生成的DXF文件，具体方法请见各软件有关资料，最终效果如图7-73所示。

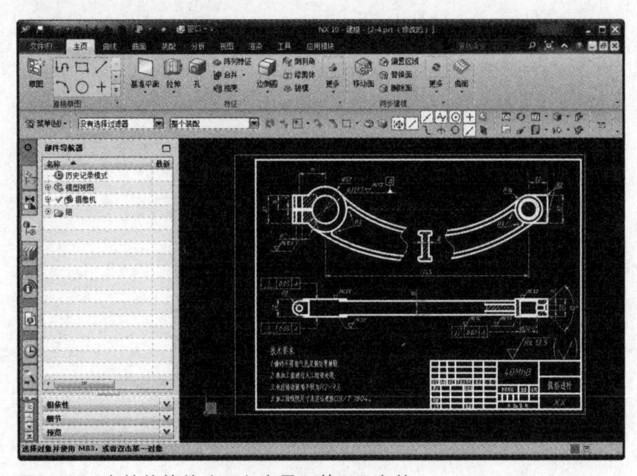

图 7-73　在其他软件（UG）中导入的 DXF 文件

7.3.2 输出为STL文件

STL 文件是一种平板印刷文件，可以将实体数据以三角形网格面形式保存，一般用来转换 AutoCAD 的三维模型。近年来，发展迅速的 3D 打印技术就需要使用这种文件格式。除了 3D 打印之外，STL 文件还用于通过沉淀塑料、金属或复合材质的薄图层的连续性来创建对象。生成的部分和模型通常用于以下方面。

◆ 可视化设计概念，识别设计问题。

◆ 创建产品实体模型、建筑模型和地形模型，测试外形、拟合和功能。

◆ 为真空成型法创建主文件。

练习7-8 输出STL文件并用于3D打印 ★进阶★

除了专业的三维建模，用 AutoCAD 提供的三维建模命令也可以创建出自己想要的模型，并通过输出 STL 文件来进行 3D 打印，操作步骤如下。

步骤 01 打开“练习7-8：输出STL文件并用于3D打印.dwg”素材文件，其中已经创建好了三维模型，如图7-74所示。

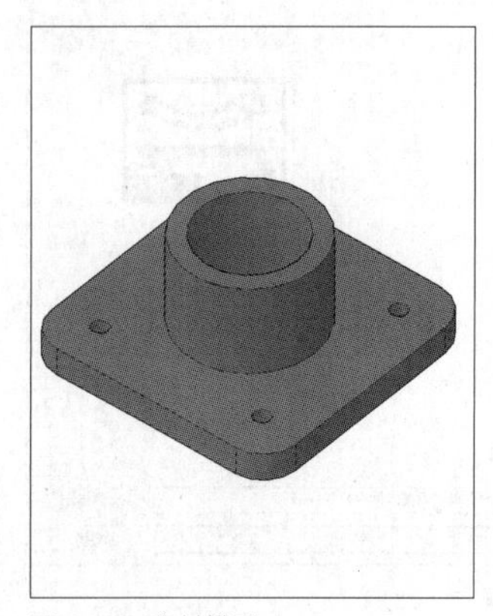

图 7-74 素材模型

步骤 02 单击应用程序按钮，在弹出的下拉列表中选择“输出”中的“其他格式”选项，如图7-75所示。

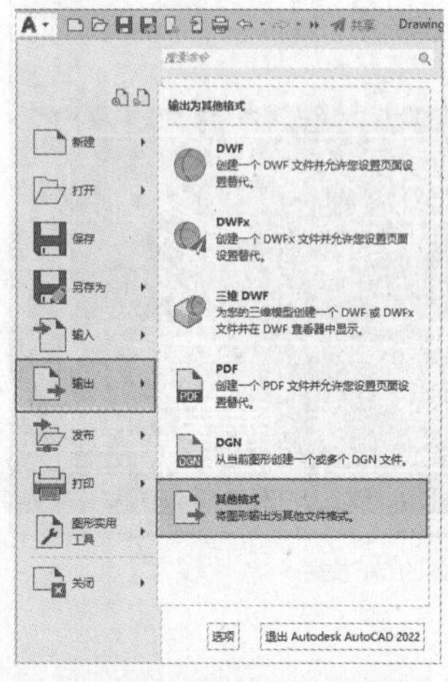

图 7-75 选择“其他格式”选项

步骤 03 系统自动打开“输出数据”对话框，在“文件类型”下拉列表中选择“平板印刷（*.stl）”选项，单击“保存”按钮，如图7-76所示。

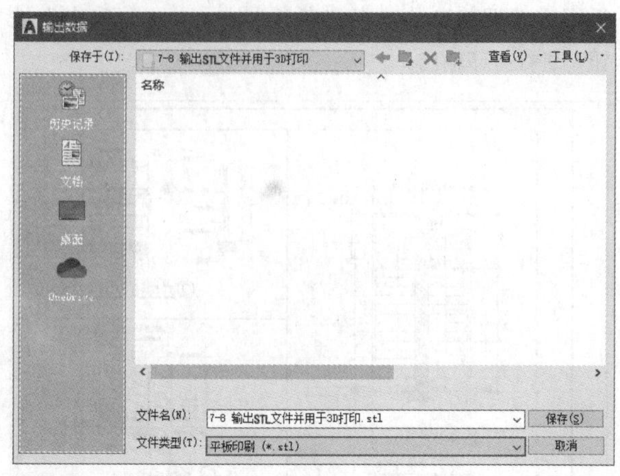

图 7-76 “输出数据”对话框

步骤 04 单击“保存”按钮后系统返回绘图区，命令行提示选择实体或无间隙网络，手动将整个模型选中，按Enter键完成选择，即可在指定路径生成STL文件，如图7-77所示。

步骤 05 该STL文件可支持3D打印，具体方法请参阅3D打印的有关资料。

图 7-77 输出 STL 文件

7.3.3 输出为DWF文件

为了能够在互联网上显示 AutoCAD 图形，Autodesk 采用了一种被称为 DWF（Drawing Web Format）的新文件格式。DWF 文件格式支持图层、超级链接、背景颜色、距离测量、线宽、比例等图形特性。用户可以在不损失原始图形文件数据特性的前提下通过 DWF 文件共享数据。用户可以在 AutoCAD 中先输出 DWF 文件，然后下载 DWF Viewer 这款小程序来进行查看。

DWF 文件与 DWG 文件相比，具有如下优点。

◆ DWF 文件占用内存小，可以被压缩。它的大小仅为原来的 DWG 图形文件的 10% 左右，非常适合整理公司数以千计的大批量图纸库。

◆ DWF 文件适合多方交流。对于公司的其他部门（如财务、行政）来说，AutoCAD 并不是一款必需的软件，因此在工作交流中查看 DWG 图纸多有不便，这时就可以输出 DWF 图纸来方便交流。而且由于 DWF 文件较小，因此更易于在网上传输。

◆ DWF 格式更安全。由于不显示原来的图形，其他用户无法更改原来的 DWG 文件。

当然，DWF 文件也存在如下一些缺点。

◆DWF 文件不能显示着色图或阴影图。

◆DWF 是一种二维矢量格式，不能保留 3D 数据。

◆AutoCAD 本身不能显示 DWF 文件，只能通过执行“插入”|“DWF 参考底图”命令的方式显示。

◆将 DWF 文件转换为 DWG 格式需使用第三方供应商的转换软件。

练习7-9　输出DWF文件加速设计图评审　★进阶★

为了能够与多方交流设计图纸，可以将图纸输出为 DWF 格式，操作步骤如下。

步骤 01 打开“练习7-9：输出DWF文件加速设计图评审.dwg”素材文件，如图7-78所示。

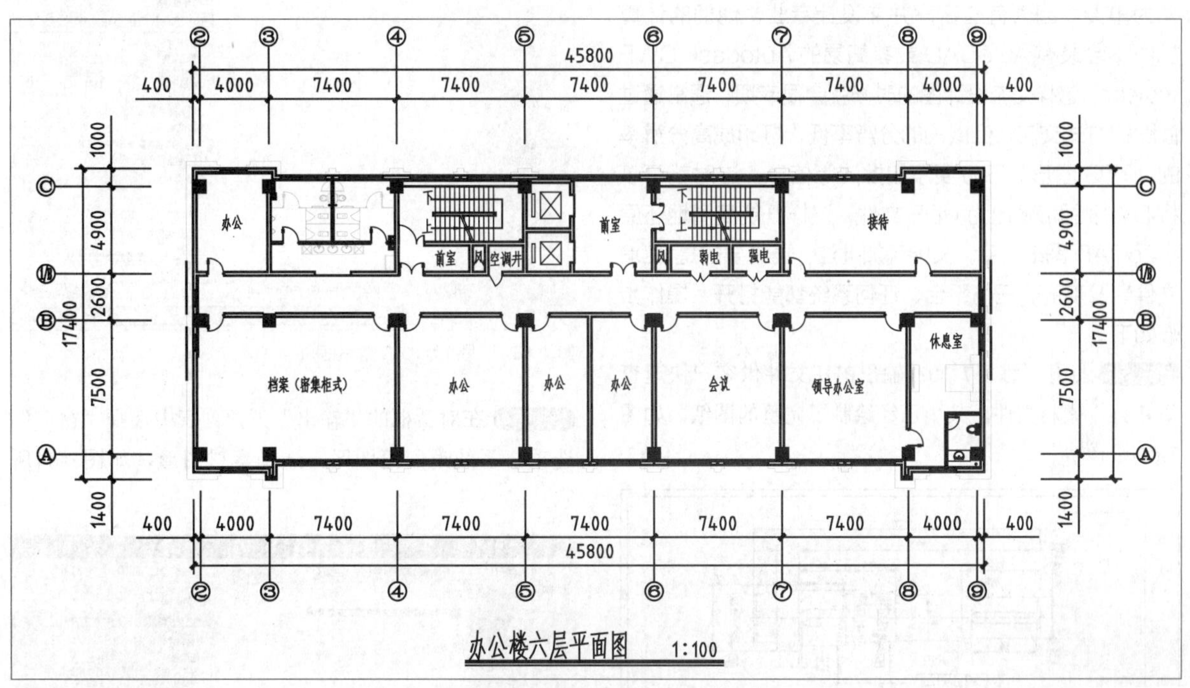

图 7-78　素材图形

步骤 02 单击应用程序按钮，在弹出的下拉列表中选择“输出”中的“DWF”选项，如图7-79所示。

步骤 03 打开“另存为DWF”对话框，选择输出路径，自定义新的文件名，如图7-80所示。

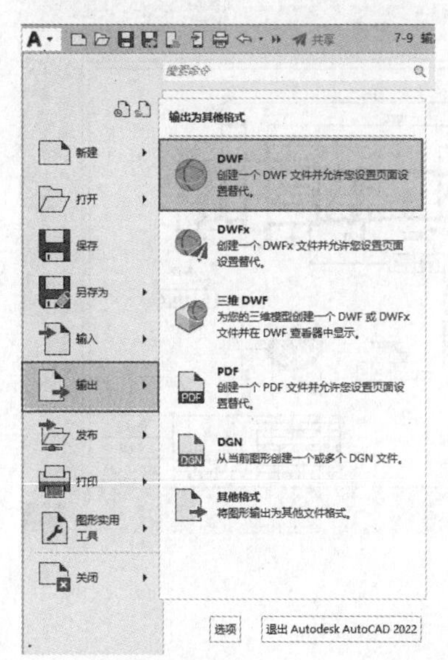

图 7-79　选择“DWF”选项

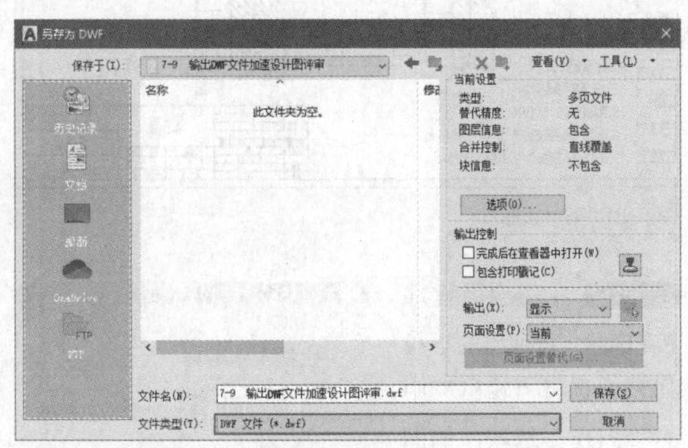

图 7-80　“另存为 DWF”对话框

7.3.4 输出为PDF文件

PDF 即 Portable Document Format（便携式文档格式），是由 Adobe 公司开发的文件格式。PDF 文件以 PostScript 语言图像模型为基础，无论在哪种打印机上都可保证精确的颜色和准确的打印效果，PDF 文件会忠实地再现原稿的每一个字符、颜色及图像。

PDF 这种文件格式与操作系统无关。也就是说，PDF 文件在 Windows、UNIX、Mac OS 中都是通用的。

这一特点使它成为在Internet上进行电子文档发行和数字化信息传播的理想文件格式。越来越多的电子图书、产品说明、公司文稿、网络资料、电子邮件使用PDF格式。

练习 7-10 输出PDF文件供客户快速查阅 ★进阶★

对于AutoCAD用户来说，掌握PDF文件的输出尤为重要。因为有些客户并非设计专业，他们的计算机中不会装有AutoCAD或者简易的Autodesk DWF Viewer，这样交流设计图的时候就会很麻烦，通常通过截图的方式交流，但截图的分辨率低，打印成高分辨率的JPEG图形又不方便添加批注等信息。这时就可以将DWG图形输出为PDF文件，这样既能高清地还原AutoCAD图纸信息，又能添加批注，更重要的是PDF文件普及度高，任何平台、任何系统都能打开，操作步骤如下。

步骤 01 打开"练习7-10：输出PDF文件供客户快速查阅.dwg"素材文件，其中已经绘制了完整的图纸，如图7-81所示。

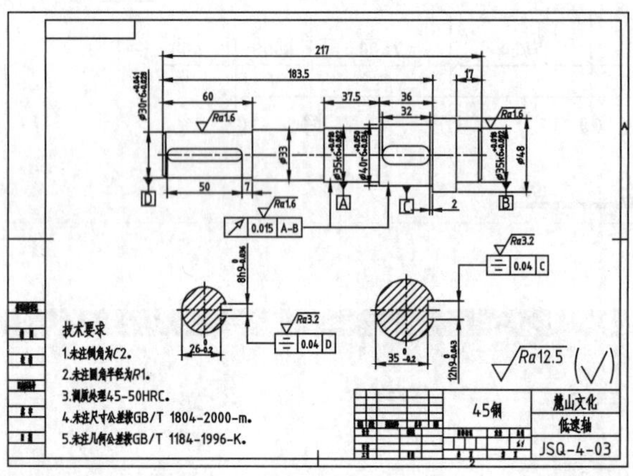

图 7-81 素材图形

步骤 02 单击应用程序按钮，在弹出的下拉列表中选择"输出"中的"PDF"选项，如图7-82所示。

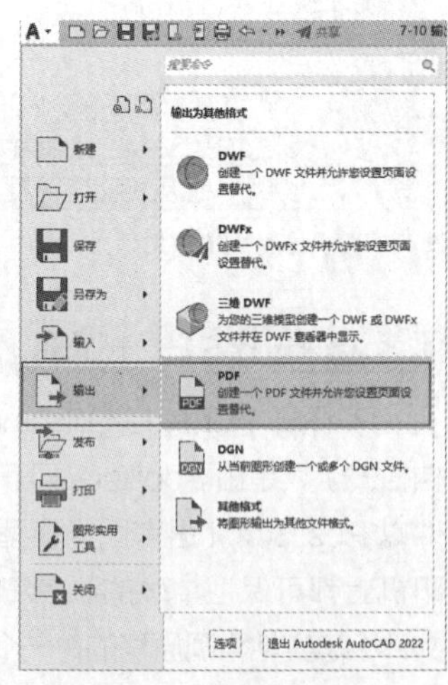

图 7-82 选择"PDF"选项

步骤 03 系统自动打开"另存为PDF"对话框，在对话框中指定输出路径、文件名，然后在"PDF预设"下拉列表中选择"AutoCAD PDF(High Quality Print)"选项，即"高品质打印"，读者也可以自行选择要输出PDF的品质，如图7-83所示。

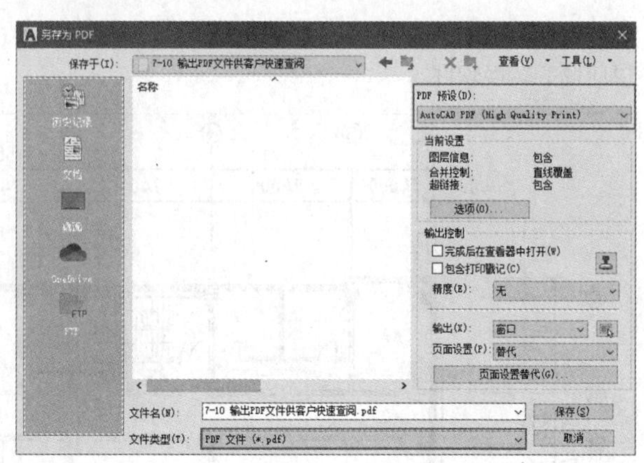

图 7-83 "另存为PDF"对话框

步骤 04 在对话框的"输出"下拉列表中选择"窗口"选项，系统返回绘图区，选择素材图形，如图7-84所示。

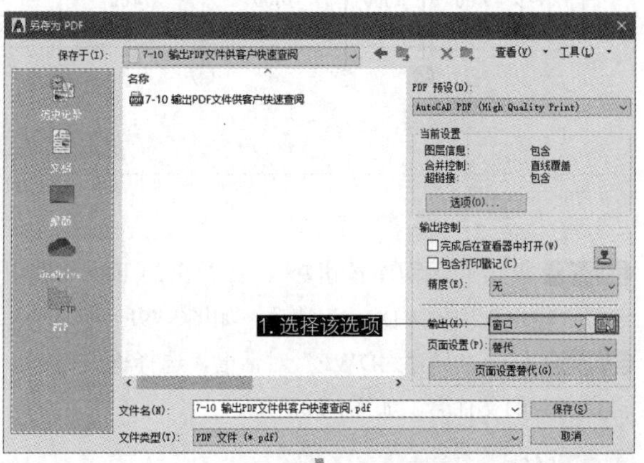

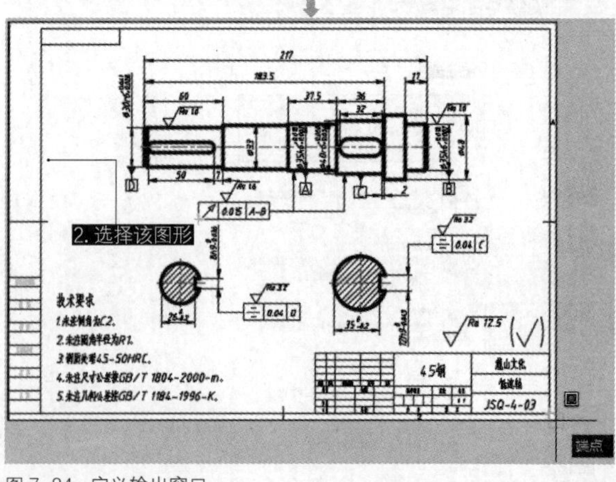

图 7-84 定义输出窗口

步骤 05 在对话框的“页面设置”下拉列表中选择“替代”选项，单击下方的“页面设置替代”按钮，打开“页面设置替代”对话框，在其中定义好打印样式和图纸尺寸等，如图7-85所示。

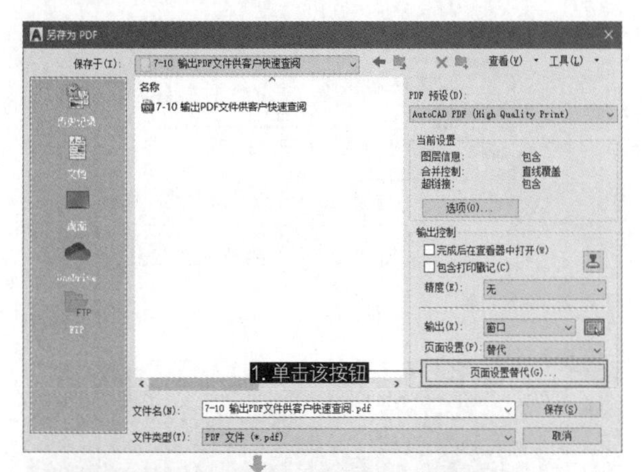

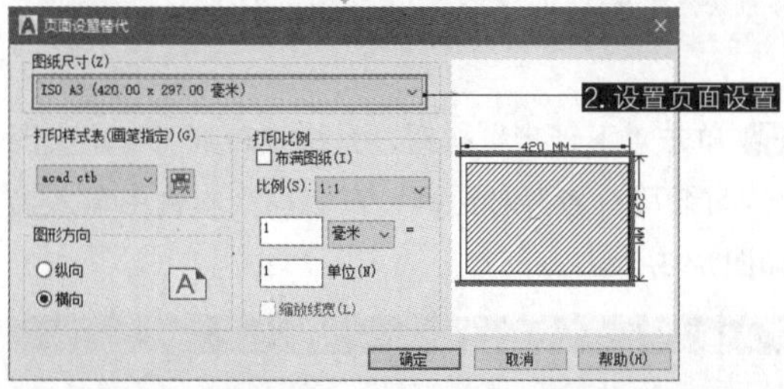

图 7-85　定义页面设置

步骤 06 单击“确定”按钮，返回“另存为PDF”对话框，单击“保存”按钮，即可输出PDF文件，效果如图7-86所示。

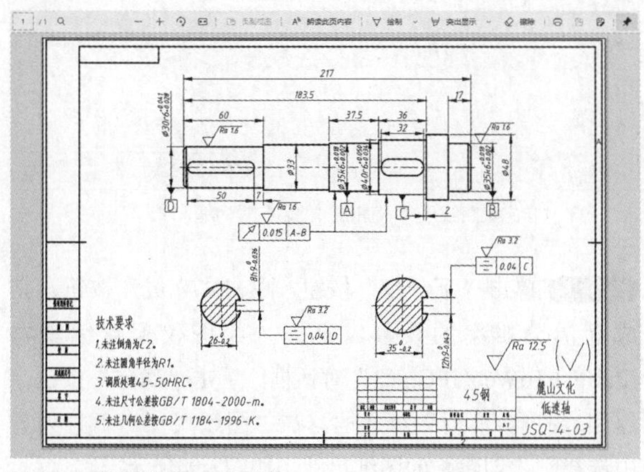

图 7-86　输出的 PDF 文件效果

7.3.5 输出为高清图片文件

DWG 图纸可以将选择的对象输出为不同格式的图像，例如使用“JPGOUT”命令导出 JPEG 图像文件，使用“BMPOUT”命令导出 BMP 位图图像文件，使用“TIFOUT”命令导出 TIF 图像文件，使用“WMFOUT”命令导出 Windows 图元文件。但是导出的这些格式的图像分辨率很低，如果图形比较大，就无法满足印刷的要求，如图 7-87 所示。

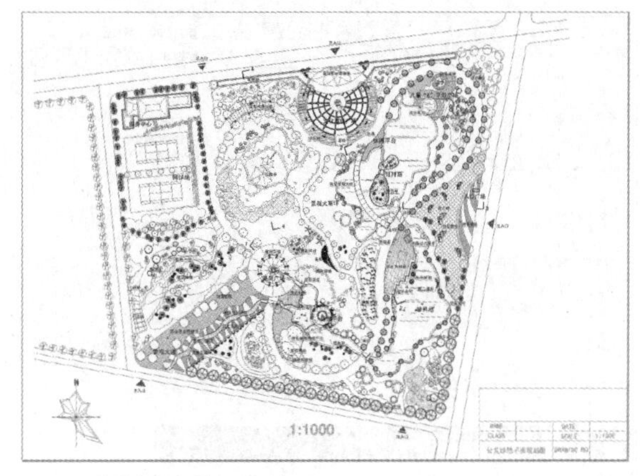

图 7-87　分辨率很低的 JPG 图片

不过，学习了指定打印设备的方法后，就可以通过修改图纸尺寸的方式输出高分辨率的 JPG 图片。下面通过一个练习来介绍具体的操作方法。

练习 7-11 输出高清图片文件　★进阶★

将图纸输出为图片，可方便传阅，不必下载安装 AutoCAD 软件也能观察出图效果，操作步骤如下。

步骤 01 打开“练习7-11：输出高清图片文件.dwg”素材文件，如图7-88所示。

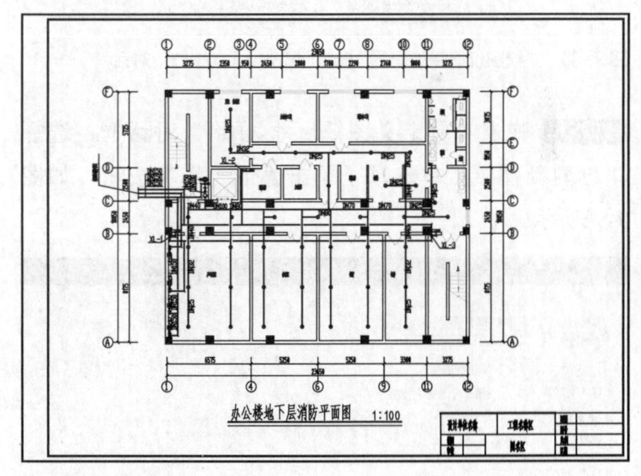

图 7-88　素材图形

步骤 02 按快捷键Ctrl+P，弹出“打印-模型”对话框。在“打印机/绘图仪”选项组的“名称”下拉列表中选择打印机，本练习要输出JPG图片，所以选择“PublishToWeb JPG.pc3”打印机，如图7-89所示。

步骤 03 单击“PublishToWeb JPG.pc3”右边的“特性”按钮，弹出“绘图仪配置编辑器-PublishToWeb JPG.pc3”对话框。选择“用户定义图纸尺寸与校准”节点下的“自定义图纸尺寸”选项，单击右下方的“添加”按钮，如图7-90所示。

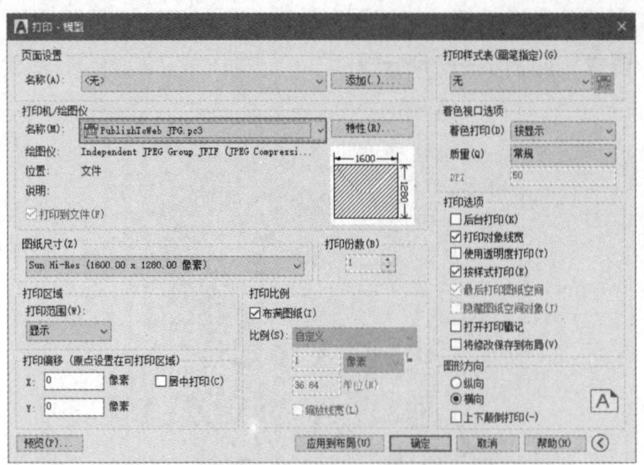

图 7-89 选择打印机

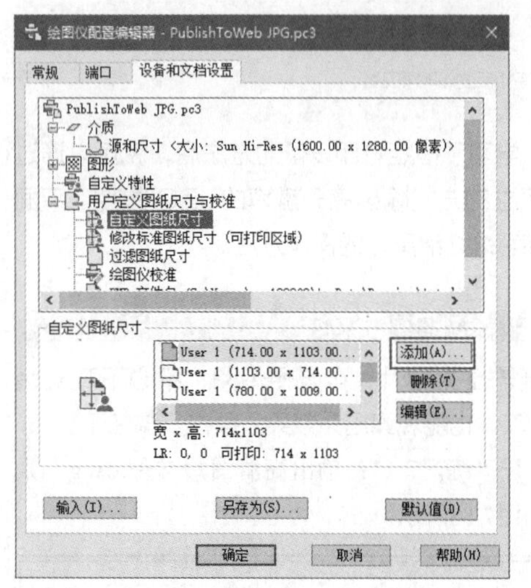

图 7-90 “绘图仪配置编辑器 -PublishToWeb JPG.pc3”对话框

步骤 04 弹出“自定义图纸尺寸-开始”对话框，选择“创建新图纸”单选项，单击“下一步”按钮，如图7-91所示。

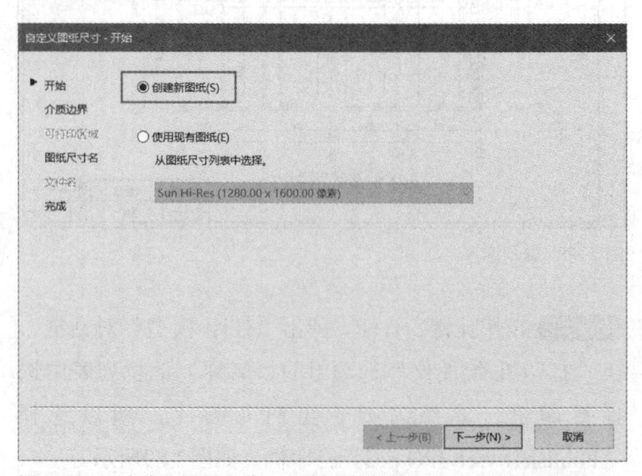

图 7-91 “自定义图纸尺寸 - 开始”对话框

步骤 05 调整像素。系统跳转到“自定义图纸尺寸-介质边界”对话框，这里会提示当前图形的像素，可以酌情进行调整，如图7-92所示。

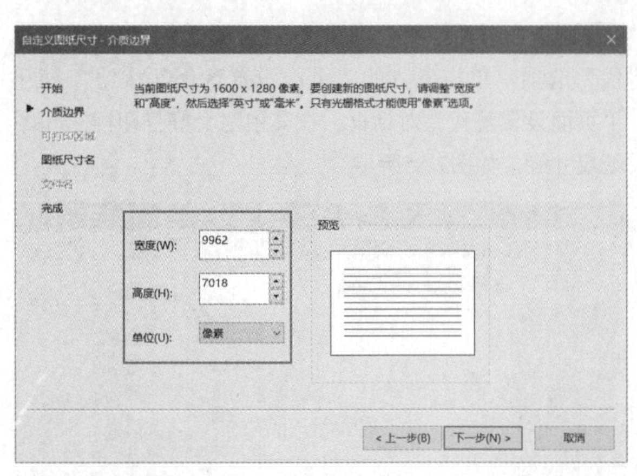

图 7-92 调整像素

提示

设置像素时，要注意图形的长宽比与原图一致。如果输入的像素与原图长、宽不成比例，图片会失真。

步骤 06 单击“下一步”按钮，系统跳转到“自定义图纸尺寸-图纸尺寸名”对话框，在名称文本框中输入名称，如图7-93所示。

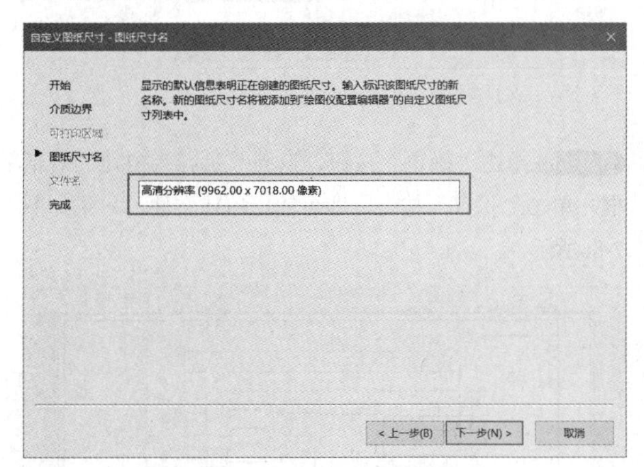

图 7-93 “自定义图纸尺寸 - 图纸尺寸名”对话框

步骤 07 单击“下一步”按钮，单击“完成”按钮，完成高清分辨率的设置。返回“绘图仪配置编辑器-PublishToWeb JPG.pc3”对话框，单击“确定”按钮，返回“打印-模型”对话框，在“图纸尺寸”下拉列表中选择刚才创建好的图纸尺寸，如图7-94所示。

步骤 08 单击“确定”按钮，设置文件名称及存储路径，稍后打开“打印作业进度”对话框，如图7-95所示，显示打印进度。结束后到指定路径查看打印效果。

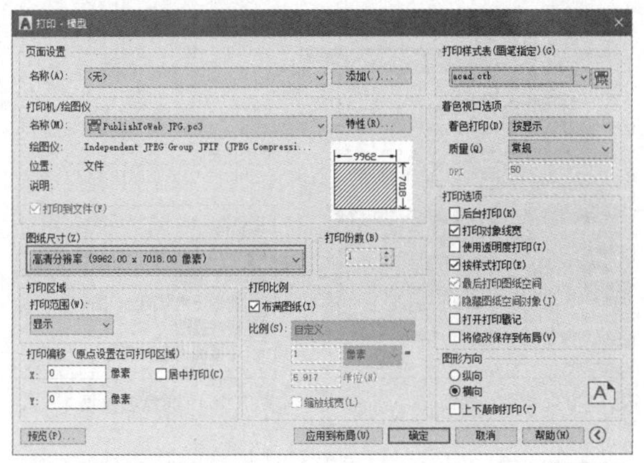

图 7-94　选择图纸尺寸

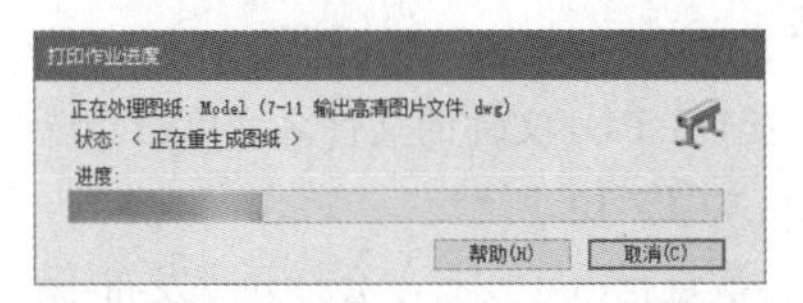

图 7-95　显示打印进度

7.3.6 图纸的批量输出与打印

图纸的“批量输出”或“批量打印”，历来是读者问询较多的问题。很多时候都只能通过安装AutoCAD的插件来完成，但这些插件并不稳定，使用效果差强人意。

其实，在AutoCAD中，可以通过发布功能来实现批量打印或输出的效果，最终的输出格式可以是电子版文档，如PDF、DWF，也可以是纸质文件。下面通过一个具体练习来进行说明。

练习 7-12 批量打印图纸 ★进阶★

逐张打印图纸，费时费力，还容易出错。执行“批量打印”操作，就可以一次性输出多张图纸，操作步骤如下。

步骤 01 打开“练习7-12：批量打印图纸.dwg”素材文件。

步骤 02 执行“文件”|“打印”命令，打开“打印-模型”对话框。设置打印参数，在“打印范围”下拉列表中选择“窗口”选项，单击“窗口”按钮，返回绘图区，指定图框的对角点，确定打印范围。

步骤 03 返回“打印-模型”对话框，单击“应用到布局”按钮，如图7-96所示。

步骤 04 对每一张图纸都执行上述操作，不要忘记在操作完毕后单击“应用到布局”按钮。

步骤 05 操作完毕后，在“打印-模型”对话框中单击“取消”按钮，关闭对话框。

步骤 06 执行“文件”|“发布”命令，打开“发布”对话框，设置参数，如图7-97所示，确认无误后单击“发布”按钮。

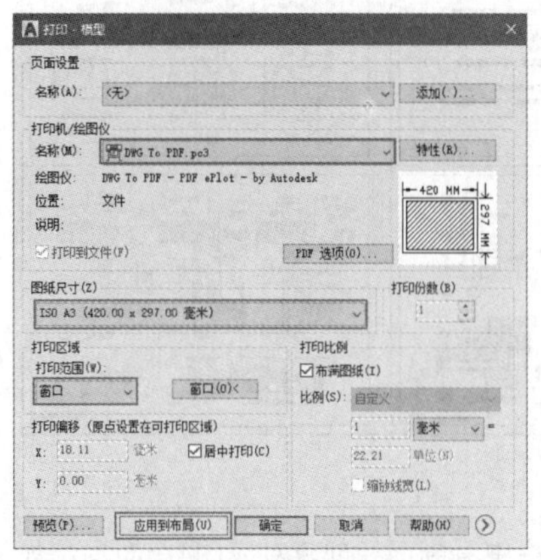

图 7-96　“打印 - 模型”对话框

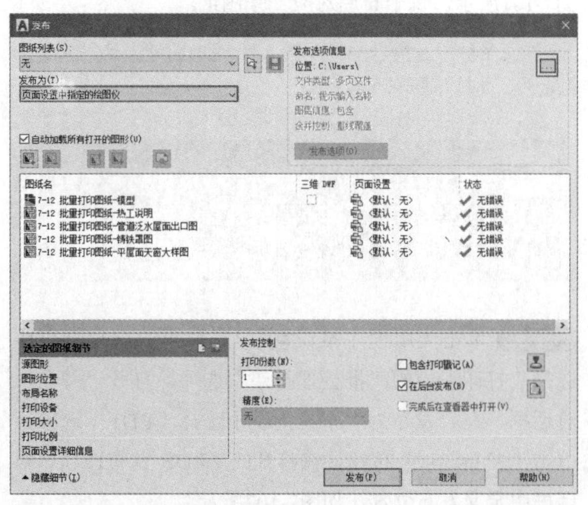

图 7-97　“发布”对话框

步骤 07 打开“发布-保存图纸列表”对话框，如图7-98所示，用户可根据需要选择是否保存当前的图纸列表。

步骤 08 打开“打印-正在处理后台作业”对话框，如图7-99所示，显示正在执行打印操作。

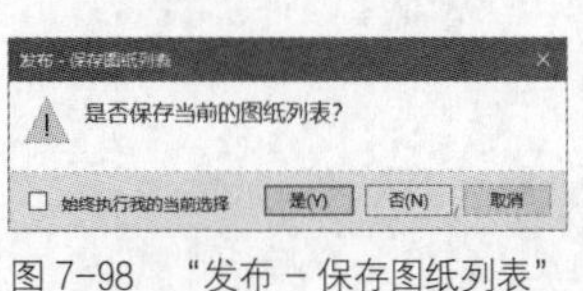

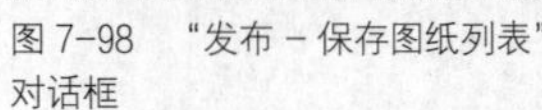

图 7-98　“发布 - 保存图纸列表”对话框

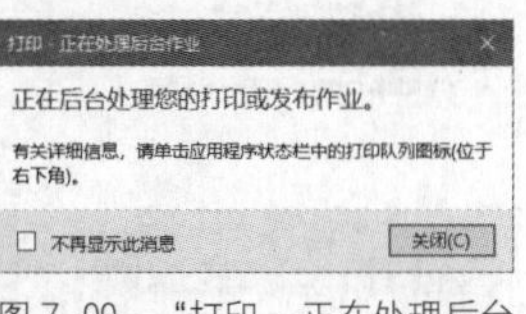

图 7-99　“打印 - 正在处理后台作业”对话框

练习 7-13 批量输出 PDF 文件 ★进阶★

PDF格式的文件能够最大限度地满足使用需求，方便不同工作领域的人浏览。本练习介绍将图纸以PDF格式批量输出的方法，操作步骤如下。

步骤 01 打开“练习7-13：批量输出PDF文件.dwg”素材文件，其中已经绘制了4张图纸，如图7-100所示。

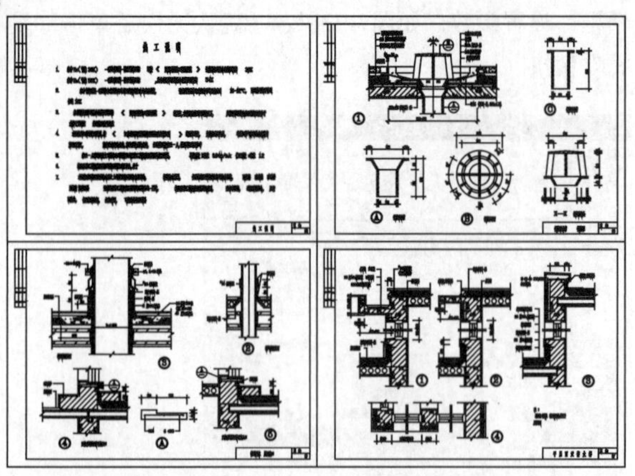

图 7-100　素材图形

步骤 02 在状态栏中看到已经创建对应的4个布局，如图7-101所示。每个布局对应一张图纸。

图 7-101　素材创建好的布局

> **提示**
>
> 如需打印新的图纸，读者可以自行新建布局，然后分别将各布局中的视口对准至要打印的部分即可。

步骤 03 单击应用程序按钮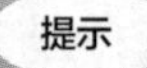，在弹出的下拉列表中选择“打印”中的“批处理打印”选项，打开“发布”对话框，在“发布为”下拉列表中选择“PDF”选项，单击“发布选项”按钮，在打开的“PDF 发布选项”对话框中定义发布位置，如图7-102所示。

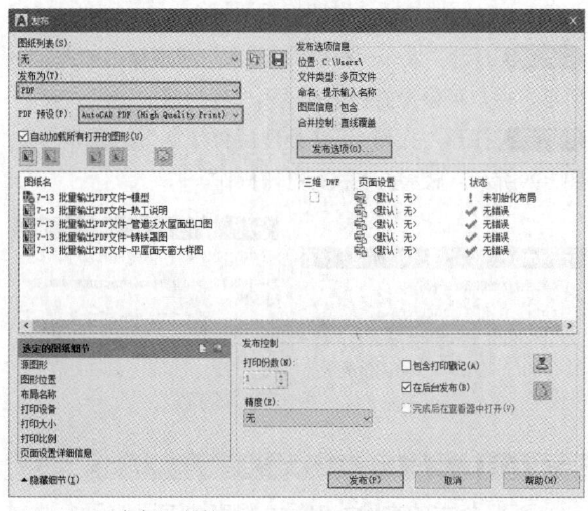

图 7-102　“发布”对话框

步骤 04 在“图纸名”列表框中可以查看到要发布为PDF的文件，用鼠标右键单击其中的任意文件，在弹出的快捷菜单中执行“重命名图纸”命令，如图7-103所示，为图形输入合适的名称，最终效果如图7-104所示。

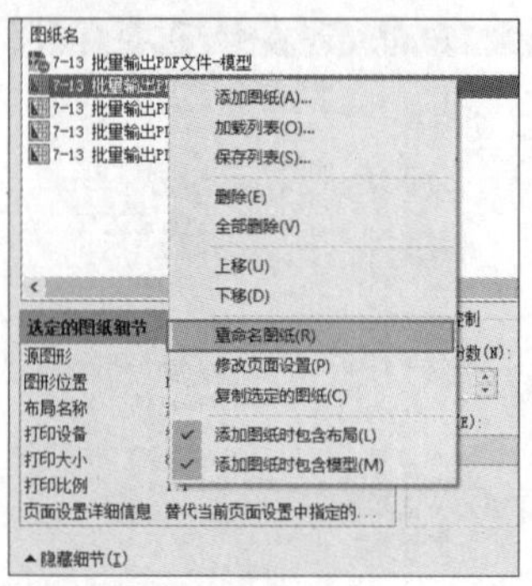

图 7-103　重命名图纸

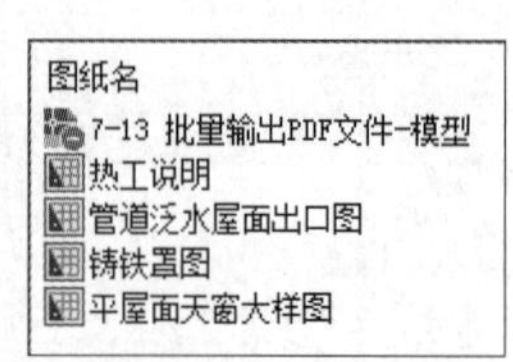

图 7-104　重命名效果

步骤 05 确认无误后，单击“发布”对话框中的“发布”按钮，打开“指定PDF文件”对话框，在“文件名”文本框中输入发布后PDF文件的文件名，单击“选择”按钮即可发布，如图7-105所示。

步骤 06 如果是第一次进行PDF发布，会打开“发布-保存图纸列表”对话框，如图7-106所示，单击“否”按钮即可。

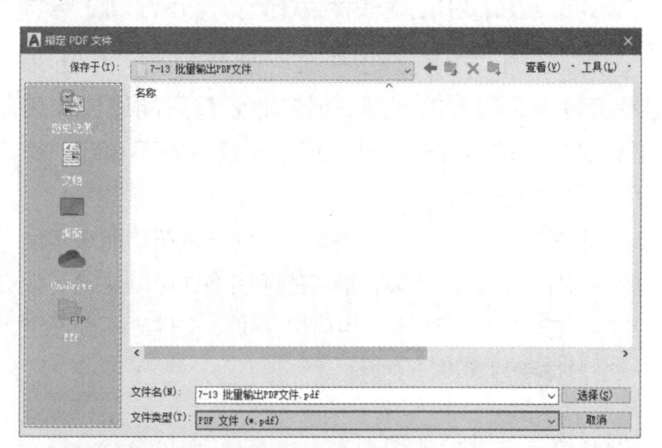

图 7-105　“指定 PDF 文件”对话框

图 7-106　“发布 - 保存图纸列表”对话框

步骤 07 AutoCAD弹出图7-107所示的对话框，开始处理PDF文件的输出。输出完成后在状态栏右下角出现图7-108所示的提示，PDF文件输出完成。

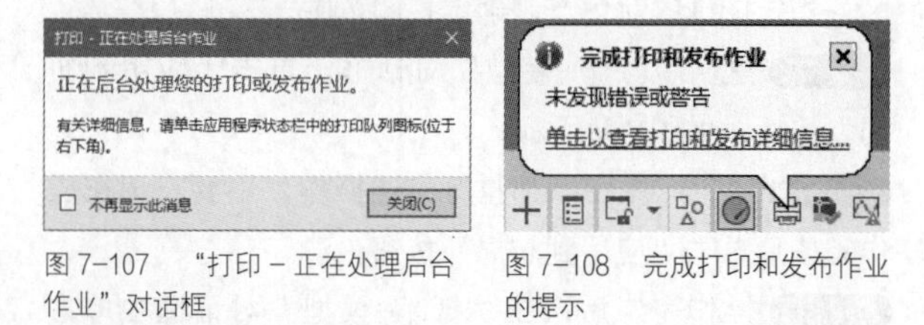

图 7-107　“打印 - 正在处理后台作业”对话框

图 7-108　完成打印和发布作业的提示

步骤 08 打开输出后的PDF文件，效果如图7-109所示，在左侧目录可以见到其他图纸的名称。

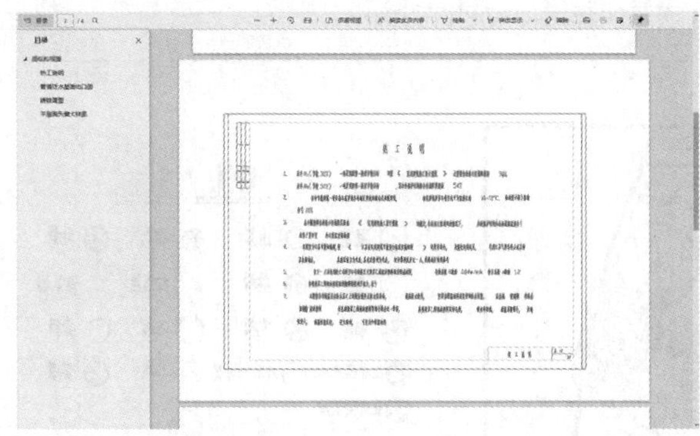

图 7-109　打印效果

7.4 本章小结

本章介绍了输出图形的方法。AutoCAD 提供模型空间与布局空间，在模型空间中绘制、编辑图形，在布局空间中打印输出图形。为了保证输出图形的规范性，需要先设置打印样式参数，包括打印机类型、图纸尺寸、比例及方向等。创建打印样式后，在以后的打印工作中只要应用样式，就能够快速地输出图形。

为了方便与其他软件进行交流，可以将 DWG 文件输出或存储为其他文件格式，如 DXF、STL、DWF 等。这些文件格式可以在其他软件中查看，如有不满意的地方，可以再返回 AutoCAD 修改。

本章的最后安排了课后习题，从理论到实操，方便读者复习所学知识。

7.5 课后习题

一、理论题

1. 当打开或新建一个图形文件时，系统将默认进入（　）。

A. 布局空间　　B. 模型空间　　C. 三维空间　　D. 注释空间

2. 单击绘图区下面的（　），可以在模型空间和布局空间之间切换。

A. 标签　　B. 工具按钮　　C. 右键菜单　　D. 选项按钮

3. 执行“打印”命令的快捷键是（　）。

A. Ctrl+A　　B. Ctrl+C　　C. Ctrl+D　　D. Ctrl+P

4. 执行（　）命令，可以打开“Plotters”文件夹。

A. “打印”|“管理绘图仪”　　B. “文件”|“绘图仪管理器”

C. “编辑”|“管理绘图仪”　　D. “格式”|“绘图仪管理器”

5. 单击应用程序按钮 A，在弹出的下拉列表中选择（　）选项，在子列表中显示文件的输出格式。

A. 输出　　B. 打印　　C. 保存　　D. 发布

二、操作题

1. 应用所学的知识，在布局空间中绘制图 7-110 所示的助听器电路图。

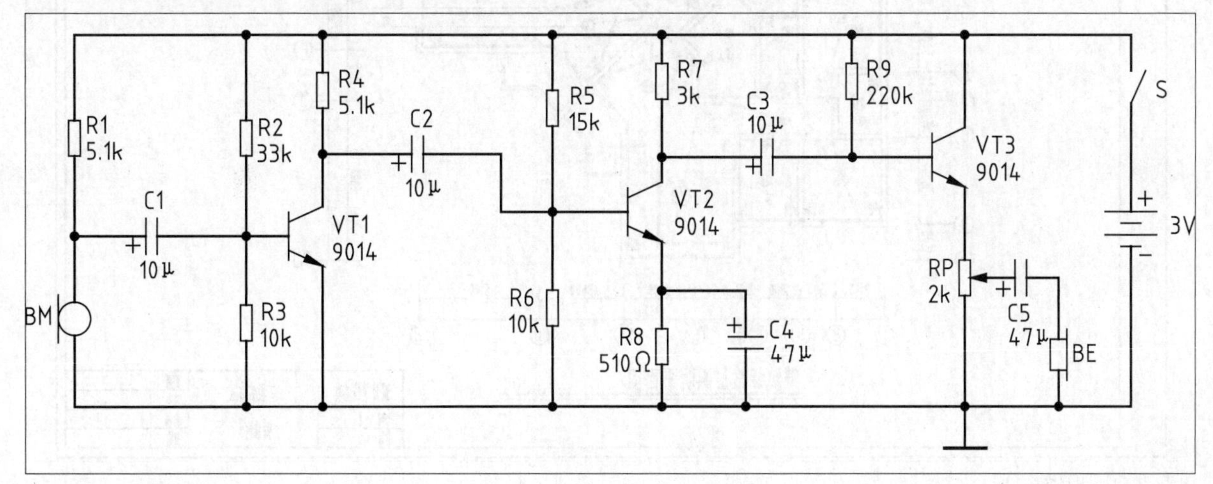

图 7-110　助听器电路图

2. 参考 7.2 节的内容，设置图形打印参数，将图 7-111 所示的乔木种植图打印输出。

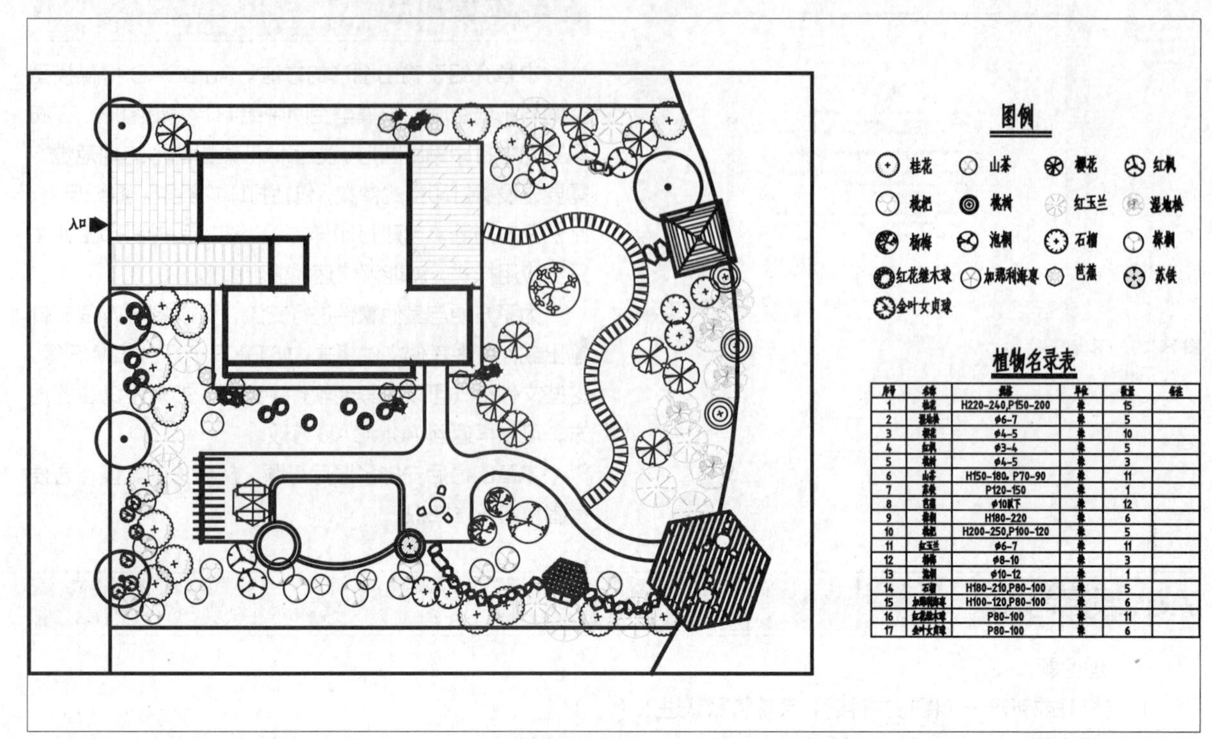

图 7-111 乔木种植图

3. 参考 7.3.5 小节的内容，将图 7-112 所示的照明平面图输出为高清图片。

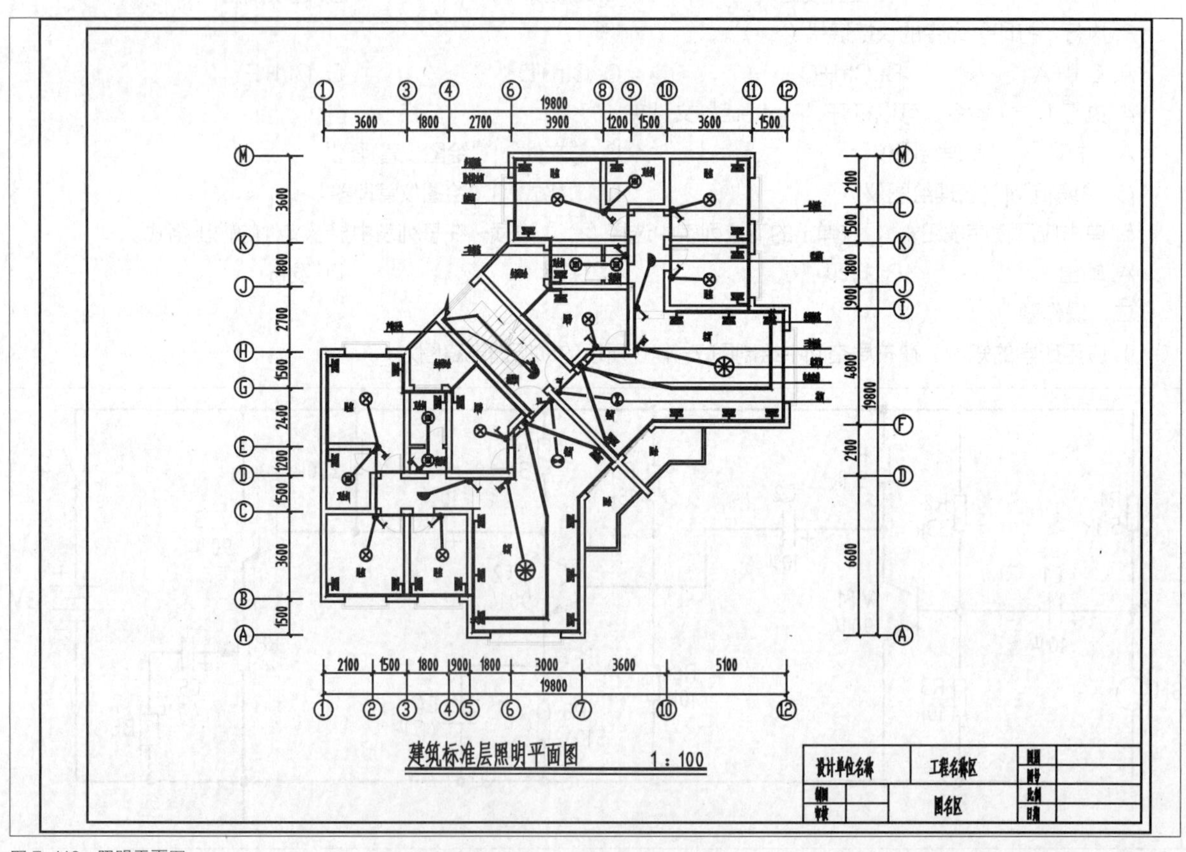

图 7-112 照明平面图

第8章

三维绘图基础

本章内容概述

如今，三维设计已经越来越普遍，传统的平面绘图与之相比难免有不够直观、不够生动的缺点。AutoCAD 从2005版开始便提供了三维建模的工具，到了AutoCAD 2022，三维建模工具的各项功能已经得到了很大的改进和完善，能够满足基本的设计需要。

本章主要介绍三维建模的知识，包括三维建模空间、坐标系的使用、视图和视觉样式的调整等知识，为后续创建复杂的模型奠定基础。

本章知识要点

- 了解三维建模工作空间
- 学习三维坐标系的使用方法
- 三维模型的分类
- 认识观察三维模型的工具

8.1 三维建模工作空间

AutoCAD三维建模工作空间是一个三维空间，与草图和注释空间相比，此空间多了一个Z轴方向的维度。三维建模功能区的选项卡有“常用”“实体”“曲面”“网格”“可视化”“参数化”“插入”“注释”“视图”“管理”“输出”等，每个选项卡下都有与之对应的功能面板。由于此空间侧重的是实体建模，因此功能区提供了“建模”“视觉样式”“光源”“材质”“渲染”等面板，这些都为创建、观察三维图形，附着材质，创建动画，设置光源等提供了便利。

进入三维模型空间的方法如下。

◆快速访问工具栏：启动AutoCAD 2022，单击快速访问工具栏中的“切换工作空间”下拉列表，如图8-1所示，在打开的下拉列表中选择“三维基础”或“三维建模”选项。

◆状态栏：在状态栏右边，单击“切换工作空间”按钮，打开图8-2所示的下拉列表，选择“三维基础”或“三维建模”选项。

执行上述任意一操作，都可进入三维模型空间。在“三维基础”或“三维建模”空间中都可以创建、编辑、查看三维模型。本章在“三维建模”空间中创建、编辑模型。

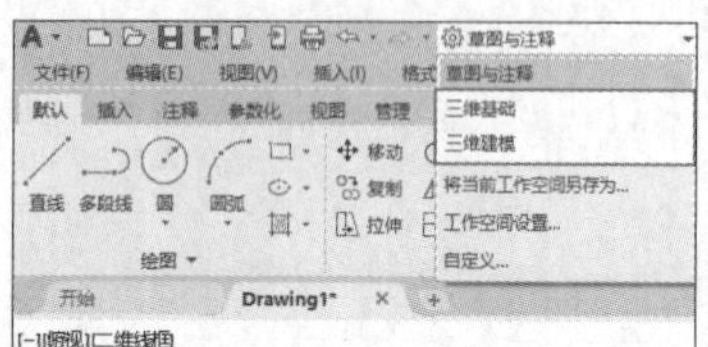

图 8-1　通过快速访问工具栏切换工作空间

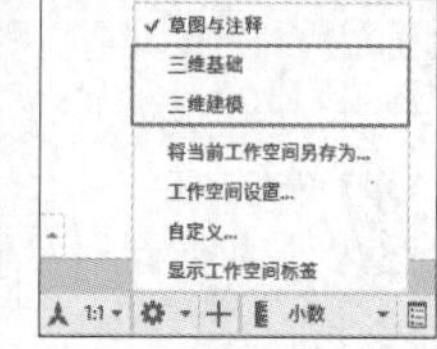

图 8-2　通过状态栏切换工作空间

8.2 三维模型分类

AutoCAD支持3种类型的三维模型——线框模型、表面模型和实体模型。每种模型都有各自的创建和编辑方法，以及不同的显示效果。

8.2.1 线框模型

线框模型是一种轮廓模型，它是三维对象的轮廓描述，主要描述对象的三维直线和曲线轮廓，没有面和体的特征。在AutoCAD中，可以通过在三维空间绘制点、线、曲线的方式得到线框模型。图8-3所示即线框模型效果。

8.2.2 表面模型

表面模型是由零厚度的表面拼接组合成的三维模型，只有表面而没有内部填充。AutoCAD中表面模型分为曲面模型和网格模型，曲面模型是连续曲率的单一表面，网格模型是用许多多边形网格来拟合曲面。表面模型适合构造不规则的曲面，如模具、发动机叶片、汽车的表面等，而在体育馆、博物馆等大型建筑的三维效果图中，屋顶、墙面、格间等就可简化为曲面模型。网格模型的多边形网格越密，曲面的光滑程度越高。此外，由于表面模型具有面的特征，因此可以对它进行计算面积、隐藏、着色、渲染、求两表面交线等操作。图8-4所示为创建的表面模型。

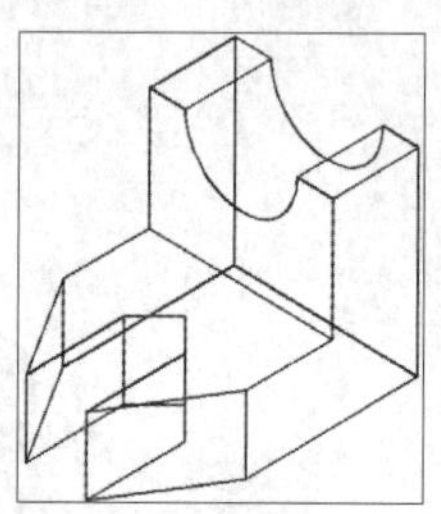

图 8-3　线框模型

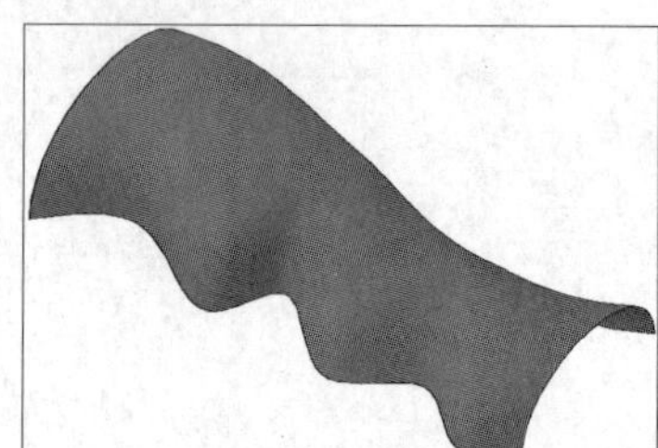

图 8-4　表面模型

提示

线框模型虽然具有三维的显示效果，但实际上是由线构成的，没有面和体的特征，因此既不能对其进行面积、体积、重心、转动惯量、惯性矩等计算，也不能进行着色、渲染等操作。

8.2.3 实体模型 ★重点★

实体模型具有边线、表面和厚度等属性，是最接近真实物体的三维模型。在AutoCAD中，实体模型不仅具有线和面的特征，而且具有体的特征，各实体对象间可以进行各种运算操作，从而创建复杂的三维实体模型。在AutoCAD中，还可以直接了解它的特性，如体积、重心、转动惯量、惯性矩等，可以对它进行隐藏、剖切、装配干涉检查等操作，还可以对具有基本形状的实体进行并、交、差等布尔运算，以构造复杂的模型。图8-5所示为创建的实体模型。

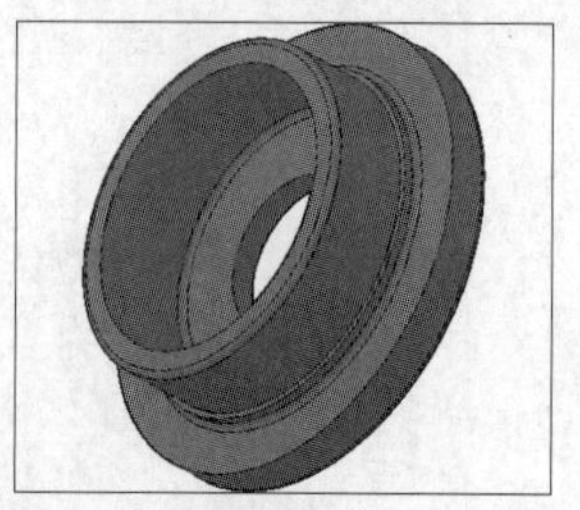

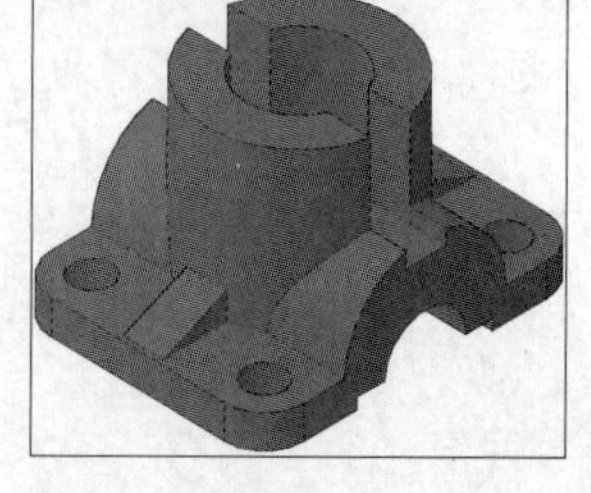

图 8-5　实体模型

8.3 三维坐标系

AutoCAD 的三维坐标系由 3 个通过同一点且彼此垂直的坐标轴构成，这 3 个坐标轴分别称为 *X* 轴、*Y* 轴、*Z* 轴，它们的交点为坐标系的原点，也就是各个坐标轴的坐标原点。从原点出发，沿坐标轴正方向上的点用正的坐标值度量，沿坐标轴负方向上的点用负的坐标值度量。在三维空间中，任意一点的位置可以由该点的三维坐标（*X*,*Y*,*Z*）唯一确定。

在 AutoCAD 中，“世界坐标系”和“用户坐标系”是常用的两大坐标系。“世界坐标系”是系统默认的二维图形坐标系，它的原点及各个坐标轴方向固定不变。对于二维图形绘制，世界坐标系足以满足要求，但在三维建模过程中，需要频繁地定位对象，使用固定不变的坐标系十分不便。三维建模一般需要使用“用户坐标系”，用户坐标系是用户自定义的坐标系，可在建模过程中灵活创建。

8.3.1 定义UCS

UCS 可以表示当前坐标系的坐标轴方向和坐标原点位置，也可以表示相对于当前 UCS 的 *XY* 平面的视图方向，尤其在三维建模环境中，它可以根据不同的指定方位来创建模型特征。

在 AutoCAD 中，管理 UCS 主要有如下方法。

◆菜单栏：执行“工具”|“新建 UCS”命令，如图 8-6 所示。

◆功能区：单击“坐标”面板中的工具按钮，如图 8-7 所示。

◆命令：UCS。

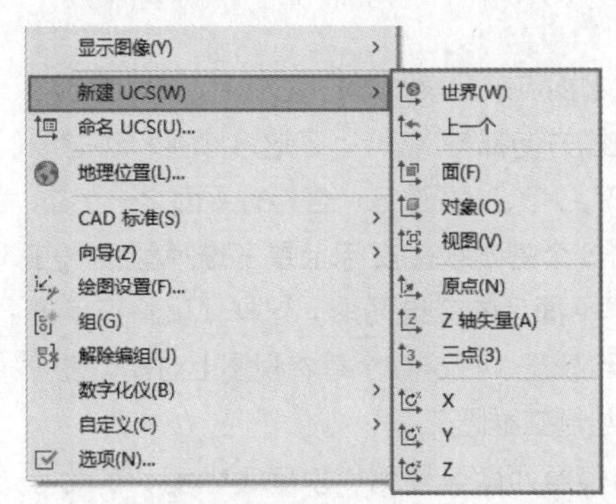

图 8-6　菜单栏中的“新建 UCS”命令

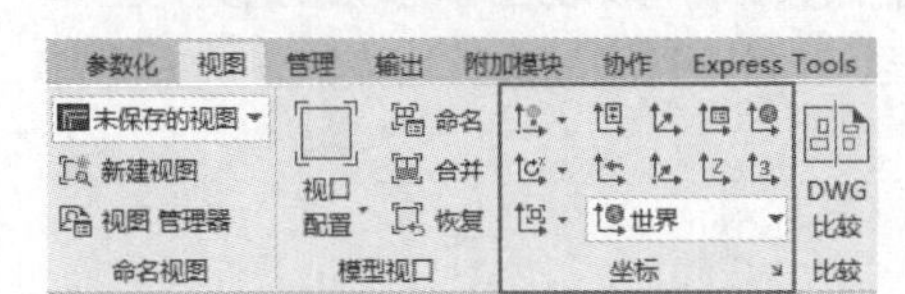

图 8-7　“坐标”面板中的“UCS”工具按钮

8.3.2 动态UCS

动态 UCS 可以在创建对象时使 UCS 的 *XY* 平面自动与实体模型上的平面临时对齐。

执行“动态 UCS”命令的方法如下。

◆状态栏：单击状态栏中的“动态 UCS”按钮。

◆快捷键：F6。

使用绘图命令时，可以通过在面的一条边上移动十字光标对齐 UCS，而无须使用 UCS 命令。结束该命令后，UCS 将恢复到上一个位置和方向。使用动态 UCS 绘图，如图 8-8 所示。

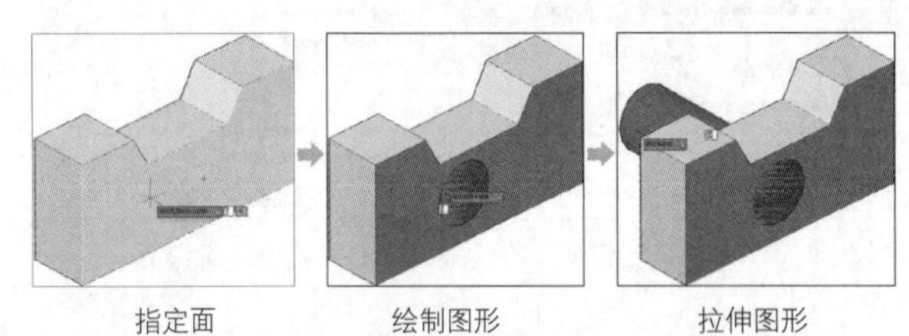

图 8-8　使用动态 UCS 绘图

8.3.3 管理UCS

与图块、参照图形等参考对象一样，UCS 也可以进行管理。

在命令行中输入“UCSMAN”并按 Enter 键，弹出图 8-9 所示的“UCS”对话框。该对话框包括 UCS 命名、UCS 正交、显示方式设置，以及应用范围设置等多项功能。

切换至“命名 UCS”选项卡，如果单击“置为当前”按钮，可将坐标系置为当前工作坐标系。单击“详细信息”按钮，在稍后弹出的对话框中显示当前使用和已命名的 UCS 信息，如图 8-10 所示。

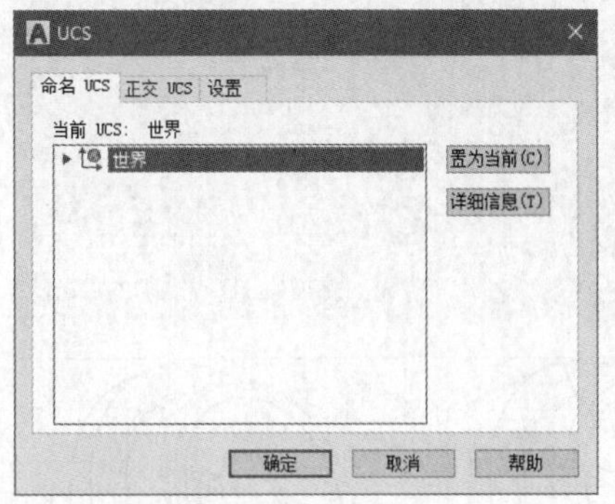

图 8-9　“UCS”对话框

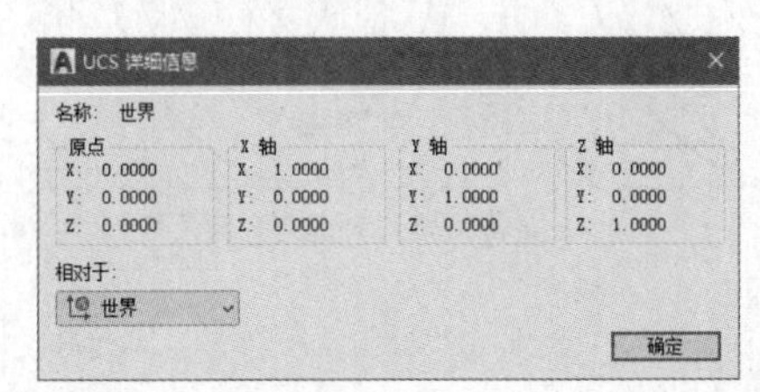

图 8-10　显示当前 UCS 信息

“正交 UCS”选项卡用于将 UCS 设置成一个正交模式。用户可以在“相对于”下拉列表中确定用于定义 UCS 正交模式的坐标系。也可以在“当前 UCS：世界”列表框中选择某一正交模式，并将其置为当前，如图 8-11 所示。

单击“设置”选项卡，可通过“UCS图标设置”“UCS设置”选项组设置 UCS 图标的显示形式、应用范围等特性，如图 8-12 所示。

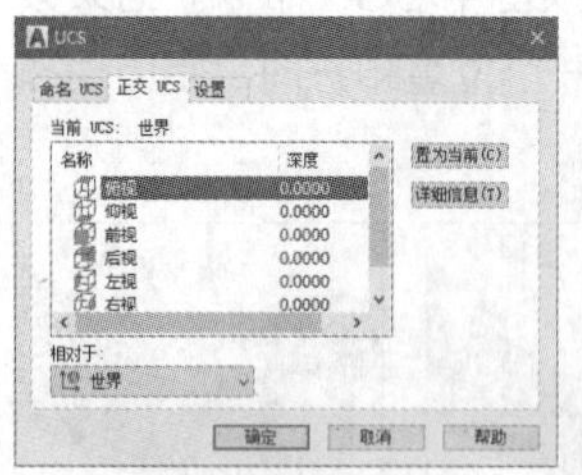

图 8-11 “正交 UCS”选项卡

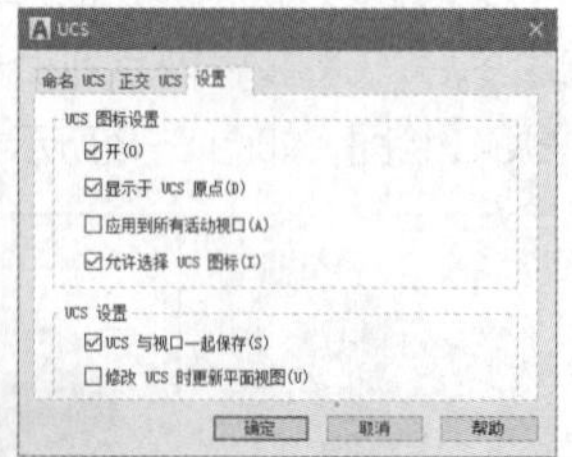

图 8-12 “设置”选项卡

练习8-1 创建新的用户坐标系 ★进阶★

与其他的建模软件（如 UG、Solidworks、犀牛）不同，AutoCAD 中没有“基准面”“基准轴”命令，取而代之的是灵活的 UCS。在 AutoCAD 中新建的 UCS，同样可以有其他软件中“基准面”“基准轴”的效果，操作步骤如下。

步骤 01 单击快速访问工具栏中的“打开”按钮，打开“练习8-1：创建新的用户坐标系.dwg”素材文件，如图 8-13所示。

步骤 02 在“常用”选项卡中，单击“坐标”面板中的“原点”按钮。当命令行提示指定UCS原点时，捕捉到圆心并单击，即可创建一个以圆心为原点的新用户坐标系，如图 8-14所示。命令行提示如下。

```
命令: _ucs
                              //执行“新建坐标系”命令
当前 UCS 名称: *没有名称*
指定 UCS 的原点或 [面(F)/命名(NA)/对象(OB)/上一个(P)/视图(V)/世界(W)/X/Y/Z/Z 轴(ZA)] <世界>: _o
指定新原点 <0,0,0>:
                              //单击选中的圆心
```

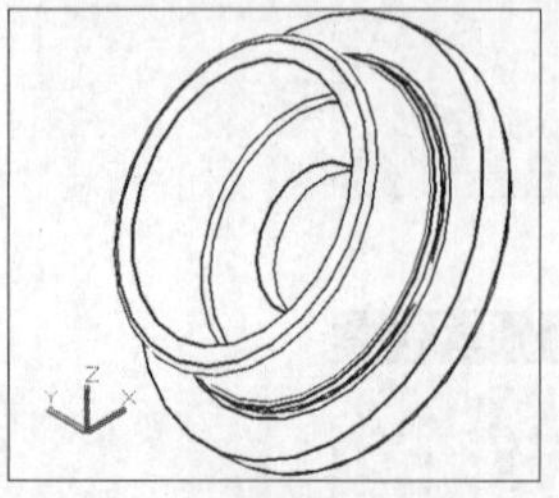

图 8-13 素材模型

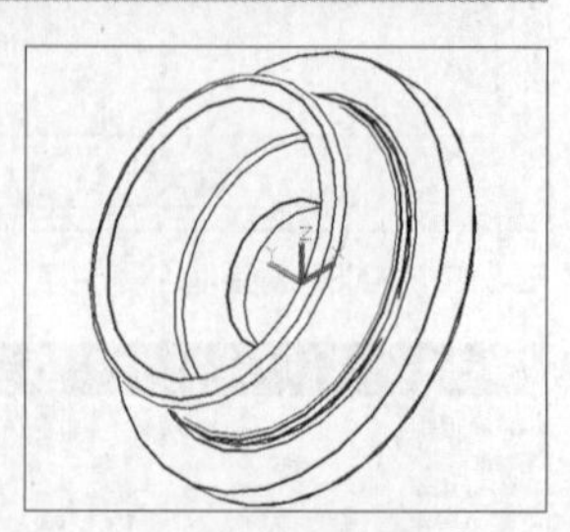

图 8-14 新建用户坐标系

8.4 三维模型的观察

为了从不同角度观察、验证三维效果模型，AutoCAD 提供了视图变换工具。所谓视图变换，是指在模型所在的空间坐标系保持不变的情况下，从不同的视点来观察模型的视图。

因为视图是二维的，所以能够显示在工作区。这里，视点如同一架照相机的镜头，观察对象则是相机对准拍摄的目标点，视点和目标点的连线形成了视线，而拍摄出的照片就是视图。从不同角度拍摄的照片有所不同，所以从不同视点观察的视图也不同。

8.4.1 视图控制器

AutoCAD 提供了俯视、仰视、右视、左视、前视和后视 6 个基本视点，以及西南等轴测、东南等轴测、东北等轴测和西北等轴测 4 个特殊视点。在绘图区的右上角，单击 ViewCube 的面，如图 8-15 所示，可以切换显示各个基本视图；单击 ViewCube 的角点，如图8-16所示，可以切换至特殊视图。执行“视图”|“三维视图”命令，或者单击视图工具栏中相应的按钮，可以切换视图。

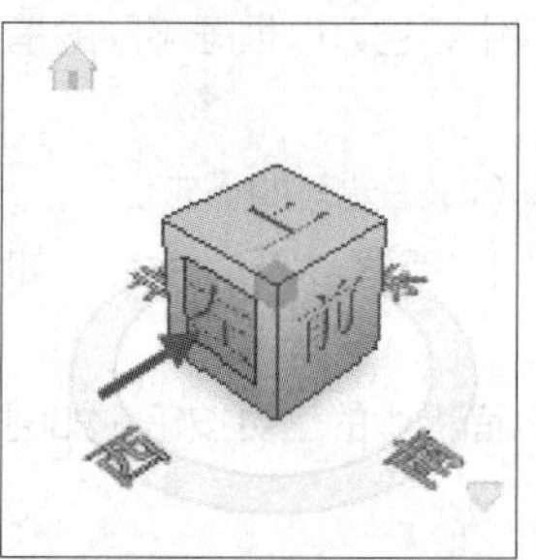
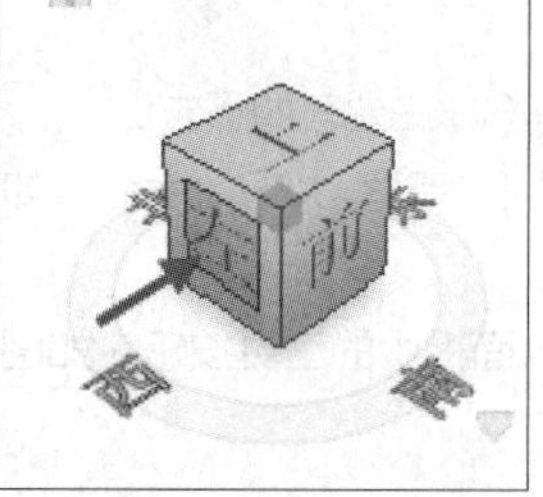

图 8-15 单击面切换基本视图

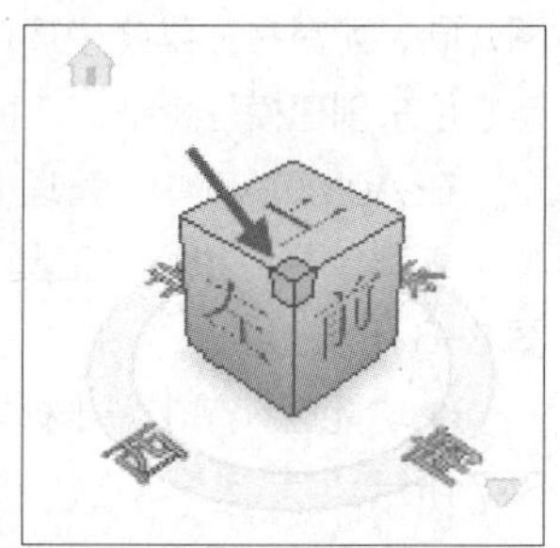

图 8-16 单击角点切换特殊视图

从 6 个基本视点来观察图形非常方便，因为这 6 个基本视点的视线方向都与 *X*、*Y*、*Z* 这 3 个坐标轴之一平行，而与 *XY*、*XZ*、*YZ* 这 3 个坐标轴平面之一正交。所以，对应的 6 个基本视图实际上是三维模型投影在 *XY*、*XZ*、*YZ* 平面上的二维图形。这样，就将三维模型转换成了二维模型。在这 6 个基本视图上对模型进行编辑，就如同绘制二维图形。

另外，切换至西南等轴测、东南等轴测、东北等轴测和西北等轴测 4 个特殊视图。可以得到具有立体感的显示效果。在各个视图间进行切换的方法主要有以下几种。

◆菜单栏：执行“视图”|“三维视图”命令，展开其子菜单，如图 8-17 所示，选择所需的三维视图。

◆功能区：在“常用”选项卡中，展开“视图”面板中的“恢复视图”下拉列表，如图 8-18 所示，选择所需的三维视图。

◆视图控件：单击绘图区左上角的视图控件，在弹出的菜单中选择所需的三维视图，如图 8-19 所示。

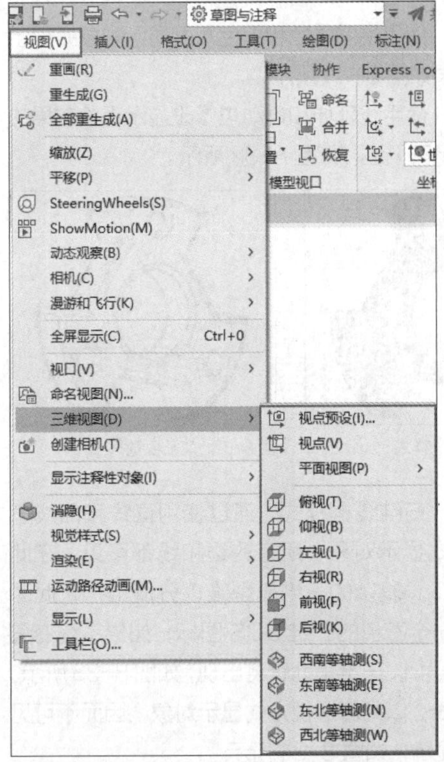

图 8-17　三维视图菜单

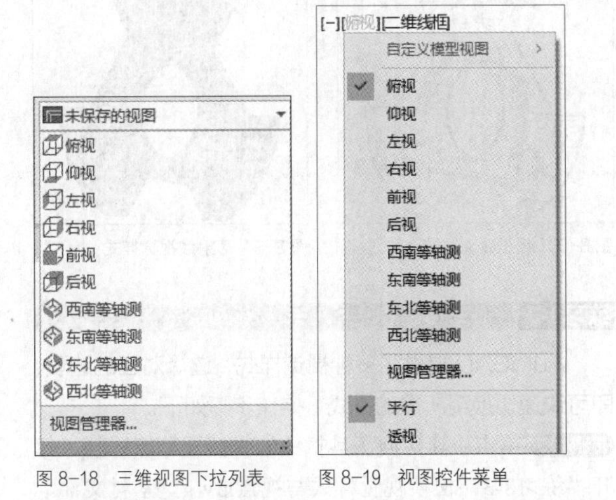

图 8-18　三维视图下拉列表　　图 8-19　视图控件菜单

练习8-2 调整视图方向 ★进阶★

通过 AutoCAD 自带的视图工具，可以很方便地将模型视图调整至标准方向，操作步骤如下。

步骤 01 单击快速访问工具栏中的“打开”按钮，打开“练习8-2：调整视图方向.dwg”素材文件，如图8-20所示。

步骤 02 在“常用”选项卡中，展开“视图”面板中的“恢复视图”下拉列表，选择“西南等轴测”选项，转换至西南等轴测视图，结果如图8-21所示。

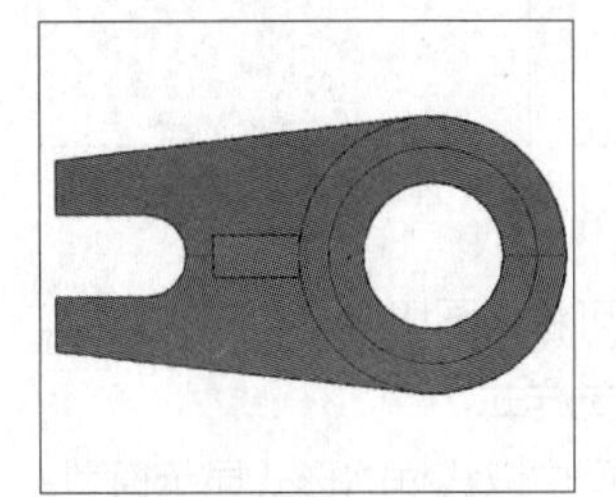
图 8-20　素材图形

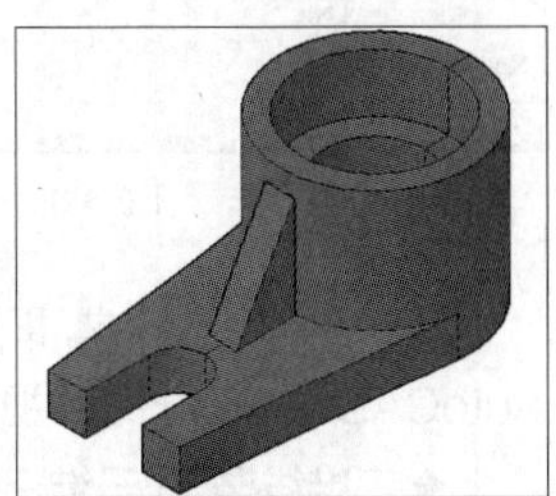
图 8-21　西南等轴测视图

8.4.2 视觉样式 ★重点★

视觉样式用于控制视口中的三维模型边缘和着色的显示。一旦对三维模型应用了视觉样式或更改了其他设置，就可以在视口中查看视觉效果。

在各个视觉样式间进行切换的方法主要有以下几种。

◆菜单栏：执行“视图”|“视觉样式”命令，展开其子菜单，如图 8-22 所示，选择所需的视觉样式。

◆功能区：在“常用”选项卡中，展开“视图”面板中的“视觉样式”下拉列表，如图 8-23 所示，选择所需的视觉样式。

◆视觉样式控件：单击绘图区左上角的视觉样式控件，在弹出的菜单中选择所需的视觉样式，如图 8-24 所示。

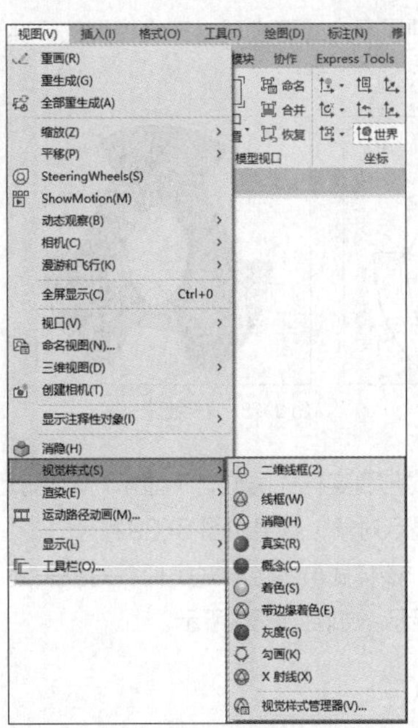

图 8-22　视觉样式菜单

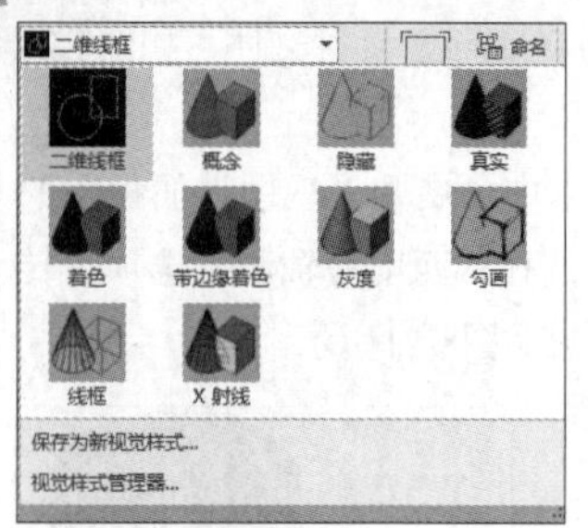

图 8-23 “视觉样式”下拉列表

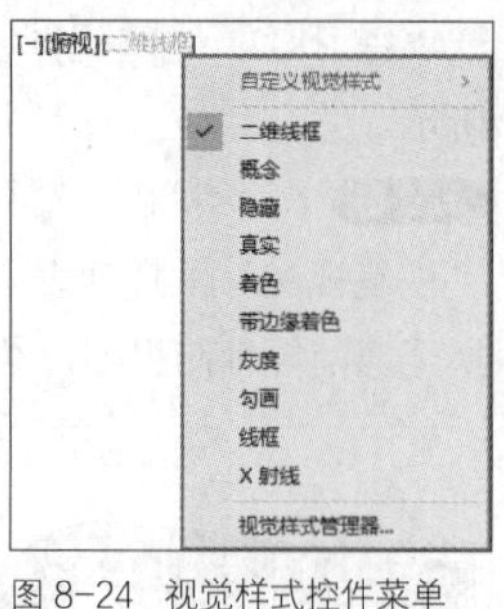

图 8-24 视觉样式控件菜单

选择任意视觉样式，即可将视图切换至对应的效果。AutoCAD 中有以下几种视觉样式。

◆二维线框：在三维空间中以线框的形式显示模型，光栅和 OLE 对象、线型和线宽均可见，而且默认显示模型的所有轮廓线，如图 8-25 所示。

◆概念：对模型进行平滑着色，显示效果缺乏真实感，但可以更方便地查看模型的细节，如图 8-26 所示。

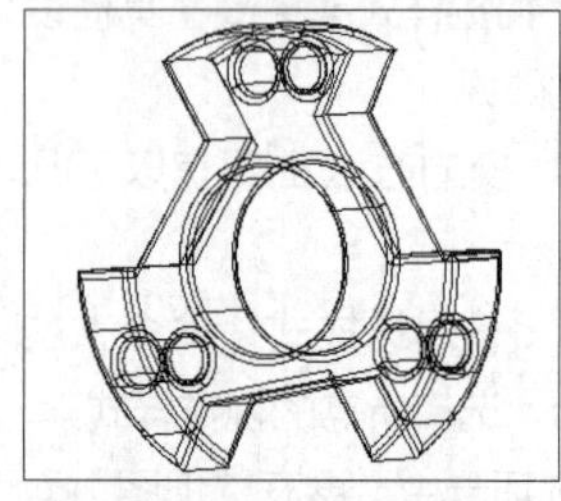
图 8-25 二维线框视觉样式

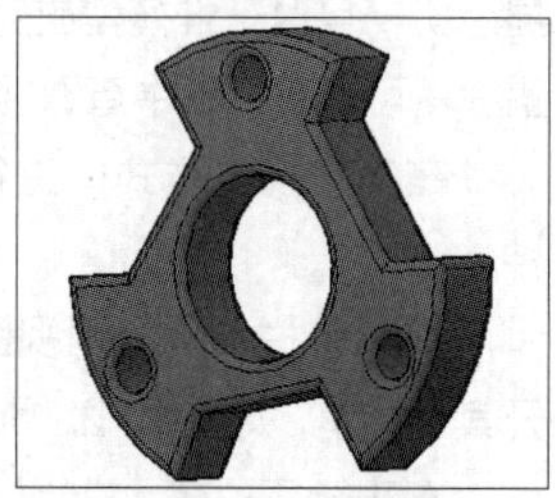
图 8-26 概念视觉样式

◆隐藏：三维隐藏，用三维线框表示法显示对象，并隐藏背面的线；此种显示方式可以较为容易和清晰地观察模型，显示效果如图 8-27 所示。

◆真实：使用平滑着色来显示对象，并显示已附着到对象的材质，此种显示方式可表现出三维模型的真实感，如图 8-28 所示。

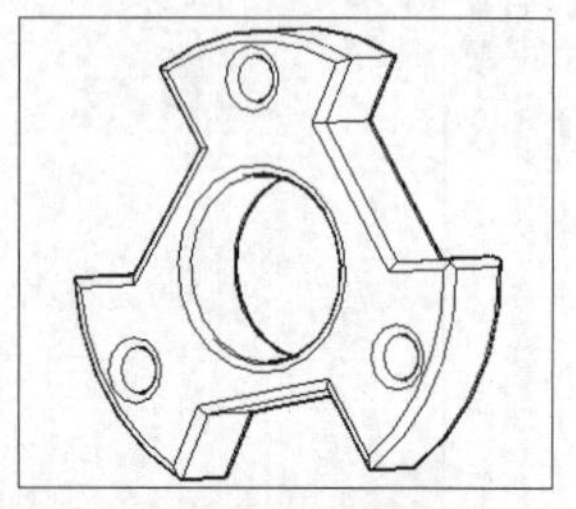
图 8-27 隐藏视觉样式

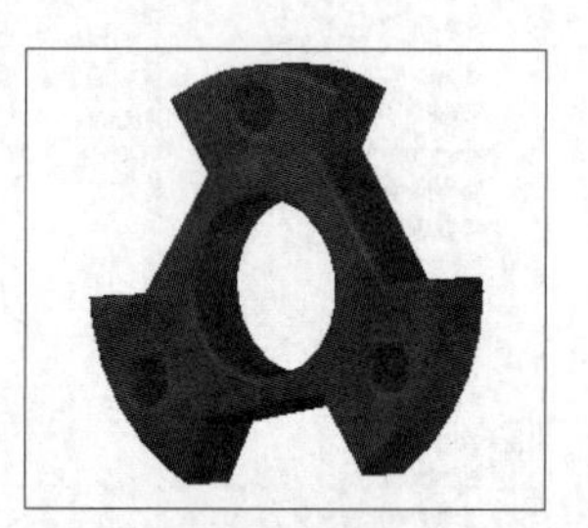
图 8-28 真实视觉样式

◆着色：该样式与真实样式类似，不显示对象轮廓线，使用平滑着色显示对象，效果如图 8-29 所示。

◆带边缘着色：该样式与着色样式类似，对象表面轮廓线以暗色线条显示，如图 8-30 所示。

图 8-29 着色视觉样式

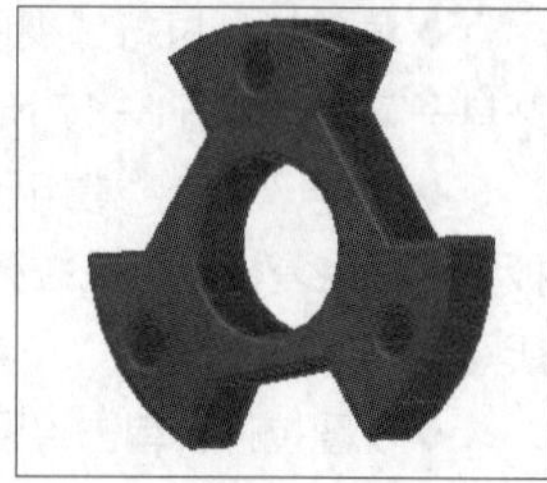
图 8-30 带边缘着色视觉样式

◆灰度：使用平滑着色和单色灰度显示对象并显示可见边，效果如图 8-31 所示。

◆勾画：使用线延伸和抖动边修改显示手绘效果的对象，仅显示可见边，如图 8-32 所示。

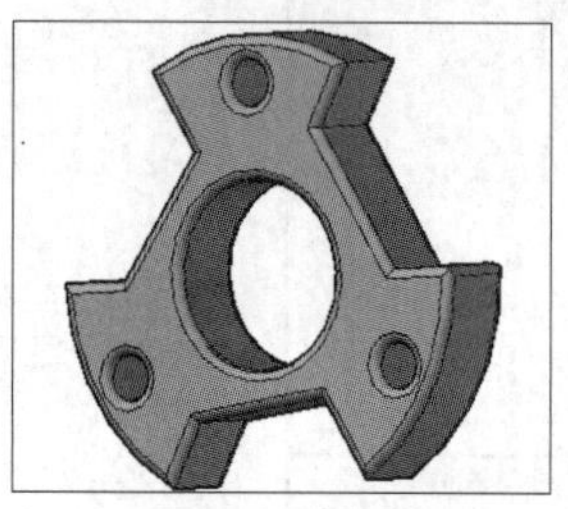
图 8-31 灰度视觉样式

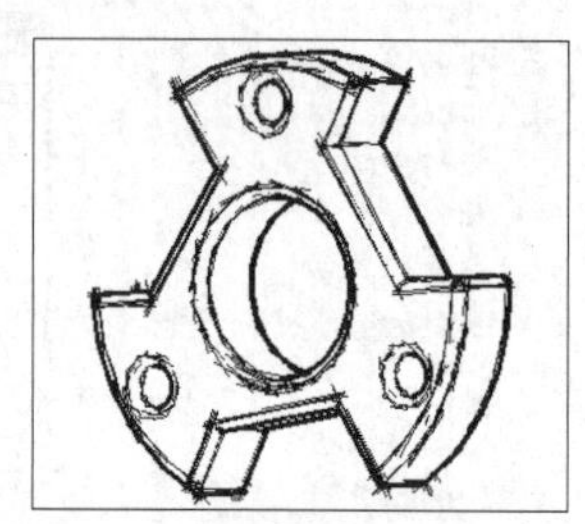
图 8-32 勾画视觉样式

◆线框：三维线框样式，通过使用直线和曲线表示边界的方式显示对象，所有的边和线都可见；在此种显示方式下，复杂的三维模型难以分清结构，此时坐标系变为一个着色的三维 UCS 图标；如果系统变量 COMPASS 为 1，三维指北针将出现，如图 8-33 所示。

◆X 射线：以局部透视方式显示对象，因而不可见边也会褪色显示，如图 8-34 所示。

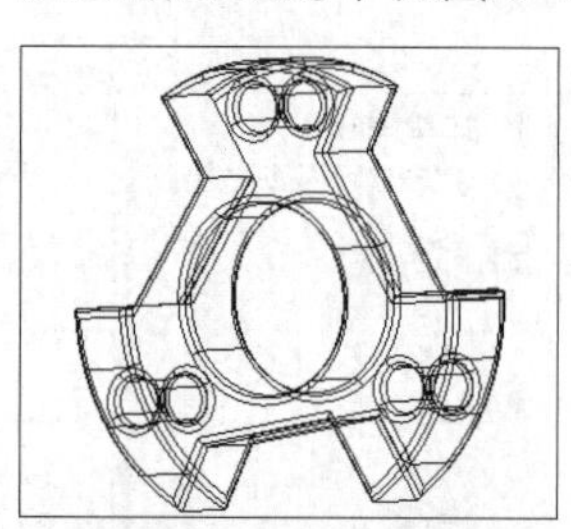
图 8-33 线框视觉样式

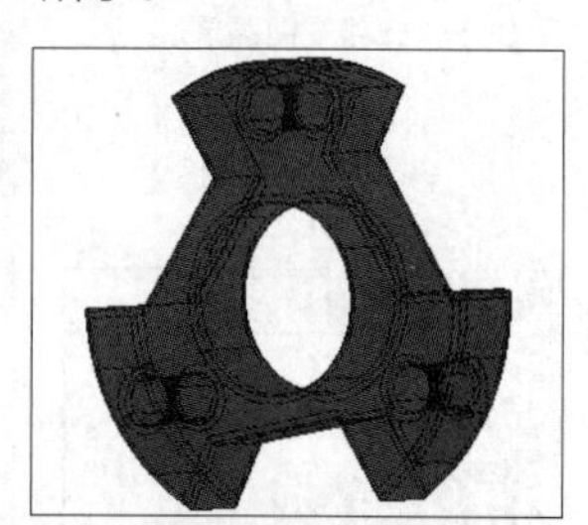
图 8-34 X 射线视觉样式

练习8-3 切换视觉样式与视点 ★进阶★

AutoCAD 提供了多种视觉样式，选择对应的选项，即可快速切换至所需的样式，操作步骤如下。

步骤 01 单击快速访问工具栏中的“打开”按钮，打开“练习8-3：切换视觉样式与视点.dwg”素材文件，如图 8-35所示。

步骤 02 在“常用”选项卡中，展开“视图”面板中的“恢复视图”下拉列表，选择“西南等轴测”选项，将视图转换至西南等轴测方向，结果如图 8-36所示。

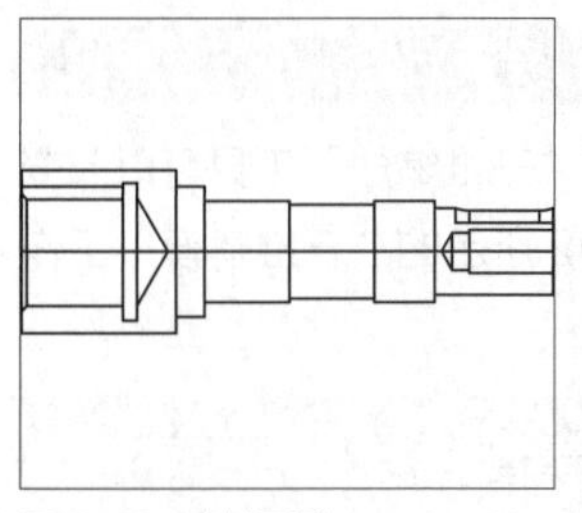

图 8-35　素材图形

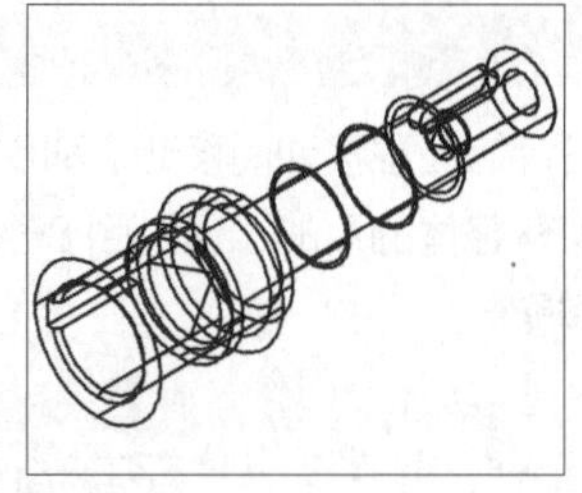

图 8-36　西南等轴测视图

步骤 03 在“常用”选项卡中，展开“视图”面板中的“视觉样式”下拉列表，如图 8-37所示，选择“勾画”选项。

步骤 04 至此，“视觉样式”设置完成，效果如图 8-38所示。

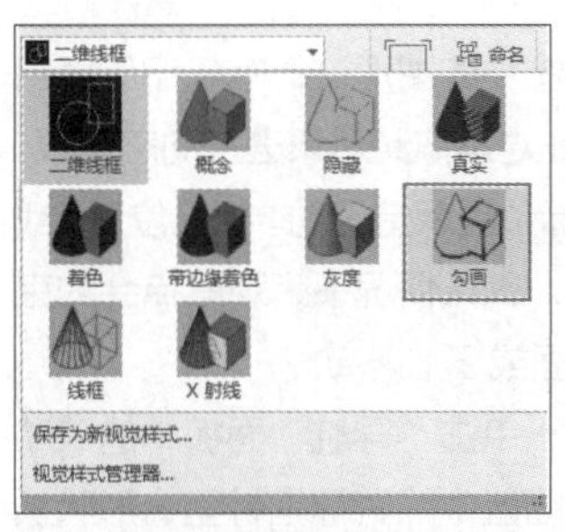

图 8-37　选择视觉样式

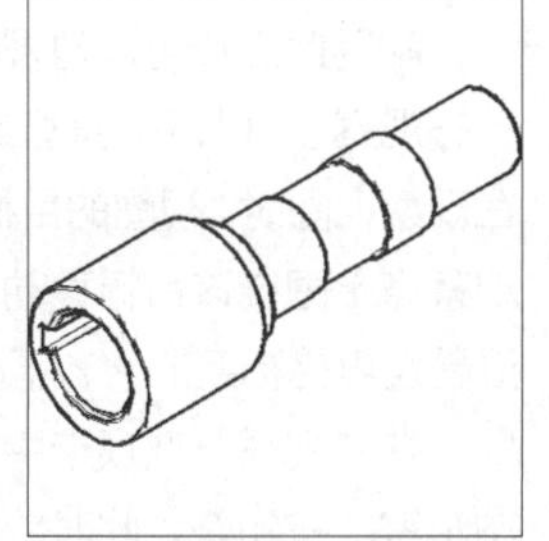

图 8-38　最终效果

8.4.3 管理视觉样式 ★重点★

在实际建模过程中，除了应用 10 种默认视觉样式外，还可以通过“视觉样式管理器”选项板来控制边线显示、面显示、背景显示、材质和纹理，以及模型显示精度等特性。

通过“视觉样式管理器”选项板可以对各种视觉样式进行调整，打开该选项板有如下几种方法。

◆菜单栏：执行“视图”|“视觉样式”|“视觉样式管理器”命令。

◆命令：VISUALSTYLES。

通过以上任意一种方法打开“视觉样式管理器”选项板，如图 8-39 所示。

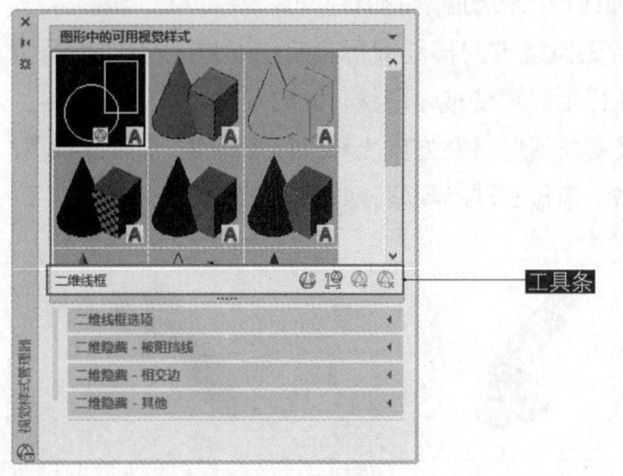

图 8-39　“视觉样式管理器”选项板

在“图形中的可用视觉样式”列表框中显示图形中的可用视觉样式的样例图像。选择视觉样式后，该视觉样式显示黄色边框，视觉样式的名称显示在选项板的顶部。在“视觉样式管理器”选项板的下部，集中了该视觉样式的面设置、环境设置和边设置等参数。

在“视觉样式管理器”选项板中，使用工具条中的工具按钮，可以创建新的视觉样式，将选择的视觉样式应用于当前视口，将选择的视觉样式输出到工具选项板，以及删除选择的视觉样式。

用户可以在“图形中的可用视觉样式”列表框中选择一种视觉样式作为基础，然后在参数栏设置所需的参数，即可创建自定义的视觉样式。

练习8-4 调整视觉样式 ★进阶★

即便是相同的视觉样式，如果参数设置不一样，显示效果也不一样。本练习通过调整模型的光源质量来调整视觉样式，操作步骤如下。

步骤 01 单击快速访问工具栏中的“打开”按钮，打开“练习8-4：调整视觉样式.dwg”素材文件，如图 8-40所示。

步骤 02 执行“视图”|“视觉样式”|“视觉样式管理器”命令，弹出“视觉样式管理器”选项板，打开“面设置”选项组下的“光源质量”下拉列表，选择“镶嵌面的”选项，效果如图 8-41所示。

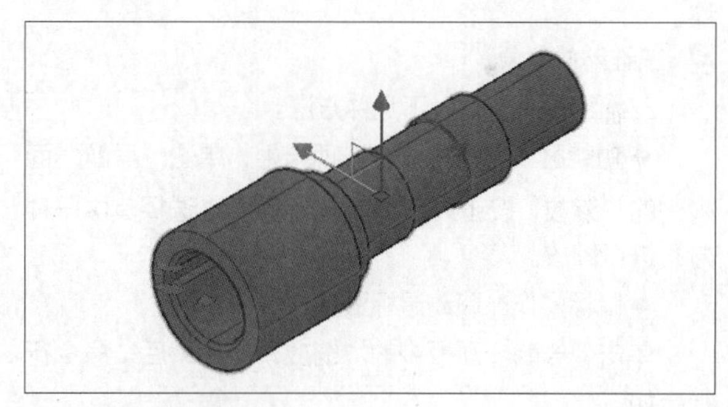

图 8-40　素材图形

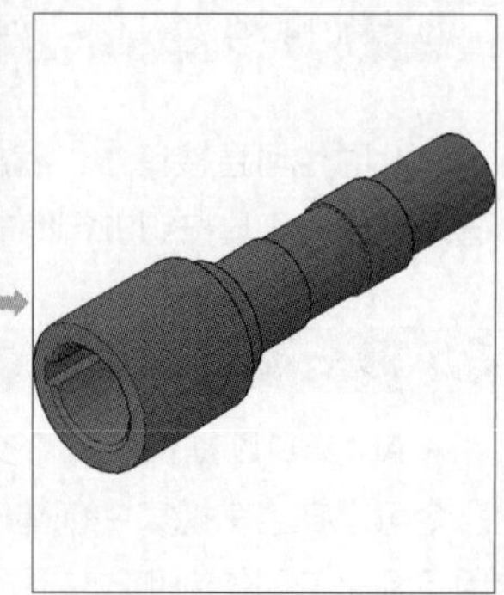

图 8-41　调整效果

8.4.4 三维视图的平移、旋转与缩放

利用“三维平移”工具可以将图形所在的图纸随鼠标指针的任意移动而移动。利用“三维缩放”工具可以改变图纸的整体比例，从而达到放大图形观察细节或缩小图形观察整体的目的。通过图 8-42 所示的“三维建模”工作空间“视图”选项卡中的“导航”面板可以快速执行这两项操作。

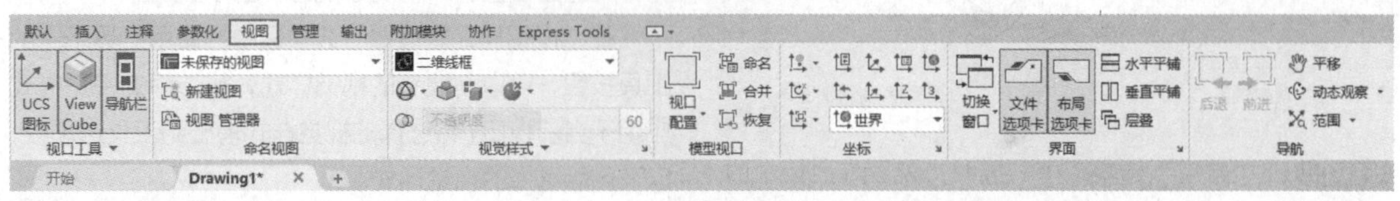

图 8-42 三维建模空间视图选项卡

1 三维平移对象

三维平移对象有以下几种方法。

◆功能区：在“视图”选项卡中，单击“导航”面板中的“平移”按钮，此时绘图区中的鼠标指针呈形状，按住鼠标左键并沿任意方向拖动鼠标指针，窗口内的图形将随鼠标指针在同一方向上移动。

◆鼠标操作：按住鼠标滚轮进行拖动。

2 三维旋转对象

三维旋转对象有以下几种方法。

◆功能区：在“视图”选项卡中单击“导航”面板中的“动态观察”或“自由动态观察”按钮，即可进行旋转。

◆鼠标操作：按住 Shift 键和鼠标滚轮移动图形对象。

3 三维缩放对象

三维缩放对象有以下几种方法。

◆功能区：在“视图”选项卡中，单击“导航”面板中的“缩放”按钮，根据实际需要，选择其中一种方式进行缩放。

◆鼠标操作：滚动鼠标滚轮。

单击“导航”面板中的“缩放”按钮后，命令行提示如下。

```
[全部(A)/中心(C)/动态(D)/范围(E)/上一个(P)/比例(S)/窗口(W)/对象(O)] <实时>:
```

此时也可直接单击“缩放”按钮后的下拉按钮，选择对应的工具按钮进行缩放。

8.4.5 三维动态观察

AutoCAD 提供了一个交互的三维动态观察器，该命令可以在当前视口中创建一个三维视图，用户可以使用鼠标来实时控制和改变这个视图，以得到不同的观察效果。使用三维动态观察器，既可以查看整个图形，也可以查看模型中的任意对象。

通过图 8-43 所示的“视图”选项卡“导航”面板中的工具按钮，可以快速执行三维动态观察。

1 受约束的动态观察

利用此工具可以对视图中的图形进行有一定约束的动态观察，即水平、垂直或对角拖动对象进行动态观察。在观察视图时，视图的目标位置保持不动，相机位置（或观察点）围绕该目标移动。默认情况下，观察点会约束沿着世界坐标系的 *XY* 平面或 *Z* 轴移动。

在“视图”选项卡中，单击“导航”面板中的“动态观察”按钮，此时绘图区中的鼠标指针呈形状。按住鼠标左键并移动鼠标指针可以对视图进行受约束的三维动态观察，如图 8-44 所示。

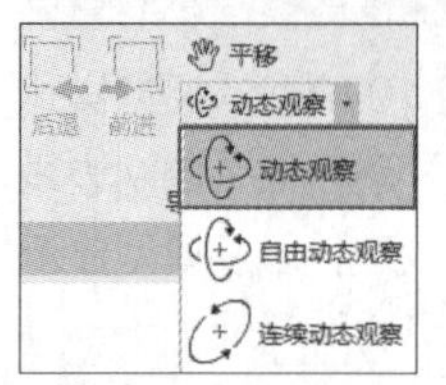

图 8-43 三维动态观察

图 8-44 受约束的动态观察

2 自由动态观察

利用此工具可以对视图中的图形进行任意角度的动态观察。在“视图”选项卡中，单击“导航”面板中的“自由动态观察”按钮，此时在绘图区显示出一个导航球，如图 8-45 所示。

在弧线球内移动鼠标指针

当在弧线球内移动鼠标指针进行图形的动态观察时，鼠标指针将变成形状，此时观察点可以在水平、垂直及对角线等任意方向上移动任意角度，可以对观察对象做全方位的动态观察，如图 8-46 所示。

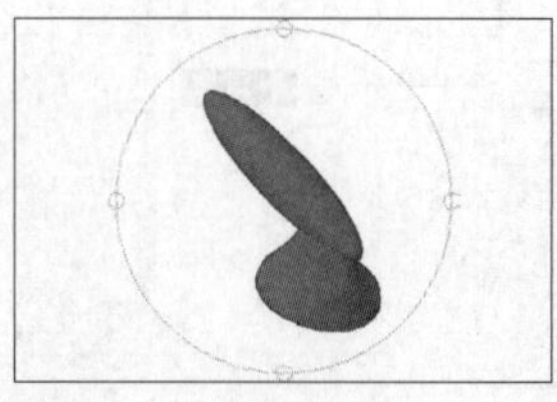

图 8-45 导航球

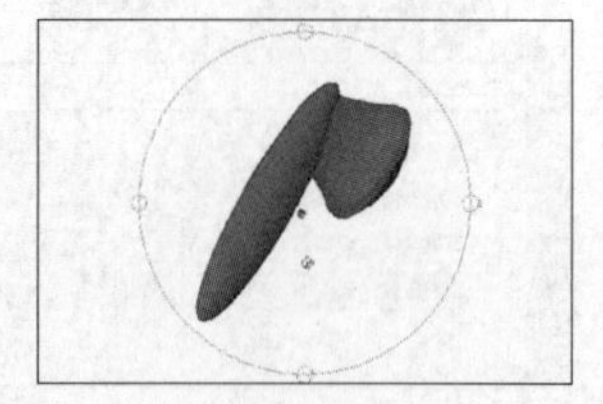

图 8-46 在弧线球内移动鼠标指针

◎ 在弧线球外移动鼠标指针

当鼠标指针在弧线球外部移动时，鼠标指针呈⊙形状，此时移动鼠标指针，图形将围绕着一条穿过弧线球球心且与屏幕正交的轴（即弧线球中间的绿色圆心●）旋转，如图 8-47 所示。

◎ 在左右侧小圆内移动鼠标指针

当鼠标指针在导航球顶部或者底部的小圆上时，鼠标指针呈⊕形状，按住鼠标左键并上下移动鼠标指针将使视图围绕着通过导航球中心的水平轴旋转。当鼠标指针在导航球左侧或者右侧的小圆上时，鼠标指针呈⊕形状，按住鼠标左键并左右移动鼠标指针将使视图围绕着通过导航球中心的垂直轴旋转，如图 8-48 所示。

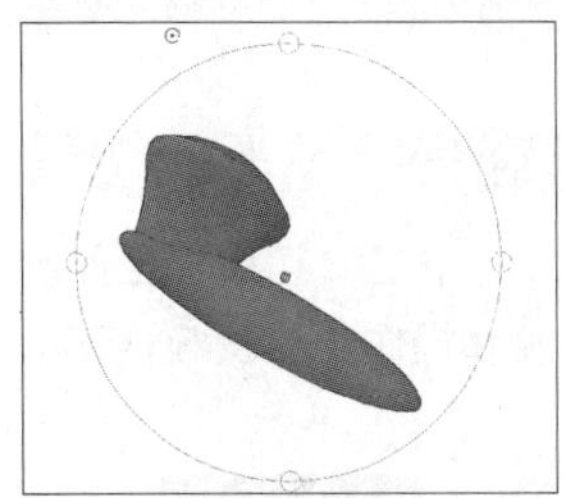

图 8-47　在弧线球外移动鼠标指针

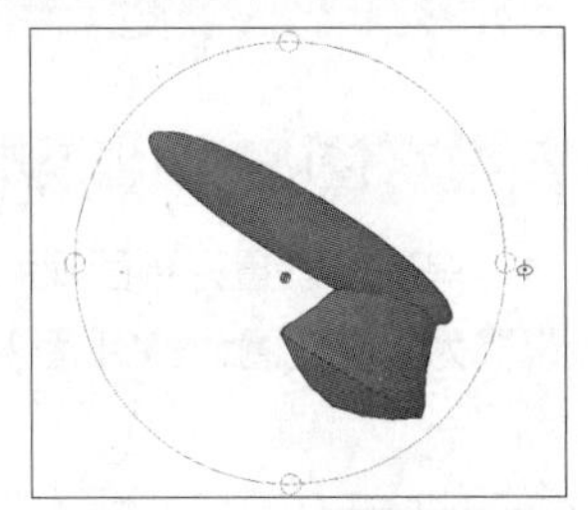

图 8-48　在右侧小圆内移动鼠标指针

3 连续动态观察

利用此工具可以使观察对象围绕指定的旋转轴做匀速旋转运动，从而对其进行连续、动态的观察。

在“视图”选项卡中，单击“导航”面板中的“连续动态观察”按钮，此时绘图区中的鼠标指针呈形状，按住鼠标左键并移动鼠标指针，使对象沿移动方向开始移动。释放鼠标后，对象将在指定的方向上继续移动。指针移动的速度决定了对象的旋转速度。

8.4.6 设置视点

视点指观察图形的方向。在三维工作空间中，通过在不同的位置设置视点，可在不同方位观察模型的投影效果，方便了解模型的外形特征。

在三维环境中，默认的视点为（0，0，1），即从（0，0，1）点向（0，0，0）点观察模型，也就是视图中的俯视方向。要重新设置视点，在 AutoCAD 中有以下方法。

◆ 菜单栏：执行“视图”|“三维视图”|“视点”命令。

◆ 命令：VPOINT。

执行“视点”命令后，命令行提示如下 3 种视点设置方式。

1 指定视点

指定视点是指通过确定一点作为视点方向，然后将该点与坐标原点的连线方向作为观察方向，在绘图区显示该方向上的投影效果，如图 8-49 所示。

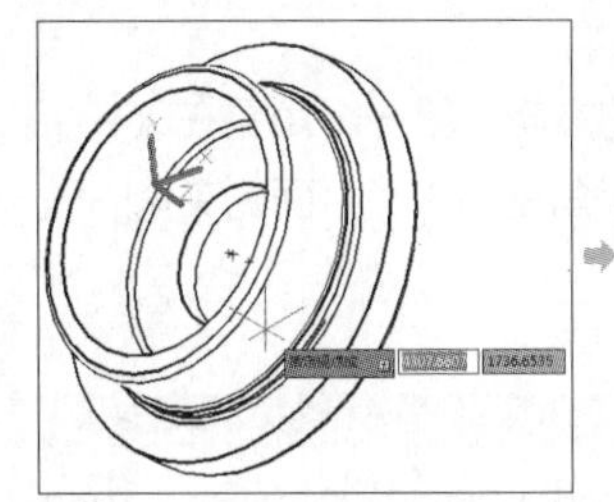

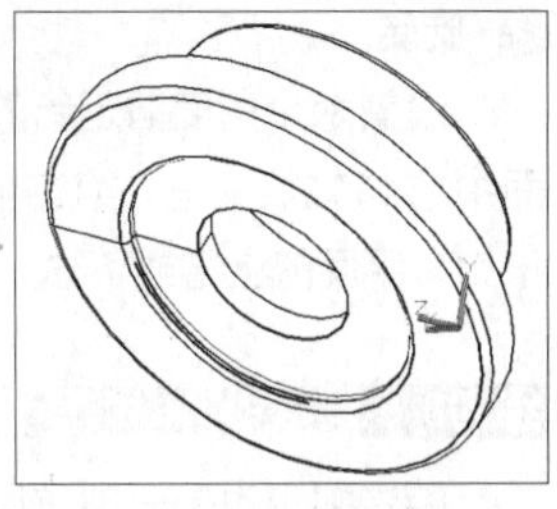

图 8-49　通过指定视点改变投影效果

此外，对于不同的标准投影方向，其对应的视点坐标、角度及夹角各不相同，并且是唯一的，如表 8-1 所示。

表 8-1　标准投影方向对应的视点坐标、角度及夹角

标准投影方向	视点坐标	在 *XY* 平面上的角度	和 *XY* 平面的夹角
俯视	（0,0,1）	270°	90°
仰视	（0,0,-1）	270°	-90°
左视	（-1,0,0）	180°	0°
右视	（1,0,0）	0°	0°
主视	（0,-1,0）	270°	0°
后视	（0,1,0）	90°	0°
西南等轴测	（-1,-1,1）	225°	45°
东南等轴测	（1,-1,1）	315°	45°
东北等轴测	（1,1,1）	45°	45°
西北等轴测	（-1,1,1）	135°	45°

提示

设置视点输入的视点坐标均相对于世界坐标系。例如创建一个法兰，世界坐标系如图 8-50所示，当前UCS如图 8-51所示。如果输入视点坐标为（0,0,1），视图的方向如图 8-52所示。可以看出此视点方向以世界坐标系为参照，与当前UCS无关。

图 8-50　WCS 方向

图 8-51　UCS 方向

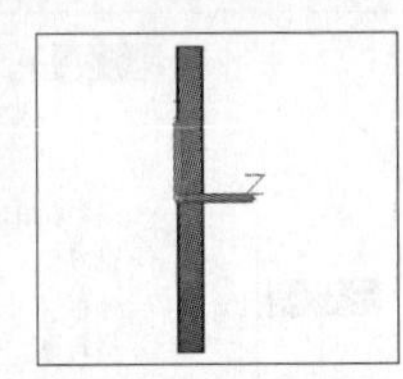

图 8-52　设置视点之后的方向

2 旋转

设置两个角度指定新的方向，第一个角是在*XY*平面中与*X*轴的夹角，第二个角是与*XY*平面的夹角，位于*XY*平面的上方或下方。

练习8-5 旋转视点 ★进阶★

旋转视点也是一种常用的三维模型观察方法，尤其是当图形具有较复杂的内腔或内部特征时，操作步骤如下。

步骤 01 单击快速访问工具栏中的“打开”按钮，打开“练习8-5：旋转视点.dwg”素材文件，如图 8-53所示。

步骤 02 在命令行中输入“VPOINT”，根据提示进行旋转视点的操作。命令行操作如下。

```
命令: VPOINT↙
*** 切换至 WCS ***
当前视图方向: VIEWDIR=0.0000,0.0000,5024.4350
指定视点或 [旋转(R)] <显示指南针和三轴架>: R↙
                    //选择“旋转”选项
输入 XY 平面中与 X 轴的夹角 <270>: 30↙
                    //输入第一个角度值
输入与 XY 平面的夹角 <90>: 60↙
                    //输入第二个角度值
*** 返回 UCS ***
                    //完成操作
```

步骤 03 完成旋转视点操作，效果如图 8-54所示。

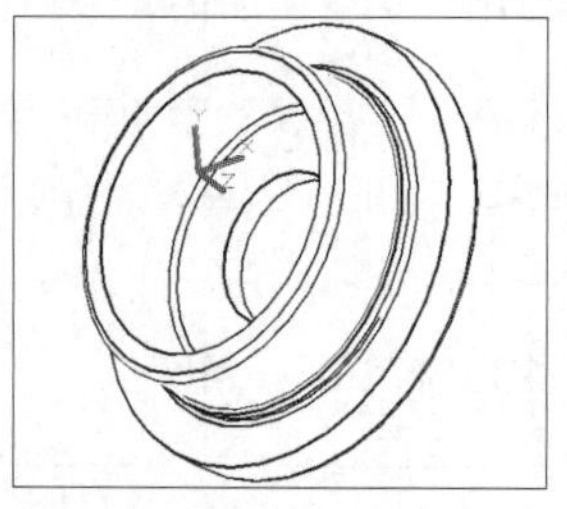

图 8-53 素材图形

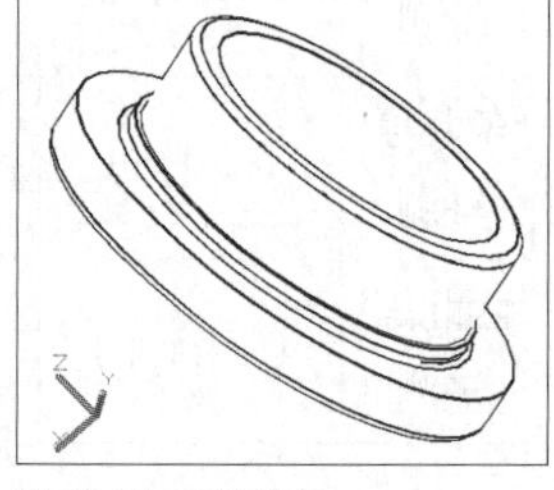

图 8-54 旋转视点

3 显示坐标球和三轴架

默认状态下，执行“视图”|“三维视图”|“视点”命令，在绘图区显示坐标球和三轴架。通过移动十字光标，可以调整三轴架的不同方位，同时改变视点方向。图 8-55 所示为十字光标在*A*点时图形的投影。

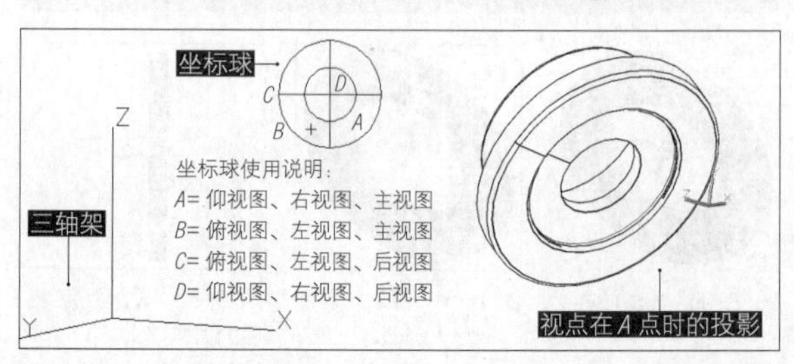

图 8-55 坐标球和三轴架

三轴架的 3 个轴分别代表*X*、*Y*和*Z*轴的正方向。当十字光标在坐标球的范围内移动时，三维坐标系通过绕*Z*轴旋转可调整*X*、*Y*轴的方向。坐标球中心及两个同心圆可定义视点和目标点连线与*XY*、*XZ*、*YZ*平面的角度。

> **提示**
>
> 坐标球的维度表示如下：中心点为北极（0，0，1），相当于视点位于Z轴正方向；内环为赤道（n，n，0）；整个外环为南极（0，0，-1）。当十字光标位于内环时，相当于视点在球体的上半球体；当十字光标位于内环与外环之间时，表示视点在球体的下半球体。随着十字光标的移动，三轴架也随着变化，视点位置也在不断变化。

8.4.7 使用视点切换平面视图

单击“设置为平面视图(V)”按钮，可以将坐标系设置为平面视图（*XY*平面）。具体操作如图 8-56 所示。

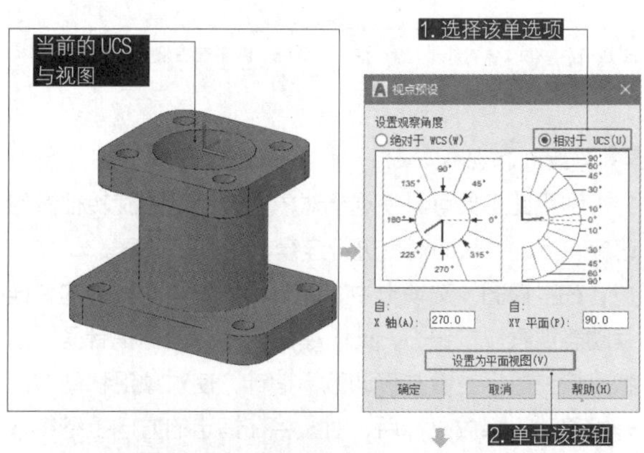

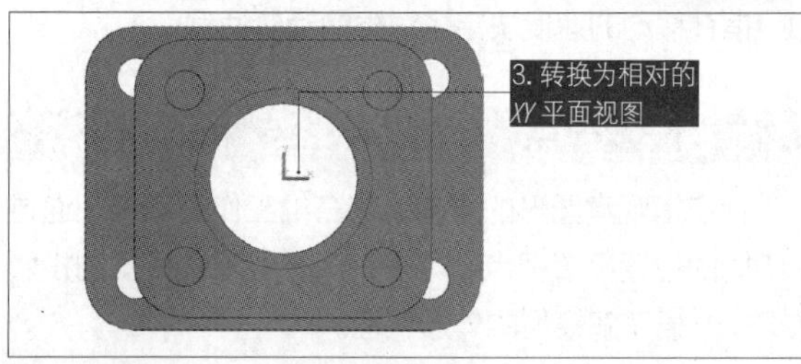

图 8-56 设置相对于 UCS 的平面视图

选择“绝对于 WCS”单选项，会将视图调整至世界坐标系中的*XY*平面，与用户指定的 UCS 无关，如图 8-57 所示。

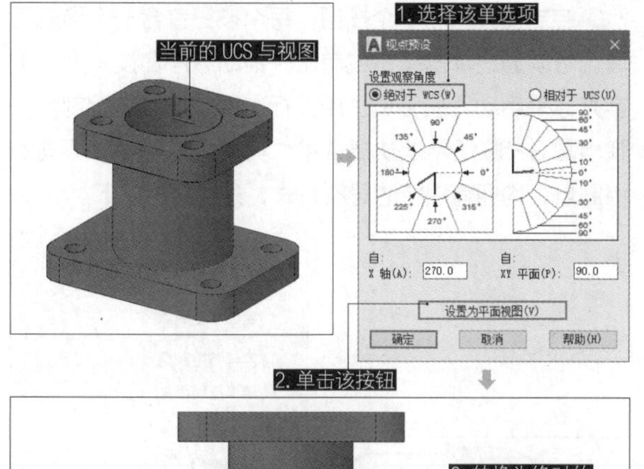

图 8-57 设置绝对于 WCS 的平面视图

8.4.8 ViewCube（视角立方） ★重点★

在“三维建模”工作空间中，使用 ViewCube 工具可切换各种正交或轴测视图模式，包括切换 6 种正交视图、8 种正等轴测视图和 8 种斜等轴测视图，以及其他视图方向，可以根据需要快速调整模型的视点。

ViewCube 工具中显示了非常直观的 3D 导航立方体，单击该工具图标的各个位置，将显示不同的视图效果，如图 8-58 所示。

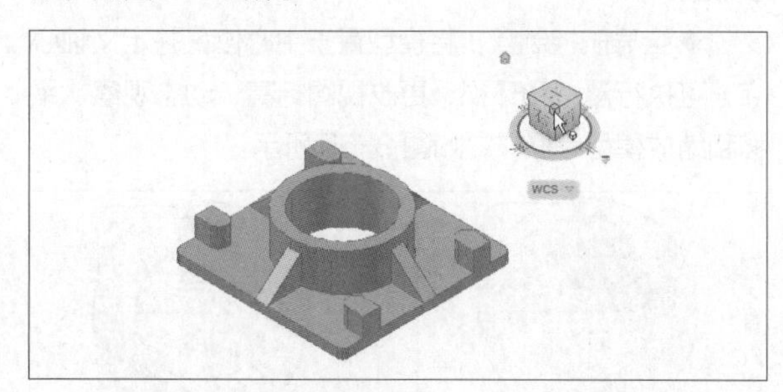

图 8-58 利用导航工具切换视图方向

该工具图标的显示方式可根据设计进行必要的修改，用鼠标右键单击立方体并执行“ViewCube 设置”命令，系统弹出“ViewCube 设置”对话框，如图 8-59 所示。

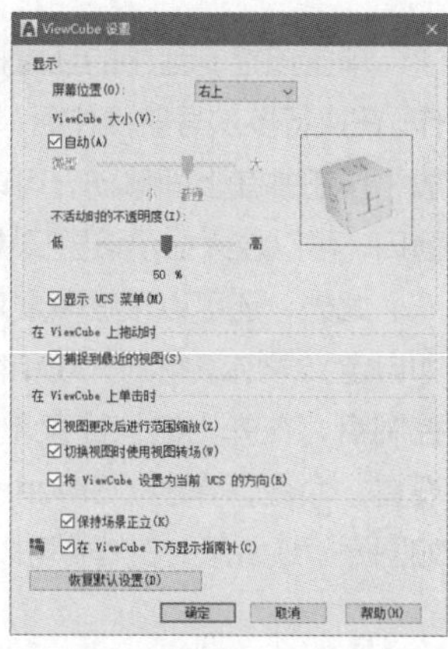

图 8-59 “ViewCube 设置”对话框

在该对话框中设置参数值可控制立方体的显示和行为，并且可在对话框中设置默认的位置、尺寸和立方体的透明度。

此外，用鼠标右键单击 ViewCube 工具，可以通过弹出的快捷菜单定义三维图形的投影样式，模型的投影样式可分为“平行”投影模式和“透视”投影模式两种。

◆ “平行”投影模式：平行的光源照射到物体上所得到的投影，可以准确地反映模型的实际形状和结构，效果如图 8-60 所示。

◆ “透视”投影模式：可以直观地表达模型的真实投影状况，具有较强的立体感；透视投影视图取决于理论相机和目标点之间的距离，距离较小时产生的投影效果较为明显，反之，距离较大时产生的投影效果较为轻微，效果如图 8-61 所示。

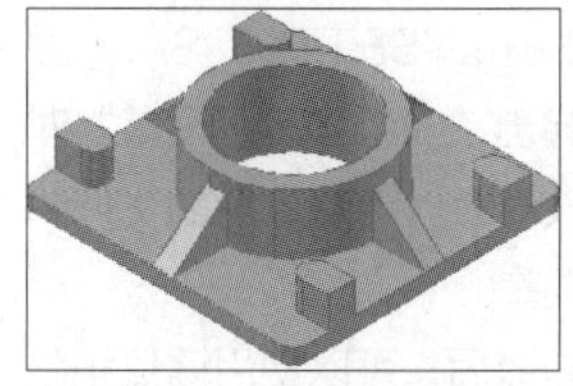

图 8-60 “平行”投影模式

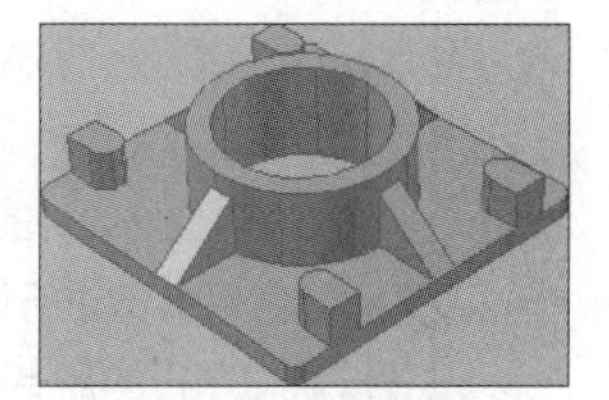

图 8-61 “透视”投影模式

8.4.9 设置视距和回旋角度

使用三维导航中的“调整视距”及回旋工具，可以使图形以绘图区的中心点为缩放点进行操作，或以观察对象为目标点，使观察点绕其做回旋运动。

1 调整观察视距

在命令行中输入“3DDISTANCE”（调整视距）并按 Enter 键，此时按住鼠标左键并在垂直方向上向屏幕的顶部移动时，鼠标指针变为形状，可使摄像机推近对象，从而使对象显示得更大。按住鼠标左键并在垂直方向上向屏幕底部移动时，鼠标指针变为形状，可使摄像机远离对象，使对象显示得更小，如图 8-62 所示。

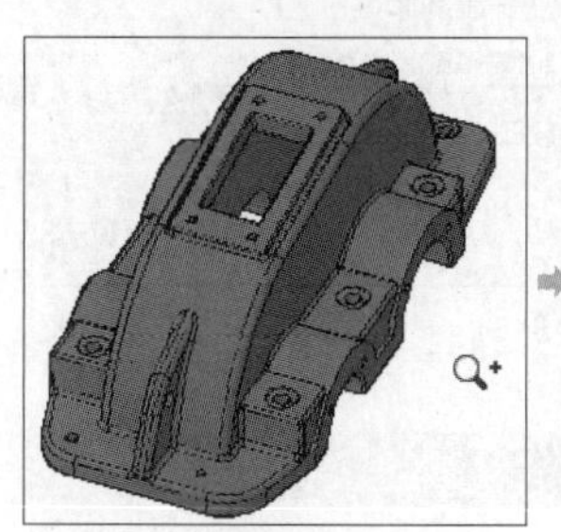

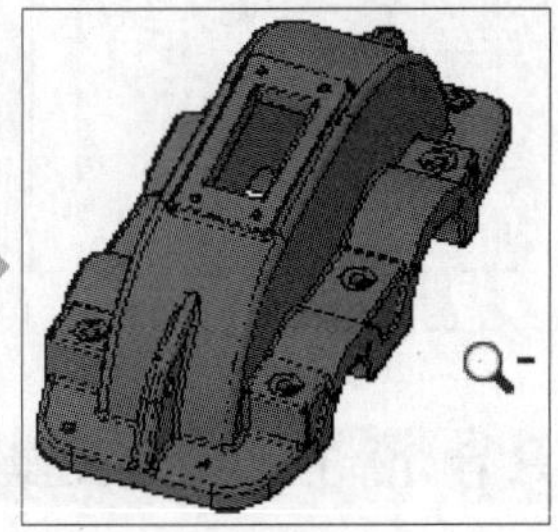

图 8-62 调整视距效果

2 调整回旋角度

在命令行中输入“3DSWIVEL”（回旋）并按 Enter 键，此时图中的鼠标指针呈形状，按住鼠标左

键并任意移动，此时观察对象将随鼠标指针的移动做反向的回旋运动。

8.4.10 漫游和飞行

在命令行中输入“3DWALK”（漫游）或“3DFLY”（飞行）并按 Enter 键，激活“漫游”或“飞行”工具。此时打开“定位器”选项板，设置位置指示器和目标指示器的具体位置，可以调整观察窗口中视图的观察方位，如图 8-63 所示。

将鼠标指针移动至“定位器”选项板中的位置指示器上，此时鼠标指针呈形状，按住鼠标左键并移动，即可调整绘图区中视图的方位。在“常规”选项组中可以设置位置指示器和目标指示器的颜色、大小及位置等参数。

在命令行中输入“WALKFLYSETTINGS”（漫游和飞行）并按 Enter 键，弹出“漫游和飞行设置”对话框，如图 8-64 所示。在该对话框中对漫游或飞行的步长及每秒步数等参数进行设置。

设置漫游和飞行的所有参数后，可以使用键盘和鼠标交互在图形中漫游和飞行。使用 4 个箭头键（↑ ↓ ← →）或 W、A、S 和 D 键可以向上、向下、向左和向右移动。使用 F 键可以方便地在漫游模式和飞行模式之间切换。如果要指定查看方向，只需沿查看的方向拖动鼠标指针即可。

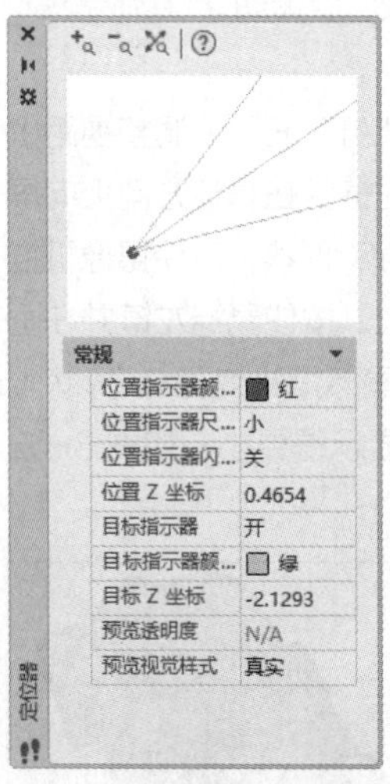

图 8-63 “定位器”选项板

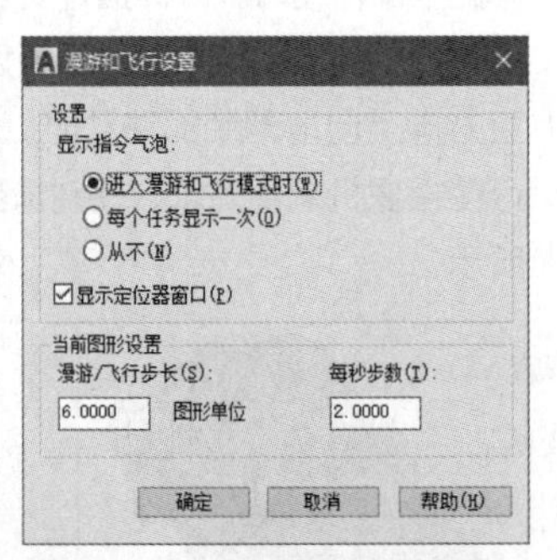

图 8-64 “漫游和飞行设置”对话框

8.4.11 控制盘辅助操作

控制盘又被称为 SteeringWheels，用于追踪悬停在绘图区上的十字光标的菜单，通过这些菜单可以从单一界面中访问二维和三维导航工具。执行“视图”|“SteeringWheels”命令，打开导航控制盘，如图 8-65 所示。

控制盘分为若干个按钮，每个按钮包含一个导航工具。可以通过单击按钮或单击并拖动悬停在按钮上的十字光标来启动导航工具。用鼠标右键单击导航控制盘，弹出图 8-66 所示的快捷菜单。其中显示了 3 个不同的控制盘，均拥有独特的导航方式，分别介绍如下。

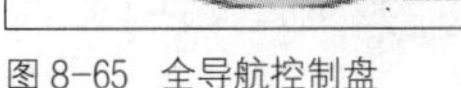

图 8-65 全导航控制盘

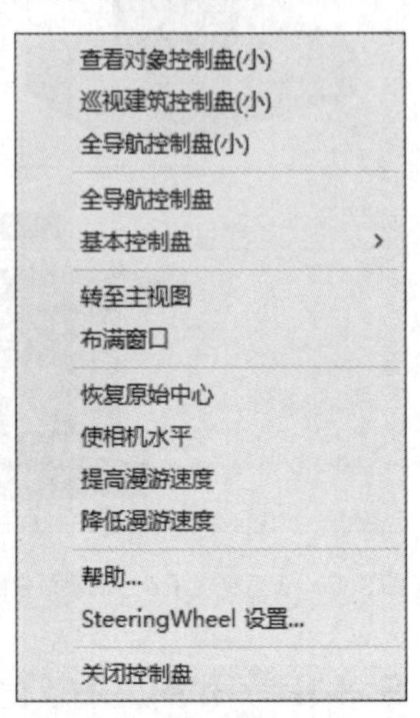

图 8-66 快捷菜单

◆查看对象控制盘：将模型置于中心位置，并定义中心点，使用“动态观察”工具栏中的工具可以缩放和动态观察模型，如图 8-67 所示。

◆巡视建筑控制盘：通过将模型视图移近、推远或环视，以及更改模型视图的标高来导航模型，如图 8-68 所示。

◆全导航控制盘：将模型置于中心位置并定义轴心点，可执行漫游和环视、更改视图标高、动态观察、平移和缩放模型等操作，如图 8-65 所示。

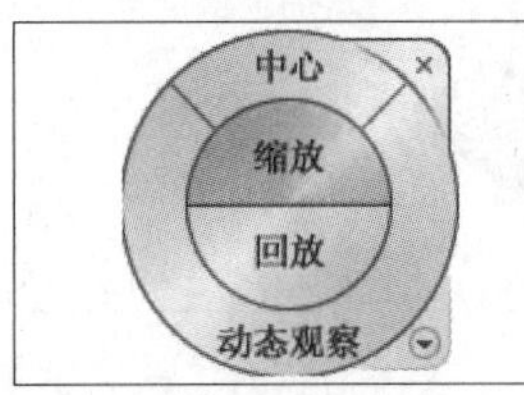

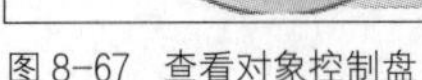

图 8-67 查看对象控制盘

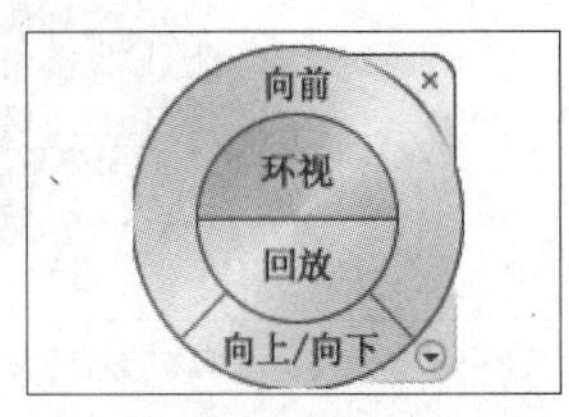

图 8-68 巡视建筑控制盘

单击该控制盘中的任意按钮都将执行相应的导航操作。在执行多次导航操作后，单击“回放”按钮或单击“回放”按钮并在上面移动，可以显示历史编辑记录。选择窗口，可以放大显示该窗口中的图形，如图 8-69 所示。

此外，还可以根据需要对滚轮的参数值进行设置，即自定义导航滚轮的外观和行为。用鼠标右键单击导航控制盘，在弹出的快捷菜单中执行“SteeringWheels 设置”命令，弹出“SteeringWheels 设置”对话框，如图 8-70 所示，在其中可以设置导航控制盘中的参数。

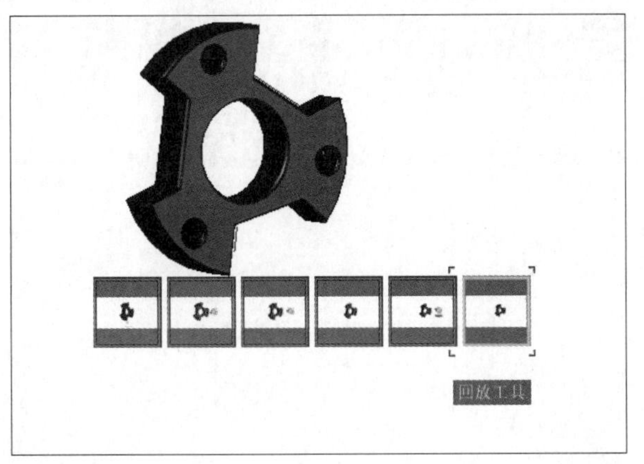

图 8-69　回放视图

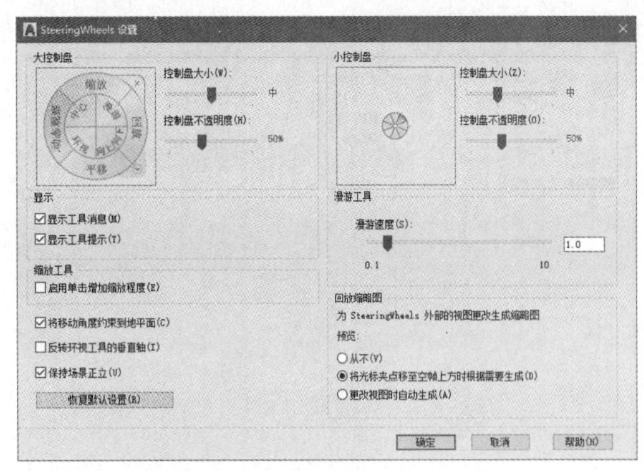

图 8-70　"SteeringWheels 设置"对话框

8.5 本章小结

本章介绍了在 AutoCAD 中绘制三维模型的基础知识，包括认识不同类型的模型、定义并管理坐标系，以及观察模型的方法。掌握这些基础知识后，运用在后续的建模练习中，可以极大地提高建模速度。

AutoCAD 提供了多种观察模型的样式，包括二维线框、概念、真实、着色等。在不同的样式下，模型的显示效果也不相同，方便用户了解模型在不同情境下的效果。

本章的最后提供了理论题与操作题，帮助读者检查对本章所学知识的掌握程度。

8.6 课后习题

一、理论题

1. 三维模型不包括（　）。

A. 线框模型　　B. 概念模型　　C. 表面模型　　D. 实体模型

2. 单击"视图"选项卡，在（　）面板中管理 UCS 坐标系。

A. 命名视图　　B. 视口工具　　C. 坐标　　D. 选项板

3. 切换模型视觉样式的方法为（　）。

A. 执行"编辑" | "视觉样式"命令

B. 在"视图"选项卡的"视觉样式"面板中展开"视觉样式"下拉列表，选择需要的样式

C. 选择模型，单击鼠标右键，选择需要的样式

D. 执行"修改" | "视觉样式"命令

4. 打开"ViewCube 设置"对话框的方法为（　）。

A. 双击 ViewCube

B. 选择 ViewCube 并按 Enter 键

C. 在 ViewCube 上单击鼠标右键，执行"ViewCube 设置"命令

D. 选择 ViewCube 并按 Space 键

5. 调出 SteeringWheels（控制盘）的方法为（　）。

A. 在绘图区空白区域双击

B. 执行"工具" | "SteeringWheels"命令

C. 执行"视图" | "SteeringWheels"命令

D. 在 ViewCube 上单击鼠标右键，执行"SteeringWheels"命令

二、操作题

1. 利用所学的方法，切换至"三维建模"工作空间，其工作界面如图 8-71 所示。

图 8-71 “三维建模”工作空间

2. 打开模型，单击绘图区左上角的视觉样式控件[二维线框]，在列表中选择样式，观察模型显示效果，如图 8-72 所示。

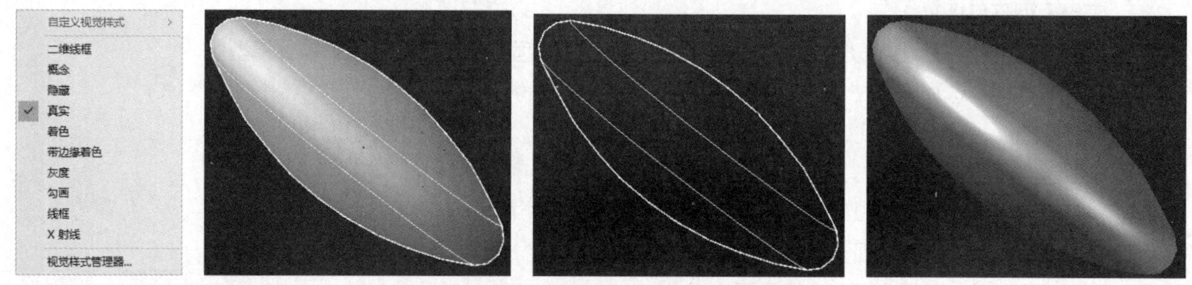

图 8-72 观察模型不同的视觉样式

3. 打开模型，利用 ViewCube 切换视角方向，从多个角度观察模型，如图 8-73 所示。

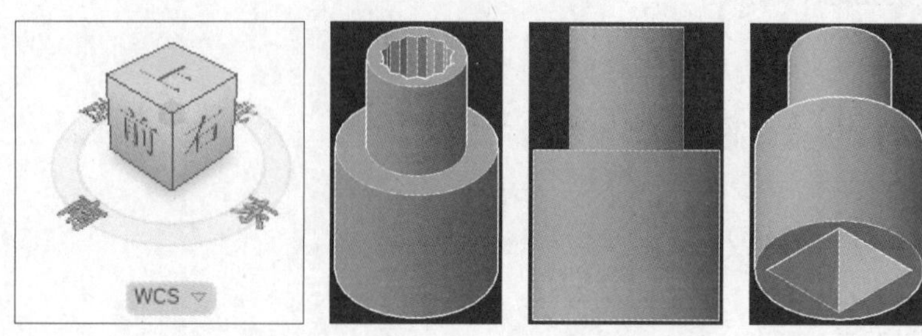

图 8-73 从多个角度观察模型

第 9 章

创建三维实体和曲面

本章内容概述

AutoCAD 三维建模功能强大，不仅可以直接创建长方体、圆柱体、球体等基本三维实体模型，还可以先绘制二维图形，然后通过拉伸、旋转、放样、扫掠等方法由二维图形生成三维模型。本章将详细讲解 AutoCAD 创建三维实体和曲面模型的方法和技巧。

本章知识要点

- 创建基本实体的方法
- 学习创建三维曲面、网格曲面的方法
- 了解由二维对象生成三维实体的方法
- 学习由三维实体生成二维视图的方法

9.1 创建基本实体

基本实体是构成三维实体模型最基本的元素，如长方体、楔体、球体等，在AutoCAD中可以通过多种方法来创建基本实体，一般通过“三维建模”空间“建模”面板中的按钮来执行，如图9-1所示。

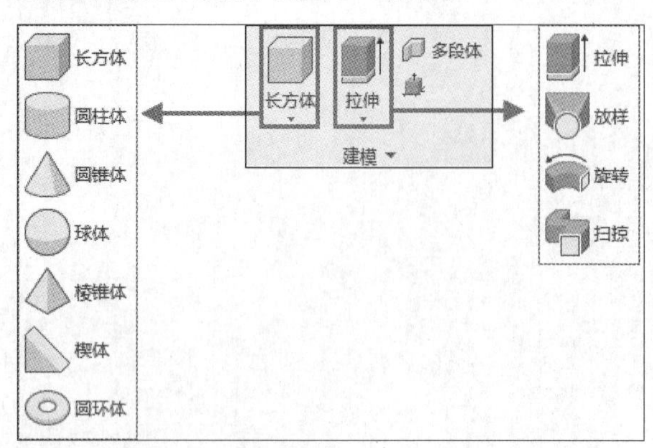

图9-1 “建模”面板中的按钮

9.1.1 创建长方体 ★重点★

长方体具有长、宽、高3个尺寸，在AutoCAD中可以创建各种长方体，例如创建零件的底座、支撑板、建筑墙体及家具等。在AutoCAD中，执行“长方体”命令有如下几种方法。

◆菜单栏：执行“绘图”|“建模”|“长方体”命令。

◆功能区：在“常用”选项卡中，单击“建模”面板中的“长方体”按钮。

◆命令：BOX。

通过以上任意一种方法执行该命令后，命令行出现如下提示。

```
指定第一个角点[中心(C)]:
```

此时可以根据提示使用两种方法进行长方体的绘制。

1 指定角点

该方法是创建长方体的默认方法，即通过依次指定长方体底面的两个对角点或指定一个对角点和高的方式进行长方体的创建，如图9-2所示。

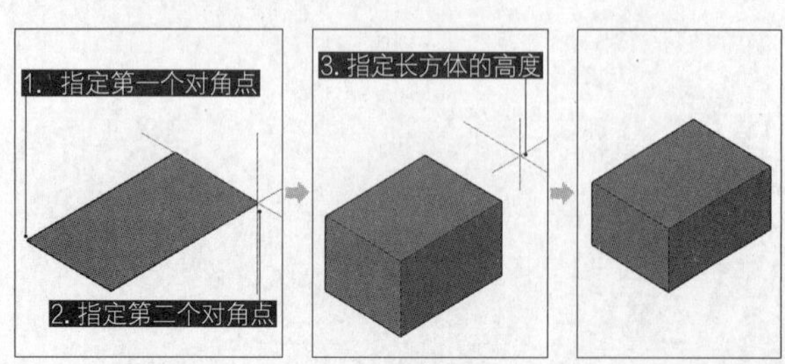

图9-2 利用指定角点的方法绘制长方体

2 指定中心

使用该方法可以先指定长方体的中心点，再指定长方体中截面的一个对角点或长度等参数，最后指定高度来创建长方体，如图9-3所示。

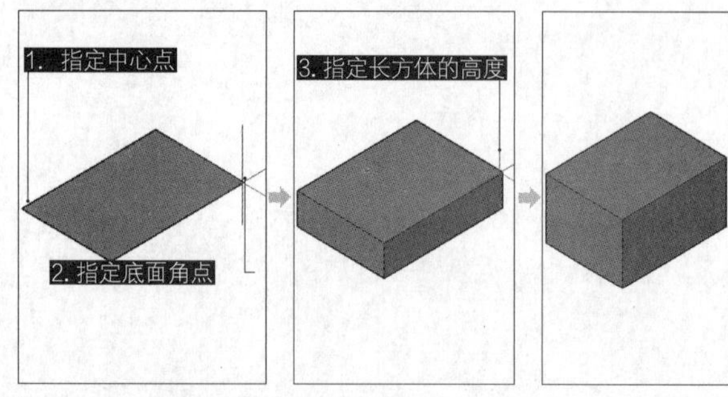

图9-3 利用指定中心的方法绘制长方体

练习9-1 绘制长方体 ★进阶★

执行“长方体”命令后，设置相关参数就可创建模型。也可以结合其他编辑命令，得到指定样式的模型。本练习介绍结合“抽壳”命令创建长方体的方法，操作步骤如下。

步骤 01 启动AutoCAD，单击快速访问工具栏中的“新建”按钮，建立一个新的空白文档。

步骤 02 在“常用”选项卡中，单击“建模”面板中的“长方体”按钮，绘制一个长方体，如图9-4所示。命令行提示如下。

```
命令: _box
                //执行“长方体”命令
指定第一个角点或 [中心(C)]:C↙
                //选择定义长方体中心
指定中心: 0,0,0↙
                //输入坐标，指定长方体中心
指定其他角点或 [立方体(C)/长度(L)]: L↙
                //由长度定义长方体
指定长度: 40↙
                //捕捉到X轴正向，然后输入长度值为40
指定宽度: 20↙
                //输入长方体宽度值为20
指定高度或 [两点(2P)]: 20↙
                //输入长方体高度值为20
```

步骤 03 单击“常用”选项卡“实体编辑”面板中的“抽壳”按钮，选择顶面为要删除的面，设置抽壳距离为2，即可创建一个长方体箱体，效果如图9-5所示。

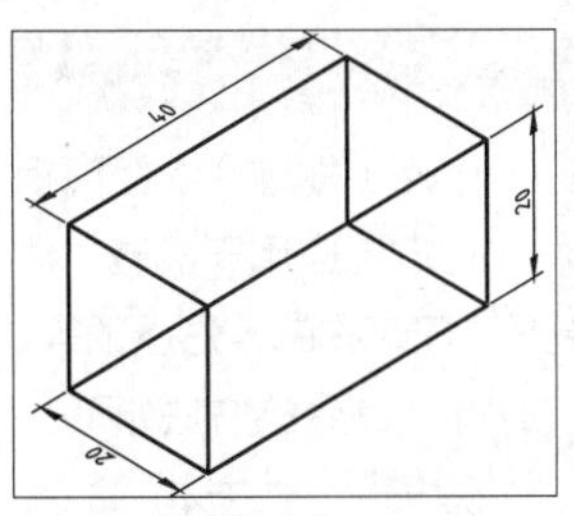

图 9-4　绘制长方体

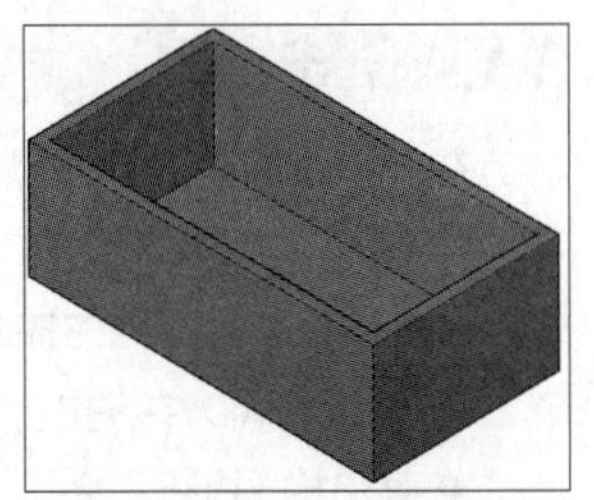
图 9-5　创建箱体效果

9.1.2 创建圆柱体

在 AutoCAD 中创建的圆柱体是以面或圆为截面形状，沿该截面法线方向拉伸所形成的实体，常用于绘制各类轴类零件、建筑图形中的各类立柱等特征对象。

在 AutoCAD 中，执行“圆柱体”命令有如下几种常用方法。

◆菜单栏：执行“绘图”|“建模”|“圆柱体”命令。

◆功能区：在“常用”选项卡中，单击“建模”面板中的“圆柱体”按钮。

◆命令：CYLINDER。

执行“圆柱体”命令后，命令行提示如下。

```
指定底面的中心点或 [三点(3P)/两点(2P)/切点、切点、半径(T)/椭圆(E)]:
```

根据命令行提示选择一种创建方法即可绘制圆柱体，如图 9-6 所示。

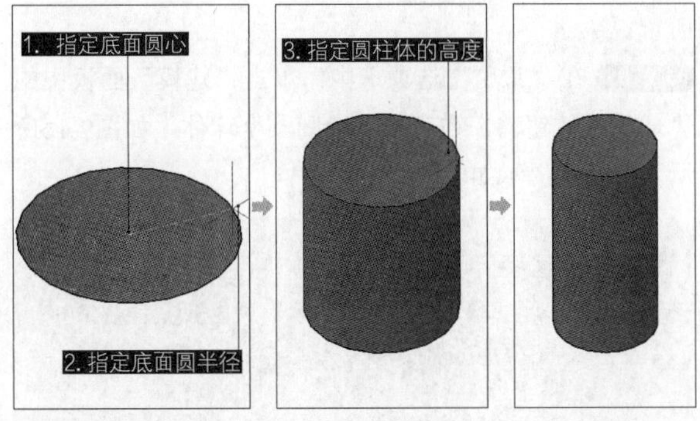

图 9-6　创建圆柱体

练习9-2 绘制圆柱体 ★进阶★

执行“圆柱体”命令，通过设置中心点、半径、直径、高度等参数值，可以在指定的位置创建圆柱体，操作步骤如下。

步骤 01 单击快速访问工具栏中的“打开”按钮，打开“练习9-2：绘制圆柱体.dwg”素材文件，如图9-7所示。

步骤 02 在“常用”选项卡中，单击“建模”面板中的“圆柱体”按钮，在底板上面绘制一个圆柱体，如图9-8所示。命令行提示如下。

```
命令: _cylinder                        //执行“圆柱体”命令
指定底面的中心点或 [三点(3P)/两点(2P)/切点、切点、半径(T)/椭圆(E)]:     //捕捉到圆心为中心点
指定底面半径或 [直径(D)] <50.0000>: 7↙
                                       //输入圆柱体底面半径
指定高度或 [两点(2P)/轴端点(A)] <10.0000>: 30↙
                                       //输入圆柱体高度
```

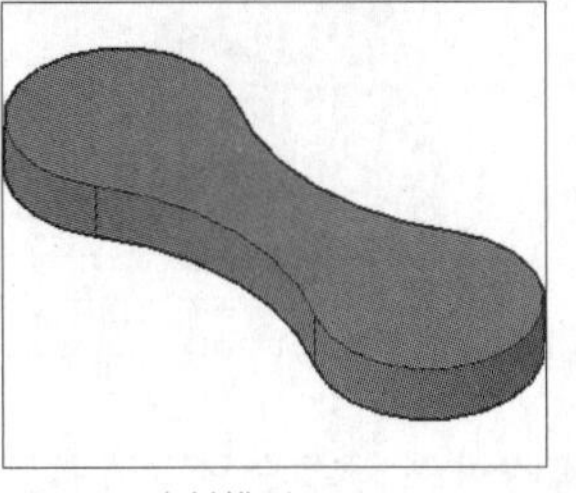
图 9-7　素材模型

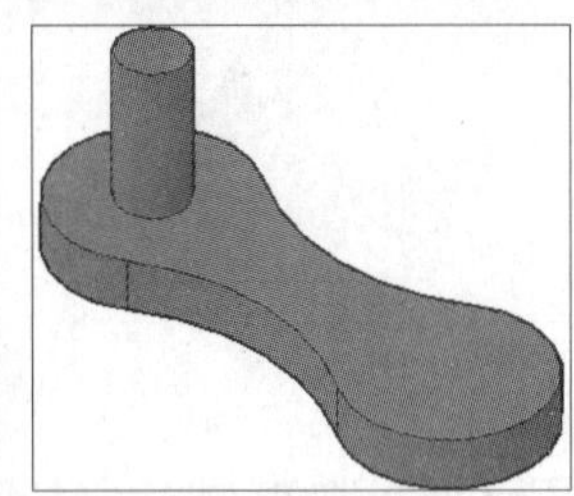
图 9-8　绘制圆柱体

步骤 03 重复以上操作，绘制另一边的圆柱体，即可完成连接板的绘制，其效果如图 9-9所示。

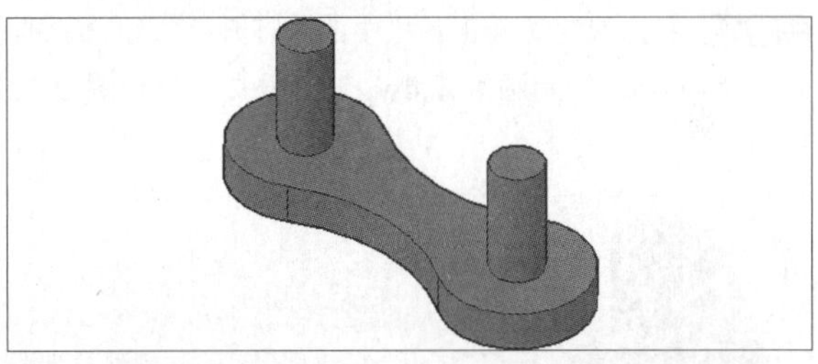
图 9-9　连接板

9.1.3 创建圆锥体

圆锥体是指以圆或椭圆为底面形状，沿其法线方向并按照一定锥度向上或向下拉伸而形成的实体。使用“圆锥体”命令可以创建圆锥体、平截面圆锥体两种类型的实体。

1 创建常规圆锥体

在 AutoCAD 中，执行“圆锥体”命令的方法如下。

◆菜单栏：执行“绘图”|“建模”|“圆锥体”命令。

◆功能区：在“常用”选项卡中，单击“建模”面板中的“圆锥体”按钮。

◆命令：CONE。

执行“圆锥体”命令后，在绘图区指定一点为底面圆心，并分别指定底面的半径或直径，最后指定圆锥的高度，即可获得圆锥体，效果如图 9-10 所示。

2 创建平截面圆锥体

平截面圆锥体即圆台体，可看作以平行于圆锥底面，且与底面的距离小于锥体高度的平面为截面，截取该圆锥而得到的实体。

执行“圆锥体”命令后，指定底面圆心及半径，命令行提示信息为“指定高度或 [两点 (2P)/ 轴端点 (A)/ 顶面半径 (T)] <9.1340>:”，选择“顶面半径”选项，输入顶面半径，最后指定平截面圆锥体的高度，即可获得平截面圆锥体，效果如图 9-11 所示。

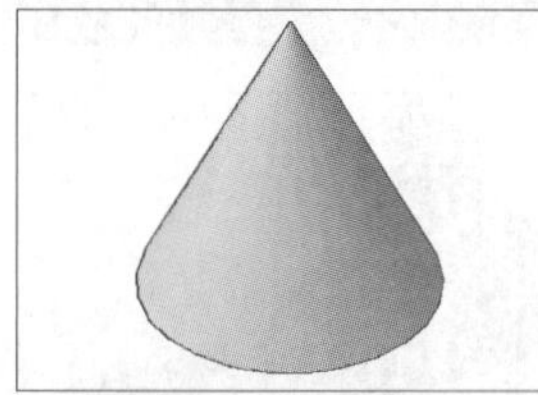
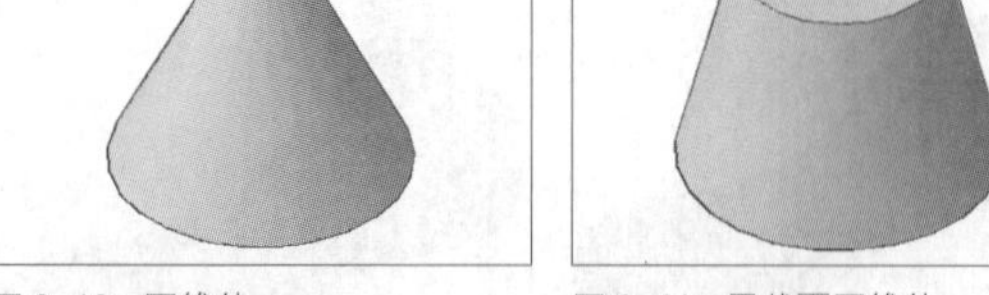

图 9-10　圆锥体　　图 9-11　平截面圆锥体

练习9-3 绘制圆锥体 ★进阶★

圆锥体与其他图形组合，可得到新模型。本练习介绍创建圆锥体，使其与已有图形组合的方法，操作步骤如下。

步骤 01 单击快速访问工具栏中的“打开”按钮，打开“练习9-3：绘制圆锥体.dwg”素材文件，如图 9-12 所示。

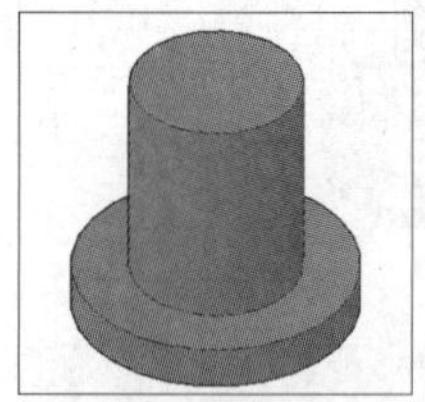

图 9-12　素材模型

步骤 02 在“常用”选项卡中，单击“建模”面板中的“圆锥体”按钮，绘制一个圆锥体，如图 9-13所示。命令行提示如下。

```
命令: _cone                          //执行“圆锥体”命令
指定底面的中心点或 [三点(3P)/两点(2P)/切点、切点、半径
(T)/椭圆(E)]:                         //指定圆锥体底面中心
指定底面半径或 [直径(D)] : 6↙
                                     //输入圆锥体底面半径
指定高度或 [两点(2P)/轴端点(A)/顶面半径(T)]: 7↙
                                     //输入圆锥体高度
```

步骤 03 执行“对齐”命令，将圆锥体移动到圆柱体顶面，效果如图 9-14所示。

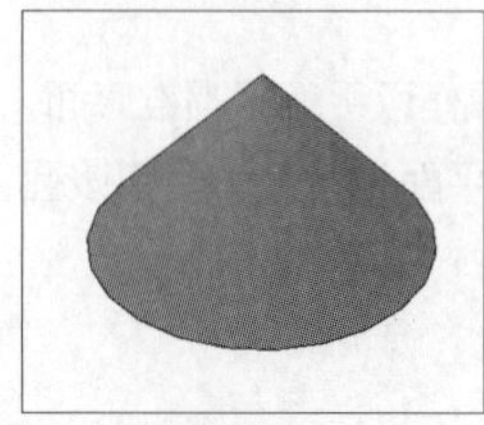
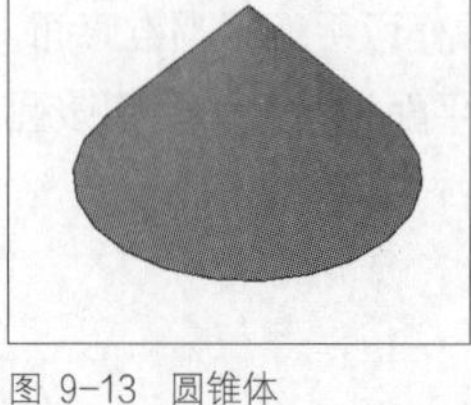
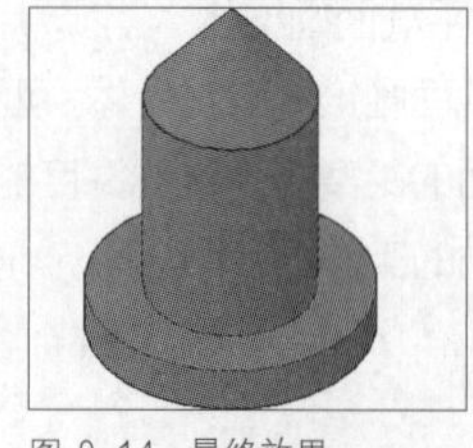

图 9-13　圆锥体　　图 9-14　最终效果

9.1.4 创建球体 ★重点★

在三维空间中，球体是与一个点（即球心）距离相等的所有点的集合形成的实体，它广泛应用于机械、建筑等制图中，如创建档位控制杆、建筑物的球形屋顶等。

在 AutoCAD 中，执行“球体”命令的方法如下。

◆菜单栏：执行“绘图” | “建模” | “球体”命令。

◆功能区：在“常用”选项卡中，单击“建模”面板中的“球体”按钮。

◆命令：SPHERE。

执行“球体”命令后，命令行提示如下。

```
指定中心点或 [三点(3P)/两点(2P)/切点、切点、半径(T)]:
```

此时直接捕捉一点为球心，然后指定球体的半径或直径，即可获得球体效果。另外，可以按照命令行提示，使用以下 3 种方法创建球体：“三点”“两点”“切点、切点、半径”，其具体的创建方法与二维图形中“圆”的相关创建方法类似，此处不再介绍。

练习9-4 绘制球体 ★进阶★

绘制球体的方法很简单，只需要指定中心点与直径即可。也可以根据命令行的提示选择相应的选项来建模，操作步骤如下。

步骤 01 单击快速访问工具栏中的“打开”按钮，打开“练习9-4：绘制球体.dwg”素材文件，如图 9-15 所示。

步骤 02 在“常用”选项卡中，单击“建模”面板中的“球体”按钮，在底板上绘制一个球体，如图9-16所示。命令行提示如下。

```
命令: _sphere
            //执行“球体”命令
指定中心点或 [三点(3P)/两点(2P)/切点、切点、半径(T)]:
2P↙         //指定绘制球体的方法
指定直径的第一个端点:
            //捕捉到长方体上表面的中心
指定直径的第二个端点: 120↙
            //输入球体直径，绘制完成
```

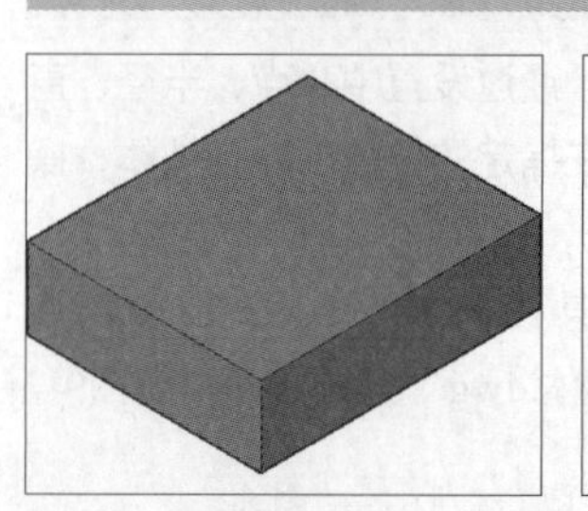
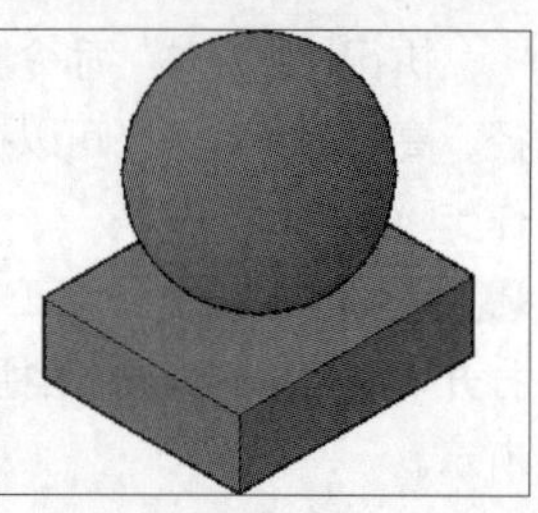

图 9-15　素材模型　　图 9-16　绘制球体

9.1.5 创建楔体

楔体可以看作以矩形为底面，一边沿法线方向拉伸所形成的具有楔状特征的实体。该实体通常用于填充物体的间隙，如安装设备时用于调整设备高度及水平度的楔体和楔木。

在 AutoCAD 中，执行“楔体”命令的方法如下。

◆菜单栏：执行“绘图”|“建模”|“楔体”命令。

◆功能区：在“常用”选项卡中，单击“建模”面板中的“楔体”按钮。

◆命令：WEDGE 或 WE。

执行以上任意一种方法均可创建“楔体”，创建“楔体”的方法与创建“长方体”的方法类似，操作过程如图 9-17 所示。命令行提示如下。

```
命令: _wedge
        //执行“楔体”命令
指定第一个角点或 [中心(C)]:
        //指定楔体底面第一个角点
指定其他角点或 [立方体(C)/长度(L)]:
        //指定楔体底面另一个角点
指定高度或 [两点(2P)]:
        //指定楔体高度并完成绘制
```

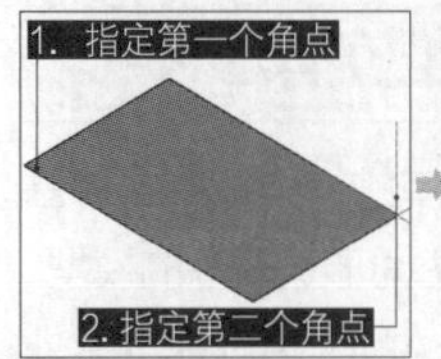

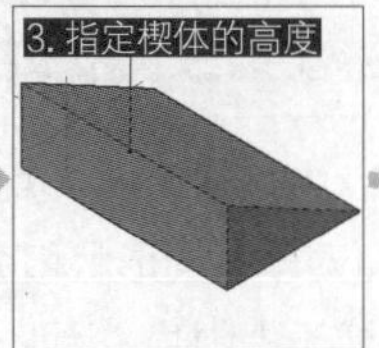

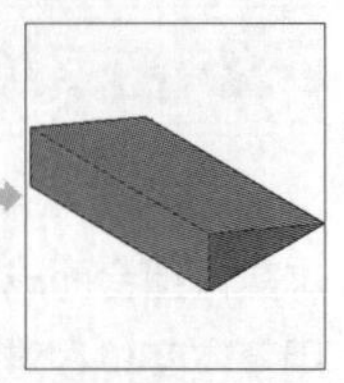

图 9-17　绘制楔体

练习9-5 绘制楔体 ★进阶★

楔体经常被用作辅助构件，创建方法也很简单。根据命令行的提示，依次指定角点和长、宽、高参数值即可，操作步骤如下。

步骤 01 单击快速访问工具栏中的“打开”按钮，打开“练习9-5：绘制楔体.dwg”素材文件，如图9-18所示。

步骤 02 在“常用”选项卡中，单击“建模”面板中的“楔体”按钮，绘制一个楔体，如图9-19所示。命令行提示如下。

```
命令: _wedge          //执行“楔体”命令
指定第一个角点或 [中心(C)]:
                      //指定底面矩形的第一个角点
指定其他角点或 [立方体(C)/长度(L)]:L↙
                      //指定第二个角点的输入方式为长度输入
指定长度：5↙          //输入底面矩形的长度值
指定宽度：50↙         //输入底面矩形的宽度值
指定高度或 [两点(2P)]：10↙
                      //输入楔体高度
```

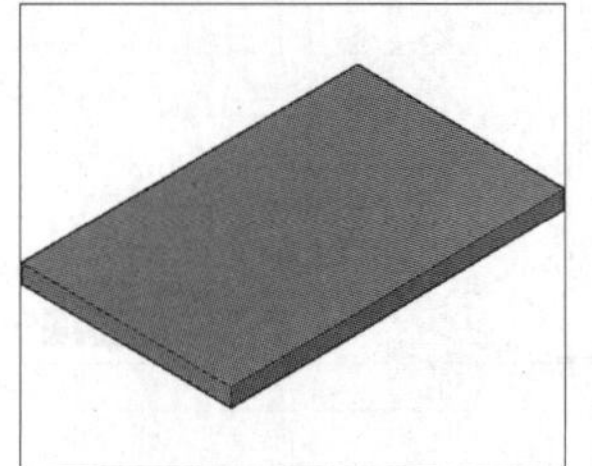

图 9-18　素材模型

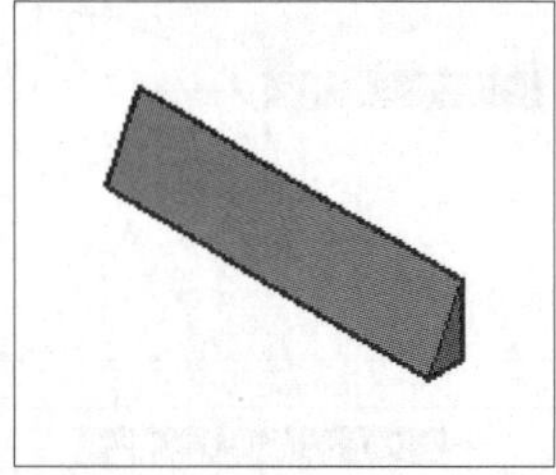

图 9-19　绘制楔体

步骤 03 重复以上操作绘制另一个楔体，执行“对齐”命令，将两个楔体移动到合适位置，效果如图9-20所示。

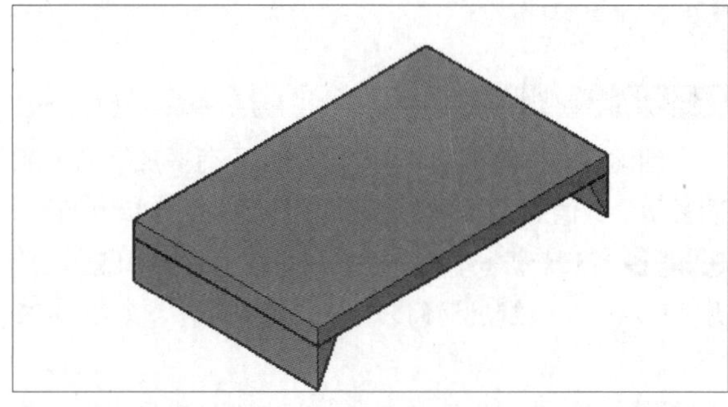

图 9-20　绘制座板

9.1.6 创建圆环体

圆环体可以看作在三维空间内，圆轮廓绕与其共面直线旋转所形成的实体。该直线即圆环体的中心线，直线到圆心的距离即圆环体的半径，圆轮廓的直径即圆管的直径。

在 AutoCAD 中，执行“圆环体”命令有如下几种常用方法。

◆菜单栏：执行“绘图”|“建模”|“圆环体”命令。

◆功能区：在“常用”选项卡中，单击“建模”面板中的“圆环体”按钮。

◆命令：TORUS。

执行“圆环体”命令后，首先确定圆环体的位置和半径，然后确定圆环圆管的半径，即可完成创建，如图 9-21 所示。命令行提示如下。

```
命令: _torus
        //执行“圆环体”命令
指定中心点或 [三点(3P)/两点(2P)/切点、切点、半径(T)]:
        //在绘图区合适位置拾取一点
指定半径或 [直径(D)] <50.0000>: 15↙
        //输入圆环体半径
指定圆管半径或 [两点(2P)/直径(D)]: 3↙
        //输入圆管截面半径
```

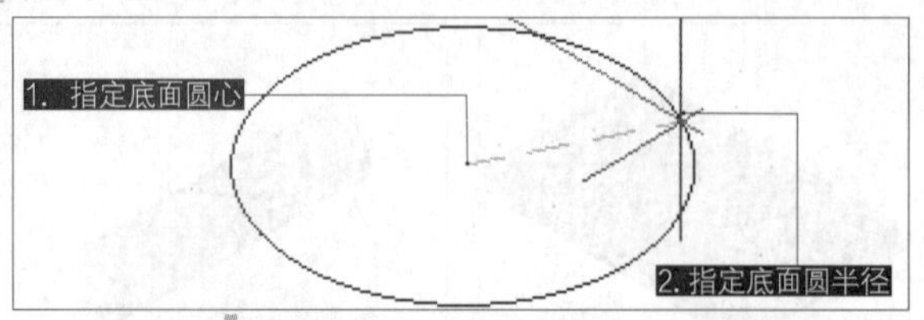

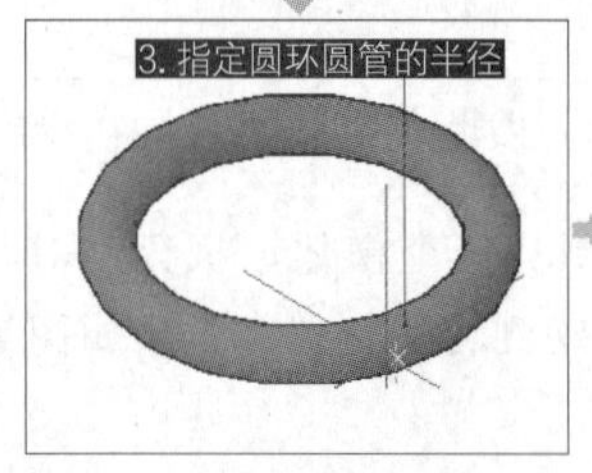

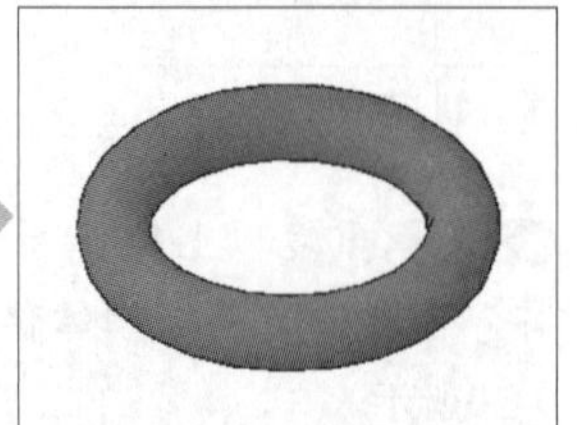

图 9-21　创建圆环体

练习9-6 绘制圆环体 ★进阶★

创建圆环体需要指定两个半径。只有多加练习才能理解两个数值的不同，得到满意的模型，操作步骤如下。

步骤 01 单击快速访问工具栏中的“打开”按钮，打开“练习9-6：绘制圆环体.dwg”素材文件，如图 9-22 所示。

步骤 02 在“常用”选项卡中，单击“建模”面板中的“圆环体”按钮，绘制一个圆环体，如图9-23所示。命令行提示如下。

```
命令: _torus
        //执行“圆环体”命令
指定中心点或 [三点(3P)/两点(2P)/切点、切点、半径(T)]:
        //捕捉到圆心
指定半径或 [直径(D)] <20.0000>: 45↙
        //输入圆环半径
指定圆管半径或 [两点(2P)/直径(D)] : 2.5↙
        //输入圆管半径
```

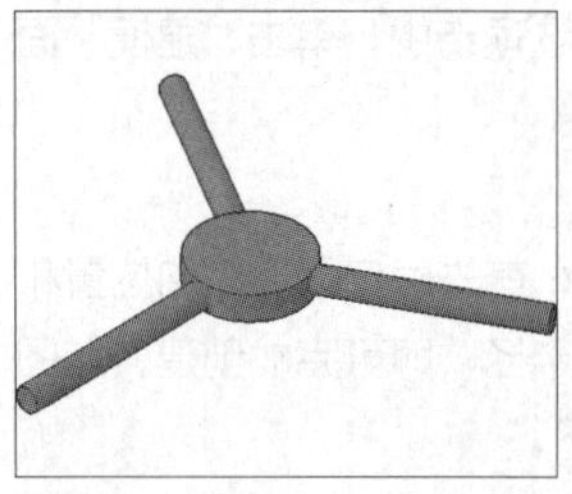

图 9-22　素材图形

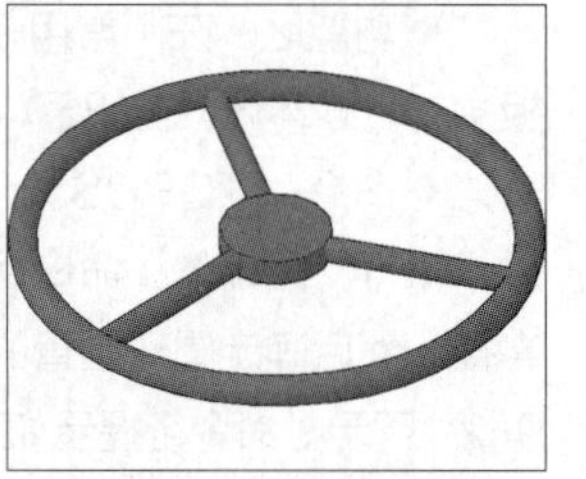

图 9-23　绘制手轮

9.1.7 创建棱锥体

棱锥体可以看作以一个多边形面为底面，其他各面是由有一个公共顶点的、具有三角形特征的面所构成的实体。在 AutoCAD 中，执行“棱锥体”命令有如下几种常用方法。

◆菜单栏：执行“绘图”|“建模”|“棱锥体”命令。

◆功能区：在“常用”选项卡中，单击“建模”面板中的“棱锥体”按钮。

◆命令：PYRAMID。

在 AutoCAD 中，使用以上任意一种方法，可以通过调整参数创建多种类型的棱锥体和平截面棱锥体。其绘制方法与绘制圆锥体的方法类似，绘制完成的效果如图 9-24 和图 9-25 所示。

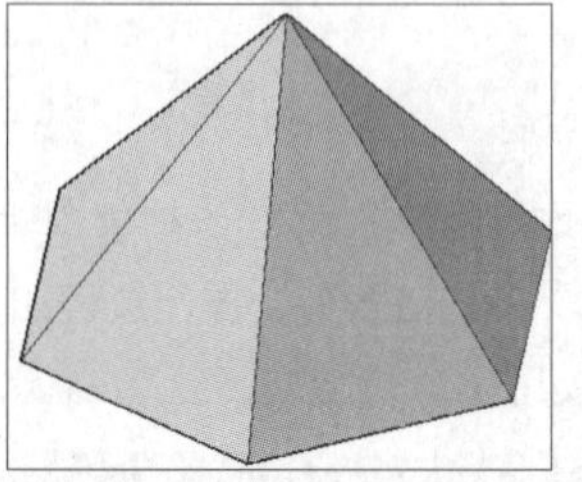

图 9-24　棱锥体

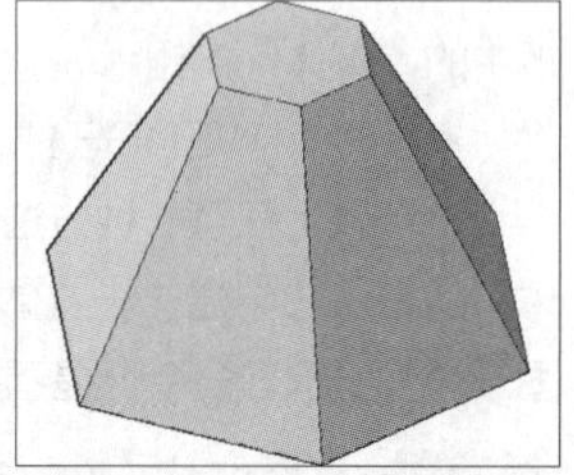

图 9-25　平截面棱锥体

> **提示**
>
> 在使用“棱锥体”工具创建棱锥体时，指定的边数必须是3～32的整数。

9.2 由二维对象生成三维实体

在 AutoCAD 中，几何形状简单的模型可由各种基本实体组合而成，对于截面形状和空间形状复杂的模型，用基本实体很难或无法创建。因此 AutoCAD 提供另外一种创建实体的途径，即在二维图形的基础上，通过拉伸、旋转、放样、扫掠等方式创建实体。

9.2.1 拉伸 ★重点★

使用“拉伸”工具可以将二维图形沿其所在平面的法线方向扫描而形成三维实体。该二维图形可以是多段线、多边形、矩形、圆、椭圆、闭合的样条曲线、圆环和面域等。“拉伸”命令常用于创建某一方向上截面固定不变的实体，如机械制图中的齿轮、轴套、垫圈等，建筑制图中的楼梯栏杆、管道、异形装饰等物体。

在 AutoCAD 中，执行“拉伸”命令的方法如下。

◆菜单栏：执行“绘图”|“建模”|“拉伸”命令。

◆功能区：在“常用”选项卡中，单击“建模”面板中的“拉伸”按钮。

◆命令：EXTRUDE 或 EXT。

执行“拉伸”命令后，可以使用两种拉伸二维图形的方法：一种是指定拉伸的倾斜角度和高度，生成直线方向的常规拉伸体；另一种是指定拉伸路径，可以选择多段线或圆弧，路径可以闭合，也可以不闭合。图

9-26 所示即使用“拉伸”命令创建实体模型。

执行“拉伸”命令后，选择要拉伸的二维图形，命令行提示如下。

```
指定拉伸的高度或 [方向(D)/路径(P)/倾斜角(T)/表达式(E)]
<2.0000>: 2
```

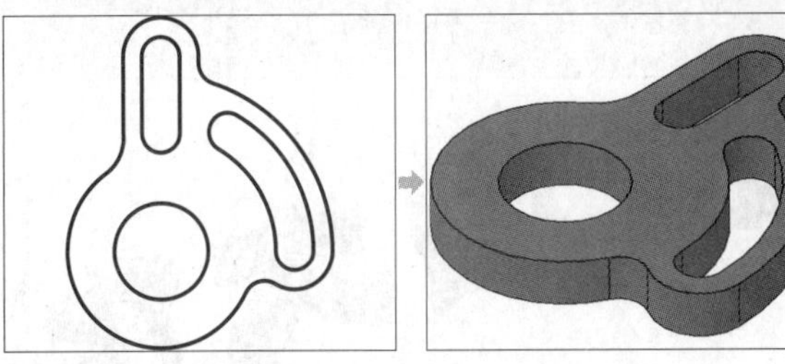

图 9-26　创建拉伸实体

提示

当指定拉伸角度时，其取值范围为-90～90。正值表示从基准对象逐渐变细，负值表示从基准对象逐渐变粗。默认情况下，角度为0，表示在与二维对象所在的平面垂直的方向上进行拉伸。

命令行中常用选项的含义介绍如下。

◆方向(D)：默认情况下，对象可以沿Z轴方向拉伸，拉伸的高度可以为正值或负值，此选项通过指定一个起点到端点的方向来定义拉伸方向。

◆路径(P)：通过指定拉伸路径将对象拉伸为三维实体，拉伸的路径可以是开放的，也可以是封闭的。

◆倾斜角(T)：通过指定的角度拉伸对象，拉伸的角度可以为正值或负值，其绝对值不大于 90；若倾斜角度为正，将产生内锥度，创建的侧面向里靠；若倾斜角度为负，将产生外锥度，创建的侧面则向外。

练习9-7 绘制门把手 ★进阶★

创建门把手需要综合运用“矩形”“圆角”“拉伸”“差集”等命令，本练习介绍建模方法，操作步骤如下。

步骤 01 单击快速访问工具栏中的“新建”按钮，建立一个新的空白文档。

步骤 02 将工作空间切换到“三维建模”，在“常用”选项卡中，单击“绘图”面板中的“矩形”按钮，绘制一个长为10、宽为5的矩形。单击“修改”面板中的“圆角”按钮，在矩形边角创建半径为1的圆角。绘制两个半径为0.5的圆，其圆心到最近边的距离为1.2，截面轮廓效果如图 9-27所示。

步骤 03 将视图切换到“东南等轴测”，将图形转换为面域，并使用“差集”命令由矩形面域减去两个圆的面域。单击“建模”面板中的“拉伸”按钮，拉伸高度为1.5，效果如图 9-28所示。命令行提示如下。

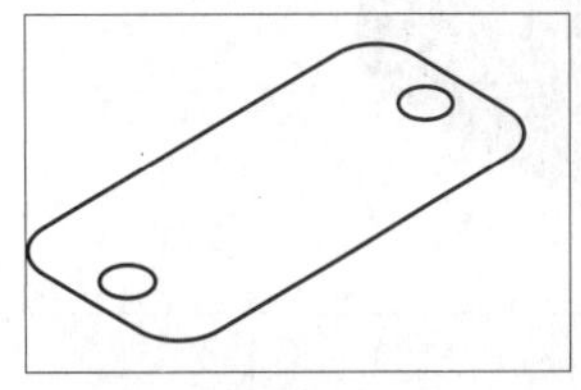

图 9-27　绘制底面

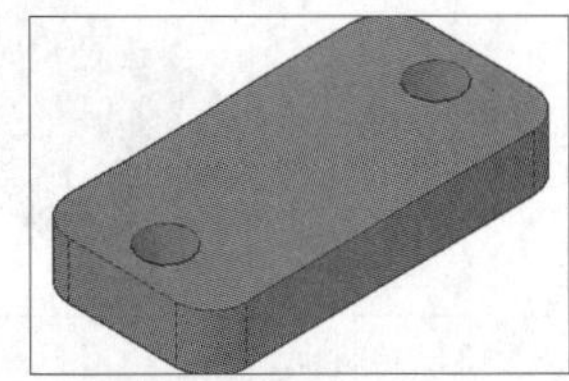

图 9-28　拉伸

```
命令: _extrude          //执行“拉伸”命令
当前线框密度: ISOLINES=4，闭合轮廓创建模式 = 实体
选择要拉伸的对象或 [模式(MO)]: _MO 闭合轮廓创建模式
[实体(SO)/曲面(SU)] <实体>: SO↙
选择要拉伸的对象或 [模式(MO)]: 找到 1 个
                        //选择面域
指定拉伸的高度或 [方向(D)/路径(P)/倾斜角(T)/表达式(E)]:
1.5↙                    //输入拉伸高度
```

步骤 04 单击“绘图”面板中的“圆”按钮，绘制两个半径为0.7的圆，位置如图 9-29所示。

步骤 05 单击“建模”面板中的“拉伸”按钮，选择上一步绘制的两个圆，向下拉伸高度为0.2。单击“实体编辑”面板中的“差集”按钮，在底座中减去两个圆柱实体，效果如图 9-30所示。

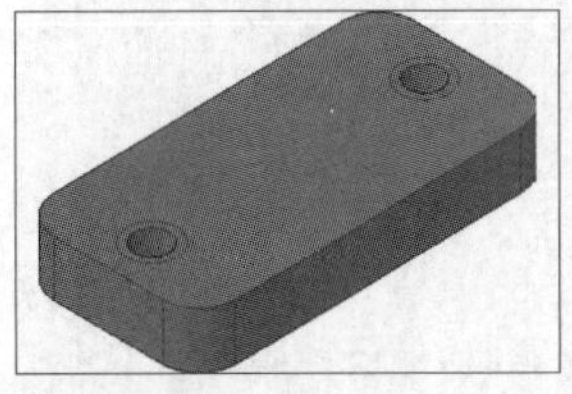

图 9-29　绘制圆

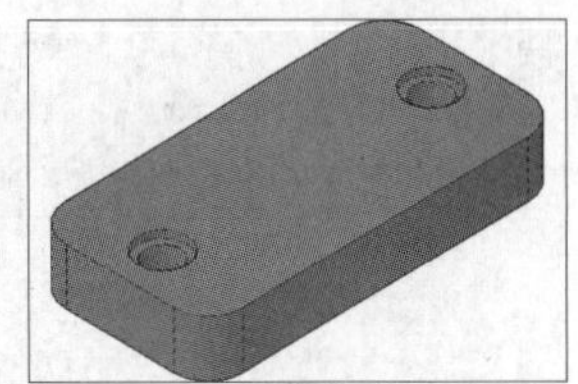

图 9-30　沉孔效果

步骤 06 单击“绘图”面板中的“矩形”按钮，绘制一个边长为2的正方形，在边角处创建半径为0.5的圆角，效果如图 9-31所示。

步骤 07 单击“建模”面板中的“拉伸”按钮，拉伸上一步绘制的正方形，拉伸高度为1，效果如图9-32所示。

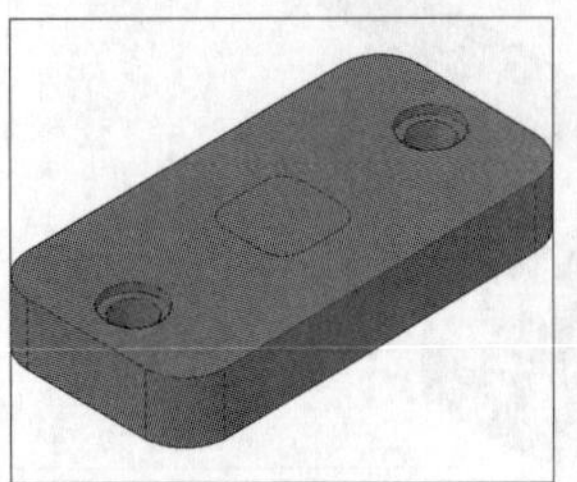

图 9-31　绘制正方形

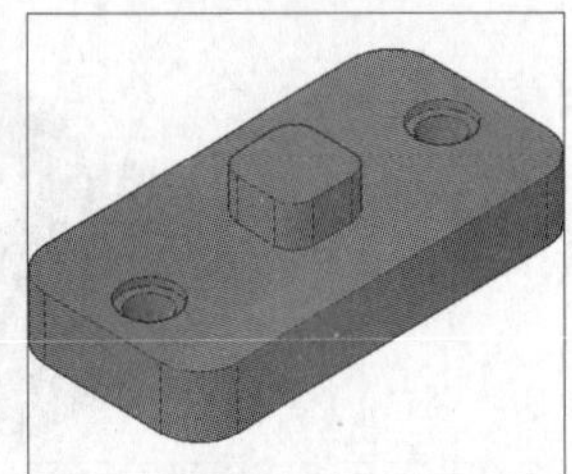

图 9-32　拉伸正方体

步骤 08 单击“绘图”面板中的“椭圆”按钮，绘制图9-33所示的长轴为2、短轴为1的椭圆。

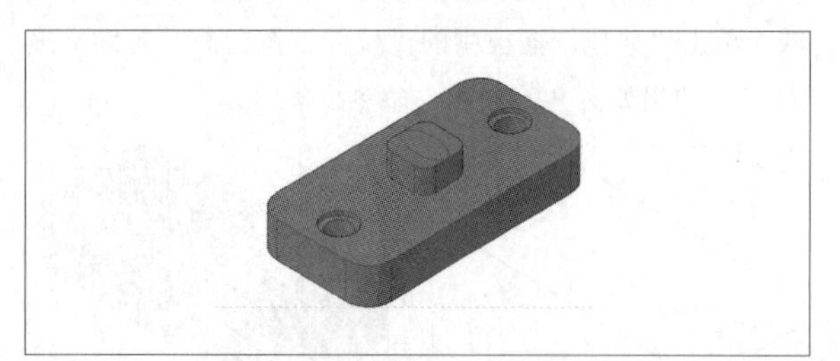

图 9-33 绘制椭圆

步骤 09 在椭圆和正方体的交点处绘制一个高为3、长为10、圆角半径为1的路径，效果如图 9-34所示。

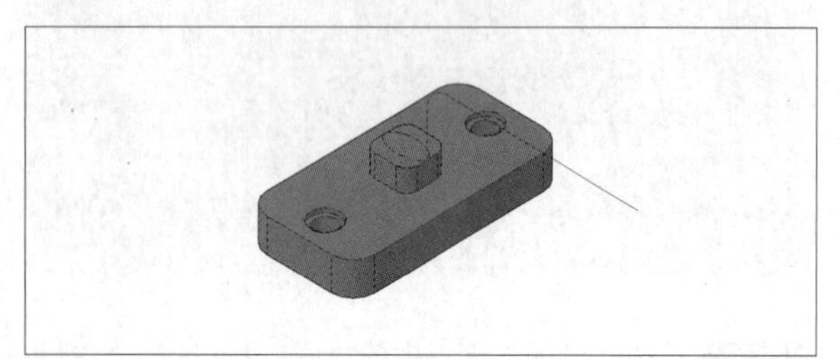

图 9-34 绘制拉伸路径

步骤 10 单击“建模”面板中的“拉伸”按钮，拉伸椭圆，拉伸路径选择上一步绘制的拉伸路径。命令行提示如下。

```
命令: _extrude          //执行“拉伸”命令
当前线框密度: ISOLINES=4，闭合轮廓创建模式 = 实体
选择要拉伸的对象或 [模式(MO)]: _MO 闭合轮廓创建模式
[实体(SO)/曲面(SU)] <实体>: SO↙
选择要拉伸的对象或 [模式(MO)]: 找到 1 个
                    //选择椭圆
指定拉伸的高度或 [方向(D)/路径(P)/倾斜角(T)/表达式(E)]
<1.0000>: P↙        //选择路径方式
选择拉伸路径或[倾斜角（T）]:
                    //选择绘制的路径
```

通过以上操作即可完成门把手的绘制，效果如图 9-35 所示。

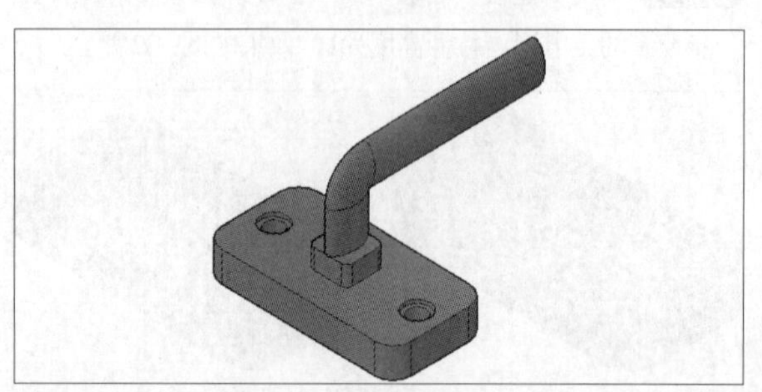

图 9-35 门把手

延伸讲解：创建三维文字

在一些专业的三维建模软件（如 UG、Solidworks）中，经常可以看到三维文字。用创建好的三维文字与其他的模型实体进行编辑，可得到镂空或雕刻状的铭文。AutoCAD 的三维功能相比于上述专业软件来说虽然有所不足，但同样可以获得这种效果，如图 9-36 所示。

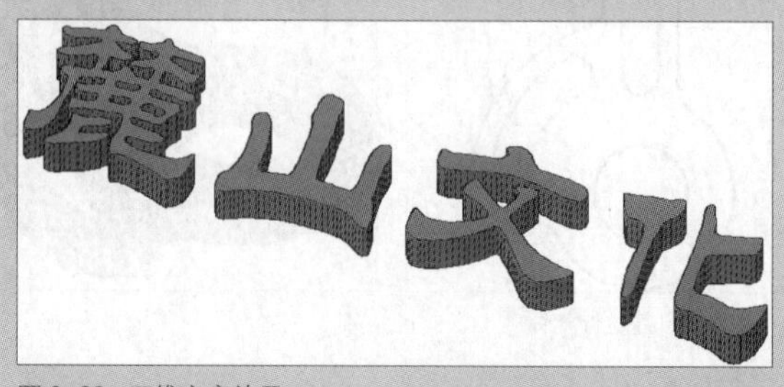

图 9-36 三维文字效果

9.2.2 旋转

★重点★

旋转实体是指将二维对象绕指定的旋转线旋转一定的角度而形成的模型实体，如带轮、法兰盘和轴类等具有回旋特征的零件。用于旋转的二维对象可以是封闭多段线、多边形、圆、椭圆、封闭样条曲线、圆环及封闭区域。三维对象、包含在块中的对象、有交叉或干涉的多段线不能被旋转，而且每次只能旋转一个对象。

在 AutoCAD 中，执行该命令的方法如下。

◆ 菜单栏：执行“绘图”|“建模”|“旋转”命令。

◆ 功能区：在“常用”选项卡中，单击“建模”面板中的“旋转”按钮。

◆ 命令：REVOLVE 或 REV。

通过以上任意一种方法可执行“旋转”命令，选择旋转对象，将其旋转 360°，结果如图 9-37 所示。命令行提示如下。

```
命令: REVOLVE↙
选择要旋转的对象: 找到 1 个
          //选择素材面域为旋转对象
选择要旋转的对象:
          //按Enter键
指定轴起点或根据以下选项之一定义轴 [对象(O)/X/Y/Z] <对
象>:
          //选择直线上端点为轴起点
指定轴端点:
          //选择直线下端点为轴端点
指定旋转角度或 [起点角度(ST)] <360>:
          //按Enter键
```

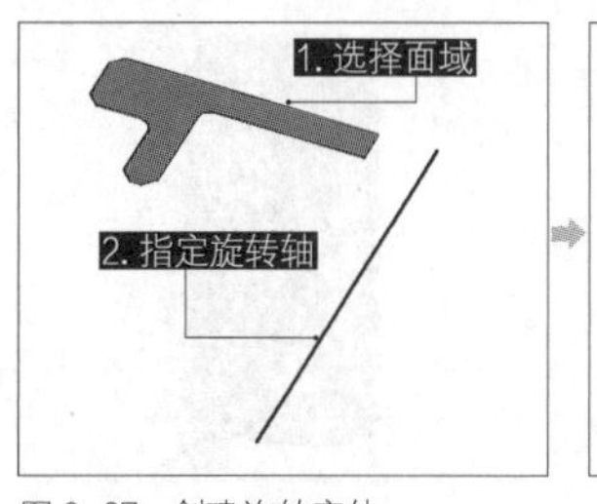

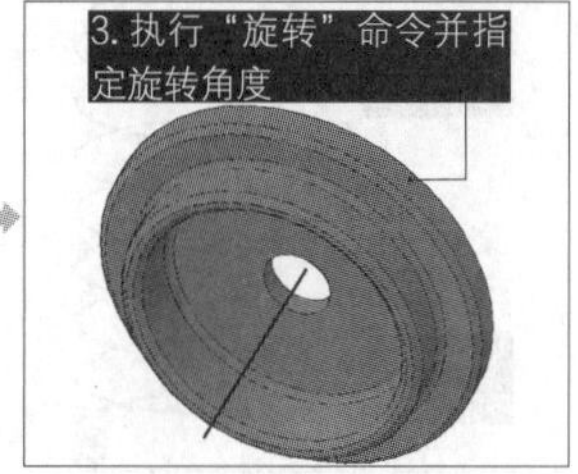

图 9-37　创建旋转实体

练习9-8　绘制花盆　★进阶★

利用“旋转”工具创建花盆模型并不复杂，但是要先绘制花盆轮廓线。轮廓线的样式决定花盆的最终效果，操作步骤如下。

步骤 01 单击快速访问工具栏中的“打开”按钮，打开“练习9-8：绘制花盆.dwg”素材文件，如图 9-38所示。

步骤 02 单击“建模”面板中的“旋转”按钮，选择花盆的轮廓线，通过“旋转”命令绘制实体花盆。命令行提示如下。

```
命令: _revolve                    //执行“旋转”命令
当前线框密度: ISOLINES=4，闭合轮廓创建模式 = 实体
选择要旋转的对象或 [模式(MO)]: _MO 闭合轮廓创建模式
[实体(SO)/曲面(SU)] <实体>: SO↙
选择要旋转的对象或 [模式(MO)]: 指定对角点: 找到 40 个
                                  //选中花盆的所有轮廓线
指定轴起点或根据以下选项之一定义轴 [对象(O)/X/Y/Z] <对
象>:                              //指定旋转轴的起点
指定轴端点:                       //指定旋转轴的端点
指定旋转角度或 [起点角度(ST)/反转(R)/表达式(EX)] <360>:
                                  //系统默认为旋转一周，按
Enter键，旋转对象
```

通过以上操作即可完成花盆的绘制，效果如图 9-39 所示。

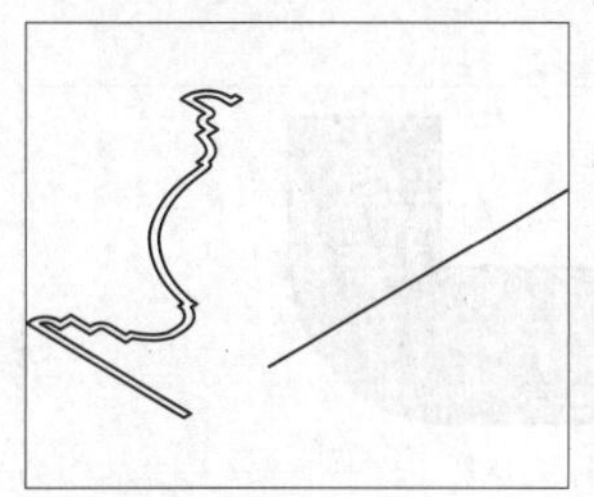

图 9-38　素材图形

图 9-39　旋转效果

9.2.3 放样　★重点★

放样实体是指将横截面沿指定的路径或导向运动扫描所得到的三维实体。横截面指的是具有放样实体截面特征的二维对象，使用该命令创建放样实体时必须指定两个或两个以上的横截面。

在 AutoCAD 中，执行“放样”命令的方法如下。

◆菜单栏：执行“绘图”|“建模”|“放样”命令。

◆功能区：在“常用”选项卡中，单击“建模”面板中的“放样”按钮。

◆命令：LOFT。

执行“放样”命令后，根据命令行的提示依次选择截面图形，然后定义放样选项，即可创建放样图形。操作过程如图 9-40 所示。命令行提示如下。

```
命令: _loft
                              //执行“放样”命令
当前线框密度: ISOLINES=4，闭合轮廓创建模式 = 实体
按放样次序选择横截面或 [点(PO)/合并多条边(J)/模式(MO)]:
_MO 闭合轮廓创建模式 [实体(SO)/曲面(SU)] <实体>: SO↙
按放样次序选择横截面或 [点(PO)/合并多条边(J)/模式(MO)]:
找到 1 个                     //选择横截面1
按放样次序选择横截面或 [点(PO)/合并多条边(J)/模式(MO)]:
找到 1 个，总计 2 个          //选择横截面2
按放样次序选择横截面或 [点(PO)/合并多条边(J)/模式(MO)]:
找到 1 个，总计 3 个          //选择横截面3
按放样次序选择横截面或 [点(PO)/合并多条边(J)/模式(MO)]:
找到 1 个，总计 4 个          //选择横截面4
选中了 4 个横截面
输入选项 [导向(G)/路径(P)/仅横截面(C)/设置(S)/连续性(CO)/
凸度幅值(B)]: P↙              //选择路径方式
选择路径轮廓:
                              //选择路径5
```

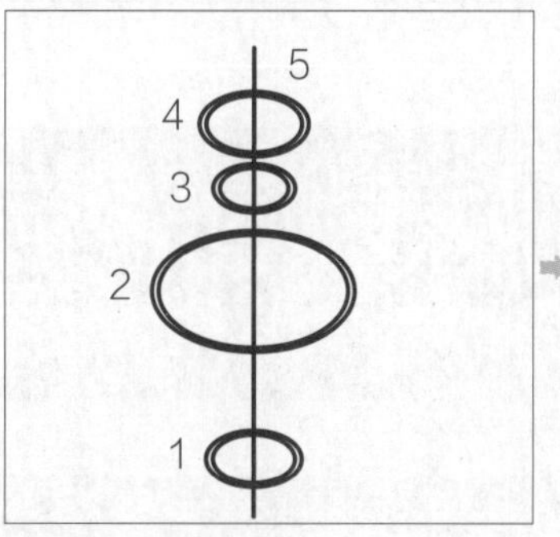

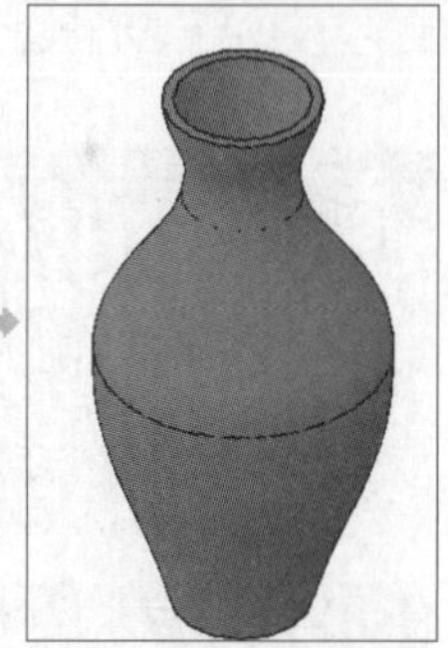

图 9-40　创建放样实体

练习9-9　绘制花瓶　★进阶★

在利用“放样”工具创建花瓶模型前，需要先创建截面。截面的大小、位置都会影响花瓶的最终效果，操作步骤如下。

步骤 01 单击快速访问工具栏中的“打开”按钮，打开“练习9-9：绘制花瓶.dwg”素材文件。

步骤 02 单击“常用”选项卡“建模”面板中的“放样”按钮，依次选择素材图形中的4个棱截面，操作过程如图9-41所示。命令行提示如下。

```
命令: _loft
                    //执行"放样"命令
当前线框密度: ISOLINES=4, 闭合轮廓创建模式 = 实体
按放样次序选择横截面或 [点(PO)/合并多条边(J)/模式(MO)]:
_mo
闭合轮廓创建模式 [实体(SO)/曲面(SU)] <实体>: _su
按放样次序选择横截面或 [点(PO)/合并多条边(J)/模式(MO)]:
找到 1 个
按放样次序选择横截面或 [点(PO)/合并多条边(J)/模式(MO)]:
找到 1 个, 总计 2 个
按放样次序选择横截面或 [点(PO)/合并多条边(J)/模式(MO)]:
找到 1 个, 总计 3 个
按放样次序选择横截面或 [点(PO)/合并多条边(J)/模式(MO)]:
找到 1 个, 总计 4 个
按放样次序选择横截面或 [点(PO)/合并多条边(J)/模式(MO)]:
选中了 4 个横截面
输入选项 [导向(G)/路径(P)/仅横截面(C)/设置(S)] <仅横截面>:
C↙                  //选择截面连接方式
```

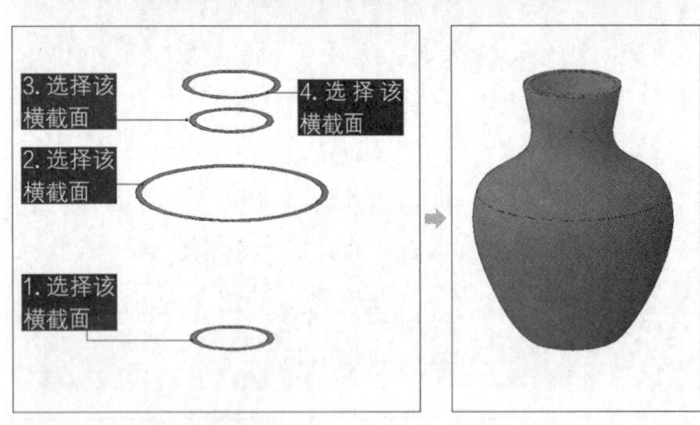

图 9-41 放样创建花瓶模型

> 提示
>
> 在创建比较复杂的放样实体时，可以指定导向曲线来控制点如何匹配相应的横截面，以防止创建的实体或曲面中出现褶皱等缺陷。

9.2.4 扫掠 ★重点★

使用“扫掠”工具可以将扫掠对象沿着开放或闭合的二维或三维路径运动扫描创建实体或曲面。在AutoCAD中，执行“扫掠”命令的方法如下。

◆菜单栏：执行“绘图”|“建模”|“扫掠”命令。

◆功能区：在“常用”选项卡中，单击“建模”面板中的“扫掠”按钮。

◆命令：SWEEP。

执行“扫掠”命令后，按命令行提示选择扫掠截面与扫掠路径即可，如图9-42所示。

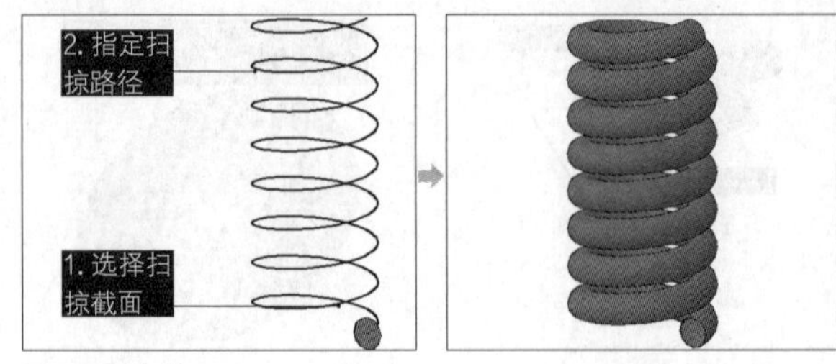

图 9-42 扫掠

练习9-10 绘制连接管 ★进阶★

“扫掠”工具的使用方法与“放样”工具大同小异，需要先绘制扫掠截面与扫掠路径。执行“扫掠”命令，依次拾取扫掠截面与扫掠路径来创建模型，操作步骤如下。

步骤 01 单击快速访问工具栏中的“打开”按钮，打开“练习9-10：绘制连接管.dwg”素材文件，如图9-43所示。

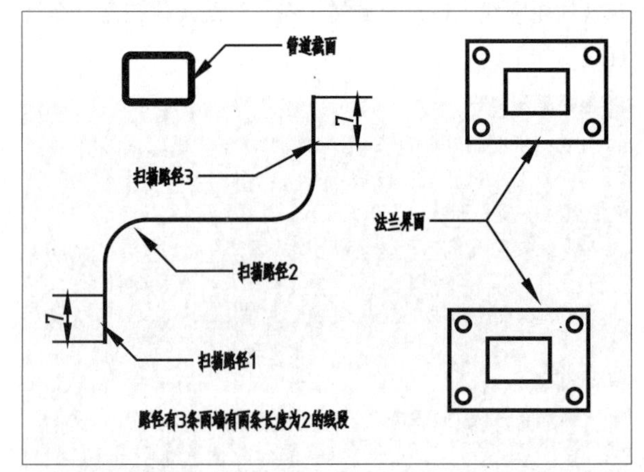

图 9-43 素材图形

步骤 02 单击“建模”面板中的“扫掠”按钮，选择图中管道的截面图形，选择中间的扫掠路径，完成管道的绘制，如图9-44所示。

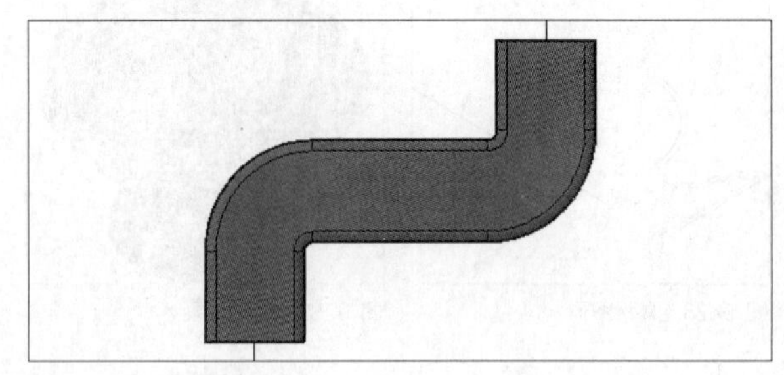

图 9-44 绘制管道

步骤 03 创建法兰。再次单击“建模”面板中的“扫掠”按钮，选择法兰的截面图形，选择路径1作为扫描路径，完成一端连接法兰的绘制，效果如图9-45所示。

步骤 04 重复以上操作，绘制另一端的连接法兰，效果如图 9-46所示。

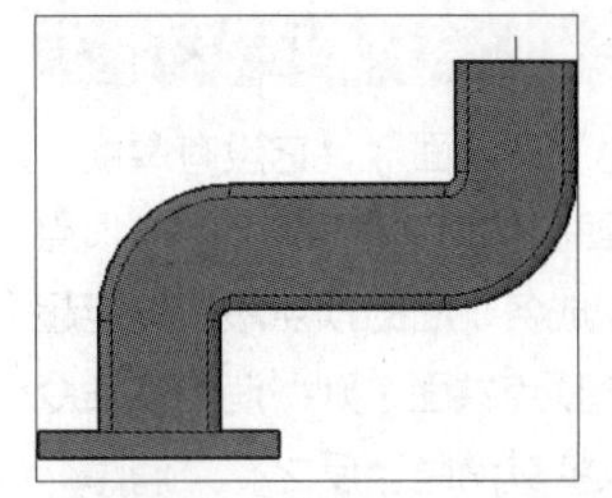

图 9-45　绘制法兰

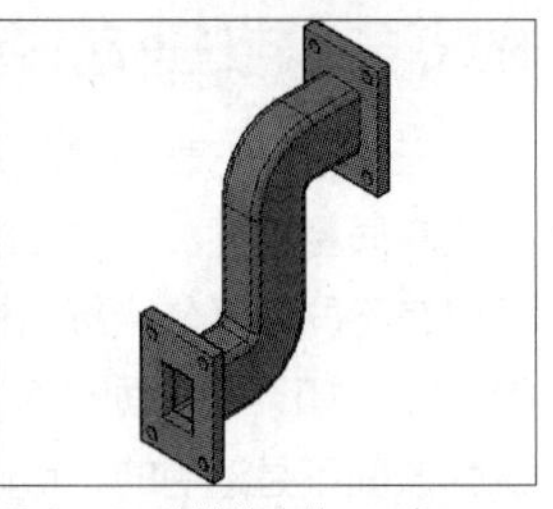

图 9-46　连接管实体

延伸讲解：三维实体生成二维图形

一般较为专业的工程类三维建模软件都会提供从三维实体模型生成二维工程图的方法，因此一些比较复杂的实体就可以先创建三维实体模型，再转换为二维工程图，如图 9-47 所示。

这种绘制工程图的方式可以减少工作量、提高绘图速度与精度。在 AutoCAD 中，将三维实体模型生成三视图的方法大致有以下两种。

◆ 使用“VPORTS”或“MVIEW”命令在布局空间中创建多个二维视图视口，然后使用“SOLPROF”命令在每个视口中分别生成实体模型的轮廓线，以创建三视图。

◆ 使用“SOLVIEW”命令后，在布局空间中生出实体模型的各个二维视图视口，然后使用“SOLDRAW”命令在每个视口中分别生成实体模型的轮廓线，以创建三视图。

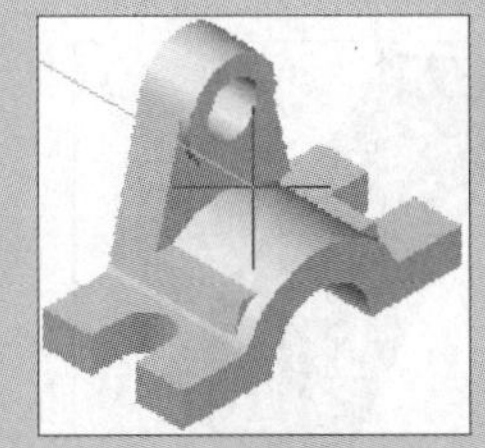

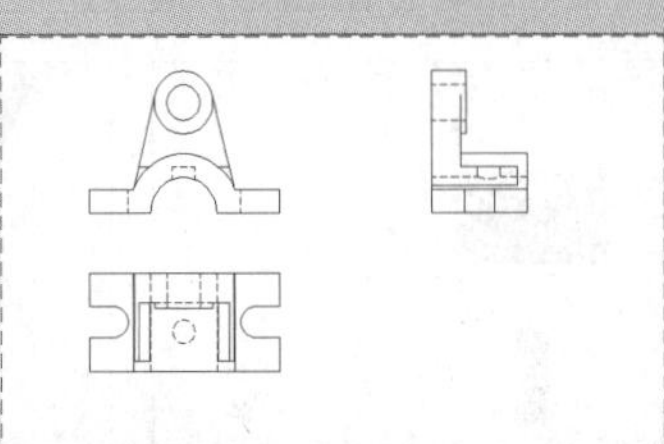

图 9-47　三维实体模型转换为二维工程图

9.3 创建三维曲面

曲面是不具有厚度和质量特性的壳形对象。曲面模型也能够被隐藏、着色和渲染。AutoCAD 中曲面的创建和编辑命令集中在功能区的“曲面”选项卡中，如图 9-48 所示。

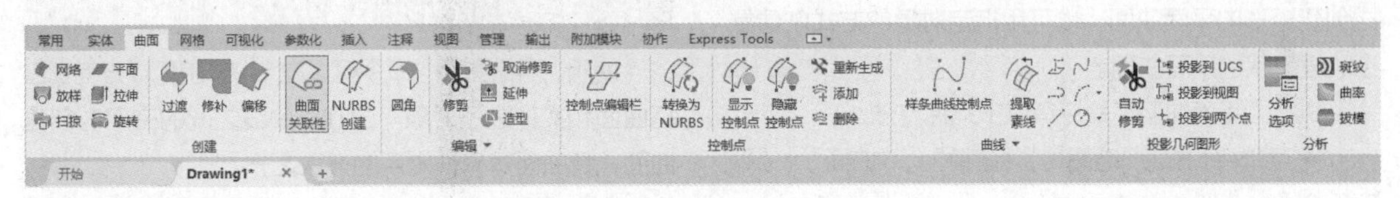

图 9-48　“曲面”选项卡

“创建”面板集中了创建曲面的各种方式，如图 9-49 所示，其中拉伸、放样、扫掠、旋转等生成方式与创建实体的操作类似，这里不再介绍。下面对其他创建和编辑命令进行介绍。

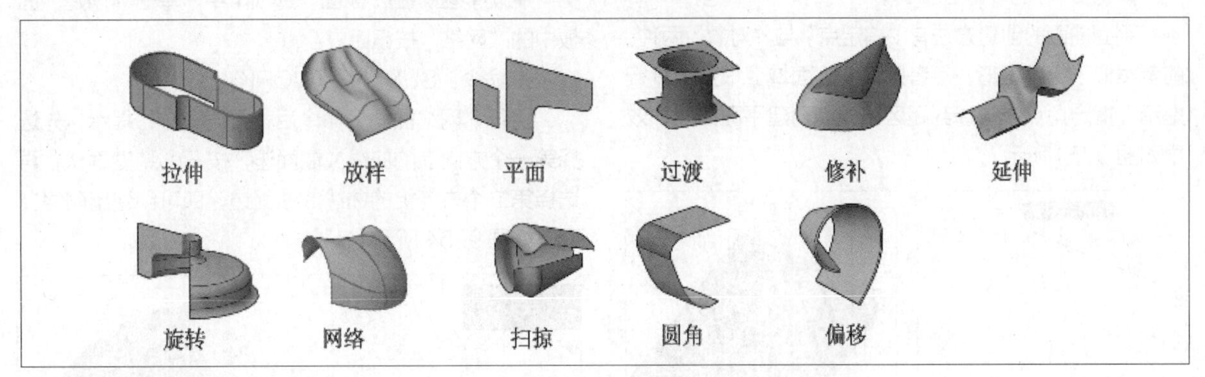

图 9-49　创建曲面的主要方法

9.3.1 创建三维面 ★重点★

三维空间的表面被称为“三维面”，它没有厚度，也没有质量属性。由“三维面”命令创建的面的各顶点可以有不同的Z轴坐标，构成各个面的顶点最多不能超过4个。如果构成面的4个顶点共面，则“消隐”命令认为该面不是透明的，可以将其消隐。反之，“消隐”命令对其无效。

执行“三维面”命令的方法如下。

◆菜单栏：执行“绘图”|“建模”|“网格”|“三维面”命令。

◆命令：3DFACE。

执行“三维面”命令后，直接在绘图区中任意指定4个点，即可创建曲面，操作过程如图9-50所示。

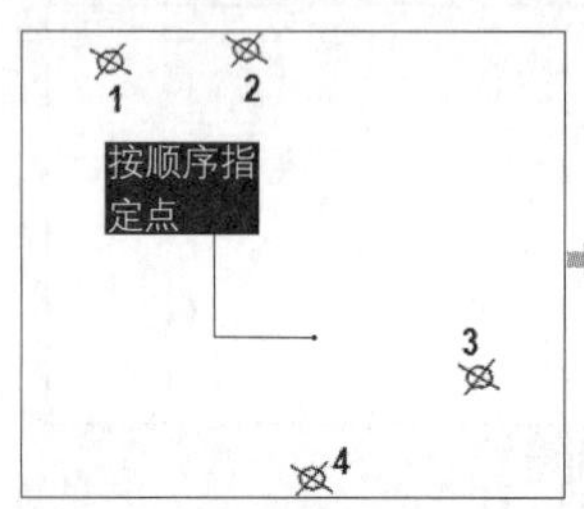

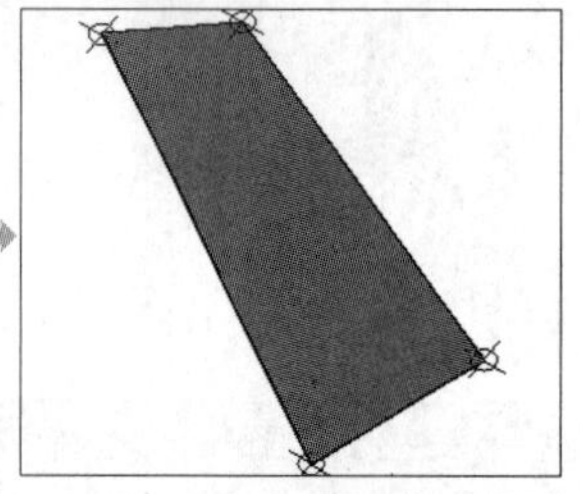

图9-50 创建三维面

9.3.2 创建平面曲面 ★重点★

平面曲面是根据平面内某一封闭轮廓创建的一个平面内的曲面。在AutoCAD中，既可以用指定角点的方式创建矩形的平面曲面，也可用指定对象的方式创建复杂边界形状的平面曲面。

执行“平面曲面”命令有以下几种方法。

◆菜单栏：执行“绘图”|“建模”|“曲面”|“平面”命令。

◆功能区：在“曲面”选项卡中，单击“创建”面板中的“平面”按钮。

◆命令：PLANESURF。

平面曲面的创建方法有“指定点”与“对象”两种，前者类似于绘制矩形，后者则像创建面域。根据命令行提示，指定角点或选择封闭区域即可创建平面曲面，效果如图9-51所示。

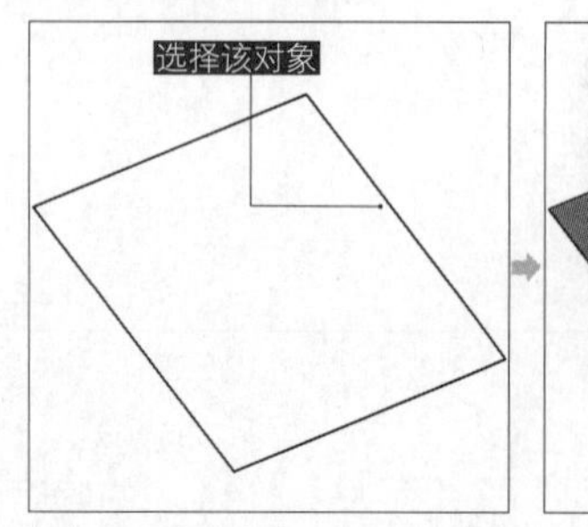

图9-51 创建平面曲面

平面曲面可以通过在“特性”选项板中设置U素线和V素线来控制，效果如图9-52和图9-53所示。

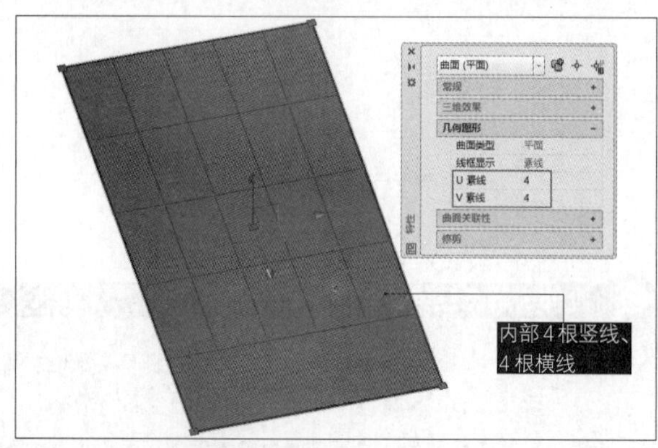

图9-52 U、V素线各为4

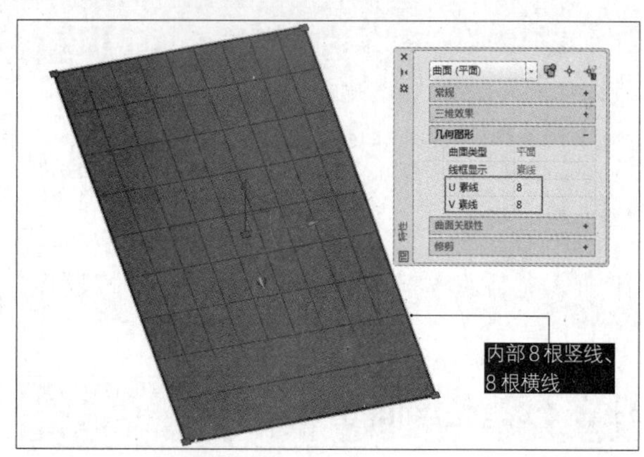

图9-53 U、V素线各为8

9.3.3 创建网络曲面 ★重点★

使用“网络曲面”命令可以在U方向和V方向（包括曲面和实体边子对象）的几条曲线之间的空间内创建曲面，是曲面建模最常用的方法之一。

执行“网络曲面”命令有以下几种方法。

◆菜单栏：执行“绘图”|“建模”|“曲面”|“网络”命令。

◆功能区：在“曲面”选项卡中，单击“创建”面板中的“网络”按钮。

◆命令：SURFNETWORK。

执行“网络曲面”命令后，根据命令行提示，先选择第一个方向上的曲线或曲面边，按Enter键确认，再选择第二个方向上的曲线或曲面边，即可创建出网络曲面，如图9-54所示。

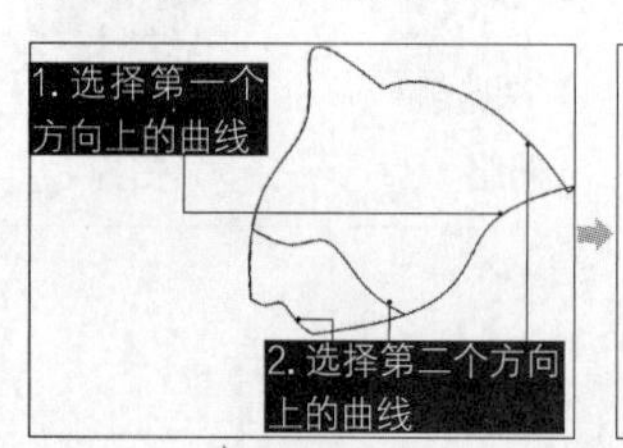

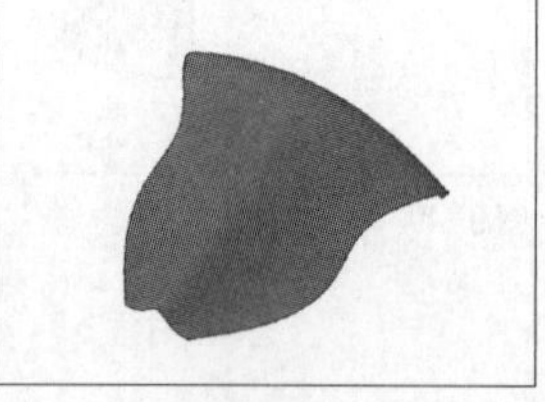

图9-54 创建网络曲面

练习9-11 创建鼠标曲面 ★进阶★

创建鼠标曲面前需要先绘制曲线，在曲线的基础上生成鼠标曲面。如果要修改鼠标曲面的显示效果，则要先修改曲线，再执行建模操作，操作步骤如下。

步骤 01 单击快速访问工具栏中的“打开”按钮，打开“练习9-11：创建鼠标曲面.dwg”素材文件，如图9-55所示。

步骤 02 在“曲面”选项卡中，单击“创建”面板中的“网络”按钮，选择横向的3根样条曲线为第一个方向上的曲线，如图9-56所示。

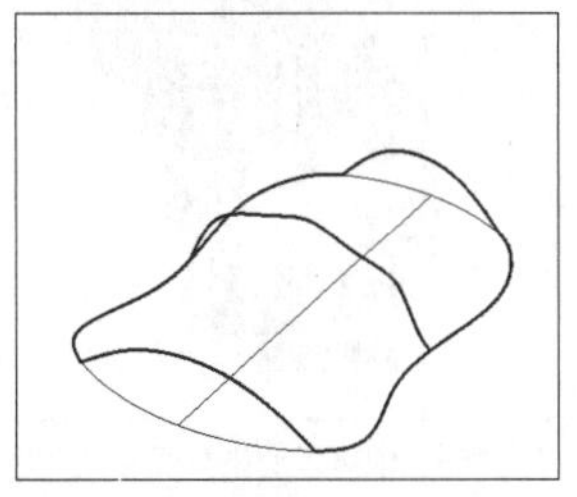

图 9-55　素材模型

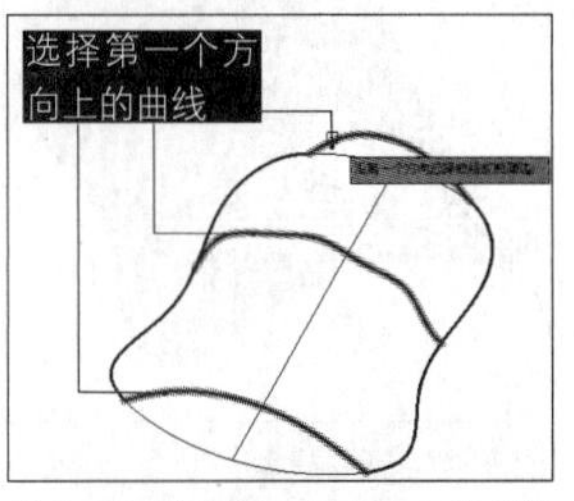

图 9-56　选择第一个方向上的曲线

步骤 03 选择完毕后按Enter键确认，然后根据命令行提示选择左右两侧的样条曲线为第二个方向上的曲线，如图9-57所示。

鼠标曲面创建完成，如图 9-58 所示。

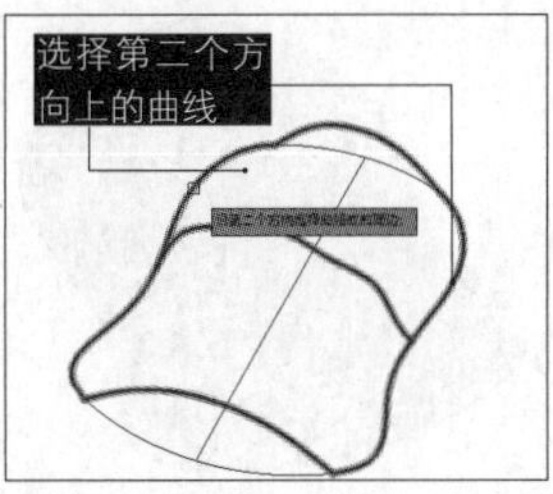

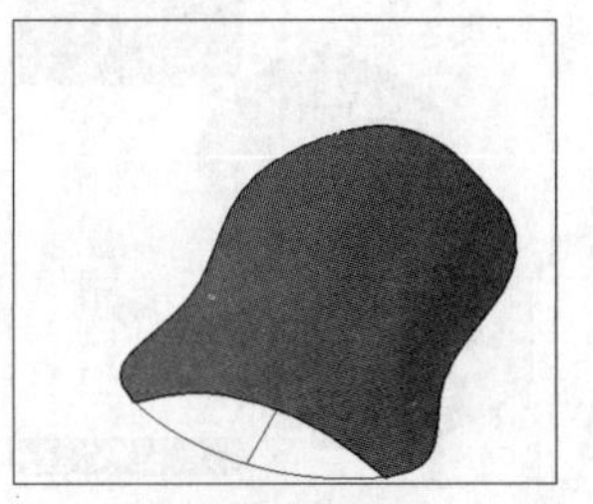

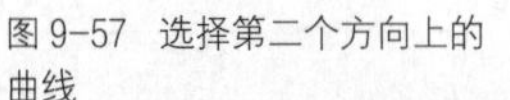

图 9-57　选择第二个方向上的曲线

图 9-58　完成的鼠标曲面

9.3.4 创建过渡曲面 ★重点★

在两个现有曲面之间创建的连续的曲面称为过渡曲面。将两个曲面融合在一起时，需要指定曲面连续性和凸度幅值，创建过渡曲面的方法如下。

◆菜单栏：执行“绘图”|“建模”|“曲面”|“过渡”命令。

◆功能区：在“曲面”选项卡中，单击“创建”面板中的“过渡”按钮。

◆命令：SURFBLEND。

执行“过渡”命令后，根据命令行提示，依次选择要过渡的曲面上的边，然后按 Enter 键即可创建过渡曲面，操作如图 9-59 所示。

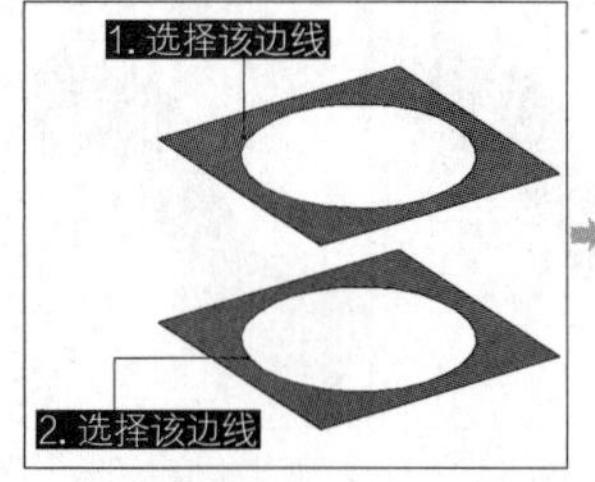

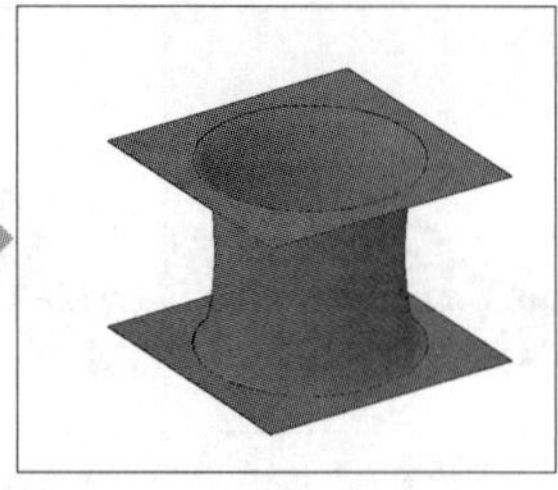

图 9-59　创建过渡曲面

指定过渡边线后，命令行出现如下提示。

```
按 Enter 键接受过渡曲面或 [连续性(CON)/凸度幅值(B)]:
```

此时可以根据提示利用“连续性 (CON)”和“凸度幅值 (B)”这两种方式调整过渡曲面的形式，选项的具体含义说明如下。

连续性 (CON)

选择“连续性 (CON)”选项，可调整曲面彼此融合的平滑程度。选择该选项时，有 G0、G1、G2 这 3 种连接形式可选。

◆G0（位置连续性）：曲面的位置连续性是指新构造的曲面与相连的曲面直接连接起来即可，不需要在两个曲面的相交线处相切；G0 为默认选项，效果如图 9-60 所示。

◆G1（相切连续性）：曲面的相切连续性是指在曲面位置连续的基础上，新创建的曲面与相连曲面在相交线处相切连续，即新创建的曲面在相交线处与相连曲面在相交线处具有相同的法线方向，效果如图 9-61 所示。

◆G2（曲率连续性）：曲面的曲率连续性是指在曲面相切连续的基础上，新创建的曲面与相连曲面在相交线处曲率连续，效果如图 9-62 所示。

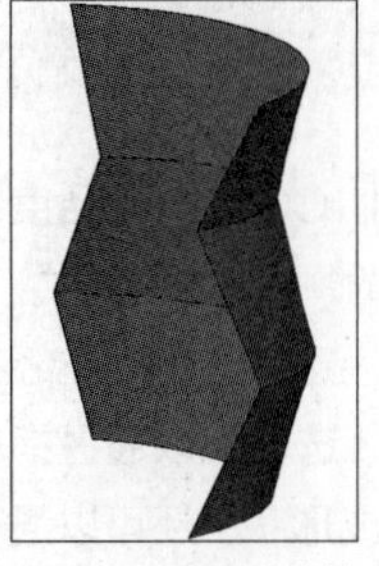

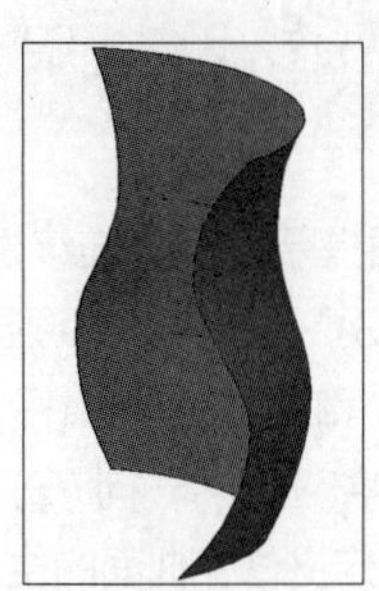

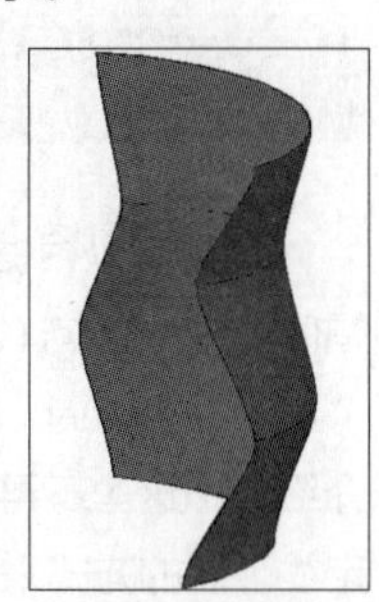

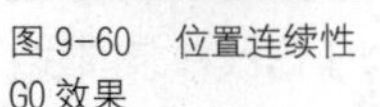

图 9-60　位置连续性 G0 效果

图 9-61　相切连续性 G1 效果

图 9-62　曲率连续性 G2 效果

凸度幅值 (B)

设置过渡曲面边与其原始曲面相交处该过渡曲面边的圆度。默认值为 0.5，有效值介于 0 和 1 之间，具体显示效果如图 9-63 所示。

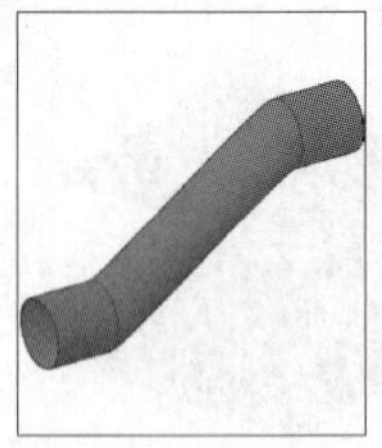
两边幅值为 0.2

两边幅值为 0.5

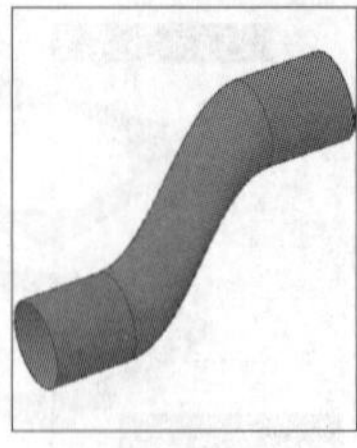
两边幅值为 0.8

图 9-63　不同凸度幅值的过渡效果

9.3.5 创建修补曲面 ★重点★

曲面“修补”即在创建新的曲面或封口时，闭合现有曲面的开放边，也可以通过闭环添加其他曲线以约束和引导修补曲面。创建修补曲面的方法如下。

◆菜单栏：执行“绘图”|“建模”|“曲面”|“修补”命令。

◆功能区：在“曲面”选项卡中，单击“创建”面板中的“修补”按钮。

◆命令：SURFPATCH。

执行“修补”命令后，根据命令行提示，选择现有曲面上的边线，即可创建出修补曲面，效果如图 9-64 所示。

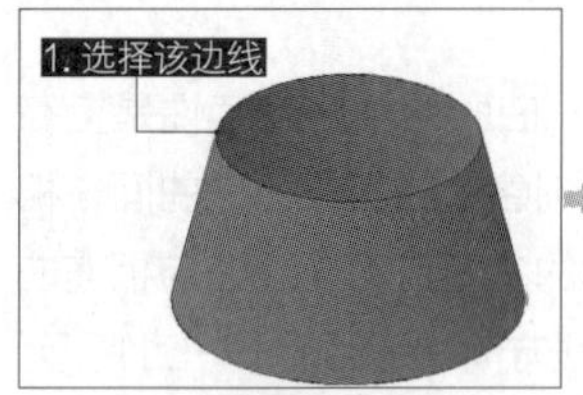

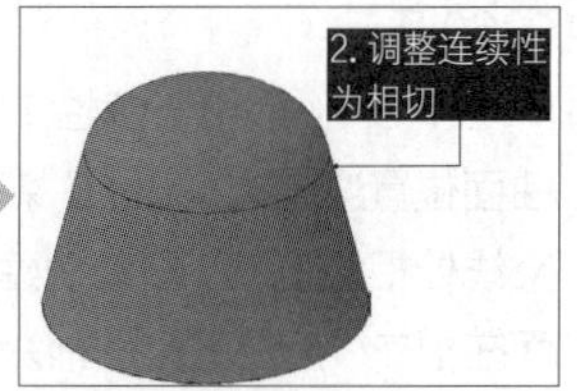

图 9-64　创建修补曲面

选择要修补的边线后，命令行出现如下提示。

```
按 Enter 键接受修补曲面或 [连续性(CON)/凸度幅值(B)/导向(G)]:
```

此时可以根据提示利用“连续性 (CON)”“凸度幅值 (B)”“导向 (G)”这 3 种方式调整修补曲面的形式。“连续性 (CON)”和“凸度幅值 (B)”选项在之前已经介绍过，这里不再赘述。“导向 (G)”选项可以通过指定线、点的方式来定义修补曲面的生成形状，还可以通过调整曲线或点的方式进行编辑，类似于修改样条曲线，效果如图 9-65 和图 9-66 所示。

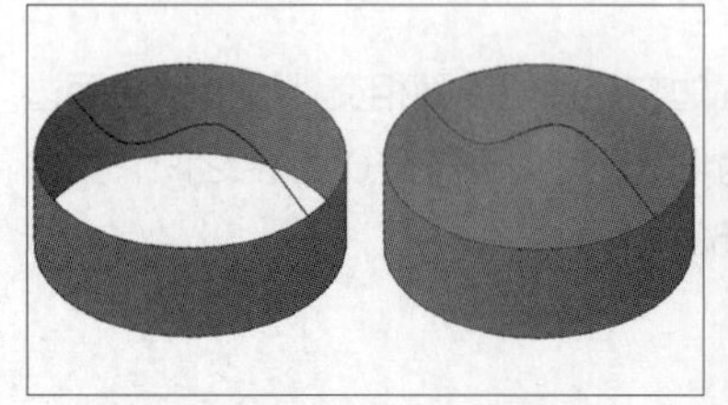

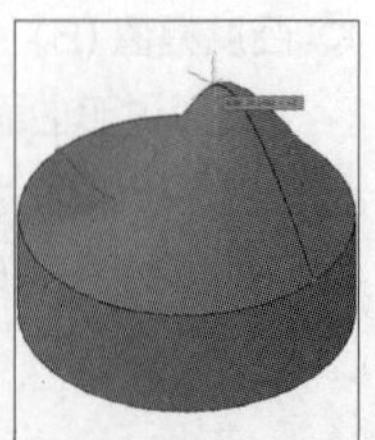

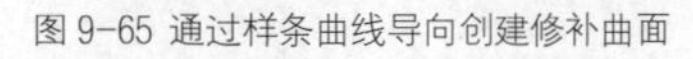

图 9-65 通过样条曲线导向创建修补曲面

图 9-66　调整导向曲线修改修补曲面

练习9-12 修补鼠标曲面 ★进阶★

在“练习 9-11”中，鼠标曲面前方仍留有开口，这时就可以通过执行“修补”命令来封口，操作步骤如下。

步骤 01 打开“练习9-12：修补鼠标曲面.dwg”素材文件，如图9-67所示。

步骤 02 在“曲面”选项卡中，单击“创建”面板中的“拉伸”按钮，选择鼠标曲面前方开口的弧线进行拉伸，拉伸任意距离，如图9-68所示。

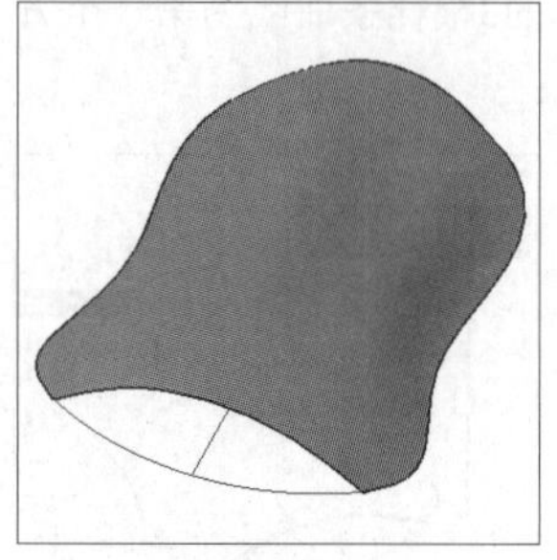
图 9-67　素材模型

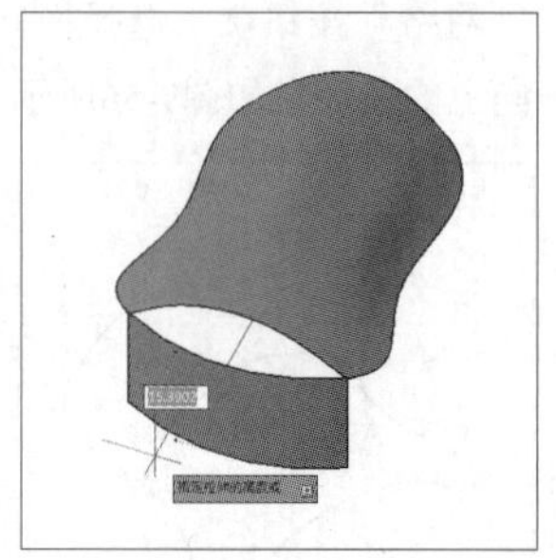
图 9-68　创建辅助修补面

步骤 03 在“曲面”选项卡中，单击“创建”面板中的“修补”按钮，选择鼠标曲面开口边与上一步骤拉伸面的边线作为修补边，按Enter键，选择连续性为G1，即可创建修补面，效果如图9-69所示。

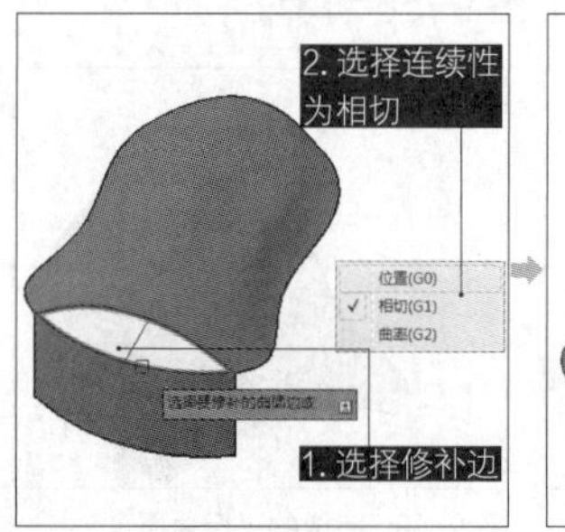

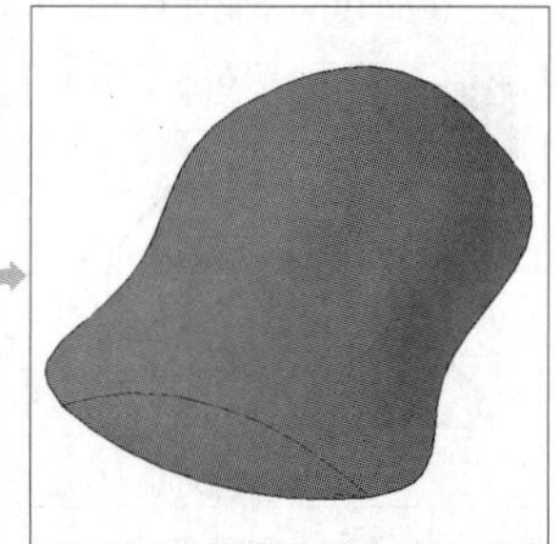

图 9-69　修补鼠标曲面

9.3.6 创建偏移曲面

偏移曲面可以创建与原始曲面平行的曲面，在创建过程中需要指定偏移距离。创建偏移曲面的方法如下。

◆菜单栏：执行“绘图”|“建模”|“曲面”|“偏移”命令。

◆功能区：在“曲面”选项卡中，单击“创建”面板中的“偏移”按钮。

◆命令：SURFOFFSET。

执行“偏移”命令后，直接选择要进行偏移的面，然后输入偏移距离，即可创建偏移曲面，效果如图 9-70 所示。

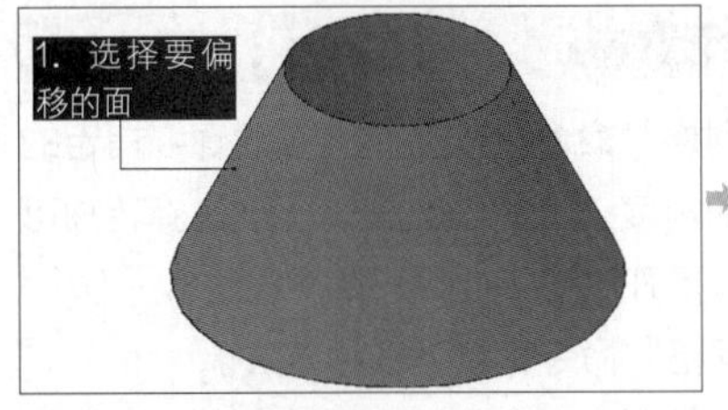

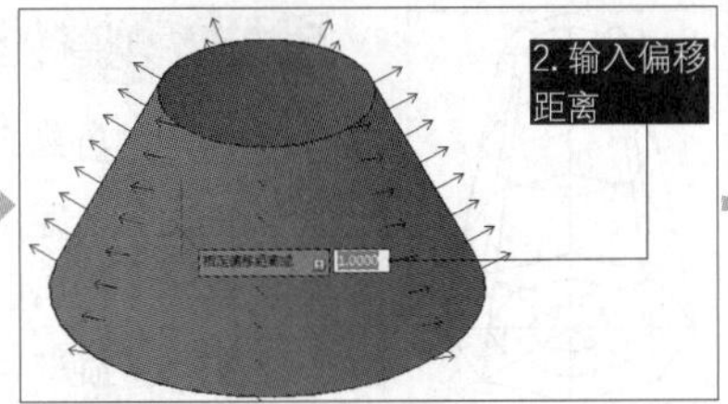

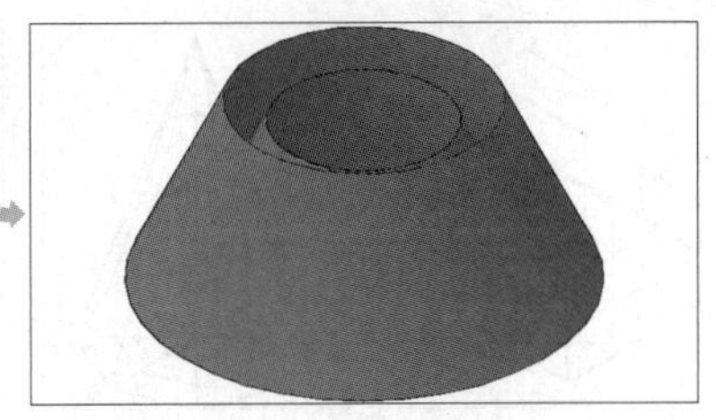

图 9-70　创建偏移曲面

9.4 创建网格曲面

网格是用离散的多边形表示实体的表面，与实体模型一样，可以对网格模型进行隐藏、着色和渲染。网格模型还具有实体模型所没有的编辑方式，包括锐化、分割和增加平滑度等。

创建网格的方式有多种，包括使用基本网格图元创建规则网格，以及使用二维或三维轮廓线生成复杂网格。AutoCAD 的网格命令集中在“网格”选项卡中，如图 9-71 所示。

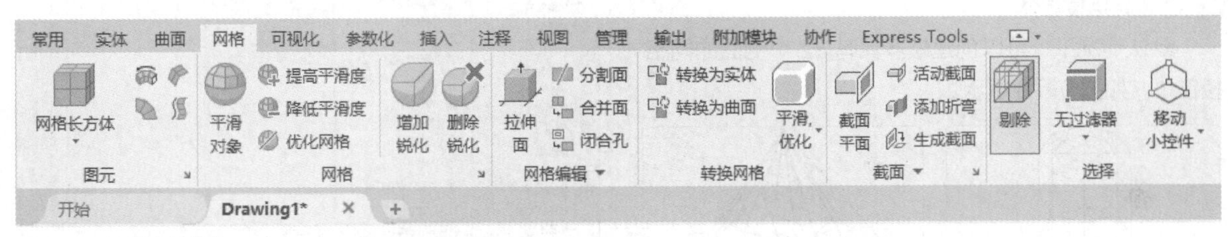

图 9-71　“网格”选项卡

9.4.1 创建基本体网格 ★重点★

AutoCAD 提供了创建基本体网格的命令，如创建长方体、圆锥体、球体及圆环体等。执行“网格图元”命令有以下几种方法。

◆菜单栏：执行“绘图”|“建模”|“网格”|“图元”命令，在子菜单中选择要创建的图元类型，如图 9-72 所示。

◆功能区：在“网格”选项卡的“图元”面板中选择要创建的图元类型，如图 9-73 所示。

◆命令：MESH。

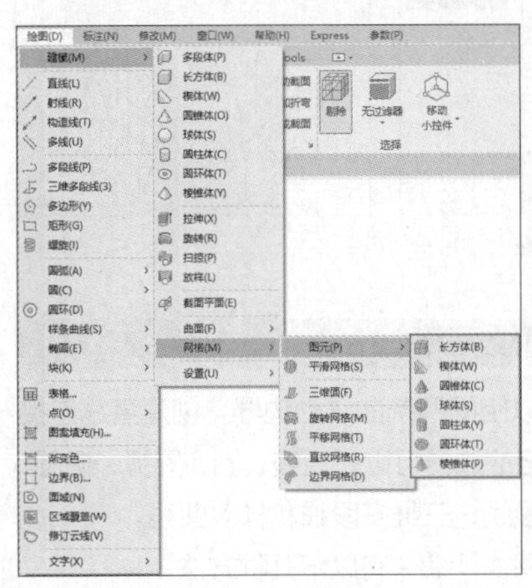

图 9-72　“图元”命令

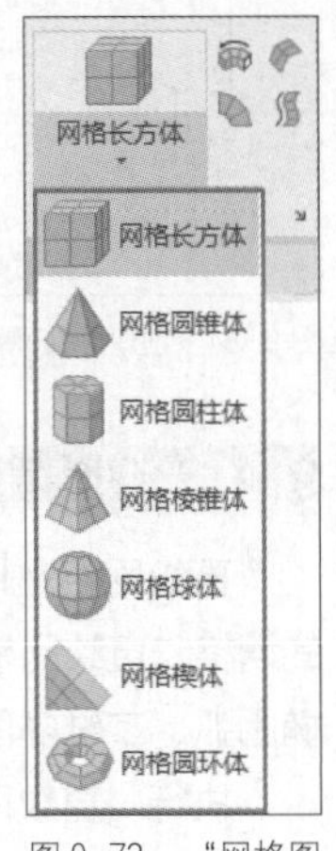

图 9-73　“网格图元”按钮

各种基本体网格的操作方法不一样，接下来对各基本体网格图元的创建方法进行逐一讲解。

1 创建网格长方体

绘制网格长方体时，其底面将与当前 UCS 的 *XY* 平面平行，并且其初始位置的长、宽、高分别与当前 UCS 的 *X*、*Y*、*Z* 轴平行。在指定长方体的长、宽、高时，正值表示向相应的坐标值正方向延伸，负值表示向相应的坐标值负方向延伸。最后，需要指定长方体表面绕 *Z* 轴的旋转角度，以确定其最终位置。创建的网格长方体如图 9-74 所示。

2 创建网格圆锥体

如果选择绘制圆锥体，可以创建底面为圆形或椭圆的网格圆锥体，如图 9-75 所示。如果指定顶面半径，还可以创建网格圆台，如图 9-76 所示。

默认情况下，网格圆锥体的底面位于当前 UCS 的 *XY* 平面上，圆锥体的轴线与 *Z* 轴平行。选择“椭圆”选项，可以创建底面为椭圆的圆锥体。选择“顶面半径”选项，可以创建倾斜至椭圆面或平面的圆台。选择“切点、切点、半径 (T)”选项，可以创建底面与两个对象相切的网格圆锥或圆台，新创建的圆锥体位于尽可能接近指定的切点的位置，这取决于半径距离。

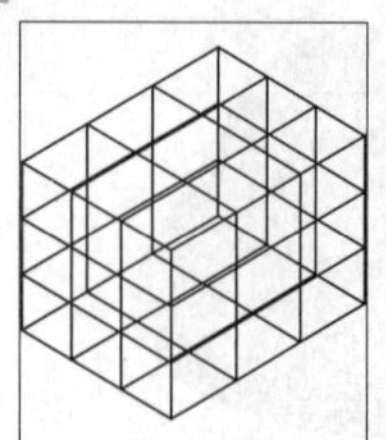
图 9-74　创建的网格长方体

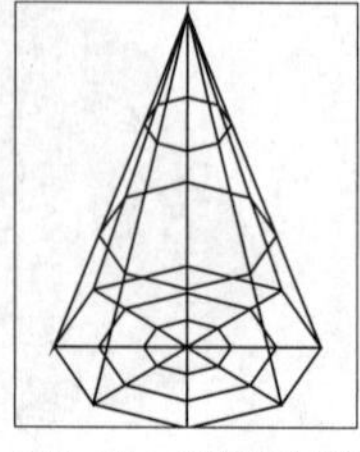
图 9-75　创建的网格圆锥体

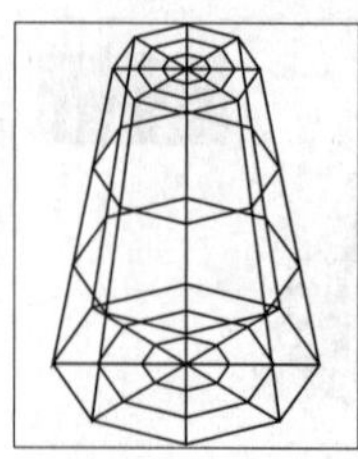
图 9-76　创建的网格圆台

3 创建网格圆柱体

如果选择绘制圆柱体，可以创建底面为圆形或椭圆的网格圆柱体，如图 9-77 所示。绘制网格圆柱体的过程与绘制网格圆锥体的过程相似，即先指定底面形状，再指定高度，这里不再介绍。

4 创建网格棱锥体

默认情况下，可以创建最多具有 32 个侧面的网格棱锥体，如图 9-78 所示。

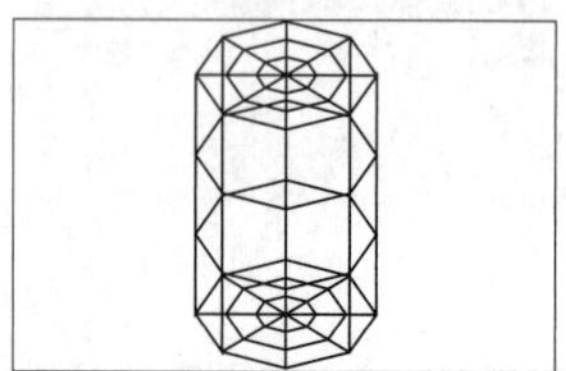
图 9-77　创建的网格圆柱体

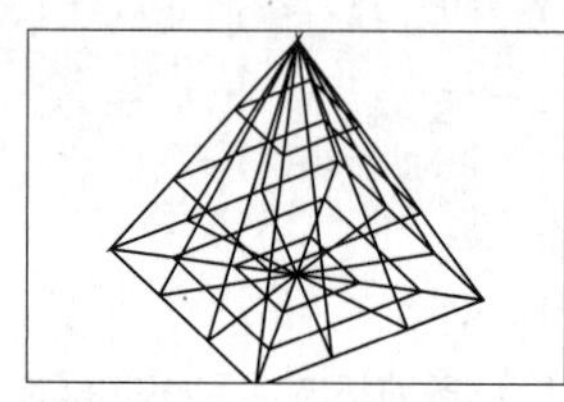
图 9-78　创建的网格棱锥体

5 创建网格球体

网格球体是使用梯形网格面和三角形网格面拼接成的网格对象，如图 9-79 所示。如果从球心开始创建，网格球体的中心轴将与当前 UCS 的 *Z* 轴平行。网格球体有多种创建方式，可以通过指定中心点、三点、两点或相切、相切、半径来创建网格球体。

6 创建网格楔体

网格楔体可以看作一个网格长方体沿着对角面剖切出一半的效果，如图 9-80 所示。因此其绘制方式与网格长方体基本相同，默认情况下楔体的底面绘制为与当前 UCS 的 *XY* 平面平行，楔体的高度方向与 *Z* 轴平行。

7 绘制网格圆环体

网格圆环体如图 9-81 所示，其具有两个半径：一个是圆管半径，另一个是圆环半径。圆环半径是圆环体的圆心到圆管圆心之间的距离。默认情况下，圆环体将与当前 UCS 的 *XY* 平面平行，且被该平面平分。

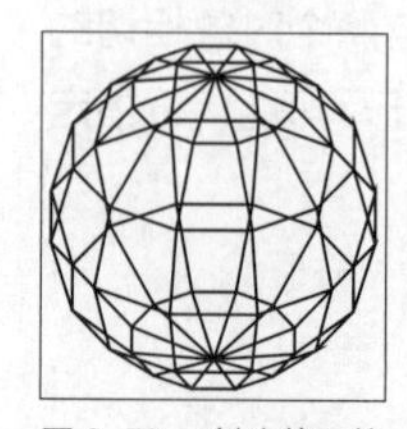
图 9-79　创建的网格球体

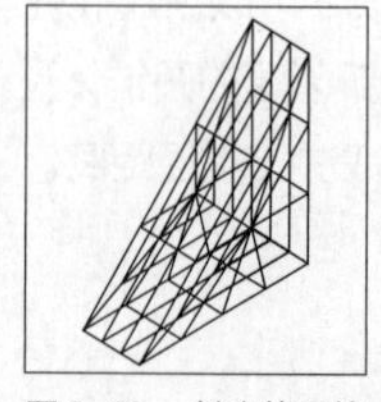
图 9-80　创建的网格楔体

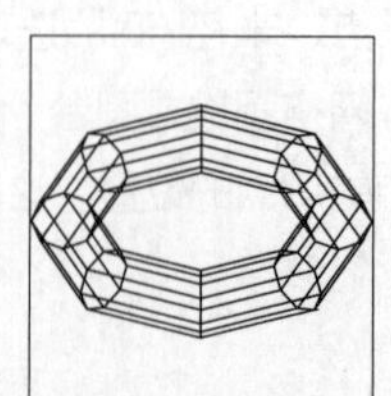
图 9-81　创建的网格圆环体

9.4.2 创建旋转网格

使用"旋转网格"命令可以将曲线或轮廓绕指定的旋转轴旋转一定的角度，从而创建旋转网格。旋转轴可以是直线，也可以是开放的二维或三维多段线。

执行"旋转网格"命令有以下几种方法。

◆菜单栏：执行"绘图"|"建模"|"网格"|"旋转网格"命令，如图 9-82 所示。

◆功能区：在"网格"选项卡中，单击"图元"面板中的"旋转曲面"按钮，如图 9-83 所示。

◆命令：REVSURF。

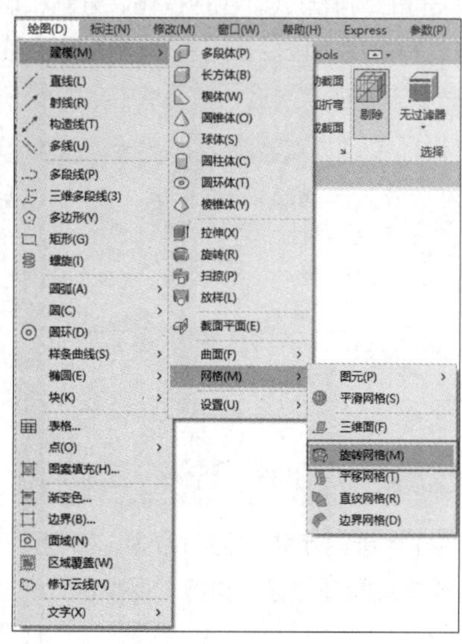

图 9-82　"旋转网格"命令

图 9-83　"旋转曲面"按钮

"旋转网格"命令与"旋转"命令相同，先选择要旋转的轮廓，再指定旋转轴，输入旋转角度即可，如图 9-84 所示。

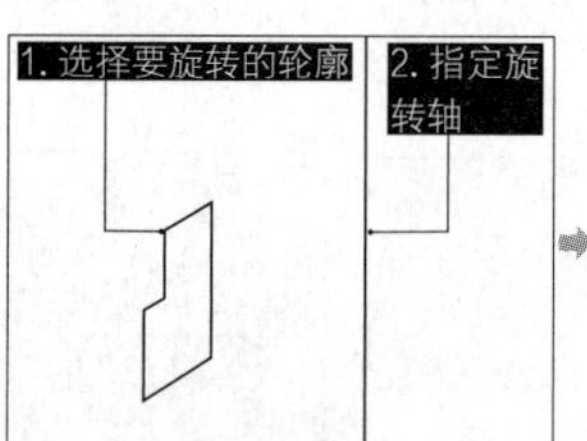

图 9-84　创建旋转网格

9.4.3 创建直纹网格

直纹网格是以空间两条曲线为边界，创建直线连接的网格。直纹网格的边界可以是直线、圆、圆弧、椭圆、椭圆弧、二维多段线、三维多段线和样条曲线。

执行"直纹网格"命令有以下几种方法。

◆菜单栏：执行"绘图"|"建模"|"网格"|"直纹网格"命令，如图 9-85 所示。

◆功能区：在“网格”选项卡中，单击“图元”面板中的“直纹曲面”按钮，如图 9-86 所示。

◆命令：RULESURF。

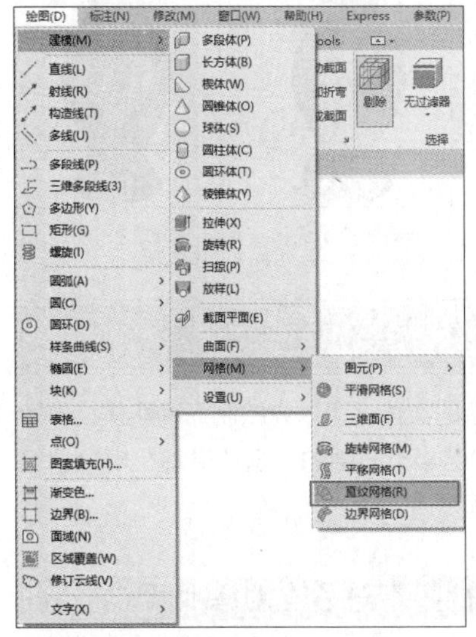

图 9-85　“直纹网格”命令

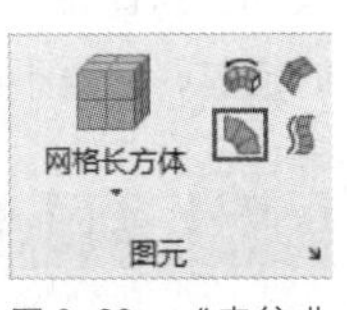

图 9-86　“直纹曲面”按钮

除了使用点作为直纹网格的边界，直纹网格的两个边界必须同时开放或闭合。在执行命令时，因为选择曲线的点不一样，绘制的直线会出现交叉和平行两种情况，分别如图 9-87 和图 9-88 所示。

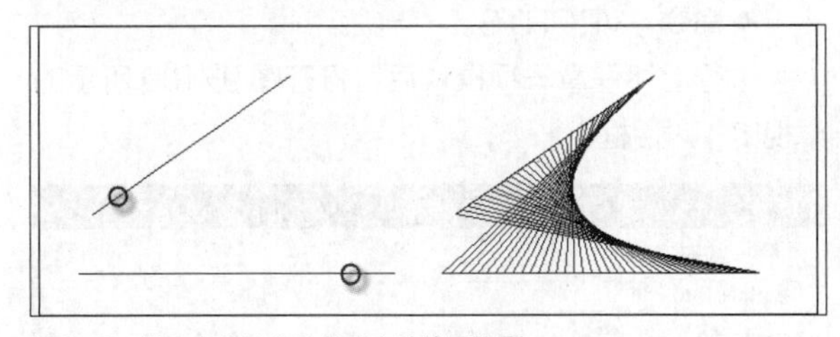

图 9-87　拾取点位置交叉创建交叉的网格面

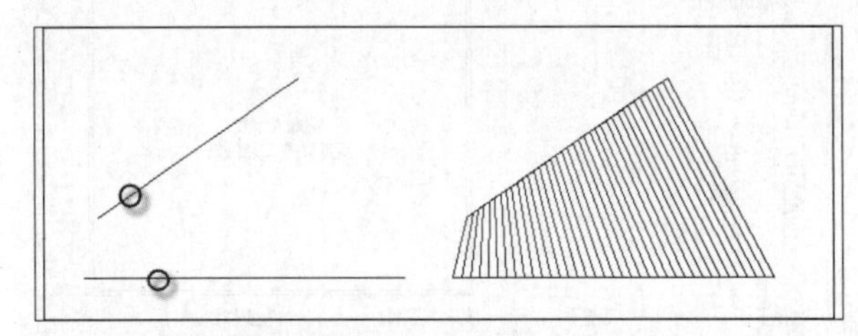

图 9-88　拾取点位置平行创建平行的网格面

9.4.4 创建平移网格

使用“平移网格”命令可以将平面轮廓沿指定方向进行平移，从而绘制平移网格。平移的轮廓可以是直线、圆、圆弧、椭圆、椭圆弧、二维多段线、三维多段线和样条曲线等。

执行“平移网格”命令有以下几种方法。

◆菜单栏：执行“绘图”|“建模”|“网格”|“平移网格”命令，如图 9-89 所示。

◆功能区：在“网格”选项卡中，单击“图元”面板上的“平移曲面”按钮，如图 9-90 所示。

◆命令：TABSURF。

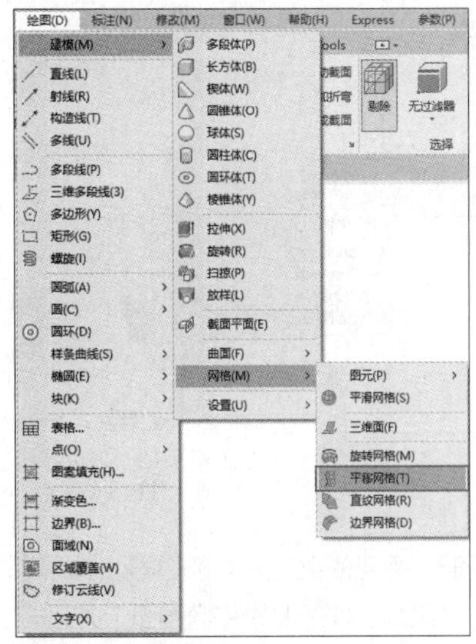

图 9-89　“平移网格”命令

图 9-90　“平移曲面”按钮

执行“平移网格”命令后，根据提示先选择轮廓，再选择作为方向矢量的图形，即可创建平移网格，如图 9-91 所示。这里要注意的是，轮廓只能是单一的图形，不能是面域等复杂图形。

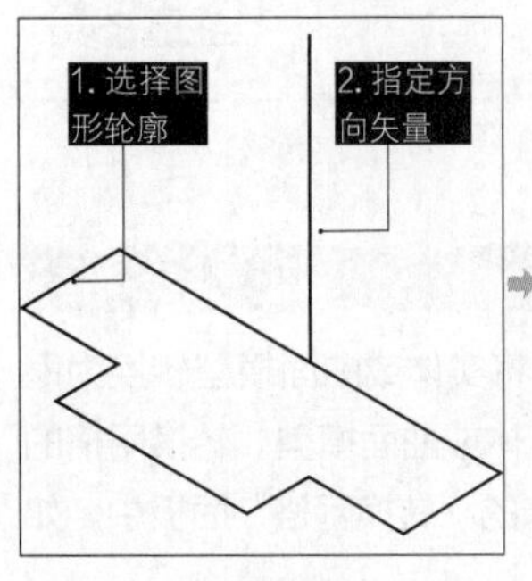

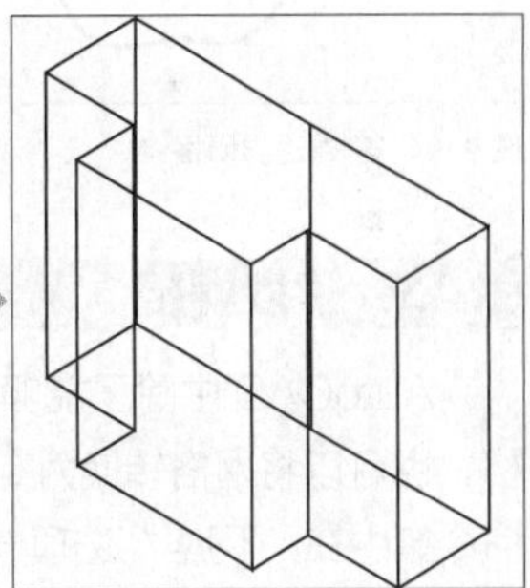

图 9-91　创建平移网格

9.4.5 创建边界网格

使用“边界网格”命令可以由 4 条首尾相连的边创建一个三维多边形网格。

执行“边界网格”命令有以下几种方法。

◆菜单栏：执行“绘图”|“建模”|“网格”|“边界网格”命令，如图 9-92 所示。

◆功能区：在“网格”选项卡中，单击“图元”面板中的“边界曲面”按钮，如图 9-93 所示。

◆命令：EDGESURF。

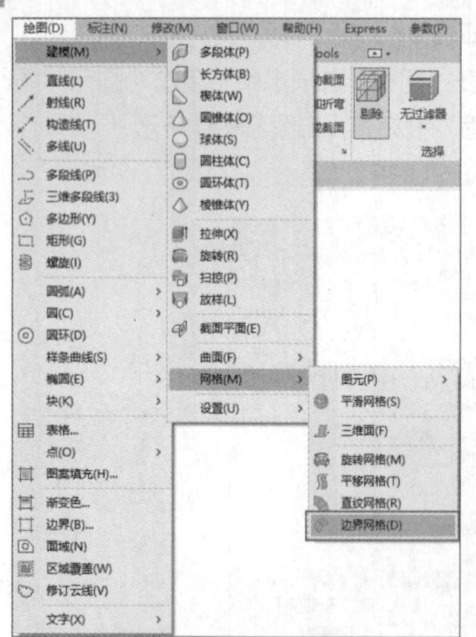

图 9-92 “边界网格”命令

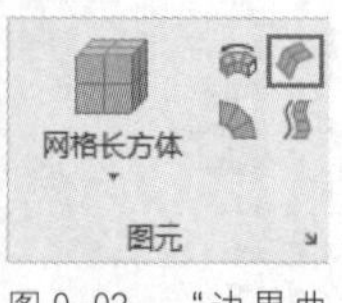

图 9-93 “边界曲面”按钮

创建边界曲面时，需要依次选择 4 条边界。边界可以是圆弧、直线、多段线、样条曲线和椭圆弧，并且必须形成闭合环和共享端点。边界网格的效果如图 9-94 所示。

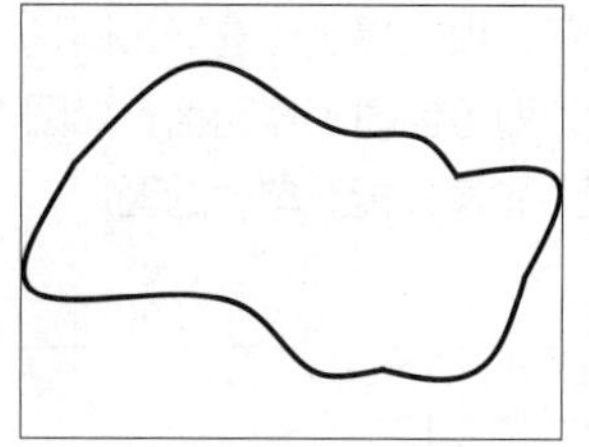

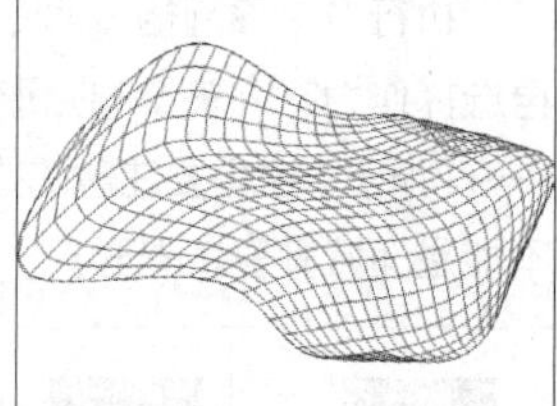

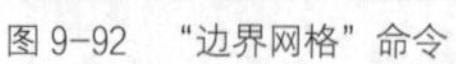

图 9-94 创建边界网格

9.4.6 转换网格

AutoCAD 中除了能够将实体或曲面模型转换为网格，也可以将网格转换为实体或曲面模型。转换网格的命令集中在“网格”选项卡的“转换网格”面板中，如图 9-95 所示。

面板右侧的选项列表列出了转换控制选项，如图 9-96 所示。先在该列表中选择一种控制类型，然后单击“转换为实体”按钮或“转换为曲面”按钮，最后选择要转换的网格对象，该网格即被转换。

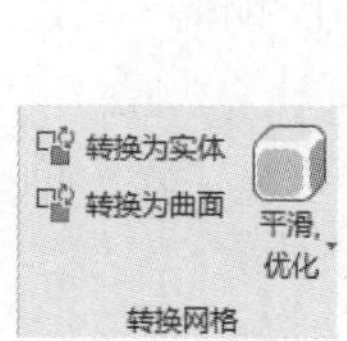

图 9-95 “转换网格”面板

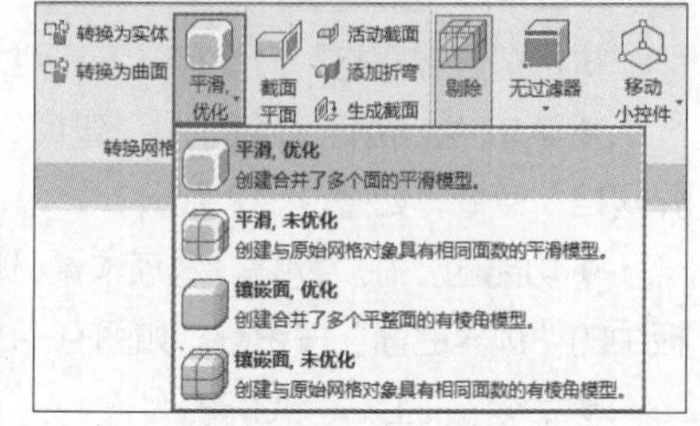

图 9-96 转换控制选项

例如图 9-97 所示的网格模型，选择不同的控制类型，其转换效果分别如图 9-98 和图 9-99 所示。

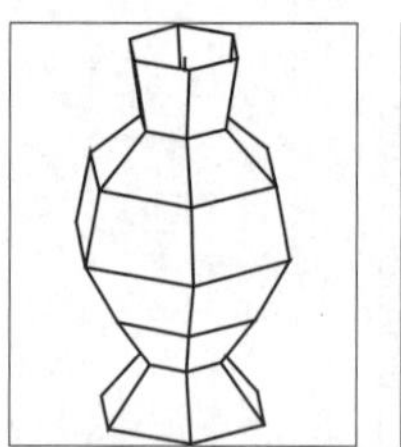

图 9-97 网格模型

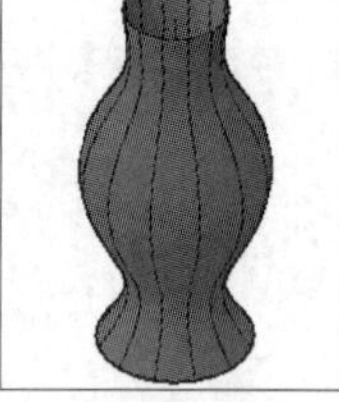

图 9-98 平滑优化

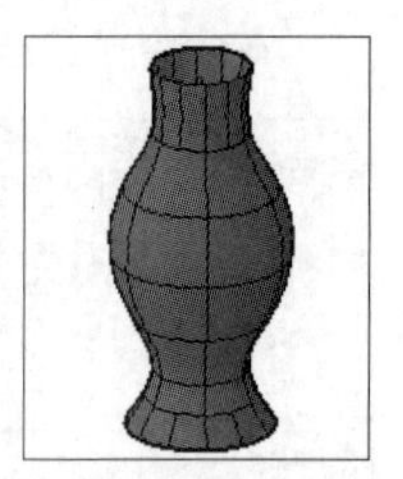

图 9-99 平滑未优化

9.5 从三维实体生成二维视图

对于比较复杂的实体，可以先绘制三维实体，再转换为二维图形，9.2.4 小节中的“延伸讲解”部分已经介绍过，这里不再赘述。

9.5.1 使用“视口”对话框创建视口

使用“VPORTS”命令可以打开“视口”对话框，在模型空间和布局空间创建视口。

打开“视口”对话框的方式有以下几种。

◆菜单栏：执行“视图”|“视口”|“新建视口”命令。

◆功能区：在“三维基础”空间中，单击“可视化”选项卡“模型视口”面板中的“命名”按钮。

◆命令：VPORTS。

执行上述任意一项操作后，打开图 9-100 所示的“视口”对话框。

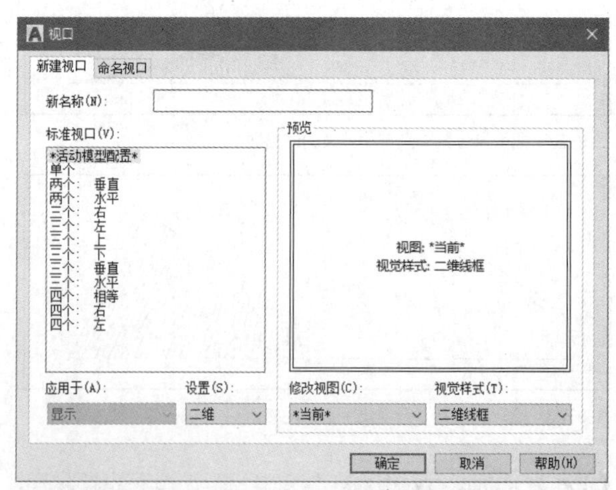

图 9-100 “视口”对话框

通过此对话框，用户可进行设置视口的数量、命名视口和选择视口的形式等操作。

9.5.2 使用“视图”命令创建布局多视图

使用“视图”命令可以自动为三维实体创建正交视图、图层和布局视口。

执行“视图”命令的方法如下。

◆菜单栏：执行“绘图”|“建模”|“设置”|“视图”命令。

◆命令：SOLVIEW。

在模型空间中，执行“SOLVIEW”命令后，系统自动转换到布局空间，并提示用户选择创建浮动视口的形式。命令行提示如下。

```
命令: _solview
输入选项 [UCS(U)/正交(O)/辅助(A)/截面(S)]:
```

命令行中各选项的含义介绍如下。

◆UCS(U)：创建相对于用户坐标系的投影视图。

◆正交 (O)：从现有视图创建折叠的正交视图。

◆辅助 (A)：从现有视图创建辅助视图，辅助视图投影到和已有视图正交并倾斜于相邻视图的平面。

◆截面 (S)：通过图案填充创建实体图形的剖视图。

9.5.3 使用“实体图形”命令创建实体图形

使用“实体图形”命令可以创建实体轮廓或填充图案。

执行“实体图形”命令的方式有以下几种。

◆菜单栏：执行“绘图”|“建模”|“设置”|“图形”命令。

◆功能区：在“三维建模”空间中，单击“常用”选项卡“建模”面板扩展区域中的“实体图形”按钮。

◆命令：SOLDRAW。

执行上述任意一项操作后，命令行提示如下。

```
命令: SOLDRAW↙
选择要绘图的视口...
选择对象:
```

命令行提示“选择对象”，此时用户需要选择由“SOLDRAW”命令生成的视口，如果是利用“UCS(U)”“正交 (O)”“辅助 (A)”选项所创建的投影视图，在所选择的视口中将自动生成实体轮廓线。若所选择的视口由“SOLDRAW”命令的“截面 (S)”选项创建，系统将自动生成剖视图，并填充剖面线。

练习 9-13 使用“视图”和“实体图形”命令创建三视图 ★进阶★

本练习介绍如何使用“视图”和“实体图形”命令创建三视图，操作步骤如下。

步骤 01 打开“练习9-13：使用‘视图’和‘实体图形’命令创建三视图.dwg”素材文件，其中已创建好了一个模型，如图9-101所示。

步骤 02 在绘图区单击“布局1”标签，进入布局空间，选择系统自动创建的视口边线，按Delete键将其删除，如图9-102所示。

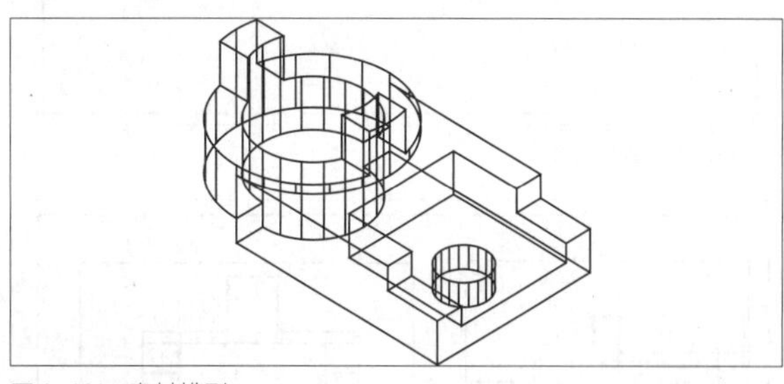

图 9-101　素材模型

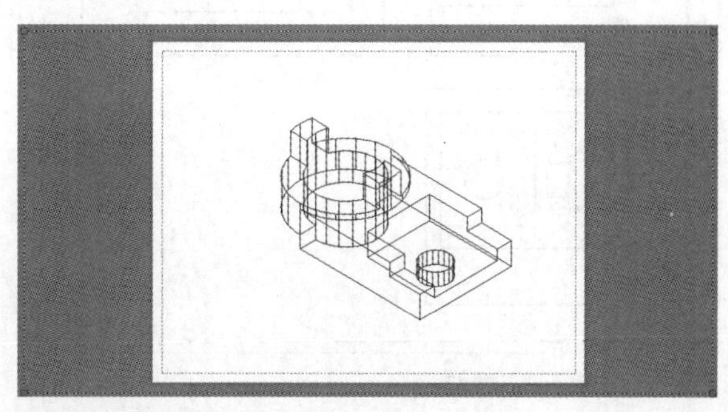

图 9-102　删除系统自动创建的视口边线

步骤 03 执行“绘图”|“建模”|“设置”|“视图”命令，创建的主视图如图9-103所示。命令行提示如下。

```
命令: _solview
输入选项 [UCS(U)/正交(O)/辅助(A)/截面(S)]:U↙
        //选择“UCS”选项
输入选项 [命名(N)/世界(W)/?/当前(C)] <当前>:W↙
//选择“世界”选项，选择世界坐标系创建视图
输入视图比例 <1>: 0.3↙
        //设置打印输出比例
指定视图中心:
        //选择视图中心点，这里选择视图布局中左上角适当的一点
指定视图中心 <指定视口>:
        //按Enter键
指定视口的第一个角点:
指定视口的对角点:
        //分别指定视口两个对角点，确定视口范围
输入视图名: 主视图
        //输入视图名称
```

步骤 04 使用同样的方法，分别创建左视图和俯视图，如图9-104所示。

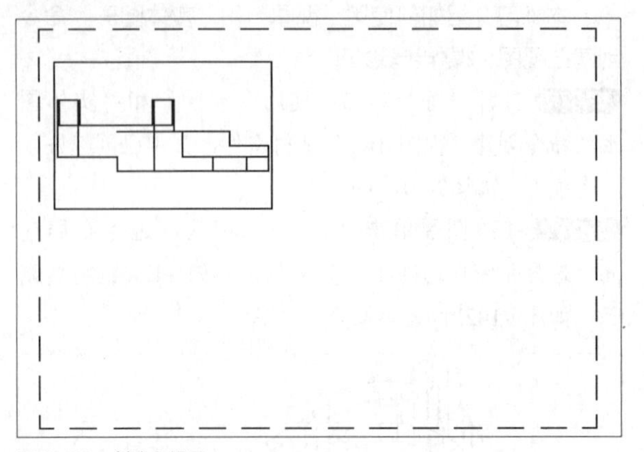

图 9-103　创建主视图

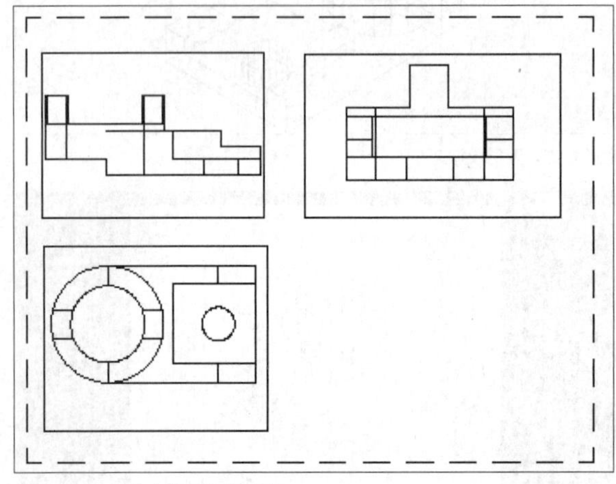

图 9-104　创建左视图和俯视图

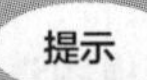

使用“SOLVIEW”命令创建的视图，默认是俯视图。

步骤 05 执行“绘图”|“建模”|“设置”|“图形”命令，在布局空间中选择视口边线，即可生成轮廓图，如图9-105所示。

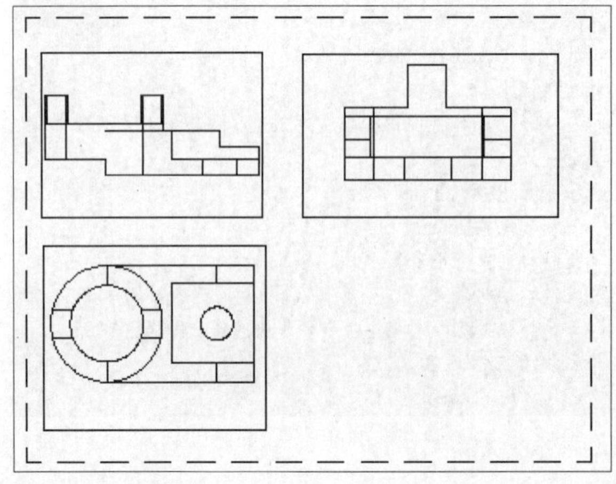

图 9-105　创建轮廓线

步骤 06 进入模型空间，将实体隐藏或删除。

步骤 07 返回“布局1”空间，选择3个视口的边线，将其切换至“Default”图层，再将该层关闭，即可隐藏视口边线。最终的图形效果如图9-106所示。

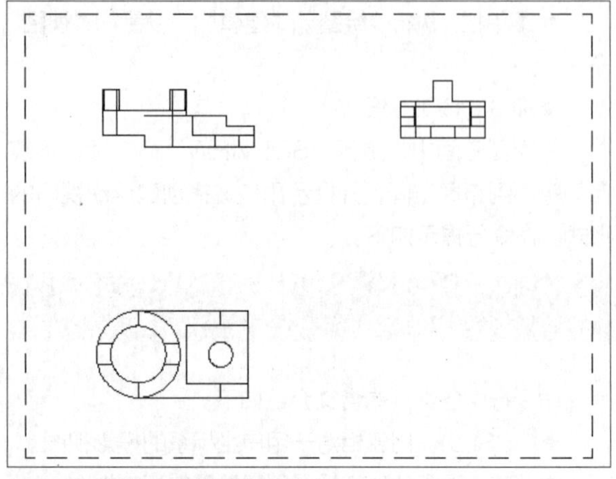

图 9-106　隐藏视口边线后的图形效果

9.5.4 使用“实体轮廓”命令创建二维轮廓线

使用“实体轮廓”命令可以在三维实体的基础上创建轮廓。该命令与“实体图形”命令有一定的区别：“实体图形”命令只能对用“视图”命令创建的视图生成轮廓，“实体轮廓”命令不仅可以对用“视图”命令创建的视图生成轮廓，而且可以对用其他方法创建的图形生成轮廓。应注意，使用“实体轮廓”命令时，必须是在模型空间内，一般使用“MSPACE”命令激活模型空间。

执行“实体轮廓”命令的方式有以下几种。

◆菜单栏：执行“绘图”|“建模”|“设置”|“轮廓”命令。

◆功能区：在“三维建模”空间中，单击“常用”选项卡“建模”面板扩展区域中的“实体轮廓”按钮。

◆命令：SOLPROF。

练习 9-14 使用“视口”和“实体轮廓”命令创建三视图 ★进阶★

本练习介绍如何使用“视口”和“实体轮廓”命令创建三视图，操作步骤如下。

步骤 01 打开“练习9-14：使用‘视口’和‘实体轮廓’命令创建三视图.dwg”素材文件，其中已创建好了一个模型，如图9-107所示。

步骤 02 在绘图区单击“布局1”标签，进入布局空间。在“布局1”标签上单击鼠标右键，在弹出的快捷菜单中执行“页面设置管理器”命令，弹出图9-108所示的“页面设置管理器”对话框。

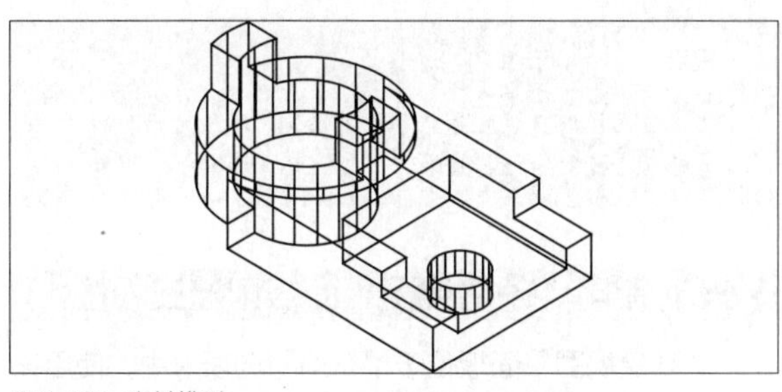

图 9-107　素材模型

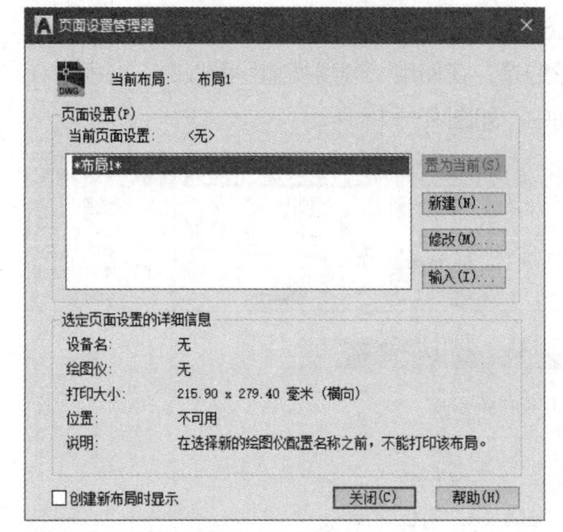

图 9-108　“页面设置管理器”对话框

步骤 03 单击“修改”按钮，弹出“页面设置-布局1”对话框。在“图纸尺寸”下拉列表中选择“ISO A4（210.00×297.00毫米）”选项，其他参数默认，如图9-109所示。

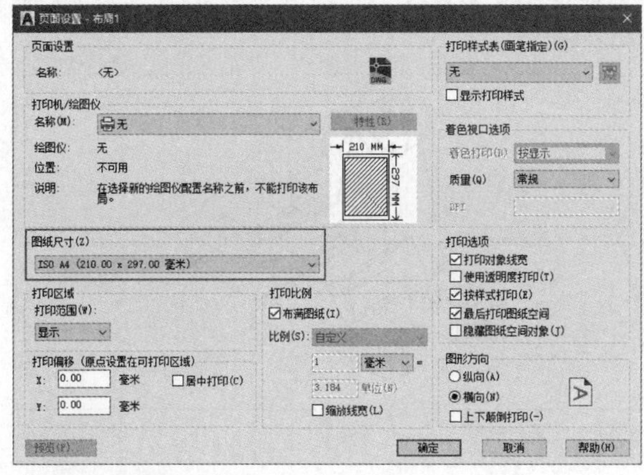

图 9-109　设置图纸尺寸

步骤 04 单击“确定”按钮，返回“页面设置管理器”对话框，单击“关闭”按钮，修改后的布局页面如图9-110所示。

步骤 05 在布局空间中选择系统自动创建的视口（即外围的黑色边线），按Delete键将其删除，如图9-111所示。

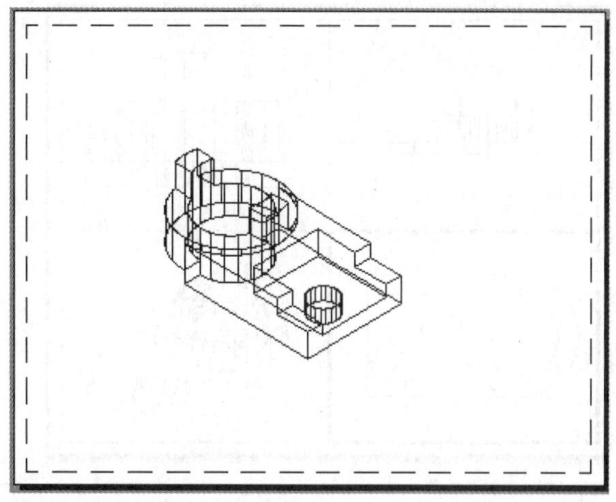

图 9-110　设置页面后的效果

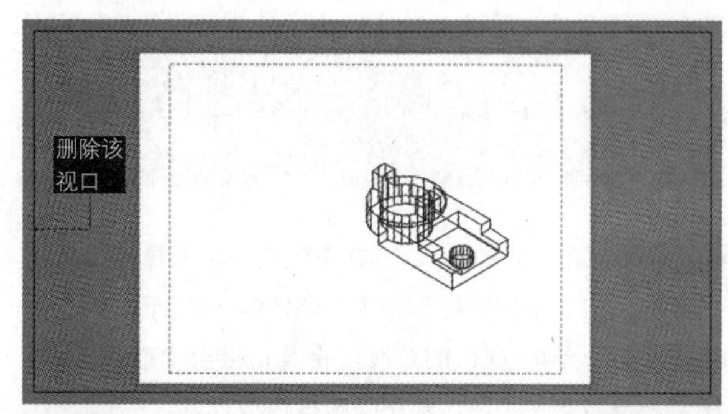

图 9-111　删除系统自动创建的视口

步骤 06 将视图显示模式设置为“二维线框”模式。执行“视图”|“视口”|“四个视口”命令，创建布满页面的4个视口，如图9-112所示。

步骤 07 在命令行中输入“MSPACE”，或直接双击视口，将布局空间转换为模型空间。

步骤 08 分别激活各视口，执行“视图”|“三维视图”命令，将各视口视图分别按对应的位置关系转换为前视、俯视、左视和等轴测，设置如图9-113所示。

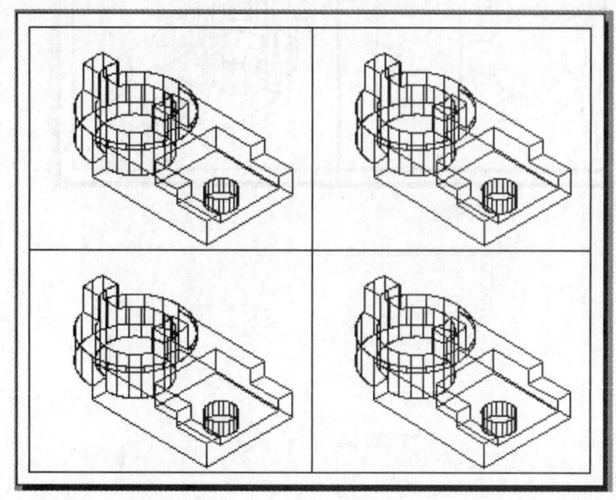

图 9-112　创建视口

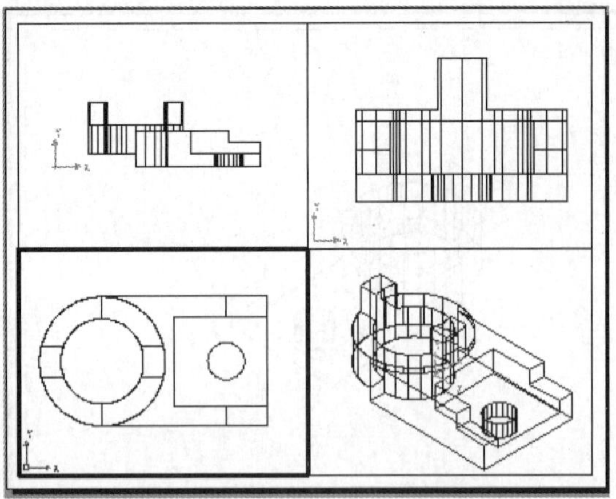

图 9-113　设置各视图

> **提示**
>
> 双击视口进入模型空间后，对应的视口边框线会加粗显示。

步骤 09 在命令行中输入“SOLPROF”，选择各视口的二维图，将二维图转换为轮廓，如图9-114所示。

步骤 10 选择4个视口的边线，将其切换至“Default”图层，再将该层关闭，即可隐藏视口边线。

步骤 11 选择右下三维视口，单击该视口中的实体，按Delete键将其删除。删除实体后，轮廓线如图9-115所示。

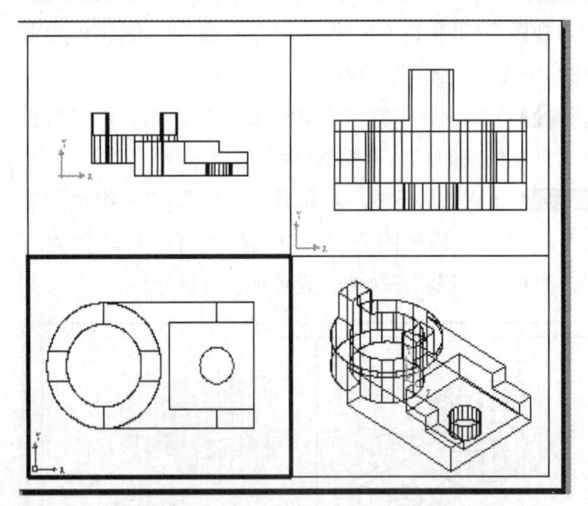

图 9-114　创建轮廓线

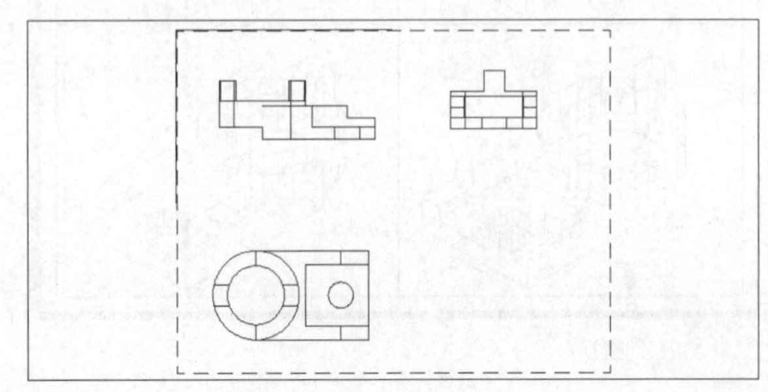

图 9-115　删除实体后的轮廓线

> **提示**
>
> 视口的边线可设置为单独的图层，将其隐藏后可以清晰地显示三视图的绘制效果。

9.5.5 使用“创建视图”面板创建三视图

“创建视图”面板位于“布局”选项卡中，使用该面板中的命令可以在模型空间中调用三维实体的基础视图，然后根据主视图生成三视图、剖视图及三维模型图。需要注意的是，在使用“创建视图”面板时，必须是在布局空间中，如图 9-116 所示。

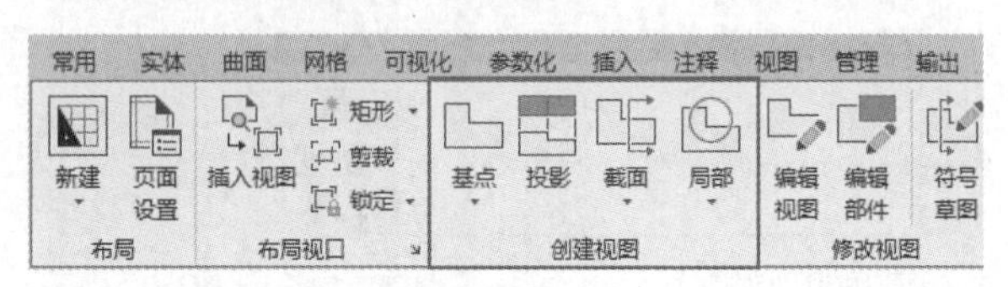

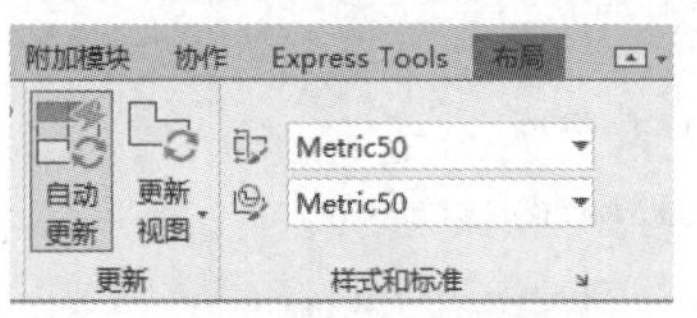

图 9-116　“创建视图”面板

练习9-15　使用“创建视图”命令创建三视图 ★进阶★

本练习介绍如何使用“创建视图”命令创建三视图，操作步骤如下。

步骤 01 打开“练习9-15：使用‘创建视图’命令创建三视图.dwg”素材文件，其中已创建好了一个模型，如图9-117所示。

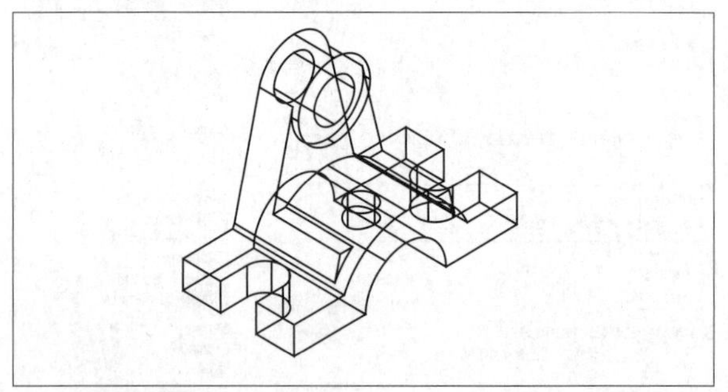

图 9-117　素材模型

步骤 02 在绘图区单击“布局1”标签，进入布局空间，选择系统自动创建的视口，按Delete键将其删除。

步骤 03 单击“布局”选项卡“创建视图”面板“基点”下拉列表中的“从模型空间”按钮，根据命令行的提示创建基础视图，如图9-118所示。

步骤 04 单击“投影”按钮，分别创建左视图和俯视图，如图9-119所示。

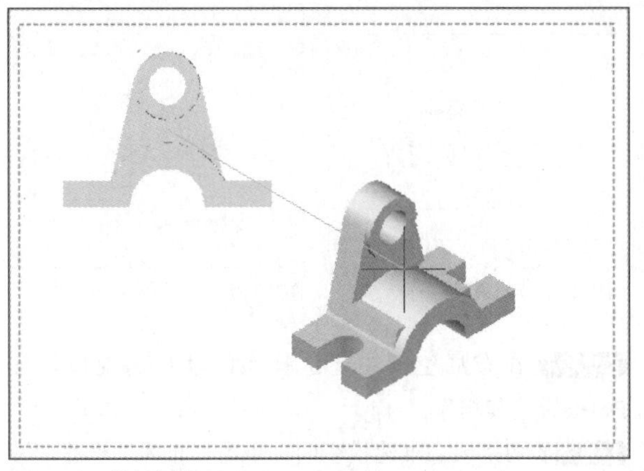

图 9-118　创建基础视图

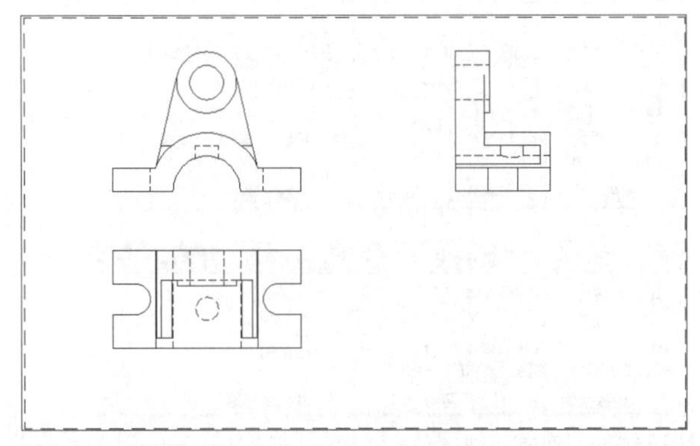

图 9-119　生成的三视图

9.5.6 从三维实体创建剖视图

除了基本的三视图，还可以在三维模型的基础上轻松地创建全剖、半剖、旋转剖和局部放大等二维视图。本小节将通过 3 个具体的练习来进行讲解。

练习9-16 创建全剖视图 ★重点★

本练习介绍快速创建零件全剖视图的方法，操作步骤如下。

步骤 01 打开“练习9-16：创建全剖视图.dwg”素材文件，其中已创建好了一个模型，如图9-120所示。

步骤 02 在绘图区单击“布局1”标签，进入布局空间，选择系统自动创建的视口，按Delete键将其删除，如图9-121所示。

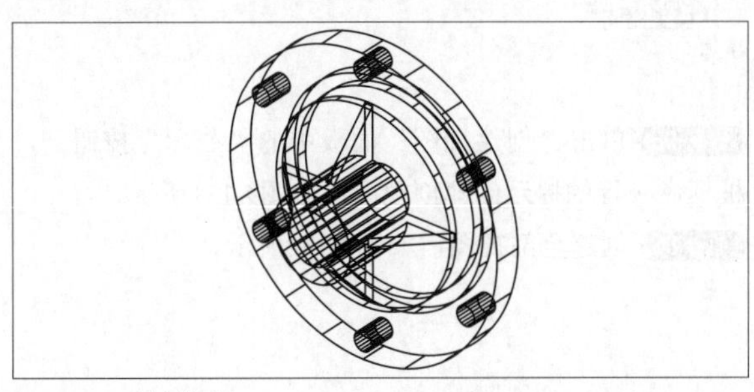

图 9-120　素材模型

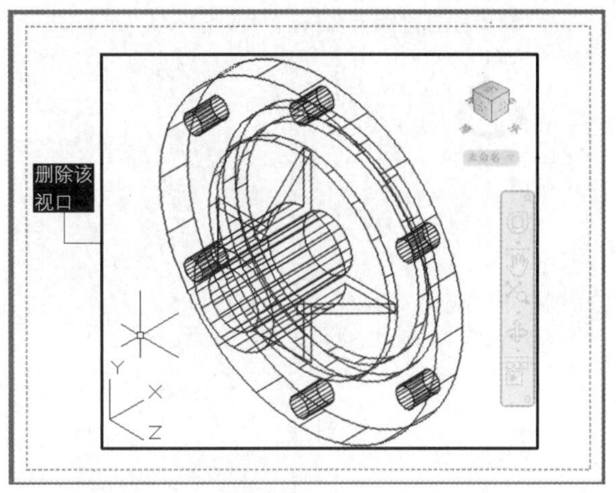

图 9-121　删除系统自动创建的视口

步骤 03 在命令行中输入“HPSCALE”，设置剖面线的填充比例，使线的密度更大。命令行提示如下。

```
命令: HPSCALE↙
输入 HPSCALE 的新值 <1.0000>: 0.5↙
```

步骤 04 执行“绘图”|“建模”|“设置”|“视图”命令，在布局空间中绘制主视图，如图9-122所示。命令行提示如下。

```
命令:_solview
输入选项 [UCS(U)/正交(O)/辅助(A)/截面(S)]:U↙
                              //激活“UCS”选项
输入选项 [命名(N)/世界(W)/?/当前(C)] <当前>:W↙
                              //激活“世界”选项
输入视图比例 <1>: 0.4↙
                              //设置打印输出比例
指定视图中心:
                              //在视图布局左上角拾取适当一点
指定视图中心 <指定视口>:
                              //按Enter键确认
指定视口的第一个角点:
指定视口的对角点:
                              //分别指定视口两对象点，确定视口范围
输入视图名: 主视图
                              //输入视图名称
```

步骤 05 执行“绘图”|“建模”|“设置”|“视图”命令，创建全剖视图，如图9-123所示。命令行提示如下。

```
命令:_solview
输入选项 [UCS(U)/正交(O)/辅助(A)/截面(S)]:S↙
          //选择“截面”选项
指定剪切平面的第一个点:
          //捕捉指定剪切平面的第一点
指定剪切平面的第二个点:
```

```
        //捕捉指定剪切平面的第二点
指定要从哪侧查看:
        //选择要查看剖面的方向
输入视图比例 <0.6109>:0.4↙
指定视图中心:
指定视图中心 <指定视口>:
指定视口的第一个角点:
指定视口的对角点:
输入视图名: 剖视图↙
        //输入视图的名称
```

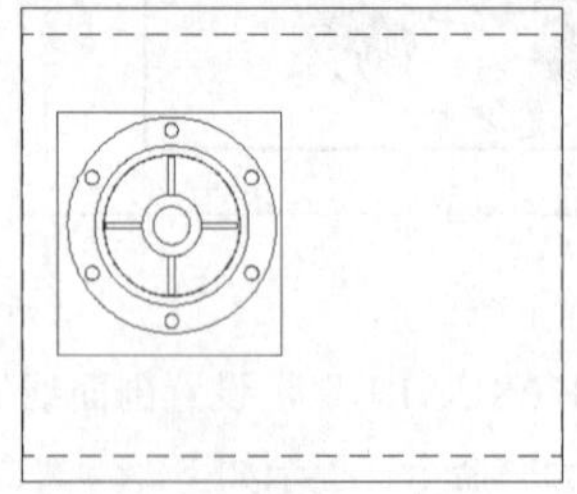

图 9-122 绘制主视图

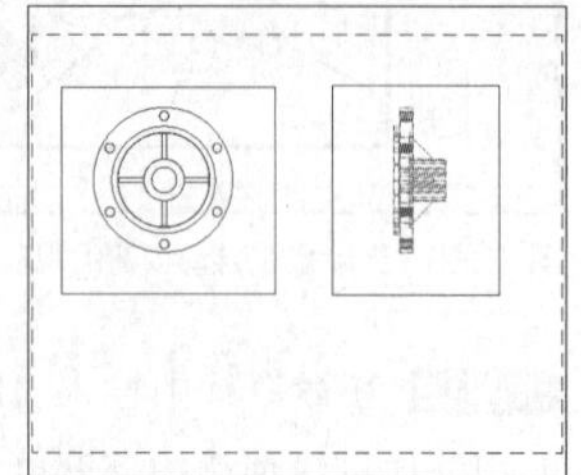

图 9-123 绘制剖视图

步骤 06 在命令行中输入"SOLDRAW"，将所绘制的两个视图图形转换成轮廓线，如图9-124所示。

步骤 07 修改填充图案的类型为ANSI31，隐藏视口线框图层，最终效果如图9-125所示。

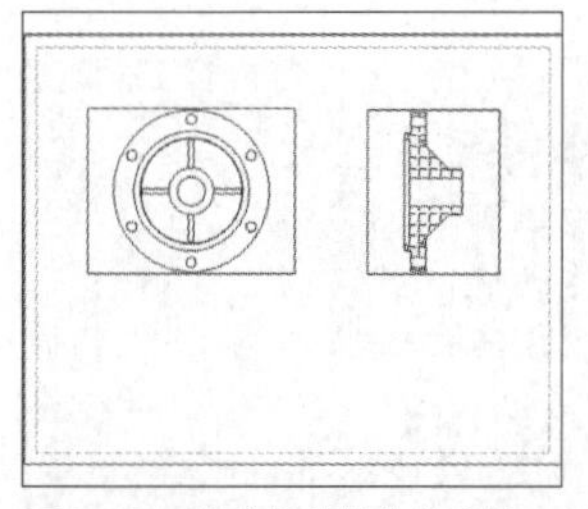

图 9-124 将实体转换为轮廓线

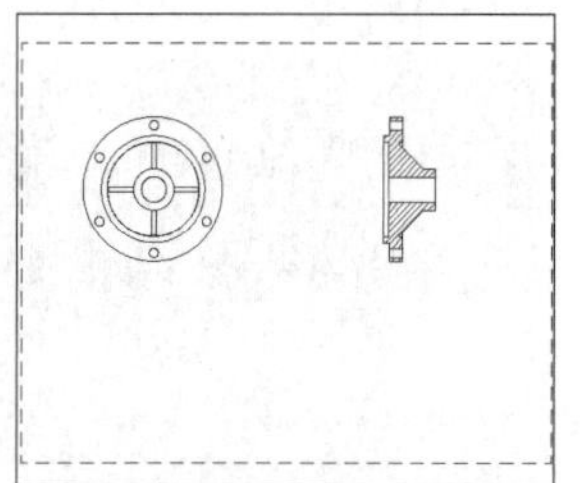

图 9-125 修改填充图案

练习9-17 创建半剖视图 ★重点★

本练习讲解创建半剖视图的方法，操作步骤如下。

步骤 01 打开"练习9-17：创建半剖视图.dwg"素材文件，其中已创建好了一个模型，如图9-126所示。

步骤 02 设置页面。在绘图区内单击"布局1"标签，进入布局空间。在"布局1"标签上单击鼠标右键，在弹出的快捷菜单中执行"页面设置管理器"命令，打开"页面设置管理器"对话框。

步骤 03 在对话框中单击"修改"按钮，弹出"页面设置-布局1"对话框，设置图纸尺寸为"ISO A4（297.00×210.00毫米）"，其他设置默认，单击"确定"按钮，返回"页面设置管理器"对话框，单击"关闭"按钮，完成页面设置，如图9-127所示。

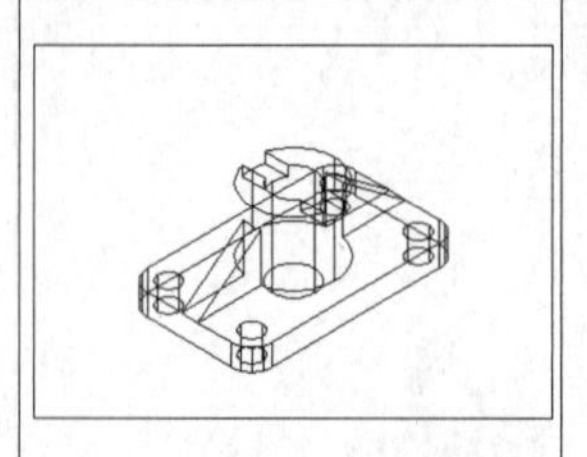

图 9-126 素材模型

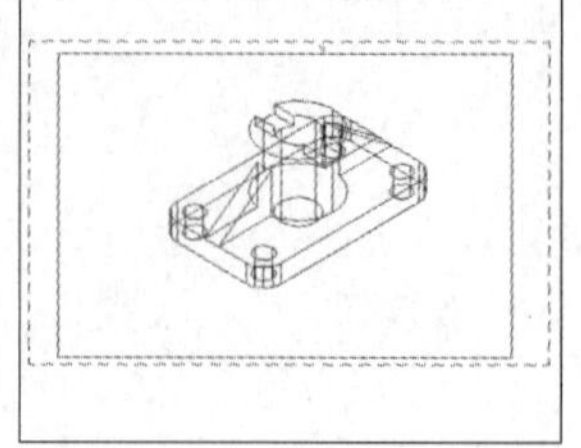

图 9-127 设置页面后的效果

步骤 04 在布局空间中，选择系统默认的视口，按Delete键将其删除。

步骤 05 切换至三维建模空间。单击"布局"标签，进入"布局"选项卡，如图9-128所示。

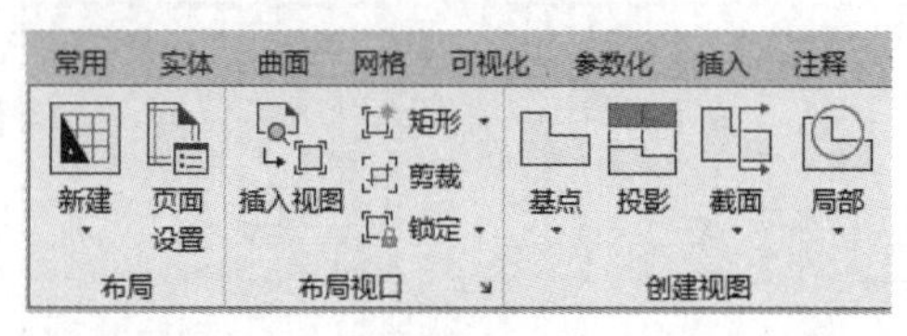

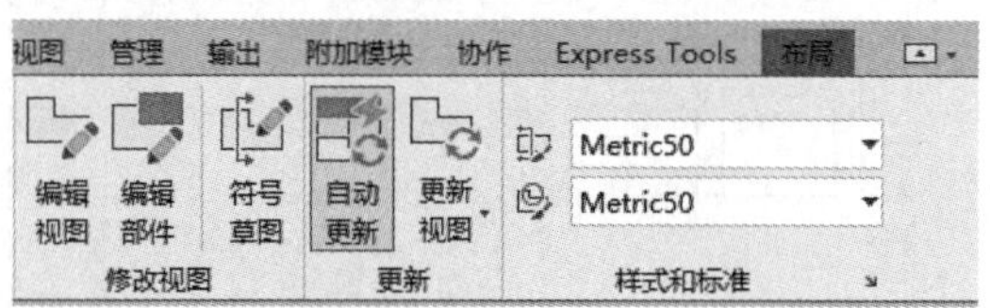

图 9-128 "布局"选项卡

步骤 06 单击"创建视图"面板中的"基点"按钮，在打开的下拉列表中选择"从模型空间"选项，如图9-129所示。

步骤 07 在布局空间内合适的位置指定基础视图的位置，创建主视图，如图9-130所示。

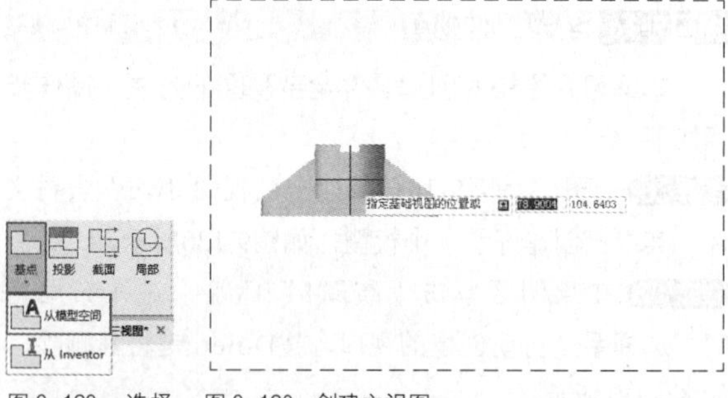

图 9-129 选择"从模型空间"选项　图 9-130 创建主视图

步骤 08 单击"创建视图"面板中的"截面"按钮，根据命令行的提示创建剖视图，如图9-131所示。

步骤 09 创建全剖视图，如图9-132所示。

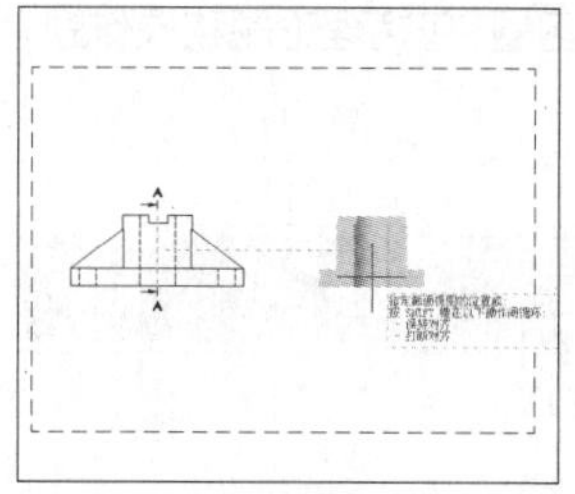
图 9-131　创建剖视图

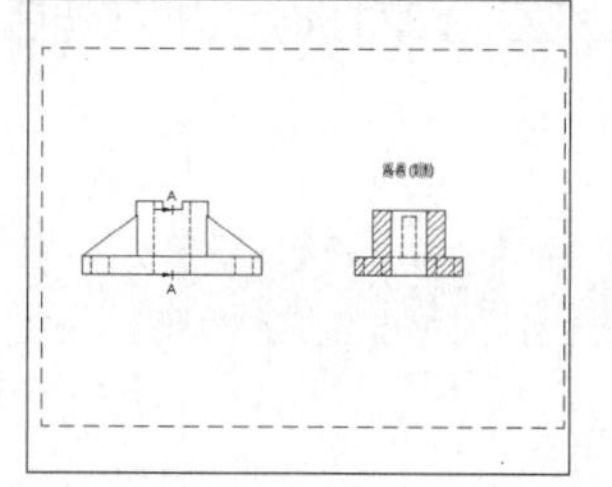
图 9-132　创建全剖视图

步骤 10 单击绘图区左下角的“新建布局”按钮，新建“布局2”空间，按相同的方法创建俯视图，如图9-133所示。

步骤 11 单击“创建视图”面板中的“截面”按钮，在打开的下拉列表中选择“半剖”选项，根据命令行的提示创建半剖视图，如图9-134所示。

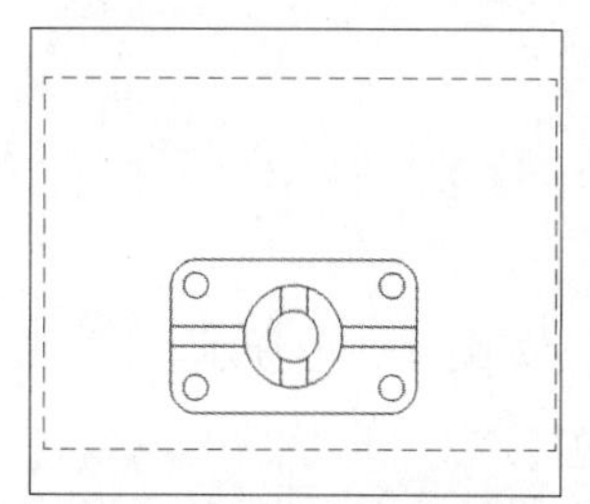
图 9-133　创建俯视图

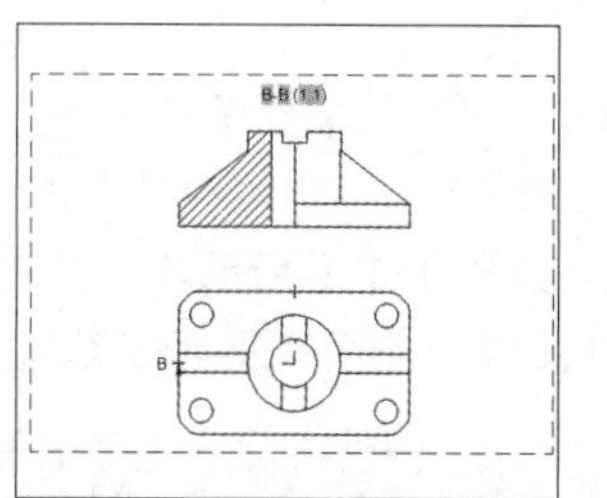
图 9-134　创建半剖视图

练习9-18 创建局部放大图 ★重点★

本练习介绍创建局部放大图的方法，操作步骤如下。

步骤 01 打开“练习9-18：创建局部放大图.dwg”素材文件，其中已创建好了一个模型，如图9-135所示。

步骤 02 在绘图区左下角单击“布局1”标签，进入布局空间。在“布局1”标签上单击鼠标右键，在弹出的快捷菜单中执行“页面设置管理器”命令，打开“页面设置管理器”对话框。

步骤 03 单击对话框中的“修改”按钮，弹出“页面设置-布局1”对话框。设置图纸尺寸为“ISO A4（210.00 × 297.00毫米）”，其他设置默认，单击“确定”按钮，返回“页面设置管理器”对话框，单击“关闭”按钮，完成页面设置。

步骤 04 在布局空间中，选择系统自动生成的视口，按Delete键将其删除。

步骤 05 切换至三维建模空间。单击“布局”选项卡，即可看到布局空间的各工作按钮。

步骤 06 单击“创建视图”面板中的“基点”按钮，在打开的下拉列表中选择“从模型空间”选项，根据命令行的提示创建主视图，如图9-136所示。

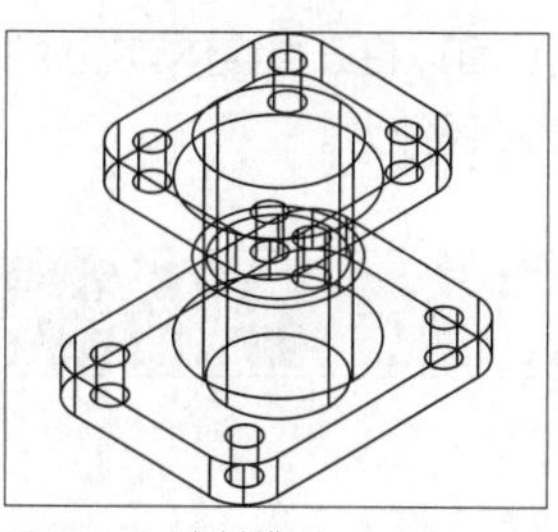
图 9-135　素材模型

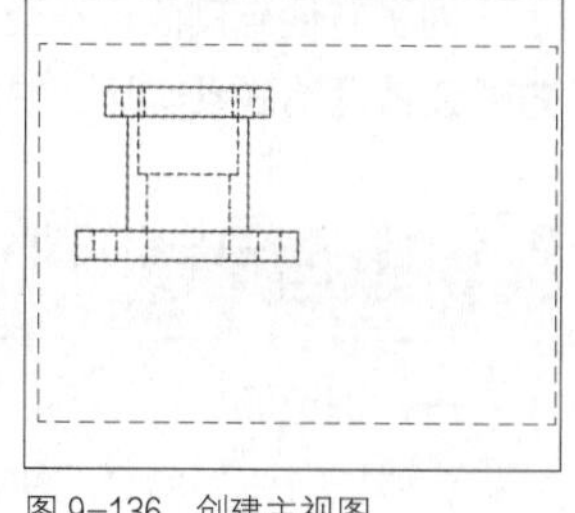
图 9-136　创建主视图

步骤 07 单击“创建视图”面板中的“局部”按钮，在打开的下拉列表中选择“圆形”选项，根据命令行的提示创建圆形的局部放大图，如图9-137所示。

步骤 08 单击“创建视图”面板中的“局部”按钮，在打开的下拉列表中选择“矩形”选项，根据命令行的提示创建矩形的局部放大图，如图9-138所示。

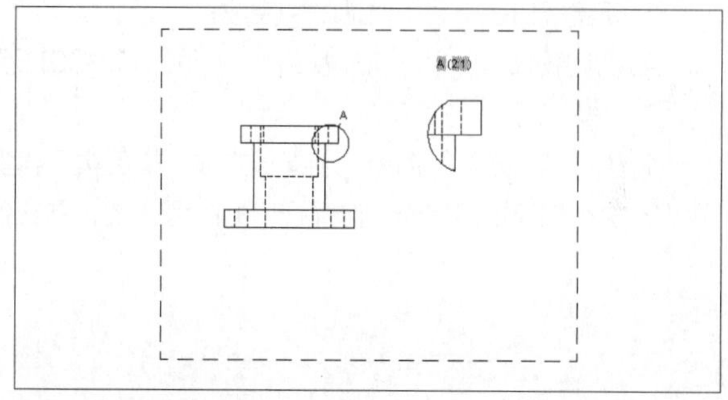

图 9-137　创建圆形的局部放大图

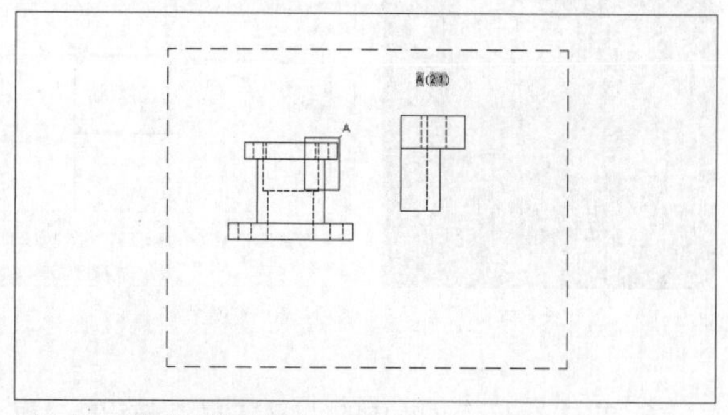

图 9-138　创建矩形的局部放大图

9.6 本章小结

本章介绍了创建三维实体和曲面的方法。基本实体包括长方体、圆柱体、圆锥体及球体等，这些实体都是构成模型的基础，读者需要熟练掌握它们的创建方法。通过执行拉伸、旋转、放样及扫掠操作，可以将二维图形转换成三维模型，适应多种绘图需要。

通过创建三维曲面，可以创建异型对象，满足出图要求。网格曲面包括基本体网格、旋转网格及直纹网格等，应学会在不同的情况下，创建对应的网格曲面。

为了方便与其他软件交互，可以将三维实体转换成二维视图。本章的最后提供了课后习题，包括理论题和操作题，方便读者理论联系实际，提高绘图能力。

9.7 课后习题

一、理论题

1.“长方体”命令的快捷方式是（　）。

A. EL　　B. DE　　C. BOX　　D. REC

2.“拉伸”命令的工具按钮是（　）。

A.　　B.　　C.　　D.

3.（　）选项卡里集中了创建三维曲面的工具。

A. 常用　　B. 实体　　C. 曲面　　D. 网格

4. 单击（　）按钮可以创建网格圆锥体。

A.　　B.　　C.　　D.

5. 新建视口在（　）对话框中完成。

A. 新建视口　　B. 视口　　C. 视口设置　　D. 视口检查

二、操作题

1. 执行“长方体”命令，创建长方体，搭建桌子模型，如图 9-139 所示。

2. 执行创建视口操作，选择视口的配置样式，并在各视口中从不同的视点观察模型，如图 9-140 所示。

图 9-139　创建长方体

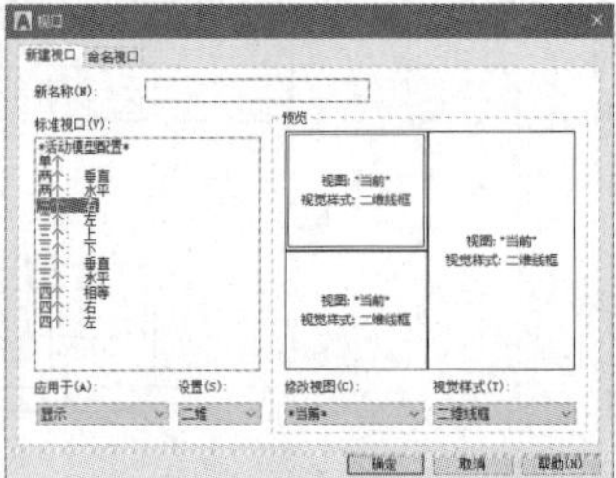

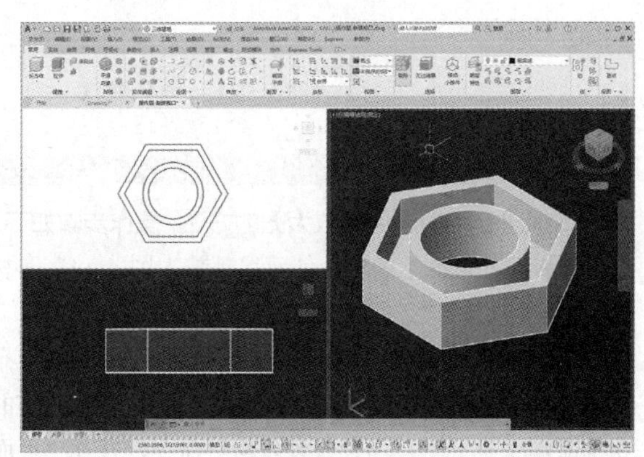

图 9-140　创建视口

3. 单击“图元”面板中的“旋转曲面”按钮，根据命令行的提示创建旋转曲面模型，如图 9-141 所示。

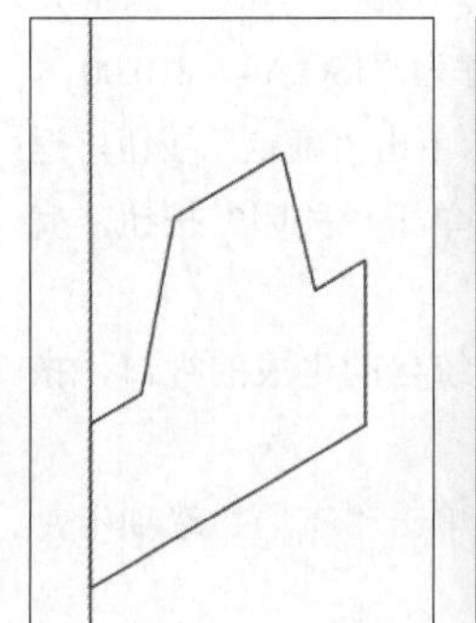

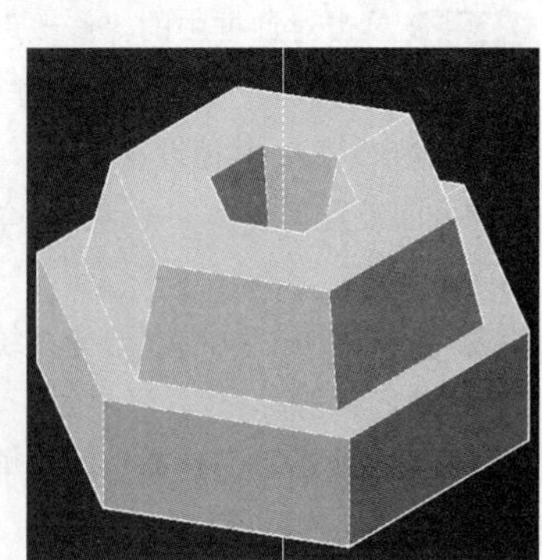

图 9-141　创建旋转曲面模型

第 10 章

三维模型的编辑

本章内容概述

和二维图一样，三维实体也可以进行移动、旋转、缩放等操作，以创建出更复杂的三维实体模型。根据三维建模中将三维转化为二维的基本思路，可以借助 UCS 变换，使用“平移”“复制”“镜像”“旋转”等基本修改命令对三维实体进行修改。

本章知识要点

- 布尔运算的操作方法
- 操作三维对象的方法
- 编辑曲面、网格的方法
- 编辑三维实体的方法
- 编辑实体边、实体面的方法

10.1 布尔运算

AutoCAD 的布尔运算功能贯穿整个建模过程，在创建机械零件三维模型时使用更加频繁。布尔运算用来确定多个形体（曲面或实体）之间的组合关系，即将多个形体组合为一个整体，得到特殊的造型，如孔、槽、凸台和齿轮等。

三维建模中的布尔运算包括并集、差集及交集 3 种运算方式。

10.1.1 并集运算 ★重点★

并集运算是将两个或两个以上的实体（或面域）对象组合成为一个新的对象。执行并集运算后，原来各实体相互重合的部分相连，组合成完整的实体。

在 AutoCAD 中进行并集运算有如下几种方法。

◆菜单栏：执行“修改”|“实体编辑”|“并集”命令。

◆功能区：在“常用”选项卡中，单击“实体编辑”面板中的“并集”按钮，如图 10-1 所示。

◆命令：UNION 或 UNI。

图 10-1 “实体编辑”面板中的“并集”按钮

执行“并集”命令后，在绘图区选择要合并的对象，按 Enter 键或者单击鼠标右键，即可执行合并操作，效果如图 10-2 所示。

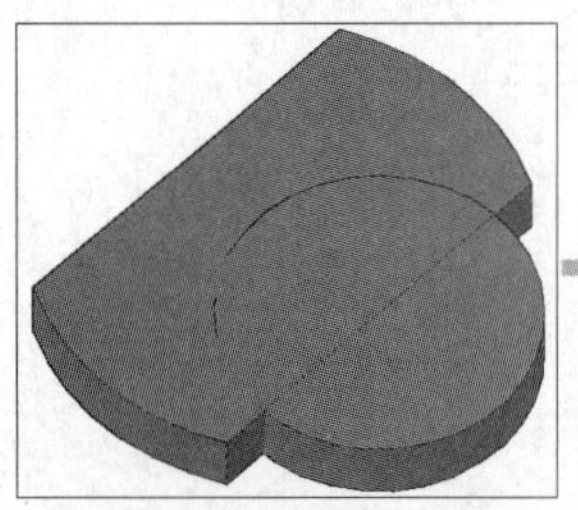
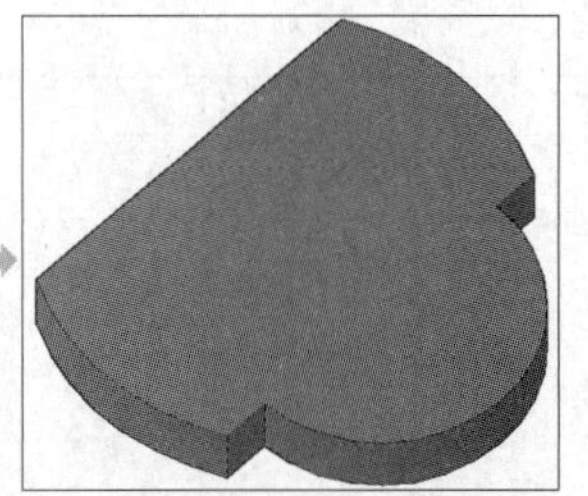

图 10-2 并集运算

练习10-1 通过并集运算创建红桃心 ★进阶★

有时仅靠普通的命令无法创建满意的模型，还需要借助布尔运算来创建，如本练习中的红桃心，操作步骤如下。

步骤 01 单击快速访问工具栏中的“打开”按钮，打开“练习10-1：通过并集运算创建红桃心.dwg”素材文件，如图 10-3所示。

步骤 02 单击“实体编辑”面板中的“并集”按钮，依次选择左右两个椭圆，然后单击鼠标右键完成并集运算。命令行提示如下。

```
命令: _union
                    //执行“并集”命令
选择对象: 找到 1 个
                    //选择右边红色的椭圆体
选择对象: 找到 1 个，总计 2 个
                    //选择左边绿色的椭圆体
选择对象:
                    //单击鼠标右键完成并集运算
```

通过以上操作即可完成并集运算，效果如图 10-4所示。

图 10-3 素材模型

图 10-4 并集运算效果

10.1.2 差集运算 ★重点★

差集运算就是将一个对象减去另一个对象从而形成新的组合对象。与并集运算不同的是，差集运算首先选择的对象为被剪切对象，之后选择的对象为剪切对象。

在 AutoCAD 中进行差集运算有如下几种方法。

◆菜单栏：执行“修改”|“实体编辑”|“差集”命令。

◆功能区：在“常用”选项卡中，单击“实体编辑”面板中的“差集”按钮，如图 10-5 所示。

◆命令：SUBTRACT 或 SU。

图 10-5 “实体编辑”面板中的“差集”按钮

执行“差集”命令后，在绘图区选择被剪切的对象，按 Enter 键或单击鼠标右键完成选择，然后选择要剪切的对象，按 Enter 键或单击鼠标右键即可执行差集操作，差集运算效果如图 10-6 所示。

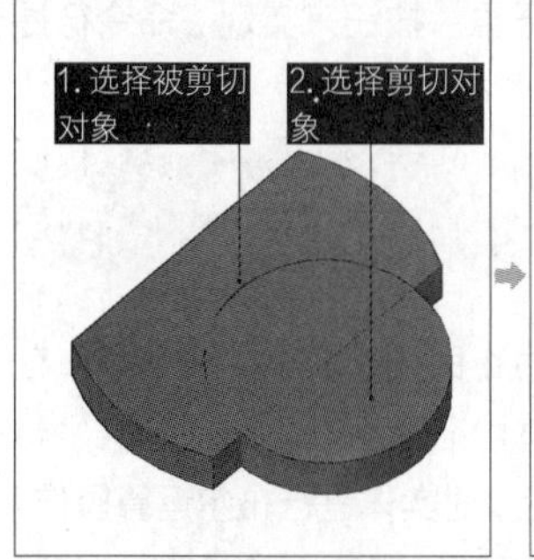

图 10-6　差集运算

> **提示**
>
> 在进行差集运算时，如果第二个对象包含在第一个对象之内，则差集运算的结果是第一个对象减去第二个对象；如果第二个对象只有一部分包含在第一个对象之内，则差集运算的结果是第一个对象减去两个对象的公共部分。

练习10-2　通过差集运算创建通孔　★进阶★

在机械零件中常有孔、洞等，如果要创建这样的三维模型，就可以通过执行“差集”命令来完成，操作步骤如下。

步骤 01 单击快速访问工具栏中的“打开”按钮，打开“练习10-2：通过差集运算创建通孔.dwg”素材文件，如图 10-7所示。

步骤 02 单击“实体编辑”面板中的“差集”按钮，选择大圆柱体为被剪切的对象，按Enter键或单击鼠标右键完成选择，然后选择与大圆柱体相交的小圆柱体为要剪切的对象，按Enter键或单击鼠标右键即可执行差集操作。命令行提示如下。效果如图 10-8所示。

```
命令: _subtract
选择要从中减去的实体、曲面和面域...
//执行“差集”命令
选择对象: 找到 1 个
//选择被剪切的对象
选择要减去的实体、曲面和面域...
选择对象: 找到 1 个
//选择要剪切的对象
选择对象:
//单击鼠标右键完成差集运算
```

步骤 03 重复以上操作，继续进行差集运算，完成图形绘制。效果如图 10-9所示。

图 10-7　素材模型

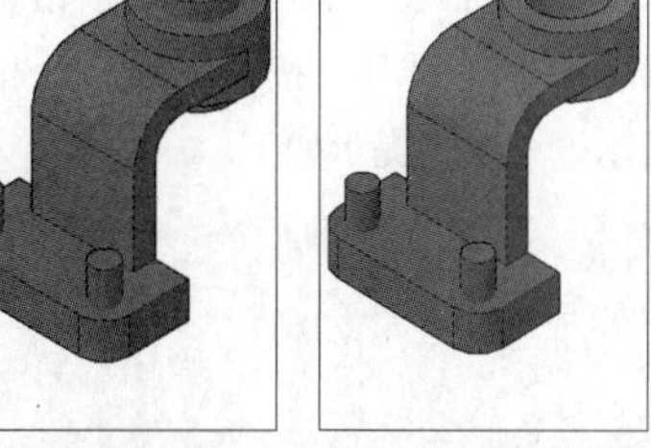

图 10-8　初步差集运算结果

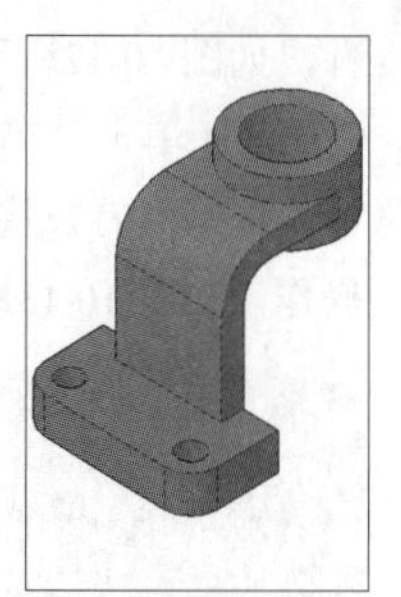

图 10-9　绘制结果图

10.1.3 交集运算　★重点★

在三维建模过程中执行交集运算可获得两个相交实体的公共部分，从而得到新实体，该运算是差集运算的逆运算。在 AutoCAD 中进行交集运算有如下几种方法。

◆菜单栏：执行“修改”|“实体编辑”|“交集”命令。

◆功能区：在“常用”选项卡中，单击“实体编辑”面板中的“交集”按钮，如图 10-10 所示。

◆命令：INTERSECT 或 IN。

图 10-10　“实体编辑”面板中的“交集”按钮

执行“交集”命令，然后在绘图区选择具有公共部分的两个对象，按 Enter 键或单击鼠标右键即可进行相交操作，运算效果如图 10-11 所示。

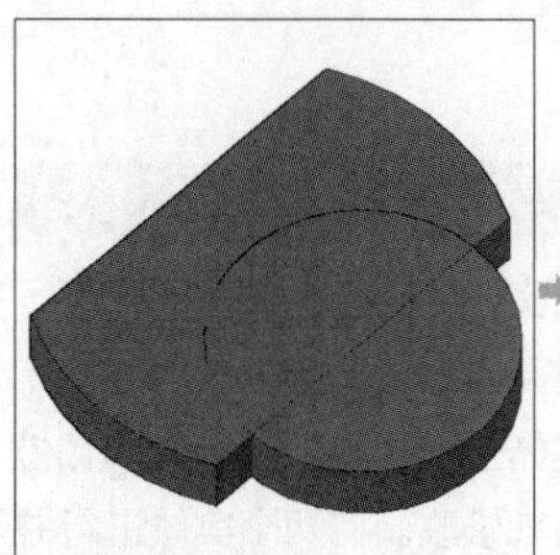
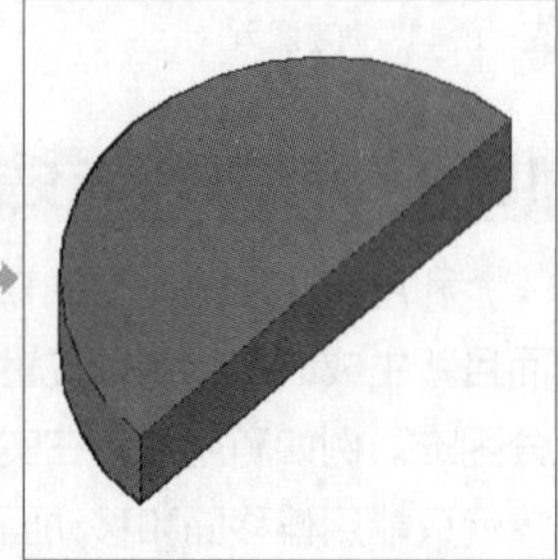

图 10-11　交集运算

练习10-3　通过交集运算创建飞盘　★进阶★

建模也讲究技巧与方法，而不是单纯地掌握软件所提供的命令。本练习的飞盘模型就是一个很典型的例子，如果不通过创建球体再执行交集的方法，而是通过常规的建模手段来完成，往往会增加建模的难度，操作步骤如下。

步骤 01 单击快速访问工具栏中的“打开”按钮，打开“练习10-3：通过交集运算创建飞盘.dwg”素材文

件，如图 10-12所示。

步骤 02 单击“实体编辑”面板中的“交集”按钮，依次选择具有公共部分的两个球体，按Enter键执行相交操作，如图 10-13所示。命令行提示如下。

```
命令: _intersect
                    //执行“交集”命令
选择对象: 找到 1 个
                    //选择第一个球体
选择对象: 找到 1 个，总计 2 个
                    //选择第二个球体
选择对象:
                    //按Enter键完成交集运算
```

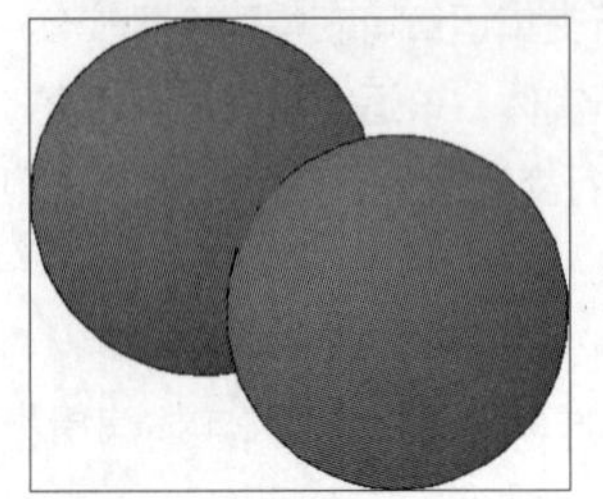

图 10-12　素材模型

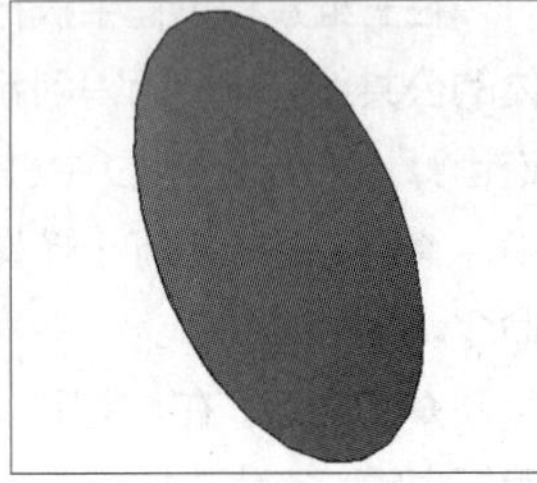

图 10-13　完成交集运算的效果

步骤 03 单击“修改”面板中的“圆角”按钮，在边线处创建圆角，效果如图 10-14所示。

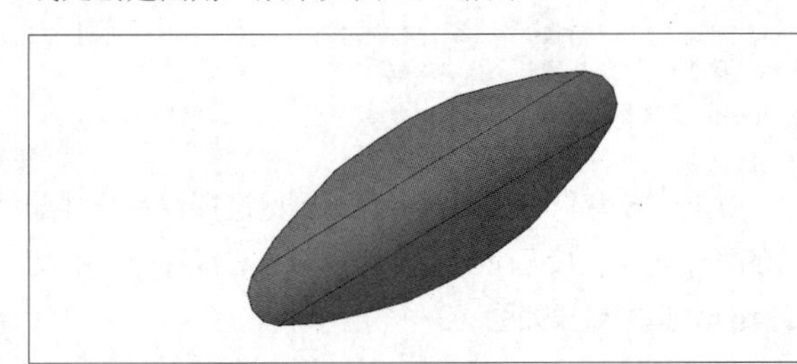

图 10-14　创建圆角

10.1.4 编辑实体历史记录

利用布尔运算命令编辑实体后，原实体就消失了，而且新生成的实体特征位置完全固定，想再次修改会十分困难。例如利用差集在实体上创建孔，孔的大小和位置就只能用偏移面和移动面来修改。将两个实体进行并集操作之后，相对位置就不能再修改。使用 AutoCAD 提供的实体历史记录功能可以解决这一难题。

对实体历史记录编辑之前，必须保存该记录。方法是选择该实体，然后单击鼠标右键，在弹出的快捷菜单中执行“特性”命令，弹出“特性”选项板，在该选项板中查看实体特性，并在“实体历史记录”选项组中选择记录，如图 10-15 所示。

上述保存历史记录的方法需要逐个选择实体，然后设置特征，比较麻烦，适用于记录个别实体。如果要在全局范围内记录实体历史，可通过单击“实体”选项卡“图元”面板中的“实体历史记录”按钮来实现。命令行提示如下。

```
命令: _solidhist
输入 SOLIDHIST 的新值 <0>: 1↙
```

SOLIDHIST 的新值为 1 即记录实体历史记录，在此设置之后创建的所有实体均记录历史。

记录实体历史记录之后，对实体进行布尔运算操作，系统会保存实体的初始几何形状信息。在图 10-15 所示的选项板中设置了显示历史记录，实体的历史记录将以线框的样式显示，如图 10-16 所示。

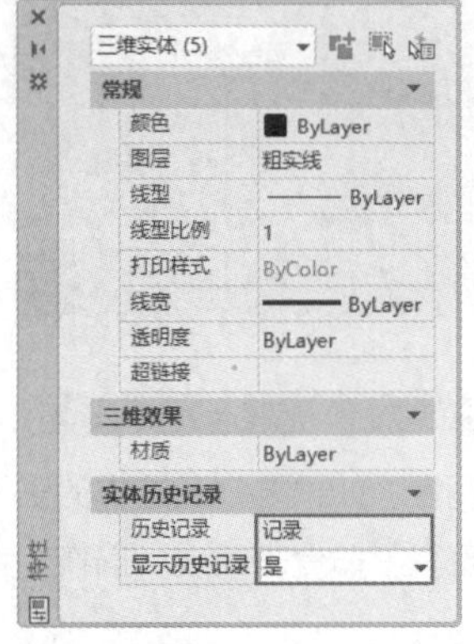

图 10-15　设置实体历史记录

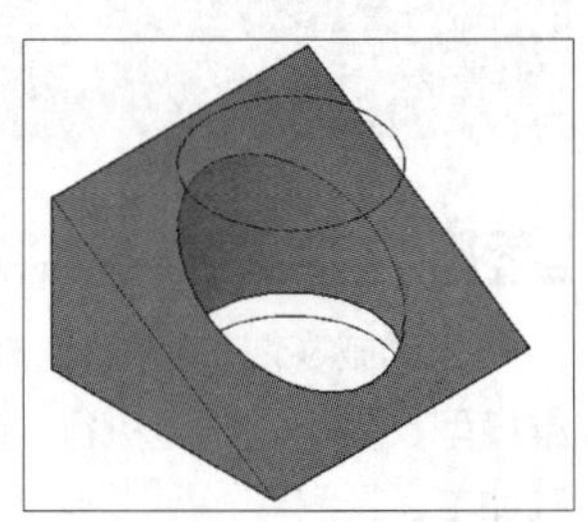

图 10-16　实体历史记录的显示

对实体的历史记录进行编辑，可修改布尔运算的结果。在编辑之前需要选择某一历史记录对象。方法是按住 Ctrl 键选择要修改的实体，例如图 10-17 所示为选择楔体的效果，图 10-18 所示为选择圆柱体的效果。

可以看到，选择的历史记录呈蓝色高亮显示，且显示夹点。编辑这些夹点，修改布尔运算的结果如图 10-19 所示。除了编辑夹点，实体的历史记录还可以被移动和旋转，从而得到多种多样的编辑效果。

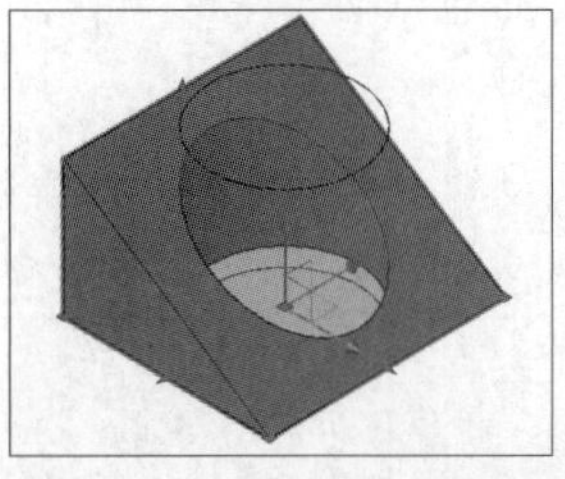

图 10-17　选择楔体历史记录

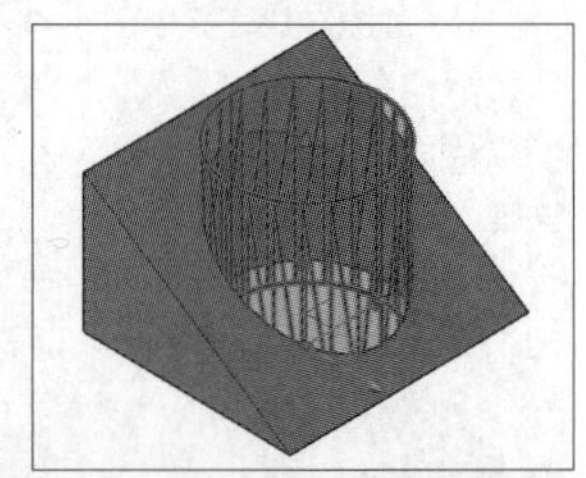

图 10-18　选择圆柱体历史记录

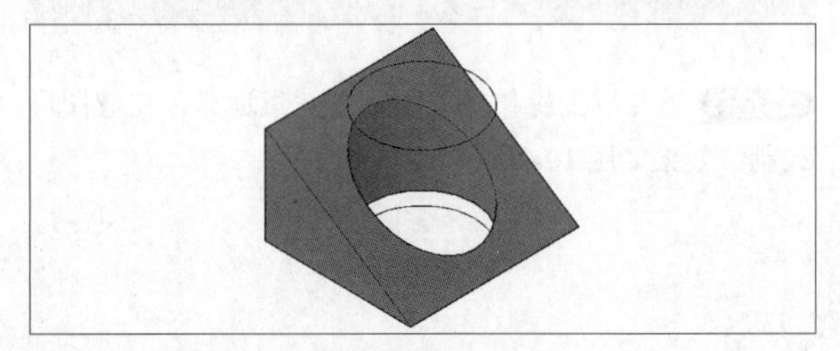

图 10-19　编辑历史记录之后的效果

练习10-4　修改联轴器　★进阶★

在其他的建模软件中，如 NX、Solidworks 等，其工作界面中都会有“特征树”之类的组成部分，如图 10-20 所示。“特征树”中记录了模型在创建过程中用到的各种命令及参数，如果要对模型进行修改，在“特征树”中进行就十分方便。而在 AutoCAD 中虽然没有这样的“特征树”，但同样可以通过本小节讲解的编辑实体历史记录来达到回溯历史并修改的目的，操作步骤如下。

步骤 01 打开“练习10-4：修改联轴器.dwg”素材文件，如图10-21所示。

图 10-20　其他软件中的“特征树”

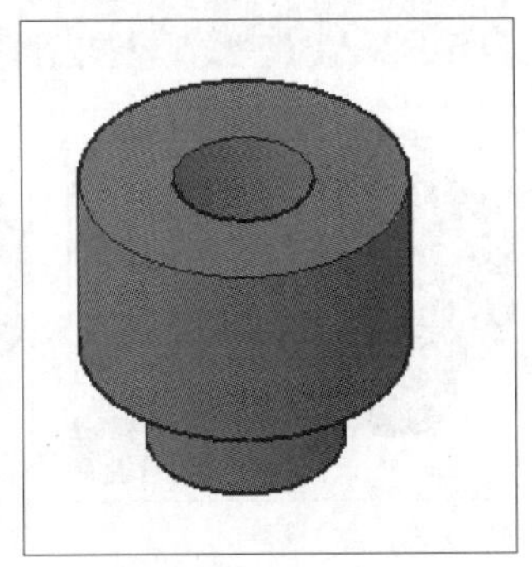

图 10-21　素材模型

步骤 02 在“常用”选项卡中，单击“坐标”面板中的“原点”按钮，捕捉圆柱顶面的圆心，放置原点，如图10-22所示。

步骤 03 单击绘图区左上角的视图控件，将视图调整为俯视方向，然后在*XY*平面内绘制一个矩形轮廓，如图10-23所示。

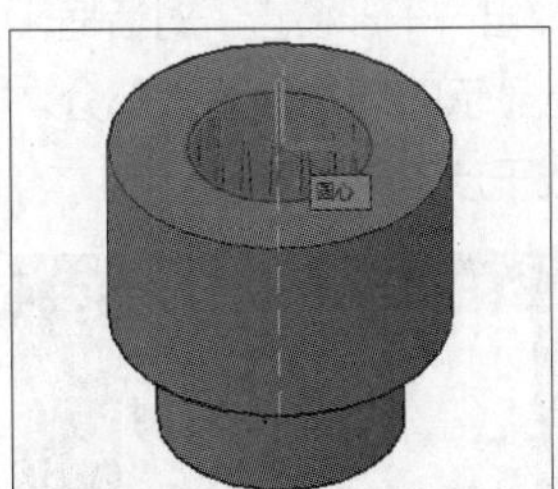

图 10-22　捕捉圆心

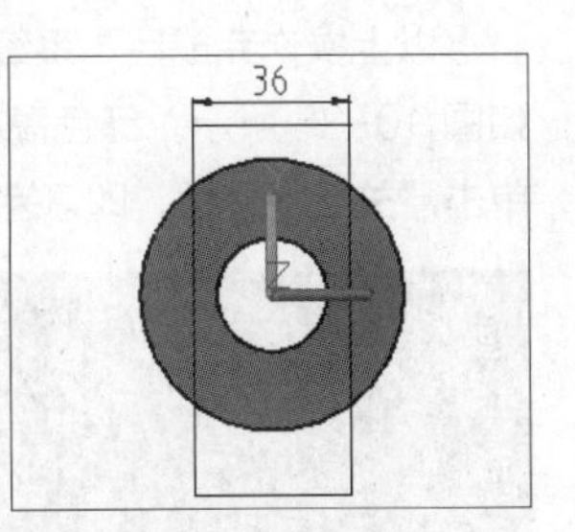

图 10-23　矩形轮廓

步骤 04 单击“建模”面板中的“拉伸”按钮，选择矩形为拉伸的对象，拉伸方向指向圆柱体内部，输入拉伸高度为“14”，创建的拉伸实体如图 10-24所示。

步骤 05 单击拉伸创建的长方体，单击鼠标右键，在弹出的快捷菜单中执行“特性”命令，弹出该实体的“特性”选项板。在选项板中，将历史记录修改为“记录”，并设置显示历史记录，如图 10-25所示。

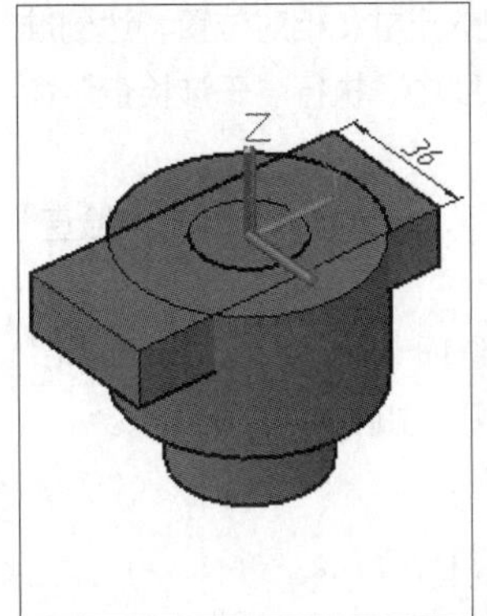

图 10-24　拉伸创建长方体

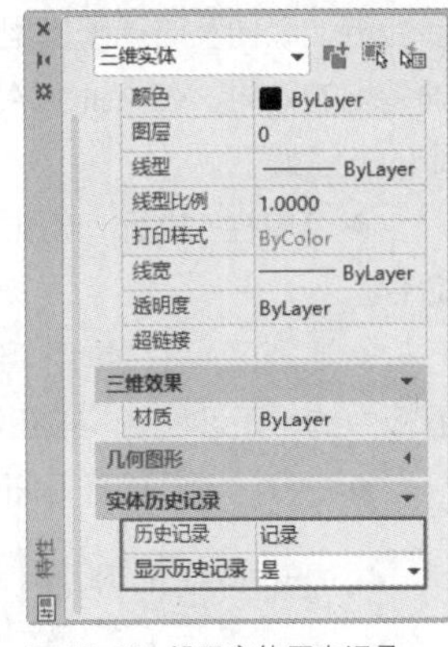

图 10-25　设置实体历史记录

步骤 06 单击“实体编辑”面板中的“差集”按钮，从圆柱体中减去长方体，结果如图10-26所示，以线框显示的即长方体的历史记录。

步骤 07 按住Ctrl键选择线框长方体，该历史记录呈夹点显示状态。将长方体两个顶点夹点合并，修改为三棱柱的形状，拖动夹点适当调整三棱柱的形状，结果如图10-27所示。

步骤 08 选择圆柱体，用步骤05的方法打开实体的“特性”选项板，将“显示历史记录”选项修改为“否”，隐藏历史记录，最终效果如图 10-28所示。

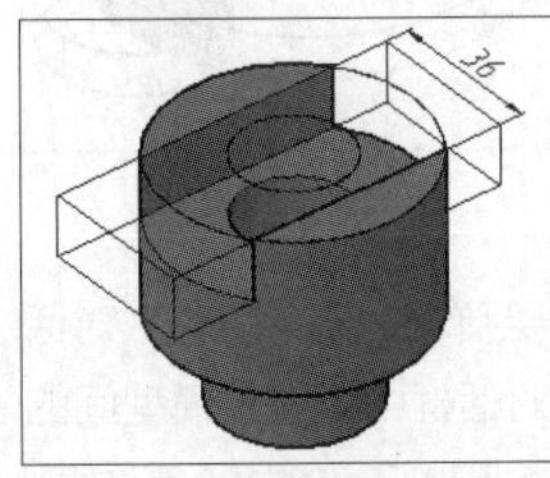

图 10-26　求差集的结果

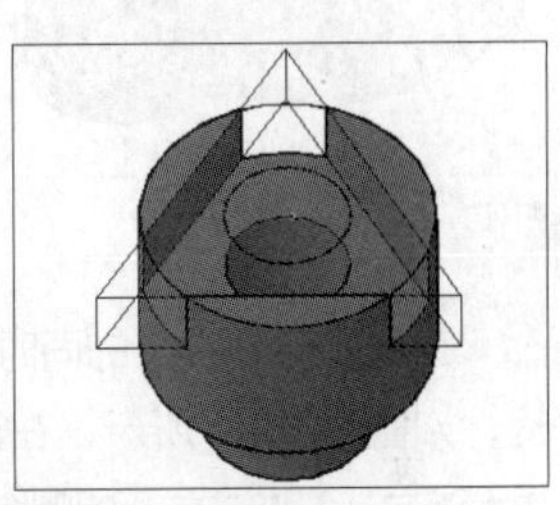

图 10-27　编辑历史记录的结果

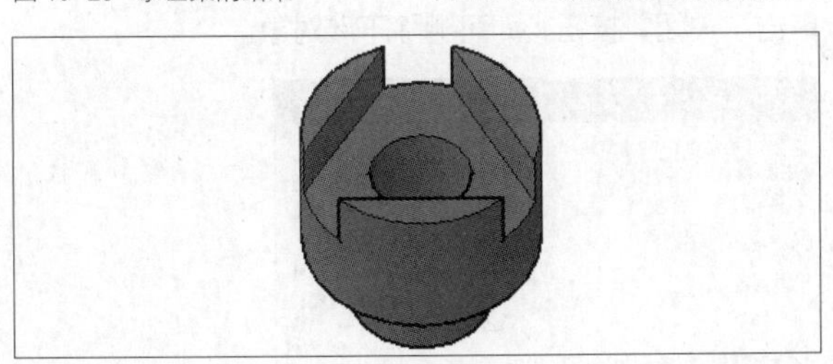

图 10-28　最终效果

10.2 三维实体的编辑

在对三维实体进行编辑时，不仅可以对实体上单个表面和边线进行编辑，还可以对整个实体进行编辑。

10.2.1 干涉检查

在装配过程中，往往会出现模型与模型之间的干涉现象，所以在执行两个或多个模型装配时，需要进行干涉检查，以便及时调整模型的尺寸和相对位置，达到准确装配的效果。在AutoCAD中，执行“干涉检查”命令的方法如下。

◆菜单栏：执行“修改”|“三维操作”|“干涉检查”命令。

◆功能区：在“常用”选项卡中，单击“实体编辑”面板中的“干涉检查”按钮，如图10-29所示。

◆命令：INTERFERE。

图10-29 “实体编辑”面板中的“干涉检查”按钮

执行“干涉检查”命令后，在绘图区选择要检查的实体模型，按Enter键完成选择。接着选择要检查的另一个模型，按Enter键即可查看检查效果，如图10-30所示。

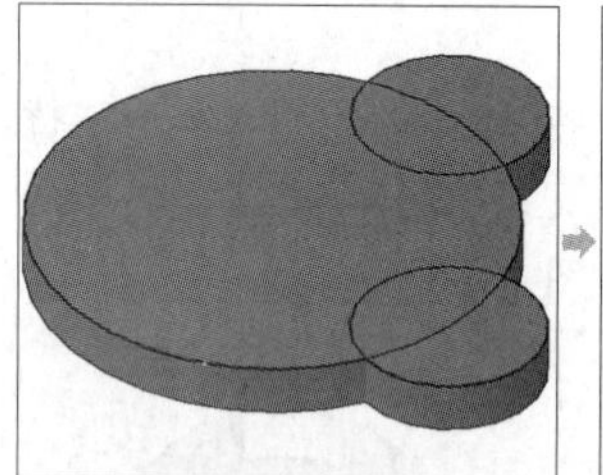

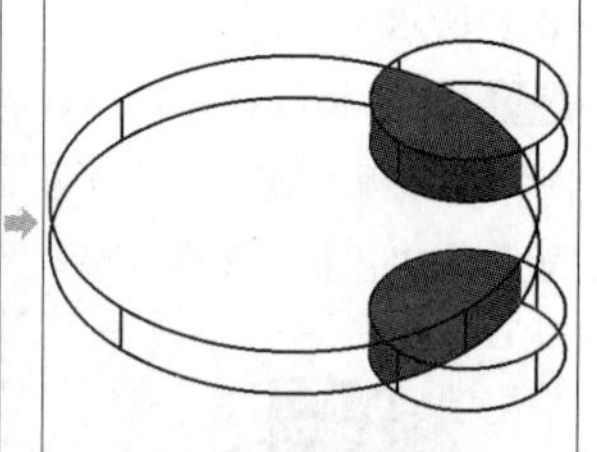

图10-30 干涉检查

在显示检查效果的同时，会弹出“干涉检查”对话框，如图10-31所示。在该对话框中可设置模型间的显示方式，勾选“关闭时删除已创建的干涉对象”复选框，单击“关闭”按钮，即可删除干涉对象。

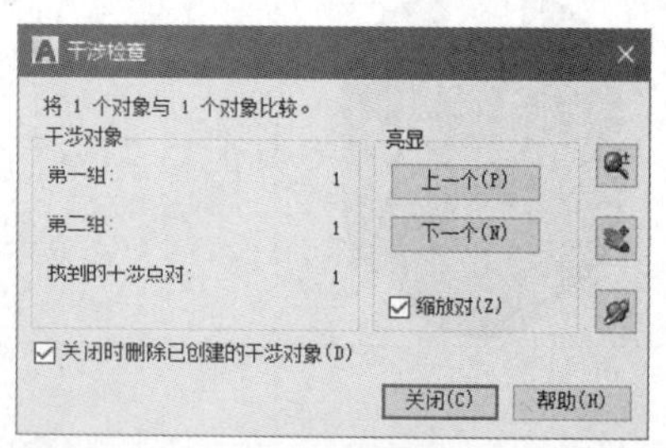

图10-31 “干涉检查”对话框

练习10-5 干涉检查装配体 ★进阶★

在AutoCAD中，可以通过执行“干涉检查”命令来判断两个零件之间的匹配关系，以便绘图员及时修改错误，操作步骤如下。

步骤 01 单击快速访问工具栏中的“打开”按钮，打开“练习10-5：干涉检查装配件.dwg”素材文件，如图10-32所示。其中已经创建好了销轴和连接杆。

步骤 02 单击“实体编辑”面板中的“干涉检查”按钮，依次选择图10-33、图10-34所示的图形为第一组、第二组对象。命令行提示如下。

```
命令：_interfere
        //执行“干涉检查”命令
选择第一组对象或 [嵌套选择(N)/设置(S)]：找到 1 个
        //选择销轴为第一组对象
选择第一组对象或 [嵌套选择(N)/设置(S)]：
        //按Enter键结束选择
选择第二组对象或 [嵌套选择(N)/检查第一组(K)] <检查>：找到 1 个
        //选择图 10-34所示的连接杆为第二组对象
选择第二组对象或 [嵌套选择(N)/检查第一组(K)] <检查>：
        //按Enter键，弹出干涉检查结果
```

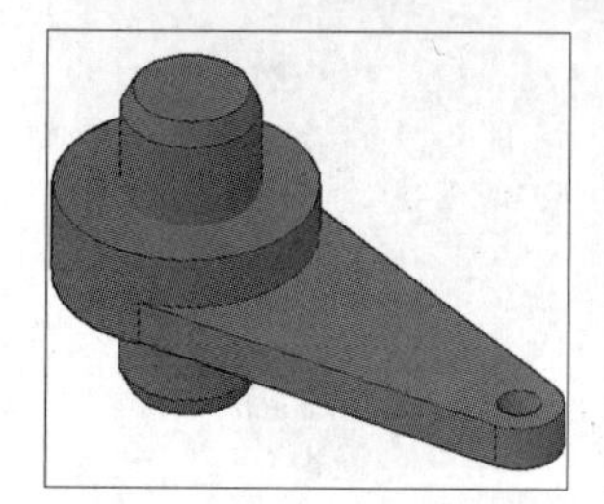

图10-32 素材模型

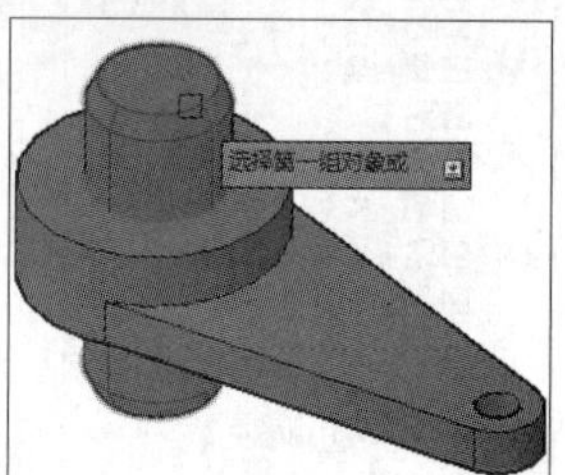

图10-33 选择第一组对象

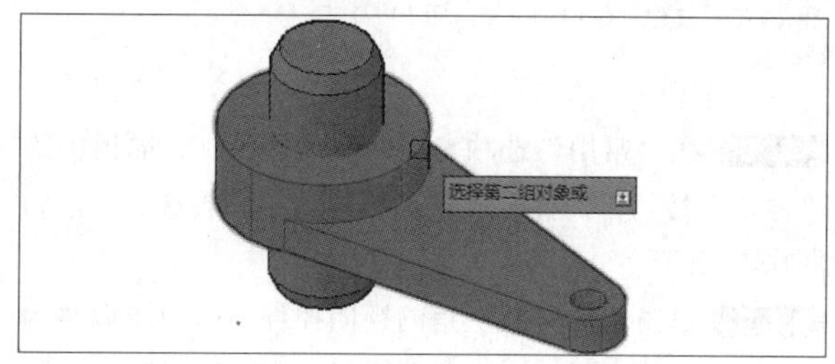

图10-34 选择第二组对象

以上操作完成后，系统弹出“干涉检查”对话框，如图10-35所示，红色高亮显示的地方即超差部分。单击“关闭”按钮，即可完成干涉检查。

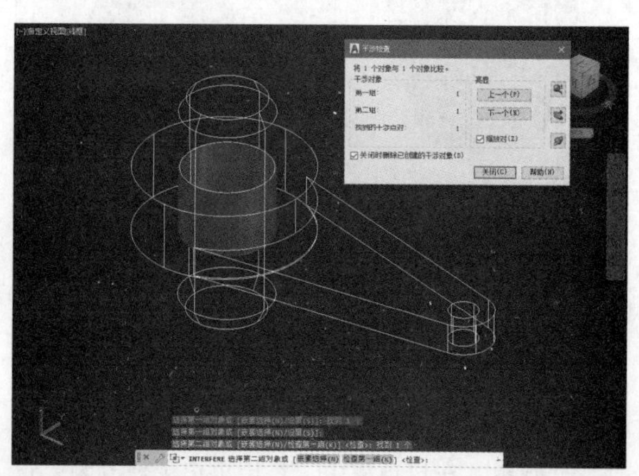

图10-35 干涉检查结果

10.2.2 剖切

在绘图过程中，为了表达实体内部的结构特征，可使用剖切工具假想一个与指定对象相交的平面或曲面将该实体剖切，从而创建新的对象。可通过指定点、选择曲面或平面对象来定义剖切平面。

在 AutoCAD 中，执行“剖切”命令的方法如下。

◆菜单栏：执行“修改”|“三维操作”|“剖切”命令。

◆功能区：在“常用”选项卡中，单击“实体编辑”面板中的“剖切”按钮，如图 10-36 所示。

◆命令：SLICE 或 SL。

图 10-36 “实体编辑”面板中的“剖切”按钮

通过以上任意一种方法执行该命令后，选择要剖切的对象，接着按命令行的提示定义剖切面，可以选择某个平面对象，如曲面、圆、椭圆、圆弧或椭圆弧、二维样条曲面和二维多段线，也可以选择坐标系定义的平面，如 *XY*、*YZ*、*ZX* 平面。最后，可选择保留剖切实体的一侧或两侧，完成实体的剖切。

在剖切过程中，指定剖切面的方式包括：指定切面的起点或平面对象、曲面、*Z* 轴、视图、*XY*、*YZ*、*ZX* 或三点，方法都较简单。下面以平面对象为例，介绍“剖切”命令的使用方法。

练习10-6 平面对象剖切实体 ★进阶★

通过绘制辅助平面的方法来剖切实体是常用的方法。对象不仅可以是平面，还可以是曲面，因此能创建多种剖切图形。用户需要剖切实体时，可以先创建辅助平面或曲面，然后使用该方法进行剖切，操作步骤如下。

步骤 01 单击快速访问工具栏中的“打开”按钮，打开“练习10-6：平面对象剖切实体.dwg”素材文件，如图 10-37所示。

步骤 02 绘制图10-38所示的平面，并将其作为剖切平面。

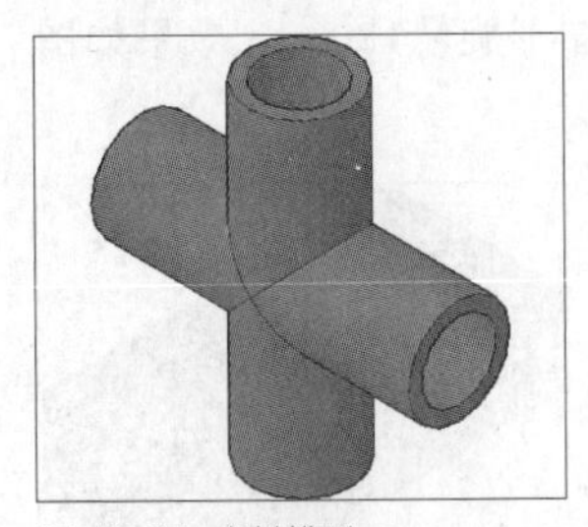

图 10-37 素材模型

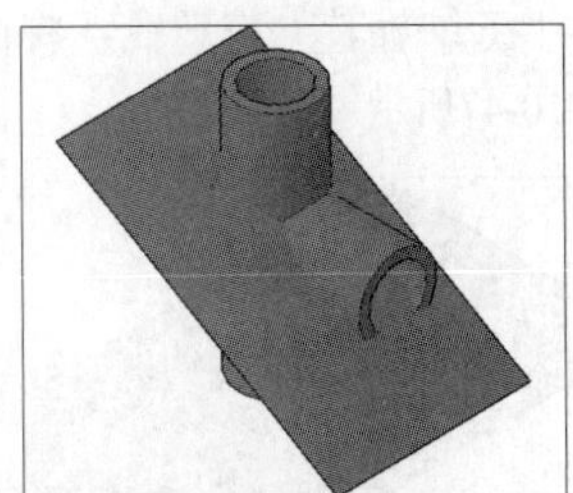

图 10-38 绘制剖切平面

步骤 03 单击“实体编辑”面板中的“剖切”按钮，选择四通管实体为剖切对象。命令行提示如下。

```
命令: _slice
        //执行“剖切”命令
选择要剖切的对象: 找到 1 个
        //选择剖切对象
选择要剖切的对象:
        //单击鼠标右键结束选择
指定切面的起点或 [平面对象(O)/曲面(S)/Z 轴(Z)/视图(V)/XY(XY)/YZ(YZ)/ZX(ZX)/三点(3)] <三点>:O↙
        //选择剖切方式
选择用于定义剖切平面的圆、椭圆、圆弧、二维样条线或二维多段线:
        //单击选择平面
在所需的侧面上指定点或 [保留两个侧面(B)] <保留两个侧面>:
        //选择需要保留的一侧
```

通过以上操作即可完成实体的剖切，效果如图 10-39 所示。

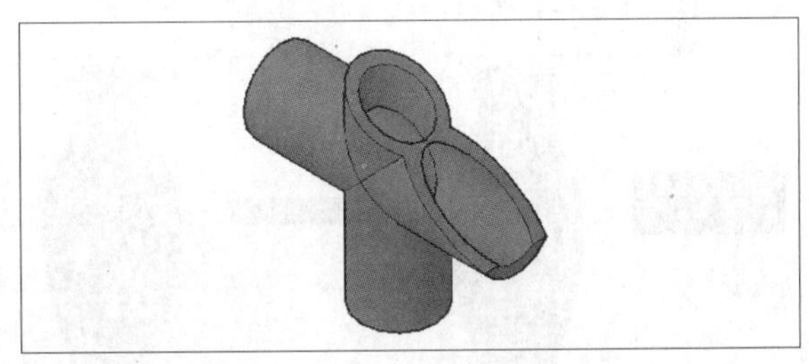

图 10-39 剖切效果

10.2.3 加厚 ★重点★

在三维建模环境中，可以将网格曲面、平面曲面或截面曲面等多种类型的曲面通过加厚处理，得到具有一定厚度的三维实体。在 AutoCAD 中，执行“加厚”命令有如下几种方法。

◆菜单栏：执行“修改”|“三维操作”|“加厚”命令。

◆功能区：在“实体”选项卡中，单击“实体编辑”面板中的“加厚”按钮，如图 10-40 所示。

◆命令：THICKEN。

图 10-40 “实体编辑”面板中的“加厚”按钮

执行“加厚”命令，在绘图区选择曲面，然后单击鼠标右键或按 Enter 键，在命令行中输入厚度并按 Enter 键确认，即可完成加厚操作，如图 10-41 所示。

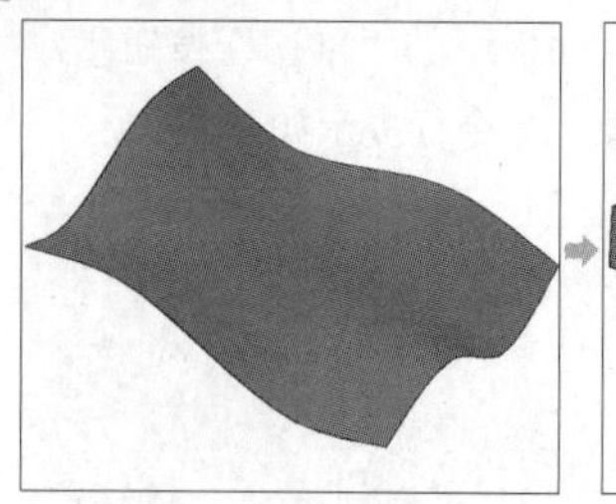
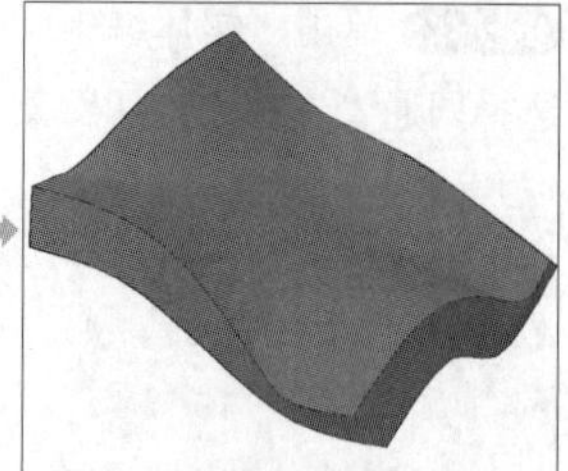

图 10-41　曲面加厚

练习10-7 加厚花瓶 ★进阶★

在实际生活中，花瓶具有肉眼可见的厚度。初次建模得到的花瓶模型薄如纸片，显示不够真实。进行加厚操作，为模型赋予厚度，可以增强真实感，操作步骤如下。

步骤 01 单击快速访问工具栏中的“打开”按钮，打开“练习10-7：加厚花瓶.dwg”素材文件。

步骤 02 单击“实体”选项卡“实体编辑”面板中的“加厚”按钮，选择素材文件中的花瓶曲面，然后输入厚度1，如图10-42所示。

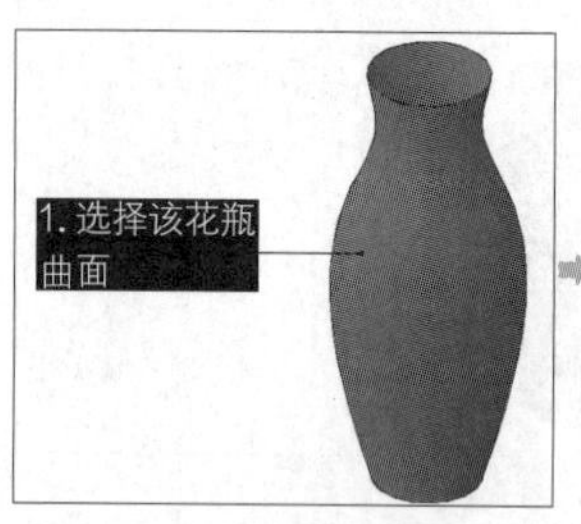

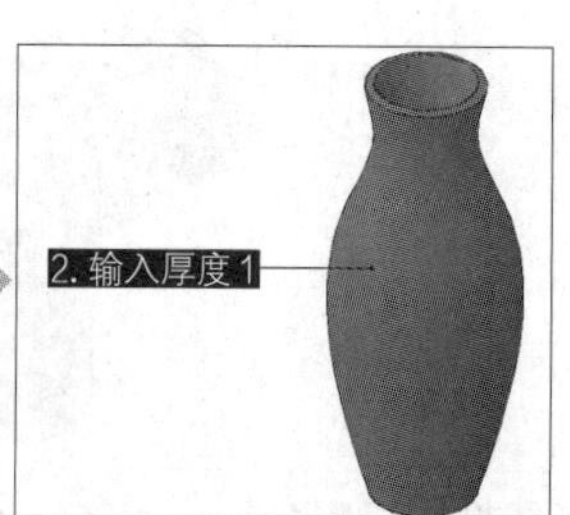

图 10-42　加厚花瓶曲面

10.2.4 抽壳 ★重点★

进行抽壳操作可为实体赋予指定的厚度，形成一个空的薄层，同时还允许将某些指定面排除在壳外。指定正值从圆周外开始抽壳，指定负值从圆周内开始抽壳。

在AutoCAD中，执行“抽壳”命令有如下几种方法。

◆菜单栏：执行“修改”｜“实体编辑”｜“抽壳”命令。

◆功能区：在“实体”选项卡中，单击“实体编辑”面板中的“抽壳”按钮，如图 10-43 所示。

◆命令：SOLIDEDIT。

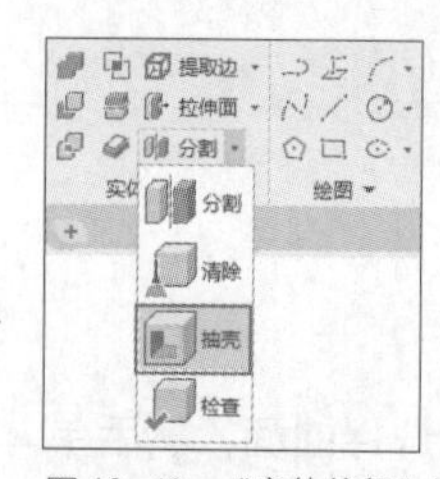

图 10-43　“实体编辑”面板中的“抽壳”按钮

执行“抽壳”命令后，可根据需要保留所有面进行抽壳操作（即中空实体）或删除单个面进行抽壳操作，分别介绍如下。

删除抽壳面

该方式通过移除面形成内孔实体。执行“抽壳”命令，在绘图区选择实体，再选择要删除的单个或多个表面，单击鼠标右键，输入抽壳偏移距离，按 Enter 键，即可完成抽壳操作，效果如图 10-44 所示。

保留抽壳面

该方式与删除面抽壳操作不同之处在于：该方式是在选择抽壳对象后，直接按 Enter 键或单击鼠标右键，并不选择删除面，而是输入抽壳距离，从而形成中空的抽壳效果，如图 10-45 所示。

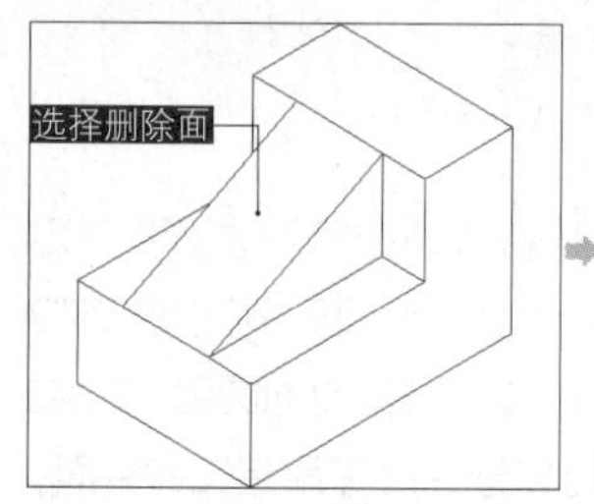

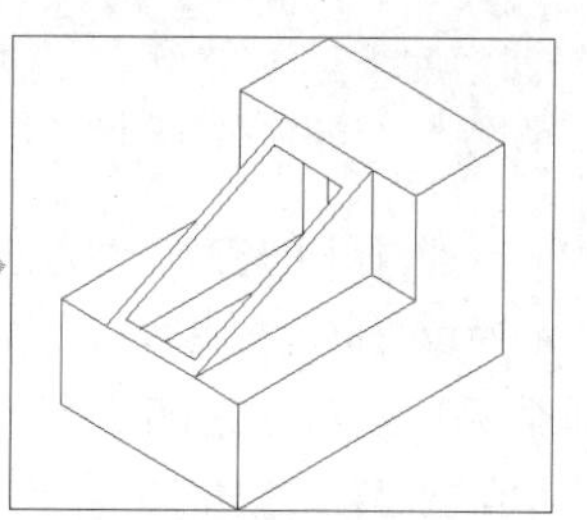

图 10-44　删除面执行抽壳操作

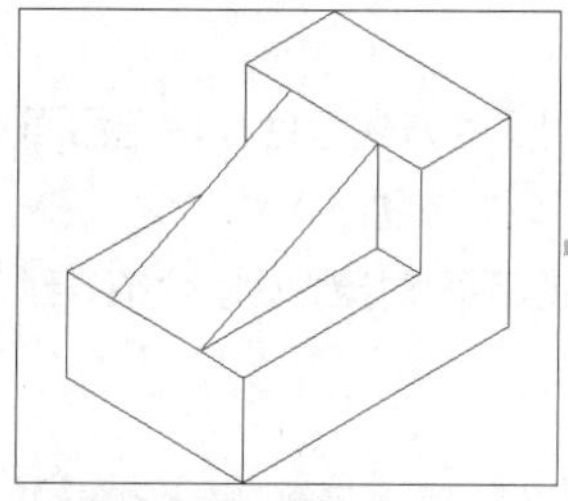
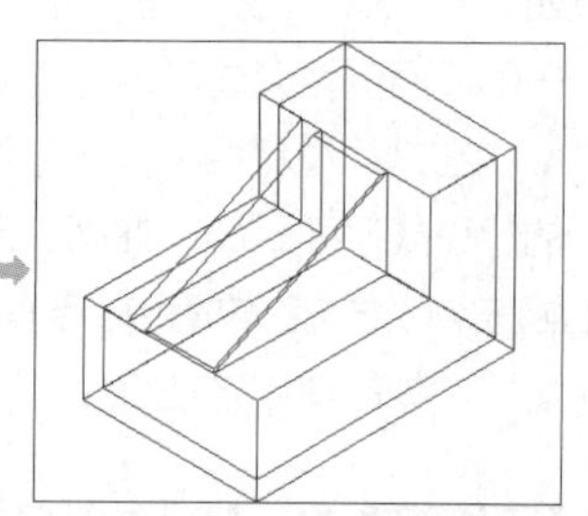

图 10-45　保留抽壳面

练习10-8 绘制方槽壳体 ★进阶★

灵活使用“抽壳”命令，再配合其他的建模操作，可以创建很多看似复杂、实则简单的模型，操作步骤如下。

步骤 01 单击快速访问工具栏中的“打开”按钮，打开“练习10-8：绘制方槽壳体.dwg”素材文件，如图10-46所示。

步骤 02 在“常用”选项卡中，单击“修改”面板中的“三维旋转”按钮，将图形旋转180°，效果如图10-47所示。

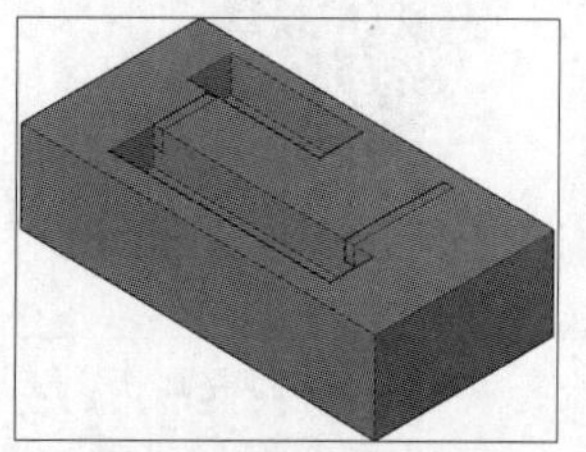
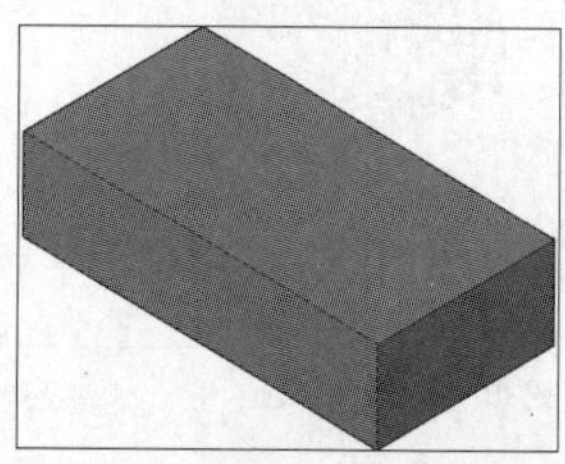

图 10-46　素材模型　　图 10-47　旋转实体

步骤 03 单击“实体编辑”面板中的“抽壳”按钮，选择图 10-48所示的实体为抽壳对象。命令行提示如下。

```
命令: _solidedit
        //执行“抽壳”命令
实体编辑自动检查: SOLIDCHECK=1
输入实体编辑选项 [面(F)/边(E)/体(B)/放弃(U)/退出(X)] <退出>: _body
        //选择“体”选项
[压印(I)/分割实体(P)/抽壳(S)/清除(L)/检查(C)/放弃(U)/退出(X)] <退出>: _shell
选择三维实体:
        //选择要抽壳的对象
删除面或 [放弃(U)/添加(A)/全部(ALL)]: 找到一个面，已删除 1 个。
        //选择要删除的面，如图 10-49所示
删除面或 [放弃(U)/添加(A)/全部(ALL)]:
        //单击鼠标右键结束选择
输入抽壳偏移距离: 2↙
        //输入距离，按Enter键执行操作
已开始实体校验。
已完成实体校验。
输入体编辑选项
[压印(I)/分割实体(P)/抽壳(S)/清除(L)/检查(C)/放弃(U)/退出(X)] <退出>:
        //按Enter键结束操作
```

图 10-48　选择抽壳对象

图 10-49　选择要删除的面

通过以上操作即可完成抽壳，效果如图 10-50 所示。

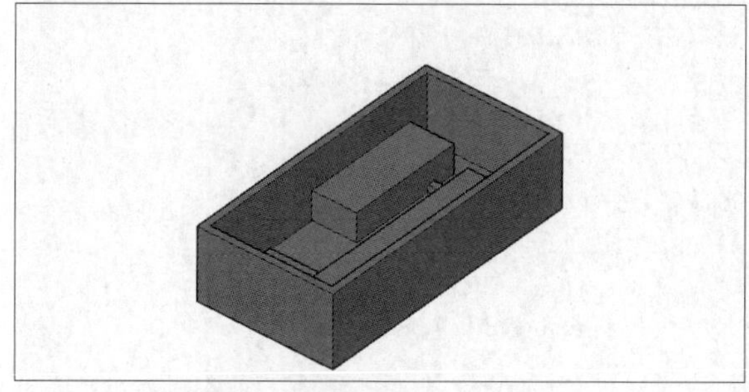

图 10-50　抽壳效果

10.2.5 创建倒角和圆角 ★重点★

使用“倒角”和“圆角”工具不仅可以编辑二维图形，也能对三维图形添加倒角和圆角效果。

1 三维倒角

在建模过程中，为各类零件创建倒角可以方便安装，防止擦伤或者划伤其他零件和安装人员。在 AutoCAD 中，执行“倒角”命令有如下几种方法。

◆菜单栏：执行“修改” | “实体编辑” | “倒角边”命令。

◆功能区：在“实体”选项卡中，单击“实体编辑”面板中的“倒角边”按钮，如图 10-51 所示。

◆命令：CHAMFEREDGE。

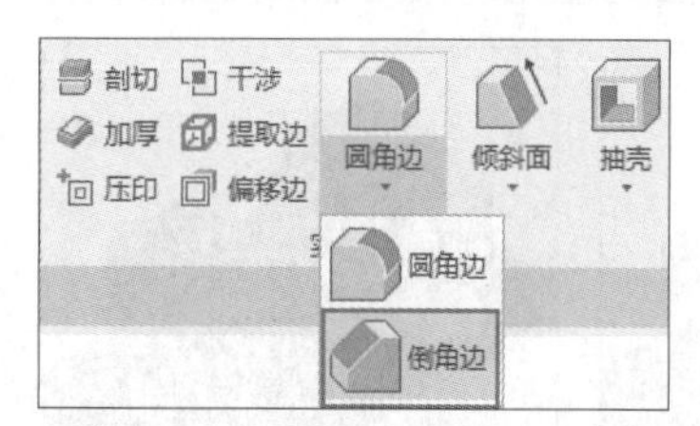

图 10-51 “实体编辑”面板中的“倒角边”按钮

执行“倒角边”命令，根据命令行的提示，在绘图区选择要添加倒角的基面，按 Enter 键分别指定倒角距离，选择需要倒角的边线，按 Enter 键即可创建三维倒角，效果如图 10-52 所示。

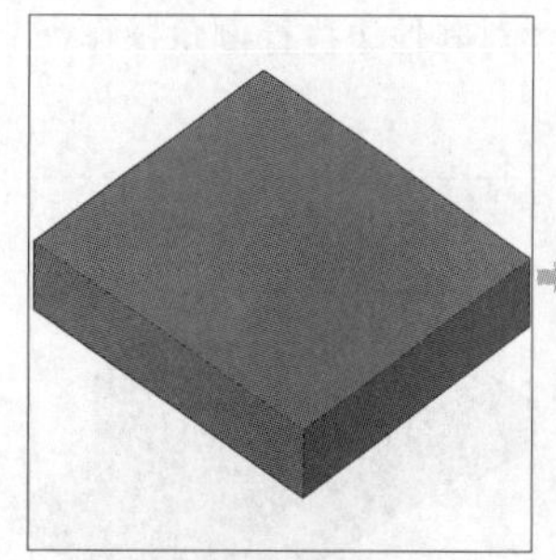

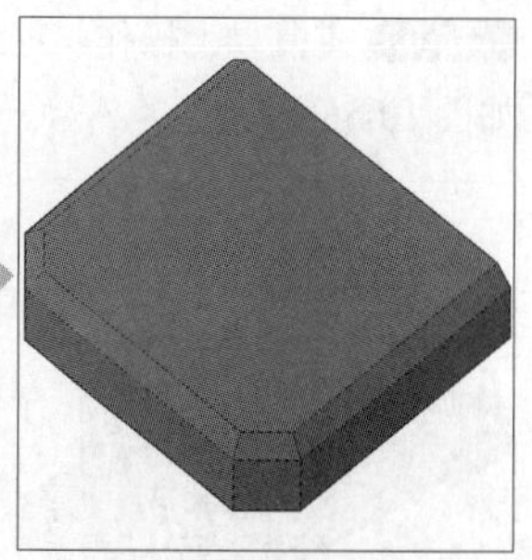

图 10-52　创建三维倒角

练习10-9 为模型添加倒角 ★进阶★

创建三维模型后，依次选择边为其添加倒角。设置不同的倒角距离，得到的倒角效果也不同，操作步骤如下。

步骤 01 单击快速访问工具栏中的“打开”按钮，打开“练习10-9：为模型添加倒角.dwg”素材文件，如图10-53所示。

步骤 02 在“实体”选项卡中，单击“实体编辑”面板中的“倒角边”按钮，选择图10-54所示的边线为倒角边。命令行提示如下。

```
命令: _CHAMFEREDGE
                    //执行"倒角边"命令
选择一条边或 [环(L)/距离(D)]:
                    //选择需要倒角的边
选择同一个面上的其他边或 [环(L)/距离(D)]:
选择同一个面上的其他边或 [环(L)/距离(D)]:
选择同一个面上的其他边或 [环(L)/距离(D)]:
按 Enter 键接受倒角或 [距离(D)]:D↙
                    //单击鼠标右键结束选择，输入"D"设置倒角值
指定基面倒角距离或 [表达式(E)] <1.0000>: 2↙
指定其他曲面倒角距离或 [表达式(E)] <1.0000>: 2↙
                    //输入倒角值
按 Enter 键接受倒角或 [距离(D)]:
                    //按Enter键结束
```

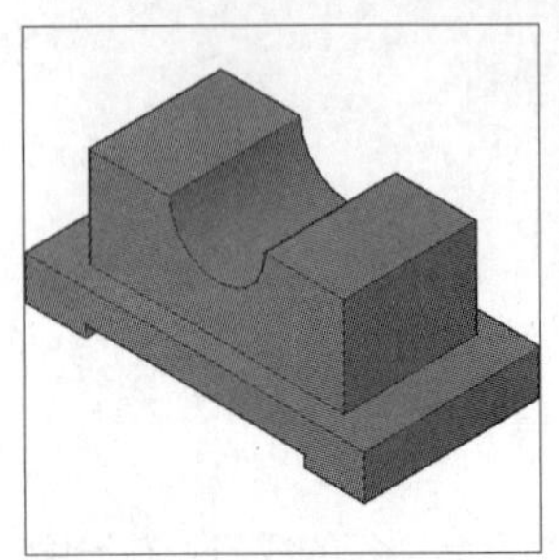
图 10-53　素材模型

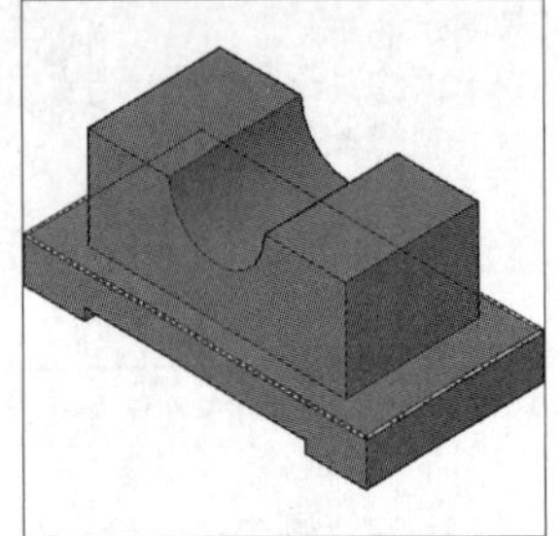
图 10-54　选择倒角边

通过以上操作即可完成倒角，效果如图 10-55 所示。

步骤 03 重复以上操作，继续对其他边执行倒角操作，如图 10-56所示。

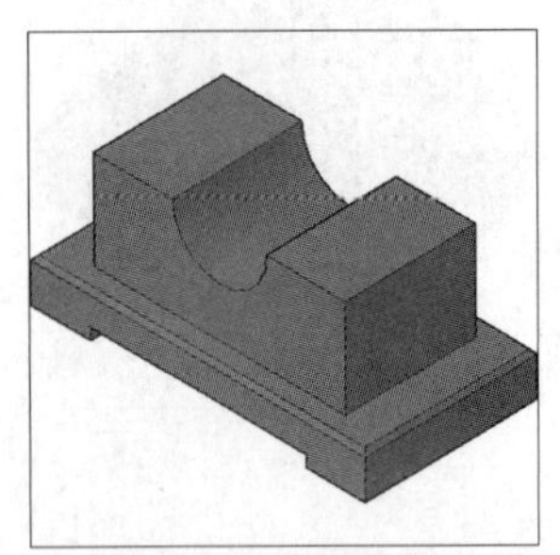
图 10-55　倒角效果

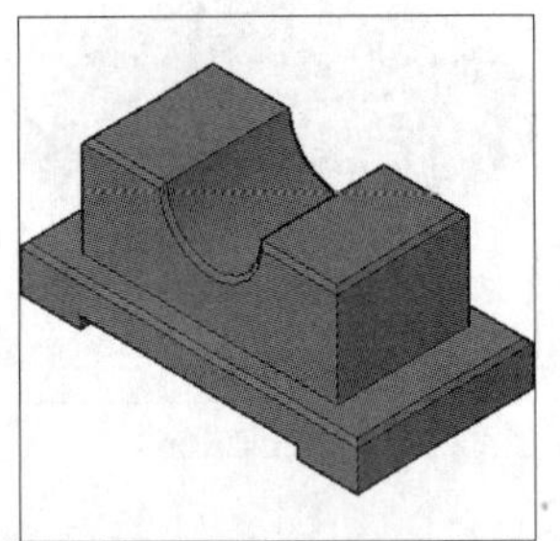
图 10-56　最终效果

2 三维圆角

在三维模型中，圆角主要用在回转零件的轴肩处，以防止轴肩应力集中，在长时间的运转中断裂。在 AutoCAD 中，执行"圆角"命令有如下几种方法。

◆菜单栏：执行"修改"｜"实体编辑"｜"圆角边"命令。

◆功能区：在"实体"选项卡中，单击"实体编辑"面板中的"圆角边"按钮，如图 10-57 所示。

◆命令：FILLETEDGE。

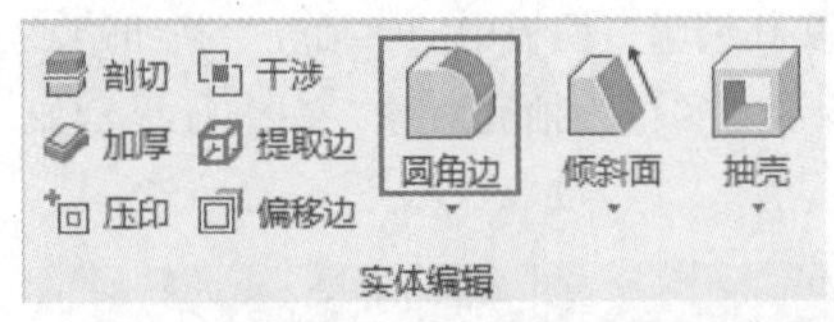

图 10-57　"实体编辑"面板中的"圆角边"按钮

执行"圆角边"命令，在绘图区选择边线，输入圆角半径，按 Enter 键，命令行出现"选择边或 [链 (C)/ 环 (L)/ 半径 (R)]:"提示。选择"链 (C)"选项，可以选择多个边线进行圆角。选择"半径 (R)"选项，可以创建不同半径的圆角，按 Enter 键可创建三维圆角，如图 10-58 所示。

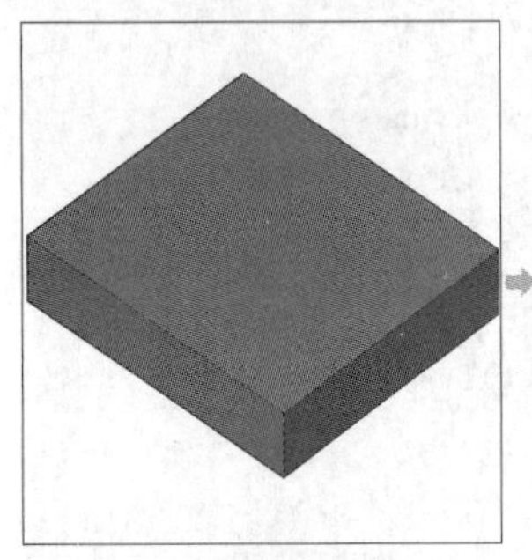
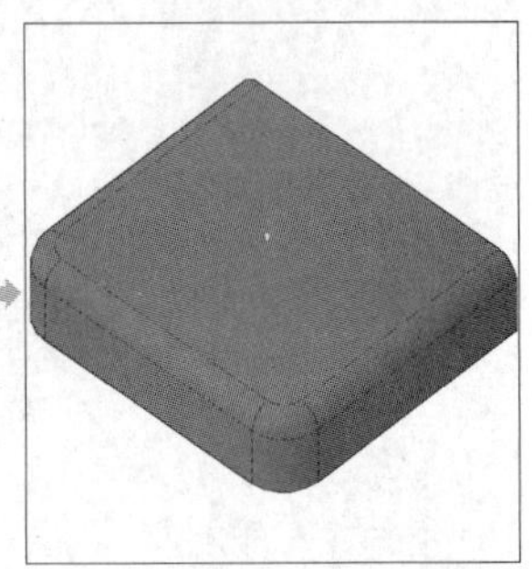
图 10-58　创建三维圆角

练习10-10 为模型添加圆角 ★进阶★

有的模型需要棱角分明，有的模型需要若干圆角边。执行"圆角边"命令，设置半径的值，可以为选择的边执行圆角操作。

步骤 01 单击快速访问工具栏中的"打开"按钮，打开"练习10-10：为模型添加圆角.dwg"素材文件，如图 10-59所示。

步骤 02 单击"实体编辑"面板中的"圆角边"按钮，选择图 10-60所示的边为要圆角的边。命令行提示如下。

```
命令: FILLETEDGE↙
                    //执行"圆角边"命令
半径 = 1.0000
选择边或 [链(C)/环(L)/半径(R)]:
                    //选择要圆角的边
选择边或 [链(C)/环(L)/半径(R)]:
                    //单击鼠标右键结束选择
已选定 1 个边用于圆角。
按 Enter 键接受圆角或 [半径(R)]:R↙
                    //选择"半径"选项
指定半径或 [表达式(E)] <1.0000>: 5↙
                    //输入半径
按 Enter 键接受圆角或 [半径(R)]:
                    //按Enter键结束
```

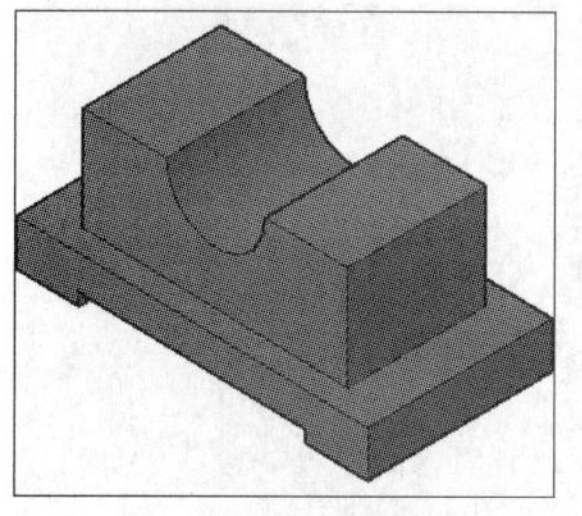

图 10-59 素材模型

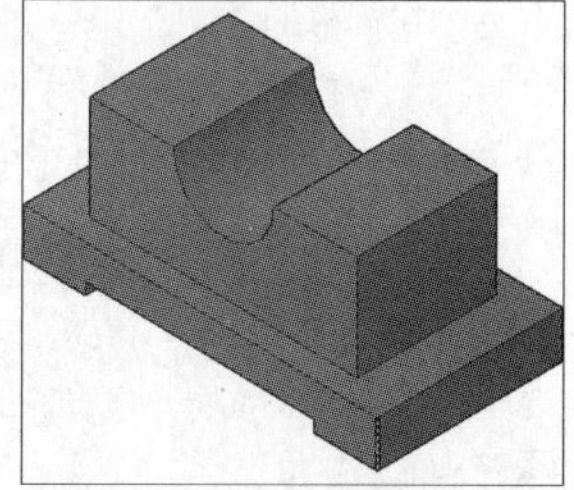

图 10-60 选择圆角边

通过以上操作即可完成三维圆角的创建，效果如图 10-61 所示。

步骤 03 重复以上操作，继续在其他位置创建圆角，效果如图 10-62所示。

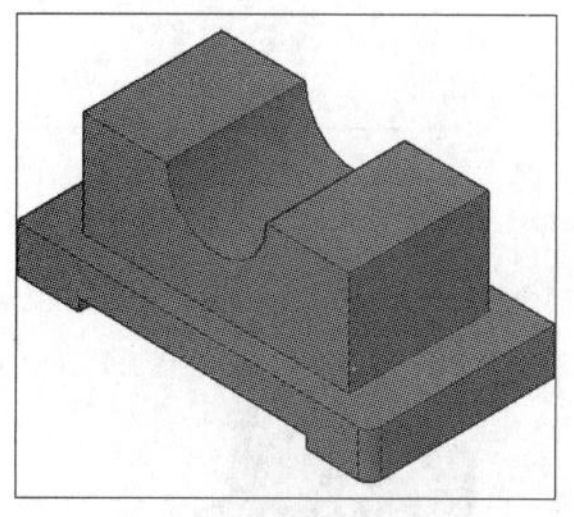

图 10-61 圆角效果

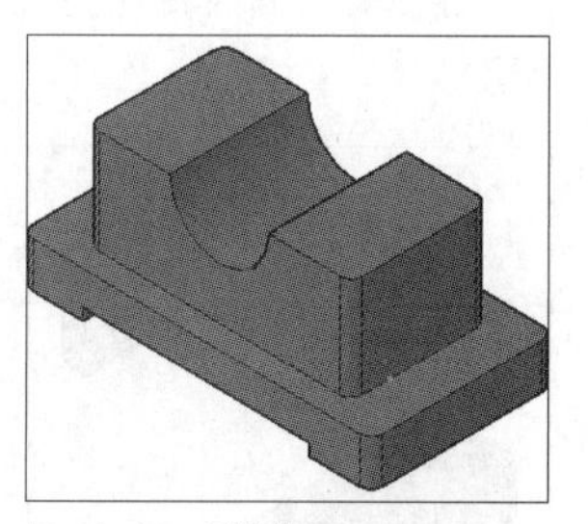

图 10-62 最终效果

10.3 操作三维对象

三维操作指对实体进行移动、旋转、对齐等改变位置的操作，以及镜像、阵列等快速创建相同实体副本的操作。这些三维操作在装配实体时使用频繁，例如将螺栓装配到螺孔中，可能需要先旋转螺栓使轴线与螺孔平行，然后通过移动将其定位到螺孔中，接着进行阵列操作，快速创建多个位置的螺栓。

10.3.1 三维移动 ★重点★

使用“三维移动”命令可以将实体按指定距离进行移动，改变对象的位置。使用“三维移动”命令能将实体沿 *X*、*Y*、*Z* 轴或其他任意方向，以及直线、面或任意两点间移动，将其定位到空间的准确位置。

在 AutoCAD 中，执行“三维移动”命令有如下几种方法。

◆菜单栏：执行“修改”｜“三维操作”｜“三维移动”命令。

◆功能区：在“常用”选项卡中，单击“修改”面板中的“三维移动”按钮，如图 10-63 所示。

◆命令：3DMOVE。

执行“三维移动”命令后，选择要移动的对象，绘图区将显示坐标系，如图 10-64 所示。

图 10-63 “修改”面板中的“三维移动”按钮

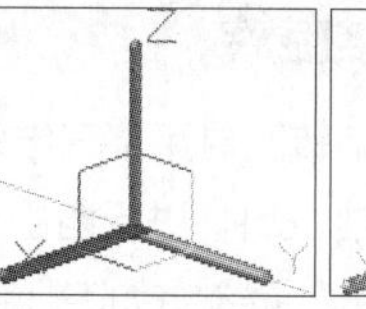

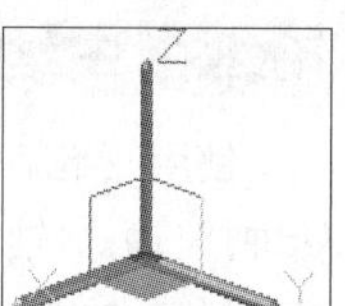

图 10-64 显示坐标系

单击选择坐标轴的某一轴，移动十字光标，选择的实体将沿所约束的轴移动。若是将十字光标停留在两轴间直线汇合处的平面上（用来确定一个平面），直至其变为黄色，然后选择该平面，移动十字光标将移动约束到该平面上。

练习10-11 三维移动 ★进阶★

除了“三维移动”命令，用户也可以通过二维环境下的“移动”命令来完成该操作，操作步骤如下。

步骤 01 单击快速访问工具栏中的“打开”按钮，打开“练习10-11：三维移动.dwg”素材文件，如图 10-65 所示。

步骤 02 单击“修改”面板中的“三维移动”按钮，选择要移动的底座实体，单击鼠标右键完成选择，然后在移动小控件上选择*Z*轴为约束方向。命令行提示如下。

```
命令: _3dmove
                                //执行“三维移动”命令
选择对象: 找到 1 个
                                //选择底座为要移动的对象
选择对象:
                                //单击鼠标右键完成选择
指定基点或 [位移(D)] <位移>:
正在检查 666 个交点...
** MOVE **
指定移动点 或 [基点(B)/复制(C)/放弃(U)/退出(X)]:
                                //将底座移动到合适位置，然
后单击结束操作
```

通过以上操作即可完成三维移动，移动的效果如图 10-66 所示。

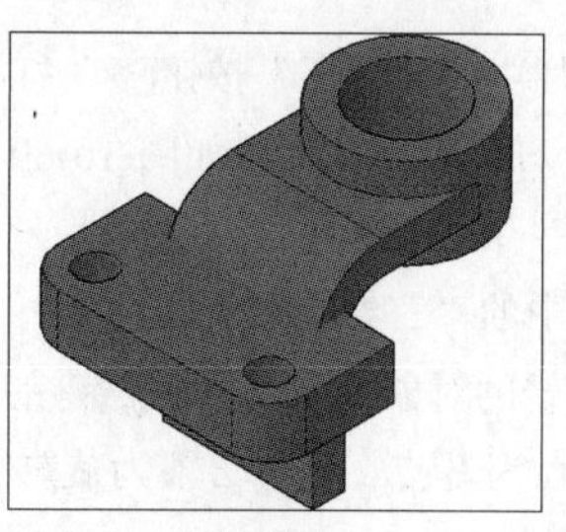

图 10-65 素材模型

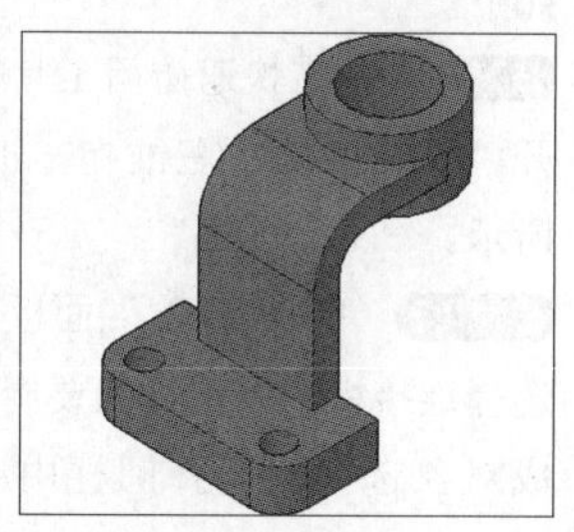

图 10-66 三维移动效果

10.3.2 三维旋转 ★重点★

使用三维旋转工具可将三维对象和子对象沿指定旋转轴（X轴、Y轴、Z轴）进行自由旋转。在AutoCAD中，执行“三维旋转”命令有如下几种方法。

◆菜单栏：执行“修改”｜“三维操作”｜“三维旋转”命令。

◆功能区：在“常用”选项卡中，单击“修改”面板中的“三维旋转”按钮，如图10-67所示。

◆命令：3DROTATE。

图10-67 “修改”面板中的“三维旋转”按钮

执行“三维旋转”命令，进入“三维旋转”模式，选择对象，此时绘图区出现3个圆环（红色代表X轴、绿色代表Y轴、蓝色代表Z轴），指定一点为旋转基点，如图10-68所示。指定旋转基点后，选择夹点工具上的圆环确定旋转轴，接着直接输入角度进行实体的旋转，或选择屏幕上的任意位置确定旋转基点，再输入角度即可旋转三维实体。

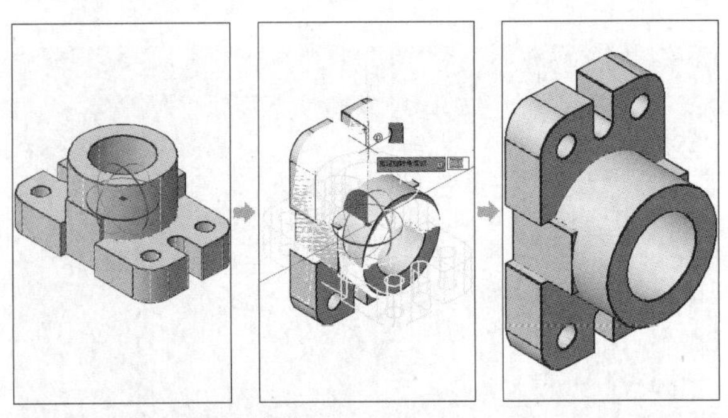

图10-68 进行三维旋转操作

练习10-12 三维旋转 ★进阶★

与“三维移动”命令相同，“三维旋转”命令同样可以使用二维环境中的“旋转”命令来替代，操作步骤如下。

步骤 01 单击快速访问工具栏中的“打开”按钮，打开“练习10-12：三维旋转.dwg”素材文件，如图10-69所示。

步骤 02 单击“修改”面板中的“三维旋转”按钮，选择连接板和圆柱体为要旋转的对象，单击鼠标右键完成对象选择。选择圆柱中心为基点，选择Z轴为旋转轴，输入旋转角度为180。命令行提示如下。

```
命令: _3drotate
        //执行“三维旋转”命令
UCS 当前的正角方向: ANGDIR=逆时针 ANGBASE=0
选择对象: 找到 1 个
        //选择连接板和圆柱体为旋转对象
选择对象:
        //单击鼠标右键结束选择
指定基点:
        //指定圆柱中心点为基点
拾取旋转轴:
        //选择Z轴为旋转轴
指定角的起点或键入角度: 180↙
        //输入角度
```

通过以上操作即可完成三维旋转，效果如图10-70所示。

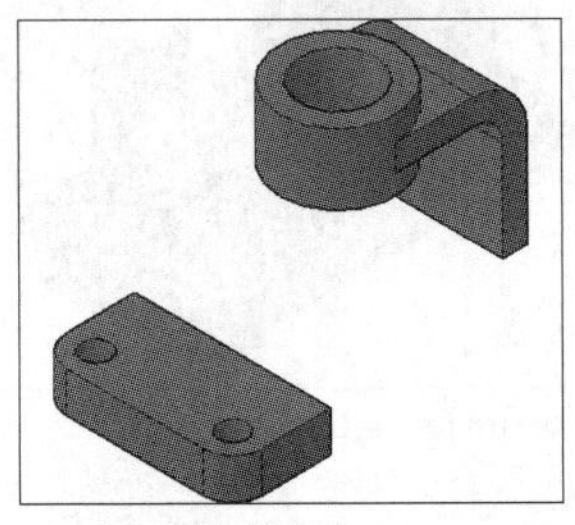

图10-69 素材模型　　图10-70 三维旋转效果

10.3.3 三维缩放

通过“三维缩放”小控件，用户可以沿轴或平面调整选择的对象和子对象的大小，也可以统一调整对象的大小。在AutoCAD中，执行“三维缩放”命令有如下几种方法。

◆功能区：在“常用”选项卡中，单击“修改”面板中的“三维缩放”按钮，如图10-71所示。

图10-71 “三维缩放”按钮

◆命令：3DSCALE。

执行“三维缩放”命令，进入“三维缩放”模式，选择对象，此时绘图区出现图10-72所示的缩放小控件。在绘图区中指定一点为缩放基点，移动十字光标即可进行缩放。

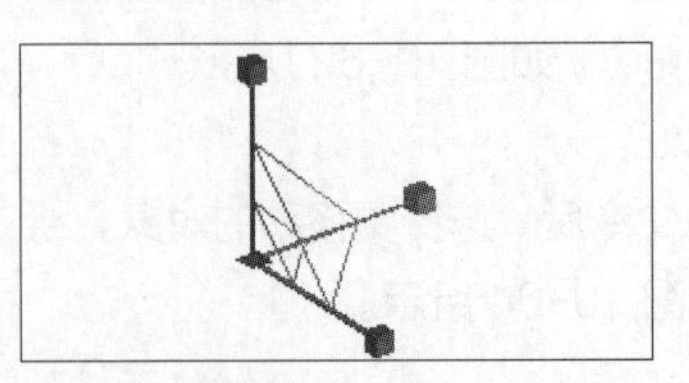

图10-72 缩放小控件

在缩放小控件中单击选择不同的区域，可以获得不同的缩放效果，具体介绍如下。

◆单击最靠近三维缩放小控件顶点的区域：将高亮显示小控件所有轴的内部区域，如图 10-73 所示，模型按统一比例缩放。

◆单击定义平面的轴之间的平行线：将高亮显示小控件轴与轴之间的部分，如图 10-74 所示，会将模型缩放约束至平面；此选项仅适用于网格，不适用于实体或曲面。

◆单击轴：仅高亮显示小控件上的轴，如图 10-75 所示，会将模型缩放约束至轴上；此选项仅适用于网格，不适用于实体或曲面。

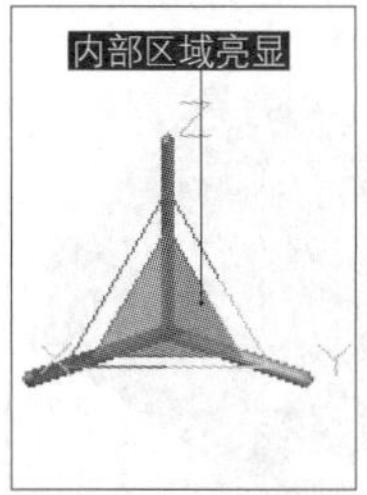

图 10-73 统一比例缩放时的小控件

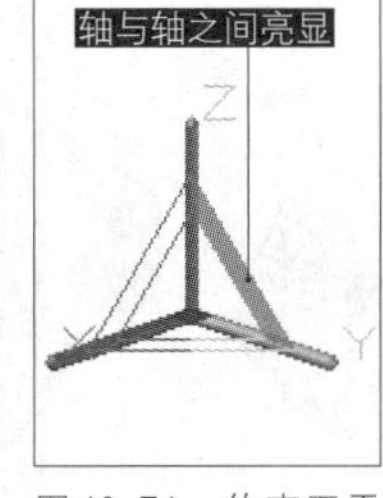

图 10-74 约束至平面缩放时的小控件

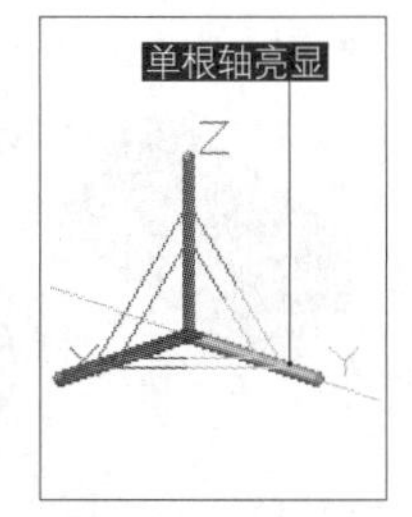

图 10-75 约束至轴上缩放时的小控件

10.3.4 三维镜像 ★重点★

使用三维镜像工具，能够将三维对象通过镜像平面获取与之完全相同的对象副本，其中镜像平面可以是与 UCS 坐标系平行的平面或由三点确定的平面。在 AutoCAD 中，执行“三维镜像”命令有如下几种方法。

◆菜单栏：执行“修改”｜“三维操作”｜“三维镜像”命令。

◆功能区：在“常用”选项卡中，单击“修改”面板中的“三维镜像”按钮，如图 10-76 所示。

◆命令：MIRROR3D。

图 10-76 “修改”面板中的“三维镜像”按钮

执行“三维镜像”命令，进入“三维镜像”模式，在绘图区选择实体后，按 Enter 键或单击鼠标右键完成选择，按命令行提示选择镜像平面，可根据需要指定 3 个点作为镜像平面，再确定是否删除源对象，单击鼠标右键或按 Enter 键获得实体副本。

练习10-13 三维镜像 ★进阶★

如果要镜像复制的对象只限于 *X*-*Y* 平面，那么“三维镜像”命令同样可以用二维工作空间中的“镜像”命令替代，操作步骤如下。

步骤 01 单击快速访问工具栏中的“打开”按钮，打开“练习10-13：三维镜像.dwg”素材文件，如图 10-77 所示。

步骤 02 在“常用”选项卡中，单击“坐标”面板中的“Z轴矢量”按钮，先捕捉大圆的圆心位置，定义坐标原点，然后捕捉270° 极轴方向，定义*Z*轴方向，创建的坐标系如图 10-78所示。

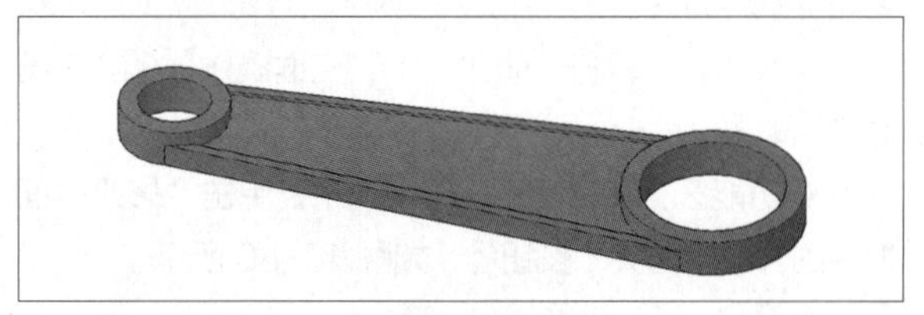
图 10-77 素材模型

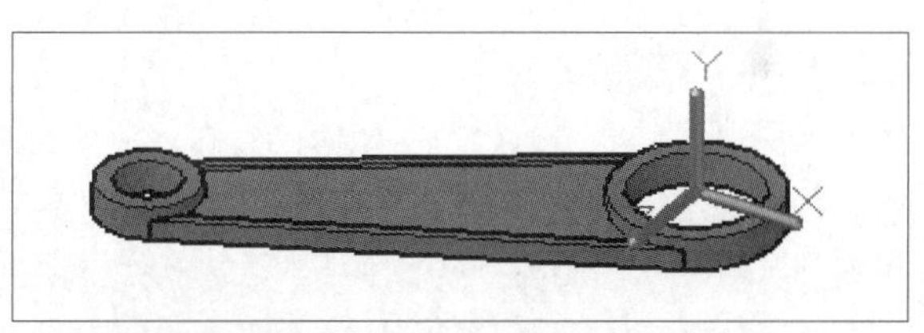

图 10-78 创建的坐标系

步骤 03 单击“修改”面板中的“三维镜像”按钮，选择连杆臂为镜像对象，镜像生成另一侧的连杆。命令行提示如下。

```
命令: _mirror3d          //执行“三维镜像”命令
选择对象: 指定对角点: 找到 12 个
                         //选择对象
选择对象:
                         //单击鼠标右键结束选择
指定镜像平面 (三点) 的第一个点或[对象(O)/最近的(L)/Z 轴(Z)/视图(V)/XY 平面(XY)/YZ 平面(YZ)/ZX 平面(ZX)/三点(3)]<三点>: YZ↙
                         //由YZ平面定义镜像平面
指定 YZ 平面上的点 <0,0,0>:↙
                         //输入镜像平面通过点的坐标（此处使用默认值，即以YZ平面作为镜像平面）
是否删除源对象? [是(Y)/否(N)] <否>:
                         //按Enter键或Space键，系统默认为不删除源对象
```

通过以上操作即可完成三孔连杆的绘制，如图 10-79 所示。

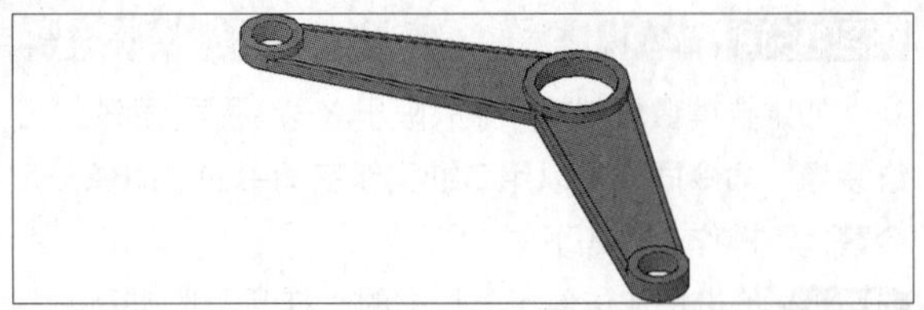

图 10-79　三孔连杆的绘制效果

10.3.5 三维对齐

使用三维对齐工具可指定一对、两对或三对原点和目标点，从而使对象通过移动、旋转、倾斜或缩放对齐选择的对象。在 AutoCAD 中，执行“三维对齐”命令有如下几种方法。

◆菜单栏：执行“修改”｜“三维操作”｜“三维对齐”命令。

◆功能区：在“常用”选项卡中，单击“修改”面板中的“三维对齐”按钮，如图 10-80 所示。

◆命令：3DALIGN 或 3AL。

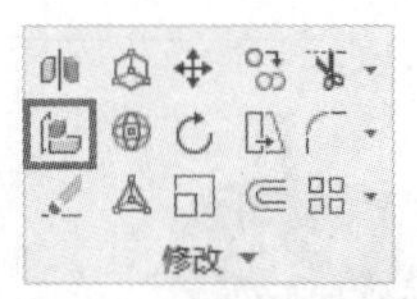

图 10-80　“修改”面板中的“三维对齐”按钮

接下来对相关使用方法进行具体介绍。

一对点对齐对象

该对齐方式是指定一对源点和目标点进行实体对齐。只选择一对源点和目标点时，选择的实体对象将在二维或三维空间中从源点 *a* 沿直线路径移动到目标点 *b*，如图 10-81 所示。

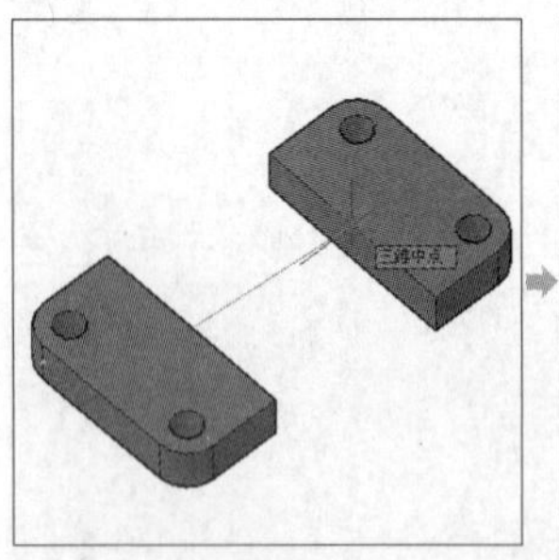

图 10-81　一对点对齐对象

两对点对齐对象

该对齐方式是指定两对源点和目标点进行实体对齐。当选择两对源点和目标点时，可以在二维或三维空间中移动、旋转和缩放选定对象，以便与其他对象对齐，如图 10-82 所示。

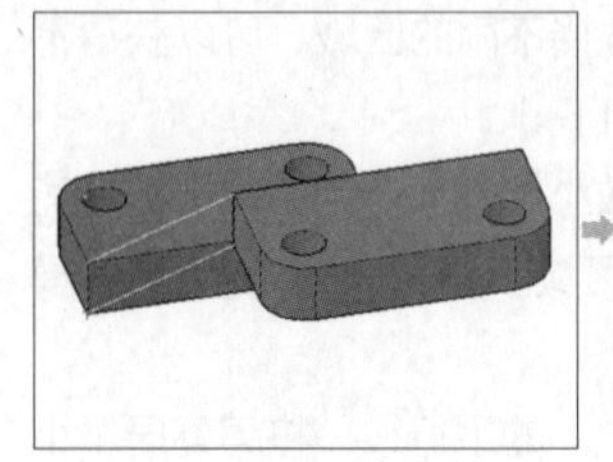

图 10-82　两对点对齐对象

三对点对齐对象

该对齐方式是指定三对源点和目标点进行实体对齐。当选择三对源点和目标点时，可直接在绘图区连续捕捉三对源点和目标点对齐对象，效果如图 10-83 所示。

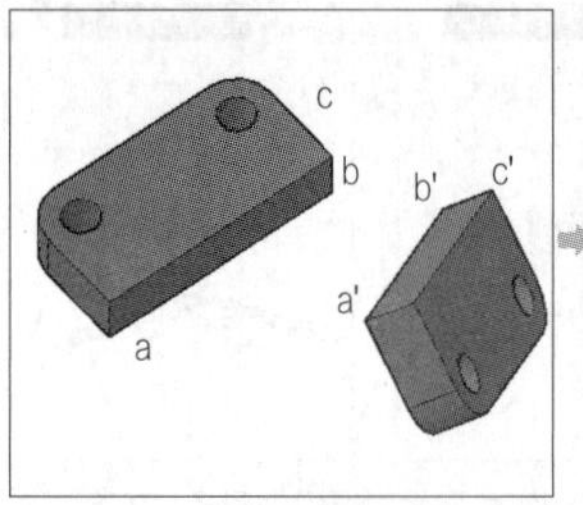

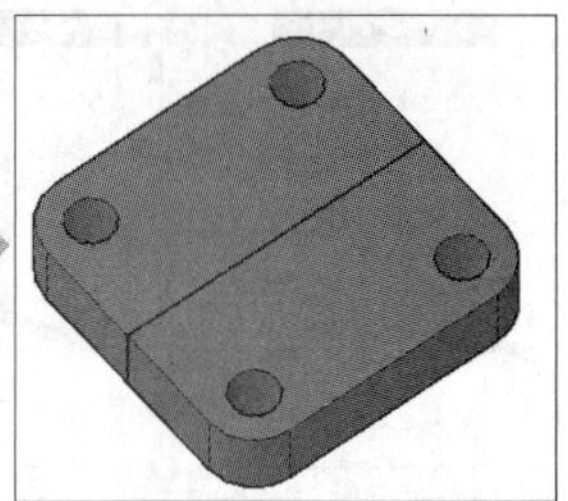

图 10-83　三对点对齐对象

练习10-14　三维对齐装配螺钉　★重点★

通过执行“三维对齐”命令可以实现零部件的三维装配，这也是在 AutoCAD 中创建三维装配体时常用的命令之一，操作步骤如下。

步骤 01 单击快速访问工具栏中的“打开”按钮，打开“练习10-14：三维对齐装配螺钉.dwg”素材文件，如图 10-84所示。

步骤 02 单击“修改”面板中的“三维对齐”按钮，选择螺栓为要对齐的对象。命令行提示如下。

```
命令: _3dalign
        //执行“三维对齐”命令
选择对象: 找到 1 个
        //选择螺栓为要对齐的对象
选择对象:
        //单击鼠标右键结束对象选择
指定源平面和方向 ...
指定基点或 [复制(C)]:
指定第二个点或 [继续(C)] <C>:
指定第三个点或 [继续(C)] <C>:
        //在螺栓上指定3个点确定源平面，如图10-85所示
的A、B、C3点，指定目标平面和方向
指定第一个目标点:
指定第二个目标点或 [退出(X)] <X>:
指定第三个目标点或 [退出(X)] <X>:
        //在底座上指定3个点确定目标平面，如图10-86所
示的A′、B′、C′点，完成三维对齐操作
```

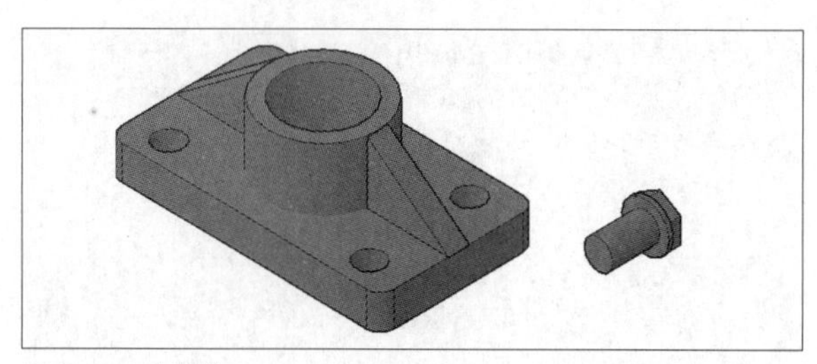

图 10-84　素材模型

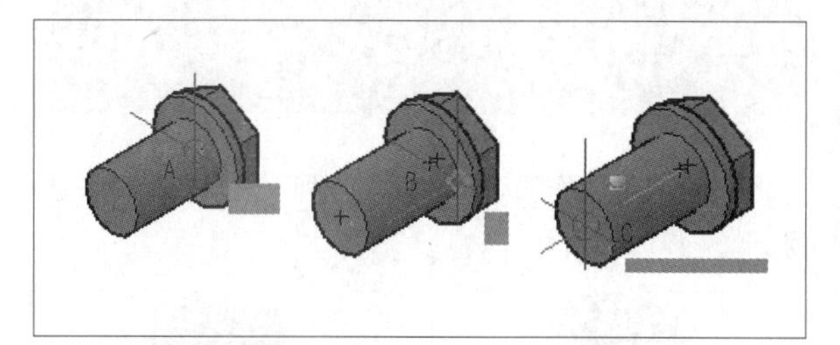

图 10-85　选择源平面

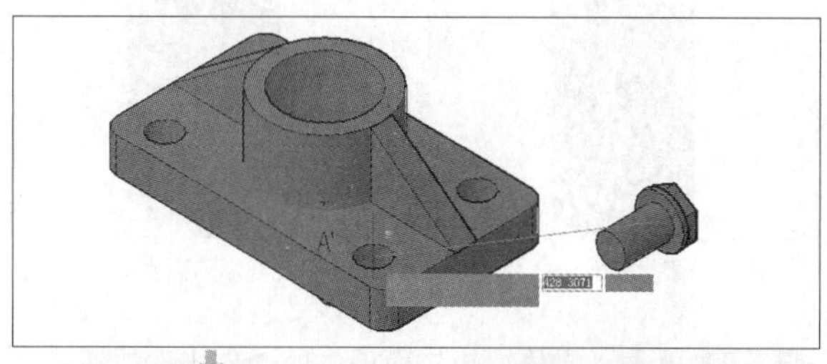

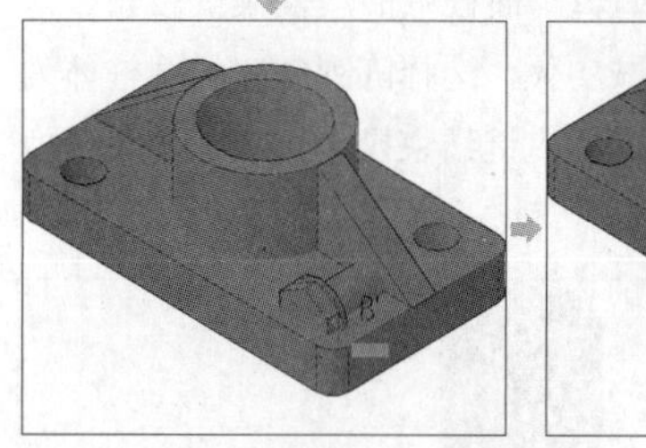

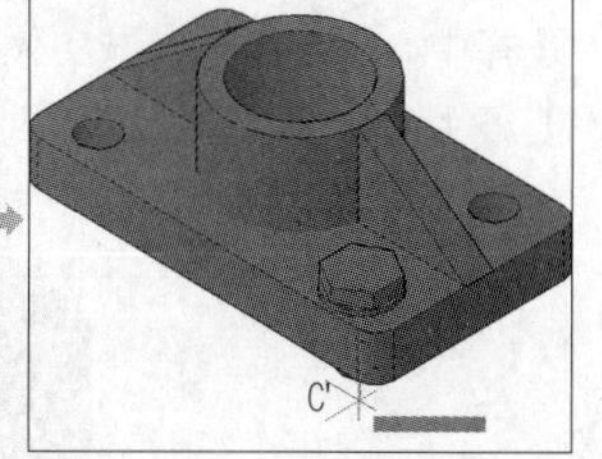

图 10-86　选择目标平面

通过以上操作即可完成对螺栓的三维对齐，效果如图 10-87 所示。

步骤 03 复制螺栓实体，重复以上操作，完成所有螺栓的位置装配，如图 10-88所示。

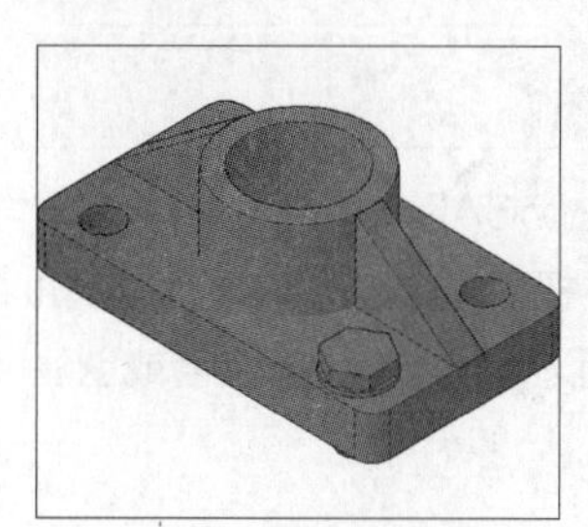

图 10-87　三维对齐效果

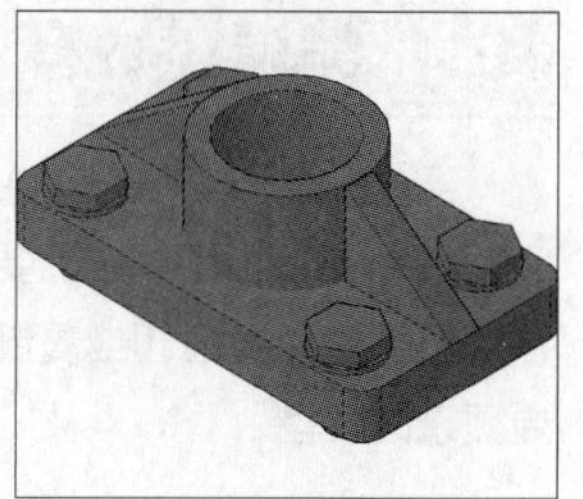

图 10-88　装配效果

10.3.6 三维阵列 ★重点★

使用三维阵列工具，可以在三维空间中按矩形阵列或环形阵列的方式创建对象的多个副本。在 AutoCAD 中，执行“三维阵列”命令有如下方法。

◆菜单栏：执行“修改”|“三维操作”|“三维阵列”命令，如图 10-89 所示。

◆命令：3DARRAY 或 3A。

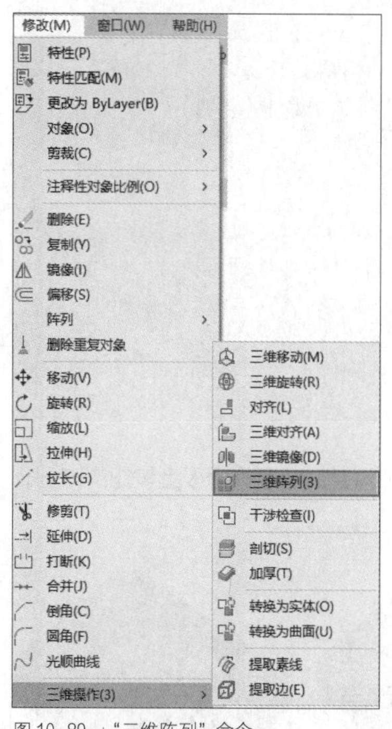

图 10-89　“三维阵列”命令

执行“三维阵列”命令后，按照提示执行阵列对齐操作。命令行提示如下。

```
输入阵列类型 [矩形(R)/环形(P)] <矩形>:
```

三维阵列有矩形阵列和环形阵列两种方式，下面分别进行介绍。

1 矩形阵列

执行“矩形阵列”命令时，需要指定行数、列数、层数、行间距和层间距，还可设置多行、多列和多层。

在指定间距时，输入间距或在绘图区选择两个点，AutoCAD 将自动测量两点之间的距离，并以此作为间距。如果间距为正，将沿 *X* 轴、*Y* 轴、*Z* 轴的正方向生成阵列。如果间距为负，将沿 *X* 轴、*Y* 轴、*Z* 轴的负方向生成阵列。

练习10-15　矩形阵列创建电话按键 ★进阶★

执行“矩形阵列”命令，通过设置行数、列数及间距，在指定的位置创建若干对象副本，弥补“复制”工具的不足，操作步骤如下。

步骤 01 单击快速访问工具栏中的“打开”按钮，打开“练习10-15：矩形阵列创建电话按键.dwg”素材文件，如图 10-90所示。

步骤 02 在命令行中输入“3DARRAY”，选择电话机上的按钮为阵列对象。命令行提示如下。

```
命令: 3DARRAY↙
        //执行"三维阵列"命令
选择对象: 找到 1 个
        //选择要阵列的对象
选择对象:
        //单击鼠标右键结束选择
输入阵列类型 [矩形(R)/环形(P)] <矩形>:R↙
        //按Enter键或Space键，系统默认为矩形阵列模式
输入行数 (---) <1>: 3↙
输入列数 (→→→) <1>: 4↙
输入层数 (...) <1>:↙
        //输入层数为1，即进行平面阵列
指定行间距 (---): 8↙
指定列间距 (→→→): 7↙
        //分别指定矩形阵列参数，按Enter键，完成矩形阵列操作
```

通过以上操作即可完成电话机面板上按钮的阵列，效果如图 10-91 所示。

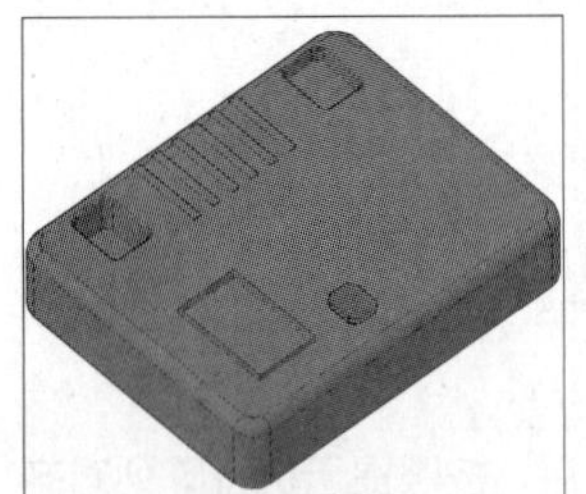

图 10-90　素材模型

图 10-91　矩形阵列效果

2 环形阵列

执形“环形阵列”命令时，需要指定阵列的数目、填充的角度、旋转轴的起点和终点，以及对象在阵列后是否绕着阵列中心旋转。

练习10-16　环形阵列创建手柄　★进阶★

执行“环形阵列”命令，可以快速地创建若干对象副本，避免重复设置参数，保证结果的准确性，操作步骤如下。

步骤 01 单击快速访问工具栏中的“打开”按钮，打开“练习10-16：环形阵列创建手柄.dwg”素材文件，如图 10-92所示。

步骤 02 在命令行中输入“3DARRAY”，选择小圆柱体为阵列对象。命令行提示如下。

```
命令: 3DARRAY↙
                //执行"三维阵列"命令
正在初始化... 已加载 3DARRAY。
选择对象: 找到 1 个
                //选择要阵列的对象
选择对象:
                //单击鼠标右键完成选择
输入阵列类型 [矩形(R)/环形(P)] <矩形>:P↙
                //选择环形阵列模式
输入阵列中的项目数目: 9↙
指定要填充的角度 (+=逆时针, -=顺时针) <360>:↙
                //输入环形阵列的参数
旋转阵列对象? [是(Y)/否(N)] <Y>:
                //按Enter键或Space键，系统默认为旋转阵列对象
指定阵列的中心点:
指定旋转轴上的第二点: <正交 开> _UCS
                //选择大圆柱的中轴线为旋转轴
```

通过以上操作即可完成环形阵列，效果如图 10-93 所示。

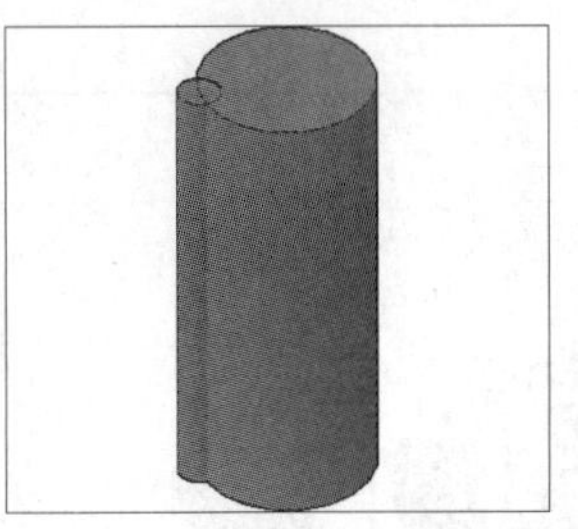

图 10-92　素材模型

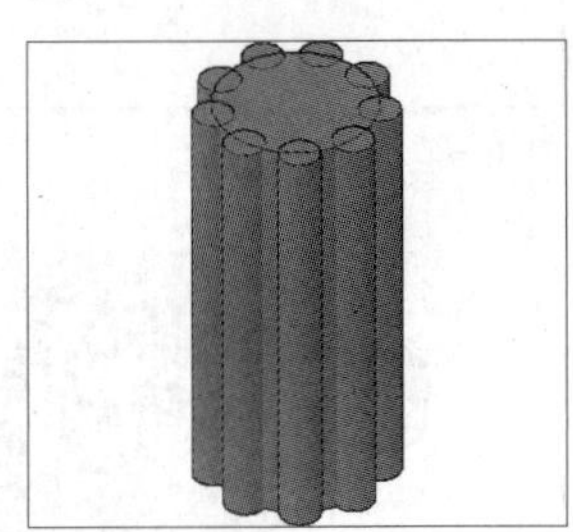

图 10-93　环形阵列效果

步骤 03 单击“实体编辑”面板中的“差集”按钮，选择中心圆柱体为被减实体，选择阵列创建的圆柱体为要减去的实体，单击鼠标右键结束操作。求差集后手柄的效果如图 10-94所示。

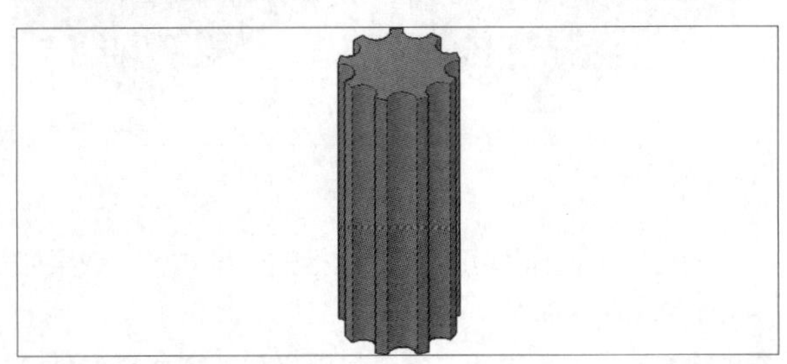

图 10-94　手柄的制作效果

10.4 编辑实体边

实体由面和边组成，AutoCAD 不仅提供多种编辑实体的工具，也可根据需要提取多个边的特征，对其执行偏移、着色、压印或复制边等操作，便于查看或创建更复杂的模型。

10.4.1 复制边

执行“复制边”命令，可以将实体上单个或多个边偏移到指定位置，从而利用这些边创建新的图形。在 AutoCAD 中，执行“复制边”命令有如下几种方法。

◆菜单栏：执行“修改” | “实体编辑” | “复制边”

命令，如图 10-95 所示。

◆功能区：在“常用”选项卡中，单击“实体编辑”面板中的“复制边”按钮，如图 10-96 所示。

◆命令：SOLIDEDIT。

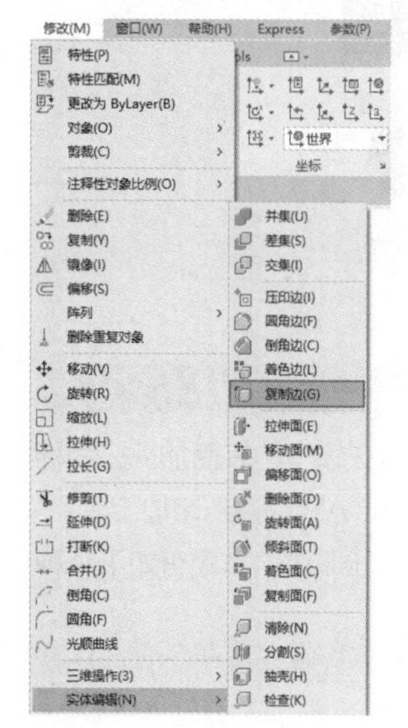

图 10-95 “复制边”命令

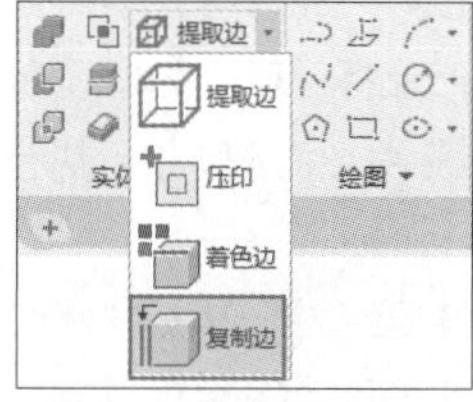

图 10-96 “复制边”按钮

执行“复制边”命令后，在绘图区选择需要复制的边线，单击鼠标右键，弹出快捷菜单，如图 10-97 所示。执行“确认”命令，并指定复制边的基点或位移，将十字光标移动到合适的位置，单击放置边，完成复制边的操作。效果如图 10-98 所示。

图 10-97 快捷菜单

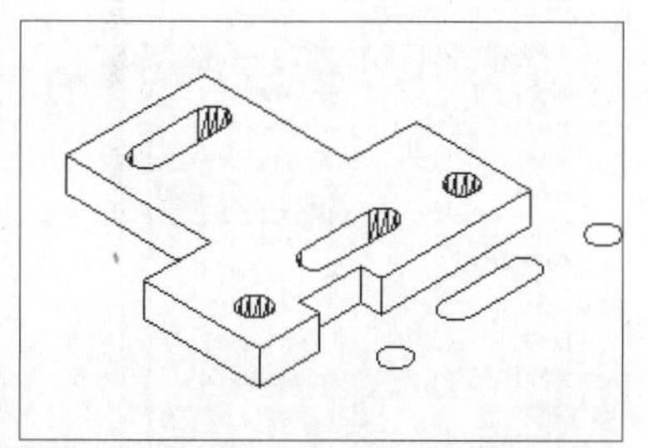

图 10-98 复制边

练习10-17 复制边创建导轨 ★进阶★

三维建模时，可以随时使用二维工具（如圆、直线）来绘制草图，然后进行拉伸等操作。相较于其他建模软件绘制草图时还需要特别切换至草图环境，AutoCAD 显得更为灵活。结合复制边、压印边等操作，可直接从现有的模型中分离出对象的轮廓，方便继续建模，极为方便，操作步骤如下。

步骤 01 单击快速访问工具栏中的“打开”按钮，打开“练习10-17：复制边创建导轨.dwg”素材文件，如图 10-99所示。

步骤 02 单击“实体编辑”面板中的“复制边”按钮，选择图 10-100所示的边为复制对象。命令行提示如下。

```
命令: _solidedit
实体编辑自动检查: SOLIDCHECK=1
输入实体编辑选项 [面(F)/边(E)/体(B)/放弃(U)/退出(X)] <退出>: _edge
输入边编辑选项 [复制(C)/着色(L)/放弃(U)/退出(X)] <退出>: _copy
        //执行“复制边”命令
选择边或 [放弃(U)/删除(R)]:
        //选择要复制的边
……
选择边或 [放弃(U)/删除(R)]:
        //选择完毕，单击鼠标右键结束选择边
指定基点或位移:
        //指定基点
指定位移的第二点:
        //指定平移到的位置
输入边编辑选项 [复制(C)/着色(L)/放弃(U)/退出(X)] <退出>:
        //按Esc键退出
```

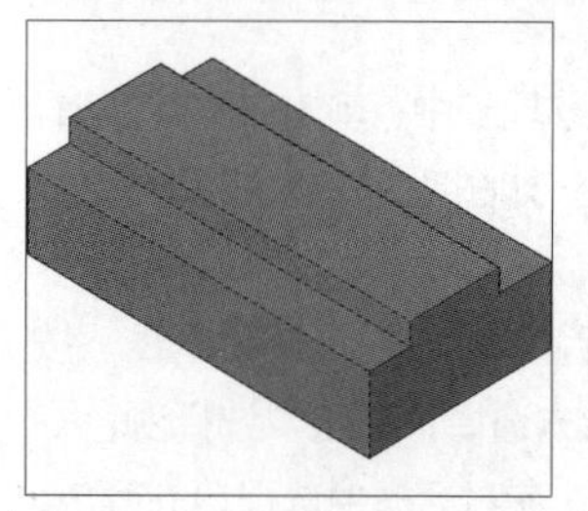

图 10-99 素材模型

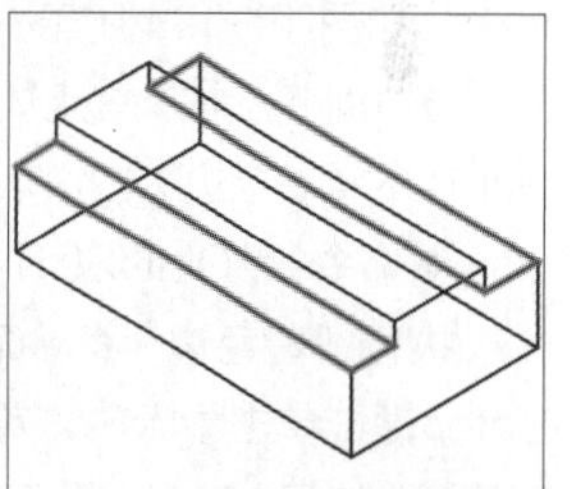

图 10-100 选择要复制的边

通过以上操作即可复制边，效果如图 10-101 所示。

步骤 03 单击“建模”面板中的“拉伸”按钮，选择复制的边，指定拉伸高度为40mm，效果如图 10-102所示。

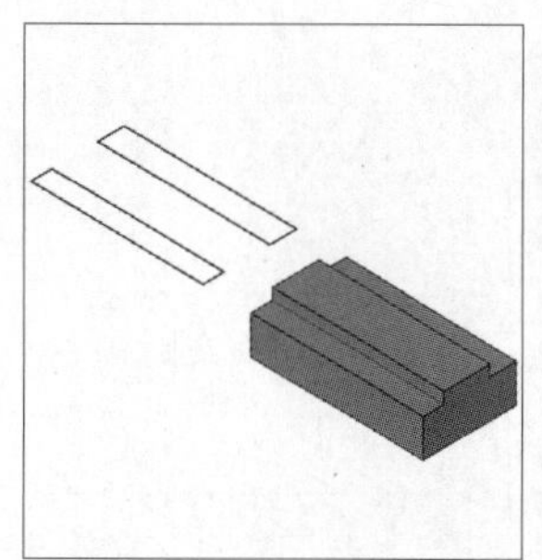

图 10-101 复制边

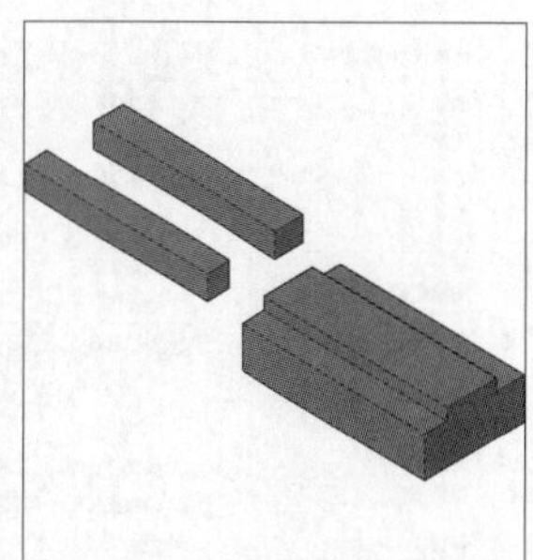

图 10-102 拉伸图形

步骤 04 执行“修改”|“三维操作”|“三维对齐”命令，选择拉伸得到的长方体为要对齐的对象，将其对齐到底座上。效果如图 10-103所示。

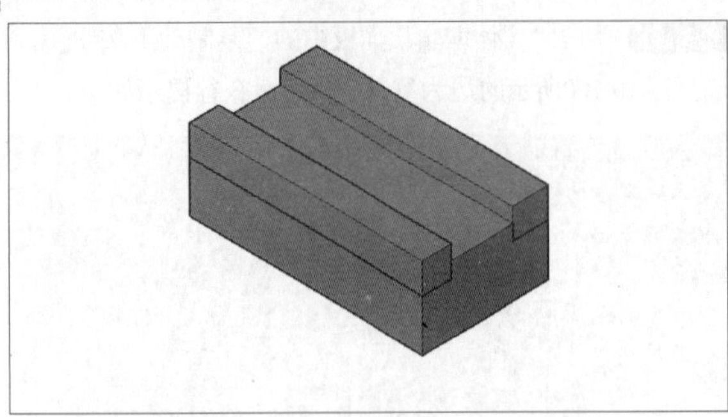

图 10-103　对齐底座

10.4.2 着色边

在三维环境中，不仅能够着色实体表面，还可使用着色边工具着色实体的边线，从而获得实体内、外表面边线不同的着色效果。

在 AutoCAD 中，执行“着色边”命令有如下几种方法。

◆菜单栏：执行“修改”|“实体编辑”|“着色边”命令，如图 10-104 所示。

◆功能区：在“常用”选项卡中，单击“实体编辑”面板中的“着色边”按钮，如图 10-105 所示。

◆命令：SOLIDEDIT。

执行“着色边”命令后，在绘图区选择边线，按 Enter 键或单击鼠标右键完成选择，弹出“选择颜色”对话框，如图 10-106 所示。在对话框中选择填充颜色，单击“确定”按钮，即可进行边着色操作。

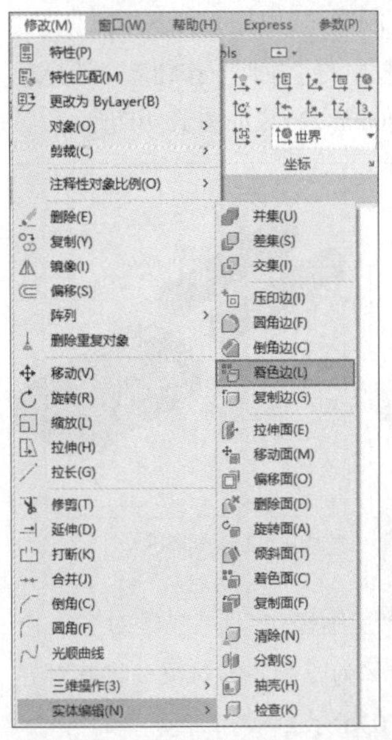

图 10-104　“着色边”命令

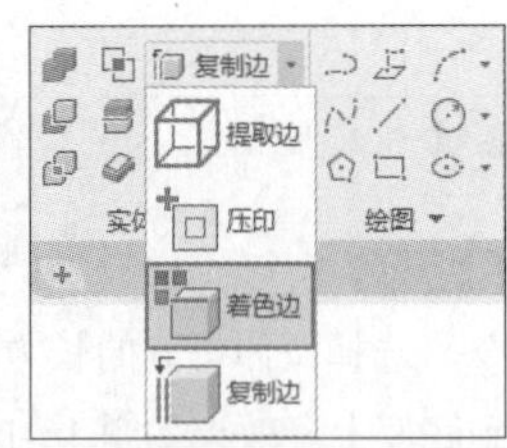

图 10-105　“着色边”按钮

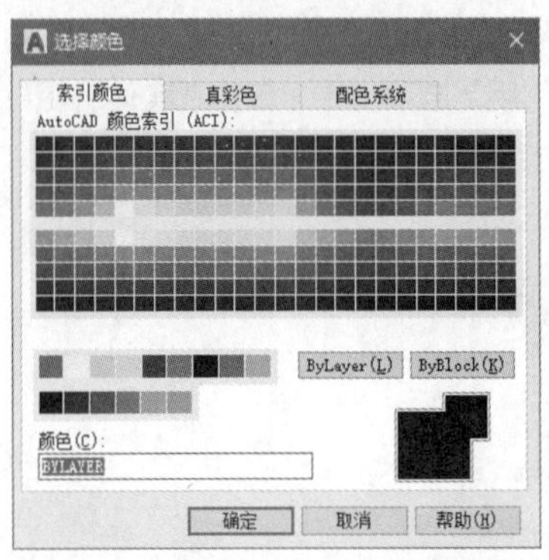

图 10-106　“选择颜色”对话框

10.4.3 压印边

创建三维模型后，经常要在模型的表面加入公司标记或产品标记等。为此，AutoCAD 提供压印边工具。

在 AutoCAD 中，执行“压印边”命令有如下几种方法。

◆菜单栏：执行“修改”|“实体编辑”|“压印边”命令，如图 10-107 所示。

◆功能区：在“常用”选项卡中，单击“实体编辑”面板中的“压印”按钮，如图 10-108 所示。

◆命令：IMPRINT。

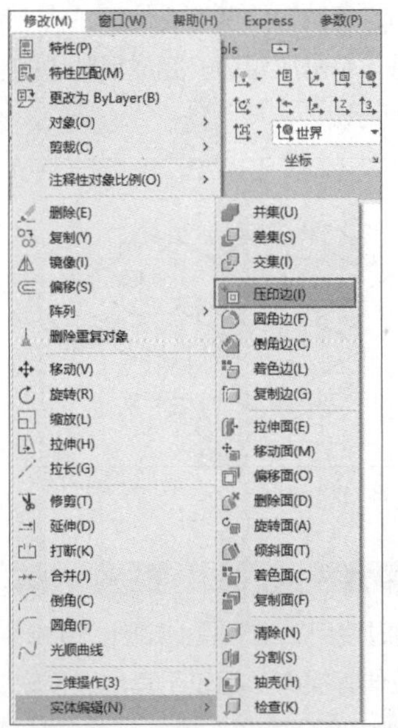

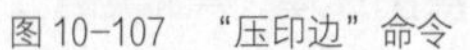

图 10-107　“压印边”命令

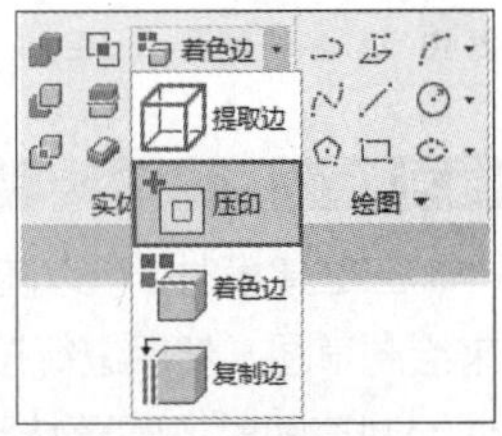

图 10-108　“压印”按钮

执行“压印边”命令后，在绘图区选择三维实体，选择要压印的边，命令行提示“是否删除源对象 [是 (Y)/(否)]<N>：”，根据需要选择是否保留源对象。执行压印边的效果如图 10-109 所示。

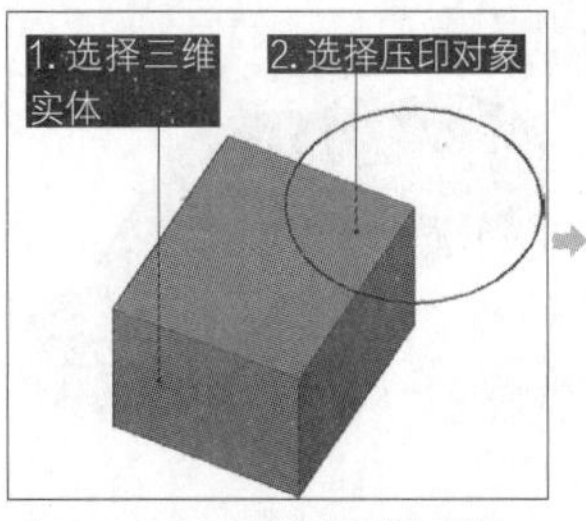

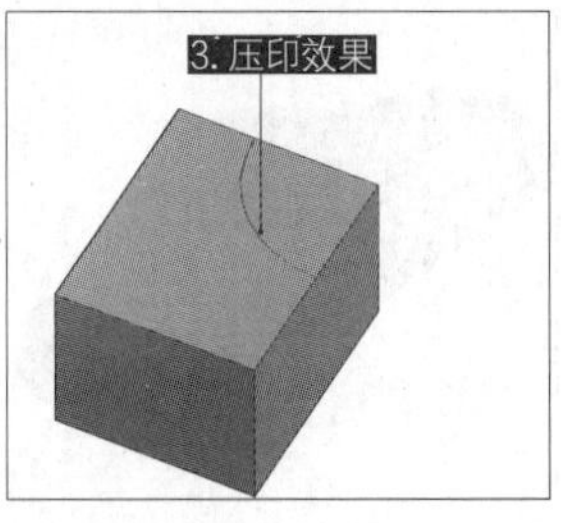

图 10-109　压印边的操作过程

> **提示**
>
> 只有当二维图形绘制在三维实体面上时，才可以创建压印边。

练习10-18　压印商标Logo　★进阶★

“压印边”是最常用的命令之一，使用该命令可以在模型上创建各种自定义的标记，也可以用于模型面的分割，操作步骤如下。

步骤 01 单击快速访问工具栏中的“打开”按钮，打开“练习10-18：压印商标Logo.dwg”素材文件，如图10-110所示。

步骤 02 单击“实体编辑”面板上的“压印”按钮，选择方向盘为三维实体。命令行提示如下。

```
命令: _imprint
        //执行“压印边”命令
选择三维实体或曲面:
        //选择三维实体，如图 10-111所示
选择要压印的对象:
        //选择图 10-112所示的图标
是否删除源对象 [是(Y)/否(N)] <N>: Y↙
        //选择是否保留源对象
```

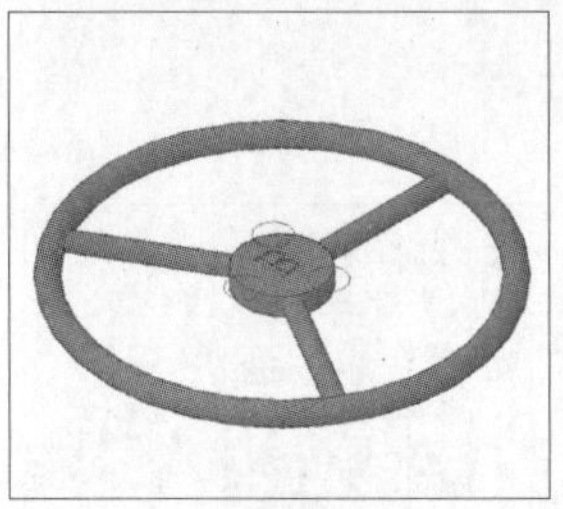

图 10-110　素材模型

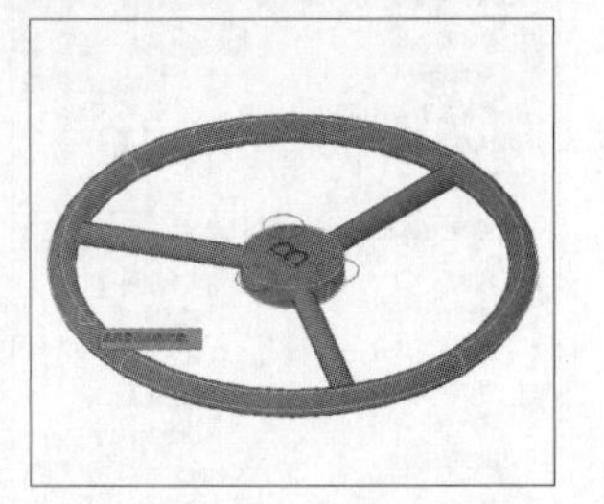

图 10-111　选择三维实体

步骤 03 重复以上操作，完成图标的压印，效果如图10-113所示。

图 10-112　选择对象

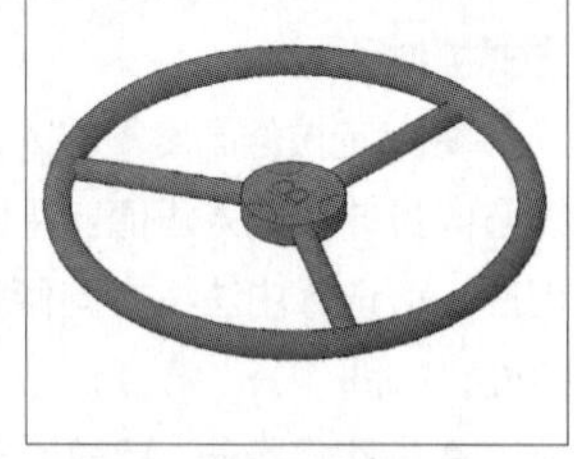

图 10-113　压印效果

> **提示**
>
> 执行压印操作的对象仅限于圆弧、圆、直线、二维和三维多段线、椭圆、样条曲线、面域、体和三维实体。实例中使用的文字为使用直线和圆弧绘制的图形。

10.5 编辑实体面

在编辑三维实体时，不仅可以选择实体上单个或多个边线执行编辑操作，还可以编辑实体的任意表面。通过改变实体表面，达到改变实体的目的。

10.5.1 拉伸实体面

使用拉伸面工具，直接选择实体表面执行操作，从而获得新的实体。在AutoCAD中，执行“拉伸面”命令有如下几种方法。

◆菜单栏：执行“修改”|“实体编辑”|“拉伸面”命令，如图10-114所示。

◆功能区：在“常用”选项卡中，单击“实体编辑”面板中的“拉伸面”按钮，如图10-115所示。

◆命令：SOLIDEDIT。

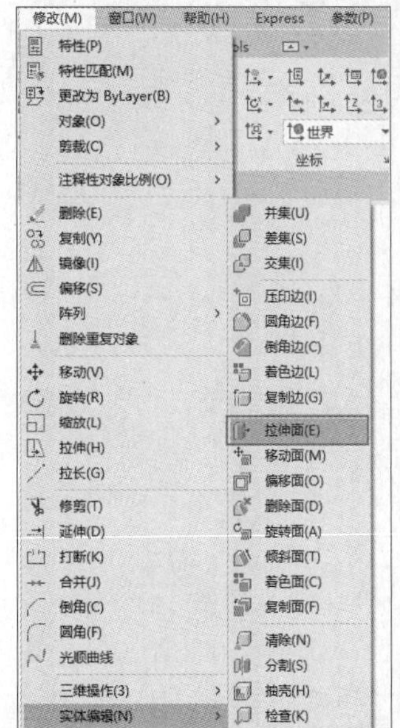

图 10-114　“拉伸面”命令

图 10-115　“拉伸面”按钮

执行“拉伸面”命令后选择面，接下来可以用两种方式拉伸面。

◆指定拉伸高度：输入拉伸的距离，默认按平面法线方向拉伸；输入正值向平面外法线方向拉伸，负值则相反；可选择由法线方向倾斜一角度拉伸，生成拔模的斜面，如图 10-116 所示。

◆按路径拉伸：需要指定一条路径线，可以为直线、圆弧、样条曲线或它们的组合，截面以扫掠的形式沿路径拉伸，如图 10-117 所示。

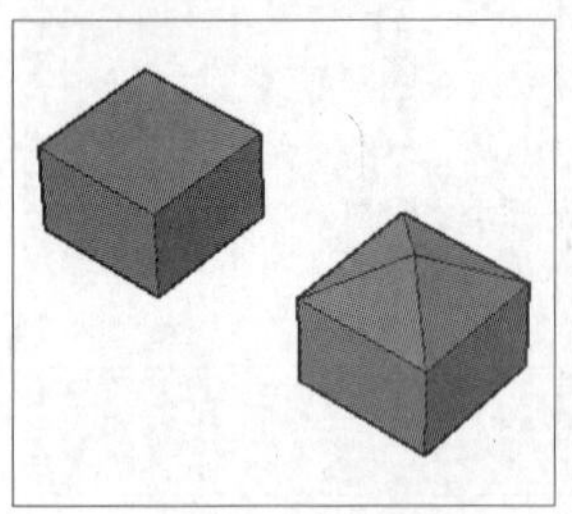

图 10-116　倾斜角度拉伸面

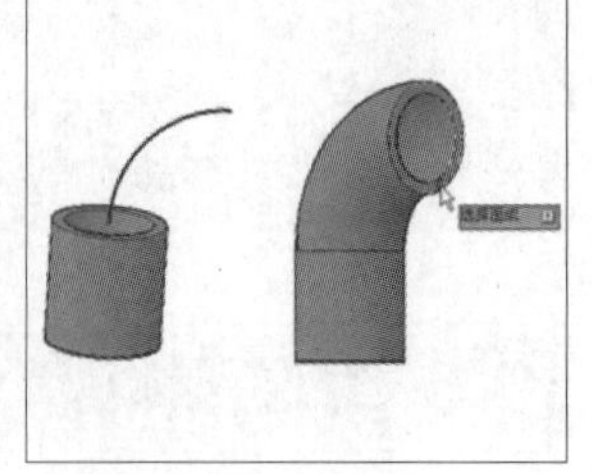

图 10-117　按路径拉伸面

练习10-19　拉伸实体面　★进阶★

除了可以对模型的轮廓边进行复制边、压印边等操作之外，还可以通过执行“拉伸面”命令来直接修改模型，操作步骤如下。

步骤 01 单击快速访问工具栏中的“打开”按钮，打开“练习10-19：拉伸实体面.dwg”素材文件，如图 10-118所示。

步骤 02 单击“实体编辑”面板中的“拉伸面”按钮，选择图 10-119所示的面。命令行提示如下。

```
命令: _solidedit
实体编辑自动检查: SOLIDCHECK=1
输入实体编辑选项 [面(F)/边(E)/体(B)/放弃(U)/退出(X)] <退出>: _face
输入面编辑选项
[拉伸(E)/移动(M)/旋转(R)/偏移(O)/倾斜(T)/删除(D)/复制(C)/颜色(L)/材质(A)/放弃(U)/退出(X)] <退出>: _extrude
//执行“拉伸面”命令
选择面或 [放弃(U)/删除(R)]: 找到一个面
//选择要拉伸的面
选择面或 [放弃(U)/删除(R)/全部(ALL)]:
//单击鼠标右键结束选择
指定拉伸高度或 [路径(P)]: 50↙
//输入拉伸高度值
指定拉伸的倾斜角度 <10>: 10↙
//输入拉伸的倾斜角度
已开始实体校验。
已完成实体校验。
输入面编辑选项
[拉伸(E)/移动(M)/旋转(R)/偏移(O)/倾斜(T)/删除(D)/复制(C)/颜色(L)/材质(A)/放弃(U)/退出(X)] <退出>: *取消*
//按Enter键或Esc键结束操作
```

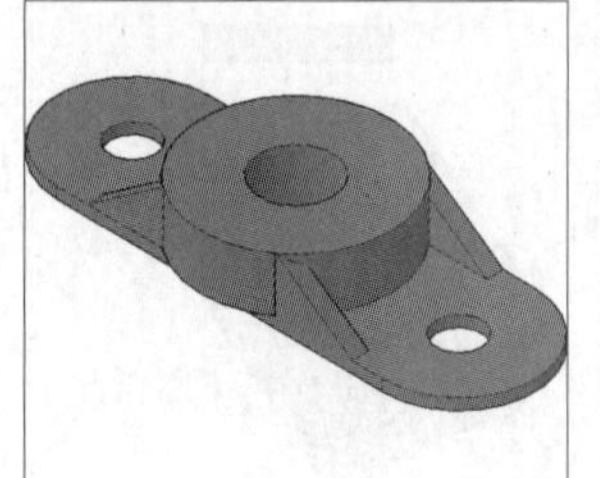

图 10-118　素材模型

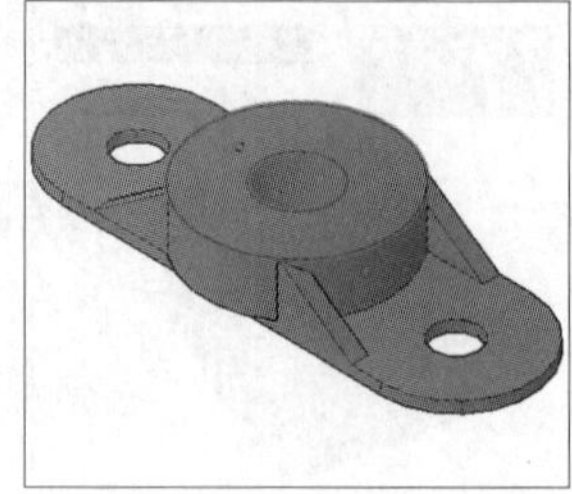

图 10-119　选择拉伸面

通过以上操作即可拉伸实体面，效果如图 10-120 所示。

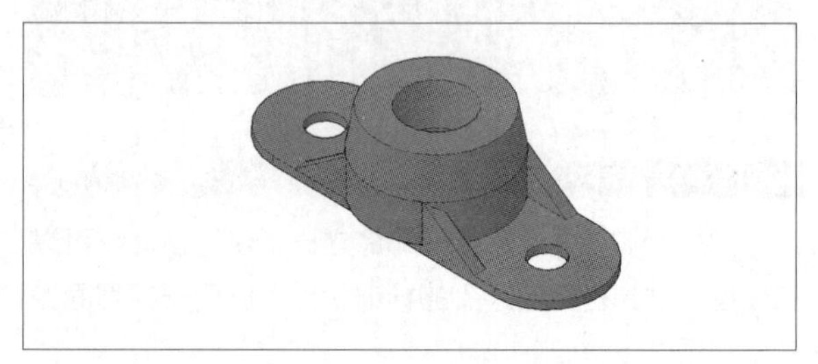

图 10-120　拉伸面的效果

10.5.2 倾斜实体面

使用倾斜面工具，选择孔、槽等沿矢量方向、特定的角度进行倾斜操作，可以获得新实体。

在 AutoCAD 中，执行“倾斜面”命令有如下几种方法。

◆菜单栏：执行“修改”|“实体编辑”|“倾斜面”命令，如图 10-121 所示。

◆功能区：在“常用”选项卡中，单击“实体编辑”面板中的“倾斜面”按钮，如图 10-122 所示。

◆命令：SOLIDEDIT。

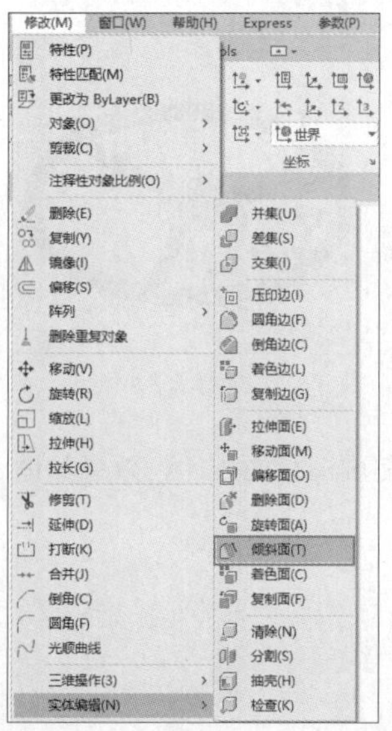
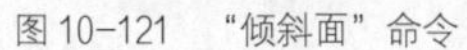

图 10-121　“倾斜面”命令

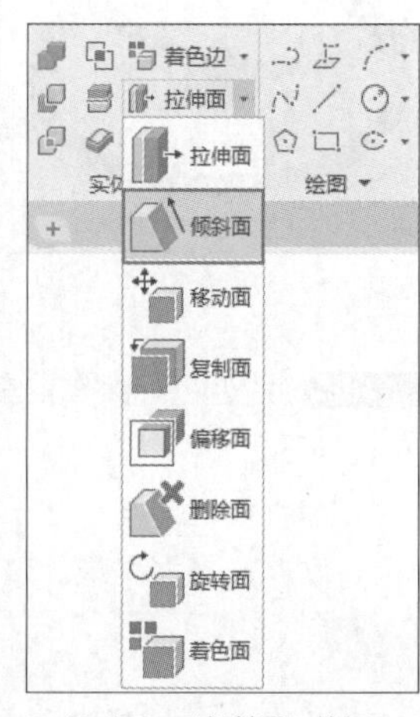

图 10-122　“倾斜面”按钮

执行“倾斜面”命令后，在绘图区选择曲面，并指定倾斜曲面参照轴线基点和另一个端点，输入倾斜角度，按 Enter 键或单击鼠标右键完成倾斜实体面的操作，效果如图 10-123 所示。

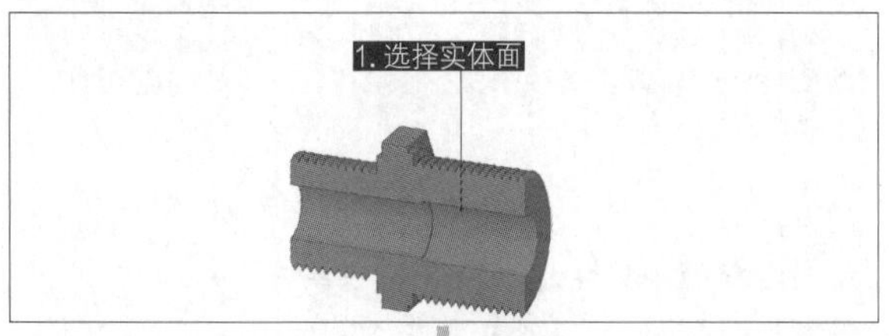

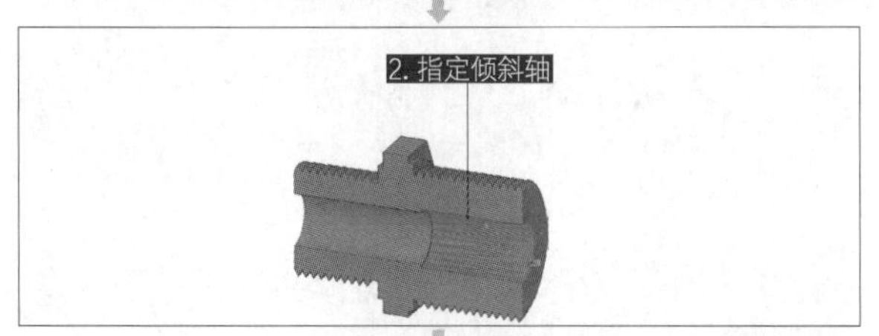

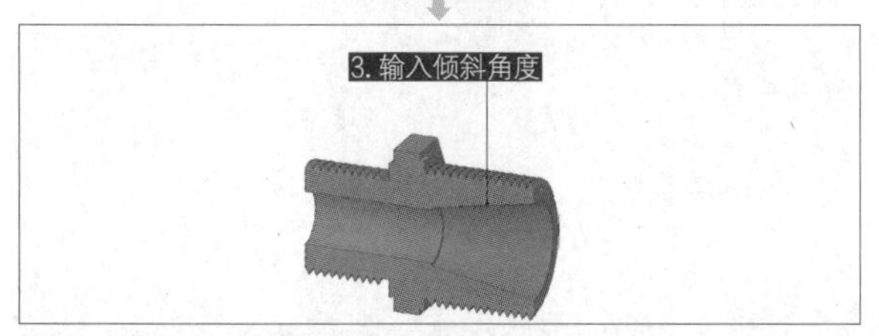

图 10-123　倾斜实体面的过程

练习10-20 倾斜实体面 ★进阶★

在建模的过程中，如果要调整实体面的角度而又不希望破坏模型，就可以使用倾斜面工具。使用该工具，可以自定义倾斜角度，得到一个满意的效果，操作步骤如下。

步骤 01 单击快速访问工具栏中的“打开”按钮，打开“练习10-20：倾斜实体面.dwg”素材文件，如图10-124所示。

步骤 02 单击“实体编辑”面板中的“倾斜面”按钮，选择图 10-125所示的面。命令行提示如下。

```
命令: _solidedit
实体编辑自动检查: SOLIDCHECK=1
输入实体编辑选项 [面(F)/边(E)/体(B)/放弃(U)/退出(X)] <退出>: _face
输入面编辑选项
[拉伸(E)/移动(M)/旋转(R)/偏移(O)/倾斜(T)/删除(D)/复制(C)/颜色(L)/材质(A)/放弃(U)/退出(X)] <退出>: _taper
                    //执行“倾斜面”命令
选择面或 [放弃(U)/删除(R)]: 找到一个面
                    //选择要倾斜的面
选择面或 [放弃(U)/删除(R)/全部(ALL)]:
                    //单击鼠标右键结束选择
指定基点:
指定沿倾斜轴的另一个点:
                    //依次选择上下两圆的圆心，如图 10-126 所示
指定倾斜角度: -10↙
                    //输入倾斜角度
已开始实体校验。
已完成实体校验。
输入面编辑选项
[拉伸(E)/移动(M)/旋转(R)/偏移(O)/倾斜(T)/删除(D)/复制(C)/颜色(L)/材质(A)/放弃(U)/退出(X)] <退出>:
                    //按Enter键或Esc键结束操作
```

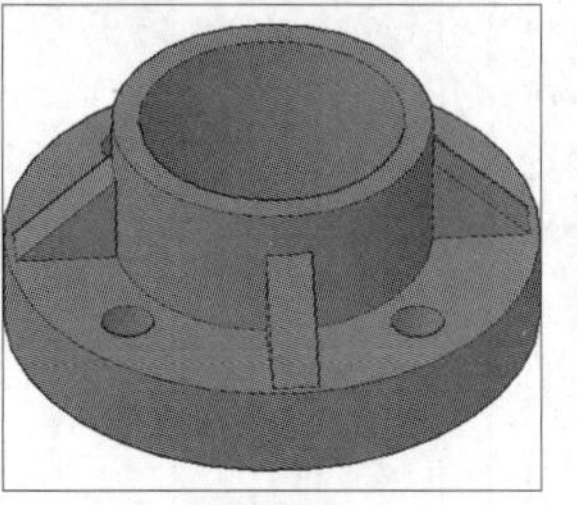

图 10-124　素材模型　　图 10-125　选择倾斜面

通过以上操作即可倾斜实体面，效果如图 10-127 所示。

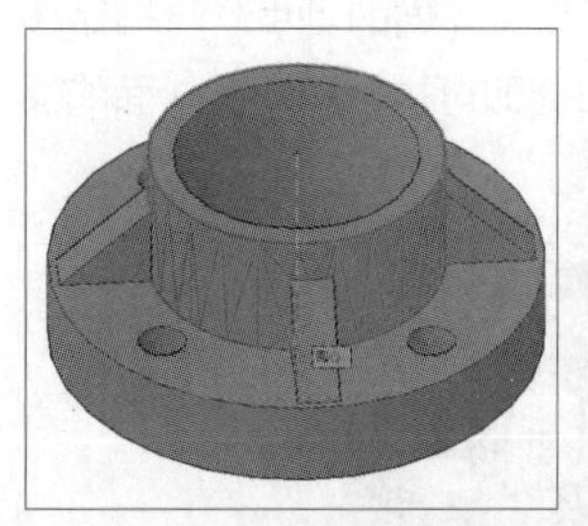

图 10-126　选择倾斜轴

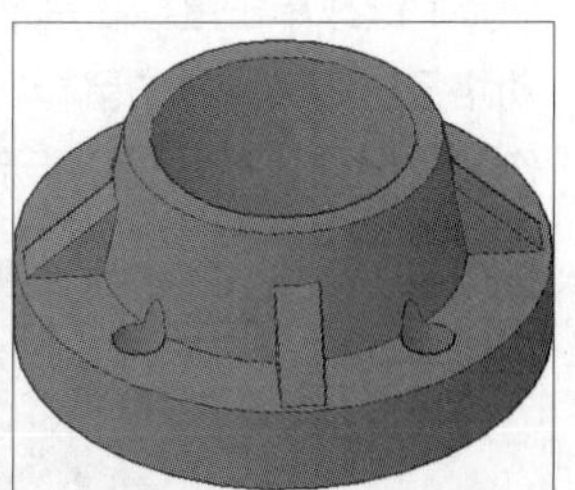

图 10-127　倾斜效果

提示

在执行倾斜面操作时，倾斜的方向由选择的基点和第二点的顺序决定，输入正值向内倾斜，输入负值向外倾斜，不能使用过大的角度值。如果角度值过大，面在达到指定的角度之前可能倾斜成一点。

10.5.3 移动实体面

移动实体面是沿指定的高度或距离移动三维实体的一个或多个面，只移动选择的实体面而不改变方向，可用于三维模型的小范围调整。

在 AutoCAD 中，执行“移动面”命令有如下几种方法。

◆菜单栏：执行“修改”|“实体编辑”|“移动面”命令，如图 10-128 所示。

◆功能区：在“常用”选项卡中，单击“实体编辑”面板中的“移动面”按钮，如图 10-129 所示。

◆命令：SOLIDEDIT。

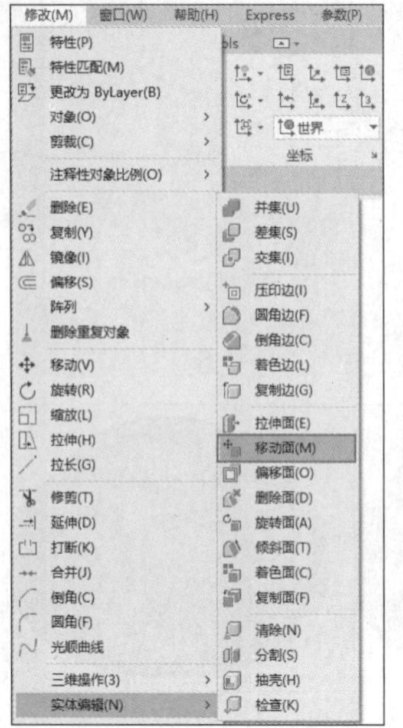

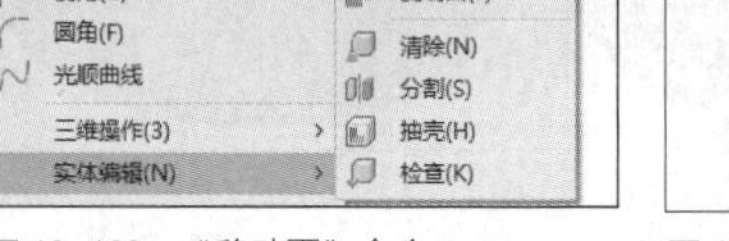

图 10-128 “移动面”命令

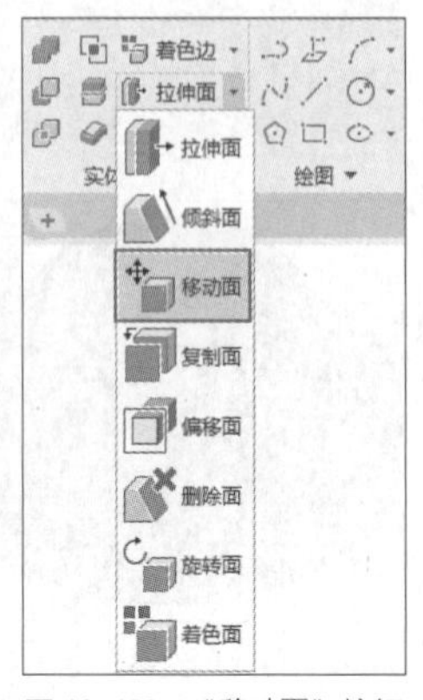

图 10-129 “移动面”按钮

执行“移动面”命令后，在绘图区选择实体面，按Enter键或单击鼠标右键捕捉实体面的基点，再指定移动路径或距离，单击鼠标右键即可执行移动实体面的操作，效果如图 10-130 所示。

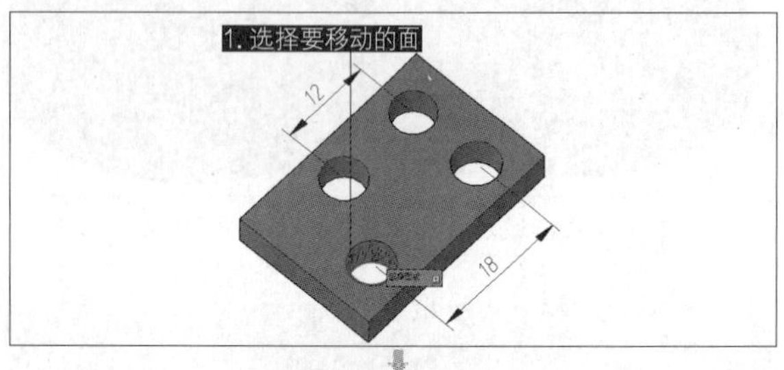

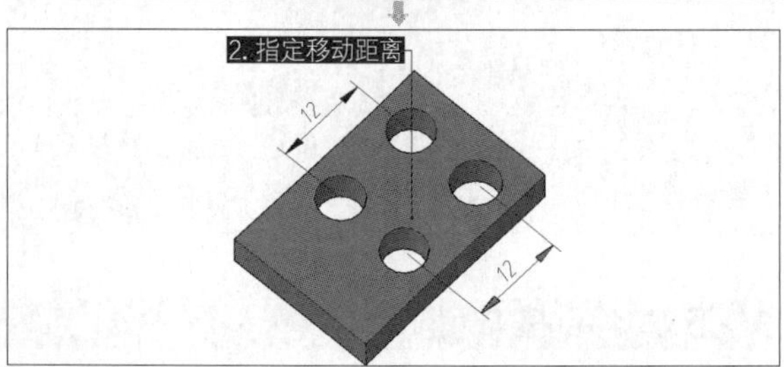

图 10-130 移动实体面

练习10-21 移动实体面 ★进阶★

使用“移动面”命令来修改模型，可以调整某个模型面的位置，改变模型的显示样式，操作步骤如下。

步骤 01 单击快速访问工具栏中的“打开”按钮，打开“练习10-21：移动实体面.dwg”素材文件，如图10-131所示。

步骤 02 单击“实体编辑”面板中的“移动面”按钮，选择图 10-132所示的面为要移动的面。命令行提示如下。

```
命令: _solidedit
实体编辑自动检查: SOLIDCHECK=1
输入实体编辑选项 [面(F)/边(E)/体(B)/放弃(U)/退出(X)] <退出>: _face
输入面编辑选项
[拉伸(E)/移动(M)/旋转(R)/偏移(O)/倾斜(T)/删除(D)/复制(C)/颜色(L)/材质(A)/放弃(U)/退出(X)] <退出>: _move
选择面或 [放弃(U)/删除(R)]: 找到一个面
        //选择要移动的面
选择面或 [放弃(U)/删除(R)/全部(ALL)]:
        //单击鼠标右键完成选择
指定基点或位移:
        //指定基点，如图 10-133所示
正在检查 780 个交点...
指定位移的第二点: 20↙
        //输入移动的距离
已开始实体校验。
已完成实体校验。
输入面编辑选项
[拉伸(E)/移动(M)/旋转(R)/偏移(O)/倾斜(T)/删除(D)/复制(C)/颜色(L)/材质(A)/放弃(U)/退出(X)] <退出>:
        //按Enter键或Esc键退出移动面操作
```

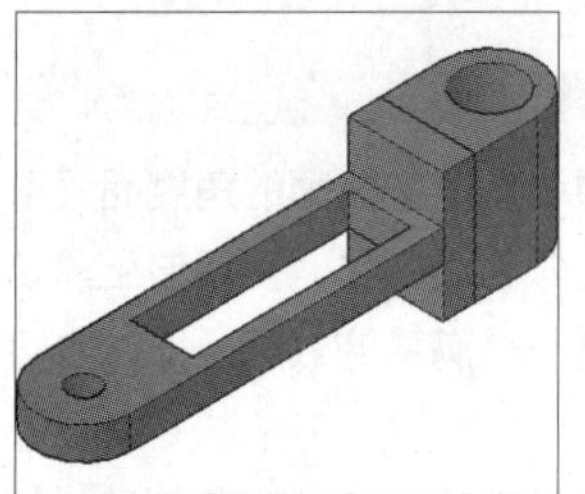

图 10-131 素材模型

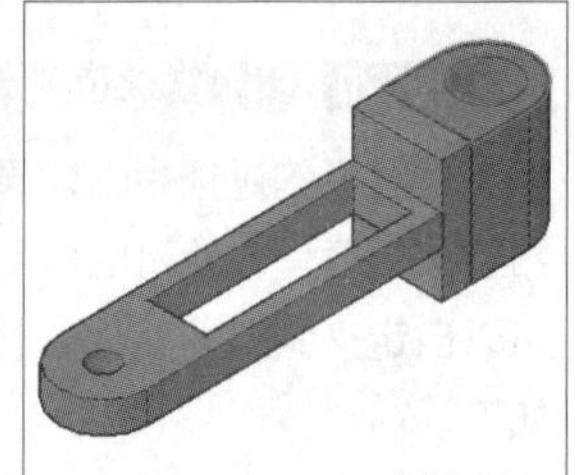

图 10-132 选择移动实体面

通过以上操作即可移动实体面，效果如图 10-134所示。

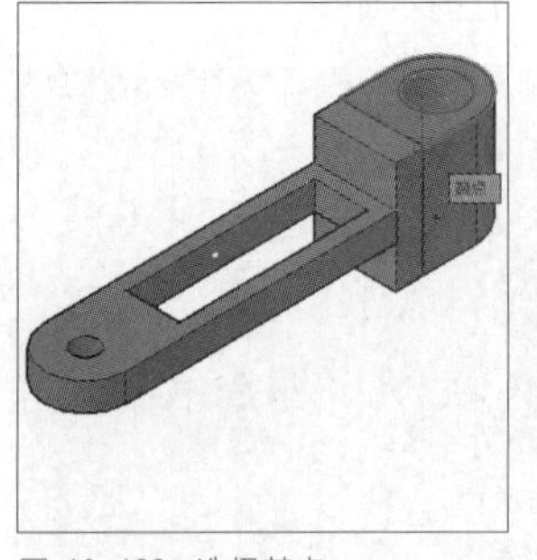

图 10-133 选择基点

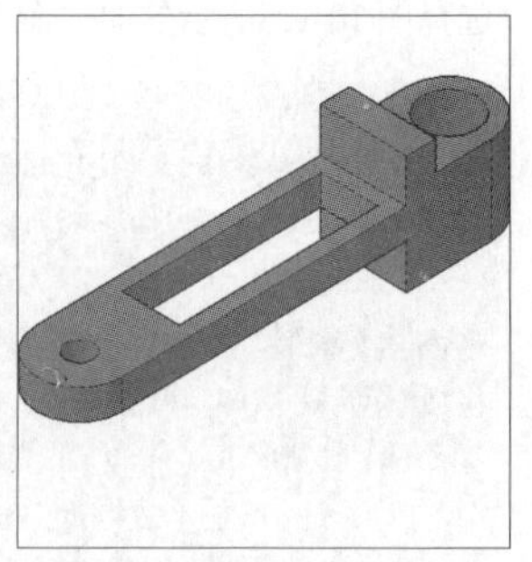

图 10-134 移动面的效果

步骤 03 旋转图形，重复以上的操作，移动另一面，效果如图 10-135所示。

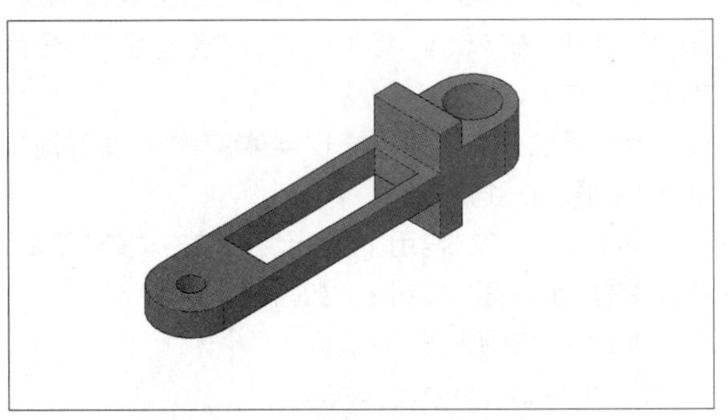

图 10-135　最终效果

10.5.4 复制实体面

使用复制面工具能够将三维实体表面复制到指定位置，再使用这些表面创建新的实体。在 AutoCAD 中，执行“复制面”命令有如下几种方法。

◆菜单栏：执行“修改”|“实体编辑”|“复制面”命令，如图 10-136 所示。

◆功能区：在“常用”选项卡中，单击“实体编辑”面板中的“复制面”按钮，如图 10-137 所示。

◆命令：SOLIDEDIT。

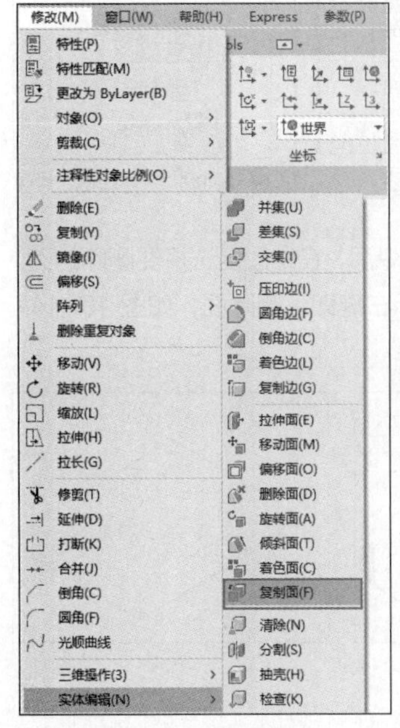

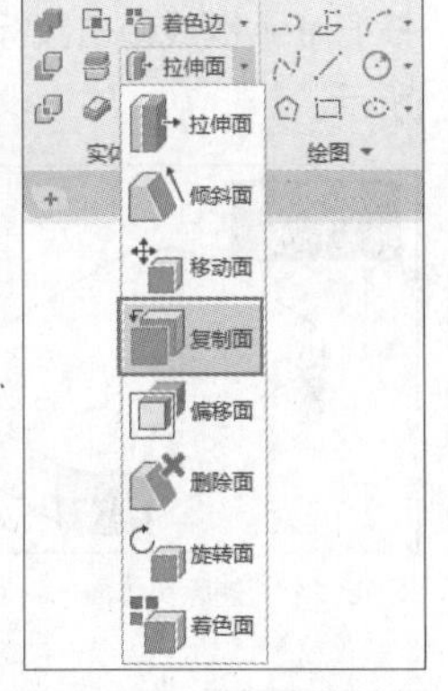

图 10-136　“复制面”命令　　图 10-137　“复制面”按钮

执行“复制面”命令后，选择要复制的实体表面，可以一次选择多个面，然后指定复制的基点，接着将曲面拖到指定的位置，如图 10-138 所示。系统默认将平面类型的表面复制为面域，将曲面类型的表面复制为曲面。

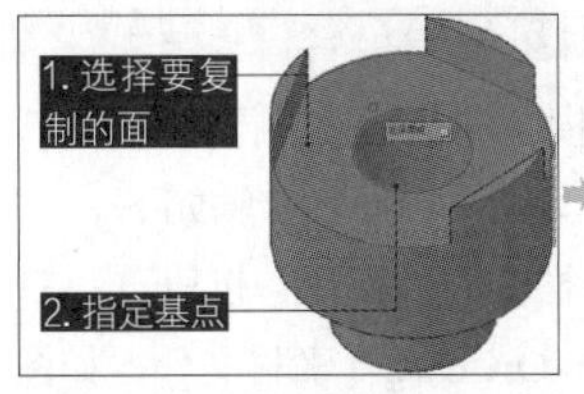

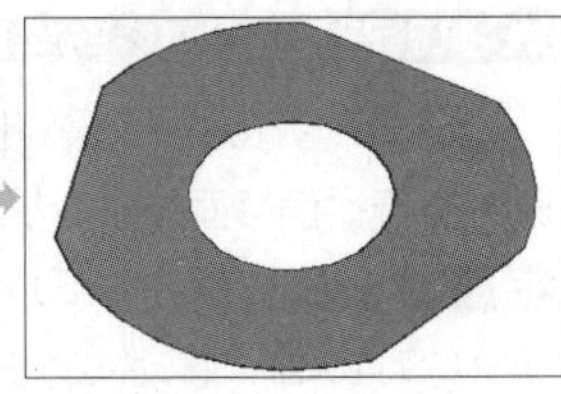

图 10-138　复制实体面

10.5.5 偏移实体面

执行偏移实体面操作，可将面从原始位置向内或向外偏移指定的距离，从而获得新的实体面。

在 AutoCAD 中，执行“偏移面”命令有如下几种方法。

◆菜单栏：执行“修改”|“实体编辑”|“偏移面”命令，如图 10-139 所示。

◆功能区：在“常用”选项卡中，单击“实体编辑”面板中的“偏移面”按钮，如图 10-140 所示。

◆命令：SOLIDEDIT。

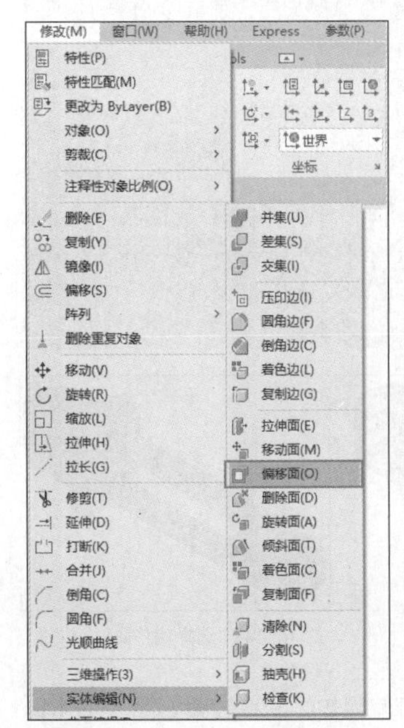

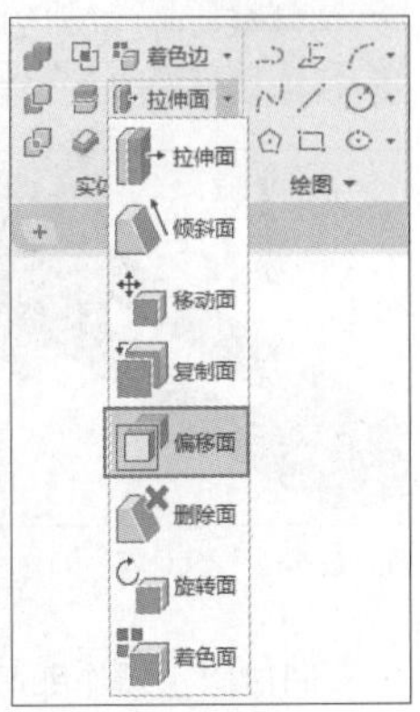

图 10-139　“偏移面”命令　　图 10-140　“偏移面”按钮

执行“偏移面”命令后，在绘图区选择要偏移的面，输入偏移距离，按 Enter 键，即可获得图 10-141 所示的效果。

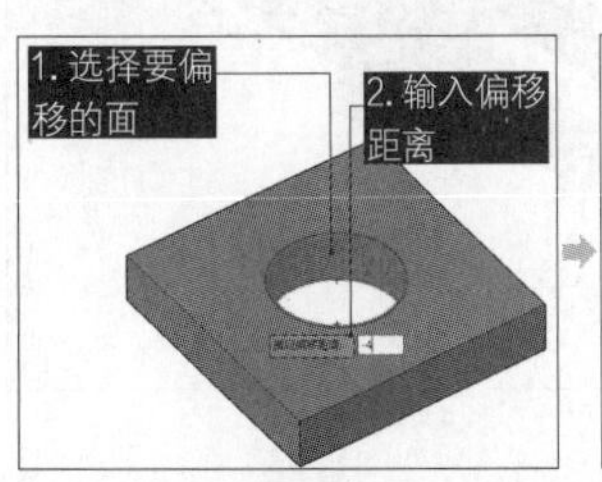

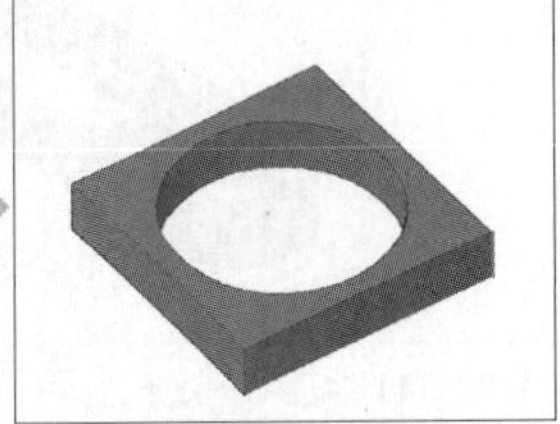

图 10-141　偏移实体面

练习10-22 偏移实体面进行扩孔 ★进阶★

在“练习 10-21”最终模型的基础上进行编辑操作，通过执行“偏移面”命令扩大孔径，操作步骤如下。

步骤 01 单击快速访问工具栏中的“打开”按钮，打开“练习10-21：移动实体面-OK.dwg”素材文件，如图10-142所示。

步骤 02 单击“实体编辑”面板中的“偏移面”按钮，选择图 10-143所示的面为要偏移的面。命令行提示如下。

```
命令: _solidedit
实体编辑自动检查: SOLIDCHECK=1
输入实体编辑选项 [面(F)/边(E)/体(B)/放弃(U)/退出(X)] <退出>: _face
输入面编辑选项
[拉伸(E)/移动(M)/旋转(R)/偏移(O)/倾斜(T)/删除(D)/复制(C)/颜色(L)/材质(A)/放弃(U)/退出(X)] <退出>: _offset
        //执行“偏移面”命令
选择面或 [放弃(U)/删除(R)]: 找到一个面
        //选择要偏移的面
选择面或 [放弃(U)/删除(R)/全部(ALL)]:
        //单击鼠标右键结束选择
指定偏移距离: -10↙
        //输入偏移距离，负号表示方向向外
已开始实体校验。
已完成实体校验。
输入面编辑选项
[拉伸(E)/移动(M)/旋转(R)/偏移(O)/倾斜(T)/删除(D)/复制(C)/颜色(L)/材质(A)/放弃(U)/退出(X)] <退出>: *取消*
        //按Enter键或Esc键结束操作
```

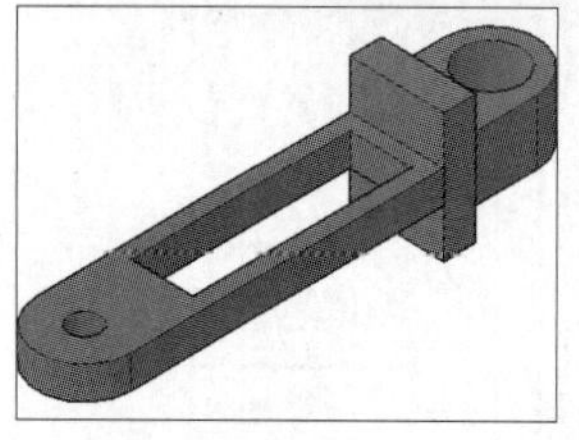

图 10-142 素材模型

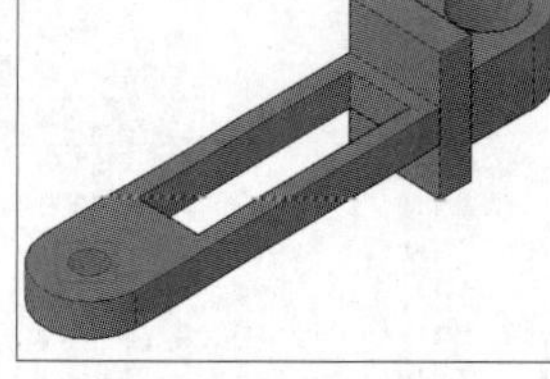

图 10-143 选择偏移面

通过以上操作即可偏移实体面，效果如图 10-144 所示。

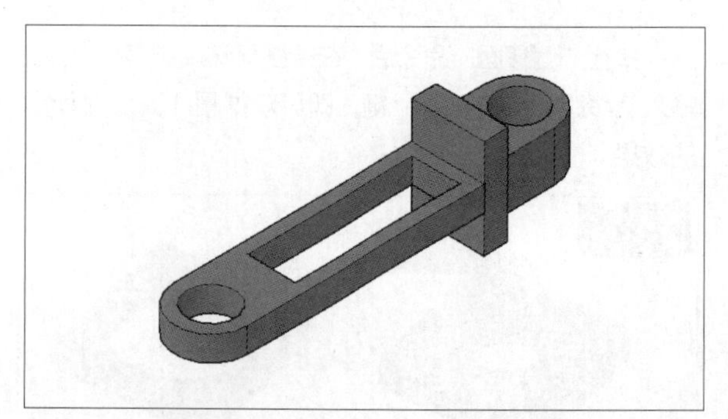

图 10-144 偏移面的效果

10.5.6 删除实体面

执行删除实体面操作，可以删除三维实体上的面、圆角等特征。在 AutoCAD 中，执行“删除面”命令有如下几种方法。

- 菜单栏：执行“修改”|“实体编辑”|“删除面”命令，如图 10-145 所示。
- 功能区：在“常用”选项卡中，单击“实体编辑”面板中的“删除面”按钮，如图 10-146 所示。
- 命令：SOLIDEDIT。

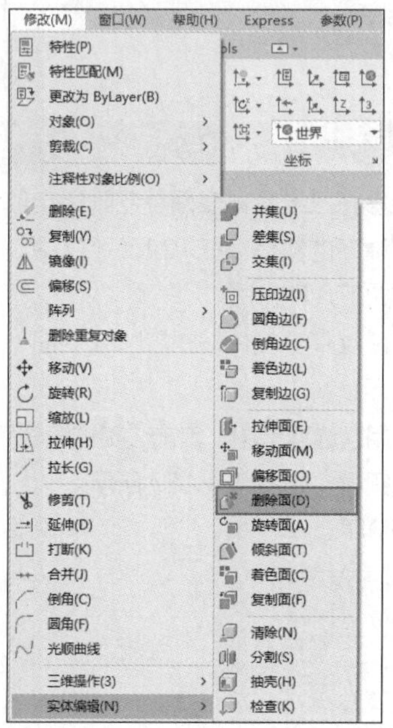

图 10-145 “删除面”命令

图 10-146 “删除面”按钮

执行“删除面”命令后，在绘图区选择要删除的面，按 Enter 键或单击鼠标右键即可删除面，如图 10-147 所示。

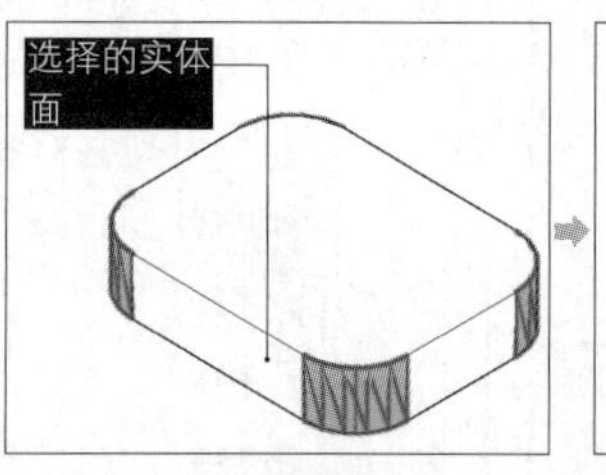

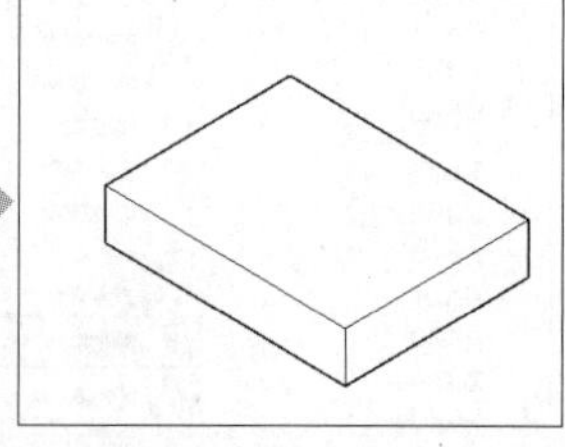

图 10-147 删除实体面

练习10-23 删除实体面 ★进阶★

在“练习 10-21”最终模型的基础上进行操作，删除模型左侧的面，操作步骤如下。

步骤 01 单击快速访问工具栏中的“打开”按钮，打开“练习10-21：移动实体面-OK.dwg”素材文件，如图10-148所示。

步骤 02 单击“实体编辑”面板中的“删除面”按钮，选择面，按Enter键删除，如图 10-149所示。

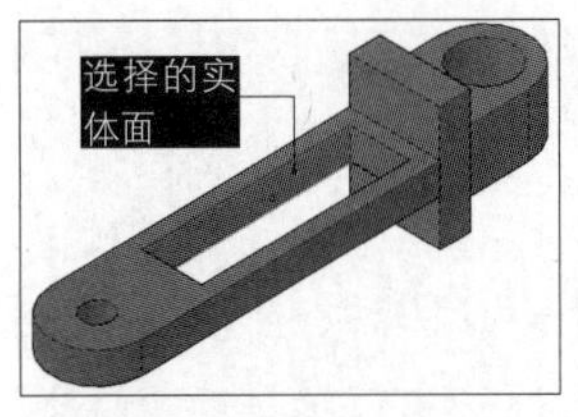

图 10-148 素材模型

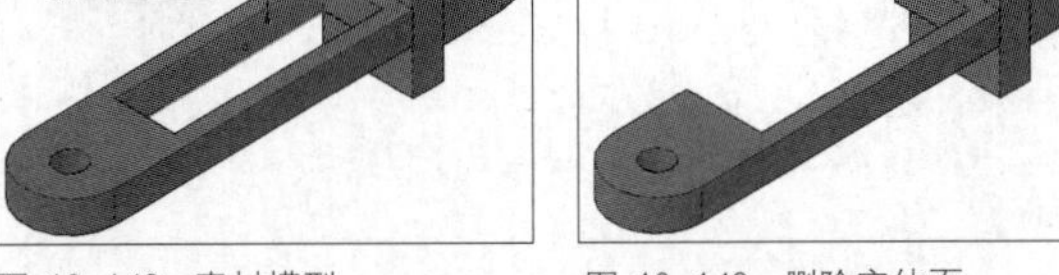

图 10-149 删除实体面

10.5.7 旋转实体面

执行旋转实体面操作，能够将单个或多个实体表面绕指定的轴线进行旋转，或者旋转实体的某些部分形成新的实体。在 AutoCAD 中，执行“旋转面”命令有如下几种方法。

◆菜单栏：执行“修改”|“实体编辑”|“旋转面”命令，如图 10-150 所示。

◆功能区：在“常用”选项卡中，单击“实体编辑”面板中的“旋转面”按钮，如图 10-151 所示。

◆命令：SOLIDEDIT。

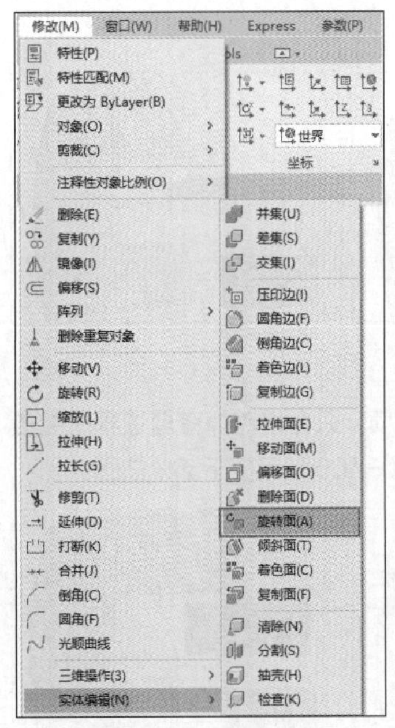

图 10-150 “旋转面”命令

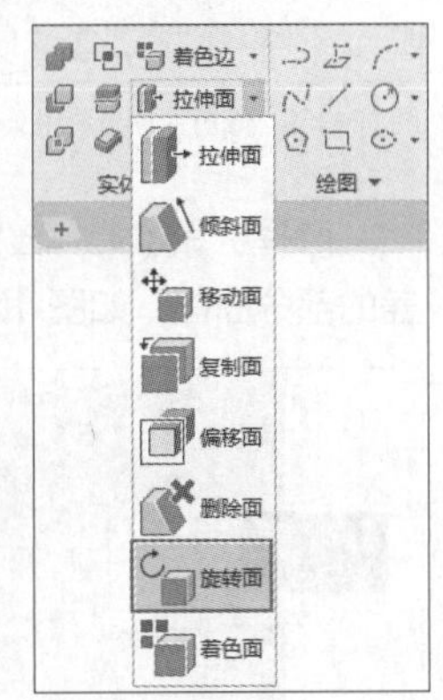

图 10-151 “旋转面”按钮

执行“旋转面”命令后，在绘图区选择需要旋转的实体面，捕捉两点为旋转轴，并指定旋转角度，按 Enter 键，即可完成旋转操作。当一个实体面旋转后，与其相交的面会自动调整，以适应改变后的实体，效果如图 10-152 所示。

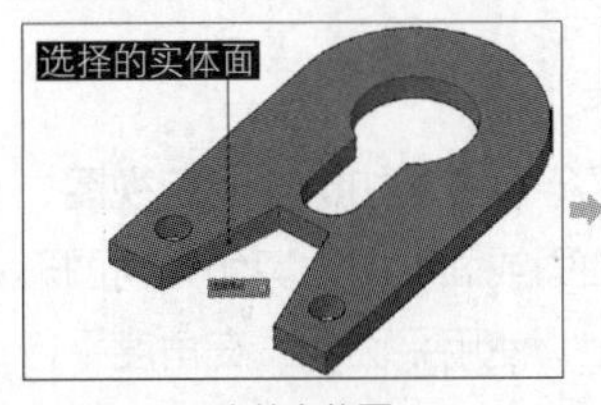

图 10-152 旋转实体面

10.5.8 着色实体面

执行实体面着色操作，可修改单个或多个实体面的颜色，取代该实体对象原有的颜色，更清晰地显示这些表面。在 AutoCAD 中，执行“着色面”命令有如下几种方法。

◆菜单栏：执行“修改”|“实体编辑”|“着色面”命令，如图 10-153 所示。

◆功能区：在“常用”选项卡中，单击“实体编辑”面板中的“着色面”按钮，如图 10-154 所示。

◆命令：SOLIDEDIT。

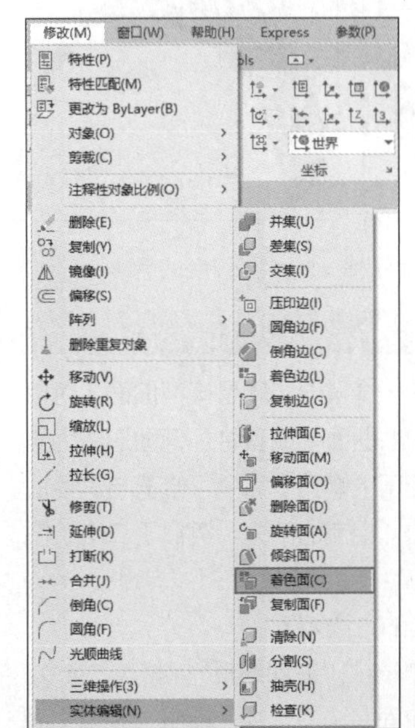

图 10-153 “着色面”命令

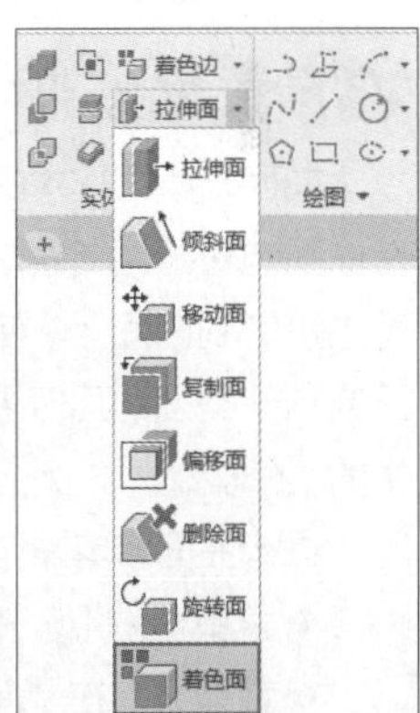

图 10-154 “着色面”按钮

执行“着色面”命令后，在绘图区选择要着色的实体表面，按 Enter 键，弹出“选择颜色”对话框。在该对话框中选择填充颜色，单击“确定”按钮，完成面着色的操作。

10.6 曲面编辑

与三维实体一样，曲面也可以进行倒圆、延伸等编辑操作。

10.6.1 圆角曲面

对曲面执行“圆角”命令，可以在现有曲面之间的空间中创建新的圆角曲面。圆角曲面具有固定半径轮廓，且与原始曲面相切。创建圆角曲面的方法如下。

◆菜单栏：执行“绘图”|“建模”|“曲面”|“圆角”命令。

◆功能区：在“曲面”选项卡中，单击“编辑”面板中的“圆角”按钮，如图 10-155 所示。

◆命令：SURFFILLET。

图 10-155 “编辑”面板中的“圆角”按钮

曲面“圆角”的命令与二维图形中的“圆角”命令类似，具体操作如图 10-156 所示。

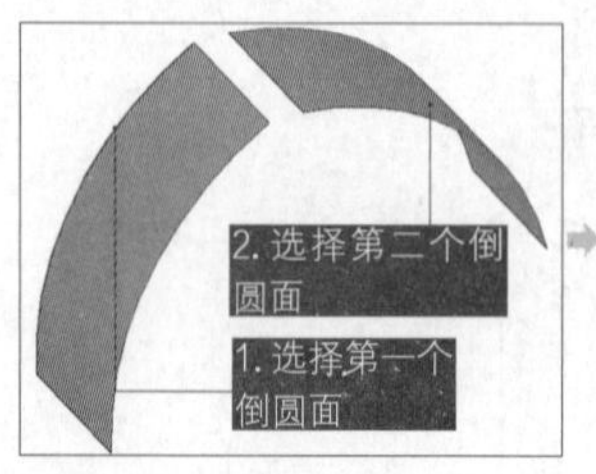

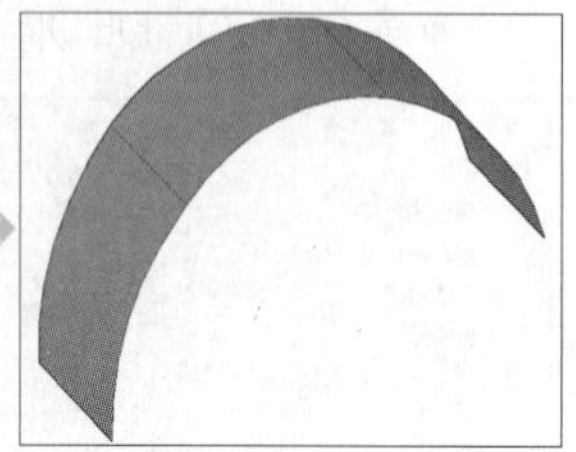

图 10-156 圆角曲面

10.6.2 修剪曲面

曲面建模工作中的一个重要步骤是修剪曲面。可以在曲面与对象相交处修剪曲面，或者将几何图形作为修剪边投影到曲面上。使用“修剪”命令可修剪与其他曲面或其他类型的几何图形相交的部分，类似于二维绘图中的“修剪”。

进行曲面修剪操作的方法如下。

◆菜单栏：执行“修改”|“曲面编辑”|“修剪”命令。

◆功能区：在“曲面”选项卡中，单击“编辑”面板中的“修剪”按钮，如图 10-157 所示。

◆命令：SURFTRIM。

图 10-157 “编辑”面板中的“修剪”按钮

执行“修剪”命令后，先选择要修剪的曲面，然后选择修剪边界，出现预览边界之后，根据提示选择要剪去的部分，即可创建修剪曲面，操作如图 10-158 所示。

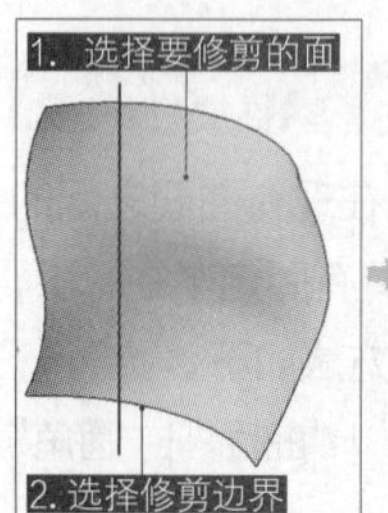

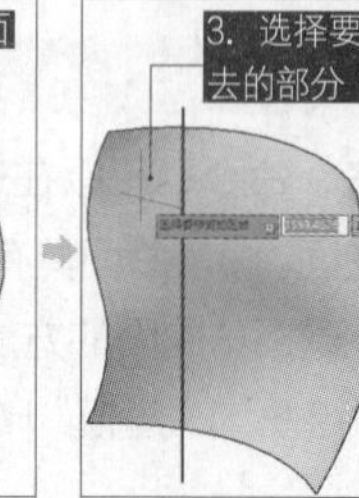

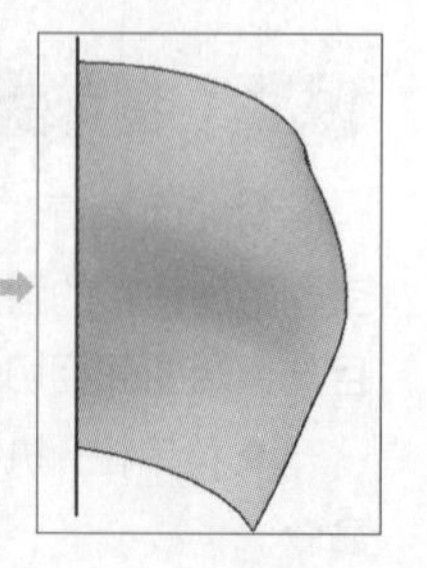

图 10-158 修剪曲面

> **提示**
>
> 可用作修剪边的曲线包含直线、圆弧、圆、椭圆、二维多段线、二维样条曲线拟合多段线、二维曲线拟合多段线、三维多段线、三维样条曲线拟合多段线、样条曲线和螺旋线。还可以使用曲面和面域作为修剪边界。

执行“修剪”命令后，命令行会出现如下提示。

选择要修剪的曲面或面域或者 [延伸(E)/投影方向(PRO)]:

“延伸(E)”“投影方向(PRO)”两个选项介绍如下。

延伸(E)

选择“延伸(E)”选项后，命令行提示如下。

延伸修剪几何图形 [是(Y)/否(N)] <是>:

该选项可以控制修剪边界与修剪曲面的相交。如果选择“是(Y)”选项，会自动延伸修剪边界，曲面超出边界的部分也会被修剪，如图 10-159 所示的上部分曲面。

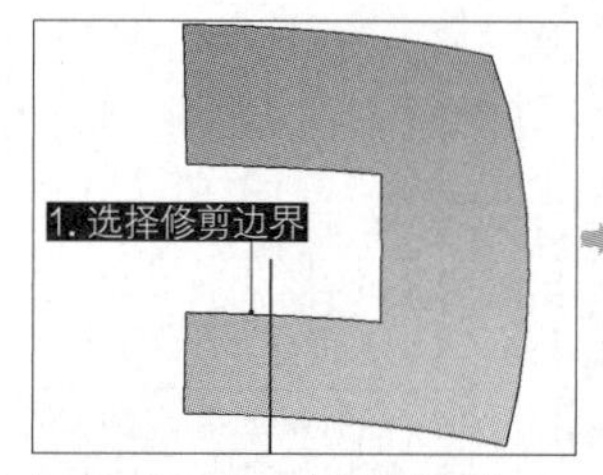

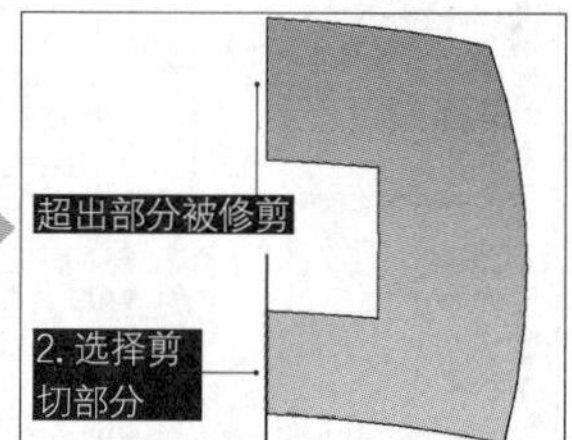

图 10-159 修剪曲面选择延伸

选择“否(N)”选项，只会修剪掉修剪边界所能覆盖的部分曲面，如图 10-160 所示的下部分曲面。

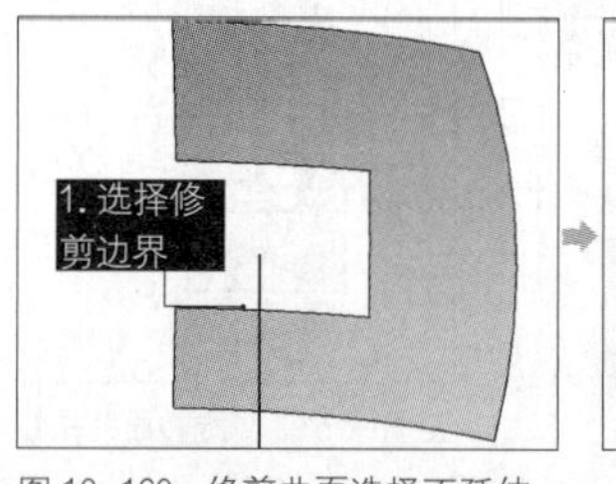

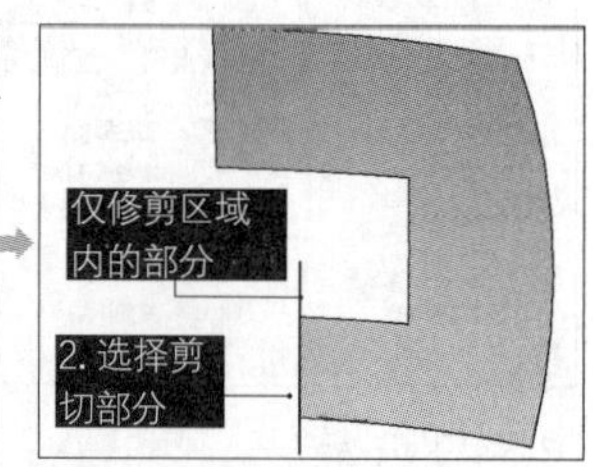

图 10-160 修剪曲面选择不延伸

投影方向(PRO)

“投影方向(PRO)”可以控制剪切几何图形投影到曲面的角度。选择该选项后，命令行提示如下。

指定投影方向 [自动(A)/视图(V)/UCS(U)/无(N)] <自动>:

各选项的含义说明如下。

◆自动(A)：在平面平行视图（如默认的俯视图、前视图和右视图）中修剪曲面或面域时，剪切几何图形将沿视图方向投影到曲面上；使用平面曲线在角度平行视图或透视视图中修剪曲面或面域时，剪切几何图形将沿与曲线平面垂直的方向投影到曲面上；使用三维曲线在角度平行视图或透视视图（如默认的透视视图）中修剪曲面或面域时，剪切几何图形将沿与当前 UCS 的 Z 方向平行的方向投影到曲面上。

◆视图 (V)：基于当前视图投影几何图形。

◆UCS(U)：沿当前 UCS 的 $+Z$ 轴和 $-Z$ 轴投影几何图形。

◆无 (N)：仅当剪切曲线位于曲面上时，才会修剪曲面。

10.6.3 延伸曲面

延伸曲面可通过将曲面延伸到与另一对象的边相交或指定延伸长度来创建新曲面。可以将延伸曲面合并为原始曲面的一部分，也可以将其附加为与原始曲面相邻的第二个曲面。执行方式如下。

◆菜单栏：执行“修改”|“曲面编辑”|“延伸”命令。

◆功能区：在“曲面”选项卡中，单击“编辑”面板中的“延伸”按钮。

◆命令：SURFEXTEND。

执行“延伸”命令后，先选择要延伸的曲面边线，再指定延伸距离，创建延伸曲面的效果如图 10-161 所示。

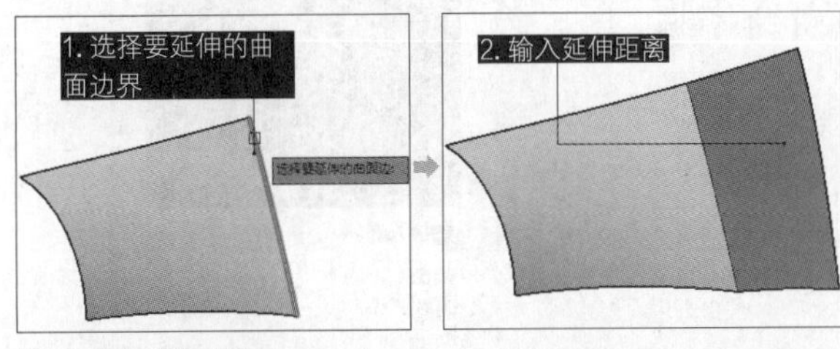

图 10-161 延伸曲面

10.6.4 曲面造型

在其他三维建模软件中（如 NX、Solidworks、犀牛等），均有将封闭曲面转换为实体的功能，这极大地提高了产品的曲面造型技术。在 AutoCAD 中，也有与此功能相似的命令，那就是“造型”命令。

执行“造型”命令的方法如下。

◆菜单栏：执行“修改”|“曲面编辑”|“造型”命令。

◆功能区：在“曲面”选项卡中，单击“编辑”面板中的“造型”按钮，如图 10-162 所示。

◆命令：SURFSCULPT。

图 10-162 “编辑”面板中的“造型”按钮

执行“造型”命令后，选择完全封闭的一个或多个曲面，曲面之间不能有间隙，即可创建一个三维实体对象，如图 10-163 所示。

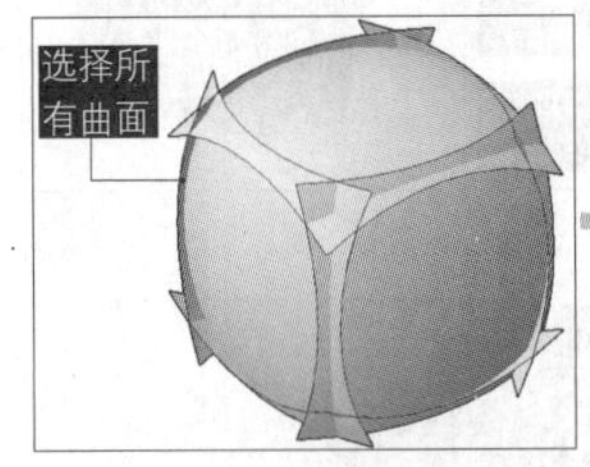

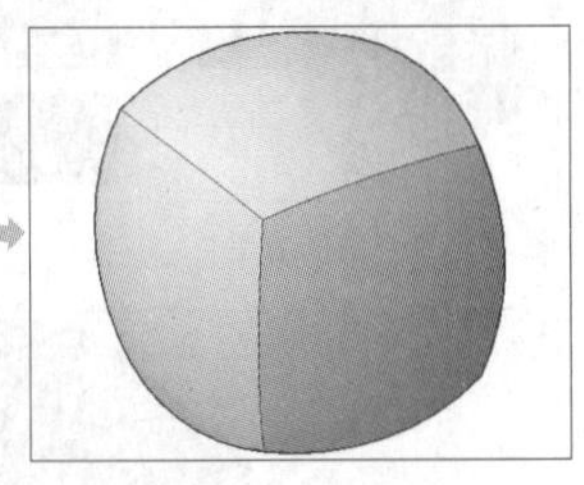

图 10-163 曲面造型

在某些情况下，如果尝试将曲面和网格转换为三维实体，将显示错误消息。可从以下方面考虑解决该问题。

◆曲面可能没有完全封闭体积。如果将闭合曲面延伸至其他曲面之外，则可以降低出现小间隙的概率。

◆使用小控件编辑网格，有时可能会导致面之间出现间隙或孔。在某些情况下，可以通过先对网格对象进行平滑处理来闭合间隙。

◆如果已修改网格对象使一个或多个面与同一对象中的面相交，则无法将其转换为三维实体。

练习10-24 曲面造型创建钻石模型 ★重点★

钻石色泽光鲜、璀璨夺目，是一种昂贵的装饰品，因此在家具、灯饰上通常使用由玻璃、塑料等制成的假钻石来替代。与真钻石一样，这些替代品也被切割成多面体，如图 10-164 所示，操作步骤如下。

步骤 01 单击快速访问工具栏中的“打开”按钮，打开“练习10-24：曲面造型创建钻石模型.dwg”素材文件，如图10-165所示。

图 10-164 钻石

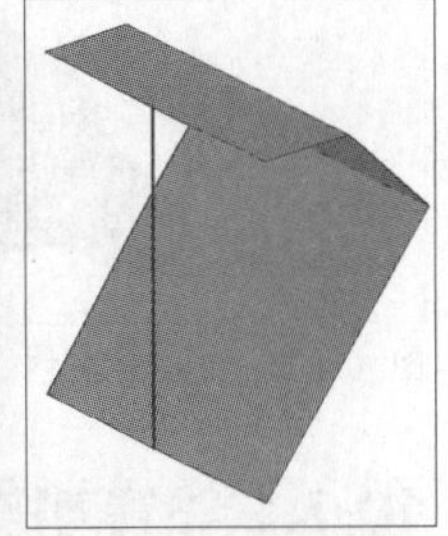

图 10-165 素材图形

步骤 02 单击“常用”选项卡“修改”面板中的“环形阵列”按钮，选择素材图形中已经创建好的3个曲面，然后以直线为旋转轴，设置阵列数量为6，角度为360°，如图10-166所示。

步骤 03 在“曲面”选项卡中，单击“编辑”面板中的“造型”按钮，全选阵列后的曲面，按Enter键确认，即可创建钻石模型，如图10-167所示。

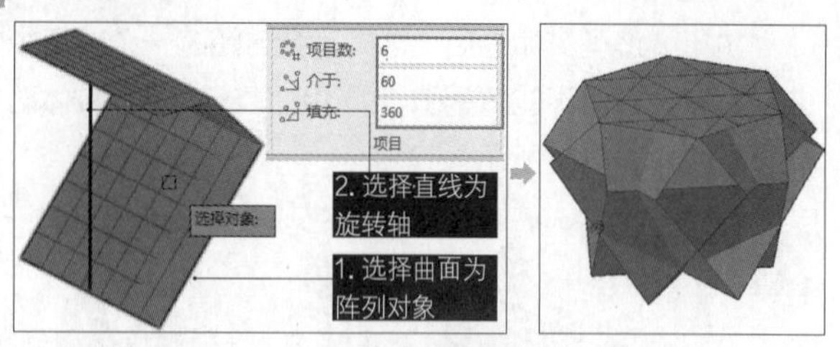

图 10-166　曲面造型

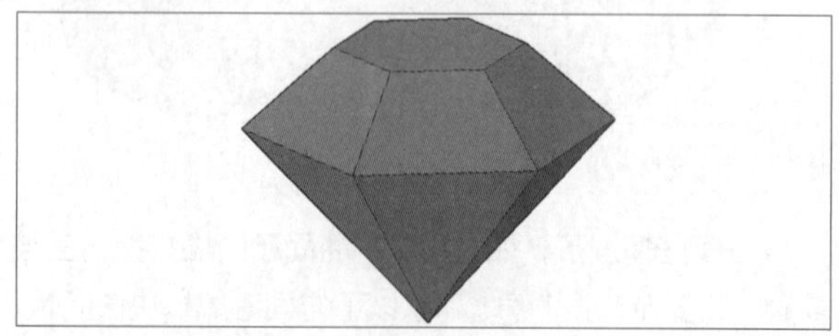

图 10-167　钻石模型

10.7 网格编辑

使用三维网格编辑工具可以优化三维网格，例如调整网格平滑度、编辑网格面和进行实体与网格之间的转换。图 10-168 所示为使用三维网格编辑命令优化三维网格的效果。

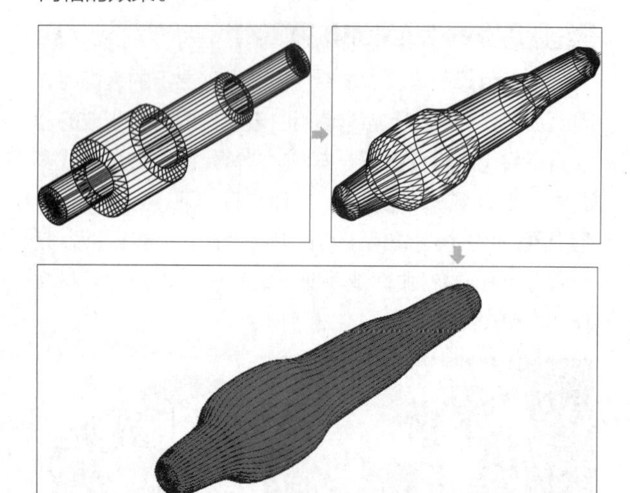

图 10-168　优化三维网格

10.7.1 设置网格特性

用户可以在创建网格对象之前和之后设置用于控制各种网格特性的默认设置。在“网格”选项卡中，单击“网格”面板右下角的 ↘ 按钮，如图 10-169 所示，弹出图 10-170 所示的“网格镶嵌选项”对话框，在其中为创建的每种类型的网格对象设置每个网格图元的镶嵌密度（细分数）。

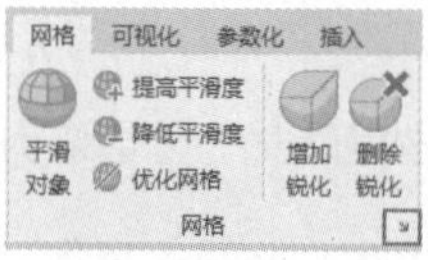

图 10-169　单击按钮

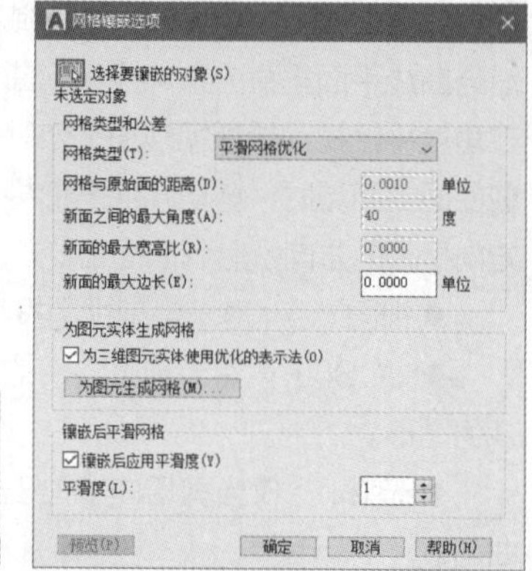

图 10-170　“网格镶嵌选项”对话框

在“网格镶嵌选项”对话框中，单击“为图元生成网格”按钮，弹出图 10-171 所示的“网格图元选项”对话框，在此对话框中可以为转换为网格的三维实体或曲面对象设定默认特性。

在创建网格对象及其子对象之后，如果要修改其特性，可以在要修改的对象上双击，打开“特性”选项板，如图 10-172 所示。对于选择的网格对象，可以修改其平滑度；对于面和边，可以应用或删除锐化，也可以修改锐化保留级别。

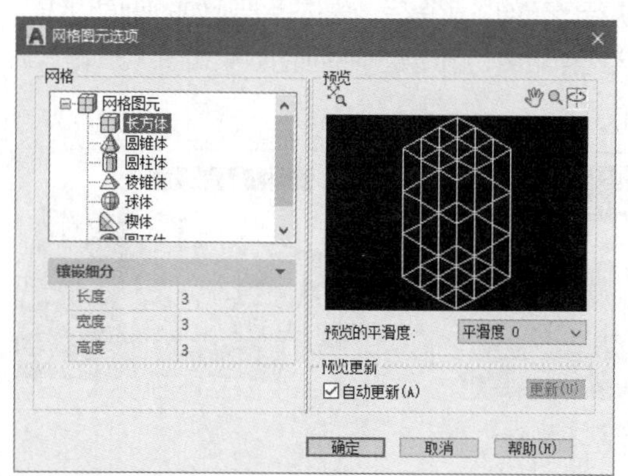

图 10-171　“网格图元选项”对话框

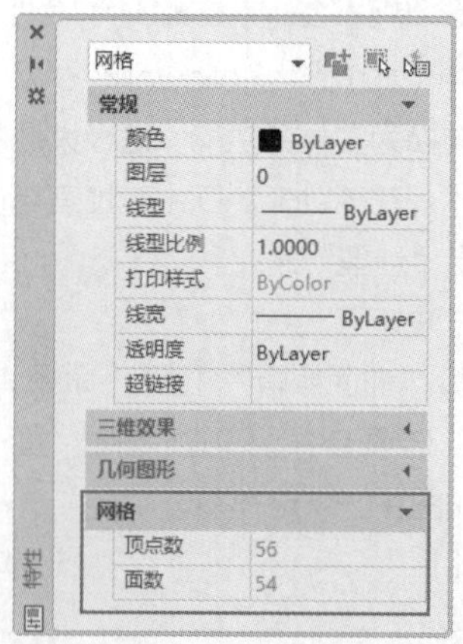

图 10-172　“特性”选项板

默认情况下，创建的网格图元对象平滑度为 0，可以使用“网格”命令的“设置”选项调整参数。命令行提示如下。

```
命令: MESH↙
当前平滑度设置为: 0
输入选项 [长方体(B)/圆锥体(C)/圆柱体(CY)/棱锥体(P)/球体(S)/楔体(W)/圆环体(T)/设置(SE)]:SE↙
指定平滑度或[镶嵌(T)] <0>:
        //输入0～4的平滑度
```

10.7.2 提高/降低网格平滑度

网格对象由多个细分或镶嵌网格面组成，用于定义可编辑的面，每个面均包括底层镶嵌面，如果平滑度增加，镶嵌面数也会增加，从而生成更加平滑、圆度更大的效果。

执行“提高网格平滑度”或“降低网格平滑度”命令有以下几种方法。

◆菜单栏：执行“修改”|“网格编辑”|“提高平滑度”或“降低平滑度”命令，如图 10-173 所示。

◆功能区：在“网格”选项卡中，单击“网格”面板中的“提高平滑度”或“降低平滑度”按钮，如图 10-174 所示。

◆命令：MESHSMOOTHMORE 或 MESHSMOOTHLESS。

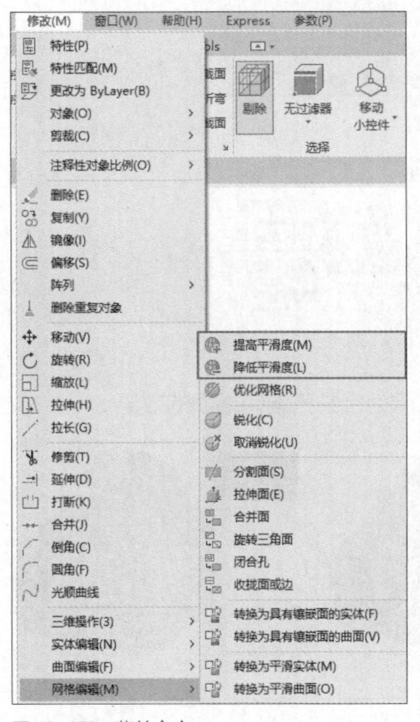

图 10-173　菜单命令　　图 10-174　面板按钮

图 10-175 所示为调整网格平滑度的效果。

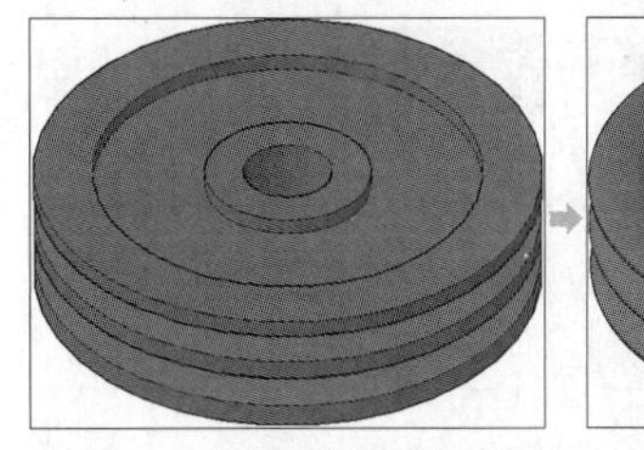

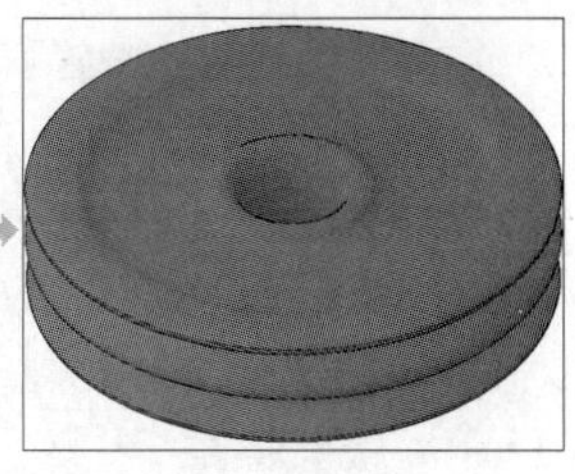

图 10-175　调整网格平滑度的效果

10.7.3 拉伸面

通过拉伸网格面，可以调整三维对象的造型。拉伸其他类型的对象，会创建独立的三维实体对象。但是拉伸网格面会展开现有对象或使对象发生变形，并分割拉伸的面。

执行“拉伸面”命令的方法如下。

◆菜单栏：执行“修改”|“网格编辑”|“拉伸面”命令，如图 10-176 所示。

◆功能区：在“网格”选项卡中，单击“网格编辑”面板中的“拉伸面”按钮，如图 10-177 所示。

◆命令：MESHEXTRUDE。

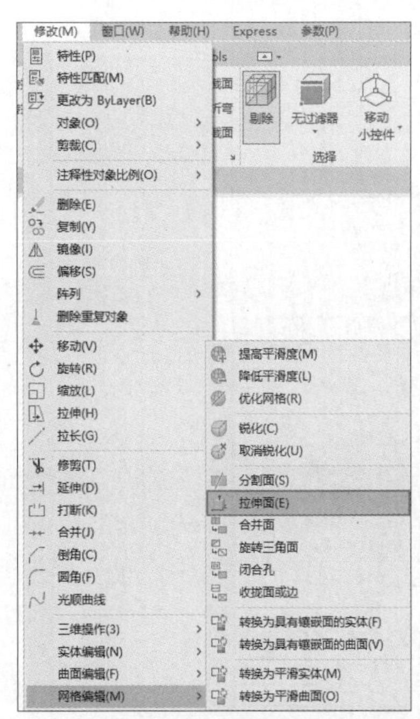

图 10-176　“拉伸面”命令

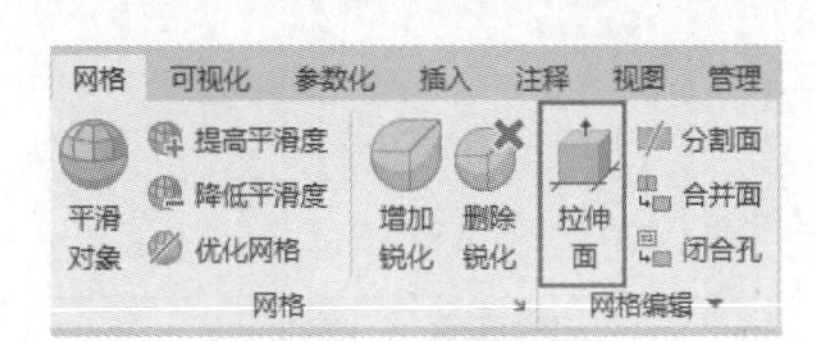

图 10-177　“拉伸面”按钮

图 10-178 所示为拉伸三维网格面的效果。

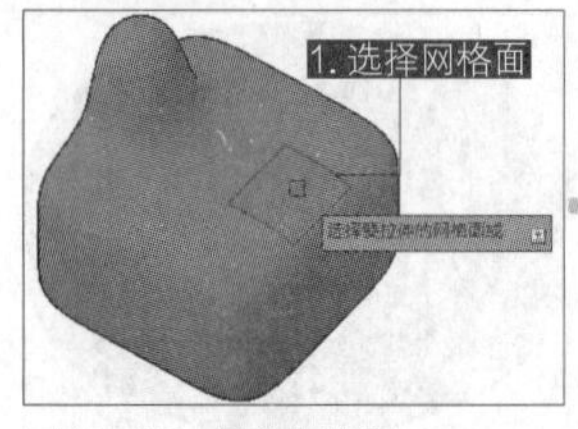

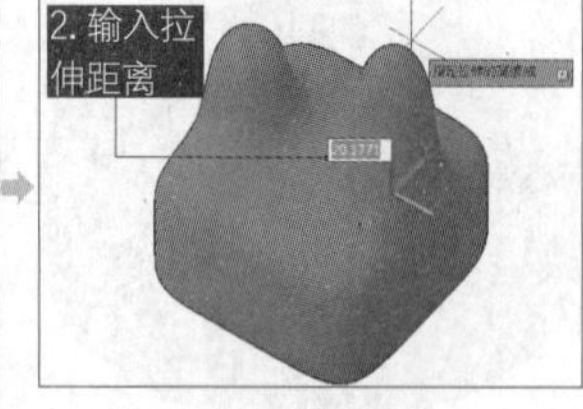

图 10-178　拉伸网格面

10.7.4 分割面

使用“分割面”命令能将一个大的网格面分割为多个小的网格面。执行该命令的方法如下。

◆菜单栏：执行“修改”|“网格编辑”|“分割面”命令，如图 10-179 所示。

◆功能区：在“网格”选项卡中，单击“网格编辑”面板中的“分割面”按钮，如图 10-180 所示。

◆命令：MESHSPLIT。

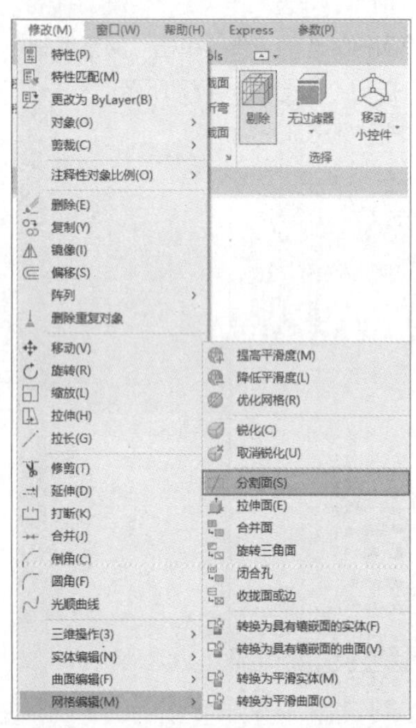

图 10-179　“分割面”命令

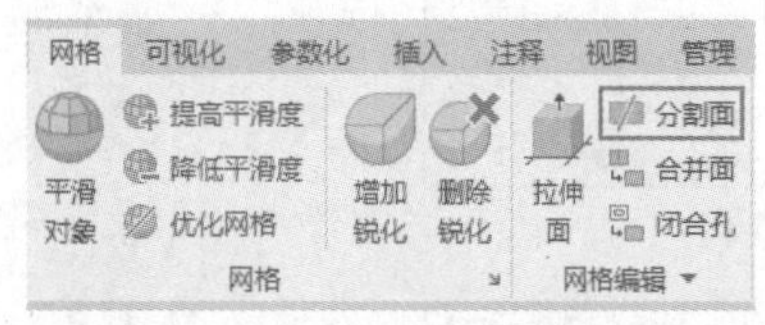

图 10-180　“分割面”按钮

分割面的效果如图 10-181 所示。

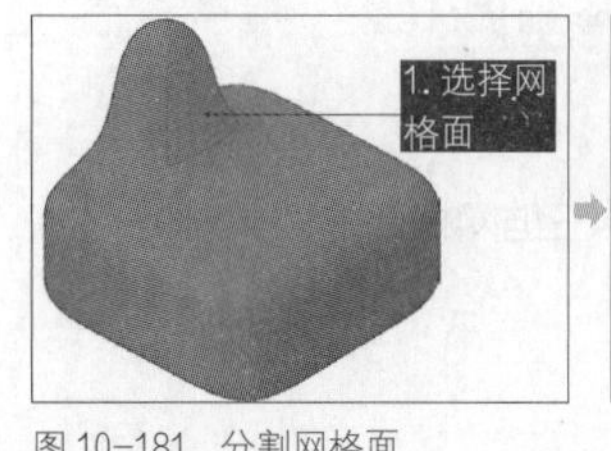

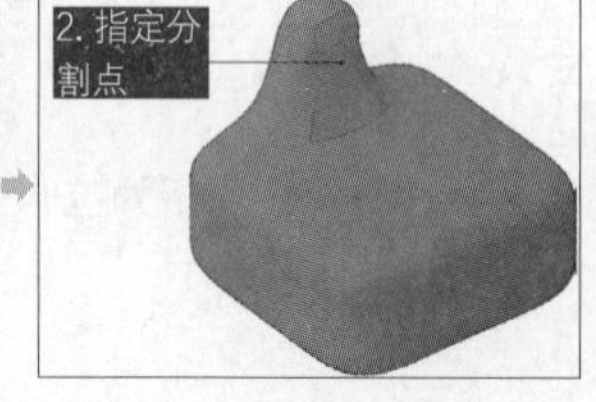

图 10-181　分割网格面

10.7.5 合并面

使用“合并面”命令可以将多个网格面合并成单个面，被合并的面可以在同一平面上，也可以在不同平面上，但需要相连。执行“合并面”命令有以下几种方法。

◆菜单栏：执行“修改”|“网格编辑”|“合并面”命令，如图 10-182 所示。

◆功能区：在“网格”选项卡中，单击“网格编辑”面板中的“合并面”按钮，如图 10-183 所示。

◆命令：MESHMERGE。

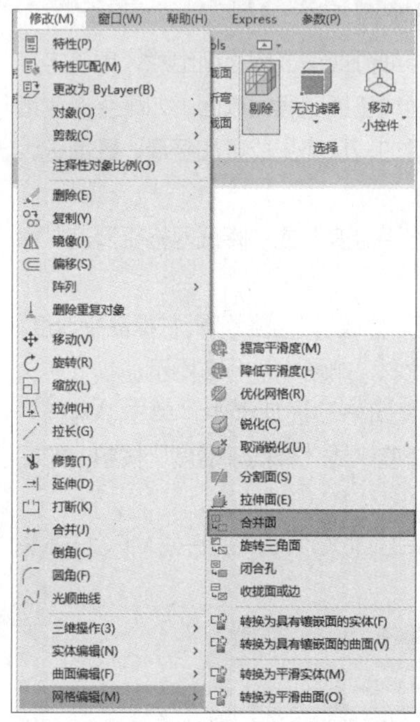

图 10-182　“合并面”命令

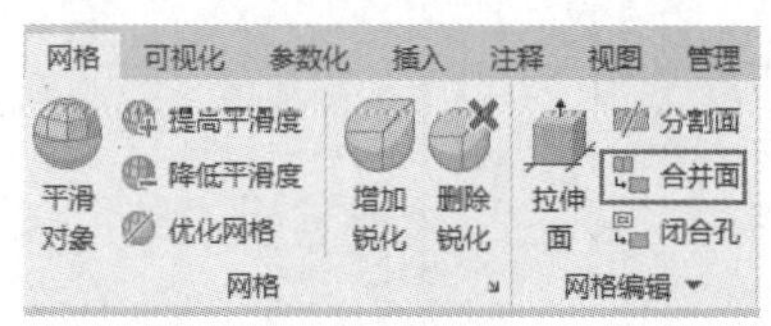

图 10-183　“合并面”按钮

图 10-184 所示为合并三维网格面的效果。

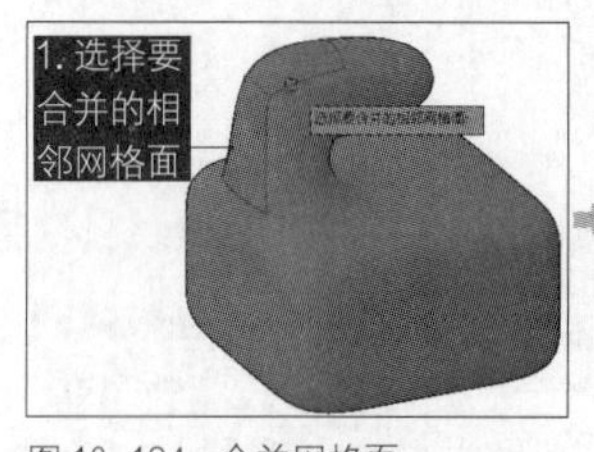

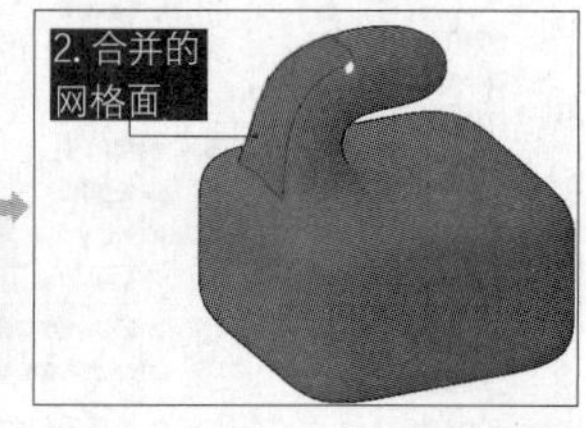

图 10-184　合并网格面

10.7.6 转换为实体和曲面

网格建模与实体建模可以实现的操作结果并不完全相同。如果需要通过交集、差集或并集操作来编辑网格对象，则可以将网格转换为三维实体或曲面对象。同样，如果需要将锐化或平滑应用于三维实体或曲面对象，可以将这些对象转换为网格。

将网格对象转换为实体或曲面有以下几种方法。

◆菜单栏：执行“修改”|“网格编辑”命令，其子菜单如图 10-185 所示，选择一种转换的类型。

◆功能区：在“网格”选项卡的“转换网格”面板中先选择一种转换类型，如图 10-186 所示。然后单击“转换为实体”或“转换为曲面”按钮。

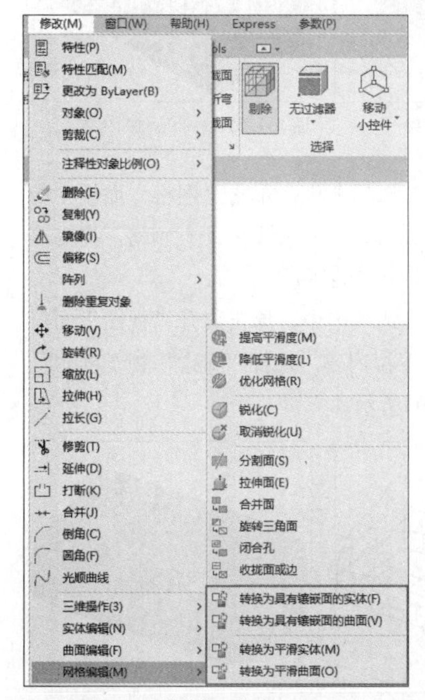

图 10-185　“网格编辑”命令

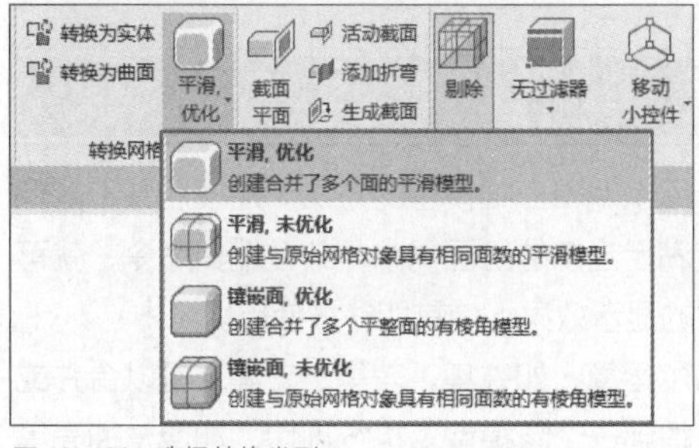

图 10-186　选择转换类型

图 10-187 所示的三维网格转换为各种类型实体的效果如图 10-188 ~ 图 10-191 所示。将三维网格转换为曲面的外观效果与转换为实体的效果完全相同，将鼠标指针移动到模型上停留一段时间，可以查看对象的类型，如图 10-192 所示。

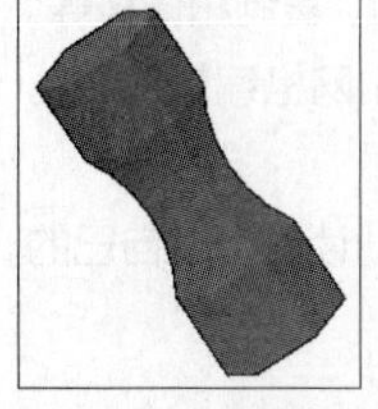

图 10-187　网格模型

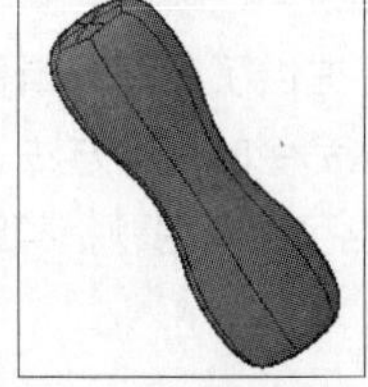

图 10-188　平滑优化

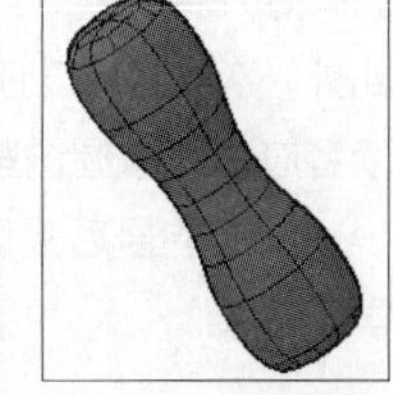

图 10-189 平滑未优化

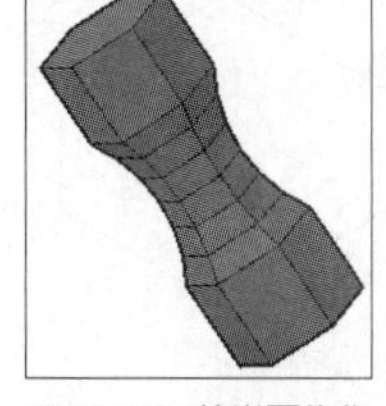

图 10-190　镶嵌面优化

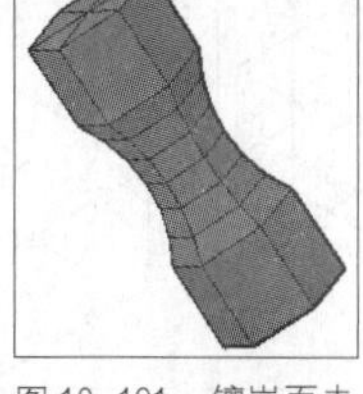

图 10-191　镶嵌面未优化

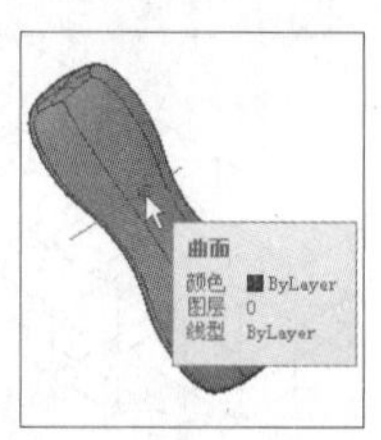

图 10-192　查看对象类型

练习10-25 创建沙发网格模型 ★重点★

使用“网格编辑”命令可以创建沙发模型。在建模的过程中，需要综合运用网格长方体、拉伸面、合并面等工具，操作步骤如下。

步骤 01 单击快速访问工具栏中的“新建”按钮，新建一个空白文档。

步骤 02 在“网格”选项卡中，单击“图元”面板右下角的↘按钮，在弹出的“网格图元选项”对话框中选择“长方体”选项，设置长度细分为5mm、宽度细分为3mm、高度细分为2mm，如图10-193所示。

步骤 03 将视图调整为西南等轴测方向，在“网格”选项卡中，单击“图元”面板中的“网格长方体”按钮，在绘图区绘制长、宽、高分别为200 mm、100 mm、30 mm的网格长方体，如图10-194所示。

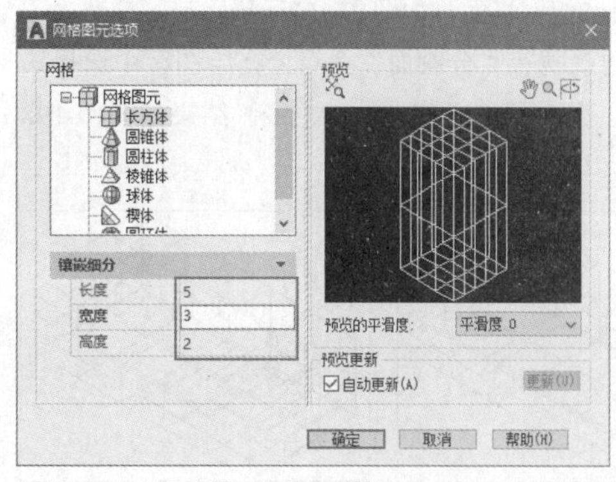

图 10-193　“网格图元选项”对话框

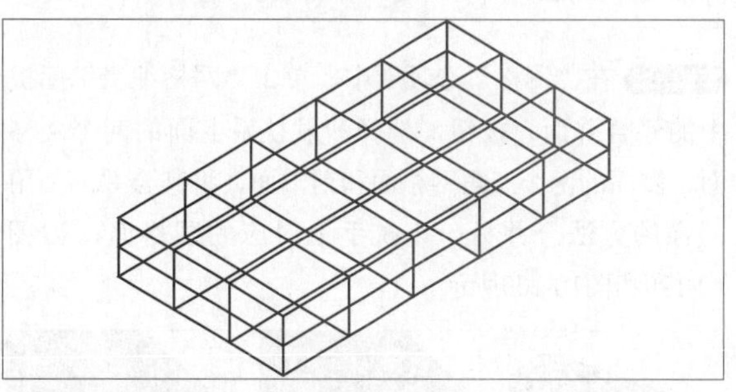

图 10-194　创建网格长方体

步骤 04 在“网格”选项卡中，单击“网格编辑”面板中的“拉伸面”按钮，选择网格长方体上的网格面，向上拉伸30 mm，如图10-195所示。

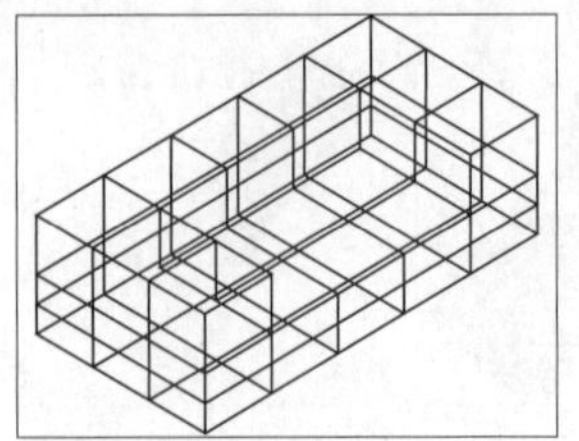
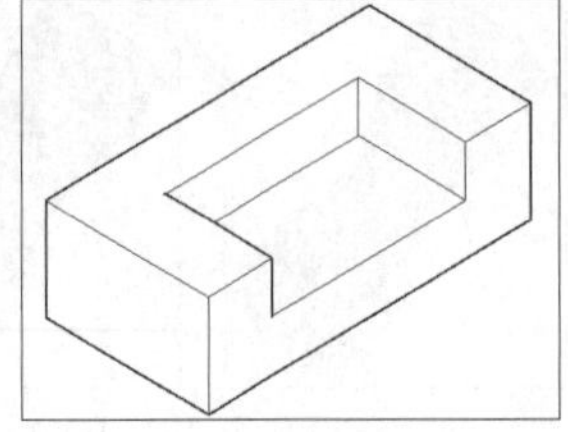

图 10-195　拉伸面的结果

步骤 05 在“网格”选项卡中，单击“网格编辑”面板中的“合并面”按钮，在绘图区选择沙发扶手外侧的两个网格面，将其合并。重复合并面操作，合并扶手内侧的两个网格面，以及另外一个扶手的内外网格面，如图10-196所示。

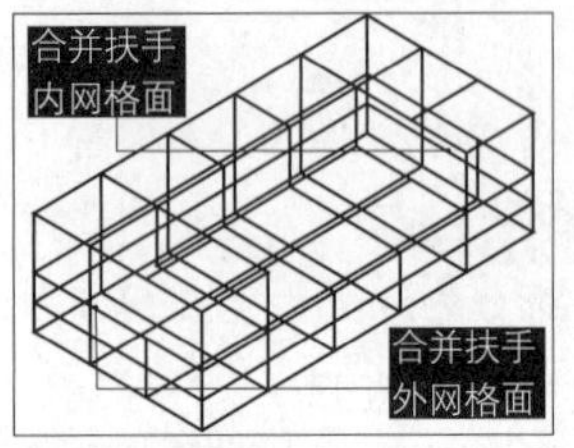

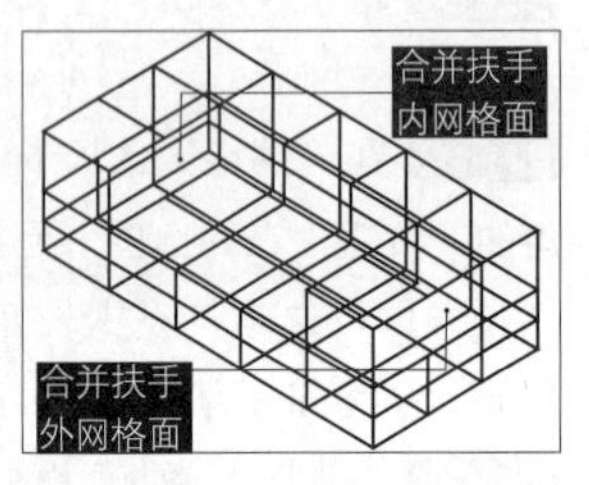

图 10-196　合并面的结果

步骤 06 在“网格”选项卡中，单击“网格编辑”面板中的“分割面”按钮，选择以上合并后的网格面，绘制连接矩形角点和竖直边中点的分割线，并使用同样的方法分割其他3组网格面，如图10-197所示。

步骤 07 再次执行“分割面”命令，在绘图区中选择扶手前端面，绘制平行于底边的分割线，结果如图10-198所示。

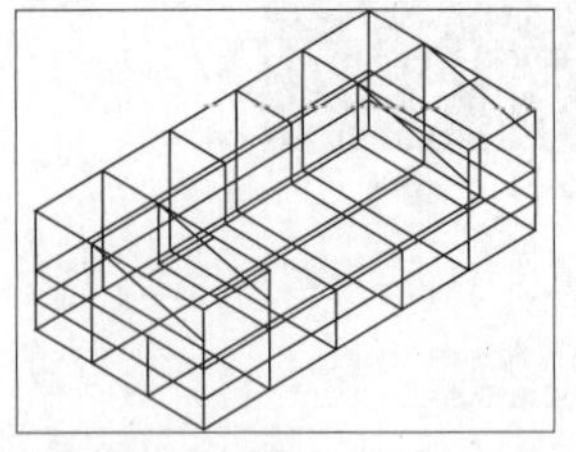

图 10-197　分割面

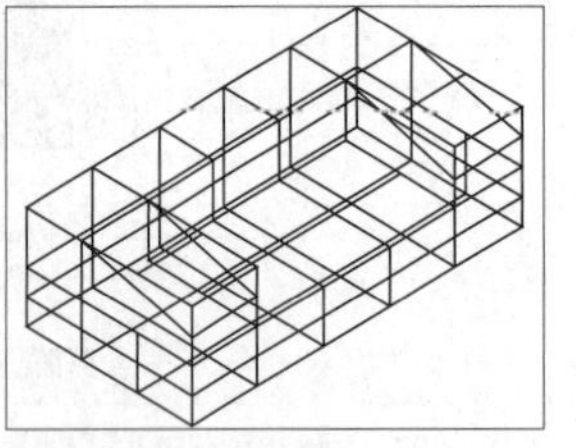

图 10-198　分割前端面

步骤 08 在“网格”选项卡中，单击“网格编辑”面板中的“合并面”按钮，选择沙发扶手上面的两个网格面、侧面的两个三角网格面和前端面，将其合并。使用同样的方法合并另一个扶手上对应的网格面，如图10-199和图10-200所示。

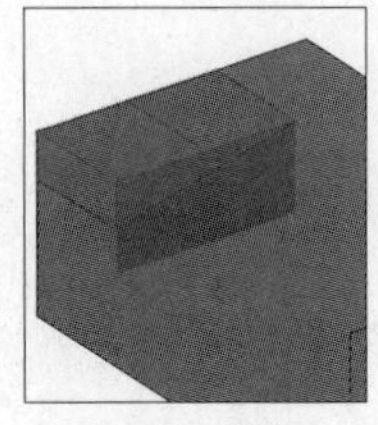

图 10-199　合并面

步骤 09 在“网格”选项卡中，单击“网格编辑”面板中的“拉伸面”按钮，选择沙发顶面的5个网格面，设置倾斜角为30°，向上拉伸距离为15mm，结果如图10-201所示。

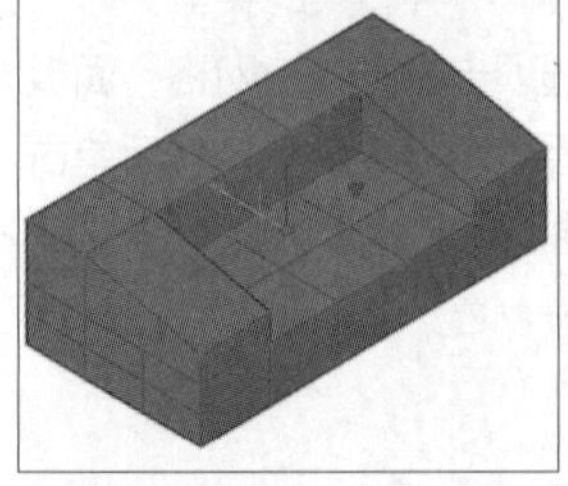

图 10-200　合并面的结果

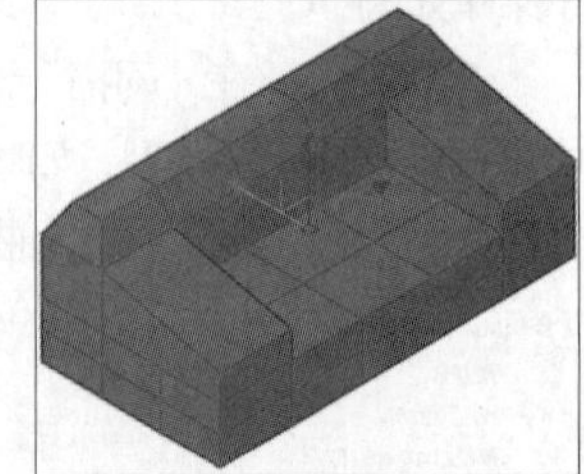

图 10-201　拉伸顶面的结果

步骤 10 在“网格”选项卡中，单击“网格”面板中的“提高平滑度”按钮，选择沙发的所有网格，提高平滑度两次，结果如图10-202所示。

步骤 11 在“常用”选项卡中，单击展开“视图”面板中的“视觉样式”下拉列表，选择“概念”视觉样式，显示效果如图10-203所示。

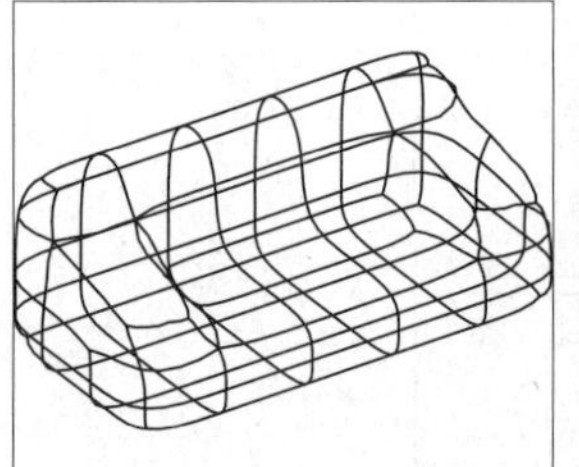

图 10-202　提高平滑度

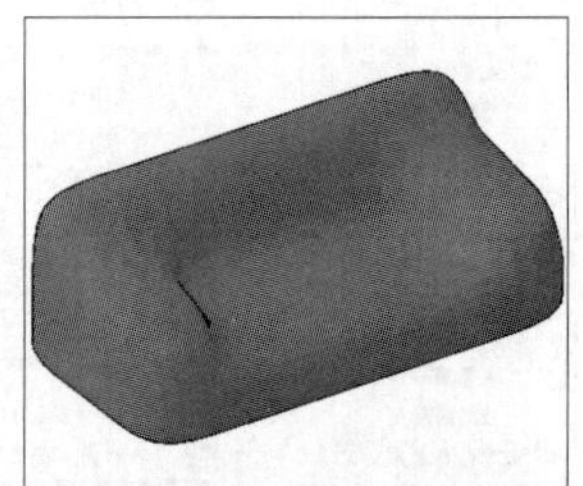

图 10-203　“概念”视觉样式效果

10.8 本章小结

本章介绍了编辑三维模型的方法。建模后并不能保证模型一定满足当前的绘图需求，结合编辑命令，就可以调整模型的显示效果，使其能够被使用。

通过布尔运算，如并集、差集、交集，可以合并或修剪模型，得到一个新模型。执行剖切、加厚及抽壳等操作，可以在原有模型的基础上进行调整，使之符合出图要求。

通过移动、旋转、缩放及镜像三维模型，可以调整模型的位置、角度、比例，或者创建模型副本。这些是基本的编辑操作，多加练习就可以掌握。

通过编辑模型边，可以针对边进行修改。编辑实体面有好几种方式，如拉伸、倾斜、移动、复制和偏移等。此外，AutoCAD 还提供了曲面编辑和网格编辑命令，读者应熟练掌握这些命令的使用方法。

本章的最后提供了课后习题，帮助读者检查自己的学习效果。

10.9 课后习题

一、理论题

1.“并集”命令的工具按钮是（ ）。

A. B. C. D.

2. 执行（ ）命令，可以创建剖切平面。

A.“修改”|“三维操作”|“剖切” B. “对象”|“三维操作”|“剖切”

C. “编辑”|“三维操作”|“剖切” D. “管理”|“三维操作”|“剖切”

3. 使用“三维对齐”命令编辑模型，有（ ）种对齐方式可供选择。

A. 1 B.2 C.3 D.4

4. “编辑实体面”系列工具在（ ）面板中。

A. 建模 B. 网格 C. 修改 D. 实体编辑

5. 执行圆角曲面操作，需要设置（ ）参数。

A. 直径 B. 半径 C. 宽度 D. 高度

二、操作题

1. 执行并集操作，将图 10-204 所示的模型合并为一个整体。

2. 在“实体”选项卡中，单击“实体编辑”面板中的“圆角边”按钮，为桌面创建圆角边，如图 10-205 所示。

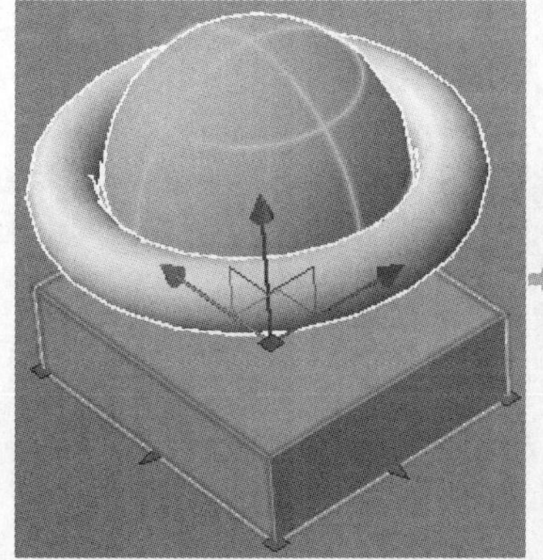
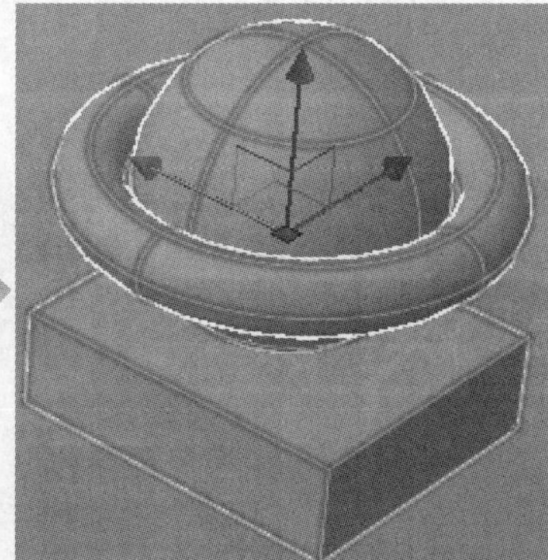

图 10-204 并集操作

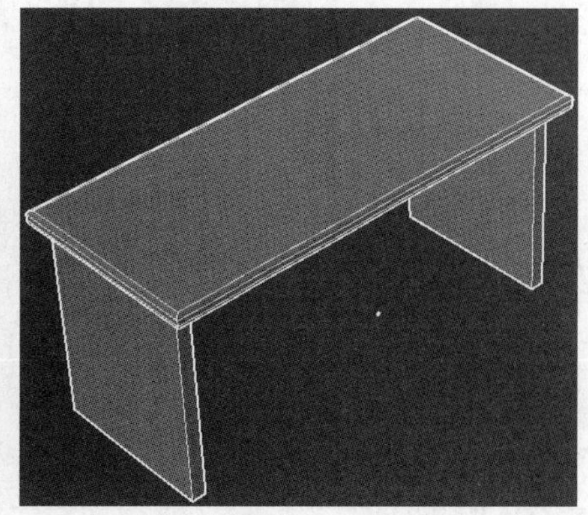

图 10-205 创建圆角边

3. 综合运用三维旋转和三维移动工具，调整图 10-206 所示的圆柱体的位置。

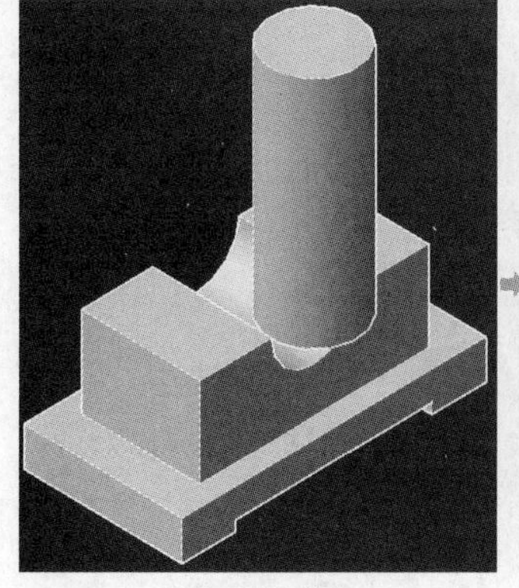

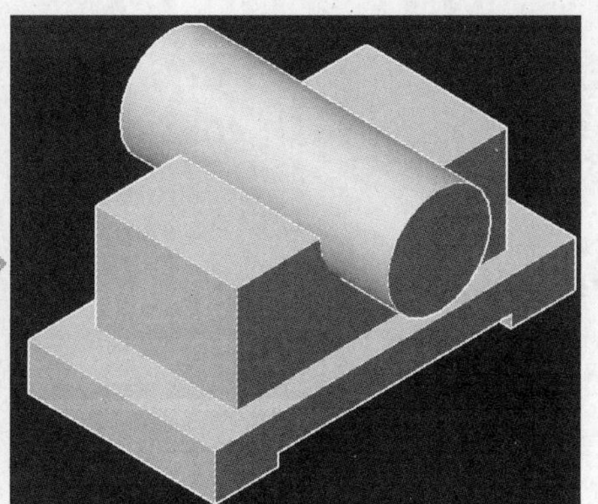

图 10-206 调整圆柱体的位置

第11章

机械设计与绘图

本章内容概述

机械制图是指用图样确切表示机械的结构形状、尺寸、工作原理和技术要求。图样由图形、符号、文字和数字组成，是表达设计意图和制造要求、交流经验的技术文件，常被称为“工程界的语言”。本章讲解AutoCAD在机械制图中的应用方法与技巧。

本章知识要点

- 介绍机械设计的理论知识
- 了解机械设计图的内容
- 学习创建机械绘图样板
- 练习绘制零件图与装配图

11.1 机械设计概述

机械设计（machine design）是根据使用要求对机械的工作原理、结构、运动方式、力和能量的传递方式、各个零件的材料和形状尺寸、润滑方法等进行构思、分析和计算，并将其转化为具体的描述，以作为制造依据的工作过程。而这个“具体的描述”便是本章所讲的机械制图。

11.1.1 机械制图的标准

★重点★

图样被称为“工程界的语言”，作为一种语言，必须对它进行统一和规范。对于机械图样的图形画法、尺寸标注等，国家都做了明确的标准规定。在绘制机械图样的过程中，应该了解和遵循以下这些绘图标准和规范。

◆《技术制图 比例》GB/T 14690—1993。

◆《技术制图 字体》GB/T 14691—1993。

◆《机械制图 尺寸注法》GB/T 44584—2003。

◆《机械工程 CAD 制图规则》GB/T 14665—2012。

◆《机械制图 图样画法 视图》 GB/T 4458.1—2002。

◆《技术制图 简化表示法 第 1 部分：图样画法》GB/T 16675.1—2012。

1 图形比例标准

比例是指机械制图中图形与实物相应要素的尺寸之比。例如，比例为 1 ：1 表示实物与图样相应的尺寸相等，比例大于 1 则实物的大小比图样的大小要小，称为放大比例；比例小于 1 则实物的大小比图样的大小要大，称为缩小比例。

表 11-1 所示为《技术制图 比例》GB/T 14690—1993 规定的制图比例种类和系列。

表 11-1 比例的种类与系列

比例种类	比例	
	优先选择的比例	允许选择的比例
原比例	1 ：1	1 ：1
放大比例	5 ：1　2 ：1 5×10^n ：1　2×10^n ：1　1×10^n ：1	4 ：1　2.5 ：1 4×10^n ：1　2.5×10^n ：1
缩小比例	1 ：2　1 ：5　1 ：10 1 ：2×10^n　1 ：5×10^n　1 ：1×10^n	1 ：1.5　1 ：2.5　1 ：3 1 ：4　1 ：1.5×10^n　1 ：2.5×10^n 1 ：3×10^n　1 ：4×10^n

机械制图中常用的 3 种比例为 2 ：1、1 ：1 和 1 ：2。比例的标注符号应以“：”表示，标注方法如 1 ：1、1 ：100 等。比例一般应标注在标题栏的比例栏内，局部视图或者剖视图也需要在视图名称的下方或者右侧标注比例，如图 11-1 所示。

1	B	A-A
1:10	1:2	5:1

图 11-1　比例的另行标注

2 字体标准

文字是机械制图中必不可少的要素，国家标准对字体也做了相应的规定，《技术制图 字体》GB/T 14691—1993 对机械图样中书写的汉字、字母、数字的字体及字号（字高）的规定如下。

◆图样中书写的字体必须做到：字体端正、笔画清楚、排列整齐、间隔均匀。

◆字体的高度(单位为mm)分为20、14、10、7、5、3.5、2.5这7种，字体的宽度约等于字体高度的2/3。

◆斜体字字头向右倾斜，与水平线约成75°。

◆用作指数、分数、极限偏差、注脚等的数字及字母，一般采用小一号字体。

3 图线标准

在《机械工程 CAD制图规则》GB/T 14665—2012中，对机械图形中使用的图线名称、线型、线宽及用于绘制的图形都做了相关规定，如表11-2所示。

表11-2 图线的形式和作用

图线名称	线型	线宽	用于绘制的图形
粗实线（轮廓线）	▬▬▬▬	b	可见轮廓线
细实线	————	约$b/3$	剖面线、尺寸线、尺寸界线、引出线、弯折线、牙底线、齿根线、辅助线、过渡线等
细点划线	—·——·—	约$b/3$	中心线、轴线、齿轮节线等
虚线	—— —— ——	约$b/3$	不可见轮廓线、不可见过渡线
波浪线	～～	约$b/3$	断裂处的边界线、剖视和视图的分界线
粗点划线	▬ ▬ ▬ ▬ ▬ ▬ ▬ ▬	b	有特殊要求的线或者表面的表示线
双点划线	—··——··—	约$b/3$	相邻辅助零件的轮廓线、极限位置的轮廓线、假象投影轮廓线

提示

“线宽”栏中的“b”代表基本线宽，可以自行设定。推荐b值为2.0、1.4、1.0、0.7、0.5或0.35mm。同一图纸中，应采用相同的b值。

4 尺寸标注标准

在《机械制图 尺寸注法》GB/T 44584—2003中，对尺寸标注的基本规则、尺寸线、尺寸界线、标注尺寸的符号、简化标注及尺寸的公差与配合标注等都有详细的规定。这些规定大致总结如下。

尺寸线和尺寸界线

◆尺寸线和尺寸界线均以细实线画出。

◆线性尺寸的尺寸线应平行于表示其长度或距离的线段。

◆图形的轮廓线、中心线或它们的延长线，可以用作尺寸界线，但是不能用作尺寸线，如图11-2所示。

◆尺寸界线一般应与尺寸线垂直。当尺寸界线过于贴近轮廓线时，允许将其倾斜画出，在光滑过渡处，需用细实线将其轮廓线延长，从其交点引出尺寸界线。

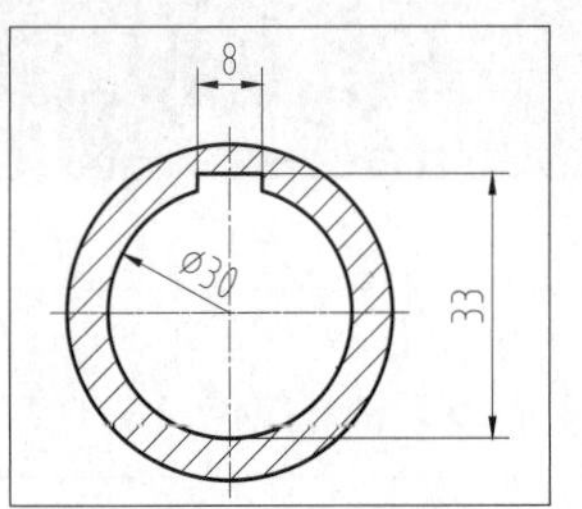

图11-2 尺寸线和尺寸界线

尺寸线终端的规定

尺寸线终端有箭头或者细斜线、点等多种形式。机械制图中使用的是箭头，如图11-3所示。箭头适用于各类图形的标注，箭头尖端与尺寸界线接触，不得超出或者离开。

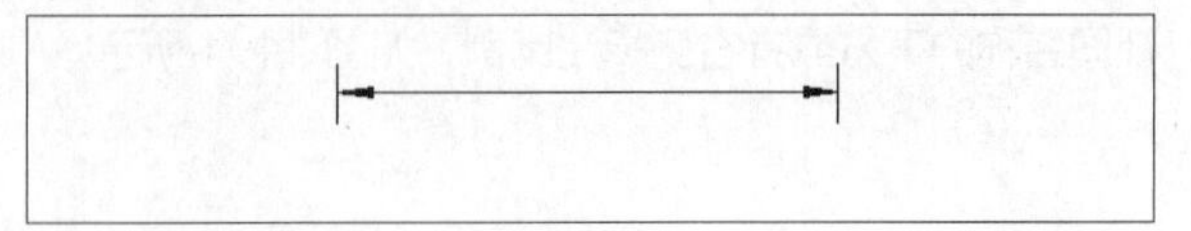

图11-3 机械标注的尺寸线终端形式

尺寸数字的规定

线型尺寸的数字一般标注在尺寸线的上方或者尺寸线中断处。同一图样内尺寸数字的字号大小应一致，位置不够可引出标注。当尺寸线呈竖直方向时，尺寸数字在尺寸的左侧，字头朝左；朝其他方向时，字头需朝上，如图 11-4 所示。尺寸数字不可被任何线通过。当尺寸数字不可避免被图线通过时，必须把图线断开，如图 11-5 所示。

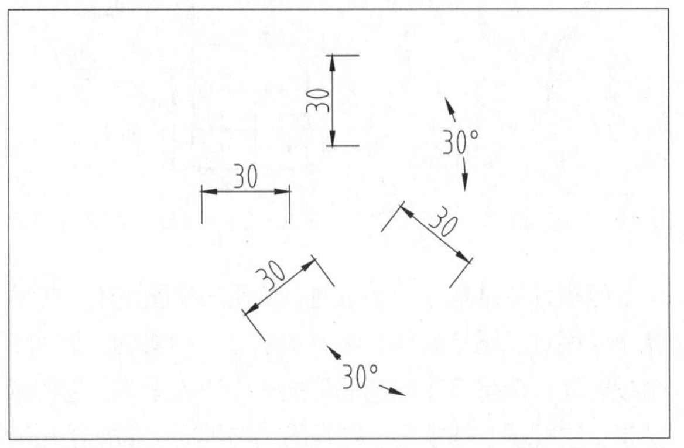

图 11-4　尺寸标注

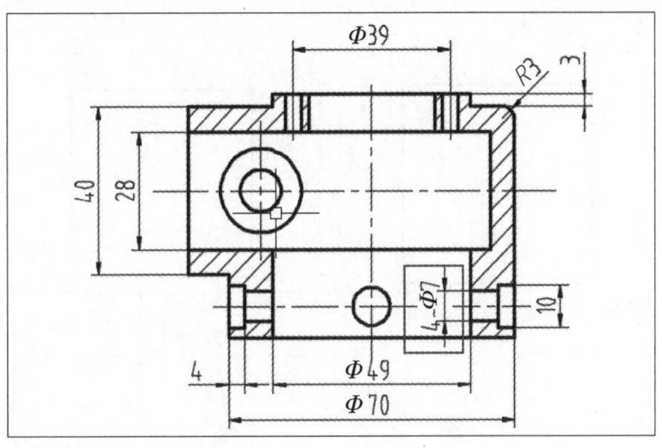

图 11-5　尺寸数字

尺寸标注数字前的符号用来区分不同类型的尺寸，如表 11-3 所示。

表 11-3 尺寸标注常见前缀符号的含义

Φ	R	S	t	□	±	×	<	-
直径	半径	球面	零件厚度	正方形	正负偏差	参数分隔符	斜度	连字符

直径及半径尺寸的标注

直径尺寸的数字前应加前缀 Φ，半径尺寸的数字前加前缀 R，其尺寸线应通过圆弧的圆心。当圆弧的半径过大时，可以使用图 11-6 所示的两种圆弧标注方法。

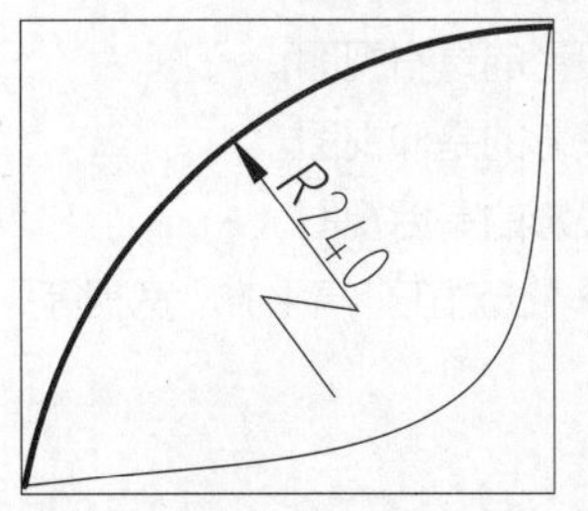

图 11-6　圆弧半径过大的标注方法

弦长及弧长尺寸的标注

◆弦长和弧长的尺寸界线应平行于该弦或者弧的垂直平分线，当弧度较大时，可沿径向引出尺寸界线。

◆弦长的尺寸线为直线，弧长的尺寸线为圆弧，在弧长的尺寸线上方需用细实线画出⌒弧度符号，如图 11-7 所示。

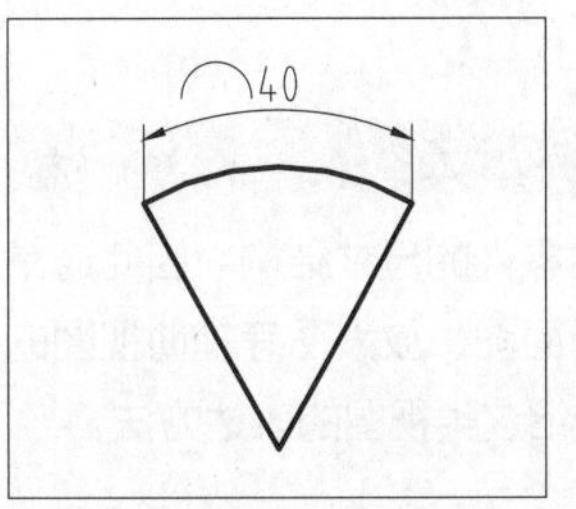

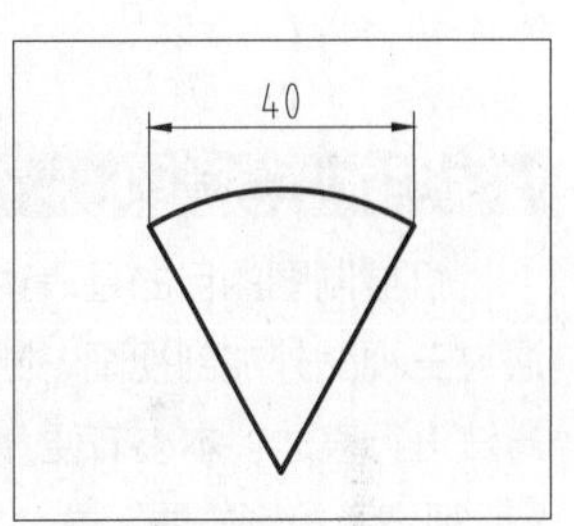

图 11-7　弧长和弦长尺寸的标注

球面尺寸的标注

标注球面的直径和半径时，应在符号 Φ 和 R 前再加前缀 S，如图 11-8 所示。

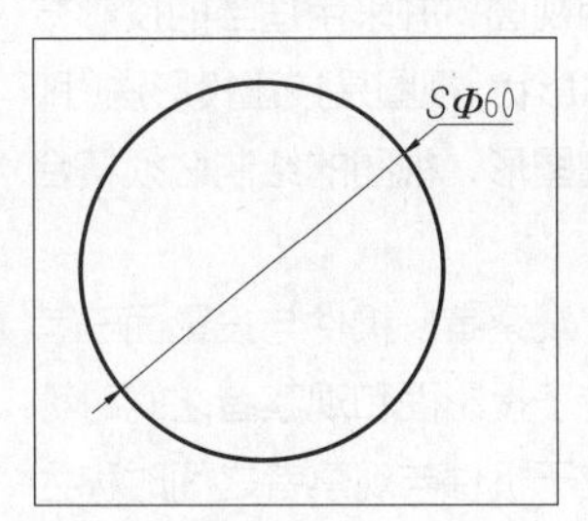

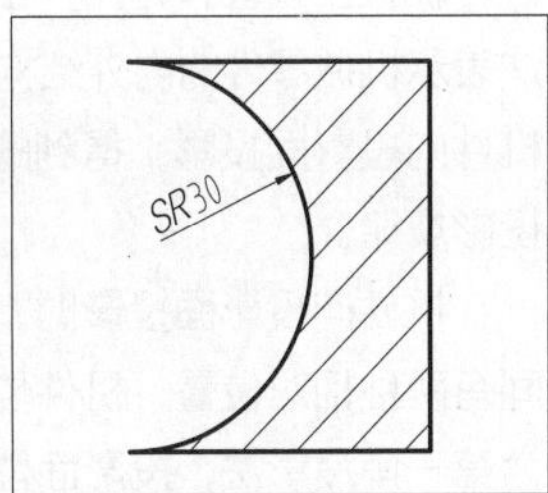

图 11-8　球面标注方法

正方形结构尺寸的标注

对于正截面为正方形的结构，可在边长尺寸之前加前缀□或以“边长 × 边长”的形式进行标注，如图 11-9 所示。

角度尺寸标注

◆角度尺寸的尺寸界线应沿径向引出，尺寸线为圆弧，圆心是该角的顶点，尺寸线的终端为箭头。

◆角度尺寸值一律写成水平方向，一般注写在尺寸

线的中断处，角度尺寸标注如图 11-10 所示。

其他结构的标注请参考国家相关标准。

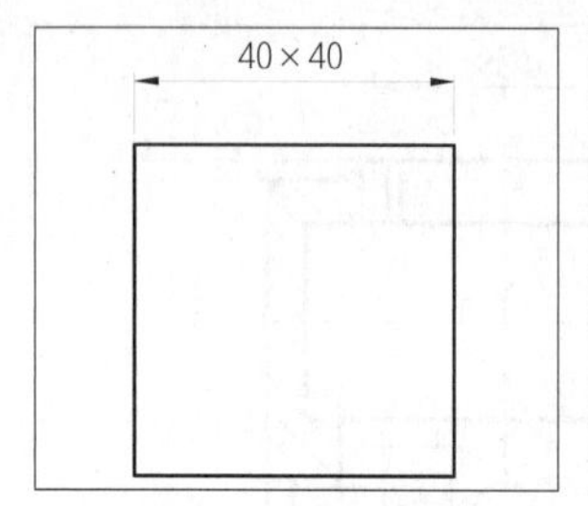

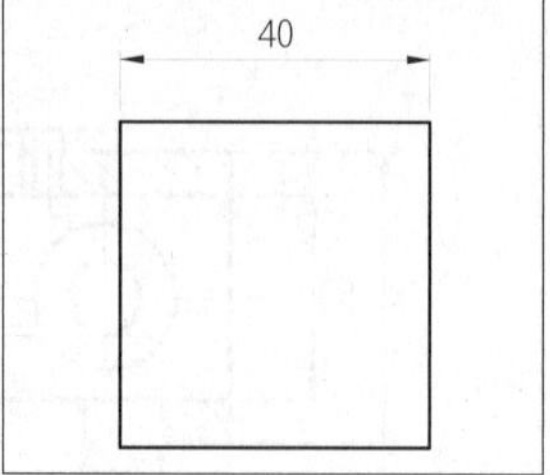

图 11-9 正方形的标注方法

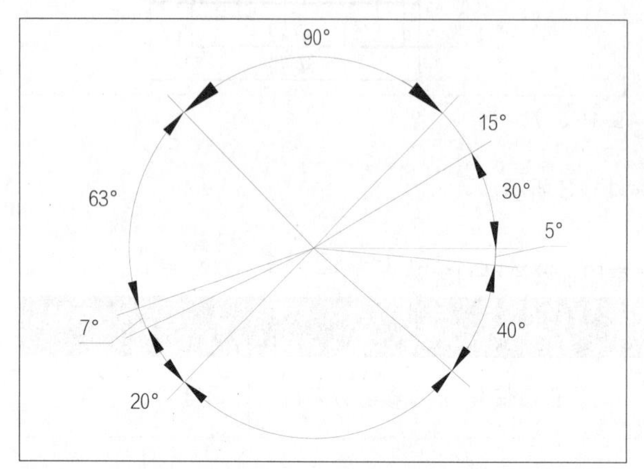

图 11-10 角度尺寸的标注

11.1.2 机械制图的表达方法 ★重点★

机械制图的目的是表达零件的尺寸结构，因此通常通过三视图外加剖视图、断面图、放大图等辅助视图的方法进行表达。本小节便介绍这类视图的表达方法。

1 视图及投影方法

机械工程图样是用一组视图，并采用适当的投影方法表示机械零件的内外结构形状。视图是按正投影法（即机件向投影面投影）得到的图形，视图的绘制必须符合投影规律。

机件向投影面投影时，观察者、机件与投影面三者间有两种相对位置：机件位于投影面和观察者之间时称为第一角投影法；投影面位于机件与观察者之间时称为第三角投影法。我国国家标准规定采用第一角投影法。

基本视图

三视图是机械图样中最基本的图形，它是将物体放在三投影面体系中，分别向 3 个投影面做投射所得到的图形，即主视图、俯视图、左视图，如图 11-11 所示。

将三投影面体系展开在一个平面内，三视图之间满足三等关系，即“主俯视图长对正、主左视图高平齐、俯左视图宽相等”，如图 11-12 所示，三等关系这个重要的特性是绘图和读图的依据。

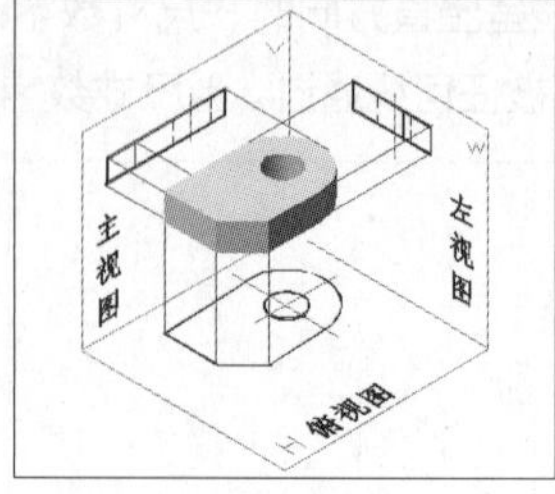

图 11-11 三视图形成原理示意图

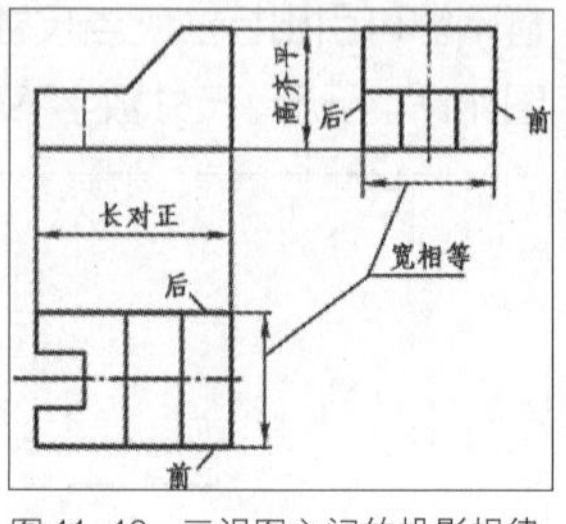

图 11-12 三视图之间的投影规律

当机件的结构十分复杂时，使用三视图来表达机件就十分困难。国标规定，在原有的 3 个投影面上增加 3 个投影面，使得 6 个投影面形成一个正六面体，它们分别是：主视图、俯视图、左视图、右视图、仰视图和后视图，如图 11-13 所示。

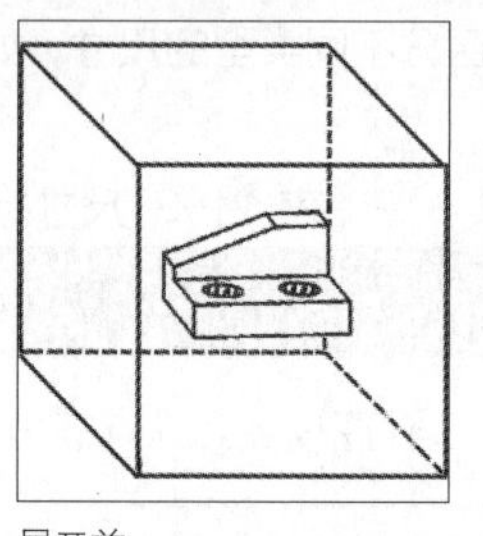

展开前

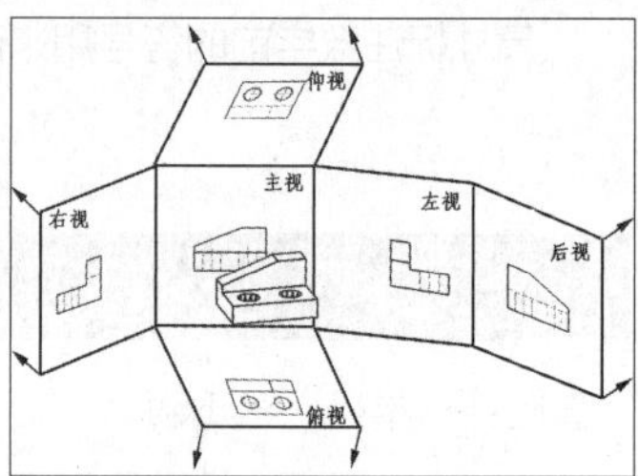

展开后

图 11-13 6 个投影面及展开示意图

- ◆主视图：由前向后投影的是主视图。
- ◆俯视图：由上向下投影的是俯视图。
- ◆左视图：由左向右投影的是左视图。
- ◆右视图：由右向左投影的是右视图。
- ◆仰视图：由下向上投影的是仰视图。
- ◆后视图：由后向前投影的是后视图。

各视图展开后都要遵循“长对正、高平齐、宽相等”的投影原则。

向视图

有时为了便于合理地布置基本视图，可以采用向视图。向视图是可自由配置的视图，它的标注方法为：在向视图的上方注写 *X*（*X* 为大写的英文字母，如 *A*、*B*、*C* 等），并在相应视图的附近用箭头指明投影方向，并注写相同的字母，如图 11-14 所示。

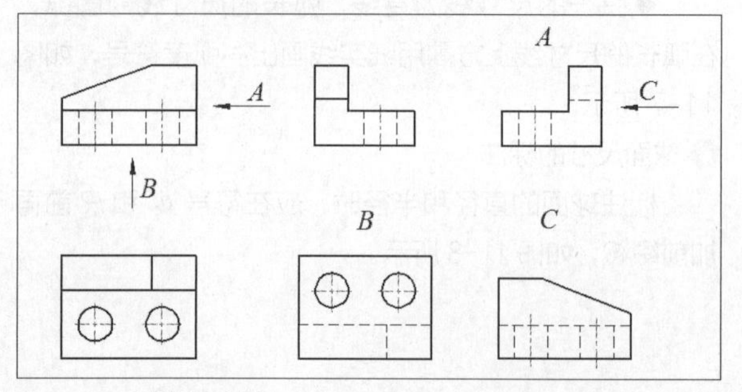

图 11-14 向视图示意图

◎ 局部视图

当采用一定数量的基本视图后，机件上仍有部分结构形状尚未表达清楚，而又没有必要再画出完整的其他的基本视图时，可采用局部视图来表达。

局部视图是将机件的某一部分向基本投影面投影得到的视图。局部视图是不完整的基本视图，利用局部视图可以减少基本视图的数量，使表达简洁，重点突出。

局部视图一般用于下面两种情况。

◆ 用于表达机件的局部形状。画局部视图时，一般可按向视图（指定某个方向对机件进行投影）的配置形式配置，如图 11-15 所示。当局部视图按基本视图的配置形式配置时，可省略标注。

◆ 用于节省绘图时间和图幅，对称的零件视图可只画一半或四分之一，并在对称中心线上画出两条与其垂直的平行细直线，如图 11-16 所示。

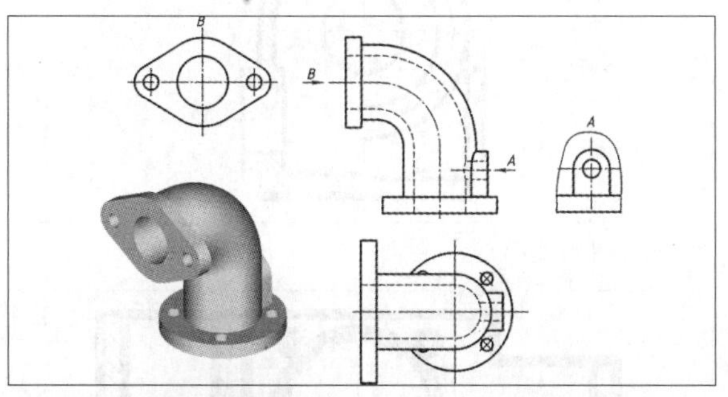

图 11-15　向视图配置的局部视图

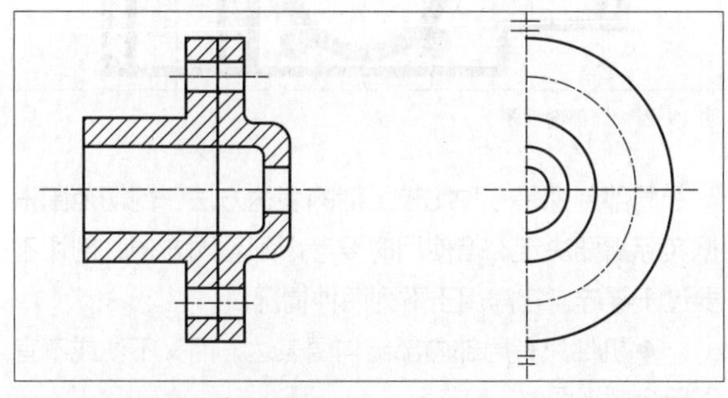

图 11-16　对称零件的局部视图

画局部视图时应注意以下几点。

◆ 在相应的视图上用带字母的箭头指明所表示的投影部位和投影方向，并在局部视图上方用相同的字母标明 X。

◆ 局部视图尽量画在有关视图的附近，并直接保持投影联系。也可以画在图纸内的其他地方。当表示投影方向的箭头标在不同的视图上时，同一部位的局部视图的图形方向可能不同。

◆ 局部视图的范围用波浪线表示。所表示的图形结构完整，且外轮廓线又封闭时，波浪线可省略。

◎ 斜视图

将机件向不平行于任何基本投影面的投影面进行投影，所得到的视图称为斜视图。斜视图适合于表达机件上的斜表面的实形。图 11-17 所示为一个弯板形机件，它的倾斜部分在俯视图和左视图上的投影都不是实形。此时就可以另外加一个平行于该倾斜部分的投影面，在该投影面上则可以画出倾斜部分的实形投影，如 A 向所示。

斜视图的标注方法与局部视图相似，并且应尽可能配置在与基本视图直接保持投影联系的位置，也可以平移到图纸内的适当地方。为了画图方便，也可以旋转，此时应在该斜视图上方画出旋转符号，表示该斜视图名称的大写拉丁字面靠近旋转符号的箭头端，如图 11-17 所示，也允许将旋转角度标注在字母之后。旋转符号为带有箭头的半圆，半圆的线宽等于字体笔画的宽度，半圆的半径等于字体高度，箭头表示旋转方向。

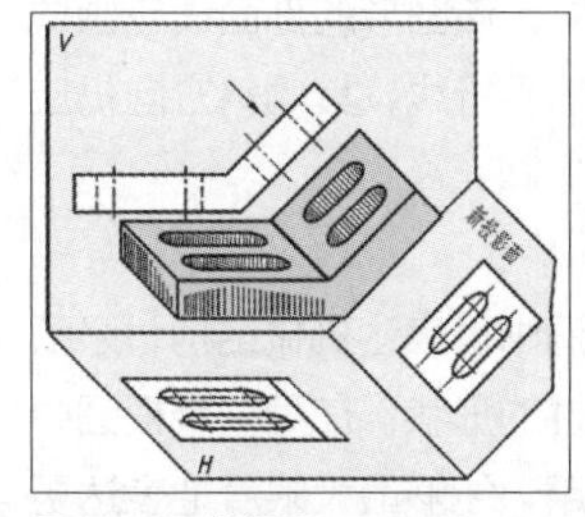

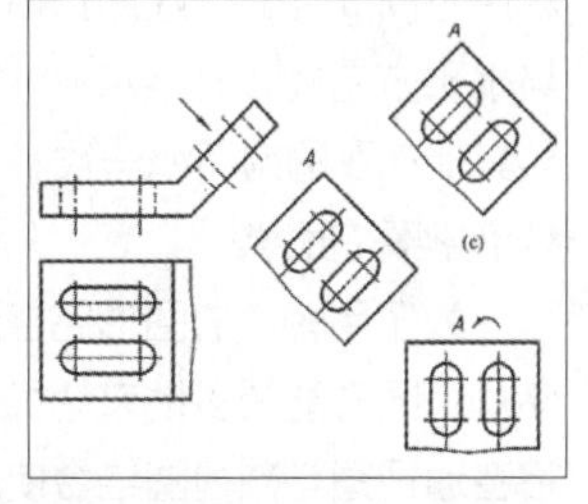

图 11-17　斜视图

画斜视图时增设的投影面只垂直于一个基本投影面，因此，机件上原来平行于基本投影面的一些结构，在斜视图中最好以波浪线为界而省略不画，以避免出现失真的投影。

2 剖视图

在机械绘图中，三视图可基本表达机件外形，对于简单的内部结构可用虚线表示。但当零件的内部结构较为复杂时，视图的虚线也将增多，要清晰地表达机件内部的形状和结构，必须采用剖视图的画法。

◎ 剖视图的概念

用剖切平面剖开机件，将处在观察者和剖切平面之间的部分移去，将其他部分向投影面投射所得的图形称为剖视图，简称剖视，如图 11-18 所示。

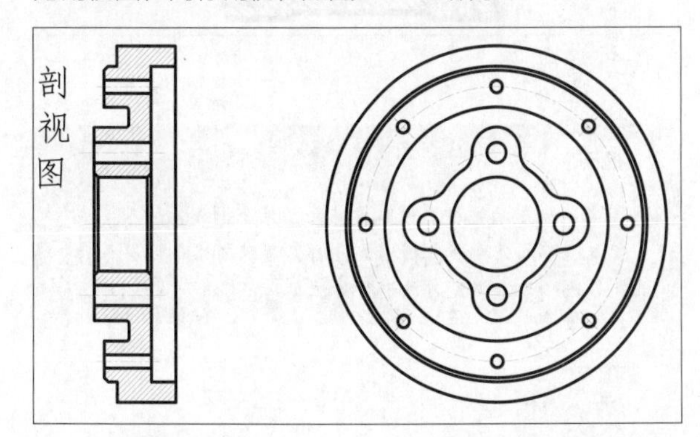

图 11-18　剖视图

剖视图将机件剖开，使内部原来不可见的孔、槽变为可见，虚线变成了可见线。由此解决了内部虚线过多的问题。

◎ 剖视图的画法

剖视图的画法应遵循以下原则。

◆画剖视图时，要选择适当的剖切位置，使剖切图平面尽量通过较多的内部结构（孔、槽等）的轴线或对称平面，并平行于选择的投影面。

◆内外轮廓要完整。机件剖开后，处在剖切平面之后的所有可见轮廓线都应完整画出，不得遗漏。

◆要画剖面符号。在剖视图中，凡是被剖切的部分应画上剖面符号。金属材料的剖面符号应画成与水平方向成 45° 的互相平行、间隔均匀的细实线，同一机件各个视图的剖面符号应相同。但是如果图形主要轮廓与水平方向成 45° 或接近 45° ，该图形的剖面线应画成与水平方向成 30° 或 60° 的平行线，其倾斜方向仍应与其他视图的剖面线一致。

◎ 剖视图的分类

为了用较少的图形完整清晰地表达机械结构，必须使每个图形能较多地表达机件的形状。在同一个视图中将普通视图与剖视图结合使用，能够最大限度地表达更多结构。按剖切范围的大小，剖视图可分为全剖视图、半剖视图、局部剖视图。

◎ 全剖视图的绘制

用剖切平面将机件全部剖开后进行投影所得到的剖视图称为全剖视图，如图 11-19 所示。全剖视图一般用于表达外部形状比较简单，而内部结构比较复杂的机件。

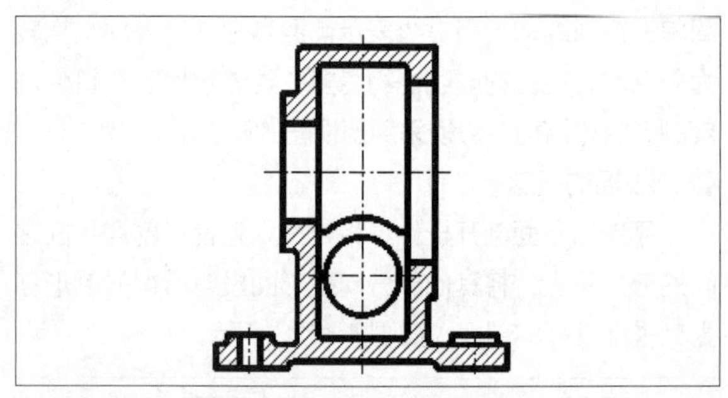

图 11-19　全剖视图

> **提示**
>
> 当剖切平面通过机件对称平面，且全剖视图按投影关系配置，中间又无其他视图隔开时，可以省略剖切符号标注，否则必须按规定方法进行标注。

◎ 半剖视图的绘制

当物体具有对称平面时，向垂直对称平面的投影面上投影所得的图形，可以以对称中心线为界，一半画成剖视图，另一半画成普通视图，这种剖视图称为半剖视图，如图 11-20 所示。

半剖视图既充分地表达了机件的内部结构，又保留了机件的外部形状，具有内外兼顾的特点。但半剖视图只适用于表达对称的或基本对称的机件。当机件的俯视图前后对称时，也可以使用半剖视图表示。

◎ 局部剖视图的绘制

用剖切平面局部地剖开机件得到的剖视图称为局部剖视图，如图 11-21 所示。局部剖视图一般使用波浪线或双折线分界来表示剖切的范围。

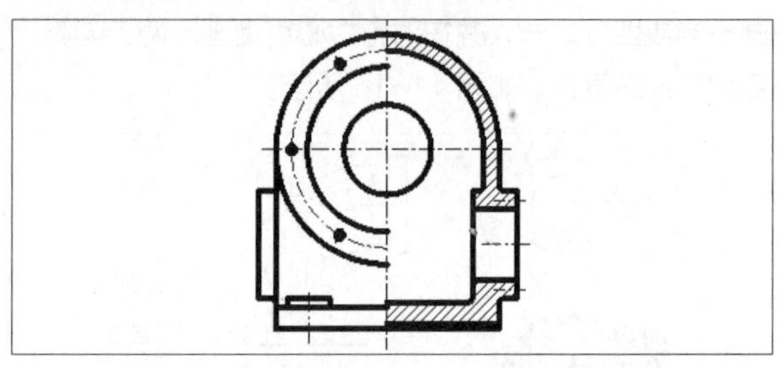

图 11-20　半剖视图

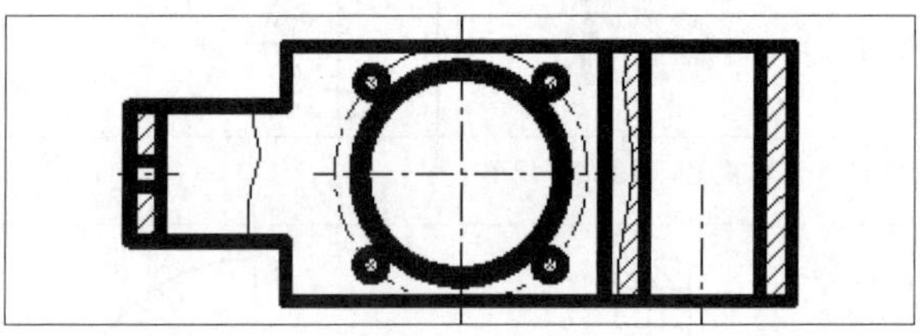

图 11-21　局部剖视图

局部剖视是一种比较灵活的表达方法，剖切范围根据实际需要决定。但使用时要考虑到看图方便，剖切不要过于零碎。它常用于下列两种情况。

◆机件只有局部内部结构要表达，而又不便或不宜采用全剖视图时。

◆不对称机件需要同时表达其内、外形状时。

3 断面图

假想用剖切平面将机件在某处切断，只画出切断面形状的投影，并画上规定的剖面符号的图形称为断面图。断面一般用于表达机件的某部分的断面形状，如轴、孔、槽等结构。

> **提示**
>
> 注意区分断面图与剖视图，断面图仅画出机件断面的图形，而剖视图则要画出剖切平面后所有部分的投影。

为了得到断面结构的实体图形，剖切平面一般应垂直于机件的轴线或该处的轮廓线。断面图分为移出断面图和重合断面图。

移出断面图

移出断面图的轮廓线用粗实线绘制，画在视图的外面，尽量放置在剖切位置的延长线上，一般情况下只需画出断面的形状，但是，当剖切平面通过回转曲面形成孔或凹槽时，此孔或凹槽按剖视图画，或当断面为不闭合图形时，要将图形画成闭合的图形。

完整的剖面标记由 3 部分组成。粗短线表示剖切位置，箭头表示投影方向，拉丁字母表示断面图名称。当移出断面图放置在剖切位置的延长线上时，可省略字母；当图形对称（向左或向右投影得到的图形完全相同）时，可省略箭头；当移出断面图放置在剖切位置的延长线上，且图形对称时，可不加任何标记，如图 11-22 所示。

> **提示**
>
> 移出断面图也可以画在视图的中断处。此时若剖面图形对称，可不加任何标记；若剖面图形不对称，要标注剖切位置和投影方向。

重合断面图

剖切后将断面图形重叠在视图上，这样得到的剖面图称为重合断面图。

重合断面图的轮廓线要用细实线绘制，而且当断面图的轮廓线和视图的轮廓线重合时，视图的轮廓线应连续画出，不应间断。当重合断面图形不对称时，要标注投影方向和断面位置标记，如图 11-23 所示。

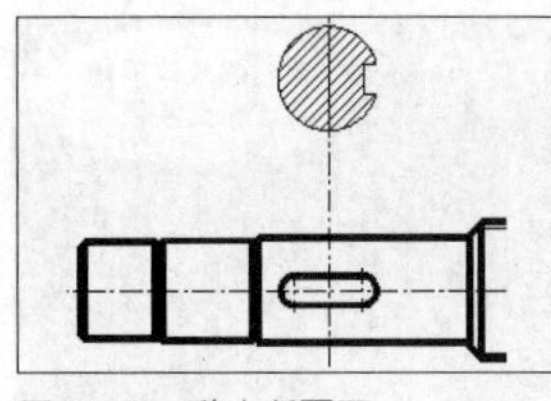

图 11-22　移出断面图

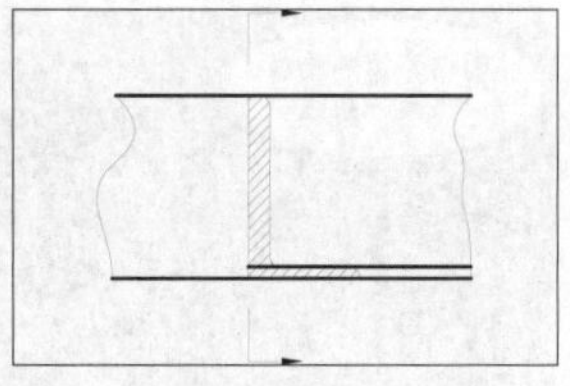

图 11-23　重合断面图

4 局部放大图

当物体某些细小结构在视图上表示不清楚或不便标注尺寸时，可以用大于原图形的绘图比例在图纸上其他位置绘制该部分图形，这种图形称为局部放大图，如图 11-24 所示。

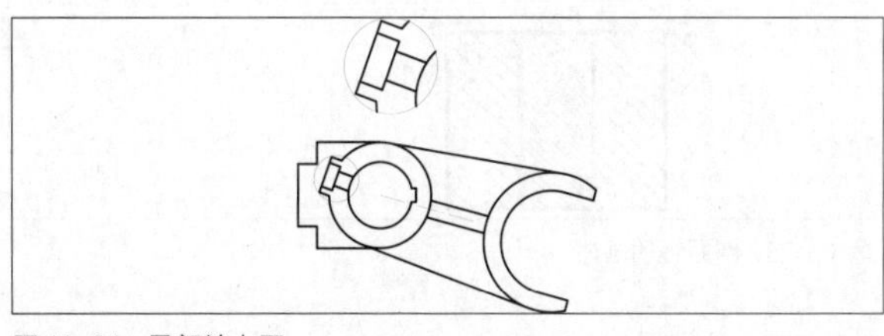

图 11-24　局部放大图

局部放大图可以画成视图、剖视或断面图，它与被放大部分的表达形式无关。画图时，在原图上用细实线圆圈出被放大部分，尽量将局部放大图配置在被放大图样部分附近，在放大图上方注明放大图的比例。若图中有多处要做局部放大，还要用罗马数字为局部放大图编号。

11.2 机械设计图的内容

机械设计是一项复杂的工作，设计的内容和形式也有很多种。无论是其中的哪一种，机械设计体现在图纸上的结果都只有两个：零件图和装配图。

11.2.1 零件图

零件图是制造和检验零件的主要依据，是设计部门提交给生产部门的重要技术文件，也是进行技术交流的重要资料。零件图不仅需要把零件的内、外结构形状和大小表达清楚，还需要对零件的材料、加工、检验、测量提出必要的技术要求。

1 零件图的类型

零件是部件中的组成部分。一个零件的结构与其在部件中的作用密不可分。零件按其在部件中所起的作用，以及结构是否标准化，大致可以分为以下 3 类。

标准件

常用的标准件有螺纹连接件，如螺栓、螺钉、螺母，还有滚动轴承等。这一类零件的结构已经标准化，国家制图标准已指定了标准件的规定画法和标注方法。

传动件

常用的传动件有齿轮、蜗轮、蜗杆、胶带轮、丝杆等，这类零件的主要结构已经标准化，并且有规定的画法。

一般零件

除了上述两类零件以外的零件都可以归纳到一般零件中，例如轴、盘盖、支架、壳体、箱体等。它们的结构形状、尺寸和技术要求由相关部件的设计要求和制造工艺要求而定。

2 零件图绘制过程

零件图的绘制过程包括草绘和绘制工作图。草绘指设计师手动绘制图纸，多用于测绘现有机械或零部件；工作图一般用 AutoCAD 等设计软件绘制，用于实际的生产。下面介绍机械制图中零件图绘制的基本步骤，本章中的零件图实例也按此步骤进行绘制。

建立绘图环境

在绘制 AutoCAD 零件图形时，首先要建立绘图环境，建立绘图环境包括以下 3 个方面。

第一，设定工作区域大小。一般是根据主视图的大

小来进行设置。

第二，设定图层。在机械制图中，根据图形需要，不同含义的图形元素应放在不同的图层中，所以在绘制图形之前就必须设定图层。

第三，使用绘图辅助工具。这里是指激活极轴追踪、对象捕捉等多个绘图辅助工具。

> 提示
>
> 为了提高绘图效率，可以根据图纸幅面大小的不同，分别建立若干个样板图，作为绘图的模板。

◎ 布局主视图

建立好绘图环境之后，就需要对主视图进行布局，布局主视图的一般方法是：先画出主视图的布局线，形成图样的大致轮廓，然后再以布局线为基准图元，绘制图样的细节。

布局轮廓时一般要画出的线条有：图形元素的定位线，如重要孔的轴线、图形对称线、一些端面线等；零件的上、下轮廓线及左、右轮廓线。

◎ 绘制主视图局部细节

在建立了几何轮廓后，就可考虑利用已有的线条来绘制图样的细节。作图时，先把整个图形划分为几个部分，然后逐一绘制完成。在绘图过程中一般使用“OFFSET”（偏移）和“TRIM”（剪切）命令来完成图样细节的绘制。

◎ 布局其他视图

主视图绘制完成后，接下来要绘制左视图及俯视图，绘制过程与主视图类似，首先形成这两个视图的主要布局线，然后画出图形细节。

◎ 修饰图样

图形绘制完成后，常常要对一些图元的外观及属性进行调整，这方面主要包括：修改线条长度，修改对象所在图层，修改线型。

◎ 标注零件尺寸

图形已经绘制完成，接下来就需要对零件进行标注。标注零件的过程一般是先切换到标注层，然后对零件进行标注。若有技术要求等文字说明，应当写在规定处。

◎ 校核和审核

一张合格的能直接用于加工生产的图纸，不论是尺寸还是加工工艺各方面都是要经过反复修正审核的。换言之，一般只有经过审核批准的图纸才能用于加工生产。

11.2.2 装配图

在机械制图中，装配图是用来表达部件或机器的工作原理、零件之间的安装关系与相互位置的图样，包含装配、检验、安装时所需要的尺寸数据和技术要求，是指定装配工艺流程，进行装配、检验、安装及维修的技术依据，是生产中重要的技术文件。在产品或部件的设计过程中，一般是先设计画出装配图，然后再根据装配图进行零件设计，画出零件图。

在装配过程中要根据装配图把零件装配成部件或者机器，设计者往往通过装配图了解部件的性能、工作原理和使用方法。装配图是设计者的设计思想的反映，是指导装配、维修、使用机器及进行技术交流的重要技术资料，也经常用装配图来了解产品或部件的工作原理及构造。

1 装配图的表达方法

零件图的各种表达方法同样适用于装配图，在装配图中也可以使用各种视图、剖视图、断面图等表达方法来表示。但是零件图和装配图表达的侧重点不同，零件图需把各部分形状完全表达清楚，而装配图主要表达部件的装配关系、工作原理，零件间的装配关系及主要零件的结构形状等。因此，根据装配的特点和表达要求，国家标准对装配图提出了一些规定画法和特殊的表达方法。

◎ 装配图的规定画法

◆两相邻零件的接触面和配合面只画一条轮廓线，不接触面和非配合表面应画两条轮廓线，如图 11-25 所示。此外，如果距离太近，可以不按比例放大并画出。

◆两相邻零件的剖面线方向相反，或方向相同，间隔不等。同一零件在各视图上的剖面线方向和间隔必须保持一致，以示区别，如图 11-26 所示。

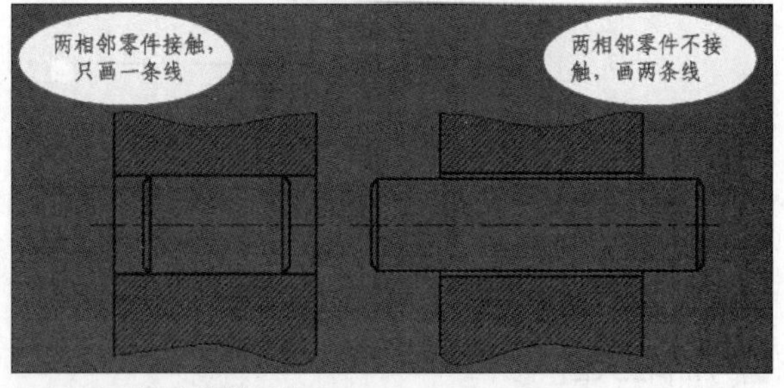

图 11-25　相邻两线的画法

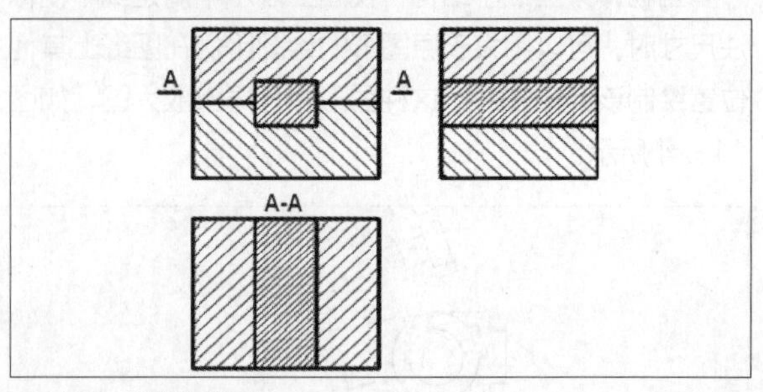

图 11-26　剖面线的画法

◆在图样中，如果剖面的厚度小于 2mm，断面可以涂黑，对于玻璃等不宜涂黑的材料可不画剖面符号。

◆当剖切位置通过螺钉、螺母、垫圈等连接件及轴、手柄、连杆、球、键等实心零件的轴线时，绘图时均按不剖处理，如果需要表明零件的键槽、销孔等结构，可用局部剖视表示，如图 11-27 所示。

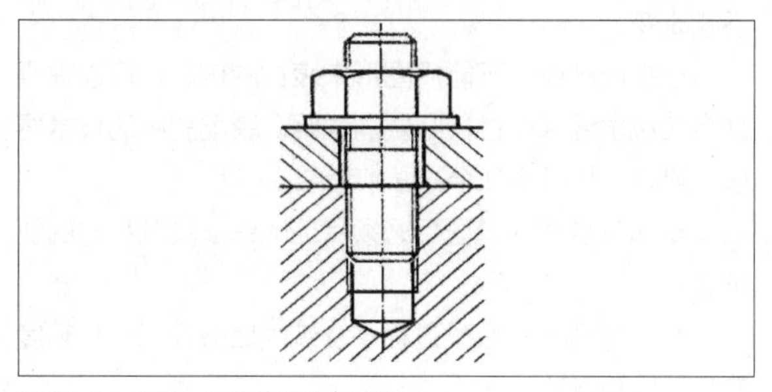

图 11-27　螺钉、螺母的剖视表示法

装配图的特殊画法

◆沿结合面剖切和拆卸画法：在装配图的某一视图中，为表达一些重要零件的内、外部形状，可假想拆去一个或者几个零件后绘制该视图，有时为了更清楚地表达重要的内部结构，可采用沿零件结合面剖切绘制视图的画法，如图 11-28 所示。

◆假想画法：①当需要表达与本零件有装配关系但又不属于本部件的其他相邻零部件时，可用假想画法将其他相邻零部件使用双点划线画出；②在装配图中，需要表达某零部件的运动范围和极限位置时，可用假想画法使用双点划线画出该零件的极限位置轮廓，如图 11-29 所示。

◆夸大画法：在绘图过程中，遇到薄片零件、细丝零件、微小间隙等的绘制时，这些零件或间隙无法按照实际的尺寸绘制出来，不能明显地表达零件或间隙的结构，此时可采用夸大画法。

◆单件画法：在绘制装配图的过程中，当某个重要的零件形状没有表达清楚而会对装配的理解产生重要影响时，可以采用单件画法单独绘制该零件的某一视图。

◆简化画法：在绘图过程中，下列情况可采用简单画法。①装配图中，零件的工艺结构，如倒角、倒圆、退刀槽等允许省略不画；②装配图中螺母的螺栓头允许采用简单画法，如遇到螺纹紧固件等相同的零件组时，在不影响理解的前提下，允许只画出一处，其他可用细点划线表示其中心位置；③在绘制装配剖视图，表示滚动轴承时，一般一半采用规定画法，一半采用简单画法；④在装配图中，当剖切平面通过的组件为标准化产品（如油杯、油标、管接头等）时，可按不剖绘制，如图 11-30 所示。

◆展开画法：主要用来表达某些重叠的装配关系或零件动力的传动顺序，如在多级传动减速机中，为了表达齿轮的传动顺序和装配关系，假想将空间轴系按其传动顺序展开在一个平面上，然后绘制出剖视图。

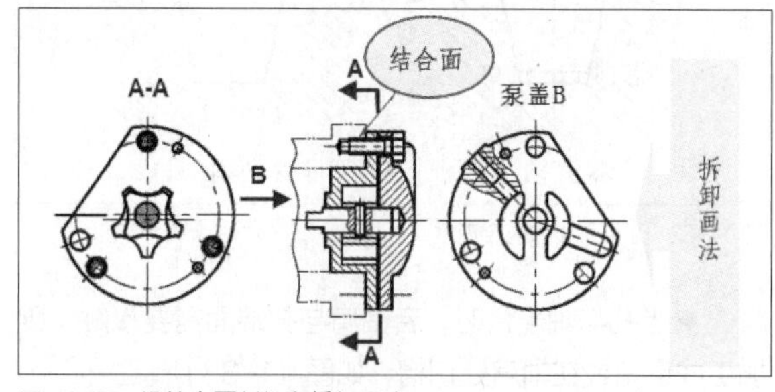

图 11-28　沿结合面剖切和拆卸画法

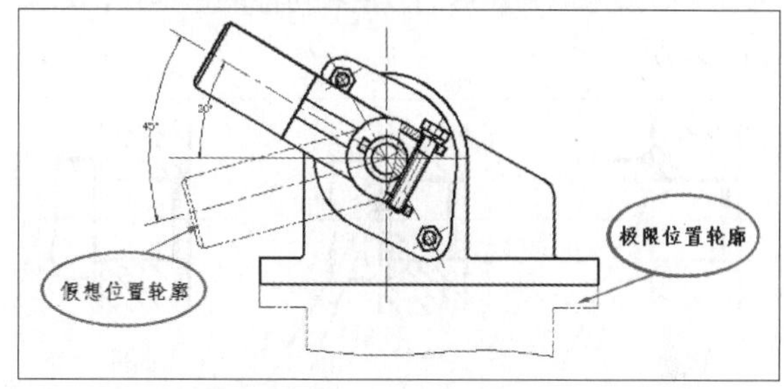

图 11-29　假想画法

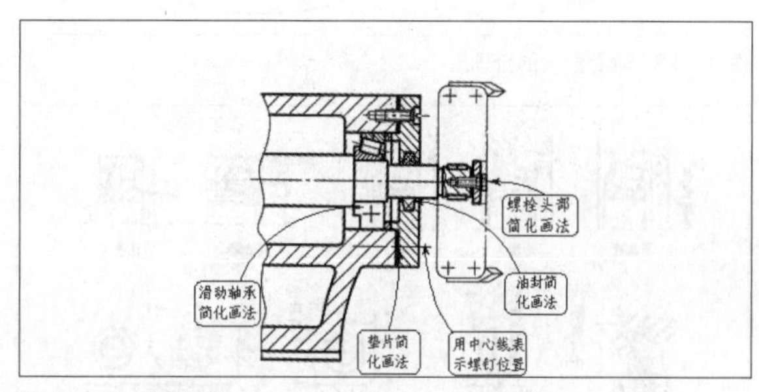

图 11-30　简化画法

2 装配结构的合理性

为了保证机器或部件的装配质量，满足性能要求，并给加工制造和装拆带来方便，在设计过程中必须考虑装配结构的合理性。下面介绍几种常见的装配结构的合理性要求。

◆两零件接触时，在同一方向上只有一对接触面，如图 11-31 所示。

◆圆锥面接触应有足够的长度，且锥体顶部与底部须留有间隙，如图 11-32 所示。

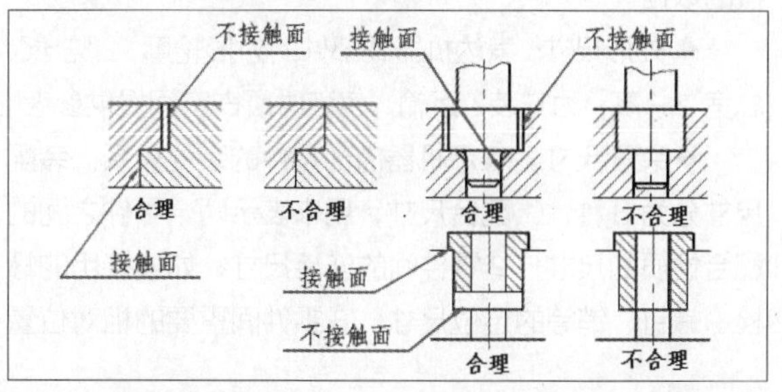

图 11-31　接触面的合理性

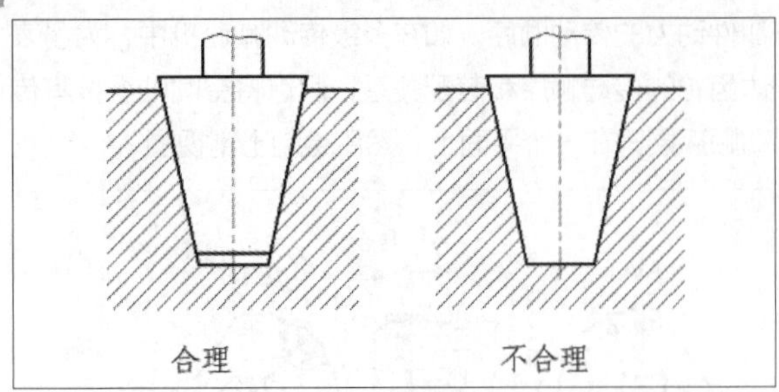

图 11-32 圆锥面接触的合理性

◆当孔与轴配合时，若轴肩与孔端面需要接触，则加工成倒角或在轴肩处切槽，如图 11-33 所示。

◆必须考虑到装拆的方便和可能的合理性，如图 11-34 所示。

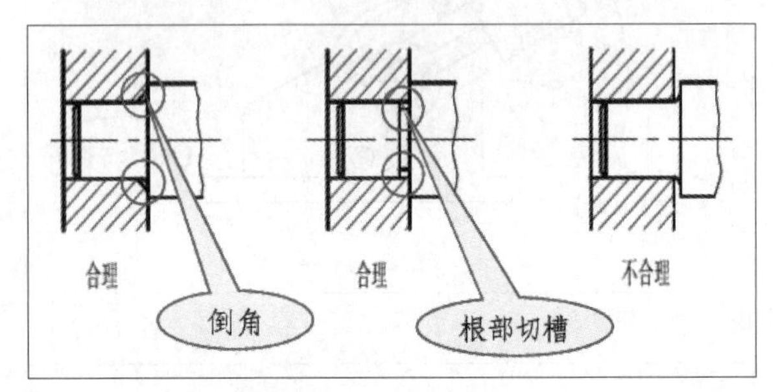

图 11-33 轴孔配合的合理性

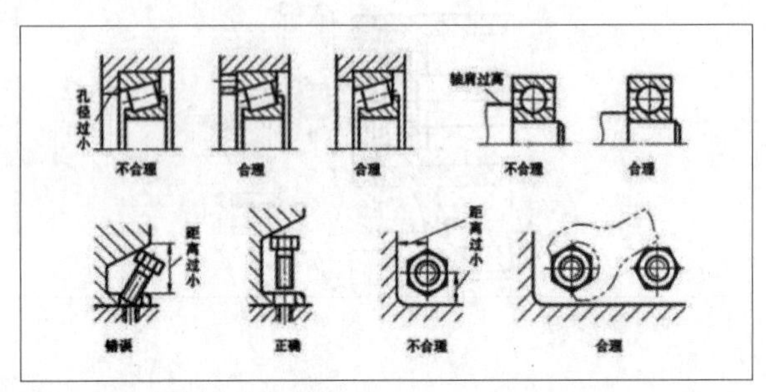

图 11-34 装拆结构的合理性

3 装配图的尺寸标注和技术要求

由于装配图主要是用来表达零部件的装配关系的，因此在装配图中不需要标注出每个零件的全部尺寸，而只需标注出一些必要的尺寸。这些尺寸按其作用不同，可分为以下 5 类。

◆规格（性能）尺寸：说明机器或部件规格和性能的尺寸。设计时已经确定，是设计机器、了解和设置机械的依据。

◆外形尺寸：表达机器或部件的外形轮廓，即总长、总宽、总高，为安装、运输、包装时所占空间提供参考。

◆装配尺寸：表示机器内部零件的装配关系。装配尺寸分为 3 种。①配合尺寸，用来表示两个零件之间的配合性质的尺寸；②零件间的连接尺寸，如连接用的螺栓、螺钉、销等的定位尺寸；③零件间重要的相对位置尺寸，用来表示装配和拆画零件时，需要保证的零件间相对位置的尺寸。

◆安装尺寸：表达机器或部件安装在地基上或与其他机器或部件相连接时所需要的尺寸。

◆其他重要尺寸：指在设计中经过计算确定或选择的尺寸，不包含在上述 4 种尺寸之中，在拆画零件时，不能改变。

在装配图中，不能用图形来表达的信息，可以采用文字在技术要求中进行必要的说明。装配图中的技术要求一般可以从以下几个方面来考虑。

◆装配要求：装配后必须保证的精度及装配时的要求等。

◆检验要求：装配过程中及装配后必须保证其精度的各种检验方法。

◆使用要求：对装配体的基本性能、维护、保养、使用的要求。

技术要求一般编写在明细表的上方或图纸下部的空白处，如果内容很多，也可另外编写成技术文件作为图纸的附件。

4 装配图的零部件序号和明细表

在绘制好装配图后，为了方便阅读图样，做好生产准备工作和图样管理，对装配图中每种零部件都必须编写序号，并填写明细栏。

◎ 零部件序号

在机械制图中，零部件序号有一定的规定，序号的标注形式有多种，序号的排列也需要遵循一定的原则。

◆装配图中所有零件、部件都必须编写序号，且相同零部件只有一个序号，同一装配图中，尺寸规格完全相同的零部件应编写相同的序号。

◆零部件的序号应与明细栏中的序号一致，且在同一个装配图中编注序号的形式要一致。

◆指引线不能相交，通过剖面区域时不能与剖面线平行，必要时允许曲折一次。

◆对于一组紧固件或装配关系清楚的组件，可用公共指引线，序号标注在视图外，且按水平或垂直方向排列整齐，并按顺时针或逆时针顺序排列，如图 11-35 所示。

◆序号的标注形式主要有 3 种，如图 11-36 所示：①编号时，指引线从所指零件可见轮廓内引出，在末端画一个小圆或画一短横线，在短线上或小圆内编写零件的序号，字体高度比尺寸数字大一号或两号；②直接在指引线附近编写序号，序号字体高度比尺寸字体大两号；③当指引线从很薄的零件或涂黑的断面引出时，可画箭头指向该零件的可见轮廓。

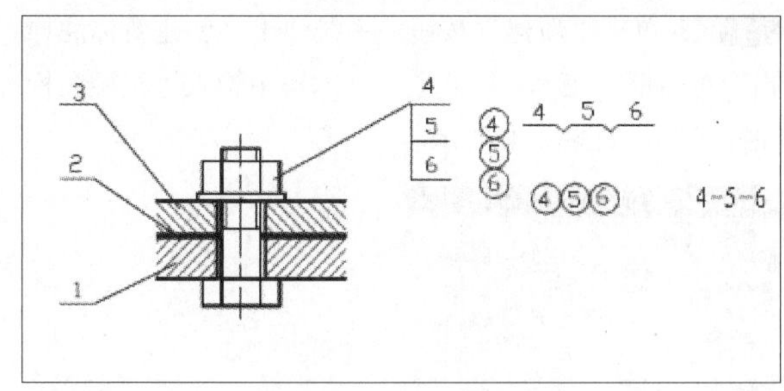

图 11-35　指引线的标注

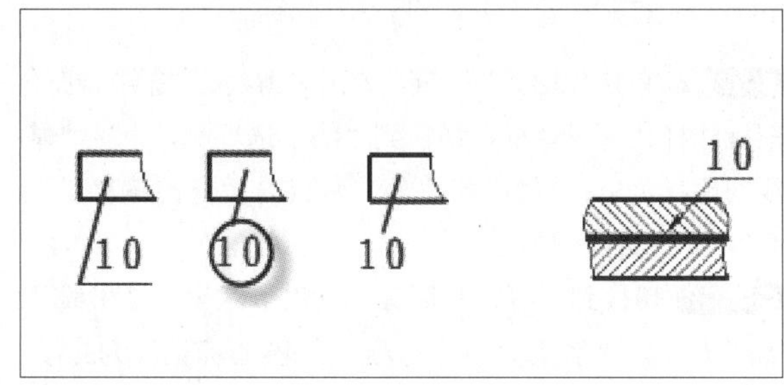

图 11-36　指引线的形式

◎ 明细表

明细表是机器或部件中全部零件的详细目录，内容包括零件的序号、代号、名称、材料、数量及备注等项目。内容和格式国标没有统一规定，但是在填写时应遵循以下原则。

◆明细表画在标题栏的上方，零件序号由下往上填写，地方不够时，可沿标题栏左面继续排。

◆对于标准件，要填写相应的国标代号。

◆对于常用件的重要参数应填在备注栏内，如齿轮的齿数、模数等。

◆备注栏内还可以填写热处理和表面处理等内容。

11.3 创建机械绘图样板　★进阶★

事先设置好绘图环境，可以使用户在绘制机械图时更加方便、快捷。设置绘图环境，包括绘图区域界限及单位的设置、图层的设置、文字和标注样式的设置等。用户可以先创建一个空白文件，设置好相关参数后将其保存为模板文件，以后如需再绘制机械图纸，可直接调用。本章所有实例皆基于该模板，操作步骤如下。

步骤 01 启动AutoCAD 2022，新建一个空白文档。

步骤 02 执行“格式”|“单位”命令，打开“图形单位”对话框。将长度单位类型设置为“小数”，精度设置为0.00，角度单位类型设置为“十进制度数”，精度精确到0，如图11-37所示。

步骤 03 规划图层。机械制图中的主要图线元素有轮廓线、标注线、中心线、剖面线、细实线、虚线等，因此在绘制机械图纸之前，最好先创建图11-38所示的图层。

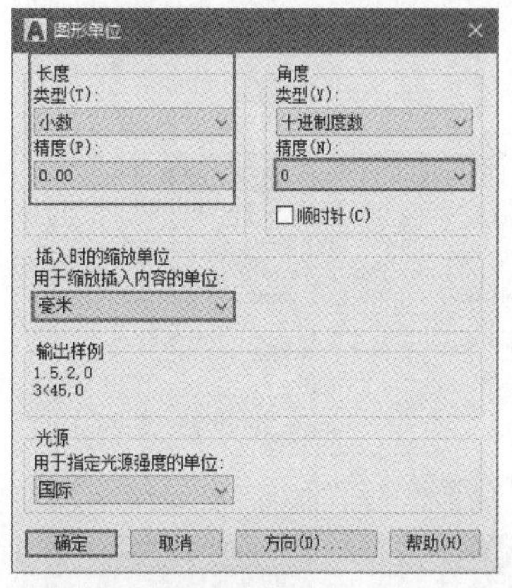

图 11-37　设置图形单位

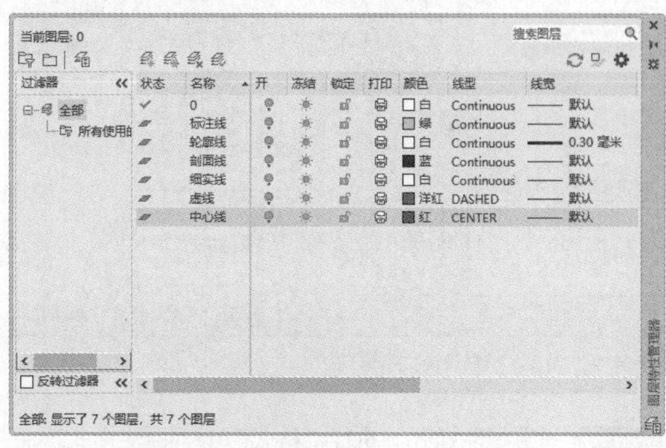

图 11-38　创建机械制图所用图层

步骤 04 设置文字样式。机械制图中的文字有图名文字、尺寸文字、技术要求说明文字等，也可以直接创建一种通用的文字样式，应用时修改具体大小。根据机械制图标准，机械图文字样式的规划如表 11-4所示。

表 11-4　机械图文字样式

文字样式名	打印到图纸上的文字高度	图形文字高度（文字样式高度）	宽度因子	字体｜大字体
图名文字	5	5		Gbeitc.shx；gbcbig.shx
尺寸文字	3.5	3.5	0.7	Gbeitc.shx
技术要求说明文字	5	5		仿宋

步骤 05 执行“格式”|“文字样式”命令，打开“文字样式”对话框。单击“新建”按钮，打开“新建文字样式”对话框，样式名定义为“机械设计文字样式”，如图11-39所示。

步骤 06 在“字体”下拉列表中选择字体“gbeitc.shx”，勾选“使用大字体”复选框，并在“大字体”下拉列表中选择“gbcbig.shx”字体，在“高度”文本框中输入“3.50”，在“宽度因子”文本框中输入“0.70”，单击“应用”按钮，完成该文字样式的设置，如图11-40所示。

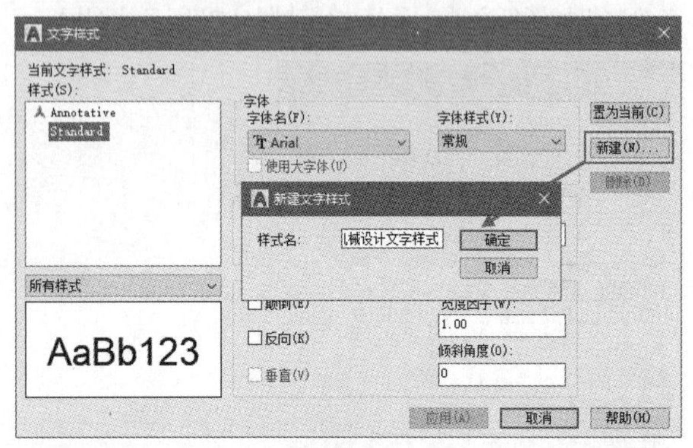

图 11-39　新建“机械设计文字样式”

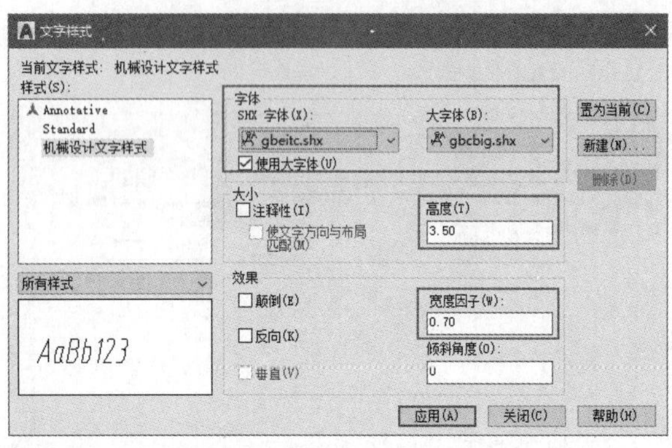

图 11-40　设置“机械设计文字样式”

步骤 07 设置标注样式。执行“格式”|“标注样式”命令，打开“标注样式管理器”对话框，如图11-41所示。

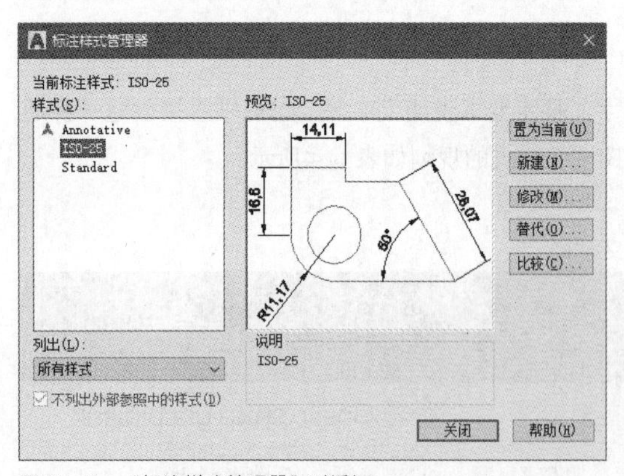

图 11-41　“标注样式管理器”对话框

步骤 08 单击“新建”按钮，系统弹出“创建新标注样式”对话框。在“新样式名”文本框中输入“机械图标注样式”，如图11-42所示。

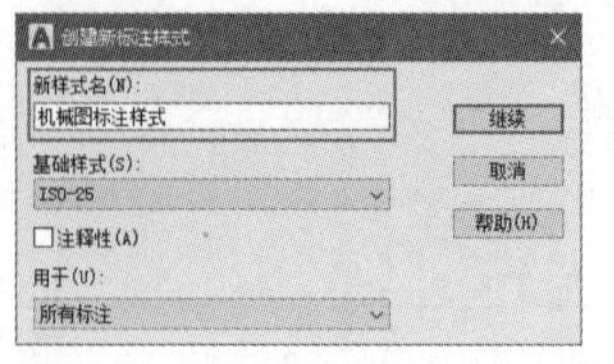

图 11-42　“创建新标注样式”对话框

步骤 09 单击“继续”按钮，弹出“新建标注样式:机械图标注样式”对话框，切换到“线”选项卡，设置“基线间距”为8，“超出尺寸线”为2.5，“起点偏移量”为2，如图11-43所示。

步骤 10 切换到“符号和箭头”选项卡，设置“引线”为“无”，“箭头大小”为2.5，“圆心标记”为2.5，“弧长符号”为“标注文字的上方”，“半径折弯角度”为90，如图11-44所示。

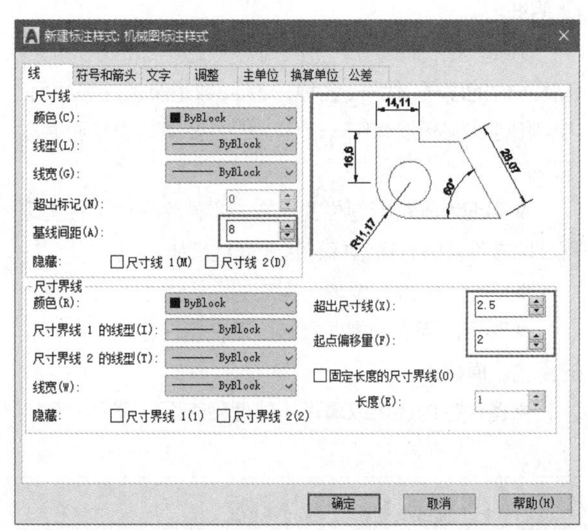

图 11-43　“线”选项卡

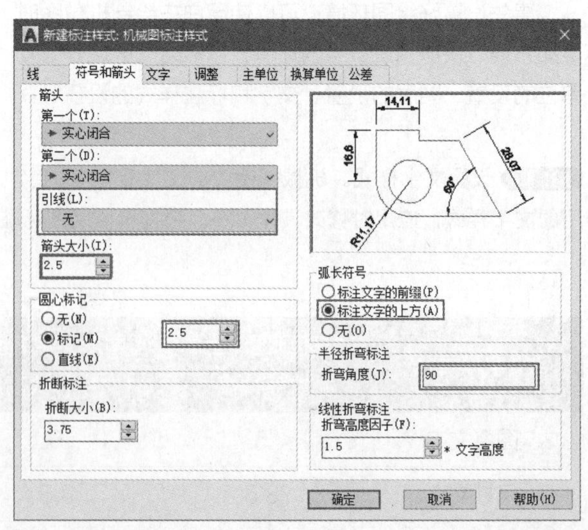

图 11-44　“符号和箭头”选项卡

步骤 11 切换到“文字”选项卡，单击“文字样式”右侧的 按钮，设置文字字体为“gbenor.shx”，“文字高度”为2.5，“文字对齐”为“ISO标准”，如图11-45所示。

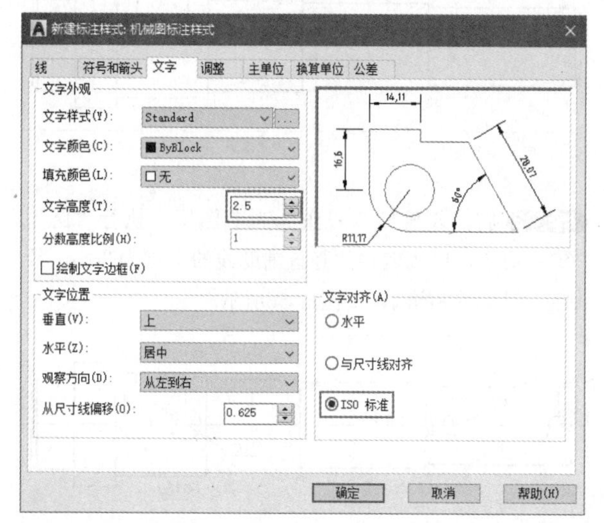

图 11-45　“文字”选项卡

步骤 12 切换到“主单位”选项卡，设置“线性标注”选项组中的“精度”为0.00，“角度标注”选项组中的“精度”为0.0，在“消零”选项组中勾选“后续”复选框，如图11-46所示。单击“确定”按钮，返回“标注样式管理器”对话框，单击“置为当前”按钮，单击“关闭”按钮，创建完成。

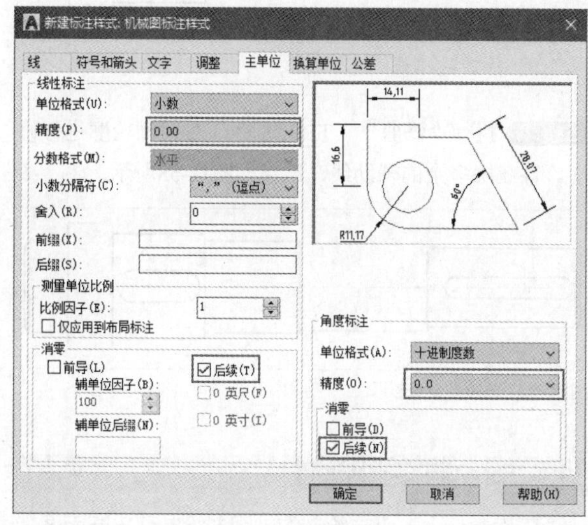

图 11-46　“主单位”选项卡

步骤 13 保存样板文件。执行“文件”｜“另存为”命令，打开“图形另存为”对话框，保存为“机械制图样板.dwt”文件，如图 11-47所示。

图 11-47　保存样板文件

11.4 绘制低速轴零件图

本节通过对轴这一经典机械零件的绘制，介绍零件图的具体绘制方法。

11.4.1 绘制低速轴轮廓 ★重点★

首先绘制中心线，再在此基础上绘制轴轮廓。在细化轴轮廓时，可以配合快捷菜单捕捉特征点（如切点），绘制连接线段，操作步骤如下。

步骤 01 以“机械制图样板.dwt”为样板文件，新建一个空白文档，插入A3图框，如图11-48所示。

步骤 02 将“中心线”图层设置为当前图层。执行“构造线”(XL)命令，在合适的地方绘制水平的中心线，以及一条竖直的定位中心线，如图11-49所示。

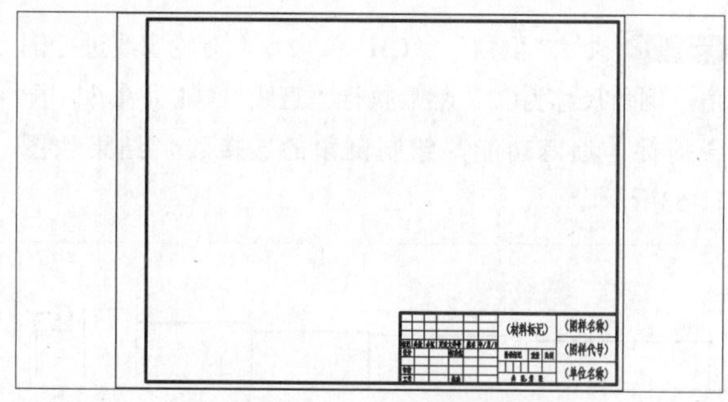

图 11-48　以“机械制图样板 .dwt”为样板新建图形

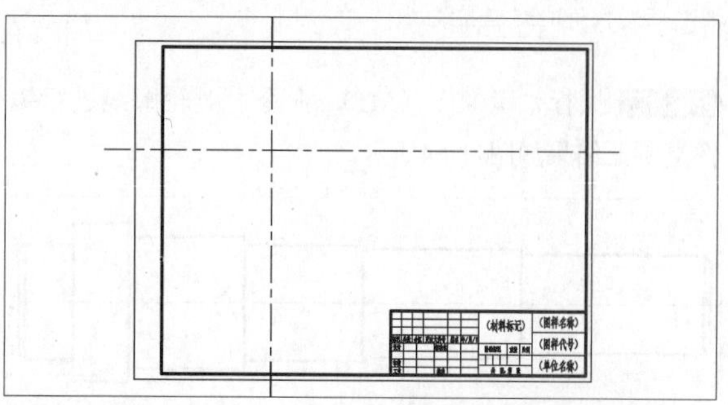

图 11-49　绘制中心线

步骤 03 执行“偏移”（O）命令，将竖直的中心线分别向右偏移60、50、37.5、36、16.5、17，如图11-50所示。

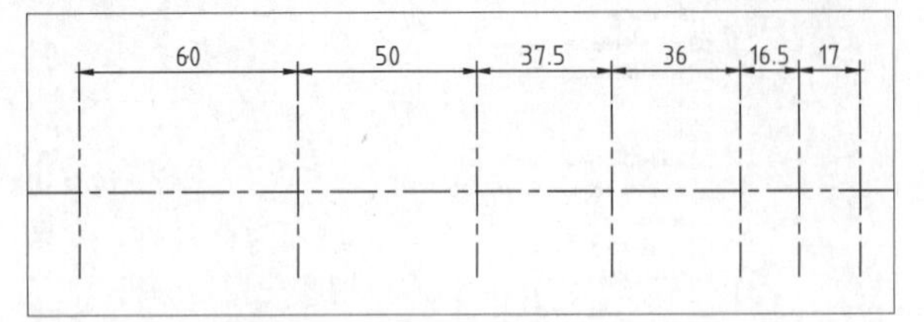

图 11-50　偏移竖直中心线

步骤 04 执行“偏移”（O）命令，将水平的中心线分别向上偏移15、16.5、17.5、20、24，如图11-51所示。

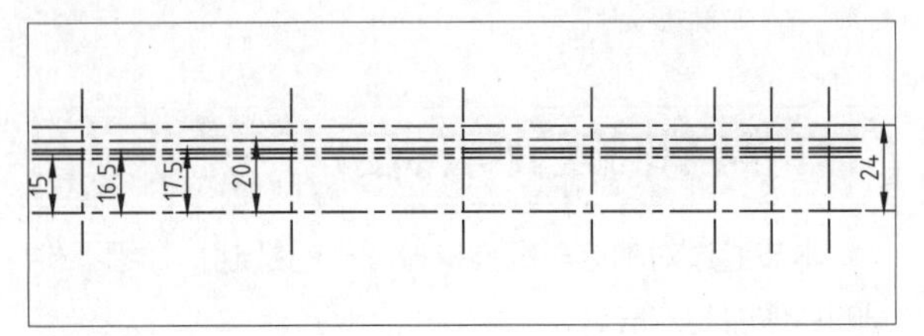

图 11-51　偏移水平中心线

步骤 05 切换到“轮廓线”图层。执行“直线”（L）命令，绘制轴体的半边轮廓，再执行“修剪”（TR）、“删除”（E）命令，修剪多余的辅助线，结果如图11-52所示。

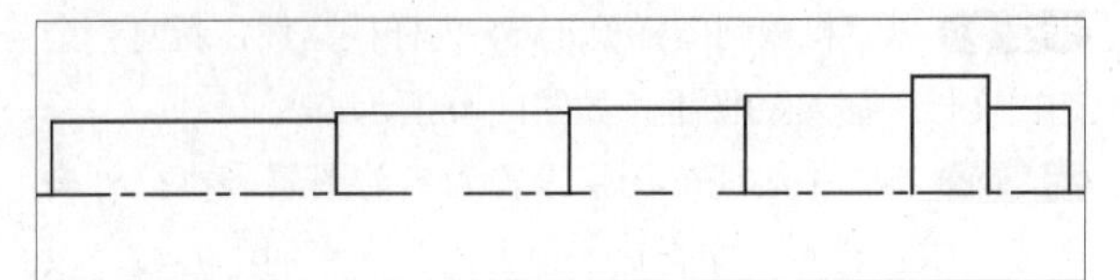

图 11-52　绘制轴体

步骤 06 执行“倒角”（CHA）命令，对轮廓线进行倒角，倒角尺寸为C2，然后执行“直线”（L）命令，配合捕捉与追踪功能，绘制倒角的连接线，结果如图11-53所示。

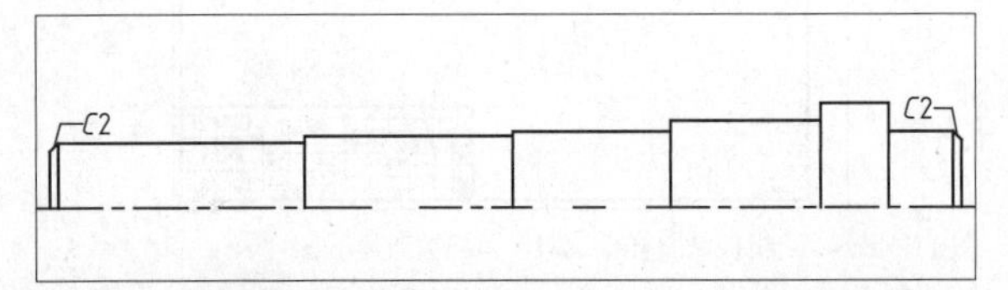

图 11-53　倒角并绘制连接线

步骤 07 执行“镜像”（MI）命令，对轮廓线进行镜像复制，结果如图11-54所示。

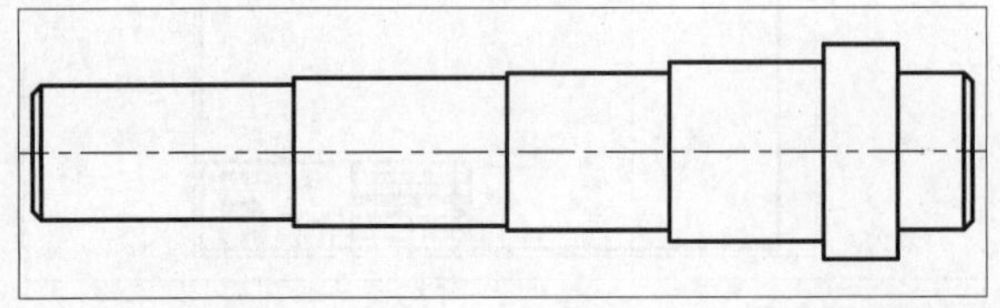

图 11-54　镜像图形

步骤 08 绘制键槽。执行“偏移”（O）命令，创建图11-55所示的竖直辅助线。

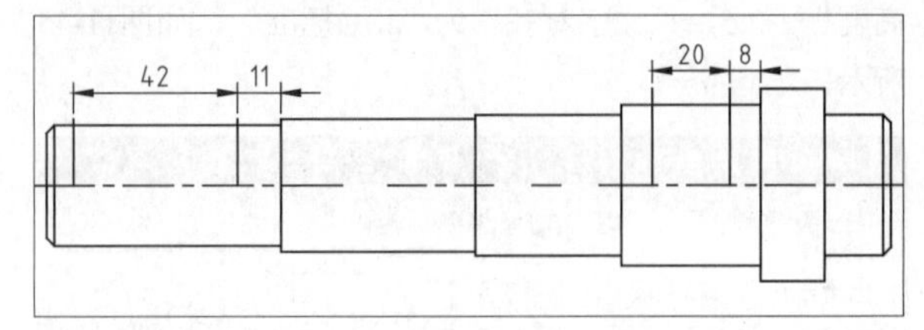

图 11-55　偏移图形

步骤 09 将“轮廓线”设置为当前图层。执行“圆”（C）命令，以刚偏移的竖直辅助线的交点为圆心，绘制直径为12和8的圆，如图11-56所示。

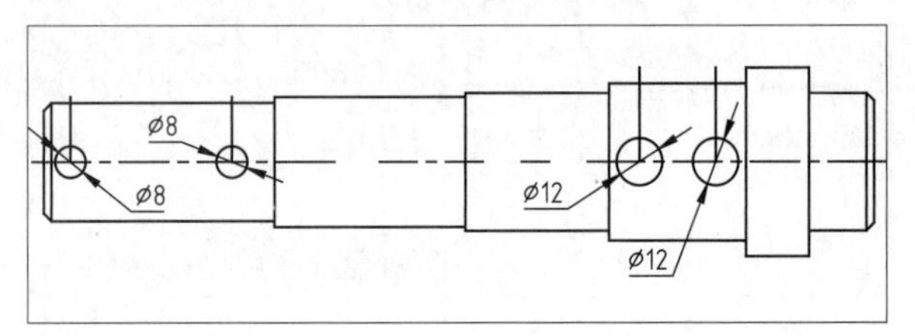

图 11-56　绘制圆

步骤 10 执行“直线”（L）命令，配合捕捉切点功能，绘制键槽轮廓，如图11-57所示。

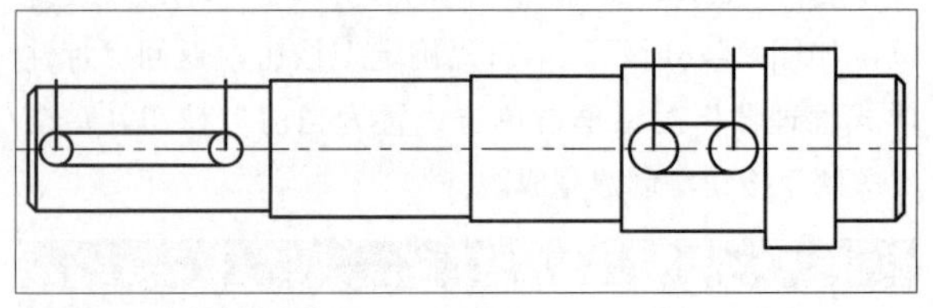

图 11-57　绘制连接直线

步骤 11 执行“修剪”（TR）命令，对键槽轮廓进行修剪，并删除多余的辅助线，结果如图11-58所示。

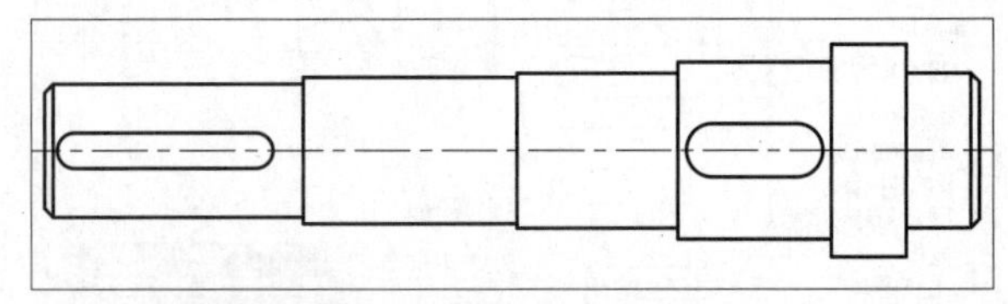

图 11-58　删除多余图形

11.4.2 绘制移出断面图 ★重点★

下面参考上一小节绘制的轴图形绘制移出断面图。首先绘制中心线，再绘制图形，最后进行填充操作即可，操作步骤如下。

步骤 01 绘制断面图。将“中心线”设置为当前图层。执行“构造线”（XL）命令，绘制图11-59所示的水平和竖直构造线，作为移出断面图的定位辅助线。

步骤 02 将“轮廓线”设置为当前图层。执行“圆”（C）命令，以构造线的交点为圆心，分别绘制直径为30和40的圆，结果如图11-60所示。

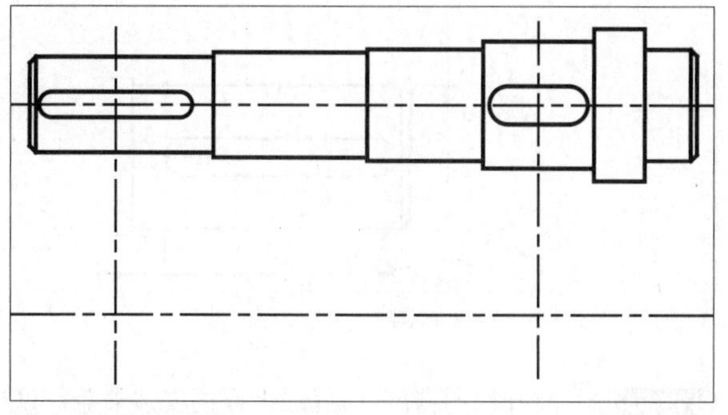

图 11-59　绘制构造线

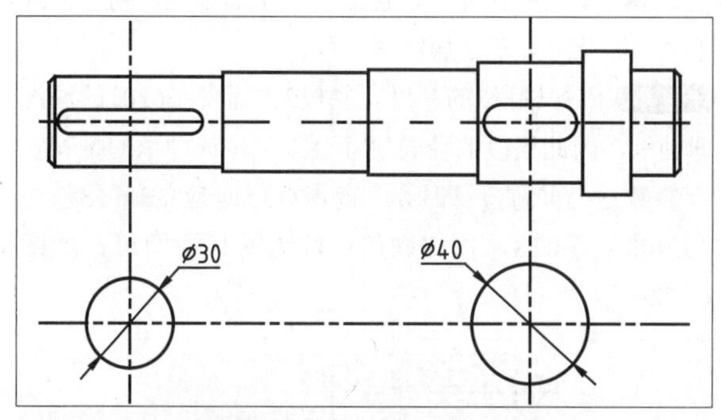

图 11-60　绘制移出断面图

步骤 03 单击“修改”面板中的“偏移”按钮⊆，对直径30的圆的水平和竖直中心线进行偏移，如图11-61所示。

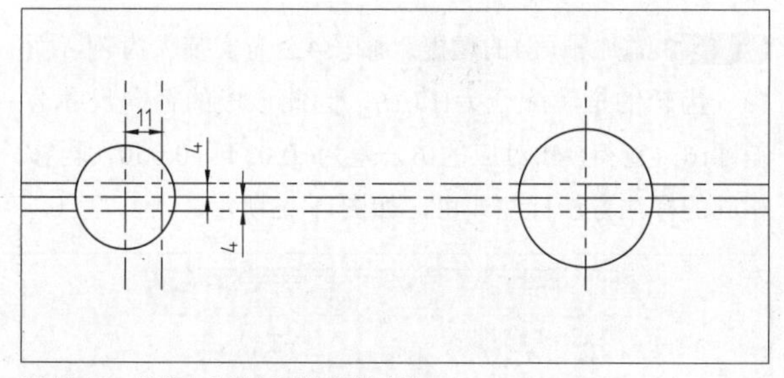

图 11-61　偏移中心线得到键槽辅助线

步骤 04 将“轮廓线”设置为当前图层，执行“直线”（L）命令，绘制键深，结果如图11-62所示。

步骤 05 执行“删除”（E）和“修剪”（TR）命令，去掉不需要的构造线和轮廓线，整理直径为30的圆的断面图，如图11-63所示。

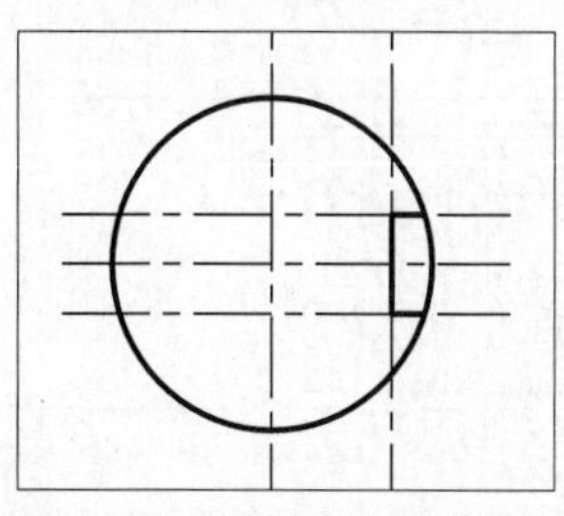

图 11-62　绘制直径为 30 的圆的键槽轮廓

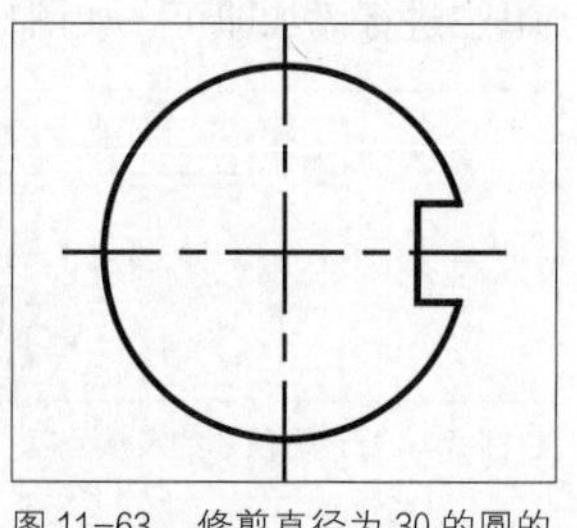

图 11-63　修剪直径为 30 的圆的键槽

步骤 06 按相同的方法绘制直径为40的圆的键槽图，如图11-64所示。

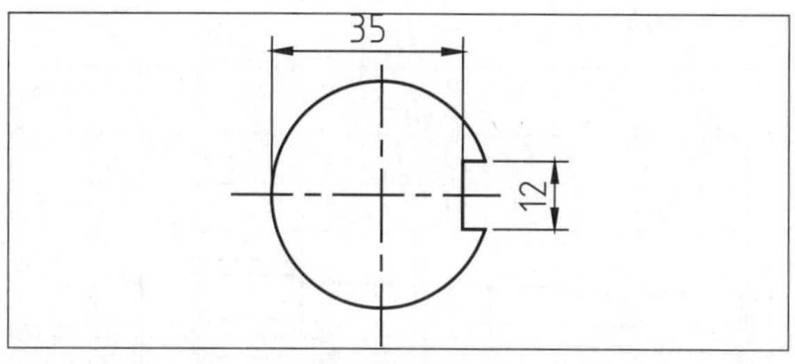

图 11-64　绘制直径为 40 的圆的键槽轮廓

步骤 07 将“剖面线”设置为当前图层。单击“绘图”面板扩展区域中的“图案填充”按钮▨，为此剖面图填充ANSI31图案，设置填充比例为1，角度为0，填充结果如图11-65所示。

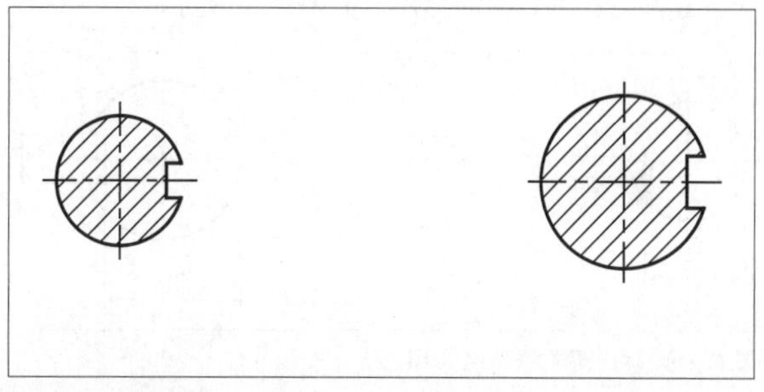

图 11-65　填充图案

绘制好的图形如图11-66所示。

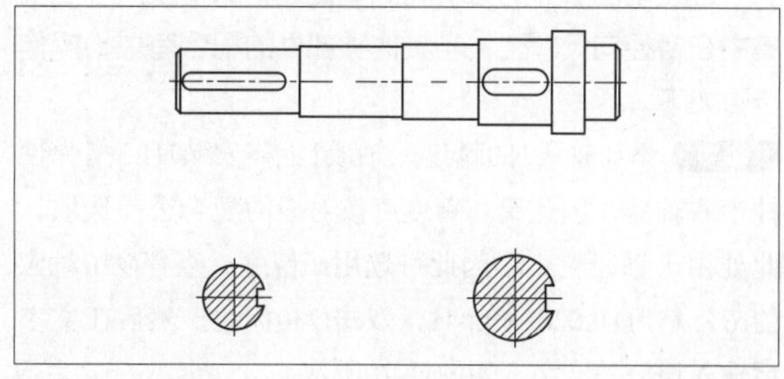

图 11-66　低速轴

步骤 08 标注轴向尺寸。切换到“标注线”图层。执行“线性标注”（DLI）命令，标注轴的各段长度，如图11-67所示。

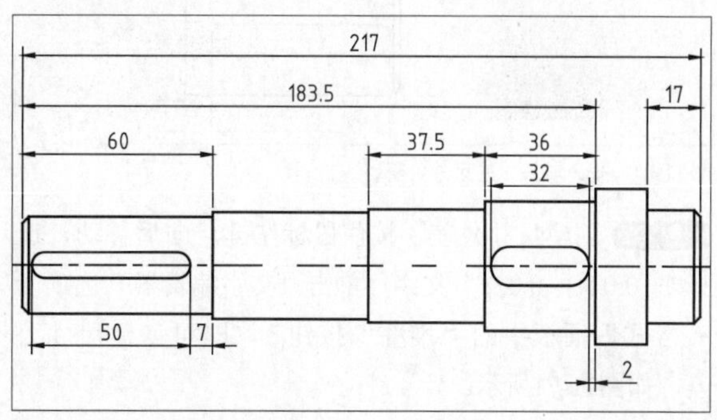

图 11-67　标注轴的轴向尺寸

步骤 09 标注径向尺寸。执行“线性标注”（DLI）命令，标注轴的各段直径长度，尺寸文字前注意添加Ø，如图11-68所示。

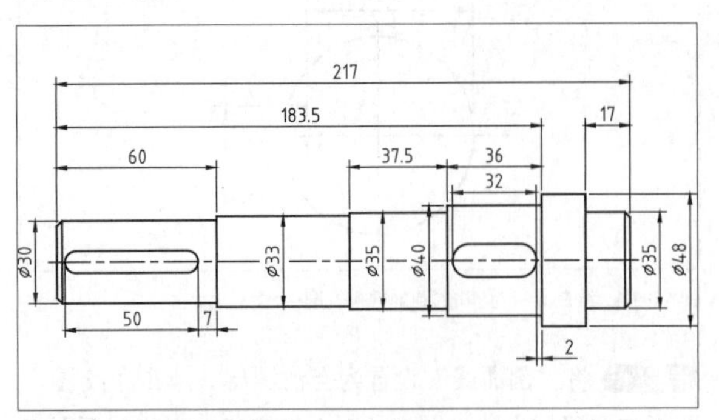

图 11-68 标注轴的径向尺寸

步骤 10 标注键槽尺寸。执行“线性标注”（DLI）命令，标注键槽的移出断面图，如图11-69所示。

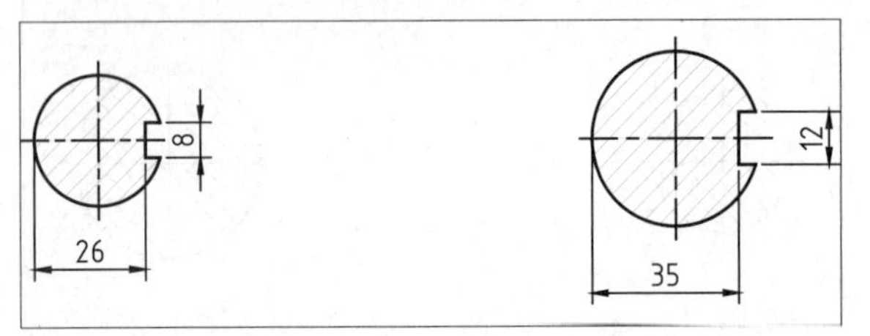

图 11-69 标注键槽的移出断面图

11.4.3 添加尺寸精度 ★进阶★

经过前面章节的分析，可知低速轴的精度尺寸主要集中在各径向尺寸上，与其他零部件的配合有关，操作步骤如下。

步骤 01 添加轴段1的精度。轴段1上需安装HL3型弹性柱销联轴器，因此尺寸精度可按对应的配合公差选取，此处由于轴径较小，因此可选用r6精度。查得Ø30对应的r6公差为+0.028~+0.041，双击Ø30标注，然后在文字后输入该公差文字，如图11-70所示。

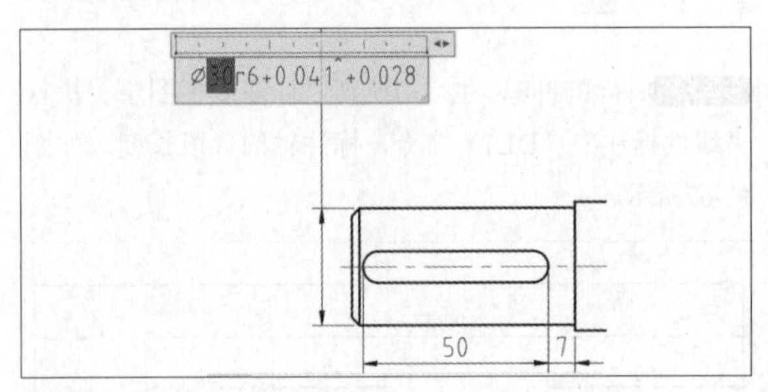

图 11-70 输入轴段 1 的尺寸公差

步骤 02 创建尺寸公差。按住鼠标左键，向后移动，选择“+0.041^+0.028”文字，单击“文字编辑器”选项卡“格式”面板中的“堆叠”按钮，即可创建尺寸公差，如图11-71所示。

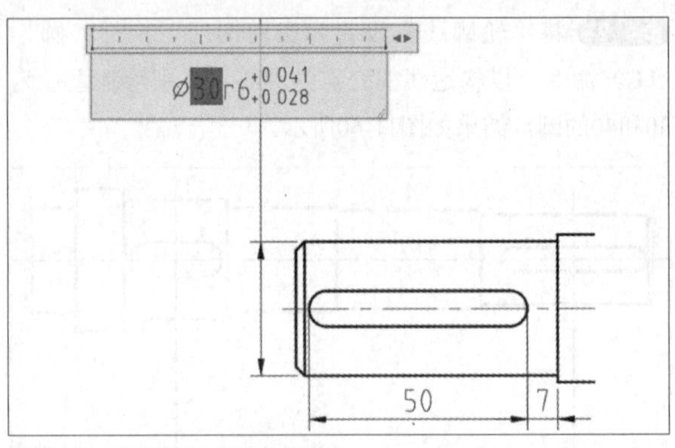

图 11-71 创建轴段 1 的尺寸公差

步骤 03 添加轴段2的精度。轴段2上需要安装端盖，以及一些防尘的密封件（如毡圈），总的来说，精度要求不高，因此可以不添加精度。

步骤 04 添加轴段3的精度。轴段3上需安装6207的深沟球轴承，因此该段的径向尺寸公差可按该轴承的推荐安装参数进行取值，即k6。查得Ø35对应的k6公差为+0.002~+0.018，按相同的标注方法标注即可，如图11-72所示。

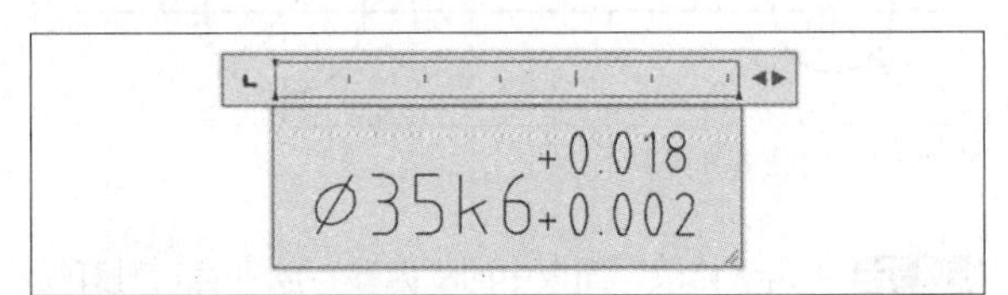

图 11-72 标注轴段 3 的尺寸公差

步骤 05 添加轴段4的精度。轴段4上需安装大齿轮，而轴、齿轮的推荐配合为H7/r6，因此该段的径向尺寸公差即r6。查得Ø40对应的r6公差为+0.034~+0.050，再按相同的标注方法标注即可，如图11-73所示。

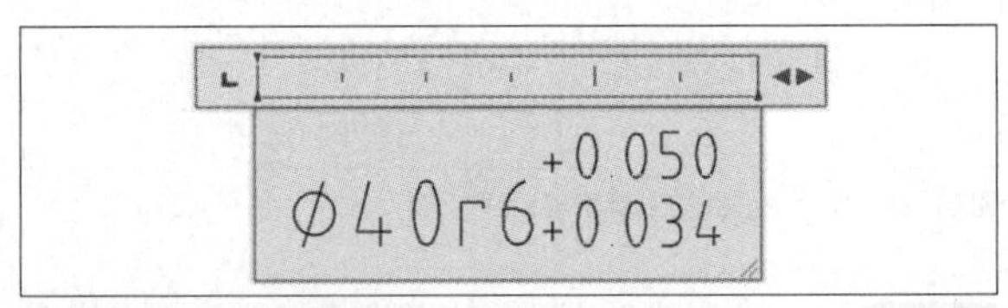

图 11-73 标注轴段 4 的尺寸公差

步骤 06 添加轴段5的精度。轴段5为闭环，无尺寸，因此无须添加精度。

步骤 07 添加轴段6的精度。轴段6的精度同轴段3，按轴段3进行添加即可，如图11-74所示。

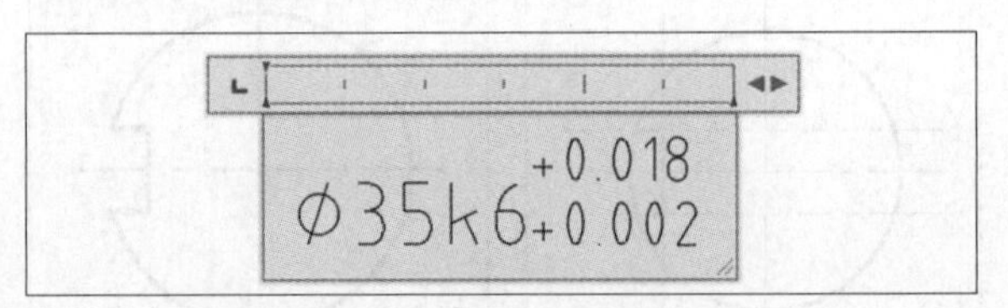

图 11-74 标注轴段 6 的尺寸公差

步骤 08 添加键槽公差。取轴上的键槽的宽度公差为h9，长度均向下取值-0.2，如图11-75所示。

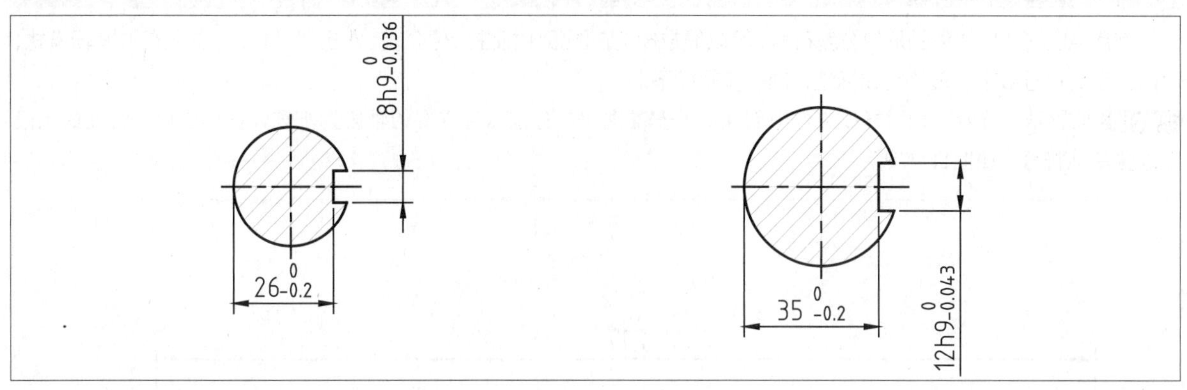

图 11-75 标注键槽的尺寸公差

提示

由于在装配减速器时，一般是先将键敲入轴上的键槽，然后再将齿轮安装在轴上，因此轴上的键槽需要稍紧密，所以取负公差。而齿轮轮毂上键槽与键之间，需要轴向移动的距离，要超过键本身的长度，因此间隙应大一点，易于装配。

标注完尺寸精度后的图形如图 11-76 所示。

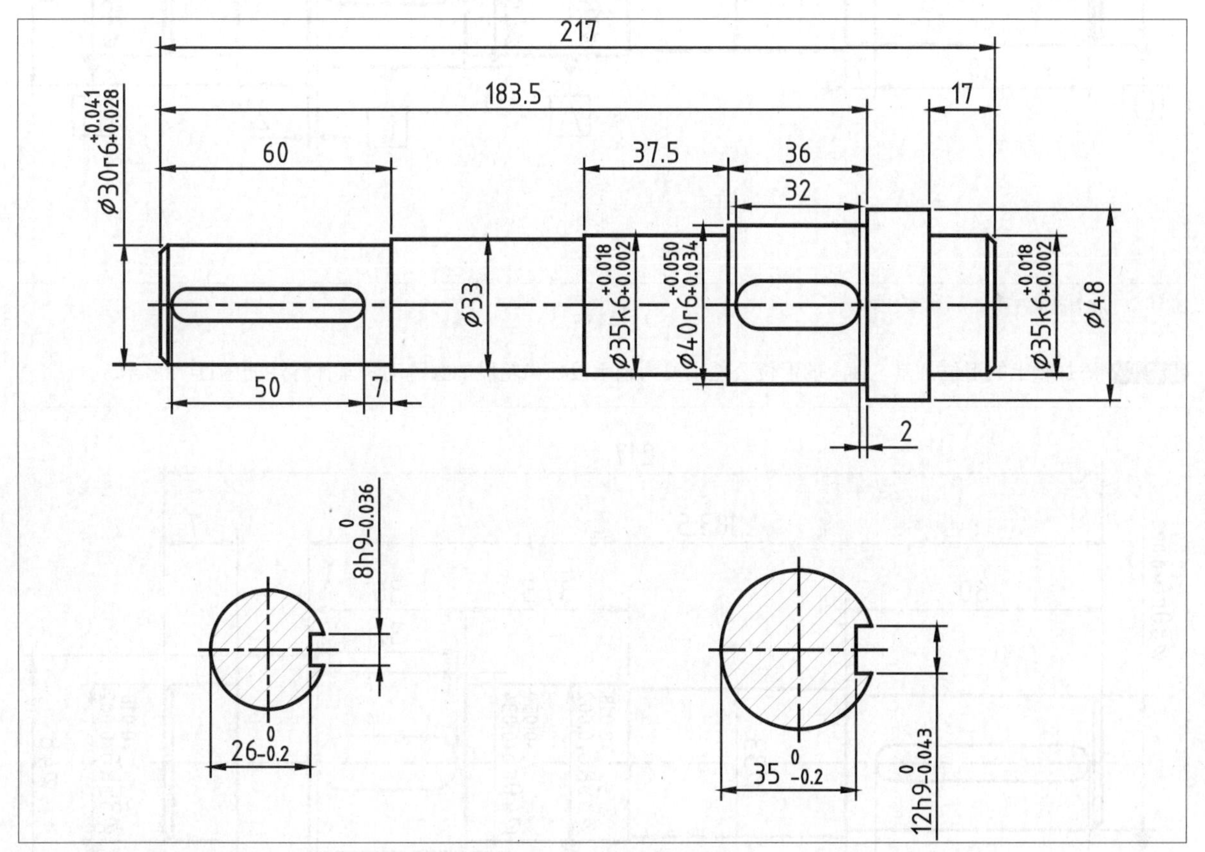

图 11-76 标注精度后的图形

提示

不添加精度的尺寸均按GB/T 1804—2000、GB/T 1184—1996处理，需在技术要求中说明。

11.4.4 标注形位公差

★进阶★

使用AutoCAD提供的形位公差符号，可以很方便地在图纸中标注形位公差。双击尺寸标注，进入在位编辑模式，可以自定义尺寸数字，最终完成标注，操作步骤如下。

步骤 01 放置基准符号。调用样板文件中创建好的基准图块，分别以各重要的轴段为基准，在标明尺寸公差的轴段上放置基准符号，如图11-77所示。

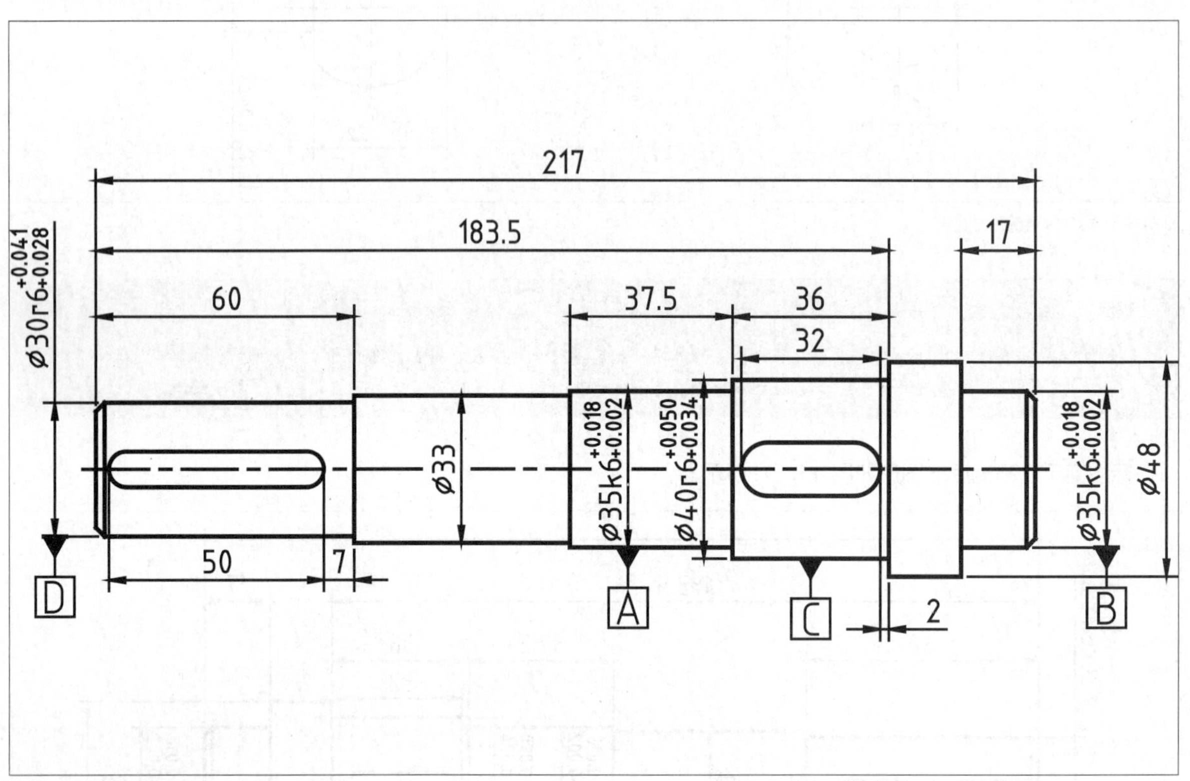

图 11-77 放置基准符号

步骤 02 添加轴上的形位公差。轴上的形位公差主要为轴承段、齿轮段的圆跳动，具体标注如图11-78所示。

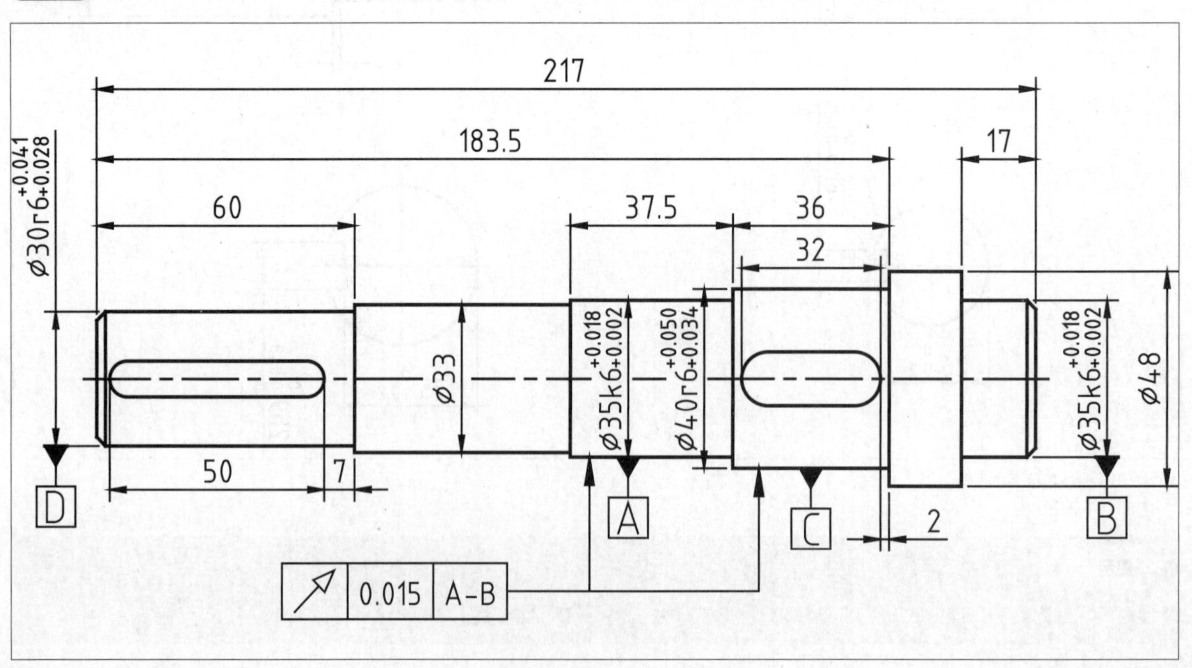

图 11-78 标注轴上的圆跳动公差

步骤 03 添加键槽上的形位公差。键槽上主要为相对于轴线的对称度，具体标注如图11-79所示。

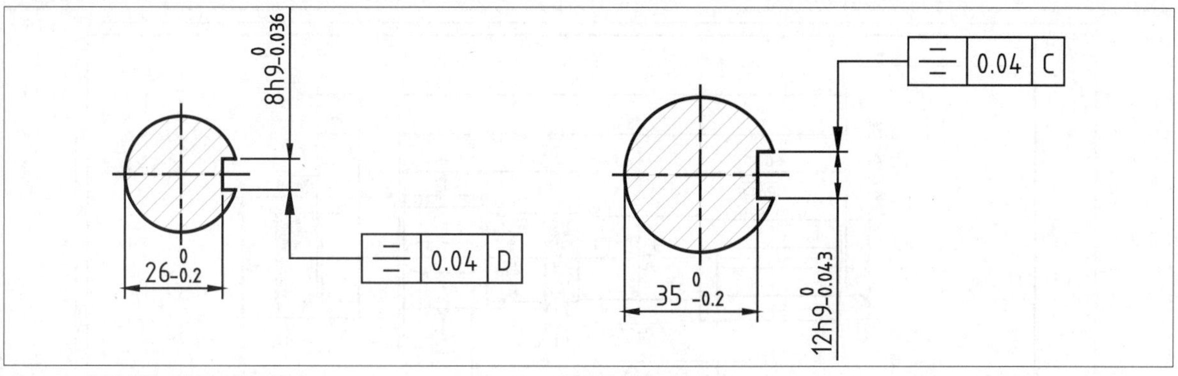

图 11-79 标注键槽上的对称度公差

11.4.5 标注粗糙度与技术要求

★进阶★

创建粗糙度属性块，可以方便、快捷地在图中标注粗糙度。双击属性块，在开启的对话框中修改属性值，最后完成标注，操作步骤如下。

步骤 01 标注轴上的表面粗糙度。调用样板文件中创建好的表面粗糙度图块，在齿轮与轴相互配合的表面上标注相应粗糙度，具体标注如图11-80所示。

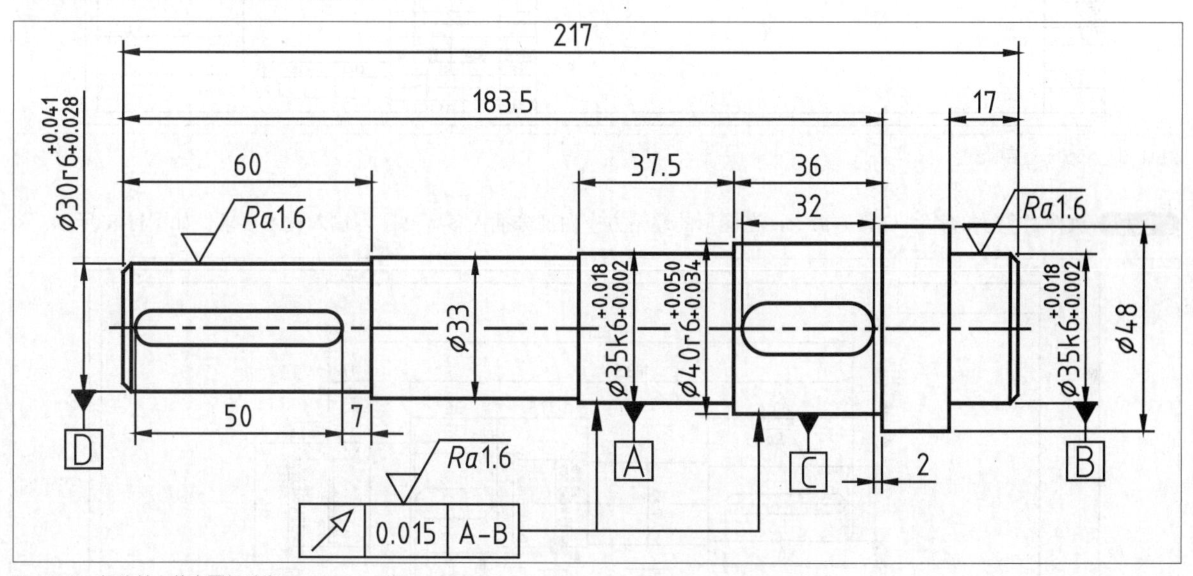

图 11-80 标注轴上的表面粗糙度

步骤 02 标注断面图上的表面粗糙度。键槽部分表面粗糙度可按相应键的安装要求进行标注，本例中的标注如图11-81所示。

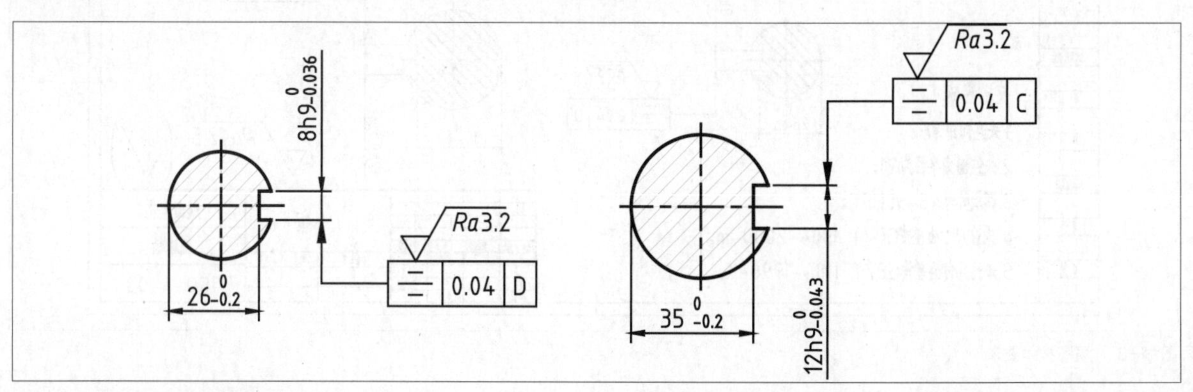

图 11-81 标注断面图上的表面粗糙度

步骤 03 标注其他粗糙度，对图形细节进行修缮，将图形移动至A4图框中的合适位置，如图11-82所示。

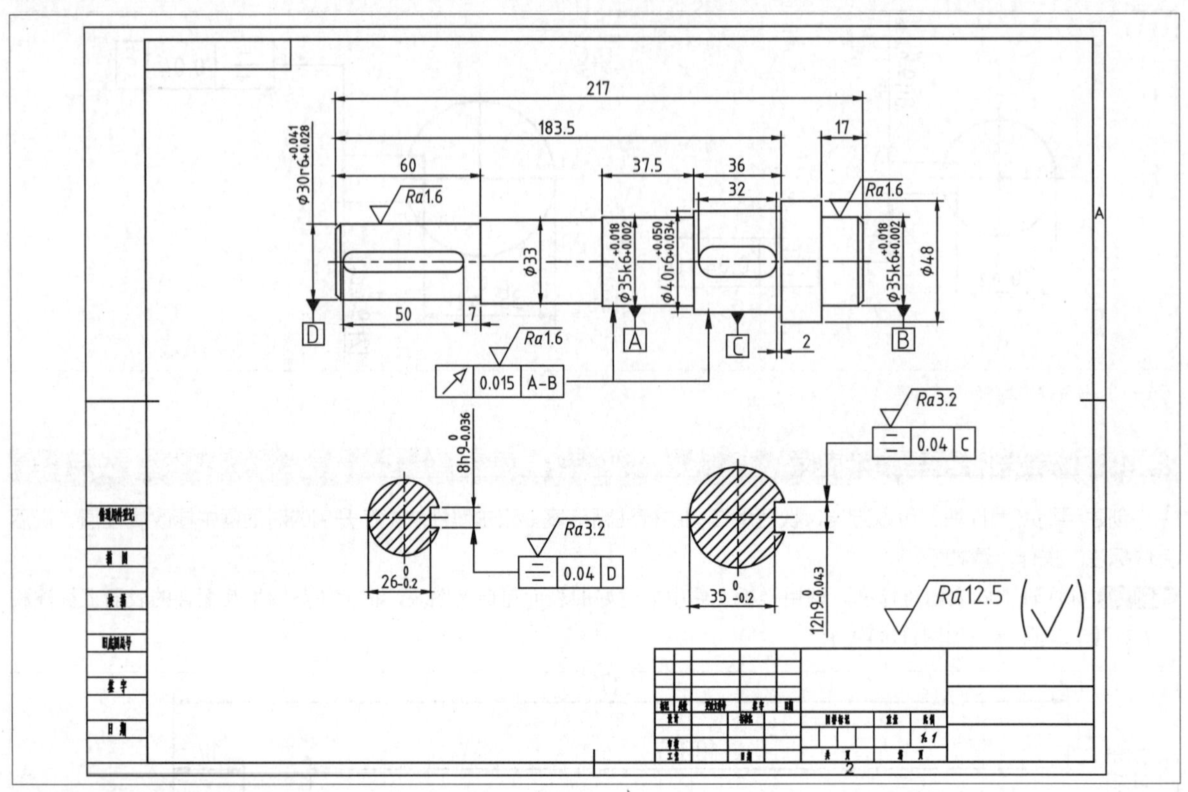

图 11-82 添加标注后的图形

步骤 04 执行“多行文字”（MT）命令，在图形的左下方空白部分插入多行文字，输入技术要求，如图11-83所示。

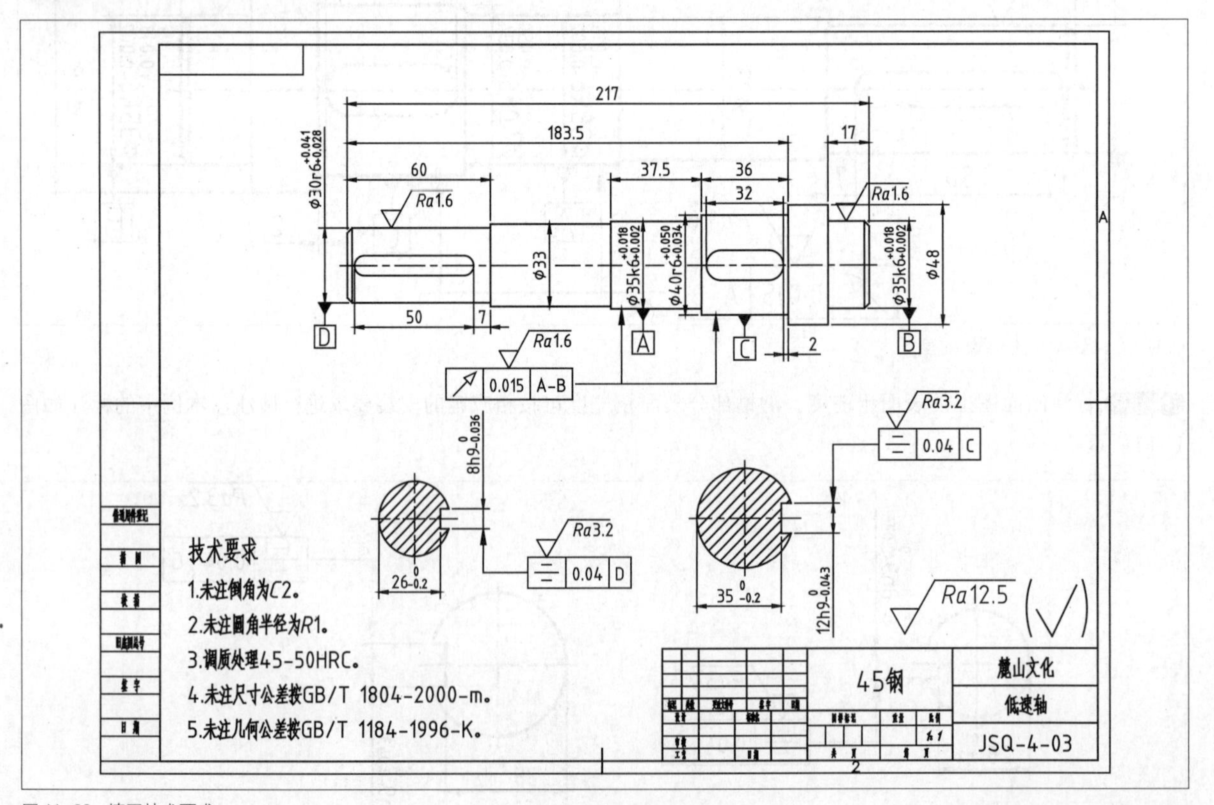

图 11-83 填写技术要求

11.5 绘制单级减速器装配图

减速器设计“麻雀虽小，五脏俱全”，包含了机械设计中绝大多数的典型零件，如齿轮、轴、端盖、箱体，还有轴承、键、销、螺钉等标准件及常用件。减速器设计能够恰到好处地反映机械设计理念的精髓，因此几十年来一直作为大专院校机械相关专业学生的课程设计题目。本例便通过绘制单级减速器的装配图来介绍装配图的具体绘制方法。

11.5.1 绘制减速器主视图 ★重点★

单级减速器装配图包括主视图、侧视图、俯视图，本小节以绘制主视图为例，介绍绘制机械图纸的方法。其他的视图请读者参考本小节介绍的绘制方法，结合配套资源中的结果文件自行练习绘制，操作步骤如下。

1 绘制参考线

步骤 01 以“机械制图样板.dwt”为样板文件，新建一个空白文档，插入A3图框。

步骤 02 将“中心线”图层置为当前。执行“直线”（L）命令，绘制水平线段与竖直线段。执行“偏移”（O）命令，设置距离偏移竖直线段，如图11-84所示。

步骤 03 执行“圆”（C）命令，拾取中心线的交点为圆心，输入半径的值，绘制圆形，如图11-85所示。

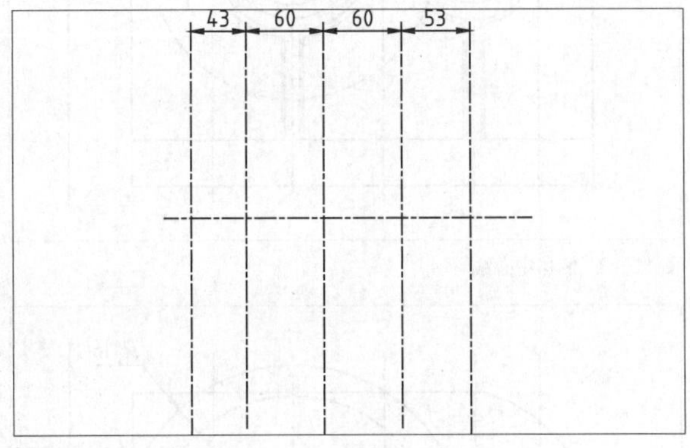

图 11-84 绘制中心线

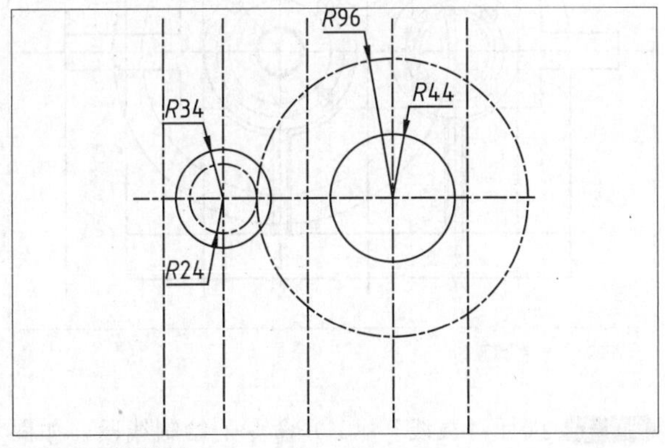

图 11-85 绘制圆形

2 绘制轮廓线

步骤 04 将“轮廓线”图层置为当前。执行“圆”（C）命令，拾取中心线的交点为圆心，指定半径绘制圆形，如图11-86所示。

步骤 05 执行“旋转”（RO）命令，输入角度值，旋转复制中心线。执行“修剪”（TR）命令，修剪中心线，如图11-87所示。

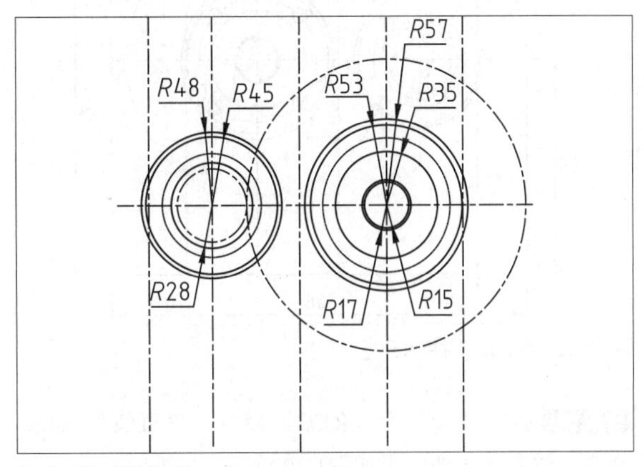

图 11-86 绘制圆形

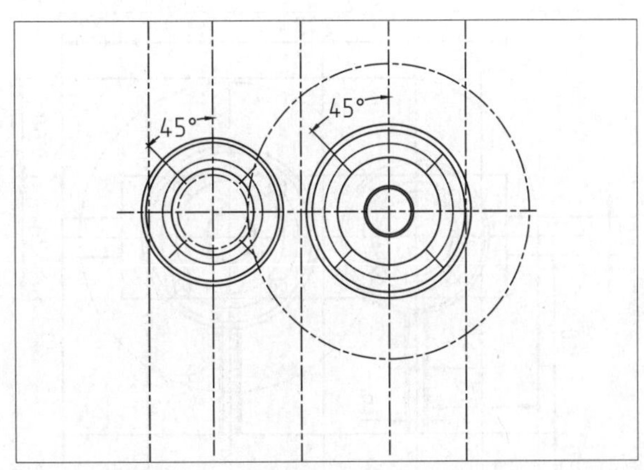

图 11-87 旋转复制中心线并修剪中心线

步骤 06 在“绘图”面板中单击“多边形”按钮⬠，设置半径为5，绘制六边形，如图11-88所示。

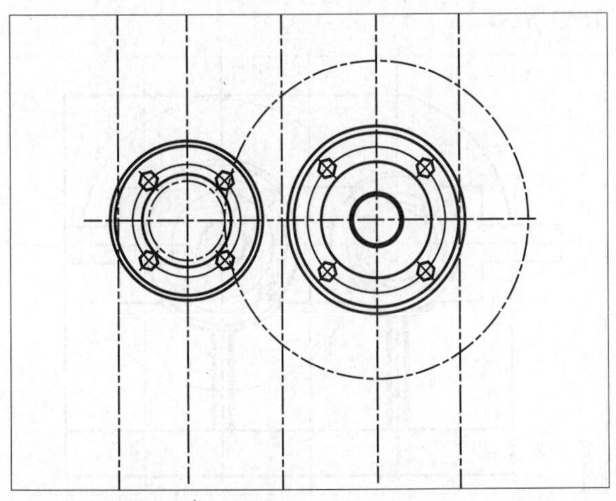
图 11-88 绘制六边形

步骤 07 执行“矩形”（REC）命令，绘制矩形。执行“圆角”（F）命令，设置半径的值，对矩形执行圆角操作，如图11-89所示。

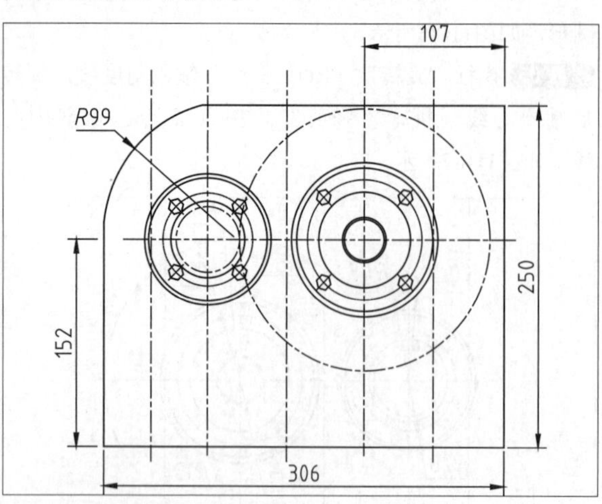

图 11-89 绘制矩形并倒圆角

步骤 08 执行“矩形”（REC）命令、“直线”（L）命令，绘制图形的结果如图11-90所示。

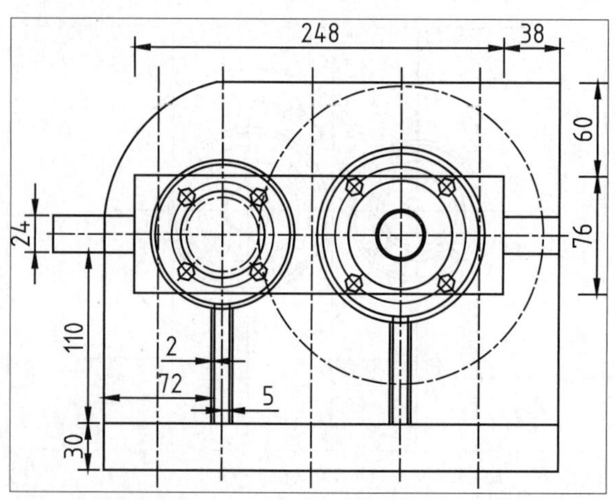

图 11-90 绘制结果

步骤 09 执行“修剪”（TR）命令，修剪图形，如图11-91所示。

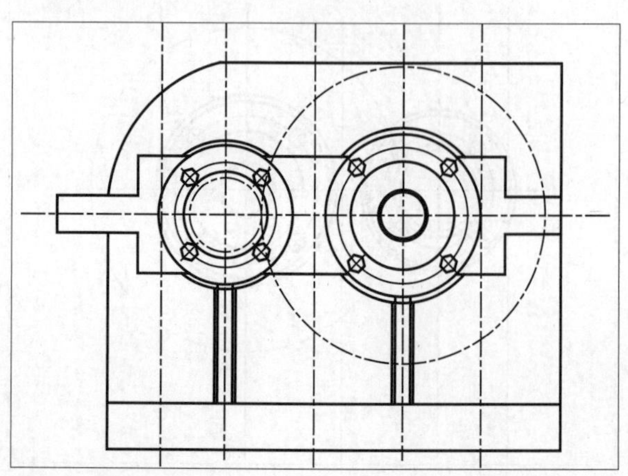

图 11-91 修剪图形

步骤 10 执行“圆角”（F）命令，设置半径为3，对图形进行圆角操作，如图11-92所示。

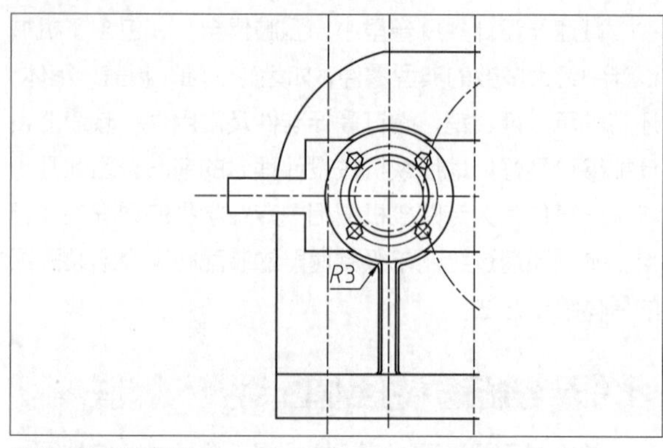

图 11-92 圆角效果

步骤 11 执行“偏移”（O）命令，选择竖直中心线向右偏移，如图11-93所示。

步骤 12 执行“圆”（C）命令，拾取中心线的交点绘制圆形，如图11-94所示。

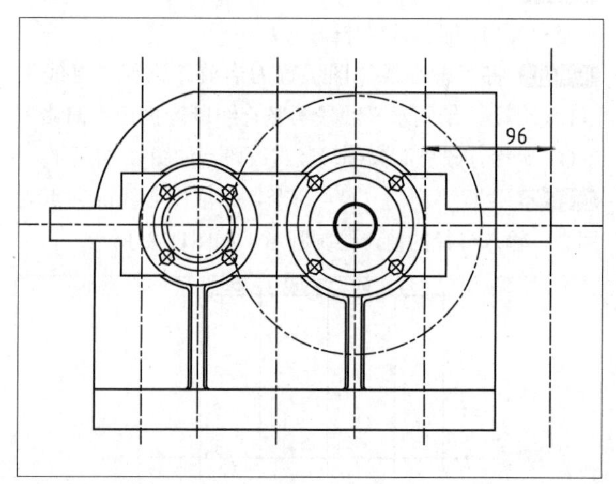

图 11-93 偏移中心线

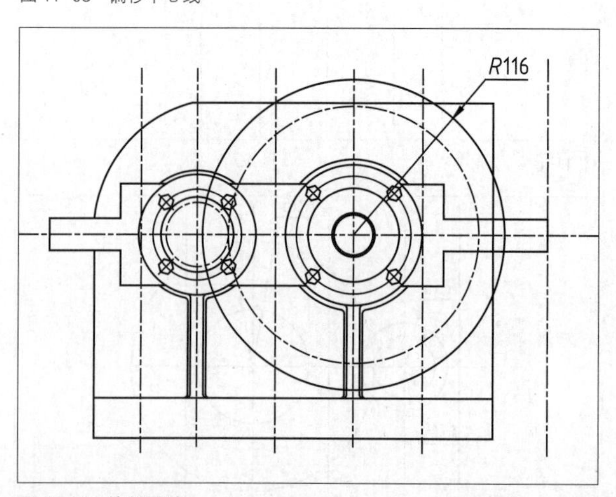

图 11-94 绘制圆形

步骤 13 执行“直线”（L）命令，绘制线段，如图11-95所示。

步骤 14 执行“修剪”（TR）命令，修剪图形。执行“圆角”（F）命令，设置半径为3，对线段执行圆角操作，如图11-96所示。

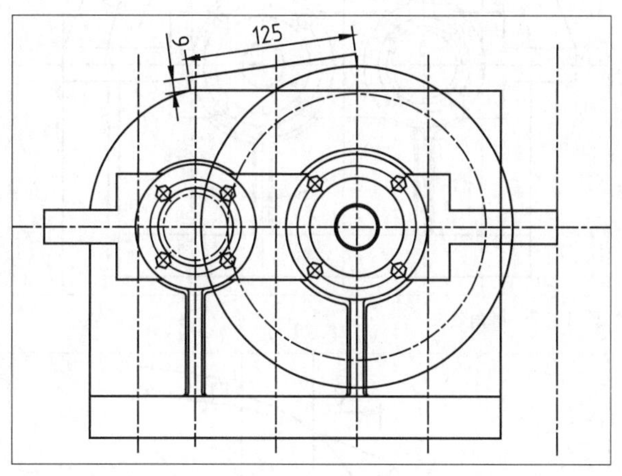

图 11-95　绘制线段

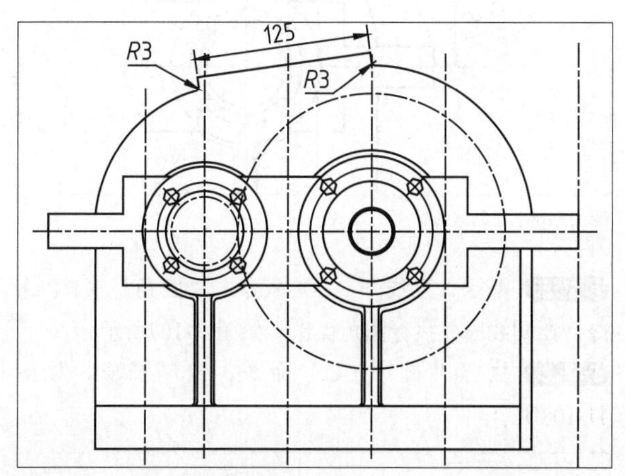

图 11-96　修剪图形并倒圆角

步骤 15 执行“样条曲线”（SPL）命令，绘制曲线，如图11-97所示。

步骤 16 执行“偏移”（O）命令，向下偏移线段，如图11-98所示。

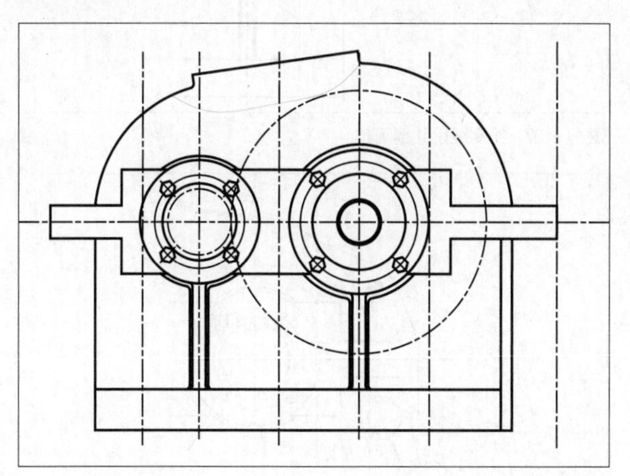

图 11-97　绘制曲线

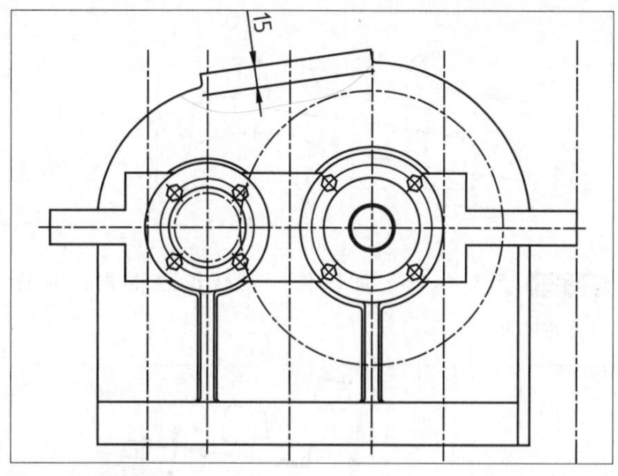

图 11-98　偏移线段

步骤 17 重复执行“偏移”（O）命令，选择圆弧向内偏移，如图11-99所示。

步骤 18 执行“修剪”（TR）命令，修剪图形，如图11-100所示。

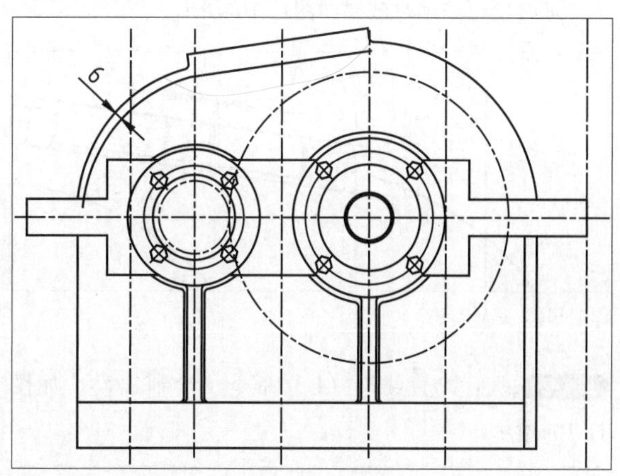

图 11-99　偏移圆弧

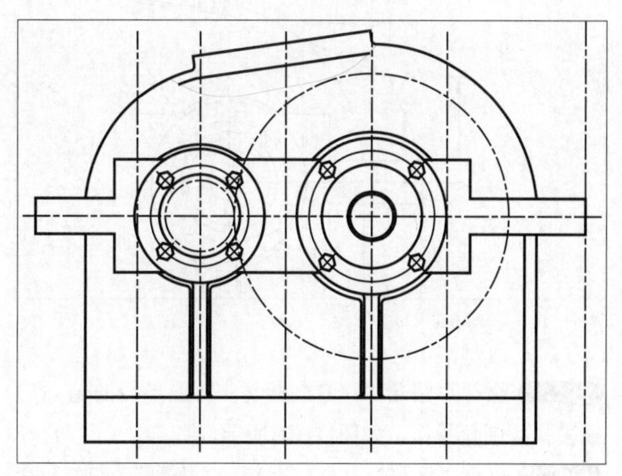

图 11-100　修剪图形

步骤 19 执行“偏移”（O）命令、“修剪”（TR）命令，编辑图形的效果如图11-101所示。

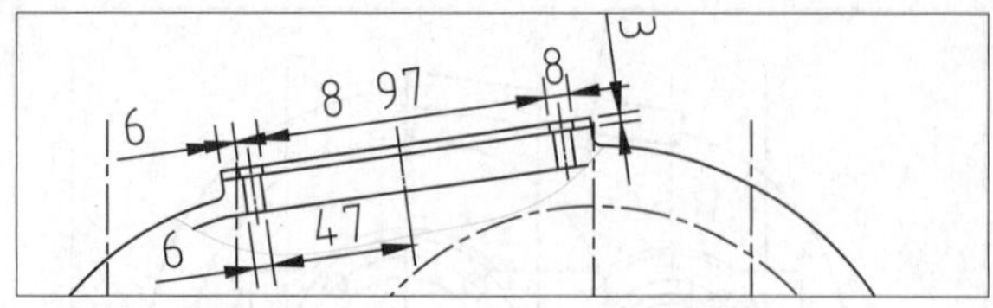

图 11-101　编辑图形

步骤 20 重复执行上述操作，继续编辑图形，如图11-102所示。

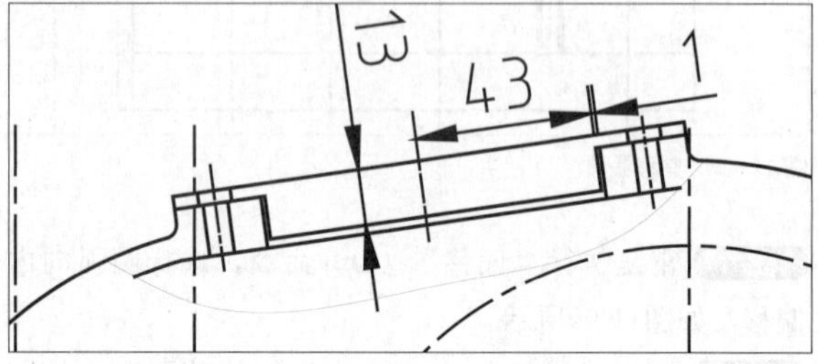

图 11-102　编辑图形 2

最终图形的编辑效果如图11-103所示。

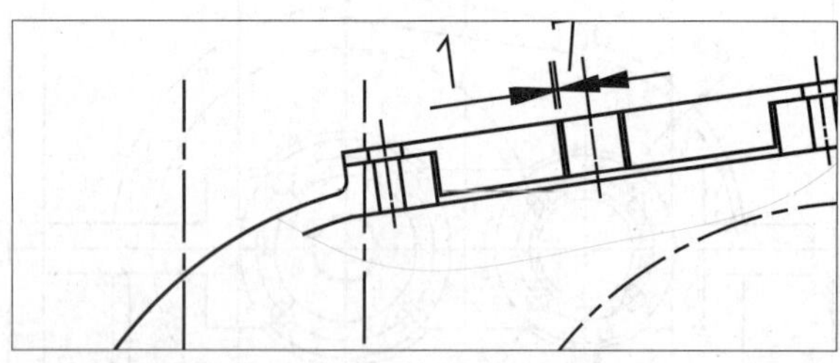

图 11-103　编辑图形 3

步骤 21 执行“直线”（L）命令，绘制线段，如图11-104所示。

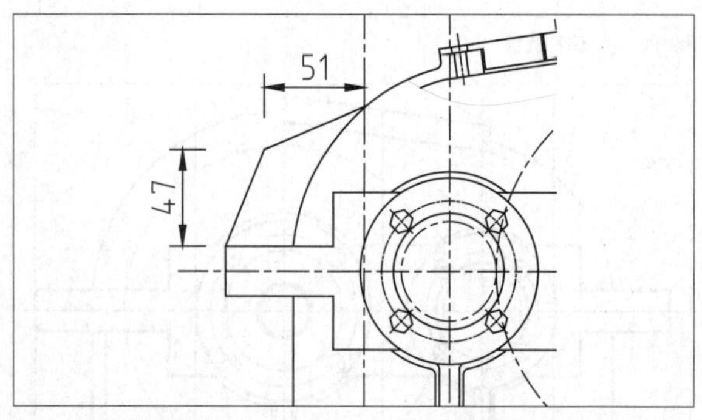

图 11-104　绘制线段

步骤 22 执行“圆角”（F）命令，设置半径的值，对线段执行圆角操作，如图11-105所示。

步骤 23 执行“偏移”（O）命令、“修剪”（TR）命令，偏移并修剪中心线。

步骤 24 执行“圆”（C）命令，设置半径为5，以中心线的交点为圆心绘制圆形，如图11-106所示。

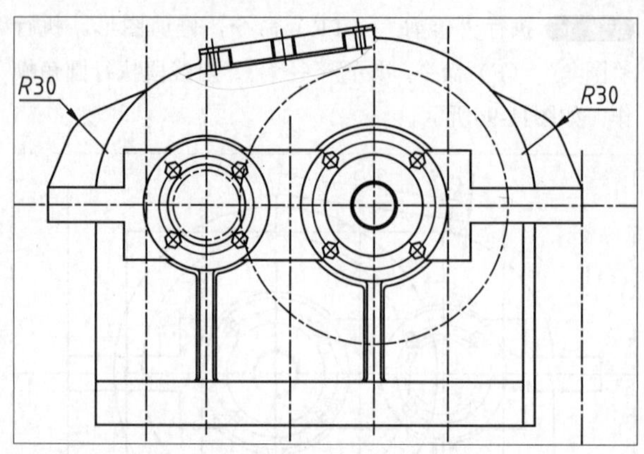

图 11-105　圆角效果

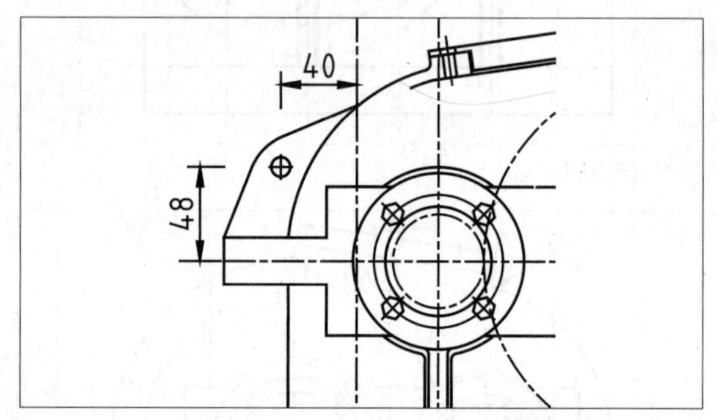

图 11-106　绘制圆形

步骤 25 执行“直线”（L）命令、“圆角”（F）命令，绘制线段并执行圆角操作，如图11-107所示。

步骤 26 执行“圆”（C）命令，绘制圆形，如图11-108所示。

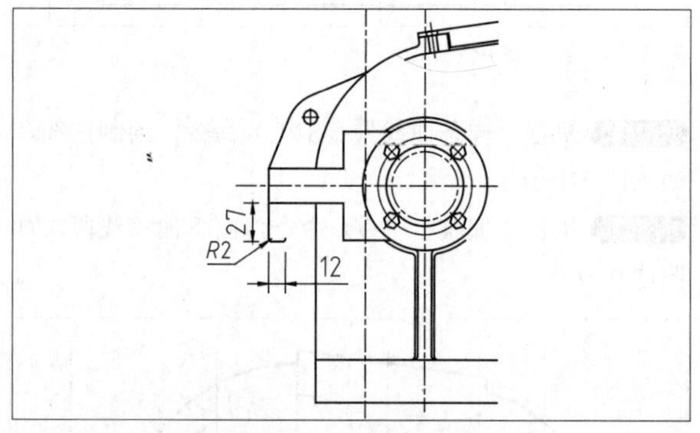

图 11-107　绘制线段并倒圆角

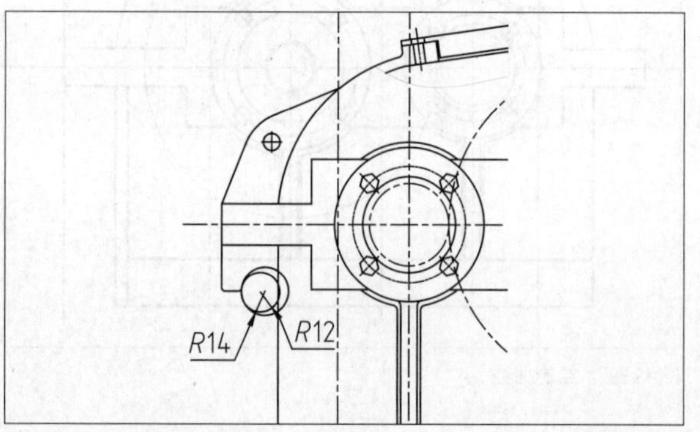

图 11-108　绘制圆形

步骤 27 执行“修剪”（TR）命令，修剪圆形，如图11-109所示。

步骤 28 执行“镜像”（MI）命令，将上述的编辑结果复制到右侧，如图11-110所示。

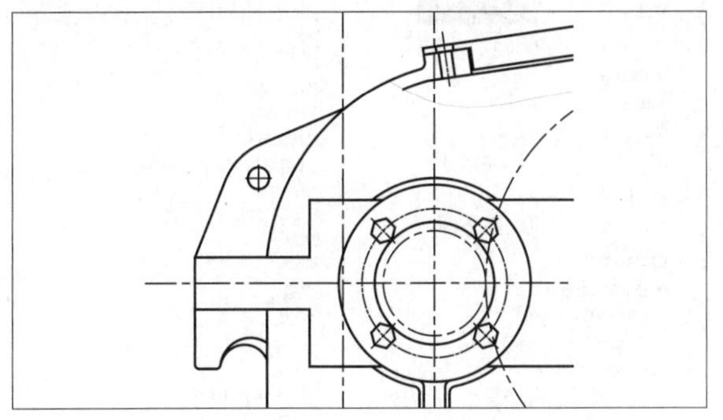

图 11-109　修剪圆形

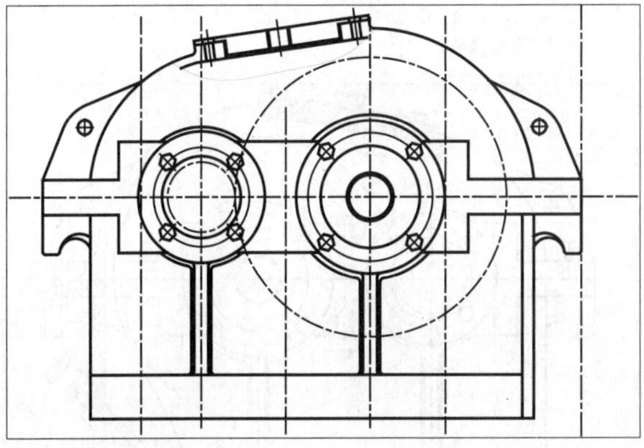

图 11-110　镜像复制图形

步骤 29 执行“样条曲线”（SPL）命令，绘制曲线，如图11-111所示。

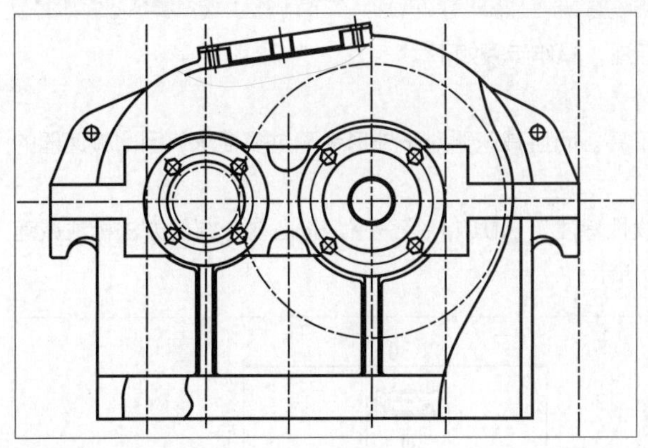

图 11-111　绘制曲线

步骤 30 执行“直线”（L）命令，绘制线段，如图11-112所示。

步骤 31 执行“偏移”（O）命令、“修剪”（TR）命令，偏移并修剪图形。执行“圆角”（F）命令，设置半径为3，对线段执行圆角操作，如图11-113所示。

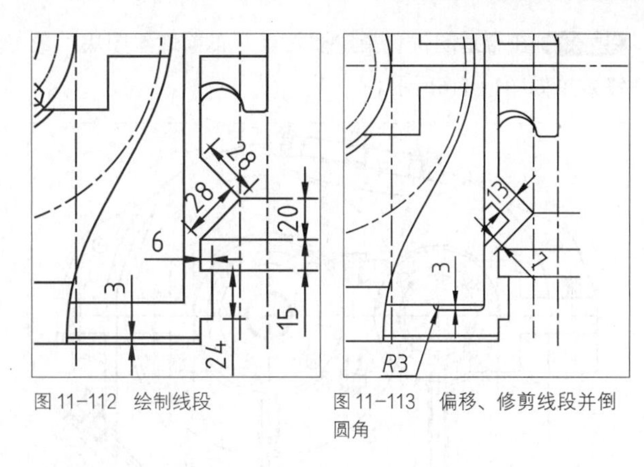

图 11-112　绘制线段　　图 11-113　偏移、修剪线段并倒圆角

步骤 32 再次执行“圆角”（F）命令，修改半径为2，执行圆角操作的结果如图11-114所示。

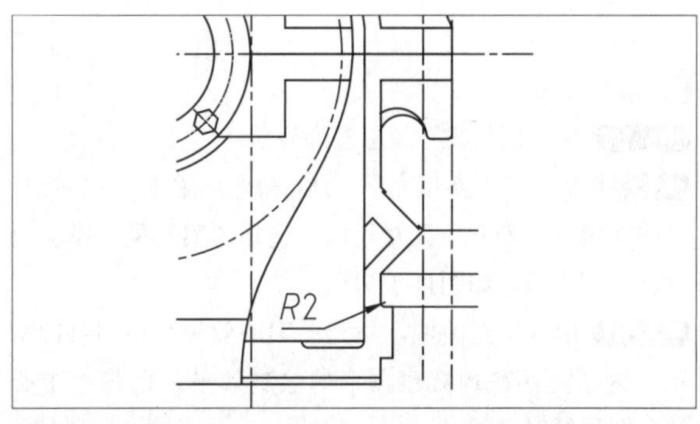

图 11-114　圆角效果

3 插入块

步骤 33 执行“插入”（I）命令，在“当前图形”选项板中选择螺丝图块，如图11-115所示。

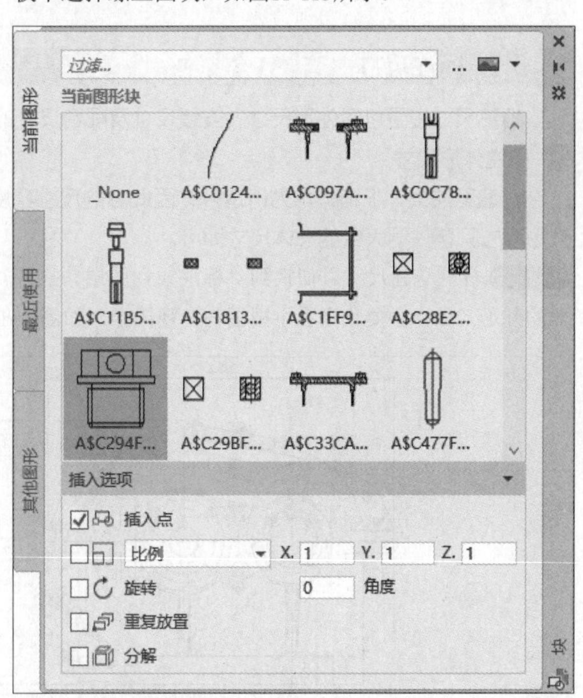

图 11-115　选择块

步骤 34 在合适的位置指定插入点，布置螺丝图块，最终效果如图11-116所示。

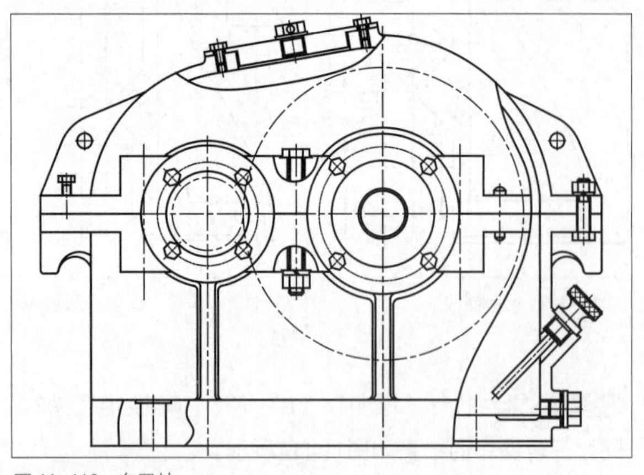

图 11–116　布置块

4 填充图案

步骤 35 将“剖面线”图层置为当前。

步骤 36 执行“图案填充”（H）命令，输入“T”打开“图案填充和渐变色”对话框，选择图案类型，设置角度、比例参数，如图11-117所示。

步骤 37 拾取填充区域，填充图案的效果如图11-118所示。为了更清楚地观察图形的绘制效果，已将“中心线”图层暂时关闭。

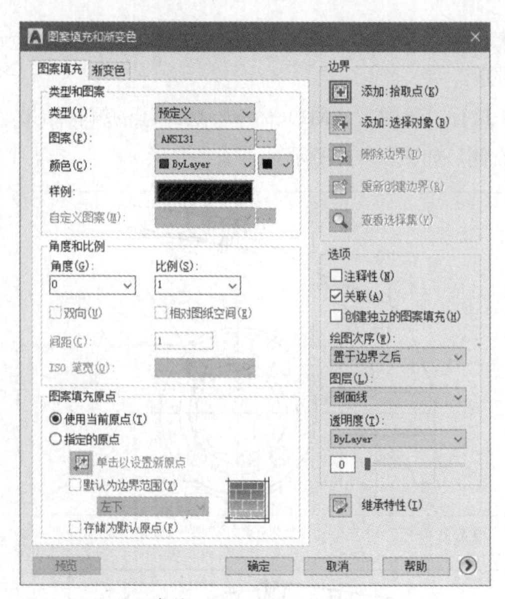

图 11–117　设置参数

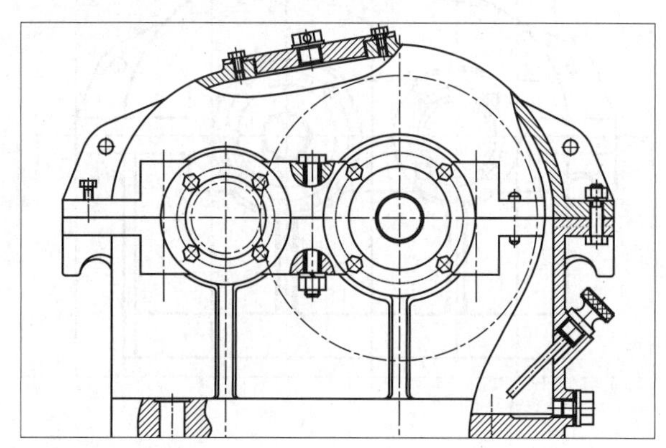

图 11–118　填充图案效果

11.5.2 标注尺寸

★进阶★

标注尺寸主要包括外形尺寸、安装尺寸及配合尺寸的标注，操作步骤如下。

1 标注外形尺寸

减速器的上、下箱体均为铸造件，因此总的尺寸精度不高。而且减速器对于外形也无过多要求，因此减速器的外形尺寸只需注明大致的总体尺寸即可。

步骤 01 标注总体尺寸。切换到“标注线”图层。执行“线性标注”（DLI）等命令，按之前介绍的方法标注减速器的外形尺寸，主要集中在主视图与左视图上，如图11-119所示。

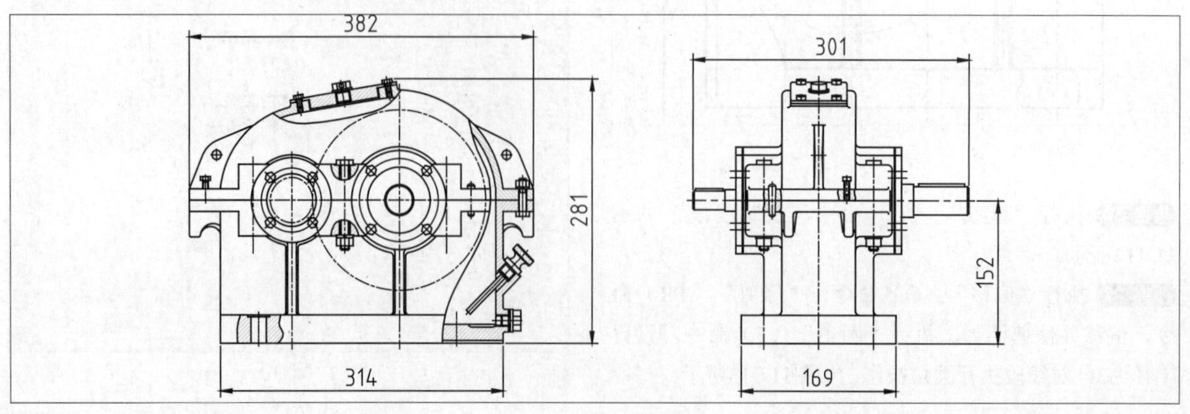

图 11–119　视图布置参考图

2 标注安装尺寸

安装尺寸即减速器在安装时所能涉及的尺寸，包括减速器上地脚螺栓的尺寸、轴的中心高度，以及吊环的尺寸等。这部分尺寸有一定的精度要求，需参考装配精度进行标注。

步骤 02 标注主视图上的安装尺寸。在主视图上可以标注地脚螺栓的尺寸，执行“线性标注”（DLI）命令，选择地脚螺栓剖视图处的端点，标注该孔的尺寸，如图11-120所示。

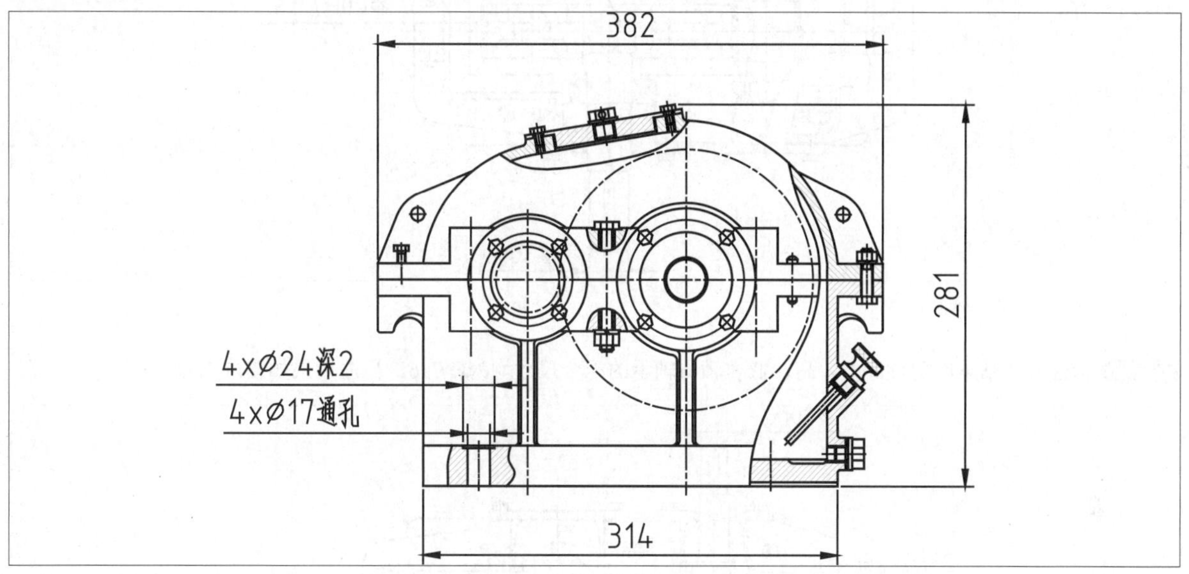

图 11-120 标注主视图上的安装尺寸

步骤 03 标注左视图上的安装尺寸。在左视图上可以标注轴的中心高度，此即所连接联轴器与带轮的工作高度，标注如图11-121所示。

步骤 04 标注俯视图上的安装尺寸。在俯视图上可以标注高、低速轴的末端尺寸，即与联轴器、带轮等的连接尺寸，标注如图11-122所示。

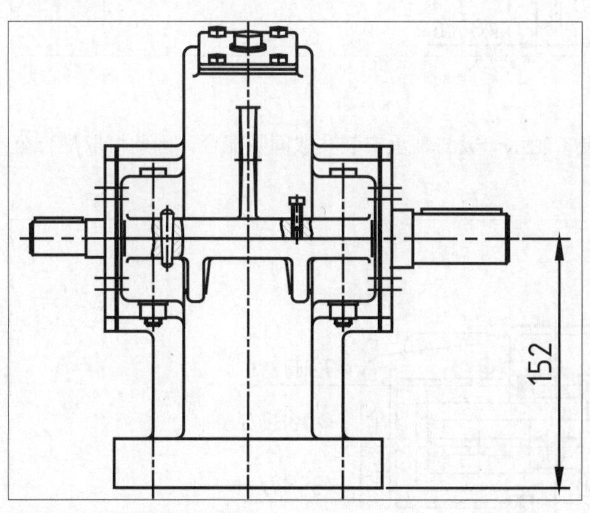

图 11-121 标注轴的中心高度

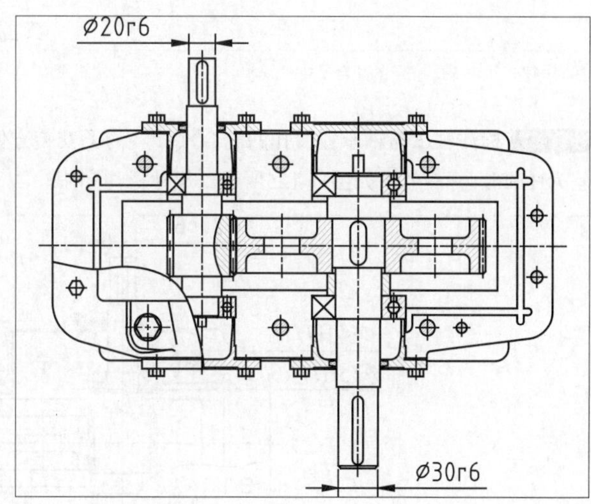

图 11-122 标注轴的连接尺寸

3 标注配合尺寸

配合尺寸即零件在装配时需保证的配合精度，对于减速器来说，即轴与齿轮、轴承，轴承与箱体之间的配合尺寸。

步骤 05 标注轴与齿轮的配合尺寸。执行“线性标注”（DLI）命令，在俯视图中选择低速轴与大齿轮的配合段，标注尺寸，并输入配合精度，如图11-123所示。

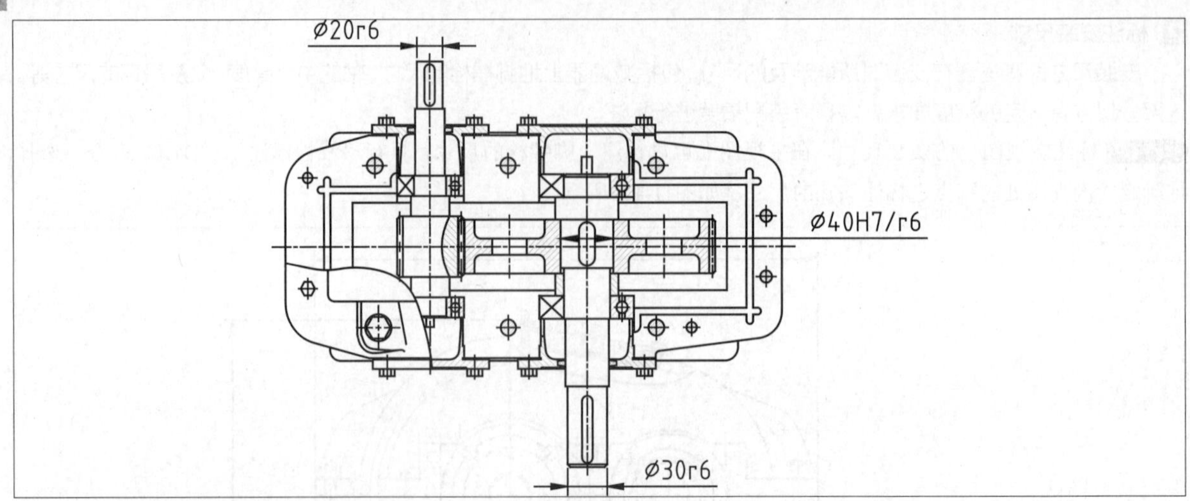

图 11-123　标注轴、齿轮的配合尺寸

步骤 06 标注轴与轴承的配合尺寸。高、低速轴与轴承的配合尺寸均为H7/k6，标注效果如图11-124所示。

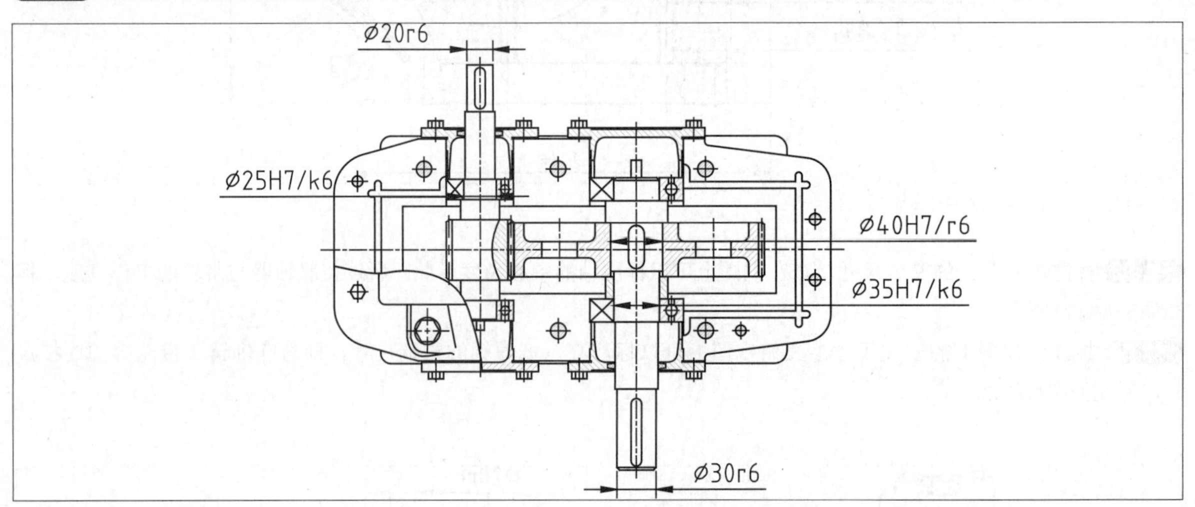

图 11-124　标注轴、轴承的配合尺寸

步骤 07 标注轴承与轴承安装孔的配合尺寸。为了安装方便，轴承一般与轴承安装孔取间隙配合，因此可取配合公差为H7/f6，标注效果如图11-125所示。尺寸标注完毕。

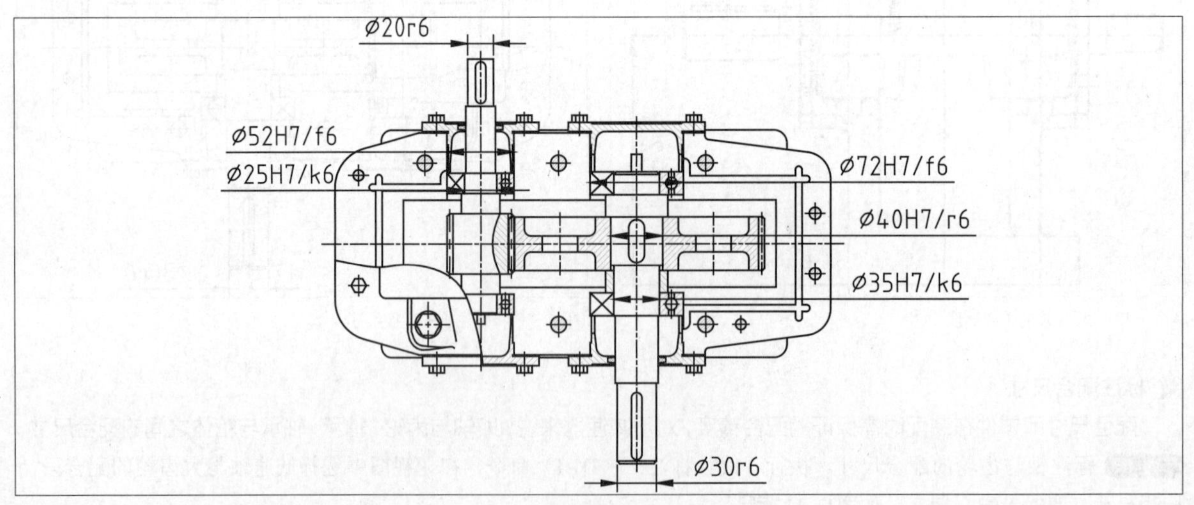

图 11-125　标注轴承、轴承安装孔的配合尺寸

11.5.3 添加序列号 ★进阶★

装配图中的所有零件和组件都必须编写序号。装配图中相同的零件或组件只编写一个序号，同一装配图中相同的零件编写相同的序号，而且一般只注明一次。另外，零件序号还应与后附的明细表中的序号一致，操作步骤如下。

步骤 01 设置引线样式。单击“注释”面板扩展区域中的“多重引线样式”按钮，打开“多重引线样式管理器”对话框，如图11-126所示。

步骤 02 单击“修改”按钮，打开“修改多重引线样式:Standard”对话框，设置“引线格式”选项卡中的参数，如图11-127所示。

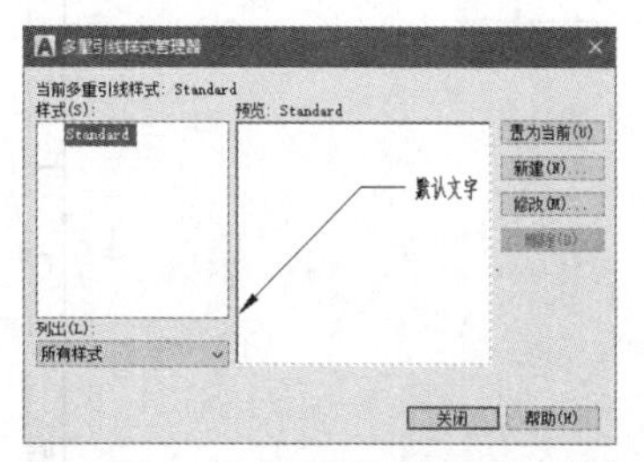

图 11-126　“多重引线样式管理器”对话框

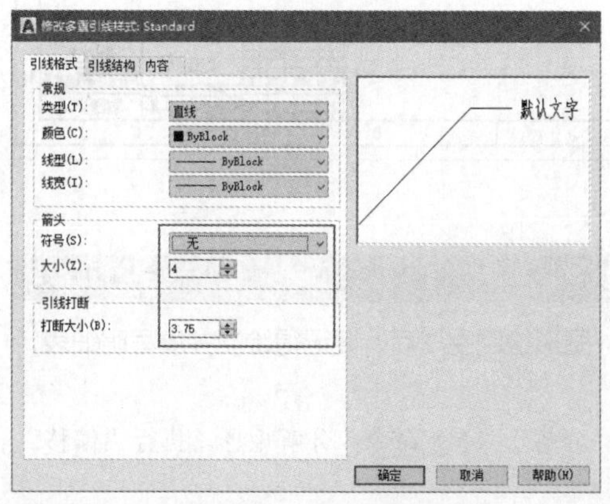

图 11-127　修改“引线格式”选项卡中的参数

步骤 03 切换至“引线结构”选项卡，设置其中的参数，如图11-128所示。

步骤 04 切换至“内容”选项卡，设置其中的参数，如图11-129所示。

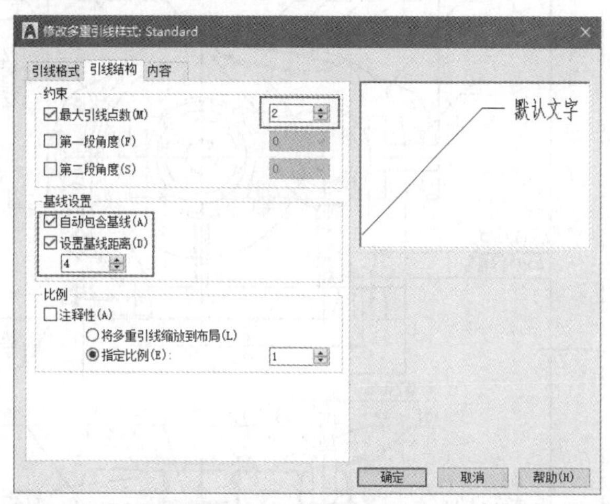

图 11-128　修改“引线结构”选项卡中的参数

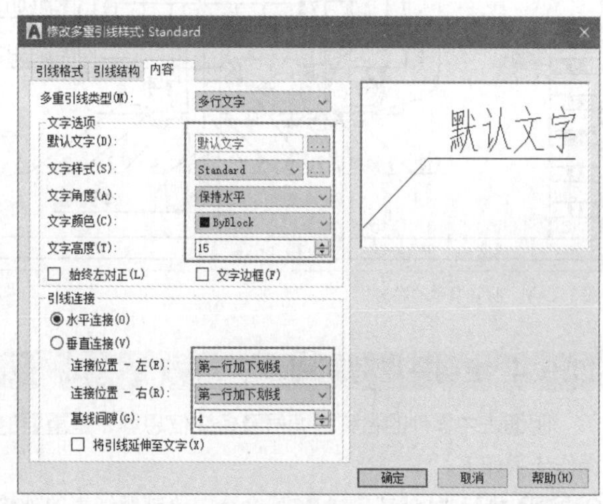

图 11-129　修改“内容”选项卡中的参数

步骤 05 标注第一个序号。将“细实线”图层设置为当前图层。单击“注释”面板中的“引线”按钮，在俯视图的箱座处单击，引出引线，接着输入数字“1”，表明该零件的序号为1，如图11-130所示。

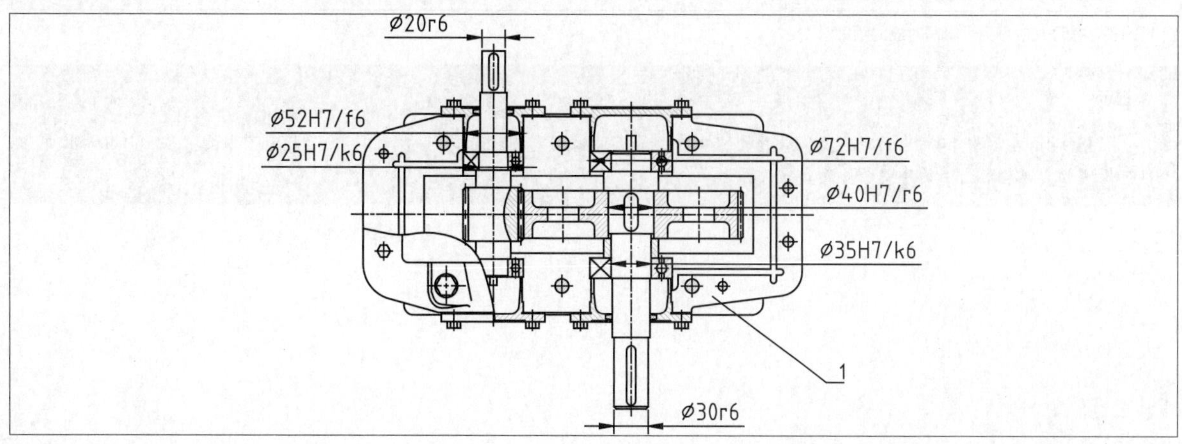

图 11-130　标注第一个序号

步骤 06 使用此方法，对装配图中的所有零部件进行引线标注，最终效果如图11-131所示。

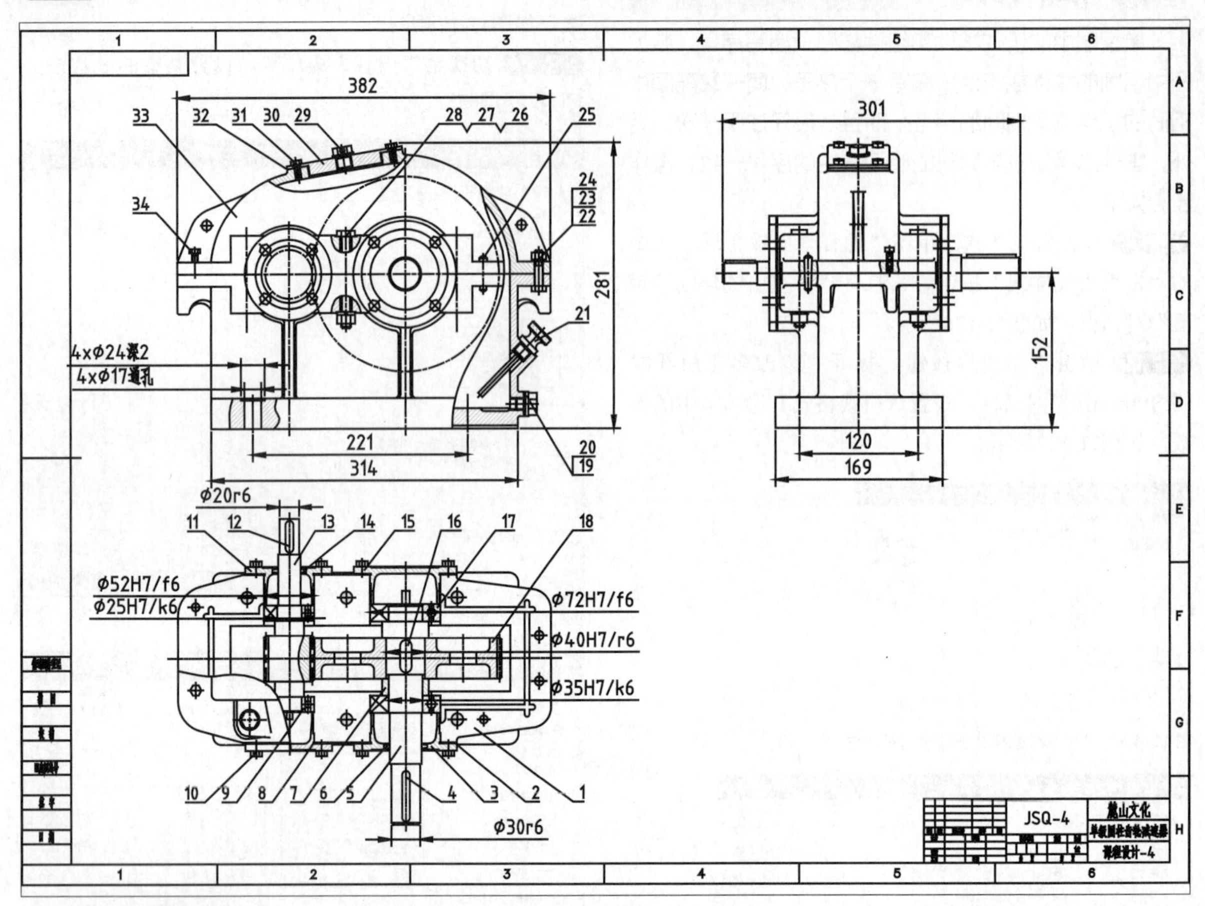

图 11-131　标注其他的序号

11.5.4 绘制并填写明细表

★进阶★

明细表中零件的名称、编号及备注信息等，是重要的参考信息。图形绘制完毕后，要记得绘制并填写明细表，操作步骤如下。

步骤 01 执行“矩形”（REC）命令，绘制明细表的外轮廓。执行“分解”（X）命令，分解矩形。执行“偏移”（O）命令，选择矩形边向内偏移。

步骤 02 执行“多行文字”（MT）命令，在明细表内输入文字，如图11-132所示。

1	JSQ-4-01	箱座	1	HT200			

图 11-132　按添加的序列号填写对应的明细

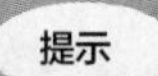

提示

“JSQ-4”表示题号4对应的减速器，后面的“-01”则表示该减速器中代号为01的零件。代号是为了方便生产，由设计人员自行规定的，与装配图上的序列号并无直接关系。

步骤 03 使用相同的方法，填写明细表上的其他信息，如图11-133所示。

序号	代号	名称	数量	材料	单件重量	总计重量	备注
20		封油圈	1	耐油橡胶			装配自制
19	JSQ-4-10	M12油口塞	1	45			
18	JSQ-4-09	大齿轮	1	45			m=2，z=96
17	GB/T 276	深沟球轴承 6207	2	成品			外购
16	GB/T 1096	键 C12x32	1	45			外购
15	JSQ-4-08	轴承端盖（6207闷）	1	HT150			
14		封油毡圈（小）	1	半粗羊毛毡			外购
13	JSQ-4-07	高速齿轮轴	1	45			m=2，z=24
12	GB/T 1096	键 C8x30	1	45			外购
11	JSQ-4-06	轴承端盖（6205通）	1	HT150			
10	GB/T 5783	外六角螺钉 M6x25	16	8.8级			外购
9	GB/T 276	深沟球轴承 6205	2	成品			外购
8	JSQ-4-05	轴承端盖（6205闷）	1	HT150			
7	JSQ-4-04	隔套	1	45			
6		封油毡圈ϕ45xϕ33	1	半粗羊毛毡			外购
5	JSQ-4-03	低速轴	1	45			
4	GB/T 1096	平键 C8x50	1	45			外购
3	JSQ-4-02	轴承端盖（6207通）	1	HT150			
2		调整垫片	2组	08F			装配自制
1	JSQ-4-01	箱座	1	HT200			

序号	代号	名称	数量	材料	单件重量	总计重量	备注
34	GB/T 5782	起盖螺钉	1	10.9级			外购
33	JSQ-4-14	箱盖	1	HT200			
32		视孔垫片	1	软钢纸板			装配自制
31	GB/T 5783	外六角螺钉 M6x10	4	8.8级			外购
30	JSQ-4-13	视孔盖	1	45			
29	JSQ-4-12	通气器	1	45			
28	GB 93	弹性垫圈 10	6	65Mn			外购
27	GB/T 6170	六角螺母 M10	6	10级			外购
26	GB/T 5782	外六角螺栓 M10x90	6	8.8级			外购
25	GB/T 117	圆锥销 8x35	2	45			外购
24	GB 93	弹性垫圈 8	2	65Mn			外购
23	GB/T 6170	六角螺母 M8	2	10级			外购
22	GB/T 5782	外六角螺栓 M8x35	2	8.8级			外购
21	JSQ-4-11	油标	1	组合件			

标记	处数	更改文件号	签字	日期	JSQ-4	麓山文化
设计		标准化			图样标记 / 重量 / 比例 1:2	单级圆柱齿轮减速器
审核						
工艺		日期			共 页 / 第 页	课程设计-4

图 11-133　填写明细表

提示

在对照序列号填写明细表的时候，可以单击“视图”选项卡，在“模型视口”面板的“视口配置”下拉列表中选择“两个：水平”选项，模型视图便从屏幕中间一分为二，且两个视图都可以独立运作。这时将一个视图移动至模型的序列号上，另一个视图移动至明细表处进行填写，如图11-134所示，这种填写方式十分便捷。

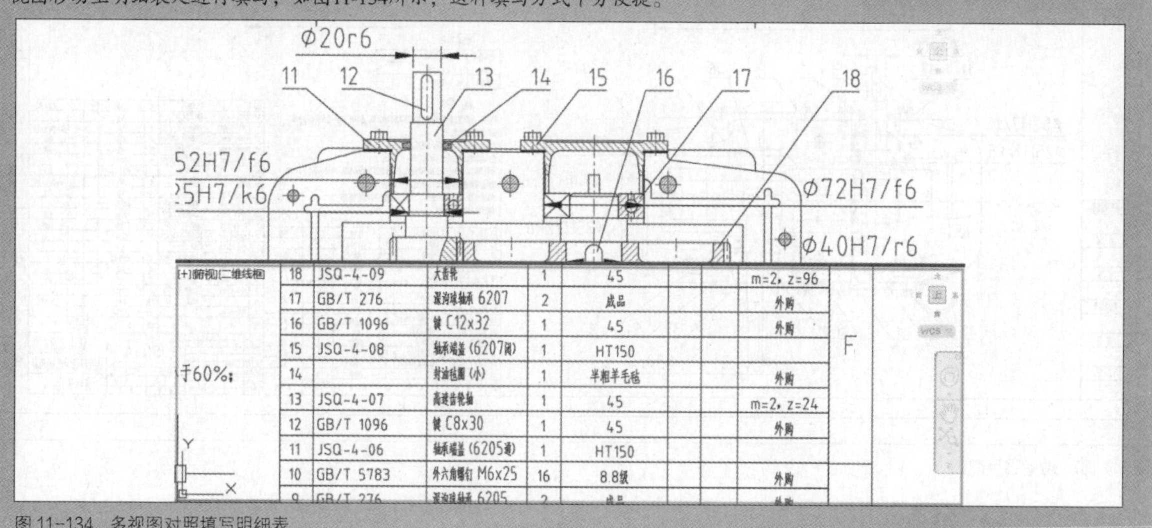

图 11-134　多视图对照填写明细表

11.5.5 添加技术要求 ★进阶★

在减速器的装配图中，除了要有常规的技术要求，还要有技术特性，即写明减速器的主要参数，如输入功率、传动比等，类似于齿轮零件图中的技术参数表，操作步骤如下。

步骤 01 填写技术特性。绘制表格，输入文字，如图11-135所示，尺寸任意。

技术特性

输入功率 kw	输入轴转速 r/min	传动比
2.09	376	4

图 11-135 输入技术特性

步骤 02 单击“默认”选项卡“注释”面板中的“多行文字”按钮，在图标题栏上方的空白部分插入多行文字，输入技术要求，如图11-136所示。

技术要求

1.装配前，滚动轴承用汽油清洗，其他零件用煤油清洗，箱体内不允许有任何杂物存在，箱体内壁涂耐磨油漆；
2.齿轮副的测隙用铅丝检验，测隙值应不小于0.14mm；
3.滚动轴承的轴向调整间隙均为0.05~0.1mm；
4.齿轮装配后，用涂色法检验齿面接触斑点，沿齿高不小于45%，沿齿长不小于60%；
5.减速器剖面分面涂密封胶或水玻璃，不允许使用任何填料；
6.减速器内装L-AN15(GB443-89)，油量应达到规定高度；
7.减速器外表面涂绿色油漆。

图 11-136 输入技术要求

减速器的装配图绘制完成，最终的效果如图 11-137 所示。

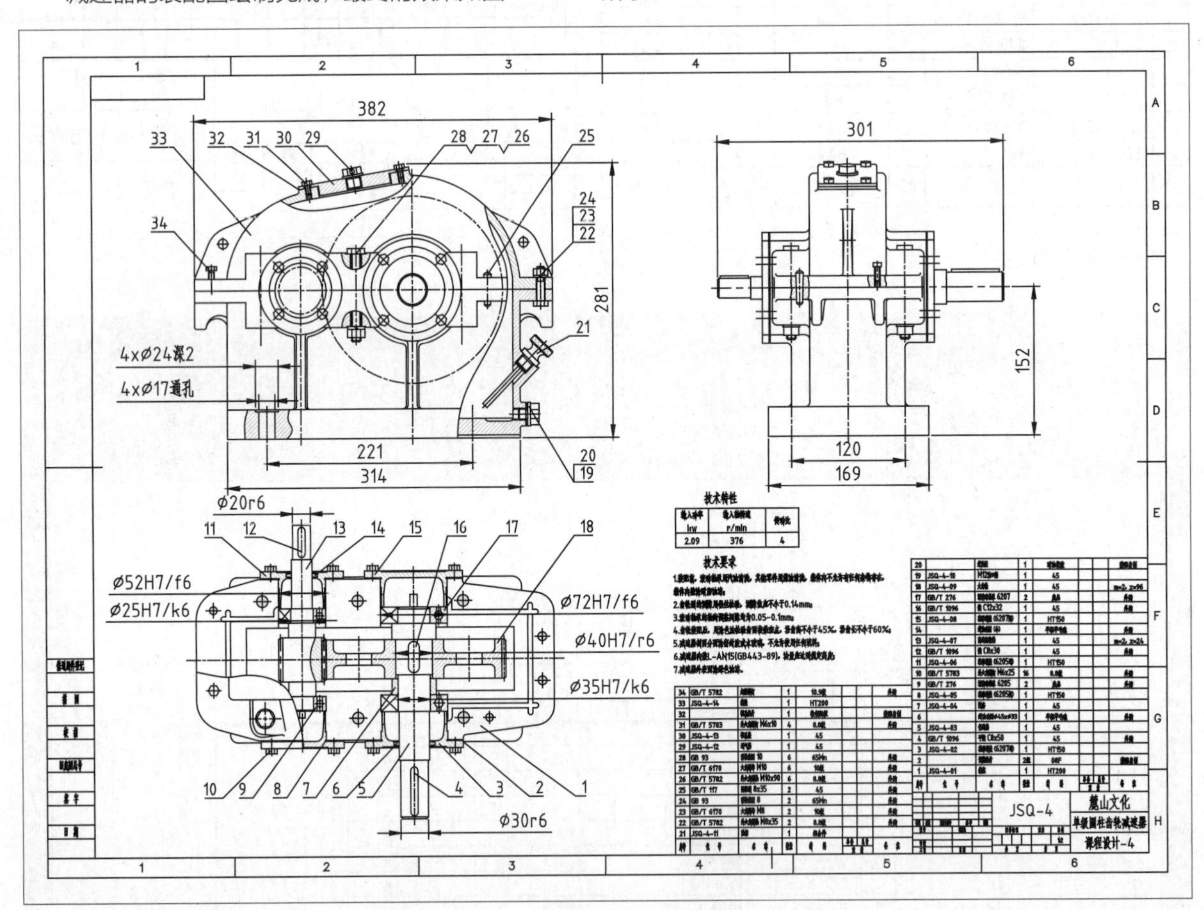

图 11-137 减速器装配图

第 12 章

建筑设计与绘图

本章内容概述

本章主要讲解建筑设计的概念及建筑制图的内容和流程，并通过具体的实例来对各种建筑图形进行实战演练。通过本章的学习，读者能够了解建筑设计的相关理论知识，并掌握建筑制图的流程和方法。建筑设计通常可以分为 4 个阶段：准备阶段、方案阶段、施工图阶段和实施阶段。

本章知识要点

- 建筑设计理论知识
- 建筑设计图的内容
- 创建建筑制图样板的方法
- 绘制建筑设施图的方法
- 绘制居民楼建筑设计图的方法

12.1 建筑设计概述

建筑设计（architectural design）是指建筑物在建造之前，设计者按照建设任务，对施工过程和使用过程中存在的或可能发生的问题事先做好全面的设想，拟定好解决这些问题的办法、方案，并用图样和文件的形式表达出来，如图 12-1 所示。建筑设计图是备料，施工组织工作，各工种在制作、建造工作中配合协作的共同依据。合理的建筑设计使整个工程在预定的投资限额范围内，按照周密考虑的预定方案，统一步调，顺利进行，从而使建成的建筑物充分满足使用者和社会期望的要求。

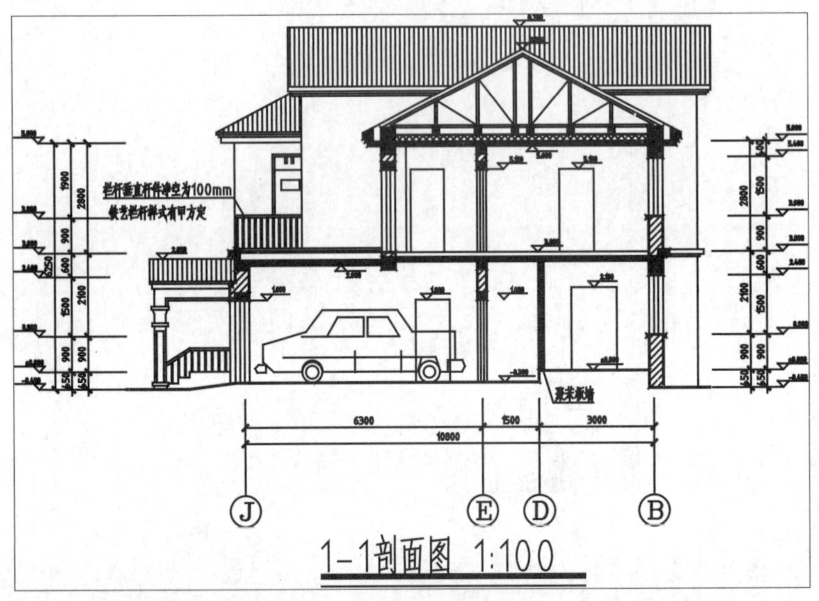

图 12-1　建筑设计图与实际建筑效果

12.1.1 建筑制图的有关标准

★重点★

制定建筑制图标准的目的是统一建筑制图规则、保证制图质量、提高制图效率，做到图面清晰、简单明了，使建筑设计图符合设置、施工、存档的要求，满足工程建设的需要。建筑制图标准除了是建筑制图的基本规定外，还适用于总图、建筑、结构、给排水、暖通空调、电气等各制图专业。与建筑制图有关的国家标准如下。

◆《房屋建筑制图统一标准》GB/T 50001—2017。

◆《总图制图标准》GB/T 50103—2010。

◆《建筑制图标准》GB/T 50104—2010。

◆《建筑结构制图标准》GB/T 50105—2010。

◆《给水排水制图标准》GB/T 50106—2010。

◆《暖通空调制图标准》GB/T 50114—2010。

本小节为读者介绍一些制图标准中经常用到的知识。

1 图形比例标准

◆建筑图样的比例应为图形与实物相对应的线性尺寸之比。比例的大小是指其比值的大小，如 1 ： 50 大于 1 ： 100。

◆建筑制图的比例宜写在图名的右侧，如图 12-2 所示。比例的字高宜比图名的字高小一号，但字的基准线应取平。

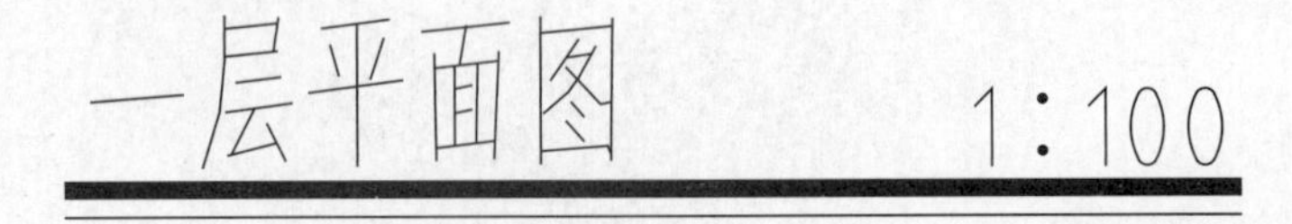

图 12-2　建筑制图的比例标注

◆建筑制图所用的比例应根据图形的种类和被描述对象的复杂程度而定，具体可参考表 12-1。

表 12-1 建筑制图比例的种类与系列

图纸类型	常用比例	可用比例
平、立、剖面图	1 ：100、1 ：200、1 ：300	1 ：3、1 ：4、1 ：6、1 ：15、1 ：25、1 ：30、1 ：40、1 ：60、1 ：80、1 ：250、1 ：400、1 ：600
总平面图	1 ：500、1 ：1000、1 ：2000	
大样图	1 ：1、1 ：5、1 ：10、1 ：20、1 ：50	

2 字体标准

图样上所需书写的文字、数字或符号等，均应笔画清晰、字体端正、排列整齐。标点符号应清楚正确。

◆文字的字高应从如下系列中选用：3.5、5、7、10、14、20，单位为 mm。如需书写更大的字，其高度值应按$\sqrt{2}$的倍数递增。

◆图样及说明中的汉字宜采用长仿宋体，宽度与高度的关系应符合表 12-2 所示的规定。大标题、图册封面、地形图等的汉字也可采用其他字体，但应易于辨认。

表 12-2 建筑制图的字宽和字高　　单位：mm

字体属性	宽度和高度的关系					
字高	3.5	5	7	10	14	20
字宽	2.5	3.5	5	7	10	14

◆分数、百分数和比例数的注写应采用阿拉伯数字和数学符号，例如四分之三、百分之二十五、一比二十应分别写成“3/4”“25%”“1 ：20”。

◆当注写的数字小于 1 时，必须写出个位的“0”，小数点应采用圆点，齐基准线书写，例如 0.01。

3 图线标准

建筑制图应根据图形的复杂程度与比例大小，先选定基本线宽 *b*，再按 4 ：2 ：1 的比例确定其他线宽，最后根据表 12-3 所示的内容确定合适的图线。

表 12-3 图线的形式和作用

图线名称	图线	线宽	用于绘制的图形
粗实线	━━━━	*b*	主要可见轮廓线
细实线	────	0.5*b*	剖面线、尺寸线、可见轮廓线
虚线	— — —	0.5*b*	不可见轮廓线、图例线
单点划线	— · — · —	0.25*b*	中心线、轴线
波浪线	～～	0.25*b*	断开界线
双点划线	— ·· — ·· —	0.25*b*	假想轮廓线

4 尺寸标注

在图样上除了要画出建筑物及其各部分的形状之外，还必须准确、详细、清晰地标注尺寸，以确定实际大小，作为施工的依据。

国标规定，工程图样上的标注尺寸除了标高和总平面图以米（m）为单位外，其他的尺寸一般以毫米（mm）

为单位，图上的尺寸数字都不再注写单位。假如使用其他的单位，必须有相应的注明。图样上的尺寸应以所标注的尺寸数字为准，不得从图上直接量取。图 12-3 所示为对图形进行尺寸标注的结果。

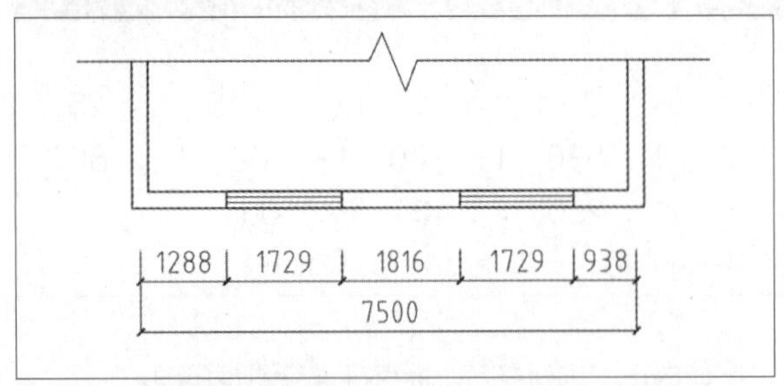

图 12-3　建筑制图的尺寸标注

12.1.2 建筑制图的符号 ★进阶★

在进行各种建筑和室内装饰设计时，为了更清楚明确地表明图中的相关信息，将以不同的符号来表示这些相关信息。

1 定位轴线

定位轴线是用来确定建筑物主要结构及构件位置的尺寸基准线。在施工时凡承重墙、柱、大梁或屋架等主要承重构件都应画出轴线，以确定其位置。对于非承重的隔断墙及其他次要承重构件等，一般不画轴线，只需注明它们与附近轴线的相关尺寸，以确定其位置。

◆定位轴线应用细点划线绘制。定位轴线一般应编号，编号应注写在轴线端部的圆内。圆应用细实线绘制，直径为 8 ~ 10mm。定位轴线端部圆的圆心应在定位轴线的延长线上或延长线的折线上。

◆平面图上定位轴线的编号宜标注在图样的下方与左侧。横向编号应用阿拉伯数字，按从左至右顺序编写。竖向编号应用大写拉丁字母，按从下至上顺序编写。如图 12-4 所示。

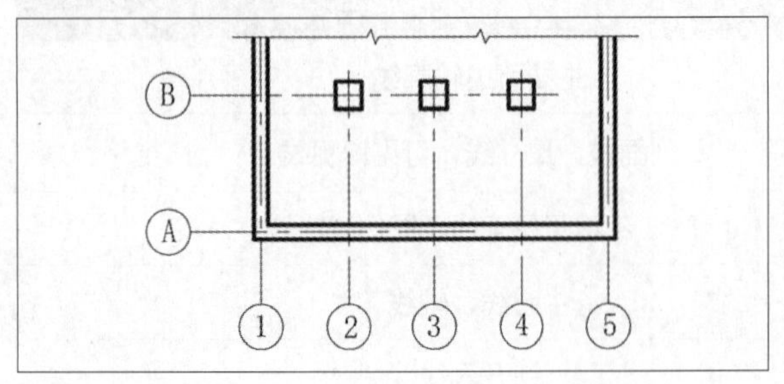

图 12-4　定位轴线及编号

◆拉丁字母的 I、O、Z 不得用作轴线编号。如果字母数量不够使用，可增用双字母或单字母加数字注脚，如 AA、BA……YA 或 A1、B1……Y1。

◆组合较复杂的平面图中的定位轴线也可采用分区编号，如图 12-5 所示。编号的注写形式应为“分区号－该分区编号”，分区号采用阿拉伯数字或大写拉丁字母表示。

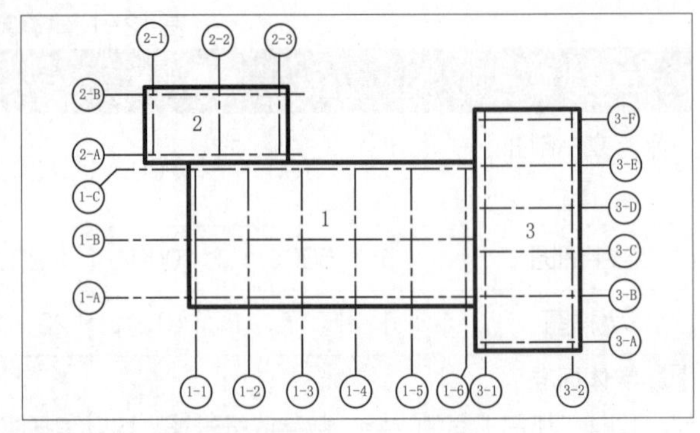

图 12-5　分区定位轴线及编号

◆附加定位轴线的编号应以分数形式表示。两根轴线间的附加轴线应以分母表示前一轴线的编号，分子表示附加轴线的编号，编号宜按阿拉伯数字顺序编写，如图 12-6 所示。1 号轴线或 A 号轴线之前的附加轴线的分母应以 01 或 0A 表示，如图 12-7 所示。

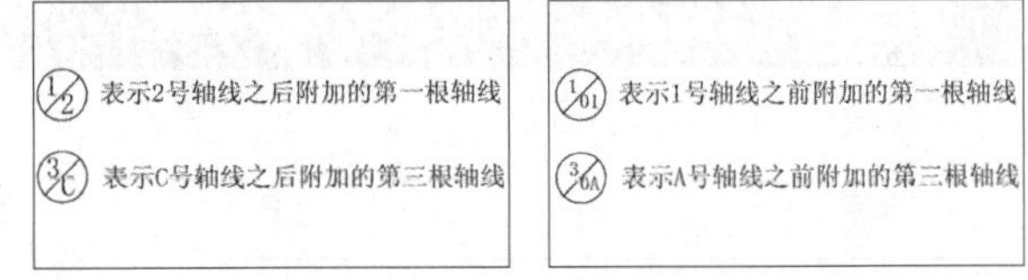

图 12-6　在轴线之后附加的轴线

图 12-7　在 1 号或 A 号轴线之前附加的轴线

◆通用详图中的定位轴线应只画圆，不注写轴线编号。

◆圆形平面图中定位轴线的编号，其径向轴线宜用阿拉伯数字表示，从左下角开始，按逆时针顺序编写；其圆周轴线宜用大写拉丁字母表示，按从外向内顺序编写，如图 12-8 所示。折线形平面图中的定位轴线如图 12-9 所示。

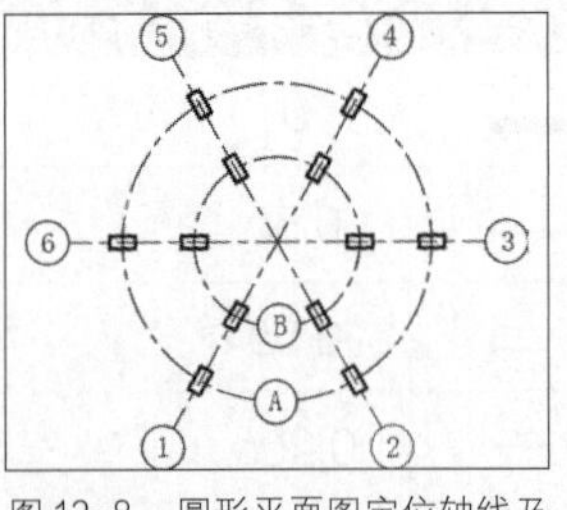

图 12-8　圆形平面图定位轴线及编号

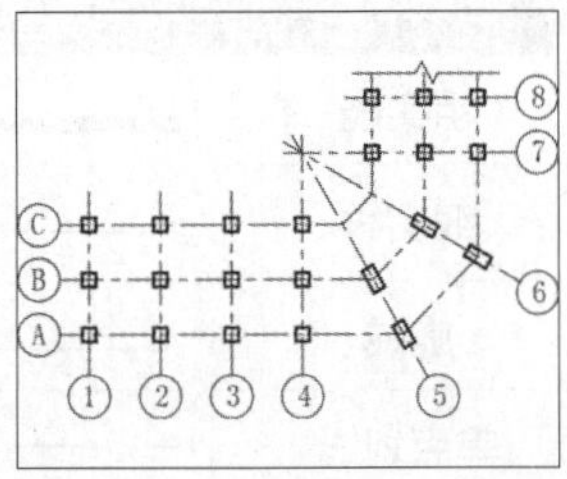

图 12-9　折线形平面图定位轴线及编号

2 剖面剖切符号

在对剖面图进行注写的时候，为了方便，需要用剖切符号把所画剖面图的剖切位置和剖视方向在投影图即平面图上表示出来。同时，还要为每一个剖面图标注编号，以免产生混乱。

在绘制剖面剖切符号的时候需要注意以下几点。

◆剖切位置线即剖切平面的积聚投影，用来表示剖切平面的剖切位置。但是规定要用两段长为 6 ~ 8mm 的粗实线来表示，且不宜与图面上的图线互相接触，如图 12-10 中的“1—1”所示。

◆剖视方向用垂直于剖切位置线的短边（长度为 4 ~ 6mm）表示，短边指向左侧，表示从右往左看，如图 12-10 所示。

◆剖切符号的编号要用阿拉伯数字来表示，按顺序由左至右、由下至上连续编排，并标注在剖视方向线的端部。如果剖切位置线必须转折，如阶梯剖面，而在转折处又易与其他图线混淆，则应在转角的外侧加注与该符号相同的编号，如图 12-10 中的“2—2”所示。

3 断面剖切符号

断面的剖切符号仅用剖切位置线来表示，应以粗实线绘制，长度宜为 6 ~ 10mm。

断面剖切符号的编号宜采用阿拉伯数字，按照顺序连续编排，并注写在剖切位置线的一侧；编号所在的一侧应为该断面的剖视方向，如图 12-11 所示。

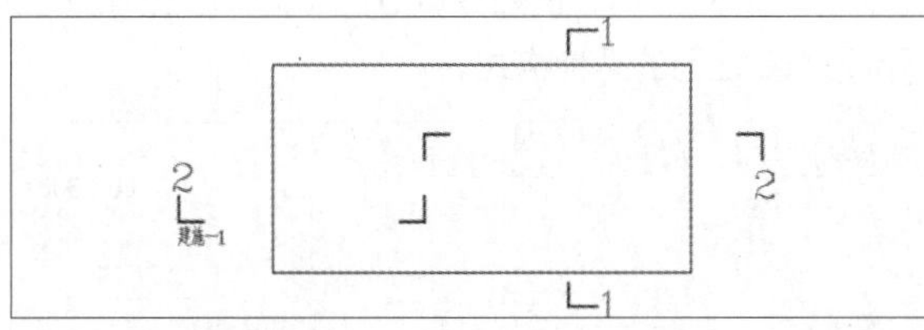

图 12-10 剖面剖切符号

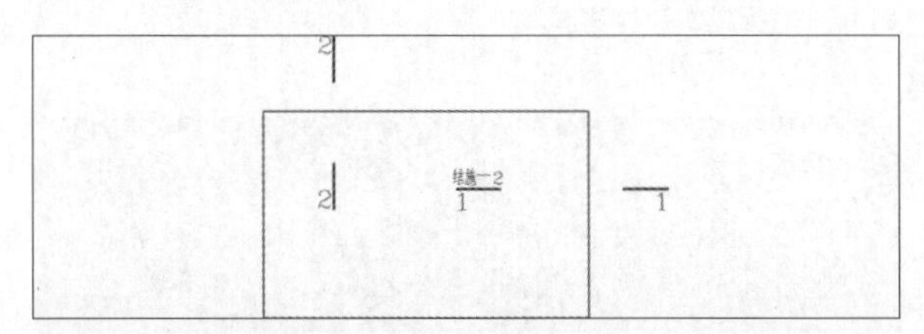

图 12-11 断面剖切符号

提示

如果剖面图或断面图与被剖切图样不在同一张图内，可在剖切位置线的另一侧注明其所在图纸的编号，也可以在图上集中说明。

4 引出线

为了使文字说明、材料标注、索引符号标注等不遮挡图样的内容，应采用引出线的形式来绘制。

引出线

引出线应以细实线绘制，宜采用水平方向的直线，或与水平方向成 30°、45°、60°、90° 角的直线，或经上述角度再折为水平线，如图 12-12 所示。文字说明宜注写在水平线的上方，也可注写在水平线的端部。索引详图的引出线应与水平直径相接。

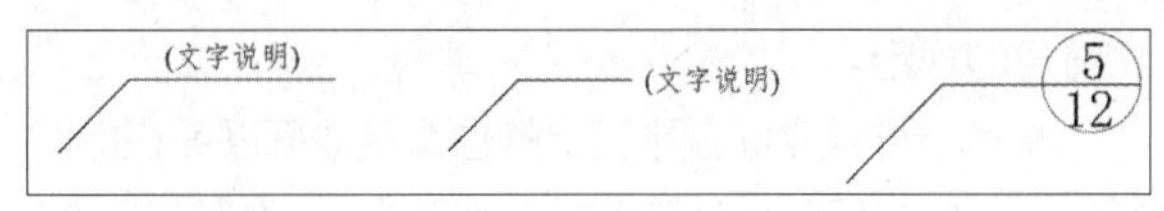

图 12-12 引出线

共同引出线

同时引出的几个相同部分的引出线宜相互平行，也可画成集中于一点的放射线，如图 12-13 所示。

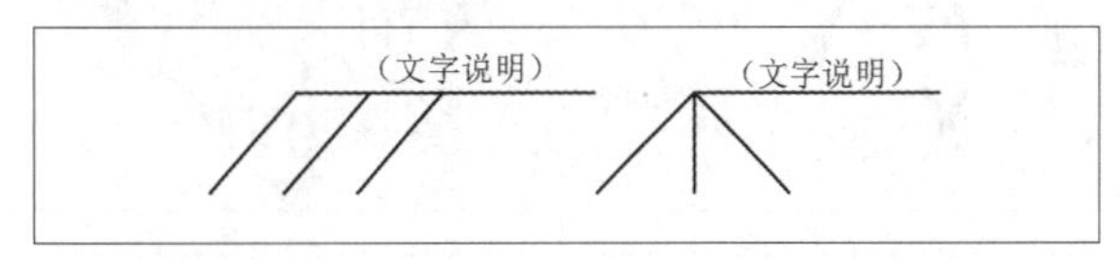

图 12-13 共同引出线

多层引出线

多层构造或多个部位共用引出线应通过被引出的各层或各部位，并用圆点示意对应位置。文字说明宜注写在水平线上方，或注写在水平线的端部，说明的顺序应由上至下，并与被说明的层次对应一致；若层次为横向排序，则由上至下的说明顺序应与由左至右的层次对应一致，如图 12-14 所示。

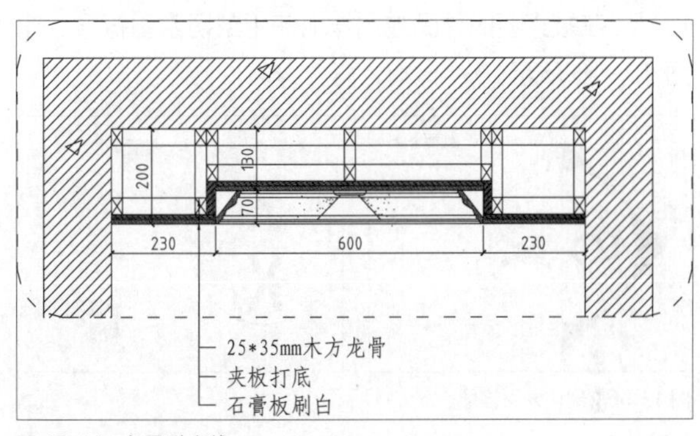

图 12-14 多层引出线

5 索引符号与详图符号

索引符号根据用途的不同可以分为立面索引符号、剖切索引符号、详图索引符号等。以下是国标中对索引符号的使用规定。

◆由于房屋建筑室内装饰装修制图在使用索引符号时，有的圆内注字较多，因此本条规定索引符号中圆的直径为 8 ~ 10mm。

◆由于在立面索引符号中需表示出具体的方向，因此索引符号需要附三角形箭头表示。

◆当立面、剖面的图样量较少时，对应的索引符号可以仅标注图样编号，不注明索引图所在页次。

◆立面索引符号采用三角形箭头转动，数字、字母保持垂直方向不变的形式，遵循《建筑制图标准》中内视索引符号的规定。

◆剖切符号采用三角形箭头与数字、字母同方向转动的形式，遵循《房屋建筑制图统一标准》中剖视的剖切符号的规定。

◆表示建筑立面在平面上的位置及立面图所在的图纸编号，应在平面图上使用立面索引符号，如图 12-15 所示。

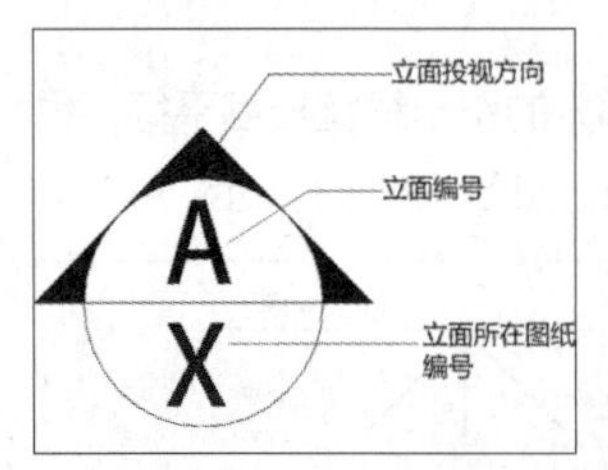

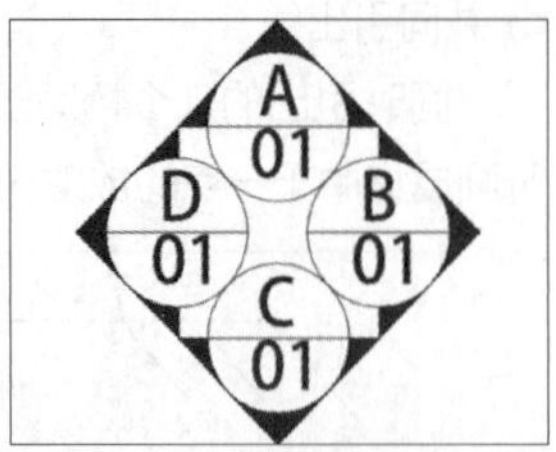

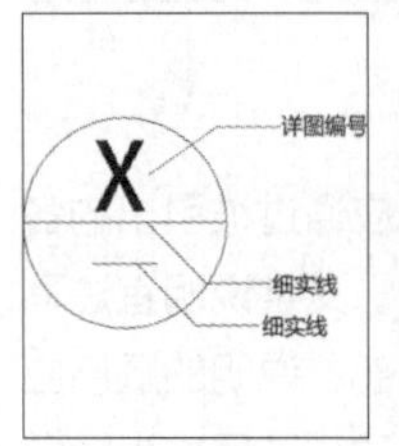

图 12-15　立面索引符号

◆表示剖切面在界面上的位置或图样所在的图样编号，应在被索引的界面或图样上使用剖切索引符号，如图 12-16 所示。

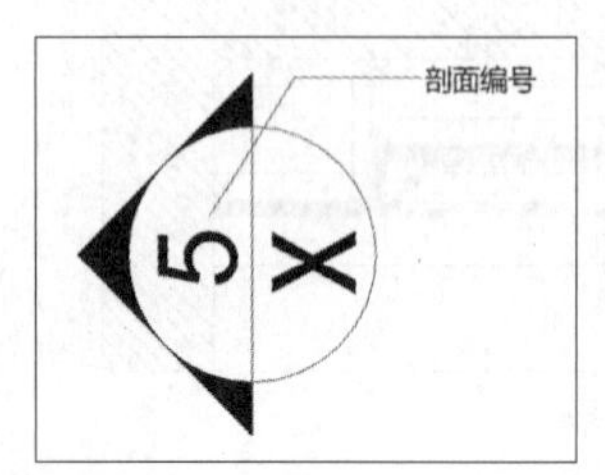

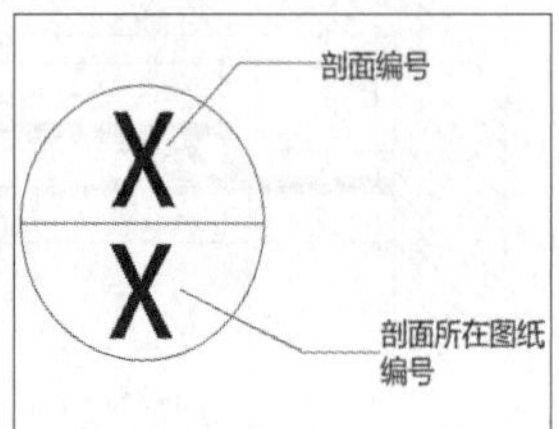

图 12-16　剖切索引符号

◆表示局部放大图样在原图上的位置及本图样所在的页码，应在被索引图样上使用详图索引符号，如图 12-17 所示。

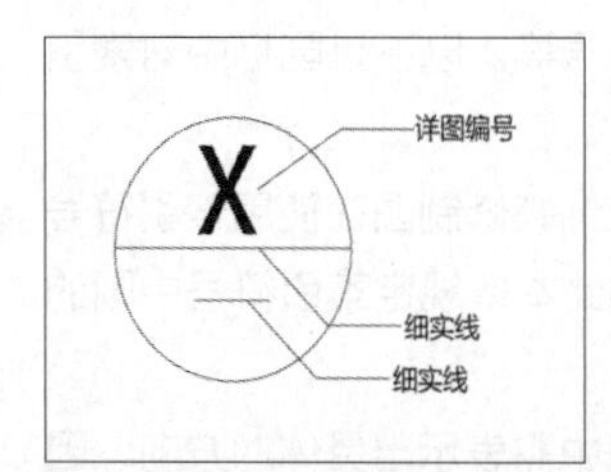

本页索引符号

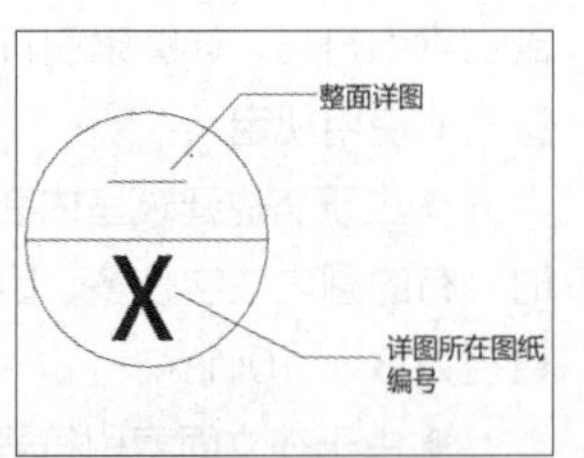

整页索引符号

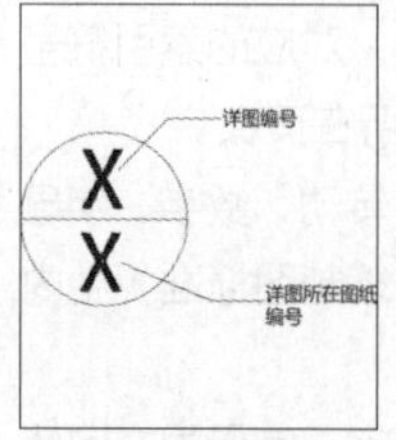

不同页索引符号

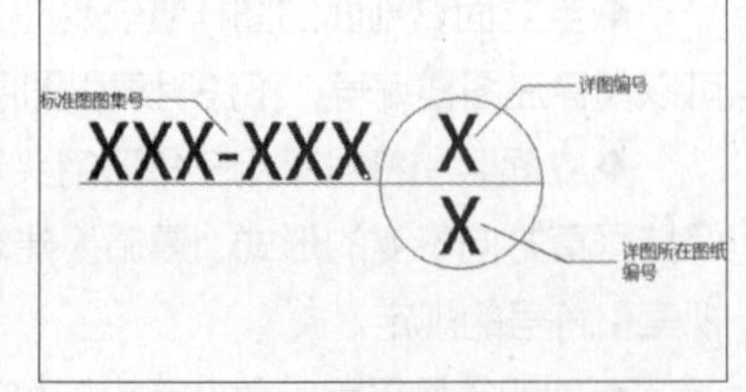

标准图索引符号

图 12-17　详图索引符号

6 标高符号

标高是用来表示建筑物各部位高度的一种尺寸形式。标高符号用细实线画出，短横线是需要标注高度的界限，长横线之上或之下注出标高数字，如图 12-18 左图所示。总平面图上的标高符号宜用涂黑的三角形表示，如图 12-18 右图所示，标高数字可注写在黑三角形的右上方，也可注写在黑三角形的上方或右边。不论哪种形式的标高符号，均为等腰直角三角形，高约为 3mm。图 12-18 中间两图用于标注其他部位的标高，短横线为需要标注高度的界限，标高数字注写在长横线的上方或下方。

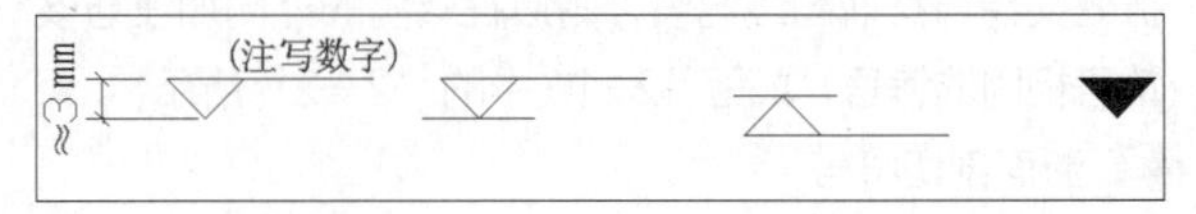

图 12-18　标高符号

标高数字以 mm 为单位，注写到小数点以后第三位（在总平面图中可注写到小数点后第二位）。零点标高应注写成“±0.000”，正数标高不注写“+”，负数标高应注写“-”，例如 3.000、-0.600。图 12-19 所示为标高注写的几种格式。

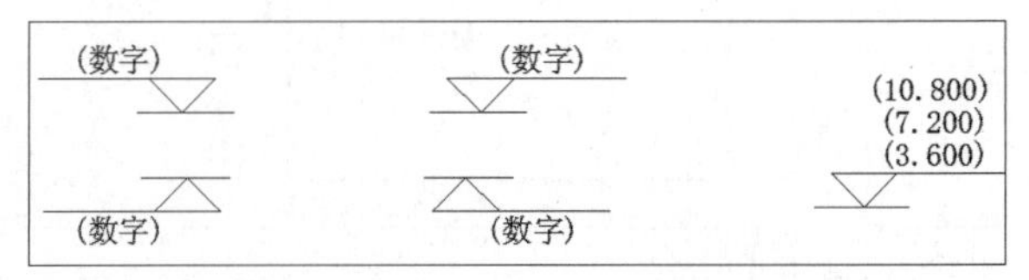

图 12-19　标高数字注写格式

提示

在AutoCAD建筑图样设计标高中，标高的数字字高为6.5mm（A0、A1、A2图纸）或2mm（A3、A4图纸）。

标高有“绝对标高”和“相对标高”两种。

◆绝对标高：我国把青岛附近黄海的平均海平面定为绝对标高的零点，其他各地标高都以它作为基准。例如，总平面图中的室外地面整平标高即绝对标高。

◆相对标高：在建筑物的施工图上要注明许多标高，都用相对标高来标注，以便直接得出各部分的高差；除总平面图外，一般都采用相对标高，即把底层室内主要的地坪标高定为相对标高的零点，标注为“±0.000”，并在建筑工程图的总说明中说明相对标高和绝对标高的关系，再根据当地附近的水准点（绝对标高）测定拟建工程的底层地面标高。

12.1.3 建筑制图的图例

★进阶★

建筑物或构筑物需要按比例绘制在图样上，对于一些建筑物的细部节点，无法按照真实形状表示，只能用示意性的符号画出。国家标准规定的正规示意性符号都称为图例。凡是国家标准的图例，均应统一遵守，按照标准画法表示在图形中，如果有个别新型材料还未纳入国家标准，设计人员要在图样的空白处画出并写明符号代表的意义，方便对照阅读。

1 一般规定

本标准只规定常用建筑材料的图例画法，对其尺度比例不做具体规定。使用时应根据图样大小而定，并应注意下列事项。

◆ 图例线应间隔均匀，疏密适度，做到图例正确，表示清楚。

◆ 不同品种的同类材料使用同一图例时，应在图上附加必要的说明。

◆ 两个相邻的涂黑图例（如混凝土构件、金属件）间，应留有空隙，其净宽度不得小于 0.5mm，如图 12-20 所示。

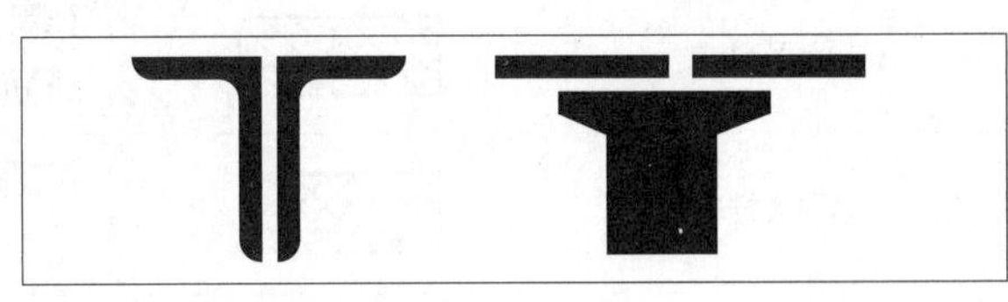

图 12-20　相邻涂黑图例的画法

下列情况可不加图例，但应加文字说明。

◆ 一张图纸内的图样只用一种图例时。

◆ 图形较小无法画出建筑材料图例时。

当选用本标准中未包括的建筑材料时，可自编图例，但不得与本标准所列的图例重复。绘制时应在适当位置画出该材料图例，并加以说明。

2 常用建筑材料图例

常用建筑材料应按表 12-4 中的图例画法绘制。

表 12-4　常用建筑材料图例

名称	图例	备注
自然土壤		包括各种自然土壤
夯实土壤		无
砂、灰土	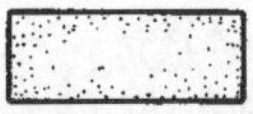	靠近轮廓线绘制较密的点
砂砾石、碎砖三合土		无
石材	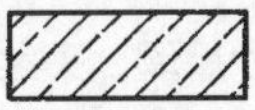	无
毛石		无
普通砖	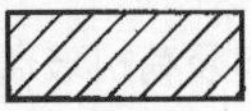	包括实心砖、多孔砖、砌块等砌体。断面较窄不易绘出图例线时，可涂红
耐火砖	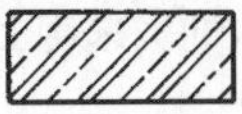	包括耐酸砖等砌体

（续表）

名称	图例	备注
空心砖		指非承重砖砌体
饰面砖		包括铺地砖、马赛克、陶瓷锦砖、人造大理石等
焦渣、矿渣	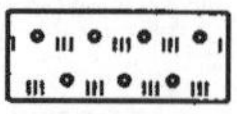	包括与水泥、石灰等混合而成的材料
混凝土	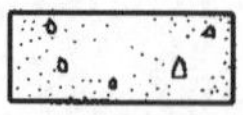	本图例指能承重的混凝土及钢筋混凝土 包括各种强度等级、骨料、添加剂的混凝土 在剖面图上画出钢筋时，不画图例线 断面图形小、不易画出图例线时，可涂黑
钢筋混凝土	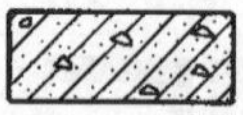	
多孔材料	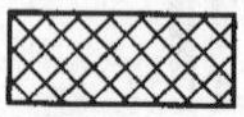	包括水泥珍珠岩、沥青珍珠岩、泡沫混凝土、非承重加气混凝土、软木、蛭石制品等
纤维材料		包括矿棉、岩棉、玻璃棉、麻丝、木丝板、纤维板等
泡沫塑料材料	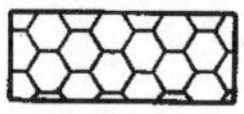	包括聚苯乙烯、聚乙烯、聚氨酯等多孔聚合物类材料
木材	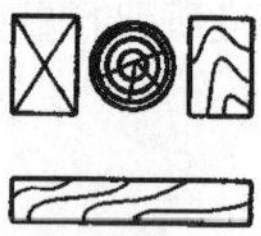	上图为横断面，左图为垫木、木砖或木龙骨 下图为纵断面
胶合板	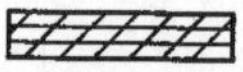	应注明几层胶合板
石膏板	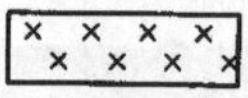	包括圆孔、方孔石膏板，防水石膏板等
金属		包括各种金属 图形小时，可涂黑
网状材料		包括金属、塑料网状材料 应注明具体材料名称
液体	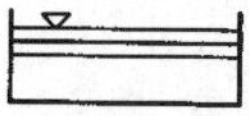	应注明具体液体名称
玻璃		包括平板玻璃、磨砂玻璃、夹丝玻璃、钢化玻璃、中空玻璃、夹层玻璃、镀膜玻璃等
橡胶		无
塑料		包括各种软、硬塑料及有机玻璃等
防水材料		构造层次多或比例大时，采用上面的图例
粉刷		本图例采用较稀的点

12.2 建筑设计图的内容

建筑设计图又被称为建筑施工图（简称建施图），主要用来表示建筑物的规划位置、外部造型、内部各房间的布置、内外装修、构造及施工要求等。

建筑施工图包括建施图首页、建筑总平面图、建筑平面图、建筑立面图、建筑剖面图及建筑详图等六大类图样。

12.2.1 建施图首页

建施图首页内含工程名称、实际说明、图样目录、经济技术指标、门窗统计表，以及本套建筑施工图选用的标准图集名称列表等。

图样目录一般包括整套图样的目录，应有建筑施工图目录、结构施工图目录、给水排水施工图目录、采暖通风施工图目录和建筑电气施工图目录等。

建筑图样应按专业顺序编排，一般应为图样目录、总图、建筑图、结构图、给水排水图、暖通空调图、电气图等。

12.2.2 建筑总平面图

将新建工程周围一定范围内的新建、拟建、原有和拆除的建筑物、构筑物连同其周围的地形、地物状况，用水平投影的方法和相应的图例都画出的图样，称为总平面图，如图 12-21 所示。

图 12-21　建筑总平面图的效果

建筑总平面图主要表示新建房屋的位置、朝向及其与原有建筑物的关系，以及周围道路、绿化、给水、排水、供电条件等方面的情况。建筑总平面图可作为新建房屋施工定位、土方施工、设备管网平面布置，安排施工时进入现场的材料和构件、配件堆放场地、构件预制的场地及运输道路的依据。

图 12-22 所示为某小学建筑总平面图。

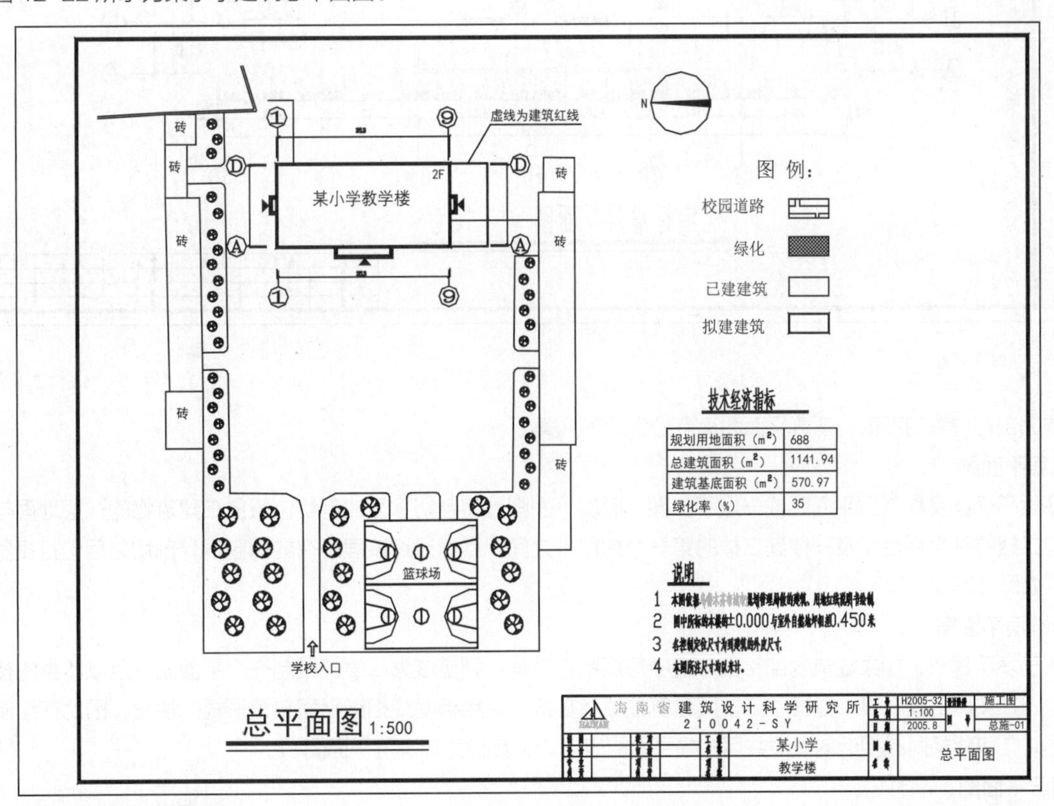

图 12-22　建筑总平面图

12.2.3 建筑平面图

建筑平面图简称平面图，是假想用一水平的剖切面沿门窗洞位置将房屋剖切后，剖切面以下部分的水平投影图，如图 12-23 所示。它反映了房屋的平面形状、大小和布置，墙和柱等结构的位置、尺寸和材料，门窗的类型和位置等，如图 12-24 所示。

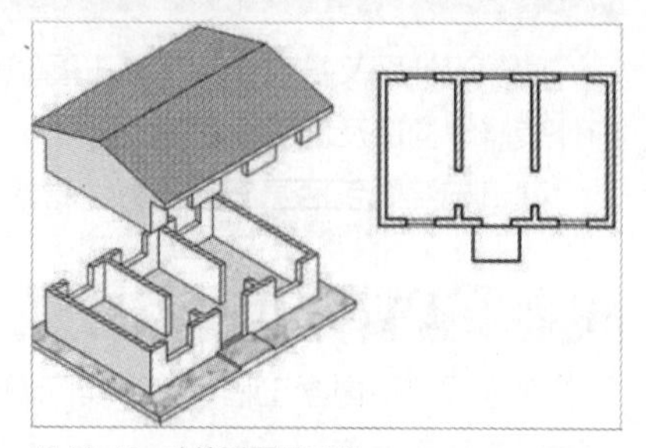

图 12-23　建筑平面图示意

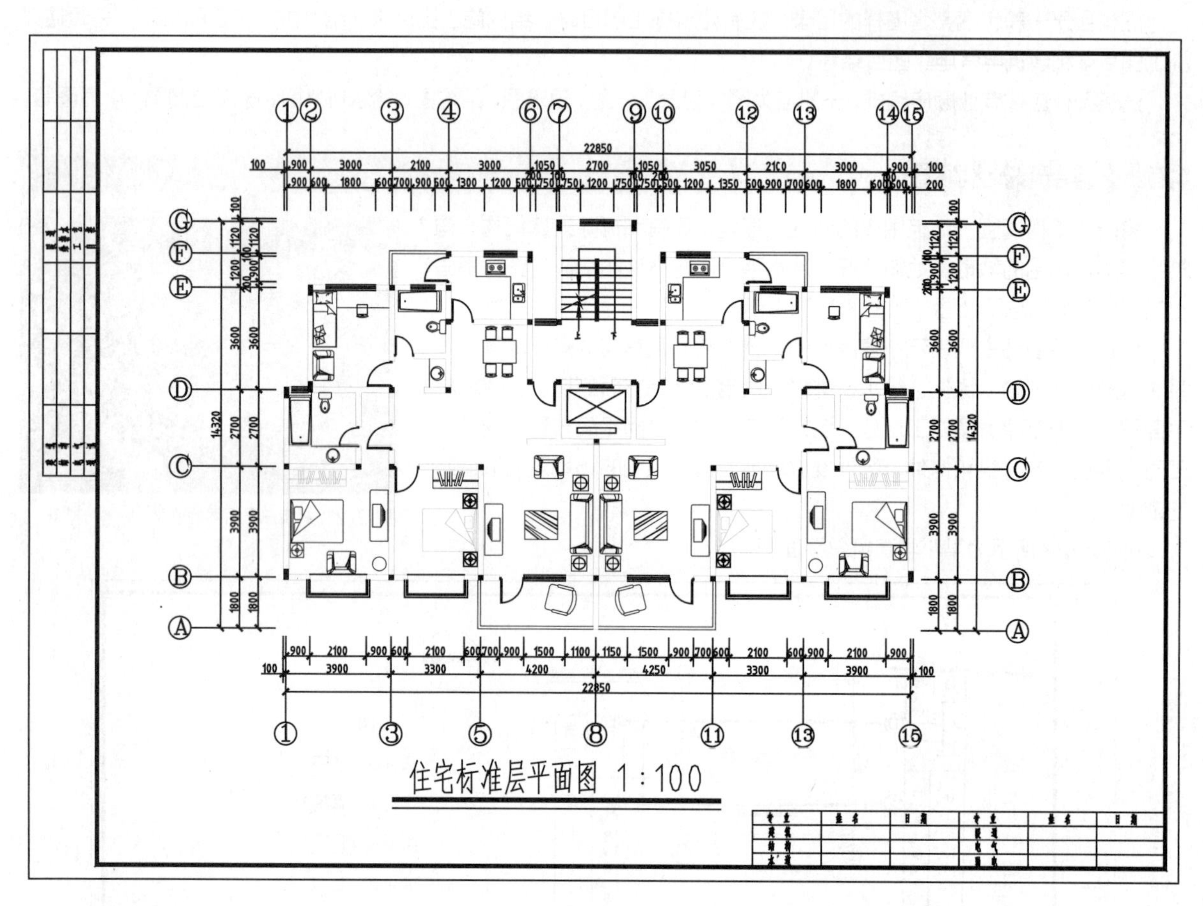

图 12-24　建筑平面图

依据剖切位置的不同，建筑平面图又可分为如下几类。

1 底层平面图

底层平面图又称首层平面图或一层平面图。底层平面图是将剖切平面的剖切位置放在建筑物的一层地面与从一楼通向二楼的休息平台（及一楼到二楼的第一个梯段）之间，尽量通过该层所有的门窗洞，剖切之后进行投影而得到的，如图 12-25 所示。

2 标准层平面图

对于多层建筑，如果建筑内部平面布置中每层都有差异，则应该为每层都绘制一个平面图，且以本身的楼层数命名。但在实际的建筑设计过程中，多层建筑往往存在多个采用相同或相近平面布置形式的楼层，因此在绘制建筑平面图时，可将相同或相近的楼层共用一幅平面图表示，将其称为标准层平面图。

3 顶层平面图

顶层平面图是位于建筑物最上面一层的平面图，具有与其他层相同的功用，它也可以用相应的楼层数来命名。

4 屋顶平面图

屋顶平面图是指从屋顶上方向下所做的俯视图，主要用来描述屋顶的平面布置，如图 12-26 所示。

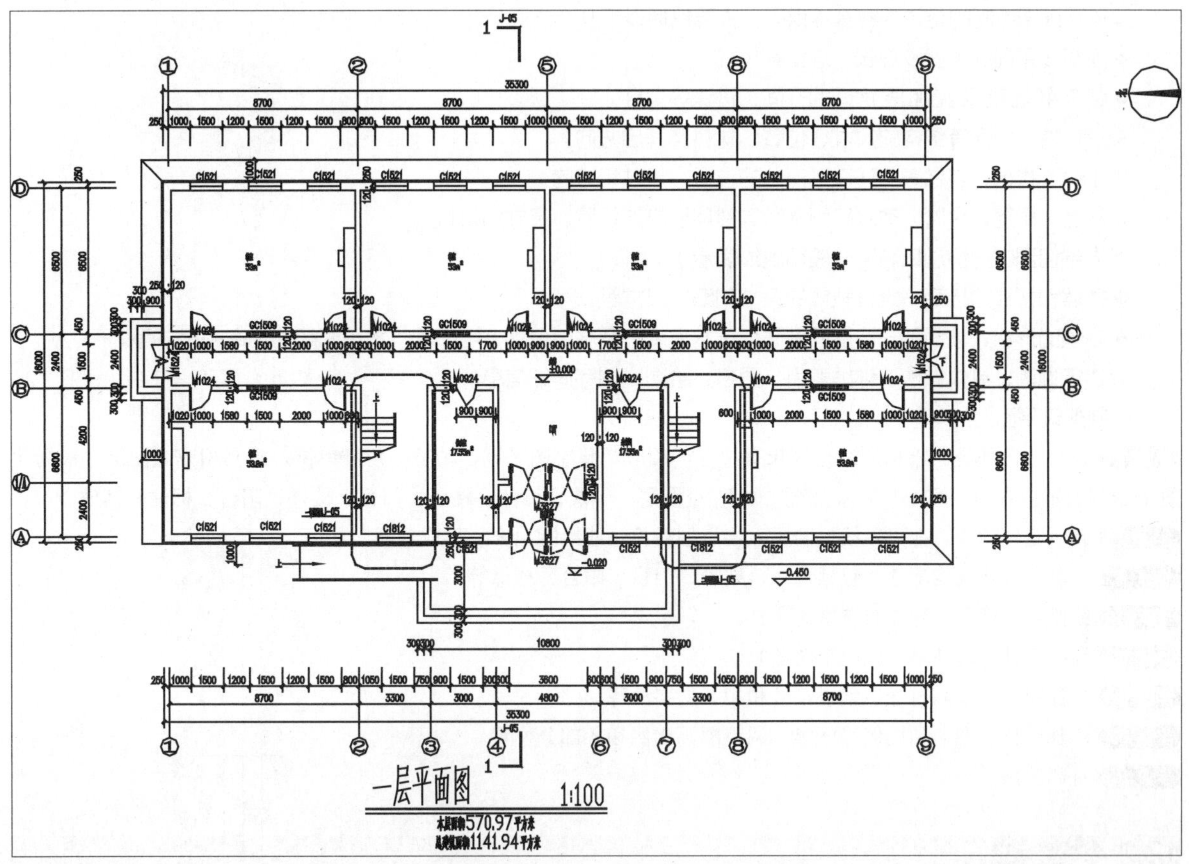

图 12-25　底层平面图

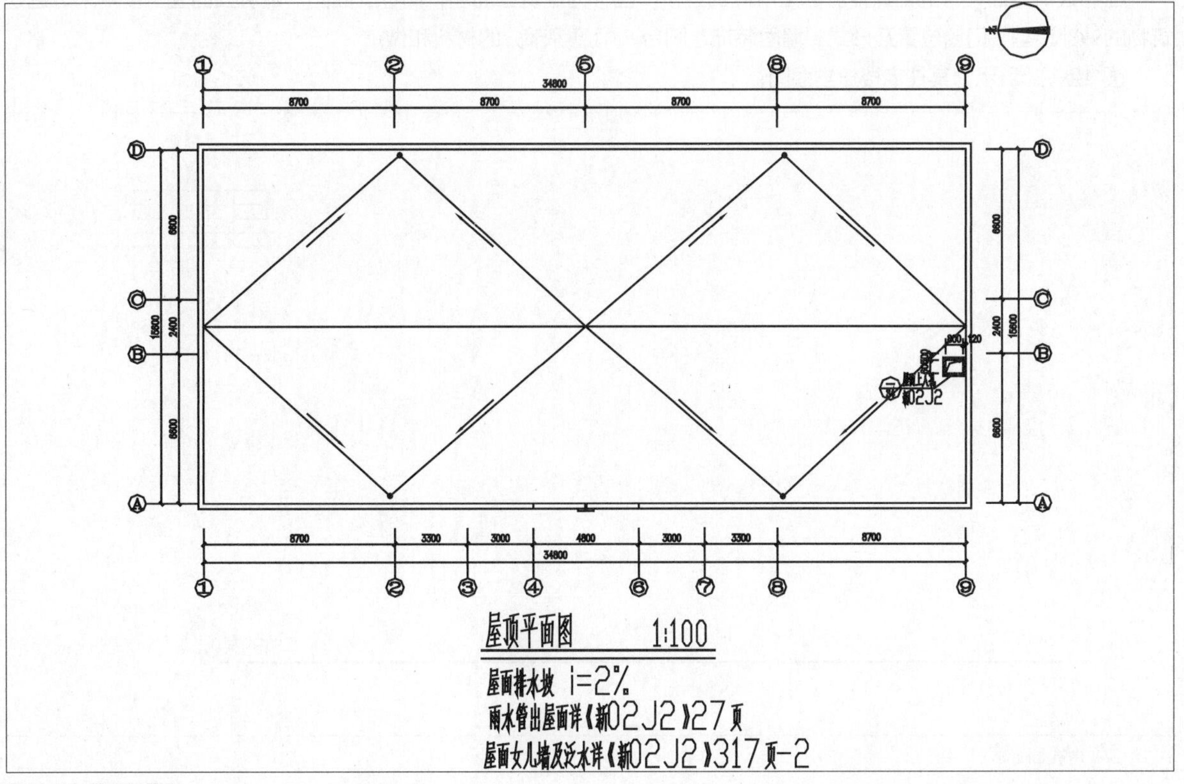

图 12-26　屋顶平面图

5 地下室平面图

地下室平面图是指对于有地下室的建筑物，地下室的平面布置情况。

建筑平面图绘制的具体内容基本相同，主要包括以下几个方面。

◆建筑物平面的形状及总长、总宽等尺寸。

◆建筑平面房间组合和各房间的开间、进深等尺寸。

◆墙、柱、门窗等结构的尺寸、位置、材料及开启方向。

◆走廊、楼梯、电梯等交通联系部分的位置、尺寸和方向。

◆阳台、雨篷、台阶、散水和雨水管等附属设施的位置、尺寸和材料等。

◆未剖切到的门窗洞口等（一般用虚线表示）。

◆楼层和楼梯的标高，定位轴线的尺寸和细部尺寸等。

◆屋顶的形状、坡面形式、屋面做法、排水坡度、雨水口位置、电梯间、水箱间等的构造和尺寸等。

◆建筑说明、具体做法、详图索引、图名、绘图比例等详细信息。

绘制建筑平面图的一般步骤如下。

步骤 01 设置绘图环境。根据所绘建筑长宽尺寸，相应调整绘图区域、精度、角度单位，建立相应的图层。根据建筑平面图表示内容的不同，一般需要建立如下8个图层：轴线、墙体、柱子、门窗、楼梯、阳台、标注和其他。

步骤 02 绘制定位轴线。在“轴线”图层上用点划线将轴线绘制出来，形成轴网。

步骤 03 绘制各种建筑构配件，包括墙体、柱子、门窗、阳台、楼梯等。

步骤 04 绘制建筑细部内容和布置室内家具。

步骤 05 绘制室外周边环境（底层平面图）。

步骤 06 标注尺寸、标高符号、索引符号和相关文字注释。

步骤 07 添加图框、图名和比例等内容，调整图幅比例和各部分位置。

步骤 08 打印输出。

12.2.4 建筑立面图

在与建筑立面平行的铅直投影面上所做的正投影图称为建筑立面图，简称立面图。建筑立面图主要用来表达建筑物的外部造型、门窗位置及形式、墙面装饰、阳台、雨篷等部分的材料和做法。

图 12-27 所示为某住宅楼正立面图。

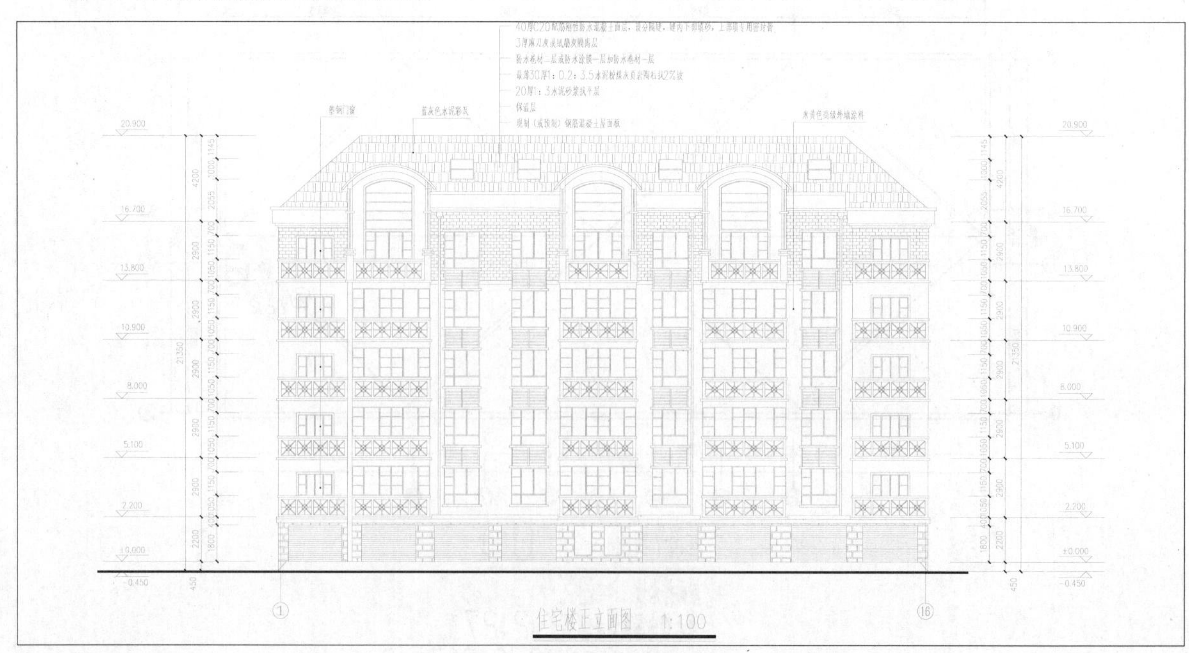

图 12-27 建筑立面图

建筑立面图的主要内容通常包括以下几个部分。

◆建筑物某侧立面的立面形式、外貌及大小。

◆外墙面上装修做法、材料、装饰图线、色调等。

◆门窗及各种墙面线脚、台阶、雨篷、阳台等构造和配件的位置、立面形状及大小。

◆标高及必须标注的局部尺寸。

◆详图索引符号、立面图两端定位轴线及编号。

◆图名和比例。

根据国家标准制图规范，建筑立面图的绘制有如下几方面的要求。

◆定位轴线方面，在建筑立面图中，一般只绘制两端的轴线及编号，以便和平面图对照，确定立面图的投影方向。

◆尺寸标注方面，建筑立面图中高度方向的尺寸主要使用标高的形式标注，主要包括建筑物室内外地坪、各楼层地面、窗台、门窗顶部、檐口、屋脊、阳台底部、女儿墙、雨篷、台阶等处的标高尺寸。在所标注处画一条水平引出线，标高符号一般画在图形外，符号大小一致且整齐地排列在同一铅垂线上。必要时为使尺寸标注更清晰，可标注在图内，如楼梯间的窗台面标高。应注意，不同的地方应采用不同的标高符号。

◆详图索引符号方面，一般在屋顶平面图附近有檐口、女儿墙和雨水口等构造详图，凡是需要绘制详图的地方都要标注详图符号。

◆建筑材料和颜色标注方面，在建筑立面图上，外墙表面分隔线应标示清楚。应用文字说明各部分所用面材料及色彩。外墙的色彩和材质决定建筑立面的效果，因此一定要进行标注。

◆图线方面，在建筑立面图中，为了加强立面图的表达效果，使建筑物的轮廓突出，通常采用不同的线型来表达不同的对象。屋脊线和外墙最外轮廓线一般采用粗实线（b）绘制，室外地坪采用加粗实线（$1.4b$）绘制，所有凹凸部位（如建筑物的转折、立面上的阳台、雨篷、门窗洞、室外台阶、窗台等）用中实线（$0.5b$）绘制，其他部分的图形（如门窗、雨水管等）、定位轴线、尺寸线、图例线、标高和索引符号、详图材料做法引出线等采用细实线（$0.25b$）绘制。

◆图例方面，建筑立面图上的门、窗等内容都是采用图例来绘制的。在建筑物立面图上，相同的门窗、阳台、外檐装修、构造做法等可在局部重点表示，绘出其完整图形，其他部分只画轮廓线。

◆比例方面，国家标准《建筑制图标准》GB/T 50104—2010 规定：立面图宜采用 1 ： 50、1 ： 100、1 ： 150、1 ： 200 和 1 ： 300 等比例绘制。在绘制建筑物立面图时，应根据建筑物的大小采用不同的比例。通常采用 1 ： 100 的比例绘制。

12.2.5 建筑剖面图

建筑剖面图是假想用一个或一个以上垂直于外墙轴线的铅垂剖切平面剖切建筑，得到的图形称为建筑剖面图，简称剖面图。它反映了建筑内部的空间高度、室内立面布置、结构和构造等情况。

图 12-28 所示为某建筑剖面图。

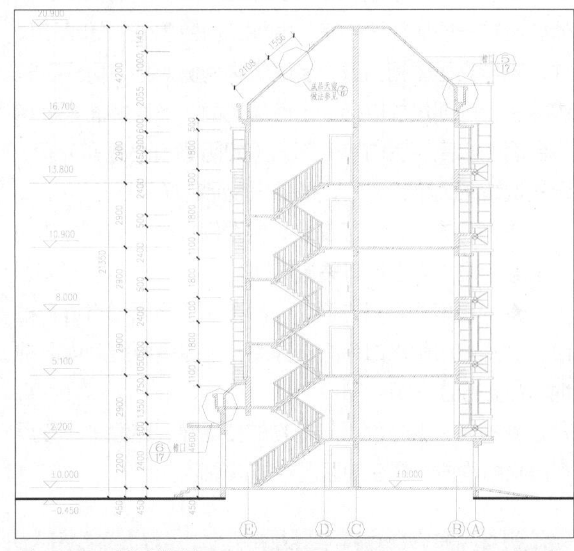

图 12-28　建筑剖面图

建筑剖面图主要表达的内容如下。

◆表示被剖切到的建筑物各部位，包括各楼层地面、内外墙、屋顶、楼梯、阳台等构造的做法。

◆表示建筑物主要承重构件的位置及相互关系，包括各层的梁、板、柱及墙体的连接关系等。

◆一些没有被剖切到的但在剖切图中可以看到的建筑物构配件，包括室内的窗户、楼梯、栏杆及扶手等。

◆表示屋顶的形式和排水坡度。

◆建筑物的内外部尺寸和标高。

◆详细的索引符号和必要的文字注释。

◆剖面图的比例与平面图、立面图相一致，为了图示清楚，也可用较大的比例进行绘制。

◆标注图名、轴线及轴线编号，从图名和轴线编号可知剖面图的剖切位置和剖视方向。

绘制建筑剖面图，有如下几个方面的要求。

◆比例方面，国家标准《建筑制图标准》GB/T 50104—2001 规定，剖面图宜采用 1 ： 50、1 ： 100、1 ： 150、1 ： 200 和 1 ： 300 等比例进行绘制。在绘制建筑物剖面图时，应根据建筑物的大小采用不同的比例。一般采用 1 ： 100 的比例，这样绘制起来比较方便。

◆定位轴线方面，在建筑剖面图中，除了需要绘制两端轴线及其编号外，还要与平面图的轴线对照，在被剖切到的墙体处绘制轴线及编号。

◆图线方面，在建筑剖面图中，凡是被剖切到的建筑构件的轮廓线一般采用粗实线（*b*）或中实线（0.5*b*）来表示，没有被剖切到的可见构配件采用细实线(0.25*b*)来表示。绘制较简单的图样时，可采用两种线宽的线宽组，其线宽比宜为 1 ： 0.25。被剖切到的构件一般应表示出该构件的材质。

◆尺寸标注方面，应标注建筑物外部、内部的尺寸。外部尺寸一般应标注出室外地坪、窗台等处的标高和尺寸，应与立面图相一致，若建筑物两侧对称，可只在一边标注。内部尺寸应标注出底层地面、各层楼面与楼梯平台面的标高，室内其他部分（如门窗和设备等）标注出其位置和大小的尺寸，楼梯一般另有详图。

◆图例方面，门窗都是采用图例来绘制的，具体的门窗等的尺寸可查看有关建筑标准。

◆详图索引符号方面，一般在屋顶平面图附近有檐口、女儿墙和雨水口等构造详图，凡是需要绘制详图的地方都要标注详图符号。

◆材料说明方面，建筑物的楼地面、屋面等一般用多层材料构成，应在剖面图中加以说明。

12.2.6 建筑详图

建筑详图主要包括屋顶详图、楼梯详图、卫生间详图及一切非标准设计或构件的详图，主要用来表达建筑物的细部构造、节点连接形式，以及构件和配件的形状大小、材料、做法等。详图要用较大比例绘制（如 1 ： 20），尺寸标注要准确齐全，文字说明要详细。

图 12-29 所示为某建筑楼梯踏步和栏杆详图。

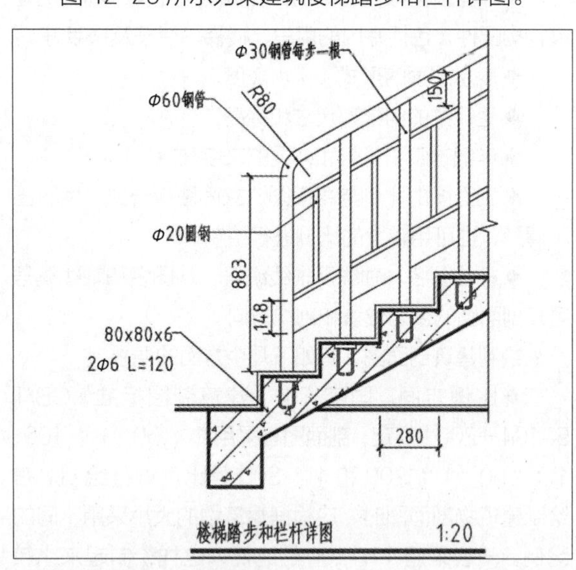

图 12-29 楼梯踏步和栏杆详图

12.3 创建建筑制图样板

事先设置好绘图环境，可以使用户在绘制各类建筑图时更加方便、灵活、快捷。设置绘图环境，包括绘图区域界限及单位的设置、图层的设置、文字和标注样式的设置等。用户可以先创建一个空白文档，设置好相关参数后将其保存为模板文件，以后如需再绘制建筑类图纸，可以直接调用。本章所有实例皆基于该模板，操作步骤如下。

步骤 01 单击快速访问工具栏中的“新建”按钮，新建图形文件。

步骤 02 执行“格式”|“单位”命令，系统打开“图形单位”对话框，设置单位，如图12-30所示。

步骤 03 单击“图层”面板中的“图层特性”按钮，打开“图层特性管理器”选项板，设置图层，如图12-31所示。

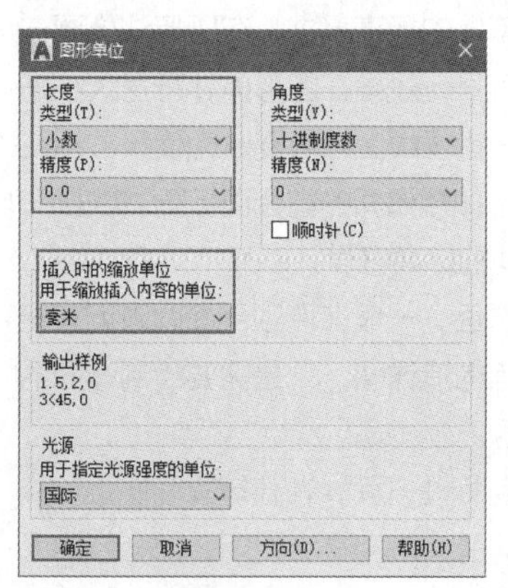

图 12-30 设置单位

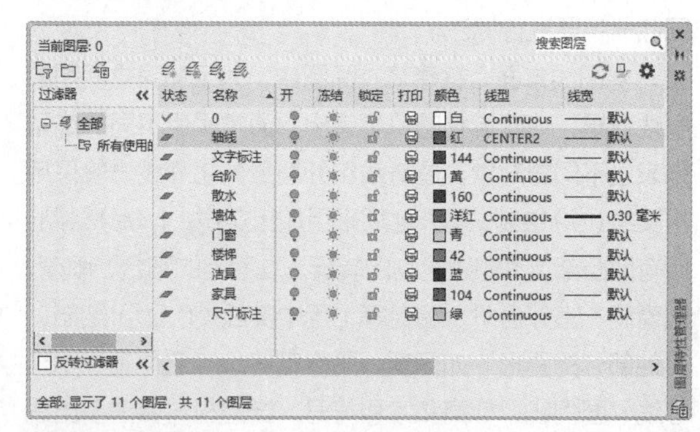

图 12-31 设置图层

步骤 04 执行“图形界限”（LIMITS）命令，设置图形界限。命令行提示如下。

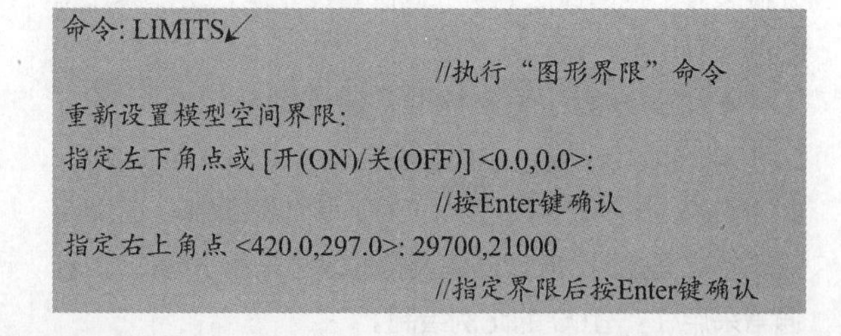

```
命令: LIMITS↙
                              //执行“图形界限”命令
重新设置模型空间界限:
指定左下角点或 [开(ON)/关(OFF)] <0.0,0.0>:
                              //按Enter键确认
指定右上角点 <420.0,297.0>: 29700,21000
                              //指定界限后按Enter键确认
```

步骤 05 单击“注释”面板扩展区域中的“文字样式”按钮，打开“文字样式”对话框，如图12-32所示。

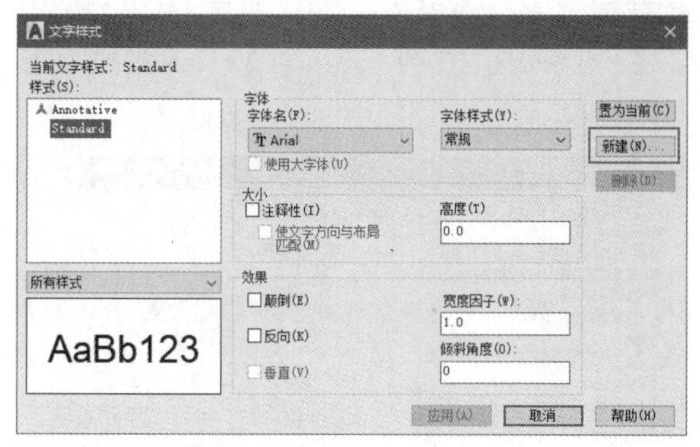

图 12-32　“文字样式”对话框

步骤 06 单击“新建”按钮，新建“标注”文字样式，如图12-33所示。

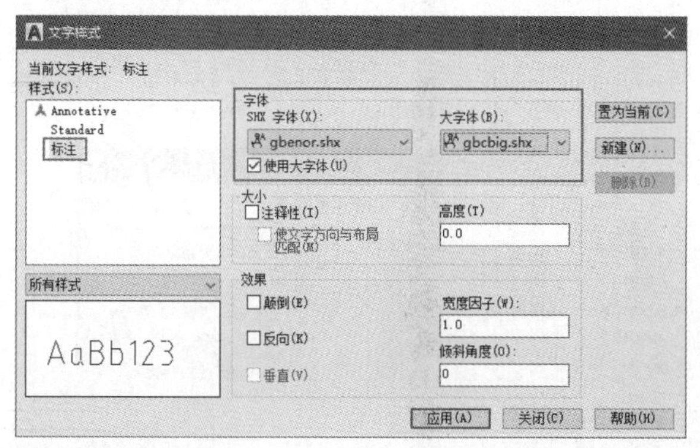

图 12-33　新建文字样式

步骤 07 使用相同的方法新建图12-34所示的“文字说明”样式及图12-35所示的“轴号”样式。

步骤 08 单击“注释”面板扩展区域中的“标注样式”按钮，打开“标注样式管理器”对话框，如图12-36所示。

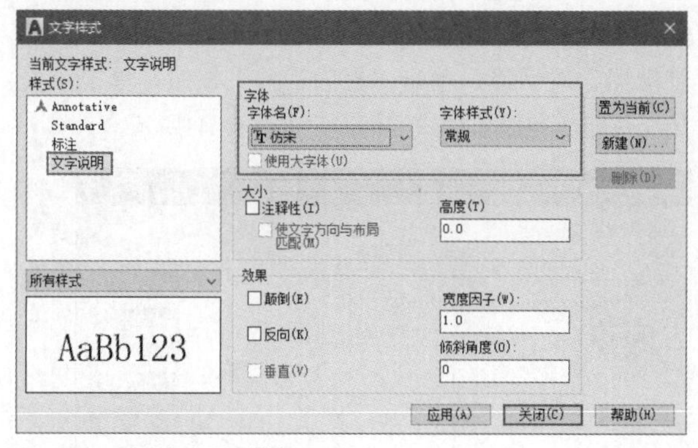

图 12-34　“文字说明”样式

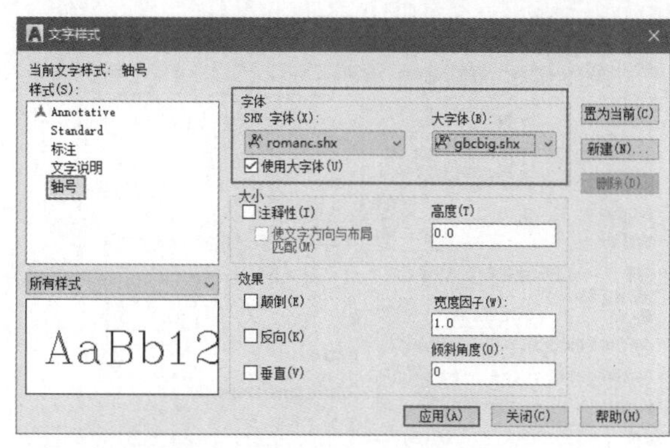

图 12-35　“轴号”样式

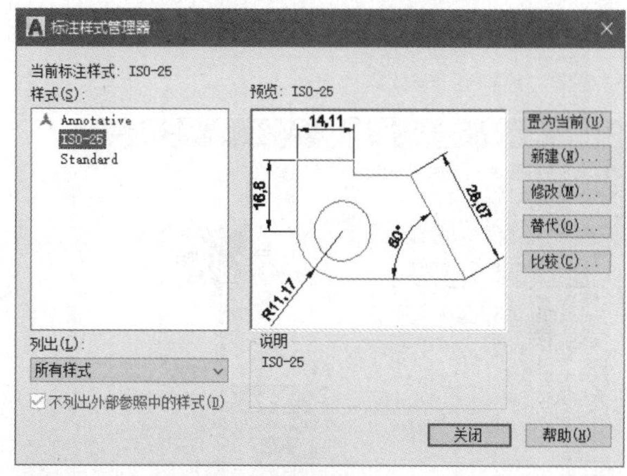

图 12-36　“标注样式管理器”对话框

步骤 09 单击“新建”按钮，弹出图12-37所示的“创建新标注样式”对话框，在“新样式名”文本框中输入“建筑标注”。

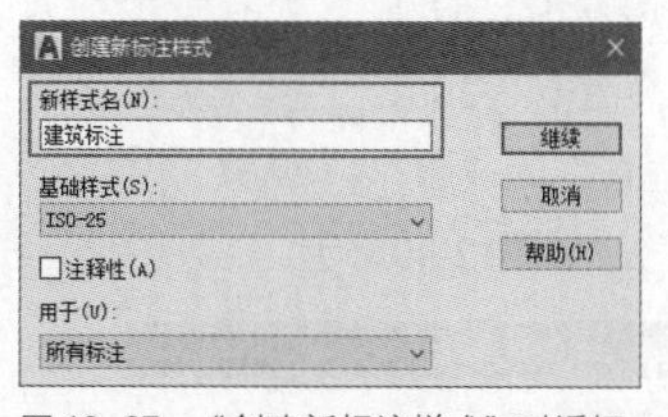

图 12-37　“创建新标注样式”对话框

步骤 10 单击“创建新标注样式”对话框中的“继续”按钮，弹出“新建标注样式:建筑标注”对话框。“线”选项卡参数设置如图12-38所示，将“超出尺寸线”设置为200，“起点偏移量”设置为100，其他选项保持默认值不变。

步骤 11 在“符号和箭头”选项卡中设置箭头符号为“建筑标记”，“箭头大小”为200，如图12-39所示。

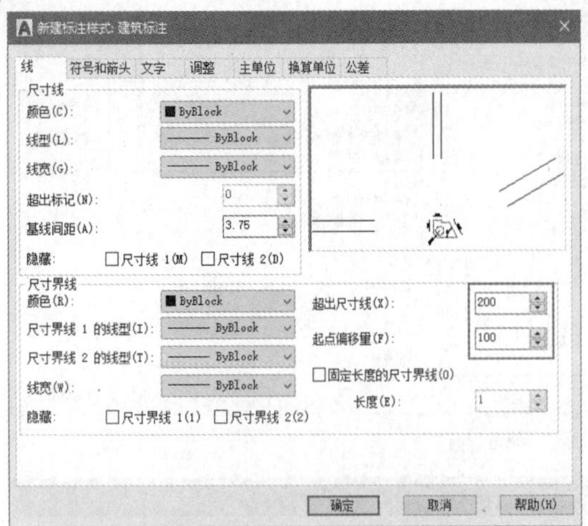

图 12-38 “线”选项卡设置

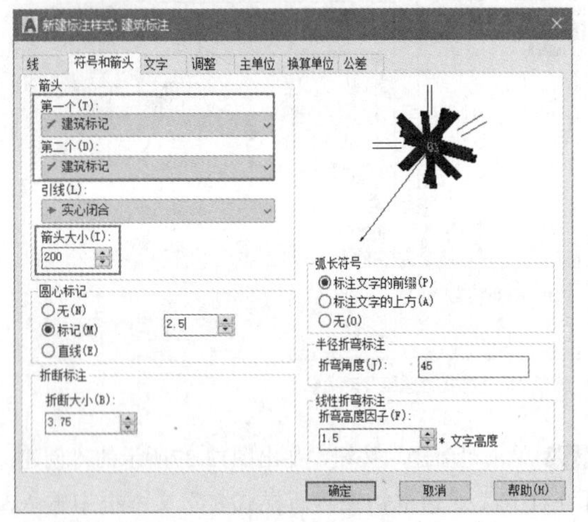

图 12-39 “符号和箭头”选项卡设置

步骤 12 单击“文字”选项卡，设置“文字样式”为“标注”，设置“文字高度”为300，设置“从尺寸线偏移”为100，设置“垂直”为“上”，设置“文字对齐”为“与尺寸线对齐”，如图12-40所示。

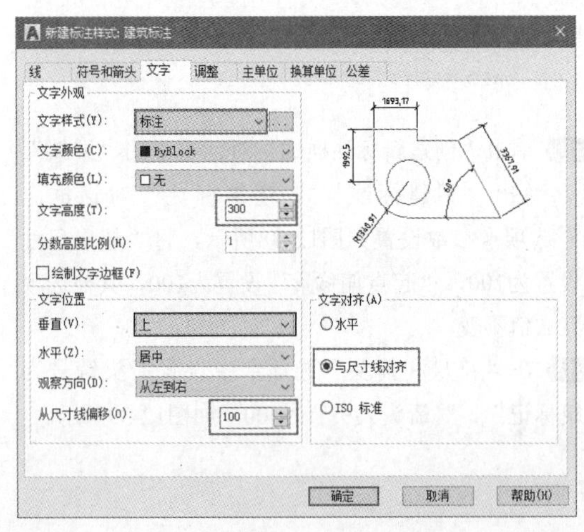

图 12-40 “文字”选项卡设置

步骤 13 单击“调整”选项卡，设置“文字位置”为“尺寸线上方，带引线”，其他选项保持默认不变，如图12-41所示。

步骤 14 单击“主单位”选项卡，设置“精度”为0，设置“小数分隔符”为“.”（句点），如图12-42所示。

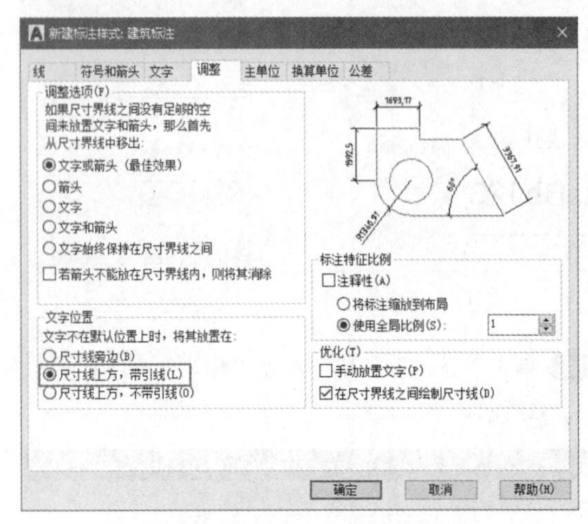

图 12-41 “调整”选项卡设置

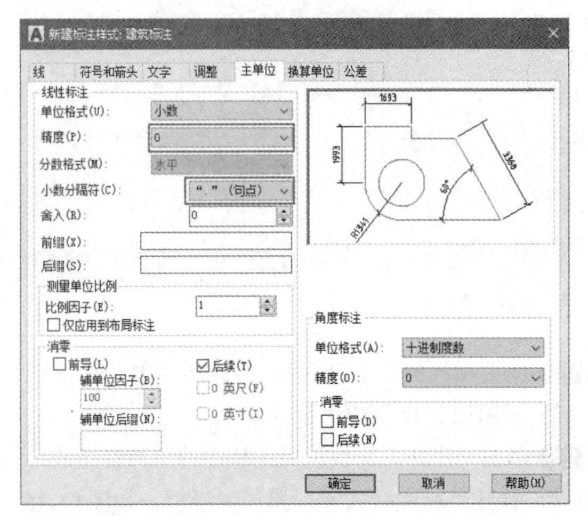

图 12-42 “主单位”选项卡设置

步骤 15 设置完毕，单击“确定”按钮返回“标注样式管理器”对话框，单击“置为当前”按钮，单击“关闭”按钮，完成新样式的创建，如图12-43所示。

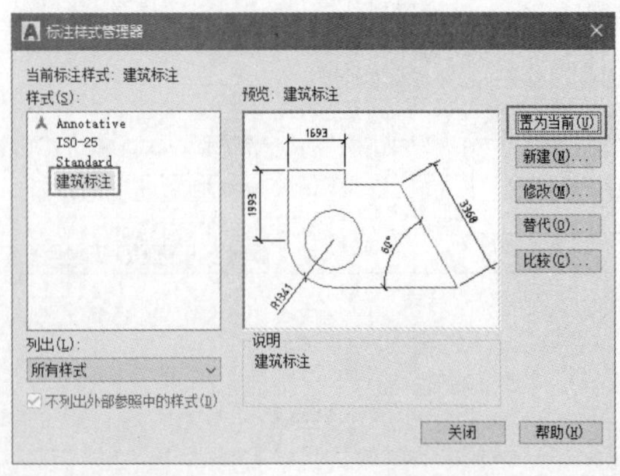

图 12-43 设置完成

步骤 16 执行“文件”|“另存为”命令，打开“图形另存为”对话框，保存为“建筑制图样板.dwt”文件。

12.4 绘制常用建筑设施图

建筑设施图在 AutoCAD 的建筑绘图中非常常见，如门窗、马桶、浴缸、楼梯、地板砖和栏杆等图形。本节主要介绍常见建筑设施图的绘制方法、技巧及相关的理论知识。

12.4.1 绘制玻璃双开门立面图 ★进阶★

双开门通常用代号 M 表示，在平面图中，门的开启方向线宜以 45°、60° 或 90° 绘出。在绘制门立面时，应根据实际情况绘制出门的形式，也可表明门的开启方向线，操作步骤如下。

步骤 01 单击快速访问工具栏中的“新建”按钮，新建一个图形文档。

步骤 02 执行“矩形”（REC）命令，绘制2400×2400的矩形，如图12-44所示。

步骤 03 执行“分解”（X）命令，分解矩形，执行“偏移”（O）命令，偏移线段，如图12-45所示。

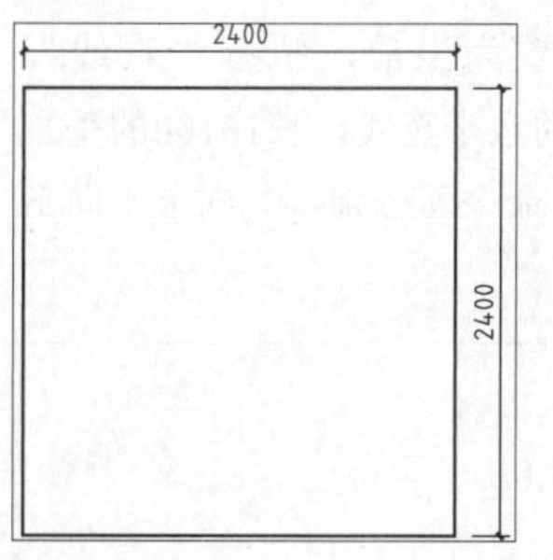

图12-44　绘制矩形

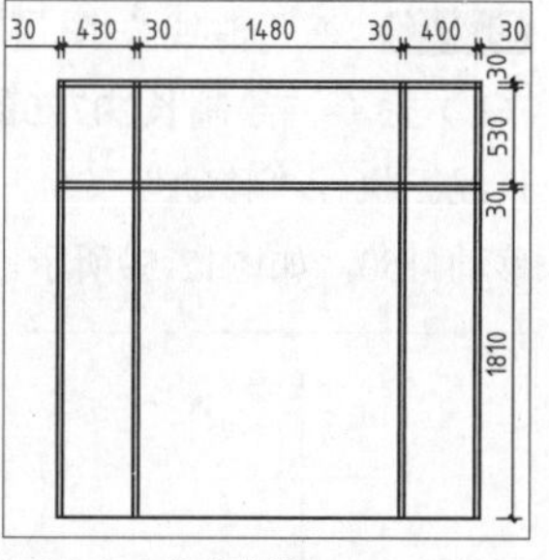

图12-45　偏移直线

步骤 04 执行“修剪”（TR）命令，修剪直线，如图12-46所示。

步骤 05 执行“矩形”（REC）命令，按照图12-47所示的数据绘制出4个不同的矩形。

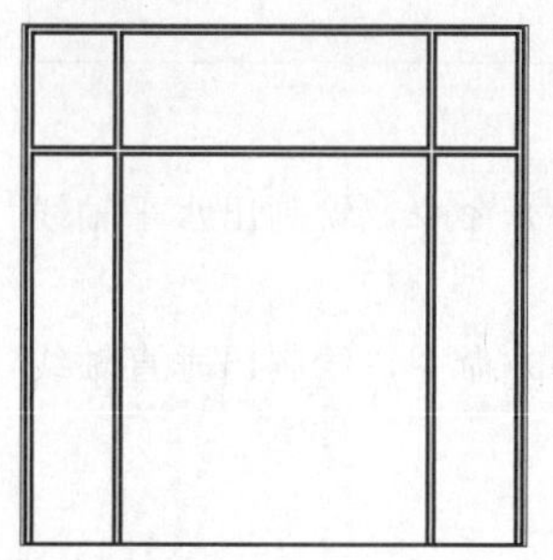
图12-46　修剪图形

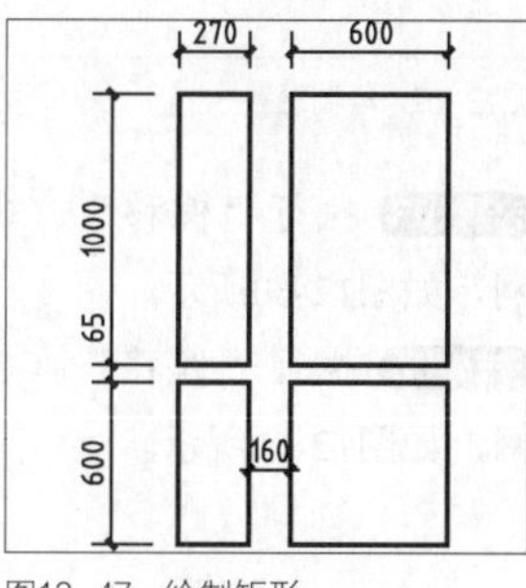

图12-47　绘制矩形

步骤 06 执行“移动”（M）命令，将4个矩形放置到相应位置，如图12-48所示。

步骤 07 执行“镜像”（MI）命令，将4个小矩形镜像至另一侧，执行“直线”（L）命令，绘制中心线，如图12-49所示。

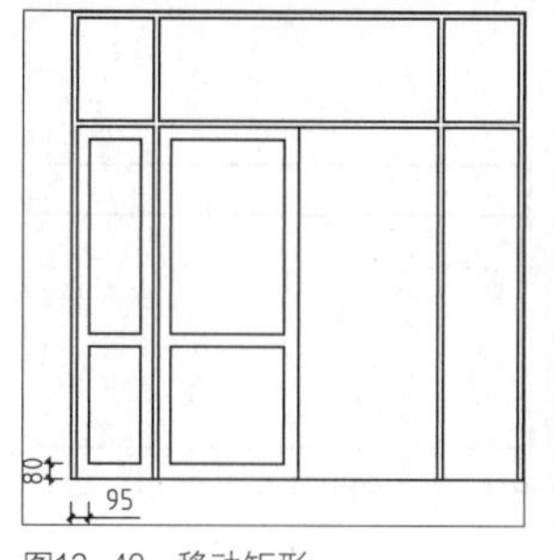

图12-48　移动矩形

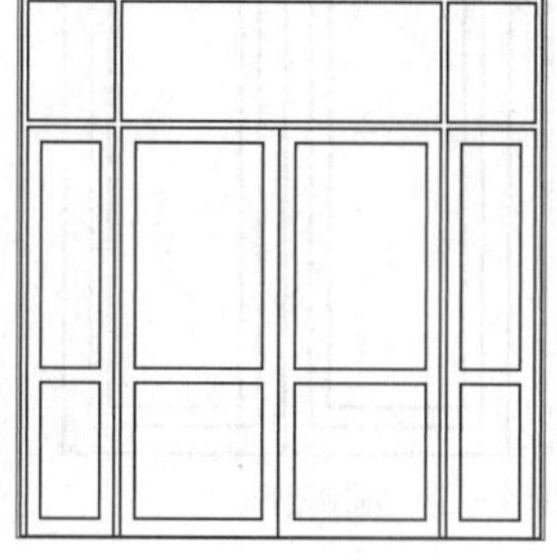
图12-49　镜像图形并绘制中心线

步骤 08 执行“填充”（H）命令，选择“预定义”类型，选择AR-RROOF填充图案，角度设为45°，比例设为500，效果如图12-50所示。

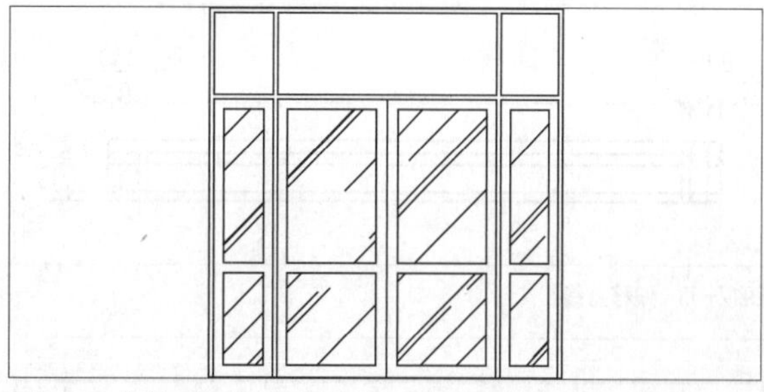
图12-50　填充图案

12.4.2 绘制欧式窗立面图 ★进阶★

窗立面是建筑立面图中不可或缺的部分，一般以代号 C 表示，其立面形式按实际情况绘制，操作步骤如下。

步骤 01 单击快速访问工具栏中的“新建”按钮，新建一个图形文档。

步骤 02 执行“矩形”（REC）命令，绘制600×1400的矩形，如图12-51所示。

步骤 03 执行“偏移”（O）命令，将矩形向内分别偏移70和50，如图12-52所示。

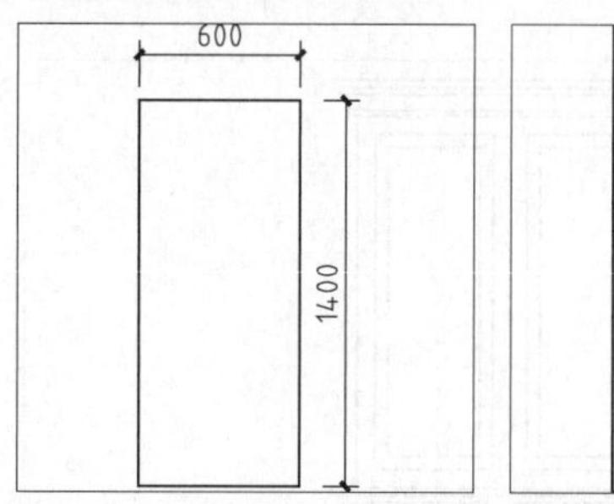

图12-51　绘制矩形

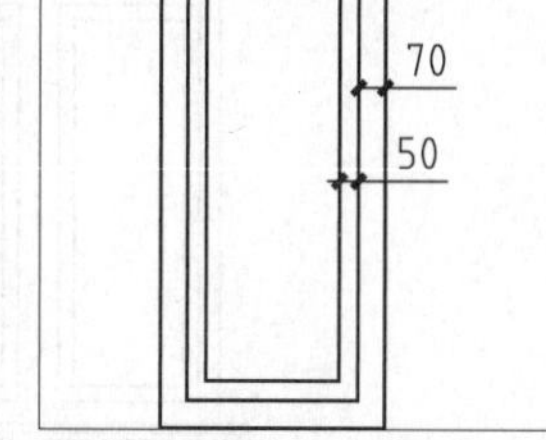

图12-52　偏移矩形

步骤 04 执行“复制”（CO）命令，复制图形，并放置在相应位置，如图12-53所示。

步骤 05 执行“矩形”（REC）命令，绘制1400×135的矩形，如图12-54所示。

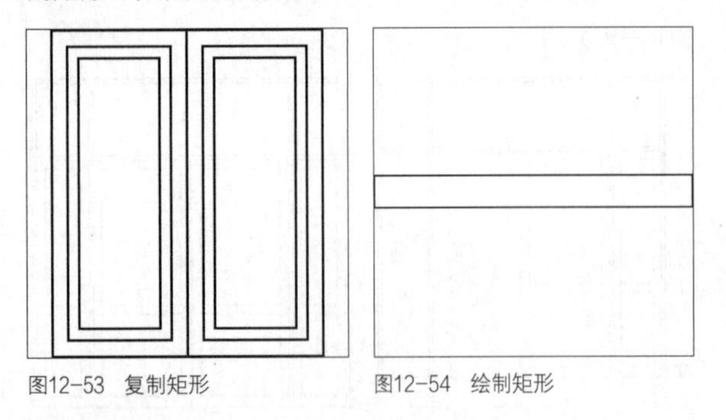

图12-53 复制矩形　　图12-54 绘制矩形

步骤 06 执行“分解”（X）命令，分解矩形，执行“偏移”（O）命令，偏移直线，如图12-55所示。

步骤 07 执行“修剪”（TR）命令，修剪图形，如图12-56所示。

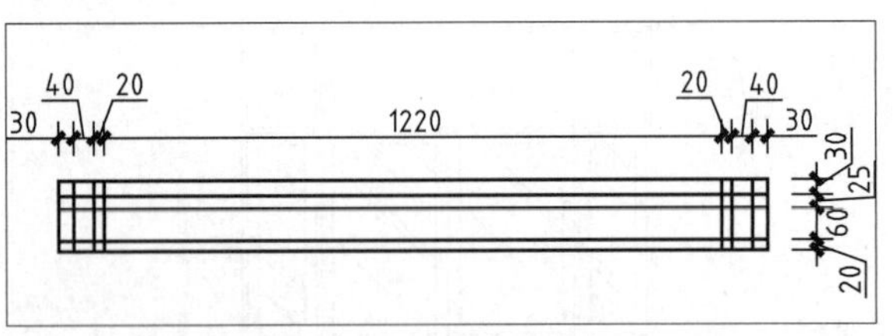

图12-55 偏移直线

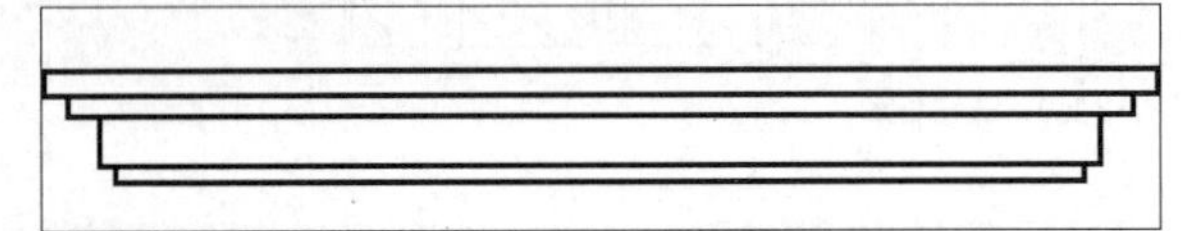

图12-56 修剪图形

步骤 08 执行“圆弧”（ARC）命令，绘制半径为70的弧形，并删除多余线段，如图12-57所示。

步骤 09 执行“复制”（CO）命令，将刚绘制完成的图形移动复制到窗图形上下两侧，如图12-58所示。

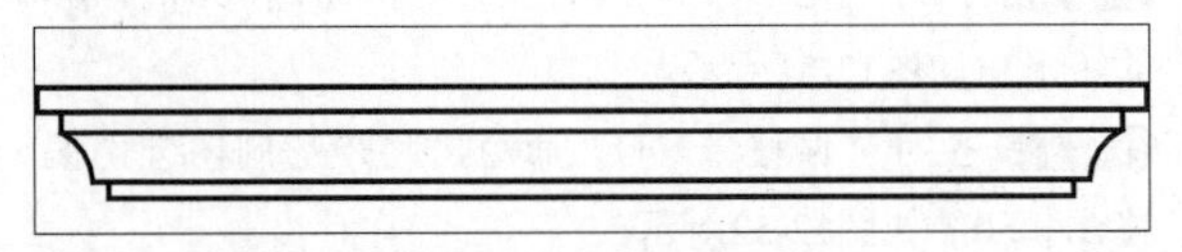

图12-57 绘制弧形

图12-58 完成效果

12.5 绘制居民楼建筑设计图

建筑设计图的内容前面已经介绍过了，其中最主要的是平、立、剖的3个视图。其中平面图一般指首层平面图，因为建筑的每一层都基本相同，但首层有建筑入口、门厅及楼梯等，因此首层平面图是必须绘制的。其次是立面图和剖面图，建筑立面图主要用来表示建筑物的外貌、外墙装修、门窗的位置与形式，以及遮阳板、窗台、窗套、屋顶水箱、檐口、雨篷、雨水管、水斗、勒脚、平台、台阶等构配件各部位的标高和必要尺寸。建筑剖面图用于表示建筑内部的结构构造、垂直方向的分层情况、各层楼地面、屋顶的构造及相关尺寸、标高等。本节以居民楼设计为例，介绍建筑图中平面图、立面图和剖面图的绘制方法。

12.5.1 绘制住宅楼首层平面图 ★重点★

首层平面图用于表示第一层房间的布置、建筑入口、门厅及楼梯、一层门窗及尺寸等。操作步骤如下。

1 绘制定位轴线

步骤 01 单击快速访问工具栏中的“新建”按钮，新建一个空白文档。

步骤 02 将“轴线”图层置为当前。执行“直线”（L）命令，绘制长20770的水平直线，长16100的垂直直线。执行“移动”（M）命令，分别将其向上、向下移动1150，如图12-59所示。

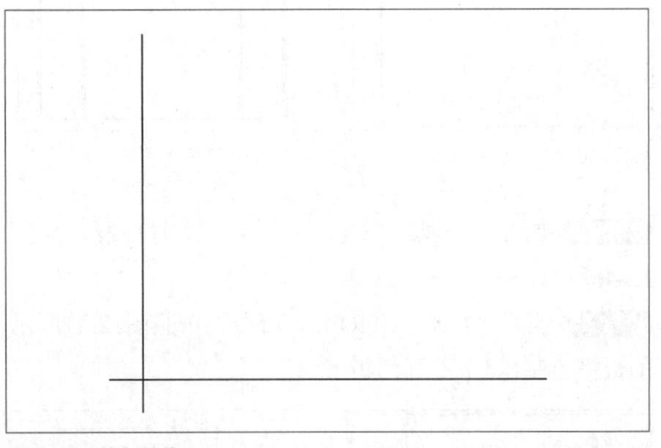

图12-59 绘制轴线

步骤 03 执行“偏移”（O）命令，绘制出水平轴线网，如图12-60所示。

步骤 04 执行“偏移”（O）命令，绘制出垂直轴线网，如图12-61所示。

图12-60　绘制出水平轴线网

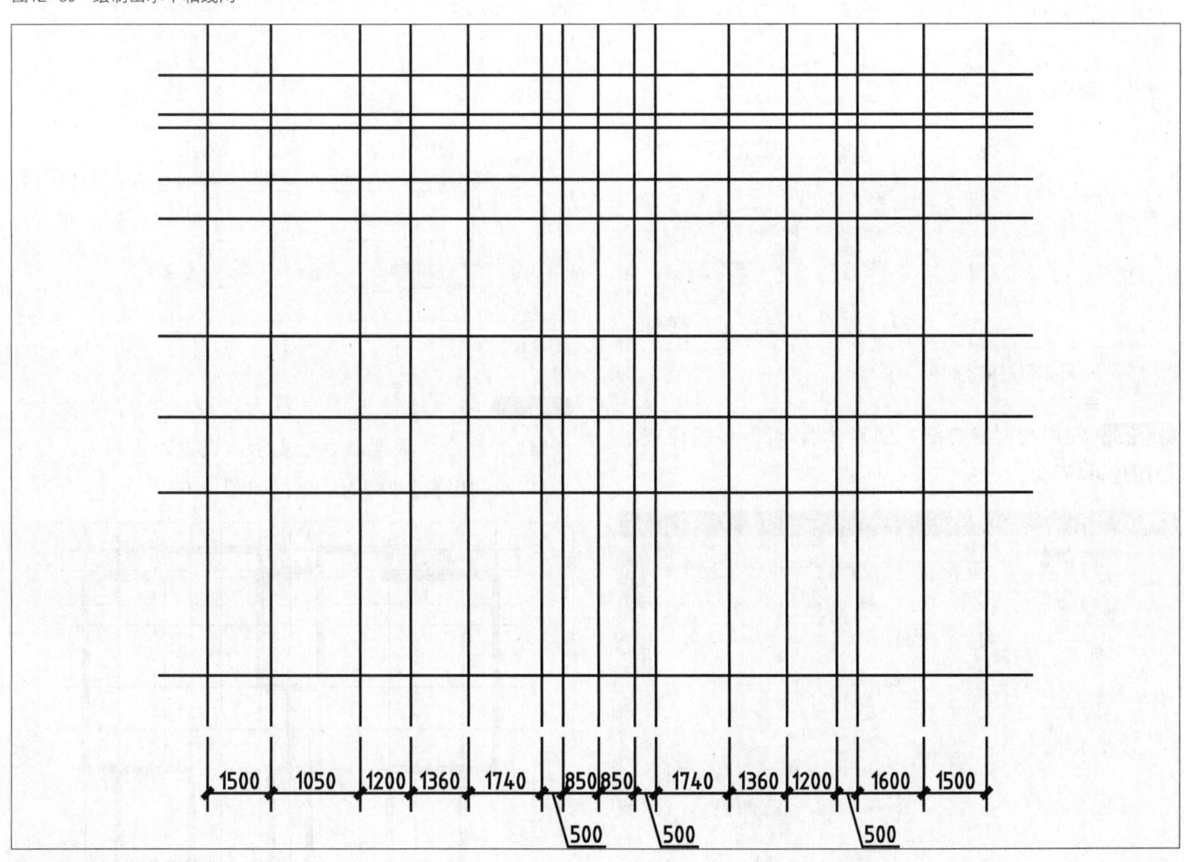

图12-61　绘制出垂直轴线网

2 绘制墙体及门窗

步骤 05 显示菜单栏，执行“格式”|“多线样式”命令，打开图12-62所示的“多线样式”对话框。单击“新建”按钮，新建“墙体”多线样式，打开“新建多线样式:墙体”对话框，设置多线样式如图12-63所示。

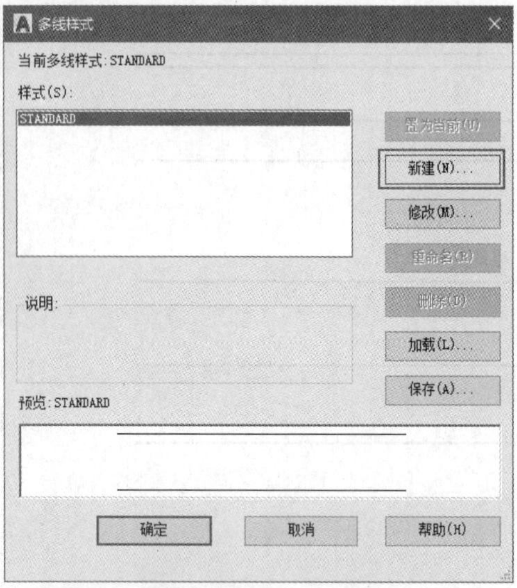

图12-62 “多线样式”对话框

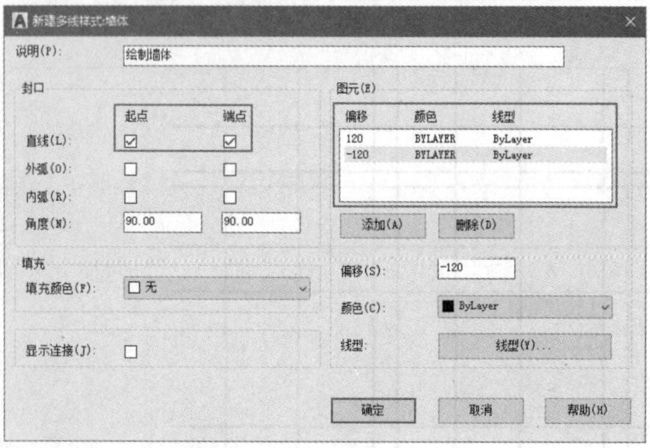

图12-63 “新建多线样式:墙体”对话框

步骤 06 使用相同的方法，创建“墙体2”多线样式，如图12-64所示。

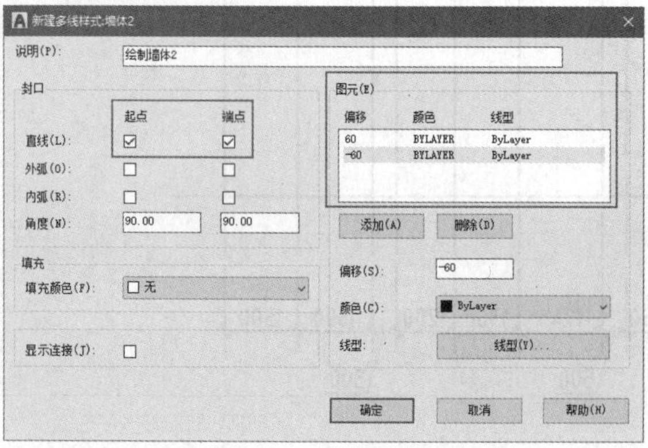

图12-64 “新建多线样式:墙体2”对话框

步骤 07 创建“窗”多线样式，如图12-65所示。将“墙体”多线样式置为当前，单击“确定”按钮，退出对话框，如图12-66所示。

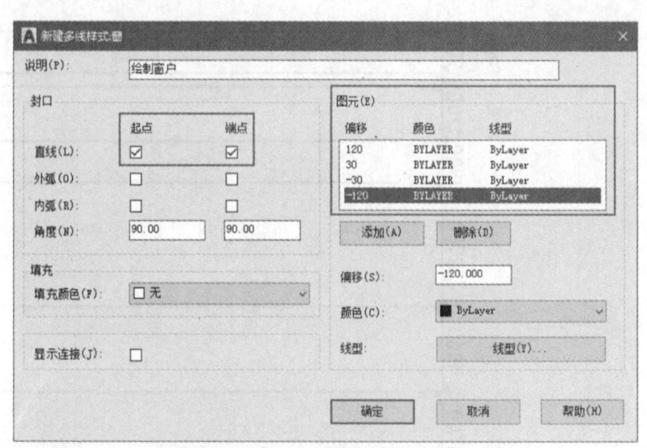

图12-65 “新建多线样式:窗”对话框

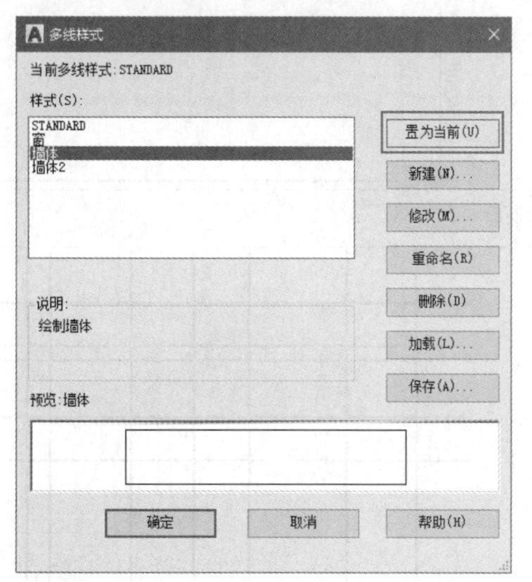

图12-66 设置完成

步骤 08 将“墙体”图层置为当前。执行“多线”（ML）命令，根据命令行提示，设置对正为无，比例为1，绘制出宽为240的墙体，如图12-67所示。

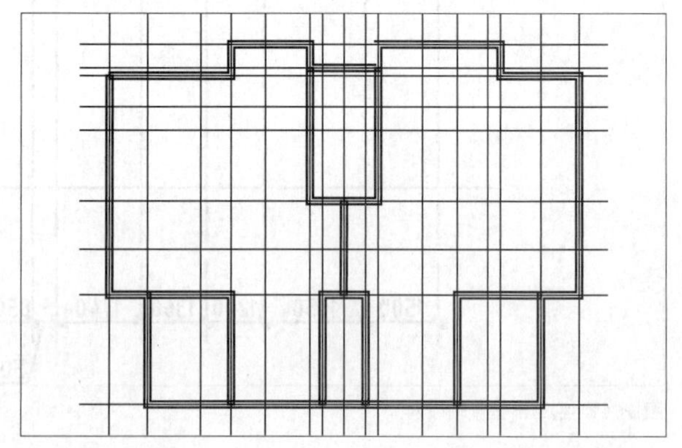

图12-67 绘制墙体

步骤 09 将“墙体2”多线样式置为当前，执行“多线”（ML）命令，根据命令行提示，设置对正为无，比例为1，绘制出宽为120的墙体，如图12-68所示。

步骤 10 用鼠标双击多线连接处，系统将弹出图12-69所示的“多线编辑工具”对话框。

步骤 11 选择合适的编辑工具，对墙体进行编辑，结果如图12-70所示。

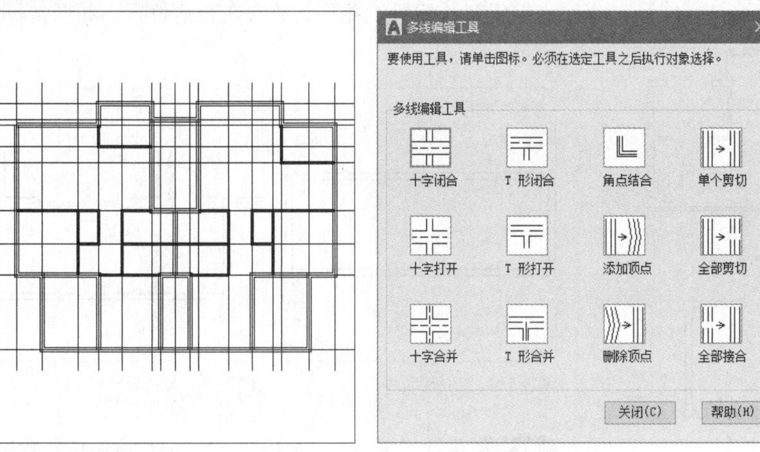

图12-68 绘制墙体　　图12-69 “多线编辑工具”对话框

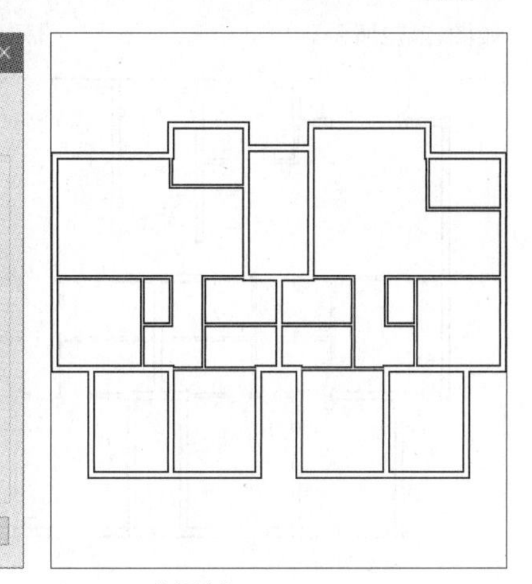

图12-70 编辑墙体

步骤 12 执行“直线”（L）命令，结合“偏移”（O）命令，绘制出门窗洞口辅助线，如图12-71所示。

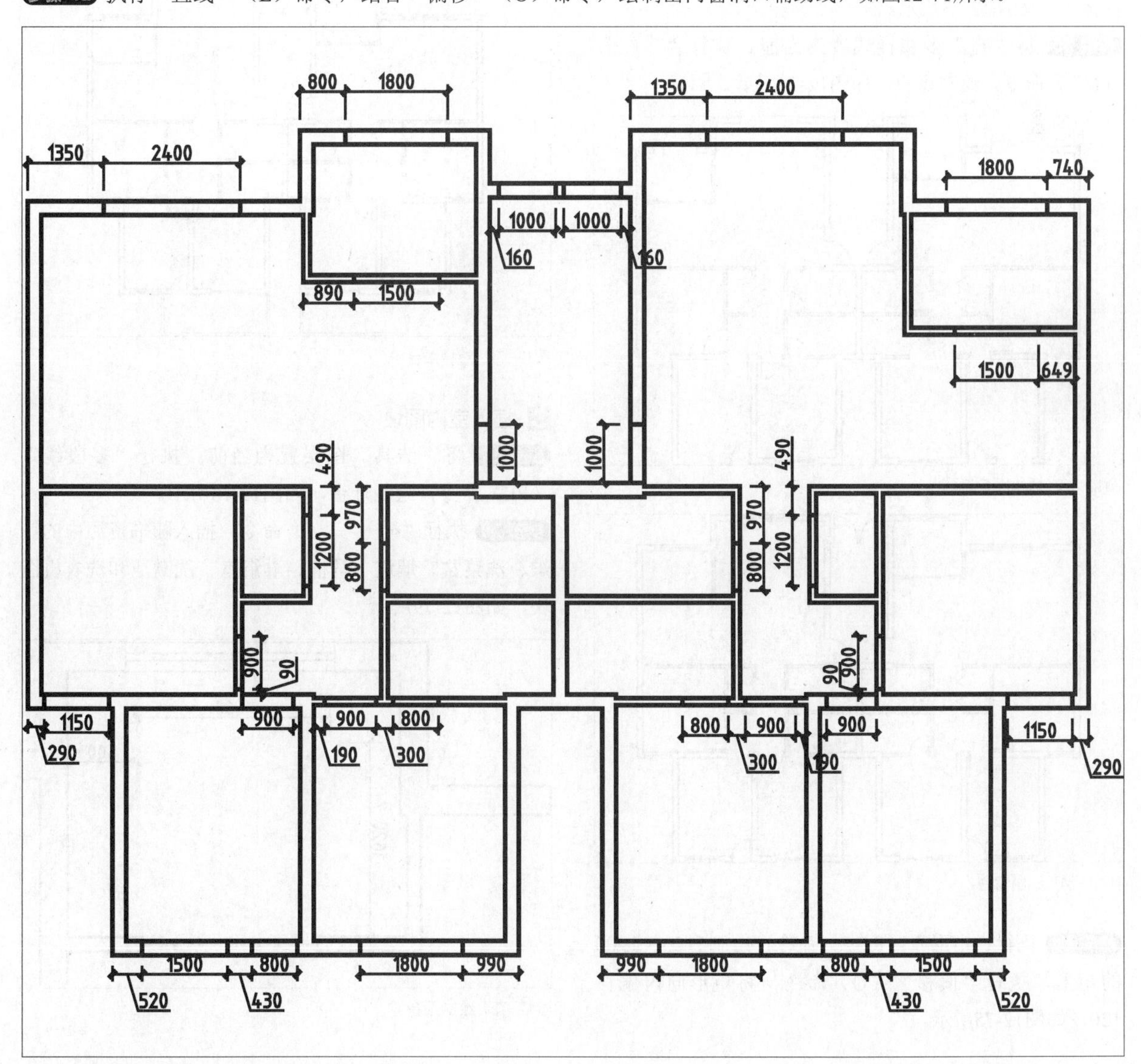

图12-71 绘制门窗洞口辅助线

步骤 13 执行“修剪”（TR）命令，修剪出门窗洞口，如图12-72所示。

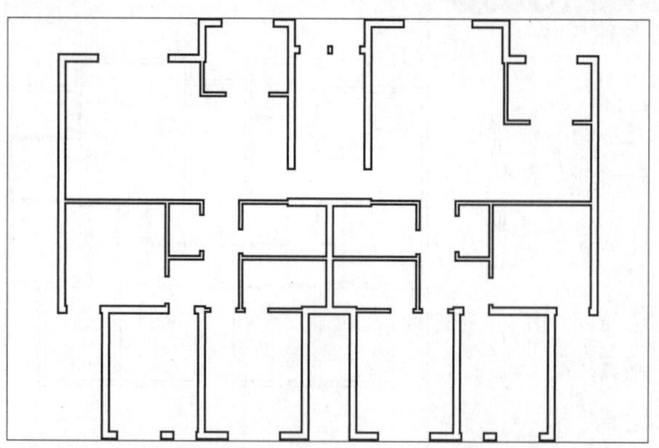

图12-72 修剪图形

步骤 14 执行“插入”（I）命令，将各种门图块插入平面图中，如图12-73所示。

步骤 15 将“窗”多线样式置为当前，执行“多线”（ML）命令，绘制窗户，如图12-74所示。

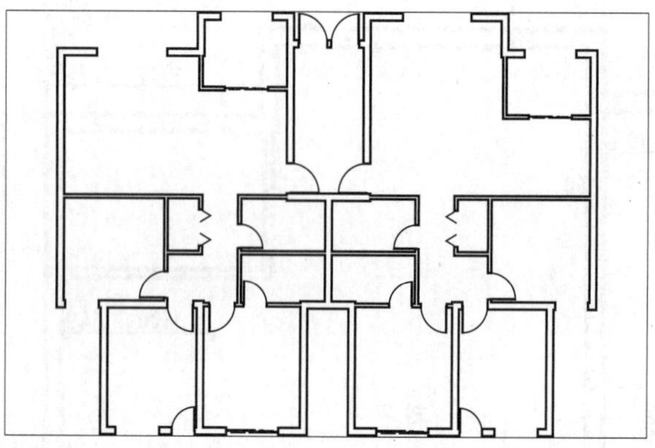

图12-73 插入平开门

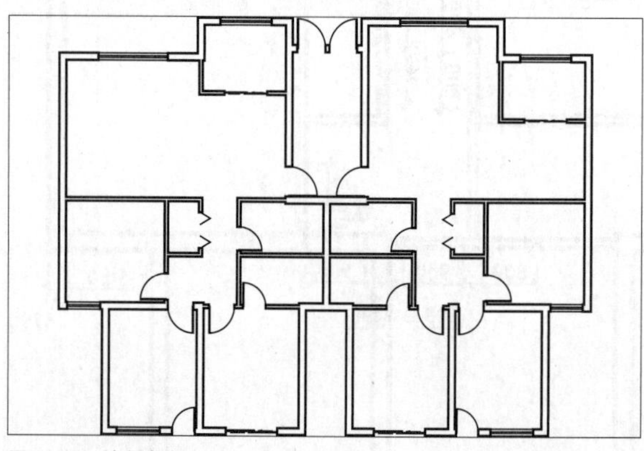

图12-74 绘制窗户

步骤 16 执行“矩形”（REC）命令，绘制5120×1900的矩形，执行“偏移”（O）命令，将矩形向内偏移120，如图12-75所示。

步骤 17 执行“分解”（X）命令，分解矩形，利用夹点编辑延长线段，并将其放置在合适位置，如图12-76所示。

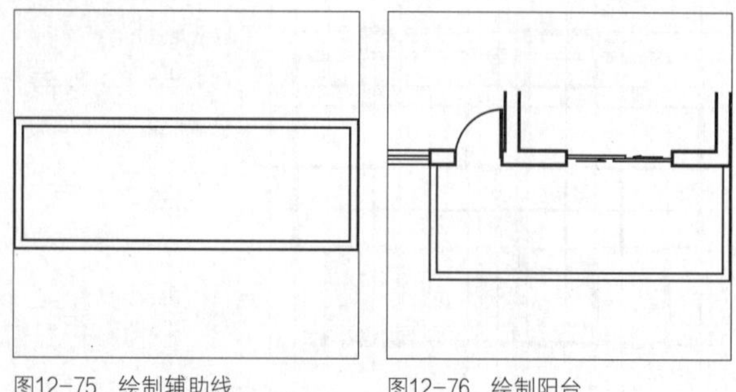

图12-75 绘制辅助线　　图12-76 绘制阳台

步骤 18 执行“镜像”（MI）命令，将绘制好的阳台镜像复制并放到合适位置，如图12-77所示。

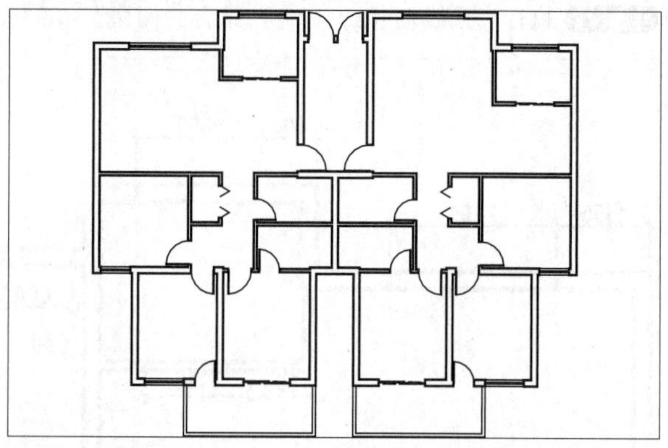

图12-77 镜像阳台

3 插入室内图块

步骤 19 将“洁具”图层置为当前。执行“多段线”（PL）命令，绘制灶台，如图12-78所示。

步骤 20 执行“插入”（I）命令，插入随书资源中的灶炉、洗菜盆、烟道、马桶、淋浴室、洗漱池和洗衣机图块，如图12-79所示。

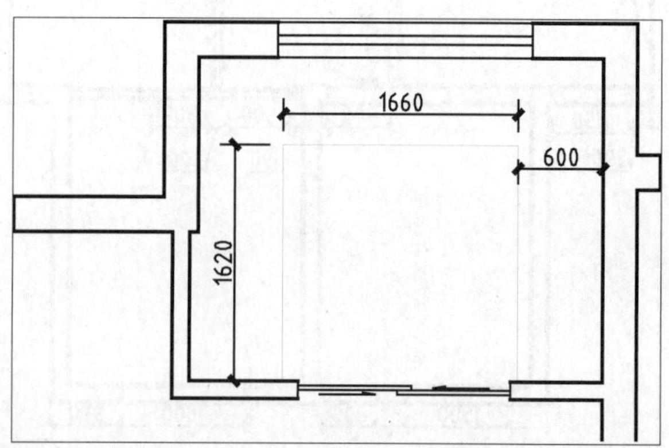

图12-78 绘制灶台

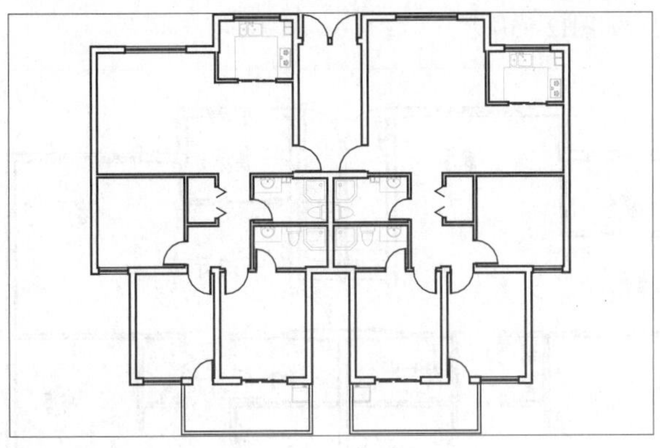

图12-79　插入图块

4 绘制楼梯

步骤 21 将“墙体”图层置为当前。执行“矩形”（REC）命令，绘制120×3540的矩形，并放置在相应位置，如图12-80所示。

步骤 22 将“楼梯”图层置为当前。执行“矩形”（REC）命令，绘制1110×260的矩形，如图12-81所示。

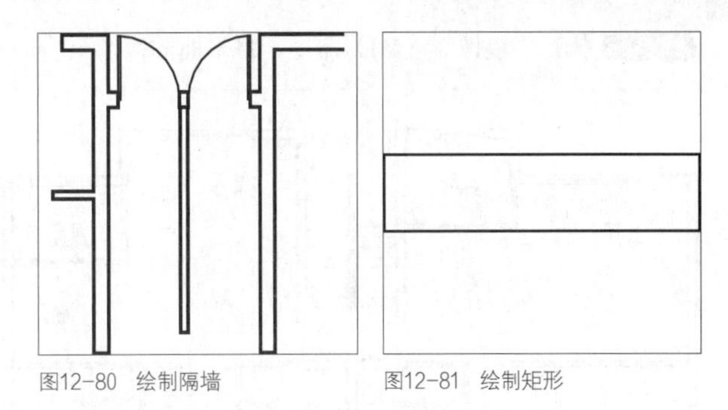

图12-80　绘制隔墙　　图12-81　绘制矩形

步骤 23 执行“复制”（CO）命令，将矩形移动复制到相应的位置，如图12-82所示。

步骤 24 执行“矩形”（REC）命令，绘制出楼梯扶手，如图12-83所示。

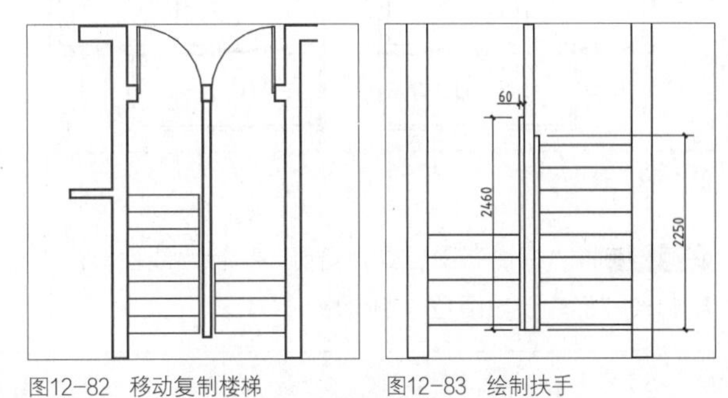

图12-82　移动复制楼梯　　图12-83　绘制扶手

5 文字说明及图形标注

步骤 25 将“标注”图层置为当前，将“文字说明”样式置为当前。执行“单行文字”（PT）命令。输入文字标注，如图12-84所示。

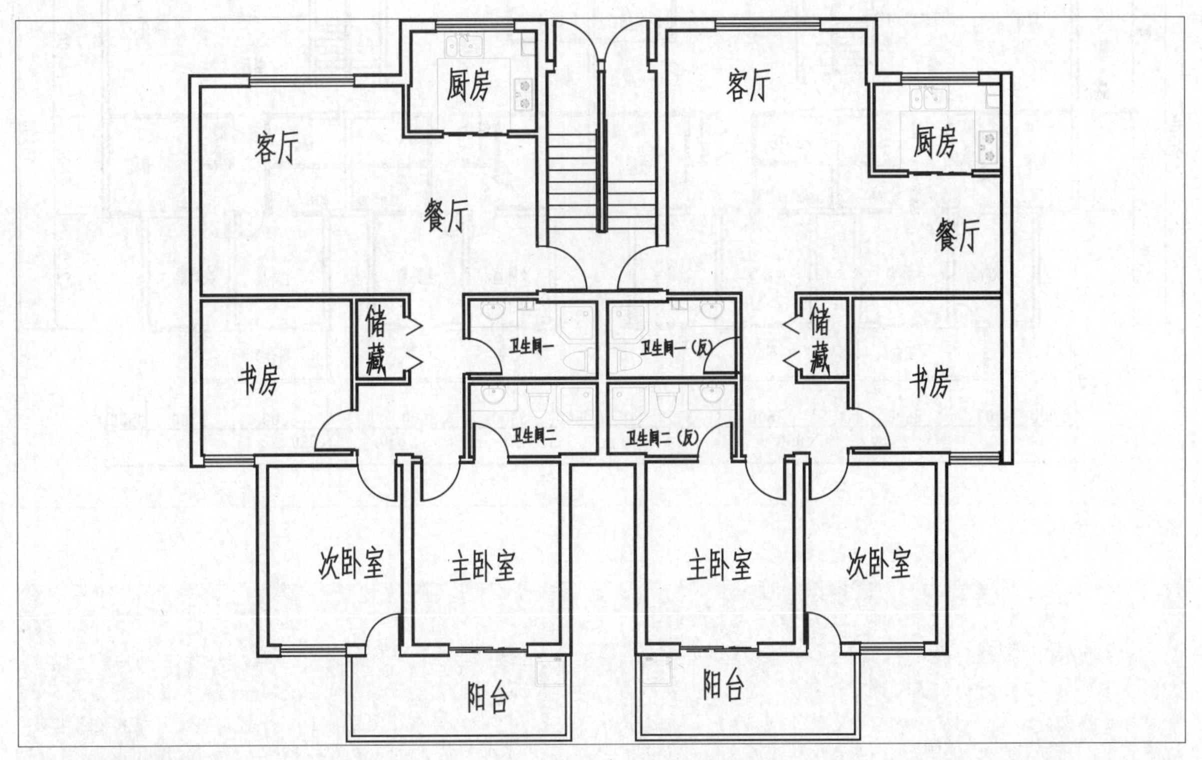

图12-84　文字标注

步骤 26 执行“镜像”（MI）命令，将平面图镜像至另一侧，如图12-85所示。

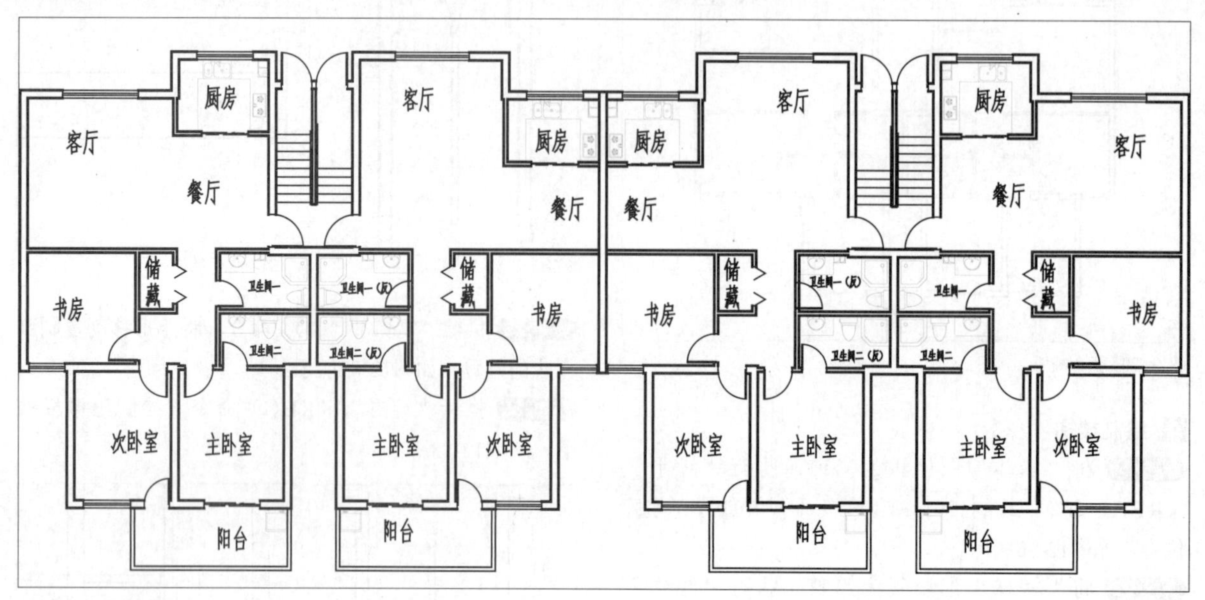

图12-85　镜像图形

步骤 27 将“标注”图层置为当前。执行“线性标注”（DLI）命令，结合“连续标注”（DCO）命令，为平面图绘制尺寸标注，如图12-86所示。

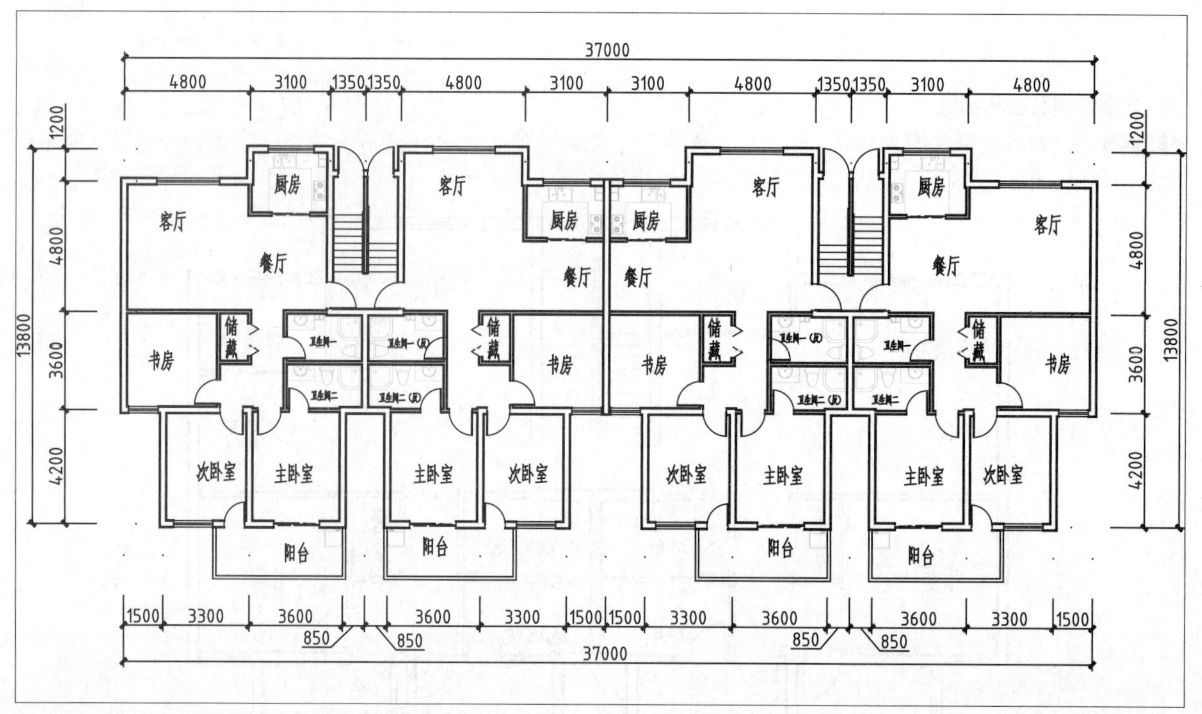

图12-86　标注尺寸

> **提示**
>
> 平面图中尺寸的标注有外部标注和内部标注两种。外部标注用于读图和施工，一般在图形的下方和左侧注写3道尺寸，第一道尺寸是表示外墙门窗洞的尺寸；第二道尺寸是表示轴线间距离的尺寸，用于说明房间的开间和进深；第三道尺寸是建筑的外包总尺寸，即从一端外墙边到另一端外墙边的总长和总宽的尺寸。底层平面图中标注了外包总尺寸，在其他各层平面中，就可省略外包总尺寸，或者仅标注出轴线间的总尺寸。3道尺寸线之间应留有适当距离（一般为7～10mm，但第一道尺寸线应距离图形最外轮廓线15～20mm），以便注写数字等。

步骤 28 执行“圆”（C）命令，绘制半径为400的圆。执行“直线”（L）命令，以圆的象限点为起点，绘制长为200的直线。执行“属性定义”（ATT）命令，对其定义属性，最后将其创建为“轴号”图块，如图12-87所示。

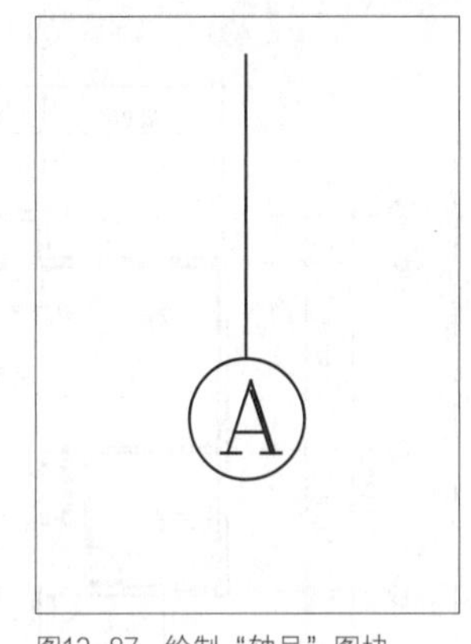

图12-87　绘制“轴号”图块

步骤 29 执行“插入”（I）命令，插入“轴号”属性块，并结合“旋转”（RO）命令，标注首层平面图轴号，如图12-88所示。

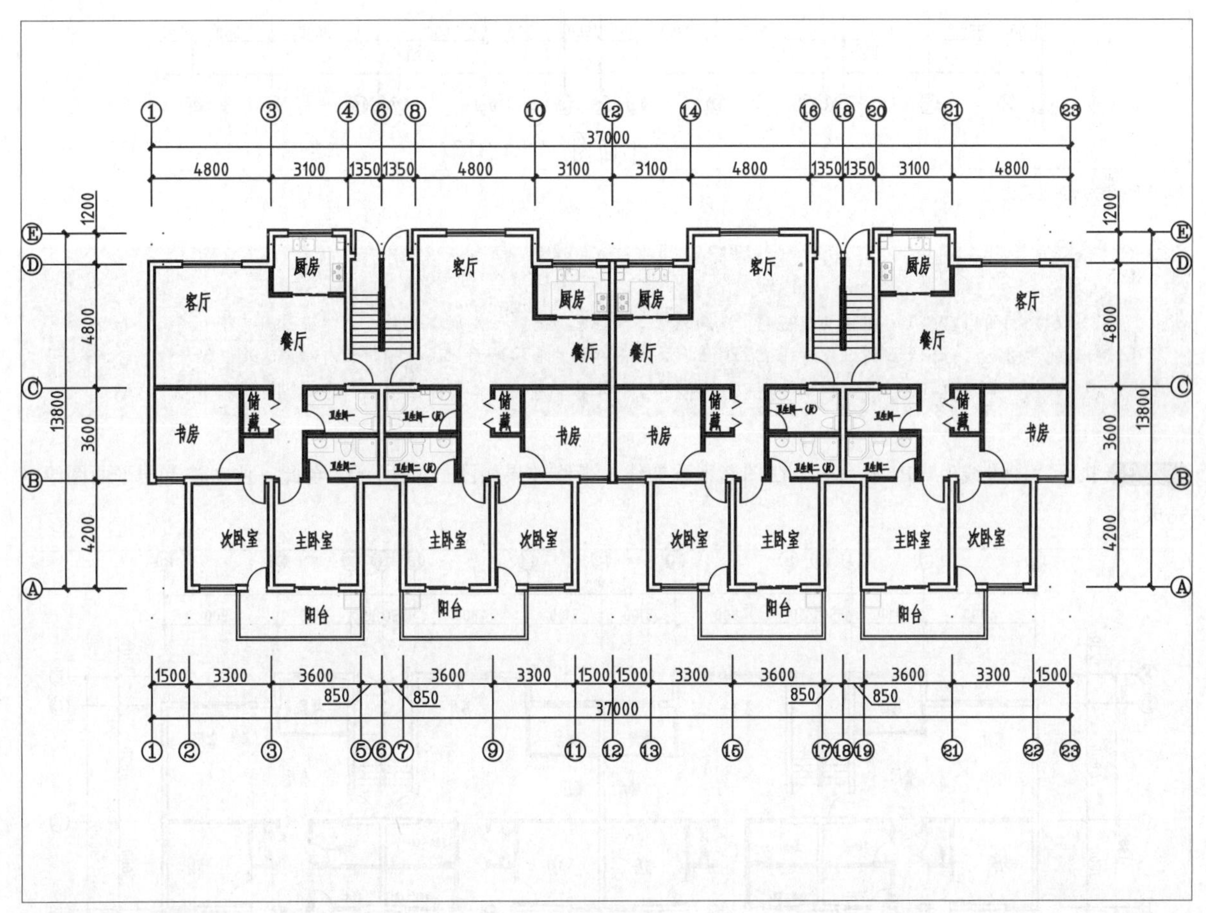

图12-88　插入轴号

> **提示**
>
> 平面图上定位轴线的编号，横向编号应用阿拉伯数字，按从左至右顺序编写；竖向编号应用大写英文字母，按从下至上顺序编写。英文字母的I、Z、O不得用作编号，以免与数字1、2、0混淆。编号应写在定位轴线端部的圆内，该圆的直径为800～1000mm，横向、竖向的圆心各自对齐在一条线上。

步骤 30 将“文字说明”样式置为当前，执行“多行文字”（T）命令，添加图名及比例，如图12-89所示。

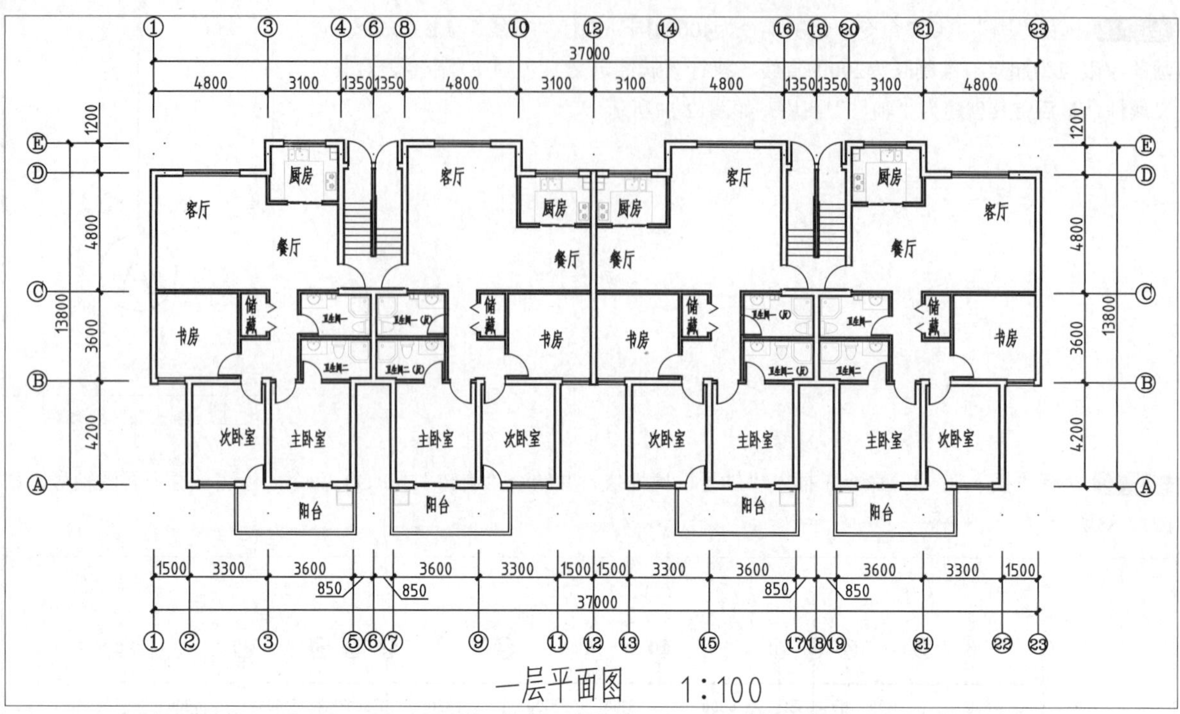

图12-89 添加图名及比例

提示

为了说明房间的净空大小，室内的门窗洞、孔洞、墙厚和固定设备（如厕所、工作台、隔板、厨房等）的大小和位置，以及室内楼地面的高度，在平面图上应清楚地注写出有关的内部尺寸和楼地面标高。相同的内部构造或设备尺寸，可省略或简化标注。其他各层平面图的尺寸，除标注出轴线间的尺寸和总尺寸外，其他与底层平面图相同的细部尺寸均可省略。

步骤 31 执行“多段线”（PL）命令，在图名下添加线，最终效果如图12-90所示。至此，住宅楼首层平面图绘制完成。

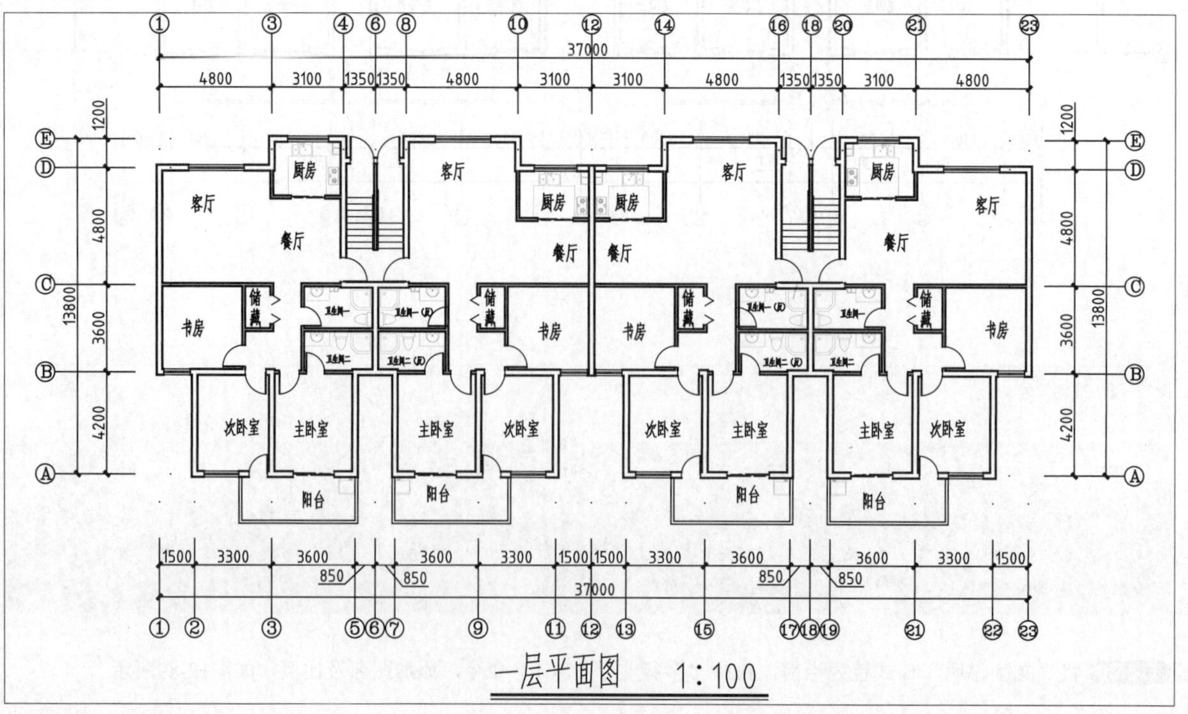

图12-90 最终效果

12.5.2 绘制住宅楼立面图 ★重点★

建筑立面图主要用来表示建筑物的外貌、外墙装修、门窗的位置与形式，以及遮阳板、窗台、窗套、屋顶水箱、檐口、雨篷、雨水管、水斗、勒脚、平台、台阶等构造和配件的标高和必要尺寸，操作步骤如下。

1 整理图形

步骤 01 单击快速访问工具栏中的“新建”按钮，新建一个图形文档。

步骤 02 打开绘制好的首层平面图，并将其复制到新建文件中。执行“修剪”（TR）、“删除”（E）命令，整理图形，如图12-91所示。

步骤 03 将“墙体”图层置为当前。执行“构造线”（XL）命令，过墙体及门窗边缘绘制构造线，进行墙体和窗体的定位，如图12-92所示。

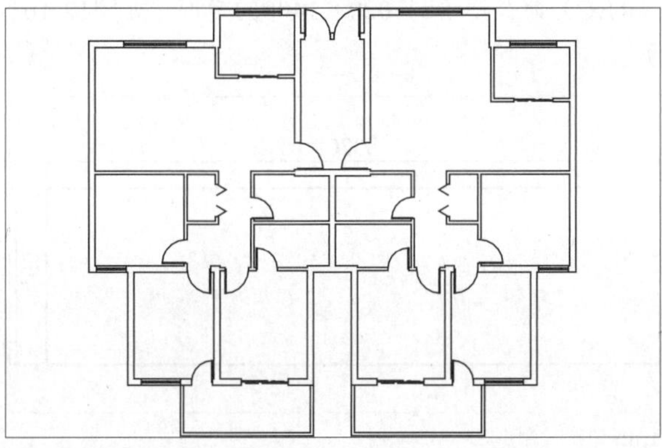

图12-91　整理图形

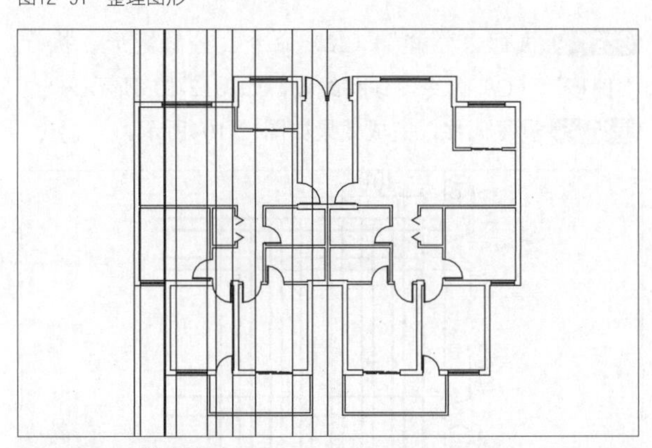

图12-92　绘制构造线

> **提示**
>
> 一般以墙中线作为定位轴线，因此最右侧的构造线应位于该处墙体的中线位置。

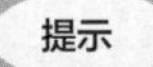

步骤 04 执行“构造线”（XL）命令，绘制一条水平构造线，并将其向上偏移900、2800，修剪多余的线条，完成辅助线的绘制，如图12-93所示。

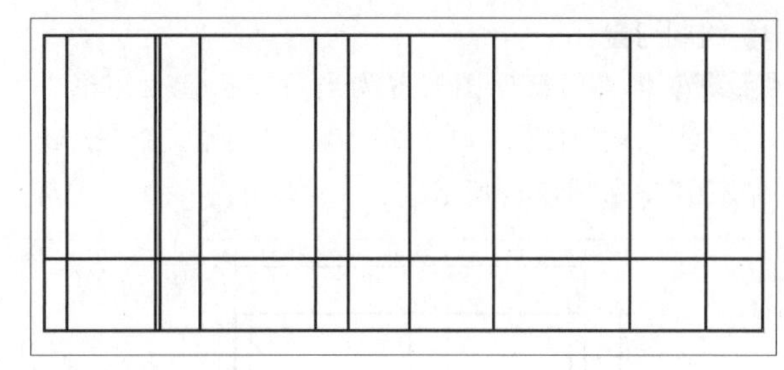

图12-93　绘制辅助线

步骤 05 执行“修剪”（TR）命令，修剪图形，如图12-94所示。

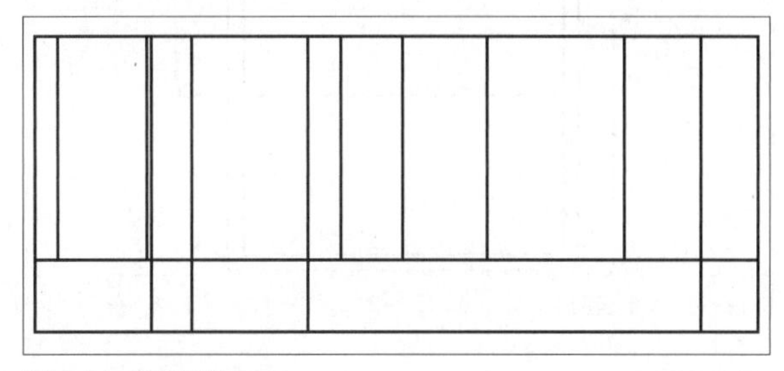

图12-94　修剪图形

2 绘制外部设施

步骤 06 执行“矩形”（REC）命令，绘制外置空调箱，如图12-95所示。

步骤 07 执行“直线”（L）命令，绘制箱体百叶，如图12-96所示。

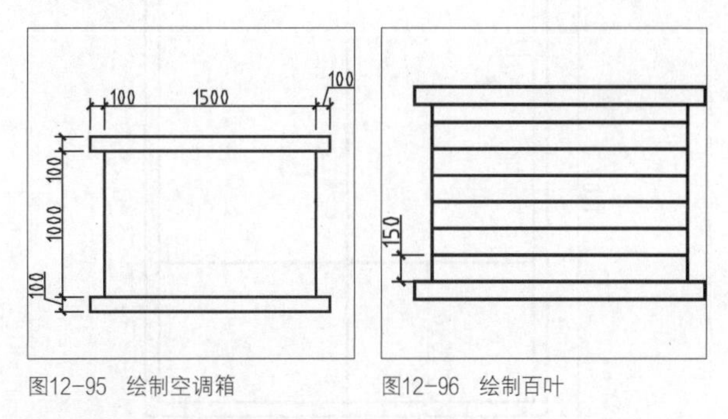

图12-95　绘制空调箱　　图12-96　绘制百叶

步骤 08 执行“移动”（M）、“修剪”（TR）命令，将空调箱放置在相应位置并进行修剪，如图12-97所示。

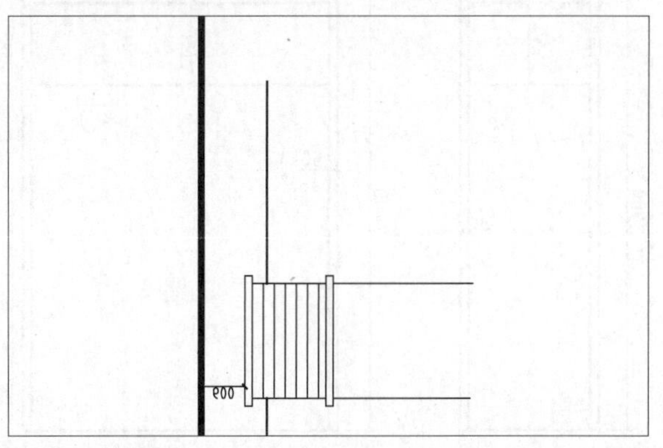

图12-97　修剪图形

3 绘制门窗

步骤 09 将“门窗”图层置为当前。执行“矩形”（REC）、“直线”（L）、“偏移”（O）命令，绘制窗图形，如图12-98所示。

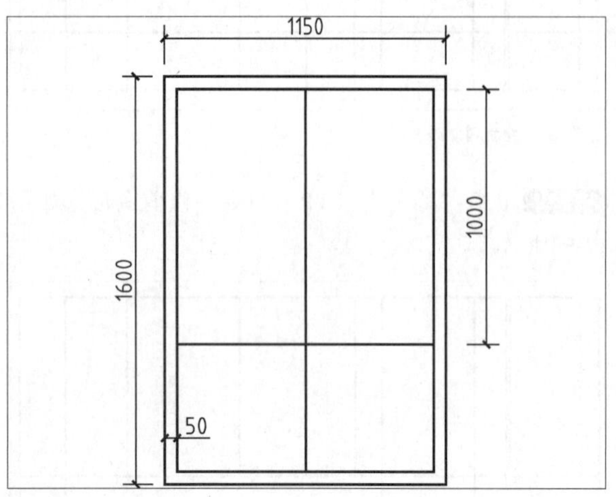

图12-98 绘制窗图形

步骤 10 使用上述方法绘制另一个窗图形，如图12-99所示。

步骤 11 使用上述方法绘制两个立面门图形，如图12-100所示。

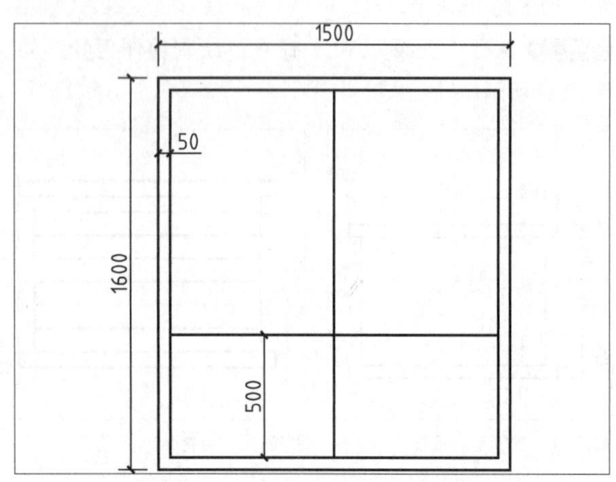

图12-99 绘制窗图形

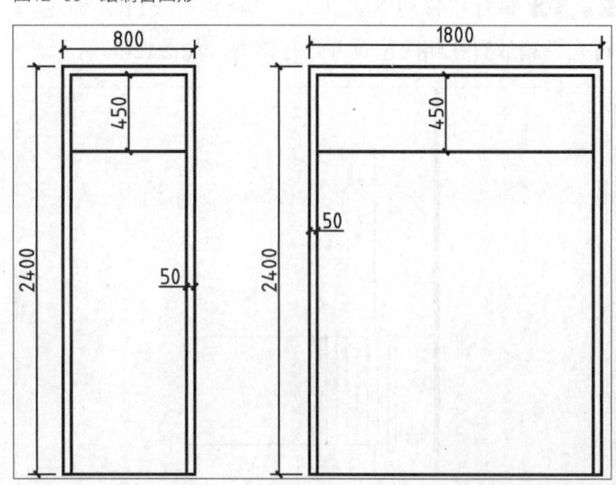

图12-100 绘制门图形

步骤 12 执行“移动”（M）命令，将各图形放置在相应的位置上，如图12-101所示。

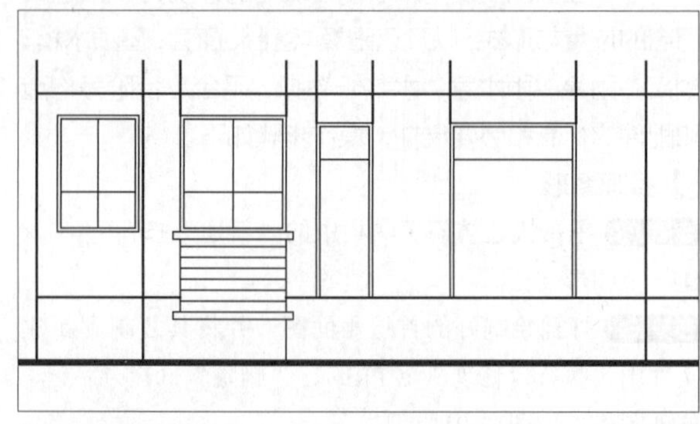

图12-101 放置图形

4 绘制阳台

步骤 13 将“阳台”图层置为当前。执行“矩形”（REC）命令，绘制5020×1400的矩形，如图12-102所示。

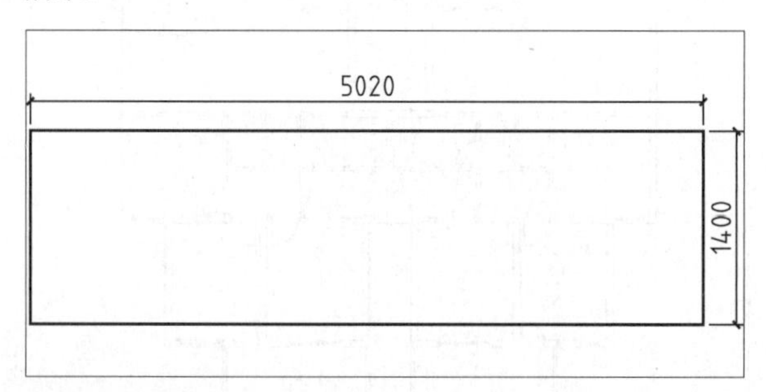

图12-102 绘制矩形

步骤 14 执行“分解”（X）命令，分解矩形，执行“偏移”（O）命令，偏移线段，如图12-103所示。

步骤 15 重复偏移，完成效果如图12-104所示。

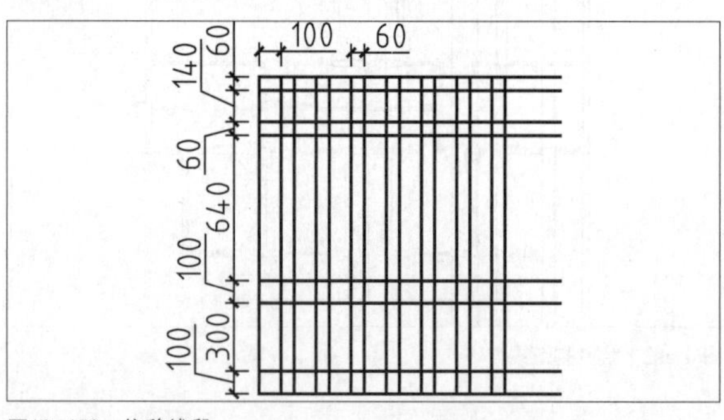

图12-103 偏移线段

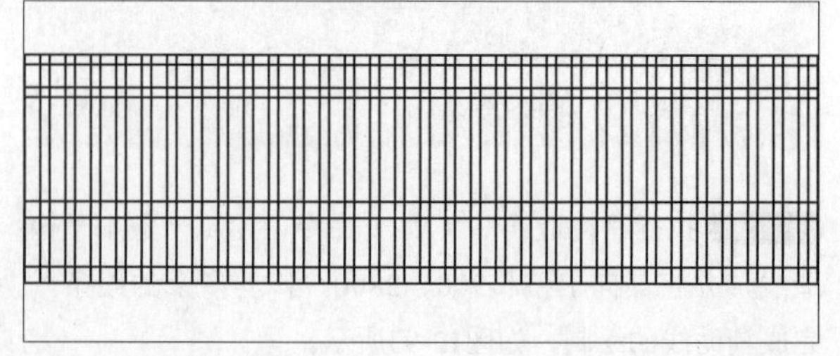

图12-104 完成效果

步骤 16 执行“修剪”（TR）命令，修剪图形，阳台完成效果如图12-105所示。

步骤 17 执行“移动”（M）命令，将阳台移动到相应位置，执行“修剪”（TR）命令，修剪图形，如图12-106所示。

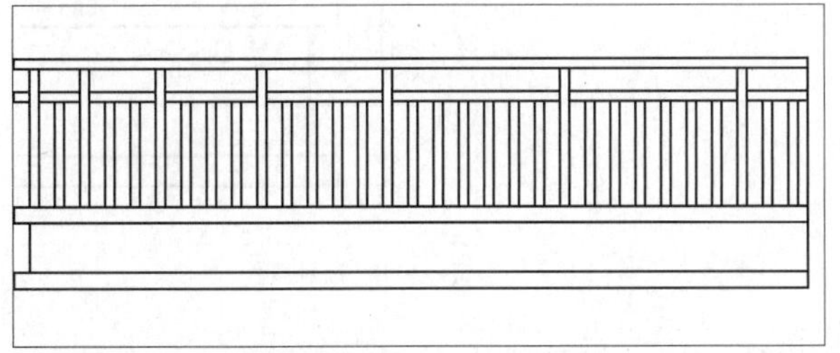
图12-105　修剪图形

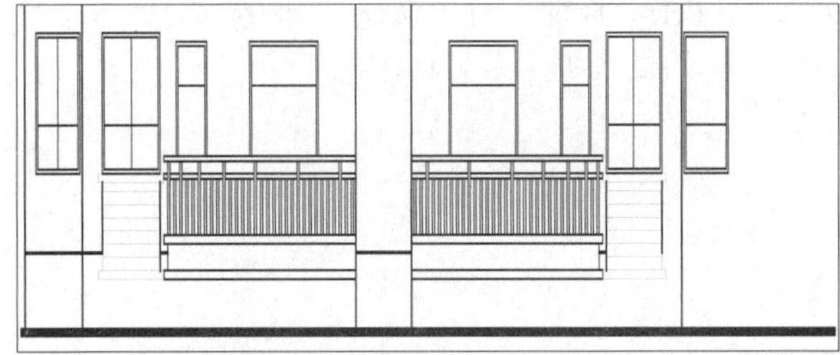
图12-106　移动并修剪图形

5 完善楼层

步骤 18 执行“镜像”（MI）命令，镜像图形，删除多余的辅助线，如图12-107所示。

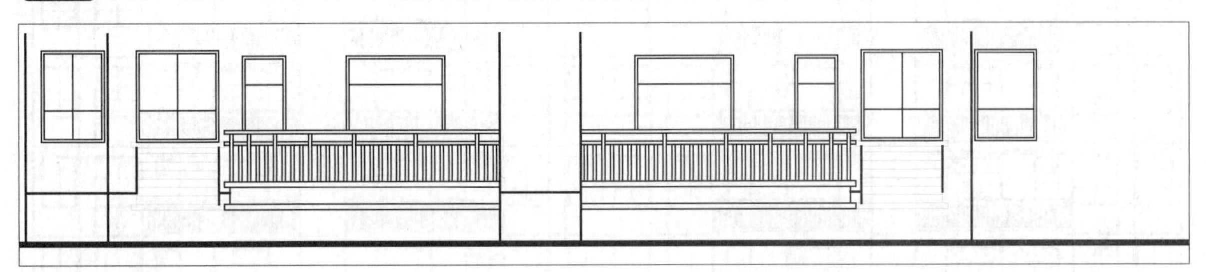
图12-107　镜像图形

步骤 19 继续执行“镜像”（MI）命令，镜像图形，执行“修剪”（TR）命令，修剪图形，如图12-108所示。

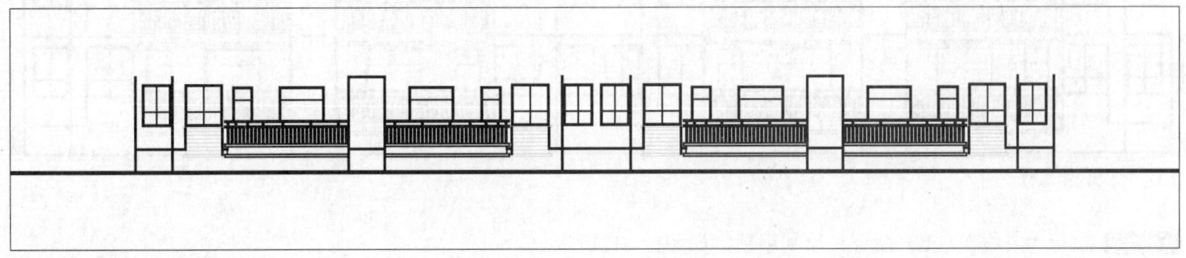
图12-108　镜像并修剪图形

步骤 20 执行“复制”（CO）命令，将一楼立面图向上移动复制，如图12-109所示。

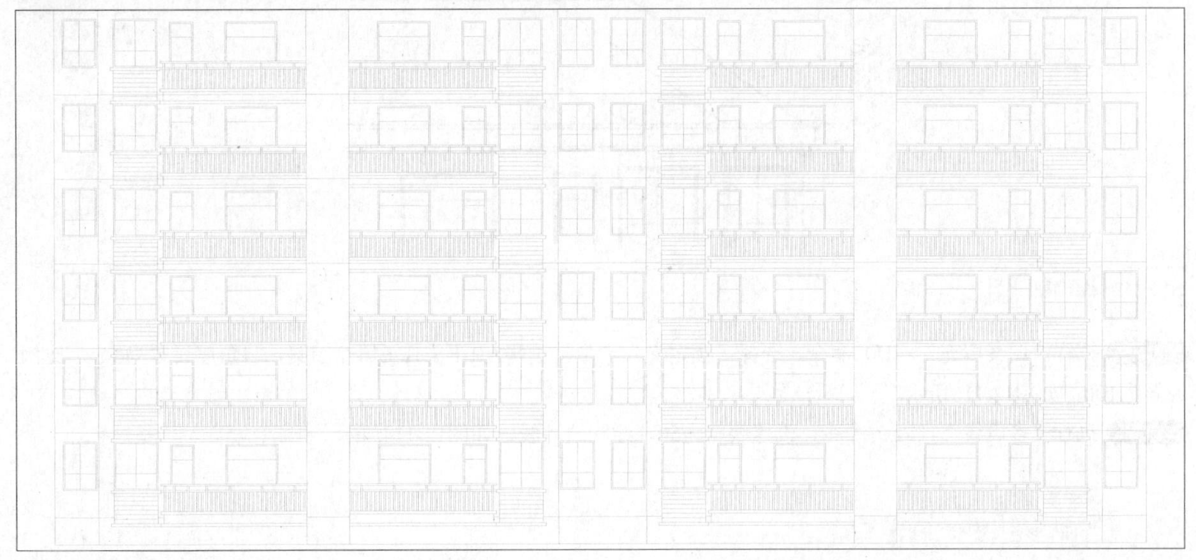
图12-109　复制楼层

6 绘制屋顶

步骤 21 新建“屋顶”图层，在“选择颜色”对话框中选择8号灰色，并将其置为当前。执行“直线”（L）命令，绘制屋檐，如图12-110所示。

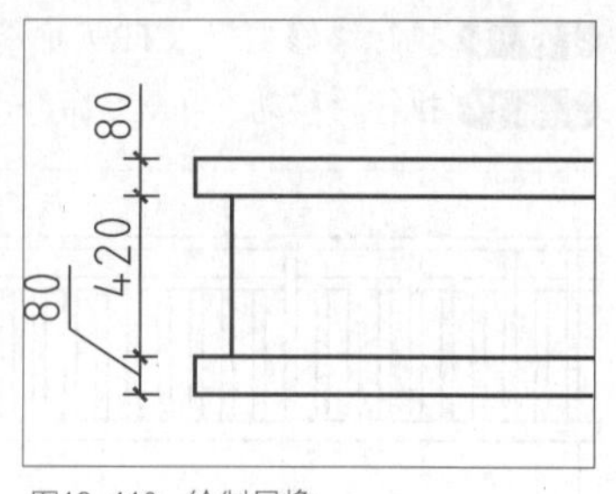

图12-110 绘制屋檐

步骤 22 执行“复制”（CO）命令，将屋檐复制移动到相应位置，结合“镜像”（ML）和“直线”（L）命令，完成屋檐的绘制，如图12-111所示。

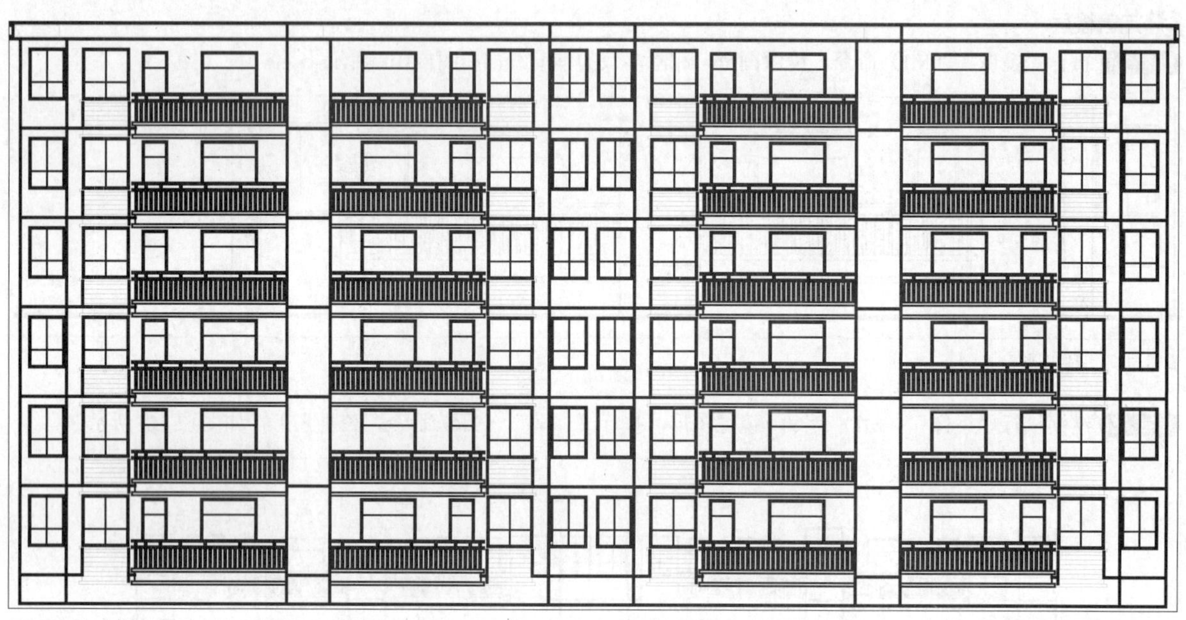

图12-111 绘制屋檐

步骤 23 执行“直线”（L）命令，绘制屋顶，如图12-112所示。

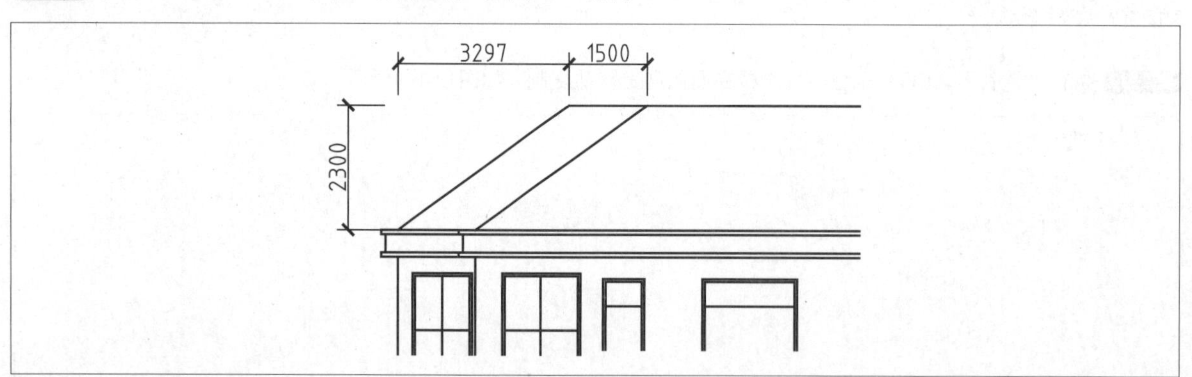

图12-112 绘制屋顶

步骤 24 执行“图案填充”（H）命令，选择“预定义”类型，选择AR-RSHKE填充图案，将角度设置为0°，比例设置为100，如图12-113所示。

步骤 25 执行“多段线”（PL）命令，设置线宽为50，绘制地坪线，如图12-114所示。

图12-113　填充屋顶

图12-114　绘制地坪线

7 标注图形

步骤 26 将“标注”图层置为当前。执行“线性标注”（DLI）命令，对图形进行标注，如图12-115所示。

图12-115　尺寸标注

步骤 27 执行“插入”（I）命令，插入本章素材中的标高图块到指定位置，并修改其标高值，如图12-116所示。

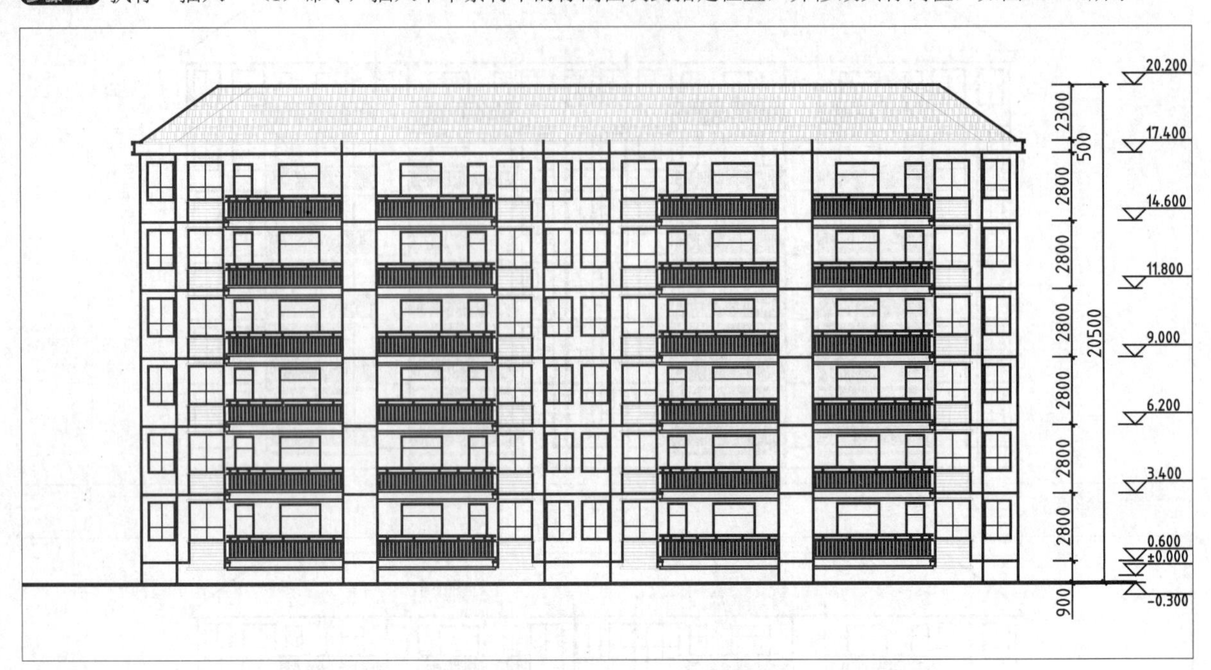

图12-116 插入并修改标高

步骤 28 执行“圆”（C）、“直线”（L）命令，绘制半径为400的圆和长为2100的直线，结合“单行文字”（DT）、“复制”（CO）命令，添加轴号，如图12-117所示。

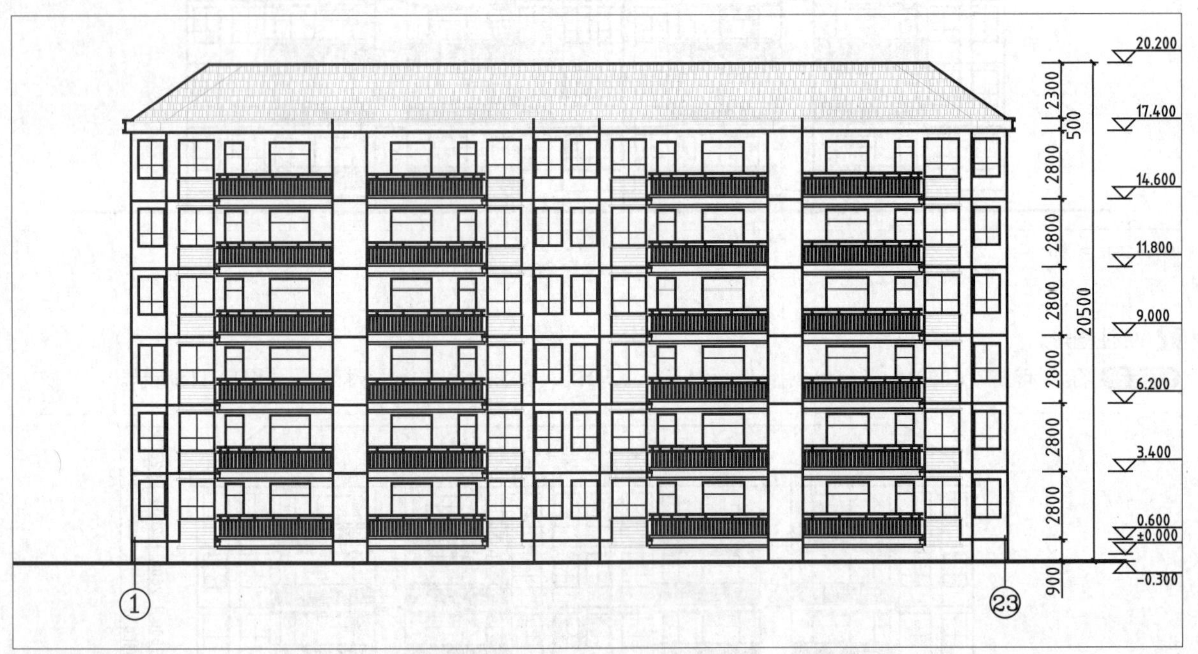

图12-117 添加轴号

步骤 29 将“文字”图层置为当前。执行“多行文字”（T）命令，添加图名及比例，设置字高为500，执行“多段线”（PL）命令，设置线宽为500，添加图名下划线，执行“偏移”（O）命令，将下划线向下偏移200，并将其分解，如图12-118所示。

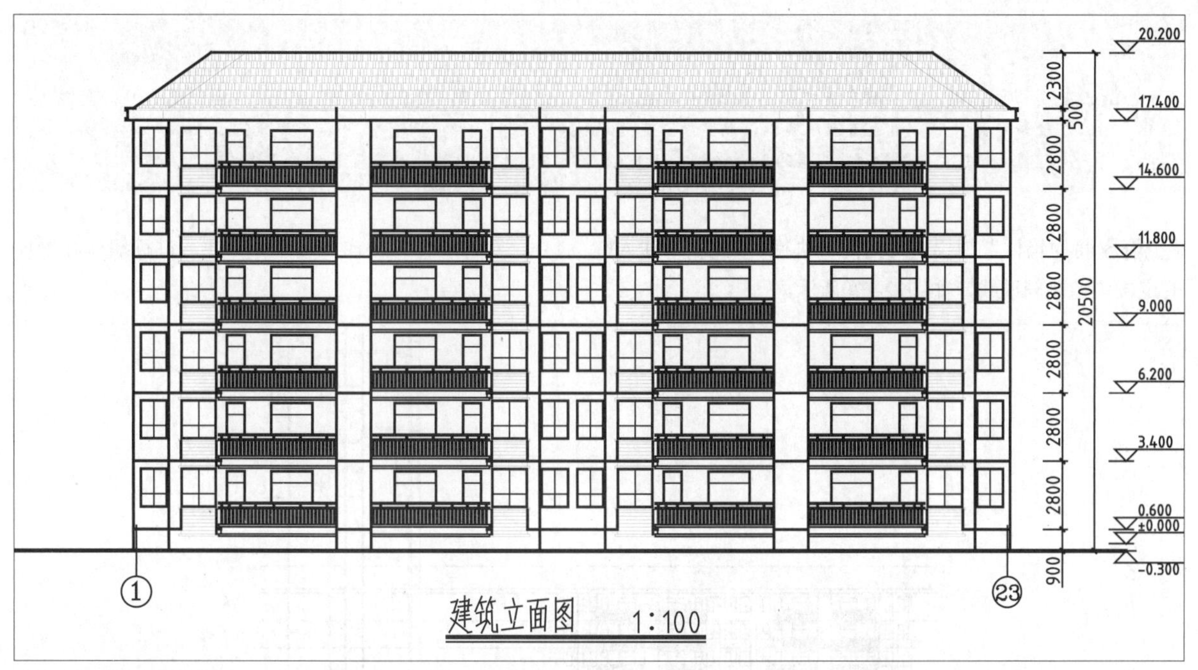

图12-118　添加图名及比例

12.5.3 绘制住宅楼剖面图

★重点★

建筑剖面图用于表示建筑内部的结构构造、垂直方向的分层情况、各层楼地面、屋顶的构造及相关尺寸、标高等。本例绘制剖切位置位于楼梯处的剖面图，操作步骤如下。

1 绘制外部轮廓

步骤 01 单击快速访问工具栏中的“新建”按钮，新建图形文件。

步骤 02 打开绘制好的首层平面图，将其复制到新建文件中，并顺时针旋转270°。

步骤 03 复制平面图和立面图到绘图区空白处，并对图形进行清理，保留主体轮廓，布置如图12-119所示。

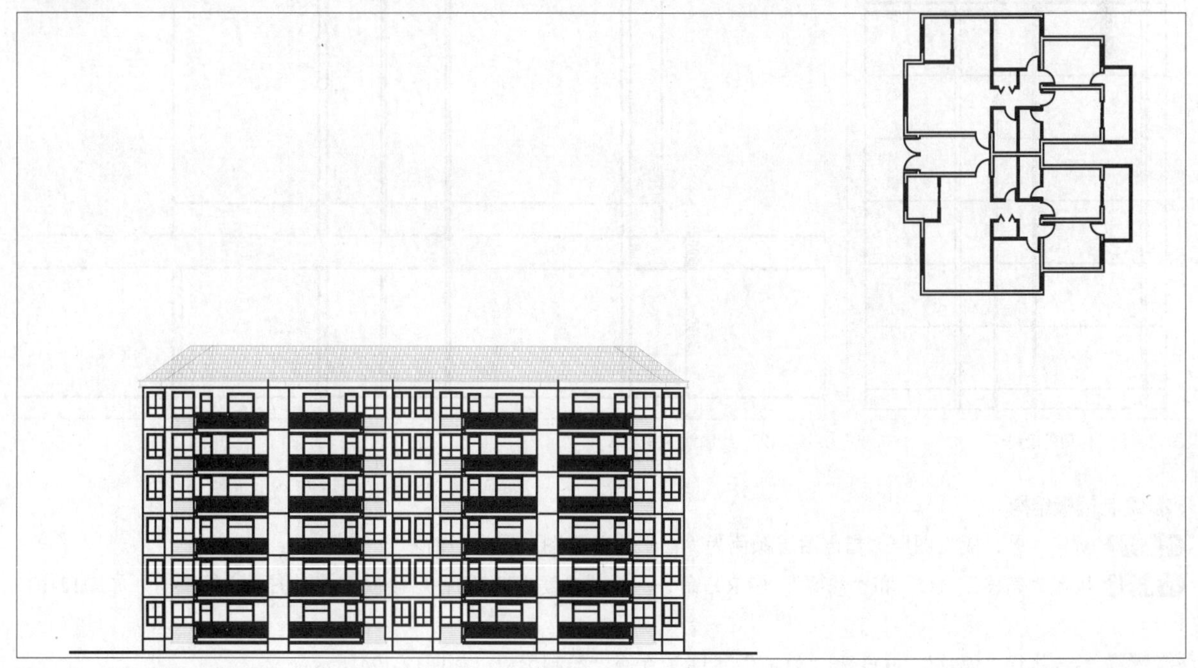

图12-119　调用平面图、立面图

提示

业内绘制立面图的一般步骤是先根据平面图和立面图绘制出一个户型的剖面轮廓，再绘制细部构造，使用“复制”和“镜像”命令完善图形，然后绘制屋顶剖面结构，最后进行文字和尺寸等的标注。本例绘制的为剖切位置位于楼梯处的剖面图。在绘制时，可以先绘制出1~2层的剖面结构，再复制出3～6层的剖面结构，最后绘制屋顶结构。

步骤 04 将“墙体”图层置为当前。执行“射线”（RAY）命令，穿过墙体、楼梯、楼层分界线，进行墙体和梁板的定位，绘制辅助线，如图12-120所示。

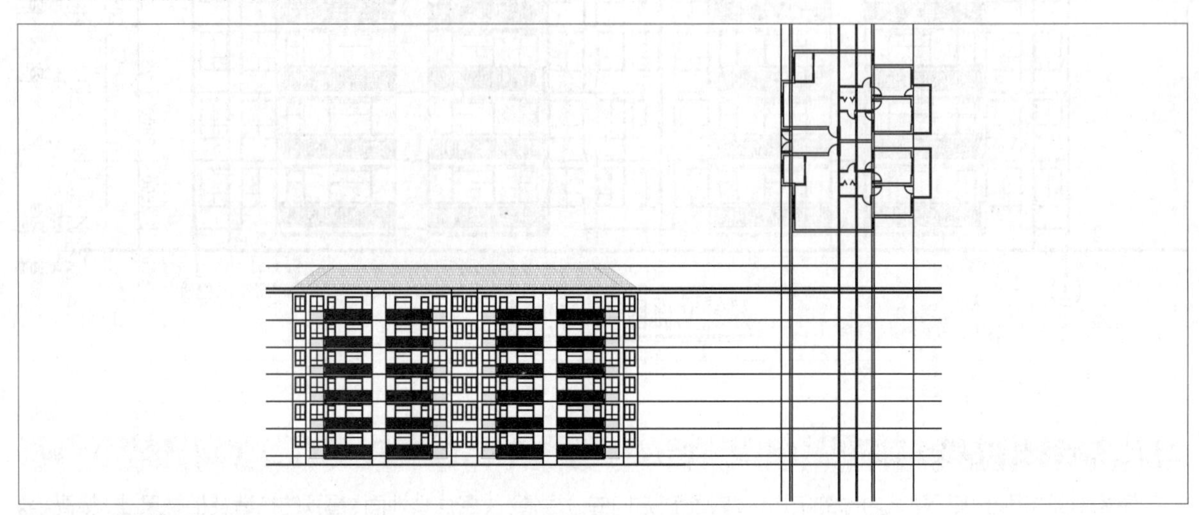

图12-120 绘制辅助线

步骤 05 执行“修剪”（TR）命令，修剪轮廓线，结果如图12-121所示。

步骤 06 执行“偏移”（O）和“直线”（L）命令，绘制出地下室的轮廓线，如图12-122所示。

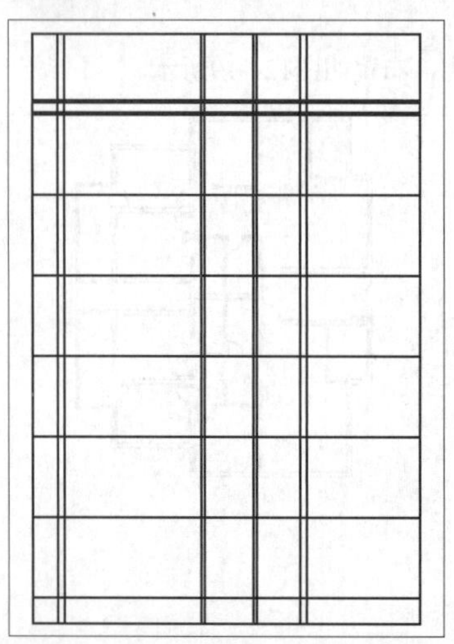

图12-121 修剪轮廓线

图12-122 绘制地下室轮廓

2 绘制楼板结构

步骤 07 新建“梁、板”图层，指定图层颜色为“白”，并将图层置为当前。

步骤 08 执行“偏移”（O）和“修剪”（TR）命令，绘制厚度为100的各层楼板，并对图形进行修剪，如图12-123所示。

步骤 09 继续执行“偏移”（O）和“修剪”（TR）命令，绘制梁板，如图12-124所示。

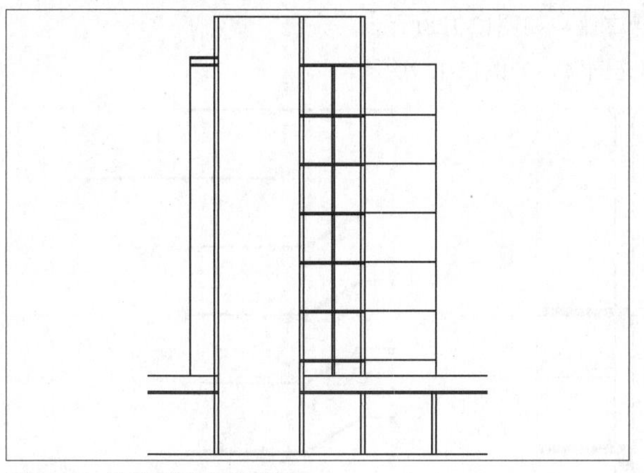

图12-123 绘制楼板并修剪图形

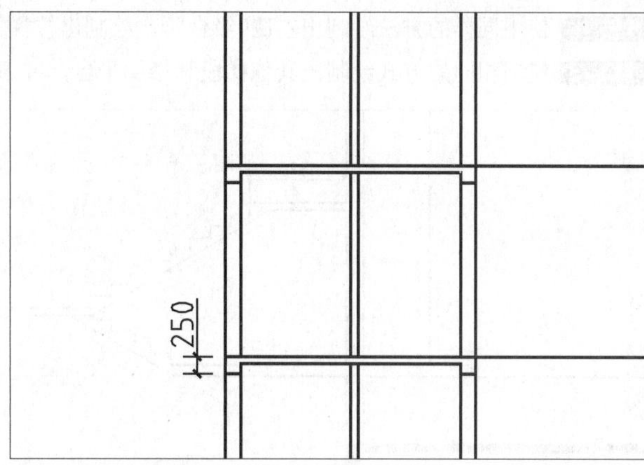

图12-124 绘制梁板

步骤 10 执行“图案填充”（H）命令，为梁板填充实体图案，如图12-125所示。

步骤 11 重复上述操作，完成其他梁板的绘制，如图12-126所示。

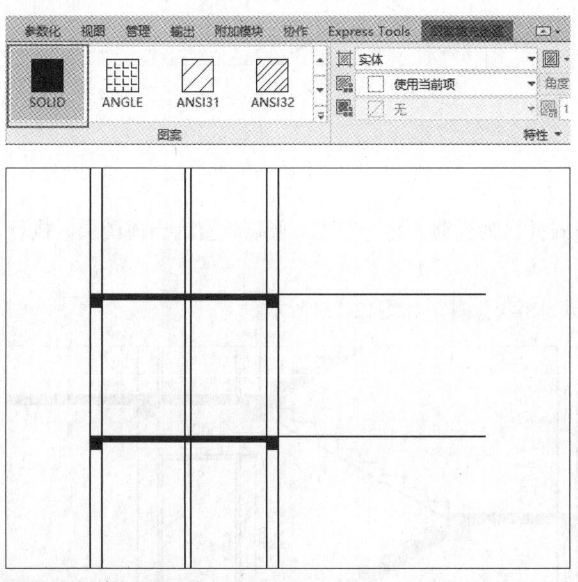

图12-125 填充图案

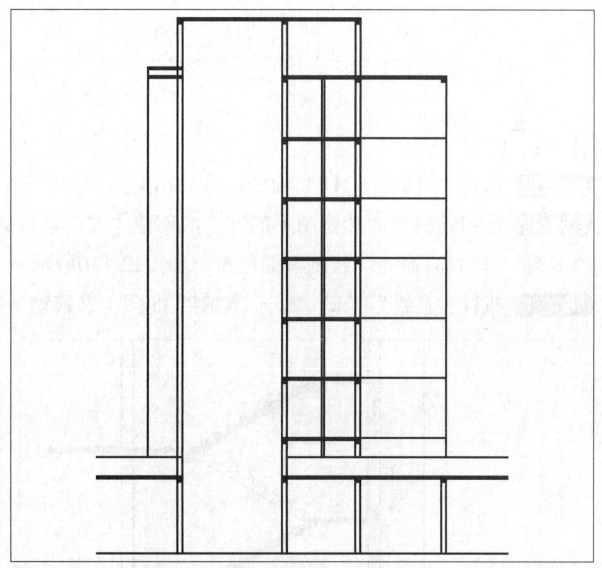

图12-126 完成效果

3 绘制楼梯

步骤 12 新建“楼梯、台阶”图层，并将其置为当前。

步骤 13 执行“直线”（L）命令，绘制150×590的台阶，通过延伸捕捉从墙体处画直线，对齐最上边的台阶，并进行修剪，绘制出楼梯第一跑，如图12-127所示。

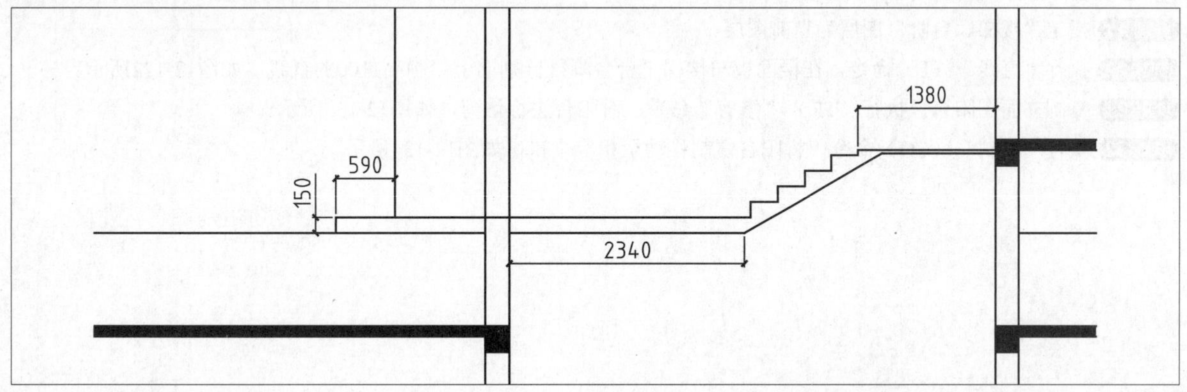

图12-127 绘制楼梯第一跑及平台

步骤 14 使用同样的方法绘制出左侧9级台阶，绘制出楼梯第二跑，如图12-128所示。

步骤 15 使用相同的方式绘制出其他梯段和楼梯平台，并填充图案，如图12-129所示。

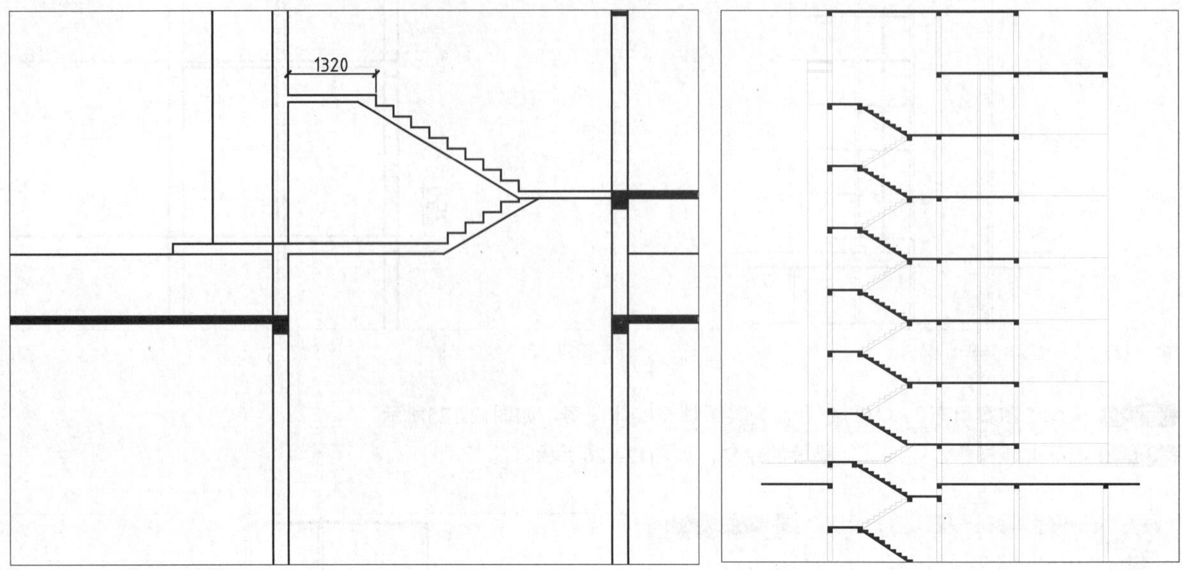

图12-128 绘制楼梯第二跑　　图12-129 绘制楼梯平台

4 绘制门窗

步骤 16 执行“修剪”（TR）命令，修剪出剖面的门窗洞。

步骤 17 运用绘制平面图窗图形的方法，创建“窗”多线样式并置为当前。将“门窗”图层设置为当前图层。执行“多线”（ML）命令，绘制剖面门窗，如图12-130所示。

步骤 18 执行“直线”（L）命令，绘制立面门，并移动复制到相应位置，如图12-131所示。

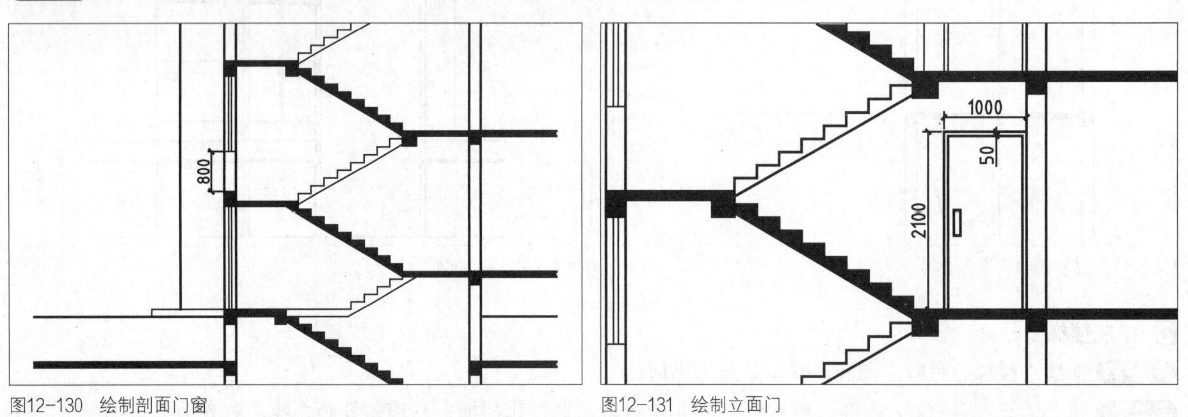

图12-130 绘制剖面门窗　　图12-131 绘制立面门

5 绘制楼梯栏杆和阳台

步骤 19 指定“楼梯、台阶”图层为当前图层。

步骤 20 执行“直线”（L）命令，在楼面板与楼梯平台台阶处分别向上绘制高1100的直线，如图12-132所示。

步骤 21 复制立面图阳台，执行（TR）“修剪”命令，对阳台进行修剪，如图12-133所示。

步骤 22 执行“复制”（CO）命令，将阳台复制移动至相应位置，如图12-134所示。

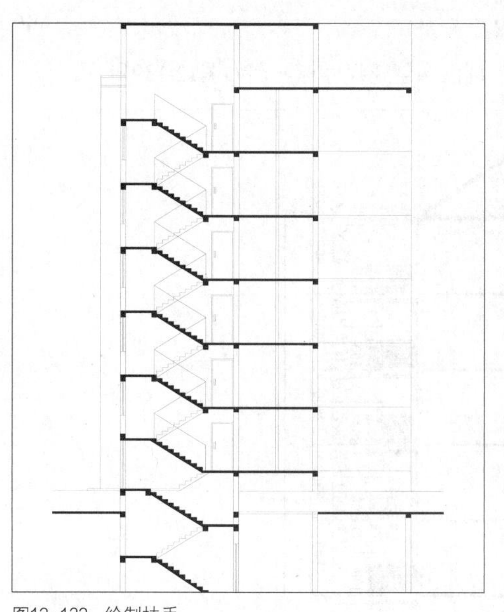
图12-132 绘制扶手

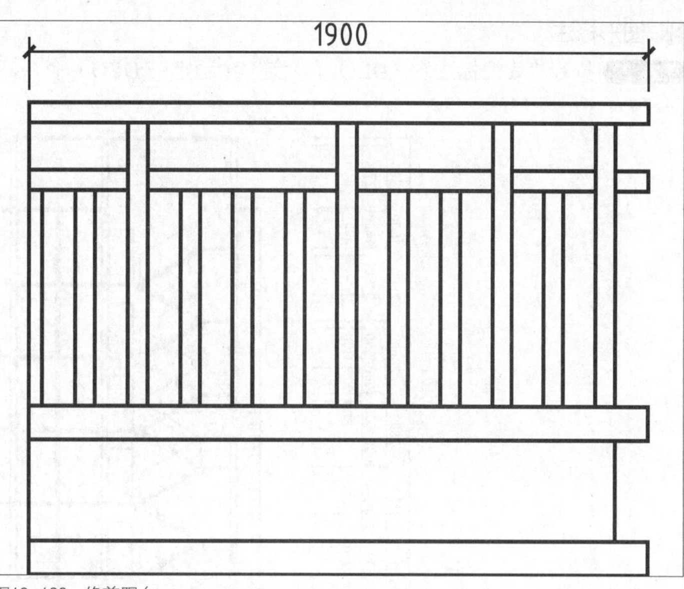

图12-133 修剪阳台

6 绘制屋顶、檐沟

步骤 23 将“屋顶”图层置为当前。执行“直线”（L）命令，结合“修剪”（TR）命令，绘制屋顶，如图12-135所示。

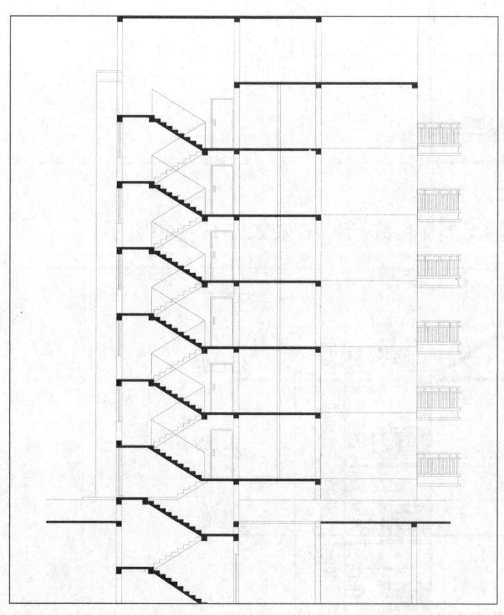
图12-134 复制阳台

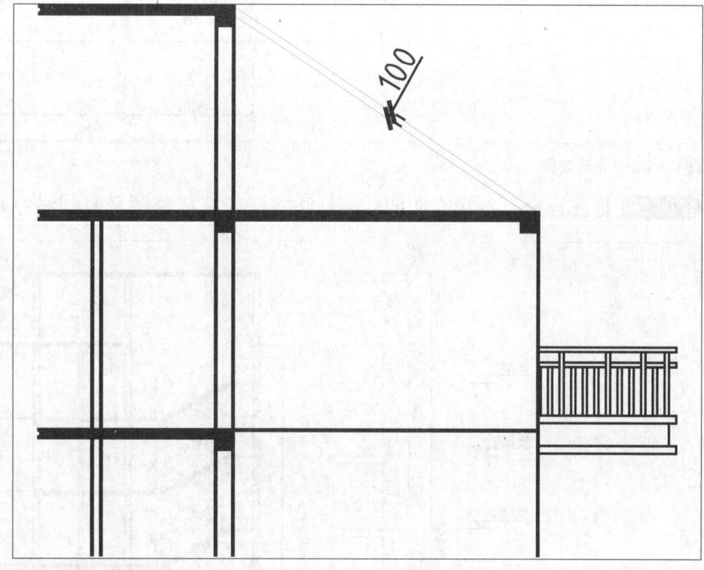

图 12-135 绘制屋顶

步骤 24 执行“图案填充”（H）命令，填充屋顶，如图12-136所示。

步骤 25 执行“直线”（L）命令，绘制檐沟，如图12-137所示。

步骤 26 将绘制好的檐沟移动复制到屋顶边线位置，执行“直线”（L）命令，绘制连接屋顶的直线。执行“镜像”（MI）命令，镜像至另一侧，并删除掉多余的线段，完成效果如图12-138所示。

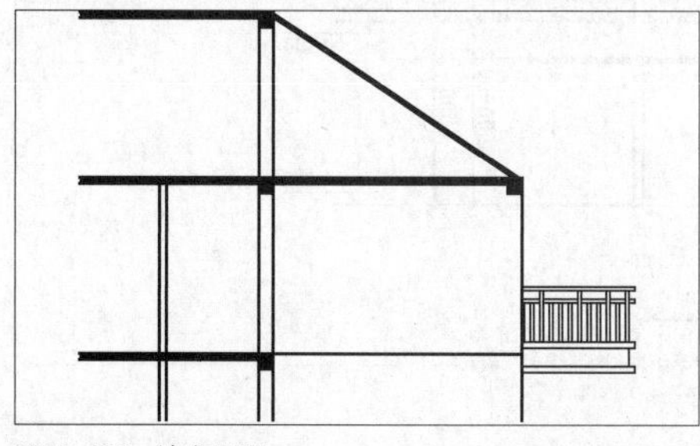
图12-136 填充屋顶

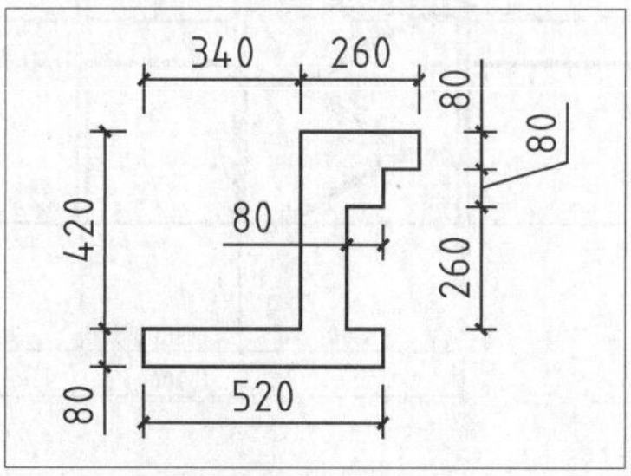

图12-137 绘制檐沟

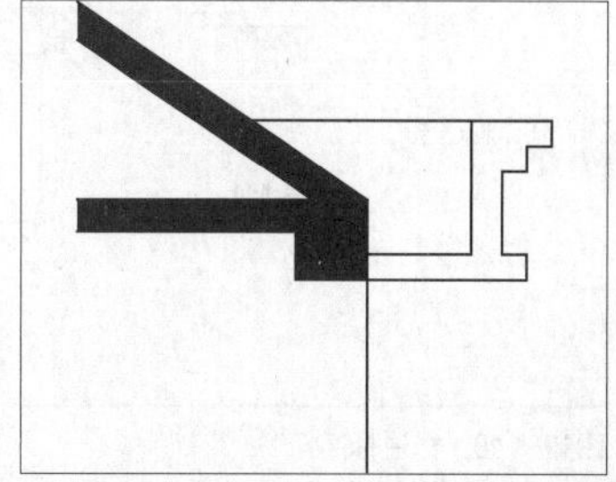
图12-138 完成效果

7 图形标注

步骤 27 执行“线性标注”（DLI）、“连续标注”（DCO）命令，为剖面图创建尺寸标注，如图12-139所示。

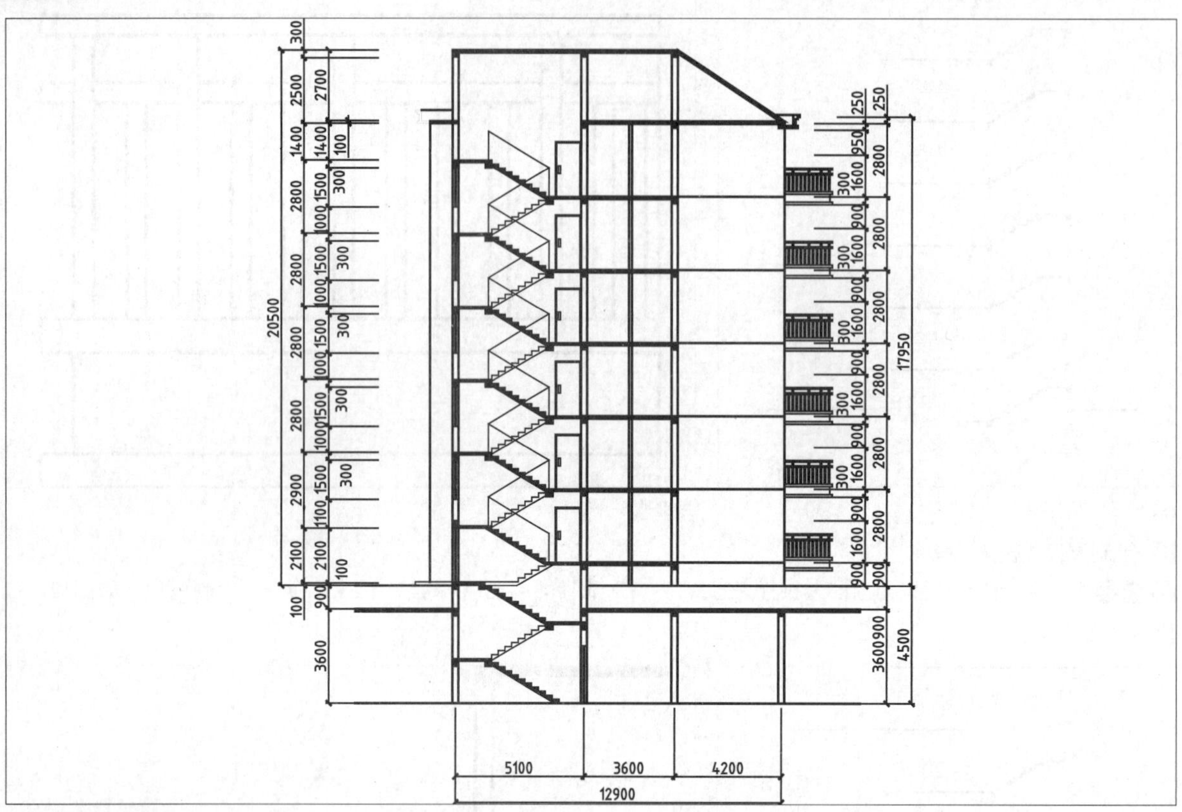

图12-139 完成效果

步骤 28 标注标高。参照立面图标高标注方法，将标高图形复制对齐并修改高度数据，结果如图12-140所示。

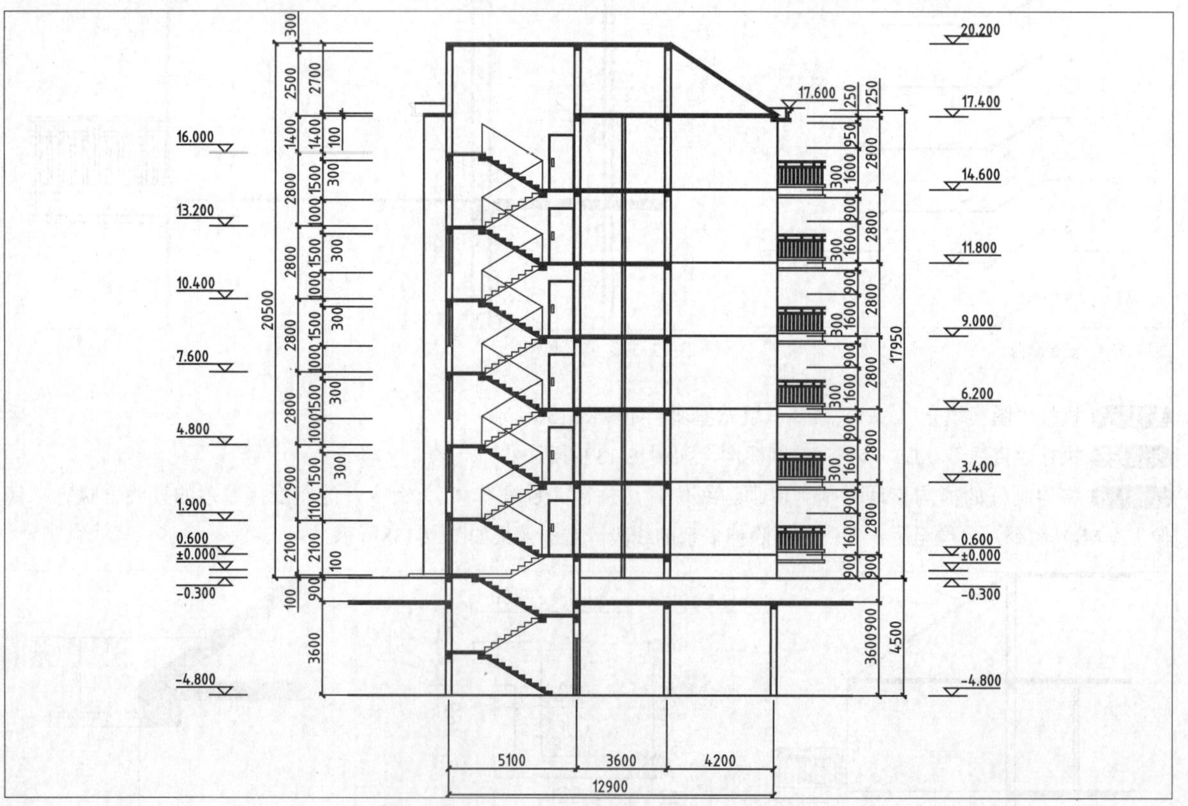

图12-140 标注标高

步骤 29 标注轴号。参照本章平面图轴号标注方法，标注轴号。结果如图12-141所示。

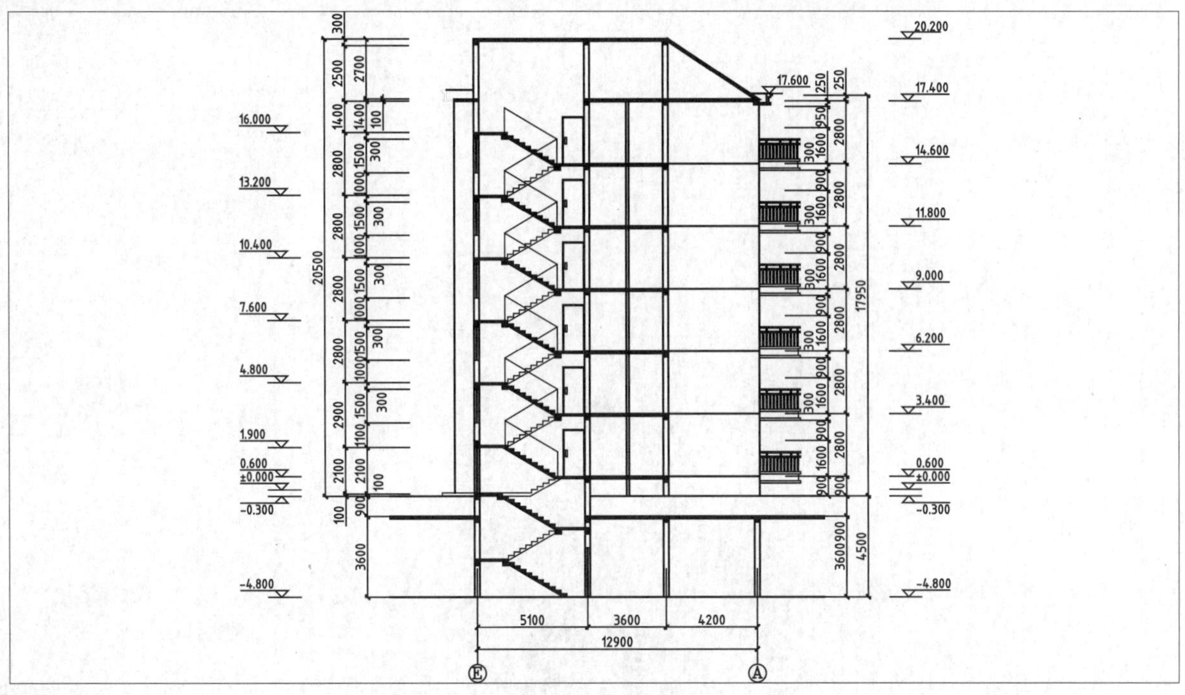

图12-141　标注轴号

步骤 30 将“文字”图层置为当前。执行“单行文字”（DT）命令，标注图名及比例，在文字下端绘制一条宽50的多段线，将其向下偏移200，并分解偏移后的多段线，如图12-142所示。

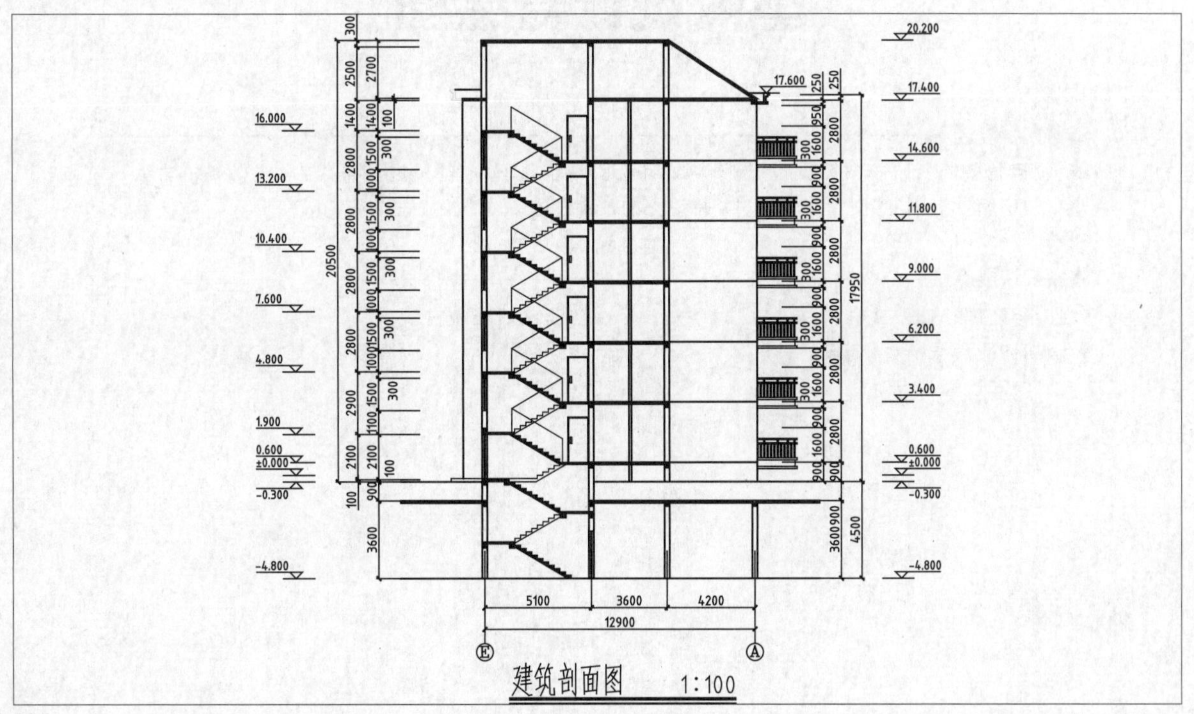

图12-142　标注文字说明

提示

剖面图的剖切位置和数量应根据建筑物自身的复杂情况而定，剖切位置一般应选择在建筑物的主要部位或构造较为典型的部位，如楼梯间等处。剖面图断开面上的材料图例与图线的表示均与平面图相同，即被剖切到的墙、梁、板等用粗实线表示，没有被剖切到的但是可见的部分用中粗实线表示，被剖切断开的钢筋混凝土梁、板涂黑表示。

第13章

室内设计与绘图

本章内容概述

本章主要讲解室内设计的概念及室内设计制图的内容和流程，并通过具体的实例来进行实战演练。通过本章的学习，读者能够了解室内设计的相关理论知识，并掌握室内设计及制图的方法。

本章知识要点

- 室内设计的理论知识
- 室内设计图的内容
- 创建室内设计制图样板的方法
- 绘制现代风格小户型室内设计图的方法

13.1 室内设计概述

室内设计（interior design）根据建筑物的使用性质、所处环境和相应标准，运用物质技术手段和建筑设计原理，创造功能合理、舒适优美、满足人们物质和精神生活需要的室内环境。这一空间环境既具有使用价值，满足相应的功能要求，又要反映历史文脉、建筑风格、环境气氛等精神因素。室内设计的目的是创造满足人们物质和精神生活需要的室内环境。图13-1所示为某室内设计图与实际效果。

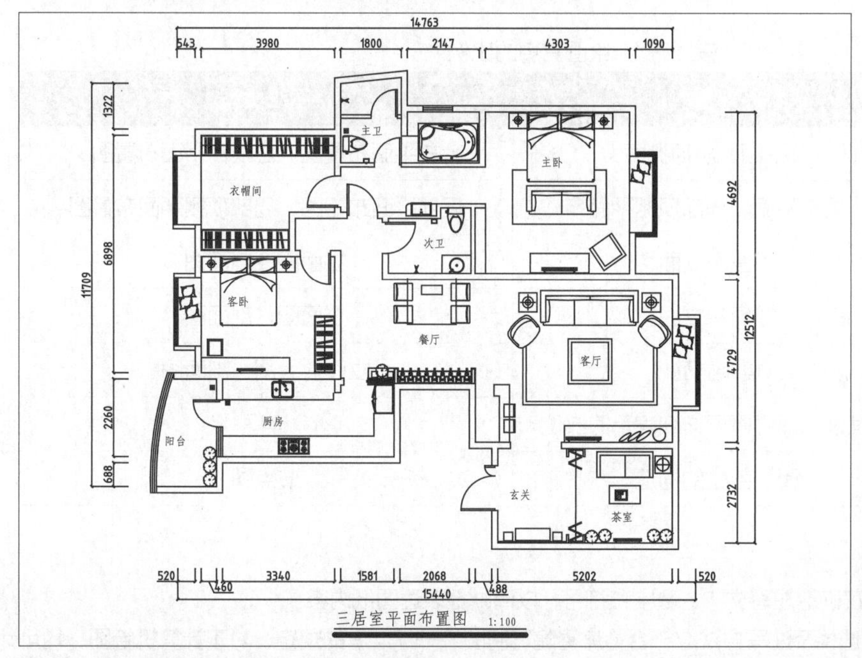

图 13-1 室内设计图与实际效果

13.1.1 室内设计制图的有关标准

★重点★

室内设计制图是表达室内设计工程的重要技术资料，也是施工的依据。为了统一制图技术，方便技术交流，并满足设计、施工管理等方面的要求，国家发布并实施了建筑工程与室内设计等专业的制图标准。

◆《房屋建筑制图统一标准》GB/T 50001—2017。

◆《总图制图标准》GB/T 50103—2010。

◆《建筑制图标准》GB/T 50104—2010。

◆《房屋建筑室内装饰装修制图标准》JGJ/T 244—2011（JGJ 指建筑工程行业标准）。

室内设计制图标准涉及图纸幅面与图纸编排顺序，以及图线、字体等绘图所包含的各方面的使用标准。本小节为读者介绍一些制图标准中常用的知识。

1 图形比例标准

◆比例可以表示图样尺寸和物体尺寸的比值。建筑室内装饰制图中注写的比例能够在图纸上反映物体的实际尺寸。

◆图样的比例应是图形与实物相对应的线性尺寸之比。比例的大小是指其比值的大小，例如 1 ：30 大于 1 ：100。

◆比例的符号应书写为“：”，比例数字则应以阿拉伯数字来表示，比例的形式如 1 ：2、1 ：3、1 ：100 等。

◆比例应注写在图名的右侧，字的基准线应取平；比例的字高应比图名的字高小一号或者二号，如图 13-2 所示。

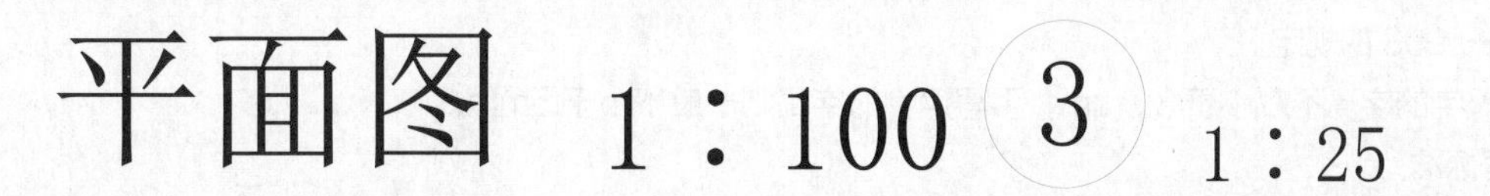

图 13-2 室内制图比例的注写

◆图样比例的选取是要根据图样的用途及所绘对象的复杂程度来定的。在绘制房屋建筑装饰装修图纸的时候，经常使用到的比例有1：1、1：2、1：5、1：10、1：15、1：20、1：25、1：30、1：40、1：50、1：75、1：100、1：150、1：200。

◆在特殊的绘图情况下，可以自选绘图比例；在这种情况下，除了要标注绘图比例，还须在适当位置绘制出相应的比例尺。

◆绘图所使用的比例要根据房屋建筑室内装饰装修设计的不同部位、不同阶段的图纸内容和要求从表13-1中选用。

表13-1 绘图常用的比例

比例	部位	图纸类型
1：200～1：100	总平面、总顶棚面	总平面布置图、总顶棚平面布置图
1：100～1：50	局部平面、局部顶棚平面	局部平面布置图、局部顶棚平面布置图
1：100～1：50	不复杂立面	立面图、剖面图
1：50～1：30	较复杂立面	立面图、剖面图
1：30～1：10	复杂立面	立面放大图、剖面图
1：10～1：1	平面及立面中需要详细表示的部位	详图
1：10～1：1	重点部位的构造	节点图

2 字体标准

在绘制施工图的时候，需要正确地注写文字、数字和符号，以清晰地表达图纸内容。

◆手动绘制的图纸，字体的选择及注写方法应符合《房屋建筑制图统一标准》的规定。对于计算机绘图，均可采用自行确定的常用字体，《房屋建筑制图统一标准》未做强制规定。

◆文字的字高应从表13-2中选用。字高大于10mm的文字宜采用TrueType字体。如需书写字高大于20mm的字，其高度应按$\sqrt{2}$的倍数递增。

表13-2 文字的字高 单位：mm

	中文矢量字体	TrueType字体及非中文矢量字体
字高	3.5、5、7、10、14、20	4、6、8、10、14、20

◆拉丁字母、阿拉伯数字与罗马数字假如为斜体字，则其倾斜角度应是从字的底线逆时针向上倾斜75°。斜体字的高度和宽度应与相应的正体字相等。

◆拉丁字母、阿拉伯数字与罗马数字的字高应不小于2.5mm。

◆拉丁字母、阿拉伯数字和罗马数字与汉字并列书写时，其字高可比汉字小一号或二号，如图13-3所示。

图13-3 字高的表示

◆分数、百分数和比例数的注写要采用阿拉伯数字和数学符号，如四分之一、百分之三十五和三比二十则应分别书写为1/4、35%、3：20。

◆当注写的数字小于1时，须写出个位的“0”，小数点应采用圆点，并对齐基准线注写，如0.03。

◆长仿宋汉字、拉丁字母、阿拉伯数字与罗马数字的示例应符合现行国家标准《技术制图 字体》GB/T 14691—1993的规定。

◆汉字的字高不应小于3.5mm，手写汉字的字高则一般不小于5mm。

3 图线标准

室内制图的图线线宽*b*宜从1.4、1.0、0.7、0.5、0.35、0.25、0.18、0.13mm等线宽中选取。图线宽度不应小于 0.1mm。每个图样应根据复杂程度与比例大小，先选定基本线宽 *b*，再选用表 13-3 中相应的线宽组。

表 13-3 线宽组　　单位：mm

线宽比	线宽组			
b	1.4	1.0	0.7	0.5
0.7*b*	1.0	1.7	0.5	0.35
0.5*b*	0.7	0.5	0.35	0.25
0.25*b*	0.35	0.25	0.18	0.13

注：1. 需要缩微的图纸不宜采用 0.18 及更细的线宽。
　　2. 同一张图纸内，不同线宽中的各细线可统一采用较细的线宽组的细线。

室内制图可参考表 13-4 选用合适的图线。

表 13-4 图线

名称		线型	线宽	一般用途
实线	粗		*b*	主要可见轮廓线
	中		0.5*b*	可见轮廓线
	细		0.25*b*	可见轮廓线、图例线
虚线	粗		*b*	见有关专业制图标准
	中		0.5*b*	不可见轮廓线
	细		0.25*b*	不可见轮廓线、图例线
单点划线	粗		*b*	见有关专业制图标准
	中		0.5*b*	见有关专业制图标准
	细		0.25*b*	中心线、对称线等
双点划线	粗		*b*	见有关专业制图标准
	中		0.5*b*	见有关专业制图标准
	细		0.25*b*	假想轮廓线、成型前原始轮廓线
折断线			0.25*b*	断开界线
波浪线			0.25*b*	断开界线

除了线型与线宽，室内制图对图线还有如下要求。

◆同一张图纸内，相同比例的各图样应选用相同的线宽组。

◆相互平行的图例线，其净间隙或线中间隙不宜小于 0.2mm。

◆虚线、单点长划线或双点长划线的线段长度和间隔宜各自相等。

◆单点长划线或双点长划线在较小图形中绘制有困难时，可用实线代替。

◆单点长划线或双点长划线的两端不应是点。点划线与点划线交接或点划线与其他图线交接时，应是线段交接。

◆虚线与虚线交接或虚线与其他图线交接时，应是线段交接。虚线为实线的延长线时，不得与实线相接。

◆图线不得与文字、数字或符号等重叠或者混淆，不可避免时，应首先保证文字的清晰。

4 尺寸标注

绘制完成的图形仅能表达物体的形状，必须为其标注完整的尺寸数据并配以相关的文字说明，才能将其作为施工等工作的依据。

本小节为读者介绍尺寸标注的知识，包括尺寸界线、尺寸线和尺寸起止符号的绘制，尺寸数字的标注规则和尺寸的排列与布置的要点。

尺寸界线、尺寸线及尺寸起止符号

图样上的尺寸标注，包括尺寸界线、尺寸线、尺寸起止符号和尺寸数字，标注的结果如图 13-4 所示。

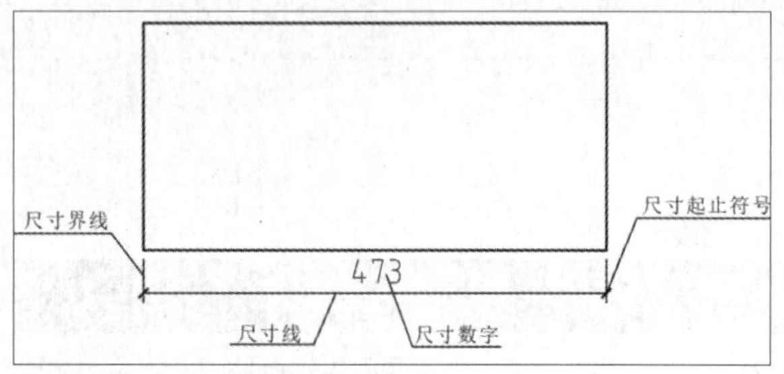

图13-4 尺寸标注的组成

◆尺寸界线应用细实线绘制，一般应与被注长度垂直，其一端距离图样轮廓线应不小于 2mm，另一端宜超出尺寸线 2~3mm。图样轮廓线可用作尺寸线，如图 13-5 所示。

◆尺寸线应用细实线绘制，应与被注长度平行。图样本身的任何图线均不得用作尺寸线。

◆尺寸起止符号可用中粗短斜线来绘制，其倾斜方向应与尺寸界线成顺时针 45° 角，长度宜为 2~3mm；在轴测图中可用黑色圆点绘制，其直径为 1mm。半径、直径、角度与弧长等的尺寸起止符号宜用箭头表示，如图 13-6 所示。

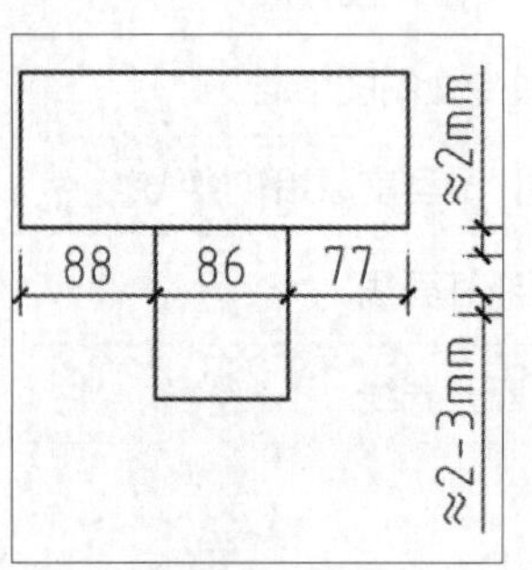

图13-5 尺寸界线

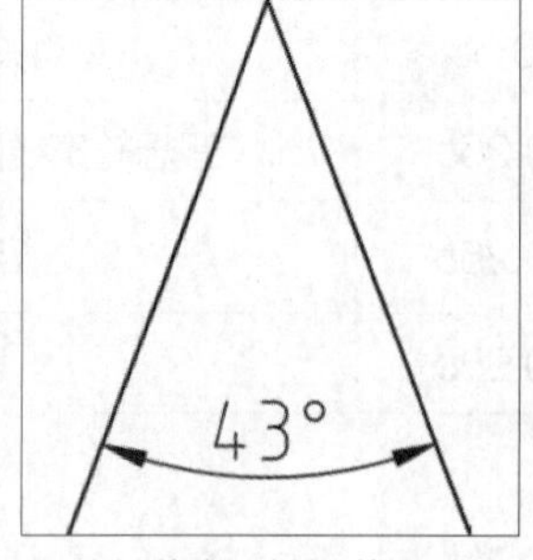

图13-6 箭头尺寸起止符号

尺寸数字

◆图样上的尺寸应以尺寸数字为准，不得从图上直接截取。

◆图样上的尺寸单位，除标高及总平面图以米为单位之外，其他必须以 mm 为单位。

◆尺寸数字的方向应按图 13-7 左图所示的形式注写。假如尺寸数字在尺寸线内，则宜按照图 13-7 右图所示的形式来注写。

◆尺寸数字的标注方向如图 13-7 所示。尺寸数字的注写方向和阅读方向规定为：当尺寸线为竖直方向时，尺寸数字注写在尺寸线的左侧，字头朝左；其他任何方向，尺寸数字字头应保持向上，且注写在尺寸线的上方；如果在尺寸线内注写，容易引起误解，所以建议采用图 13-7 右图所示的两种水平注写方式。

◆图 13-7 左图中斜线区内的尺寸数字注写方式为软件默认方式，图 13-7 右图所示的注写方式比较适合手绘，因此，制图标准中将图 13-7 左图的注写方式定为首选方案。

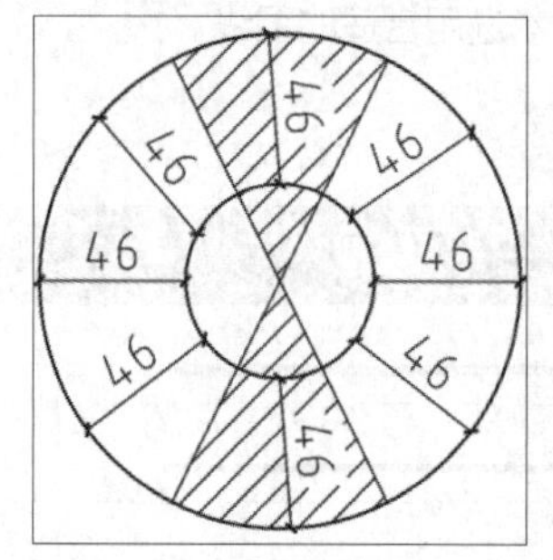

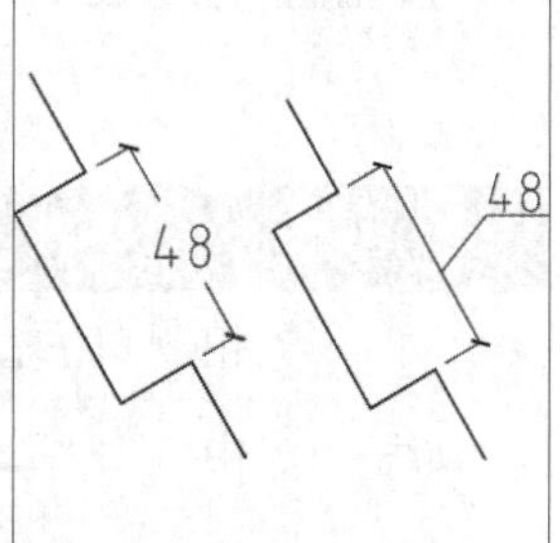

图13-7 尺寸数字的标注方向

◆尺寸数字一般应依据其方向注写在靠近尺寸线的上方中部。如果注写位置相对密集，没有足够的注写位置，最外边的尺寸数字可注写在尺寸界线的外侧，中间相邻的尺寸数字可上下错开，注写在离该尺寸线较近处，如图 13-8 所示。

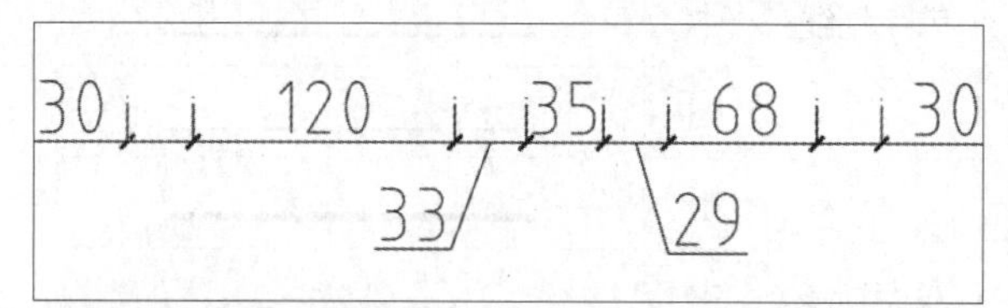

图13-8 尺寸数字的注写位置

尺寸的排列与布置

◆尺寸分为总尺寸、定位尺寸、细部尺寸 3 种。绘图时应根据设计深度和图纸用途确定所需注写的尺寸。

◆尺寸标注应该清晰，不应该与图线、文字及符号等相交或重叠，如图 13-9 左图所示。

◆假如尺寸标注在图样轮廓内，且图样内已绘制了填充图案，尺寸数字处的填充图案应断开。另外，图样轮廓线也可用作尺寸界线。如图 13-9 右图所示。

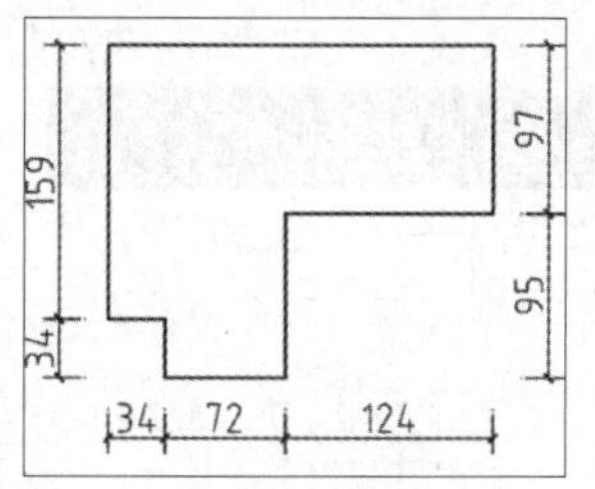

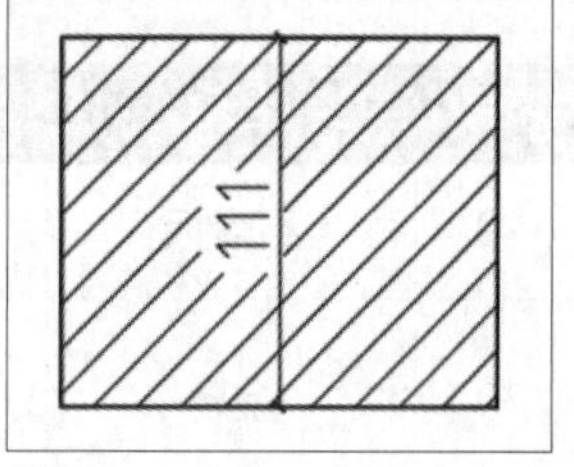

图13-9　尺寸数字的注写

◆尺寸宜标注在图样轮廓线以外，当需要标注在图样轮廓线内时，不应与图线文字和符号等相交或重叠。

◆互相平行的尺寸线应从被注写的图样轮廓线由近向远整齐排列，较小的尺寸应离轮廓线较近，较大的尺寸应离轮廓线较远，如图 13-10 所示。

◆总尺寸的尺寸界线应靠近所指部位，中间的分尺寸的尺寸界线可稍短，但是其长度应相等，如图 13-10 所示。

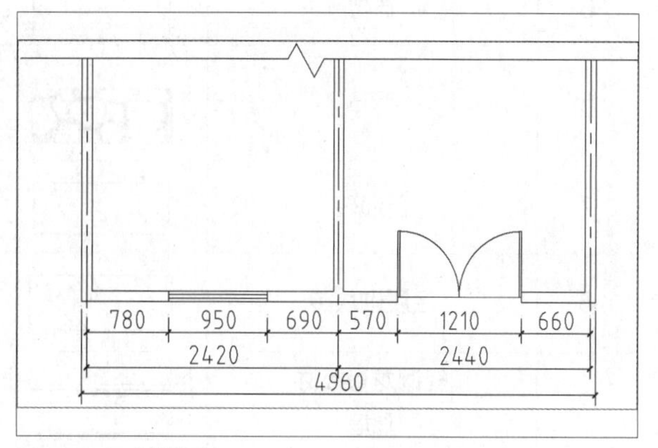

图13-10　尺寸的排列

13.1.2　室内设计制图的常见图例

★进阶★

在《房屋建筑制图统一标准》GB/T 50001—2017 中，只规定了常用的建筑材料的图例画法，对图例的尺寸和比例并未做具体的规定。在调用图例的时候，要根据图样的大小而定，且应符合下列的规定。

◆图线应间隔均匀，疏密适度，做到图例正确，并且表示清楚。

◆不同品种的同类材料在使用同一图例的时候，要在图上附加必要的说明。

◆相同的两个图例相接时，图例线要错开或者使其填充方向相反，如图 13-11 所示。

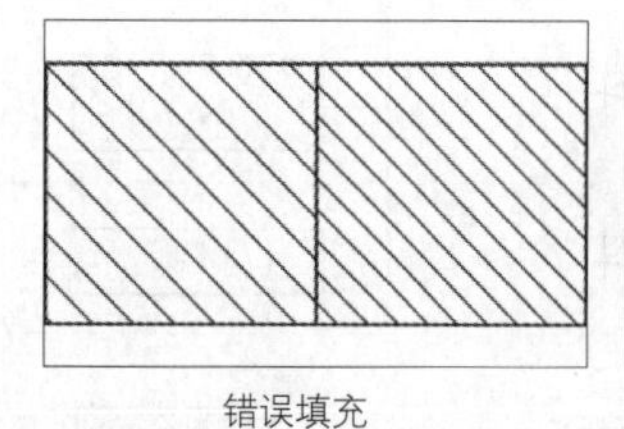

错误填充

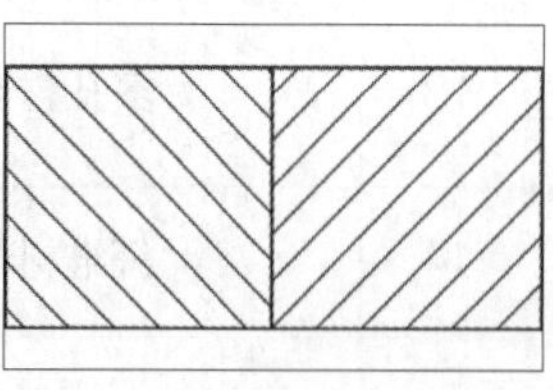

正确填充

图13-11　填充示意

出现以下情况时，可以不加图例，但是应该加文字说明。

◆当一张图纸内的图样只用一种图例时。

◆图形较小并无法画出建筑材料图例时。

当需要绘制的建筑材料图例面积过大时，在断面轮廓线内沿轮廓线做局部表示也可以，如图 13-12 所示。

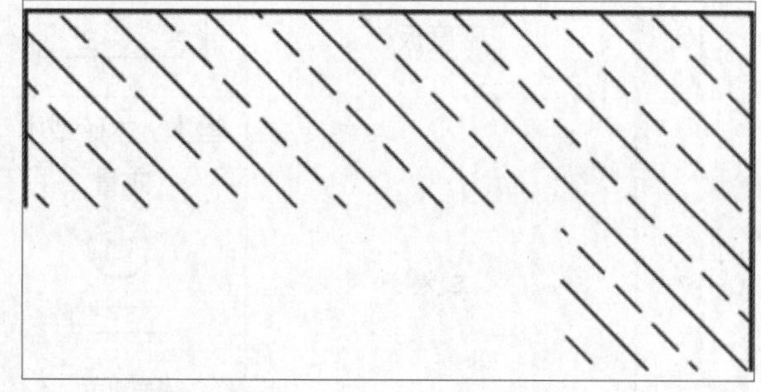

图13-12　局部表示图例

常用建筑、装饰、装修材料的图例应按表 13-5 所示的画法绘制。

表 13-5　常用建筑、装饰、装修材料图例

序号	名称	图例	序号	名称	图例
1	夯实土壤		3	多层板	
2	砂砾石、碎砖三合土		4	木工板	

（续表）

序号	名称	图例	序号	名称	图例
5	石材	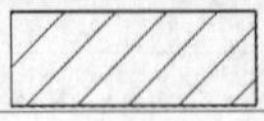	19	石膏板	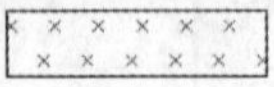
6	毛石		20	金属	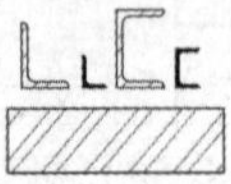
7	普通砖		21	液体	
8	轻质砌块砖	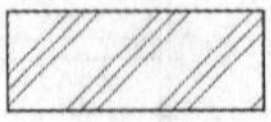	22	玻璃砖	
9	轻钢龙骨板材隔墙		23	普通玻璃	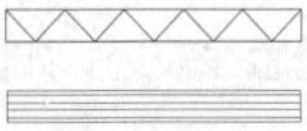
10	饰面砖		24	橡胶	
11	混凝土		25	塑料	
12	钢筋混凝土	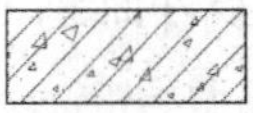	26	地毯	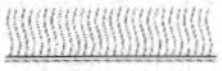
13	多孔材料	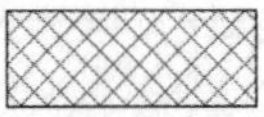	27	防水材料	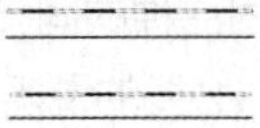
14	纤维材料	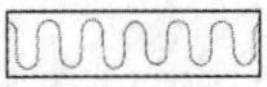	28	粉刷	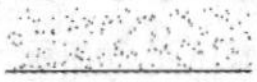
15	泡沫塑料材料	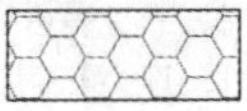	29	窗帘	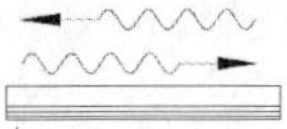
16	密度板		30	砂、灰土	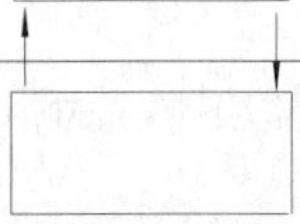
17	实木	垫木、木砖或木龙骨 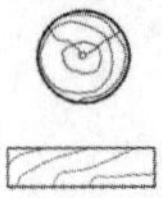 横断面 纵断面	31	胶黏剂	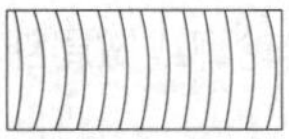
18	胶合板	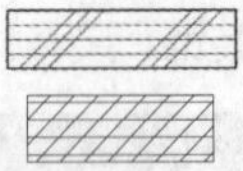	—	—	—

13.2 室内设计图的内容

室内设计工程图是按照装饰设计方案确定的空间尺度、构造做法、材料选用、施工工艺等，并且遵照建筑及装饰设计规范所规定的要求编制的，用于指导装饰施工生产的技术性文件，同时也是进行造价管理、工程监理等工作的重要技术性文件。

一套完整的室内设计工程图包括施工图和效果图。效果图是通过 Photoshop 等软件对现有图纸进行美化后的结果，对设计、施工等过程的意义不大；而 AutoCAD 则主要用来绘制施工图，施工图又可以分为平面布置图、地面布置图（地材图）、顶面布置图（顶棚图）、立面图、剖面图、详图等。本节便介绍各类室内设计图纸的绘制方法。

13.2.1 平面布置图

平面布置图是室内设计工程图的主要图样，是根据装饰设计原理、人体工程学及业主的需求画出的，用于反映建筑平面布局、装饰空间及功能区域的划分、家具设备的布置、绿化及陈设的布局等内容的图样，是确定装饰空间平面尺度及装饰形体定位的主要依据。

平面布置图是假想用一个水平剖切平面，沿着每层的门窗洞口位置进行水平剖切，移去剖切平面以上的部分，对平面以下部分所做的水平正投影图。平面布置图其实是一种水平剖面图。绘制平面布置图时首先要确定平面图的基本内容。

图 13-13 所示为绘制完成的三居室平面布置图。

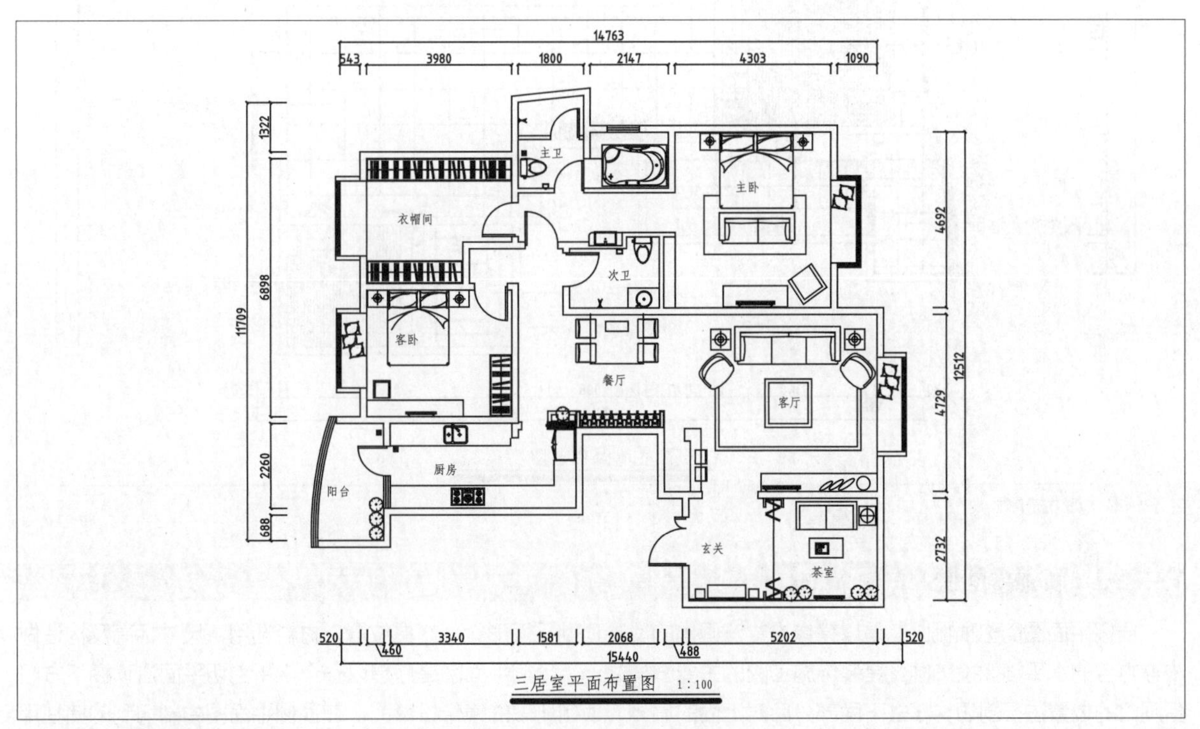

图 13-13　平面布置图

绘制平面布置图的步骤如下。

步骤 01 绘制定位轴线，以确定墙柱的具体位置、各功能分区与名称、门窗的位置和编号、门的开启方向等。

步骤 02 确定室内地面的标高。

步骤 03 确定室内固定家具、活动家具、家用电器的位置。

步骤 04 确定装饰陈设、绿化美化等位置及绘制图例符号。

步骤 05 绘制室内立面图的内视投影符号，按顺时针从上至下在圆圈中编号。

步骤 06 确定室内现场制作家具的定形、定位尺寸。

步骤 07 绘制索引符号，添加图名及必要的文字说明等。

13.2.2 地面布置图

地面布置图又称地材图。与平面布置图的区别是，地面布置图不需要绘制家具及绿化等布置，只需画出地面的装饰分格，并且标注地面材质、尺寸和颜色、地面标高等。地面布置图中应包含平面布置图的基本内容，地面布置图绘制的基本顺序如下。

步骤 01 根据室内地面材料的选用、颜色与分格尺寸，绘制地面铺装的填充图案，并确定地面标高等。

步骤 02 绘制地面的拼花造型。

步骤 03 绘制索引符号，添加图名及必要的文字说明等。

图 13-14 所示为绘制完成的三居室地面布置图。

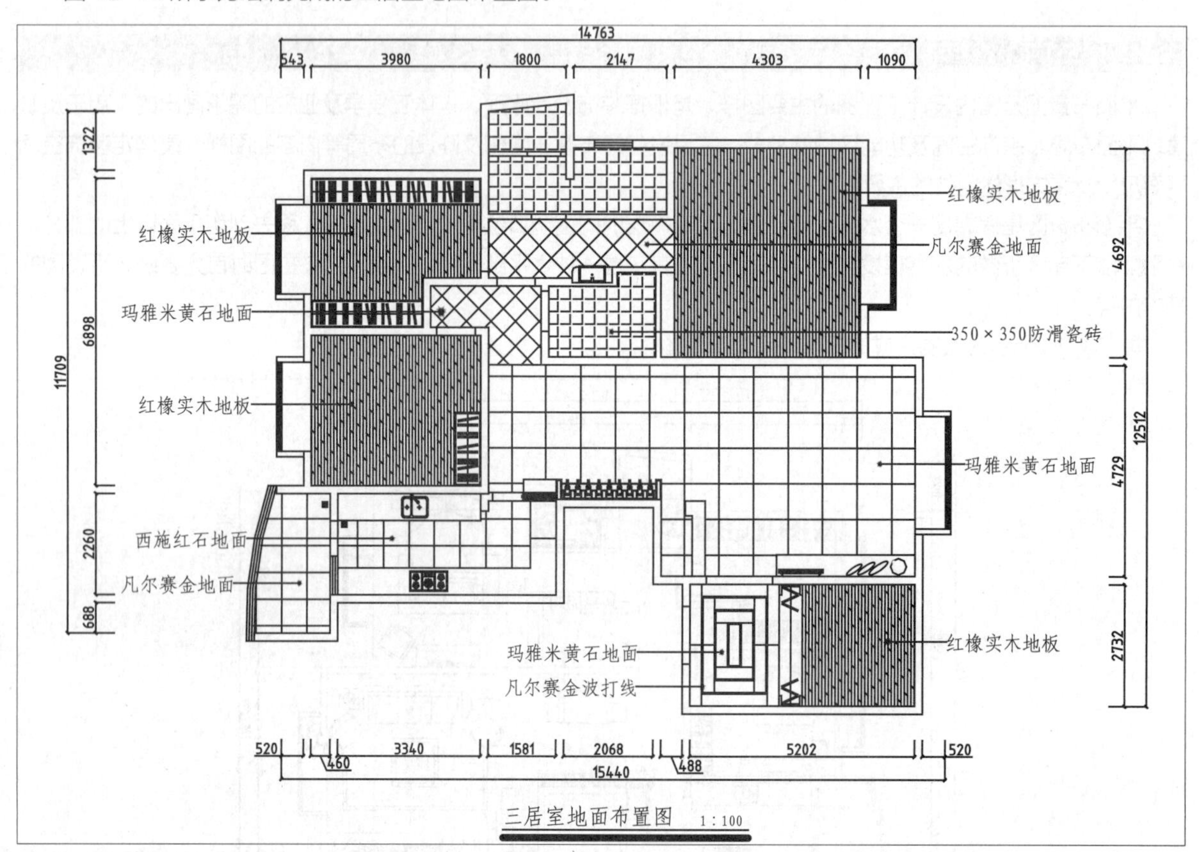

图 13-14 地面布置图

13.2.3 顶棚平面图

顶棚平面图简称顶棚图，是以镜像投影法画出的反映顶棚平面形状、灯具位置、材料选用、尺寸标高及构造做法等内容的水平镜像投影图，是装饰施工图的主要图样之一。顶棚平面图是假想以一个水平剖切平面沿顶棚下方门窗洞口的位置进行剖切，移去下面部分后对上面的墙体、顶棚所做的镜像投影图。在顶棚平面图中剖切到的墙柱用粗实线来表示，未剖切到但能看到的顶棚、灯具、风口等用细实线来表示。

顶棚平面图绘制的基本步骤如下。

步骤 01 在平面图的门洞处绘制门洞边线，无须绘制门扇及开启线。

步骤 02 绘制顶棚的造型，标注尺寸、做法和说明，有时可以画出顶棚的重合断面图并标注标高。

步骤 03 绘制顶棚灯具符号并确定其具体位置，而灯具的规格、型号、安装方法则在电气施工图中反映。

步骤 04 绘制室内各顶棚的完成面标高，按每一层楼地面为±0.000标注顶棚装饰面标高，这是实际施工中常用的方法。

步骤 05 确定与顶棚相接的家具、设备的位置和尺寸。

步骤 06 绘制窗帘及窗帘盒、窗帘帷幕板等。

步骤 07 确定空调送风口位置、消防自动报警系统，以及与吊顶有关的音频设备的平面位置及安装位置。

步骤 08 绘制索引符号，添加图名及必要的文字说明等。

图 13-15 所示为绘制完成的三居室顶面布置图。

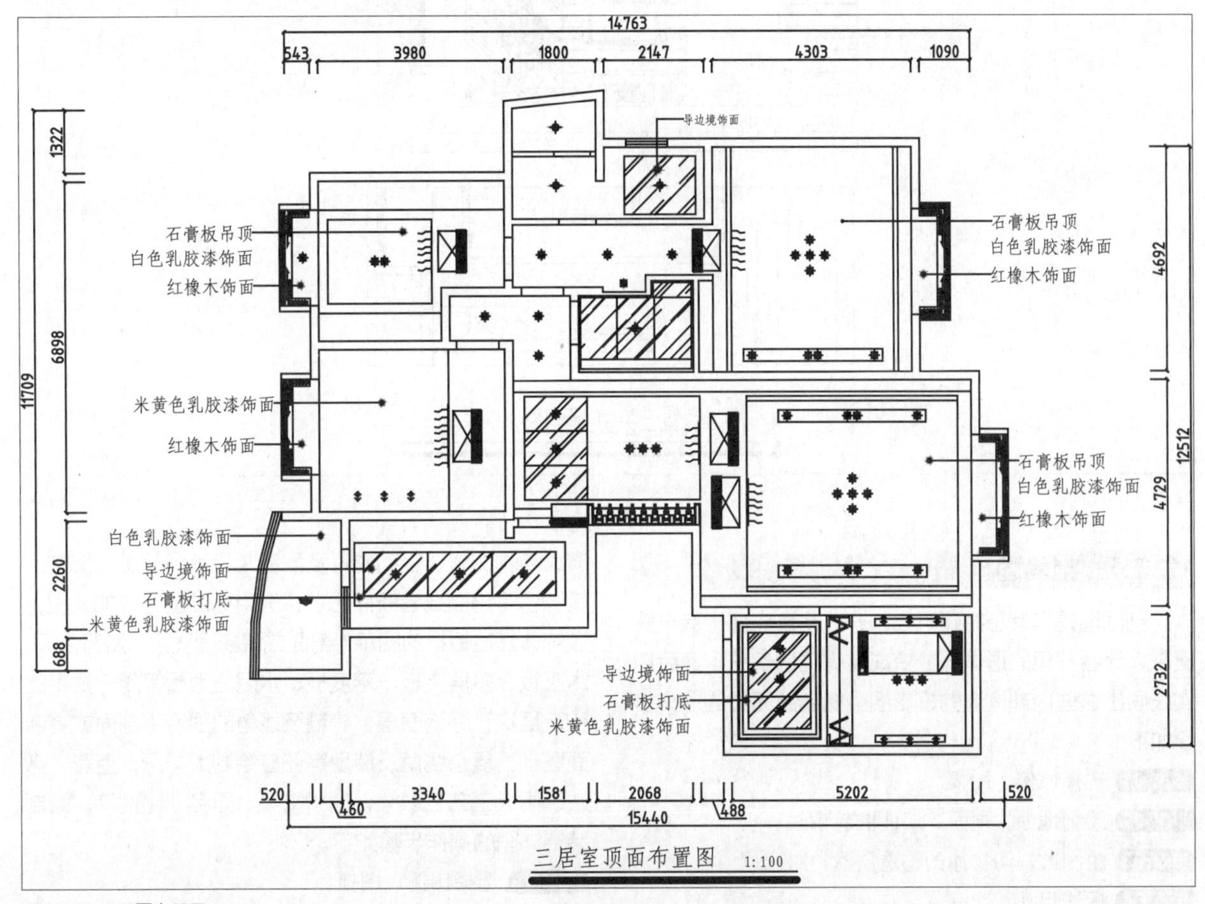

图 13-15 顶面布置图

13.2.4 立面图

立面图是将房屋的室内墙面按内视投影符号的指向，向直立投影面所做的正投影图。它用于反映室内空间垂直方向的装饰设计形式、尺寸与做法、材料与色彩的选用等内容，是装饰施工图中的主要图样之一，也是确定墙面做法的依据。房屋室内立面图的名称应根据平面布置图中内视投影符号的编号或字母确定，如②立面图、B 立面图。

立面图应包括投影方向可见的室内轮廓线、装饰构造、门窗、构配件、墙面做法、固定家具、灯具等内容及必要的尺寸标注和标高，并需表达非固定家具、装饰构件等情况。绘制立面图的主要步骤如下。

步骤 01 绘制立面轮廓线，顶棚有吊顶时要绘制吊顶、叠级、灯槽等剖切轮廓线，使用粗实线表示。墙面与吊顶的收口形式、可见灯具投影图等也需要绘制。

步骤 02 绘制墙面装饰造型，例如壁挂、工艺品等陈设，门窗造型及分格、墙面灯具、暖气罩等装饰内容。

步骤 03 添加装饰选材、立面的尺寸标高及做法说明。

步骤 04 绘制附墙的固定家具及造型。

步骤 05 绘制索引符号，添加图名及必要的文字说明等。

图 13-16 所示为绘制完成的三居室电视背景墙立面布置图。

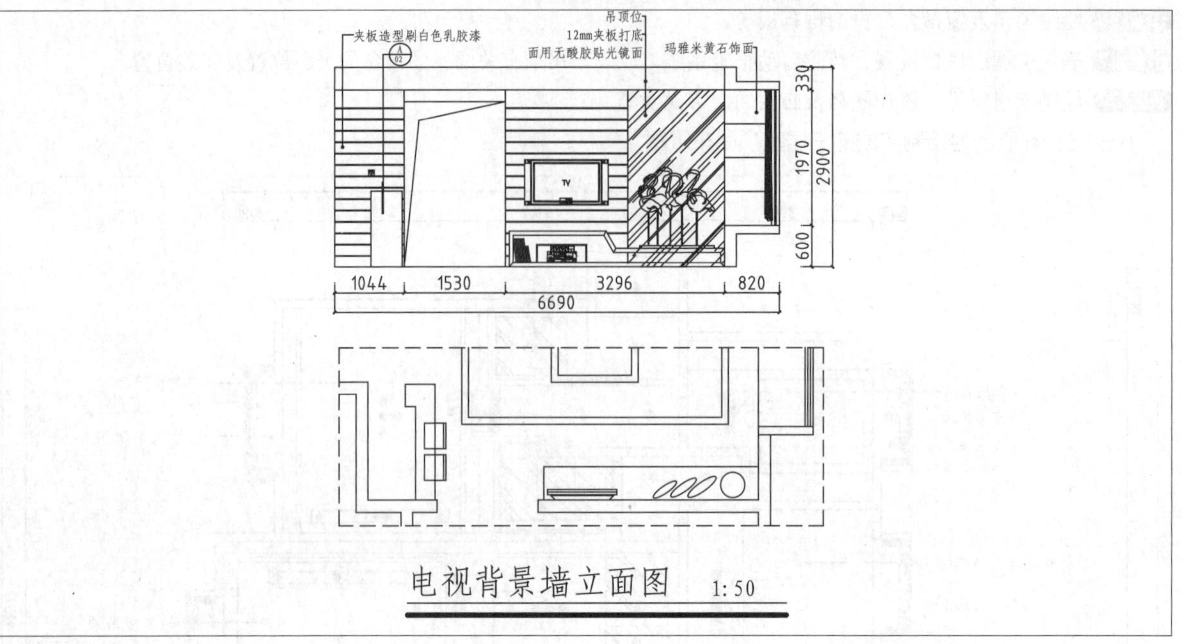

图13-16 立面图

13.2.5 剖面图

剖面图是指假想将建筑物剖开，使其内部构造显露出来，让看不见的形体部分变成看得见的部分，然后用实线画出这些内部构造的投影图。绘制剖面图的操作步骤如下。

步骤 01 选择比例、图幅。

步骤 02 绘制地面、顶面、墙面的轮廓线。

步骤 03 绘制被剖切物体的构造层次。

步骤 04 标注尺寸。

步骤 05 绘制索引符号，添加图名及必要的文字说明等。

图13-17所示为绘制完成的顶棚剖面图。

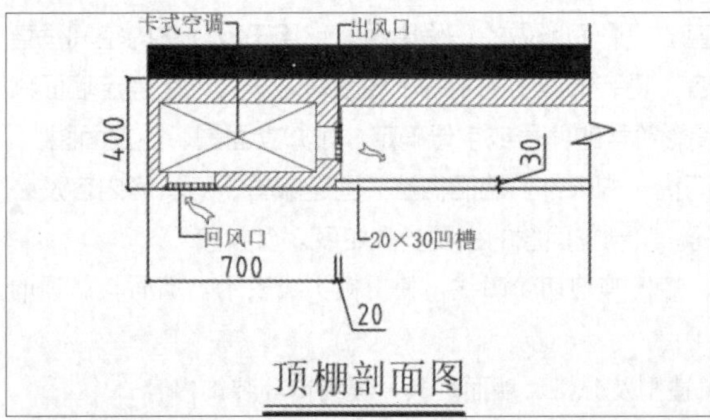

图13-17 剖面图

13.2.6 详图

详图又被称为大样图，它的图示内容主要包括6个部分：装饰形体的建筑做法、造型样式、材料选用、尺寸标高；所依附的建筑结构材料、连接做法，如钢筋混凝土与木龙骨、轻钢龙骨及型钢龙骨等内部龙骨架的连接图示（剖面或者断面图），选用标准图时应加索引；装饰体基层板材的图示（剖面或者断面图），如石膏板、木工板、多层夹板、密度板、水泥压力板等用于找平的构造层次；装饰面层、胶缝及线角的图示（剖面或者断面图），复杂线角及造型等还应绘制大样图；色彩、做法说明、工艺要求等；索引符号、图名、比例等。绘制装饰详图的操作步骤如下。

步骤 01 选择比例、图幅。

步骤 02 绘制墙（柱）的结构轮廓。

步骤 03 绘制门套、门扇等装饰形体轮廓。

步骤 04 详细绘制各部位的构造层次及材料图例。

步骤 05 标注尺寸。

步骤 06 绘制索引符号，添加图名及必要的文字说明等。

图13-18所示为绘制完成的酒柜节点详图。

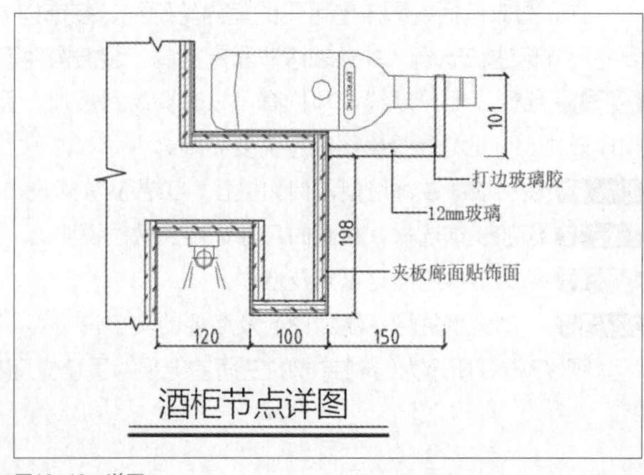

图13-18 详图

13.3 创建室内设计制图样板

为了避免绘制每一张施工图都重复地设置图层、线型、文字样式和标注样式等内容，我们可以预先将这些相同部分一次性设置好，然后将其保存为样板文件。创建样板文件后，在绘制施工图时，就可以在该样板文件的基础上创建图形文件，从而加快绘图速度，提高工作效率。本章所有实例皆基于该模板，操作步骤如下。

1 设置绘图环境

步骤 01 单击快速访问工具栏中的“新建”按钮，新建图形文件。

步骤 02 执行“格式”|“单位”命令，打开“图形单位”对话框，设置单位，如图13-19所示。

步骤 03 单击“图层”面板中的“图层特性”按钮，打开“图层特性管理器”选项板，设置图层，如图13-20所示。

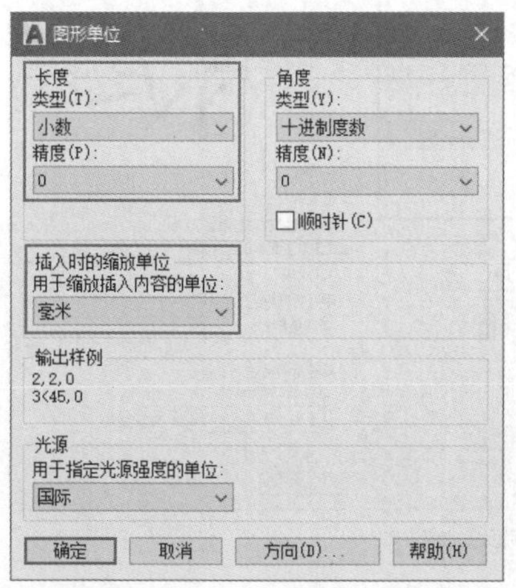

图13-19　设置单位

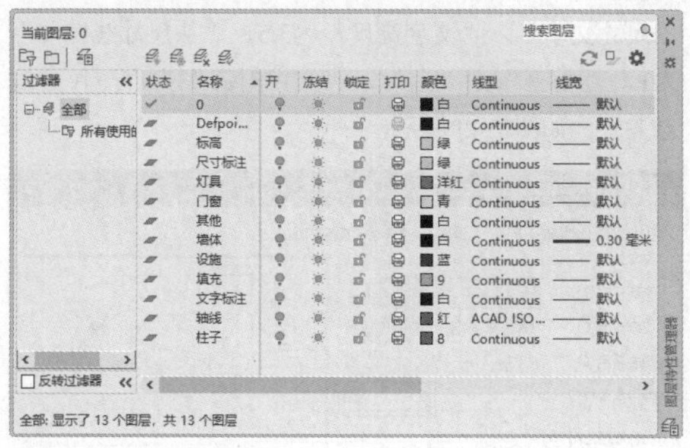

图13-20　设置图层

步骤 04 执行“图形界限”（LIMITS）命令，设置图形界限。命令行提示如下。

```
命令: LIMITS↙
                                //执行“图形界限”命令
重新设置模型空间界限:
指定左下角点或 [开(ON)/关(OFF)] <0.0,0.0>:
                                //按Enter键确认
指定右上角点 <420.0,297.0>: 29700,21000
                                //指定界限后按Enter键确认
```

2 设置文字样式

步骤 05 单击“注释”面板扩展区域中的“文字样式”按钮，打开“文字样式”对话框，如图13-21所示。

步骤 06 单击“新建”按钮，创建“图内文字”样式，如图13-22所示。

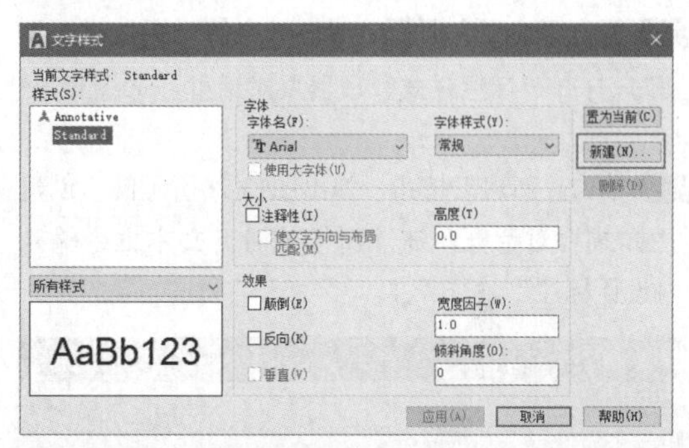

图13-21　“文字样式”对话框

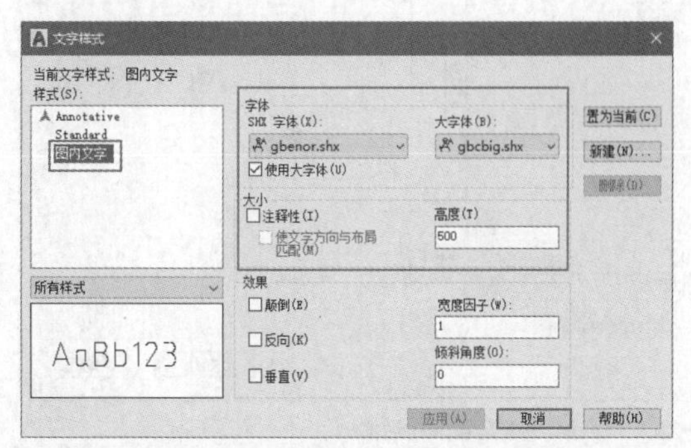

图13-22　创建“图内文字”样式

步骤 07 重复上述操作，创建“尺寸文字”样式与“图名”样式，分别如图13-23、图13-24所示。

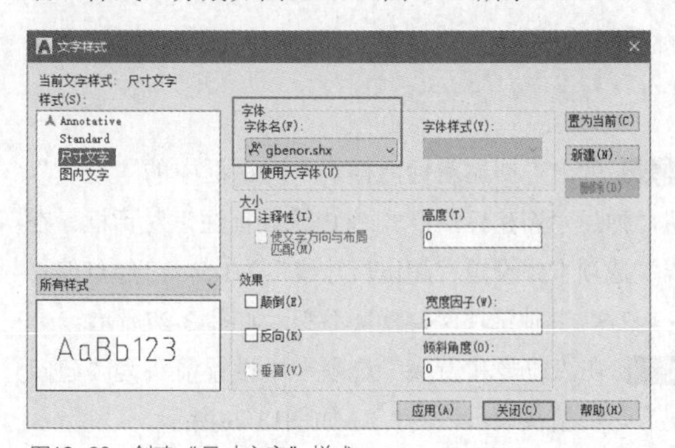

图13-23　创建“尺寸文字”样式

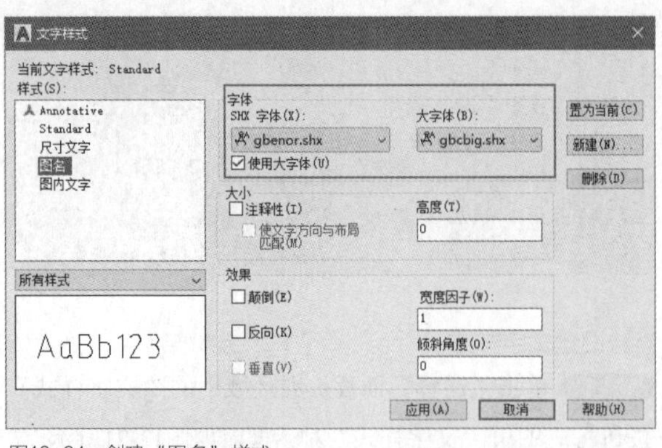

图13-24 创建“图名”样式

3 设置标注样式

步骤 08 单击“注释”面板扩展区域中的“标注样式”按钮，打开“标注样式管理器”对话框，如图13-25所示。

步骤 09 单击“新建”按钮，弹出图13-26所示的“创建新标注样式”对话框，在“新样式名”文本框中输入“室内设计标注”。

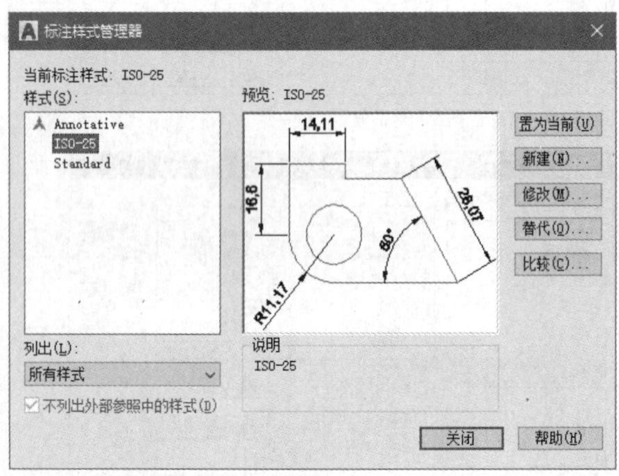

图13-25 “标注样式管理器”对话框

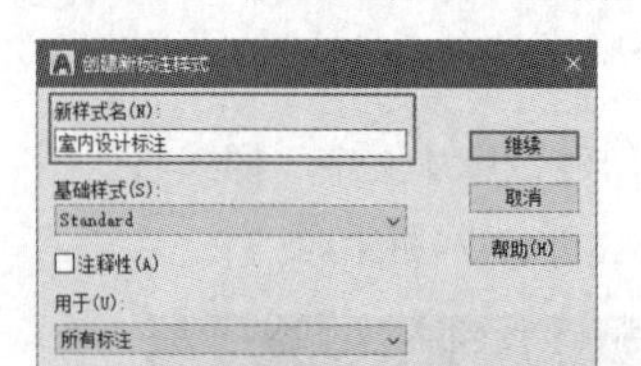

图13-26 “创建新标注样式”对话框

步骤 10 单击“创建新标注样式”对话框中的“继续”按钮，弹出“新建标注样式:室内设计标注”对话框。在“线”选项卡中设置“超出尺寸线”为1.5，“起点偏移量”为2.6，其他选项保持默认不变，如图13-27所示。

步骤 11 在“符号和箭头”选项卡中设置箭头为“建筑标记”，“箭头大小”为1.5，如图13-28所示。

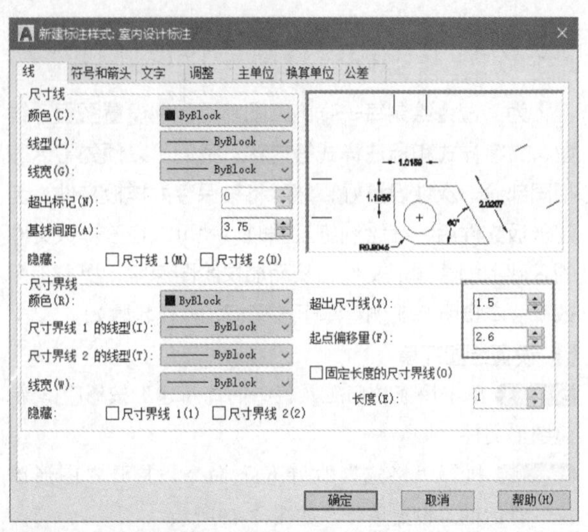

图13-27 “线”选项卡

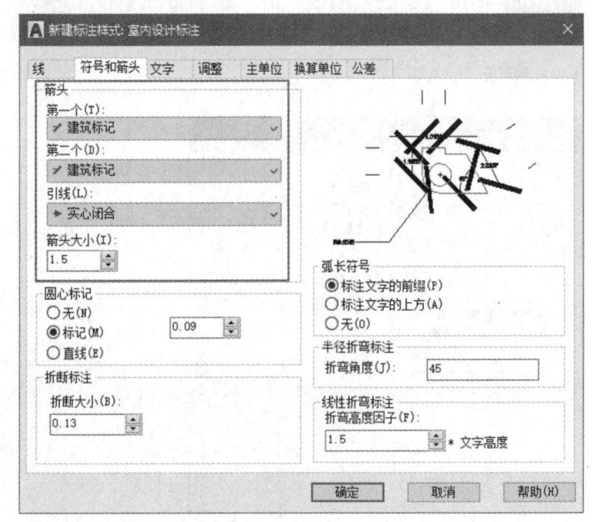

图13-28 “符号和箭头”选项卡

步骤 12 单击“文字”选项卡，设置“文字样式”为“尺寸文字”，“文字高度”为3.5，“从尺寸线偏移”为1，“垂直”为“上”，“文字对齐”为“与尺寸线对齐”，如图13-29所示。

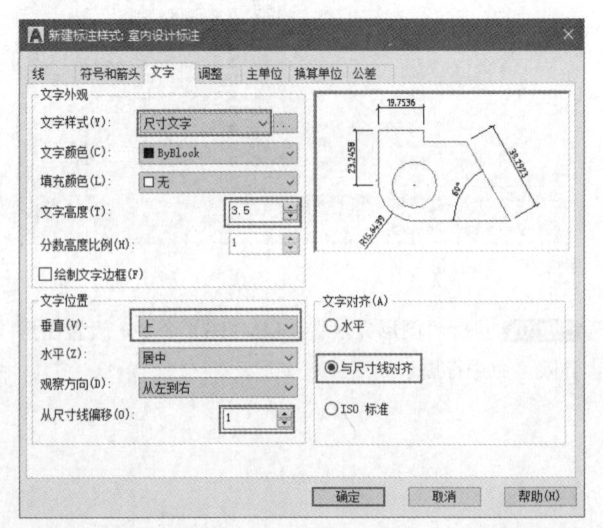

图13-29 “文字”选项卡

步骤 13 单击“调整”选项卡，设置“文字位置”为“尺寸线上方，带引线”，其他选项保持默认不变，如图13-30所示。

图13-30　“调整”选项卡

步骤 14 单击“主单位”选项卡，设置“精度”为0，“小数分隔符”为“.”（句点），如图13-31所示。

步骤 15 设置完毕后，单击“确定”按钮，返回“标注样式管理器”对话框。单击“置为当前”按钮，如图13-32所示，单击“关闭”按钮，结束操作。

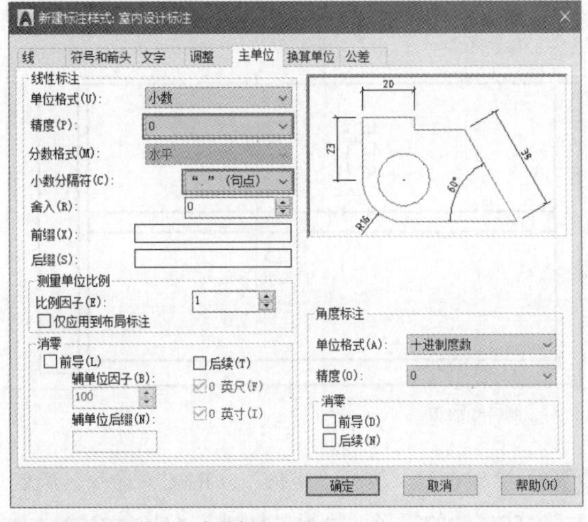

图13-31　“主单位”选项卡

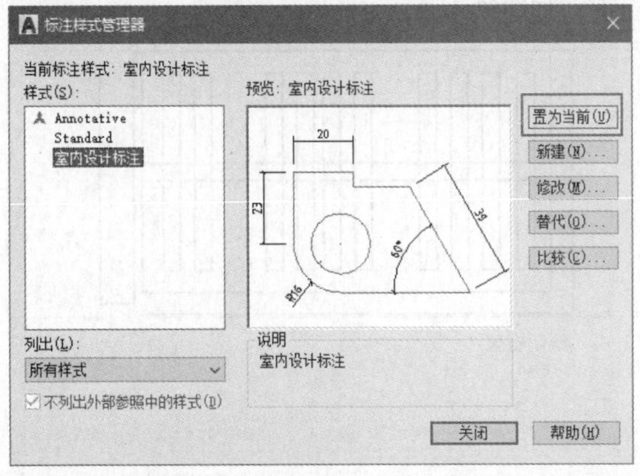

图13-32　创建标注样式的结果

4　保存为样板文件

步骤 16 执行“文件”|“另存为”命令，打开“图形另存为”对话框，保存为“室内制图样板.dwt”文件。

13.4 绘制现代风格小户型室内设计图

日常生活起居的环境称为家居环境，它为人们提供工作之外的休息、学习空间，是人们生活的重要场所。本实例为三室二厅的户型，有主人房、小孩房、书房、客厅、餐厅、厨房及卫生间。本节将在原始平面图的基础上介绍平面布置图、地面布置图、顶棚平面图及主要立面图的绘制方法，使读者在绘图的过程中对室内设计制图有一个全面、总体的了解。

13.4.1 绘制小户型平面布置图　★重点★

平面布置图是室内装饰施工图纸中的关键性图纸。它是在原建筑结构的基础上，根据业主的要求和设计师的设计意图，对室内空间进行详细的功能划分和室内设施定位。操作步骤如下。

1　绘制客厅平面布置图

步骤 01 打开“第13章 室内设计与绘图/小户型原始户型图.dwg”素材文件，如图13-33所示。

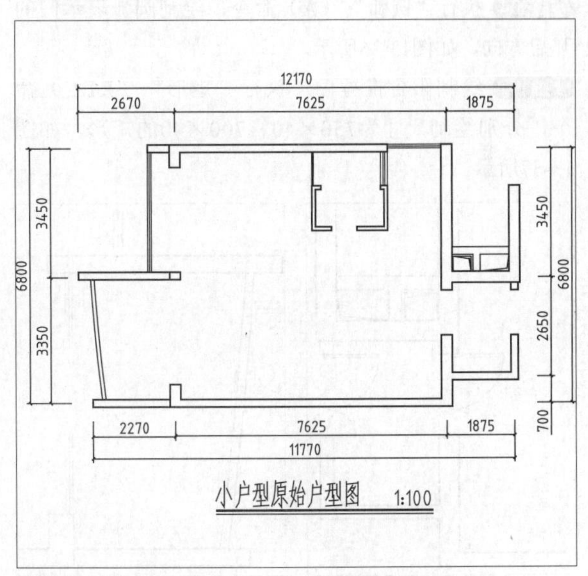

图13-33　小户型原始户型图

步骤 02 执行“直线”（L）命令、“偏移”（O）命令，绘制并偏移线段，如图13-34所示。

步骤 03 绘制子母门。执行“矩形”（REC）命令，分别绘制尺寸为800×450、400×450的矩形，如图13-35所示。

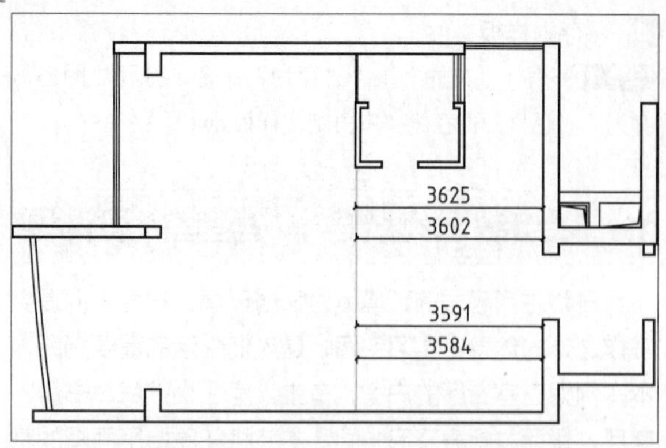

图13-34　绘制分界线

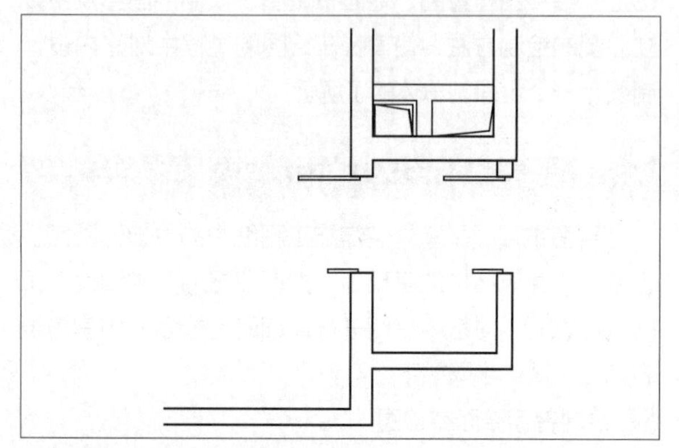

图13-35　绘制矩形

步骤 04 执行“圆弧”（A）命令，绘制圆弧表示门的开启方向，如图13-36所示。

步骤 05 绘制阳台推拉门。执行“矩形”（REC）命令，分别绘制尺寸为750×40、700×40的矩形，如图13-37所示。

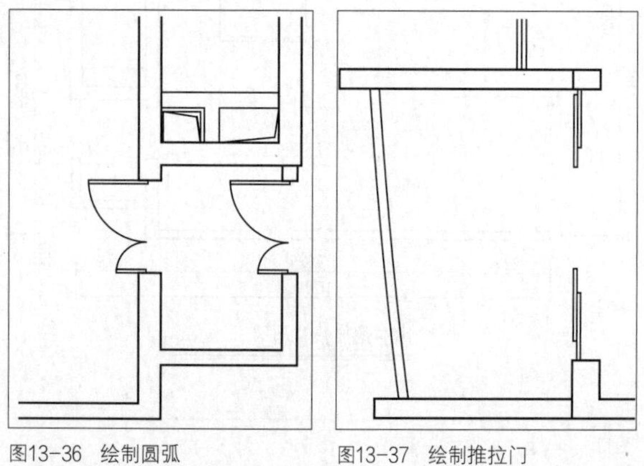

图13-36　绘制圆弧　　图13-37　绘制推拉门

步骤 06 绘制组合柜。执行“矩形”（REC）命令，绘制尺寸为1025×600的矩形，如图13-38所示。

步骤 07 执行“偏移”（O）命令，选择矩形向内偏移。执行“修剪”（TR）命令，修剪线段，如图13-39所示。

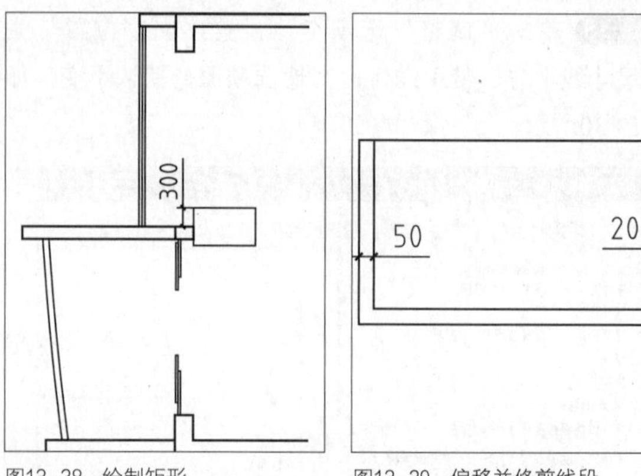

图13-38　绘制矩形　　图13-39　偏移并修剪线段

步骤 08 执行“矩形”（REC）命令，绘制尺寸为550×80的矩形，如图13-40所示。

步骤 09 执行“偏移”（O）命令，向内偏移矩形边，如图13-41所示。

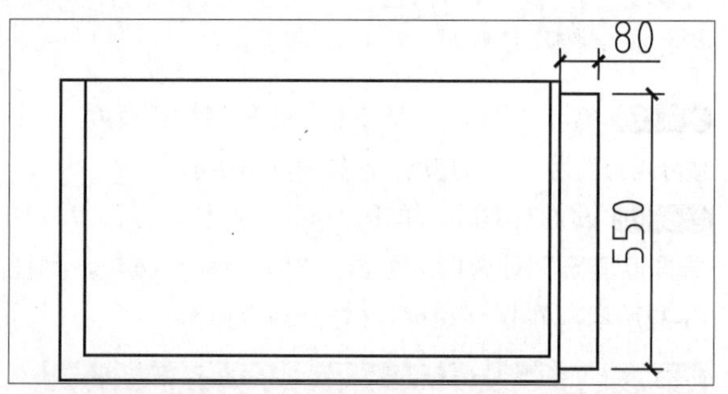

图13-40　绘制矩形

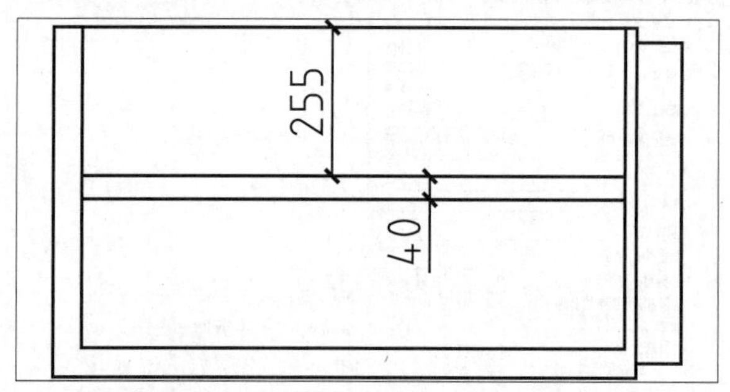

图13-41　偏移矩形边

步骤 10 绘制衣架。执行“矩形”（REC）命令，绘制尺寸为450×50的矩形。执行“复制”（CO）命令，复制矩形，如图13-42所示。

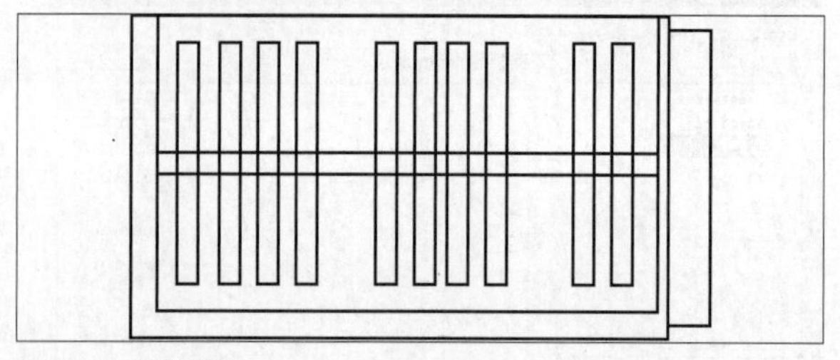

图13-42　绘制衣架

步骤 11 执行“直线”（L）命令，绘制水平线段，如图13-43所示。

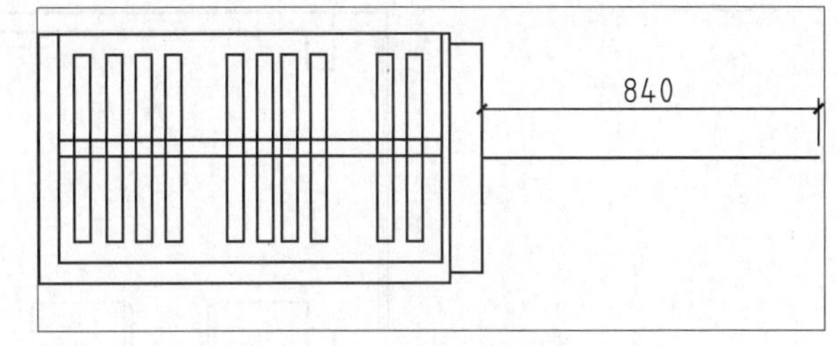

图13-43　绘制直线

步骤 12 执行“镜像”（MI）命令，拾取水平线段的中点为镜像点，向右复制图形，如图13-44所示。

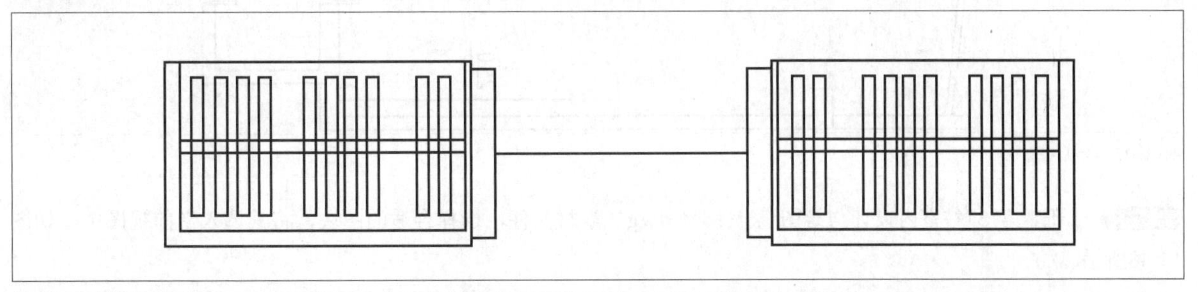

图13-44　镜像复制图形

步骤 13 执行“矩形”（REC）命令，绘制尺寸为80×30的矩形，如图13-45所示。

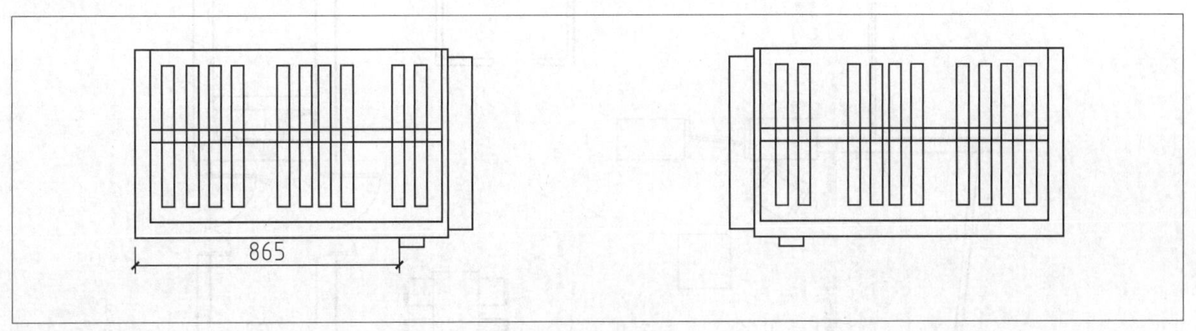

图13-45　绘制矩形

步骤 14 执行“直线”（L）命令，绘制水平线段，结果如图13-46所示。

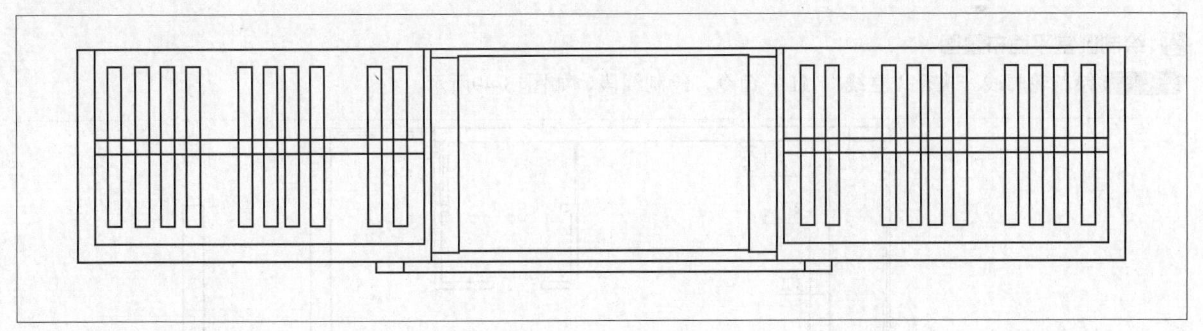

图13-46　绘制连接线段

步骤 15 绘制餐厅造型线。执行“直线”（L）命令，绘制线段，如图13-47所示。

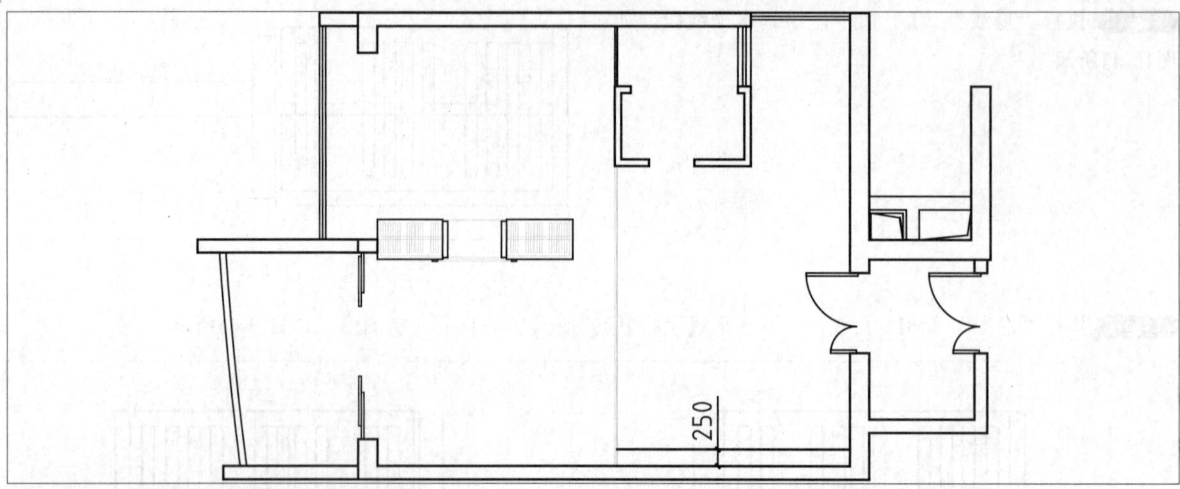

图13-47 绘制线段

步骤 16 打开“第13章 室内设计与绘图/家具图例.dwg”素材文件，选择合适的图块，将其调入当前视图中，如图13-48所示。

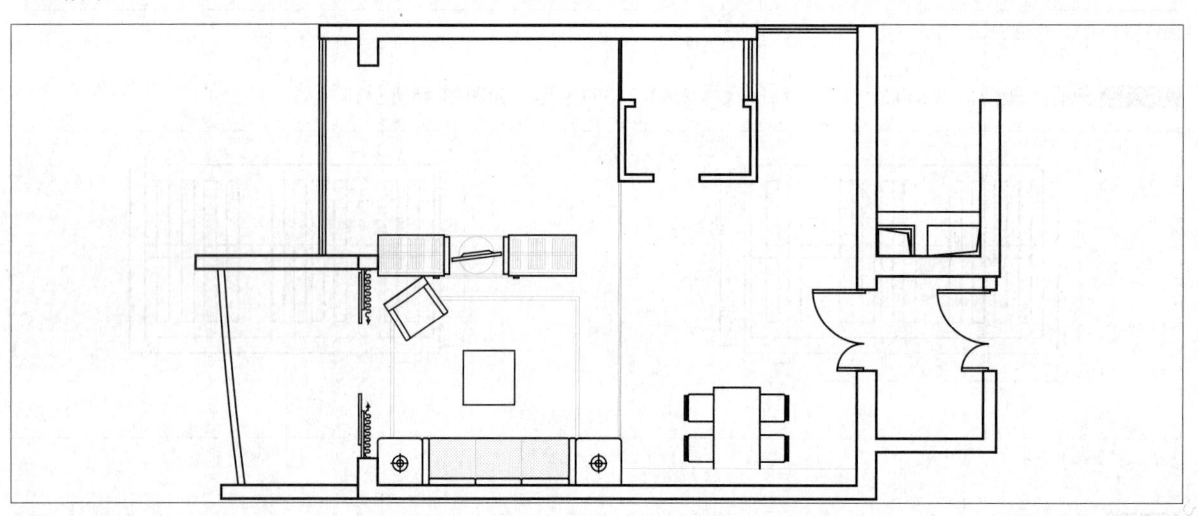

图13-48 调入图块

2 绘制卧室平面布置图

步骤 17 绘制轮廓线。执行“直线”（L）命令，绘制线段，如图13-49所示。

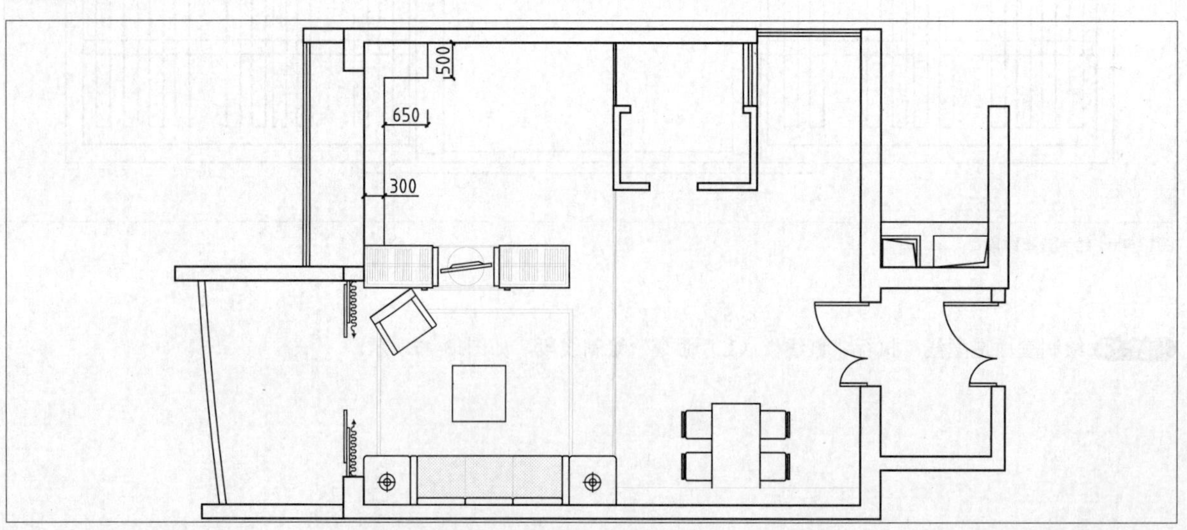

图13-49 绘制轮廓线

步骤 18 执行“图案填充”（H）命令，在命令行中输入“T”并按Enter键，打开“图案填充和渐变色”对话框。选择填充图案，设置角度及比例，拾取填充区域，图案填充的结果如图13-50所示。

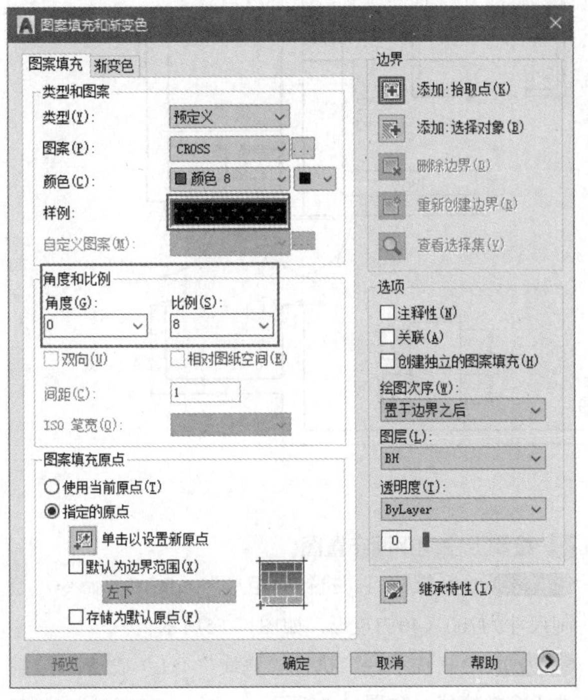

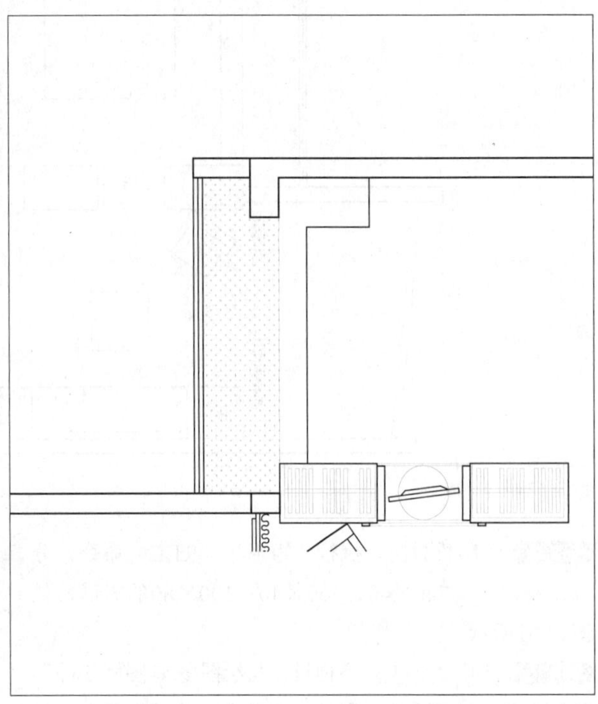

图13-50 填充图案

步骤 19 打开“第13章 室内设计与绘图/家具图例.dwg”文件，选择合适的图块，将其调入当前视图中，如图13-51所示。

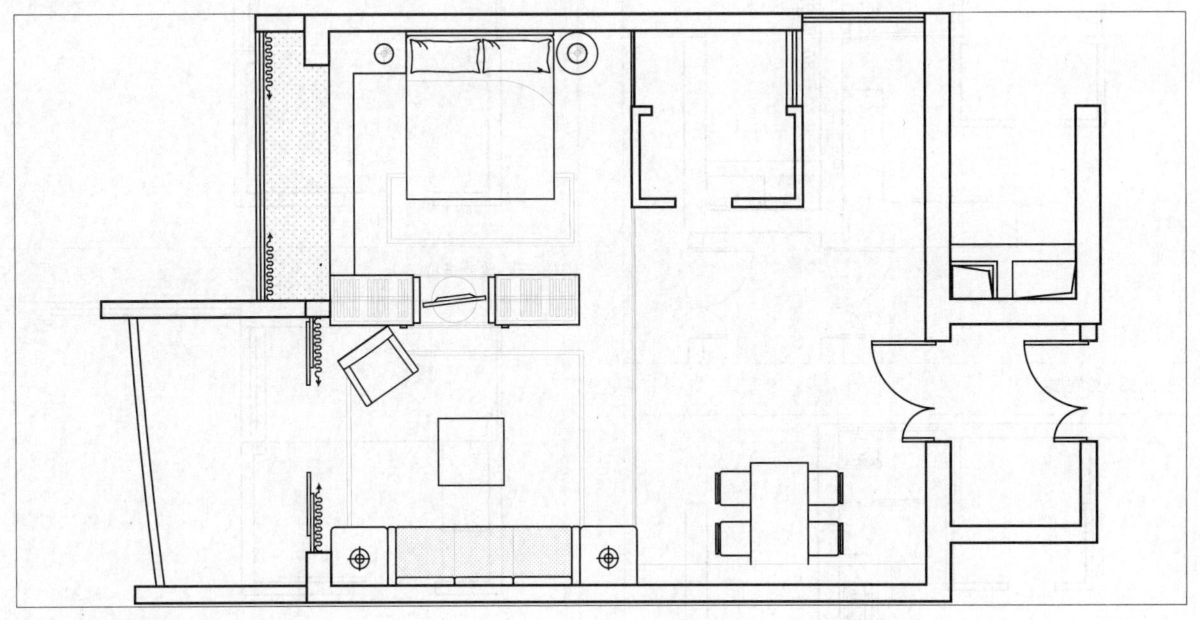

图13-51 调入图块

3 绘制厨房平面布置图

步骤 20 绘制橱柜。执行“直线”（L）命令，绘制橱柜轮廓线，如图13-52所示。

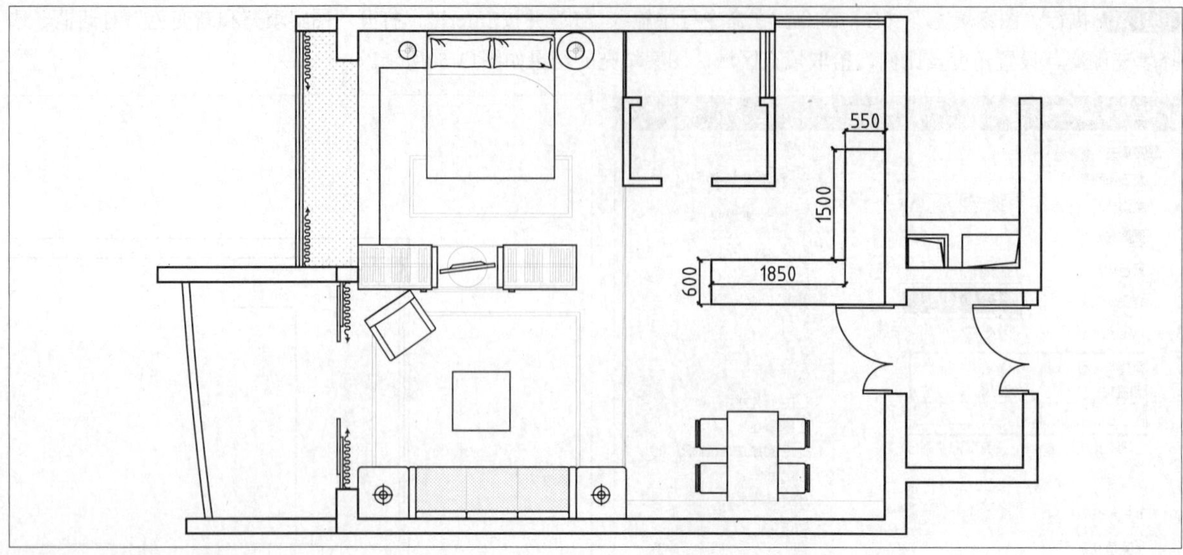

图13-52　绘制橱柜

步骤 21 绘制推拉门。执行“矩形”（REC）命令，分别绘制尺寸为740×40、760×40、100×80的矩形，如图13-53所示。

步骤 22 打开“第13章 室内设计与绘图/家具图例.dwg”素材文件，选择合适的图块，将其调入当前视图中，如图13-54所示。

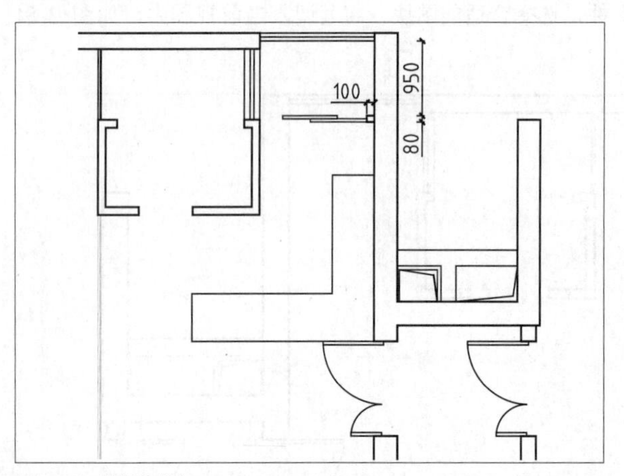

图13-53　绘制推拉门

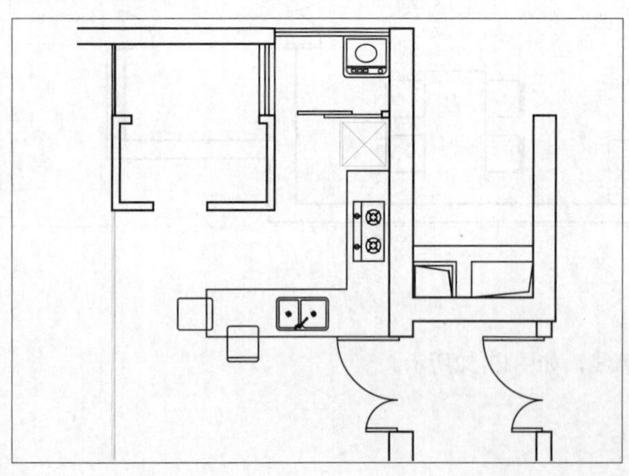
图13-54　调入图块

4 绘制卫生间平面布置图

步骤 23 绘制推拉门。执行“矩形”（REC）命令，绘制尺寸为700×40的矩形，如图13-55所示。

步骤 24 绘制洗手台。执行“直线”（L）命令，绘制洗手台轮廓线，如图13-56所示。

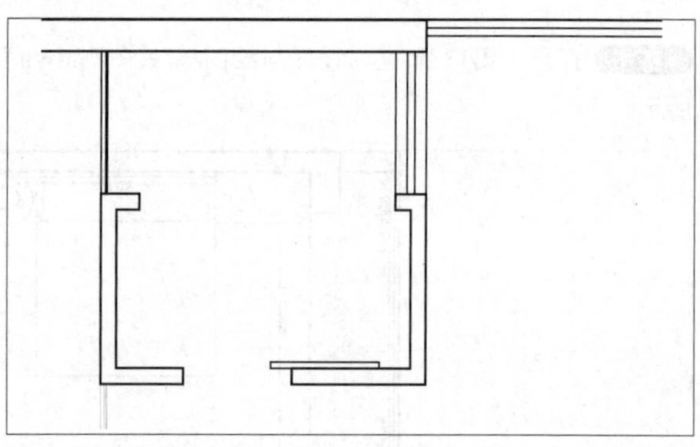
图13-55　绘制推拉门

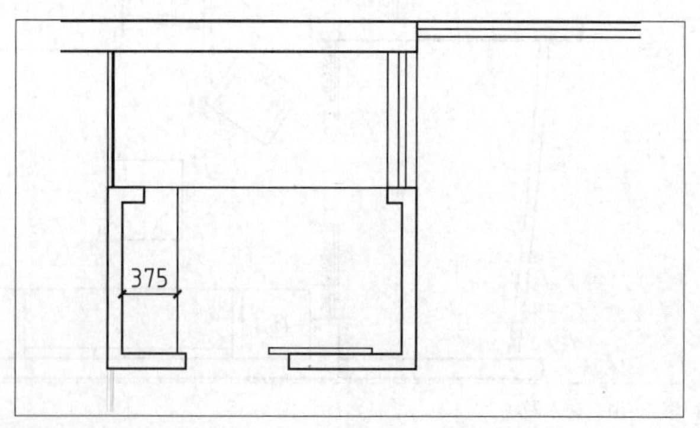

图13-56　绘制洗手台

步骤 25 打开“第13章 室内设计与绘图/家具图例.dwg”素材文件，选择合适的图块，将其调入当前视图中，如图13-57所示。

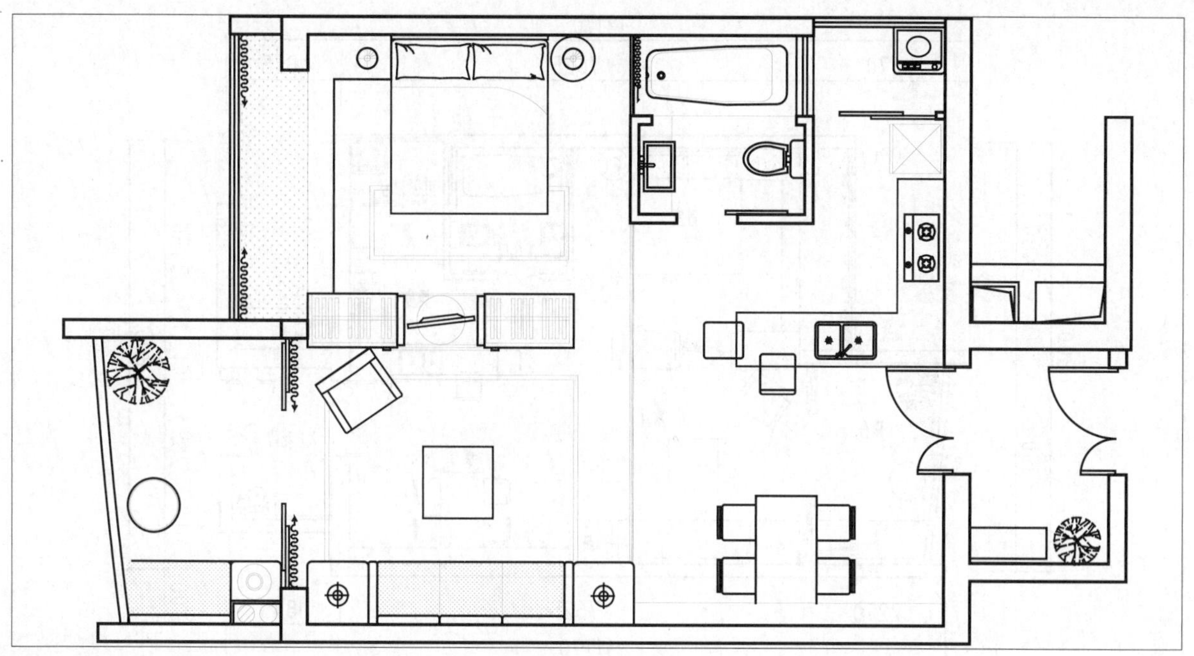

图13-57　调入图块

5 添加标注

步骤 26 执行“多行文字”（MT）命令，在各功能区绘制标注文字，如图13-58所示。

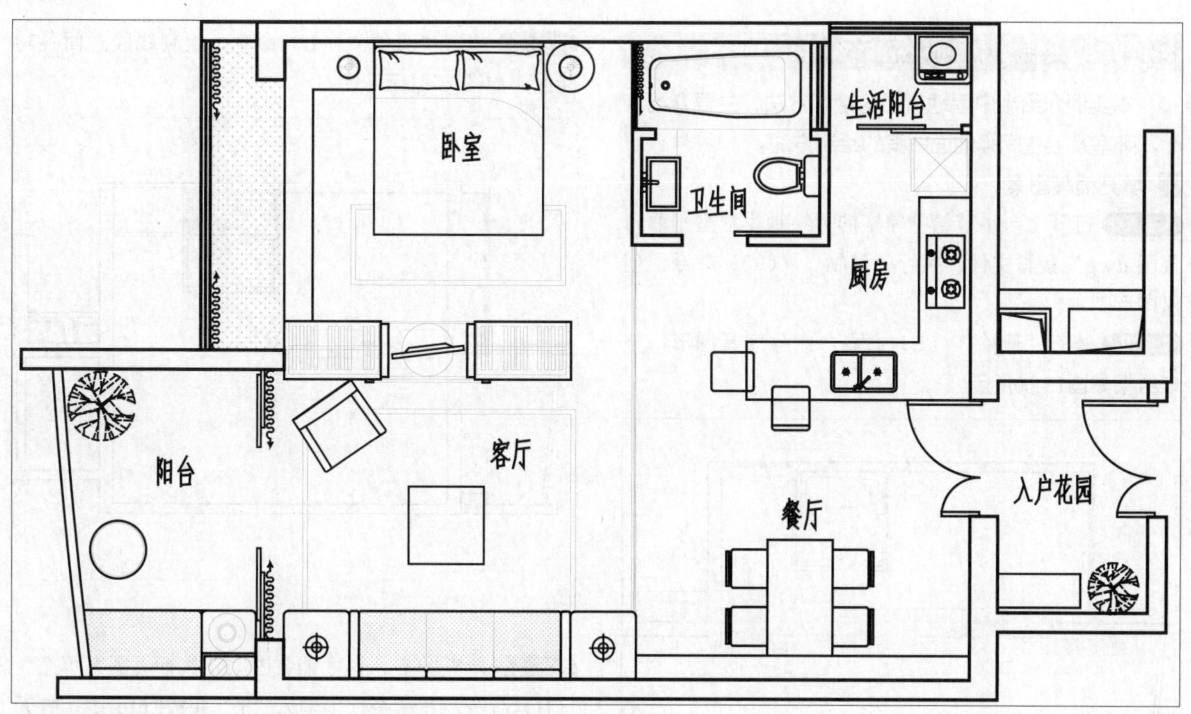

图13-58　绘制标注文字

步骤 27 双击原有的图名标注“小户型原始户型图”，进入编辑模式。修改图名，比例标注保持不变，如图13-59所示。

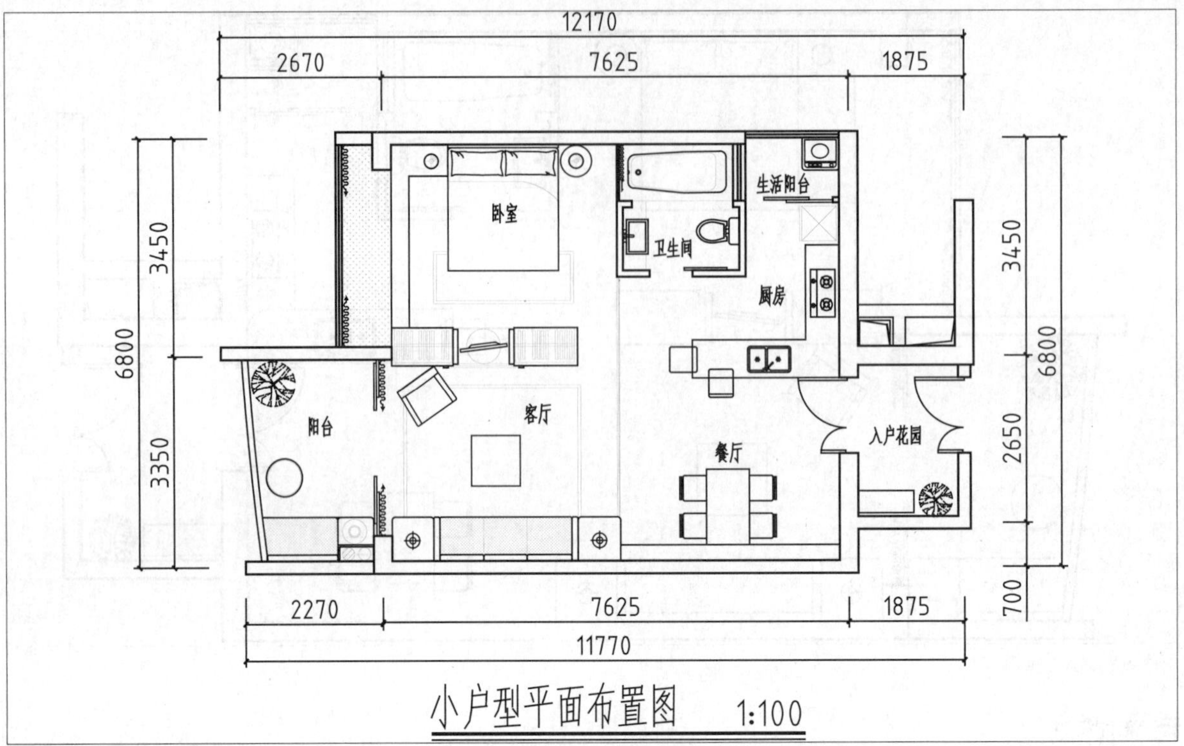

图13-59 绘制图名标注

13.4.2 绘制小户型地面布置图 ★重点★

本实例介绍小户型地材图的绘制方法，主要介绍客厅、卧室及卫生间等地面图案的绘制方法。

1 填充铺装图案

步骤 01 打开上一小节绘制完毕的“绘制小户型平面布置图.dwg”素材文件，执行“复制”（CO）命令，创建图形副本。

步骤 02 执行“删除”（E）命令，删除家具图形，整理结果如图13-60所示。

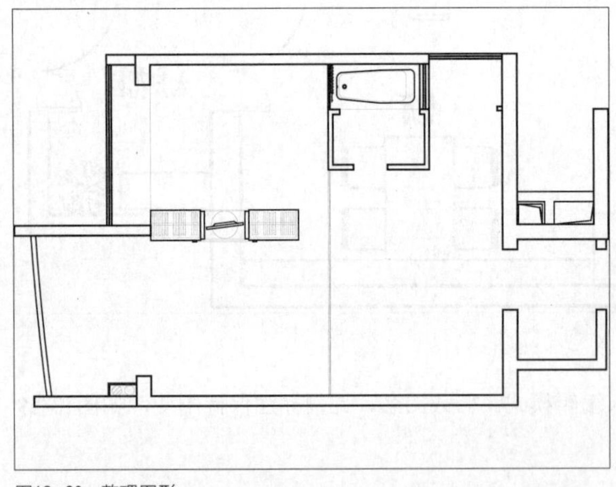

图13-60 整理图形

步骤 03 执行“直线”（L）命令，绘制线段封闭各功能区，如图13-61所示。

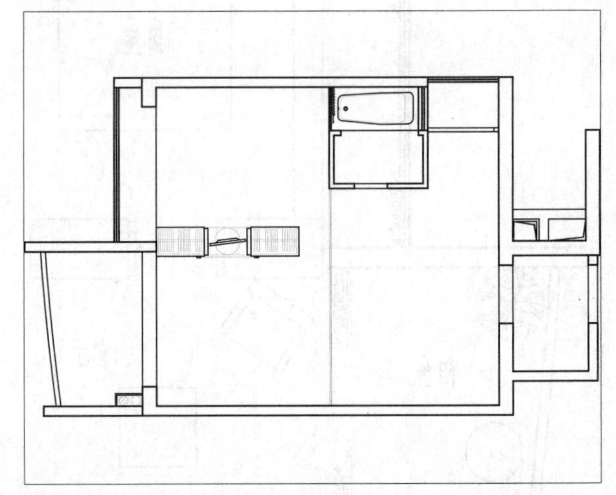

图13-61 绘制线段

步骤 04 填充卧室、客厅铺装图案。执行“图案填充”（H）命令，在命令行中输入“T”并按Enter键，打开“图案填充和渐变色”对话框，选择图案并设置参数。拾取卧室、客厅区域，填充图案的结果如图13-62所示。

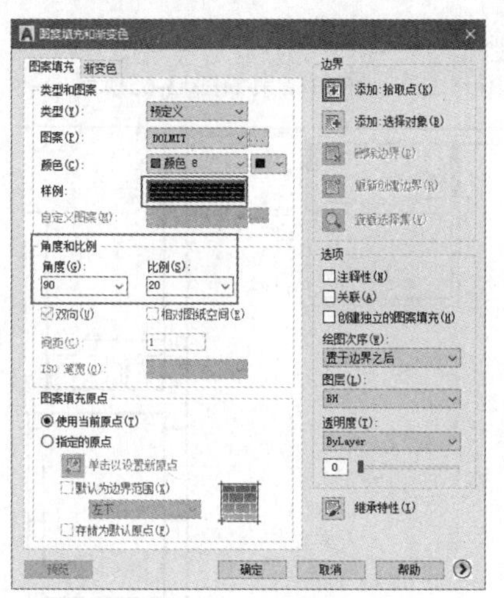

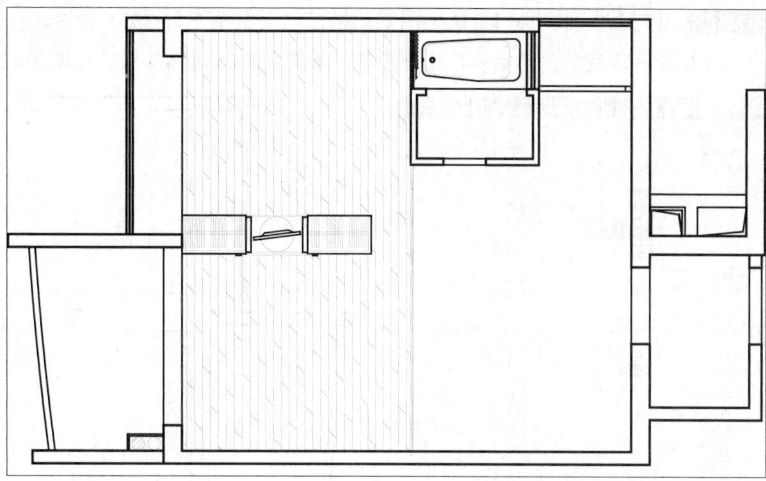

图13-62　填充卧室、客厅铺装图案

步骤 05 填充餐厅、厨房铺装图案。执行“图案填充”（H）命令，在命令行中输入“T”并按Enter键，打开“图案填充和渐变色”对话框，选择图案并设置参数。拾取餐厅、厨房区域，填充结果如图13-63所示。

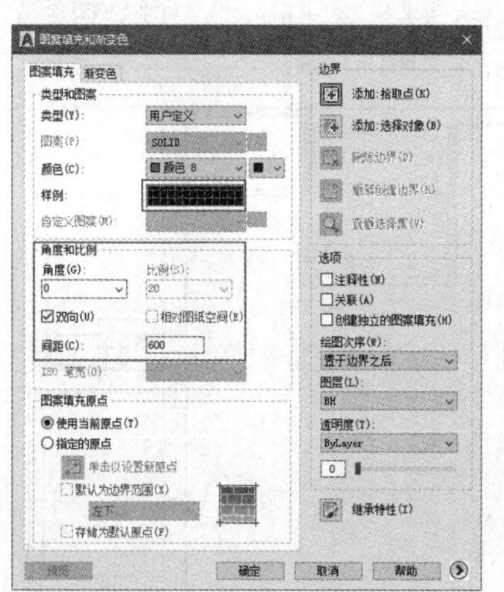

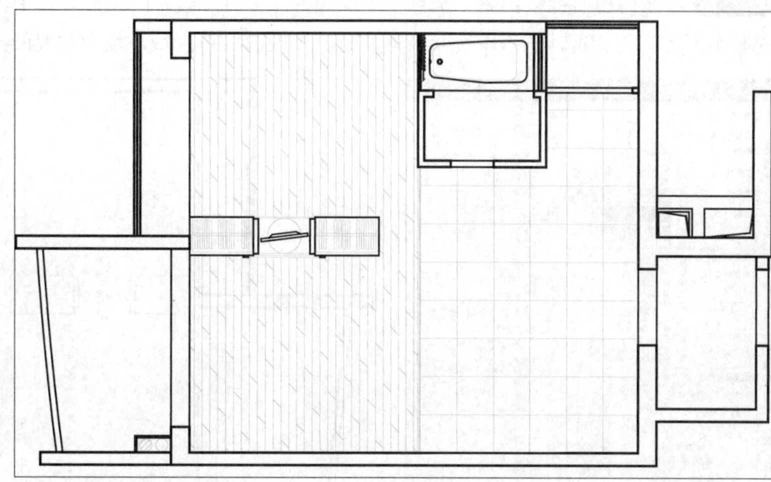

图13-63　填充餐厅、厨房铺装图案

步骤 06 填充阳台、入户花园铺装图案。执行“图案填充”（H）命令，在命令行中输入“T”并按Enter键，打开“图案填充和渐变色”对话框，选择图案，设置角度、间距参数，拾取区域填充图案，结果如图13-64所示。

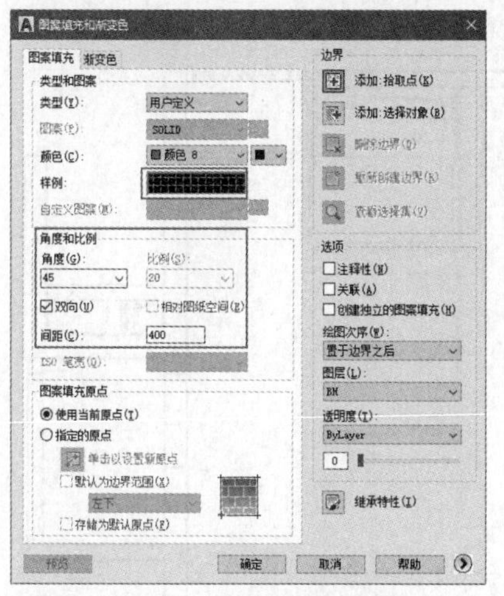

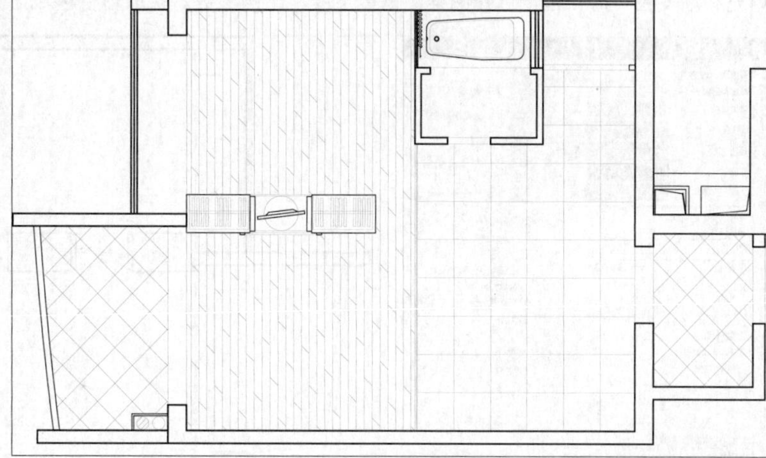

图13-64　填充阳台、入户花园铺装图案

步骤 07 填充卫生间、小阳台铺装图案。执行“图案填充”（H）命令，在命令行中输入“T”并按Enter键，打开“图案填充和渐变色”对话框，选择图案，设置角度、比例参数，拾取区域填充图案，最后结果如图13-65所示。

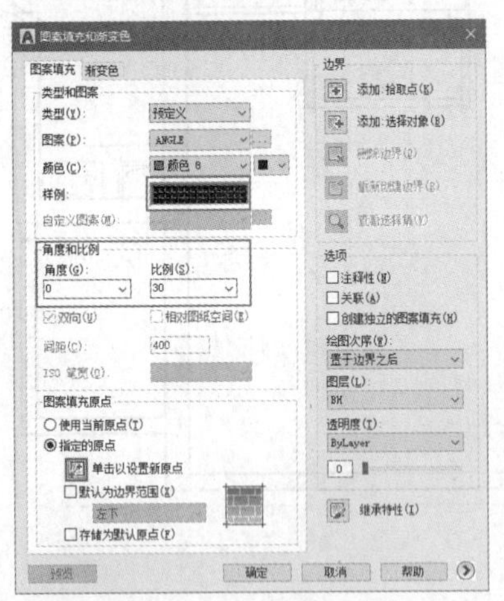

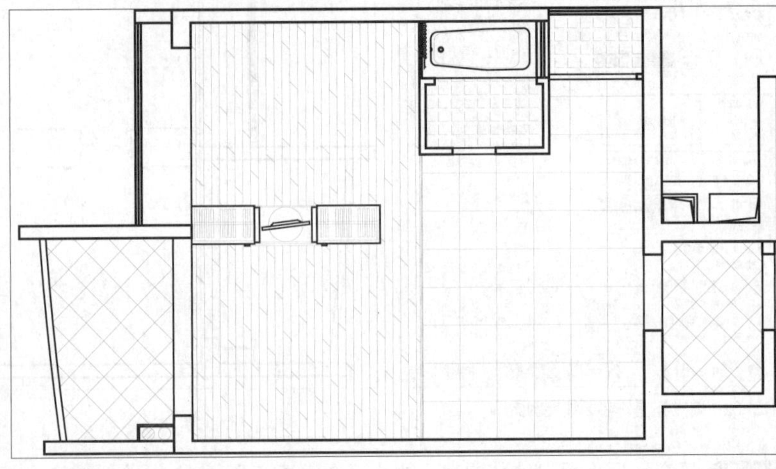

图13-65　填充卫生间、小阳台铺装图案

步骤 08 填充门槛石铺装图案。执行“图案填充”（H）命令，在命令行中输入“T”并按Enter键，打开“图案填充和渐变色”对话框，选择图案并设置参数。拾取门槛石区域，填充图案的结果如图13-66所示。

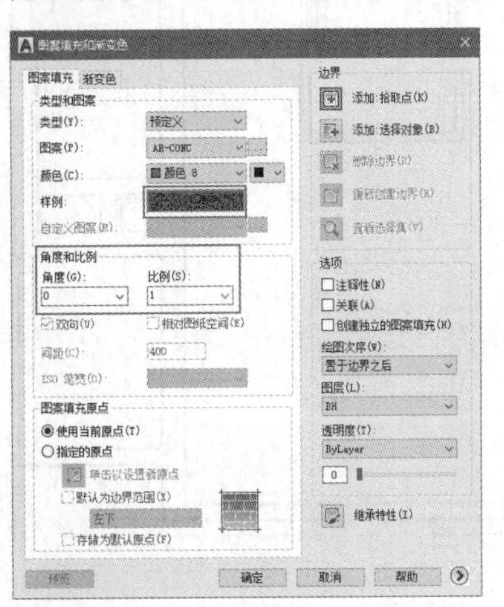

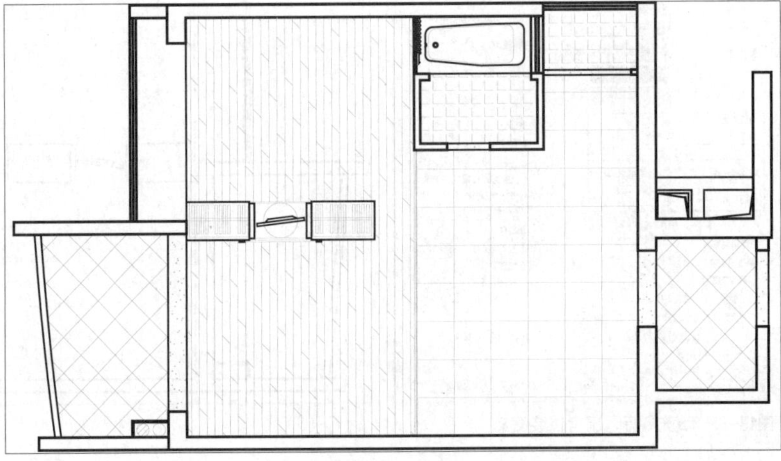

图13-66　填充门槛石铺装图案

步骤 09 填充卧室窗台铺装图案。执行“图案填充”（H）命令，在命令行中输入“T”并按Enter键，打开“图案填充和渐变色”对话框，选择图案，设置角度、比例参数。拾取窗台区域，填充图案的结果如图13-67所示。

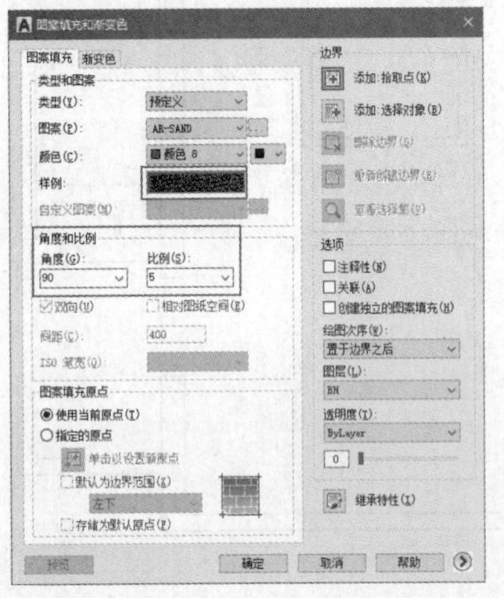

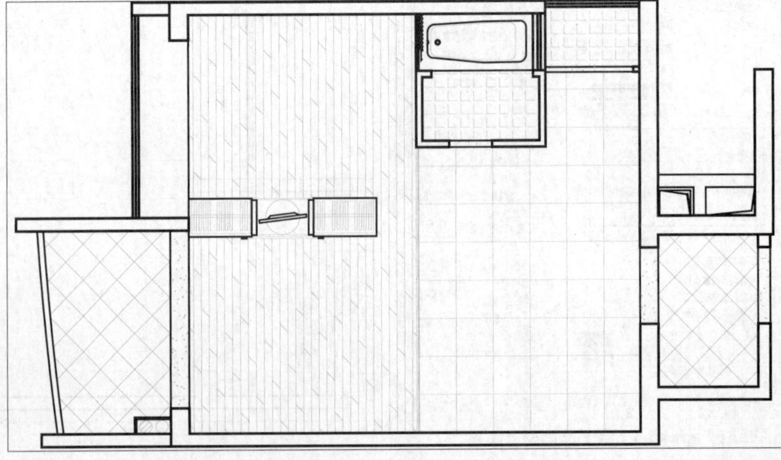

图13-67　填充卧室窗台铺装图案

2 添加标注

步骤 10 执行“多重引线”（MLD）命令，绘制材料标注，如图13-68所示。

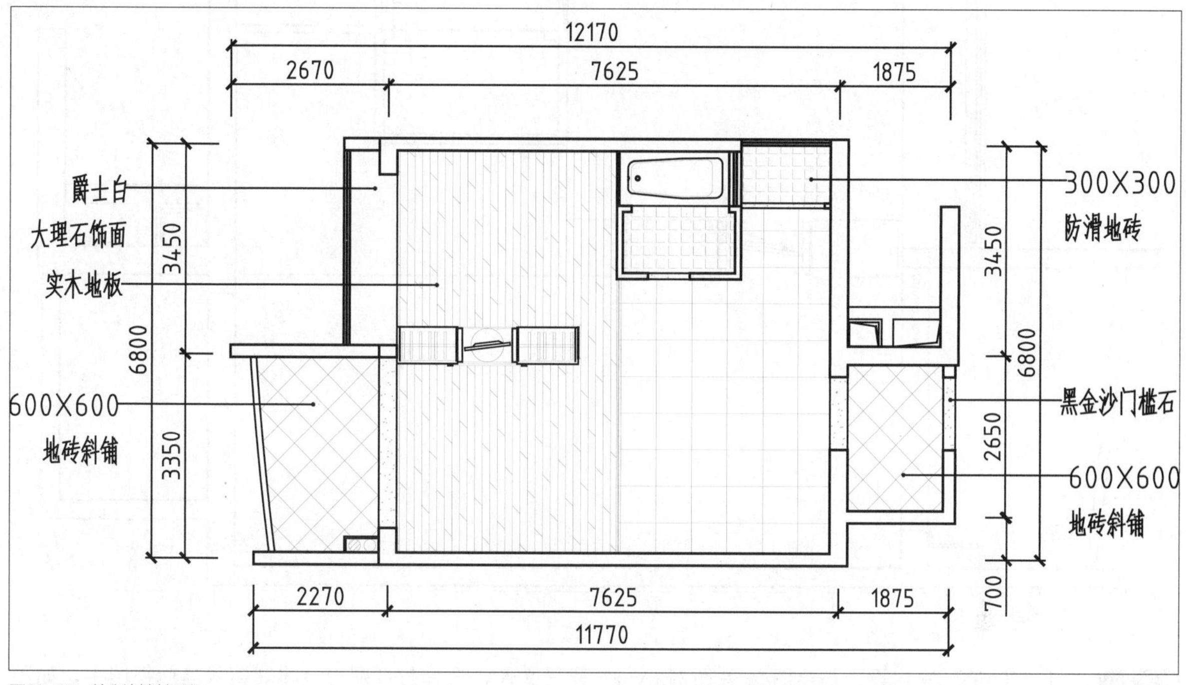

图13-68　绘制材料标注

步骤 11 双击“小户型平面布置图”图名标注，进入编辑模式，修改图名标注，结果如图13-69所示。

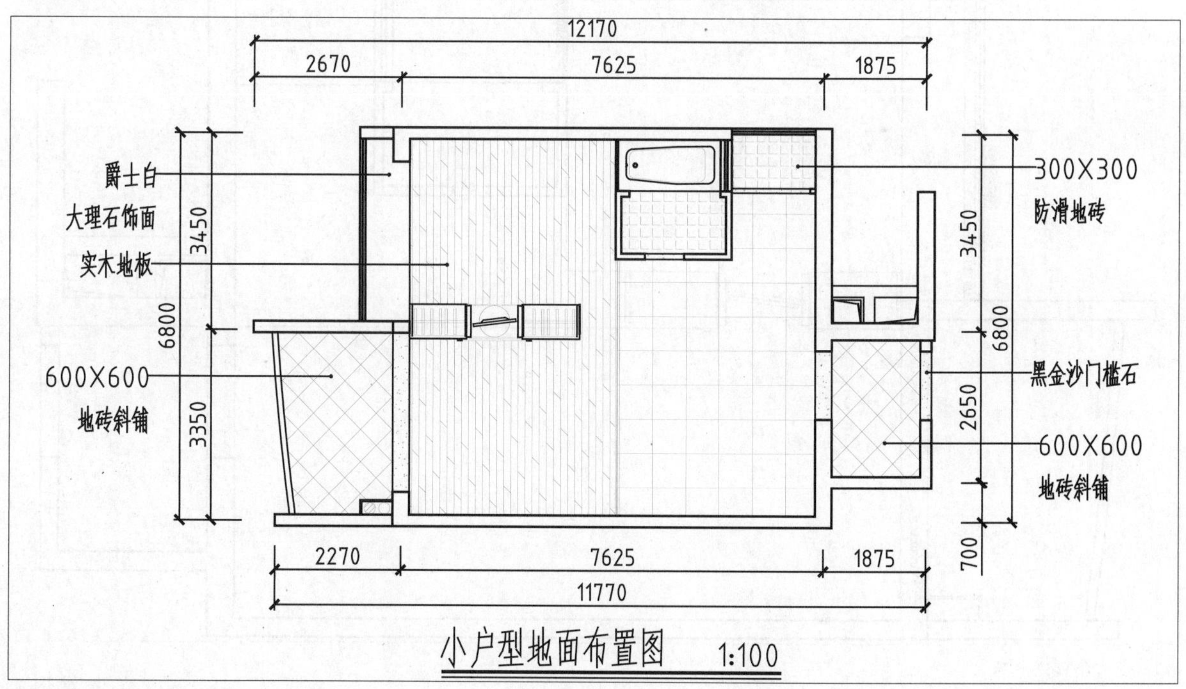

图13-69　修改图名标注

13.4.3 绘制小户型顶棚平面图

★重点★

本实例介绍小户型顶棚平面图的绘制方法，主要介绍灯具图形的插入及布置尺寸，操作步骤如下。

步骤 01 执行“复制”（CO）命令，选择小户型平面布置图，移动复制创建图形副本。

步骤 02 执行“删除”（E）命令，删除多余的图形。执行“直线”（L）命令，绘制分界线，如图13-70所示。

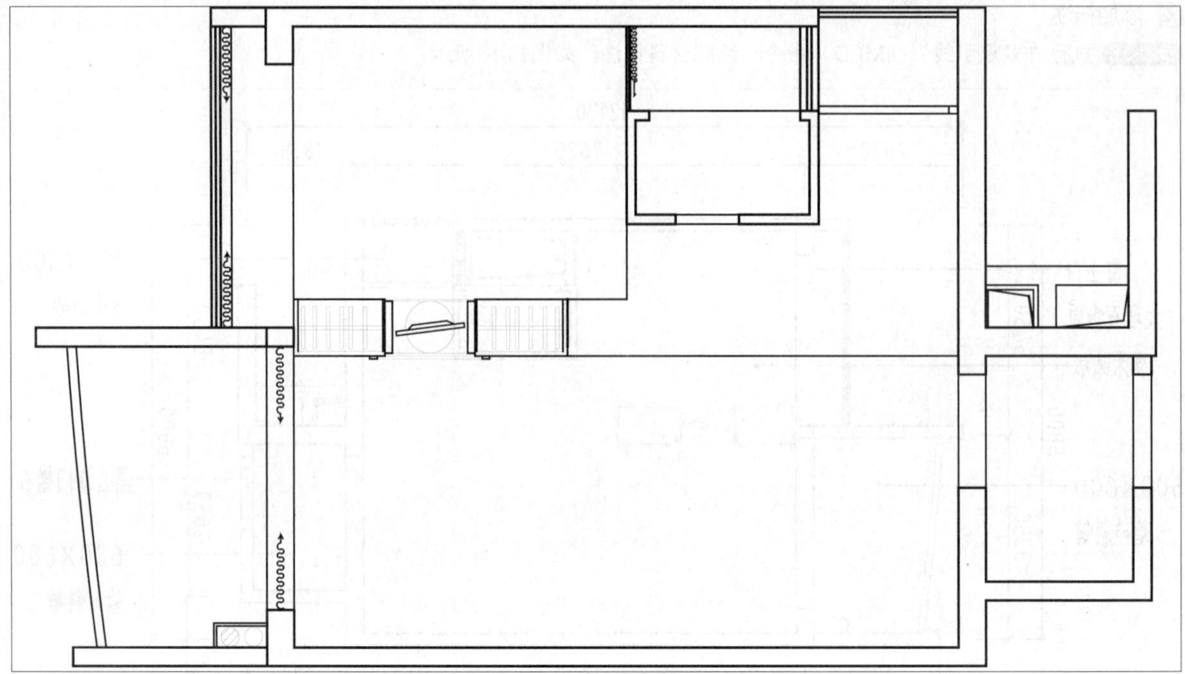

图13-70　绘制分界线

步骤 03 打开“第13章 室内设计与绘图/家具图例.dwg”素材文件，选择射灯图形，将其调入当前视图中，如图13-71所示。

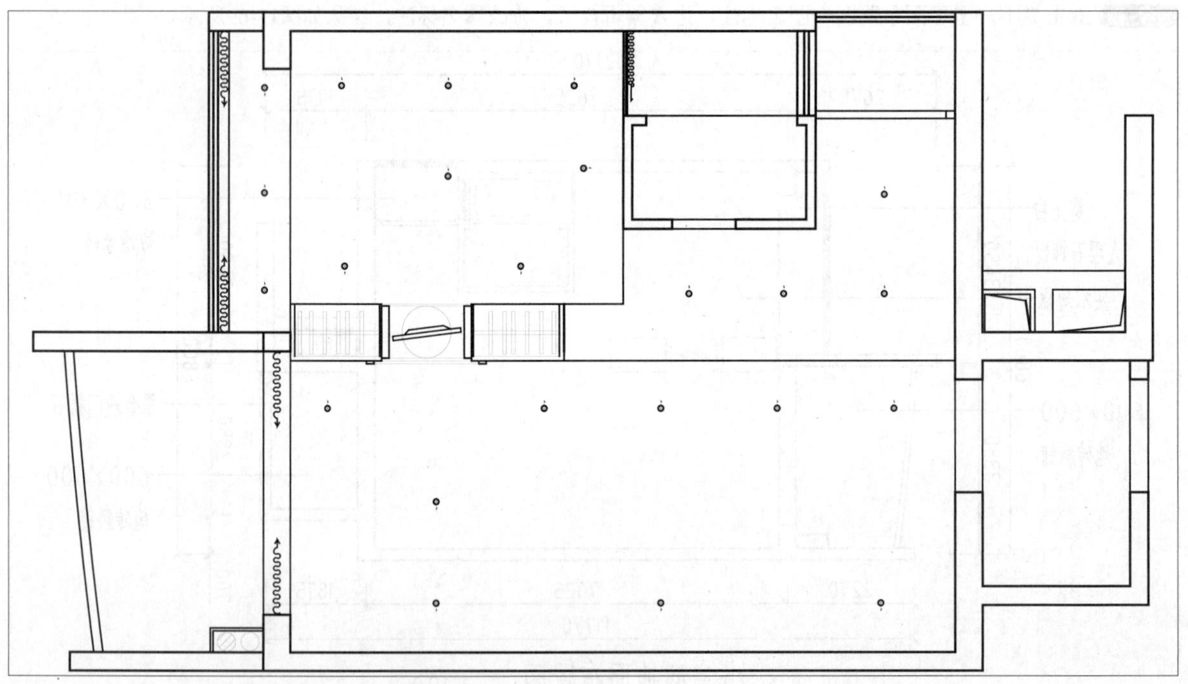

图13-71　调入射灯图块

提示

射灯的间距读者可以自定义，步骤截图仅供参考。

步骤 04 重复相同的操作，继续在视图中布置吸顶灯、筒灯、吊灯及壁灯，效果如图13-72所示。

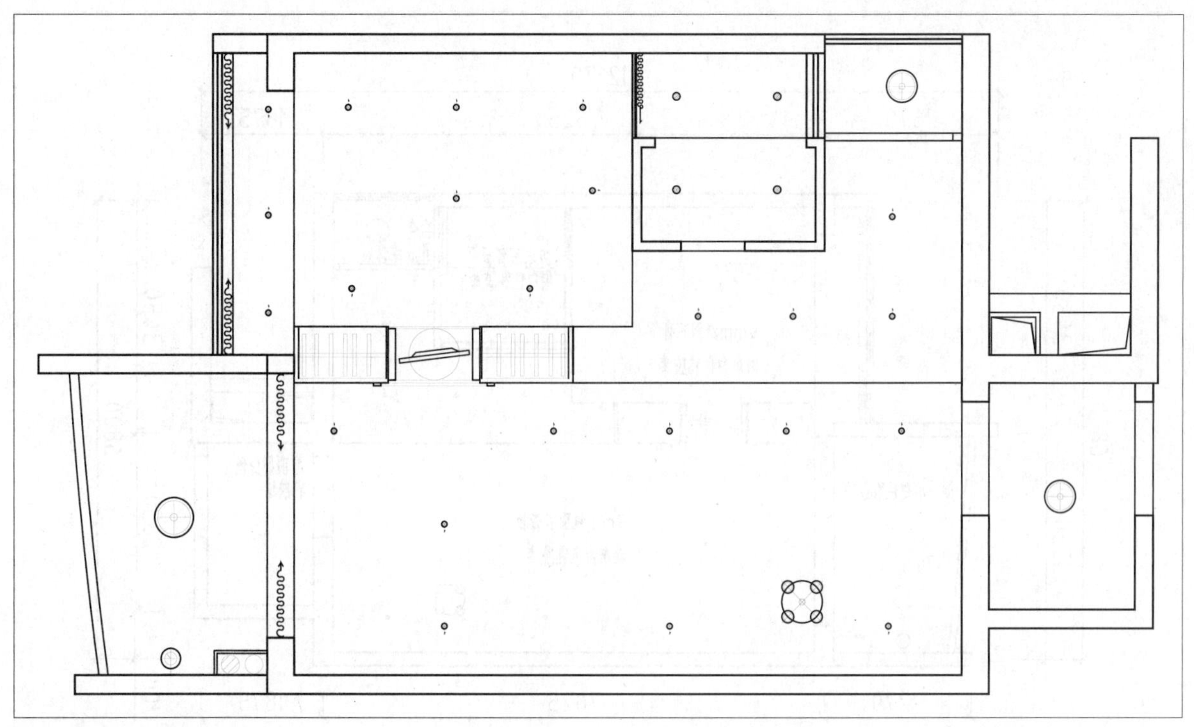

图13-72　布置灯具的效果

步骤 05 执行“多行文字”（MT）命令，标注顶面装饰材料，如图13-73所示。

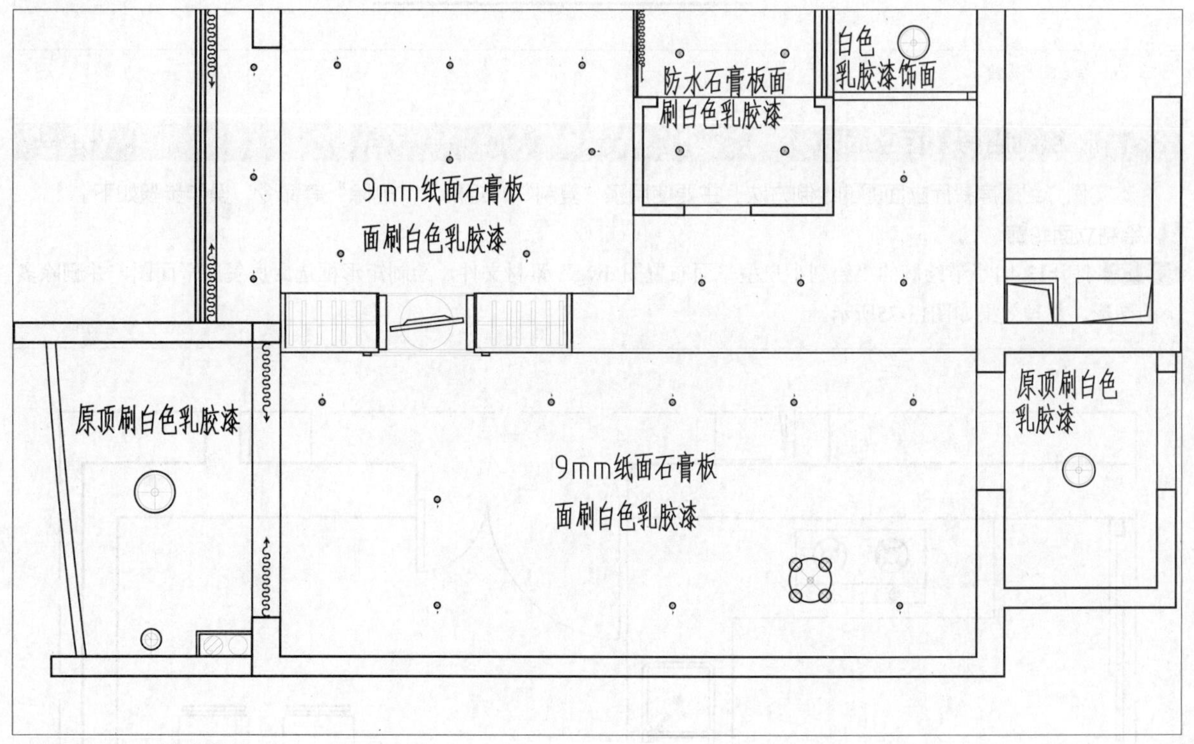

图13-73　标注顶面装饰材料

步骤 06 双击图名标注，进入编辑模式，修改标注后在空白处单击退出，结果如图13-74所示。

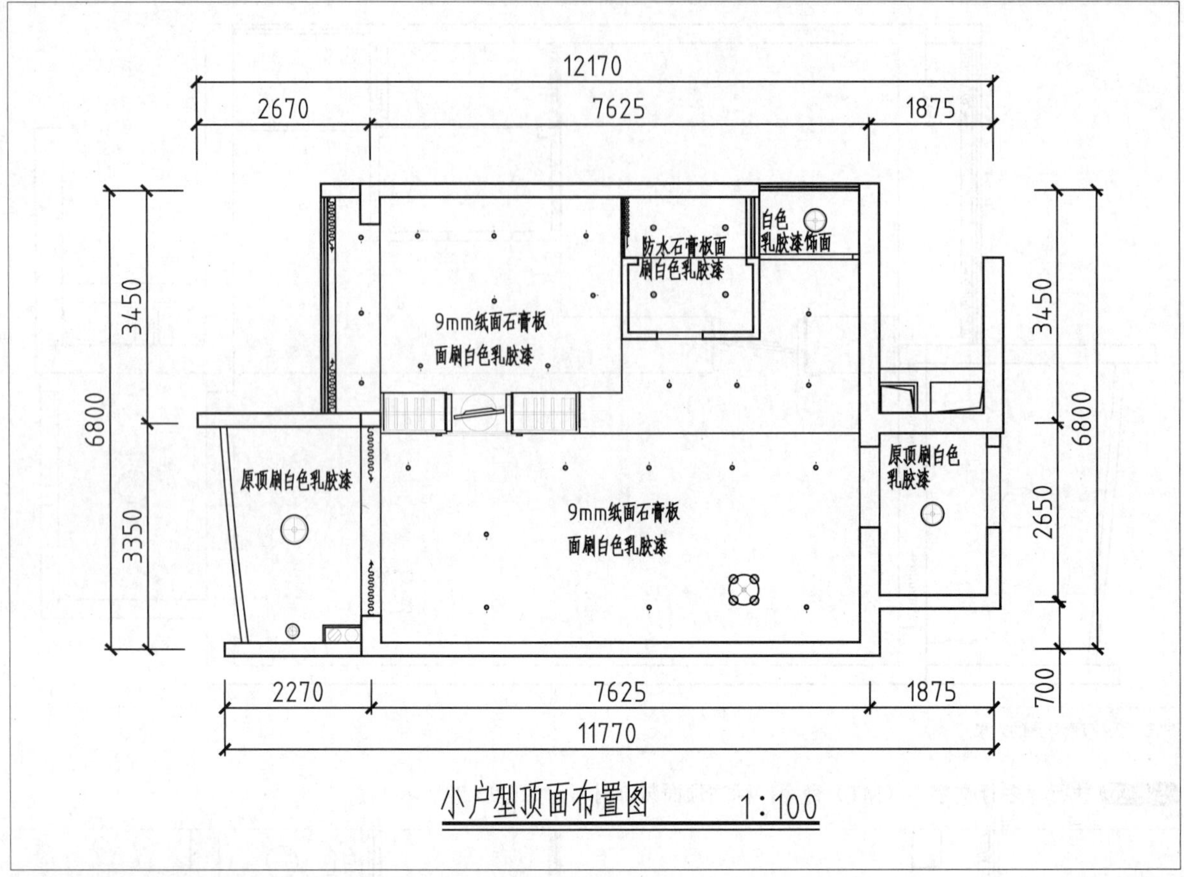

图13-74 修改图名标注

13.4.4 绘制厨房餐厅立面图

★进阶★

本实例介绍厨房餐厅立面图的绘制方法，主要使用了“复制”“矩形”“删除”等命令，操作步骤如下。

1 绘制立面轮廓

步骤 01 打开13.4.1小节绘制的“绘制小户型平面布置图.dwg”素材文件，绘制矩形框选厨房餐厅平面图，并删除多余的图形，整理效果如图13-75所示。

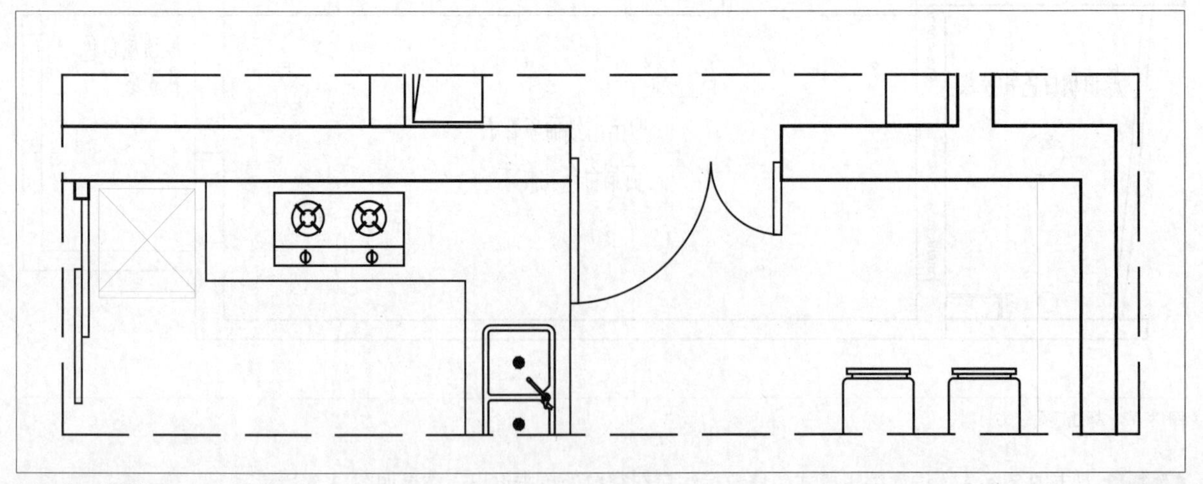
图13-75 整理效果

步骤 02 执行“直线”（L）命令，参考平面图，绘制立面轮廓，如图13-76所示。

步骤 03 执行“偏移”（O）命令、“修剪”（TR）命令，偏移并修剪线段，如图13-77所示。

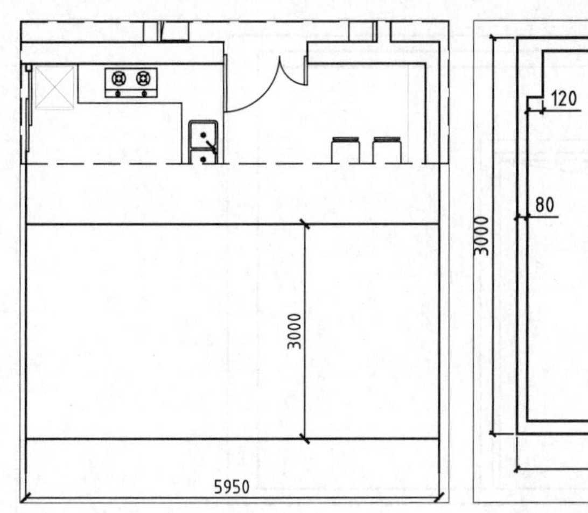

图13-76 绘制立面轮廓

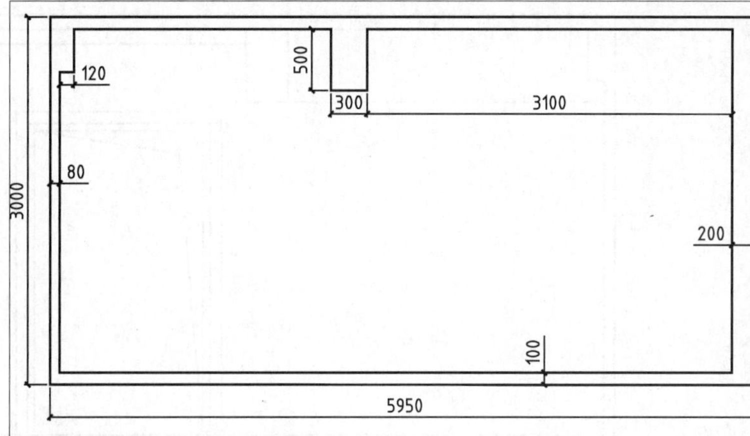

图13-77 偏移并修剪线段

步骤 04 执行“直线”（L）命令，绘制吊顶轮廓，如图13-78所示。

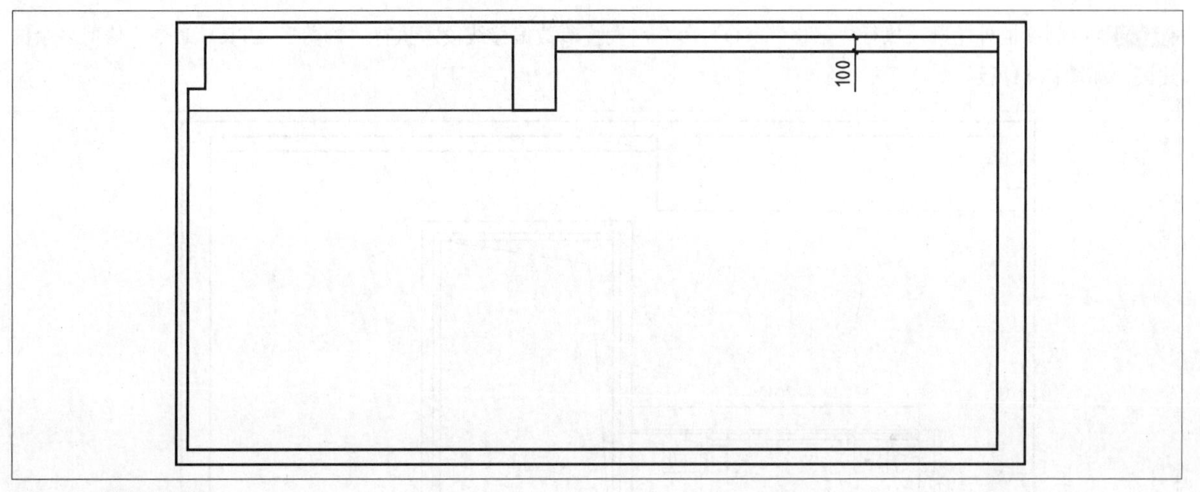

图13-78 绘制吊顶轮廓

步骤 05 绘制入户门。执行“偏移”（O）命令、“修剪”（TR）命令，偏移并修剪线段，如图13-79所示。

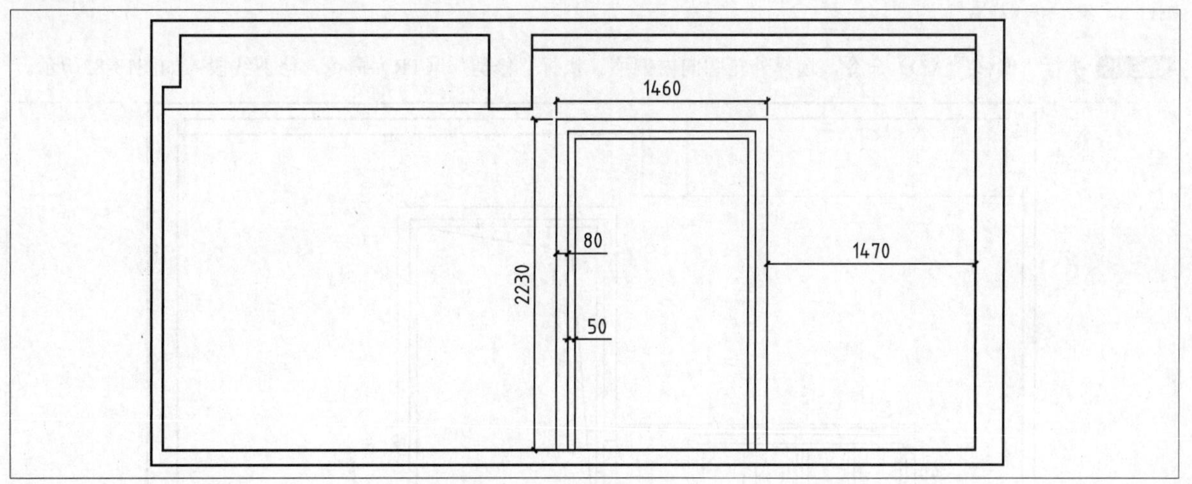

图13-79 偏移并修剪线段

步骤 06 执行“多段线”（PL）命令，绘制折断线，如图13-80所示。

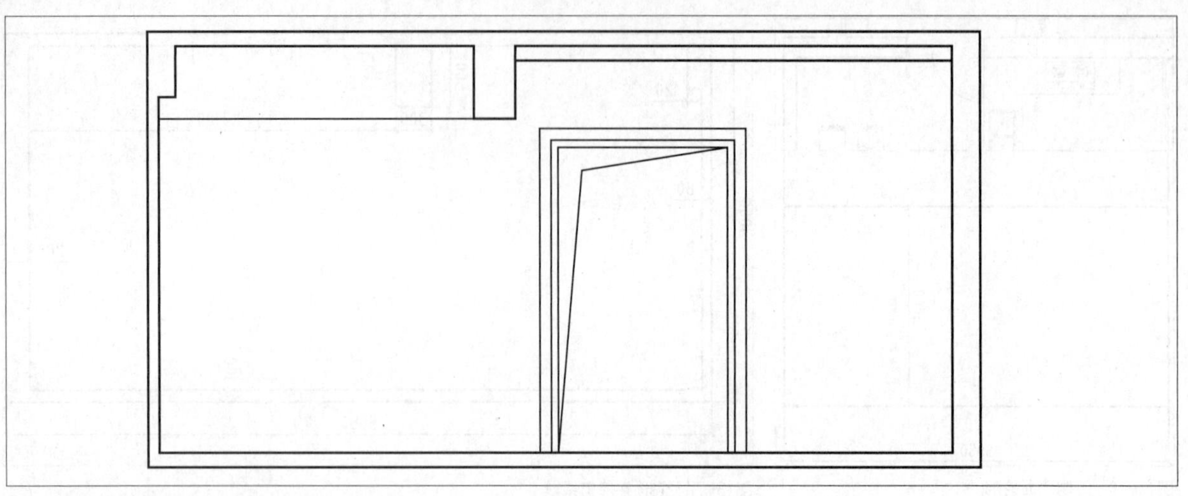

图13-80　绘制折断线

2 绘制橱柜

步骤 07 绘制橱柜外轮廓。执行“偏移”（O）命令，设置参数偏移线段。执行“修剪”（TR）命令，修剪多余的线段，如图13-81所示。

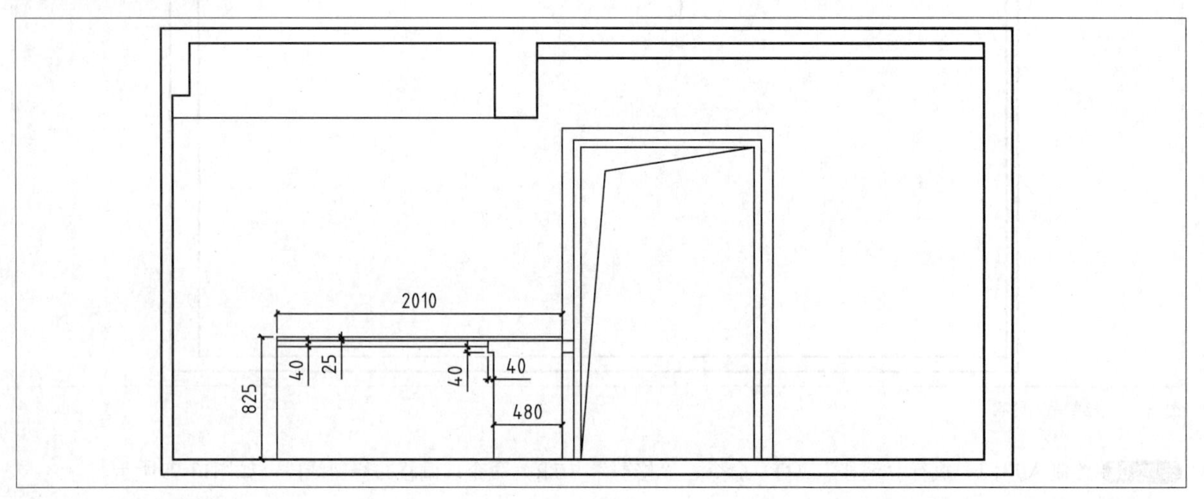

图13-81　绘制橱柜外轮廓

步骤 08 执行“偏移”（O）命令，选择外轮廓向内偏移。执行“修剪”（TR）命令，修剪线段，如图13-82所示。

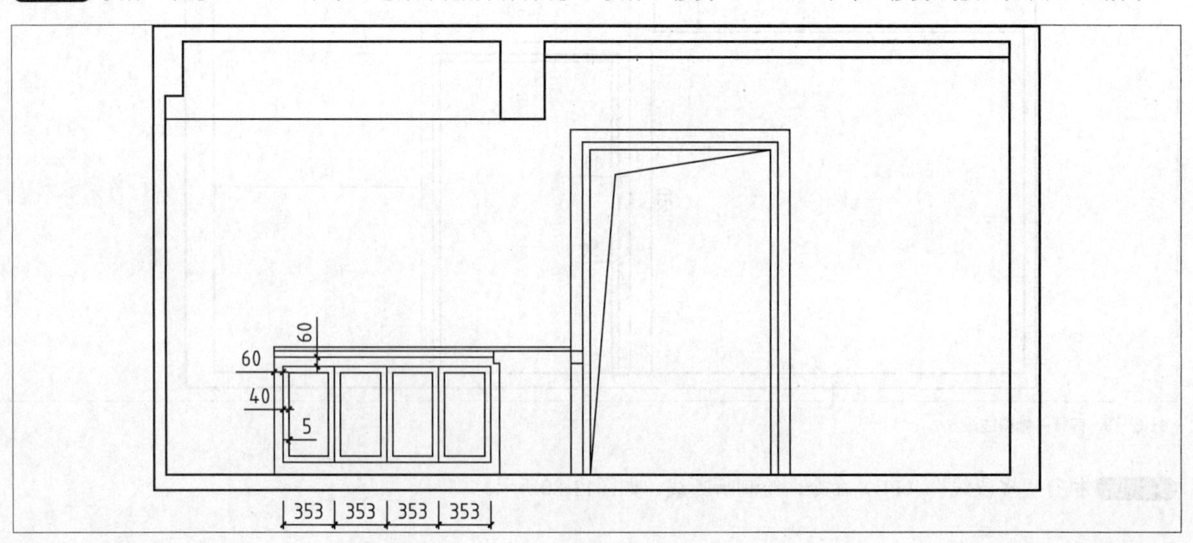

图13-82　偏移并修剪线段

步骤 09 执行“图案填充”（H）命令，进入“图案填充创建”选项卡，选择图案，设置角度、比例值等参数，如图13-83所示。

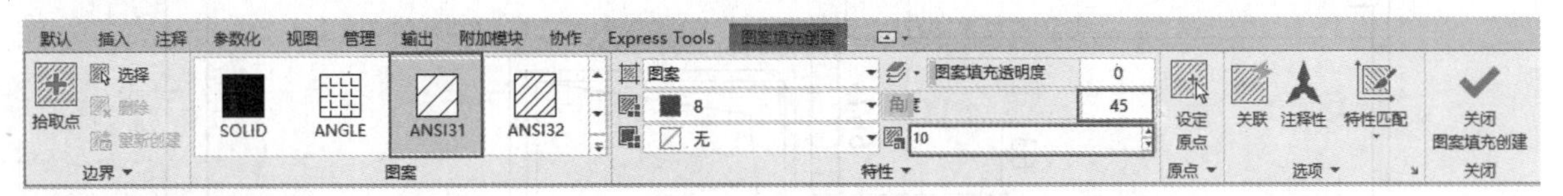

图13-83　设置参数

步骤 10 拾取填充区域，填充图案的效果如图13-84所示。

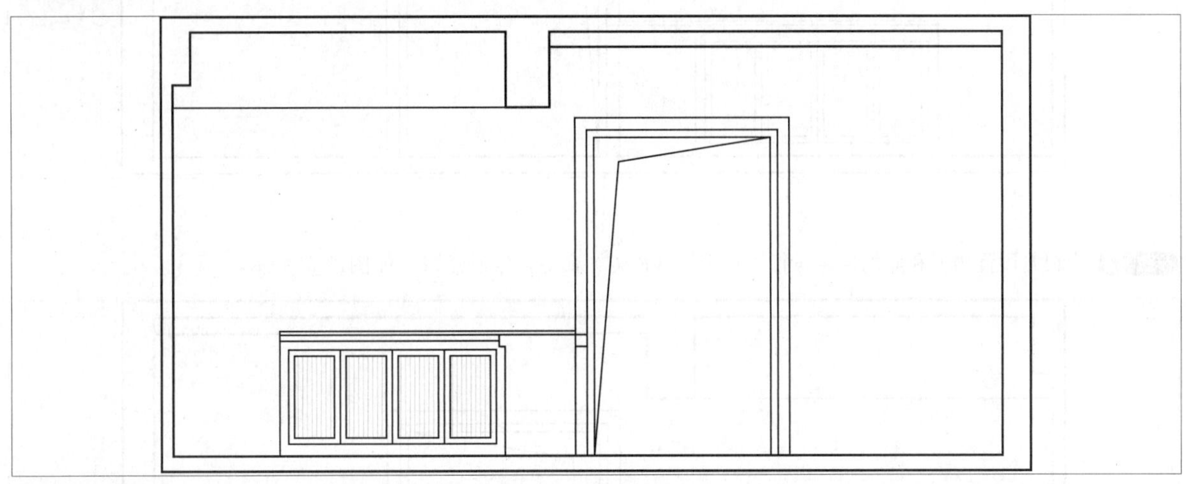

图13-84　填充图案

步骤 11 执行“多段线”（PL）命令，绘制多段线表示柜门的开启方向，如图13-85所示。

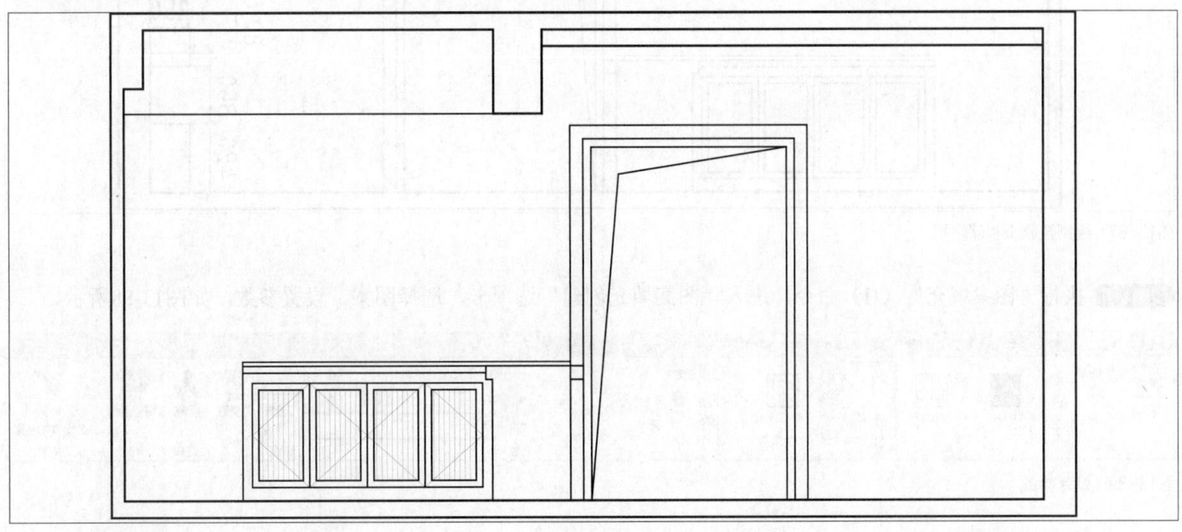

图13-85　绘制多段线

3 绘制置物板

步骤 12 绘制厨房置物板。执行“矩形”（REC）命令，绘制尺寸为818×63的矩形，如图13-86所示。

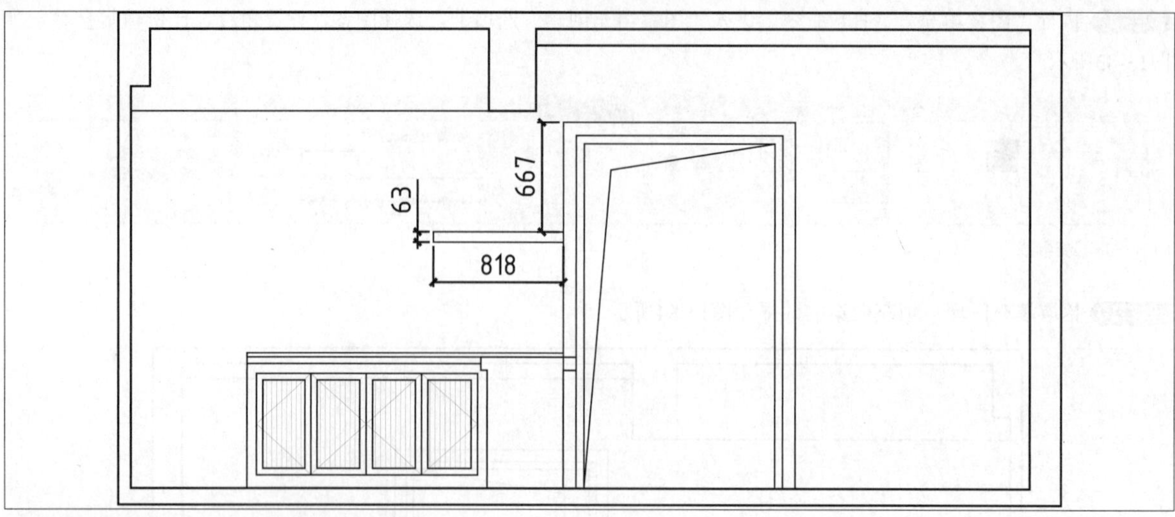

图13-86　绘制置物板

步骤 13 绘制餐厅置物板和储物柜。执行“矩形”（REC）命令，绘制矩形，如图13-87所示。

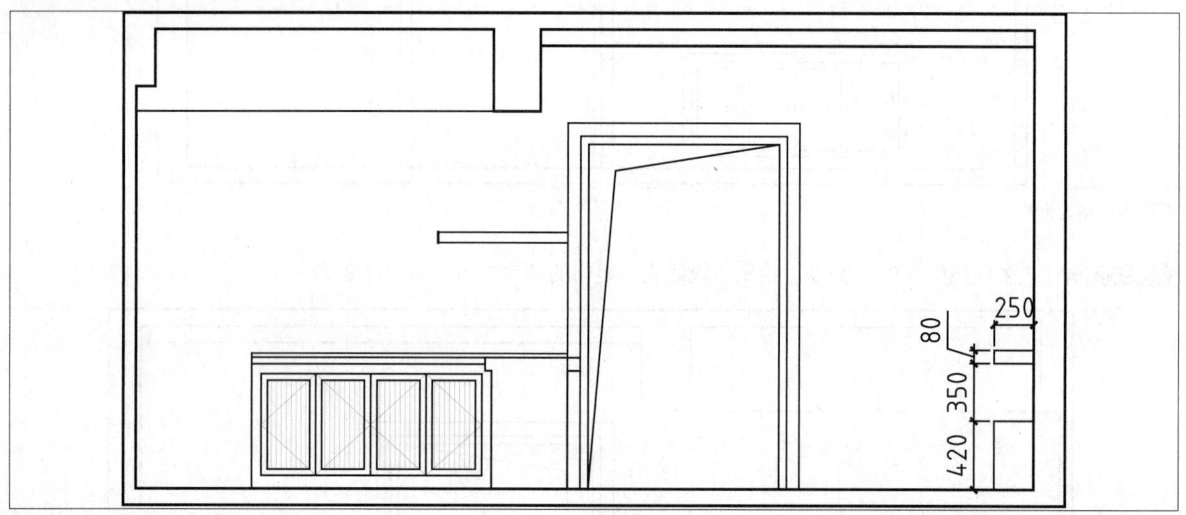

图13-87　绘制置物板和储物柜

步骤 14 执行“图案填充”（H）命令，进入“图案填充创建”选项卡，选择图案，设置参数，如图13-88所示。

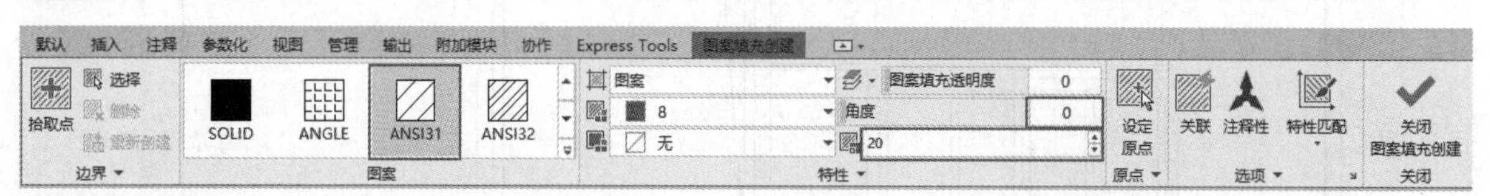

图13-88　设置参数

步骤 15 拾取填充区域，填充图案的结果如图13-89所示。

步骤 16 打开“第13章 室内设计与绘图/家具图例.dwg”素材文件，选择合适的图块，将其调入立面图中，如图13-90所示。

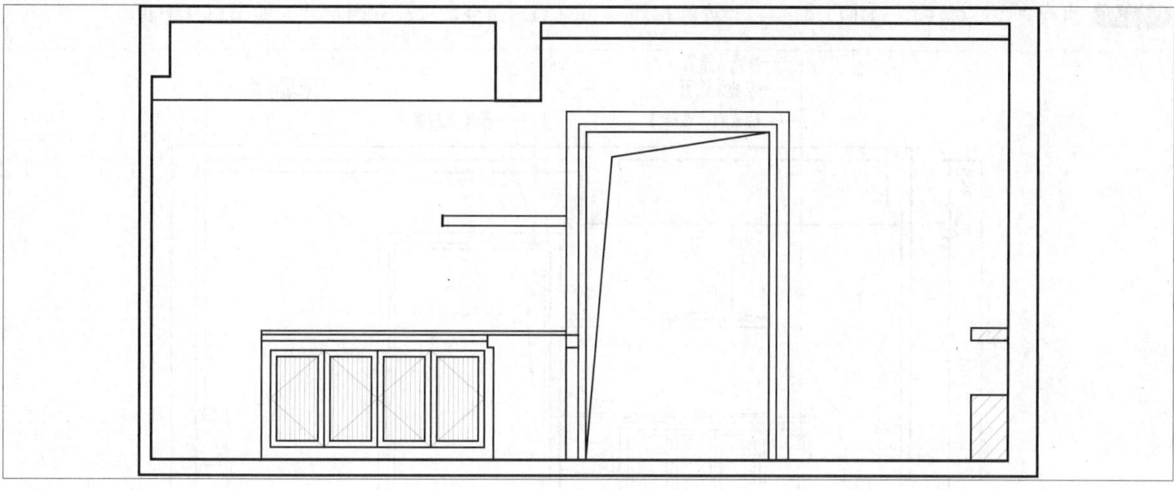

图13-89　填充图案

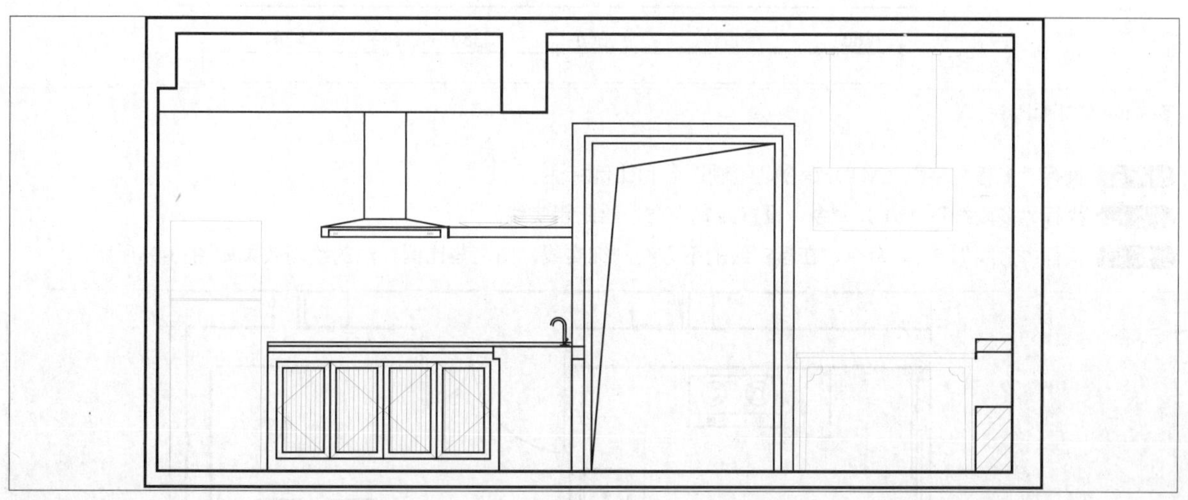

图13-90　调入图块

4 绘制标注

步骤 17 执行“多重引线”（MLD）命令，绘制材料标注，如图13-91所示。

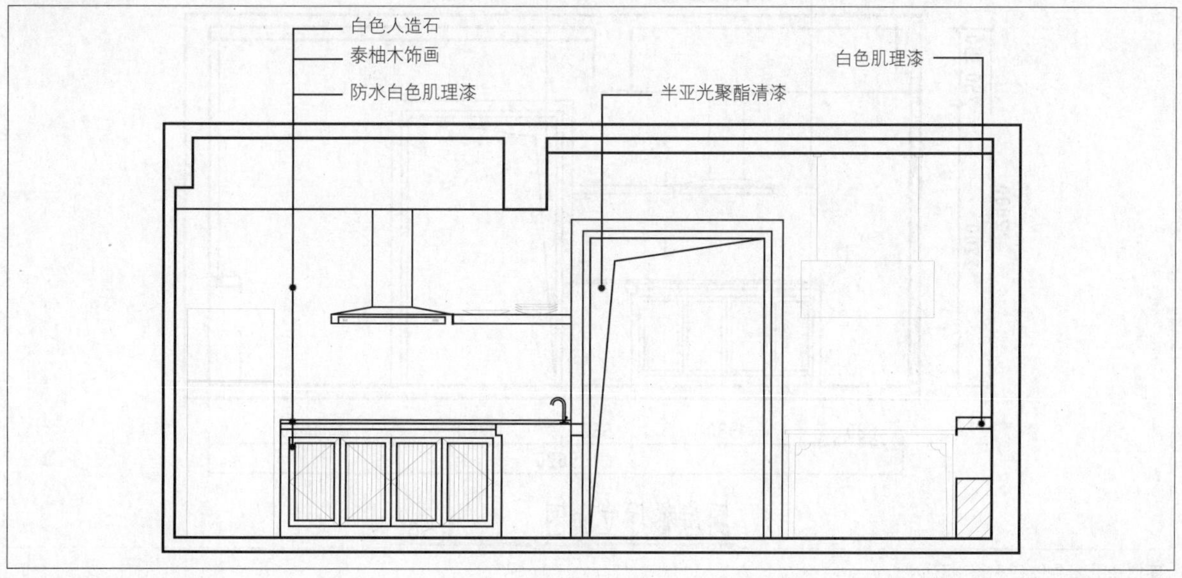

图13-91　绘制材料标注

步骤 18 执行“线性标注”（DLI）命令、“连续标注”（DCO）命令，标注立面尺寸，如图13-92所示。

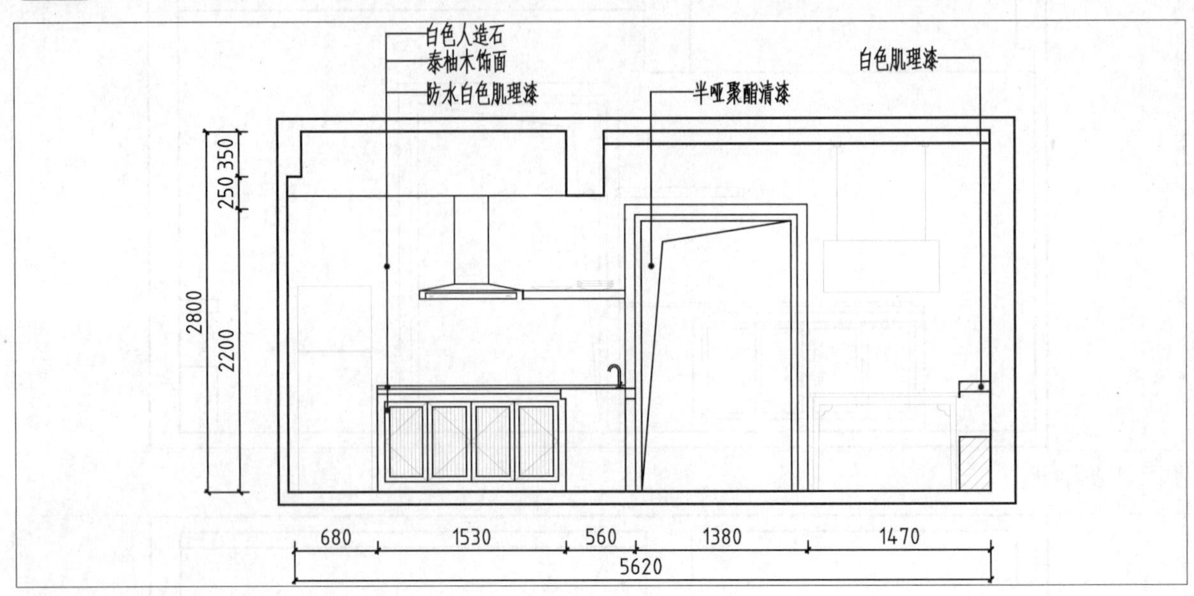

图13-92　绘制尺寸标注

步骤 19 执行“多行文字”（MT）命令，绘制图名和比例标注。

步骤 20 执行“多段线”（PL）命令，设置线宽为15，绘制粗实线。

步骤 21 执行“直线”（L）命令，在粗实线的下方绘制细实线，图名与比例标注的绘制效果如图13-93所示。

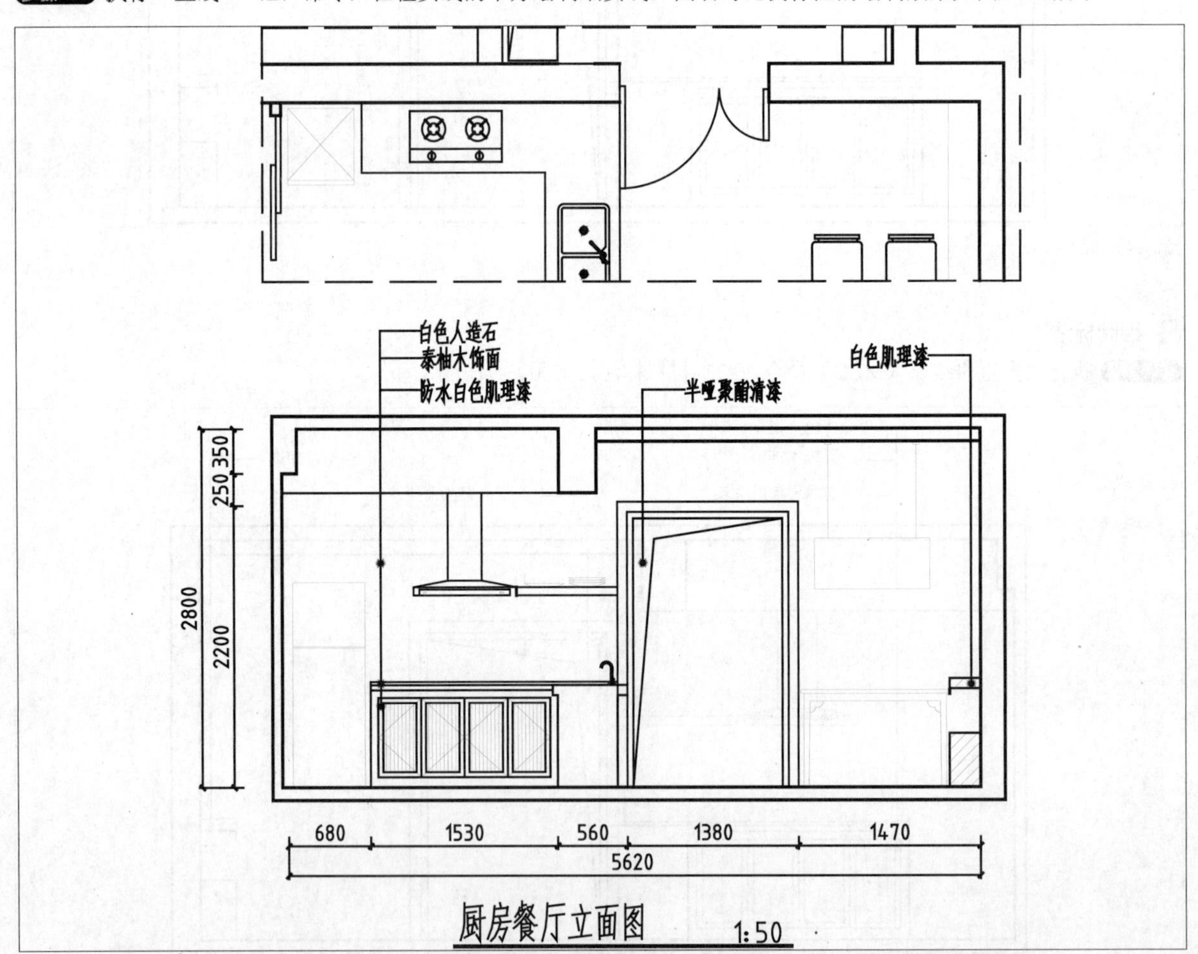

图13-93　绘制图名及比例标注

第14章

电气设计与绘图

本章内容概述

电气工程图是用来阐述电气工作原理，描述电气产品的构造和功能，并提供产品安装和使用方法的一种简图。电气工程图主要以图形符号、线框或简化外表来表示电气设备或系统中各有关组成部分的连接方式。本章将详细讲解电气工程图的相关基础知识，包括电气工程图的基础概念、相关标准及典型实例等内容。

本章知识要点

- 电气设计的理论知识
- 电气设计图的内容
- 绘制电气工程图的方法

14.1 电气设计概述

电气设计（electrical design）就是根据规范要求，对电源、负荷等级和容量、供配电系统接线图、线路，以及照明系统、动力系统、接地系统等各系统从方案开始分析、配置和计算，优化方案，提出初步设计，交由用户审核，待建设意见返回后，再进行施工图设计。其间要与建设方多次沟通，使设计方案能够最大限度地满足用户的要求，又不违背相关规范的规定，最终完成向用户供电的整个设计过程。图14-1所示为某电气设计图与实际效果。

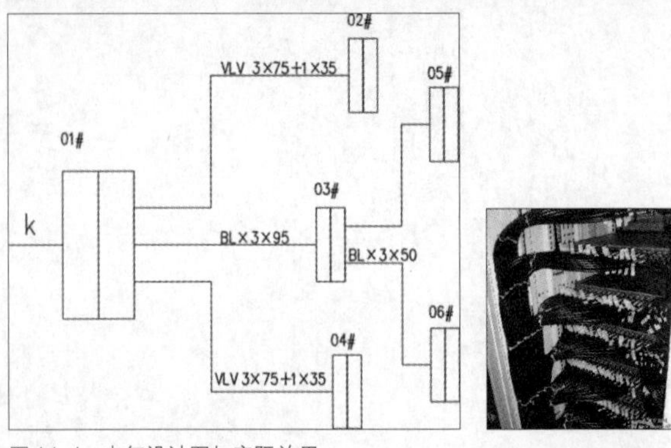

图 14-1　电气设计图与实际效果

14.1.1 电气设计制图的有关标准

★重点★

电气工程设计部门设计、绘制图样，施工单位按图样组织工程施工。所以图样必须有设计和施工等部门共同遵守的一定格式和一些基本规定、要求。这些规定包括建筑电气工程图自身的规定和机械制图、建筑制图等方面的有关规定，常用的电气设计规定如下。

◆《电气工程 CAD 制图规则》GB/T 18135—2008。

◆《电气简图用图形符号》GB/T 4728—2018。

◆《供配电系统设计规范》GB 50052—2016。

◆《电力工程电缆设计规范》GB 50217—2018。

◆《建筑照明设计标准》GB 50034—2013。

◆《火灾自动报警系统设计规范》GB 50116—2013。

◆《智能建筑工程施工规范》GB 50606—2010。

◆《入侵报警系统工程设计规范》GB50394—2007。

◆《室外作业场地照明设计标准》GB 50582—2010。

◆《出入口控制系统工程设计规范》GB 50396—2007。

◆《建筑物防雷设计规范》GB 50057—2010。

电气设计制图标准涉及图纸幅面与元器件图块，以及图线、字体等绘图所包含的各方面的使用标准。本小节介绍一些制图标准中常用的知识。

1 图形比例标准

图形与实际物体线性尺寸的比值称为比例。大部分电气工程图是不按比例绘制的，某些位置则按照比例绘制或部分按照比例绘制。常用的比例有 1 ：1、1 ：2、1 ：5、1 ：10、1 ：20、1 ：30、1 ：50、1 ：100、1 ：150、1 ：200、1 ：500、1 ：1000、1 ：2000 等。

2 字体标准

汉字、字母和数字是电气图的重要组成部分，因而电气图的字体必须符合标准。

◆汉字一般采用仿宋体、宋体；字母和数字用正体、罗马字体，也可用斜体。

◆字体的大小一般为 2.5~10mm，也可以根据不同的图纸使用更大的字体，根据文字所表示的不同内容应用不同大小的字体。

◆一般来说，电气器件触电号最小，线号次之，器件名称号最大，具体也要根据实际情况进行调整。

3 图线标准

绘制电气工程图所用的各种线条统称为图线。为了使图纸清晰、含义清楚、绘图方便，国家标准对图线的形式、宽度和间距都做了明确的规定。图线标准如表 14-1 所示。

表 14-1 图线标准

图线名称	图线形式	图线应用
粗实线	━━━━━━	建筑的立面图、平面图与剖面图的假面轮廓线、图框线等
中实线	──────	电气施工图的干线、支线、电缆线及架空线等
细实线	──────	电气施工图的底图线。建筑平面图中用细实线突出用中实线绘制的电气线路
粗点划线	━·━·━·━	通常在平面图中大型构件的轴线等处使用
点划线	─·─·─·─	轴线、中心线等
粗虚线	━ ━ ━ ━	地下管道
虚线	─ ─ ─ ─	不可见的轮廓线
双点划线		辅助围框线
波浪线	～	断裂线
折断线	─╱╲─	被断开部分的边界线

◆电气图的线宽单位为 mm，可选 0.18、0.25、0.35、0.5、0.7、1.0、1.4、2.0。

◆电气图线型的间距：平行图线边缘间距至少为两条图线中较粗一条图线宽度的 2 倍。

4 尺寸标注和标高

尺寸数据是施工和加工的主要依据。尺寸标注是由尺寸线、尺寸界线、尺寸起止符号（箭头或45° 斜划线）、尺寸数字 4 个要素组成的。尺寸的单位除标高、总平面图和一些特大构件以 m 为单位外，其他一律以 mm 为单位。

电气图中的标高与建筑设计图纸中的相同，在此不多做描述。在电气工程图上有时还标有敷设标高点，它是指电气设备或线路安装敷设位置与该层坪面或楼面的高差。

5 详图索引标志

表明图纸中所需要的细部构造、尺寸、安装工艺及用料等全部资料的详细图样称为详图。详图与总图的联系标志称为详图索引标志，例如图 14-2 表示 3 号详图与总图画在同一张图纸上；图 14-3 则表示 2 号详图画在第 5 号图纸上。

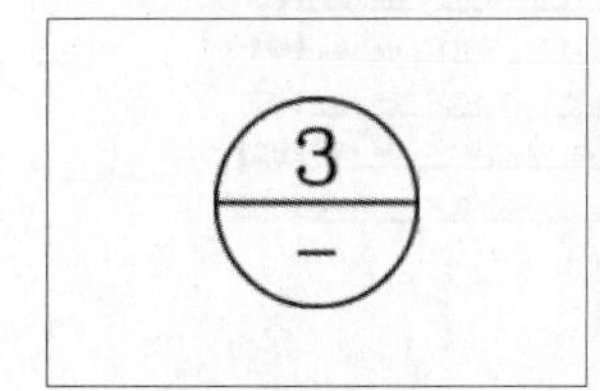

图 14-2 详图索引标志 1

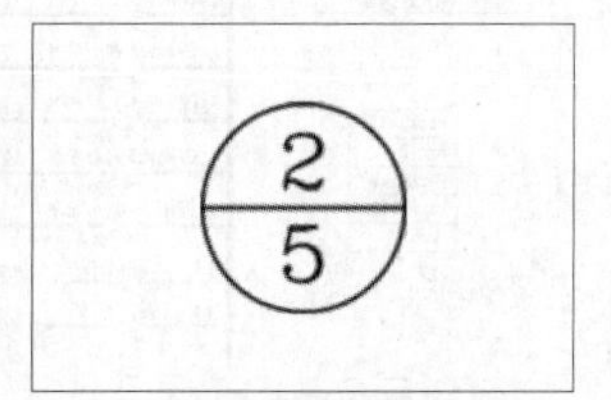

图 14-3 详图索引标志 2

详图的绘制比例应采用 1 ：1、1 ：2、1 ：5、1 ：10、1 ：20、1 ：50，必要时也可采用 1 ：3、1 ：4、1 ：25、1 ：30、1 ：40。

6 电气图的布局方式

电气图的布局要从对图的理解及方便使用出发，力图做到突出图的本意、布局结构合理、排列均匀、图面清晰，方便识图。

图线布局

电气图中用来表示导线、信号通路、连接线等的图线应为直线，即常说的“横平竖直”，并注意尽可能减少交叉和弯折。

◆水平布局：水平布局的方式是将设备和元件按行布置，使其连接线一般成水平布置，如图 14-4 所示；其中各元件、二进制逻辑单元按行排列，从而使得各连接线基本上都是水平线。

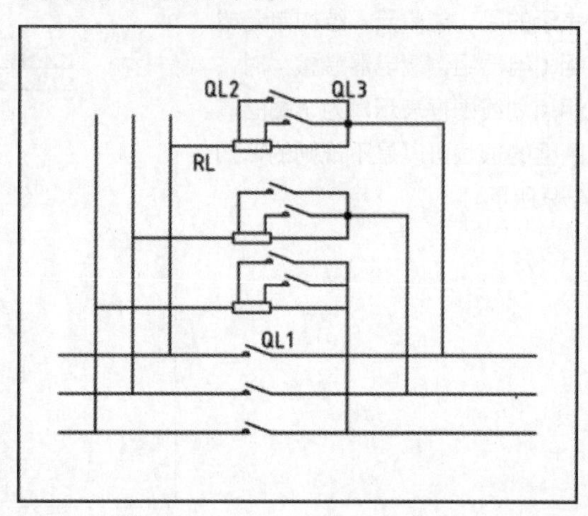

图 14-4 水平布局

◆垂直布局：垂直布局的方式是将元件和设备按列来排列，使其连接线竖立在图中，如图 14-5 所示；元器件、图线在图纸上的布置也可用图幅分区的列的代号来表示。

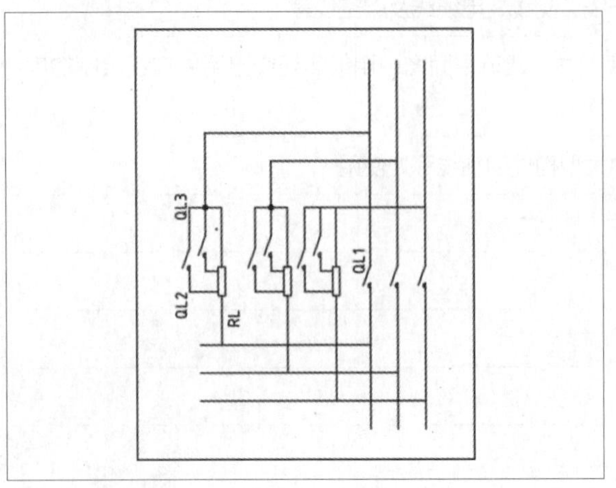

图 14-5 垂直布局

◆交叉布局：为把相应的元件连接成对称的布局，也可采用倾斜的交叉线方式来布置，如图 14-6 所示。

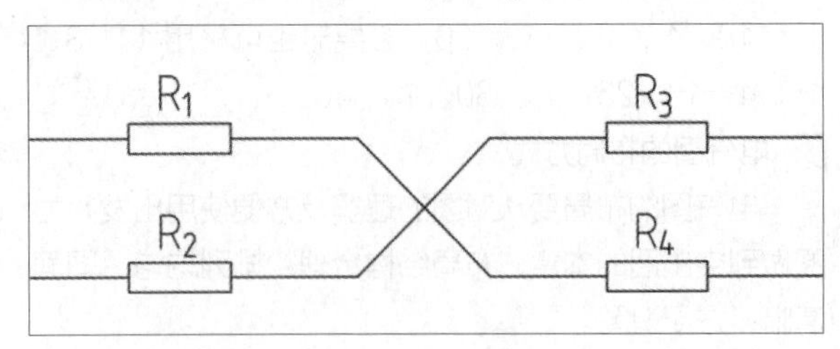

图 14-6 交叉布局

◎ 电路或元件布局

电路或元件布局的方法有两种，一种是功能布局法，另一种是位置布局法。

◆功能布局法：着重强调项目功能和工作原理的电气图，应该采用功能布局法；在功能布局法中，电路尽可能按工作顺序布局，功能相关的符号应分组并靠近，从而使信息流向和电路功能清晰，并方便留出注释位置。图 14-7 所示为功能布局，从左至右分析，只有 SB_1、FR、KM 都处于常闭状态，KT 线圈才能得电。经延时后，KT 的常开触合点闭合，KM 得电。

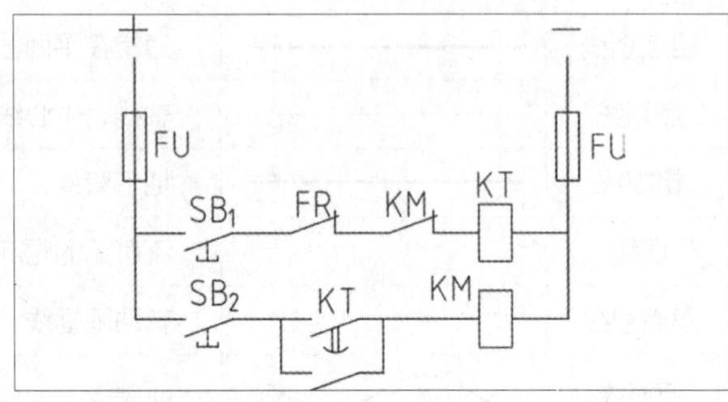

图 14-7 功能布局法

◆位置布局法：强调项目实际位置的电气图，应采用位置布局法；符号应分组，其布局按实际位置来排列；位置布局法是指电气图中元器件符号的布置对应于该元件实际位置的布局方法。图 14-8 所示为采用位置布局法绘制的电缆图，提供了有关电缆的信息，如导线识别标记、两端位置、特性、路径等。

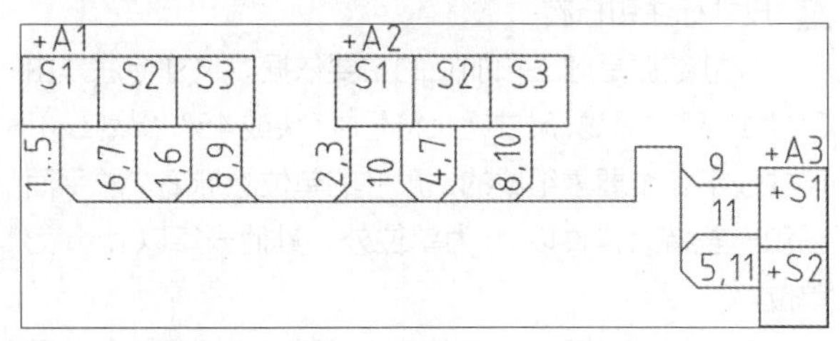

图 14-8 位置布局法

7 围框

当需要在图上显示其中的一部分，其所表示的是功能单元、结构单元或项目组（电器组、继电器装置）时，可以用点划线围框表示。为了图面清楚，围框的形状可以是不规则的，如图 14-9 所示。

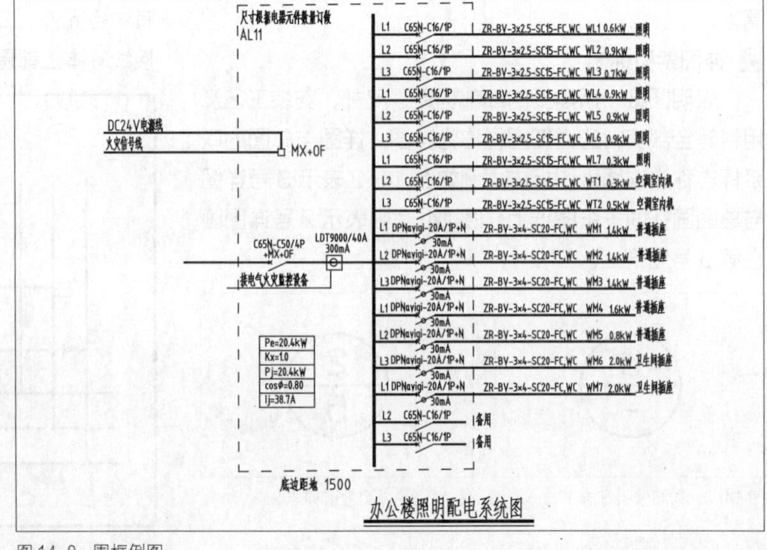

图 14-9 围框例图

14.1.2 电气设计制图的常见符号 ★进阶★

识读电气图纸，首先必须熟悉电气图例符号，弄清图例、符号所代表的内容，常用的电气工程图例及文字符号可参见《电气图用图形符号》GB 4728—2008。

一套电气施工图纸，一般应先按照下面的步骤阅读，再对某部分内容进行重点识读。

步骤 01 看标题栏及图纸目录。了解工程名称、项目内容、设计日期、图纸内容和图纸数量等。

步骤 02 看设计说明。了解工程概况、设计依据等，了解图纸中未能表达清楚的有关事项。

步骤 03 看设备材料表。了解工程所使用的设备、材料的型号、规格和数量等。

步骤 04 看系统图。了解系统基本组成，主要电气设备、元件之间的连接关系，以及它们的规格、型号、参数等，掌握该系统的组成概况。

步骤 05 看平面布置图。了解电气设备的规格、型号、数量及线路的起始点、敷设部位、敷设方式和导线根数等。平面图的阅读顺序可按照以下顺序进行：电源进线—总配电箱—干线—支线—分配电箱—电气设备。

步骤 06 看控制原理图。了解系统中电气设备的电气自动控制原理，以指导设备安装调试工作。

步骤 07 看安装接线图。了解电气设备的布置与接线。

步骤 08 看安装大样图。了解电气设备的具体安装方法、安装部件的具体尺寸等。

1 电气图用图形符号

电气图用图形符号主要用于图样或其他文件表示一个设备或概念的图形、标记或字符。图形符号是通过书写、绘制、印刷或其他方法产生的可视图形，是一种以简明易懂的方式来传递一种信息，表示一个实物或概念，并可提供有关条件、相关性及动作信息的工业语言。

因篇幅所限，且电气符号图例较多，本书只对其内容进行介绍，具体图例请参见《电气图用图形符号》GB 4728—2018。

图形符号组成

图形符号由一般符号、符号要素、限定符号和方框符号组成。

◆一般符号：表示一类产品或此类产品特征的简单符号，如电阻、电感和电容等，如图 14-10 所示。

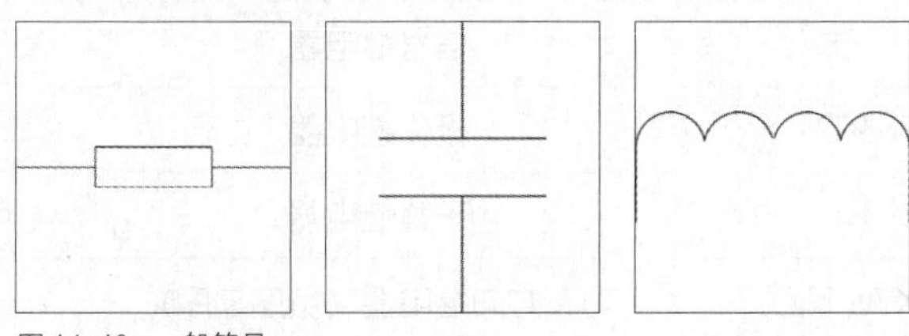

图 14-10　一般符号

◆符号要素：表示具有确定意义的简单图形，必须同其他图形组合以构成一个设备或概念的完整符号。

◆限定符号：用于提供附加信息的一种加在其他符号上的符号，不能单独使用，但一般符号有时也可以用作限定符号。

◆方框符号：用于表示元器件、设备等的组合及其功能，既不给出元器件、设备的细节，也不考虑所有这些连接的一种简单图形符号。方框符号在系统图和框图中使用最多，电路图中的外购件、不可修理件也可以用方框符号表示。

图形符号分类

图形符号有以下 11 种，下面分别介绍。

◆导线和连接器件：各种导线、接线端子和导线的连接、连接器件、电缆附件等。

◆无源元件：包括电阻器、电容器、电感器等。

◆半导体和电子管：包括二极管、晶体管、晶闸管、电子管、辐射探测器等。

◆电能的发生和转换：包括绕组、发电机、电动机、变压器、变流器等。

◆开关、控制和保护装置：包括触点（触头）、开关、开关装置、控制装置、电动机起动器、继电器、熔断器、间隙、避雷器等。

◆测量仪表、灯和信号器件：包括指示积算和记录仪表、热电偶、遥测装置、电钟、传感器、灯、喇叭和电铃等。

◆电信交换和外围设备：包括交换系统、选择器、电话机、电报和数据处理设备、传真机、换能器、记录和播放器等。

◆电信传输：包括通信电路、天线、无线电台及各种电信传输设备。

◆电力、照明和电信布置：包括发电站、变电站、网络、音响和电视的电缆配电系统、开关、插座引出线、电灯引出线、安装符号等。

◆二进制逻辑单元：包括组合和时序单元，运算器单元，延时单元，双稳、单稳和非稳单元，位移寄存器，计数器和存储器等。

◆模拟单元：包括函数器、坐标转换器、电子开关等。

常用图形符号的应用说明

常用图形符号的应用说明主要包括以下 6 点。

◆所有图形符号均按无电压、无外力作用的正常状态示出。

◆在图形符号中，某些设备元器件有多个图形符号，有优选形、其他形、形式 1、形式 2 等。选用符号遵循的原则有：尽可能采用优选形；在满足需要的前提下，尽量采用最简单的形式；在同一图号的图中使用同一种形式。

◆符号的大小和图线的宽度一般不影响符号的含义，在有些情况下，为了强调某些方面或者为了便于补充信息，或者为了区别不同的用途，允许采用不同大小的符号和不同宽度的图线。

◆为了保持图面的清晰，避免导线弯折或交叉，在不引起误解的情况下，可以将符号旋转或成镜像放置，但此时图形符号的文字标注和指示方向不得倒置。

◆图形符号一般都画有引线，但在绝大多数情况下引线位置仅用作示例，在不改变符号含义的原则下，引线可取不同的方向，如引线符号的位置影响到符号的含义，则不能随意改变，否则易引起歧义。

◆《电气简图用图形符号》比较完整地列出了符号要素、限定符号和一般符号，但组合符号是有限的。若某些特定装置或概念的图形符号在标准中未列出，则允许适当组合已规定的一般符号、限定符号和符号要素，形成新的符号。

2 电气设备用图形符号

电气设备用图形符号是完全区别于电气图用图形符号的另一类符号，主要适用于各种类型的电气设备或电气设备部件，使操作人员知晓其用途和操作方法；也可用于安装或移动电气设备的场合，如禁止、警告、规定或限制等注意事项。电气设备用图形符号主要有识别、限定、说明、命令、警告和指示六大用途，必须按照一定的比例绘制。

3 电气图中常用的文字符号

在电气工程中，文字符号适用于电气技术领域中技术文件的编制，用于标明电子设备、装置和元器件的名称及电路的功能、状态和特征。我国公布的电气图用文字符号的国家标准规定，文字符号采用大写正体的拉丁字母，分为基本文字符号和辅助文字符号两类。

基本文字符号分为单字母和双字母两种。单字母符号是按拉丁字母顺序将各种电子设备、装置和元器件分为23大类，每大类用一个专用单字母符号表示，如R表示电阻器类，C表示电容器类等，单字母符号应优先采用。双字母符号由一个表示种类的单字母符号与另一个字母组成，其组合形式应以单字母符号在前，另一个字母在后的次序列出。如TG表示电源变压器，T为变压器单字母符号。只有在单字母符号不能满足要求，需要将某大类进一步划分时，才采用双字母符号，以便较详细和具体地表达电子设备、装置和元器件等。

常用电路文字符号如表14-2所示。

表14-2 常用电路文字符号

文字符号	含义	文字符号	含义
AAT	电源自动投入装置	M	电动机
AC	交流电	HG	绿灯
DC	直流电	HR	红灯
FU	熔断器	HW	白灯
G	发电机	HP	光字牌
K	继电器	KA（NZ）	电流继电器（负序零序）
KD	差动继电器	KF	闪光继电器
KH	热继电器	KM	中间继电器
KOF	出口中间继电器	KS	信号继电器
KT	时间继电器	KP	极化继电器
KV（NZ）	电压继电器（负序零序）	KR	干簧继电器
KI	阻抗继电器	KW(NZ）	功率方向继电器（负序零序）

（续表）

文字符号	含义	文字符号	含义
KM	接触器	KA	瞬时继电器 瞬时有或无继电器 交流继电器
KV	电压继电器	L	线路
QF	断路器	QS	隔离开关
T	变压器	TA	电流互感器
YC	合闸线圈	YT	跳闸线圈
TV	电压互感器	W	直流母线
PQS	有功无功视在功率	EUI	电动势电压电流
SE	实验按钮	SR	复归按钮
f	频率	Q	电路的开关器件
FU	熔断器	FR	热继电器
KT	延时有或无继电器	SB	按钮开关
Q	电路的开关器件	FU	熔断器
KM	接触器	KA	瞬时接触继电器
SB	按钮开关	SA	转换开关
PJ	有功电度表	PJR	无功电度表
PF	频率表	PM	最大需量表
PPA	相位表	PPF	功率因数表
PW	有功功率表	PAR	无功电流表
PR	无功功率表	HA	声信号
HS	光信号	HL	指示灯
HR	红色灯	HG	绿色灯
HY	黄色灯	HB	蓝色灯
HW	白色灯	XB	连接片
XP	插头	XS	插座
XT	端子板	W	电线电缆母线
WB	直流母线	WIB	插接式（馈电）母线
WP	电力分支线	WL	照明分支线
WE	应急照明分支线	WPM	电力干线
WT	滑触线	WC	控制小母线

（续表）

文字符号	含义	文字符号	含义
WCL	合闸小母线	WS	信号小母线
WLM	照明干线	WEM	应急照明干线
WF	闪光小母线	WFS	事故音响小母线
WPS	预报音响小母线	WV	电压小母线
WELM	事故照明小母线	F	避雷器
FF	跌落式熔断器	FV	限压保护器件
C	电容器	CE	电力电容器
SBF	正转按钮	SBR	反转按钮
SBS	停止按钮	SBE	紧急按钮
SBT	试验按钮	SR	复位按钮
SQ	限位开关	SQP	接近开关
SH	手动控制开关	SK	时间控制开关
SL	液位控制开关	SM	湿度控制开关
SP	压力控制开关	SS	速度控制开关
ST	温度控制开关辅助开关	SV	电压表切换开关
SA	电流表切换开关	U	整流器
UR	可控硅整流器	VC	控制电路有电源的整流器
UF	变频器	UC	变流器
UI	逆变器	M	电动机
MA	异步电动机	MS	同步电动机
MD	直流电动机	MW	绕线转子感应电动机
MC	鼠笼型电动机	YM	电动阀
YV	电磁阀	YF	防火阀
YS	排烟阀	YL	电磁锁
YT	跳闸线圈	YC	合闸线圈
YPAYA	气动执行器	YE	电动执行器
FH	发热器件（电加热）	EL	照明灯（发光器件）
EV	空气调节器	EE	电加热器加热元件
L	感应线圈电抗器	LF	励磁线圈
LA	消弧线圈	LL	滤波电容器

（续表）

文字符号	含义	文字符号	含义
R	电阻器变阻器	RP	电位器
RT	热敏电阻	RL	光敏电阻
RPS	压敏电阻	RG	接地电阻
RD	放电电阻	RS	启动变阻器
RF	频敏变阻器	RC	限流电阻器
B	光电池热电传感器	BP	压力变换器
BT	温度变换器	BV	速度变换器
BT1BK	时间测量传感器	BL	液位测量传感器
BHBM	温度测量传感器	—	—

14.2 电气设计图的内容

电气图表达的对象不同，因此其具有多样性。例如，表示系统的工作原理、工作流程和分析电路特性时需要用电路图；表示元器件之间的关系、连接方式和特点时需用接线图；在数字电路中，各种数字集成电路的应用使得电路可以实现逻辑功能，因此就有了反映集成电路逻辑功能的逻辑图。

本节介绍各类电气图的基本知识。

14.2.1 目录和前言

目录和前言是电气工程图的重要组成部分，分别介绍如下。

◆目录：对某个电气工程的所有图纸编制目录，以便检索、查阅图纸，目录内容包括序号、图纸名称、图纸编号、图纸数量及备注等。

◆前言：包括设计说明、图例、设备材料明细表、工程经费概算等。

14.2.2 系统图或框图

系统图或框图也被称为概略图，是指用符号或带注释的框概略地表示系统或分系统的基本组成、相互关系及主要特征的一种简图。

系统图可分不同层次绘制，可参照逐级分解的绘图对象来划分层次，一般采用总分的形式。它还作为工程技术人员参考、培训、操作和维修的基础文件，可以使工程技术人员对系统、装置、设备、整体供电情况等有一个概略的了解。系统图为进一步编制详细的技术文件及绘制电路图、平面图、接线图和逻辑图等提供依据，也为进行有关计算、选择导线和电气设备等提供了重要依据。

1 用一般符号表示的系统图

这类系统图通常采用单线表示法来绘制，如建筑电气图中的供电系统图，如图 14-11 所示。从图中可以看出，供电电源是从室外接入室内主配电箱，通过主配电箱再接入分配电箱；从图中还可以看出电路供电情况，设备总功率为 336kW，计算负荷为 153.72kW，计算电流为 259.05A。了解这些信息后还可以对电路元器件和供电导线的选择提供指导作用。

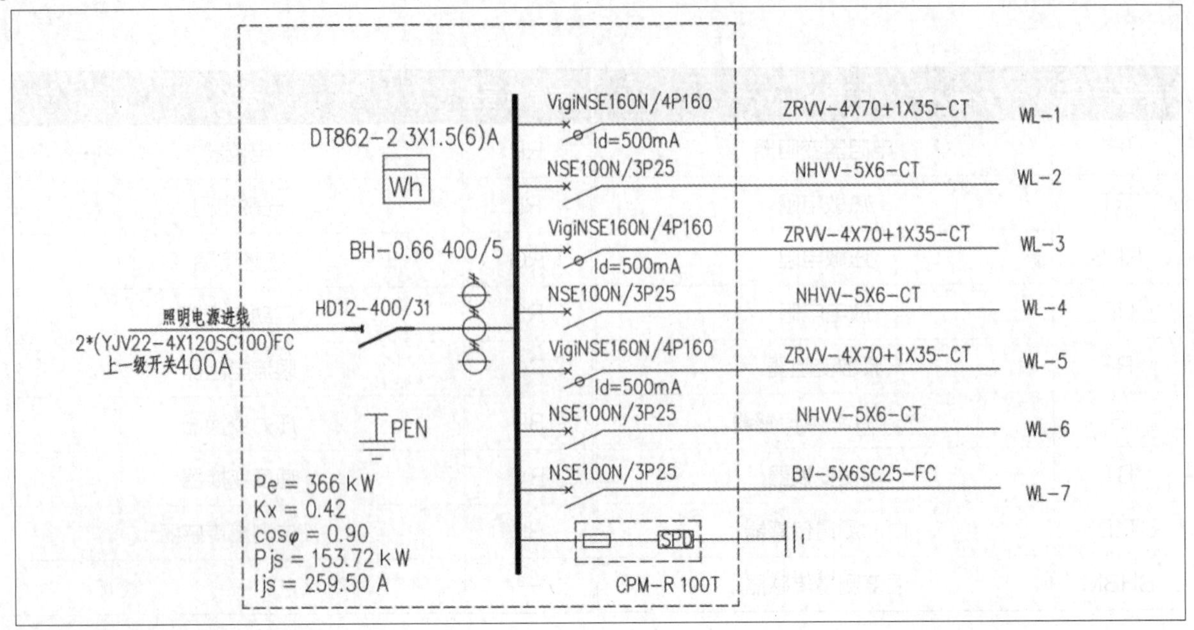

图 14-11 建筑电气供电系统图

2 框图

电路框图所包含的信息较少，因此根据框图无法清楚地了解电子设备的具体电路，电路框图只能作为分析复杂电子设备的辅助形式。

图 14-12 所示的示波器框图是由一只示波管提供的各种信号的电路组成的，在示波器的控制面板上设有一些输入插座和控制键钮。测量用的探头通过电缆和插头与示波器输入端子相连。示波器的种类有很多，但是基本原理与结构大致相同，通常由垂直偏转系统、水平偏转系统、辅助电路、电源及示波管电路组成。

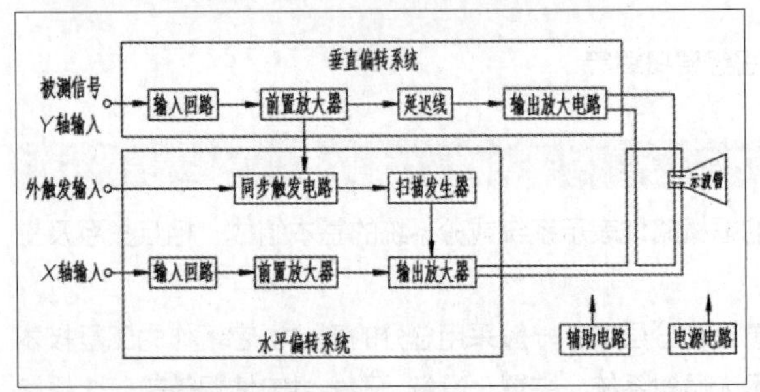

图 14-12 示波器框图

14.2.3 电气原理图和电路图

电气原理图是指用图形符号详细表示系统、分系统、成套设备、装置、部件等各组成元件连接关系的实际电路简图。

电路图是表示电流从电源到负载的传送情况和电气元件的工作原理，而不考虑其实际位置的一种简图。其目的是使人便于理解设备工作原理、分析和计算电路特性及参数，为测试和寻找故障提供信息，为编制接线图提供依据，为安装和维修提供依据。电路图在绘制时应注意设备和元器件的表示方法。在电路图中，设备和元器件采用符号表示，并应以适当形式标注其代号、名称、型号、规格、数量等。注意设备和元器件的工作状态。设备和元器件的可动部分通常应表示在非激励或不工作的状态或位置。对于驱动部分和被驱动部分之间采用机械联结的设备和元器件，可在图上集中、半集中或分开布置。

图 14-13 所示的电动机控制线路原理图，就表示了系统的供电和控制之间的关系。

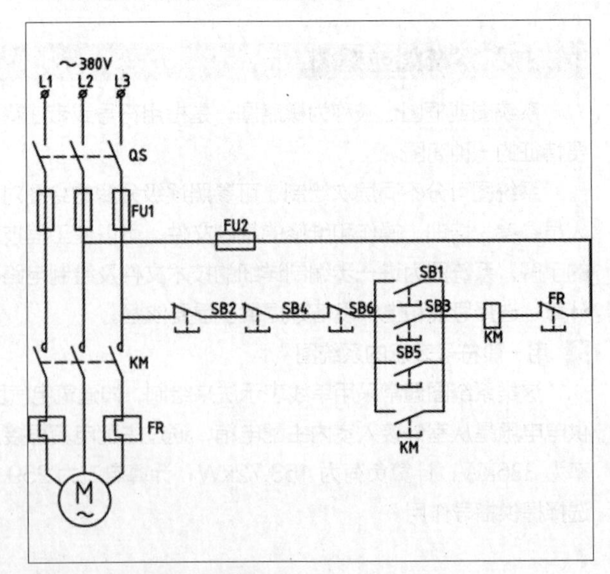

图 14-13 电动机控制线路原理图

14.2.4 接线图

接线图是表示成套装置、设备、电气元件的连接关系，用于安装接线、检查、试验与维修的一种简图或表格。接线图主要用于表示电气装置内部元器件之间及外部其他装置之间的连接关系。

例如，图 14-14 所示为电动机控制线路的主电路接线图，它清楚地表示了各元件之间的实际位置和连接关系。电源 (L1、L2、L3) 由 BLX-3×6 的导线接至端子排 X 的 1、2、3 号，然后通过熔断器 FU1 ~ FU3 接至交流接触器 KM 的主触点，再经过继电器的发热元件接到端子排的 4、5、6 号，最后用导线接入电动机的 U、V、W 端子。

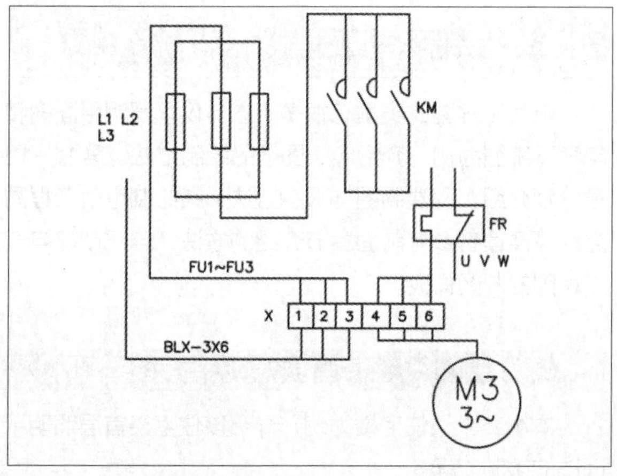

图 14-14　电动机控制接线图

14.2.5 电气平面图

电气平面图主要用来表示某一电气工程中的电气设备、装置和线路的平面布置。它一般是在建筑平面图的基础上绘制出来的。常见的电气平面图主要有线路平面图、变电所平面图、弱电系统平面图、照明平面图、防雷与接地平面图等。图 14-15 所示为一幅典型的电气平面图，图中表示出了电源经控制箱或配电箱，再分别经导线接至灯具及开关的具体布置。

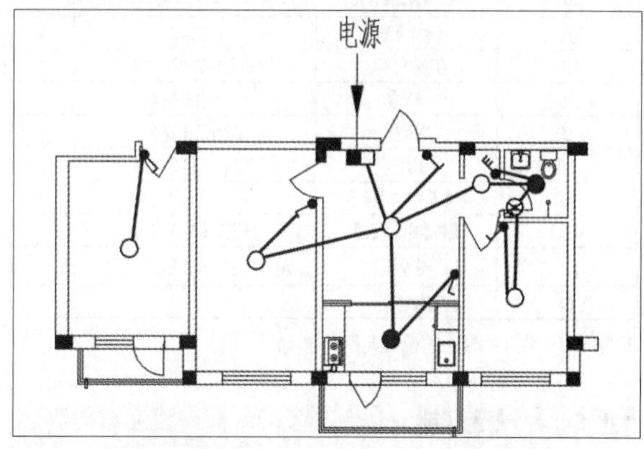

图 14-15　电气平面图

14.2.6 设备布置图

设备布置图用来表示成套装置和设备在各个项目中的布局和安装位置，位置简图一般用图形符号绘制。建筑电气图中的设备布置图如图 14-16 所示。常见的设备布置图主要包括平面布置图、立面布置图、断面图、纵横剖面图等。

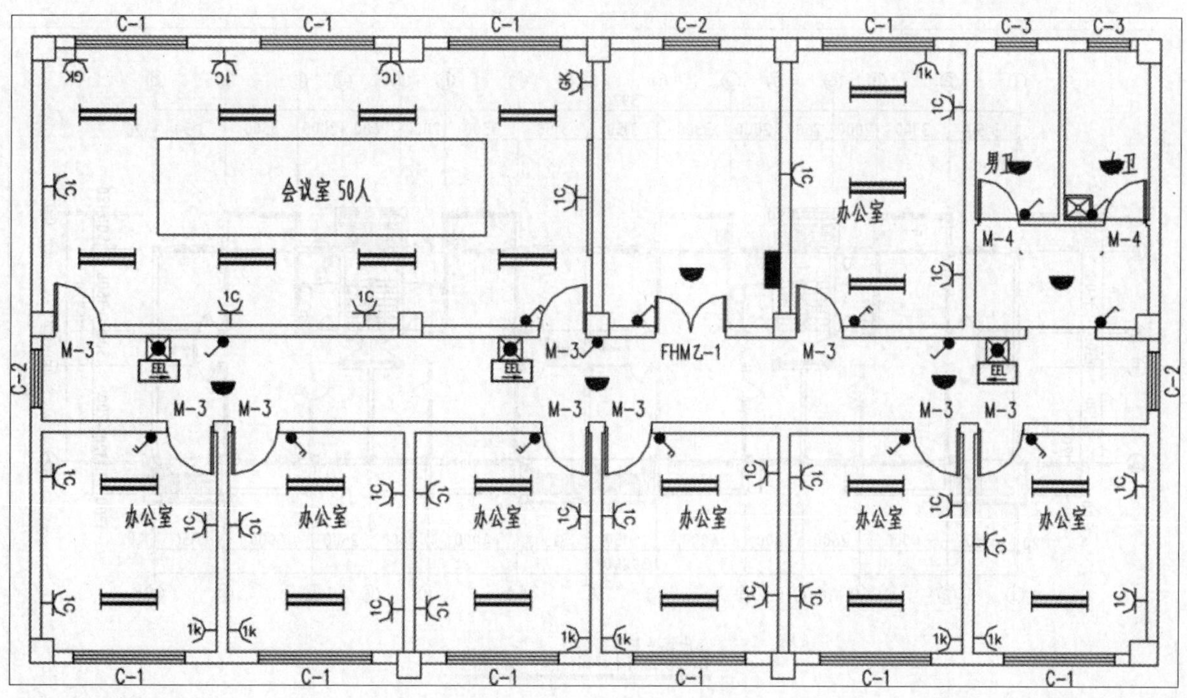

图 14-16　设备布置图

14.2.7 设备元件和材料表

设备元件和材料表是把某电气工程中用到的设备、元件和材料列成表格，主要包括符号、名称、型号和数量等，如图 14-17 所示。

符号	名称	型号	数量
ISA-351D	微机保护装置	220V	1
KS	自动加热除湿控制器	KS-3-2	1
SA	跳、合闸控制开关	LW-Z-1a,4,6a,20/F8	1
QC	主令开关	LS1-2	1
QF	自动空气开关	GM31-2PR3,0A	1
FU1-2	熔断器	AMI 16/6A	2
FU3	熔断器	AMI 16/2A	1
1-2DJR	加热器	DJR-75-220V	2
HLT	手车开关状态指示器	MGZ-91-220V	1
HLQ	断路器状态指示器	MGZ-91-220V	1
HL	信号灯	AD11-25/41-5G-220V	1
M	储能电动机		1

图 14-17　某开关柜上的设备元器件表

14.2.8 大样图

大样图一般用来表示某一具体部位或某一设备元件的结构或具体安装方法。一般非标准的控制柜、箱，检测元件和架空线路的安装等都需要用到大样图，大样图通常采用标准通用图集。剖面图也是大样图的一种。

14.2.9 产品使用说明书用电气图

在电气设备中，产品使用说明书通常附上电气图，使用户了解该产品的组成、工作过程及注意事项，并提供一些电源极性端选择，以达到正确使用、维护和检修的目的。

14.2.10 其他电气图

在电气工程图中，系统图、电路图、接线图和设备布置图是最主要的图。在一些较复杂的电气工程中，为了补充和说明某一方面，还需要一些特殊的电气图，如逻辑图、功能图、曲线图和表格等。

14.3 绘制电气工程图

电气工程图的类型有很多，本节仅以照明平面图和电气系统图为例，介绍电气图纸的绘制方法。第11~13章分别介绍了创建制图样板的方法。在绘制电气工程图之前，请读者参考前面章节介绍的方法，自己创建电气工程图的制图样板。

14.3.1 绘制住宅楼首层照明平面图 ★重点★

本小节以某住宅楼为例，介绍该住宅楼首层照明平面图的绘制流程。

步骤 01 打开“住宅楼首层平面图.dwg”素材文件，如图14-18所示。

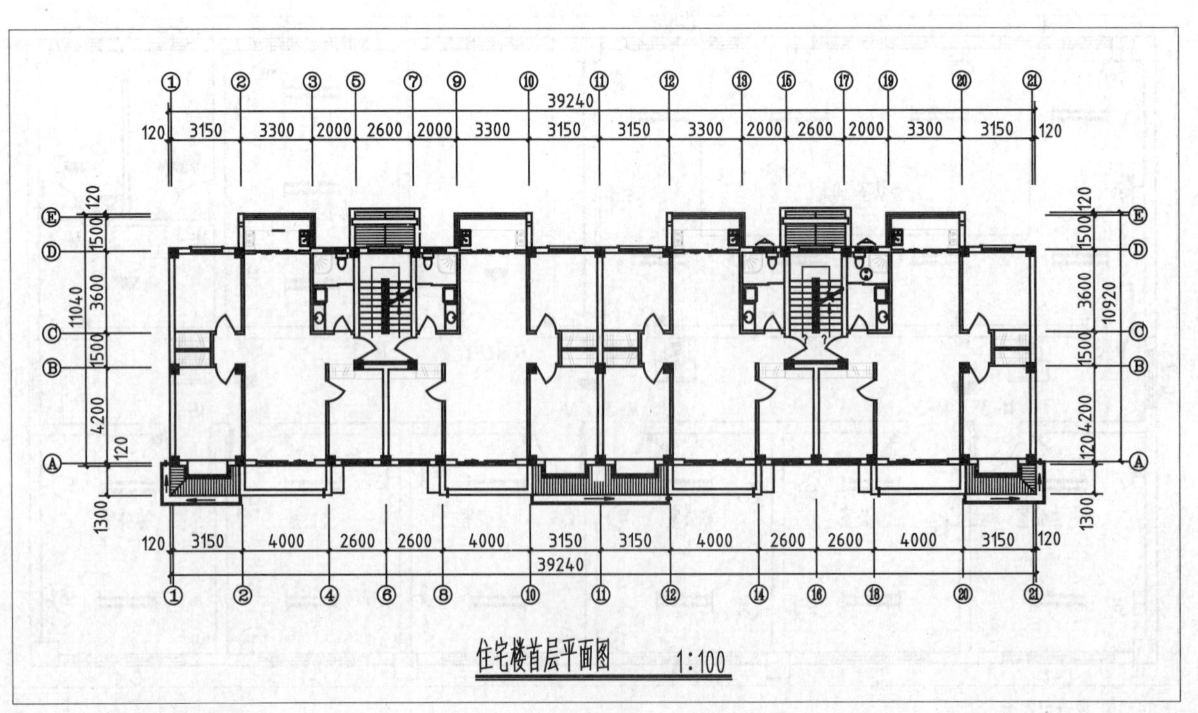

图 14-18　住宅楼首层平面图

步骤 02 布置灯具。打开“图例.dwg”素材文件，选择普通灯、花灯等图形，将其复制粘贴至当前视图中，如图14-19所示。

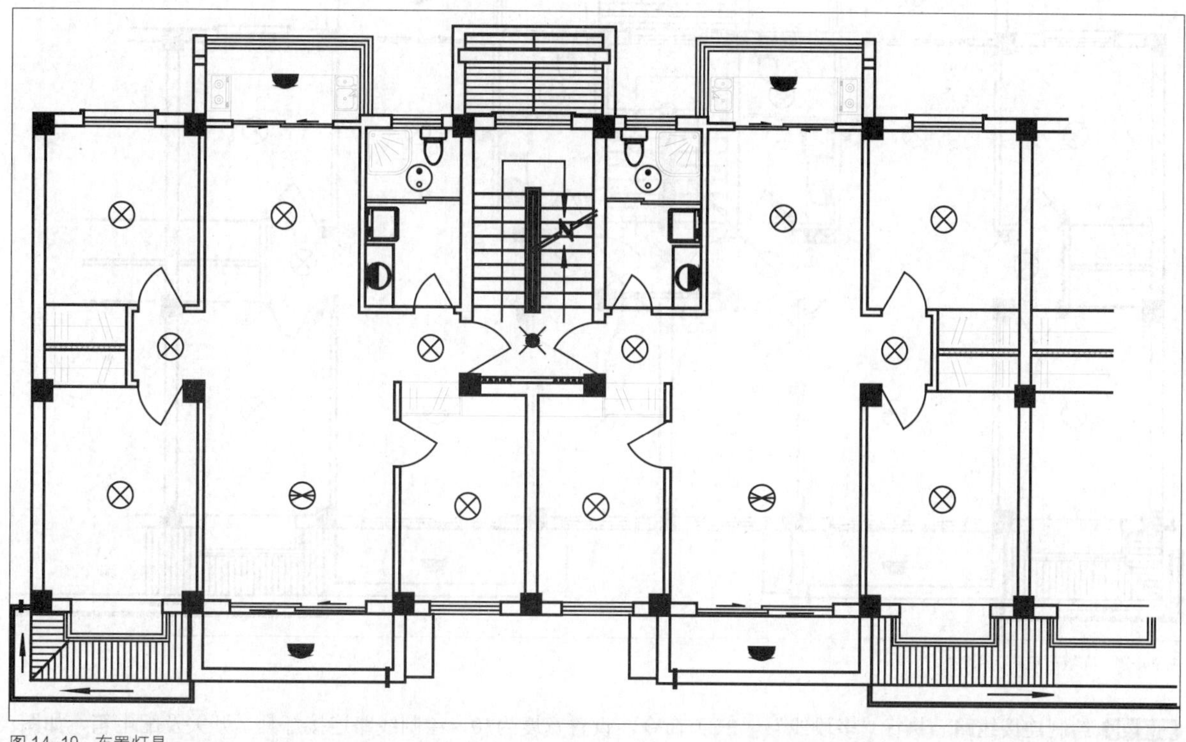

图 14-19　布置灯具

步骤 03 布置开关。在“图例.dwg”素材文件中选择开关，将其复制粘贴至当前视图中，如图14-20所示。

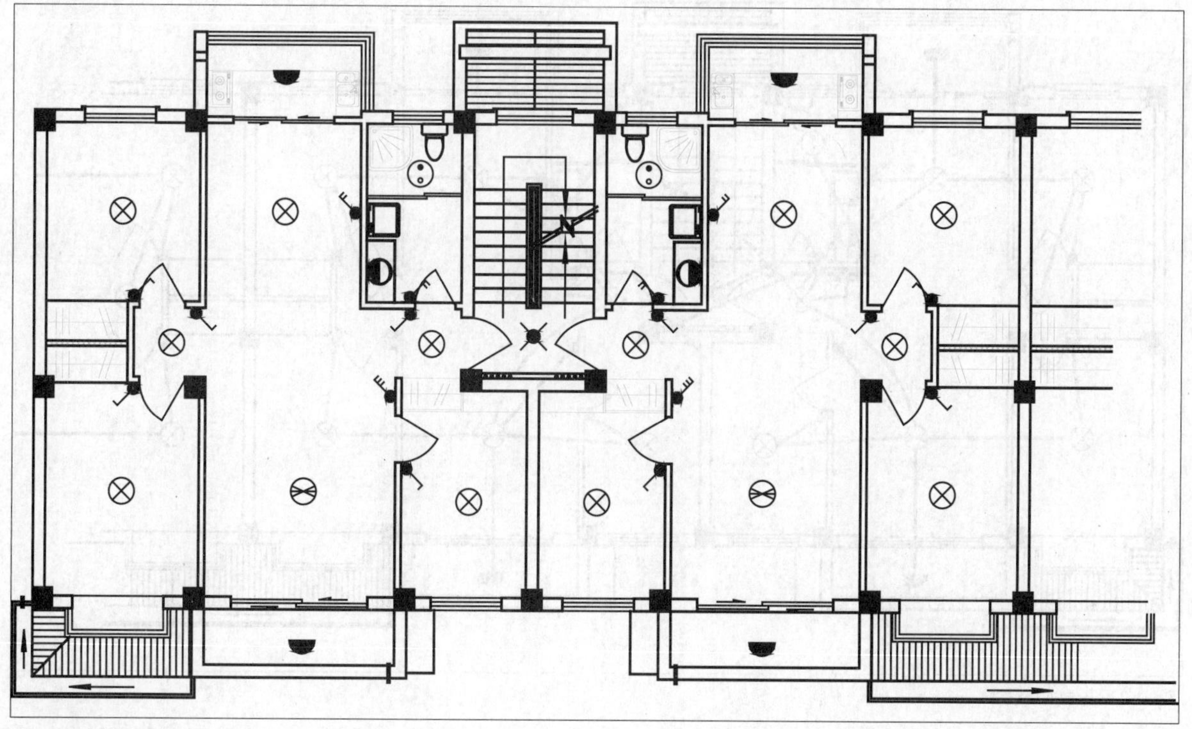

图 14-20　布置开关

步骤 04 布置配电箱、引线。在“图例.dwg”素材文件中选择配电箱、引线，将其复制粘贴至当前视图中，如图14-21所示。

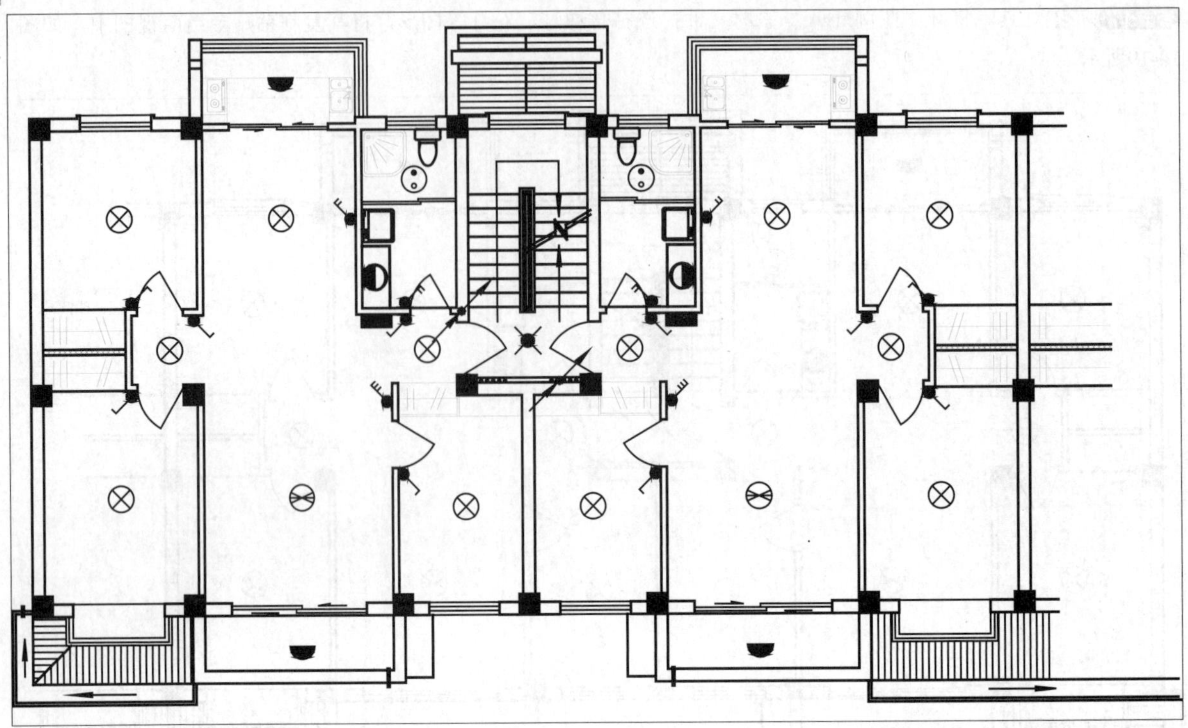

图 14-21 布置配电箱、引线

步骤 05 绘制连接线路。执行“多段线”（PL）命令，设置宽度为30，绘制线路连接灯具、开关及配电箱，如图14-22所示。

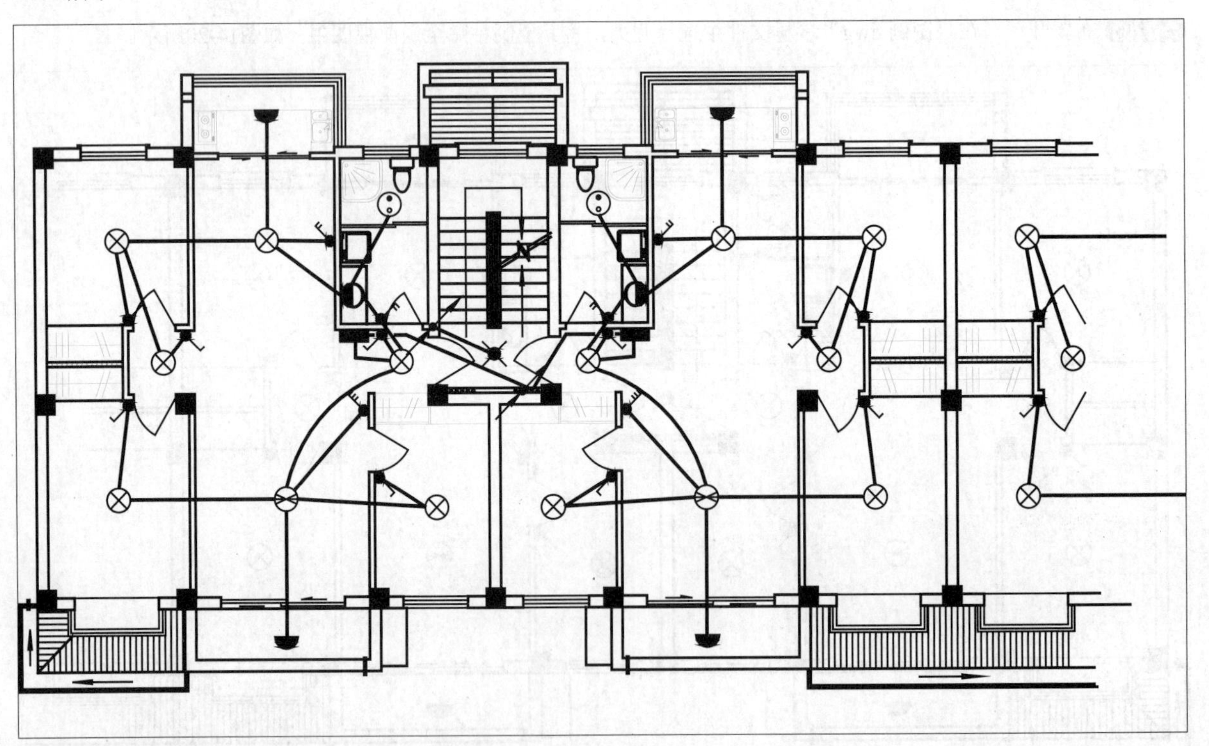

图 14-22 绘制连接线路

步骤 06 选择灯具、开关、线路等图形，执行“镜像”（MI）命令，将图形镜像复制至右侧，如图14-23所示。

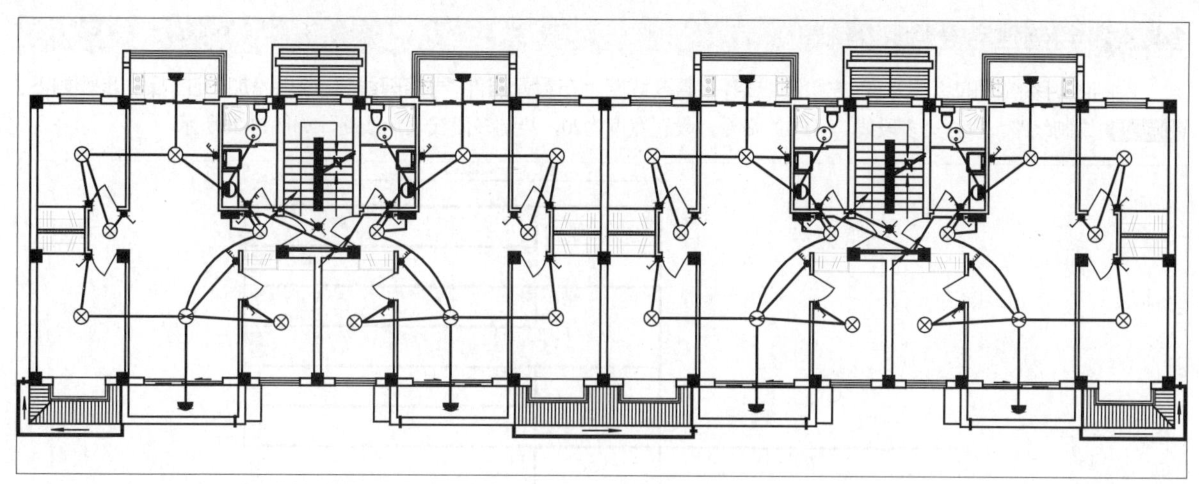

图 14-23　镜像复制图形

步骤 07 绘制电气符号表。执行“矩形”（REC）命令、“偏移”（O）命令，绘制表格。执行“多行文字”（MT）命令，在单元格中绘制标注文字。

步骤 08 执行“复制”（CO）命令，从平面图中选择电气符号，移动复制至单元格中，如图14-24所示。

电气符号表													
序号	图例	名称	规格	单位	数量	备注	序号	图例	名称	规格	单位	数量	备注
1		用户照明配电箱	XSA2-18	台	4	安装高度为下距地1.5m	7		壁灯	用户自理	盏	4	
2		灯口带声光控开关照明灯	1x40W	盏	2		8		暗装单极开关	86系列一　250v10A	个	20	安装高度为中距地1.4m
3		天棚灯	1x40W	盏	8		9		暗装三极开关	86系列一　250v10A	个	4	安装高度为中距地1.4m
4		普通灯	用户自理	盏	4		10		暗装双极开关	86系列一　250v10A	个	8	安装高度为中距地1.4m
5		花灯	用户自理	盏	4		11		浴霸	用户自理	盏	4	
6		照明配电箱	用户自理	个	4		12		引线	用户自理	个	4	

图 14-24　绘制电气符号表

步骤 09 双击图名标注，进入编辑模式，修改图名，如图14-25所示。

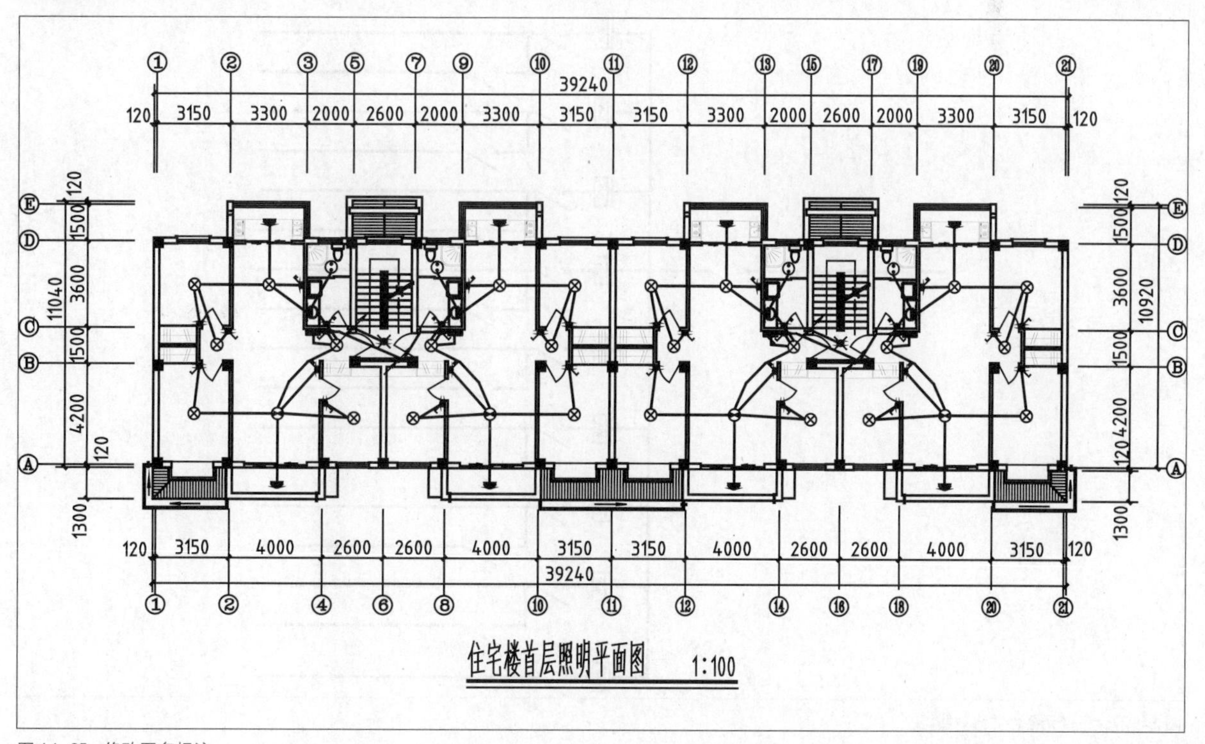

图 14-25　修改图名标注

14.3.2 绘制住宅楼照明系统图

★重点★

绘制照明系统图的步骤为：首先绘制线路，接着在线路上布置元器件，再修剪线路，最后添加标注。操作步骤如下。

步骤 01 绘制线路。执行“多段线”（PL）命令，设置宽度为20，绘制多段线表示线路，如图14-26所示。

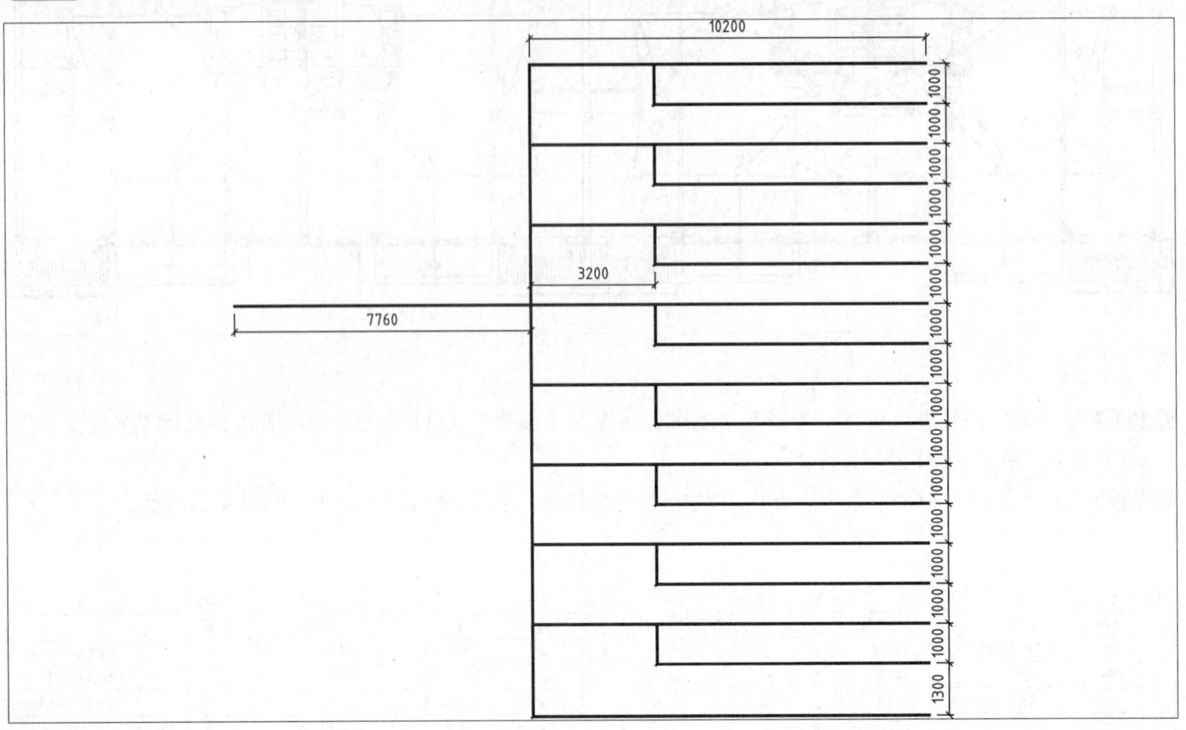

图 14-26 绘制线路

步骤 02 布置元器件。打开“图例.dwg”素材文件，选择电表、开关，将其布置在线路上。执行“修剪”（TR）命令，修剪线路，如图14-27所示。

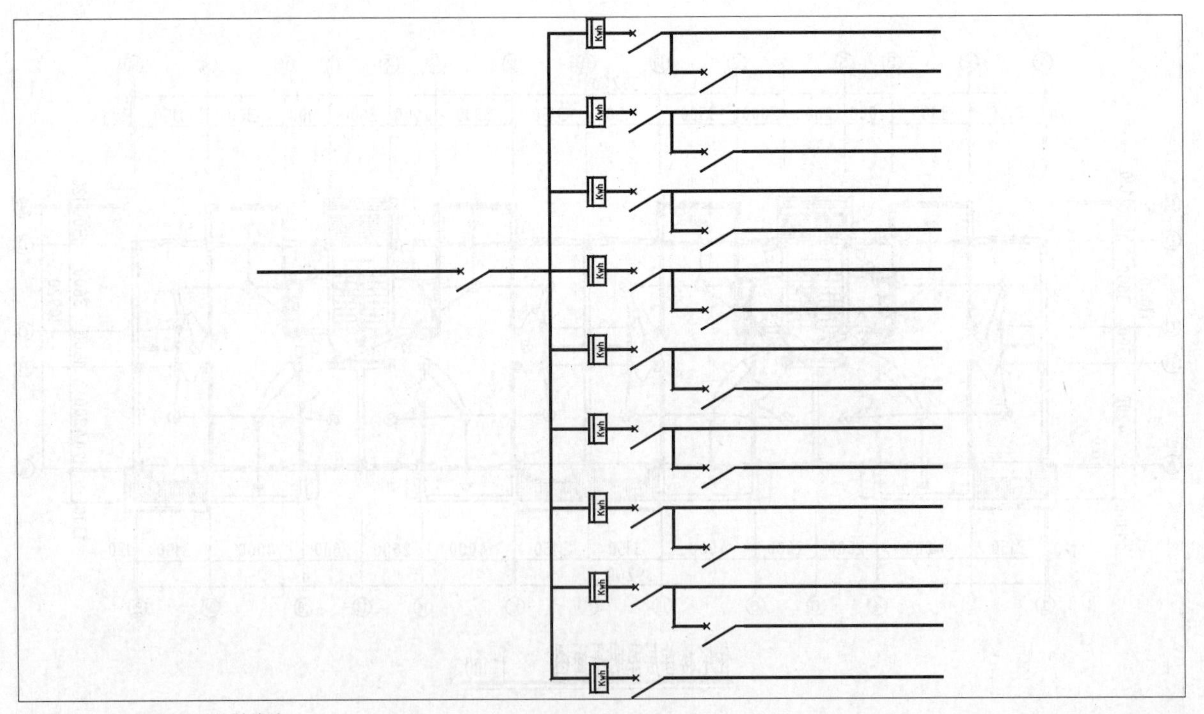

图 14-27 布置元器件并修剪线路

步骤 03 执行“多段线”（PL）命令，绘制线路，如图14-28所示。

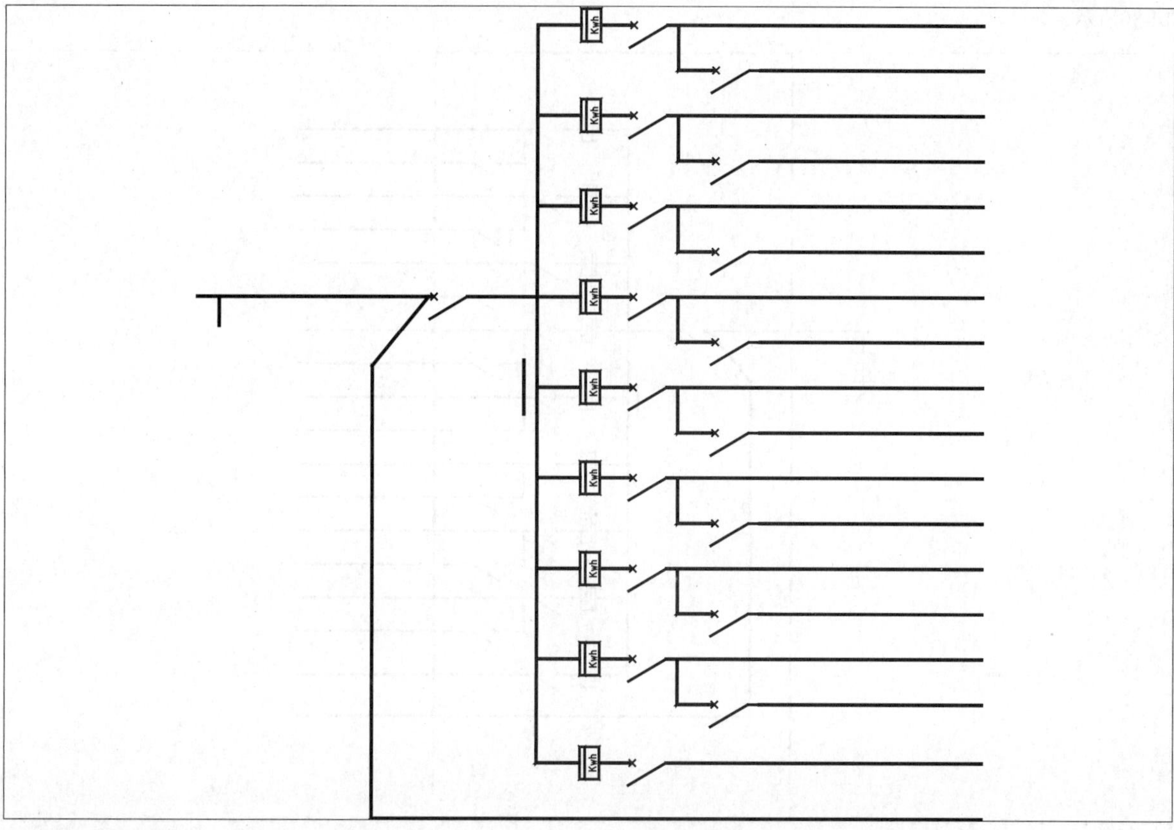

图 14-28　绘制线路

步骤 04 在“图例.dwg”素材文件中选择接地符号等，将其复制粘贴至系统图中，如图14-29所示。

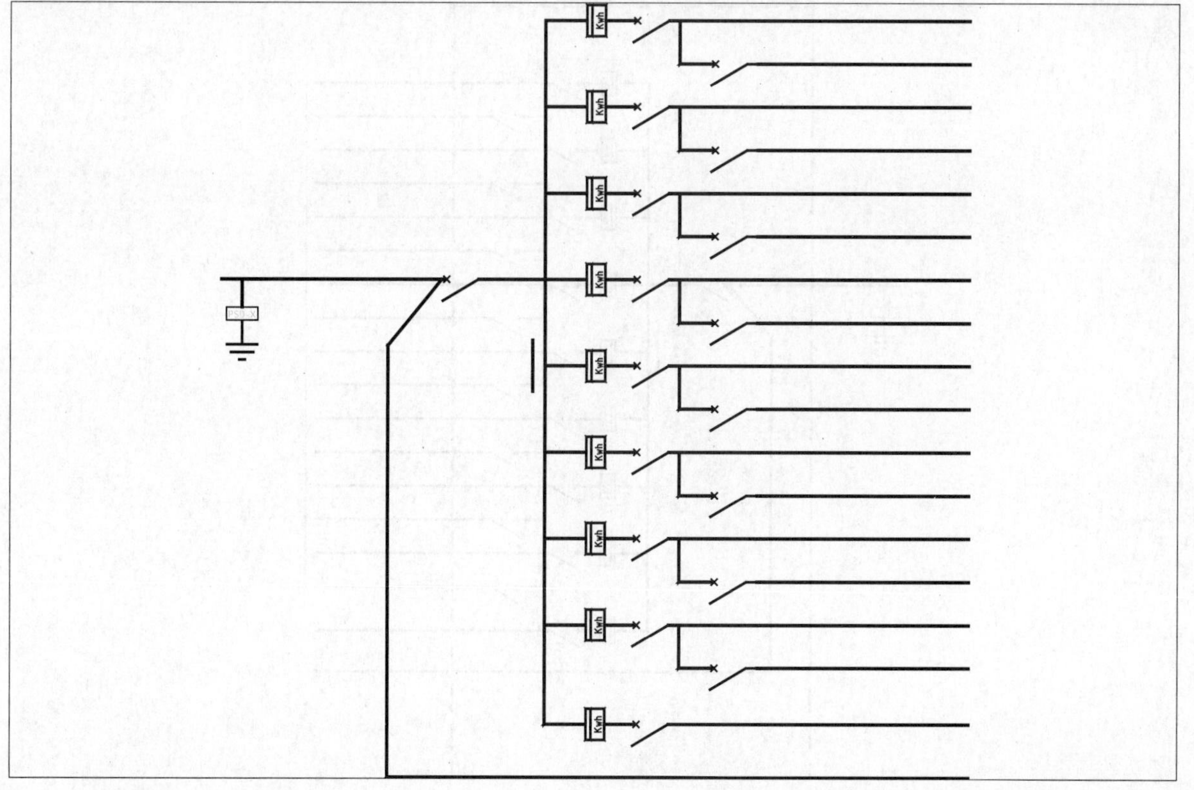

图 14-29　布置元器件

步骤 05 执行“矩形”（REC）命令，设置宽度为40，指定对角点绘制矩形，并将矩形的线型设置为虚线，如图14-30所示。

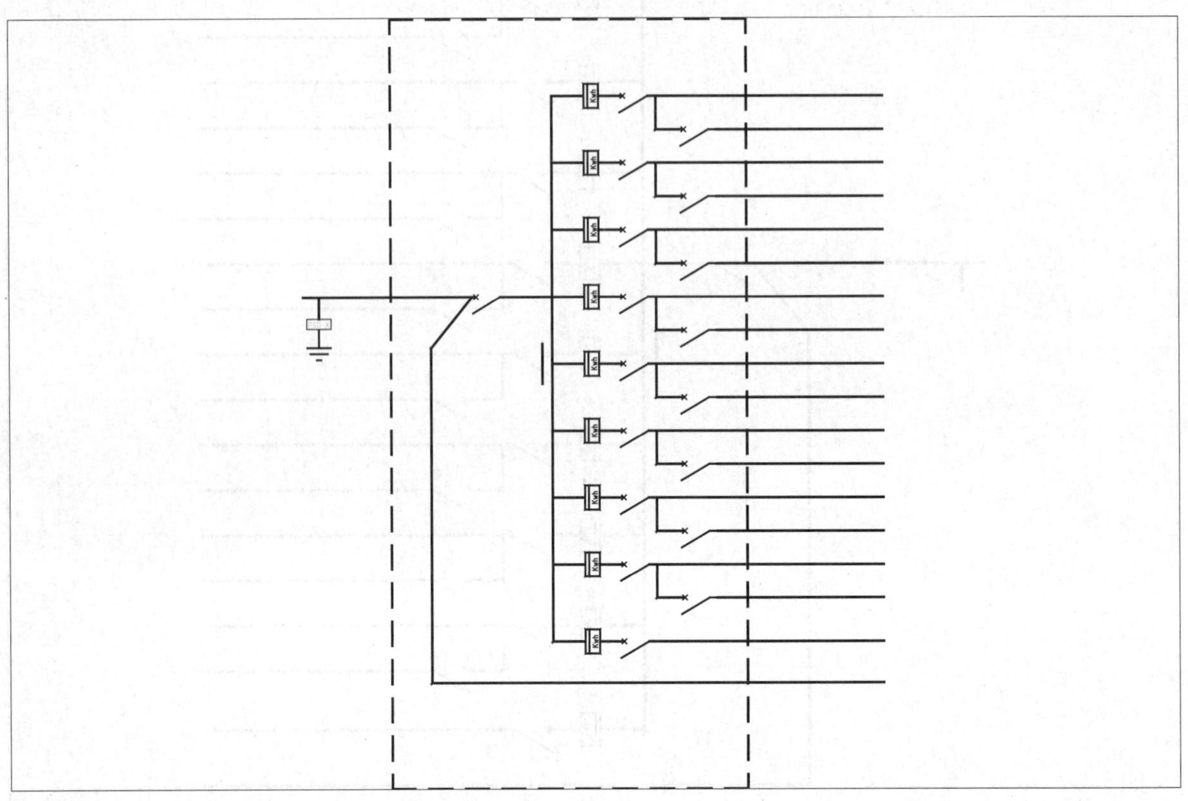

图 14-30　绘制矩形

步骤 06 执行“直线”（L）命令，在线路的右侧绘制线段，如图14-31所示。

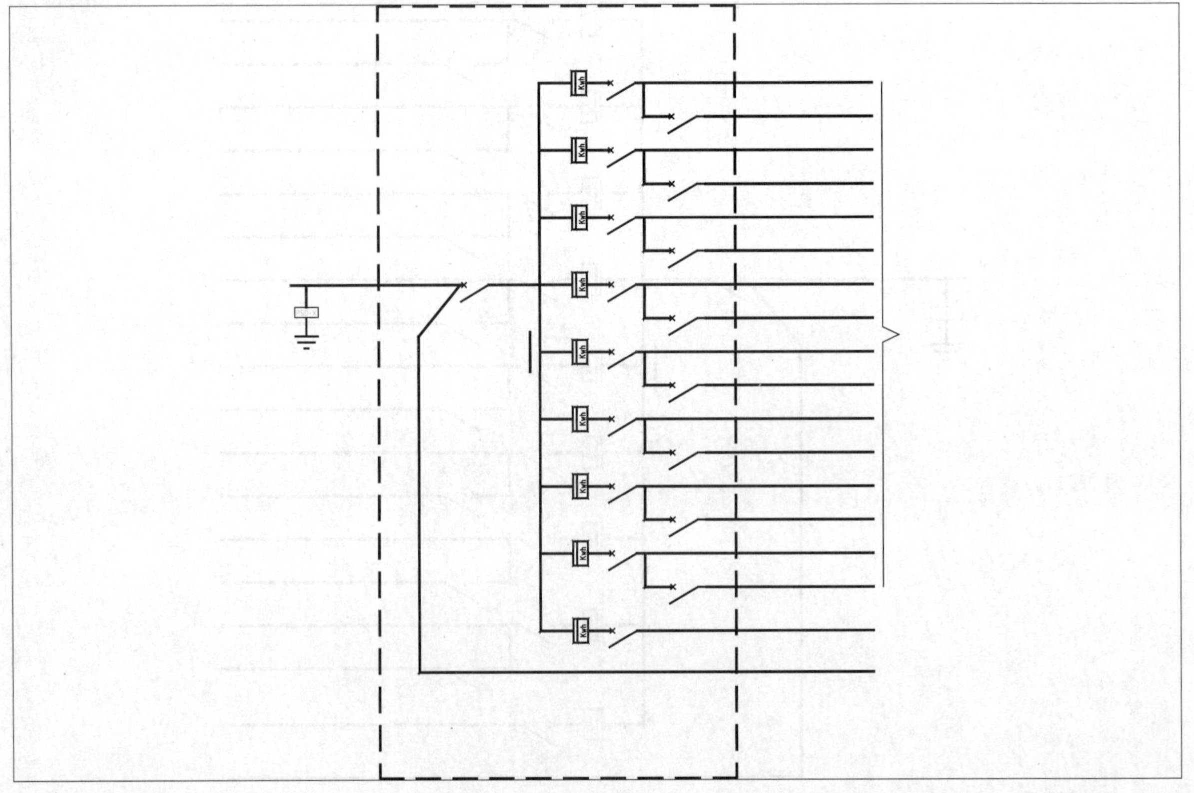

图 14-31　绘制线段

步骤 07 执行“多行文字”（MT）命令，绘制标注文字，如图14-32所示。

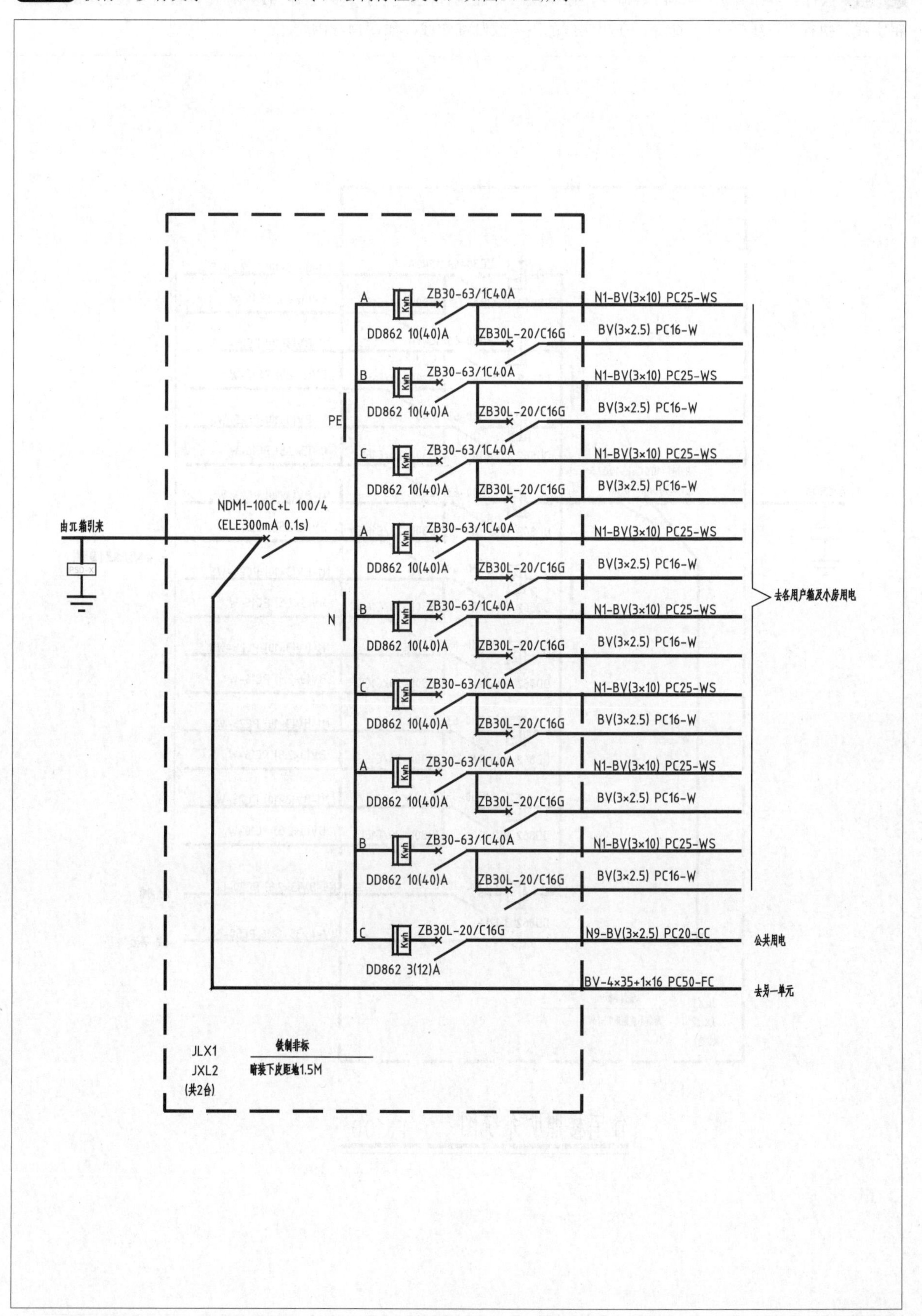

图 14-32 绘制标注文字

步骤 08 执行“多行文字”（MT）命令，绘制图名和比例标注。执行“多段线”(PL)命令，设置宽度为100，绘制粗实线。执行“直线”（L）命令，在粗实线的下方绘制细实线。如图14-33所示。

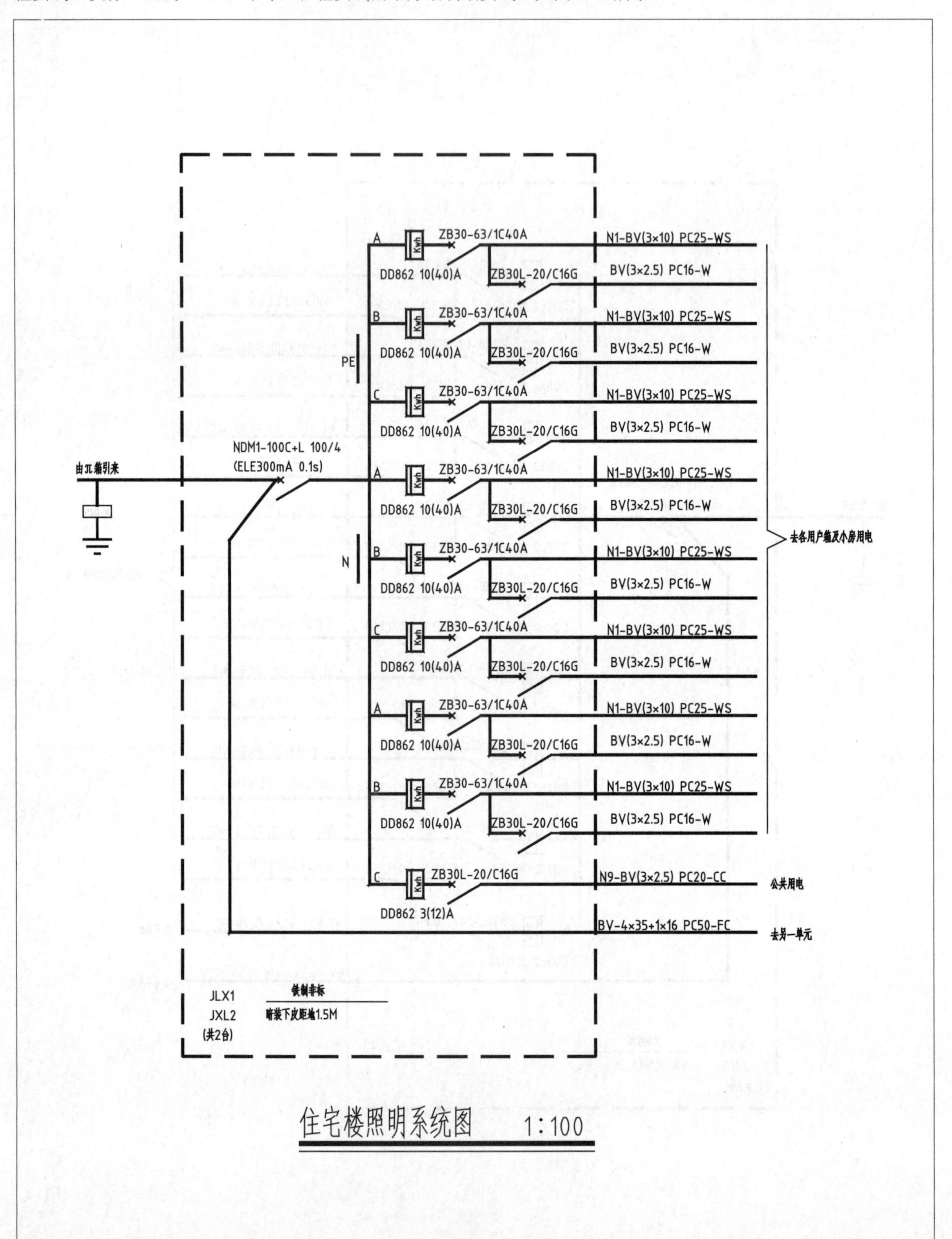

图 14-33 绘制图名标注

附录 1 AutoCAD 常见问题

第 1 篇　软件基础篇

1 如何隐藏 / 显示功能区？

见第 1 章 1.1.6 小节中“4. 调整功能区位置”下的“提示”。

2 如何在命令面板中添加命令按钮？

见第 1 章 1.3.1 小节中的“延伸讲解”。

3 如何调出工具栏？

见第 1 章 1.3.5 小节。

4 如何创建带工具栏的经典工作空间？

见第 1 章 1.3.5 小节中的“延伸讲解”。

5 输入坐标分隔符的技巧有哪些？

见第 1 章 1.4.1 小节中“3. 坐标系的表达方法”下的“提示”。

6 如何利用自功能指定绘图基点？

见第 1 章【练习 1-11】下的“提示”。

7 点选对象时有哪些操作技巧？

见第 1 章 1.6.1 小节下的“提示”。

8 窗口选择与窗交选择有什么分别？

见第 1 章 1.6.2 小节。

9 AutoCAD 2022 有哪些新功能？

见第 1 章 1.7 节。

10 如何利用“多段线”命令绘制圆弧图形？

见第 2 章 2.2.3 小节与【练习 2-3】。

11 如何绘制正等轴测图？

见第 2 章【练习 2-5】。

12 如何显示 / 隐藏动态图形？

见第 2 章【练习 2-5】中的“延伸讲解”。

13 如何确定圆弧的方向和大小？

见第 2 章【练习 2-7】中的“延伸讲解”。

14 绘制圆角矩形或倒角矩形的技巧有哪些？

见第 2 章 2.5.1 小节中的“提示”。

15 如何通过命令行创建混凝土填充图案？

见第 2 章【练习 2-12】中的“步骤 02”。

16 填充图案时出现错误怎么办？

见第 2 章【练习 2-12】中的“延伸讲解”。

17 如何利用“射线”命令绘制中心投影图？

见第 2 章【练习 2-15】。

18 执行“射线”命令的技巧有哪些？

见第 2 章【练习 2-15】中的“提示”。

19 如何设置点样式？

见第 2 章 2.8.4 小节。

20 如何输入多点坐标绘制函数曲线？

见第 2 章【练习 2-18】中的“步骤 03”。

21 如何计算函数曲线上的各点坐标？

见第 2 章【练习 2-18】中的“提示”。

22 有哪些绘制棘轮的其他方法？

见第 2 章【练习 2-19】中的“提示”。

23 如何利用“定距等分”命令绘制楼梯平面图？

见第 2 章【练习 2-20】。

24 如何在等分点布置图块？

见第 2 章【练习 2-20】中的“延伸讲解”。

25 绘制螺旋线时有哪些应注意的要点？

见第 2 章 2.8.10 小节中的“提示”。

26 如何绘制实心圆环与空心圆环？

见第 2 章【练习 2-22】中的“延伸讲解”。

27 绘制开口修订云线的技巧有哪些？

见第 2 章 2.8.12 小节中的“提示”。

28 利用“多线”命令绘制墙体时如何设置参数？

见第 2 章【练习 2-24】中的“步骤 03、04”。

29 编辑多线的方法是什么？

见第 2 章 2.9.4 小节。参考【练习 2-25】中的内容，了解利用“多线编辑工具”对话框编辑墙体的方法。

30 利用“镜像”命令复制文字有哪些技巧？

见第 3 章 3.1.6 小节中的“延伸讲解”。

31 如何对两条平行直线执行倒圆角操作？

见第 3 章 3.1.7 小节中“1. 圆角”下的“提示”。

32 如何快速创建半径为 0 的圆角？

见第 3 章 3.1.7 小节中的“延伸讲解”。

33 遇到不能被分解的图形怎么办？

见第 3 章 3.1.8 小节中的“延伸讲解”。

34 在创建矩形阵列时，如何将阵列图形往相反的方向复制？

见第3章3.1.11小节中“1.矩形阵列”下的“提示”。

35 编辑多段线有哪些技巧？

见第3章3.2.4小节。

36 如何快速对齐二维对象或三维对象？

见第3章3.2.8小节与【练习3-19】。

37 如何利用“打断”命令编辑电路图？

见第3章【练习3-21】。

38 删除重复对象有哪些技巧？

见第3章3.2.14小节。

39 如何调整绘图次序修改图形？

见第3章3.2.15小节与【练习3-23】。

40 哪些夹点只能移动不能拉伸？

见第3章3.3.2小节下的“提示”。

41 使用夹点编辑图形有哪些技巧？

见第3章3.3节与【练习3-24】。

42 如何创建弧形文字？

见第4章4.1.1小节中的“延伸讲解”。

43 输入单行文字时如何设置命令行选项？

见第4章【练习4-2】中的“步骤02”。

44 在文字中插入特殊符号有哪些技巧？

见第4章4.1.3小节。

45 如何创建“智能标注”？

见第4章4.2.1小节与【练习4-3】。

46 如何标注形位公差？

见第4章4.2.14小节与【练习4-14】。

47 重定义引线标注有哪些技巧？

见第4章4.3节。

48 如何理解表格样式中的“数据行数”？

见第4章【练习4-15】中的“提示”。

49 如何将Excel输入为AutoCAD中的表格？

见第4章【练习4-15】中的“延伸讲解”。

50 添加表格内容有哪些技巧？

见第4章4.4.4小节与【练习4-16】。

51 如何理解“文字样式”对话框中各选项的含义？

见第4章4.5.1小节与【练习4-17】。

52 如何理解尺寸标注样式各选项的含义？

见第4章4.5.3小节。

53 如何理解多重引线样式各选项的含义？

见第4章4.5.4小节。

54 如何创建表格样式？

见第4章4.5.5小节与【练习4-19】。

55 如何调整标注间距优化图形？

见第4章4.6.2小节与【练习4-21】。

56 设置图层名称有哪些注意事项？

见第5章5.2.1小节中的“提示”。

57 如何自定义图层的线型？

见第5章5.2.3小节与【练习5-1】。

58 如何理解“冻结图层”？

见第5章5.3.2小节与【练习5-4】。

59 如何清理多余的图层？

见第5章5.3.7小节。

60 如何创建标高属性块？

见第6章6.1.3小节与【练习6-3】。

61 如何为门图块添加动作？

见第6章6.1.4小节与【练习6-4】。

62 如何通过“设计中心”选项板插入图形？

见第6章6.3.3小节与【练习6-8】。

63 如何在布局空间中绘图？

见第7章【练习7-3】。

64 如何打印地面平面图？

见第7章【练习7-4】。

65 如何将DWG文件输出为PDF文件？

见第7章7.3.4小节与【练习7-10】。

66 如何将DWG文件输出为高清图片文件？

见第7章7.3.5小节与【练习7-11】。

67 如何批量输出图纸？

见第7章7.3.6小节与【练习7-12】、【练习7-13】。

第2篇　三维设计篇

1 如何管理坐标系？

见第8章的8.3节与【练习8-1】。

2 如何切换视觉样式更改模型的显示效果？

见第8章的8.4.2、8.4.3小节与【练习8-3】、【练习8-4】。

3 如何利用ViewCube观察模型？

见第8章的8.4.8小节。

4 如何利用控制盘观察模型?

见第 8 章的 8.4.11 小节。

5 如何利用“拉伸”命令创建模型?

见第 9 章的 9.2.1 小节与【练习 9-7】。

6 如何创建三维文字?

见第 9 章的 9.2.1 小节中的“延伸讲解”。

7 如何利用“放样”命令创建花瓶模型?

见第 9 章的 9.2.3 小节与【练习 9-9】。

8 如何由三维实体生成二维图形?

见第 9 章的 9.2.4 小节中的“延伸讲解”。

9 创建三视图有几种方法?

见第 9 章的【练习 9-13】、【练习 9-14】、【练习 9-15】。

10 如何创建全剖视图?

见第 9 章的【练习 9-16】。

11 如何创建半剖视图?

见第 9 章的【练习 9-17】。

12 如何创建局部放大图?

见第 9 章的【练习 9-18】。

13 如何利用“并集”创建红桃心?

见第 10 章的 10.1.1 小节与【练习 10-1】。

14 如何利用“交集”创建飞盘?

见第 10 章的 10.1.3 小节与【练习 10-3】。

15 如何利用平面剖切实体?

见第 10 章的 10.2.2 小节与【练习 10-6】。

16 如何通过抽壳创建方槽壳体?

见第 10 章的 10.2.4 小节与【练习 10-8】。

17 如何三维对齐装配螺钉?

见第 10 章的 10.3.5 小节与【练习 10-14】。

18 如何利用三维阵列编辑模型?

见第 10 章的 10.3.6 小节与【练习 10-15】、【练习 10-16】。

19 如何通过压印边创建商品 Logo ?

见第 10 章的 10.4.3 小节与【练习 10-18】。

20 如何倾斜实体面更改模型的显示效果?

见第 10 章的 10.5.2 小节与【练习 10-20】。

21 如何移动实体面?

见第 10 章的 10.5.3 小节与【练习 10-21】。

22 如何扩大三维孔洞?

见第 10 章的 10.5.5 小节与【练习 10-22】。

23 如何创建钻石模型?

见第 10 章的 10.6.4 小节与【练习 10-24】。

24 如何创建与编辑网格模型?

见第 10 章的 10.7 节与【练习 10-25】。

第 3 篇　综合实战篇

1 机械制图的标准有哪些?

见第 11 章 11.1.1 小节。

2 机械制图包括什么内容?

见第 11 章 11.2 节。

3 如何创建机械制图样板中的尺寸标注样式?

见第 11 章 11.3 节中的“步骤 07~12”。

4 如何绘制低速轴零件图的中心线?

见第 11 章 11.4.1 小节中的“步骤 02~04”。

5 如何绘制低速轴零件图的键槽?

见第 11 章 11.4.1 小节中的“步骤 08~11”。

6 如何绘制低速轴零件图的移出断面图?

见第 11 章 11.4.2 小节中的“步骤 02~07”。

7 如何标注低速轴尺寸精度?

见第 11 章 11.4.3 小节中的“步骤 01、02”。

8 标注低速轴尺寸精度有哪些注意事项?

见第 11 章 11.4.3 小节中的“提示”。

9 如何绘制单级减速器主视图的轮廓线?

见第 11 章 11.5.1 小节中的“2. 绘制轮廓线”。

10 建筑制图的相关标准有哪些?

见第 12 章 12.1.1 小节。

11 建筑制图的符号有哪些?

见第 12 章 12.1.2 小节。

12 建筑制图的图例有哪些?

见第 12 章 12.1.3 小节。

13 如何创建建筑制图样板中的图层样式?

见第 12 章 12.3 节中的“步骤 03”。

14 如何绘制立面门?

见第 12 章 12.4.1 小节。

15 如何绘制欧式窗的装饰图形?

见第 12 章 12.4.2 小节中的“步骤 05~08”。

16 如何绘制住宅楼的平面墙体?

见第 12 章 12.5.1 小节中“2. 绘制墙体及门窗”的“步骤 05~09”。

17 如何绘制住宅楼的平面楼梯?

见第 12 章 12.5.1 小节中的“4. 绘制楼梯”。

18 为平面图标注尺寸有哪些注意事项?

见第 12 章 12.5.1 小节中“5. 文字说明及图形标注”的“步骤 27”后的“提示”。

19 如何绘制住宅楼立面门窗?

见第 12 章 12.5.2 小节中“3. 绘制门窗”的内容。

20 如何绘制住宅楼立面屋顶?

见第 12 章 12.5.2 小节中“6. 绘制屋顶”的内容。

21 如何绘制住宅楼剖面楼梯?

见第 12 章 12.5.3 小节中“3. 绘制楼梯”的内容。

22 室内设计制图的相关标准有哪些?

见第 13 章 13.1.1 小节。

23 室内设计图有哪些内容?

见第 13 章 13.2 节。

24 如何创建室内设计制图样板中的文字样式?

见第 13 章 13.3 节中的“2. 设置文字样式”的内容。

25 如何绘制小户型的子母门?

见第 13 章 13.4.1 小节中“1. 绘制客厅平面布置图”中的“步骤 03、04”。

26 如何绘制小户型的组合柜?

见第 13 章 13.4.1 小节中“1. 绘制客厅平面布置图”中的“步骤 06~12”。

27 如何绘制小户型的橱柜?

见第 13 章 13.4.1 小节中“3. 绘制厨房平面布置图”中的“步骤 20”。

28 如何填充小户型地面铺装图案?

见第 13 章 13.4.2 小节中“1. 填充铺装图案”的内容。

29 如何布置小户型顶棚灯具?

见第 13 章 13.4.3 小节中的“步骤 03、04”。

30 如何绘制小户型立面橱柜?

见第 13 章 13.4.4 小节中“2. 绘制橱柜”的内容。

31 电气设计制图的相关标准有哪些?

见第 14 章 14.1.1 小节。

32 电气设计图有哪些常用符号?

见第 14 章 14.1.2 小节。

33 电气设计图有哪些内容?

见第 14 章 14.2 节。

34 如何在住宅楼照明平面图中布置灯具及设备?

见第 14 章 14.3.1 小节中的“步骤 02~04”。

35 如何在住宅楼照明系统图中布置元器件?

见第 14 章 14.3.2 小节中的“步骤 02~04”。

附录 2 AutoCAD 常用命令、快捷键及功能键

AutoCAD 常用命令

命令	含义	命令	含义
L,LINE	直线	A,ARC	圆弧
C,CIRCLE	圆	MT,MTEXT	多行文字
XL,XLINE	射线	B,BLOCK	块定义
E,ERASE	删除	I,INSERT	块插入
H,BHATCH	填充	W,WBLOCK	写块
TR,TRIM	修剪	CO,COPY	复制
EX,EXTEND	延伸	MI,MIRROR	镜像
PO,POINT	点	O,OFFSET	偏移
S,STRETCH	拉伸	F,FILLET	圆角
U	返回	D,DIMSTYLE	标注样式
DDI,DIMDIAMETER	直径标注	DLI,DIMLINEAR	线性标注
DAN,DIMANGULAR	角度标注	DRA,DIMRADIUS	半径标注
DAL,DIMALIGNED	对齐标注	DCE,DIMCENTER	圆心标注
DOR,DIMORDINATE	坐标标注	LE,QLEADER	快速引线标注
DBA,DIMBASELINE	基线标注	DCO,DIMCONTINUE	连续标注
DED,DIMEDIT	编辑标注	ST,STYLE	文字样式
OP,OPTIONS	系统选项设置	OS,OSNAP	对像捕捉设置
M,MOVE	移动	SC,SCALE	比例缩放
P,PAN	平移	Z,ZOOM	局部放大
MA,MATCHPROP	属性匹配	AL,ALIGN	对齐
SPL,SPLINE	样条曲线	PL,PLINE	多段线
EL,ELLIPSE	椭圆	ML,MLINE	多线
POL,POLYGON	多边形	REC,RECTANG	矩形
DO,DONUT	圆环	DIV,DIVIDE	定数等分
ME,MEASURE	定距等分	RO,ROTATE	旋转
AR,ARRAYRECT	阵列	LEN,LENGTHEN	拉长
X,EXPLODE	分解	CHA,CHAMFER	倒角
BR,BREAK	打断	ED,TEXTEDIT	修改文本
PE,PEDIT	多段线编辑	——	——

AutoCAD 常用快捷键

快捷键	含义	功能
Ctrl + 1	PROPERTIES	修改特性
Ctrl + 2	ADCENTER	设计中心
Ctrl + O	OPEN	打开文件
Ctrl + N	NEW	新建文件
Ctrl + P	PRINT	打印文件
Ctrl + S	SAVE	保存文件
Ctrl + Z	UNDO	放弃
Ctrl + X	CUTCLIP	剪切
Ctrl + C	COPYCLIP	复制
Ctrl + V	PASTECLIP	粘贴
Ctrl + B	SNAP	栅格捕捉
Ctrl + F	OSNAP	对象捕捉
Ctrl + G	GRID	开 / 闭栅格
Ctrl + L	ORTHO	开 / 关正交
Ctrl + W	—	开 / 关选择循环
Ctrl + U	—	开 / 关极轴追踪

AutoCAD 常用功能键

功能键	含义	功能
F1	HELP	打开帮助文件
F2	—	打开文本窗口
F3	OSNAP	开 / 关对象捕捉开关
F4	—	开 / 关三维对象捕捉
F5	—	切换等轴测平面图
F6	—	开 / 关动态 UCS
F7	GRIP	开 / 关栅格
F8	—	正交开关
F9	—	捕捉开关
F10	—	开 / 关极轴追踪

附录 3 AutoCAD 行业知识

机械设计类

1 怎么绘制两个圆的公切线?

通过临时捕捉进行绘制，见第 1 章【练习 1-9】。

2 如何创建等分点绘制棘轮?

见第 2 章【练习 2-19】。

3 在 AutoCAD 中绘制相贯线有什么方法与技巧?

见第 2 章【练习 2-16】。

4 如何绘制方头平键三视图?

见第 2 章【练习 2-8】。

5 怎样绘制数学曲线的轮廓?

见第 2 章【练习 2-18】。

6 发条弹簧的绘制方法与主要特点

见第 2 章 2.8.10 小节的【练习 2-21】。

7 蝶形螺母的绘制方法与技巧

见第 3 章 3.1.3 小节的【练习 3-4】。

8 弹性挡圈的绘制方法与主要特点

见第 3 章 3.1.12 小节的【练习 3-16】。

9 在机械轴零件细节处创建倒角的作用与方法

见第 3 章 3.1.7 小节的【练习 3-8】。

10 在 AutoCAD 中机械装配图的“装配”方法

见第 3 章 3.2.8 小节的【练习 3-19】。

11 机械零件图中的基准尺寸及其标注

见第 4 章 4.2.11 小节的【练习 4-11】。

12 机械装配图中的引线标注技巧

见第 4 章 4.2.12 小节，以及【练习 4-12】。

13 形位公差的含义及标注方法

见第 4 章 4.2.14 小节的【练习 4-14】。

14 在机械装配图中如何创建成组的引线?

见第 4 章 4.3.4 小节。

15 剖视图的简化标注

见第 11 章 11.1.2 小节“2. 剖视图”中的“提示”。

16 断面图和剖视图的区别

见第 11 章 11.1.2 小节“3. 断面图”中的“提示”。

17 在什么情况下绘制移出断面图可以省略标注?

见第 11 章 11.1.2 小节“3. 断面图”中“移出断面图”下的“提示”。

18 键槽与轮毂尺寸公差取值的经验

见第 11 章 11.4.3 小节中“步骤 08”下的“提示”。

19 无公差尺寸的取值范围

见第 11 章 11.4.3 小节中“步骤 09”下的“提示”。

20 怎样快速地为装配图添加零部件序列号?

见第 11 章 11.5.4 小节中“步骤 03”下的“提示”。

21 机械制图有哪些标准?

见第 11 章 11.1.1 小节。

建筑设计类

1 建筑制图有哪些标准?

见第 12 章 12.1.1 小节。

2 怎样用 AutoCAD 创建真实的建筑模型?

由于建筑图纸是用 AutoCAD 绘制的，因此再使用 AutoCAD 创建三维模型较其他软件会更便捷。创建好三维模型后可以通过第 7 章 7.3.2 小节【练习 7-8】所介绍的方法，将其输出为 STL 文件，然后进行 3D 打印，即可得到真实的建筑模型。

3 怎样快速地绘制楼梯和踏板?

见第 2 章 2.8.6 小节，以及【练习 2-20】。

4 怎样快速地绘制墙体?

可以使用“多线”命令进行绘制，见第 2 章 2.9 节，以及【练习 2-24】、【练习 2-25】。

5 怎样创建无边界的混凝土填充?

见第 2 章 2.7 节，以及【练习 2-12】。

6 建筑总平面图中图形过多，如何在其中显示出被遮挡的文字?

见第 3 章 3.2.9 小节，以及【练习 3-20】。

7 在总平面图或规划图中，如何显示出被遮挡的图形?

见第 3 章 3.2.15 小节，以及【练习 3-23】。

8 建筑平面图中轴线尺寸的标注方法

见第 4 章 4.2.10 小节，以及【练习 4-10】。

9 建筑立面图中标高的标注方法

见第 4 章 4.2.12 小节，以及【练习 4-13】。

10 如何创建可编辑文字的标高图块?

见第 6 章 6.1.3 小节，以及【练习 6-3】。

11 大样图的多比例打印方法

见第 7 章 7.2.11 小节，以及【练习 7-6】。

12 剖面图和断面图符号的使用方法

见第 12 章 12.1.2 小节“3. 断面剖切符号”中的“提示”。

13 标高符号在不同幅面图纸中的大小

见第 12 章 12.1.2 小节“6. 标高符号”中的“提示”。

14 建筑平面图的标注方法（同室内平面图）

见第 12 章 12.5.1 小节“5. 文字说明及图形标注”中“步骤 27”下的“提示”。

15 建筑平面图中各轴号的书写原则

见第 12 章 12.5.1 小节“5. 文字说明及图形标注”中“步骤 29”下的“提示”。

16 建筑平面图标注的方法与原则

见第 12 章 12.5.1 小节“5. 文字说明及图形标注”中“步骤 30”下的“提示”。

17 如何确定定位轴线?

见第 12 章 12.5.2 小节“1. 整理图形”中“步骤 03”下的“提示”。

18 剖面图的绘制方法和要点

见第 12 章 12.5.3 小节“1. 绘制外部轮廓”中“步骤 03”下的“提示”。

室内设计类

1 室内设计制图有哪些标准?

见第 13 章的 13.1.1 小节。

2 怎样让图纸仅显示墙体或轴线、标注等?

可以通过关闭其他的图层来进行控制，见第 5 章 5.3.1 小节和【练习 5-3】。

3 如果下载的图纸尺寸不准确，要怎样快速、精准地调整门、窗等图元的位置?

可以通过“拉伸”操作配合自功能来完成，见第 1 章 1.5 节的【练习 1-11】。

4 如何快速绘制一个爱心标志?

见第 2 章 2.6 节的【练习 2-10】。

5 室内设计的填充技巧

见第 2 章 2.7.1 小节的【练习 2-11】。

6 在室内平面图中，如果各墙体标注得过于紧密，应如何进行调整?

见第 4 章 4.6.2 小节的【练习 4-21】。

7 在室内立面图中，如何对齐参差交错的引线标注?

见第 4 章 4.3.3 小节。

8 怎样通过图层工具来控制图形?

见第 5 章 5.3.1 小节的【练习 5-3】。

9 如何重命名室内平面图中某一类图块?

见第 6 章 6.2.2 小节的【练习 6-6】。

10 彩平图的创建方法

可先用“打印”的方法输出 EPS 文件，然后导入 Photoshop 中进行加工，从而得到彩平图。

电气设计类

1 电气设计制图有哪些标准?

见第 14 章 14.1.1 小节。

2 怎样快速地为电路图添加节点?

见第 2 章 2.8.11 小节的【练习 2-22】。

3 熔断器的作用与绘制方法

见第 3 章 3.1.3 小节“2. 延伸”及【练习 3-5】。

4 怎样快速地在电路图中添加元器件?

可以使用“打断”与“复制”命令来完成，见第 3 章 3.2.10 小节，以及【练习 3-21】。

5 怎样快速地在电路图中删去元器件?

可以使用“打断”与“合并”命令来完成，见第 3 章 3.2.11 小节，以及【练习 3-22】。

其他

1 怎样与其他用户共享图纸?

AutoCAD 2022 新增共享功能，方便协同各类人员开展工作。见第 1 章 1.7.4 小节。

2 为什么发给客户图纸，对方却打不开？

可能是对方使用的 AutoCAD 版本过低，可以将图纸另存为更低的版本，然后再发送一次。

也可能是本公司设定了保密程序，图纸仅限于内部浏览，这样即便通过转存客户也无法打开。可使用第 7 章 7.3.3 和 7.3.4 小节所介绍的方法，将图纸输出为 DWF 或 PDF 文件，然后再发送。具体方法见【练习 7-9】、【练习 7-10】。

3 非设计专业的人员怎样便捷地查看 AutoCAD 图纸？

可使用 CAD 迷你看图、DWG Viewer 等小软件来打开 AutoCAD 图纸，也可让设计人员将图纸转换为 PDF 文件。

4 怎样加速 AutoCAD 设计图的评审过程？

可将 DWG 图纸转换为 DWF 文件来进行评审，详见第 7 章 7.3.3 小节及【练习 7-9】。

5 在园林设计中，如何将植被图块调整为所需的尺寸？

见第 3 章 3.1.10 小节的【练习 3-11】。

6 在所有类型的设计图中，如何快速地让中心线从轮廓图形中延伸出来？

见第 3 章 3.2.3 小节的【练习 3-17】。

7 如果图纸中的标注线网交错，如何调整使图面变清晰？

见第 4 章 4.6.1 小节的【练习 4-20】。

8 如何快速地在园林、电气、室内、建筑等设计图例中添加注释文字？

见第 4 章 4.1.2 小节的【练习 4-2】。

附录 4 课后习题答案

第1章

一、理论题

1.A 2.D 3.D 4.C 5.A

6.D 7.D 8.D 9.D 10.B

第2章

一、理论题

1.A 2.D 3.B 4.C 5.D

6.D 7.C 8.A 9.D 10.A

第3章

一、理论题

1.A 2.C 3.D 4.D 5.D

6.C 7.A 8.A 9.B 10.C

第4章

一、理论题

1.A 2.C 3.C 4.A 5.B

6.A 7.B 8.D 9.B 10.A

第5章

一、理论题

1.B 2.A 3.C 4.A 5.D

第6章

一、理论题

1. A 2.C 3.D 4.A 5.B

第7章

一、理论题

1.B 2.A 3.D 4.B 5.A

第8章

一、理论题

1.B 2.C 3.B 4.C 5.C

第9章

一、理论题

1.C 2.A 3.C 4.D 5.B

第10章

一、理论题

1.B 2.A 3.C 4.D 5.B